utb 8689

Eine Arbeitsgemeinschaft der Verlage

Brill | Schöningh – Fink · Paderborn
Brill | Vandenhoeck & Ruprecht · Göttingen – Böhlau · Wien · Köln
Verlag Barbara Budrich · Opladen · Toronto
facultas · Wien
Haupt Verlag · Bern
Verlag Julius Klinkhardt · Bad Heilbrunn
Mohr Siebeck · Tübingen
Narr Francke Attempto Verlag – expert verlag · Tübingen
Psychiatrie Verlag · Köln
Ernst Reinhardt Verlag · München
transcript Verlag · Bielefeld
Verlag Eugen Ulmer · Stuttgart
UVK Verlag · München
Waxmann · Münster · New York
wbv Publikation · Bielefeld
Wochenschau Verlag · Frankfurt am Main

Prof. Dr. Sven Groß lehrt Management von Verkehrsträgern an der Hochschule Harz. Er ist ITB-Book-Award-Preisträger.

Sven Groß

Handbuch Tourismus und Verkehr

Verkehrsunternehmen, Strategien und Konzepte

3., vollständig überarbeitete und erweiterte Auflage

UVK Verlag · München

Umschlagabbildung: © Saro17 · iStock
Autorenbild: © Hochschule Harz

Bibliografische Information der Deutschen Nationalbibliothek
Die Deutsche Nationalbibliothek verzeichnet diese Publikation in der Deutschen Nationalbibliografie; detaillierte bibliografische Daten sind im Internet über http://dnb.dnb.de abrufbar.

3., vollständig überarbeitete und erweiterte Auflage 2024
2., komplett überarbeitete Auflage 2017
1. Auflage 2011 (erschienen beim Oldenbourg Wissenschaftsverlag)

DOI: https://doi.org/10.36198/9783838588377

– Ein Unternehmen der Narr Francke Attempto Verlag GmbH + Co. KG
Dischingerweg 5 · D-72070 Tübingen

Internet: www.narr.de
eMail: info@narr.de

Einbandgestaltung: siegel konzeption | gestaltung
CPI books GmbH, Leck

utb-Nr. 8689
ISBN 978-3-8252-8837-2 (Print)
ISBN 978-3-8385-8837-7 (ePDF)
ISBN 978-3-8463-8837-2 (ePub)

MIX
Papier aus verantwortungsvollen Quellen
FSC www.fsc.org FSC® C083411

Inhalt

Vorwort zur 3. Auflage

Seit der Veröffentlichung der 2. Auflage sind wiederum mehrere Jahre vergangen. In diesen Jahren gab es gesellschaftliche Veränderungen (z. B. Covid-19-Pandemie, Krieg in der Ukraine, Überfall auf Israel), die auch Auswirkungen auf die Tourismus- und Verkehrswirtschaft hatten und haben. Daher ist die abermalige Überarbeitung längst überfällig und wird hiermit vollzogen.

Das Lese- und Lernverhalten der Hauptzielgruppe dieses Lehrbuches, Studierende an touristischen Ausbildungseinrichtungen, hat sich in den letzten Jahren weiter geändert. Daher wurden neben inhaltlichen Aktualisierungen und Ergänzungen auch ein neues didaktisches Element integriert – entsprechend dem Mediennutzungsverhalten der Studierenden-Generation wurden zu Beginn der einzelnen Kapitel Links zu Videos, Podcasts, Informationsplattformen für den Bahn-, Bus-, Mietwagen-, Kreuzfahrt- und Luftverkehr integriert.

Auch bei der Erstellung der 3. Auflage habe ich wiederum vielfältige Hilfe von den unterschiedlichsten Seiten erfahren. Es ist unmöglich alle Unterstützer einzeln aufzuzählen, da viele Behörden, Consultants, Forschungseinrichtungen, Hochschulen, Industrie- und Handelskammern, Kollegen, Ministerien, Unternehmen und Verbände vielfältige (Detail-)Informationen gegeben bzw. mich mit Tipps und Anregungen unterstützt haben. Ihnen allen sei mein herzlicher Dank ausgesprochen!

Über mehrere Monate hat mich Lea-Sophie Becker (B. A.) tatkräftig unterstützt, v. a. bei der Erstellung der Abbildungen und Tabellen. Ich möchte ihr meinen Respekt zum Ausdruck bringen, dass sie mich neben ihrem fordernden Studium unermüdlich unterstützt hat – ganz vielen herzlichen Dank.

Darüber hinaus möchte ich einen besonderen Dank an die Studierenden und Absolvierenden der Hochschule Harz aussprechen, die im Rahmen von Präsentationen, Haus-, Bachelor- und Masterarbeiten Informationen und Quellen zu den Themen gesammelt und in Rahmen von Seminaren und Vorlesungen wichtige Anregungen gegeben haben, die mit in die Überarbeitung eingeflossen sind. Herrn Rainer Berger von der UVK Verlagsgesellschaft mbH danke ich für die erneute verlegerische Betreuung und es freut mich, dass wir auch die 3. Auflage zusammen auf den Weg gebracht haben.

Wie auch bei den vorherigen Auflagen wurde wieder mit bestem Wissen und Gewissen gearbeitet. Sofern Ihnen inhaltliche oder formale Fehler auffallen sollten, können Sie mir diese gerne via E-Mail mitteilen (sgross@hs-harz.de), so dass diese zukünftig vermieden werden können.

„Last but not least" ein abermalig großer Dank an meine Familie für Ihre Unterstützung, v. a. an meine Frau, die mir nun seit mehr als 30 Jahren zur Seite steht.

Wernigerode, Mai 2024
Sven Groß

Genderhinweis | Der Autor verzichtet auf verkürzte Formen zur Kennzeichnung mehrgeschlechtlicher Bezeichnungen im Wortinneren und verwendet in der Regel das generische Maskulinum.

Vorwort zur 2. Auflage

Seit der Veröffentlichung der 1. Auflage sind mehr als sechs Jahre vergangen. In diesen Jahren hat sich einiges im Tourismus und Verkehr verändert, so dass eine Neuauflage geboten ist. Auch das Lese- und Lernverhalten der Hauptzielgruppe dieses Lehrbuches, Studierende an touristischen Ausbildungseinrichtungen, hat sich geändert. Daher wurden neben inhaltlichen Aktualisierungen und Ergänzungen auch neue didaktische Elemente integriert. Hierzu zählen u. a. die ▸ Definitions- und ▸ Beispielboxen, Hervorhebungen von wichtigen Textpassagen und ▸ Lernziele am Anfang jeden Kapitels. Es wird jedoch auch ein Schritt in Richtung Digitalisierung der Inhalte gegangen. So werden auf der neu aufgebauten Internetseite 🔗 www.tourismusundverkehr.de sowohl (war bis 2022 aktiv) Auszüge des Lehrbuchs als auch weitergehende Informationen und Materialien angeboten. Daneben wird eine umfangreiche Sammlung an Informationsquellen in den Themenfeldern Tourismus und Verkehr zur Verfügung gestellt, die als Ausgangspunkt für wissenschaftliche Arbeiten herangezogen werden können. So stehen Informationen zu mehr als 200 Institutionen und weiteren Anbietern bereit, die kurz beschrieben und deren Datenbanken, (kostenlose) Download-Angebote, Publikationen, Studien u. ä. bekannt gemacht werden.

Auch bei der Erstellung der 2. Auflage habe ich vielfältige Hilfe von den unterschiedlichsten Seiten erfahren. Es ist unmöglich, alle Unterstützer einzeln aufzuzählen, da viele Behörden, Consultants, Forschungseinrichtungen, Hochschulen, Industrie- und Handelskammern, Kollegen, Ministerien, Unternehmen und Verbände vielfältige (Detail-)Informationen gegeben bzw. mich mit Tipps und Anregungen unterstützt haben. Ihnen allen sei mein herzlicher Dank ausgesprochen!

Darüber hinaus möchte ich einen besonderen Dank an die Studierenden und Absolventen der Hochschule Harz aussprechen, die im Rahmen von Präsentationen, Haus-, Bachelor- und Masterarbeiten Informationen und Quellen zu den Themen gesammelt und im Rahmen von Seminaren und Vorlesungen wichtige Anregungen gegeben haben, die mit in die Überarbeitung eingeflossen sind. Herrn Rainer Berger von der UVK Verlagsgesellschaft mbH danke ich für die erneute verlegerische Betreuung und es freut mich, dass wir auch die 2. Auflage zusammen auf den Weg gebracht haben. Ferner danke ich dem Oldenbourg-Verlag für die unproblematische Rückübertragung der Buchrechte.

Wie auch bei der 1. Auflage wurde wieder mit bestem Wissen und Gewissen gearbeitet. Sofern Ihnen inhaltliche oder formale Fehler auffallen sollten, können Sie mir diese gerne via E-Mail mitteilen (*sgross@hs-harz.de*), so dass diese zukünftig vermieden werden können.

„Last but not least" ein abermalig großer Dank an meine Familie für Ihre Unterstützung und das immer für mich da sein, v. a. an meine Frau, die mir nun schon seit 25 Jahren zur Seite steht.

Wernigerode, Mai 2017
Sven Groß

Vorwort zur 1. Auflage

Seit mehreren Jahren schwebt der Gedanke, ein umfassendes Lehrbuch an der Schnittstelle von Tourismus und Verkehr zu verfassen, in meinem Kopf. Nun liegt dieses umfassende Werk zu (nahezu) allen touristisch relevanten Verkehrsthemen vor. Es freut mich sehr, es sowohl Studierenden, Auszubildenden und Quereinsteigern der Tourismus- und Verkehrsbranche als auch Experten und Mitarbeitern der Branche bereitstellen zu können. Es gibt eine Reihe von Themen, die nahezu jeder mit dem touristischen Verkehr verbindet (z. B. Flug-, Bus-, Bahn- und Mietwagenverkehr) und die stark in der wissenschaftlichen Literatur verbreitet sind. Mein Anliegen ist es aber, nicht nur diese Diskussion mit neuen Inhalten bzw. einem neuen Blickwinkel zu bereichern, sondern auch Themen aufzugreifen, die bisher nur selten behandelt werden bzw. (noch) ein Nischendasein führen. Aktivitäten mit Ballonen, Draisinen, Hubschraubern, Kutschen, Motorrädern oder Zeppelinen, um nur einige Beispiele zu nennen, verbinden bspw. Exklusivität mit unvergesslichen Erlebnissen und sind daher ein vielvespreches touristisches Angebot.

Bei der Erstellung dieses Buches habe ich vielfältige Hilfe von den unterschiedlichsten Seiten erfahren dürfen. Es ist unmöglich, alle Unterstützer einzeln aufzuzählen, da eine Vielzahl an Unternehmen, Consultants, Verbänden, Forschungseinrichtungen und Hochschulen ebenso wie Ministerien, Behörden und Industrie- und Handelskammern vielfältige (Detail-)Informationen gegeben bzw. mich mit Tipps und Anregungen unterstützt haben. Ihnen allen sei mein herzlicher Dank ausgesprochen!

Darüber hinaus möchte ich einen besonderen Dank an die Studierenden und Absolventen der Hochschule Harz aussprechen, die im Rahmen von Haus-, Bachelor-, Diplom- und Masterarbeiten Informationen und Quellen zu den Themen gesammelt und im Rahmen von Seminaren und Vorlesungen wichtige Anregungen gegeben haben, die mit in die Erstellung dieser Publikation eingeflossen sind.

Frau Katharina Kröger (B.A.) hat mit ihrer redaktionellen Arbeit eine zügige Fertigstellung dieser Publikation überhaupt ermöglicht, wofür ich ihr meinen höchsten Respekt und Dank aussprechen möchte! Ferner danke ich Herrn Rainer Berger vom Oldenbourg Verlag für die verlegerische Betreuung.

Abschließend ist es mir ein besonderes Anliegen, meiner Familie zu danken. Ihre Unterstützung bei den Recherchen und den Arbeiten an diesem Buch sind nicht nachlesbar, haben das Gelingen aber erst ermöglicht. So langsam kommen meine Kinder in ein Alter, in dem sie verstehen, was ihr Vater macht, und wundern sich, dass man so viel Zeit für das „Bücherschreiben“ braucht.

Wernigerode, im Januar 2011
Sven Groß

1 Einleitung

Tourismus und Verkehr bzw. Mobilität sind eng miteinander verwoben. Bei der Entwicklung von Tourismus und Verkehr ist eine gegenseitige Beeinflussung bzw. Abhängigkeit erkennbar, wobei dem Verkehr eine geringere Abhängigkeit als der Abhängigkeit des Tourismus vom Verkehr zugeschrieben wird. Tourismus ist ohne Ortswechsel nicht gegeben, beim Verkehr sind jedoch sowohl im Bereich des Güter- als auch Personenverkehrs weitere Aktionsfelder vorhanden.

Enge Verknüpfungen zeigen sich insbesondere bei den Verkehrsmitteln und den Verkehrswegen. Verkehrsmittel können

- Beförderungsmittel zwischen Quell- und Zielgebiet (An- und Abreise bzw. Rundreise) sowie in der Destination sein,
- zur Erreichung von (touristischen) Einrichtungen von der Destination aus („Ausflüge") genutzt werden,
- touristische Attraktionen selbst sein, wie z. B. Museumsbahnen, Draisinen, Ausflugsdampfer in Museen,
- Hauptbestandteil des touristischen Produktes (z. B. Hochsee- und Flusskreuzfahrten, Hausboote, Luxuszüge) sein oder
- Teil der Erholung sein (wie z. B. Fahrrad oder Cabrio fahren).

Die ersten beiden genannten Verknüpfungen werden in → Abbildung 1 anschaulich aufgezeigt (vgl. Lohmann/Duval 2011, S. 5).

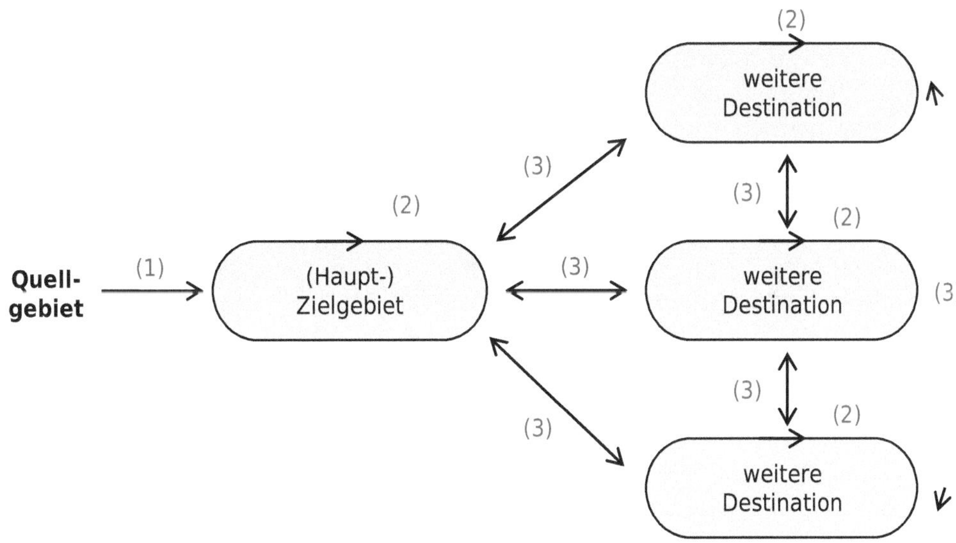

Abbildung 1: Verkehr als Basis des Tourismus | Quelle: Lohmann/Duval 2011, S. 5. | Legende: (1) Verkehr zwischen Quellgebiet und Zielgebiet (= Destination), (2) Verkehr innerhalb einer besuchten Destination/en, (3) Verkehr zwischen den verschiedenen besuchten Destinationen während einer Reise.

Ziel dieses Lehrbuches ist es die theoretischen Grundlagen, den Forschungsstand, die geschichtliche Entwicklung, die Rahmenbedingungen aber auch Angebot, Nachfrage und Unternehmensstrategien im Bereich der verschiedenen Verkehrsmittel darzustellen.

Im Kapitel 2 werden daher die theoretischen Grundlagen in den Bereichen Tourismus und Verkehr bzw. Mobilität gelegt. Hierbei werden die Begriffe Tourismus, Verkehr und Mobilität definiert und eine Systematisierung und Abgrenzung der Begriffe und Formen des Tourismus und des Verkehrs gegeben. Abschließend werden zur Vervollständigung bedeutende Informationsquellen und grundlegende Indikatoren dargelegt.

In den Kapitel 3 bis 6 werden die Themen Mietwagen, Bus, Schifffahrt und Flug auf Grund ihrer Bedeutung für die touristische Praxis und Ausbildung ausführlicher als die anderen Themenfelder behandelt. Es werden jeweils die Grundlagen wie den Forschungsstand, Definitionen und Abgrenzung von Begriffen und Arten behandelt und ein Überblick über die geschichtliche Entwicklung sowie ausgewählte Rahmenbedingungen, wie die gesetzlichen Vorgaben und die Akteure, gegeben. Abschließend erfolgt eine Betrachtung ausgewählter Strategien und des jeweiligen Marktes, wobei die Angebot- und Nachfragesseite analysiert wird.

Nach diesen vier Schwerpunkt-Kapiteln wird die Betrachtung kürzer gefasst und orientiert sich am aktuellen Wissens- und Forschungsstand des jeweiligen Verkehrsmittels. Die Darstellung erfolgt gesondert im Kapitel Sonderbereiche des touristischen Verkehrs gruppiert unter dem jeweiligen Verkehrsmedium **Land, Luft oder Wasser**.

Innerhalb des Themenfeldes **Verkehrsmittel an Land** werden Bahnreisen, Bergbahnen, Luxuszüge, Motorradreisen, Caravaning, Wandern, Radfahren, touristische bedeutsame Schienenverkehrsmittel sowie Pferdekutschen, Segways, Draisinen, Rikschas und Ferienfahrschulen behandelt, wobei letzteren Themen auf Grund ihrer geringeren Bedeutung auch weniger Raum gewidmet wird. Über die ausführliche Betrachtung von Fluggesellschaften werden im Themenfeld **Luft** Ballone, der Weltraumtourismus, Zeppeline und der sonstige Luftverkehr betrachtet. Dem Verkehrsmedium **Wasser** ist ausschließlich der touristische Wassersport zuzuordnen.

Abschließend werden im Kapitel **Verkehrskonzepte für Destinationen** die touristische Beschilderung (inklusive touristischer Routen), das Mobilitätsmanagement (im Tourismus) und die Autofreiheit bzw. sanfte Mobilität thematisiert.

Die oben genannte Betrachtung der verschiedenen touristischen Verkehrsmittel und -dienstleister orientiert sich inhaltlich am System der touristischen Verkehrsleistungen (⟶ Abbildung 2). Im Mittelpunkt steht der Markt. Auf einem Markt[1] „(...) nehmen Wirtschaftssubjekte (Anbieter und Nachfrager) miteinander Kontakt auf, um ihre Transaktionspläne (entweder Tausch oder Produktion) oder ihr Informationsbedürfnis zu verwirklichen. Getauscht werden sollen dabei Güter, Dienstleistungen und/oder (Eigentums-)Rechte. Zu den Anbietern zählen auf den (Absatz-)Märkten die Produzenten und/oder Eigentümer von Produkten bzw. Dienstleistungen (Unternehmer), zu den Nachfragern die Konsumenten bzw. Verbraucher (Haushalte)." (Freyer 2015, S. 375) Wichtige Betrachtungsebenen im Rahmen einer Marktanalyse sind die Marktabgrenzung, die Marktstruktur und das Marktvolumen, wobei die Marktabgrenzung am Anfang aller (Markt-)Überlegungen steht. Eine Marktabgrenzung geschieht v. a. nach räumlichen, zeitlichen, produktspezifischen und soziodemographischen Aspekten. Die Marktstruktur wird v. a. durch

1 Der Begriff des ‚Marktes' umfasst je nach Betrachtung einen konkreten „(...) Ort, wo sich Anbieter und Nachfrager treffen, um Güter zu (ver)kaufen. Typische Beispiele sind der Wochenmarkt, Auktionen oder Versteigerungen oder Messen und Ausstellungen, so z. B. die ITB-Internationale Tourismusbörse in Berlin, laut Werbung ‚der Welt größter Reisemarkt'. (...) ein abstrakter Ort, eine gedankliche Konstruktion, bei der man sich vorstellt, alle Anbieter und Nachfrager einer Region (Ort oder Land) und/oder eines Zeitraumes träfen (...) unabhängig von Orts-, Zeit-, Informations-, Transport- oder anderen Problemen zusammen." (Freyer 2015, S. 374)

die Anzahl und Größe der Marktteilnehmer erfasst und das Marktvolumen lässt sich hinsichtlich des Umfangs der am jeweiligen Markt gehandelten Leistungen umschreiben. Geeignete Größen zur Bestimmung des Gesamtmarktes sind z. B. die in der Markttheorie üblichen Größen für das Marktvolumen nach Umsatz und Beschäftigten (vgl. Freyer 2015, S. 378 ff.).

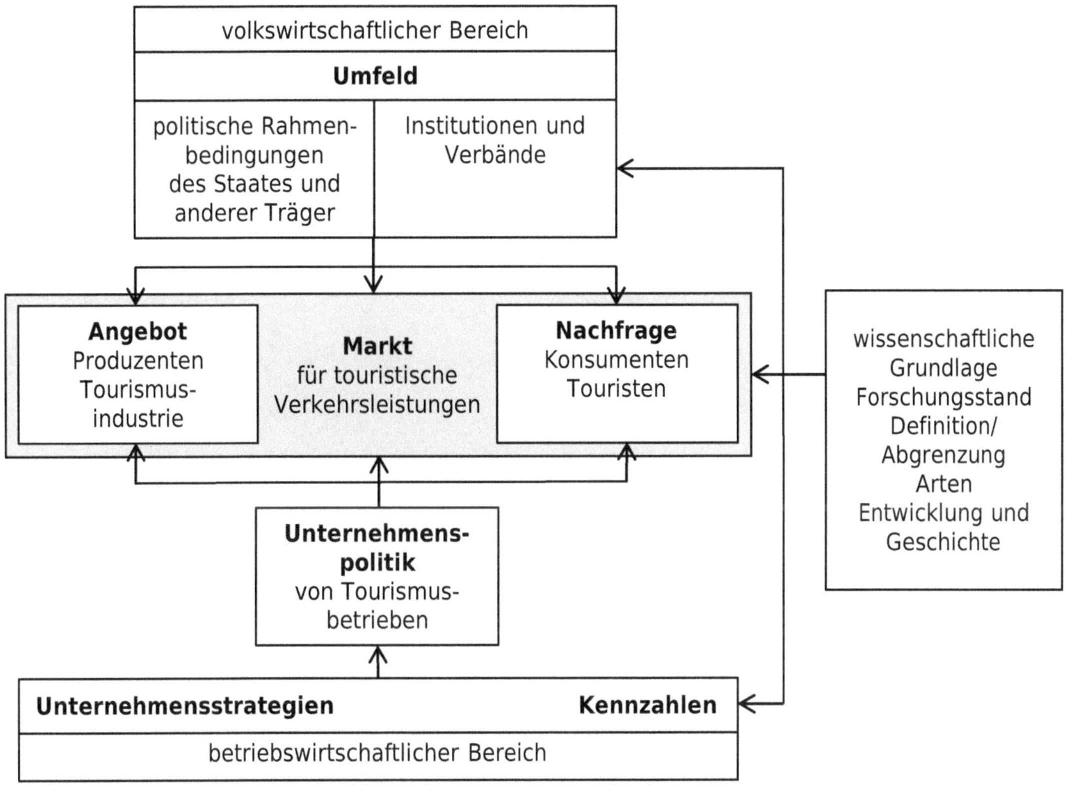

Abbildung 2: Das System der touristischen Verkehrsleistungen | Quelle: Vgl. Freyer 2015, S. 57.

Neben der reinen Marktbetrachtung ist allerdings auch eine Betrachtung der volkswirtschaftlichen und betriebswirtschaftlichen Zusammenhänge notwendig, da der Markt die Schnittstelle dieser zwei Bereiche darstellt. Daher werden im vorliegenden Buch auch die rechtlichen Rahmenbedingungen und die verschiedenen Institutionen und Akteure, die auf die Betriebe einwirken, behandelt. Aus betriebswirtschaftlicher Sicht werden v. a. die für Unternehmen möglichen Strategien, aber auch Kennzahlen behandelt. Um diese Betrachtungen durchführen zu können, ist die Schaffung von wissenschaftlichen Grundlagen entscheidend. Eine Betrachtung der Geschichte und Entwicklung kann außerdem wichtig sein. Die Ergebnisse dieser Grundlagenarbeit spiegeln sich im aktuellen Forschungsstand wider.

2 Theoretische Grundlagen von Tourismus und Verkehr

Im Folgenden werden die wichtigsten Untersuchungsgegenstände des vorliegenden Lehrbuches betrachtet. Für ein wissenschaftliches Arbeiten ist eine Klärung terminiologischer Fragen unausweichlich, auch wenn dies auf den ersten Blick langweilig aussehen mag. Hierbei wird sowohl der wissenschaftliche Erkenntnisstand (z. B. Herkunft der Begriffe, Definitionen und Abgrenzungen, Systematisierungen, Indikatoren) zum Verkehr und zur Mobilität als auch zum Tourismus und zum touristischen Verkehr dargelegt. Darüber hinaus wird eine Übersicht über touristische und verkehrliche Informationsquellen gegeben, die für weitere Analysen und Forschungen ebenso genutzt werden können wie für die praktische Arbeit.

▸ **Lernziele**

Sie lernen …

- die wichtigsten Fachbegriffe rund um den Tourismus und Verkehr kennen,
- warum Fremdenverkehr im deutschsprachigen Raum immer seltener (in der Fachsprache) verwendet wird,
- die konstitutiven Elemente des Tourismus als wichtige Grundlage für eine Definition des Tourismus zu verstehen,
- dass es einen Unterschied zwischen Verkehr und Mobilität gibt und dass es Mobilität in verschiedenen Ausprägungen gibt,
- wie der Verkehr systematisiert werden kann,
- die (häufig verwechselten) Begriffe Verkehrsmedien, Verkehrsträger und Verkehrsmittel zu unterscheiden und
- die Vielfältigkeit von (touristischen) Verkehrsmitteln und Verkehrswegen kennen.

2.1 Der Begriff Tourismus bzw. Fremdenverkehr

Die Begriffe Tourismus und Fremdenverkehr werden weitestgehend gleichgesetzt, sowohl im Alltagsgebrauch als auch im wissenschaftlichen Bereich.

Es finden sich jedoch auch Aussagen, dass sich Fremdenverkehr v. a. auf innerdeutsche bzw. binnentouristische Aspekte bezieht und es um die Entwicklung deutscher Fremdenverkehrsgebiete und das Reisen innerhalb Deutschlands (domestic tourism) sowie den Incoming-Tourismus geht. Tourismus wird dagegen auf das zwischenstaatliche, internationale Reisen bezogen, d. h. insbesondere auf den (Outgoing-)Reiseverkehr Deutscher ins Ausland, auf Zahlungsbilanzeffekte, Pass- und Devisenvorschriften usw. (vgl. Freyer 1996, S. 261 f.; Groß 2005, S. 29).

Der Begriff **Fremdenverkehr** ist im deutschsprachigen Raum ein historisch gewachsener Terminus, hat er in anderen Sprachen jedoch keine direkte Entsprechung.[2] Das Adjektiv „fremd“

2 Die erste Erwähnung der Bezeichnung „Fremdenverkehr“ wird für Mitte des 19. Jahrhunderts festgestellt, wobei der genaue Zeitpunkt unterschiedlich angegeben wird. Opaschowski (vgl. 1989, S. 16) schreibt, dass 1850 in einer Druckschrift eines Arztes zu Fragen der Prostitution in Berlin der Begriff erstmals auftauchte. Dieser Arzt konnte nachweisen, dass trotz Zunahme des Fremdenverkehrs die Prostitution eingedämmt werden konnte. In einer

im Wort „Fremdenverkehr“ stammt vom germanischen Adverb „fram“ (= vorwärts, weiter, von – weg) und wandelte sich mit der Zeit zu „unbekannt, unerwartet“. In seinem ursprünglichen Bedeutungsinhalt war es damit dem Aufbruch und Wegfahren, das den Begriff „Reise“ charakterisiert, ähnlich. Tourismus hat dagegen im deutschsprachigen Sprachraum nach dem 2. Weltkrieg allgemein Eingang in den Sprachschatz gefunden. Das Wort **Tourismus** stammt aus dem griechischen „tornos“ für „zirkelähnliches Werkzeug“ und gelangte über das lateinische „tornare“ (= runden) und das französische Tour ins Englische und Deutsche. Tourismus impliziert somit den Start und die Rückkehr zu einem Ausgangspunkt (vgl. Mundt 2013, S. 1 f.). Erstmals soll das Wort „Tourist“ dabei zu Beginn des 18. Jahrhunderts in der englichen Sprache Eingang gefunden haben (vgl. Cooper et al. 2005, S. 12).

> Insbesondere die folgenden Gründe sprechen für die Verwendung des Terminus Tourismus: (1) Der Ausdruck Fremdenverkehr wird v. a. von der Tourismusforschung und Trägern der Tourismus-Politik nur ungern verwendet, weil der Wortbestandteil „fremd“ nicht im Vordergrund stehen soll. Der „Gast“ und nicht der „Fremde“ ist wichtig (vgl. Bandi Tanner/Müller 2021, S. 50). (2) Der Hintergrund des Begriffs Tourismus weist auf ein zentrales Element des Verständnises hin: Bei der touristischen Reise handelt es sich um eine zirkuläre Reise, d. h. die Reisenden kehren bei einer Reise wieder an den Ausgangspunkt zurück (vgl. Mundt 2013, S. 2). (3) Die internationale Sprachregelung und zunehmende Internationalisierung des Tourismus (vgl. Eisenstein 2021, S. 7; Freyer 2015, S. 8; Steingrube 1992, S. 11).

Gegen Ende des 19. Jahrhunderts tauchte der Begriff Touristik auf (zu Beginn mit ausschließlicher Beziehung auf Hochgebirge und Bergbesteigung), für den es international ebenfalls keine Entsprechung gibt. Der Begriff hat im Laufe der Jahre unterschiedliche Bedeutungen durchlaufen, wobei er v. a. im Geschäftsbereich von Reiseveranstaltern und Reisemittlern Eingang gefunden hat und hauptsächlich Urlaubs- und Pauschalreiseangebote umschreibt sowie als die geschäftsmäßige Beschäftigung mit Reisen, d. h. als Synonym für „Tourismusbetriebe“ und „Tourismuswirtschaft“, verstanden wird (vgl. Eisenstein 2021, S. 5; Freyer 2015, S. 9; Mundt 2013, S. 3; Opaschowski 1989, S. 12; Steingrube 1992, S. 10).[3]

2.2 Definition von Tourismus

Mit Hilfe der bisherigen Ausführungen wird zwar deutlich, dass die synonyme Verwendung der Begriffe Tourismus und Fremdenverkehr eine Vereinfachung bietet und sich die Verwendung des Begriffes Tourismus auch in Deutschland immer mehr durchsetzt. Es sind in den letzten Jahren

späteren Veröffentlichung wird dagegen ausgesagt, dass der Begriff „Fremdenverkehr“ erstmals in einem 1866 erschienenen Buch mit dem Titel „Recht der Frauen auf Erwerb“ von Louise Otto-Peters genutzt wurde. Die Autorin nutzte den Begriff in Verbindung mit Dresden als einer der Städte mit starkem Fremdenverkehr (vgl. Benthien 1997, S. 17 f.). In den letzten Jahren gibt es eine Diskussion in der wissenschaftlichen Literatur, ob Tourismus eine eigenständige Wissenschaft ist bzw. sein kann oder nicht (vgl. Echtner/Jamal 1997, S. 868 ff.; Groß 2004, S. 243 ff.; Pechlaner/Zehrer 2017).

3 Es gibt Vertreter, die mit Touristik eindeutig die sportliche Seite des Begriffs verbinden. Die Touristik wird jedoch nicht nur als Sport bzw. Sportart begriffen, sondern als eine Verfahrensform bei der Ausübung einer Reihe sportlicher Betätigungsmöglichkeiten betrachtet, die man sich mit den Mitteln der Touristik erschließen kann. Es wird hierbei davon ausgegangen, „(...) daß es sich bei der Touristik um eine besondere Qualität sportlicher Tätigkeiten handelt.“ (Noack/Kirste 1992, S. 204) In der ehemaligen DDR wurde Touristik als eine Sportart (Wandern, Bergsteigen) verstanden, für die es einen eigenen Verband gab (vgl. Benthien 1997, S. 141).

bspw. Umbenennungen von Verbänden (der Deutsche Fremdenverkehrsverband heißt seit 1999 Deutscher Tourismusverband) und Tourismusorganisationen (z. B. es heißt häufig nicht mehr Fremdenverkehrsamt, sondern Tourismus-Marketing GmbH o. ä.). Hiermit existiert aber (noch) keine allgemein anerkannte Definition. Daher werden in unterschiedlichen Ländern andere Defintionen herangezogen und selbst in verschiedenen Regionen der USA oder Kanada werden unterschiedliche Definitionen angewendet. Auch nach mehr als 200 Jahren Verwendung des Begriffes Tourist bzw. Tourismus konnte eine Verständigung nicht einmal im gleichen Land auf eine einheitliche Sichtweise des Tourismus erzielt werden (vgl. Mundt 2013, S. 6 f.; Page/Connell 2020, S. 9 ff.).

In der deutschsprachigen Literatur sind Übersichten über Definitionen zu Fremdenverkehr und Tourismus zu finden, die v. a. Schullern zu Schrattenhofen (1911), Morgenroth (1928), Bormann (1931) und Glücksmann (1935) sowie die Definition der AIEST (Association Internationale d'Experte Scientifiques du Tourism) aus dem Jahre 1954 (die auf Hunziker und Krapf 1942, S. 21 beruht) betrachten (vgl. Bandi Tanner/Müller 2021, S. 50 ff.; Eisenstein 2021, S. 11 ff.; Freyer 2015, S. 2). Darüber hinaus ist noch Poser (1939) als ein wichtiger deutschsprachiger Vertreter aus den Anfängen der Definitionsansätze zu nennen.[4]

Im deutschsprachigen Raum werden die auf Hunziker und Krapf aufbauende Definition von Kaspar sowie die der Welttourismusorganisation (UNWTO) am häufigsten verwendet. Kaspar (vgl. 1996, S. 16) definiert „(...) den Tourismus oder Fremdenverkehr als Gesamtheit der Beziehungen und Erscheinungen, die sich aus der Ortsveränderung und dem Aufenthalt von Personen ergeben, für die der Aufenthaltsort weder hauptsächlich und dauernder Wohn- noch Aufenthaltsort ist." Nach der Definition der Welttourismusorganisation aus dem Jahre 1993 umfasst der Tourismus „(...) die Aktivitäten von Personen, die an Orte außerhalb ihrer gewohnten Umgebung reisen und sich dort zu Freizeit-, Geschäfts- oder bestimmten anderen Zwecken nicht länger als ein Jahr ohne Unterbrechung aufhalten." (WTO 1993, S. 2) Diese Definition wurde im Jahre 2010 durch folgende Definition abgelöst (⟶ Abbildung 3):

> „A visitor is a traveller taking a trip to a main destination outside his/her usual environment, for less than a year, for any main purpose (business, leisure or other personal purpose) other than to be employed by a resident entity in the country or place visited. These trips taken by

---

4 Die nachfolgenden Definitionen finden sich – bis auf die Definition von Poser – bei Eisenstein 2021, S. 11 ff. und Freyer (vgl. 2015, S. 2): „Fremdenverkehr ist der Begriff all jener und in erster Reihe aller wirtschaftlichen Vorgänge, die sich im Zuströmen, Verweilen und Abströmen Fremder nach, in und aus einer bestimmten Gemeinde, einem Lande, einem Staat betätigen und damit unmittelbar verbunden sind." (Schullern zu Schrattenhofen 1911) „Im engsten Sinne ist als Fremdenverkehr der Verkehr der Personen zu begreifen, die sich vorübergehend von ihrem Dauerwohnsitz entfernen, um zur Befriedigung von Lebens- und Kulturbedürfnissen oder persönlichen Wünschen verschiedenster Art anderwärts, lediglich als Verbraucher von Wirtschafts- und Kulturgütern zu verweilen." (Morgenroth 1927) „Fremdenverkehr seinem Begriff und seiner Zusammensetzung nach bezeichnet werden als der Inbegriff der Reisen, die zum Zwecke der Erholung, des Vergnügens, geschaftlicher oder beruflicher Betätigung oder aus sonstigen Gründen, in vielen Fallen aus Anlas besonderer Veranstaltungen oder Ereignisse vorgenommen werden und bei denen die Abwesenheit vom ständigen Wohnsitz nur vorübergehend, im Berufsverkehr jedoch nicht blos durch die regelmäßige Fahrt zur Arbeitsstätte bedingt ist." (Bormann 1931) „Summe der Beziehungen zwischen einem am Orte seines Aufenthaltes nur vorübergehend befindlichen Menschen an diesem Ort." (Glücksmann 1935) Poser (1939) definiert Fremdenverkehr als „(...) die lokale oder gebietliche Häufung von Fremden mit einem jeweils vorübergehenden Aufenthalt, der die Summe der Wechselbeziehungen zwischen den Fremden einerseits und der ortsansässigen Bevölkerung, dem Orte und der Landschaft andererseits zum Inhalt hat." „Fremdenverkehr ist somit der Inbegriff der Beziehungen und Erscheinungen, die sich aus dem Aufenthalt Ortsfremder ergeben, sofern durch den Aufenthalt keine Niederlassung zur Ausübung einer dauernden oder zeitweilig hauptsächlichen Erwerbstätigkeit begründet wird." (AIEST 1954)

visitors qualify as tourism trips. Tourism refers to the activity of visitors." (UNWTO 2010a, S. 10)

Auch in der englischsprachigen Literatur werden die UNWTO-Definitionen immer wieder als die wichtigsten oder eine der wichtigsten Defintionen herausgestellt. Es werden hier jedoch auch weitere Definitionsansätze dargestellt. Zum einen Ansätze von länderübergreifenden Institutionen bzw. Organisationen, wie z. B. vom Committee of Statistical Experts of the League of Nations, von der International Union of Official Travel Organizers (IUOTO), von der Organization for Economic Cooperation and Development (OECD), oder von Autoren wissenschaftlicher Beiträge. Und zum anderen Definitionen aus einzelnen Ländern, wie die Definitionen aus den USA vom U.S. Senat's National Tourism Policy Study, die Travel Industry Association of America (TIA) und der National Tourism Resources Review Commission, aus Kanada den Canadian Travel Survey, aus Großbritannien vom National Tourist Boards of England, Scotland and Northern Ireland sowie aus Australien vom Australian Bureau of Industry Economics (vgl. Cooper et al. 2005, S. 12 f.; Goeldner/Ritchie 2012, S. 6 ff.; Page/Connell 2020, S. 1 ff.; Wall/Mathieson 2006, S. 11 ff.).[5]

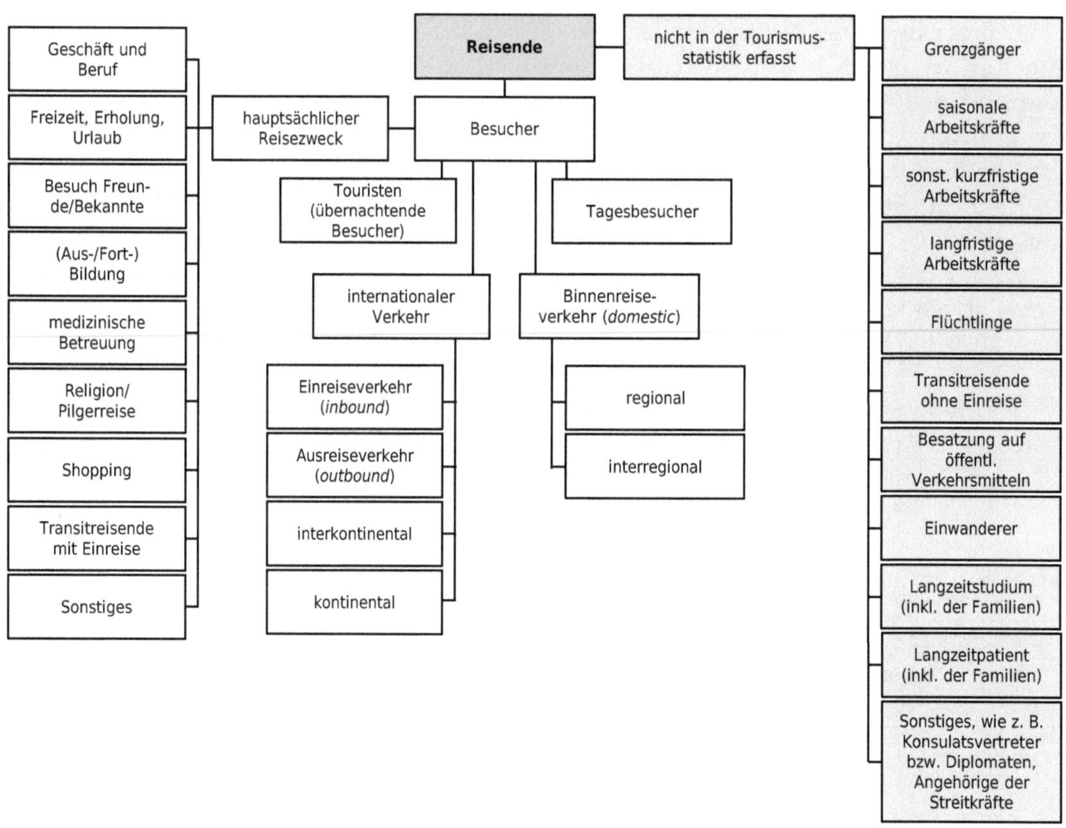

Abbildung 3: Abgrenzung des Tourismus nach der UNWTO-Definition | Quelle: Vgl. Goeldner/Ritchie 2012, S. 8; UNWTO 2010a, S. 19.

5 In einer UNWTO-Veröffentlichung werden diese Ansätze und weitere wichtige Entwicklungsschritte hin zur UNWTO-Tourismus-Definition vorgestellt (vgl. UNWTO 2010a, S. 2).

Bereits in den 1970er-Jahren wurden vier Basiskriterien für die Definition von Tourismus herausgearbeitet. Hierbei handelt es sich um das Motiv der Reise, die Beförderungsart, die Länge des Aufenthaltes und die zurückgelegte Entfernung (vgl. Frechtling 1976, S. 60).

Auch im deutschsprachigen Raum werden ähnliche Kriterien zur praktisch einsetzbaren Abgrenzung des Tourismus herangezogen und von den sog. **konstitutiven Elementen** des Tourismus gesprochen.[6]

Diese sind wie folgt zu umschreiben:

- **Motive:** Ein Ortswechsel ist nicht Selbstzweck, er erfolgt aus bestimmten Gründen heraus, wobei diese Motive vielfältig sein können. Die UNWTO zählt Freizeit, Erholung, Urlaub, Besuch von Freunden/Verwandten, Bildung und Training, Gesundheit und medizinische Betreuung, Religion/Pilgerreisen, Shopping, Transit und sonstige Motive (z. B. Reisen zu Freizeitwohnsitzen) hierzu. Die Frage, ob Geschäftsreisen auch zum Tourismus gezählt werden, wird unterschiedlich aufgefasst. Die UNWTO bezieht geschäftliche Motive in ihre Definition mit ein, andere schließen sie jedoch aus. Bei der 2010er UNWTO-Definition werden die Anstellung bzw. das Arbeiten für ein Unternehmen im Gastland jedoch explizit ausgeschlossen. Es sollten aber kurzfristige Beschäftigungen (unter einem Jahr) bei nicht im Gastland ortsansässigen Unternehmen erfasst werden (vgl. Freyer 2015, S. 3; UNWTO 2010a, S. 10 und S. 24).
- **Dauer/Zeit:** Zum einen ist die Reise „vorübergehend", d. h. die Touristen kehren nach einer gewissen Zeit wieder an ihren Ausgangspunkt zurück und zum anderen ist Tourismus ein zeitraumbezogenes Phänomen, d. h. Touristen bewegen sich über einen gewissen Zeitraum in der Fremde. Laut der UNWTO beginnt Tourismus ab einer Übernachtung und dauert nicht länger als ein Jahr. Tagesbesucher oder Ausflügler sind Besucher („Excursionists"), die keine Nacht am besuchten Ort verbringen (vgl. ders., S. 27).
- **Ortswechsel:** Touristen verlassen ihren gewöhnlichen Aufenthaltsort und begeben sich in die „Fremde", zu anderen Menschen und Kulturen. Dieser Ortswechsel ist Teil des touristischen Prozesses und erfolgt mit verschiedenen Verkehrsmitteln. Generell werden Reisen ins In- und Ausland, in die nähere Umgebung und am (Heimat-)Ort unterschieden. Die Frage, ab wann der gewöhnliche Aufenthaltsort verlassen wird, wird unterschiedlich beantwortet. Während das US Census Bureau 100 Meilen (ca. 160 km) für die Hin- und Rückreise vorgibt, nutzen das Kanadische Statistikamt (Statistics Canada) und die Canadian Tourism Commission dagegen 80 km. Das English Tourism Council gibt wiederum mehr als 20 Meilen und 3 Stunden vor (vgl. Holloway/Humphreys 2022, S. 6). Auch Studien in Deutschland bedienen sich einer derartigen Abgrenzung, um das Phanomen Tourismus statistisch zu erfassen. Ein Beispiel ist der GfK-DestinationMonitor, bei dem bspw. Reisen mit einer Mindestdistanz von 50 km vom Haushalt zum Zielort erfasst werden (vgl. Reif et al. 2017, S. 208). Ein weiterer Ansatz, um den gewohnten Aufenthaltsort greifbarer und ggf. messbar zu machen, ist auf Hilfskonstrukte zurückzugreifen. Es lassen sich bspw. wiederholende räumliche Bewegungen einer Person, die von deren Lebensmittelpunkt ausgehen und zuruck-

6 Auch Pompl (vgl. 1997, S. 1) spricht von vier, z. T. anderen, konstitutiven Elementen und zwar „Ortswechsel vom normalen Wohnort zum Zielort; vorübergehender Aufenthalt an einem fremden Ort; Aktivitäten am Reiseziel; Beziehungen, die aus den vorgenannten Aktivitäten resultieren." Ausführliche Informationen zu den konstitutiven Elementen des Tourismus finden sich z. B. bei Bandi Tanner/Müller 2021, S. 51, Eisenstein 2021, S. 16 ff., Freyer 2015, S. 3, Kaspar 1996, S. 15.

führen, zu räumlichen Bewegungsmustern zusammenfassen. Wöchentlich wiederkehrende Bewegungen einer Person (z. B. aus religiösen oder sportlichen Gründen) werden als „weekly movement cycle" bezeichnet (vgl. Roseman 1971, S. 590). Dieser Zyklus wiederum kann zur Abgrenzung der gewohnten Umgebung herangezogen werden. Beim Verlassen des, mit diesem Vorgehen, als gewohnte Umgebung definierten Raumes wandelt sich die Person zum Touristen. Zusammenfassend ist hierzu festzuhalten, dass es keine einheitliche Abgrenzung gibt, sondern verschiedene Autoren bzw. Studien unterschiedliche Maßstäbe ansetzen (vgl. Cooper et al. 2005, S. 13 f.; Goeldner/Ritchie 2012, S. 6 ff.; Page/Connell 2020, S. 9 ff.). Dieses Verfahren kommt auch der Empfehlung der UNWTO entgegen, die folgendes vorschlägt: „2.24. Based on the prevalent habits of movements, it is recommended that each country define the precise meaning of what is termed regular and frequent in the context of its tourism statistics." (UNWTO 2010a, S. 12) Trotzdem definiert sie den gewöhnlichen Aufenthaltsort wiefolgt: „2.25. The usual environment of an individual includes the place of usual residence of the household to which he/she belongs, his/her own place of work or study and any other place that he/she visits regularly and frequently, even when this place is located far away from his/her place of usual residence (...) or in another locality (...)." (UNWTO 2010a, S. 12)

Diese drei konstitutiven Elemente können zur Abgrenzung der touristischen Erscheinungsformen herangezogen werden, wobei sich drei Bereiche ergeben und **die fett umrandeten Elemente im Folgenden zum Tourismus gezählt werden** (→ Abbildung 4).[7]

Abgrenzung nach								
Motivation								
■ Motiv	Geschäft	Gesundheit	VFR	Religion	Sonstige	Erholung, Urlaub		Studium/Arbeit/ Auswandern
■ Bezeichnung	Geschäfts-tourismus	Gesund-heits-tourismus	VFR-Tou-ris-mus	Religions-tourismus	z. B. Kultur-, Sporttourismus	Erholungs-, Urlaubstourismus		Arbeits-, Studien-aufenthalte, Auswanderung
Dauer								
■ Tage	1	1-4				5-30	über 30	über 1 Jahr
■ Übernachtungen	0	1-3				4-29	bis 1 Jahr	
■ Bezeichnung	Tagesausflug	kurzfristiger Tourismus				Erho-lungs-tourismus	langfristiger Tourismus	Daueraufenthalt
Zielort								
■ Entfernung	(Heimat-)	nähere Umgebung				Inland	Ausland,	zum Arbeitsplatz,
■ Bezeichnung	Ort						Kontinent	kleiner Grenz-verkehr
	Stadt-tourismus	Nahtourismus/ -erholung				Inlands-tourismus	Auslands-tourismus	(Berufs-)Pendler

Abbildung 4: Erscheinungsformen des Tourismus | Quelle: Leicht veränderte Darstellung, in Anlehnung an Freyer 2015, S. 4.

7 Nach Eisenstein (vgl. 2017, S. 22) „[..] besteht zunehmend Konsens, dass der Tourismus sowohl Übernachtungs- als auch Tagesreisen umfasst. Als Gründe hierfür werden Verbesserungen in der Transporttechnologie und die damit in Verbindung stehende ökonomische Bedeutung des Tagestourismus für Destinationen und verschiedene Sachgüter und Dienstleistungen anbietende Unternehmen angeführt (Page/Connell 2014, S. 11; Bieger 2010, S. 33; auch bereits Spatt 1975, S. 10)."
Dem ist entgegen zu bringen, dass die UNWTO folgendes schreibt: „A visitor (domestic, inbound or outbound) is classified as a tourist (or overnight visitor) if his/her trip includes an overnight stay, or as a same-day visitor (or excursionist) otherwise." (UNWTO 2010a, S. 10)

2.3 Die Begriffe Verkehr und Mobilität

Mobilität und Verkehr stehen in enger Beziehung zueinander. Sie sind aber nicht identisch, obwohl sie sich schwer voneinander trennen lassen. Problematisch ist in diesem Zusammenhang, dass die gleichen Bezeichnungen für mehrere miteinander verknüpfte, aber doch wesentlich verschiedene Begriffsinhalte verwendet werden. Mobilität und Verkehr sind nicht nur ein Thema der Verkehrswissenschaft, sondern verschiedener wissenschaftlicher Disziplinen, wie z. B. der Geographie, Psychologie, Soziologie oder Wirtschaftswissenschaft. Erschwerend kommt hinzu, dass innerhalb der einzelnen Wissenschaftsdisziplinen unterschiedliche Ansätze zu finden sind und mit Mobilität eher positive und mit Verkehr eher negative Assoziationen verknüpft werden.[8] „Zugleich drückt der Begriff Verkehr ein eher traditionelles Verständnis aus, während Mobilität einen modernen Anstrich hat. Hierzu trägt sicher bei, dass der Begriff Mobilität erst in den letzten 20 Jahren zur Beschreibung verkehrlicher Phänomene Verwendung gefunden hat." (Gather et al. 2008, S. 23)

Der Begriff **Mobilität** geht auf „mobilitas" zurück, was nicht nur Beweglichkeit, sondern auch Schnelligkeit, Gewandheit, Unbeständigkeit, Wankelmut und Biegsamkeit bedeutet und im Allgemeinen die Beweglichkeit von Personen und Sachen, sowohl rein physischer, bei Personen auch in geistiger oder sozialer Art umfasst (vgl. z. B. Canzler/Knie 1998, S. 30; Gerike/Becker 2000, S. 2; Zängler 2000, S. 19). Mobilität wird unterschieden in realisierte, tatsächlich vollzogene Beweglichkeit (= aktuelle Bewegung) und Fähigkeit zur Beweglichkeit (= potenzielle Beweglichkeit), unabhängig davon, ob von dieser Fähigkeit Gebrauch gemacht wird (vgl. Ahrend et al. 2013, S. 2; Beckmann et al. 2006, S. 19; Gather et al. 2008, S. 24; Gerike/Becker 2000, S. 2 f.; Kleehaupt 1997, S. 9; Wilde 2023, S. 6).

Um den Mobilitätsbegriff zu kategorisieren, werden oft drei Kategorien herangezogen (→ Abbildung 5).

Dies sind die soziale, informationale und räumliche (physische) Mobilität (vgl. Cerwenka 1999, S. 35; Zängler 2000, S. 20). Mehrere weitere Unterteilungen von Mobilität sind in der Literatur zu finden. Beispiele sind die Unterscheidung in soziale, berufliche, qualifikatorische und räumliche Aspekte der Mobilität (vgl. Kleehaupt 1997, S. 9) sowie Faktor- und Bevölkerungsmobilität (letztere als soziale Mobilität, räumliche Bevölkerungs- und Pendelmobilität) (vgl. Beckmann 1988, S. 34 f.). Aus der sozial-ökologischen Mobilitätsforschung kommt darüber hinaus der Vorschlag, folgende drei Dimensionen von Mobilität zu unterscheiden: Räumliche, sozial-räumliche und sozio-kulturelle Mobilität (vgl. Wehling 1998, S. 14 f.). Eine an der Motivation ansetzende Trennung von Mobilität in Zweck- und Erlebnismobilität ist ebenso zu finden wie die Unterscheidung in selbst und fremd veranlasste sowie eigene und fremde Mobilität (vgl. Eckey/Stock 2000, S. 2; Kleehaupt 1997, S. 22 f.). Zweckmobilität wird als ein weitgehend rationales, unentbehrliches Hilfsmittel zur Erreichung eines Hauptzweckes, welcher der eigentliche Grund für die notwendige Raumüberwindung ist, gesehen, so dass v. a. sachliche und rationale Motive im Vordergrund stehen. Erlebnismobilität ist dagegen gefühlsorientierte Mobilität, die in erster Linie Lust- und Fluchterlebnisse besonderer Art erzeugt (vgl. ADAC 1987, S. 6 f.).

Ein v. a. in der englischsprachigen Literatur diskutierter Ansatz („new-mobilities paradigm") geht von fünf ineinandergreifenden Mobilitätskategorien aus, wie er erstmals von Sheller/Urry 2006 propagiert wird. Die fünf „mobilities" (= Mobilitätsaspekte des „new mobilities

8 Ein Beispiel ist der Ansatz, Mobilität mit dem eigentlichen Nutzen der Aktivität oder das Bedürfnis, diese auszuüben, und Verkehr mit dem Aufwand gleichzusetzen (vgl. Blaser/Redle 1999, S. 128 f.).

paradigm") sind: (a) „physical travel", d. h. die tatsächliche Ortsveränderung von Personen zum Zwecke der Arbeit, zum Einkaufen, beim Umzug usw., (b) „physical movement", der Transport von Gütern, (c) „imaginative travel", Reisen im Raum als der durch Filme, Bücher, Erinnerungen, Träume u. ä. geprägten „kognitiven Landkarte", (d) „virtual travel" (Surfen im Internet) und (e) „communicative travel" durch persönliche Kontakte in Netzwerken über Briefe, Postkarten, Telefon, SMS, E-Mails, Skype, Videokonferenz usw. (vgl. Büscher/Urry 2009, 101 f.).

Die in nachfolgender Abbildung dargestellte Auslegung von Mobilität geht über diesen Ansatz hinaus, weil auch die soziale sowie die lebensstilspezifische Mobilität („lifestyle mobility") einbezogen werden. Die **soziale Mobilität** beschreibt hierbei zum einen die vertikale Mobilität zwischen gesellschaftlichen Schichten (z. B. sozialer Auf- und Abstieg) und die horizontale Mobilität zwischen den gesellschaftlichen Gruppen innerhalb einer Schicht (z. B. Berufswechsel). Soziale Mobilität bezeichnet generell Positionsveränderungen von Personen in einem sozialen System (vgl. Franz 1984, S. 23 ff.). **Informationale Mobilität** kann weiter in geistige Mobilität eines Individuums (= intrapersonal) und mediengebundenen Austausch von Informationen zwischen Personen (= interpersonal) unterteilt werden. „Geistige Mobilität beinhaltet die menschliche Fähigkeit, sich von überkommenden Denkmustern zu lösen und sich neuen Denkansätzen zu öffnen, d. h. geistig neue Wege zu gehen. Wer geistig mobil ist, besitzt die Fähigkeit, flexibel und in Alternativen zu denken." (Gather et al. 2008, S. 24)

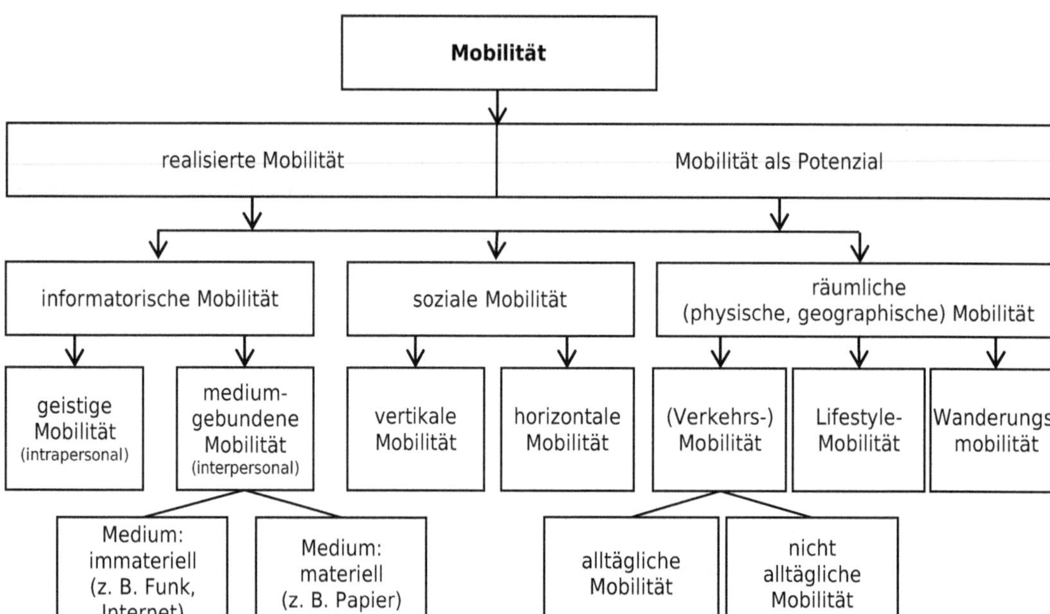

Abbildung 5: Mobilität als Gegenstand der Forschung | Quelle: Eigene Darstellung, in Anlehnung an Beckmann et al. 2006, S. 19; Cerwenka 1999, S. 35; Gather et al. 2008, S. 24; Groß 2005, S. 38; Groß/Menzel 2016, S. 53; Zängler 2000, S. 20.

Die **räumliche Mobilität** umfasst letztlich die Ortsveränderungen im physischen Raum. Lifestyle-Mobilität wird als wiederkehrender, unterschiedlich langer, aber doch zeitweiliger Wechsel des gewöhnlichen Aufenthaltsortes definiert. Mit ihr werden mehrere Wohnsitze,

Zugehörigkeiten und kontinuierliche Mobilität während des Lebenslaufes verbunden, wie es z. T. bei Ski- und Tauchlehrern, Animateuren, Kreuzfahrern oder Klettern zu beobachten ist (vgl. Cohen et al. 2015, S. 158 ff.). Mit Wanderungsmobilität werden die räumlichen Bewegungen von Haushalten bzw. Personen zusammengefasst, mit denen ein dauerhafter Wechsel der Wohnung oder des Wohnortes verbunden ist (vgl. Hautzinger et al. 1994, S. 12). Wanderungsmobilität meint eine einseitige Raumüberwindung vom Standort A zum Standort B, ohne von B nach A zurückzukehren, wohingegen zirkuläre, horizontale bzw. (Verkehrs-) Mobilität die Rückkehr von B nach A bedeutet, wenn die in B zu tätigende Aktivität (z. B. Einkaufen, Schulbesuch, Arbeiten, Freizeit und Urlaub) erledigt ist. Bei der erst genannten Mobilitätsart wird ein Weg zurückgelegt, bei der zweit genannten mindestens zwei Wege. Häufig werden aber auch mehrere außerhäußige Aktivitäten miteinander verbunden, so dass Wegeketten entstehen (vgl. Eckey/Stock 2000, S. 1 f.).

In der Verkehrswissenschaft wird das Wort **Verkehr** oft für die aggregiert beobachteten Bewegungen von Menschen, Gütern oder Nachrichten verwendet und als realisierte Ortsveränderungen von Personen, Gütern und Nachrichten definiert. Der Begriff Verkehr bezieht sich dann auf einen festgelegten räumlichen und zeitlichen Ausschnitt, in dem die entsprechenden Bewegungen gemessen werden, z. B. der Verkehr in einer Stadt oder einer Straße (vgl. z. B. Ahrend et al. 2013, S. 2; Cerwenka 1999, S. 36; Hautzinger et al. 1994, S. 13; Nuhn/Hesse 2006, S. 18; Pirath 1934, S. 2 f.; Wilde 2023, S. 6).

Die Bedeutung der beiden Begriffe ist unterschiedlich (⟶ Tabelle 1) und kann wiefolgt zusammengefasst werden: „Verkehr bezeichnet die physische Bewegung von Personen, Gütern und Informationen mitsamt den baulichen und infrastrukturellen Begleiterscheinungen als ein aggregiertes Phanomen. (…) Mobilität ist die grundsätzliche Fähigkeit zur Fortbewegung, sie beschreibt das Potenzial zur Realisierung von Aktivitäten." (Wilde 2023, S. 6)

Verkehr	**Mobilität**
Bewegung	Beweglichkeit
physisch	physisch/räumlich – sozial – kulturell – informatorisch
Distanzen und Wegeanzahl als zentrale Maßeinheiten	Aktivitäten und Erreichbarkeit als zentrale Maßeinheit
eher aggregiert	eher individuell
häufig bauliche, infrastrukturelle und planerische Problemstellungen	eher sozial und psychologische Problemstellungen

Tabelle 1: Verkehrs- und Mobilitätsbegriff – typische Unterscheidungsmerkmale | Quelle: Vgl. Wilde/Klinger 2017, S. 7.

Zusammenfassend kann geschlussfolgert werden, dass sich bisher keine Sichtweise durchgesetzt hat und es eine breite wissenschaftliche Diskussion zu den begrifflichen Grundlagen gibt. Es setzt sich jedoch mehr und mehr durch, dass Mobilität und Verkehr unterschiedlich sind und Mobilität mehr umfasst als nur die tatsächlich durchgeführten Ortsveränderungen von Personen, d. h. das Potenzial sich zu bewegen, berücksichtigt werden muss.

▸ **Beispiel** | Inter- und Multimodalität

Neben den aufgezeigten Begriffsabgrenzungen in diesem Kapitel gibt es weitere Begriffe, wie die der Mono-, Multi- und Intermodalität – Multi- und Intermodalität werden in → Abbildung 6 dargestellt. Monomodalität meint die alleinige Verwendung eines Verkehrsmittels zur Überwindung aller Wege im Alltag. Eine vollstandige monomodale Verkehrsmittelnutzung ist selten gegeben. Wenn ein Verkehrsmittel allerdings die Alltagsmobilität eines Menschen deutlich dominiert, kann von monomodalem Verhalten gesprochen werden (vgl. Beutler 2004, S. 9).

Während Multimodalität die alternierende Nutzung verschiedener Verkehrsmittel innerhalb eines bestimmten Zeitraumes (Woche, Monat) beschreibt, meint Intermodalität die Nutzung verschiedener Verkehrsmittel innerhalb eines Weges (vgl. Ahrens et al. 2010, S. 23; Groß 2005, S. 100; Wilde 2023, S. 8). Zur Vereinfachung eines inter- oder multimodalen Verhaltens sind in den letzten Jahren technische Ansätze zu beobachten. Vor wenigen Jahren konnten die Begriffe Inter- und Multimodalität vorwiegend in der akademischen Literatur gefunden werden, im Alltagsgebrauch aber waren sie selten zu hören. Sie sind nun mehr und mehr sowohl in Publikumszeitungen und -zeitschriften als auch im Alltagsgebrauch stärker zu finden. Es werden auch immer wieder neue Begriffe erfunden, wie bspw. der „Multimodal-Surfer“, der „Hypermobile“ oder die „Digitalnomaden“.

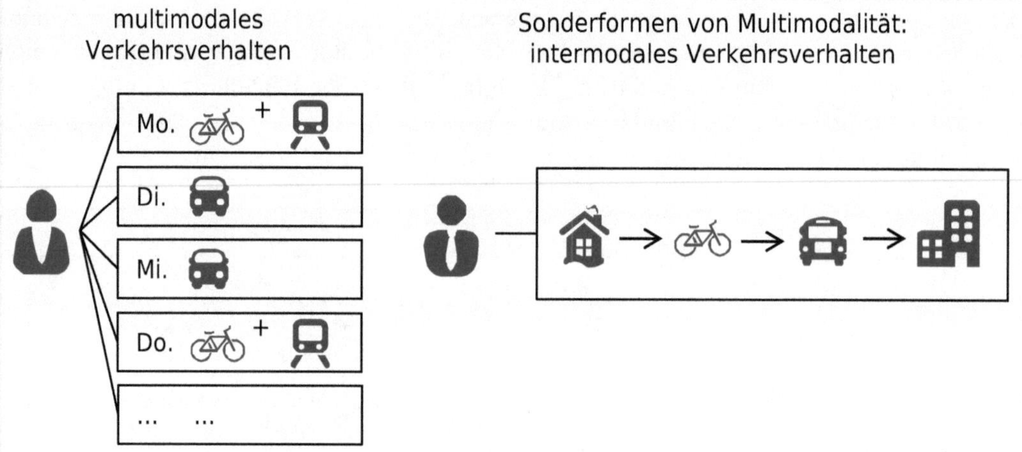

Abbildung 6: Verdeutlichung von inter- und multimodalem Verkehrsverhalten | Quelle: Ahrens et al. 2010, S. 23.

2.4 Systematisierung des Verkehrs

Da es <u>den</u> Verkehr nicht gibt, ist eine Systematisierung der verschiedenen Verkehrserscheinungen nach bestimmten Kriterien oder Merkmalen sinnvoll (vgl. Groß 2005, S. 42; Köberlein 1997, S. 25). Eine abschließende Betrachtung aller möglichen Systematisierungskriterien ist schwer leistbar und hier auch nicht anzustreben. Eine Auswahl der Kriterien wird in → Tabelle 2 zusammenfassend dargestellt.

Kriterium	Segmente/Bereiche
Verkehrsarten	Art des benutzten Verkehrsweges ist ausschlaggebend für Unterscheidung in Straßen-, Schienen- und Luftverkehr, Binnen- und Seeschifffahrt, Weltraumfahrt, Rohrleitungsverkehr und sonstiger leitungsgebundener Verkehr (z. B. Nachrichten)
räumliche Ausdehnung des Verkehrsvorganges	Unterscheidung in Nah- (Personenverkehr < 50 km) und Fernverkehr (> 50 km) Unterscheidung in Stadt-, Regional- und Fernverkehr Unterscheidung in innerstaatlichen und grenzüberschreitenden Verkehr
Produktionszweck	Unterscheidung in Eigen- und Fremdenverkehr Eigenverkehr = Raumüberwindung ohne Zuhilfenahme von Transportmitteln, die sich im Eigentum anderer befinden, wie z. B. das Fahren mit dem eigenen Pkw Fremdverkehr = Verkehrsleistungen, die für andere durchgeführt werden, unabhängig davon, ob dies entgeltlich oder unentgeltlich erfolgt, Unterarten des Fremdverkehrs sind gewerblicher, gemeinnütziger und Gefälligkeitsverkehr
gesetzlicher Beförderungsanspruch	Unterscheidung in öffentlichen (ÖV) und nicht öffentlichen Verkehr im ÖV besteht Beförderungsanspruch zu den gleichen Bedingungen beim nicht öffentlichen Verkehr ist dies nicht der Fall
Art des Beförderungsvorganges	Unterscheidung in gebrochenen und ungebrochenen Verkehr gebrochener Verkehr = im Personenverkehr muss Umsteigenotwendigkeit bei der Fahrt gegeben sein ungebrochener Verkehr = direkter „Haus-zu-Haus-Verkehr", wie z. B. Fahrt mit Pkw zum Zielort oder im Schienenverkehr zwischen zwei Gleisanschlüssen
Regelmäßigkeit der Verkehrsleistungserstellung	Unterscheidung in Gelegenheits- und Linienverkehr Gelegenheitsverkehr = sporadisch, wenn sich bestimmte Fahrgelegenheiten ergeben bzw. Bedarf vorhanden ist Linienverkehr = regelmäßige Bedienung einer bestimmten Strecke nach vorgegebenem Fahrplan
Umweltverträglichkeit	Unterscheidung in umweltverträgliche und umweltschädliche Verkehrsmittel
Zustand	Unterscheidung in fließenden, ruhenden und arbeitenden Verkehr
Verkehrsmittel	Unterscheidung in individuelle und öffentliche Verkehrsmittel Individuelle Verkehrsmittel = z. B. Fahrrad, Motorrad, Pkw Öffentliche Verkehrsmittel = z. B. Eisenbahn, öffentlicher Personennahverkehr, Luftverkehr, private Busanbieter, Taxis, Mietwagen Unterscheidung in Kfz-, Eisen-/Straßenbahn-, Rad- und Fußgängerverkehr
Motiv/Zweck	Unterscheidung z. B. in Berufs-, Einkaufs-, Urlaubsverkehr

Tabelle 2: Systematisierung des Verkehrs mittels Gruppierungsmerkmalen | Quelle: Eigene Zusammenstellung, in Anlehnung an Aberle 2009, S. 18 f.; Köberlein 1997, S. 25 f.; Schnabel/Lohse 1997, S. 104; Weinspach 1991, S. 20 f.

Die auf verschiedenen Zwecken (Kriterium für die Zuordnung einer Fahrt oder eines Weges zu einem Zweck ist die Aktivität am Zielort) vorgenommene Unterscheidung in die (seit 2002) sieben Bereiche Begleit-, Berufs-, Ausbildungs-, Geschäfts-/Dienstreise-, Einkaufs-, Urlaubs- und Freizeitverkehr ist in Deutschland gebräuchlich (→Abbildung 7).[9]

Obwohl **Kritik** an dieser Unterscheidung geäußert wird, gilt sie als grundlegend und wird in vielen verkehrswissenschaftlichen Untersuchungen übernommen. Der größte Kritikpunkt

9 In der Schweiz wird dagegen eine Unterteilung in die Bereiche Arbeits-, Ausbildungs-, Einkaufs- und Freizeitverkehr sowie Übrige vorgenommen (vgl. z. B. BFS 2022, S. 2).

ist die Definition des Freizeit- und Urlaubsverkehrs, die empirisch leichter handhabbar ist, jedoch den Nachteil hat, dass Aktivitäten zusammengefasst werden, die bzgl. ihrer räumlichen und zeitlichen Ausprägungen zu unterschiedlich sind (vgl. Brunsing 1999, S. 62 f.; Lanzendorf 1997, S. 32 ff.). „Freizeitverkehr wird als Restgröße (...) definiert, nach dem die anderen Verkehrszwecke – Berufs- und Ausbildungsverkehr, Geschäfts- und Dienstreiseverkehr sowie Einkaufsverkehr – abgegrenzt wurden. (...) Der Urlaubsverkehr wird als Teil des Freizeitverkehrs eingestuft, jedoch gesondert betrachtet. (...) Diese verkehrswissenschaftliche Definition des Freizeitverkehrs ist aus der Entstehungsgeschichte der empirischen Verkehrsverhaltensforschung zu erklären. Sie hat aber den Nachteil, daß sehr heterogene Wegezwecke in dieser Kategorie eingeordnet werden – also auch Aktivitäten, die nicht originär der Freizeit zuzuordnen sind." (Loose 2001, S. 20)

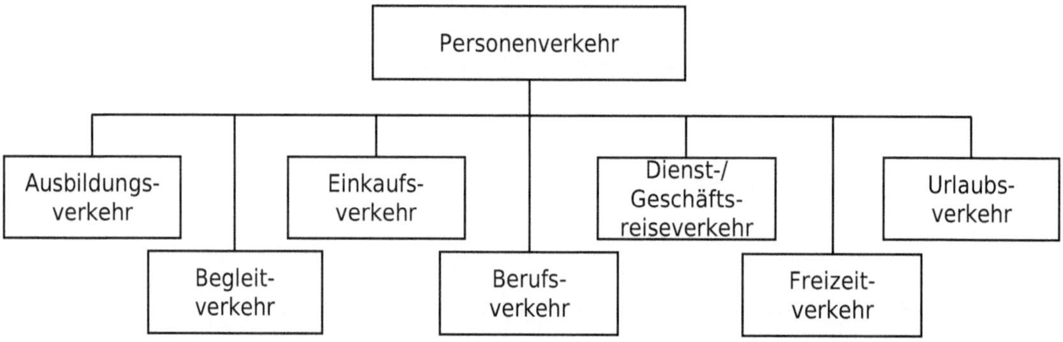

Abbildung 7: Abgrenzung des Personenverkehrs | Quelle: Eigene Darstellung, in Anlehnung an BMVD 2022b, S. 213.

2.5 Weitere begriffliche Abgrenzungen

Weitere wichtige zu definierende Begriffe sind Verkehrsinfrastruktur, -medien, -mittel, -träger und -wege (→ Abbildung 8). Die **Verkehrsinfrastruktur**[10] umfasst insbesondere die materiellen Voraussetzungen, wie z. B. Verkehrswege, Verkehrsmittel, Leitsysteme, Bahn- und Busbahnhöfe, Umschlagseinrichtungen. Die **Verkehrswege** bedienen sich der Verkehrsmedien, d. h. Land, Wasser und Luft. **Verkehrsmittel** sind technische oder natürliche Einrichtungen, die in Verbindung mit der Verkehrsinfrastruktur die Durchführung des Verkehrs, d. h. die Erstellung von Verkehrsleistungen ermöglichen. Die Gesamtheit aller Verkehrsmittel, die die gleiche Art von Verkehrsinfrastruktur benutzen, wird **Verkehrsträger** genannt (vgl. Aberle 2009, S. 18 f.; Kummer 2010, S. 39 ff.; Nuhn/Hesse 2006, S. 20).

10 Infrastruktur wird wie folgt definiert: Sie umfasst die „(...) Gesamtheit der materiellen, institutionellen und personellen Gegebenheiten, die der arbeitsteiligen Wirtschaft (Unternehmen, Haushaltungen, Behörden) zur Verfügung stehen (...)." (Jochimsen 1966, S. 145 zitiert nach ARL 2005, S. 470)

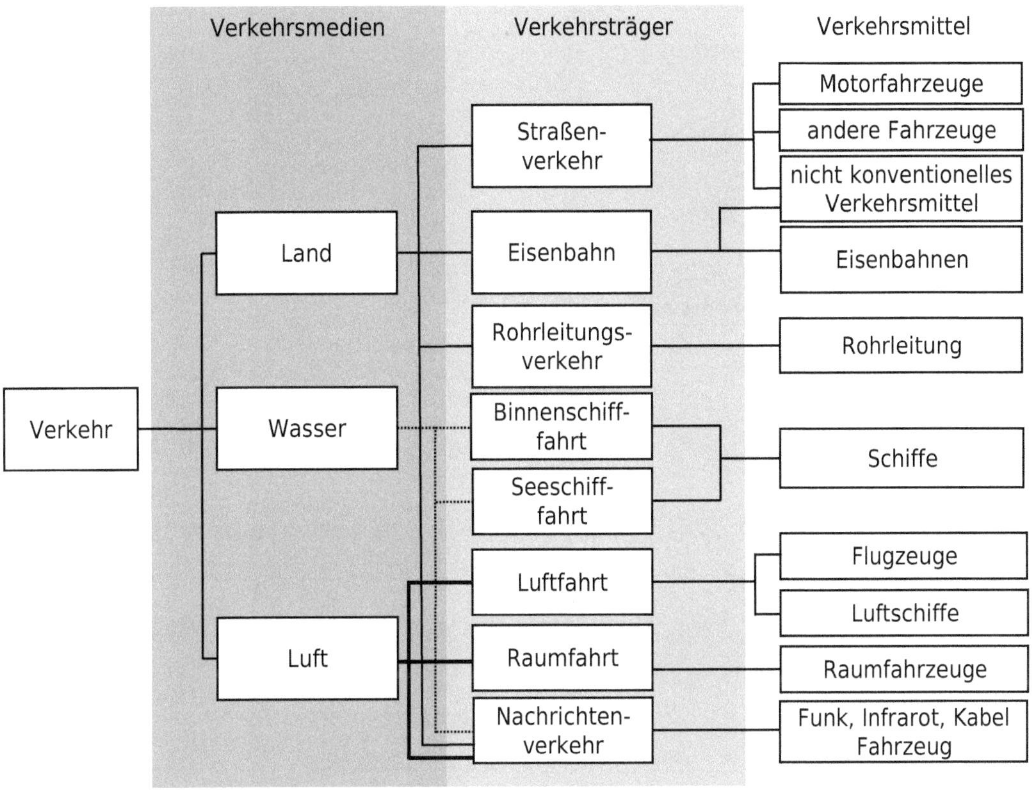

Abbildung 8: Medien, Träger und Mittel des Verkehrs | Quelle: Vgl. Kaspar 1977, S. 12; Kummer 2006, S. 45.

Eine **enge Verknüpfung von Tourismus und Verkehr** zeigt sich v. a. bei den Verkehrsmitteln und -wegen. Eine **Systematisierung der touristischen Verkehrsmittel** kann unterschiedlich erfolgen. Es ist z. B. möglich, sie in öffentliche und nicht-öffentliche Verkehrsmittel, in Inlands- und Auslandsverkehrsmittel oder in Wasser, Land (Straße/Schiene) und Luft einzuteilen (→ Abbildung 9). Es gibt hierbei Verkehrsmittel, die (nahezu ausschließlich) von Touristen nachgefragt werden, wie z. B. Reisebusse, Charterflugzeuge und Kreuzfahrtschiffe. Andererseits gibt es aber auch eine Vielzahl an Verkehrsmitteln, die sowohl von Touristen als auch von der einheimischen Bevölkerung nachgefragt werden, wie z. B. Stadtbusse, U- und S-Bahnen und Linienflüge in Urlaubsregionen (vgl. Page 2009, S. 10). Ein Blick in die Geschichte zeigt, dass die Verbreitung neuer Verkehrsmittel im Personenverkehr zu erheblichen Teilen über Nachfrage in der Freizeit erfolgte. Beispiele sind das Fahrrad oder Motorrad als Sportgerät oder die Zahnrad- und Seilbahnen zur touristischen Erschließung der Alpen. Die Freizeit bzw. der Tourismus sind aber nicht nur Vorreiter für neue Verkehrsmittel, sondern gleichzeitig auch „Auffangbecken" für Verkehrsmittel. Reitpferde, Ballons, Kanus, Segelschiffe, Draisinen, Pferdekutschen oder auch Flöße überleb(t)en bspw. als „Sportgeräte" bzw. durch eine touristische Nutzung und werden nur noch selten als „normales" Verkehrsmittel eingesetzt. Bei einigen Verkehrsmitteln hat diese Existenz als „Sportgeräte" zur Folge, dass sie durch neuartige technologische Entwicklungen eine erneute verbreiterte Nutzung erfahren. Als Beispiele können moderne Motorsegler in der Schifffahrt oder Mountainbikes herangezogen werden (vgl. Heinze/Kill 1997, S. 30 f.).

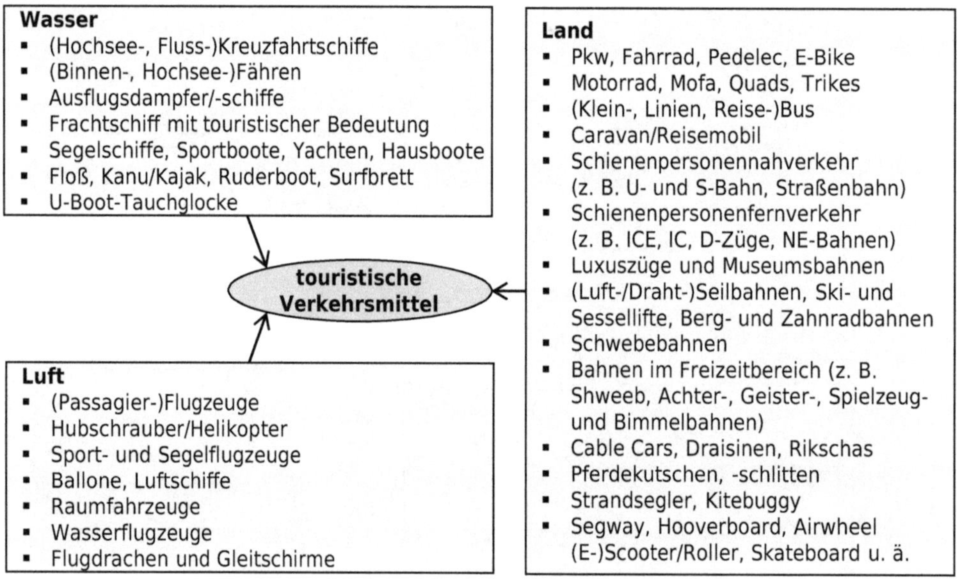

Abbildung 9: Systematisierung von touristischen Verkehrsmitteln | Quelle: Eigene Darstellung, in Anlehnung an Groß 2005, S. 47; Page 2005, S. 11.

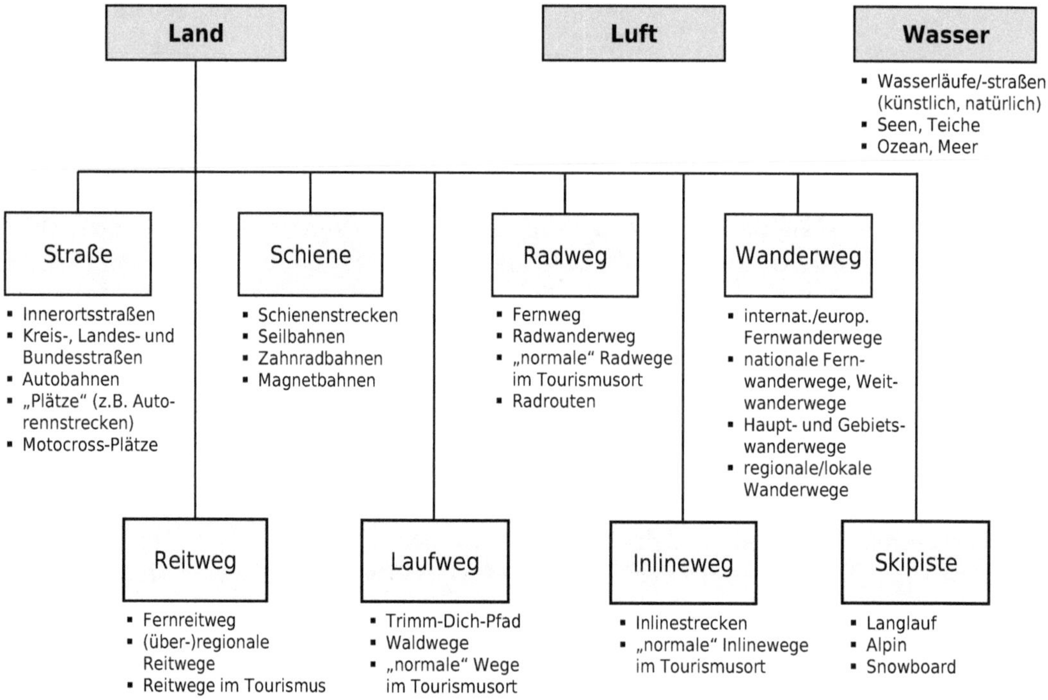

Abbildung 10: Verkehrswege für den Tourismus | Quelle: Vgl. Groß 2005, S. 48.

Die zweite enge Verknüpfung von Tourismus und Verkehr zeigt sich bei den Verkehrswegen. Touristische Aktivitäten im Zielgebiet setzen häufig voraus, dass ein Weg bzw. Wegenetz oder eine andere Verkehrsinfrastruktur vorhanden ist (→ Abbildung 10). Wandern, Radfahren, Wasserwandern sowie Reiten ist ohne ein entsprechend ausgebautes und v. a. ausgeschildertes Wegenetz schwer vorstellbar.

Aber auch die Erreichbarkeit der Tourismusorte und -regionen sowie bestimmte touristische Produkte (z. B. Flusskreuzfahrt, Kanu-/Hausboot-Tourismus) hängen von den Verkehrswegen ab.

2.6 Abgrenzung des touristischen Verkehrs

In der wissenschaftlichen Diskussion sind nur wenige Definitionen zum touristischen Verkehr zu finden. Rochlitz (vgl. 1992, S. 50) setzt den touristischen Verkehr mit Freizeit- und Urlaubsverkehr gleich und die Forschungsgesellschaft für Straßen- und Verkehrswesen (vgl. FGSV 1998a, S. 13) beschreibt den touristischen Verkehr als umfassenden Begriff, der für alle verkehrlichen Aktivitäten im Sektor Tourismus/Freizeit steht, aber eher einen Zusammenhang mit Fernreisen vermittelt. Ein weiterer Ansatz geht auf Frey Marti (vgl. 1996, S. 2) zurück, wobei unter touristischem Verkehr die An- und Abreise der Touristen sowie die tourismus- und freizeitbedingten innerregionalen und innerörtlichen Verkehrsbewegungen verstanden wird. Es wird jedoch nicht näher abgegrenzt, welche Definition von Tourismus zugrundegelegt wird. Darüber hinaus gibt es in der wissenschaftlichen Diskussion verschiedene Ansätze Freizeitverkehr zu systematisieren. Diese umfassen zwar Teilaspekte des touristischen Verkehrs und liefern hilfreiche Informationen für eine Systematisierung des touristischen Verkehrs, sie bilden aber nicht den gesamten touristischen Verkehr ab.

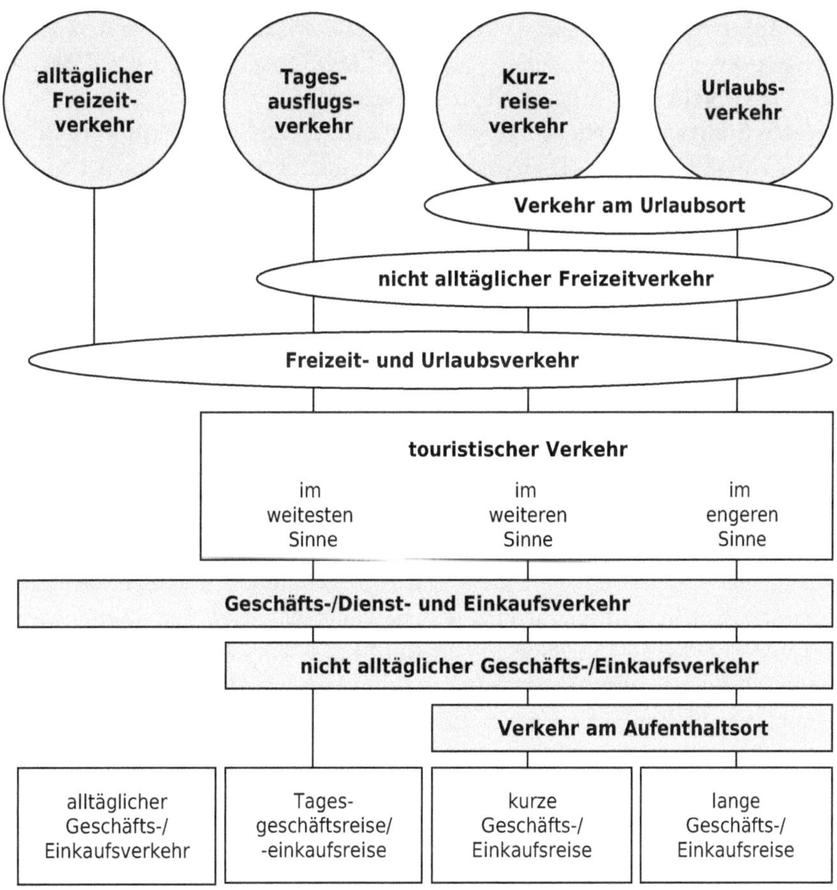

Abbildung 11: Touristischer Verkehr in Form eines Raum-Zeit-Schemas | Quelle: Groß 2005, S. 55.

Zu diesen Ansätzen zählen die generellen, zeitlichen, funktionalen, räumlichen und zeitlich-räumlichen Ansätze, die bei Groß (vgl. 2005, S. 49 ff.) skizziert werden.

Aufbauend auf den zeit-räumlichen Ansätzen den Freizeitverkehr abzugrenzen und der Definition des Tourismus (→ Kapitel 2.2), sind in den letzten Jahren **Systematisierungsansätze für den touristischen Verkehr** in Form eines Raum-Zeit-Schemas entstanden (vgl. z. B. Freyer/Groß 2003, S. 12; Groß 2005, S. 53 ff.; Ohmacht et al. 2008, S. 194 ff.).

Auf Grundlage der bereits erwähnten Definition des Tourismus schließt hiernach der touristische Verkehr die Personen ein, die sich an Orte außerhalb ihrer gewohnten Umgebung begeben und sich dort nicht länger als ein Jahr zu Freizeit- (z. B. Erholung, Urlaub), Geschäfts- und anderen Zwecken (z. B. Heilbehandlung, Besuch von Freunden und Bekannten, Einkaufen) aufhalten. Die Einbeziehung von Geschäfts- und Dienstreisen sowie Einkaufsreisen führt dazu, dass der Freizeit- und Urlaubsverkehr nur eine Teilmenge des touristisch bedingten Verkehrs ausmacht. Der touristische Verkehr kann dabei in drei Sichtweisen unterteilt werden (→ Abbildung 11):

- **Enge Sichtweise:** Urlaubs-, Geschäfts-/Dienst- und Einkaufsreisen mit einer Dauer von mehr als vier Tagen sowie der bei diesen Reisen am Aufenthaltsort entstehende Verkehr ist in einer engen Sichtweise dem touristischen Verkehr zuzuordnen.
- **Weite Sichtweise:** In einer weiten Sichtweise werden neben den langen Urlaubs-, Geschäfts-/Dienst- und Einkaufsreisen auch kurze Reisen (ein bis drei Übernachtungen) sowie die Verkehre am Aufenthaltsort einbezogen.
- **Weiteste Sichtweise:** Nicht-alltäglicher Freizeitverkehr in Form von Tagesausflugsverkehr sowie Geschäfts-/Dienstreisen und Einkaufsreisen in Form von Tagesreisen, die über das übliche bzw. unmittelbare alltägliche Wohnumfeld hinausgehen, aber keine Übernachtung beinhalten, können in einer weitesten Sichtweise als touristischer Verkehr bezeichnet werden.

Je nach Abgrenzung des touristischen Verkehrs sind weitere Teilaspekte des Verkehrs als nicht touristisch anzusehen. Auf der Grundlage dieser Abgrenzung des touristischen Verkehrs ergibt sich auch umgekehrt eindeutig, was nicht dem touristischen Verkehr zuzurechnen ist: Es sind der alltägliche Freizeitverkehr, alltägliche Geschäfts-/Dienst- und Einkaufsreisen sowie Ausbildungs-, Berufs- und Begleitverkehr.

Problematisch bei letzterem Ansatz ist, dass Ergebnisse der Verkehrsforschung nicht ausreichend berücksichtigt sin. In dieser wird i. d. R. die zurückgelegte Entfernung als Abgrenzungskriterium verwendet – der Grenzwert zwischen Alltags- und Fernbereich kann abhängig vom räumlichen Kontext variieren. Eine in verschiedenen deutschsprachigen Studien verwendete Abgrenzung liegt bei einer Wegelänge über 100 km Entfernung vom Ausgangsort. Diese differenziert den Bereich der Langstreckenmobilität von der Alltagsmobilität. Während diese Abgrenzung den nahräumlichen touristischen Verkehr ausschließt (wie Zoobesuch am Wochenende), sind jedoch lange alltägliche Pendelwege bspw. beinhaltet. Dies macht das Abgrenzungsproblem deutlich (vgl. Magdolen et al. 2022, S. 40). Ein dies berücksichtigender Ansatz verdeutlicht das Spannungsfeld zwischen der Reisedistanz und der Routinisierung (alltägliche und außergewöhnliche Aktivitäten) (→ Abbildung 12).

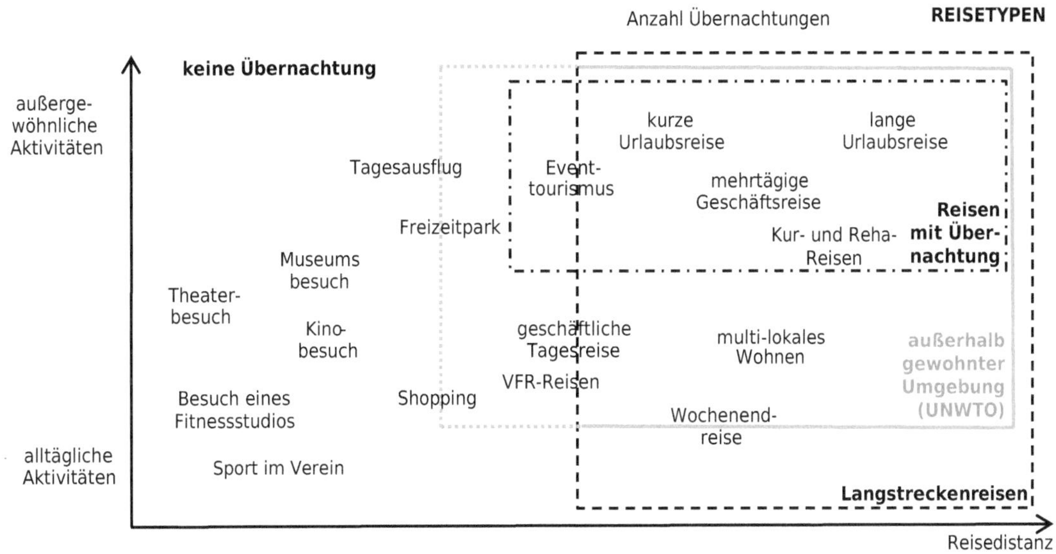

Abbildung 12: Reiseereignisse nach Grad der Routinisierung und der Reisedistanz | Quelle: Vgl. Kuhnimhof/Schulz o. J., zitiert nach Nobis/Schulz 2017.

2.7 Informationsquellen in Tourismus und Verkehr

Grundlage für Entscheidungen und Planungen sind Informationen, wie sie mit Hilfe von Primärforschung eigens erhoben oder aus sekundärstatistischen Quellen entnommen werden können. Informationsquellen für den Bereich Tourismus und Verkehr beziehen sich v. a. auf Daten der amtlichen Statistik, von Verbänden, aus Media-Analysen, von privatwirtschaftlichen Marktforschungsinstituten, Hochschulen und Forschungseinrichtungen sowie Fachzeitschriften. Diese Quellen erhalten bspw. eine Fülle an Daten über das allgemeine Reiseverhalten, spezielle Tourismusmärkte und Marktentwicklungen oder die Verkehrsmittelwahl (vgl. z. B. Freyer 2011, S. 237 ff.; Seitz/Meyer 2006).[11] Es ist jedoch zu beachten, dass es trotz dieser Vielzahl an Quellen keine zusammenhängende, deutschlandweite Studie gibt, die den Umfang des touristischen Verkehrs bzw. der Mobilität ganzheitlich erfasst. Dies ist aufgrund der unklaren Definitionen und Abgrenzungen (z. B. Anzahl der Übernachtungen, Lage des Reiseziels außerhalb der gewohnten Umgebung, zurückgelegter Distanz zwischen Wohnort und Reiseziel), der unklaren räumlichen Abgrenzungen (Inlands- versus Inländerprinzip) oder der Zurechnung einerseits der geschäftlichen Mobilität bzw. deren Nichtzurechnung der Fall (vgl. Magdolen et al. 2024, S. 51 ff.).

Eine umfassende, aber nicht abschließende Übersicht der bekannten Informationsquellen findet sich in → Tabelle 3.

11 Eine ausführliche Erläuterung der Erhebungsmethoden der Verkehrs- und Mobilitätsforschung findet sich bei Gather et al. 2008, S. 168 ff.

Ministerien und Behörden	Statistisches Bundesamt	z. B. Genesis-Online, Monatserhebung im Tourismus
	Statistische Landesämter und Ministerien	z. B. länderbezogene Daten und Sonderauswertungen, Tourismuskonzeptionen; in Sachsen-Anhalt gibt es bspw. die Reihe „Tourismus-Studien" (z. B. Sport-, Camping-, Rad-, Gesundheitstourismus), die kostenlos zur Verfügung stehen.
	Städte-/Gemeindestatistiken	z. B. Geschäftsberichte, Pressemitteilungen
	Daten von Bundesministerien	z. B. Verkehr in Zahlen, Mobilität in Deutschland (MiD) und Deutsches Mobilitätspanel (MOP) vom BMDV
	Internationale Behörden	z. B. e-library der UNWTO, Eurostat (siehe 🔗 http://epp.eurostat.ec.europa.eu), OECD
Politik(-beratung)	Büro für Technikfolgeabschätzung beim Deutschen Bundestag (TAB)	z. B. Folgen des Tourismus, Tourismus in Großschutzgebieten, Zukunftstrends im Tourismus
	Deutscher Bundestag – Ausschuss für Tourismus	z. B. Sitzungsprotokolle und Stellungnahmen, siehe 🔗 https://www.bundestag.de/tourismus
Verbände	Airport Council International (ACI)	z. B. Airport Traffic Report
	Arbeitsgemeinschaft Deutscher Verkehrsflughäfen (ADV)	z. B. ADV Monatsstatistik, Verkehrsergebnisse der Regionalen Verkehrsflughäfen und Verkehrslandeplätze
	Association of European Airlines (AEA)	z. B. Operating Economy Summary Report, Traffic Trends, AEA Market Research Quarterly
	Bundesverband der Deutschen Tourismuswirtschaft (BTW)	z. B. Studien, wie „Entwicklungsfaktor Tourismus", „Urlaub und Gesundheit" oder „Wirtschaftsfaktor Tourismus"
	Deutsche Gesellschaft für Tourismuswissenschaft (DGT)	z. B. Schriften zu Tourismus und Freizeit im ESV-Verlag
	Deutscher Heilbäderverband (DHV)	z. B. Bäderstatistik und Jahrbuch
	Deutscher Hotel- und Gaststättenverband (DEHOGA)	z. B. Jahrbuch – Hotellerie und Gastronomie in Deutschland, Gastgewerbliche Schriftenreihe
	Deutscher Reiseverband (DRV)	z. B. Fakten und Zahlen zum deutschen Reisemarkt, DRV-Vertriebsdatenbank; DRV-Positionen
	Deutscher Tourismusverband (DTV)	z. B. Positionspapiere und Grundlagenstudien zu verschiedenen Themen (z. B. Camping, Rad, Wandern, Kur/Wellness); „Zahlen–Daten–Fakten Tourismus in Dt."
	Deutsche Verkehrswissenschaftliche Gesellschaft (DVWG)	z. B. Schriftenreihe A, B, C, D, E (im Jahr 2024 ist Schriftenreihe B aktiv)
	Deutsche Zentrale für Tourismus (DZT)	z. B. Marktinformationen zu DZT-Standorten, Deutscher Qualitätsmonitor, Jahresbericht, Incoming-Tourismus Deutschland
	International Air Transport Association (IATA)	z. B. mehrere hundert Titel rund um das Thema „Aviation", Präsentationen, Richtlinien/Empfehlungen

	International Civil Aviation Organization (ICAO)	z. B. 100-seitiger „Catalogue of ICAO Publications"
	IHA – Hotelverband Deutschland e. V.	z. B. Hotelmarkt Deutschland, Hotel-Webmarketing
	Landestourismusverbände	z. B. Geschäftsberichte, Zeitschriften, Dokumentationen von Tourismustagen, Studien, Masterpläne und Schriftenreihen
	Verband Dt. Reisemanagement e. V. (VDR)	z. B. Geschäftsreiseanalyse, Branchennews, VDR-Spotlight
	Verband Internet Reisevertrieb (VIR)	Daten & Fakten zum Online-Reisemarkt
Verlage/ Institute	Mediaanalysen	z. B. Allensbacher Werbeträger-Analyse (AWA), best for planning (b4p), VuMA (Arbeitsgemeinschaft Verbrauchs- und Medienanalyse)
privatwirtschaftliche Marktforschungsinstitute bzw. Herausgeber von Studien	allg. Deutscher Automobil-Club (ADAC)	z. B. ADAC Tourismus-Studie
	Stiftung für Zukunftsfragen – eine Initiative von British America Tobacco (zuvor BAT-Freizeit-Forschungsinstitut)	Deutsche Tourismusanalyse, Freizeitmonitor, weitere Studien: z. B. Das gekaufte Paradies, Qualität im Tourismus, Deutschland 2030
	dwif-Consultig GmbH	z. B. „Qualitätsmonitor Deutschland-Tourismus", „Tagesreisenmonitor"
	Forschungsgruppe Urlaub und Reisen (FUR)	Reiseanalyse, weitere Studien, z. B. Urlaubsreisetrends, Organisation und Buchung, Informationsquellen und Internetnutzung, Kurzurlaubsreisen, Urlaubsmotive, Gesundheitsurlaub
	GfK – Growth for Knowledge	z. B. Gfk MobilitätsMonitor
	inspektour GmbH – Tourismus- und Regionalentwicklung	z. B. Permanente Gästebefragung (PEG), Destination Brand
	IPK International	z. B. Deutscher Reisemonitor, European und World Travel Monitor
	Ostdeutscher Sparkassenverband	z. B. Sparkassen-Tourismusbarometer
Hochschulen/ Forschungseinrichtungen	Deutsches Wirtschaftswissenschaftliches Institut für Fremdenverkehr e. V. an der Universität München	z. B. dwif-Jahrbücher für Fremdenverkehr, dwif-Schriftenreihe, dwif-Sonderreihe
	Deutsches Zentrum für Luft- und Raumfahrt e. V. (DLR)	z. B. Low Cost Monitor
	Fachhochschule Westküste	z. B. Schriftenreihe des Deutschen Instituts für Tourismusforschung
	Hochschule Heilbronn	z. B. Heilbronner Reihe Tourismuswirtschaft
	Hochschule Harz	z. B. Meeting- & EventBarometer des Europäischen Instituts für TagungsWirtschaft (EITW)

	Katholische Universität Eichstätt	z. B. Eichstätter Materialen zur Tourismusforschung, Eichstätter Tourismuswissenschaftliche Beiträge
	Studienkreis für Tourismus und Entwicklung e. V.	z. B. Schriftenreihe für Tourismus und Entwicklung
	TU Dresden, ehem. Lehrstuhl für Tourismuswirtschaft	Schriftenreihe „Lehr- und Handbücher zu Tourismus, Verkehr und Freizeit“ beim Verlag deGruyter Oldenbourg
Industrie- & Handelskammern	z. B. Deutscher Industrie- und Handelskammertag (DIHK)	z. B. DIHK Saisonumfrage, DIHK Dienstleister-Informationssystem
Beratungsunternehmen, Hersteller, Stiftungen u. a.	Banken	diverse Studien z. B. von Deutsche Bank Research und der Sparkassenverlag GmbH
	Beratungsunternehmen	diverse Studien von z. B. Accenture, Booz/Allen/Hamilton, McKinsey & Company, Droege & Comp., SITA
	Flugzeughersteller	Airbus, Boeing
	Internet-/Forschungsplattformen	z. B. Statista, Academia, Researchgate, GoogleScholar, Scopus, SSRN, Web of Sciences
	The World Travel & Tourism Council (WTTC)	z. B. Studien zur wirtschaftlichen Bedeutung des Tourismus weltweit (z. B. „The Economic Impact of Travel and Tourism“) und in ausgewählten Ländern (TSA Research)
	World Economic Forum	z. B. Travel & Tourism Competitiveness Index
Fachzeitschriften	Inland	z. B. fvw, Internationales Verkehrswesen, Touristik aktuell, Zeitschrift für Tourismuswissenschaft, Zeitschrift für Verkehrswissenschaft
	Ausland	z. B. Annals of Tourism Research, Air Transport Management, Journal of Travel Research, Tourism Management, Transport Geography

Tabelle 3: Informationsquellen in Tourismus und Verkehr (Auswahl) | Quelle: Eigene Zusammenstellung.

Eine Übersicht fasst eine Auswahl an Datenquellen zum touristischen Verkehr nach Verkehrszweck und -mitteln anschaulich zusammen. Hierdurch wird aber auch die Komplexität wie die verschiedenen Ausrichtungen ausgewählter Studien deutlich (→ Abbildung 13).

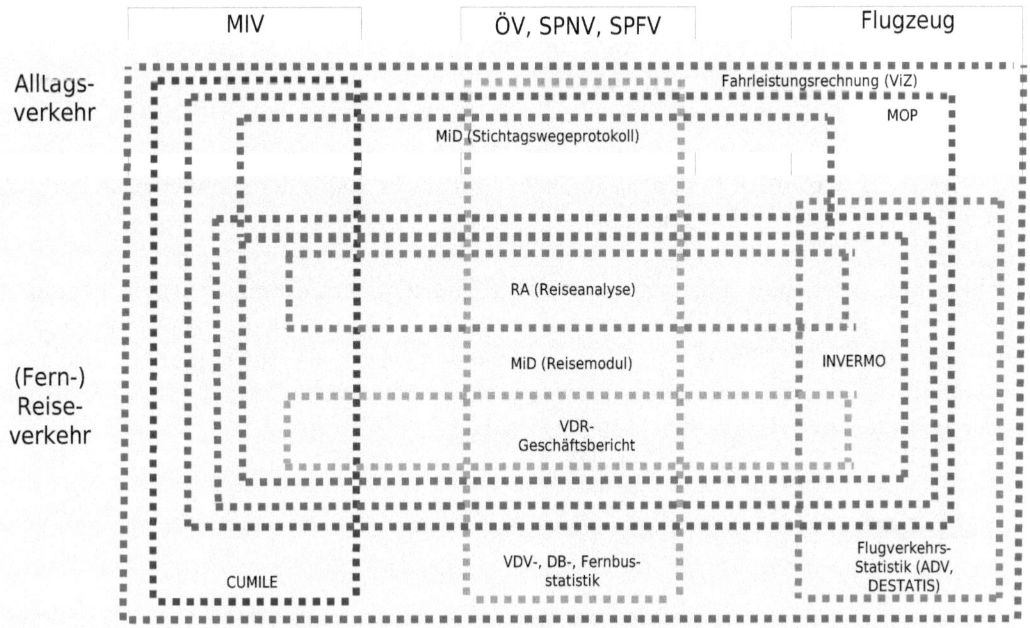

Abbildung 13: Fokus verschiedener Datenquellen | Quelle: Schulz et al. 2020, S. 70; CUMILE: Car Usage Model Integrating Long Distance Events; INVERMO: Intermodale Vernetzung von Personenverkehrsmitteln unter Berücksichtigung der Nutzerbedürfnisse; MiD: Mobilität in Deutschland; MOP: Das Deutsche Mobilitätspanel.

2.8 Indikatoren zur Messung von Tourismus und Verkehr

Sowohl Tourismus als auch Mobilität und Verkehr lassen sich nicht durch eine direkt zuordnenbare Maßeinheit messen. Die Messung kann daher nur auf dem Umweg über Indikatoren durchgeführt werden. Ein einzelner Indikator reicht i. d. R. für eine ausreichende Beschreibung der Mobilität von Personen bzw. des Reiseverkehrs nicht aus, da es sich um Beziehungsgefüge handelt. Daher gibt es eine Vielzahl an Indikatoren, die für die Messung von Tourismus und Verkehr bzw. Mobilität herangezogen werden. Eine Auswahl wichtiger Indikatoren wird im Folgenden gegeben.

2.8.1 Tourismus

Wichtige touristische Indiktoren betreffen v. a. das Reiseverhalten und umfassen bspw. die Reiseart, -ausgaben, -begleitung, -dauer, -häufigkeit, -organisationsform, -verkehrsmittel und -ziele sowie die gewählte Unterkunftsform (vgl. hierzu bspw. Freyer 2015, S. 122 ff.). Weitere wichtige Indikatoren sind die Reiseintensität und Tourismusintensität sowie die Gästeankünfte und -übernachtungen, die im Folgenden kurz erläutert werden.

> Die (Urlaubs-)**Reiseintensität** gibt an, welcher Anteil der Gesamtbevölkerung jährlich mindestens eine Urlaubsreise unternimmt (→ Formel 1).

Formel 1: Berechnung der Reiseintensität[12]

$$Ri = \frac{\text{Anzahl der gereisten Personen}}{\text{Gesamtbevölkerung}} \times 100$$

> Die **Tourismusintensität** dient als Indikator zur Beschreibung der relativen Bedeutung, die der Tourismus für eine Region besitzt.

Zur Berechnung der Tourismusintensität wird die Zahl der Übernachtungen in einer Region/Stadt ins Verhaltnis gesetzt zur Zahl der dort ansässigen Bevölkerung, so dass bspw. die Anzahl der Übernachtungen je 1.000 Einwohner berechnet werden kann (⟶ Formel 2). An ihr lässt sich das wirtschaftliche Gewicht, das der Tourismus für eine Destination besitzt, i. d. R. besser ableiten als an der absoluten Zahl der Übernachtungen.

Formel 2: Berechnung der Tourismusintensität

$$TI = \frac{KÜ \times 1.000}{N}$$

(KÜ = kommerzielle Übernachtungen und N = alle Einwohner)

Der zentrale Indikator für die Leistungen des Beherbergungsgewerbes ist jedoch die **Zahl der Übernachtungen,** die in den Betrieben getätigt werden. In dieser Größe spiegelt sich sowohl die Zahl der Gäste als auch die Dauer ihres Aufenthalts wider. Mit der Zahl der Übernachtungen korrelieren auch eng die weiteren Ausgaben, die Touristen wahrend ihres Aufenthalts am besuchten Ort tätigen (vgl. Eurostat 2022).

2.8.2 Mobilität und Verkehr

Mobilität wurde lange – bis etwa zur Mitte der 1970er-Jahre – als Fahrtenaufkommen pro Person definiert (vgl. Topp 1994, S. 488). Es hat sich jedoch gezeigt, dass Mobilität, „(...) selbst wenn man im rein quantitativen Bereich bleibt, nicht monodimensional begreifbar gemacht werden kann, sondern am treffendsten durch eine Trinität von drei voneinander unabhängigen Dimensionskomponenten zu definieren ist." (Cerwenka 1999, S. 35) Hierbei handelt es sich um die als zentral herausgehobenen Mobilitätsindikatoren **Mobilitätsrate** (Wegehäufigkeit), **Mobilitätsstreckenbudget** (= kumulierte Distanz einer Person über einen Tag) und **Mobilitätszeitbudge**t (= für Ortsveränderungen aufgewendete Zeit je Person und Tag). Von diesen originären Mobilitätsindikatoren, die als gleichberechtigt konstitutiv angesehen werden, lassen sich durch paarweise Divisionen drei weitere, abgeleitete Indikatoren bilden (durchschnittliche Wegelänge (km/Weg), Wegedauer (h/Weg) und Reisegeschwindigkeit (km/h) (vgl. Cerwenka 1999, S. 36; Eckey/Stock 2000, S. 2).[13]

---

12 Diese Reiseintensität wird auch als Netto-Reiseintensität bezeichnet. Dagegen gibt die Bruttoreiseintensität an, welchen Anteil Reisen an der Gesamtbevölkerung haben. Da dieser Indikator jedoch wenig gebräuchlich ist, kann er vernachlässigt werden (vgl. Freyer 2015, S. 123).

13 Über die quantitativen Indikatoren hinaus, werden vier qualitative Merkmale zur Beschreibung der Mobilität vorgeschlagen. Hierbei handelt es sich um die Beliebigkeit und Spontaneität des Beginns der Ortsveränderung, eine freie Ziel- und Routenwahl, die Wahlmöglichkeit, wie man seine Ortsveränderung durchzuführen gedenkt (= Verkehrsmittelwahlfreiheit), und die Wahl einer jeweils subjektiv angenehmen und daher vom Verkehrsteilnehmer beeinflussbaren Geschwindigkeit (vgl. Cerwenka 1999, S. 36).

Auch zur Beschreibung des Verkehrs (hier: Personenverkehr) werden (quantitative) Indikatoren herangezogen. Hierbei handelt es sich um das **Verkehrsaufkommen** (Anzahl der Wege, z. B. pro Person und Tag oder Jahr) , das **Fahrzeugaufkommen**, die **Verkehrsleistung** (auch als Verkehrsaufwand bezeichnet; zurückgelegte Entfernung aller Wege, z. B. pro Person und Tag oder Jahr) sowie die **Fahrleistung** (im öffentlichen Verkehr Betriebsleistung genannt; Gesamtstrecke, die von Verkehrsmitteln wie Pkw, Lkw oder Eisenbahn in einem Jahr zurückgelegt wird). Hieraus lassen sich durch paarweise Divisionen vier weitere, abgeleitete quantitative Indikatoren ableiten (durchschnittlicher aufkommensgewichteter Besetzungsgrad (Personen/Fahrzeug), leistungsgewichteter Besetzungsgrad (Personen-Kilometer/Fahrzeug-Kilometer), Transport-/Beförderungsweite (Personen-Kilometer/Personenweg) und Fahrtweite (Fahrzeug-Kilometer/Fahrzeugfahrt) (vgl. Cerwenka 1999, S. 36; Magdolen et al. 2022, S. 71 f.).

Ein weiterer häufig genutzter Begriff ist der sog. **Modal Split**. Hierunter wird die Verteilung des Beförderungs-/Transportaufkommens auf die einzelnen Verkehrsträger (Straße, Schiene, Schiff) bzw. Verkehrsmittel gemeint (vgl. Aberle 2009, S. 45; BMVI 2019, S. 45; Gather et al. 2008, S. 25).

▸ Wiederholungsfragen

1. Warum ist es Ihrer Meinung nach notwendig, sich mit den begrifflichen Grundlagen von Tourismus und Verkehr auseinanderzusetzen?
2. Ist Tourismus und Fremdenverkehr ein und dasselbe?
3. Was wird unter Touristik verstanden?
4. Was wird unter den sog. drei konstitutiven Elementen des Tourismus verstanden? Und gibt es auch wissenschaftliche Ansätze mit mehr als drei Elementen?
5. Gibt es eine einheitliche Definition zum Tourismus, zum Verkehr und zur Mobilität?
6. Stellen Sie die Unterschiede und Gemeinsamkeiten von Verkehr und Mobilität dar!
7. Welche drei Kategorien werden mindestens herangezogen, um den Mobilitätsbegriff zu kategorisieren?
8. Geben Sie drei Beispiele für die Systematisierung des Verkehrs!
9. Geben Sie zwei Beispiele für eine enge Verknüpfung von Tourismus und Verkehr und gehen Sie auf ein selbst gewähltes Beispiel genauer ein!
10. Skizzieren Sie graphisch die Zusammenhänge von Medien, Trägern und Mitteln des Verkehrs!
11. Geben Sie fünf Beispiele für touristische und verkehrliche Informationsquellen und recherchieren Sie im Internet bzw. in Fachbüchern, was diese genau untersuchen!
12. Nennen und erläutern Sie kurz jeweils drei Indikatoren, die den Tourismus, den Verkehr sowie die Mobilität erfassen!

3 Mietwagen

▸ Lernziele

Sie lernen ...

- woher Informationen zum Thema Mietwagen, Taxi und Car-Sharing zu bekommen sind,
- wie die Begriffsvielfalt in der Mietwagen-/Taxibranche auseinanderzuhalten ist,
- welche wichtigen Meilensteine der (historischen) Entwicklung es gibt,
- ausgewählte rechtliche Rahmenbedingungen kennen,
- die wichtigsten Akteure auf dem Mietwagenmarkt kennen – sowohl Verbände als auch wichtige Anbieter und deren Geschäftsmodelle,
- die Angebots- und Nachfrageentwicklung und die wirtschaftliche Bedeutung einzuschätzen und
- die Strategien von Mietwagenunternehmen zu verstehen, die mit Beispielen untermauert werden.

▸ Neuigkeiten, Podcasts und Videos

Aktuelle Nachrichten aus der Branche, Analysen und informative Inhalte sowie Videos, Podcasts, Fotos usw. liefern bspw. ...

- Mietwagentalk: 🔗 https://www.mietwagen-talk.de/
- CarTalk: 🔗 https://www.cartalk.com/

Auch einzelne Anbieter bieten Informationen und Videos an, bspw. ...

- Hertz Let's go: 🔗 https://www.youtube.com/user/hertzcarrental
- Sixt: 🔗 https://www.youtube.com/@sixt
- Europcar Deutschland: 🔗 https://www.youtube.com/@europcarde

Mietwagen[14] können für verschiedene touristische Zwecke eingesetzt werden. Sie können nicht nur innerhalb der Quell-/Zielgebiete genutzt werden, sondern finden auch für die Hin- und Rückreise sowie für den Transfer von/zu Verkehrsstationen Verwendung. Allein aus dieser Nutzungsvielfalt lässt sich darauf schließen, welche Bedeutung dem Mietwagensegment innerhalb der gesamten touristischen Wertschöpfungskette zukommt (→ Tabelle 4).

Quellgebiete	Zielgebiete
Fahrten von Reisenden in den Aufenthaltsort, z. B. von Urlaubern und Geschäftsreisenden (Einwegmiete)	Fahrten von Reisenden zurück in den Heimatort, z. B. von Urlaubern und Geschäftsreisenden
Fahrten von Reisenden zu einer Verkehrsstation, um von dort weiter ins Zielgebiet zu reisen (z. B. zum Flughafen, Hafen oder (Bus-)Bahnhof)	Fahrten in den letztendlichen Aufenthaltsort, wenn noch andere/s Verkehrsmittel für die Anreise genutzt wurde/n (z. B. Miete eines Autos am Flughafen für die Fahrt in den Aufenthaltsort)

14 Dieses Kapitel basiert auf Groß/Stengel 2010.

Fahrten von Reisenden für die gesamte Reise (Quell-, Ziel- und zurück ins Quellgebiet)	Fahrten von Reisenden am Aufenthaltsort (z. B. Besuch von Land und Leuten, ‚Funfahrt', Beförderung von A nach B)
Fahrten von Reisenden, die Mietwagen im Zielgebiet ausgeliehen haben und erst nach einer gewissen Zeit den Mietwagen im Quellgebiet abgeben (Einwegmiete)	Fahrten von Reisenden, die mit dem Mietwagen ins Zielgebiet gekommen sind und erst nach gewisser Zeit den Wagen im Zielgebiet abgeben (Einwegmiete)

Tabelle 4: Mögliche Nutzungsformen von Mietwagen durch Touristen | Quelle: Groß/Stengel 2010, S. 15.

3.1 Forschungsstand

Eine Recherche nach wissenschaftlichen Beiträgen in Fachzeitschriften, Sammelbänden und sonstigen wissenschaftlich nutzbaren Quellen zeigt, dass die Auseinandersetzung sowohl mit dem Thema „Mietwagen" allgemein als auch im Zusammenhang mit dem Tourismus in Deutschland, aber auch weltweit im Vergleich zu anderen touristischen bzw. verkehrlichen Themen gering ausgeprägt ist. Eine ausführliche – aber sicherlich nicht abschließende – Recherche hat die in → Tabelle 5 angeführten Informationsquellen ergeben und gezeigt, dass es doch einige Quellen gibt, auch wenn diese z. T. schwer zugänglich sind.

Art der Veröffentlichung	Autoren/Herausgeber
Monographien/Sammelbände	Burgdorf 1993 | Dileep/Pagliara 2023 | Fuchs/Pramer 2007 | Groß/Stengel 2010 | Kazanjian 2007 | Minelli 2008 | Prideaux/Carson 2011 | Zinn 2007
Beiträge in Lehrbüchern	Berg 2006 | Freyer 2015 | Goeldner/Richie 2012 | Gorham/Rice 2007 | Gross/Klemmer 2014 | Kotler et al. 2006 | Mundt 2006 | Schulz 2009 | Vogel 2006
Beiträge in Sammelbänden/Lexika	Gross et al. 2007 | Groß et al. 2007 | Groß 2022 | Hummel 2008a | Hummel 2008b | Neumann 2010
Beiträge in Fachzeitschriften	Brabec 2009a | Braun 2009 | Dielemann et al. 2009 | Lempp 2009 | Lines et al. 2008; Lüthe 2009 | Metz 2009 | Neidhardt/Kremer 2008 | Otting 2009 | Palmer-Tous et al. 2007 | Prideaux/Carson 2007, Wenning 2009
Verbände/Verlage	BAV – Bundesverband der Autovermieter Deutschlands e. V. (versch. Daten, aktuelle Informationen und Studien auf der Internetseite) VDA – Verband deutscher Autovermieter e. V. (z. B. Newsletter, Pressemitteilungen, Verbandszeitschrift)
Zeitschriften	■ „Autovermieter Journal", hrsg. vom Verband deutscher Autovermieter e. V. (VDA) ■ Beiträge in der touristischen Fachpresse, wie fvw, Touristik aktuell, usw. ■ Beiträge in der juristischen Fachpresse, z. B. ACE-Verkehrsjurist, Der Verkehrsanwalt (VerkA), Neue Zeitschrift für Verkehrsrecht (NZV), Schadenspraxis (SP), Zeitschrift für Schadensrecht (zfs), Zeitschrift für Versicherungsrecht, Haftungs- und Schadensrecht (VersR)
Zeitschriften mit Bezug zur Autovermietung	■ „Flottenmanagement – Das Fachmagazin für innovatives Fuhrpark- und Mobilitätsmanagement" (www.flotte.de) „Firmenauto – Geschäftswagen, Flottenmanagement, Finanzen" (www.firmenauto.de) ■ „Autoflotte: Fit für den Fuhrpark" (www.autoflotte.de) ■ „bfp fuhrpark + management" (www.fuhrpark.de)

Studien privatwirtschaftlicher Anbieter	Auf der Internetseite www.marketresearch.com werden mehrere Dutzend Studien von verschiedenen Anbietern angeführt, die kostenpflichtig sind. Auf Grund der Vielzahl an Studien und Kosten konnten diese Studien für das vorliegende Lehrbuch nicht ausgewertet werden, stehen aber für vertiefende Analysen zum weltweiten Mietwagenmarkt zur Verfügung.
sonstige Studien/Informationsquellen	▪ Europcar: der Autovermieter stellt der Öffentlichkeit immer wieder Studien zur Verfügung ▪ Deutscher Sparkassen- und Giroverband e. V. 2022 ▪ VDR lfd. Jahrgang ▪ Fraunhofer-Institut für Arbeitswirtschaft und Organisation 2016 ▪ BAV: Urteilsdatenbank mit mehr 3.000 Urteilen, (für Mitglieder gratis)
Quellen zum Thema Taxi-/Mietwagenverkehr	Bidinger 2014 | Fielitz/Grätz 2015 | Grätz 2015 | Grätz/Meißner 2008 | Kollar/Gergin 2015 | Meißner/Mattern 2011
Zeitschriften zum Taxiverkehr	▪ Taxi – das Magazin des Taxi- und Mietwagenunternehmens mit Verkehrs-Rundschau und BZP-Report (Verlag Heinrich Vogel Fachzeitschriften GmbH, München) ▪ Hallo TAXI (Fachverlag – Hallo TAXI, R. Cassalette, Bremen) ▪ taxi heute (Huss-Verlag GmbH, München) ▪ TAXI times (taxi-times Verlags GmbH, München)
Quellen zum Thema Car-Sharing	Bardhi/Eckhardt 2012 | bcs 2023 | Petersen 1995 | Richter 2007 | Sakhdari 2006 | Schwieger 2011 | Witzke 2016 Marktinformationen finden sich sowohl beim bcs als auch auf den Intersetseiten des BAV.

Tabelle 5: Informationsquellen zum Thema „Mietwagen" und verwandte Themen | Quelle: Eigene Darstellung.

3.2 Definition von Mietwagen(-verkehr)

Es ist nicht einfach, Definitionen des Mietwagenverkehrs bzw. von Mietwagenunternehmen in der deutschsprachigen Literatur zu finden. Einige Autoren gehen zwar auf das Thema Autovermietung bzw. Mietwagenverkehr und die Bedeutung im Tourismus ein (vgl. z. B. Berg 2006, S. 269 ff.; Freyer 2015, S. 196 ff.; Mundt 2013, S. 314 ff.; Schulz 2009, S. 287 ff.), definieren die Begrifflichkeiten jedoch nicht. In anderen Veröffentlichungen wird zwar auf den Mietwagenverkehr eingegangen, aber die Definition nach dem § 49 Absatz 4 des Personenbeförderungsgesetzes (PBefG) zugrunde gelegt (vgl. z. B. Fuchs et al. 2008, S. 464; Grätz 2005, S. 27 ff.; Kollar/Pieper 2008; Meißner/Mattern 2006, S. 1 ff.). Hiernach wird unter Mietwagenverkehr folgendes verstanden:

„**Verkehr mit Mietwagen** ist die Beförderung von Personen mit Personenkraftwagen, die nur im Ganzen zur Beförderung gemietet werden und mit denen der Unternehmer Fahrten ausführt, deren Zweck, Ziel und Ablauf der Mieter bestimmt und die nicht Verkehr mit Taxen nach § 47 und nicht gebündelter Bedarfsverkehr nach § 50 sind. Mit Mietwagen dürfen nur Beförderungsaufträge ausgeführt werden, die am Betriebssitz oder in der Wohnung des Unternehmers eingegangen sind. Nach Ausführung des Beförderungsauftrags hat der Mietwagen unverzüglich zum Betriebssitz zurückzukehren, es sei denn, er hat vor der Fahrt von seinem Betriebssitz oder der Wohnung oder während der Fahrt fernmündlich einen neuen Beförderungsauftrag erhalten. Den Eingang des Beförderungsauftrages am Betriebssitz oder in der Wohnung hat der Mietwagenunternehmer buchmäßig oder elektronisch (auch mittels appbasierten Systems) zu erfassen und die Aufzeichnung ein Jahr aufzubewahren. Annahme, Vermittlung und Ausfuhrung von Beförderungsaufträgen, das Bereithalten des Mietwagens sowie Werbung für Mietwagenverkehr dürfen weder allein noch in ihrer Verbindung geeignet sein, zur Verwechslung mit dem Taxenverkehr oder dem gebündelten Bedarfsverkehr zu führen. Den Taxen und dem gebündelten Bedarfsverkehr vorbehaltene Zeichen und Merkmale dürfen für Mietwagen nicht verwendet werden. In Städten mit mehr als 100 000 Einwohnern kann die Genehmigungsbehörde zum Schutz der öffentlichen Verkehrsinteressen die in ihrem Bezirk geltenden Regelungen für den gebündelten Bedarfsverkehr auch auf den in ihrem Bezirk betriebenen Verkehr mit Mietwagen anwenden, wenn per App vermittelter Verkehr mit Mietwagen einen Marktanteil von 25 Prozent am Fahrtaufkommen im Gelegenheitsverkehr mit Taxen, Mietwagen und gebündelten Bedarfsverkehr überschreitet. Die §§ 21 und 22 sind nicht anzuwenden. Die Genehmigungsbehörde kann für Gemeinden mit großer Flächenausdehnung Einzelheiten für die Genehmigung von Ausnahmen von der Pflicht zur Rückkehr an den Betriebssitz ohne neuen Beförderungsauftrag an einen anderen Abstellort als den Betriebssitz festlegen. Hierbei ist eine Mindestwegstrecke von 15 Kilometern zwischen Hauptsitz und Abstellort oder bei mehreren Abstellorten zwischen diesen zu Grunde zu legen. Die Genehmigungsbehörde kann insbesondere Regelungen treffen über die Anforderungen an den Abstellort und die zulässige Anzahl von Abstellorten." (§ 49 Absatz 4 f. PBefG)[15]

Am 26.03.2021 hat der Bundesrat die Reform des Personenbeförderungsrechts abschließend gebilligt. Im „Gesetz zur Modernisierung des Personenbeförderungsrechts" wurde neben den „Änderungen des Personenbeförderungsgesetzes" bspw. auch eine „Änderung des Straßenverkehrsgesetzes", eine „Änderung der Fahrerlaubnis-Verordnung" und eine „Änderung der Verordnung über den Betrieb von Kraftfahrunternehmen im Personenverkehr" vorgenommen. „Beim Mietwagenverkehr hat der Gesetzgeber – zum Schutz des Taxigewerbes – kaum weitergehende Liberalisierungen vorgesehen und teilweise sogar die Eingriffsmöglichkeiten verschärft. So bleibt die unverzügliche Rückkehrpflicht zum Betriebssitz nach Ausführung des Beförderungsauftrages erhalten, sofern nicht zuvor ein neuer Beförderungsauftrag angenommen wurde (§ 49 Abs. 4 S. 2 PBefG). Damit bleibt es den Mietwagenfahrern insbesondere weiter verwehrt, direkt nach Abschluss einer Beförderung zu nachfragestarken Orten (Messen, Veranstaltungen, Flughäfen) zurückzukehren. Zugunsten des Mietwagengewerbes hat der Gesetzgeber allerdings darauf verzichtet, die von verschiedener Seite erhobene Forderung umzusetzen, zum Schutz des Taxigewerbes für die Mietwagenbestellung eine Mindestbestellfrist einzuführen. Da die Beförderungsaufträge, wie jetzt gesetzlich klargestellt (§ 49 Abs. 4 S. 3, 4 PBefG), auch per App erteilt werden dürfen, bleibt dem Fahrgast als Alternative zum unzulässigen Heranwinken vom Straßenrand (§ 49 Abs. 4 S. 5 PBefG) immerhin die digitale ad-hoc Buchung erhalten." (Grün et al. 2021, S. 5) Neu ist auch eine Kennzeichnungspflicht für Mietwagen – mit einem blau-weißen Schild in der Heckscheibe, wobei Mietwagen mit einem nach innen und außen wirkenden Schild mit Ordnungs-Nr. an der rechten unteren Ecken der Heckscheibe ausgerüstet werden müssen (vgl. Bundesverband Taxi und Mietwagen e. V. 2021, S. 26).

15 In Deutschland betreiben ca. 35.000 Unternehmen Taxi- und/oder Mietwagenverkehr, die dem PBfG unterliegen, wobei hiervon mehr als 8.300 Unternehmen alleine Mietwagenverkehr betreiben. Diese Beförderungsunternehmen firmieren häufig unter dem Begriff „MiniCar". In den Großstädten Berlin, Dortmund, Düsseldorf, Dresden, Essen, Frankfurt, Hamburg, Köln, Leipzig, München, Rostock, Saarbrücken und Stuttgart gibt es zwischen 55 (Saarbrücken) und 2.185 (Berlin) Mietwagen (vgl. Bundesverband Taxi und Mietwagen e.V. 2020, S. 12 & S. 55). Ein Beispiel für ein Mietwagenunternehmen nach dem PBfG ist das Unternehmen 8x8 AG in Dresden. 8x8 versteht sich als ein Limousinen- und Chauffeurservice und ist in mehrere Einzelunternehmen gegliedert. Es besteht aus einem Limousinenservice, einem Taxibetrieb sowie einer vollautomatischen Funkvermittlungszentrale, mit welcher alle Fahrzeuge über GPS verbunden sind (vgl. Dresdner Chauffeur Service 8x8 GmbH 2023).

Laut Auskunft des Bundesverbandes der Autovermieter Deutschlands e. V. (BAV) entsteht bei der Verwendung der Definition nach dem PBefG **ein Problem** „(...) durch die unglückliche Begriffsverwendung ‚Mietwagen' im Zusammenhang mit Nutzung von ‚Fahrzeugen mit Fahrer'. Aus diesem Grund heißen die umgangssprachlichen Mietwagen im Behördendeutsch ‚Selbstfahrervermietfahrzeuge'. Mit § 49 Absatz 4 PBefG haben wir nichts zu tun." (Brabec 2009a)

> Es ist daher zu konstatieren, dass das, was umgangssprachlich „Mietwagen" genannt wird, im Amtsdeutsch (z. B. in der Fahrzeug-Zulassungsverordnung) Mietfahrzeug für Selbstfahrer bzw. Selbstfahrervermietfahrzeug heißt und ein Mietwagen nach dem PBefG immer mit Fahrer gemietet wird, d. h. ein Mietwagen wird wie ein Taxi zur gewerblichen Personenbeförderung im Gelegenheitsverkehr eingesetzt.

Auch in der bis 2007 bundesrechtlich maßgeblichen Regelung für die Vermietung von Kraftfahrzeugen und Anhängern, die MietPkwÜbwV (Verordnung über die Überwachung von gewerbsmäßig an Selbstfahrer zu vermietenden Kraftfahrzeuge und Anhänger vom 04. April 1955, zuletzt geändert am 21. Juli 1969), wird von Selbstfahrern gesprochen. Unter **Mietfahrzeuge für Selbstfahrer**[16] werden somit Fahrzeuge verstanden, die vornehmlich bei spezialisierten Kfz-Vermietunternehmen gemietet und im Interesse des Mieters von diesem selbst oder einem von ihm Beauftragten gefahren werden (vgl. Mathy 2000, S. 252). Autovermieter wie Avis, Europcar, Hertz, Sixt etc. verleihen hauptsächlich Mietfahrzeuge für Selbstfahrer und betreiben nur dann gewerbliche Personenbeförderung, wenn sie z. B. im Rahmen eines Chauffeurservices ihre Fahrzeuge mit Fahrer vermieten (z. B. bietet Sixt den „Sixt Ride Limousinen Service" an).

3.3 Abgrenzung von Mietwagen für Selbstfahrer

Im Folgenden werden die Mietwagen für Selbstfahrer zu anderen Verleihern sowie Vermittlern und gemeinsamen Nutzungsformen von Kraftfahrzeugen abgegrenzt. Wie oben bereits angesprochen, dürfen Mietwagen für Selbstfahrer nicht mit Taxen und/oder Mietwagen nach dem PBefG verwechselt werden. Für den Betrieb eines Taxi- und/oder Mietwagenverkehrs nach dem PBefG gibt es weitreichende gesetzliche Bestimmungen im PBefG selbst (z. B. Rückkehrpflicht, Verwendung von Taxischild und Ordnungsnummer, Fahrpreisanzeiger, Betriebs-, Beförderungs- und Tarifpflicht, subjektive und objektive Voraussetzungen für die Genehmigung von Taxi- und Mietwagenverkehr) sowie anderen Verordnungen (z. B. Fahrerlaubnis-Verordnung). Wer eine entgeltliche oder geschäftsmäßige Personenbeförderung in einem Taxi oder Mietwagen durchführen will, muss dazu eine Gewerbegenehmigung, eine Taxi- oder Mietwagengenehmigung und

16 Mietwagen wird im vorliegenden Lehrbuch mit Mietwagen für Selbstfahrer gleichgesetzt. Sofern Mietwagen nach dem PBefG gemeint ist, wird dies besonders hervorgehoben.

eine Fahrerlaubnis zur Fahrgastbeförderung besitzen, sofern er auch selbst fahren will. Hiermit grenzen sich diese Verkehrsarten klar von den Mietwagen für Selbstfahrer ab.[17]

> Unter **Car-Sharing** wird (im deutschsprachigen Raum) im Allgemeinen die Nutzung von Autos durch mehrere Personen nacheinander verstanden. Beim Car-Sharing kann zwischen dem nachbarschaftlichen Autoteilen (auch informelles Car-Sharing genannt) und dem organisierten Car-Sharing unterschieden werden.

Einige der bekannten Car-Sharing-Organisationen haben sich aus Bekannten- und Nachbarschaftsinitiativen heraus entwickelt – v. a. in Westdeutschland – und die anfallenden Aufgaben wurden weitestgehend ehrenamtlich geleistet. Car-Sharing können neben Privatpersonen auch Unternehmen nutzen, wobei hier zwischen **Business-Car-Sharing** und **Corporate-Car-Sharing** unterschieden werden kann. Während es bei ersterem lediglich darum geht, eine öffentliche Flotte zu besonderen Firmenkonditionen zu nutzen, steht beim Corporate Car-Sharing einem oder mehreren Unternehmen eine exklusive Flotte an Pool-Fahrzeugen zur Verfügung (vgl. Buba 2015, S. 8).

Laut dem 1998 gegründeten Bundesverband CarSharing e. V. (bcs)[18] gibt es 249 deutsche Car-Sharing-Anbieter (Stichtag 01.01.2023). Der bcs zählte darüber hinaus ca. 4,47 Mio. Car-Sharing-Fahrberechtigte in 1.082 Orten sowie fast 34.000 Car-Sahring-Fahrzeuge. Von der Flottengröße her größere Car-Sharing-Anbieter sind z. B. Miles, Share Now, cambio, stadtmobil, Sixt share, teilAuto, book-n drive, scouter, deer und Stattauto München (vgl. bcs 2023).

> Das Autoteilen wird in stationsbasierte und stationsunabhängige („free floating") Car-Sharing-Angebote unterschieden, wobei in kombinierten Car-Sharing-Systemen beide Varianten zu einem Service zusammengeführt werden (z. B. stationsbasierter Anbieter „book-n-drive" und free-floating-Angebot „city-Flitzer" in mehreren deutschen Städten). Während beim „free floating" die geliehenen Fahrzeuge nicht wieder zum ursprünglichen Standort

17 Auch im Taxigewerbe ist es in den letzten Jahren zu Neuerungen gekommen. Eine der wesentlichen Neuerungen sind sog. (mobile) Taxi-Apps, die eine Bestellung ohne Telefonanruf ermöglichen. Die App bestimmt per GPS-Signal „[...] den Aufenthaltsort der Fahrgäste und zeigt die in der Nähe befindlichen Taxis an, die dann per Knopfdruck bestellt werden können. Auf dem Display sind neben dem Bild des Fahrers auch die Bewertungen früherer Reisender dargestellt. Zu unterscheiden sind Taxi-Apps, die direkt zwischen Kunden und Taxifahrern vermitteln (Uber-Taxi, MyTaxi oder GetTaxi), sogenannte ‚gewerbefremde' Taxivermittler, und solche, die von den Taxizentralen selbst entwickelt wurden und zwischen Taxizentralen und Kunden vermitteln. Auf diesen Buchungsplattformen schließen sich Taxizentralen deutschlandweit (Taxi Deutschland) oder auch europaweit (Taxi.eu) zusammen. [...] Eine andere innovative Entwicklung im Taxigewerbe stellt das sogenannte ‚Taxisharing' dar. Prinzipiell funktioniert Taxisharing über das Internet bzw. eine Smartphone-App. Ziel ist es, mehrere Personen, die zur gleichen Zeit in eine ähnliche Richtung fahren wollen, zu einer Fahrgemeinschaft zu verbinden und damit das Verkehrsaufkommen und die Kosten für alle Beteiligten zu reduzieren. Bislang spielt Taxisharing eine noch eher untergeordnete Rolle bei den Taxivermittlungsplattformen. Eine App, die Taxisharing bereits anbietet, ist BetterTaxi." (Haucap et al. 2015, S. 24)

18 Der Verein European Car Sharing (ecs) war der Dachverband europäischer Car-Sharing-Unternehmen. Er wurde 1991 durch die führenden Car-Sharing-Anbieter aus Dänemark, Deutschland, Italien, Norwegen und der Schweiz gegründet, 2007 jedoch wieder aufgelöst. Ziel des Verbandes war die Schaffung einer Möglichkeit zur Nutzung aller angeschlossenen Car-Sharing-Angebote und eine Standardisierung und Verbesserung der Angebote. Der Sitz des Verbandes wechselte von Bremen über Hamburg und Hannover nach Utrecht. Einige übergreifende Aufgaben des ecs werden von der Car-Sharing-Plattform der UITP (Union Internationale des Transports Publics, Weltverband der öffentlichen Verkehrsunternehmen) weitergeführt. Dachverbandsaufgaben der Car-Sharing-Anbieter werden inzwischen weitgehend von nationalen Dachverbänden wahrgenommen, z. B. in Großbritannien von „Carclubs" und in Deutschland vom Bundesverband CarSharing e. V. (bcs).

zurückgebracht werden müssen, haben die Autos beim stationsbasierten Car-Sharing einen festen Standort, an den sie zurückgebracht werden müssen.

Die Kunden können beim stationsunabhängigen Car-Sharing via einer Smartphone-App nach dem nächstgelegenen freien Fahrzeug suchen und dieses direkt über die App buchen. Fahrzeuge müssen i. d. R. nach der Fahrt wieder in das Nutzungsgebiet zurückgebracht werden, von wo aus deren Standort an das Car-Sharing-Unternehmen übermittelt wird (vgl. bcs 2015, S. 6 f.; bcs 2021, S. 3; Haucap et al. 2015, S. 25).

Den stationsbasierten Anbietern ist gemein, dass sie den Kunden Fahrzeuge zum Selbstfahren (meist) ab einer Stunde bis zu mehreren Wochen zur Verfügung stellen und diese Fahrzeuge dezentral und damit möglichst wohnungsnah stationieren (vgl. Richter 2007, S. 10 f.). „Der Kauf der Fahrzeuge, deren Reparatur, Versicherung und Pflege übernehmen die Organisationen. Voraussetzung für die Nutzung der Fahrzeuge ist die Mitgliedschaft bei einer Car-Sharing-Organisation durch den Abschluss eines meist längerfristigen Vertrags und die vorherige Buchung der Fahrzeuge. Es fallen in der Regel Aufnahmegebühr, Kaution, monatliche Beträge (monetäre fixe Kosten) sowie kilometer- und zeitabhängige Nutzungsgebühren (monetäre variable Gebühren) an. (...) Der Zugang zu den Pkws erfolgt in der Regel über eine tresorgestützte Schlüsselübergabe an den Stationen. Bei vielen Car-Sharing-Organisationen, die im Zuge der Professionalisierung ihrer Strukturen und Angebote mit elektronischen Systemen ausgestattet sind, wird der Zugang zu den Fahrzeugen über eine Chipkarte ermöglicht." (Sakhdari 2006, S. 23)

Vergleichsweise neu sind Car-Sharing-Buchungsplattform zur Abwicklung ihrer Dienstleistung. „Oft sind zwischen den Anbietern dann wechselseitige Buchungen für die Kund*innen möglich, sodass ein anbieterübergreifendes Netzwerk entsteht. Die größten anbieteroffenen Buchungsplattformen sind: cantamen, cambio und Flinkster." (bcs 2023, S. 4)

In der Vergangenheit haben einige der großen Automobilhersteller, z. T. mit klassischen Autovermietern, eigene Car-Sharing-Konzepte entwickelt (z. B. car2go: Daimler und Europcar, DriveNow: BMW und Sixt und Multicity: Citroën). Während Multicity Ende 2017 den Betrieb eingestellt hat, wurden DriveNow und car2go Anfang 2019 Teil des Joint-Ventures Share Now der Unternehmen BMW und Daimler. Seit dem 14. Januar 2020 werden die Dienste ausschließlich durch Share Now angeboten. Share Now ist nach eigenen Angaben mit über 10.000 Autos in 16 Städten in acht Ländern Europas „(...) der älteste und bedeutendste Carsharing-Anbieter auf dem Markt." (Share Now GmbH 2023a)

Das Car-Sharing unterscheidet sich daher vom herkömmlichen Autovermietern v. a. durch die Erfordernis einer festen Mitgliedschaft bzw. Registrierung, der Möglichkeit ein Fahrzeug auch nur für kurze Zeit zu nutzen und die dezentrale Fahrzeugvorhaltung verbunden mit der Übernahmemöglichkeit des Fahrzeugs 24 Stunden rund um die Uhr. Darüber hinaus zielen Car-Sharing-Konzepte primär auf einen möglichst alltagstauglichen Ersatz des wenig genutzten privaten Pkws.

Eine etwas andere Umsetzung des Car-Sharing-Gedankens sind Clubs, die sich auf die Teilung von Luxus-Fahrzeugen für ihre Mitglieder spezialisiert haben. Weltweit wurde die Idee, Luxus-Fahrzeuge innerhalb eines Clubs gegen eine Jahresgebühr zugänglich zu machen, bereits über 20-mal realisiert. Die Pioniere der sog. **Fleet Sharing-Clubs** oder auch Supercar Clubs sind z. B. der Club Sportiva im Silicon Valley (seit 2003), StarrLuxury Cars in verschiedenen Großstädten Europas (z. B. Berlin, Genf, London, Monaco, Madrid und Rom), Ecurie25 und Freedom Supercars.

Seit der Novellierung des PBefG im Jahr 2021 gibt es auch den sog. „Gebündelten Bedarfsverkehr" als neue Variante des Gelegenheitsverkehrs. Er ist bisher als „Anruf-Sammel-Taxi" (AST) oder „Ride-Pooling" in Erscheinung getreten und ist eher mit dem Taxi- oder Mietwagenverkehr zu vergleichen als dem Linienverkehr. Hierbei handelt es sich um unternehmerisch organisierte Fahrgemeinschaften und soll eine Alternative zum motorisierten Individualverkehr bieten.

> **Car-Pooling** (auch Ride-Pooling/-Sharing genannt) meint eine gemeinschaftliche Nutzung eines Fahrzeugs durch mehrere Personen gleichzeitig, wobei es einerseits private Fahr- und Pendlergemeinschaften oder Mitfahrzentralen und Berufspendler-Vermittlungen gibt und andererseits neue gebündelte Bedarfsverkehre.

Beim gebündelten Bedarfsverkehr erfolgt die Beförderung nach der gesetzlichen Konzeption mit Pkw, d. h. mit Fahrzeugen für nicht mehr als neun Personen. Das Fahrzeug wird dabei über einen angestellten Fahrer bedient (anders als beim „Car-Sharing", bei dem der Nutzer selbst auch der Fahrer ist) (vgl. BMDV 2023a; Grün et al. 2021, S. 3). Im PBefG ist er wiefolgt geregelt:

„(1) Gebündelter Bedarfsverkehr ist die Beförderung von Personen mit Personenkraftwagen, bei der mehrere Beförderungsaufträge entlang ähnlicher Wegstrecken gebündelt ausgeführt werden. Der Unternehmer darf die Aufträge ausschließlich auf vorherige Bestellung ausführen. Die Genehmigungsbehörde kann, soweit öffentliche Verkehrsinteressen dies erfordern, bestimmen, dass Fahrzeuge des gebündelten Bedarfsverkehrs nach Ausführung der Beförderungsaufträge unverzüglich zum Betriebssitz oder zu einem anderen geeigneten Abstellort zurückkehren müssen, es sei denn, die Fahrer haben vor oder während der Fahrt neue Beförderungsaufträge erhalten. Die Annahme, die Vermittlung und die Ausführung von Beförderungsaufträgen, das Bereithalten gebündelter Bedarfsverkehre sowie Werbung für gebündelte Bedarfsverkehre dürfen weder allein noch in ihrer Verbindung geeignet sein, zur Verwechslung mit dem Taxen- oder dem Mietwagenverkehr zu führen. Den Taxen und Mietwagen vorbehaltene Zeichen und Merkmale dürfen für den gebündelten Bedarfsverkehr nicht verwendet werden. Die §§ 21 und 22 sind nicht anzuwenden.

(2) Im gebündelten Bedarfsverkehr dürfen Personen nur innerhalb der Gemeinde befördert werden, in der der Unternehmer seinen Betriebssitz hat. Die Genehmigungsbehörde kann die Beförderung von Personen im gebündelten Bedarfsverkehr zeitlich oder räumlich beschränken, soweit öffentliche Verkehrsinteressen dies erfordern. Sie kann im Einvernehmen mit anderen Genehmigungsbehörden und dem Aufgabenträger die Beförderung außerhalb der Betriebssitzgemeinde gestatten und einen größeren Bezirk festsetzen.

(3) Im Stadt- und im Vorortverkehr ist von der Genehmigungsbehörde im Einvernehmen mit dem Aufgabenträger eine Quote für den Anteil an gebündelten Beförderungsaufträgen festzulegen, der in einem bestimmten Zeitraum innerhalb des Gebietes zu erreichen ist, in dem der Verkehr durchgeführt wird (Bündelungsquote). Grundlage für die Berechnung der Bündelungsquote ist die Beförderungsleistung im Verhältnis der zurückgelegten Personenkilometer zu den zurückgelegten Fahrzeugkilometern. Der Aufgabenträger führt gemeinsam mit der Genehmigungsbehörde zur Feststellung der Auswirkungen der Bündelungsquote auf die öffentlichen Verkehrsinteressen und auf Klimaschutz und Nachhaltigkeit ein Monitoring durch. Der Beobachtungszeitraum beträgt höchstens fünf Jahre nach erteilter Genehmigung.

(4) Die Genehmigungsbehörde kann zum Schutz der öffentlichen Verkehrsinteressen Einzelheiten zur Rückkehrpflicht und weitere Anforderungen an den gebündelten Bedarfsverkehr in Bezug auf die Festsetzung von Bündelungsquoten, Barrierefreiheit und Emissionsvorgaben regeln." (§ 50 PBefG)

Bekannte Beispiele in Deutschland sind u. a. „Berlkönig" (2018 bis 2022) und „MOIA". Beide Projekte hatten eine Sondergenehmigung nach der Experimentierklausel im § 2 Abs. 7 des Personenbeförderungsgesetzes, die die praktische Erprobung neuer Verkehrsarten wie Ride-

Pooling auf Zeit gestattet. „Berlkönig" wurde Mitte 2002 beendet und vom Angebot „BVG Muva" abgelöst (🔗 https://www.bvg.de/de/verbindungen/bvg-muva).

MOIA wurde 2016 als eigenständiges Unternehmen innerhalb des Volkswagen-Konzerns gegründet. Im Oktober 2017 startete in Hannover ein Pilotprojekt zur Erprobung eines Ride-Pooling-Dienstes, welches Mitte 2018 als öffentliches Angebot in Betrieb genommen wurde. Ein Jahr später, April 2019, startete MOIA darüber hinaus in Hamburg ein Ride-Pooling mit Fahrzeugen vom Typ E-Crafter. Duch die Novelle des PBefG haben derartige Angebote eine rechtssichere Basis erhalten (vgl. Freie und Hansestadt Hamburg 2018; Kagerbauer et al. 2021, S. 24 f.). Insgesamt weist MOIA Ende 2023 mehr als 1 Mio. registriete Nutzer und ca. 8,38 Mio. Fahrgäste aus. Allein im Oktober 2023 sollen ca. 277.000 Fahrgäste mit 330 Fahrzeugen von Moia durch Hamburg gefahren sein (vgl. MOIA 2023, S. 9).

Im Jahr 2023 haben sieben Projekte im Programm „Modellprojekte zur Stärkung des ÖPNV" eine Förderung vom BMDV erhalten (z. B. „harzbewegt" im Landkreis Harz, Sachsen-Anhalt). Es sollen u. a. Fahrpläne verdichtet, verschiedene Mobilitätsformen mit dem ÖPNV verknüpft, flexible On-Demand-Verkehre geschaffen oder digitale Mobilitätsplattformen entwickelt werden (vgl. BMDV 2023).

Mitfahrzentralen haben sich in verschiedener Art und Weise entwickelt. Zum einen gibt es tradionelle, stationäre Mitfahrzentralen, die gegen eine Gebühr Mitfahrer an Autofahrer mit Zielen im In- und Ausland vermitteln. Und zum anderen gibt es Online-Mitfahrzentralen, bei denen die Vermittlung meist kostenlos ist. Diese Angebote drängen die jahrelang weit verbreitenen tradionellen Mitfahrzentralen immer stärker zurück. Es lassen sich bswp. über Jahre bekannte Anbieter und ihre Verbände, wie die Arbeitsgemeinschaft Deutscher und Europäischer Mitfahrzentralen e. V. (ADM) oder die Citynetz Mitfahr-Zentralen, nicht mehr im Internet finden, da sie aufgelöst oder die Marke gelöscht wurde. Dagegen nimmt das Angebot der Online-Anbieter sowie dazugehörige Smartphone-Apps zu. Zu derartigen Anbietern zählen bspw. bessermitfahren.de, BlaBlaCar, Drive2day, fahrgemeinschaft.de oder MiFaz. BlaBlaCar (betrieben von Comuto SA mit Sitz in Paris) ist mit 90 Mio. Mitgliedern in 22 Ländern und 25 Mio. Reisende pro Quartal eine feste Größe im (deutschen) Mitfahrermarkt geworden. Und nachdem es zwei Jahre auf dem deutschen Markt aktiv war, hat der französische Anbieter 2015 zwei Konkurrenten übernommen: mitfahrgelegenheit.de und mitfahrzentrale.de (vgl. Comuto SA 2023).

Neben den Online-Mitfahrzentralen gibt es Internetplattformen (z. B. Getaround, Getaway (Betrieb pausiert im Jahr 2023) und Snappcar, welche einen privaten Austausch von Fahrzeugen ermöglichen. Dies wird teilweise auch als privates Car-Sharing bezeichnet. Erste Ansätze, wie z. B. wie 🔗 www.rentmycar.com oder 🔗 www.rentmycar.de, waren nur wenig erfolgreich und nach wenigen Jahren vom Markt verschwunden. Beim privaten Car-Sharing melden sich Autobesitzer (Vermieter) und/oder Autosuchende (Mieter) bei einer entsprechenden Online-Plattform an und hinterlegen dort die benötigten Informationen zu ihrem Fahrzeug (Zeitraum der möglichen Ausleihe, Abholung und Abgabe) sowie zu den Mietkosten. Die einzelnen Anbieter stellen neben der Plattform i. d. R. die notwendige Versicherung zur Verfügung, kümmern sich um die finanzielle Abwicklung des Mietgeschäfts und erhalten dafür eine entsprechende Provision. Die Anmeldung und Mitgliedschaft sind meist für die Mitglieder kostenlos und die Preise werden durch Angebot und Nachfrage bestimmt. Getaround mit Sitz in Paris gilt europaweit mit ca. 2,5 Mio. registrierten Nutzern und mehreren tausend privaten Autos (2023) als europäischer Marktführer (vgl. Getaround SAS 2023).

Über die beschriebenen Ansätze hinaus gibt es **Mitfahrerbörsensoftware/Apps** für firmen- oder standortbezogene Fahrgemeinschaften (z. B. in Städten oder an Hochschulen nutzbar), die das „schwarze Brett" ablösen. Beispiele sind Comovee (www.comovee.com/de) und Twogo (https://www.twogo.com/de/).

Letztlich sollen Mietwagen für Selbstfahrer von **Leasingfahrzeugen** abgegrenzt werden. Auch wenn der Begriff Leasing in der juristischen und in der wirtschaftswissenschaftlichen Literatur unterschiedlich definiert wird, kann Folgendes hierunter verstanden werden:

> „Unter Leasing versteht man die mittel- bis langfristige Überlassung von Anlagegegenständen gegen Zahlung eines Nutzungsentgeltes, das man als Leasinggebühr bezeichnet." (Wöhe 2020, S. 556)

Beim Leasing steht einem Kunden somit permanent ein Fahrzeug zur Verfügung, welches ausschließlich für seine Nutzung bestimmt ist.

Leasing lässt sich u. a. nach dem Verpflichtungscharakter (**Operate Leasing** und **Finanzierungsleasing**) klassifizieren (vgl. Löbach 2007, S. 15 f.). „Operate Leasingverträge sind normale Mietverträge im Sinne des § 535 ff. BGB. Der Leasingnehmer hat das Recht zur kurzfristigen Kündigung des Vertrags. (...) Das Investitionsrisiko liegt allein beim Leasinggeber. Kündigt der Leasingnehmer schon nach kurzer Zeit den Vertrag, reichen die (wenigen) vereinnahmten Leasingraten nicht aus, die Anschaffungs- und Finanzierungskosten beim Leasinggeber zu decken. (...) Im Falle kurzfristiger Kündigung durch den Leasingnehmer muss sich der Leasinggeber um eine Anschlussvermietung bemühen oder das Leasingobjekt anderweitig (z. B. durch vorzeitige Veräußerung) verwerten." (Wöhe 2020, S. 557) Ein Finanzierungsleasingvertrag ist dadurch gekennzeichnet, dass eine feste Vertragslaufzeit vereinbart wird (Grundmietzeit). Diese beträgt i. d. R. mehr als die Hälfte der wirtschaftlichen Nutzungsdauer eines Leasingobjektes. Ein Vertrag ist üblicherweise derart ausgestaltet, dass der Leasinggeber mit den vereinnahmten Leasingraten seine Anschaffungs-, Finanzierungs- und Verwaltungskosten decken kann (Vollamortisationsvertrag). Das Investitionsrisiko liegt somit beim Leasingnehmer. Abhängig von den Vereinbarungen im Vertrag kann der Leasingnehmer über das Fahrzeug für eine bestimmte Laufzeit verfügen (Grundmietzeit). Im Leasingvertrag wird vereinbart, was der Leasingnehmer nach Ablauf dieser Laufzeit mit dem Fahrzeug machen darf: Er hat die Wahl zwischen Rückgabe des Fahrzeugs an den Leasingeber, Verlängerung des Leasingverhältnisses oder Übernahme des Fahrzeugs zu einem bestimmten Preis (vgl. ders., S. 558).

Der deutsche Leasingmarkt stagnierte im Jahr 2022 bei ca. 70 Mrd. Euro. Für 2022 wurde im Mobilien-Leasing ein Neugeschäftsvolumen von 59,98 Mrd. Euro (2021: 59,43 Mrd. Euro) beobachtet. Die für die deutsche Leasingbranche wichtigste Gütergruppe stellten auch 2022 Straßenfahrzeuge dar: Pkws und Kombis vereinigen 63,7 % der Leasinginvestitionen auf sich (45,17 Mrd. Euro). Fast jeder zweite neu zugelassene Pkw in Deutschland ist ein Leasingfahrzeug (45,6 %), wobei die Mehrzahl der Leasingfahrzeuge gewerblich genutzt wird (vgl. Grömling/Kauder 2023, S. 27 ff.).

In → Tabelle 6 werden die wichtigsten Gemeinsamkeiten und Unterschiede zwischen Mietwagen für Selbstfahrer, Mietwagen nach PBefG, Car-Sharing, Car-Pooling und Leasing noch einmal zusammenfassend dargestellt.

	Mietwagen für Selbstfahrer	Mietwagen nach PBefG	Car-Sharing	Car-Pooling	Leasing
Fahrer	nein	ja	nein	ja/nein[19]	nein
Bestimmung über Zweck, Ziel und Ablauf der Fahrt	Mieter	Mieter	Mieter	Fahrer des Fahrzeugs	Leasingnehmer
Zeitraum der Anmietung	(meist) 1 bis 90 Tage	eine Fahrtstrecke	meist einige Stunden, aber z. T. ab 1 Minute möglich, selten mehrere Tage oder Wochen	eine Fahrtstrecke	(meist) mehrere Jahre
Mitgliedschaft	nein	nein	ja	ja (Anmeldung)[20]	nein
Übernahmemöglichkeit	zu den Öffnungszeiten	zu jeder Zeit	zu jeder Zeit	Abfahrtszeit richtet sich v. a. nach Fahrer	einmalig, dann kann Leasingnehmer selbst bestimmen
Station	zentral	zentral	dezentral	(oft) zentral	dezentral
Nutzung	nacheinander	nacheinander	nacheinander	gleichzeitig	ggf. nacheinander
anfallende Kosten	richtet sich u. a. nach Klasse des Fahrzeugs, Anmietdauer, gefahrenen Kilometern	Anbieter sind in der Preisgestaltung nahezu frei	Aufnahmegebühr, Kaution, monatl. Beiträge, kilometer- & zeitabhängige Gebühren	Fahrpreis pro Person, der oft nicht mehr als die Betriebskosten beträgt	(meist) Anzahlung und monatliche Rate

Tabelle 6: Vergleich zwischen Mietwagen mit anderen Verleih-/Vermittlungsformen | Quelle: Vgl. Sahkdari 2008, S. 20 ff.

3.4 Entwicklung des Mietwagenverkehrs

Die Geschichte der Autovermietung geht in den Aufzeichnungen bis in das 19. Jahrhundert zurück. Als eine der ersten Firmen kam 1898 die Firma Wucherpfennig (Hamburg-Altona) auf die Idee der Vermietung – damals vermietete sie gegen ein Entgelt Fahrräder und Kutschenwagen (vgl. Wucherpfennig & Krohn GmbH 2023). In Deutschland wird Martin Sixt als der erste Gründer einer Autovermietung angesehen. Er gründete im Jahre 1912 „Sixt Autofahrten und Selbstfahrer" und begann mit sieben Fahrzeugen, darunter Mercedes und Luxus-Deutz-Landaulets. Allerdings war der Betrieb nicht vergleichbar mit heutigen Mietwagenunternehmen, da die Fahrzeuge zusammen mit einem Fahrer angemietet werden konnten und eine Spezialisierung auf Tagesreisen und Sonderfahrten stattfand (erinnert eher an Mietwagen nach PBefG). Die Kundschaft bestand

19 Sofern ein Mitfahrer gesucht wird, wird als Fahrer agiert. Wird ein Fahrer gesucht, wird als Mitfahrer agiert.
20 Eine Anmeldung ist i. d. R. nur für Inserierende notwendig.

schwerpunktmäßig aus dem englischen Adel sowie Touristen aus den USA (vgl. Schulz 2009, S. 288; Sixt SE 2023a).

In den USA gibt es mindestens seit 1918 Autovermietungen.[21] „Ein gewisser Walter Jacobs, Ford-Automobilverkäufer in Chicago, war es leid gewesen, daß seine Kollegen die unbenutzten Fahrzeuge immer mal so für einen Tag ausliehen. Er sah die Marktchance und gründete die erste richtige Autovermietung der Welt. Diese Autovermietung kennt man heute noch: Es ist Hertz (...)." (Burgdorf 1993, S. 5) Walter Jacobs startete mit zwölf Ford-T-Modellen, die er selbst reparierte und umlackierte. „After just five years in business, Rent-A-Car expanded from just 12 vehicles to 600. The success of the fleet drove John D. Hertz to make an offer and finally purchase the business in 1923. He renamed the company Hertz Drive-Ur-Self System. Jacobs remained in the company as the president. In 1925, Hertz pioneered a coast-to-coast car rental network. A year later, and after just three years in operation, the business received an offer from General Motors Corporation. In 1926, GM purchased the Drive-Ur-Self System. This was the beginning of a car rental network that would span the entire nation. By 1932, Chicago's Midway Hertz became the first car rental company to open a rental office at Chicago Midway Airport, with countless more to follow over the next several decades. Hertz made business travel simple by allowing business passengers to get off their flight and drive to work without wasting time, just like taking your car out of a car park." (The Hertz System, Inc. 2022)

In Deutschland florierte das Mietwagengeschäft erst nach dem Ersten Weltkrieg, als es mit der Wirtschaft wieder aufwärts ging und die „Goldenen Zwanziger" einsetzten. Insbesondere US-amerikanische Touristen kamen nach Deutschland und es entwickelte sich ein neuer Bedarf, da diese Besucher das Land per Automobil bereisen wollten. In Hamburg wurde 1927 von mehreren Kaufleuten die „Motor-Verkehrs-Union Kommanditgesellschaft auf Aktien" gegründet, die sich 1928 in „Selbstfahrer Union Deutschland GmbH" umbenannte. Nach einem Jahr gab es bereits 150 Fahrzeuge an zehn Stationen in Deutschland und bis 1939 entstand daraus die größte Autovermietung Deutschlands mit 30 Stationen und 700 Fahrzeugen (vgl. Burgdorf 1993, S. 5 ff.). Die Unternehmen wuchsen immer weiter und ab dem Jahr 1929 wurden fast nur noch Mercedesfahrzeuge gefahren, da für ausländische Autos die Ersatzteile kaum noch zu beziehen waren.

In den USA zeigte sich auf Grund der unterschiedlichen wirtschaftlichen Lage ein anderes Bild. Hier kämpften Mietwagen weniger mit Problemen der Ersatzteilbeschaffung als vielmehr mit Imageschäden, da Mietwagen während der Prohibition auch für kriminelle Aktivitäten wie Bankraub oder Schmuggel eingesetzt wurden (vgl. Römer 2007b). „In these earliest years, rental car companies became associated with criminal activity, especially during Prohibition. Many believed that cars were often used by bootleggers, bank robbers and prostitutes. After the 18th Amendment was repealed in 1933, the industry was able to regain a respectable reputation, and the business grew." (Boyd 2008)

Mit Beginn des Zweiten Weltkrieges ging die Geschäftstätigkeit in Deutschland zurück. Insbesondere das Jahr 1941 war bedeutend, als die Wehrmacht mit dem Beginn des Russlandfeldzuges alle Fahrzeuge konfiszierte. Mit dem Ende des Zweiten Weltkrieges ging es lang-sam wieder aufwärts. Im Jahre 1946 nahmen Sixt (der erste Nachkriegswagen war ein Mercedes 230 Landaulet)

21 Andere Quellen (z. B. Boyd 2008 und Römer 2007a) sprechen davon, dass 1916 erstmals Autos in den USA vermietet wurden. „The rental car industry had its beginnings closely tied to Ford's introduction of the economical Model T in 1908. In 1916, a Nebraskan named Joe Saunders was supposedly the first person to start a rent-a-car business when he lent out his Model T to travelling salesmen. (Mr. Saunders' first customer is said to have been a salesman needing transportation for a date with a local girl.)" (Boyd 2008)

und auch die Selbstfahrer Union die Geschäftstätigkeit wieder auf. Letztere reduzierte das Geschäft zunächst jedoch auf einen Garagenbetrieb mit Werkstatt und nahm 1948 mit zwei während des Kriegs versteckten Autos und sechs Jeeps aus Beständen der amerikanischen Armee das eigentliche Vermietgeschäft wieder auf (vgl. Römer 2007b).

In den USA waren die Auswirkungen des Zweiten Weltkrieges weniger zu spüren, so dass weitere Anbieter auf den Markt kamen. Warren Avis – ein ehemaliger US-Bomberpilot – gründete die Autovermietung „Avis" an drei Flughäfen und mit zwei Angestellten im Jahr 1946. Das Unternehmen wuchs schnell, so dass Avis 1953 Franchiseunternehmen in Europa, Kanada und Mexiko eröffnen konnte (vgl. Avis Budget Autovermietung GmbH & Co. KG 2023). „Avis (...) centered almost all of its operations from airports and aggressively advertised services through the airlines themselves." (Boyd 2008) 1957 wurde ein weiteres, bedeutendes Unternehmen in St. Louis gegründet. Jack Taylor gründete die „Executive Leasing" im Untergeschoss eines Cadillac-Händlers, die seit Ende der 1980er-Jahre unter dem neuen Namen „Enterprise Rent-A-Car" firmiert (vgl. Enterprise Rent-A-Car Uk Ltd. 2023).

In den 1950er- und 1960er-Jahren gab es in West-Deutschland einige neue Angebote bzw. Premieren. So wurden 1955 von der Selbstfahrer Union erste Autovermietungen an Bahnhöfen[22] getestet. Und im Jahre 1959 eröffnet die Selbstfahrer Union mit der Station Hamburg-Fuhlsbüttel als erste deutsche Autovermietung eine Station an einem internationalen Verkehrsflughafen – mehr als 25 Jahre später als in den USA, wo Hertz 1932 die erste Station an einem Flughafen eröffnete. Ein weiterer wichtiger Meilenstein in der BRD war die 1965 erwirkte Gesetzesänderung im Nutzfahrzeugbereich. Es durften nun auch Lkw vermietet werden, zunächst aber nur an gewerbliche Kunden. Sixt startete darüber hinaus als erstes deutsches Unternehmen mit einem Leasingprogramm für Fahrzeuge. Das Stationsnetz der Selbstfahrer Union wuchs in den 1960er-Jahren auf fast 200 Standorte innerhalb von Deutschland an. 1970 wurde diese von der VW AG übernommen und seit 1971 firmierte es unter dem Namen SU interRent, wobei SU immer noch für Selbstfahrer Union stand. Der Fuhrpark umfasste nun schon ca. 6.000 Fahrzeuge, die an über 400 Stationen eingesetzt wurden. 1988 fusionierte interRent wiederum mit der 1949 gegründeten französischen Autovermietung Europcar (vgl. EUROPCAR Autovermietung GmbH 2016). In den 1970er-Jahren zog die Automatisierung in die Unternehmen ein, die bis zur Gegenwart anhält. Hertz präsentierte bspw. Anfang der 1980er-Jahre die erste computergesteuerte Wegbeschreibung „CDD – Computerised Driving Directions" und bot an über 100 Flughäfen und Städten in den USA und Kanada bedienerfreundliche Terminals mit Wegbeschreibungen, Angaben zur Entfernung und geschätzter Zeitaufwand in sechs Sprachen an (vgl. Hertz Autovermietung GmbH 2023a). In den 1990er-Jahren wurde von Sixt bspw. der CarExpress Service (Automaten-Fahrzeuganmietung ohne Wartezeiten, 1994) und der Sixt SelfService Center (1996) eingeführt. Im Jahre 1995 startete Sixt als erster deutscher Autovermieter mit einem eigenen Internetauftritt (vgl. Sixt AG 2009b).

Ein weiterer wichtiger Meilenschritt in der Entwicklung der Autovermietung ist der weitere Ausbau der Kooperation mit (touristischen) Unternehmen und die Erschließung der östlichen Bundesländer nach dem Mauerfall. Sixt schloss z. B. Mitte der 1970er-Jahre Verträge mit allen großen Fluglinien und Hotelketten und ging 1994 eine europaweite Kooperation mit der Deutschen Lufthansa AG ein und wurde Partner des Lufthansa-Kundenbindungsprogramms „Miles&More" (vgl. ebd.). Im März 1990 eröffnete Europcar als erste Autovermietung eine Station im Gebiet der ehemaligen DDR (Alexanderplatz in Berlin). Bezahlt wurde zunächst noch mit Ostmark und im

22 In den USA wurde eine Kooperation der Mietwagenunternehmen und der Eisenbahn bereits vor dem Zweiten Weltkrieg eingegangen; eine genaue Jahreszahl konnte nicht ermittelt werden.

April 1992 sind alle fünf neuen Bundesländer mit über 20 Stationen erschlossen (vgl. EUROPCAR Autovermietung GmbH 2016).

3.5 Gesetzliche Rahmenbedingungen und Verbände

Im Folgenden sollen spezielle gesetzliche Grundlagen, die Autovermieter beim Aufbau und Betrieb einer Autovermietung kennen und beachten müssen, vermittelt werden. Darüber hinaus werden die wichtigsten Verbände von und für Autovermieter mit ihrem Aufbau, ihren Aufgaben und der Entwicklung vorgestellt.

3.5.1 Ausgewählte gesetzliche Grundlagen für Mietwagenunternehmen

> Die Vermietung von Kfz und Kfz-Anhängern ist rechtlich lediglich anzeigepflichtig, so dass eine Gewerbeanmeldung bzw. ein entsprechender Gewerbeschein ausreichend ist. Darüber hinaus müssen die Autos als Selbstfahrervermietfahrzeuge zugelassen und entsprechend ihrem Einsatzzweck versichert werden.

Hierfür fallen Prämien an, die i. d. R. höher liegen als die Prämien, die von Dauernutzern für eigene Fahrzeuge zu zahlen sind. Gemäß den Bestimmungen der **Straßenverkehrszulassungsordnung (StVZO; Anlage VIII)** müssen Fahrzeuge mit eigenen amtlichen Kennzeichen in regelmäßigen Zeitabständen auf ihre Vorschriftsmäßigkeit (Verkehrssicherheit, Übereinstimmung mit Fahrzeugpapieren etc.) untersucht werden. Mietwagen für Selbstfahrer und Fahrzeuge zur Personenbeförderung (z. B. Taxen und Mietwagen) müssen nach der StVZO jährlich zur Hauptuntersuchung, so dass sie einer stärkeren technischen Überwachung unterliegen. Seit 2013 müssen Mietfahrzeuge nicht mehr zur Jahres-HU, wenn sie binnen sieben Monaten als Gebrauchtwagen neu zugelassen werden. Des Weiteren ist der Mietgeber verpflichtet, genaue Aufzeichnungen zu führen, die es erlauben, z. B. im Falle von Verkehrsverstößen den Fahrer namhaft zu machen. Er muss auch die Wegestreckenzähler der Fahrzeuge eichen lassen, sofern nach Kilometerleistung abgerechnet wird (vgl. BAV 2009a). Details der Zulassung regelt die **Verordnung über die Zulassung von Fahrzeugen zum Straßenverkehr** (Fahrzeug-Zulassungsverordnung – FZV; aktuelle Fassung vom 20. Juli 2023). Bis zu diesem Zeitpunkt war die 1969 verabschiedete Verordnung über die Überwachung von gewerbsmäßig an Selbstfahrer zu vermietende Kraftfahrzeuge und Anhänger (MietPkwUbwV) die bundesweit maßgebliche Grundlage. Weitere gesetzliche Grundlagen speziell für Mietwagen für Selbstfahrer gibt es laut Auskunft des Bundesministeriums für Verkehr und der Industrie- und Handelskammer Magdeburg nicht.

3.5.2 Winterreifen

Eine weitere gesetzliche Grundlage für Mietwagen (und alle anderen Kraftfahrzeuge) wird in § 2 Absatz 3a der Straßenverkehrsordnung festgehalten und gilt in dieser Form seit dem 01.05.2006. Hiernach war bei Kraftfahrzeugen „(...) die Ausrüstung an die Wetterverhältnisse anzupassen. Hierzu gehören insbesondere eine geeignete Bereifung und Frostschutzmittel in der Scheibenwaschanlage." Ein Fahren mit Sommerreifen bei schlechtem Wetter wird mit einem Bußgeld von bis zu 40 Euro (kommt eine Behinderung hinzu, steigt das Bußgeld auf 80 Euro) und einem Punkt im Flensburger Fahreignungsregister belegt. Diese etwas unpräzisen Regelungen wurden mit neuen Fassungen der Straßenverkehrsordnung präzisiert. In der Straßenverkehrs-Ordnung vom 6. März 2013, die zuletzt durch Artikel 2 der Verordnung vom 28. August 2023 geändert wurde, heißt es wiefolgt: „Der Führer eines Kraftfahrzeuges darf dies bei Glatteis, Schneeglätte, Schneematsch, Eisglätte oder Reifglätte nur fahren, wenn alle Räder mit Reifen ausgerüstet sind, die unbeschadet der allgemeinen Anforderungen an die Bereifung den Anforderungen des § 36 Absatz 4 der Straßenverkehrs-Zulassungs-Ordnung genügen."

Vermieter müssen Winterreifen nicht kostenlos anbieten und die Verantwortung für die richtige Bereifungs trägt der Fahrzeugführer und nicht der Halter. Das ist auch ein Grund, warum viele Anbieter nicht die gesamte Flotte umrüsten. Ein anderer ist der logistische Aufwand. In der Regel werden die Autos vom Hersteller mit Sommerreifen geliefert und derart ausgerüstet auch am liebsten nach einem etwa sechsmonatigen Vermietereinsatz wieder zurückgenommen (vgl. Münck 2006, S. 96). Die durch die Umrüstung entstehenden Kosten (Anschaffungen der Reifen und Felgen, Umrüstung, Logistikaufwand, Ausfalltage für zwei Umrüstungen sowie Einlagerungen), die laut BAV bis zu 1.700 Euro pro Fahrzeug betragen (vgl. BAV 2009b), sind normalerweise vom Kunden durch einen Zuschlag zu tragen.

In anderen europäischen Ländern wird die Winterreifenpflicht unterschiedlich gehandhabt. Übersichten der jeweils gültigen Bedingungen finden sich bspw. bei den Autoclubs, wie ADAC, ARCD oder AvD. Nachfolgend einige Beispiele:

- **Österreich:** Hier ist keine generelle Winterreifenpflicht für die Wintermonate, aber es besteht eine Pflicht, die Winterreifen oder Schneeketten vorschreibt, sobald winterliche Straßenverhältnisse herrschen. Diese Regelung gilt vom 1. November bis 15. April, wenn Schnee, Schneematsch oder Eis auf den Straßen liegen.
- **Frankreich:** Zwischen 1. November und 31. März gilt eine Winterreifenpflicht für Bergregionen. Es handelt sich hierbei um 48 Departements. Innerhalb dieser Zonen gilt während der Winterperiode eine permanente Winterreifenpflicht.
- **Italien:** Es gibt geine allgemeine Pflicht, allerdings kann dies auf engen Gebirgspässen bei Bedarf geändert werden. Im Normalfall weisen Schilder darauf hin. Im italienischen Aostatal gilt zwischen Oktober und April Winterreifenpflicht. in anderen Provinzen kann eine Winterreifenpflicht zwischen dem 15. November und dem 31. März durch Verkehrsschild angeordnet werden. In Südtirol gilt für Kfz im Stadtgebiet Bozen und auf der Brennerautobahn A22 bis Affi vom 15. November bis 15. April eine allgemeine, witterungsunabhängige Winterausrüstungspflicht. Auf den übrigen Straßen der Provinz Bozen besteht lediglich eine situative (witterungsabhängige) Pflicht.
- **Slowenien:** Hier gibt es eine grundsätzliche Winterreifenpflicht zwischen 15. November und 15. März, bei Bedarf auch über diesen Zeitraum hinaus.
- **Schweiz:** Es existiert keine generelle Winterbereifungspflicht, allerdings drohen bei unpassender Bereifung und Behinderung anderer Bußgelder. Bei Unfällen mit Sommerreifen auf winterlichen Straßen droht dem Fahrer eine Mithaftung. Eine Schneekettenpflicht kann im Bedarfsfall für bestimmte Strecken durch eine gesonderte Beschilderung angeordnet werden.

3.5.3 Autobahngebühren und Maut in Europa

Bei Fahrten mit einem gemieteten Wagen oder Motorrad, Wohnmobil oder -anhänger ins Ausland müssen in den meisten Staaten Europas Autobahngebühren oder eine Maut bezahlt werden. Auch wenn Fahrten ins Ausland bei einer Anmietung nicht immer möglich sind, soll hierauf kurz eingegangen werden. Straßenbenutzungsgebühren werden teils in Form einer streckenbezogenen Maut, teils in Form einer zeitbezogenen Vignette erhoben. Vignettenpflicht gilt z. B. in Bulgarien, in Österreich, in der Schweiz und in Slowenien, wobei alle Kfz eine Vignette für die Benutzung der Autobahn haben müssen. Darüber hinaus ist die Benutzung ausgewählter Autobahnen in Ungarn gebührenpflichtig. In Tschechien, der Slowakei und Rumänien ist die Vignette ebenfalls vorgeschrieben, allerdings nicht für Motorräder. In vielen europäischen Ländern wird eine Autobahngebühr nach der Streckenlänge berechnet und an Mautstellen bezahlt, z. B. in Italien, Frankreich, Spanien, Portugal, Kroatien, Serbien, Mazedonien, Griechenland, Türkei, Polen und Norwegen. Darüber hinaus gibt es noch Sondermauten bzw. -straßenbenutzungsgebühren, die teils zusätzlich zur Vignettenpflicht oder zur streckenbezogenen Maut zu zahlen sind. Hierzu zählen u. a. Gebühren für Brückenüberquerungen (z. B. Storebælt-Brücke), Passstraßen, City-Maut-Kosten (London und Mailand) oder Tunneldurchfahrten (z. B. Mont-Blanc-, Fréjus-, Große St. Bernhard-Tunnel) (vgl. Hennemann 2023, S. 19 f. & S. 274 ff.).[23]

In Deutschland wurde beabsichtigt, eine allgemeine Pkw-Maut (amtlich Infrastrukturabgabe) einzuführen. Gebühren sollen auch von ausländischen PKW-Fahrern erhoben werden, die das deutsche Straßennetz nutzen. Nach dem Start der Lkw-Maut am 01.01.2005 wurde zunehmend die Forderung laut, auch eine Gebühr für die Straßennutzung von Pkws (bis 3,5 t) zu erheben. Insbesondere die Parteien der CDU und CSU setzen sich seit 2010 vermehrt für diese Einführung ein, so dass die Pkw-Maut 2013 im Koalitionsvertrag zwischen CDU, CSU und SPD verankert wurde – andere Akteure sind gegen eine Pkw-Maut, wie der ADAC oder die Partei Bündnis 90/Die Grünen. Der ehemalige Bundesverkehrsminister Alexander Dobrindt (CSU) stellte 2014 ein Konzept vor, das in Gestalt des Infrastrukturabgabengesetzes am 8. Juni 2015 in Kraft trat. Ein Freibetrag in der Kfz-Steuer würde die Pkw-Maut für deutsche Autofahrer wieder ausgleichen, so dass letztlich nur ausländische Pkw-Fahrer die Belastung hätten tragen müssen. Nach der Ankündigung, die generelle Maut bis 2016 umzusetzen, kündigten mehrere Anrainerstaaten juristische Einsprüche an. Die EU-Kommission hat am 18. Juni 2015 ein Vertragsverletzungsverfahren gegen Deutschland eingeleitet und am 10. Dezember 2015 die Bundesregierung nochmals zur Stellungnahme aufgefordert. Am 28. April 2016 hat die EU-Kommission eine begründete Stellungnahme an die Bundesregierung gesandt. Auf die begründete Stellungnahme der EU-Kommission antwortete die Bundesregierung Ende Juni 2016, dass die Brüsseler Bedenken „unberechtigt“ seien. Wegen der Ungleichbehandlung von In- und Ausländern wurde die Pkw-Maut vom Europäischen Gerichtshof durch Urteil im Juni 2019 als diskriminierend eingestuft. Die geplante Einführung der Maut wurde daraufhin eingestellt. Ende 2023 laufen die Vorbereitungen seitens der EU für eine EU-weite streckenabhängige PKW-Maut, deren Einführung für 2027 anvisiert ist (vgl. Hartmann 2023).

3.5.4 Wichtige Verbände im Mietwagenmarkt

Es gibt eine Reihe von Verbänden im Mietwagenmarkt, wovon eine Auswahl im Folgenden in den jeweiligen Grundzügen vorgestellt wird.

23 Aktuelle Informationen finden sich bspw. unter www.kfz-auskunft.de/info/autobahngebuehr.html oder www.sellpage.de/saar_htm/autobg.htm.

3.5.4.1 Bundesverband der Autovermieter Deutschlands e. V.

Der Bundesverband für Autovermieter (BAV) wurde am 03.06.1951 in Berlin gegründet. Auf dessen Initiative wurden in den zwei darauffolgenden Jahren in allen Bundesländern der BRD selbstständige Landesverbände ins Leben gerufen, die sich am 04.04.1954 in Düsseldorf zu der gemeinsamen Dachorganisation „Gesamtverband der Kfz-Vermieter Deutschlands e. V." zusammenschlossen. Auf Grund der Initiative des Verbandes entstand 1955, die bis 2007 gültige Verordnung für Mietwagen, die sog. Selbstfahrerverordnung. Die Arbeit des Verbandes in den folgenden Jahren fand ihre Bestätigung in der Bereitschaft einiger europäischer Verbände der Autovermieter, eine Kooperation auf Verbandsebene aufzubauen. 1964 wurde vom deutschen Verband der „1. Kongress der europäischen Autovermietungsunternehmen" ausgerichtet, der schließlich zur Gründung der „European Car and Truck Rental Association (ECATRA)" führte. Im April 2006 schloss sich die ECATRA mit Leaseurope zusammen, so dass Leasing und Autovermietung fortan in einem Verband vertreten sind.

Ein weiterer wichtiger Meilenstein in der Geschichte des Verbandes war die Legalisierung der Lkw-Vermietung, die 1969 bis zu einer Größenordnung von vier Tonnen Nutzlast begann und schließlich zur gesetzlich endgültigen Freigabe der gesamten Lkw-Vermietung ohne Einschränkung im Jahr 1994 führte. Im März 1986 änderte der Gesamtverband der Kfz-Vermieter Deutschlands e. V. seinen Namen in **Bundesverband der Autovermieter Deutschlands e. V. (BAV)**. 1991 teilte der BAV die Regionalstruktur der bundesdeutschen Autovermieter neu auf, wobei die neuen Bundesländer den alten Bundesländern zugeteilt wurden. In dieser Zeit gab es die Landesverbände Hamburg/Schleswig-Holstein/Mecklenburg-Vorpommern, Berlin/Brandenburg/Sachsen, Niedersachsen, Bremen und Sachsen-Anhalt, Nordrhein-Westfalen, Hessen/Rheinland-Pfalz/Saarland/Thüringen, Baden-Württemberg und Bayern. Die Mitgliedschaft der einzelnen Unternehmen wurde beim zuständigen Landesverband erworben und schloss automatisch die mittelbare Mitgliedschaft im Bundesverband ein. Zu Beginn des Jahres 2009 wurde die Struktur des BAV geändert. Alle Landesverbände wurden aufgelöst und Mitglieder und Vermögen in den Bundesverband überführt. Der Vorstand und die Delegierten (Vertreter der lokalen und regionalen Autovermieter, Vertreter der überregionalen Unternehmen und Vertreter der Systemdienstleister) wurden neu gewählt und der Sitz des Verbandes wurde von Düsseldorf nach Berlin verlagert. Mehr als 200 deutsche Autovermieter, inklusive Mitglieder fast aller großen Vermietketten, sind Mitglied im BAV.

Laut aktueller Satzung des BAV gibt es folgende Aufgaben und Ziele:

- „[...] die beruflichen, fachlichen, betriebswirtschaftlichen und ggf. sozialen Belange und Interessen seiner Mitglieder zu fördern und nach außen (...) auf Landes- und Bundesebene zu vertreten;
- die gegenseitigen Berufserfahrungen seiner Mitglieder auszuwerten, die erforderlichen statistischen Unterlagen zu erstellen [...];
- die Bekämpfung des unlauteren Wettbewerbs und aller schädlichen Einflüsse auf das Gewerbe der Autovermietung an Selbstfahrer. [...];
- die Schaffung eines umfassenden und wirksamen Schutzes für die Mitgliedsunternehmen gegenüber betrügerischen, zahlungsunfähigen und zahlungsunwilligen Fahrzeugmietern;
- die Beratung und Information der Mitglieder in rechtlichen (soweit nach dem Rechtsdienstleistungsgesetz möglich), insbesondere arbeits- und wettbewerbsrechtlichen, sowie in allen wirtschaftlichen Belangen und sonstigen Fachfragen. Der Verband hat die Berechtigung, ggf. die Mitglieder insoweit zu vertreten." (BAV 2019)

Konkrete Leistungen des BAV sind bspw. die regelmäßige Beratung und Information der Mitgliedsunternehmen in versicherungsrechtlicher Schadensregulierungen oder der Abschluss von Vereinbarungen mit den Automobilherstellern über einen günstigen Bezug von Kraftfahrzeugen. Schließlich stellen die Autovermieter die größte Abnehmergruppe für die Automobilindustrie dar. Ebenso werden Rahmenverträge mit verschiedenen Unternehmen und Dienstleistern geschlossen, um den Mitgliedern finanzielle Vorteile zu verschaffen. Gleiches gilt für die Abschlüsse mit anderen für die Autovermieter relevanten Geschäftszweigen.

3.5.4.2 Verband deutscher Autovermieter Deutschland e. V.

Der ehemals siebte Landesverband des BAV in Niedersachsen, Bremen und Sachsen-Anhalt hat sich als Verband deutscher Autovermieter e. V. (VDA e. V.) selbstständig gemacht. Von 2004 bis 2011 hieß dieser Verband noch **Verband mittelständischer Autovermieter Deutschland e. V.** (VmAD). Mitglieder sind nicht nur in den drei ehemaligen Landesverbänden in Niedersachsen, Bremen und Sachsen-Anhalt zu finden, sondern bundesweit. Zu den mehr als 300 Mitgliedern zählen neben klassischen Autovermietern u. a. auch Car-Sharing- und Leasing-Unternehmen, (Verkehrs-) Rechtsanwälte sowie Versicherungsmakler (vgl. VDA 2023a).

In der Satzung sind folgende Aufgaben festgehalten:

- „Der Verband hat die Aufgabe, die allgemeinen, ideellen, wirtschaftlichen und sozialen Interessen des Berufsstandes der Autovermieter in allen Bereichen ihrer Tätigkeit wahrzunehmen und zu vertreten. In der Erfüllung dieser Aufgabe hat der Verband
- die Interessen des Berufsstandes nach außen gegenüber dem Gesetzgeber und allen Regierungen, Behörden, Verbänden und sonstigen Dritten (...) zu vertreten;
- die gute berufliche Zusammenarbeit der Angehörigen des Berufsstandes und deren kollegialen Zusammenschluss zu fördern;
- darauf hinzuwirken, dass die Angehörigen des Berufsstandes gegen unlauteren Wettbewerb und wirtschaftliche Benachteiligung geschützt werden;
- die Beratung seiner Mitglieder in allen rechtlichen und tariflichen Fragen vorzunehmen, die in unmittelbarem Zusammenhang mit deren Tätigkeit stehen, soweit dies nach dem Rechtsdienstleistungsgesetz zulässig ist; er ist ermächtigt, für seine Mitglieder Tarifverhandlungen zu führen und Tarifverträge verbindlich abzuschließen;
- eine Homepage zu betreiben, auf der die Mitglieder in einem passwortgeschützten Bereich besondere Informationen abrufen können." (VDA 2023b)

Im Jahr 2023 gibt es den Verband zwar noch, aber er „lebt nicht mehr" – die nötigen Aufgaben werden vom BAV mit übernommen (vgl. Brabec 2023).

3.5.4.3 Verband der internationalen Autovermieter e. V. (VIA)

Die international führenden Autovermieter Avis Budget Group, Enterprise Holdings, Europcar Mobility Group und Hertz haben im Jahr 2021 den Verband der internationalen Autovermieter e. V. (VIA) in Deutschland gegründet. Er ist eine Interessenvertretung dieser international operierenden Autovermieter in Deutschland und „(...) vertritt die ökonomischen und politischen Interessen seiner Mitgliedsunternehmen gegenüber Entscheidungsträgern aus Politik, Wirtschaft und Gesellschaft und fördert den evidenzbasierten Austausch zur Situation der Autovermietungsbranche sowie ihren Beitrag zur Shared Mobility in Deutschland." (VIA 2021)

3.5.4.4 ACRISS

Die **ACRISS** (früher Association of Car Rental Industry System Standard) ist ein Zusammenschluss von Autovermietungen, welche sich auf einen 4-stelligen Fahrzeugklassencode (SIPP Code: „Standard Interline Passenger Procedure") geeinigt haben, um den Vergleich zwischen den einzelnen Anbietern zu erleichtern. Bezeichnungen wie Kleinwagen, Kompakt- oder Mittelklasse sind zum besseren Verständnis hilfreich, werden aber während des Buchungsvorganges meist in den SIPP-Code aufgeschlüsselt. ACRISS wurde im Jahre 1989 von Avis, Budget, Europcar und Hertz gegründet, die seitdem Mitglieder sind. Darüber hinaus sind als Autovermieter z. B. Alamo, Green Motion International, Enterprise und National Mitglied. Aber auch weitere Unternehmen aus der Tourismuswirtschaft haben sich ACRISS angeschlossen, wie z. B. Amadeus, Expedia, Sabre und Travelport (vgl. ACRISS 2023). Der SIPP-Code besteht aus vier Buchstaben. Jedem Buchstaben kommt eine bestimmte Bedeutung zu:

- Buchstabe für Fahrzeugkategorie, basierend auf der Größe, den Kosten, der PS und der Ausstattung (z. B. M = Mini, E = Kleinwagen, L = Luxusklasse),
- Für Karosserieform (z. B. W = Wagon/Kombi, T = Cabriolet, V = Minibus),
- Für Antriebsart (z. B. A = Automatik oder M = manuelle Schaltung) und
- Für Treibstoff und Vorhandensein einer Klimaanlage (R = Klimanlage, N = keine Klimaanlage, D = Diesel mit Klimaanlage, H = Hybrid mit Klimaanlage, E = Elektroauto).

Die Bezeichnung „ABCD" steht für ein Kraftfahrzeug der Klasse A, des Typs B, der Schaltung C und der Klimatisierung und Treibstoff D – bzw. das Beispiel „IDMR" bedeutet Mittelklassewagen, 4-/5-türig mit Schaltgetriebe und Klimaanlage (⟶ Abbildung 14). Im Laufe des Jahres 2006 wurde diese Matrix implementiert, da die bis dahin gültige Matrix nicht mehr zeitgemäß war. 2020 wurden weitere Änderungen an den Definitionen für Elektro- und Hybridautos mit Batterieentfernung in Meilen/Kilometern vorgenommen. Trotz des ACRISS-Codes ist die Einordnung eines Fahrzeugs nicht immer eindeutig.

	Kategorie		**Art**		**Getriebe/ Antrieb**		**Kraftstoff/ Klimaanlage**
M	Mini	B	2-/3-türig	M	Schaltgetriebe	R	Klimaanlage
N	Mini Elite	C	2-/4-türig	N	Schaltgetriebe mit Allradantrieb	N	Keine Klimaanlage
E	Kleinwagen	D	4-/5-türig	C	Schaltgetriebe, Allradfahrzeug	D	Diesel mit Klimaanlage
H	Kleinwagen Elite	W	Kombiwagen	A	Automatikgetriebe	Q	Diesel ohne Klimaanlage
C	Kompaktklasse	V	Minibus	B	Automatikgetriebe mit Allradantrieb	H	Hybrid mit Klimaanlage
D	Kompaktklasse Elite	L	Limousine/Sedan	D	Automatikgetriebe, Allradfahrzeug	I	Hybrid Plug In mit Klimaanlage
I	Mittelklassewagen	S	Sport			E	Elektroauto mit Klimaanlage

J	Mittelklasse-wagen Elite	T	Cabriolet		C	Elektroauto ohne Klimaanlage
S	Standardklasse	F	Sport-Utility-Fahrzeug		L	LPG/Druckgas mit Klimaanlage
R	Standardklasse Elite	J	Geländewagen		S	LPG/Druckgas ohne Klimaanlage
F	Gehobene Mittelklasse	X	Spezial		A	Wasserstoff mit Klimaanlage
G	Gehobene Mittelklasse Elite	P	Pick Up mit Einzel- / Verlängerte Kabine – 2-türig		B	Wasserstoff ohne Klimaanlage
P	Premiumklasse	Q	Pick Up mit Doppelkabine – 4-türig		M	Mehrstoffmotor/Leistung mit Klimaanlage
U	Premiumklasse Elite	Z	Spezialangebot PKW		F	Mehrstoffmotor/Leistung ohne Klimaanlage
L	Luxusklasse	E	Coupé		V	Benzin mit Klimaanlage
W	Luxusklasse Elite	M	Großraumlimousine		Z	Benzin ohne Klimaanlage
O	Übergröße	R	Freizeitfahrzeug		U	Ethanol mit Klimaanlage
X	Spezial	H	Wohnmobil		X	Ethanol ohne Klimaanlage
		Y	Zweiradfahrzeug			
		N	Roadster			
		G	Crossover			
		K	Transporter/LKW			
Beispiel: IDMR = Mittelklassewagen / 4-/5-türig / Schaltgetriebe / Klimaanlage						

Abbildung 14: ACRISS-Matrix (Stand 2023) | Quelle: ACRISS 2023b.

3.5.4.5 Weitere Verbände

Im Jahre 1964 wurde die **European Car and Truck Rental Association** (ECATRA) gegründet. Dieser Verband hatte bis 1997 seinen Sitz in Düsseldorf und der Generalsekretär der ECATRA war der Geschäftsführer des BAV bis im Rahmen der europäischen Harmonisierung deren Sitz 1997 nach Belgien verlegt wurde. ECATRA ist in den 1971 gegründeten Verband **Leaseurope** (European Federation of Leasing Compnay Associations) aufgegangen, der **42 Mitgliedsorganisationen in 31 europäischen Ländern** hat. Innerhalb von Leaseurope gibt es eine spezielle Arbeitsgruppe, die sich mit den Vermieterthemen befasst, wie z. B. aktuelle Entwicklungen, die den rechtlichen Rahmen auf europäischer Ebene beeinflussen.

Für die Wahrnehmung der Interessen des deutschen Mietwagengewerbes (nach dem PBefG) bei Gesetzesinitiativen in den Ländern und auf Bundesebene durch Stellungnahme und Kontakte zu den Politikern gibt es den **Bundesverband der Chauffeur & Limousine Service Unternehmen in der Bundesrepublik Deutschland e. V.** (BCMD) Er vertritt und unterstützt bspw. seine Mitglieder bei Antrags-, Anhör- und Genehmigungsverfahren, betreibt Öffentlichkeitsarbeit in Presse, Rundfunk, Fernsehen und Internet, gibt Hilfestellungen bei der Suche nach geeigneter Rechtsberatung und bietet Fortbildungsmaßnahmen und Schulungen in Sach- und Fachkunde sowie Sicherheitsfragen an. Darüber hinaus setzt er sich dafür ein, dass das „Mietwagen-Gewerbe" in „Chauffeurwagen-Gewerbe" umbenannt werden soll (vgl. BCMD 2023).

Im nordamerikanischen Raum gibt es die **American Car Rental Association** (ACRA) und die **Associated Canadian Car Rental Operators** (ACCRO), die beide seit mehr als 40 Jahren den Autovermietern eine Stimme geben.

3.5.5 Kennzahlen

Mietwagenspezifische Kennzahlen sind bswp. die Haltedauer der Fahrzeuge, der durchschnittliche Mietpreis, die Mietdauer, der durchschnittliche Flottenbestand, der wirtschaftliche Auslastungsgrad der Vermietflotte, der Umsatz pro Fahrzeug und Tag sowie die Fuhrparkkosten pro Fahrzeug und Tag. Angaben hierzu sind jedoch relativ spärlich zu finden – ein Anlaufpunkt sind die Geschäftsberichte der Autovermieter. Um eine hohe Qualität der Fahrzeuge zu gewährleisten, verbleiben die Fahrzeuge häufig nur eine relativ kurze Zeit in den Flotten der großen Mietwagenunternehmen. Bei Pkws sind dies oft ca. 4–8 Monate und sie legen dabei eine Laufleistung von ca. 20.000–25.000 km zurück (vgl. Groß/Stengel 2010, S. 103). Die Europcar Gruppe gibt bspw. für ihre Fahrzeugflotte im Jahr 2021 als durchschnittliche Haltedauer 13,4 Monate an (vgl. Europcar Mobility Group 2022, S. 8).

3.6 Anbieter auf dem Mietwagenmarkt

Im Folgenden wird zunächst der europäische und im Anschluss der deutsche Mietwagenmarkt analysiert (räumliche Marktabgrenzung). Innerhalb beider Betrachtungen werden – sofern möglich – Aussagen zur Marktstruktur und zum Marktvolumen vorgenommen.

3.7 Der europäische Mietwagenmarkt

> Der europäische Markt der Mietwagenunternehmen ist weltweit gesehen nach dem US-Markt und dem asiatischen Markt der drittwichtigste Markt. Innerhalb von Europa ist Deutschland mit Abstand der wichtigste Teilmarkt, gefolgt von Großbritannien, Frankreich und Spanien (vgl. Morwinsky 2023, S. 24; Statista GmbH 2023a).

Leaseurope gibt jährliche Daten seiner Mitgliedsverbände heraus. Für das Jahr 2021 liegen Daten von sieben der 42 Mitgliedsländer vor, die im klassischen Vermietergeschäft tätig sind. „The short term car rental members reporting in the Leaseurope 2021 Annual Enquiry purchased about 656,000 cars during the year and, at year end, owned a fleet of about 0.8 million cars." (Leaseurope 2022, S. 3) Insgesamt repräsentieren die Verbände durch ihre Mitglieder 2021 mehr als 22,0 Mio. individuelle Mietverträge und es wurden von den Mitgliedern fast 660.000 Fahrzeuge beschafft (→ Tabelle 7).

Land	Mitglied bei Leaseurope	Fahrzeuge 2021	
		Kauf	Flotte gesamt
Belgien	RENTA	8.000	17.000
Frankreich	FNLV	179.611	k. A.
Großbritannien	BVRLA	186.001	186.001
Italien	ANIASA	64.911	81.192
Portugal	ARAC	53.961	64.640
Spanien	AER	152.055	410.487
Türkei	Tokkder	11.705	28.700
total		656.244	788.020

Tabelle 7: Anzahl der gekauften Fahrzeuge und Flottengröße ausgewählter Leaseurope-Mitglieder | Quelle: Leaseurope 2022, S. 3.

Die wichtigsten Anbieter in Europa sind Europcar, Avis und Sixt, die ca. zwei Drittel Marktanteil am europäischen Markt auf sich vereinen (→ Abbildung 15).

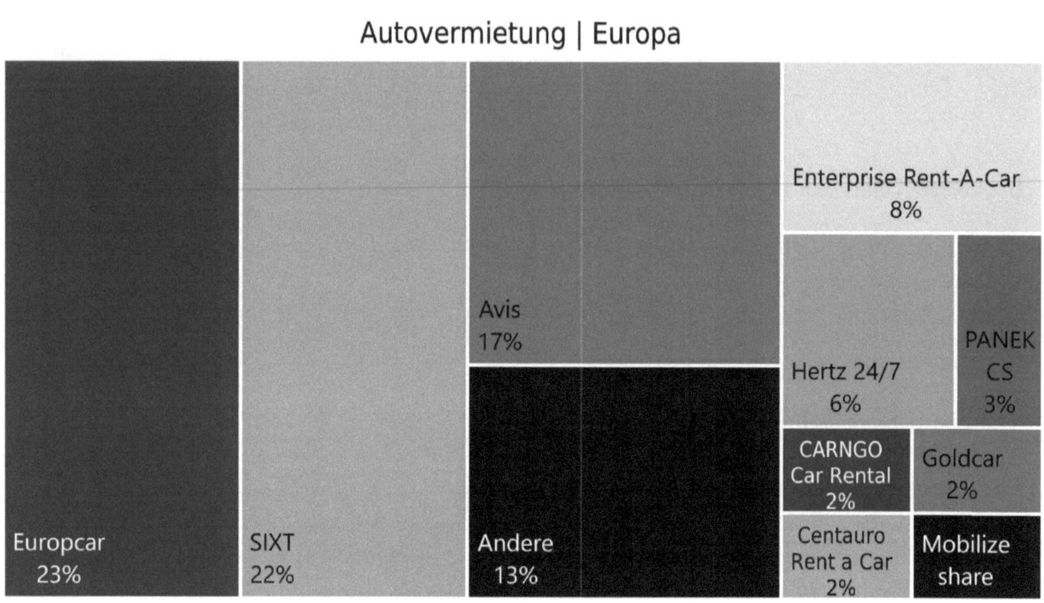

Abbildung 15: Die wichtigsten Anbieter Europas nach Umsatz | Quelle: Statista 2023b.

3.7.1 Der deutsche Mietwagenmarkt

Zur Beschreibung des Marktes können v. a. die Daten des Statistischen Bundesamtes[24] und des Kraftfahrbundesamtes sowie auf Grundlage dieser Daten veröffentlichte Studien bzw. Informationen, wie u. a. vom Branchenverband BAV[25] oder dem Branchenreport „Kfz-Vermietung" des Deutsches Sparkassen- und Giroverbandes herangezogen werden.

3.7.2 Umsatz

Nach Berechnungen des Deutschen Sparkassen- und Giroverbandes (gestützt auf Daten des Statistischen Bundesamtes) beliefen sich die Umsätze der deutschen Autovermieter für Kraftwagen mit einem Gesamtgewicht bis 3,5 t im Jahr 2021 auf ca. 16,9 Mrd. Euro und für Kraftwagen mit einem Gesamtgewicht von mehr als 3,5 t auf ca. 2,9 Mrd. Euro.[26] Die Gesamtumsätze der deutschen (Auto-)Vermieter 2021 haben sich im Vergleich zum Vorjahr um ca. 1,4 Mrd. Euro gesteigert. Der Hauptteil hiervon entfällt auf die Unternehmen mit einem Verleih von Kraftwagen bis 3,5 t (⟶ Abbildung 16). Unternehmen, die größere Kraftwagen im Verleih haben, haben ihre Umsätze nur gering verbesseren können.

Auf Basis von Euromonitor-Daten soll die Marktgröße im Jahr 2022 in Deutschland bei ca. 2,4 Mrd. Euro gelegen haben (vgl. Sixt SE 2023b, S. 39). Es wird deutlich, dass verschiedene Daten kursieren und daher immer die genutzte Quelle anzugeben ist.

---

24 Das Statistische Bundesamt veröffentlicht Daten zum Mietwagenmarkt in der „Strukturerhebung im Dienstleistungsbereich", in der „Umsatzsteuerstatistik – Voranmeldungen" (umsatzsteuerpflichtige Unternehmen > 22.000 Euro Umsatz) und in der „Umsatzsteuerstatistik – Veranlagung". Letztere ist eine Gesamterhebung und damit exakter in ihren Angaben (ca. 6 Mio. zu ca. 3,2 Mio. erfassten Unternehmen), sie wird aber mit einem zeitlichen Verzug veröffentlicht – die 2018er-Daten wurden 2022 veröffentlicht. Die „Umsatzsteuerstatistik – Voranmeldungen" beruht auf einer Stichprobe und statistischen Hochrechnungen. Auf Basis von Auskünften der Finanzämter werden Erhebungsunterlagen (Fragebogen) an maximal 15 % der Unternehmen verschickt und die erhobenen Daten werden hochgerechnet. Ein Vergleich der verschiedenen Daten zeigt, dass sich die ausgewiesenen Werte z. T. deutlich voneinander unterscheiden, so dass bei der Ausweisung von Daten immer mit angegeben werden sollte, um welche Quelle es sich handelt. Hier werden v. a. die Daten der „Umsatzsteuerstatistik – Voranmeldungen" genutzt, da sie den aktuellesten Überblick geben. Die Darstellungen im Kapitel „Weitere ausgewählte Aspekte zur Marktstruktur" beruhen auf der „Strukturerhebung im Dienstleistungsbereich".

25 Der BAV hat jahrelang Daten für Autovermieter, die die Autovermietung als Hauptzweck ihrer Tätigkeit betreiben, veröffentlicht. In den 2000er-Jahren wurde ein Umsatz von ca. 2 bis 2,5 Mrd. Euro ausgewiesen. Diese Daten haben nur einen Teil des Marktes repräsentiert, da nur die Unternehmen einbezogen werden, die die Autovermietung als Hauptzweck ihrer Tätigkeit betreiben. Nach Ansicht des BAV liegen die „tatsächlichen" Zahlen jedoch auch höher als beim Statistischen Bundesamt ausgewiesen, sofern die „Nebenerwerbsvermieter" berücksichtigt werden. Das liegt daran, dass viele dieser Unternehmen, die nur am Rande ein oder wenige Fahrzeuge vermieten, diese weder als Selbstfahrervermietfahrzeuge zulassen noch den Unternehmenszweck Autovermietung angeben (vgl. Brabec 2009b).

26 Aufgrund einer Änderungen der Klassifikation der Wirtschaftszweige durch das Statistische Bundesamt (vgl. Statistisches Bundesamt 2008) gilt seit dem Berichtsjahr 2009 die folgende Klassifikation: WKZ 77.1 „Vermietung von Kraftwagen" mit den Unterkategorien „Vermietung von Kraftwagen mit einem Gesamtgewicht von 3,5 t oder weniger" und „Vermietung von Kraftwagen mit einem Gesamtgewicht von mehr als 3,5 t".

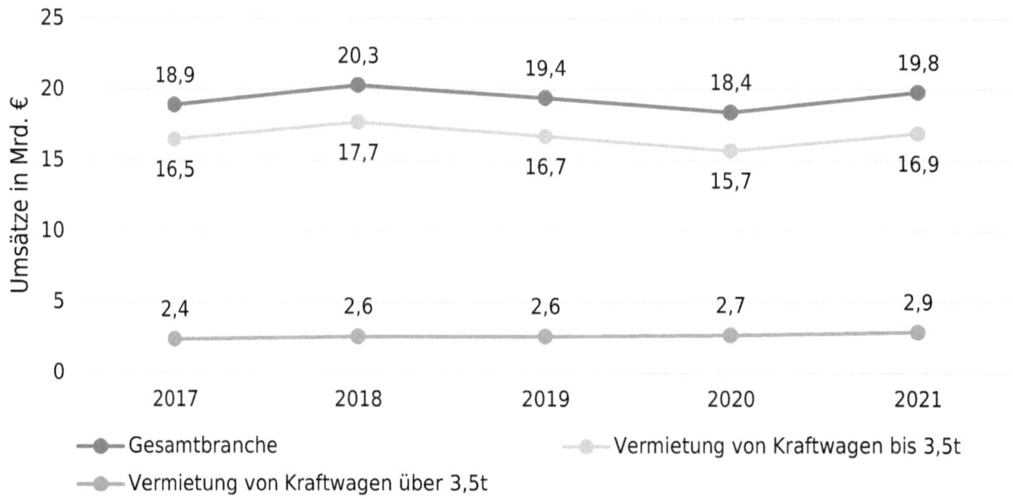

Abbildung 16: Umsätze für Vermietung von Kraftwagen 2017–2021 (in Mrd. Euro) | Quelle: Statistisches Bundesamt 2021, zitiert nach Deutscher Sparkassen- und Giroverband e. V. 2022, S. 6.

3.7.3 Anzahl an Vermietunternehmen

Der Konzentrationsprozess in der deutschen Autovermietungsbranche setzt sich in den letzten Jahren weiter fort – insbesondere bei den mittelständischen Betrieben, die die Autovermietung als Hauptzweck ihrer Tätigkeit betreiben (→ Abbildung 17).

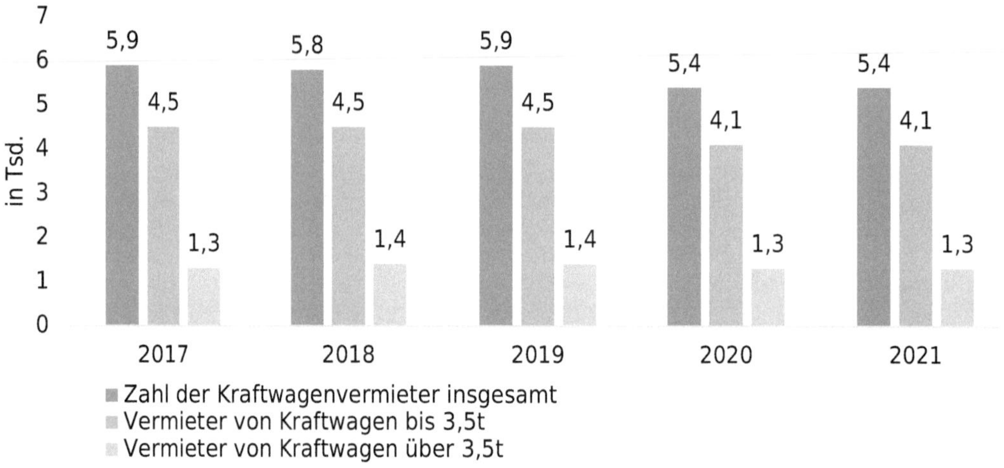

Abbildung 17: Zahl der deutschen Autovermieter 2017–2021 | Quelle: Statistisches Bundesamt 2021, zitiert nach Deutscher Sparkassen- und Giroverband e. V. 2022, S. 6.

„Die Zahl der Pkw-Vermieter, die Fahrzeuge bis zu einem Gesamtgewicht von 3,5 t anbieten, dürfte 2021 nahezu unverändert geblieben sein. Bei den Vermietern von Kraftwagen über 3,5 t Gesamtgewicht ist davon auszugehen, dass deren Anzahl im Großen und Ganzen ebenfalls auf dem gleichen Niveau geblieben ist. Die international agierenden Autovermieter, allen voran Avis Budget, Enterprise, Europcar, Hertz sowie Sixt, erwirtschaften mit ihrem dichten Stationsnetz vor allem in den Ballungszentren einen erheblichen und weiter steigenden Anteil des Branchenumsatzes. Dabei bauen sie ihre Marktanteile zulasten kleinerer Anbieter kontinuierlich aus. Lokale Autovermieter haben es angesichts relativ geringer Mittel schwer, mit den Branchenführern mitzuhalten. Zudem stellen die Fuhrparkkosten sowie der Preiswettbewerb vor allem kleinere und mittelgroße Kfz-Vermieter vor erhebliche Herausforderungen." (Deutscher Sparkassen- und Giroverband e. V. 2022, S. 6)

3.7.4 Bestand an Mietfahrzeugen für Selbstfahrer

Das Kraftfahrtbundesamt weist für 2022 etwas mehr als 256.000 Pkws als Mietwagen für Selbstfahrer aus (Stand 01.01.2022) – das KBA erfasst sie unter „Vermietung von Kraftfahrzeugen ohne Gestellung eines Fahrers und Car-Sharing". Im Vergleich zum Vorjahr ist der Bestand somit wiederum angestiegen, ein Vergleich mit den Daten aus den 2000er-Jahren zeigt jedoch, dass die Anzahl erheblich geringer ausfällt. Dies ist durch eine methodische Änderung im Jahr 2008 (Nichtberücksichtigung von vorübergehenden Stilllegungen und Außerbetriebssetzungen) zu erklären (→ Tabelle 8).

Jahr	Bestand an Mietfahrzeugen	Jahr	Bestand an Mietfahrzeugen
2002	315.937	2013	203.581
2003	314.904	2014	204.522
2004	335.615	2015	211.048
2005	367.561	2016	215.168
2006	392.056	2017	224.024
2007	393.207	2018	238.122
2008	223.907	2019	255.851
2009	213.411	2020	278.547
2010	182.869	2021	228.894
2011	193.461	2022	256.437
2012	206.411		

Tabelle 8: Bestand an Mietfahrzeugen für Selbstfahrer in Deutschland 2002–2022[27] | Quelle: Vgl. KBA 2023a, S. 7 ff. | Hinweis: Ab 1. Januar 2019 einschließlich Car-Sharing.

3.7.5 Weitere ausgewählte Aspekte zur Marktstruktur

Bei der Autovermietbranche handelt sich um eine kleinteilige Branchenstruktur, da die Betriebe zu ca. 80 % aus Firmen mit einem Jahresumsatz von maximal 250.000 Euro bestehen. Nach der Strukturerhebung im Dienstleistungsbereich 2021 sind mehr als 27.000 Personen bei den 3.455 ausgewiesenen Autovermietern (Vermietung von Kraftwagen bis 3,5 t) tätig. Als Rechtsform

27 Seit 2008 erfasst das KBA nur noch den ‚fließenden Verkehr' und die Statistik spiegelt lediglich den Bestand an Fahrzeugen zum 1. Januar eines Jahres wider. Die Daten für 2008 weichen daher von den Vorjahren ab. Mietwagen, die im Laufe eines Jahres angeschafft und noch im selben Jahr wieder abgestoßen werden, bzw. vorübergehend außer Betrieb gesetzte Fahrzeuge werden nicht in der Statistik erfasst (vgl. Hanske 2009).

wurde insbesondere die Einzelunternehmung (1.995) und Kapitalgesellschaft (851), gefolgt von der Personengesellschaft (1.574 gewählt. Darüber hinaus gab es 36 sonstige Rechtsformen (vgl. Statistisches Bundesamt 2021, S. 11 ff. & S. 45 f.).

Unternehmen bis 250.000 Euro Umsatz stellen zwar zahlenmäßig den größten Anteil an Autovermietern, sie stellen 2020 jedoch nur 1,6 % der Branchenumsätze dar (→ Abbildung 18). Die Vermieter mit einem Umsatz von über 10 Mio. Euro hingegen stellten zwar nur 2,4 % der Unternehmen dar, generierten aber 84,7 % der Branchenumsätze (2013: 81,2 %, 2012: 83,2 % und 2009 noch nahezu 90 %). Allein auf die 39 Unternehmen mit mindestens 50 Mio. Euro Jahresumsatz entfielen 75,2 % (2013: 70,7 %) des Marktvolumens (vgl. Deutscher Sparkassen- und Giroverband e. V. 2009b; Deutscher Sparkassen- und Giroverband e. V. 2022, S. 8).

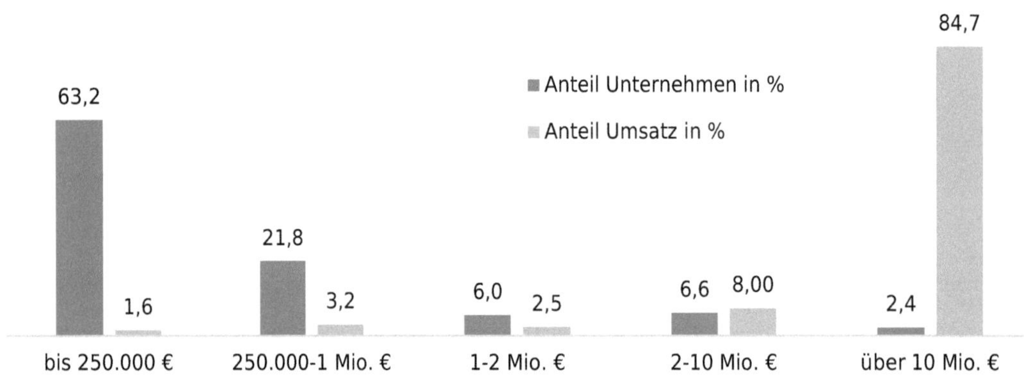

Abbildung 18: Umsatzanteil der Autovermietungen nach Größenklassen in Deutschland | Quelle: Statistisches Bundesamt 2020, zitiert nach Deutscher Sparkassen- und Giroverband e. V. 2022, S. 8.

3.7.6 Vergleich der vier wichtigsten Anbieter in Europa

Während in Deutschland Sixt Marktführer vor Europcar ist, erwirtschaft Europcar einen höheren Umsatz als Sixt in Europa. Avis Budget erwirtschaftet einen weltweiten Umsatz von ca. 11,4 Mrd. Euro, wobei Avis selbst ca. 6,2 Mrd. Euro umsetzt – der Anteil für Europa wird nicht ausgewiesen (→ Tabelle 9). Es ist zu beachten, dass bei den Marktanteilen ein unterschiedlicher Gesamtumsatz vom Statistischen Bundesamt und von Euromonitor herangezogen wird. Daher weichen die ausgewiesenen Marktanteile voneinander ab.

	Europcar	**Sixt**	**Avis Budget**[28]
Sitz	Paris	Pullach	Parsippany, USA Bracknell für Europa
Marktanteil in Deutschland bezogen auf Daten des Euromonitors (2021)	29,0 %	36,5 %	k. A.
Marktanteil bezogen auf Daten des Statistischen Bundesamtes (2022)	3,3 %	4,8 %	k. A.

28 Hertz Deutschland und Avis Budget geben – auch auf Nachfrage – keine Daten zur Größe der Fahrzeugflotte, zum Umsatz und zur Anzahl der Mitarbeiter in Deutschland an.

Länder (2021)	144	rund 100	175 (2022)
Stationsnetz weltweit (2021)	2.747 (1.146 direkt, 1.611 Franchise)	2.098 (inkl. Franchise)	ca. 10.250 (2022)
Stationen in Deutschland (2021)	460	355	k. A.
Durchschnittliche Flottengröße weltweit (2021)	232.000 (2021)	270.900 (inkl. Franchise)	655.000 (2022)
Anteil E-Autos (2022)	k. A.	14 % in Europa	k. A.
Umsätze weltweit (2022)	3,08 Mrd. Euro	3,06 Mrd. Euro	11,37 Mrd. Euro
Umsätze Deutschland (2021) in Europa	548 Mio. Euro 1,86 Mrd. Euro (2021)	878,1 Mrd. Euro 1,27 Mrd. Euro (2022)	k. A.
Mitarbeiterzahl weltweit für Vermietung (2021)	8.781	7.509	ca. 30.000
Low-Cost-Marke	interRent, Keddy by Europcar	(früher Sixti und Flizzr)	Budget, Payless
Car-Sharing	Ubeeqo	DriveNow	Zipcar

Tabelle 11: Vergleich von Avis, Europcar und Sixt in Europa | Quelle: Eigene Darstellung, in Anlehnung an Unternehmensangaben, Avis Budget Group 2023, S. 4 ff.; Europcar Mobility Group 2022, S. 8; Eurocar Mobility Group 2023a, S. 9; Sixt SE 2023b, S. 2 ff.

3.8 Nachfrager des Mietwagenmarktes

Laut der AllensbacherWerbeträgerAnalyse (AWA) betrug der Kundenkreis der Mietwagenunternehmen in Deutschland im Jahre 2022 knapp 7 Mio. Personen, so dass innerhalb der zwölf Monate ca. jeder zehnte deutsche Bundesbürger einen Pkw gemietet hat (→ Tabelle 10). Der Großteil der Kunden nutzt die Leistung eines Autovermieters nur einmal pro Jahr (6,7 %), während 3,3 % mehrmals bei einer Autovermietung ein Fahrzeug mieten. Auffällig ist weiterhin, dass nach dieser Studie Europcar und Sixt nahezu gleichauf in der Gunst der Deutschen liegen und weit mehr Deutsche als Privatkunde ein Auto mieten als Geschäftskunden (vgl. ifD 2023a, S. 96).

	gesamt 100 % = 70,6 Mio	
	in %	**in Mio.**
Kunde bei einem Autoverleih insgesamt	10,0	7,05
Kunde bei einem Autoverleih mehrmals	3,3	2,31
Kunde bei einem Autoverleih einmal	6,7	4,74
Privatkunde bei einem Autoverleih	8,7	6,12
Geschäftskunde bei einem Autoverleih	1,9	1,33

Tabelle 10: Kunde bei einem Autoverleih in 2022 | Quelle: Vgl. ifD 2023a, S. 96.

Männer leihen häufiger einen Mietwagen aus als Frauen: Insgesamt betrachtet sind es 11 % zu 5 % und bei den Mehrfachkunden ist das Verhältnis noch eindeutiger (4 % zu 1 %). Bei Betrachtung des Alters wird deutlich, dass Privatkunden mit zunehmendem Alter seltener Kunde bei einer Autovermietung sind. Während sich in der Altersgruppe von 18 bis 29 Jahren 8 %, bei den 30- bis 39-jährigen 12 % und bei den 40- bis 49-jährigen 11 % der Deutschen in den letzten zwölf Monaten ein Auto ausgeliehen haben, sind es in der Altersgruppe der über 70-Jährigen nur noch 2 %.

Mit zunehmender Qualifikation und dadurch Stellung im Berufsleben sowie Höhe des Einkommens erhöht sich der Anteil der Kunden. Insbesondere Personen mit (abgeschlossenem) (Fach-)Hochschulstudium nutzen Mietwagen häufiger als Personen mit Volks-/Hauptschulausbildung oder höhere Schule ohne Abitur. Weitere sozio-demographische Informationen lassen sich → Tabelle 11 entnehmen.

	deutschsprachige Bevölkerung ab 18 Jahre			**Kunde bei einem Autoverleih insgesamt**			**Kunde bei einem Autoverleih mehrmals**			
	%	Mio.	Index*	Mio.	%	Index*	%	Mio.	%	Index*
Basis	100	66,37	100	5,37	8	100	100	1,66	3	100
Geschlecht										
Männer	49,2	33,02	**65,5**	**4,66**	**66,8**	136	70,9	1,56	4	144
Frauen	50,8	34,07	34,5	2,32	33,2	65	29,1	0,64	1	57
Alter										
18–29 Jahre	15,9	10,68	17,3	1,32	18,9	119	17,6	0,39	2	110
30–39 Jahre	15,8	10,62	22,2	1,66	23,8	151	26,2	0,58	4	166
40–49 Jahre	14,5	9,74	23,8	1,53	21,9	151	25,4	0,56	4	175
50–59 Jahre	19,1	12,82	20,8	1,41	20,2	106	18,5	0,41	3	97
60–69 Jahre	16,3	10,92	10,9	0,75	10,8	66	9,4	0,21	2	58
70 Jahre und älter	18,3	12,31	5,1	0,3	4,3	24	2,9	0,06	0	16
Schul- und Berufsbildung										
Volks-, Hauptschule	29,4	19,75	21,7	1,28	18,4	62	17	0,37	1	58
höhere Schule ohne Abitur	37,9	25,41	35,5	2,58	36,9	97	33,5	0,74	2	88
Abitur, Hochschulreife ohne abgeschlossenes Studium	11,9	7,98	12,6	1,9	15,6	131	16,1	0,36	3	135
abgeschlossenes Studium	20,8	13,95	30,2	2,4	29,3	140	33,4	0,74	5	161

Umfang der Berufstätigkeit										
Vollzeit berufstätig	46,9	31,43	65,1	4,76	68,1	145	73,6	1,62	4	157
Teilzeit/stundenweise berufstätig	14	9,37	14,9	1,32	18,9	48	15	0,33	2	38
nicht berufstätig	39,2	26,29	20	1,32	18,9	48	15	0,33	1	38
Haushaltsnettoeinkommen										
unter 1.000 €	3,5	2,33	2,7	0,13	1,9	55	1,3	0,03	1	39
1.000– unter 1.500 €	7,3	4,88	5,8	0,29	4,1	57	3,7	0,08	1	50
1.500– unter 2.000 €	10,9	7,3	10,7	0,59	8,5	78	7,1	0,16	1	66
2.000– unter 2.500 €	11,1	7,48	12,6	0,64	9,2	82	9,8	0,22	2	88
2.500– unter 3.500 €	23,1	15,49	27,1	1,53	21,9	95	17,8	0,39	2	77
3.500 € und mehr	44,1	29,6	41,1	3,79	54,3	123	60,2	1,33	4	137
finanzieller Spielraum										
kein Geld übrig	9,2	6,18	9,4	0,54	7,7	84	7,2	0,16	2	78
> 100 € übrig	5,7	3,8	4,8	0,28	4	70	4,3	0,09	1	76
100– unter 250 € übrig	22,3	14,94	21	1,34	19,1	86	16,7	0,37	1	75
250– unter 500 € übrig	21,7	14,52	19,6	1,42	20,3	94	21,2	0,47	2	98
500 € und mehr übrig	41,2	27,66	45,2	3,41	48,8	118	50,7	1,12	4	123
Ortsgrößen (Einwohner)										
unter 5.000	14,5	9,72	10,1	0,82	11,8	81	9,2	0,2	1	63
5.000–19.999	26,3	17,62	24,7	1,4	20,1	76	18,6	0,41	2	71
20.000–99.999	27,5	18,45	25,3	1,72	24,6	90	21,2	0,47	2	77
100.000–499.000	15,1	10,11	16,4	1,17	16,8	111	14,2	0,31	3	94
500.000 und mehr	16,7	11,19	23,5	1,87	26,7	160	36,9	0,81	4	221
Anzahl der Pkw im Haushalt										
Pkw im Haushalt	78,4	52,6	86,2		76,4	97	65,6	1,45	2	84
Käufertypologie, Mobilität										
ich bin beruflich viel unterwegs	14,2	9,53	30,1		26,6	187	31,3	0,69	7	221

* %-Wert der Gesamtbevölkerung = 100, Lesebeispiel: 65,5 % (3,52 Mio.) aller Kunden sind Männer. Von allen Männern (ab 18 Jahre) waren in den letzten zwölf Monaten 11 % Kunden bei einem Autoverleih. Quelle: ifD 2023b.

Tabelle 11: Soziodemographische Merkmale von Mietwagenkunden (deutschsprachige Bevölkerung ab 18 Jahre) | Quelle: ifD 2023b.

3.9 Strategien von Mietwagenunternehmen

Im folgenden Kapitel werden ausgewählte strategische Optionen von Mietwagenunternehmen vorgestellt. Die Auswahl und Zusammenstellung dieser Strategiemodule kennzeichnet das Geschäftsmodell eines jeden Mietwagenunternehmens und ist folglich für dessen Erfolg im Wettbewerb ausschlaggebend. Zu den wichtigsten strategischen Entscheidungen gehören dabei Fragen nach den bearbeiteten Märkten, dem Umgang mit der Konkurrenzsituation und der Auswahl von Kundengruppen sowie der allgemeinen Ausrichtung des Angebotsspektrums (→ Abbildung 19).

Strategiemodule		**strategische Optionen**
Geschäftsmodelle		Generalisten, Mietwagenkooperationen, Mietwagenbroker, Low-Cost-Anbieter
Marktareal		Regional/national, international, global
konkurrenzorientierte Strategie	Strategiestil	Nischenbesetzung, Differenzierung, Kostenführerschaft
	Wettbewerbsverhalten	Wettbewerbsorientierte oder konfliktäre Strategie („Alleingang"), Kooperation, Konsolidierung/Konzentration
kundenorientierte Strategie		Massenmarktstrategie, Marktsegmentierungsstrategie

Abbildung 19: Ausgewählte Strategiemodule von Mietwagenunternehmen | Quelle: Eigene Darstellung, in Anlehnung an Groß/Stengel 2010, S. 52 ff.; Freyer 2011, S. 371 ff.

3.9.1 Geschäftsmodelle

Mietwagenunternehmen ist nicht gleich Mietwagenunternehmen, so dass verschiedene Arten von Geschäftsmodellen[29] unterschieden werden, wobei sich die einzelnen Arten in der Praxis überschneiden und nicht so klar voneinander abgegrenzt werden können, wie hier vorgenommen (→ Abbildung 20).

29 „Durch ein Geschäftsmodell wird in stark vereinfachter und aggregierter Form abgebildet, welche Ressourcen in die Unternehmung fließen und wie diese durch den innerbetrieblichen Leistungserstellungsprozess in vermarktungsfähige Informationen, Produkte und/oder Dienstleistungen transformiert werden. Ein Geschäftsmodell enthält damit Aussagen darüber, durch welche Kombinationen von Produktionsfaktoren die Geschäftsstrategien eines Unternehmens umgesetzt werden soll und welche Funktionen den involvierten Akteuren dabei zukommt." (Wirtz 2000, S. 82)

<table>
<tr><th colspan="6">Mietwagenunternehmen</th></tr>
<tr><th>Generalisten</th><th>Mietwagen-kooperationen</th><th colspan="2">Mietwagenbroker</th><th colspan="2">Low-Cost-Anbieter</th></tr>
<tr><td rowspan="2">■ Alamo
■ Avis
■ Enterprise Rent a Car
■ Avis Budget
■ Europcar
■ Hertz
■ Sixt
■ ...</td><td rowspan="2">■ Choice AG
■ Europa Service
■ LET'S rent a car
■ United Rentals
■ ...</td><th>Ferienautoanbieter</th><th>Internetbasierte Broker</th><th>„Werbefläche“</th><th>Billig- und Mittelklasse</th></tr>
<tr><td>■ driveFTI
■ Holiday Autos
■ Sunny Cars
■ TUI Cars
■ ...

Portale
■ mietwagen-markt.de
■ mietwagen24.de
■ ...</td><td>Broker
■ Auto Europe/autovermietung.de
■ CarDelMar/Car Rentals.com (2006–2021)
■ easyCar
■ RentalCars
■ mietwagen.de
■ ...</td><td>■ Lauda-Motion (2003–2009)
■ Maxhopp (2002–2004)
■ ...</td><td>■ interRent
■ Fox Rent A Car
■ Goldcar
■ PaylessCar
■ Sixti (Vorläufer von Drive Now/Share Now)
■ Flizzr (2015–2018)
■ ...</td></tr>
<tr><th colspan="6">weitere Mietoptionen</th></tr>
<tr><td>Car-Sharing</td><td>Car-Pooling</td><td>Ride-Hailing</td><td>Ride-Pooling</td><td colspan="2">...</td></tr>
</table>

Abbildung 20: Geschäftsmodelle von Mietwagenunternehmen | Quelle: Vgl. Groß/Stengel 2010, S. 52.

3.9.2 Generalisten

Zu den Generalisten zählen v. a. die großen Autovermietungen wie bspw. Europcar, Sixt, Avis, Budget, Hertz und Enterprise Rent-a-Car. Sie agieren in einem (weltweiten) Netz, sprechen unterschiedliche Zielgruppen (z. B. Geschäftsreisende, Touristen, Privatpersonen) an und bieten eine umfassende Palette an möglichen Dienstleistungen und Produkten an – neben der normalen Anmietung von Geschäfts- und Privatleuten können hierzu bspw. Car-Sharing, Leasing, Flottenmanagement, Gebrauchtwagenverkauf, Fahrzeughandel, persönlicher Fahrservice, Mietwagen-Flatrate für Vielreisende (z. B. Sixt unlimited) fallen.

Mehrere Jahre hat der BAV deutschlandweite Daten zur Bedeutung von verschiedenen Geschäftsfeldern (Firmen-, Touristik- und Privatgeschäft, die Unfallersatzwagen und Sonstiges unterschieden) bei den deutschen Autovermietern veröffentlicht. Seit 2011 nimmt er dies nicht mehr vor, weil die Daten nicht in der notwendigen Verlässlichkeit vorliegen (vgl. BAV 2010; Brabec 2023). Auch wenn keine einheitlichen Daten vorliegen, so lassen sich Aussagen zu einzelnen Dienstleistungen und Produkten finden, die nachfolgend dargestellt werden und bei den Autovermietern selbst lassen sich in Geschäftsberichten, Unternehmenspräsentationen o. ä. Informationen zu den verschiedenen Geschäftsfeldern finden.

Europcar unterteilt das Angebot in „Leisure“, „Professional“ und „Proximity“ (→ Tabelle 12). Zu den Freizeitkunden zählen in erster Linie Privatpersonen, die Fahrzeuge für ihren persönlichen Bedarf, insbesondere für Reisen Ferien- und Wochenendreisen, direkt oder indirekt über Reiseveranstalter, Makler und Reisebüros. Zu den Geschäftskunden, die ein Fahrzeug mieten, gehören Großunternehmen, kleine und mittlere Unternehmen sowie Fahrzeugvermietungs- und Versicherungsunternehmen, die Ersatzleistungen anbieten. Zum 3. Segment gehören alle

Einzelkunden, die Fahrzeuge für ihre täglichen Mobilitätsbedürfnisse in der Stadt, in der Nähe ihres Wohnorts oder an Bahnhöfen mieten – im Gegensatz zu Freizeitkunden, die Fahrzeuge für ihren Urlaub an ihrem Zielort am Flughafen mieten. Die Kunden schließen ihre Verträge direkt mit den Marken Europcar, Ubeeqo, GoCar oder Buchbinder ab, sei es für eine kurze Dauer, um einen punktuellen Bedarf zu decken, oder für eine lange Dauer, um einen dauerhaften Bedarf zu decken (vgl. Europcar Mobility Group 2022, S. 38 f.).

	Autos	**Transporter**
„Proximity“	12 %	4 %
„Professional“	33 %	13 %
„Leisure“	38 %	-
gesamt	**84 %**	**16 %**

Tabelle 12: Mieteinnahmen der Europcar-Gruppe im Jahr 2021 | Quelle: Vgl. Europcar Mobility Group 2022, S. 39.

Die Zielgruppen des Sixt-Konzerns „(...) sind Privatkunden/Touristen sowie Geschäfts-/Firmenkunden, wobei der Umsatz des Sixt-Konzerns im Wesentlichen über die Vertriebskanäle Business-to-Customer (B2C), Business-to-Business (B2B) und Business-to-Partner (B2P) erwirtschaftet wird. Während es sich bei B2B um Mietgeschäfte mit Geschäfts-/Firmenkunden handelt, fallen Privatkunden/Touristen unter B2C. Der Vertriebsansatz B2P zielt ebenfalls auf Privat-/Endkunden ab, allerdings werden die Kunden im Gegensatz zu B2C nicht direkt (z. B. über die Sixt-Webseite) akquiriert, sondern über einen Vermittlungspartner. Auf die Vertriebskanäle B2C und B2P entfallen insgesamt 72 % (Vj. 66 %), die übrigen 26 % (Vj. 34 %) entfallen auf B2B und Sonstige.“ (Sixt SE 2023b, S. 40)

Die Avis Budget Gruppe weist die zwei Zielgruppen „Leisure“ und „Commercial“ aus, wobei die erste Kundengruppe für ca. 64 % des Umsatzes steht und auf die zweite Kundengruppe dementsprechend ca. 36 % fällt (vgl. Avis Budget Group 2023a, S. 5).

Das **Firmengeschäft** hat in den letzten Jahren an Bedeutung zugenommen und ist für viele Mietwagenfirmen das Hauptgeschäftsfeld, wobei die Bedeutung je nach Unternehmensgröße unterschiedlich ist. „So nimmt das Firmengeschäft bei großen überregionalen Vermietern einen deutlich höheren Anteil ein als bei kleineren und mittleren Unternehmen.“ (Schulz 2009, S. 289) Privatkunden, sich ein Auto bspw. für einen Urlaub, ein Wochenende oder einen Tagesausflug anmieten, nehmen oft die zweitwichtigste Stellung ein.

Unfallersatzwagen können nach einem Verkehrsunfall oder einer Autopanne vom Geschädigten bei entsprechender Versicherung in Anspruch genommen werden. Die Bedeutung dieses Geschäftsfeldes hat in den letzten Jahren abgenommen. Außerdem ist die Planung (z. B. Vorhalten von ausreichend Fahrzeugen und verschiedenen Fahrzeugklassen, Länge der Anmietung wird durch die Reparatur des eigenen Fahrzeugs bestimmt) für die Autovermieter schwierig, da ein Notfall unvorhergesehen eintritt und dann schnellstmöglich Ersatz benötigt wird.

Beim **Leasing bzw. Flottenmanagement**[30] kaufen oder leasen Unternehmen ihren Fahrzeugpark nicht beim Hersteller oder Händler, sondern über den Leasingarm einer Autovermietung und

30 Diese Leistung wird nicht nur von Autovermietern angeboten, sondern auch von einer Reihe anderer Unternehmen (z. B. Daimler Fleet Management GmbH, DeTeFleet-Services GmbH der Deutschen Telekom, DB Rent GmbH der Deutschen Bahn AG oder FleetCompany GmbH als Teil der TÜV Süd AG).

das mit meist relativ langen Vertragslaufzeiten. Von einem Teil der Autoverleiher wird eine Reihe weiterer Dienstleistungen angeboten. Hierzu zählen bspw. die Organisation der Versicherungs-, Wartungs- und Reparaturleistungen, ein Reifen-Service, ein 24-Stunden-Notfallservice und das Verwaltungsmanagement. Sixt verfügt über mehr 50 Jahre Erfahrung im Leasinggeschäft. Im Mai 2015 wurden alle Leasingaktivitäten in der Sixt Leasing SE gebündelt, die über einen Börsengang selbstständig wurde. Nach mehr als einem halben Jahrhundert im Sixt-Konzern wurde im Jahr 2020 die Hyundai Capital Bank Europe Mehrheitsaktionär. Mit der Umbenennung con Sixt Leasing SE zu Allane SE und der Einführung der Unternehmensmarke Allane Mobility Group im Jahr 2021 ist das Leasinggeschäft nicht mehrim Sixt-Konzern verankert (vgl. Sixt SE 2016, S. 5; Sixt SE 2023b, S. 78). Aber auch Hertz, Avis, Europcar und Choice AG bieten bspw. Angebote im Leasing und/oder Fuhrparkmanagement an.

Der Fahrzeughandel, im Sinne von **Verkauf von Gebrauchtwagen**, wird von einem Teil der Autovermieter betrieben und kann sowohl über das Internet als auch über einen stationären Verkauf erfolgen. Die Vermarktung von Gebrauchtfahrzeuge erfolgt bspw. bei **Sixt** überwiegend an einen dafür eingerichteten Standort in Garching bei München über die „Sixt Car Sales GmbH“. Rund 72 % aller im Geschäftsjahr 2022 eingesteuerten Vermietfahrzeuge waren jedoch mittels Rücknahmevereinbarungen mit Autoherstellern oder Händlern abgedeckt, um das Verwertungsrisiko unabhängiger von der Situation des Gebrauchtwagenmarkts zu machen. Die Sixt Car Sales GmbH ist ein 100 %-iges Tochterunternehmen der Sixt SE und ist über 🔗 www.sixtcarsales.de zu erreichen. Zusätzlich werden die Fahrzeuge auf Auktionsplattformen und mit Hilfe von Gebrauchtwagenhändlern angeboten (vgl. Sixt SE 2023b, S. 76 ff.). Europcar bietet für Händler über „2ndMove by Europcar“ in sechs Ländern (Frankreich, Deutschland, Italien, Portugal, Spanien und Großbritannien) eine Auswahl an Gebrauchtfahrzeugen an (vgl. 2ndMove 2023).

Ein für Autovermieter relativ neuer Geschäftsbereich ist das **Car-Sharing**. Sixti unterhielt bspw. von Mitte 2008 bis Ende 2011 den **Sixti-Car-Club** mit zunächst acht Standorten in Berlin (Ende 2009 bereits 40 Standorte) als Pilotprojekt (mit jeweils fünf bis zehn Fahrzeugen) und weitete das Konzept auch auf München aus (vgl. SIXTI GmbH 2009). Durch die Entwicklung mobiler Informationstechnologien sind mehr und mehr Car-Sharing-Unternehmen entstanden, die zu einem flexiblen Modell („free floating“) übergegangen sind, bei dem Fahrzeuge frei innerhalb eines fest definierten Nutzungsgebietes im öffentlichen Parkraum parken und von dort aus genutzt werden können (⟶ Kapitel 3.3).

Seit 2019 gibt es „Sixt share“, wobei das Angebot zunächst in Berlin, Hamburg und München gestartet ist. Ein Jahr später erfolgte der Markteintritt in den Niederlanden. Bei „Sixt share“ gibt es neben Autos auch E-Roller, E-Scooter, E-Bikes oder Fahrräder zu mieten (vgl. Sixt SE 2023b, S. 41).

Zwei der bekanntesten Anbieter im (deutschsprachigen Raum) waren **car2go** und **DriveNow**, die jeweils von einer Kooperation zwischen einem der großen Automobilhersteller und einem klassischen Autovermietern betrieben wurden (car2go: Daimler und Europcar, DriveNow: BMW und Sixt). Aus diesen zwei konkurrierenden Car-Sharing-Anbietern entstand im Jahr 2019 **Share Now**. Das Unternehmen mit Sitz in Berlin ist in 17 europäischen Städten mit rund 10.000 Fahrzeugen, davon rund 3.000 Elektroautos, vertreten. Im Juli 2022 kündigte Free2move, eine Mobilitätsplattform des Automobilherstellers Stellantis, die Übernahme an, wodurch Share Now Ende 2023 Teil von Free2move ist (vgl. Share Now GmbH 2023b).

Europcar ist im Jahr 2014 bei **Ubeeqo** (2008 gegründet) eingestiegen und hat die Anteilsmehrheit an dem französischen Start-up übernommen. 2017 hat Europcar den Anteil erhöht. Europcar ist mit Ubeeqo Ende 2023 in Frankreich, Großbritannien, Deutschland, Spanien und Italien tätig und bietet Fahrzeuge sowohl für die breite Öffentlichkeit in Großstädten als auch Firmenkunden. Ubeeqo zählt mehrere internationale Unternehmen, wie Danone, L'Oréal, Airbus, Michelin oder die Commerz-Bank zu seinen Firmenkunden (vgl. Europcar Mobility Group 2022, S. 23 & S. 43).

Die **Avis Budget Group** hat mit Zipcar ihren Car-Sharing-Anbieter. Zipcar gibt an, dass mehr als 1 Mio. Mitglieder in mehreren 100 Städten und drei Ländern den Car-Sharing-Dienst benutzen. Zipcar unterhält enge Beziehungen zu Universitäten, die den Zugang zu Campus und verschiedenen Marketingkanälen ermöglichen, um Studenten zu gewinnen, die nach ihrem Abschluss ihre Beziehung zu Zipcar fortsetzen können. Über ein „Zipcar for Business"-Programm bietet Zipcar Unternehmen und Behörden ihre Dienste an. Zipcar war in Frankfurt am Main und damit im deutschen Markt vertreten, ist es im Jahr 2023 aber nicht mehr (vgl. Avis Budget Group 2023, S. 7 ff.).

3.9.3 Mietwagenkooperationen

> Mietwagenkooperationen bestehen aus mehreren regionalen (Klein-)Anbietern, die sich einer Kooperation anschließen, um z. B. Mengenvorteile beim Einkauf der Autos oder Synergieeffekte bei der Vermarktung zu nutzen, von Rahmenverträgen mit Versicherungen und der Organisation und Verwaltung des Fuhrparks zu profitieren, Fortbildungen wahrnehmen zu können und den Nachfragern durch ein umfassenderes Netz an Vermietstationen einen besseren Service bieten zu können.

Bekannte Beispiele in Deutschland sind die Choice AG (früher CCUnirent System GmbH) und Starcar Europa Service Group AG. Eine weitere Kooperation war die united rentalsystem GmbH (Deutschland)[31]. Dieses 2005 gegründete Unternehmen war Teil der Sixt Gruppe und verstand sich als Systemdienstleister für unabhängige mittelständische Autovermietungen. In der Spitze gab es in Deutschland 90 Lizenznehmer und damit gehörte das Unternehmen zu den drei größten Lizenzgebern der Branche. Lizenznehmer wurden im Jahr 2011 in einem Schreiben über die Einstellung des Geschäftsbetriebs informiert und Ende 2011 wurde der Betrieb eingestellt (vgl. Groß/Stengel 2010, S. 53; o. V. 2011, S. 25).

3.9.4 Mietwagenbroker

Attraktiv wurde das Geschäftsmodell des Mietwagenbrokers durch die Vergrößerung der Fahrzeugbestände bei den traditionellen Anbietern.

> Ein Mietwagenbroker unterhält im Gegensatz zu traditionellen Anbietern oder Low-Cost-Anbietern keine eigenen Stationen und keine eigene Fahrzeugflotte, sondern beschafft sich die Fahrzeuge durch Vertragsabschluss mit klassischen Autovermietungen und vermietet somit Fahrzeuge aus der Flotte anderer Anbieter. Die etablierten Vermieter lassen sich auf die Verträge ein, da sie so die Möglichkeit haben, Fahrzeuge preiswert zu verkaufen, die Überbestände darstellen, ohne ihren eigenen Markennamen ‚zu verwässern'. Somit profitieren beide von einer Zusammenarbeit.

31 In Großbritannien gibt es immer noch eine Mietwagenkooperation mit dem Namen „United Rental System". Mehr als 570 unabhängige Vermieter haben sich zusammengeschlossen – für weitere Informationen siehe www.unitedrentalsystem.co.uk.

Der klassische Autovermieter durch den Abbau der Überkapazitäten und der Mietwagenbroker durch die günstigen Einkaufskonditionen, durch die die preisgünstige Vermietung überhaupt erst gewährleistet wird. Sofern Fahrzeuge für mindestens drei Tage gemietet werden, sollten Broker preiswerter als klassische Vermieter sein. Das 1- und 2-Tage-Geschäft wollen sich die Generalisten allerdings nicht entgehen lassen. Der Kunde geht bei einer Mietwagenreservierung über einen Mietwagenbroker zwei Verträge ein. Zum einen den Vermittlungsvertrag mit dem Mietwagenbroker und des Weiteren den Vermietvertrag mit dem Mietwagenvermieter vor Ort (vgl. Gross et al. 2007, S. 137 ff.; Schulz 2009, S. 292).

Bei den Mietwagenbrokern können Ferienautoanbieter und internetbasierte Mietwagenbroker unterschieden werden, wobei letztere wiederum in „reine" Broker und in Mietwagenvergleichsportale abgegrenzt werden können. Während Ferienautoanbieter ihren Schwerpunkt auf den Reisebürovertrieb legen, ist es bei den internetbasierten Brokern das Onlinegeschäft.[32]

Anbieter von Ferienautos haben sich auf die Kundengruppe der Touristen in beliebten Urlaubsdestinationen (z. B. Spanien, Griechenland, Portugal, USA) spezialisiert, die gerne die Umgebung ihres Urlaubsortes oder ein Land auf eigene Faust kennenlernen möchten und sich daher für einen oder mehrere Tage einen Mietwagen ausleihen. Die Vermietstationen befinden sich häufig an (internationalen) Flughäfen oder die Leihwagen werden an den Hotels bereitgestellt. Bekannte Beispiele sind Drive FTI, Holiday Autos, TUI Cars und Sunny Cars. Die Hauptzielgruppe **internetbasierter Mietwagenbroker** und von Mietwagenvergleichsportalen sind ebenfalls Kunden, die einen Ferienmietwagen suchen, um im Urlaubsort durch einen Mietwagen mobil zu bleiben. Sie setzen jedoch im Vergleich zu den Ferienautoanbietern noch stärker auf preissensible Kunden, die in der Regel zwischen 30 und 45 Jahren alt und internetaffin sind. Bekannte Beispiele sind rentalcars.com und easyCar. Rentalcars.com hat 2010 TravelJigsaw akquiriert und ist selbst Mitglied der Booking Holding, der auch booking.com, priceline.com, agoada.com, Cheapflights, KAYAK und OpenTable.de angehören. Das Geschäftsmodell von **Mietwagenvergleichsportalen**, wie billiger-mietwagen.de, mietwagenmarkt.de oder mietwagen24.de, basiert hauptsächlich auf der Vermittlung von Leistungen von Mietwagenbrokern – teilweise werden jedoch auch Autos klassischer Vermieter vermittelt. Dieses Geschäftsmodell hat in den letzten Jahren an Bedeutung gewonnen, da immer mehr Kunden zum Preisvergleich nicht mehr den Abruf eines Preises eines Anbieters über dessen Internetauftritt nutzen, sondern den Weg über ein Preisvergleichsportal. Die Kunden können über diese Portale ihren Wunschmietwagen auch direkt buchen (vgl. Axthelm 2009, S. 27; Booking.com Transport Limited 2023).

3.9.5 Low-Cost-Anbieter

Analog zu den Airlines sind sowohl neue Anbieter mit Low-Cost-Produkten auf den Mietwagenmarkt zu beobachten (gewesen) als auch Tochterunternehmen etablierter Anbieter. Im Vergleich zu den Low-Cost-Carriern sind sie jedoch erst ab ca. 2002 auf dem europäischen Markt zu finden. Ein weiterer, grundlegender Unterschied besteht darin, dass Low-Cost-Mietwagenanbieter nicht unbedingt nach dem Lean Management-Prinzip der Airlines arbeiten. Neben dem klassischen Geschäftsmodell der Kostenminimierung existieren auch Firmen, die Mietfahrzeuge quasi als

32 Die Zuordnung des Geschäftsmodells von CarDelMar zu den Ferienautoanbietern oder internetbasierten Brokern ist schwierig, da das Unternehmen auch den Reisebürovertrieb nutzt.

„fahrende Plakatwand" einsetzen. Es können daher die „Billigmarke" (teilweise auch als Mittelklasseanbieter seitens der Unternehmen bezeichnet) und das Fahrzeug als „Werbefläche" als zwei grundsätzlich unterschiedliche Geschäftsmodelle unterschieden werden. Erstes Geschäftsmodell ist meist Tochterfirmen bei großen, internationalen Anbietern bzw. Generalisten zu finden (vgl. Gross et al. 2007, S. 135 ff.).

3.9.5.1 Die „Billigmarke" und Mittelklasseanbieter

Die etablierten Mietwagenfirmen (Generalisten) haben den Trend hin zu Low-Cost-Angeboten früh erkannt und haben ihn in Deutschland maßgeblich geprägt. Durch die Gründung eigener Marken, wie bspw. bei Sixt (früher SIXTI und Flizzr), Europcar (früher interRent und im Jahr 2023 Goldcar) und Hertz (Firefly), haben sie die entsprechenden Voraussetzungen geschaffen, um in einem zunehmenden Wettbewerb bestehen zu können (vgl. ders., S. 135).

Ein Beispiel hierfür ist **interRent**, welche als 100 %-ige Tochter von Europcar 2003 an den Markt ging und 2009 in 16 Ländern tätig war. Bis Ende März 2009 wurden in Deutschland eigene Stationen in fünf Städten vorgehalten (Berlin, Hamburg, Köln, Frankfurt und München). Prinzip von interRent war es auch, nur eine begrenzte Anzahl an Fahrzeugmodellen vorzuhalten und nur neue Stationen zu bedienen, so dass keine direkte Konkurrenz zur Europcar besteht (vgl. interRent Immobilien GmbH 2009). Seit April 2009 wurde das Geschäft in Deutschland von interRent jedoch nicht mehr eigenständig, sondern ausschließlich in Europcar-Filialen abgewickelt. Laut Aussage von Europcar sei das Netz von interRent letztlich zu klein gewesen. Das Nebeneinander von zwei Flotten und zwei Stationsnetzen hat sich im wirtschaftlich schlechten Umfeld des Jahres 2009 für Europcar nicht mehr gelohnt (vgl. Münck 2009a; 2009b). Die Marke wurde von Europcar 2013 als eigenständiges Low-Cost-Angebot wiederbelebt und wurde nach der Übernahme von Goldcar im Jahr 2017 in Europa im mittleren Segment neu positioniert. Das Angebot von interRent wurde im Jahr 2022 in Spanien, Frankreich, Italien und Portugal angeboten. Neben interRent gibt es bei Europcar mit „Goldcar" und „Keddy by Europcar" weitere Produktvariationen für preissensible Kunden. Goldcar betreibt mehr als 60 Stationen in Europa, darunter sowohl Unternehmens- als auch Franchise-Stationen, und ist dank der Übernahme von Fox Rent A Car durch die Europcar-Gruppe an mehr als 20 Flughäfen in den Vereinigten Staaten vertreten. Das Produkt „Keddy by Eurocar" gilt für Prepaid-Reservierungen und ist über Reiseveranstalter, (Online-)Reisebüros und Broker buchbar. Kunden können die gesamte Flotte mit verbindlicher Prepaid-Reservierung buchen, bis auf Fahrzeuge der Prestige-Flotte (vgl. Europcar Mobility Group 2022, S. 23 & S. 43; Struck 2015).

Sixt hatte jahrelang **SIXTI** als Low-Cost-Angebot und bezeichnete später dieses Angebot als Vorläufer von Drive Now. Die Buchung funktionierte nur über das Internet, wie im Stil der Low-Cost-Airlines. Eine kleine Produktpalette stellte bei dem 2003 gegründeten 100 %-igen Tochterunternehmen der Sixt SE ein einfacheres Handling bei Reservation und Unterhalt sowie bessere Konditionen beim Einkauf sicher. Im Basispreis waren nur wenige Serviceleistungen enthalten, während alle zusätzlichen Wünsche extra berechnet oder gar nicht angeboten wurden. Einfachmieten, welche es bei allen größeren Vermietern gibt, waren bspw. bei SIXTI nicht möglich. Auf Rund-um-die-Uhr-Service, freie Kilometer und andere Extras verzichtete SIXTI aus Kostengründen (vgl. Gross et al. 2007, S. 135 ff.).

Von 2015 bis 2018 war Sixt mit der Marke **Flizzr** aktiv. „Das Smart-Value-Produkt von Sixt ist ein Basisangebot für den persönlichen Mobilitätsbedarf. FLIZZR spricht den preisbewussten Privatkunden an, der über Preisvergleichs-Portale im Internet bucht. Das Produkt wurde Ende 2018 in 23 Ländern (9 Corporate Länder und 14 Franchise Länder) angeboten." (Sixt SE 2019, S. 22)

3.9.5.2 Das Fahrzeug als „Werbefläche“

Die Idee, dass ein Mietwagen über die am Fahrzeug angebrachte Werbung finanziert werden könnte, existiert schon seit längerem. Während das gleiche Konzept auf privaten Autos nie richtig in Schwung kam, bot die deutsche Firma **Maxhopp** vor einigen Jahren Discount-Mietwagen an, welche mit Werbung beklebt wurden. Die hinter Maxhopp stehende Werbeagentur verfügte über eine Flotte von Smart-Autos in Hamburg und Berlin. Die Fahrzeuge wurden mit Werbung (z. B. der Firma Olympus) beklebt und für einen Euro pro Tag vermietet. Die Anmeldung war ausschließlich über die Website von Maxhopp möglich, die Fahrzeuge konnten immer nur für drei Tage gemietet werden, fuhren höchstens 60 km/h schnell und mussten mindestens 30 km gefahren werden. Eine erneute Reservierung war erst nach Abgabe des vorherigen Fahrzeugs möglich und die Abhol- und Abgabetermine waren bindend. Die Fahrzeuge mussten gereinigt und vollgetankt zurückgegeben werden, wobei für Verstöße Sondergebühren anfielen (Stornierung, zu späte Abgabe, leerer Tank, schmutziges Fahrzeug etc.). Die Fahrzeuge waren während der Mietdauer haftpflicht- und vollkaskoversichert mit einer Selbstbeteiligung von 600 Euro (vgl. Reuter/Uniewski 2003).

Der Markteintritt von **LaudaMotion**, einer österreichischen Firma unter der Leitung von Niki Lauda, belebte den österreichischen und den deutschen Markt von „fahrenden Werbeflächen“‘. Nach dem Aufbau des Mietwagenanbieters, hat Niki Lauda im Herbst 2009 seine Anteile und die Geschäftsleitung an den langjährigen Geschäftsführer und hiernach alleinigen Inhaber Stefan Miklauz übergeben. „LaudaMotion“ hieß „EasyMotion“ und die Autovermietung und Werbeagentur vermietete an Werbetreibende Fahrzeuge (Smart, Mini und Fiat 500 sowie Vespa) als fahrende Werbefläche, die je nach Bedarf an Endkunden vermietet wurden. Die „mobile Citywerbung“ wurde erstmals 2003 in Wien eingeführt, umfasste 2010 in Österreich einen Fuhrpark von über 350 Smarts, Minis und Fiat 500 und erzielte 2009 einen Umsatz von 4 Mio. Euro. Die Mietbedingungen waren einfach: Für nur ein Euro am Tag war der Smart zu haben und musste mindestens 30 km gefahren werden. Da die Finanzierung in erster Linie über die Werbung am Fahrzeug stattfand und die Fahrer für easyMotion lediglich Mittel zum Zweck waren (es wurde mit bis zu 14.000 Sichtkontakten pro Fahrzeug und Tag geworben), war die Firma eher als Werbeagentur denn als Mietwagenanbieter einzustufen. Seit 2013 gibt es das Angebot und das Unternehmen jedoch nicht mehr (vgl. Breidenbach 2016; City-Motion GmbH 2009).

3.9.6 Marktareal

Autovermieter können sowohl nur auf **lokaler** oder **regionaler** Ebene agieren als auch **national**, **international** bzw. **global** tätig sein. Es gibt jedoch wenige große, international agierende Unternehmen und sehr viele kleine, lokal und regional aktive Unternehmen. Auf lokaler und regionaler Ebene agieren in Deutschland v. a. in Ballungsräumen und touristischen Destinationen familiengeführte Unternehmen, Autohäuser, Reparaturbetriebe sowie Nutzfahrzeughändler und -halter, die ihre Fahrzeuge vermieten (vgl. Hummel 2008b, S. 464). Global tätige Unternehmen sind z. B. Avis Budget, Hertz, Europcar, Enterprise und Sixt. Aber selbst die global tätigen Mietwagenunternehmen sind nicht in allen Ländern der Welt vertreten (vgl. Groß/Stengel 2010, S. 71).

Für die europäischen, international agierenden Anbieter liegen neben Deutschland, Frankreich und Großbritannien die wichtigsten Mietautomärkte in den Mittelmeerländern. Neben Spanien als traditionell wichtigstem Markt in Südeuropa sind bspw. Griechenland und Italien wichtige Nachfragegebiete. Hier generieren v. a. Touristen, die mit dem Flugzeug anreisen, eine Nachfrage.

Dies unterstreicht die Wirkung der aktuellen Trends im Tourismus, welche den Autovermietern in den traditionellen Ferienländern höhere Nachfrage ermöglichen: Anspruchsvolle und informierte Touristen gestalten ihre Reisen und Ausflüge immer kürzer und individueller. Das bedeutet auch tendenziell mehr Mobilitätsbedürfnisse am Ferienort selber (vgl. Gross et al. 2007, S. 133).

Immer wichtiger für die international agierenden Unternehmen werden durch die EU-Osterweiterungen in den Jahren 2004 und 2007 die insgesamt zwölf Staaten, die in die EU aufgenommen wurden. Durch die damit einhergehende stärkere gesellschaftliche, politische und wirtschaftliche Verflechtung mit diesen Ländern, der auf Grund vereinfachter Reisebestimmungen verbesserten touristischen Attraktivität und nicht zuletzt der teilweise erfolgten Einführung des Euro als Währung reisen immer mehr Menschen geschäftlich und privat in diese Länder. Damit sind diese ein interessanter Wachstumsmarkt für die Mietwagenunternehmen, da die Reisenden dort entweder eine Anschlussmobilität benötigen oder bereits aus Deutschland mit dem Mietwagen anreisen. Besonders durch die verbesserte Sicherheitslage bzgl. Fahrzeugdiebstähle in diesen Ländern werden immer mehr Tabuzonen für Mietfahrzeuge gelockert, indem sie generell bzw. für einzelne Fahrzeugklassen aufgehoben werden.

Aber auch weitere Märkte werden von den global tätigen Unternehmen nach und nach erschlossen. AVIS hat bspw. in den letzten Jahren mehr und mehr Stationen in China und Indien aufgebaut (vgl. Münck 2011). Das Unternehmen Sixt erweiterte sein Franchisenetz in den letzten Jahren z. B. in der Karibik und in Südamerika. Es wurden neue Verträge mit Franchisenehmern auf den Turks- und Caicosinseln sowie in Nicaragua abgeschlossen und die Präsenz in Chile vorangetrieben. Aber auch im Irak, in Moldawien, Trinidad und Tobago oder Senegal ist Sixt aktiv. In diesem Zusammenhang sei hier auf eine Feststellung im Geschäftsbericht 2022 der Sixt SE verwiesen: „Grundlage des Erfolgs von Sixt ist der konsequente Ausbau der Marktpositionen im Inland wie im internationalen Geschäft. Das deutliche Wachstum des internationalen Geschäfts bezieht sich auf das Privatkunden- und in zunehmendem Maß auch auf das Firmenkunden-Geschäft, aber auch auf den Bereich Van & Truck. Wie schon im Vorjahr steht auch 2023 die Expansion im US-Geschäft im Fokus. So ist das Land im vergangenen Jahr bereits zum größten Einzelmarkt des Unternehmens aufgestiegen, der Marktanteil wurde auf ca. 3 % gesteigert. Neben dem Ausbau des Netzwerks an Flughäfen sollen zukünftig auch innerstädtische Stationen in ausgewählten Metropolen etabliert werden. (...) Auch der 2022 erfolgte Markteintritt in Kanada verspricht für die Zukunft zusätzliche Wachstumschancen." (Sixt SE 2023, S. 69)

3.9.7 Wettbewerbsorientierte Strategie – Strategietyp

Es sind die Strategieoptionen Nischenbesetzung, Differenzierung und Kostenführerschaft vorhanden, die im Folgenden für Mietwagenunternehmen dargestellt werden (vgl. Porter 2014, S. 33 ff.).

Bei der **Kostenführerschaft** verfolgt ein Unternehmen das Ziel, der kostengünstigste Hersteller der Branche zu werden. Mit der **Differenzierung** bemüht sich ein Unternehmen, in einigen, bei den Kunden hoch bewerteten Dimensionen in seiner Branche einmalig zu sein oder für einmalig gehalten zu werden. Es wählt ein oder mehrere Merkmale, die viele Abnehmer der Branche für wichtig halten, und bringt sich in die einmalige Position, diese Bedürfnisse (am besten) zu befriedigen. Für diese Einmaligkeit kann es höhere Preise erzielen. Es kann mehr als eine erfolgreiche Differenzierungsstrategie in einer Branche geben, sofern es mehrere von den Kunden allgemein geschätzte Merkmale gibt. Bei der **Nischenbesetzung** wählt ein Unternehmen ein Segment oder eine Gruppe von Segmenten in einer Branche aus und bedient sie mit maßgeschneiderten Angeboten – möglichst unter Ausschluss von anderen Konkurrenten. Durch eine optimale Ausrichtung dieser Strategie auf die Zielsegmente versucht das Unternehmen, sich in diesen Zielsegmenten einen Wettbewerbsvorteil zu verschaffen, auch wenn es über keinen allgemeinen Wettbewerbsvorteil verfügt (vgl. Porter 2014, S. 33 ff.).

3.9.7.1 Kostenführerschaft

Wenn ein Unternehmen die **Strategie der Kostenführerschaft** anwendet, dann zielt es darauf ab, der Produzent mit der geringsten Kostenbasis zu sein. Die wichtigsten Instrumente im Zusammenhang mit dieser Strategie (teilweise auch um Zugang zu neuen Märkten zu erlangen) sind aggressive Preisstrategien. Es gibt eine Vielzahl an Gründen, warum ein Unternehmen einen signifikanten Kostenvorteil haben kann, wie beispielsweise Kostendegression durch Skaleneffekte („Economies of Scale"), unternehmensspezifische Technologien, Kostenvorteile in der Beschaffungsabteilung oder alternative Vertriebs- und Kommunikationsstrategien (vgl. ders., S. 35 f.).

Eine niedrige Kostenbasis ist für Mietwagenunternehmen – wie selbstverständlich für viele andere Branchen auch – besonders unter dem Gesichtspunkt wichtig, dass der Preis ein wichtiges Marketinginstrument darstellt, da sich die Autovermieter mit austauschbaren Produkten mit Hilfe des Preises für eine Leistung gegenüber den Wettbewerbern positionieren und differenzieren können. Zudem ist das Preis-Leistungsverhältnis ein wichtiges Kriterium bei der Beurteilung eines Mietwagens.

Das US-amerikanische Unternehmen Enterprise wird als ein Beispiel für einen Verfolger einer aggressiven Preisstrategie für den Einstieg in neue Märkte angeführt. „Enterprise's key product is the provision of rental cars to customers who are in need of a car because their own car was involved in an accident, is in repair or being serviced. Although the company also provides rentals for business and leisure purposes, these activitites are not regarded as the main business activitites. However, the company offers a strongly publicized weekend product with extremely competitive rates. This is especially marketed in newly entered markets, arguably to establish the brand and to gain brand recognition, but also to compensate for weaker main business at the weekend." (Hummel 2008a, S. 305)

3.9.7.2 Differenzierung

Mit der Differenzierungsstrategie versucht ein Mietwagenunternehmen sich, in einigen, bei den Nachfragern allgemein hoch bewerteten Dimensionen in seiner Branche einmalig zu sein. „Es wählt ein oder mehrere Merkmale, die viele Abnehmer der Branche für wichtig halten, und bringt sich in die einmalige Position, diese Bedürfnisse zu befriedigen. Für diese Einmaligkeit wird es mit höheren Preisen belohnt. (...) Im Gegensatz zur Kostenführerschaft kann es mehr als eine erfolgreiche Differenzierungsstrategie in einer Branche geben, sofern es mehrere von den Käufern allgemein geschätzte Merkmale gibt." (Porter 2014, S. 37) Anbei einige ausgewählte Differenzierungssansätze von Mietwagenunternehmen der jüngeren Vergangenheit. Es kann jedoch nicht ausgesagt werden, inwiefern diese Ansätze zur Generierung höherer Preise genutzt werden (können):

- Die Mietpreise für ein Mietfahrzeug können in Abhängigkeit vom Zeitpunkt der Bezahlung der Leistung unterschiedlich sein. Hierzu werden von den Mietwagenunternehmen **Prepaid- und Standard-Tarife** angeboten. Prepaid-Tarife müssen bereits bei Buchung bezahlt werden, während beim Standard-Tarif die Bezahlung erst bei Abholung bzw. Rückgabe des Fahrzeugs zu leisten ist. Vorteil für die Kunden ist beim Prepaid-Tarif, dass dieser günstiger ist als der Standard-Tarif. Hingegen ist die Buchung des Standard-Tarifes für die Kunden flexibler, da Umbuchungen und rechtzeitige Stornierungen meist kostenfrei möglich sind. Bei den großen Autovermietern (z. B. Avis, Hertz und Sixt) sind meist beide Varianten möglich.

- Sixt hat eine umfangreiche Audi-, BMW-, Mini- und Mercedes-Flotte (ca. 57 % aller Fahrzeuge) und wirbt damit v. a. um Geschäftskunden. Darüber hinaus war Sixt der erste europäische Autovermieter, der Elektrofahrzeuge (Modell Citroën C1 ev`ie) und -fahrräder anbietet (vgl. Sixt SE 2023b, S. 40).
- Europcar ist nach eigener Einschätzung Marktführer und Branchenvorreiter in Sachen Umweltschutz. Das Unternehmen eröffnete seine erste umweltfreundliche Station 1999 in Paris und war mit der Verabschiedung seiner Umweltcharta 2008 Europas erstes Unternehmen, das seine Umweltschutzbemühungen bzgl. der Fahrzeugflotte, der Flottenwartung, der Geschäftsprozesse und Aktivitäten zur Sensibilisierung von Kunden in dieser Weise formalisierte und die vom Bureau Veritas, einem unabhängigen Prüfinstitut, zertifiziert wurden. Das Unternehmen verfügt seit 2009 über ein Umweltmanagementsystem, das ISO 14001 zertifiziert und in der ebenfalls eine ISO-zertifizierte Qualitätspolitik verankert ist. Europcar hat sich auch verpflichtet, zur Erreichung der 17 Ziele für nachhaltige Entwicklung der Vereinten Nationen (United Nations Sustainable Development Goals, SDG) beizutragen. Alle Fahrzeugmodelle sind auf der Europcar-Website zur Orientierung mit dem jeweiligen CO_2-Ausstoß gekennzeichnet (vgl. Europcar Mobility Group 2023b, S. 3). Im Jahr 2017 wurde das CSR-Programm „commit together“ eingeführt, „(...) welches eine kontinuierliche Verbesserung in vier Bereichen zum Ziel hat. Der Bereich ‚Act for the environment‘ verfolgt dabei insbesondere die Ziele, unseren CO_2-Fußabdruck zu reduzieren, unser Angebot an Hybrid- und Elektrofahrzeugen zu erweitern sowie energiesparende Fahrweisen zu bewerben.“ (EMobG Services Germany GmbH 2021)

3.9.7.3 Nischenbesetzung

Die Nischenstrategie wird meist von kleineren Anbietern in speziellen Märkten (z. B. Luxusfahrzeuge, Cabrios) und Kundengruppen (z. B. Geschäftsreisende) eingesetzt, da spezielle Bedürfnisse bestehen oder ein Kostenvorteil im Zielsegment besteht. Anbei einige erwähnenswerte Beispiele.

- „yellowhummer“ vermietet Hummer (H1, H2 und H2 Strech) und weitere hochwertige amerikanische Fahrzeuge (z. B. Ford Mustang, Schulbusse) an Privat- und Geschäftskunden in Deutschland und im angrenzenden Ausland. Das Unternehmen hat mehr als 40 Fahrzeuge im Angebot und die Fahrzeuge können an 15 Standorten in Deutschland gemietet werden (vgl. yellowhummer US-Car Vermietung 2023).
- Bei „Diamonds Cars – Luxury Car Rental“ können verschiedene Luxus- und Sportwagen, wie Ferrari, Lamborghini oder Audi R8 V10 Performance, gemietet werden (vgl. Diamonds Cars GmbH 2023).
- Daneben gibt es bei Red Travel Italia Touren durch die Toskana, Lombardei oder italienische Großstädte, wie Rom, Mailand oder Neaple (z. B. im Ferrari F8 Tributo, **Lamborghini Huracán EVO oder Dallara Stradale**). Hierauf hat sich z. B. der italienische Anbieter aus Turin spezialisiert (vgl. Red Travel Italia 2023).

3.9.8 Wettbewerbsorientierte Strategie - Wettbewerbsverhalten

Wettbewerbsorientierte Strategien beinhalten die Möglichkeit eines Alleingangs, einer Kooperation und einer Konzentration, wobei ein Mietwagenunternehmen verschiedene Strategien in verschiedenen Märkten verfolgen kann.

3.9.8.1 Wettbewerbsorientierte oder konfliktäre Strategie

Die wettbewerbsorientierte Strategie setzt meist eigene (relative) Stärken am Markt voraus, d. h. eine mögliche sog. Unique Selling Proposition. Insbesondere Leistungs- und Kostenvorteile werden für diese Strategiewahl zugrunde gelegt. Ein Beispiel im Mietwagenmarkt konnte bislang nicht nachgewiesen werden.

3.9.8.2 Kooperation

Kooperationen sind „(...) die freiwillige, überbetriebliche und zwischenbetriebliche Zusammenarbeit rechtlich selbständiger Unternehmen." (Pompl 2007, S. 133) Sie sind eine Form der unternehmerischen Zusammenarbeit, bei der die beteiligten Partner ihre wirtschaftliche Handlungsfreiheit auf dem Gebiet der Zusammenarbeit einschränken, dabei jedoch ihre rechtliche Selbständigkeit und die wirtschaftliche Handlungsfreiheit auf Gebieten, die nicht der Zusammenarbeit unterliegen, bewahren. Ziel der Kooperationen ist es, die wirtschaftliche Leistungsfähigkeit und die Wettbewerbsfähigkeit der Unternehmen zu verbessern. Sie werden nach verschiedenen Richtungen in horizontale, vertikale und diagonale Kooperationen unterschieden (vgl. ders., S. 134). Im Folgenden werden die Kooperationsrichtungen kurz vorgestellt und die wichtigsten Ausprägungen erläutert. Weitere Beispiele fasst → Tabelle 13 zusammen (vgl. Groß/Stengel 2010, S. 72 ff.):

- **Horizontale Kooperationen:** Zusammenarbeit von Unternehmen der gleichen Handels-/Wirtschaftsstufe. Hier handelt es sich um Mietwagenunternehmen, die innerhalb der Branche zusammenarbeiten (z. B. haben die Unternehmen Europcar und Enterprise kooperiert). Ziel ist es, die Marktabdeckung und den Service v. a. für Geschäftskunden (koordinierter Auftritt, einheitliches Kundenprogramm) zu verbessern. Ebenso kooperieren zumeist mittelständische Mietwagenunternehmen im Bundesverband der Autovermieter Deutschlands e. V., beim Verband der internationalen Autovermieter e. V. sowie die meisten großen Anbieter in der Vereinigung ACRISS.
- **Vertikale Kooperationen:** Zusammenarbeit von Unternehmen einer vor- oder nachgelagerten Handels- oder Wirtschaftsstufe. Hierbei handelt es sich um Lieferanten und Vertriebskanäle von Mietwagenunternehmen sowie um Unternehmen, die ergänzende Leistungen für die Mietwagenunternehmen anbieten. Beispiele sind:
  - *Fahrzeughersteller und Mietwagenunternehmen:* Beide arbeiten z. B. in Form von Marketingkooperationen bei der Markteinführung von Neufahrzeugen wie bei Europcar und Mercedes Benz C-Klasse oder Porsche und Avis zur Einführung des Modells Panamera zusammen. Auch in der Fahrzeugentwicklung kooperieren Fahrzeughersteller und Mietwagenunternehmen. Beispielhaft haben können Nissan und Europcar sowie Hertz zusammengearbeitet, um emissionsfreie Elektrofahrzeuge (in Europa) anbieten zu können
  - *Vertriebswege und Mietwagenunternehmen*: Zu den Vertriebswegen der Mietwagenunternehmen gehören neben den unternehmenseigenen Stationen auch Mietwagenbro-

ker. Mietwagenbroker kaufen oder reservieren größere Kontingente bei den Mietwagenunternehmen und vermarkten diese unter eigenem Namen auf eigenes Risiko oder auf Provisionsbasis (→ Kapitel 3.9.1).

- □ *Hotels/Internet-Hotelreservierungsportale und Mietwagenunternehmen:* Hotels und Hotelreservierungsportale kooperieren mit Mietwagenunternehmen in Form von gegenseitiger Werbung auf Buchungsbestätigungen, Newslettern und Webseiten, wie z. B. hotel.de und Avis. Weiterhin kooperieren sie im Bereich der Buchungsvereinfachung der angebotenen Leistungen. Zudem kooperieren Hotels in den Reisezielen mit Mietwagenunternehmen, indem Reisende ein Mietfahrzeug an der Rezeption anmieten. Das Fahrzeug wird für den Kunden ins Hotel gebracht oder steht bereits geparkt zur Verfügung.
- □ *Airlines und Mietwagenunternehmen:* Hier kooperieren zwei Verkehrsmittel, die sich an der Verkehrsstation Flughafen gut ergänzen. Es kooperieren sowohl klassische Airlines als auch Low-Cost-Airlines mit Mietwagenunternehmen. Die Zusammenarbeit erstreckt sich dabei z. B. auf die Beteiligung an den Bonussystemen der Airlines und auf die gegenseitige Einbindung als Partner auf den Webseiten und Kommunikationsmitteln der Partner.

- **Diagonale Kooperationen:** Zusammenarbeit von Unternehmen unterschiedlicher Branchen und Wertschöpfungsstufen, die in einem Teilbereich zusammenarbeiten. Hier können Werbemaßnahmen branchenfremder Unternehmen genannt werden, die in keiner wertschöpfenden Funktion zueinanderstehen.

Viele Mietwagenunternehmen kooperieren auch in Bonussystemen mit anderen Unternehmen, v. a. mit anderen Leistungsträgern oder mit branchenübergreifenden Bonussystemen. Bei der Kooperation mit einzelnen Unternehmen bieten die Mietwagenunternehmen ihren Kunden meist einen Preisvorteil bei der Buchung in Form eines Rabattes oder kostenfreier Zusatzleistungen und Upgrades. Bei der Teilnahme am Bonussystem eines anderen Leistungsträgers oder in einem branchenübergreifenden Bonussystem sammeln die Kunden meist Punkte, Meilen o. ä., die sie später für Prämien oder z. B. Freiflüge einlösen können.

Zu den Bonussystemen anderer Leistungsträger zählen v. a. die Bonussysteme von Fluggesellschaften. Hier kooperieren weitestgehend alle Mietwagenunternehmen mit den großen Airlines und lassen Punkte/Meilen sammeln und/oder einlösen. Nur wenige Airlines gehen hier selektiv vor und arbeiten nicht mit allen Mietwagenunternehmen zusammen. Für Miles & More, dem Bonussystem der Deutschen Lufthansa, können Meilen bei den großen Autovermietern Avis Budget Group, Europcar, Hertz und Sixt gesammelt werden. Branchenübergreifende Bonussysteme bieten die Möglichkeit Punkte zu sammeln und diese für Prämien einzulösen, z. B. Deutschlandcard (u. a. Europcar, Sunny Cars) oder Payback (Sixt).

Kooperationsrichtung	**Partner**	**Beispiele**
horizontale Kooperation	anderes Mietwagenunternehmen	Europcar und Enterprise BAV e. V. VDA e. V.
vertikale Kooperation	Fahrzeughersteller	Nissan – Europcar Porsche – Avis
	Vertriebskanal	Sunny Cars – Avis

	Hotels	ArabellaStarwood Hotels & Resorts – Sixt
	Internet-Hotelreservierungsportale	HRS.de – Avis, Sixt Hotel.de/Expedia – Avis
	Airlines	Lufthansa – Avis, Europcar, Hertz, Sixt Germanwings – Avis, Sixt
	Bahn	Thalys – Europcar
	Automobilclubs	ADAC – Hertz, Sixt AvD – Avis
vertikale Kooperation	Reiseveranstalter	Thomas Cook – Europcar
	Tankstelle	Shell – Sixt
	Deutsche Zentrale für Tourismus (DZT)	DZT – Sixt
	Reiseführer	Marco Polo – Holiday Autos
	Autohaus/Kfz-Werkstätten	Audi Autohaus am Harztor, Göttingen – Enterprise
	Kreditkartengesellschaften	American Express – Sixt
diagonale Kooperation	Baumarktkette	Max Bahr – Europcar
	Fußballverein	HSV – Europcar
	Lebensmitteleinzelhandel	Aldi – Hertz
	Deutscher Sportausweis	Deutscher Sportausweis – Sixt
	Business Network: Community	Xing – Sixt

Tabelle 13: Beispiele für aktuelle und vergangene Kooperationen von Mietwagenunternehmen | Quelle: Vgl. Groß/Stengel 2010, S. 74.

3.9.8.3 Konzentration

Firmenzusammenschlüsse bzw. Beteiligungen an anderen Mietwagen- und touristischen Unternehmen sind in der Mietwagenbranche ein lang bekanntes Phänomen, wobei die Konsolidierung in Deutschland in der zweiten Hälfte der 1990er besonders bedeutend war. In den USA haben die meisten großen Mietwagenunternehmen im Laufe der Jahre Vermietunternehmen übernommen, mit deren Hilfe ein ergänzendes Produkt angeboten und eine Mehrmarkenstrategie verfolgt oder der Mietwagenmarkt umfassender bedient werden kann. Avis schloss sich beispielsweise mit dem Anbieter Budget zusammen. Die Avis Budget Gruppe hat darüber hinaus in den letzten Jahren weitere Mietwagenunternehmen akquiriert. Hierunten fallen bspw. Apex Car Rentals aus Neuseeland im Jahr 2012, das 1971 gegründete amerikanische Unternehmen Payless, welches in Nord- und Süd-Amerika sowie Europa tätig ist, im Jahr 2013 und einen der größten italienischen Autovermieter, Maggiore, im Jahr 2015 (vgl. Avis Budget Group 2023b).

Die Enterprise Holdings kaufte 2007 die Vanguard Car Rental Group Inc., die die Mietwagenutnernehmen National Car Rental und Alamo Rent A Car beinhaltete. 2010 hatten sowohl Hertz als auch Avis Interesse an der Übernahme der international ausgerichteten Konkurrenten Dollar Thrifty mit den Marken „Dollar Rent a Car“ und „Thrifty Car Rental“. Nach einem langen

Bieterwettstreit hatte Ende 2012 Hertz den Zuschlag für die Übernahme von Dollar Thrifty bekommen und sich das Unternehmen im Jahr 2013 zu 100 % einverleibt. In Deutschland hatte bis dahin der Autovermieter Terstappen aus Duisburg die Marke als Lizenznehmer genutzt (vgl. Enterprise Holdings Inc. 2022; Hertz Autovermietung GmbH 2023b). Der Konzentrationsprozess in der deutschen Autovermietungsbranche setzte sich in den letzten Jahren weiter fort, auch wenn die Anzahl der Autovermieter nur geringfügig zurückgeht.

3.9.8.4 Kundenorientierte Strategien

Kundenorientierte Strategien beinhalten die Möglichkeit einer Massenmarkt- und Marktsegmentierungsstrategie.

Da es den einen Nachfrager für Autovermieter nicht gibt, werden im Mietwagensegment verschiedene Nachfragetypen mit unterschiedlichen Anforderungen und Bedürfnissen unterschieden. Eine Auswahl an Zielgruppen und ihren Bedürfnissen sowie der marktüblichen Bezeichnung findet sich in → Abbildung 21.

Zielgruppe	Bedürfnisse	marktübliche Tarifbezeichnungen
Einzelkunden	individuelle Bestimmung der Mietart, Kurz-/Langzeit, flexible variable	Lang-/Kurzzeittarif, alle Einzelleistungen
Freizeitanbieter	mittelfristige Planung, freizeittaugliche Fahrzeuge (Kombi, Allrad, Fun)	Wochenend-, Ferien-, Feiertags-, Hochzeits-, Stationstarif
Urlauber	mittelfristige Planung, reisetaugliche Fahrzeuge, saisonbedingte Buchung	Ferien-, Freizeit-, Flughafen-, Bahnstations- und Langzeittarif
Fun-Autofahrer	kurzfristige Buchungsmöglichkeiten, spezielle Fahrzeuge, flexibel, variable	Wochenend-, Feiertags-, Einzel-, Schnäppchentarif
Internet-User	konkrete Planung, verbindliche Reservierung, preisgünstige Fahrzeuge	Internet-, Frühbuchertarif
Reisende	unbegrenzte Laufleistung, Navigation, gehobene Ausstattung	Flughafen-, Bahnstations-, Lang- und Kurzzeittarif
Unfallgeschädigte	sofortige Verfügbarkeit, offene und unbegrenzte Laufleistung	Unfall-, Einzeltarif
Vertragshändler	angepasster Fuhrpark, Rahmenabkommen, günstige Mietwagenmöglichkeit	Werkstätten-, Flotten-, Volumentarif
Flottenabnehmer	einheitlicher Fuhrpark, Rahmenabkommen, Fuhrparkmanagement	Volumen-, Flottentarif
Firmenkunden	kontinuierliche Anmietung, konstante Planung, Fuhrparkmanagement	Firmen-, Langzeit-, Volumen-, Flottentarif

Abbildung 21: Zielgruppen, ihre Bedürfnisse und marktübliche Tarifbezeichnungen (Auswahl) | Quelle: BAV 2005, S. 19 f.

Die Generalisten sprechen mit ihren unterschiedlichen Geschäftsfeldern und Produkten verschiedene Zielgruppen an und differenzieren in den letzten Jahren immer weiter ihr Produktportfolio (z. B. Low-Cost-Töchter, Car-Sharing-Angebote, Elektro- und Luxusfahrzeuge, Cabrios), um (möglichst) die gesamte Bandbreite an Nachfragern abzudecken. Eine undifferenzierte Massenmarktstrategie ist im Mietwagenmarkt nicht (mehr) zu beobachten.

▸ Wiederholungsfragen

1. Nennen Sie drei Verkehrsmittel über Autos hinaus, die angemietet werden können!
2. Was unterscheidet „Mietwagen für Selbstfahrer" generell von Mietwagen nach dem Personenbeförderungsgesetz (PBefG)?
3. Welche Unterschiede bestehen zwischen Car-Sharing und dem herkömmlichen Mieten von Autos für Selbstfahrer?
4. Warum widmen sich Autovermieter verstärkt dem Leasinggeschäft?
5. Kennzeichnen Sie die Entwicklung der Mietwagenbranche in Deutschland!
6. Nennen und erläutern Sie kurz drei Aspekte, die Vermieter nach der Straßenverkehrszulassungsordnung zu beachten haben!
7. Gibt es eine „Winterreifenpflicht" für Mietwagen in Deutschland?
8. Welche Verbände kennen Sie in Deutschland und Europa, die für die Mietwagenbranche wichtig sind?
9. Welche Aufgaben übernimmt ein Verband, wie z. B. der BAV oder VIA, im Mietwagenmarkt?
10. Welche vier Kategorien werden bei der Verschlüsselung von Mietwagen als SIPP-Code berücksichtigt?
11. Welche Leistungen erbringen Mietwagenunternehmen, die zusätzlich zu ihren originären Geschäftsfeldern im Leasing bzw. Flottenmanagement tätig sind?
12. Welche Geschäftsmodelle von Mietwagenunternehmen können unterschieden werden?
13. Grenzen Sie das Geschäftsmodell der Mietwagenbroker von dem der traditionellen Mietwagenanbieter ab!
14. Charakterisieren Sie die Unterschiede von einem traditionellen Anbieter und einem Low-Cost-Anbieter anhand von drei selbst gewählten Beispielen!
15. Welche drei Länder sind in Europa die wichtigsten Teilmärkte für Autovermieter?
16. Gehen Sie anhand von fünf charakteristischen Merkmalen auf die Angebotsstruktur des deutschen und/oder europäischen Mietwagenmarktes ein!
17. Gehen Sie anhand von charakteristischen Merkmalen auf die Nachfragestruktur des deutschen und/oder europäischen Mietwagenmarktes ein!
18. Nennen Sie drei typische Zielgruppen von Autovermietern und gehen Sie kurz auf ihre jeweiligen Bedürfnisse ein!
19. Nennen und erläutern Sie kurz drei Formen der vertikalen Kooperation von Mietwagenunternehmen und nennen Sie jeweils ein Beispiel!

4 Busreisen

Im Folgenden wird das Thema Busreisen genauer betrachtet. Hierbei wird zu Beginn der aktuelle Forschungsstand dargelegt. Anschließend werden Begriffsdefinitionen und die Abgrenzung verschiedener Busreisearten vorgenommen. Auf die Betrachung der geschichtlichen Entwicklung folgt eine Darstellung der gesetzlichen Grundlagen und der bedeutendsten Verbände. Abschließend werden Angebot und Nachfrage im Busreisemarkt sowie ausgewählte Strategien von Busunternehmen behandelt.

▸ **Lernziele**

Sie lernen ...

- woher Informationen zum Thema Busreisen zu bekommen sind,
- welche Begriffe in der Busbranche gebräuchlich sind und was diese bedeuten,
- welche wichtigen Meilensteine der (historischen) Entwicklung es gibt,
- ausgewählte rechtliche Rahmenbedingungen kennen,
- welche wichtigen Kennzahlen und welches Bewertungssystem in Deutschland es gibt,
- die wichtigsten Akteure auf dem (deutschen) Busreisemarkt kennen – sowohl Verbände als auch wichtige Anbieter und deren Geschäftsmodelle,
- die Angebots- und Nachfrageentwicklung und die wirtschaftliche Bedeutung einzuschätzen und
- die Strategien von Busunternehmen zu verstehen, die mit Beispielen untermauert werden.

▸ **Neuigkeiten, Podcasts und Videos**

Aktuelle Nachrichten aus der Branche, Analysen und informative Inhalte sowie Videos, Podcasts, Fotos usw. liefern bspw. ...

- Bus TV: 🔗 https://www.youtube.com/user/BUSTV1
- Busplaner: 🔗 https://www.busplaner.de/de
- BUS2BUS: 🔗 https://bus2bus.podigee.io/

Auch der Bundesverband Deutscher Omnibusunternehmen e. V. (bdo) bietet eine Reihe von Videos an, u. a. über seinen YouTube-Kanal „DieBusunternehmen".

4.1 Forschungsstand

Im Themenfeld „Busreisen" gibt es vergleichsweise wenig wissenschaftliche Beiträge in (Fach-)Zeitschriften, Sammelbänden und sonstigen wissenschaftlich nutzbaren Quellen. Es zeigt sich deutlich, dass viele Quellen bereits älter sind und in den letzten Jahren relativ wenig neue Veröffentlichungen entstanden sind (→ Tabelle 14).

Art der Veröffentlichung	Autoren/Herausgeber
Monographien/Sammelband	Aschenbrenner 2003 | Bartl 2006 | bdo 2005 | Bech-Schröder 2008 | Becker et al. 2006 | Beckmann 1999 | Bidinger 1985 | Bidinger/Bartl 1981 | Dileep/Pagliara 2023 | Gauf 1982 | 1987 | Gauf 2015 | Goslich 2001 | Gross/Klemmer 2014 | Gunkel/Brocks 2003 | Harrer 2011 | Hartwig 2006 | Hensher 2020 | Kaßler et al. 2006 | Krämer/Fischer 2014 | Mutard/Loeffler 2001 | Reinhardt 2015 | Scheper 1993 | Sterzenbach 1991 | Zuck 1980 | Zuck 1983
Beiträge in Lehrbüchern	Page/Connell 2006 | Freyer 2015 | Mundt 2006 | Pompl 1997
Beiträge in Sammelbänden/Lexika	Fey o. J. | Gauf 1998 | Groß/Schröder 2007a | Gross et al. 2007 | Guiver et al. 2007 | Guiver et al. 2007 | Lumsdon 2006
Beiträge in Fachzeitschriften	Becken 2005 | Groß/Schröder 2007b | Walter et al. 2009 | White/Farrington 1998
Verbände/Verlage	bdo 2010a | RDA-Geschäftsbericht (lfd. Jahrgang)
Zeitschriften	Bus-Blickpunkt | Busmagazin | BusMail | Busplaner | bus and coach | Eurobus | fvw | Omnibusrevue | Lastauto | Omnibus
Studien privatwirtschaftlicher Anbieter	unter 🔗 www.marketresearch.com finden sich Dutzende Studien zu den Themen „Bus and Coach", die alle kostenpflichtig sind
sonstige Studien/Informationsquellen	bdo 2006 | BMDV 2022d: Verkehr in Zahlen (lfd. Jahrgang) | DI Tourismusforschung 2023a und 2023b | RDA o. J.b | Sterzenbach 2001 | Zibulla o. J.

Tabelle 14: Informationsquellen zum Thema Busreisen (Auswahl) | Quelle: Eigene Zusammenstellung.

4.2 Definitionen im Busverkehr

Da die grundlegenden Begriffe „Bus", „Busreise", „Busunternehmen" und „Busreiseveranstalter" verschieden verstanden werden, sollen für diese Begriffe im Folgenden Definitionen vorgestellt werden.

> Gemäß der Systematik der Straßenfahrzeuge (DIN 70 010) wird unter einem Bus ein Nutzfahrzeug verstanden, das nach seiner Bauart und Einrichtung zur Beförderung von mehr als neun Personen (einschließlich Fahrzeugführer) und ihres Reisegepäcks bestimmt ist. Nach dem Statistischen Bundesamt sind Omnibusse Kraftfahrzeuge, die nicht an Schienen oder eine Fahrleitung gebunden und nach Bauart und Ausrüstung zur Beförderung von mehr als neun Personen (einschließlich Fahrer) geeignet und bestimmt sind.

In Anlehnung an die Abgrenzung des Begriffes Reiseveranstalter wird unter einem **Busreiseveranstalter** folgendes verstanden:

> „Ein Busreiseveranstalter bietet demnach ein Bündel von Reiseleistungen an (z. B. Transport, Unterkunft und Programm vor Ort). Als Haupttransportmittel wird bei diesen Reisen ein Bus eingesetzt, der die Kunden vom Ausgangsort zum Ziel und wieder zurückbefördert. Vor Ort kann der Bus für Rundfahrten, Besichtigungstouren und Transferfahrten genutzt werden." (Aschenbrenner 2003, S. 16)

Auch für die Begriffe der Busreise und des Busunternehmens gibt es keine offizielle Abgrenzung.

> **Busunternehmen** können sowohl als Reiseveranstalter und Verkehrsunternehmen am Markt tätig sein oder aber auch nur als Verkehrsunternehmen.

Die in diesem Kapitel getroffenen Aussagen gelten größtenteils sowohl für Busreiseveranstalter als auch Busunternehmen. Eine der bekannten Definitionen von **Busreisen** entspricht in den Grundzügen dem Gelegenheitsverkehr nach dem PBefG (→ Kapitel 4.3).

> „Es wird jedoch allgemein von Busreise gesprochen, wenn die Reise mit einem Reisebus durchgeführt wird und zu einem Ziel führt, das eine bestimmte Entfernung vom Heimatort vorweist. Werden Fahrten mit Bussen des Öffentlichen Personennahverkehrs durchgeführt, spricht man in der Praxis von Busfahrten und nicht von Busreisen. Eine Busreise kann mehrere Stunden (z. B. bei Tagesfahrten), Tage oder Wochen (z. B. bei Rundreisen) dauern. Sie besteht aus der Transportleistung (Hin- und Rückfahrt, Transferleistungen am Zielort) und einem Programm am Aufenthaltsort. Bei mehrtägigen Busreisen werden zusätzlich Serviceangebote während des Transportes (z. B. Videounterhaltung), Hotelübernachtungen und erweiterte Programme vor Ort angeboten." (Aschenbrenner 2003, S. 20)

Busreisen umfassen jedoch auch Linienverkehre, so dass Busfahrten mit festem Fahrplan zu in- und ausländischen Zielen unter Busreisen zu fassen sind und nicht zu den Busfahrten des ÖPNVs.

Ein weiterer wichtiger Begriff im Busreisemarkt ist der der **Paketreiseveranstalter**[33].

> Sie sind die Großhändler der Branche und stellen Leistungspakete zusammen, die ein Busunternehmer um seine Beförderungsleistung ergänzt und an seine Kunden, d. h. die Reisenden, verkauft. Die Kunden, d. h. die Busunternehmer (und auch selbstveranstaltende Reisebüros), bekommen alle nötigen Bestandteile einer Reise, wie z. B. Reiseleitung, Hotel, Eintrittskarten, Fähre und Besichtigungen, aus einer Hand zu Nettopreisen angeboten – Paketer bedienen grundsätzlich keine Endverbraucher.

Paketer sind keine Reiseveranstalter im Sinne des § 651 ff. BGB und daher haften sie nur gegenüber dem Reiseveranstalter und müssen ihren Kunden auch keinen Sicherungsschein nach § 651k ausstellen (→ Abbildung 22). Unter den Paketern gibt es sog. **Voll-Sortimenter**, die Reiseziele weltweit abdecken, aber auch auf einzelne Ländergruppen oder bestimmte Destinationen **spezialisierte Anbieter**. Die ersten Firmen wurden in Deutschland vor mehr als 40 Jahren gegründet. Sie organisieren im Jahr 2023 Reisen für insgesamt rund 2,7 Mio. Urlauber und erwirtschaften einen Jahresumsatz von ca. 570 Mio. Euro. Die Paketer sind mittelständische Unternehmer, die zusammen ca. 1.700 Arbeitnehmer beschäftigen. Der Vorteil für die Busunternehmer besteht v. a. darin, dass sie von Größenvorteilen profitieren, die sich aus einem Großeinkauf und einer damit verbundenen Marktmacht ergeben. Ein Paketreiseveranstalter kann die Reisen meist zu einem günstigeren Preis anbieten, was den Busunternehmen oftmals einen Vorteil gegenüber dem Direkteinkauf bringt. Zudem stehen auf Grund der mittelständischen Struktur der Busreisebranche oft nur beschränkte (Mitarbeiter-)Kapazitäten für Produktentwicklung zur Verfügung, so dass durch den Einkauf beim Paketer Kosten für die Produktentwicklung und

33 Synonym zum Begriff „Paketreiseveranstalter" werden die Begriffe „Paketer" oder „Paketveranstalter" verwendet.

-einkauf eingespart werden können. Als Nachteil ist jedoch zu sehen, dass ein Produkt „von der Stange“ eingekauft wird und dieses auch von anderen Busunternehmen eingekauft werden kann, so dass kein Wettbewerbsvorteil besteht (vgl. Becker et al. 2006, S. 24; VPR 2023a).

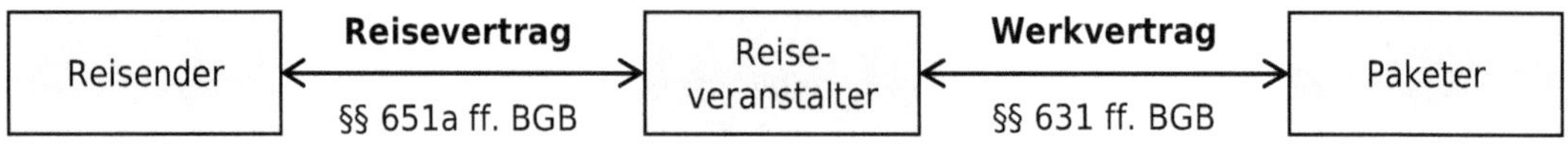

Abbildung 22: Vertragsverhältnis zwischen Paketer, Reiseveranstalter und Reisendem | Quelle: Eigene Darstellung, in Anlehnung an Moll 2008, S. 10.

4.3 Arten der Busreisen

Es gibt verschiedene Verkehrsarten beim Busverkehr, die v. a. in den gesetzlichen Grundlagen (Verordnung (EG) Nr. 1073/2009) und dem Personenbeförderungsgesetz (PBefG) geregelt werden. Hierbei handelt es sich um den Linienverkehr, Sonderformen des Linienverkehrs, Werksverkehr und Gelegenheitsverkehr (→ Abbildung 23).

Unter „**Linienverkehr**“ wird nach der VO 1073/2009 die regelmäßige Beförderung von Fahrgästen auf einer bestimmten Verkehrsstrecke verstanden, wobei Fahrgäste an vorher festgelegten Haltestellen aufgenommen oder abgesetzt werden können. Linienverkehr ist ungeachtet einer etwaigen Buchungspflicht für jedermann zugänglich. „**Sonderformen des Linienverkehrs**“ sind Dienste im Linienverkehr, unabhängig davon, wer Veranstalter der Fahrten ist, zur Beförderung bestimmter Gruppen von Fahrgästen unter Ausschluss anderer Fahrgäste. Zu den Sonderformen des Linienverkehrs zählen insbesondere die Beförderung von Arbeitnehmern zwischen Wohnort und Arbeitsstätte und die Beförderung von Schülern und Studenten zwischen Wohnort und Lehranstalt.[34] „**Gelegenheitsverkehr**“ sind Verkehrsdienste, die nicht der Begriffsbestimmung des Linienverkehrs, einschließlich der Sonderformen des Linienverkehrs, entsprechen und dessen Hauptmerkmal die Beförderung vorab gebildeter Fahrgastgruppen auf Initiative eines Auftraggebers oder des Verkehrsunternehmers selbst ist. „**Werkverkehr**“ ist der nicht kommerzielle Verkehrsdienst ohne Erwerbszweck, den eine natürliche oder juristische Person unter folgenden Bedingungen durchführt:

- Bei der Beförderungstätigkeit handelt es sich lediglich um eine Nebentätigkeit der natürlichen oder juristischen Person und
- die eingesetzten Fahrzeuge sind Eigentum der natürlichen oder juristischen Person oder wurden im Rahmen eines Abzahlungsgeschäfts gekauft oder sind Gegenstand eines Langzeitleasing-Vertrags und werden von einem Angehörigen des Personals der natürlichen oder juristischen Person oder von der natürlichen Person selbst oder von Personal geführt, das bei dem Unternehmen beschäftigt ist oder ihm im Rahmen einer vertraglichen Verpflichtung zur Verfügung gestellt wurde.

Formen des Gelegenheitsverkehrs sind nach dem PBefG Verkehr mit Taxen (§ 47), Ausflugsfahrten und Ferienziel-Reisen (§ 48), Verkehr mit Mietomnibussen und mit Mietwagen (§ 49) sowie gebündelter Bedarfsverkehr (§ 50 → Kapitel 3).

34 Im PBefG werden unter den Sonderformen des Linienverkehrs folgende Formen angeführt (§ 42): Beförderung von Berufstätigen zwischen Wohnung und Arbeitsstelle (Berufsverkehr), Schülern zwischen Wohnung und Lehranstalt (Schülerfahrten), Personen zum Besuch von Märkten (Marktfahrten) und Theaterbesuchern.

Ausflugsfahrten sind dabei Fahrten, die der Unternehmer mit Bussen oder Pkw nach einem bestimmten, von ihm aufgestellten Plan und zu einem für alle Teilnehmer gleichen und gemeinsam verfolgten Ausflugszweck anbietet und ausführt. Die Fahrt muss wieder an den Ausgangsort zurückführen und die Fahrgäste müssen im Besitz eines für die gesamte Fahrt gültigen Fahrscheins sein, der die Beförderungsstrecke und das Beförderungsentgelt ausweist. Bei Ausflugsfahrten, die als Pauschalfahrten ausgeführt werden, genügt im Fahrschein die Angabe des Gesamtentgelts an Stelle des Beförderungsentgelts. **Ferienziel-Reisen** sind dagegen Reisen zu Erholungsaufenthalten, die der Unternehmer mit Bussen oder Pkw nach einem bestimmten, von ihm aufgestellten Plan zu einem Gesamtentgelt für Beförderung und Unterkunft mit oder ohne Verpflegung anbietet und ausführt. Es dürfen nur Hin- und Rückfahrscheine und diese nur auf den Namen des Reisenden ausgegeben werden. Die Fahrgäste sind zu einem für alle Teilnehmer gleichen Reiseziel zu bringen und an den Ausgangspunkt der Reise zurückzubefördern. Auf der Rückfahrt dürfen nur Reisende befördert werden, die der Unternehmer zum Reiseziel gebracht hat. **Verkehr mit Mietomnibussen** ist die Beförderung von Personen mit Bussen, die nur im Ganzen zur Beförderung angemietet werden und mit denen der Unternehmer Fahrten ausführt, deren Zweck, Ziel und Ablauf der Mieter bestimmt. Die Teilnehmer müssen ein zusammengehöriger Personenkreis und über Ziel und Ablauf der Fahrt einig sein. Mietomnibusse dürfen nicht durch Bereitstellen auf öffentlichen Straßen oder Plätzen angeboten werden.

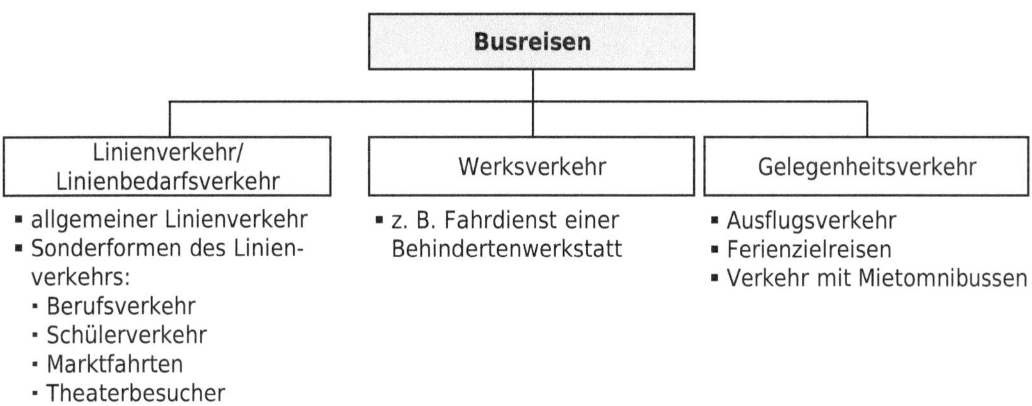

Abbildung 23: Abgrenzung der Busreisen | Quelle: Eigene Darstellung.

Mit der letzten Änderung des Personenbeförderungsgesetzes (02.03.2023) gibt es neu den Linienbedarfsverkehr. „Als Linienverkehr gemäß § 42, der öffentlicher Personennahverkehr gemäß § 8 Absatz 1 ist, gilt auch der Verkehr, der der Beförderung von Fahrgästen auf vorherige Bestellung ohne festen Linienweg zwischen bestimmten Einstiegs- und Ausstiegspunkten innerhalb eines festgelegten Gebietes und festgelegter Bedienzeiten dient (Linienbedarfsverkehr). Es kommen ausschließlich Beförderungsentgelte und -bedingungen im Rahmen der Vorgaben des Aufgabenträgers im Nahverkehrsplan, im öffentlichen Dienstleistungsauftrag oder der Vorabbekanntmachung zur Anwendung. Für Beförderungen im Linienbedarfsverkehr können Zuschläge nur nach Maßgabe von Satz 2 erhoben werden." (PBefG § 44)

Diese neue Form des Linienverkehrs soll Verkehrsunternehmen in die Lage versetzen, benutzerorientierte Mobilitätsangebote in Ergänzung zum klassischen ÖPNV anzubieten, um z. B. bislang schwach ausgelastete Linien effizienter bedienen zu können. Er ist – im Unterschied zum herkömmlichen Linienverkehr – dadurch gekennzeichnet, dass er auf vorherige Bestellung und ohne festen Linienweg erfolgt. Da er der Verkehrsart Linienverkehr zugeordnet ist, gelten für diesen auch die entsprechenden Rechte und Pflichten (insb. umfassende Barrierefreiheit) (vgl. Scharl/Niemann 2021).

4.4 Entwicklung der Busreisen

Als Geburtsstunde des Busses wird der 18.03.1662 angeführt, da an diesem Tag König Ludwig XIV Blaise Pascal (1623–1662) sein „Patent" für den ersten Omnibus der Welt bescheinigt. Es waren achtsitzige, von Pferden gezogene Kutschen, mit denen im März 1662 auf fünf Stecken in Paris ein fester Linienverkehr eingerichtet wurde. Nach 15 Jahren wurden diese Linien jedoch wiedereingestellt. Ende des 17. Jahrhunderts setzten sich dann in Paris, London und Berlin als Lohnfuhrwerke die Droschken durch (benannt nach dem russischen Wort „droschki" = kleines Fuhrwerk). In Berlin erhielt der Gutsbesitzer Simon Kremser 1825 die Erlaubnis, Droschken am Brandenburger Tor aufzustellen. Sie verkehrten nicht nach festem Fahrplan, sondern warteten, bis ausreichend Fahrgäste zusammengekommen waren und bald wurden die Fahrzeuge nach ihrem Eigentümer benannt: Kremser. Die erste Omnibus-Linie entstand 1826 in Nantes und im selben Jahr wurde in England begonnen Dampfwagen, d. h. Kraftomnibusse, zu entwickeln. Um 1828 verkehrte in England ein Dampfomnibus dreimal taglich zwischen den 14 km voneinander entfernten Städten Gloucester und Cheltenham. Weitere Beispiele sind der Linienverkehr mit einem Dampfomnibus für 14 Personen zwischen London und Stratford, der 1831 eingerichtet wurde, und ein Pendelverkehr zwischen London und Birmingham, der mit Dampfomnibussen für 28 Personen im Inneren und 22 Personen auf dem Dach (Spitzengeschwindigkeit 32 km/h) im Jahre 1832 durchgeführt wurde. Das Publikum stand diesem Verkehrsmittel jedoch eher skeptisch gegenüber, da die Wagen laut waren und die Menschen Angst hatten, dass sie explodieren würden. 1840 kam die Entwicklung der Dampfomnibusse schließlich zum Erliegen (vgl. bdo 2010b; Huss/Schenk 1982, S. 38 ff.; Reinhardt 2015, S. 138; Zuck 1983, S. 12 ff.).

Am Stadtrand von Nantes wurde zu Beginn der 1820er-Jahre von Stanislas Baudry eine Mühle mit einer Dampfmaschine errichtet. „Zur Nutzung des Kondenswassers baute er neben seiner Mühle eine Badeanstalt. Da sich die Badegäste nicht wie erwartet zahlreich einfanden, richtete er 1826 mit Kutschen einen Zubringerdienst von der Innenstadt zum Bad ein. Zur Überraschung Baudrys blieb das Bad jedoch weiterhin leer, während die Wagen in der Stadt an der ‚Place fu Port-aux-Vins' stets gut besetzt abfuhren. Es lag auf der Hand, daß der Kutschverkehr für Besorgungen, nicht aber für die Fahrt zum Bad genutzt wurde. Baudry schloß deshalb das Bad, behielt aber den Verkehr mit Kutschen bei, welche die Bevölkerung ‚Omnibus' nannten, nach dem Werbespruche eines Hutmachers an der Endstation in der Innenstadt. Der Hutmacher hieß nämlich Omnès und er warb mit der Offensive ‚Omnès omnibus', um Kundschaft. Da der Name ‚Omnibus' gut für das neue Verkehrsmittel paßte, es alle benutzten konnten, behielt ihn Baudry bei, als er zwei Jahre später 1828 in Paris die Entreprise ‚Générale des voitures dites omnibus' gründete." (ders., S. 13)

Im Jahre 1895 fuhr der erste motorisierte Omnibus in Deutschland von Siegen über Netphen nach Deutz. Karl Benz lieferte hierzu den „Patent-Motor-Wagen – Omnibus" und für die 15 km lange Strecke brauchte der Omnibus ca. eine Stunde und 20 Minuten. Nach wenigen Monaten wurde die Verbindung wieder eingestellt, da v. a. die verhältnismäßig leichten Omnibusse mit Vollgummireifen bei nassem Wetter regelmäßig mit den tiefen Fahrspuren der schweren Pferdekutschen zu kämpfen hatten, Ersatzteile fehlten und die nicht ausreichende Schulung der Fahrer zu Problemen führten. Als Keimzelle des **organisierten Busreisedienstes** wird die Gesellschaft Llandudno angesehen, die im Mai 1898 in Wales den ersten organisierten Busreisedienst eingeführt hat (vgl. bdo 2010b; Zuck 1983, S. 14). Die Verbreitung des Omnibusses im täglichen

Leben und im Straßenbild der Städte nahm zu Beginn des 20. Jahrhunderts stetig zu. 1903 fuhr im Breisgau der erste Schulbus, die Bayrische Reichspost setzte ebenfalls auf den Omnibus und im Jahre 1905 wurde die erste Linienbusverbindung in Deutschland, von Bad Tölz nach Lenggries, eingerichtet. 1909 wird ein Gesetz verabschiedet, dass im gesamten Kaiserreich den „Verkehr mit Kraftfahrzeugen" regelte. Es war eine Verschärfung der bisher gültigen Regelungen, denn nun durfte nur noch mit Führerschein gefahren werden. 1913 konnte für Busreisen ein Streckennetz von ca. 6.800 km genutzt werden. Im Vergleich zur Bahn, die ca. 72.000 km Gleise befahren konnte, bestand demnach ein wesentlich kleineres Streckennetz. Während 1923 noch 1.753 Omnibusse in Betrieb (im Vergleich: 51.738 Lkw und 18.587 Pkw) waren, waren es 1925 bereits 3.220 und 1930 dann schon 11.984 Fahrzeuge. Ab 1930 wurde der Bus mehr und mehr ein Reisefahrzeuge für breitere Bevölkerungsschichten, da technische Probleme in den Griff bekommen wurden und Reisen zum Vergnügen bzw. zur Erholung bspw. durch die nationalsozialistische Organisation „Kraft durch Freude" auch langsam einem größeren Teil der deutschen Bevölkerung ermöglicht wurde. Im Vergleich zur Bahn wurde dem Bus zwar eine geringere Bedeutung beigemessen, es wurden jedoch auch Ausflugsfahrten und Reisen angeboten. Während des Zweiten Weltkrieges wurden viele Busse als Transportmittel für Soldaten eingesetzt. Nach dem Krieg waren von den ca. 22.000 zu Kriegsbeginn vorhandenen Bussen nur noch ca. 4.700 einsetzbar und Fahrzeuge, die schwerer als drei Tonnen waren, wurden von den Alliierten verboten. Nach der Währungsreform im Jahre 1950 werden wieder mehr Urlaubsreisen unternommen und mit dem beginnenden Aufschwung nehmen immer mehr Deutsche am Tourismus teil. Die ersten Ziele waren die von jeher bevorzugten Ländern, wie Österreich, Schweiz und Italien. 1954 verzeichnete der Bus einen Marktanteil von 17 %. In den 1950er- und 1960er-Jahren war eine Reihe von technischen Verbesserungen zu verzeichnen, die zur höheren Attraktivität des Busses als Reiseverkehrsmittel beitrugen.

Hierzu zählten z. B. der Gelenkomnibus (1952), die Außenschwenktür (1953), die Luftfederung (1955), die ungeteilten Panoramafenster (1958), die Düsenbelüftung über Dachkanäle (1961), die goldbedampften Doppelscheiben (1965), der Doppeldecker (1966) und der Unterflur-Einbau von Toiletten (1967) (vgl. bdo 2010b; Goslich 2001, S. 9; Huss/Schenk 1982, S. 38 ff.; Zuck 1983, S. 17). „Ende der 50er und Anfang der 60er Jahre schrieben viele Busreiseveranstalter Ferienzielreisen an die Costa Brava sowie die italienische Riviera und Adria aus. Bei der Hin- und Rückreise mußte dabei jeweils eine Zwischenübernachtung eingelegt werden. Ferner führte nahezu jeder Busreiseveranstalter wöchentliche Pendelverkehre nach Österreich und zu deutschen Destinationen beispielsweise nach Bayern oder ins Allgäu durch." (Gauf 1998, S. 662)

Auch **europaweite Liniendienste** wurden in diesen Jahren eingerichtet und v. a. der Liniendienst nach West-Berlin wuchs zum größten innerdeutschen Busangebot. Seit Mitte der 1960er-Jahre änderte sich die Situation jedoch erheblich und Busreiseveranstalter verzeichneten starke Rückgänge. Zum einem führte das Aufkommen preisgünstiger Charterflüge in die Mittelmeerländer dazu, dass die Busferienzielreisen innerhalb von wenigen Jahren fast vollständig zum Erliegen kamen und zum anderen führte die zunehmende Individualmotorisierung und Möglichkeit direkt beim Vermieter zu buchen zu einem Rückgang von Busreisen. In der 2020er-Jahren werden Ferienzielreisen ans Mittelmeer, aber auch eine Vielzahl anderer Reisearten (z. B. Städtereisen, Eventreisen, Rund- und Studienreisen) angeboten und der Bus hat als Hauptverkehrsmittel bei Urlaubsreisen (mit mehr als fünf Übernachtungen) einen Anteil von ca. 4,2 % (vgl. FUR e. V. 2023, S. 7; Gauf 1998, S. 662 f.; Goslich 2001, S. 9 f.).

4.5 Gesetzliche Rahmenbedingungen und Verbände

Im Gegensatz zu anderen Verkehrsmärkten gibt es in der Busbranche kaum vergleichbare internationale Abkommen oder gesetzlichen Regelungen mit weltweiter Gültigkeit. Und obwohl es gemeinsame Regeln und Vorschriften innerhalb internationaler Organisationen gibt, wie der Europäische Union und der NAFTA (North American Free Trade Agreement), gibt es trotzdem noch Unterschiede in dem regulatorischen Umfeld in den einzelnen Mitgliedsstaaten. Eine Auswahl der wichtigsten Regelungen, die für deutsche Unternehmen von Bedeutung sind, wird im Folgenden dargestellt.

4.5.1 Ausgewählte gesetzliche Grundlagen

Wie auch die anderen Verkehrsunternehmen unterliegen Busunternehmen gesetzlichen Regelungen, wobei es neben den Vorschriften des Reiserechtes, eine Reihe von nationalen und europäischen Regelungen gibt. „In comparison to the rail and air transport sectors, there is little European legislation applying to the bus or coach sectors and as a result, there are significant differences in the regulatory environment within which the bus and coach sector operates in different Member States." (European Commission 2009, S. 3)

Trotzdem finden sich Beispiele, dass innerhalb der Europäischen Union neue Regelungen im Busverkehr beschlossen werden..

> Seit dem Inkrafttreten der EU-Verordnung Nr. 181/2011 über die Fahrgastrechte im Kraftomnibusverkehr (vom 16.02.2011, am 01.03.2013 in Kraft getreten) können sich bspw. Busreisende (v. a. über 250 km) beim Eisenbahn-Bundesamt (EBA) beschweren. Sie können sich an das EBA wenden, wenn sie der Auffassung sind, dass ihre gesetzlich garantierten Fahrgastrechte nicht beachtet wurden und die Beschwerde beim Beförderer (und ggf. bei den anerkannten Schlichtungsstellen, 2023: Schlichtungsstelle für den öffentlichen Personenverkehr e. V. (söp), die Nahverkehr-Schlichtungsstelle e. V. (SNUB) und die Schlichtungsstelle Nahverkehr e. V. (snv)) erfolglos verlief.

Das EBA wiederum hat die Möglichkeit, Maßnahmen zu ergreifen, die Fahrgastrechte gegenüber den Unternehmen durchzusetzen. Die Fahrgastrechte ergeben sich nach Artikel 1 der EU-Verordnung, wo u. a. folgendes geregelt wird:

1. Rechte der Fahrgäste bei Annullierung und bei Verspätung der Abfahrt
2. Rechte von behinderten Menschen und Personen mit eingeschränkter Mobilität
3. Mindestanforderungen an Reiseinformationen
4. Rechte der Fahrgäste bei Personenschäden sowie bei Verlust oder Beschädigung von Gepäck im Falle eines Unfalls
5. Durchsetzung der Fahrgastrechte

Diese Verordnung gilt vorrangig für den Fernbuslinienverkehr (ab 250 km), einzelne Vorschriften gelten aber auch für den Linienverkehr mit einer kürzeren Strecke und den Gelegenheitsverkehr.

4.5.1.1 Verordnung (EG) Nr. 1073/2009

Diese Verordnung (vom 21. Oktober 2009) über gemeinsame Regeln für den **Zugang zum grenzüberschreitenden Personenverkehrsmarkt** gilt für den grenzüberschreitenden Personenkraftverkehr mit Kraftomnibussen im Gebiet der Gemeinschaft, der von in einem Mitgliedstaat gemäß dessen Rechtsvorschriften niedergelassenen Unternehmen gewerblich oder im Werkverkehr mit Fahrzeugen durchgeführt wird, die in diesem Mitgliedstaat zugelassen und die nach ihrer Bauart und Ausstattung geeignet und dazu bestimmt sind, mehr als neun Personen – einschließlich des Fahrers – zu befördern, sowie für Leerfahrten im Zusammenhang mit diesem Verkehr.

Jeder gewerbliche Verkehrsunternehmer aus der Gemeinschaft ist ohne Diskriminierung auf Grund der Staatsangehörigkeit oder des Niederlassungsorts des Verkehrsunternehmens zum Linienverkehr einschließlich der Sonderformen des Linienverkehrs, zum Gelegenheitsverkehr und Werkverkehr mit Kraftomnibussen zugelassen, wenn er die Voraussetzungen erfüllt, die in den § 3 Absatz 1 und 2 dargelegt werden.

Für den genehmigungspflichtigen Linienverkehr werden die Verfahren der Beantragung und der Erteilung der Genehmigungen beschrieben (z. B. erforderliche Anlagen, Musterantrag, Gang des Verfahrens, Ablehnungsgründe, Pflichten). Für den Gelegenheitsverkehr und andere nicht genehmigungspflichtige Verkehrsdienste sind Aussagen zu den Kontrollpapieren und örtliche Ausflüge enthalten.

4.5.1.2 Berufszugangsverordnung für den Straßenpersonenverkehr

Nach dem Personenbeförderungsgesetz[35] darf eine Genehmigung für die Personenbeförderung nur erteilt werden, wenn

- die Sicherheit und die Leistungsfähigkeit des Betriebs gewährleistet sind,
- keine Tatsachen vorliegen, die die Unzuverlässigkeit des Antragstellers als Unternehmer oder der für die Führung der Geschäfte bestellten Personen dartun,
- der Antragsteller als Unternehmer oder die für die Führung der Geschäfte bestellte Person fachlich geeignet ist (fachliche Eignung wird durch angemessene Tätigkeit in einem Unternehmen des Straßenpersonenverkehrs oder durch Ablegung einer Prüfung nachgewiesen) und
- der Antragssteller und die von ihm mit der Durchführung von Verkehrsleistungen beauftragten Unternehmer ihren Betriebssitz oder ihre Niederlassung im Sinne des Handelsrechts im Inland haben.

In der PBZugV (Berufszugangsverordnung für den Straßenpersonenverkehr vom 15. Juni 2000 (BGBl. I S. 851), die zuletzt durch Artikel 24 des Gesetzes vom 02. März 2015 (BGBl. I Nr. 56) geändert worden ist) werden diese Bestimmungen weiter ausdifferenziert, die in ⟶ Abbildung 24 zusammenfassend dargestellt werden.

35 Seitens der EU wurden die Richtlinie 96/26/EG des Rates vom 29. April 1996 über den Zugang zum Beruf des Güter- und Personenkraftverkehrsunternehmers im innerstaatlichen und grenzüberschreitenden Verkehr sowie über die gegenseitige Anerkennung der Diplome, Prüfungszeugnisse und sonstigen Befähigungsnachweise für die Beförderung von Gütern und die Beförderung von Personen im Straßenverkehr und über Maßnahmen zur Förderung der tatsächlichen Inanspruchnahme der Niederlassungsfreiheit der betreffenden Verkehrsunternehmer und die Verordnung (EG) Nr. 1071/2009 der Europäischen Parlaments und des Rates vom 21. Oktober 2009 zur Festlegung gemeinsamer Regeln für die Zulassung zum Beruf des Kraftverkehrsunternehmers und zur Aufhebung der Richtlinie 96/26/EG des Rates (ist im Dezember 2011 in Kraft getreten) verabschiedet. Die Neufassung der im folgenden Kapitel dargestellten Berufszugangsverordnung für den Straßenpersonenverkehr dient der Umsetzung der Verordnung 1071/2009.

finanzielle Leistungsfähigkeit	Sach- und Fachkunde	persönliche Zuverlässigkeit
▪ Eigenkapital ▪ Unbedenklichkeitsbescheinigung ▪ Eigenkapitalbescheinigung eines Steuerberaters o. ä.	▪ Prüfung der fachlichen Eignung zur ordnungsgemäßen Führung eines Straßenpersonenverkehrsunternehmens ▪ alternativ: · gleichwertige Prüfung z. B. Verkehrsfachwirt · mindestens fünfjährige leitende Tätigkeit in einem Unternehmen	▪ Nachweis der persönlichen Zuverlässigkeit durch Vorlage von Auszügen aus Bundeszentral- und Gewerbezentralregister

Abbildung 24: Zulassungsvoraussetzungen nach PBZugV | Quelle: Eigene Darstellung.

4.5.1.3 Personenbeförderungsgesetz (PBefG)

Neben den bereits erwähnten Festlegungen im PBefG (Neufassung vom 08. August 1990, zuletzt geändert durch Art. 23 Gesetzes vom 2. März 2023 (BGBl. 2023 I Nr. 56) sind die Bestimmungen bzgl. einer Genehmigungsversagung zu erwähnen. Nach § 13 Abs. 2, Satz 3 ist beim Straßenbahn-, Obus- und Linienverkehr mit Kraftfahrzeugen die Genehmigung zu versagen, wenn durch den beantragten Verkehr die öffentlichen Verkehrsinteressen beeinträchtigt werden, insbesondere

- der Verkehr mit den vorhandenen Verkehrsmitteln befriedigend bedient werden kann,
- der beantragte Verkehr ohne eine wesentliche Verbesserung der Verkehrsbedienung Verkehrsaufgaben übernehmen soll, die vorhandene Unternehmer oder Eisenbahnen bereits wahrnehmen,
- die für die Bedienung dieses Verkehrs vorhandenen Unternehmer oder Eisenbahnen die notwendige Ausgestaltung des Verkehrs innerhalb einer von der Genehmigungsbehörde festzusetzenden angemessenen Frist und, soweit es sich um öffentlichen Personennahverkehr handelt, unter den Voraussetzungen des § 8 Abs. 3 selbst durchzuführen bereit sind, oder
- der beantragte Verkehr einzelne ertragreiche Linien oder ein Teilnetz aus einem vorhandenen Verkehrsnetz oder aus einem im Nahverkehrsplan im Sinne des § 8 Absatz 3 festgelegten Linienbündel herauslösen würde.
- Ziel dieser von 1931 bis 2012 bestehenden Regelung war die Wahrung der öffentlichen Verkehrsinteressen, v. a. die Verhinderung einer Konkurrenzsituation zwischen verschiedenen Unternehmen untereinander bzw. insbesondere mit den Eisenbahnen. Der Gesetzgeber ging davon aus, dass eine solche Konkurrenzsituation sich i. d. R. negativ auf die Verkehrsbedienung einer Strecke auswirkt und schützte daher die bereits vorhandenen Verkehrsmittel vor Wettbewerbern. Diese rechtliche Bestimmung wurde jedoch als deutliche Wettbewerbsbehinderung für den Buslinienfernverkehr in Deutschland eingeschätzt und stand daher vermehrt in der Kritik. In Deutschland gab es bis zu Novellierung des PBefG und damit des Fernbusverkehrs im Vergleich zu anderen europäischen Ländern, wie z. B. Spanien, Frankreich oder Großbritannien, nur wenige Angebote im Buslinienfernverkehr. Zudem bevorzugte die Bestandsregelung die DB AG, die nicht nur das größte Eisenbahnunternehmen, sondern vor der Liberalisierung auch das größte Busunternehmen in Deutschland war. Die DB AG wiederum setzte sich für die Beibehaltung der Regelung ein und argumentierte damit, dass sich bei Liberalisierung der Genehmigungsverfahren für Fernbuslinien bestimmte Fernzugverbindungen nicht mehr wirtschaftlich betreiben ließen. Diese müssten dann ausgedünnt

oder eingestellt werden, was zu der befürchteten Verschlechterung der Verkehrsbedienung führen würde (vgl. Walter et al. 2009, S. 115 ff.).
Im Koalitionsvertrag von CDU, CSU und FDP aus dem Jahre 2009 wurde jedoch explizit folgender Satz aufgenommen: „Wir werden Busfernlinien zulassen und dazu § 13 PBefG ändern." Mitte 2010 wurde darüber hinaus vom Bundesverwaltungsgericht festgelegt, dass es für eine Genehmigung ausreichen könne, wenn die Fahrpreise im Busverkehr deutlich günstiger seien als die entsprechenden Fahrpreise der Bahn (Aktenzeichen: 3 C 14.09). Am 02. November stimmt der Deutsche Bundesrat dem novellierten Personenbeförderungsgesetz zu. **Seit der Änderung des Personenbeförderungsgesetzes zum 01. Januar 2013 sind in Deutschland Fernbusse weiter als bis dahin verbreitet**.

Im PBefG findet sich im § 13 seit 2012 der Zusatz, dass die oben angeführten Untersagungsgründe nicht für den Personenfernverkehr gelten und im § 42a wird zum Personenfernverkehr folgendes aussagt:

- Personenfernverkehr ist der Linienverkehr mit Kraftfahrzeugen, der nicht zum öffentlichen Personennahverkehr im Sinne des § 8 Absatz 1 und nicht zu den Sonderformen des Linienverkehrs nach § 43 oder zum Linienbedarfsverkehr nach § 44 gehört. Die Beförderung von Personen zwischen zwei Haltestellen ist unzulässig, wenn
  - der Abstand zwischen diesen Haltestellen nicht mehr als 50 km beträgt oder
  - zwischen diesen Haltestellen Schienenpersonennahverkehr mit einer Reisezeit bis zu einer Stunde betrieben wird.
- In der Genehmigung sind auf Antrag für einzelne Teilstrecken Ausnahmen zu gewähren, wenn
  - kein ausreichendes Nahverkehrsangebot besteht oder
  - das Fahrgastpotenzial der vorhandenen Verkehrsangebote nur unerheblich beeinträchtigt wird.

Im Jahr 2023 ist der Fernbus in Deutschland ein etabliertes Fernverkehrsmittel, mit dem Reisende durch alle Bundesländer, in sämtliche Großstädte und viele mittlere und kleinere Städte gelangen können. Aber auch Busreisen in andere Länder können und werden immer mehr genutzt. „Nachdem sich die Zahl der Reisenden und die Verkehrsleistung im innerdeutschen Linienfernverkehr mit Omnibussen im Vorfeld der Liberalisierung auf einem relativ konstanten Niveau bewegten, verzeichneten beide Größen im Zuge der Angebotsausweitung bis zum Jahr 2016 hohe Wachstumsraten; in den Folgejahren setzten sich diese nicht mehr fort. Unter dem Einfluss der hoheitlichen Maßnahmen zur Eindämmung der Corona-Pandemie verzeichnete der innerdeutsche Fernbuslinienverkehr massive Einbrüche: Die Anzahl der Fahrgäste im innerdeutschen Linienfernverkehr sank im Jahr 2020 auf rund 4,8 Mio. (2019: 16,1 Mio.), die Verkehrsleistung auf knapp 1,3 Mrd. pkm (2019: 4,1 Mrd. pkm). Beide Größen lagen damit deutlich unter den Werten aus dem Jahr 2013. Die Verkehrsleistung im gesamten Fernbuslinienverkehr (einschl. grenzüberschreitender Verkehre, Transit- und Auslandsverkehre) sank im Jahr 2020 im Vergleich zum Jahr 2019 um knapp 70,5 Prozent auf knapp 1,9 Mrd. pkm, die Zahl der Reisenden um rund 71,1 Prozent auf rund 6,5 Mio." (BAG 2022, S. 2)

Die Zahl der innerdeutschen Fernbuslinien ist seit der Liberalisierung angestiegen (→ Tabelle 15). Demnach gab es zum Stichtag 31. Dezember 2022 in Deutschland 120 Fernbusverbindungen, es waren zwischenzeitlich aber auch schon über 300 Strecken – vor der Liberalisierung waren es dagegen nur 86 Linien (vgl. ders., S. 10).

Datum	Anzahl der Strecken	Datum	Anzahl der Strecken	Datum	Anzahl der Strecken
31.12.2012	86	31.12.2016	269	31.12.2020	154
31.12.2013	221	31.12.2017	214	31.12.2021	167
31.12.2014	285	31.12.2018	200	31.12.2022	120
31.12.2015	341	31.12.2019	189		

Tabelle 15: Entwicklung der innerdeutschen Fernbusstrecken (2012–2022) | Quelle: BMDV 2023.

Neben den oben genannten Vorschriften werden die technischen Anforderungen an Kraftomnibusse unter § 42b PBefG neu definiert. Seit dem Jahr 2016 müssen neu zugelassene Busse mit mindestens zwei Rollstuhlplätzen und einem Hublift ausgestattet sein.

Detallierte Bestimmungen finden sich in der Richtlinie 2001/85/EG des europäischen Parlaments und des Rates vom 20. November 2001 über besondere Vorschriften für Fahrzeuge zur Personenbeförderung mit mehr als acht Sitzplätzen außer dem Fahrersitz und zur Änderung der Richtlinien 70/156/EWG und 97/27/EG. Im Anhang VII „Vorschriften für technische Einrichtungen für Fahrgäste mit eingeschränkter Mobilität" werden bspw. die Beschaffenheit der Einstiegshilfen, der Rollstuhlplätze und der Behindertensitze dargelegt.

▸ **Beispiel** | Fernbussimulator

Vor Jahren sicherlich noch undenkbar, nunmehr jedoch Realität: Fernbusimulator von TML Studios, Aerosoft und FlixBus.

Der Fernbus-Simulator ist die erste Simulation und bildet die Welt der Fahrer großer Reisebusse auf deutschen Autobahnen und Landstraßen realistisch ab. Mit einem MAN Lion's Coach kann der Alltag eines Fernbus-Fahrers nachvollzogen werden, indem auf ca. 20.000 km des deutschen Streckennetzes von FlixBus (Autobahnen und Landstraßen) zu den Busbahnhöfen der mehr als 40 umgesetzten Städte gefahren und in Kontakt mit der Zentrale geblieben werden kann. Nicht nur das Fahren an sich, sondern auch typische Vorgänge wie Ticketverkauf, Check-in und Polizeikontrollen sind Teil der Simulation. Wettereffekte, Tag-Nacht-Wechsel und verkehrliche Herausforderungen, wie Baustellen und Staus, sorgen dafür, dass die Fahrten mit dem digitalen FlixBus zum Erlebnis werden können. Der digitale Bus besitzt ein originalgetreues Cockpit, das mit allen Funktionen ausgestattet ist. Interieur und Außenansicht der Busse sind dem Original angelehnt (vgl. FlixBus 2016, S. 1).

4.5.1.4 Lenk- und Ruhezeiten

Die Zeiten für das Lenken eines Busses, die dazwischen notwendigen Arbeitsunterbrechungen (Ruhezeiten) sowie die Zeiträume für die Bewältigung der anderen anfallenden Tätigkeiten (z. B. Betanken, Be- und Entladen, Waschen, Wartung) sind für den gesamten EU-Raum seit 1985 unter der Bezeichnung EU-Sozialvorschriften geregelt.

Für den Bereich von und nach Drittstaaten ist darüber hinaus das Europäische Abkommen über die Arbeit des im internationalen Straßenverkehr beschäftigten Fahrpersonals (AETR) von Bedeutung (vgl. Goslich 2001, S. 31 ff.). Im Zuge der Einführung des digitalen Kontrollgerätes hat der europäische Gesetzgeber in der Verordnung (EG) Nr. 561/2006 neue Vorschriften zu den Lenk- und Ruhezeiten sowie Dokumentationspflichten erlassen. Während der Teil zur Einführung des digitalen Kontrollgerätes zum 01. Mai 2006 in Kraft getreten ist, haben die Vorschriften zu den Lenk- und Ruhezeiten seit dem 11. April 2007 Geltung. Durch neue Verordnungen aus den Jahren 2014 und 2020 sind Änderungen bzgl. der digitalen Kontrollgeräte sowie der Lenk- und Ruhezeiten zu finden. Einerseits ist es die Verordnung (EU) Nr. 165/2014, die die Pflicht zum Einbau eines Kontrollgerätes und die Benutzung des Kontrollgerätes regelt. Sie enthält v. a. Regelungen zum Fahrtenschreiber bzw. zum Kontrollgerät sowie zur Fahrerkarte und dem korrekten Umgang mit dieser Karte. Andererseits die Verordnung (EU) 2020/1054 vom 15. Juli 2020 zur Änderung der Verordnung (EG) Nr. 561/2006 hinsichtlich der Mindestanforderungen an die maximalen täglichen und wöchentlichen Lenkzeiten, Mindestfahrtunterbrechungen sowie täglichen und wöchentlichen Ruhezeiten, und der Verordnung (EU) Nr. 165/2014 hinsichtlich der Positionsbestimmung mittels Fahrtenschreibern.

Zu den wichtigsten Regelungen der Verordnung (EG) Nr. 561/2006 gehören u. a.

- der Einführungstermin für digitale Kontrollgeräte,
- die Änderung der Lenk- und Ruhezeitenvorschriften,
- die Bestimmungen über vom Fahrpersonal mitzuführenden Unterlagen,
- die Aufbewahrungs- und Vorlagepflichten für Unternehmen und
- neue Regelungen der Haftung im Zusammenhang mit Verstößen.

Die wichtigsten Lenk- und Ruhezeitvorschriften sind in → Tabelle 16 dargestellt. Da diese Regelungen, v. a. der Wegfall der bis dahin geltenden 12-Tage-Ausnahmeregelung für den Gelegenheitsverkehr, auf Kritik seitens der Busunternehmen und ihrer Verbände gestoßen ist, wurde jahrelang um eine neue Regelung gerungen. Mit der Veröffentlichung der VO (EG) Nr. 1073/2009 am 14. November 2009 wurde festgelegt, dass ab dem 04.06.2010 eine neue 12-Tage-Regelung gilt. Hiernach darf ein Fahrer, der für einen einzelnen Gelegenheitsdienst im grenzüberschreitenden Personenverkehr im Sinne der Verordnung (EG) Nr. 1073/2009 eingesetzt wird, die wöchentliche Ruhezeit auf bis zu zwölf aufeinander folgende 24-Stunden-Zeiträume nach einer vorhergehenden regelmäßigen wöchentlichen Ruhezeit unter folgenden Voraussetzungen verschieben:

- Der Dienst dauert mindestens 24 aufeinanderfolgende Stunden in einem anderen Mitgliedstaat oder unter diese Verordnung fallenden Drittstaat als demjenigen, in dem jeweils der Dienst begonnen wurde;
- nach der Inanspruchnahme der Ausnahmeregelung nimmt der Fahrer entweder zwei regelmäßige wöchentliche Ruhezeiten oder
- eine regelmäßige wöchentliche Ruhezeit und eine reduzierte wöchentliche Ruhezeit von mindestens 24 Stunden. Dabei wird jedoch die Reduzierung durch eine gleichwertige Ruhepause ausgeglichen, die ohne Unterbrechung vor dem Ende der dritten Woche nach dem Ende des Ausnahmezeitraums genommen werden muss;
- ab dem 01.01.2014 ist das Fahrzeug mit einem Kontrollgerät entsprechend den Anforderungen des Anhangs IB der Verordnung (EWG) Nr. 3821/85 ausgestattet und
- ab dem 01.01.2014, sofern das Fahrzeug bei Fahrten während des Zeitraums von 22.00 Uhr bis 6.00 Uhr mit mehreren Fahrern besetzt ist oder die Lenkdauer nach Artikel 7 auf drei Stunden vermindert wird.

Der Busverband bdo kritisiert die bestehenden Regelungen und hat in einem Positionspapier Forderungen zusammengefasst, u. a. Verbesserungen der Pausenzeiten, der Möglichkeit, den Beginn der täglichen Ruhezeit zu verschieben und die 12-Tage-Regelung auch für innerdeutsche Reisen anzuwenden. „Der bdo begrüßt daher die seitens der EU-Kommission vorgeschlagene Ausweitung des Anwendungsbereichs auf den innerstaatlichen Verkehr. Mit einer Ausweitung könnten die derzeit bestehenden Wettbewerbsverzerrungen zwischen internationalen und inländischen Anbietern effektiv beseitigt werden. Denn die aktuelle Beschränkung auf den grenzüberschreitenden Verkehr benachteiligt deutsche Bustouristikunternehmen gegenüber ausländischen Wettbewerbern." (bdo 2023c, S. 1)

geltende EG-Regelung seit dem 11. April 2007	
tägliche Lenkzeit	▪ höchstens 9 Stunden ▪ Erhöhung 2-mal wöchentlich auf 10 Stunden möglich
wöchentliche Lenkzeit	▪ höchstens 56 Stunden
Lenkzeit in zwei aufeinander folgenden Wochen (Doppelwoche)	▪ höchstens 90 Stunden
Lenkzeitunterbrechung (= Fahrtunterbrechung)	▪ nach spätestens 4 ½ Stunden mindestens 45 Minuten ▪ beliebige Aufteilung nicht möglich, max. 2 Abschnitte: 1. Teil mind. 15 Minuten, 2. Teil mind. 30 Minuten
Tagesruhezeit (1 Fahrer)	▪ mindestens 11 Stunden innerhalb von 24 Stunden nach einer Ruhezeit
Verkürzung der Tagesruhezeit (1 Fahrer)	▪ max. 3-mal wöchentlich auf 9 Stunden ohne Ausgleich möglich
Aufteilung der Tagesruhezeit (1 Fahrer)	▪ bei Aufteilung: Erhöhung auf 12 Stunden Tagesruhezeit. ▪ Aufteilung nur in 2 Abschnitte möglich: Teil 1 mind. 3 Stunden, Teil 2 mind. 9 Stunden
Tagesruhezeit (2 Fahrer/Doppelbesetzung)	▪ 9 Stunden innerhalb von 30 Stunden nach einer Ruhezeit
wöchentliche Ruhezeit	▪ mindestens 45 Stunden einschließlich einer Tagesruhezeit
Verkürzung wöchentliche Ruhezeit (unterwegs sowie auch am Stand- oder Heimatort des Fahrers)	▪ 24 Stunden mit Ausgleich bis zum Ende der 3. Folgewoche

Tabelle 16: Lenk- und Ruhezeitvorschriften nach der EG-Verordnung 561/2006 | Quelle: IHK Köln 2010, S. 2.

4.5.2 Verbände

Verbände auf internationaler, nationaler, regionaler und lokaler Ebene repräsentieren die Busunternehmen v. a. gegenüber der Politik und Öffentlichkeit. Neben den im Folgenden dargestellten Verbänden gibt es bspw. auch die United Motorcoach Association (UMA) und die American Bus Association (ABA).

4.5.2.1 RDA Internationaler Bustouristik Verband

Der RDA Internationaler Bustouristik Verband e. V. wurde 1951 als Reise-Ring Deutscher Autobusunternehmungen e. V. gegründet. Mit rund 2.600 Mitgliedsbetrieben sowie mehreren angeschlossenen Verbänden ist der RDA (laut eigener Aussage) der in Europa führende Verband für die Bus- und Gruppentouristik. Die Mitglieder reichen vom Busunternehmen und Reiseveranstalter über Tourismusverbände, Kultur- und Eventanbieter bis hin zu Busausstattern, Hotellerie oder gastronomischen Einrichtungen. Zu den Aufgaben und Zielen zählt der RDA v. a. die Förderung der umweltverträglichen modernen Bus- und Gruppentouristik. Neben der politischen Lobbyarbeit und Öffentlichkeitsarbeit bietet der RDA eine Reihe von Angeboten für seine Mitglieder und andere touristische Unternehmen an. Im Rahmen seines Mitgliederservice gibt der RDA verschiedenen Fachinformationen heraus. Hierzu zählen z. B. aktuelle Marktdaten für den Bustourismus, Gesetzesvorhaben, Umweltbestimmungen, Verkehrsbeschränkungen oder die Sicherheit auf der Straße (vgl. RDA o. J.a, S. 50 und S. 69; RDA 2023).

Seit 1975 gibt es den sog. „RDA Workshop“, dessen Name in „RDA Group Travel Expo“ geändert wurde und von der RDA Expo GmbH, einer hundertprozentigen Tochtergesellschaft des RDA Internationaler Bustouristik Verband e. V., veranstaltet wird. Am ersten RDA Workshop in Grafenau im bayerischen Wald beteiligten sich 75 Aussteller. Im Jahr 2023 gibt es die „RDA Group Travel Expo“ an zwei Standorten (Köln und Friedrichshafen) mit mehreren hundert Anbietern aus mehreren Ländern (vgl. RDA Expo GmbH 2023).

4.5.2.2 Bundesverband Deutscher Omnibusunternehmer

Der 1980 gegründete Bundesverband Deutscher Omnibusunternehmer e. V. (bdo) ist der Dachverband der 17 Landesverbände privater Omnibusunternehmen und selbst wiederum Mitglied in der International Road Transport Union (IRU). Er vertritt auf Bundesebene und im internationalen Bereich die gewerbepolitischen und fachlichen Interessen der privaten deutschen Busbranche. Rund 3.000 Busunternehmer, die im Personennahverkehr, in der Bustouristik und im Fernlinienbussegment engagiert sind, haben sich unter dem Dach des bdo zusammengeschlossen. Zu den Hauptaufgaben des bdo sieht der Verband selbst die Lobbyarbeit, Strategien und Konzepte, Koordination der Landesverbände, Regierungsverhandlungen und Presse- und Öffentlichkeitsarbeit. Diese Aufgaben nimmt der Verband u. a. in den Ausschüssen „Recht und Politik/ÖPNV“, „Bustouristik“ und „Fernlinienverkehr“ wahr (vgl. bdo 2023a; 2023b).

4.5.2.3 Gütegemeinschaft Buskomfort e. V.

Die Gütegemeinschaft Buskomfort (gbk) ist ein Zusammenschluss von rund 430 deutschen Busreiseveranstaltern, die seit ihrer Gründung im Jahre 1974 auf freiwilliger Basis eine Klassifizierung von Bussen vornimmt und das „Gütezeichen RAL Buskomfort“ vergibt.[36] Die gbk bietet daneben weitere Serviceleistungen für Mitglieder an, wie z. B. Unterstützung im Bereich Presse und

36 Bereits im Jahre 1925 wurde der Reichs-Ausschuss für Lieferbedingungen (RAL) gegründet, dessen Aufgabe zunächst in der Vereinheitlichung präziser technischer Lieferbedingungen bestand. Im Jahr 2023 existieren unter dem Dach dieser in Bonn ansässigen Organisation 112 Gütegemeinschaften mit über 9.000 Unternehmen aus allen Branchen der Wirtschaft. Die RAL legt dabei gemeinsam mit den Bundes- und Landesministerien, Verbänden, Herstellern und Anbietern sowie Verbrauchern und Prüfinstituten die Anforderungen für ein Gütezeichen fest. Die Gütegemeinschaft überwacht die Einhaltung der Kriterien und verteidigt sie gegen Missbrauch – bis hin zum Entzug des Gütezeichens (vgl. RAL 2023; Zibulla o. J., S. 37).

Öffentlichkeitsarbeit, gbk-Newsletter, kostenloser Bezug der Imagebroschüren, Teilnahme an Seminaren und Webinaren (z. B. „Mitarbeiterbindung“ im Rahmen der Veranstaltungsreihe „gbk im Dialog“, „Einführung in kostenlose Marketing-Tools“) sowie Rahmenabkommen beiZulieferen, Hochschulen und unterstützenden Leistungen (z. B. Michelin, DKV, Webseitenerstellung) (vgl. gbk 2023a, S. 4 f.).

4.5.2.4 VPR Internationaler Verband der Paketer e. V.

In dem im Jahre 1982 in Gießen gegründeten Internationalen Verband der Paketer (früher Verband der Paketreiseveranstalter International e. V. (VPR)) gibt es mehr als 100 Mitglieder, wobei 31 ordentliche Mitglieder und damit Paketer mit mindestens fünfjähriger Praxis sind. Der VPR bietet seinen Mitgliedern z. B. seit 1995 den VPR VIP-Treff zu Beginn eines Jahres in einer deutschen Großstadt und weitere eigene Veranstaltungen an (z. B. Workshops und Webinare sowie VPR Connects) (vgl. VPR 2023b).

4.5.2.5 International Road Transport Union

Die International Road Transport Union (IRU) wurde 1948 in Genf gegründet und hat mehrere hundert Mitglieder in mehr als 100 Ländern auf allen Kontinenten. Aktive Mitglieder sind nationale Straßenverkehrsvereinigungen, wie z. B. aus Deutschland der bdo und Deutsche Taxi- und Mietwagenverband (BZP). Darüber hinaus gibt es assoziierte Mitglieder, wie z. B. Fahrzeugbauer, Verkehrsunternehmen usw. Die aktiven Mitglieder arbeiten in zwei Arbeitsbereiche zusammen, zum einen die Personenbeförderung und zum anderen dem Gütertransport.

Als Hauptziel gibt die IRU an, dass sie als Repräsentant der weltweiten Straßenverkehrsindustrie ein Sprachrohr für Unternehmen von Bussen, Taxen und Trucks von großen Flotten bis Einzeleigentümern ist und dass sie in allen internationalen Gremien, die Entscheidungen fällen, die den Straßentransport beeinflussen, die Rechte der Industrie vertritt. Die IRU hat es sich darüber hinaus zum Ziel gesetzt, dass die Busse sicher, sauber und treibstoffsparend sind, unterstützt gute Arbeitsbedingungen für die Fahrer. will die Straßen sicherer machen und Staus vermeiden, unterhält enge Verbindungen zu den nationalen, internationalen und nicht staatlichen Organisationen, arbeitet an einer Harmonisierung und Vereinfachung der Verfahren und Abläufe im straßenverkehr und informiert die Branche über nationale und internationale Gesetzgebungen und Änderungen (vgl. IRU 2023).

4.6 Anbieter auf dem Busreisemarkt

Nachfolgend wird auf die Angebotsseite des Busreisemarktes eingegangen. Neben den (möglichen) Anbietern und ihrer Bedeutung wird auf Kennzahlen von Bussen, auf Bewertungssysteme, die Busse selbst und ihre Stationen eingegangen.

4.6.1 Anbieter

> Neben Unternehmen, die originär Busreisen anbieten, gibt es klassische Reiseveranstalter, die Deutsche Bahn AG und branchenfremde Unternehmen, die als Anbieter bustouristischer Leistungen auftreten (⟶ Abbildung 25).

Die **klassischen Reiseveranstalter**, wie z. B. die TUI AG haben relativ geringe Marktanteile. Im Busverkehr bietet die **DB AG** eigenwirtschaftlich oder im Auftrag von Städten und Landkreisen Verkehrsleistungen im öffentlichen Straßenpersonenverkehr an. Sie bietet aber auch Personenbeförderung mit Kraftfahrzeugen im Linienverkehr einschließlich des nicht genehmigungspflichtigen Verkehrs und im Gelegenheitsverkehr. Über viele Jahre war die Deutsche Touring GmbH, deren Hauptgeschäftsfelder der nationale und internationale Linienbusverkehr ist, mit der DB AG verbunden. Die DB Fernverkehr AG besaß bis 2005 die Mehrheit an der Deutschen Touring GmbH. Sie verkaufte ihre Anteile jedoch, so dass einige Jahre die IBERO EUROSUR s.a. (82,82 %) und die Ergo Reiseversicherung (17,18 %) Inhaber der Deutschen Touring GmbH waren. Im März 2017 meldete die Deutsche Touring GmbH jedoch Insolvenz an und wurde von CroatiBus (Tochter der Globotour Gruppe) übernommen (vgl. o. V. 2017).

Beispiele für bustouristische Angebote der DB AG sind bzw. waren:

- Regio Bus: Bündelt die Aktivitaten im Regional- und Stadtbusverkehr und die Integration von Bedarfsverkehr und des Schienenersatzverkehrs in Deutschland. Die knapp 30 Busgesellschaften sind in sechs Regionen aufgeteilt: Nord, Ost, Mitte, Nordrhein-Westfalen, Baden-Wurttemberg und Bayern,
- Omnibusverkehr Franken GmbH (Teil der Regio Bus), die z. B. Freizeitbusse anbietet,
- Regionalverkehr Alb-Bodensee (RAB, Teil der Regio Bus), die neben Linienverkehr im ÖPNV auch Bus-Gruppenreisen, Überlandfahrten und andere Angebote mit ihren Reisebussen anbieten,
- IC Bus: Produkt der DB Fernverkehr AG, welches von 2009 bis 2020 nationale und internationale Fernbusfahrten angeboten hat.

Darüber hinaus gab es die DB Stadtverkehr GmbH, der 22 Busgesellschaften angehörten, die wiederum an weiteren Busgesellschaften Mehrheitsbeteiligungen besaßen. Dieses Busgeschäft ist mit über 40 Busgesellschaften und Beteiligungen im Geschäftsfeld Regiobus der DB Regio AG gebündelt. Diese Busunternehmen sind vornehmlich im regionalen Busverkehr sowie Stadtverkehr tätig (vgl. DB AG 2023, S. 119).

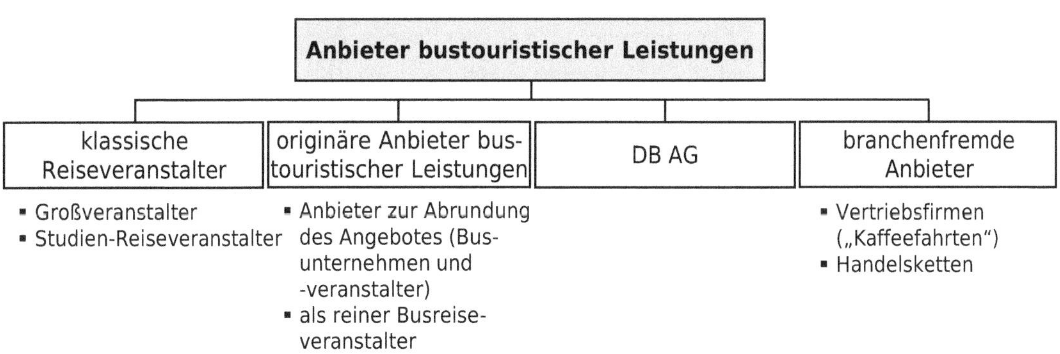

Abbildung 25: Anbieter von Busreisen | Quelle: Vgl. Pompl 1997, S. 239.

Branchenfremde Anbieter sind z. B. Vertriebsfirmen, die Tagesfahrten, aber auch mehrtägige Pauschalreisen (z. B. an den Gardasee) anbieten und diese Reisen dazu nutzen, verschiedene Produkte an – typischerweise – Personen im Ruhestand zu verkaufen. Die angebotenen Produkte werden dabei oft als innovativ, völlig neu oder noch nicht im Handel erhältlich beworben und stammen v. a. aus den Bereichen Gesundheit, Ernährung, Wellness und Tourismus. Die **originä-**

ren Anbieter touristischer Leistungen werden in reine Busreiseveranstalter und Anbieter, die Busreisen als „Abrundung des Angebotes“ sehen, unterschieden. Letztere sind Busunternehmen, die auch als Busreiseveranstalter tätig sind.

Da sowohl Linien- als auch Gelegenheitsverkehre im bus-touristischen Markt eine Rolle spielen, müssen unterschiedliche statistische Daten für eine Betrachtung der Angebotsseite herangezogen werden. In zwei Studien zum „European Coach Market“ aus den Jahren 2009 und 2016 wurden Daten in allen Mitgliedstaaten der EU und Nachbarländern analysiert. In den folgenden Ausführungen werden Daten aus beiden Studien angeführt, wobei die einzelnen aufgezeigten Kennzahlen nur in der Studie aus dem Jahre 2009 enthalten sind.

Auch wenn einige Daten in der → Tabelle 17 auf Schätzungen beruhen und zum „Coach Market“ z. B. auch der Schülerkehr und die Beförderung von Beschäftigen zu ihrem Betrieb gezählt werden, geben sie Anhaltspunkte zur Bedeutung des Busreisemarktes in Europa.

Kriterium	EU-Staaten (EU25) 2008	2014 (EU28)
Passagierkilometer	263 Mrd. (Inland und international)	285 Mrd. (± 25 %) (nur Inland)
Fahrzeugkilometer (domestic und international)	10 Mrd.	k. A.
Passagierreisen (domestic und international)	6,6 Mrd.	k. A.
Flottengröße (domestic und international)	0,25 Mio.	k. A.

Tabelle 17: Überlick über den europäischen „Coach Market“ – 2008 und 2014 | Quelle: Vgl. Europäische Kommission 2009, S. 6; European Commission 2016, S. 46.

Ein Blick auf die Passagierkilometer pro Jahr zeigt, dass es innerhalb der betrachteten Länder deutliche Unterschiede gibt und dass auch die Daten nicht einheitlich zur Verfügung stehen. „The largest number of passenger kilometres classified as coach are in Turkey, followed by France. The States with the highest number of total bus and coach passenger kilometres are Russia, Turkey, Italy and Germany.“ (European Commission 2009, S. 25) Interessant ist dabei, dass in Deutschland (mehr als 70 %) und Österreich (mehr als 60 %) starke Outgoing-Verkehre zu beobachten sind, sie jedoch damals nahezu keinen Inlands-Linienverkehr hatten.

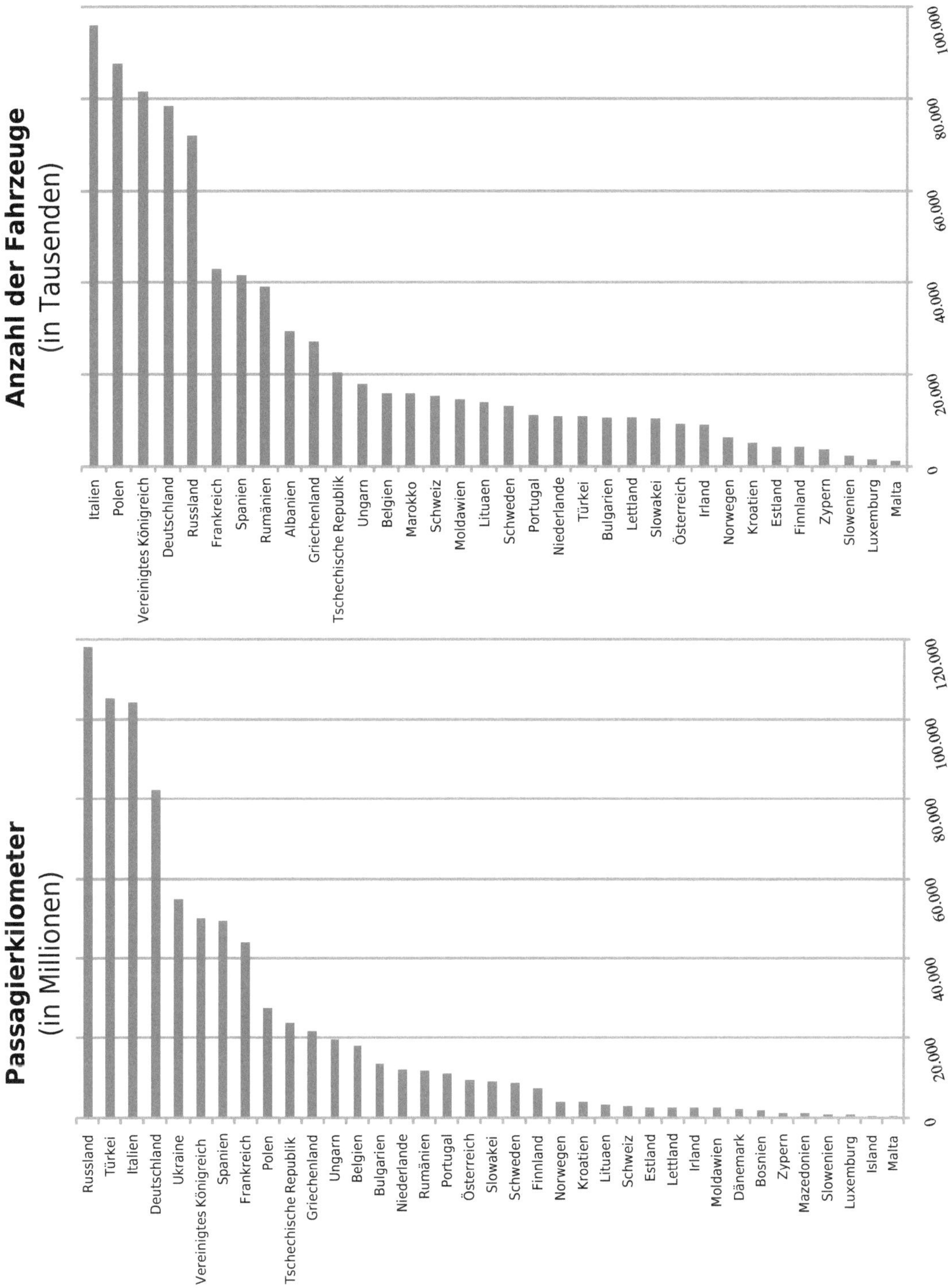

Abbildung 26: Passagierkilometer und Anzahl an Bussen in den einzelnen Staaten | Quelle: Vgl. Europäische Kommission 2009, S. 25 und S. 40.

In den 2009 untersuchten EU-Mitgliedsstaaten gibt es mehr als 29.000 „coach companies" und mehr als 43.000 „bus and coach companies". Für Deutschland werden für 2009 etwas mehr als 5.000 Unternehmen angegeben (→Abbildung 27), was relativ gut mit den 4.992 Unternehmen im Jahr 2007 übereinstimmt, die das Statistische Bundesamt bekanntgegeben hat.

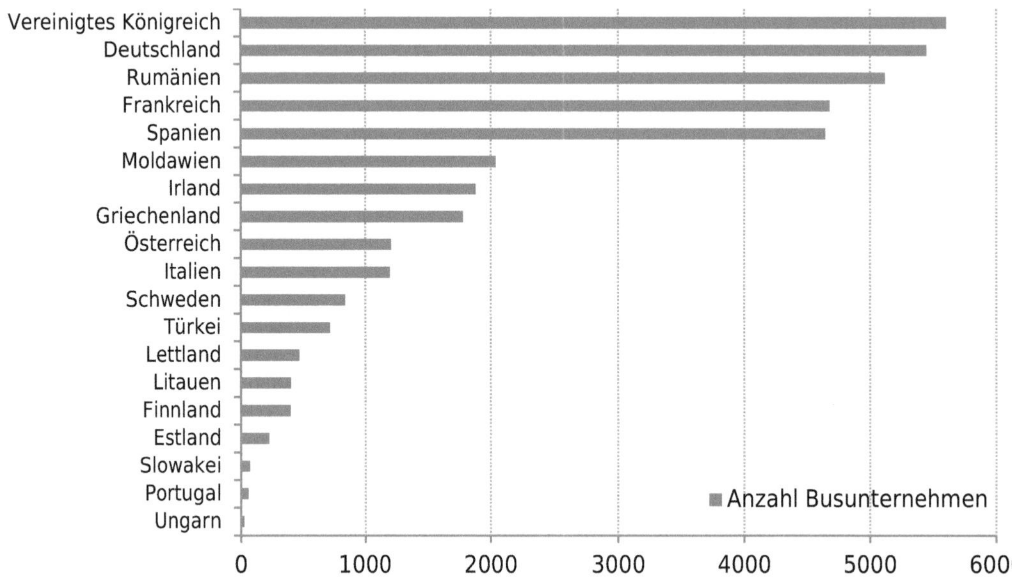

Abbildung 27: Anzahl an Busunternehmen in verschiedenen europäischen Ländern | Quelle: Vgl. Europäische Kommission 2009, S. 48.

Vom Statistischen Bundesamt werden in verschiedenen Veröffentlichungen Daten zur Personenbeförderung im Linien- und Gelegenheitsverkehr veröffentlicht (z. B. Strukturerhebung im Dienstleistungsbereich, Umsatzsteuerstatistik, Fachserie 8, Reihe 3.1 „Personenverkehr mit Bussen und Bahnen").

Nach den beiden erst genannten Statistiken sind knapp 700 bzw. ca. 1.100 Unternehmen im Buslinienverkehr und ca. 1.900 bzw. ca. 1.600 Unternehmen im Gelegenheitsverkehr tätig. Nach der Strukturerhebung gab es im Jahre 2019 etwas mehr als 77.000 in Busunternehmen Tätige (Inhaber und abhängige Beschäftige) und es wurden ca. 4,8 Mrd. Euro Umsatz im Busverkehr generiert (→ Tabelle 18).

Kategorie	Anzahl der Unternehmen		tätige Personen	Umsatz	
	Strukturerhebung (2019)	Umsatzsteuerstatistik (2023)	Strukturerhebung (2019)	Strukturerhebung (2019)	Umsatzsteuerstatistik (2023)
Personenbeförderung im Landverkehr	3.642	3.241	77.758	4.835.224	3.685.779
davon Personenbeförderung im Omnibus-Linienverkehr	699	1.113	26.617	1.913.043	1.993.061

davon Personenbeförderung im Omnibus-Gelegenheitsverkehr	1.983	1.579	32.298	1.466.960	1.519.494
davon Personenbeförderung im Landverkehr anderweitig nicht genannt	963	549	18.844	225.758	107.107

Tabelle 18: Unternehmen in der Personenbeförderung im Landverkehr | Quelle: Vgl. Statistisches Bundesamt 2021, S. 10 f.; Statistisches Bundesamt 2023a.

Der bdo gibt darüber hinaus Daten zur **Zahl der privaten Omnibusunternehmen** und der **Beschäftigten** in Busunternehmen heraus, die vom Statistischen Bundesamt speziell für den bdo berechnet werden. Im Jahr 2018 gab es ca. 3.800 private Busunternehmen. Diese Busunternehmen sind im Linien- und Gelegenheitsverkehr tätig, oft gleichzeitig im Mischbetrieb, so dass Mehrfachzählungen enthalten sind (⟶ Tabelle 19).

Zahl der privaten Omnibusunternehmen (Mehrfachzählung möglich, 2018)	3.389
Gelegenheitsverkehr mit Omnibussen	3.615
davon Liniennahverkehr	2.208
davon Liniennahverkehr (nur private Unternehmen)	1.803
davon im Linienfernverkehr (einschl. Fernbusunternehmen; nur Unternehmen mit Streckenkonzessionen)	65
davon Liniennahverkehr (nur private Unternehmen)	53
Zahl der Omnibusse (2017)	78.949
davon in privaten Busunternehmen	41.529

Tabelle 19: Daten zum Busverkehr in Deutschland | Quelle: Vgl. bdo 2023d.

Am 01.01.2023 waren laut Kraftfahrtbundesamt ca. 82.900 Busse in Deutschland angemeldet (vgl. KBA 2023a). Laut bdo sollen von den mehr als 78.000 Bussen ca. 41.500 Omnibusse bei privaten Unternehmen und hiervon wiederum ca. 9.000 Gelegenheitsfernreisebusse, ca. 22.200 Busse im ÖPNV und ca. 10.300 als gemischt eingesetzte Busse sein (⟶ Tabelle 19).[37]

Zusammenfassend lässt sich aus den Daten ableiten, dass die Angebotsseite des Busreisemarktes durch eine Vielzahl an kleinen und mittelständischen Unternehmen gekennzeichnet ist und dass es unterschiedliche Statistiken mit uneinheitlichen Angaben gibt, die laut

37 Die Zahl der Omnibusse bei privaten Unternehmen und deren Einsatz als Reise- und/oder Linienbusse werden seitens des bdo anhand der bdo-Mitgliederstruktur und in Abstimmung mit dem Statistischen Bundesamt hochgerechnet (vgl. Münzner 2010).

Auskunft des Statistischen Bundesamtes auch nicht zusammengeführt werden können.[38] Erste Aussage kann mit → Tabelle 20 untermauert werden.

Busreiseveranstalter	**2013/14**		**2021/22**	
	Umsatz (in Mio. €)	**Teilnehmer**	**Umsatz (in Mio. €)**	**Teilnehmer**
Alpetour	73,8	294.831	73,1	239.417
CTS Gruppen- und Studienreisen	k. A.	k. A.	56,1	170.000
Eberhardt Gruppe	37,7	41.053	32,7	22.365
Herolé-Reisen	k. A.	k. A.	34,9	113.933
Trendturs Touristik	k. A.	k. A.	179,0	205.000

Tabelle 20: Umsatzstarke Busreiseveranstalter in Deutschland 2013/14 und 2021/22 | Quelle: Vgl. Hildebrandt 2014, S. 5; Hildebrandt 2023, S. 6 ff.

4.6.2 Bewertungssysteme von Busreisen

Ähnlich wie in der Hotellerie werden auch Busse anhand von Bewertungssystemen beurteilt. In Deutschland gibt es seit 1974 die Klassifizierung der gbk. Zu Beginn waren es vier Klassen (einen Stern für den Omnibus, zwei Sterne für den Ausflugsbus, drei Sterne für den Reisebus und vier Sterne für den Fernreisebus), die mit Hilfe eines 20 Kriterien umfassenden Kataloges eingestuft wurden (1-Stern-Bus musste sieben Kriterien erfüllen, ein 4-Sterne-Bus alle 20) (vgl. Zibulla o. J., S. 26). Im Jahr 2023 bieten fünf mit Sternen gekennzeichnete Kategorien (bei 3, 4 und 5 Sternen gibt es zusätzlich eine Superior-Klasse) dem Verbraucher vor Reiseantritt eine Orientierungshilfe, wobei im Zentrum der Kriterien der Sitzkomfort, der über die Beinfreiheit und die Qualität der Rückenlehnen definiert wird, steht. Daneben werden auch Serviceeinrichtungen wie Bordtoilette, Miniküche oder Klimaanlage berücksichtigt.

Ende 2023 gab es 950 klassifizierte Fahrzeuge und es zeigt sich, dass v. a. bessere Busse klassifiziert werden – ein Trend, der sich im Vergleich zu 2007 und 2010 noch weiter verstärkt hat (vgl. gbk 2023b → Tabelle 21).

38 Der Hauptgrund liegt darin, dass es bei der Umsatzsteuerstatistik Daten der Finanzverwaltung sind und bei der Strukturerhebung die Daten mit einer eigenen Erhebung durch das Statistische Bundesamt erhoben werden. Beide Datensätze können auf Grund von datenschutzrechtlichen Bestimmungen nicht zusammengeführt werden, so dass es auch in Zukunft unterschiedliche Aussagen geben wird.

Kategorie	Beschreibung
3★	Dieser Bus verfügt über eine Abfallbeseitigung und ein Mikrofon für die Reiseleitung sowie über Tonträger und eine Musikanlage. Zudem gehören Heizung, Lüftung und eine Toilette zur Grundausstattung und garantieren ein Minimum an Komfort.
3★sup	Die Grundausstattung der drei Sterne wird von einer Standardküche ergänzt. Zudem steht jedem Reisegast ein Stauraum von mindestens 15 Litern zur Verfügung.
4★	Zusätzlich zur Grundausstattung bietet dieser Bus Fußstützen, eine verstellbare Leselampe und Ablagefläche für die Reiseleitung und mehr Sitzabstand sowie eine vergrößerte Verstellbarkeit der Rückenlehnen. *Komfortmaß: mind. 74 cm und Rückenlehne: mind. 4 cm*[39]
4★sup	Zusätzlich zum Standard im Vier-Sterne-Bus sorgt noch mehr Abstand der Sitze für Komfort. Im Heck des Fahrzeuges finden nur vier Passagiere Platz. So werden auch lange Touren zu einem angenehmen Erlebnis. *Komfortmaß: mind. 78 cm und Rückenlehne: mind. 4 cm*
5★	Zusätzlich zum hohen Komfort in der First-Class bietet dieser Bus seinen Gästen fast das Maximum an Freiraum. Bordkomfort bis ins kleinste Detail macht jede lange Reise zu einem kurzweiligen Vergnügen. Die Rückenlehne kann in eine bequeme Schlafstellung gebracht werden. Die Fußstützen sind in Höhe und Tiefe verstellbar. Die Tische bleiben unabhängig von der Neigung der Rückenlehne in waagerechter Position. *Komfortmaß: mind. 81 cm und Rückenlehne: mind. 4 cm*
5★sup	Der Fünf-Sterne-Superior-Bus Superior bietet das Maximum an Komfort für seine Gäste und als einziges einen Fahrgasttisch, der unabhängig von der Rückenlehnenneigung des Vordersitzes ist.

Tabelle 21: Beschreibung der Klassen und Verteilung der klassifizierten Reisebusse | Quelle: Vgl. gbk 2019.

Nur Reisebusse mit dem RAL Gütezeichen erfüllen die Kriterien der gbk und haben das Recht die Sterne zu benutzen. Die Grundvoraussetzung für das Führen der Fahrzeugplaketten ist die regelmäßige, d. h. einmal pro Jahr, durchgeführte Prüfung durch neutrale Prüforganisationen (z. B. TÜV, DEKRA oder vereidigter Sachverständiger). Um die Mitglieder und Kunden zu schützen, bekämpft die gbk den Missbrauch des Gütezeichens. In den Jahren 2002 bis 2021 wurden insgesamt 1.740 Missbrauchsfälle – aus Sicht der gbk – erfolgreich abgeschlossen, d. h. die entsprechenden Unternehmen dürfen nicht weiter mit „4-Sterne-Luxusbus", „Busreise mit 4-Sterne-Bus" o. ä. werben (vgl. gbk 2023a).

In der Gebührenordnung der gbk (gültig seit 01.02.2023) steht, dass jedes Unternehmen, dem die Gütegemeinschaft das Recht zur Führung des Gütezeichens RAL Buskomfort verliehen hat, in jedem Vereinsgeschäftsjahr eine Grund- und Verleihungsgebühr zu zahlen hat, wobei sich letztere nach der Zahl der gütegekennzeichneten Busse des Unternehmens richtet (vgl. gbk 2023b, S. 1).

39 Das Komfortmaß wird in der Horizontalen auf einer Höhe von 62 cm in der Mitte des Sitzes zwischen den beiden Rückenlehnen ermittelt. Grundlage dieser Messmethode ist die EU-Richtlinie 2001/85/EG. Für die Stärke der Rückenlehne wird vom Sitzabstand (Messung vom Fixpunkt zu Fixpunkt) das Komfortmaß abgezogen.

4.6.3 Busse und Stationen/Busbahnhöfe

Bekannte **Omnibushersteller** sind die deutschen Hersteller NEOMAN (100 %-ige Tochter der MAN Nutzfahrzeug Gruppe), Setra und Mercedes-Benz (Marken des Daimler Truck-Konzerns), die schwedischen Hersteller Scania (seit 2015 Teil des VW-Konzerns) und Volvo, der niederländische Hersteller VDL Bus & Coach und der belgische Hersteller Van Hool. Die Traton Group gehört merhheitlich zur Volkswagen AG und hat über alle Konzernteile (MAN Truck & Buses, Navistar, Scania Vehicles & Services, Volkswagen Truck & Bus) hinweg ca. 29.600 Busses verkauft und ca. 40,3 Mrd. Euro Umsatz erwirtschaftet. Seit Januar 2015 ist Scania ein Teil des Volkswagen-Konzerns und seit deren Gründung ein Teil der VW-Nutzfahrzeugtochter Traton. Seitens MAN Truck & Buses werden auch die Marken MAN und NEOPLAN verkauft (vgl. Traton Group 2023, S. 28 f. & 60 ff.). Bharat Benz („Trucks Asia"), Setra und Mercedes Benz („Daimler Buses") gehören zur „Daimler Truck Holding AG " der Daimler AG. Die Bus-Produktpalette der Daimler Truck umfasst Stadtbusse und Überlandbusse, Reisebusse sowie Busfahrgestelle. Das Segment „Daimler Buses" hat im Jahr 2022 rund 24.000 Einheiten abgesetzt, wodurch es ca. 3,7 Mrd. Euro Umsatz erwirtschaftet hat (vgl. Daimler Truck Holding AG 2023, S. 28 ff.)

Die Palette der hergestellten Fahrzeuge umfasst verschiedene Größenordnungen und Einsatzmöglichkeiten. Folgende Bezeichnungen der Hersteller sind u. a. zu finden: Minibusse, VIP-Expressbusse, Kleinbusse, Kombibusse für Reise- und Linienverkehr, Stadtbusse oder Luxusbusse für Kurz- und Fernreisen. Die Sitzplatzkapazität reicht dabei von wenigen Plätzen bis hin zu ca. 80–90 Plätzen (z. B. Neoplan „Skyliner").

> Eine Abgrenzung der Busse geht von folgenden fünf Typen aus: Kleinbus, Midibus, Standardbus, Standardbus lang, Doppeldeckerbus (→ Abbildung 28).

Kleinbusse haben hiernach Platz für neun bis 17 Fahrgäste, eine Länge zwischen fünf und sieben Metern und werden meistens für Kurzstrecken, Tagestouren oder Transferfahrten eingesetzt. **Midibusse** bieten 18 bis 38 Fahrgästen Platz und sind von den Maßen den großen Reisebussen ähnlich; sie sind jedoch kürzer. Die Länge dieser Busse liegt zwischen 7 und 10 m und die Höhe kann bis zu 3,30 m betragen. **Standardbusse** bieten Platz für 40 bis 49 Personen, sind durchschnittlich ca. 12 m lang und überwiegend zweiachsig. Als **Standardbus** lang werden Reisebusse bezeichnet, die eine Länge von knapp 13 bis 14 Meter aufweisen und 52 bis 59 Personen plus Begleiter aufnehmen können. Sie sind außerdem dreiachsig, wodurch eine höhere Zuladung möglich ist. **Doppeldeckerbusse** weisen die größte Sitzplatzkapazität aus (je nach Ausstattung zwischen ca. 70 und 90 Personen auf zwei Etagen), sind durchschnittlich 13 bis 14 m lang und immer dreiachsig (vgl. Schulz 2009, S. 276).[40]

---

40 Die genannten Längen und Sitzplätze variieren von Hersteller zu Hersteller, so dass es sich um ungefähre Größenangaben handelt.

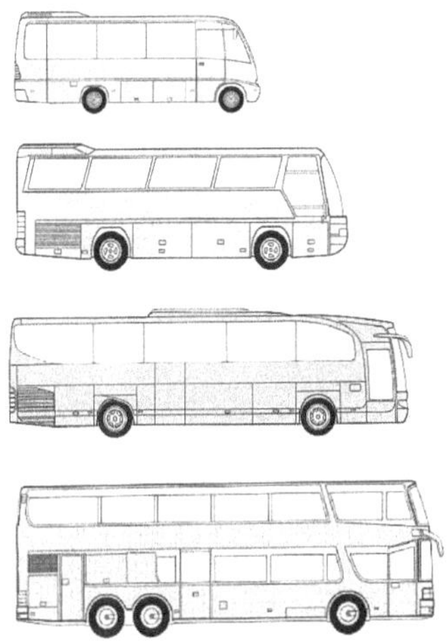

Abbildung 28: Skizzen von Bustypen (Auswahl)

Busreisen beginnen und enden an **Busstationen, Bushaltestellen** und Busbahnhöfen, aber auch am Unternehmenssitz des jeweiligen Busreiseunternehmens.

> **Busbahnhöfe**, in Deutschland oft ZOB (Zentraler Omnibus-Bahnhof) genannt, finden sich meist in zentraler Lage entweder nahe der Innenstadt oder einem Bahnhof einer Eisenbahn, Schnellbahn (S-, U-Bahn) oder Stadtbahn, um den Fahrgästen das Umsteigen zwischen den Verkehrsmitteln zu erleichtern.

Ein Überblick über die Charakteristika von Fernbushaltestellen und Fernbusterminals finen sich in ⟶ Tabelle 22. Der erste ZOB in Deutschland wurde Ende 1931 in einem umgebauten Bahnhof in Flensburg eröffnet – für 2023 wird von mehr als 50 Busbahnhöfen in Deutschland ausgegangen. 1951 war das Konzept des Hamburger ZOB (Neubau 2003) mit seinen Bussteigen und einem gemeinsamen Zentralgebäude europaweit richtungsweisend für den Busfernlinienverkehr. Auch im Ausland wurden in den letzten Jahren wegweisende Busbahnhöfe eröffnet bzw. saniert, wie z. B. der 2005 in Helsinki eröffnete Kampin keskus (ca. 700 Busabfahrten pro Tag im Fernverkehr sowie nahe eines), der Busbahnhof Esenler in Istanbul, der größte Busbahnhof in der Türkei und einer der größten der Welt (pro Tag ca. 15.000 Busbewegungen, d. h. Ankünfte und Abfahrten, mit einer Kapazität von 600.000 Reisenden), Thessaloniki oder Stockholm (vgl. BBSR 2016, S. 21; European Commission 2009, S. 67 ff., Zentral-Omnibus-Bahnhof „ZOB" Hamburg GmbH 2023).

Insbesondere auf Grund der Ausweitung des Busfernverkehrs werden **(Fern-)Busterminals** in mehr und mehr Kommunen benötigt Die Reisenden möchten an zentralen und mit anderen Verkehrsmitteln erreichbaren Haltestellen in einen Bus ein- und/oder aussteigen, an denen am besten weitere Infrastrukturangebote vorhanden sind (z. B. Beleuchtung, Sitzplätze oder Sanitäranlagen). Genau an diesem Punkt setzt jedoch ein Problem für viele Kommunen an. „Die meisten Standorte aus der Zeit des europaweiten sowie Berlin-spezifischen Fernbusverkehrs sind Anlagen, die weder bei Kapazität noch Ausstattung der zusätzlichen innerdeutschen Reisebusverkehr gewachsen sind. Auch das Erscheinungsbild der meisten Fernbusterminals scheint verbesserungswürdig, denn erste Eindrücke sind prägende Eindrücke für die Reisenden." (Frehn et al. 2014, S. 10)

	einfache Haltestelle			ähnlich Flughafenterminal
Kriterium für die Wahl des Typs	**Typ 1**	**Typ 2**	**Typ 3**	**Typ 4**
Stadtgröße	Unterzentrum, ggf. ohne Bahnanschluss	Mittelzentrum/ Oberzentrum	Oberzentrum/ Ballungsgebiet	Metropole/ Ballungsgebiet
Verbindungs-funktion	(über-)regional	überregional bis national	alle Verbindungsfunktionen; zus. Hub-Funktion	international und regional getrennt; Hub-Funktion
Abfahrten/h (bemessungs-relevant)	≤ 2	< 5	< 15	> 15
Anzahl der Haltepositionen	1–2	2–5	5–15 (ohne Abstellplätze)	> 15 (ohne Abstellplätze)
Verkehrsaufkommen (Pers./ Anlage/h)	< 20	20–100	100–300	> 300
Fahrgastaufkommen pro Tag durch An- und Abfahrten	ca. 100	ca. 500	ca. 1.500	> 1.500
typische Ausstattungselemente	Witterungsschutz, Sitzgelegenheiten, Toiletten[1)]	zusätzlich: beheizter Wartebereich, Fahrscheinverkauf über Nebenbetriebe, Toiletten[1)]	zusätzlich: Wasch- bzw. Duschräume, Reiseauskunft und Fahrscheinverkauf, Gepäckaufbewahrung, Nebenbetriebe, dynamische Fahrgastinfo	zusätzlich: attraktive Einkaufsmöglichkeiten, persönlicher Kundenservice, Geldwechsel, Übernachtungsmöglichkeiten
typische betriebliche Merkmale	überlagerte ÖPNV-Nutzung ggf. möglich	räumliche Nähe zum Bahnhof oder ÖPNV-Busbahnhof	Leitstelle, Entsorgungsservice (Bus-WC etc.), Wartebereich, Abstellplätze, räumliche Nähe zu ÖV-Verknüpfungspunkt	Leitstelle mit Disponenten, Entsorgungsservice (Bus-WC etc.), Wartehalle, Abstellplätze, räumliche Nähe zu ÖV-Verknüpfungspunkt
Anbindungsqualität ÖV-Verknüpfung	ÖPNV	Taxistände, ÖPNV, Eisenbahn	Taxistände, Kiss+Ride, Linienbus (betrieblich getrennt vom Fernverkehr), Straßen-/Stadtbahn, Eisenbahn	Taxistände, Kiss+Ride, Autovermietung, Linienbus (betrieblich getrennt vom Fernbusverkehr), Straßen-/ Stadtbahn, U-Bahn oder Eisenbahn
Parkmöglichkeit für Pkw	keine gesonderte Ausweisung	Parkraum entsprechend Flächenverfügbarkeit, Kiss+Ride ermöglichen	bewirtschafteter Parkraum mit Kiss+Ride-Bereich	bewirtschafteter Parkraum: > 50 Parkstände Kiss+Ride: > 5 Stellplätze
beispielhaft	wie ÖPNV-Haltestelle	Wernigerode, Paderborn	Düsseldorf, Bochum, Leipzig	Hamburg, München, Berlin, Helsinki

[1)] gegebenenfalls extern (gegen Entgelt im Kiosk oder in einer Gaststätte)

Tabelle 22: Charakteristika von Fernbusterminals | Quelle: Vgl. FGSV 2012, S. 7.

4.7 Nachfrager des Busreisemarktes

Für Urlaubsreisen ins In- und Ausland ist der Bus neben dem Pkw, dem Flugzeug und der Bahn ein wichtiges Hauptverkehrsmittel für Urlaubsreisen der Deutschen (→ Abbildung 29). „Im Jahr 2022 handelte es sich bei 4 % der längeren Urlaubsreisen der Deutschen (ab einer Dauer von fünf Tagen) um Busreisen, d. h. bei diesen Reisen wurde mit dem Bus als Hauptverkehrsmittel zur An- und Abreise gereist. (...) In den Jahren vor der Pandemie lag die Zahl der Busreisen der Deutschen mit einer Dauer ab fünf Tagen bei etwas über 4 Mio. Reisen pro Jahr, was einem Anteil von rund 6 % an allen längeren Urlaubsreisen der Deutschen entsprach. Die Zahl der jährlichen Kurz-Urlaubsreisen mit dem Bus belief sich in diesem Zeitraum auf deutlich über 5 Mio. Reisen; der Marktanteil an allen Kurz-Urlaubsreisen der Deutschen betrug im letzten Vorpandemiejahr 6,5 %. (...) Im Jahr 2022, in dem der Reiseverkehr in Deutschland keinen pandemiebedingten Einschränkungen mehr unterlag, stieg – insbesondere im Kurz-Urlaubsreisesegment – die Nachfrage nach Busreisen wieder deutlich an. Zwar konnte das Vorpandemieniveau noch nicht wieder ganz erreicht werden, die 4,5 Mio. Kurz-Urlaubsreisen mit dem Bus machten aber wieder mehr als 6 % aller Kurz-Urlaubsreisen der Deutschen aus." (DI Tourismusforschung 2023b, S. 13 f.)

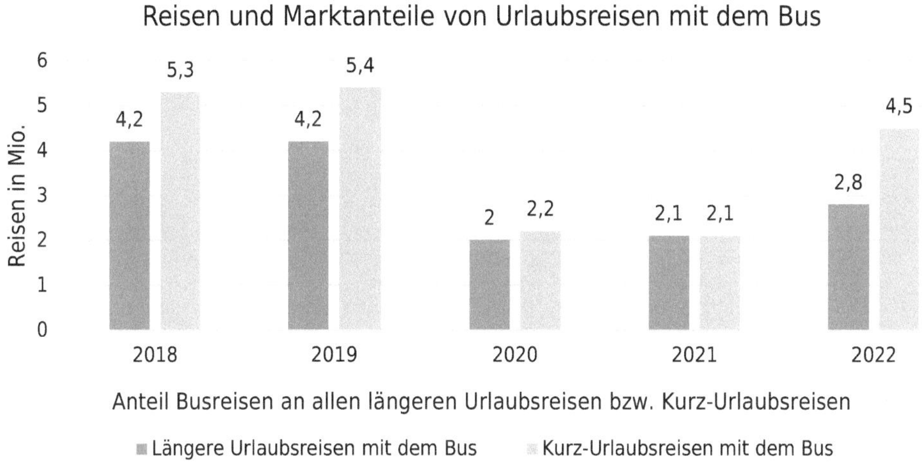

Abbildung 29: Reisen und Marktanteile von Urlaubsreisen mit dem Bus | Quelle: RA 2019–2023 face-to-face, RA 2019–2023 online, zitiert nach DI Tourismusforschung 2023b, S. 13.

Wichtige Marktforschungserkenntnisse zum Nachfrageverhalten der Deutschen bei längeren Urlaubsreisen mit dem Bus sind nachfolgend zusammengefasst dargestellt (vgl. DI Tourismusforschung 2023b, S. 14):

- Reiseziele: etwa 1/3 Inland, 2/3 Ausland; Top-Reiseziele im Inland u. a.: Bayern, Mecklenburg-Vorpommern, Baden-Württemberg, Niedersachsen, Schleswig-Holstein, Sachsen
- ca. 1,4 Mio. kombinierte Bus-/Flugreisen, wobei im Zielgebiet mehrtägige Busrundreisen unternommen werden
- Reiseorganisation: weit überwiegend Buchung als Pauschal-/Bausteinreise; selten ohne Vorabbuchung
- Unterkunft: weit überwiegend Hotel/Gasthof; deutlich seltener Verwandte/Bekannte, Ferienwohnung/Ferienhaus, Jugendherberge/Hostel
- Reisegruppengröße, Reiseteilnehmer: am häufigsten zu zweit, gefolgt von Alleinreisenden und Gruppen von vier und mehr Personen

- Personen; Reisebegleitung zumeist durch Mitglieder des eigenen Haushaltes und/oder Verwandte/Bekannte, aber auch durch eine Reisegruppe
- Reisezeitraum, Reisedauer: bevorzugt im Frühjahr (April–Juni) und Sommer (Juli–September), zumeist 5–8 Tage, häufiger auch 9–15 Tage
- Reisearten: Top-Reisearten u. a. Erholungs-/Entspannungsurlaub, Erlebnis-/Entdeckungsreise, Natururlaub, Rundreise, Städtereise, Bade-/Strandurlaube

Die Nachfrager im Busreisemarkt unterscheiden sich in ihrer Struktur von den Anbietern von Flug- und Bahnreisen. Busreiseveranstalter haben im Vergleich zu anderen touristischen Segmenten bspw. einen überdurchschnittlich hohen Stammkundenanteil und die Gäste verteilen sich nicht gleichmäßig auf alle Altersgruppen, sondern konzentrieren sich bei Jugendlichen und der Generation 60+. Die demografische Entwicklung ist daher auch und gerade für die Bustouristik seit Jahren ein zentrales Thema (vgl. Becker et al. 2006, S. 18; Schulz 2009, S. 278).

Die Befragungen der Forschungsgemeinschaft Urlaub und Reisen geben Hinweise zu den Personen, die an Busreisen interessiert sind. Es fällt auf, dass es sich hierbei um eher ältere Personen handelt (→ Tabelle 23). Diese Altersstruktur und die Haushaltsstruktur (überdurschnittlich viele Ein-Personen-Haushalte) führt auch dazu, dass Busreise-Interessierte über ein relativ niedrigeres Haushaltsnettoeinkommen verfügen).

Alter	Mehr als die Hälfte der Busreise-Interessierten sind 60 Jahre und älter, viele sogar 70 Jahre und älter. Es folgen die Altersgruppen der 50- bis 59-Jährigen vor den 20- bis 29-Jährigen. Im Vergleich zur Gesamtbevölkerung (ab 14 Jahre) sind die Busreise-Interessierte im Durchschnitt älter. Es zeigen aber auch jüngere Zielgruppen Interesse an der Reiseart.
Familienstand, Kinder im Haushalt	Die Mehrheit der Busreise-Interessierten lebt ohne Partner im Haushalt (ledig, verwitwet, geschieden). Ihr Anteil ist im Vergleich zur Gesamtbevölkerung überdurchschnittlich hoch, während der Anteil der Verheirateten unter den Interessierten geringer ausfällt als in der Gesamtbevölkerung. Die deutliche Mehrheit lebt in Haushalten ohne Kinder unter 18 Jahren.
Lebensphase	In der Gruppe der unter 40-jährigen ist der Anteil der Singles höher als der der Paare, die Singles sind in dieser Altersgruppe aber auch in der Gesamtbevölkerung stärker vertreten. In der mittleren Altersgruppe überwiegt in der Gesamtbevölkerung der Anteil der Paare deutlich, unter den Busreise-Interessierten ist ihr Anteil jedoch nur geringfügig höher als der der Singles. In der Gruppe ab 60 Jahre gehören Singles und Paare gleichermaßen zum Interessentenkreis, wobei der Anteil der älteren Singles in den letzten Jahren zugenommen hat.
Einkommen	Der Großteil verfügt über ein eher geringes monatliches Haushaltsnettoeinkommen von unter 2.000 Euro. Während der Anteil mit einem monatlichen Einkommen von 2.000 bis unter 3.000 Euro in etwa dem Anteil in der Gesamtbevölkerung entspricht, sind die Einkommensgruppen von 3.000 Euro und mehr unter den Busreise-Interessierten unterrepräsentiert. Das durchschnittliche Einkommen der potenziellen Busreisenden liegt daher unter dem der Gesamtbevölkerung.
Herkunft	Der Großteil der Busreise-Interessierten kommt aus den einwohnerstarken Bundesländern Bayern, Hessen, Baden-Württemberg, Niedersachsen und Nordrhein-Westfalen. Der Interessiertenanteil in Bayern und Hessen ist im Vergleich zum Einwohneranteil der Bundesländer überdurchschnittlich. Auch in Sachsen, Sachsen-Anhalt und Mecklenburg-Vorpommern ist der Anteil der Busreise-Interessierten im Vergleich zum Einwohneranteil überdurchschnittlich hoch.

Tabelle 23: Sozio-demografische Merkmale von Busreise-Interessierten in Deutschland | Quelle: RA 2020 / 2023 face-to-face, zitiert nach DI Tourismusforschung 2023b, S. 21.

In der Studie „Destination Brand 2021“ konnten Befragte (14–74 Jahre) jeweils bis zu drei Reiseziele im In- und Ausland (ungestützt) benennen, die sie als geeignet für eine Busreise erachten – die Ergebnisse sind im Detail der → Tabelle 24 zu entnehmen. „Hinsichtlich der inländischen Reiseziele sind dies an erster Stelle die beiden größten Städte Deutschlands, Berlin und Hamburg. Jeweils um die 30 % der Befragten nannten diese beiden Städte. Auf Platz drei folgt die Ostsee, die von jedem fünften Befragten als geeignetes Ziel für eine Busreise genannt wurde. Weiterhin unter den Top Ten der genannten inländischen Reiseziele sind die Städte München, Dresden und Köln sowie die Regionen Nordsee, Bayern, Harz und Schwarzwald. Nach geeigneten Reisezielen für Busreisen im Ausland gefragt, nannte rund jeder vierte Befragte Italien. Es folgen Österreich, Frankreich und die Niederlande. Die Schweiz, Polen und Dänemark sind weitere Nachbarländer unter den Top Ten der genannten ausländischen Reiseziele, zu denen weiterhin auch Spanien, Kroatien und die Türkei gehören. Zusammengefasst lässt sich somit sagen: Im Inland sind Großstädte, die Küste und Mittelgebirge im Top of Mind der Deutschen, wenn es um Busreisen geht; im Ausland südlichgelegene Länder, die Niederlande, Polen und Dänemark.“ (DI Tourismusforschung 2023b, S. 22)

Reiseziele im Inland		% der Befragten	% der Befragten	Reiseziele im Ausland	
1	Berlin	30,9	25,7	Italien	1
2	Hamburg	29,0	22,8	Österreich	2
3	Ostsee	20,4	19,0	Frankreich	3
4	Nordsee	16,9	17,2	Niederlande	4
5	München	14,7	15,3	Spanien	5
6	Bayern	12,9	11,7	Schweiz	6
7	Dresden	8,3	10,6	Polen	7
8	Köln	7,4	7,7	Dänemark	8
9	Harz	7,2	6,9	Kroatien	9
10	Schwarzwald	6,1	5,8	Türkei	10

Tabelle 24: Eignung von Reisezielen für Busreisen im In- und Ausland („Top of Mind“) | Quelle: Destination Brand 2021, zitiert nach DI Tourismusforschung 2023b, S. 22.

4.8 Strategien von Busunternehmen

Im Folgenden wird ein Ansatz vorgestellt, der verschiedene strategische Optionen der Unternehmenspositionierung eines Busunternehmens zusammenfassend darstellt (→ Abbildung 30).

Strategiemodule	strategische Optionen
Geschäftsmodelle	Linienverkehr, Gelegenheitsverkehr
Marktareal	regional/national, international, global

konkurrenzorientierte Strategie	Strategiestil	Nischenbesetzung, Differenzierung, Kostenführerschaft
	Wettbewerbsverhalten	wettbewerbsorientierte oder konfliktäre Strategie („Alleingang"), Kooperation, Konsolidierung/Konzentration
kundenorientierte Strategie		Massenmarktstrategie, Marktsegmentierungsstrategie

Abbildung 30: Ausgewählte Strategiemodule von Busunternehmen/-veranstaltern | Quelle: Eigene Darstellung, in Anlehnung an Becker 2019, S. 147 ff.; Freyer 2011, S. 371 ff.

4.8.1 Geschäftsmodelle[41]

In Anlehnung an das PBefG können Busunternehmen Angebote im Linien- und/oder Gelegenheitsverkehr haben. **Linienverkehr** kann dabei als Stadt-/Überlandlinienverkehr, Sonderlinienverkehr (z. B. Berufsverkehre, Markt-/Theaterfahrten, Spezialverkehre für Behinderte), Schülerverkehr, Anmietverkehr im Auftrag kommunaler oder kreiseigener Betriebe oder im Auftrag der DB AG, Schnellbuslinien/Städteverbindungen, Flughafen/IC-Transferdienste sowie nationaler und internationaler Linienverkehr angeboten werden. Aus touristischer Sicht interessieren hier v. a. die nationalen und internationalen Linienverkehre, Städteverbindungen und Flughafentransferdienste. **Gelegenheitsverkehre** können dabei sowohl für eigenveranstaltete Reisen (Ausflugsfahrten, Ferienziel-Reisen) als auch für andere Verkehrsunternehmen und/oder bestimmte Gruppen bzw. Institutionen durchgeführt werden. Busse können bspw. im Ganzen an Vereine, Clubs, Schulen, Behörden, Konzert-, Sport- und Kultur-Veranstalter vermietet werden (Mietomnibusse), die wiederum z. B. eine Vereinsreise, eine Klassenfahrt oder einen Reise zu einer Sportveranstaltung durchführen (vgl. Kaßler et al. 2006, S. 47 f.).

Die Busbranche ist durch Unternehmen geprägt, die sowohl im Linienverkehr, v. a. ÖPNV und seit 2013 im Fernverkehr, als auch in der Bustouristik, d. h. im Gelegenheitsverkehr, tätig sind. Daher ist die Mehrzahl der Busunternehmen auch durch Entwicklungen in beiden Bereichen betroffen. Die Bestrebungen der EU-Kommission im Busbereich des ÖPNVs den Wettbewerb durch weitestgehende Verpflichtungen zur Ausschreibung zu intensivieren wirkten bzw. wirken sich bspw. auch auf die Existenzbedingungen des gesamten Unternehmens aus. Letztlich sei erwähnt, dass Busunternehmen auch in weiteren Geschäftsfeldern aktiv sein können, wie z. B. eigenes Reisebüro, Vermittlung von Stadtführern, Reiseleitern, Übersetzern oder Hostessen, Buscatering (vgl. Gauf 1982, S. 37 f.).

4.8.2 Marktareal

Wie bereits erwähnt, ist die deutsche Busbranche durch kleine und mittelständische Unternehmen geprägt. Daher generieren deutsche Busreiseunternehmen ihre Kunden größtenteils in ihrer jeweiligen Region und nicht deutschlandweit bzw. international (vgl. Becker et al. 2006, S. 18). Umsatzstarke Reiseveranstalter, wie die TUI AG, haben im Busveranstaltermarkt einen geringen Marktanteil, womit unterstrichen werden kann, dass sich Busreisende eher an ein Unternehmen in ihrer Nähe wenden (vgl. Gauf 1998, S. 663).

41 Auch wenn hier nur von Busunternehmen gesprochen wird, gelten die Aussagen auch für Busreiseveranstalter.

Es gibt jedoch auch in- und ausländische Unternehmensbeispiele, die internationaler aufgestellt sind, wie z. B. aus Spanien und Großbritannien. In Deutschland ist v. a. FlixBus zu nennen. Nach eigenen Angaben läuft die internationale Expansion seit dem Jahr 2015. FlixBus ist in mehr als 40 Ländern aktiv, die sich neben Deutschland über Europa (z. B. **Dänemark**, **Frankreich**, **Italien**, **Kroatien**, **Niederlanden**), Brasilien sowie die Vereinigten Staaten verteilen. Insbesondere durch die Übernahmen von Megabus (2016), Postbus (2016), Swebus (2018), Eurolines & Isilines (2019) und Kamil Koc (2019) baute FlixBus in den vergangenen Jahren sein Netz im europäischen Ausland weiter aus. Des Weiteren expandierte FlixBus 2018 in die USA und übernahm von der FirstGroup im Oktober 2021 Greyhound Lines Inc, den größten Fernbusanbieter in Nordamerika (vgl. BAG 2022, S. 18; Flix SE 2023a).

Britische Beispiele sind Arriva (die im Jahre 2010 von der DB AG übernommen wurde und 2023 verkauft wurde) und in mehr als einem Dutzend europäischen Ländern agiert, die FirstGroup, Stagecoach Group und National Express, die nicht nur in Großbritannien, sondern in verschiedenen europäischen Ländern bzw. z. T. auch global tätig sind. Die schottische Firma FirstGroup betrieb bspw. die Greyhound Lines Inc. in den USA und Kanada. Die Stagecoach Group besitzt die Tochterunternehmen Coach USA und Coach Canada und betrieb auch Busverkehre u. a. in Kenia, Portugal, Schweden, Hongkong und Neuseeland. Die National Express Group bietet ihre Dienstleistungen bspw. in Großbritannien, in Nordamerika, Australien, Portugal, Deutschland, Marokko und Spanien (vgl. Page/Connell 2020, S. 168).

4.8.3 Wettbewerbsorientierte Strategie – Strategietyp

In Anlehnung an Porter (vgl. 2014, S. 33 ff.) sind bei den Wettbewerbsstrategien die Strategieoptionen Nischenbesetzung, Differenzierung und Kostenführerschaft vorhanden, die im Folgenden für Busunternehmen dargestellt werden (→ Kapitel 3.9.7).

4.8.3.1 Kostenführerschaft

Aussagen zur Kostenführerschaft sind auch in der Busbranche auf Grund fehlender Daten schwierig zu treffen. Ein für seine aggressiven Preisstrategien bekanntes Unternehmen ist jedoch die in Leipzig ansässige Polster & Pohl Reisen GmbH & Co. KG. Sie wirbt selbst mit ihrem Preis-Leistungs-Verhältnis und gewinnt u. a. hierdurch mehr als 300.000 Reisende pro Jahr: „Deshalb bieten wir Ihnen neben unserem sensationellen Preis-Leistungs-Verhältnis und der riesigen Programmvielfalt einen Service, der weit und breit seinesgleichen sucht." (Polster & Pohl Reisen GmbH & Co. KG 2023) Aggressive Preisstrategien haben aber auch im Jugendreise- und Fernbussegment eine wichtige Bedeutung, da mehrere Spezialveranstalter um eine weniger zahlungskräftige Kundschaft werben.

4.8.3.2 Differenzierung

Mit der Differenzierungsstrategie versucht ein Busunternehmen, in einigen, bei den Nachfragern allgemein hoch bewerteten Dimensionen, in seiner Branche einmalig zu sein. Anbei einige ausgewählte Differenzierungsansätze von Busunternehmen der jüngsten Vergangenheit. Es kann jedoch nicht ausgesagt werden, inwiefern diese Ansätze zur Generierung höherer Preise genutzt werden (können):

- Eurolines, zu dem auch das Busunternehmen Deutsche Touring GmbH gehörte, hat im Jahre 2009 erstmals eine Business Class bei einem ihrer Busdienste auf der Route Bratislava-Prag eingeführt. Für Business-Class-Reisende gab es z. B. einen Extra-Service, freien Internetzugang über WiFi, Multi-Kanal-System mit individueller Auswahl an Musik-CD, Radio oder TV, Platz für Laptop und mehr Sitzkomfort. Zusätzlich gehören freie Zeitschriften sowie Wasser und ein freier Snack zum Serviceangebot in den Bussen. Im Jahr 2023 gibt es bei Eurolines (Sitz in Litauen) sowohl eine Business Class als auch eine Business Class VIP (vgl. Bulut 2014; Kautra UAB 2023).
- Eberhardt-Reisen ist das einzige deutsche Mitgliedsunternehmen im 2006 gegründeten Global Passenger Network (GPN). Um den selbst auferlegten hohen Standard gerecht zu werden, müssen die Mitgliedsunternehmen in den verschiedensten Bereichen Kriterien erfüllen, u. a. in Bezug auf Sicherheit, Fahrerschulungen, Service oder Busausstattung (vgl. GPN 2023).
- Die Reisebüro Schmidt GmbH hat Mitte August 2010 auf rund 20.000 qm das erste privat betriebene Reisebusterminal in Deutschland eröffnet (→ Abbildung 31). Eine Reihe von Serviceleistungen, die Reisende bisher eher von Flug- oder Kreuzfahrtgesellschaften kennen, wird angeboten. So gibt es bspw. einen Vorabend Check-in, die Möglichkeit eine Hotelübernachtung im gegenüberliegenden Hotel zu buchen, ca. 200 kostenlose Parkplätze und eine Lounge, die nicht nur zum Einnehmen von Essen und Getränke genutzt wird, sondern auch für Filmvorführungen und Vorträge sowie Clubtreffen und -veranstaltungen für den „DER Schmidt-Reiseclub" (vgl. Reisebüro Schmidt GmbH 2010).

Abbildung 31: SchmidtTerminal in Wolfenbüttel | Quelle: Reisebüro Schmidt GmbH 2010.

4.8.3.3 Nischenbesetzung

Auch im Busreisemarkt gibt es Unternehmen, die sich auf bestimmte Zielgruppen (z. B. Kinder und Jugendliche), Produkte und/oder Märkte spezialisiert haben. Es gibt Busunternehmen, die bspw. spezielle Reisen in osteuropäische Länder, Skandinavien oder bis nach China (z. B. Avanti Busreisen Hans-Peter Christoph KG (bekannt für Transkontinentalreisen) und JTW-Reisen GmbH) und sogar Weltreisen anbieten. Weitere Beispiele sind Unternehmen, die sich auf die Beförderung von Passagieren zu Flughäfen spezialisiert haben.

▸ **Beispiel** | Rotel-Tours

Ein Unternehmen der besonderen Art ist Rotel-Tours. Dieser Spezialreiseveranstalter wurde bereits 1945 von Georg Höltl gegründet und bot neben Reisen in den Mittelmeerraum auch „Pax-Christi-Reisen“ nach Rom und zu anderen Wallfahrtsorten an. Für die Übernachtung wurden auch Campingplätze genutzt. Am 22. Oktober 1958 fegte ein Sturm über den Campingplatz in Nizza hinweg, so dass die Idee geboren wurde, Reisen unabhängig von Hotels und vom Wetter durchzuführen. Die Idee wurde in Form eines Schlafanhängers umgesetzt, worauf Höltl im Jahre 1959 ein Patent für Omnibusse mir Schlafkabinen erhielt. Mit diesen „Rollenden Hotels“ sind andersartige Reisen möglich, die auch für eine Reihe von Rekorden gesorgt haben (z. B. 1959 die erste Fahrt auf dem Landweg von München über die Türkei nach Jerusalem, 1962 auf dem Landweg nach Indien und zurück, 1969 durchquerte ein Rotel-Bus erstmals die Sahara). Im Jahr 2023 werden Touren zwischen sieben und 50 Tagen in mehr als 150 Ländern angeboten. Das Kabinensystem des Unternehmens ist bei allen Fahrzeugtypen gleich, unabhängig davon, ob die Kabinen direkt an den Fahrgastraum angebaut oder in einem mitgeführten Anhänger sind. Bettenzahl und Anzahl der Sitzplätze im Bus entsprechen einander, wobei zwischen 20 und 40 Reisende zusammen unterwegs sind und insgesamt 3.400 Betten auf Rädern zur Verfügung stehen (vgl. Georg Höltl GmbH & Co. KG 2010; Huss/Schenk 1986, S. 268; Höltl 1995; Schulz 2009, S. 279).

Unternehmen, die sich auf einkommensstärkere und anspruchsvollere Kundschaft spezialisiert hat, sind bspw. die beiden Schweizer Unternehmen Edelline und Twerebold. Twerebold bietet seit 1995 sog. **Königsklasse-Busreisen** an, die eine 3er-Bestuhlung (90 cm Sitzabstand) und kleine Gruppen (max. 30 Personen) prägen (vgl. Twerenbold Reisen AG 2023). Edelline bietet dagegen Reisen mit seinen Bussen der Marke Setra Mercedes an, die bspw. mit Sternenhimmel, Notstromaggregat, Bildschirmen über jeder Sitzreihe, Frontkamera, Lounge und einem Sitzabstand von ca. einem Meter für Luxus-Reisen in verschiedenen europäischen Ländern eingesetzt werden. Sie bieten auf zwei Etagen Platz für bis zu 46 Reisende (vgl. Benz 2010, S. 22; Edelline AG 2023).

4.8.4 Wettbewerbsorientierte Strategie – Wettbewerbsverhalten

Wettbewerbsorientierte Strategien beinhalten die Möglichkeit eines Alleingangs, einer Kooperation und einer Konzentration, wobei verschiedene Strategien in verschiedenen Märkten verfolgt werden können. Dabei muss insbesondere unterschieden werden, ob ein Busunternehmen „allein geht“ („internes Wachstum“) oder ob es mit anderen (Bus-)Unternehmen zusammenarbeitet („externes Wachstum“). Diese Formen der Partnerschaft variieren von lockeren Formen, wie Arbeitsgruppen oder Interessengemeinschaften bis hin zu Unternehmenszusammenschlüssen.

4.8.4.1 Wettbewerbsorientierte oder konfliktäre Strategie

Die wettbewerbsorientierte Strategie setzt meist eigene (relative) Stärken am Markt voraus, d. h. eine mögliche Unique Selling Proposition. Insbesondere Leistungs- und Kostenvorteile werden für diese Strategiewahl zugrunde gelegt. Die bereits unter dem Abschnitt Kostenführerschaft genannten Unternehmen im Fern-, Gruppen- und Klassenfahrtsegment können als Beispiele angeführt werden, welche diese Strategie umzusetzen scheinen.

4.8.4.2 Kooperation

Neben der Zusammenarbeit in nationalen und internationalen Vereinigungen (z. B. bdo, RDA, VPR), die v. a. politische Lobbyarbeit, Produktstandardisierung und Öffentlichkeitsarbeit als Ziele verfolgen, bestehen eine Vielzahl an unternehmensübergreifenden Kooperationen. Letztere verfolgen – wie auch bei den anderen Verkehrsunternehmen – v. a. das Ziel der Kosteneinsparung (z. B. in den Bereichen Beschaffung und Vertrieb) und Prozesserleichterung.

- **Horizontale Kooperationen:** Zusammenarbeit von Unternehmen der gleichen Handels- oder Wirtschaftsstufe. Hier handelt es sich um Busunternehmen/-reiseveranstaler, die innerhalb der Branche zusammenarbeiten. Zum Beispiel kann bei der gemeinsamen Erstellung eines Kataloges mit Reiseangeboten mit Hilfe einer Kooperation das Erreichen der Mindestteilnehmerzahl erleichtert werden, wodurch die Reisedurchführung gesichert werden kann und Größenvorteile erzielt werden können. Aber auch die Kooperation bei der Fahrzeugbeschaffung, die Fahrzeugüberlassung (Vermietung) untereinander und die gemeinsame Durchführung einer Reise, die jedes Unternehmen selbstständig vermarktet und im Katalog hat, ist in der Busbranche ein bekanntes Phänomen (vgl. Goslich 2001, S. 56). Eine weitere Kooperation ist das Global Passenger Network (GPN). Dies ist ein Zusammenschluss von namhaften Busunternehmen mehr als 40 Ländern, vornehmlich aus Europa, Asien und den USA. Sie haben es sich zum Ziel gesetzt, durch intensive weltweite Zusammenarbeit in der Bustouristik ein Höchstmaß an Qualität und Kreativität zu erreichen (vgl. GPN 2023).
- **Vertikale Kooperationen:** Zusammenarbeit von Unternehmen einer vor- oder nachgelagerten Handels- oder Wirtschaftsstufe. Hierbei handelt es sich um Lieferanten und Vertriebskanäle von Busunternehmen sowie um Unternehmen, die ergänzende Leistungen für Busunternehmen anbieten. Sie arbeiten bspw. mit einzelnen Hotels und Hotelgesellschaften, Mietwagenunternehmen, Taxi- und Fluggesellschaften zusammen. Insbesondere die Zusammenarbeit mit anderen Verkehrsunternehmen ist hervorzuheben, da einerseits den Busreisenden eine durchgehende Reisekette geboten, andererseits aber auch Kunden von Bahn-, Schiffs- und Luftverkehrsgesellschaften die Anschlussmobilität gewährleistet werden kann.
  - *Fahrzeughersteller und Busunternehmen:* Busunternehmen und der Bushersteller können bspw. gemeinsames Bus-Kompetenzcenter/Werkstatt einrichten.
  - *Paketer und Busunternehmen:* Paketer erstellen Reisepakete, die von Busunternehmen/-reiseveranstaltern eingekauft werden.
  - *Hotels und Busunternehmen/-veranstalter:* Nahezu jedes Busunternehmen/jedes Busreiseveranstalter hat Verträge mit Hotels bzw. Hotelgesellschaften abgeschlossen und arbeitet daher z. T. auch beim Marketing zusammen.
  - *Airlines und Busunternehmen:* Busunternehmen und Airlines werden zunehmend strategische Partner, so dass es kombinierte Flug-Busreise (oder „begleitete Flugreise“) gibt. Airlines können als Zubringer für Busrundreisen genutzt werden. Dies kann in Kombination mit einer alternativen Busanreise, z. B. nach Spanien oder Griechenland erfolgen. Der Kunde kann zwischen Bus und Fluganreise/-abreise wählen (Anreisealternative). Der Veranstalter setzt jedoch einen eigenen Rundreisebus für die gesamte Rundreise ein. Eine weitere Möglichkeit ist die Kombination von Bus- und Fluganreise bei zwei gekoppelten Reisen (Flug-Bus-Variante). Für alle Reisenden der Reise eins erfolgt die Anreise mit dem Bus ins Zielgebiet und die Rundreise vor Ort. Am letzen Tag fliegen die Reisenden der Reise eins wieder nach Hause und die Gäste der anschließenden Reise zwei fliegen ins Zielgebiet. Die Rundreise (Reise 2) erfolgt dann

vor Ort und am Ende erfolgt die Rückfahrt der Gäste mit dem Bus in die Heimat. Hierbei besteht allerdings die Gefahr, dass die Reise mit der Flugrückreise (Reise 1) eine größere Nachfrage als die mit der Busrückreise (Reise 2) erzielt. Hier kann aber mittels des Preises gesteuert werden und z. B. die Reise eins zu einem höheren Preis angeboten werden. Es können aber auch reine Flugreisen produziert werden. Dabei gibt es die Möglichkeit, einen örtlichen Rundreisebus einzusetzen oder eigene Reisebusse im Zielgebiet zu stationieren. Außerdem ist der Flug-Transfer im Zielgebiet von A nach B möglich. So kann z. B. eine Airline im Rahmen einer Italienrundreise bei der Rückfahrt eingesetzt werden. Um die Lenk- und Ruhezeitenregelungen in der Europäischen Union einzuhalten, besteht die Möglichkeit für die Veranstalter, die Fahrer zur Ablösung preiswert in das/aus dem Zielgebiet zu befördern. Für Pauschalreisen mit einem Aufenthalt in einem Standort-Hotel, z. B. auf der italienischen Insel Ischia, kann eine Fluggesellschaft statt eines Buspendels (d. h. der Reiseveranstalter setzt einen regelmäßigen Transferbus ein, der die Gäste zum Urlaubsort und zurück transferiert) als Zubringer genutzt werden. In den saisonschwachen Zeiten, wie z. B. im Winterhalbjahr, können (preis)attraktive Flugreisen mit Hotelaufenthalt in dafür geeignete Zielgebiete aufgenommen und so neue Umsätze generiert werden. Im Mietomnibusverkehr bietet es sich an, (preiswerte) Flüge bei der Erstellung von Angeboten für Sondergruppen (d. h. nicht Katalog-Reisen) einzusetzen. Hierbei ist es von Vorteil, dass bei der Buchung die Gruppengröße zumeist bekannt ist und somit die Flüge relativ risikolos gebucht werden können. Viele Busreiseveranstalter haben auch eigene Reisebüros oder bieten Angebote für Individualkunden an. Für diese können individuelle Angebote aus Flügen, Übernachtungsleistung, Transfer und/oder Leistungen vor Ort erstellt werden (vgl. Groß/Schröder 2007a, S. 257 f.).
  - *Vertriebswege und Busunternehmen:* Busunternehmen arbeiten auch mit verschiedenen Internetplattformen und Reisebüros (Verkaufsagenturen) zusammen. Beispiele für Internetplattformen sind reisebus24.de und buswelt.de, auf denen nicht nur Reisen gebucht, sondern bspw. auch Busse gemietet bzw. gekauft werden können.
- **Diagonale Kooperationen:** Zusammenarbeit von Unternehmen unterschiedlicher Branchen und Wertschöpfungsstufen, die in einem Teilbereich zusammenarbeiten. Ein Beispiel sind Werbemaßnahmen branchenfremder Unternehmen, die in keiner wertschöpfenden Funktion zusammenarbeiten. Es gibt bspw. eine Zusammenarbeit von Busunternehmen mit Sportvereinen (z. B. von lokalen und regionalen Sportvereinen und -verbänden) und dem Lebensmitteleinzelhandel (z. B. Flix SE und Netto). Auch die Zusammenarbeit mit (Zeitungs-)Verlagen bei der Erstellung und Vermarktung von Leserreisen kann hierzu gezählt werden.

4.8.4.3 Konzentration

Firmenzusammenschlüsse bzw. Beteiligungen an anderen Bus- und touristischen Unternehmen sind auch in der Busbranche ein lang bekanntes Phänomen, wobei von den Unternehmen Aufkäufe bzw. Beteiligungen eher im regionalen Umfeld getätigt werden. Die Konzentration hat jedoch in Deutschland und Europa (noch) keine derartige umfangreiche Bedeutung wie bspw. in der Mietwagenbranche oder im Hochseekreuzfahrtsegment. Beispiele für Firmenzusammenschlüsse bzw. Beteiligungen an anderen Busunternehmen wurden bereits für die Unternehmen FirstGroup, Stagecoach Group und National Express sowie Flix SE genannt.

4.8.4.4 Kundenorientierte Strategie

Kundenorientierte Strategien beinhalten die Möglichkeit einer Massenmarkt- und Marktsegmentierungsstrategie. Da es den einen Nachfrager für Busunternehmen nicht gibt, werden auch im Busreisemarkt verschiedene Nachfragetypen mit unterschiedlichen Anforderungen und Bedürfnissen unterschieden. Die einzelnen Busunternehmen wollen dabei entweder (möglichst) alle Zielgruppen sprechen oder sind Spezialisten für eine bzw. einzelne Zielgruppen.

> In einer Studie, die seitens des bdo in Auftrag gegeben wurde, wurden die fünf Busreisetypen „Reisemuffel“, „Test-/Einmal-Busreisende“, „Gelegenheits-Busreisende“, „Reise-Affine/Bus-Fans“ und „Reise-Affine/Bus-Averse“ mit den in → Abbildung 32 enthaltenen Merkmale erarbeitet.

	Alter	Einkommen	gutes PLV Bus	hohe Sicherheit *Unfallrisiko*	Busreiseindex
Reise-Affine/ Bus-Averse	52 % < 40 Jahre alt	29 % > 2.000 € 7 % < 500 €	24 %	14 % *31 %*	niedrig
Reise-Affine/ Busfan	50 % > 60 Jahre alt	45 % 500–2.000 €	68 %	45 % *10 %*	hoch
Gelegenheits-Busreisende	43 % > 60 Jahre alt	57 % 500–2000 €	64 %	32 % *19 %*	hoch
Test-/Einmal-Busreisende	60 % < 40 Jahre alt	22 % < 500 € 15 % > 2.000 €	32 %	10 % *26 %*	mittel
Reisemuffel	46 % < 40 Jahre alt	53 % < 1.000 €	47 %	24 % *18 %*	mittel

Abbildung 32: Busreisetypen und ihre Merkmale (PLV = Preis-Leistungs-Verhältnis) | Quelle: bdo 2006, S. 29.

▸ Wiederholungsfragen

1. Grenzen Sie die Arten von Busreisen voneinander ab!
2. Skizzieren Sie kurz die historische Entwicklung der Busreisen!
3. Definieren Sie die Begriffe Busreiseveranstalter und Paketreiseveranstalter und grenzen Sie diese voneinander ab!
4. Nennen und Beschreiben Sie Voraussetzungen für die Genehmigung der Personenbeförderung!
5. Können sich Busreisende beim Eisenbahn-Bundesamt (EBA) beschweren, wenn sie der Auffassung sind, dass ihre gesetzlich garantierten Fahrgastrechte nicht beachtet wurden und die Beschwerde beim Beförderer erfolglos verlief?
6. Welche Aufgaben nimmt der RDA bzw. bdo wahr?
7. Kennzeichnen Sie in groben Zügen den europäischen und deutschen Markt für Busreisen!
8. Wie hoch ist der Anteil der Busreisen an allen Urlaubsreisen der Deutschen?
9. Nennen und erklären Sie Kooperationsformen für Busreiseveranstalter! Geben Sie je ein Beispiel ein!
10. Beschreiben Sie Charakteristika typischer Busreise-Nachfrager!
11. Welche Bustypen werden unterschieden?

12. Wie werden Busse klassifiziert und wer kümmert sich um den ordnungsgemäßen Gebrauch des Gütezeichens?
13. Warum gab es in Deutschland über Jahre hinweg verhältnismäßig wenig Fernbusverkehr?
14. Erläutern Sie bitte kurz die wichtigsten Regelungen bei den Lenk- und Ruhezeiten!
15. Nennen und charakterisieren Sie die vier Arten von Anbietern bus-touristischer Leistungen!
16. Nennen Sie die jeweils drei wichtigsten Ziele bei Busreisen von deutschen Urlaubern ins In- und ins Ausland!
17. Nennen Sie die drei Strategietypen einer wettbewerbsorientierten Strategie sowie jeweils ein Beispiel aus dem Bus-Markt!

5 Schifffahrt

Im Folgenden werden touristisch genutzte Bereiche der Schifffahrt vorgestellt. Dabei wird zunächst ein Überblick über Arten der Schifffahrt gegeben, bevor der Kreuzfahrtmarkt genauer betrachtet wird. Hierbei werden zunächst die definitorischen Grundlagen gelegt sowie die geschichtliche Entwicklung, die gesetzlichen Rahmenbedingungen und die Verbände der Branche vorgestellt. Abschließend werden das Angebot und die Nachfrage sowie ausgewählte Strategien von Kreuzfahrtunternehmen betrachtet.

▸ Lernziele

Sie lernen ...

- woher Informationen zum Thema Schifffahrt (v. a. Fluss- und Hochseekreuzfahrten) zu bekommen sind,
- wie die Begriffsvielfalt in der Schiffahrt auseinanderzuhalten ist,
- wichtige Meilensteine der (historischen) Entwicklung in Bezug zur aktuellen Situation auf dem Kreuzfahrtmarkt einzuordnen,
- dass eine Kreuzfahrt, eine „eigenständige Destination" ist, da der Weg selbst zum Ziel wird,
- ausgewählte rechtliche Rahmenbedingungen kennen, insbesondere in Bezug auf die Themen Sicherheit und Umweltschutz,
- welche wichtigen Kennzahlen und verschiedenen Bewertungssysteme es gibt,
- die wichtigsten Akteure auf dem Kreuzfahrtmarkt kennen – sowohl Verbände als auch wichtige Anbieter von Kreuzfahrten,
- die Nachfrageentwicklung von Hochsee- und Flusskreuzfahrten, die wirtschaftliche Bedeutung und die wichtigsten Quellgebiete einzuschätzen und
- die Strategien von Kreuzfahrtunternehmen zu verstehen, die mit Beispielen untermauert werden.

▸ Neuigkeiten, Podcasts und Videos

Aktuelle Nachrichten aus der Branche, Analysen und informative Inhalte sowie Videos, Podcasts, Fotos usw. liefern bspw. ...

- Cruise Market Watch: 🔗 https://cruisemarketwatch.com/
- Cruise.com: 🔗 https://www.youtube.com/user/cruise
- CruiseTube: 🔗 https://www.cruise-tube.de/

Eine Übersicht der aktuellen Schiffspositionen, Reisepläne, Deckpläne, Kabinen, Unfälle und Zwischenfälle sowie Kreuzfahrt-News findet sich auf dieser Website:
🔗 https://www.cruisemapper.com/

Auch die Reereien, Kreuzfahrtveranstalter und Werften haben informative Videos, wie bspw. Phoenix Reisen TV, MSC, Aida, TUI Cruises und Meyer Werft. Zur Geschichte der Kreuzfahrt ist eine zweiteilige Dokumentation vom NDR zu empfehlen:
🔗 https://www.youtube.com/watch?v=Hb08U4aUPCs sowie

🔗 https://www.youtube.com/watch?v=WIkkY1vX_XU)

Speziell zu Kreuzfahrten in der ehemaligen DDR ist eine Arte-Dokumentation zu empfehlen: 🔗 https://www.arte.tv/de/videos/106658-000-A/traumschiffe-des-sozialismus-kreuzfahrten-in-der-ddr/

5.1 Forschungsstand

Im Themenfeld „Kreuzfahrten" gibt viele wissenschaftliche Beiträge in (Fach-)Zeitschriften, Sammelbänden und sonstigen wissenschaftlich nutzbaren Quellen. Es zeigt sich jedoch deutlich, dass eine Dominanz der Literatur im englischsprachigen Bereich zu finden ist und Aussagen zu Strategien bei Kreuzfahrtunternehmen vergleichsweise wenig Beachtung geschenkt wird (→ Tabelle 25).

Art der Veröffentlichung	Autoren/Herausgeber
Monographien/Sammelbände	Biebig et al. 2008 | Cartwright/Baird 1999 | Chin 2008 | Dervaes 2003 | Dickinson/Vladimir 2008 | Dileep/Pagliara 2023 | Douglas et al. 2001 | Dowling/Weeden 2017a | Gibson 2006 | Golden/Brown 2006 | Gross/Klemmer 2014 | Hader 2022 | Hockmann 1993 | Holst/Wolf 2018; Klein[42] 2008 | Maassen 2007 | Papathanassis et al. 2012 | Radic/Lück 2020 | Schäfer 1998 | Schmidt-Walther 2008 | Schröder/Thamm 2007 | Schüßler 2005 | Showker/Sehlinger 2007 | Steinecke 2018 | Stern 2006 | UNWTO 2010a | Ward 2020 | Vogel et al. 2010
Beiträge in Lehrbüchern	Freyer 2015 | Gross/Klemmer 2014 | Schulz 2009
Beiträge in Sammelbänden/Lexika	Dowling/Weeden 2017b | Gross et al. 2007 | Gross/Lück 2012 | Groß et al. 2007 | Papathanassis 2022 | Steinecke 2021 | Weaver/Duval 2008
Beiträge in Fachzeitschriften/Tagungsbände	Dunlop 2012 | Gross 2010 | Lohmann/Vinicius Oscar Oliveira 2009 (Auswertung von mehr als 60 Beiträgen in wissenschaftlichen Fachzeitschriften) | Papathanassis 2020
Verbände/Verlage	CLIA (z. B. Cruise Industry Overview; Market Research | CLIA Europa sowie bspw. CLIA Deutschland | Cruise Research Society
Zeitschriften	An Bord | Cruise Business Review | Deutsche Seeschifffahrt | International Cruise and Ferry Review | Lloyd List/Lloyd's Shipping Economist | Seatrade Cruise Review | Porthole Cruise Magazine | Schiffsreisen intern | Tourism in Marine Environment (TIME)
Studien privatwirtschaftlicher Anbieter	DVB Bank 2006 | Statista: Cruise (lfd. Jahrgang)
sonstige Studien/Informationsquellen	Maritime Services Directory von Yellow & Finch | Official Steamship Guide International | unter 🔗 http://www.marketresearch.com/ finden sich Dutzende Studien, die alle kostenpflichtig sind

Tabelle 25: Informationsquellen zum Thema „Kreuzfahrten" (Auswahl) | Quelle: Eigene Zusammenstellung.

42 Eine Reihe von Essays und Berichten von Ross Klein sowie weitere Informationen findet sich unter www.cruisejunkie.com.

5.2 Arten der Schifffahrt

Innerhalb der Schifffahrt kann eine grundsätzliche Unterscheidung nach **See- und Binnenschifffahrt** getroffen werden, wobei Personen oder Güter befördert werden können.

> Die klassische Abgrenzung von Schifffahrtunternehmen stammt aus der Frachtschifffahrt. Hierbei werden Schifffahrtunternehmen in Linien-, Charter- und Werksverkehr bzw. in Linien- und Bedarfsverkehr sowie Charter unterteilt (vgl. Biebig/Althoff 2008, S. 54 f.; Kummer 2010, S. 108 ff.). Auf die moderne Passagierschifffahrt kann diese Abgrenzung jedoch nicht eins zu eins übertragen werden, da bspw. die Bedarfsschifffahrt selten bis nichtexistent ist. Außerdem könnte ein Schifffahrtunternehmen einen Mix aus Kreuzfahrt und Linienverkehr betreiben, so dass es weder Linien- noch Bedarfsschifffahrt ist. Kreuzfahrtunternehmen operieren in einem Bereich, der nicht in die genannten Kategorien passt und somit werden sie als eigene Art angeführt (vgl. Gross/Lück 2012, S. 64 f.; Lukovic/Munninger 2009, S. 33; Schulz 2009, S. 135).

Die → Abbildung 33 zeigt eine weit verbreitete Einteilung.

Kreuzfahrt	Linienschifffahrt	weiterer Schiffsverkehr
▪ Hochseekreuzfahrten · Luxuskreuzfahrten · Fun-Kreuzfahrten · Studienkreuzfahrten ▪ Flusskreuzfahrten	▪ Linienpassagierdienste ▪ Fähren ▪ Frachterreisen	▪ Charter · Hausboote · Yachtcharter ▪ Ausflugsfahrten

Abbildung 33: Abgrenzung des Schiffsverkehrs[43] | Quelle: Schulz 2009, S. 135.

5.2.1 Linienschifffahrt

Die Linienschifffahrt wird v. a. vom Fährverkehr und von Frachterreisen geprägt. Erwähnenswerte Ausnahmen im Liniendienst sind Cunard mit der Queen Mary II und die norwegischen Postschiffe der „Hurtigruten", die es bereits seit Ende des 19. Jahrhunderts gibt.

„Hurtigruten Group's operation builds on a rich and proud Norwegian Expedition Cruises heritage having offered scheduled voyages along the Norwegian coast since 1893 and offering the first Expedition cruises to Svalbard as early as 1896. (...) Hurtigruten Norway sails a legendary route often referred to as ‚the most beautiful voyage in the world', which operates under the brand Hurtigruten Norwegian Coastal Express, offering a unique combination of transport for local travelers, cargo, and international tourists. We have offered these unique services since the very first departure 130 years ago. (...) Hurtigruten Norway operates seven ships under the state contract valid from 2021 to 2030." (Hurtigruten Group 2023, S. 6 ff.)

Sowohl Hurtigruten als auch Cunard setzen ihre Schiffe nicht nur im Liniendienst ein, sondern auch als Kreuzfahrtschiffe. Ersters Unternehmen hat in den letzten Jahren ihr Geschäft weiter diversifiziert, mit einem verstärkten Schwerpunkt auf dem Kreuzfahrtsegment der Expeditions-

43 Diese Einteilung wird auch kritisiert, wie z. B. bei Jans 2024. Er führt eine eigene Klassifikation mit Linienschifffahrt (Passagier-, Ausflugsfahrt, Fähre), Kreuzschifffahrt (Hochsee- und Flusskreuzfahrt), Bedarfsschifffahrt (Themen- und Versorgungsfahrt), Schiffscharter (Wet-Lease- und Dry-Lease-Charter) und sonstige Schifffahrt (Fracht-, Postschifffahrt, Hausboot, Yachting) ein.

und Abenteuerreisen. 2007 wurde das Expeditionsschiff „MS Fram" in Dienst gestellt. Hurtigruten Expeditions bietet Abenteuer auf kleinen, maßgeschneiderten Schiffen und erkundet Hunderte von Reisezielen in über 40 Ländern auf fünf Kontinenten – darunter Galapagos, die Antarktis, Südamerika, Alaska, Island, Grönland, Spitzbergen, Westafrika, die Britischen Inseln, die Küste und eine Vielzahl anderer Ziele. 2022 war das erste Jahr, in dem die acht Schiffe unter dem Dach von „Hurtigruten Expeditions" operierte: MS Roald Amundsen, MS Fridtjof Nansen und MS Otto Sverdrup mit Batterie-Hybridantrieb sowie MS Fram, MS Maud, MS Spitsbergen, MS Nordstjernen und MS Santa Cruz II (vgl. Hurtigruten Group 2023, S. 12 ff.).

5.2.2 Fährverkehr

Laut dem Verband der Fährschifffahrt und Fährtouristik (VFF) wird ein Fährschiff wie folgt definiert:

> Eine Fähre (oder ein Fährschiff) ist ein Wasserfahrzeug zum Transport von Personen, Fahrzeugen u. ä. über Gewässer. Es ist ein Fahrzeug, das dem Übersetzverkehr von einem Ufer zum anderen auf der Wasserstraße dient und von den zuständigen Behörden als Fähre behandelt wird.

Fährverkehre an sich gibt es bereits seit Jahrhunderten[44], einen mehr oder weniger regelmäßigen Fährverkehr über See entstand in Europa jedoch erst ab Mitte des letzten Jahrhunderts. Mit dem verstärkten Ausbau des Eisenbahnnetzes war es für die Eisenbahngesellschaften naheliegend einen Weitertransport von Personen und Güter von Städten bzw. Häfen an Küsten über See zu organisieren. In den 20er- und 30er-Jahren des letzten Jahrhunderts entstanden die ersten privaten Fährgesellschaften, die in der Anfangszeit nahezu reine Passagierschiffe mit ein wenig Platz für die Beförderung von Gütern waren. Mit der zunehmenden Motorisierung in den 1920er-Jahren entstand auch die Notwendigkeit zum Transport von Pkws, die zu Beginn noch durch Krane auf die Schiffe verladen wurden (Load-on-/Load-off-Verfahren). In den 1930er-Jahren wurden die ersten Schiffe gebaut, auf die die Autonutzer selbstständig fahren konnten (Roll on-/Roll off-Verfahren). Da diese Schiffe zu Beginn noch relativ wenig Platz für Pkws hatten, erlebte die Fährschifffahrt erst in den 1950er-Jahren durch den Einsatz von größeren Ro/Ro-Fährschiffen den Durchbruch. Größere Schiffe wurden zum einen durch die starke Zunahme an mit dem Pkw durchgeführten Urlaubsreisen notwendig und zum anderen steigerte die Zunahme des internationalen Handelsverkehrs den Bedarf für den Transport von Lkw und Fracht (vgl. Schüßler 2005, S. 307 f.).

Im Fährverkehr sollen weltweit im Jahr 2019[45] – je nach Studie – 2,26 Mrd. bzw. 4,27 Mrd. Passagiere befördert worden sein. In Europa werden nach Interferry pro Jahr mit mehr als 1.600

44 Die Fahrt mit einer Fähre ist in Mythen und Erzählungen oft als Metapher für Übergang oder entscheidende Phasen einer Reise zu finden. Der Fährmann erscheint dabei meist als ein Führer/Helfer für jene die er zum anderen Ufer, sei es das Reich der Toten/der nächste Abschnitt der Reise, bringt. Bereits im Gilgamesch-Epos, einer der ältesten Dichtungen der Menschheit, die von der Suche des sumerischen Königs Gilgamesch (regierte etwa 2652–2602 vor Christi) nach Unsterblichkeit erzählt, erscheint der Fährmann Urschanabi, der den König über die Wasser des Todes bringt (vgl. Maul 2008, S. 9 ff.).

45 Während sich Shippax auf Fähren mit einer Kapazität von 1.000 Bruttoregistertonnen bezieht, die mindestens 50 Passagiere befördern können, bezieht Interferry auch kleinere Fährbetriebe ein und nimmt Schätzungen vor (vgl. Mandersson 2023).

Fährschiffen knapp 794 Mio. Passagiere befördert (vgl. Interferry 2021, S. 10–15; Mandersson 2023).

Es ist zu beobachten, dass zum einen die Dominanz des reinen Beförderungszweckes im Fährverkehr durch die zunehmende Intensivierung aufwendiger Schiffsgestaltungen und Unterhaltungsprogramme an Bord gelockert wird. Einige Fährschiffe erinnern mehr an ein Kreuzfahrtschiff als an eine Fähre im traditionellen Sinne (z. B. M/S Color Magic und M/S Color Fantasy von Colorline) und bieten auch Mini-Kreuzfahrten an. Zum anderen nimmt die Bedeutung des Frachtverkehrs z. B. auf Grund des europäischen Binnenmarktes und der EU-Erweiterungen, des 1999 weggefallenen Duty-Free-Geschäfts und der zunehmenden Bedeutung der Low-Cost-Airlines immer mehr zu, so dass Riesenfrachtfähren entstanden sind und auch Fährverbindungen – mit Hilfe von Subventionen – eingeführt wurden, die noch vor Jahren unter verkehrsgeographischen Gesichtspunkten nur wenig Sinn gemacht hätten (z. B. Genua – Barcelona, Civitavecchia – Toulon, Vigo – Montoir). „Passagiere spielen auf vielen modernen Fähren nur noch eine untergeordnete Rolle, und selbst das auch nur, wenn der Bestand der Linie durch ein ausreichendes Frachtaufkommen gesichert ist." (Ortel 2008, S. 78 ff.)

Fähren lassen sich in konventionelle Fährschiffe, Schnellfähren und nicht frei fahrende Fähren unterteilen.

Bei den **konventionellen Fährschiffen** werden reine Passagierfähren und Ro-Pax-Schiffe/Combicarrier unterschieden. Die Passagierfähren dienen in erster Linie zur Beförderung von Passagieren und Pkw, sie transportieren jedoch auch Fracht und Lkw. Dabei bieten sie meist Platz für 500 bis 3.000 Personen und 150 bis 900 Pkw, die auf mehreren Autodecks verteilt sind. Dieser Typ zeichnet sich durch zahlreiche Bordeinrichtungen und je nach Schiffstyp und Strecke verschiedene Unterbringungsmöglichkeiten (Angebot reicht von Schlafsesseln und Liegen bis hin zu Suiten mit Wohn- und Schlafraum sowie eigenem Balkon) aus. Neben einer Auswahl an Restaurants (z. B. Buffet, à la Carte, Fastfood, Cafeteria) und Bars gibt es beispielsweise auch Einkaufszeilen, Tagungsmöglichkeiten, Kasinos, Kinos, Discotheken und immer häufiger Fitness- und/oder Wellnessbereiche. Die Ro-Pax-Schiffe bzw. Combicarrier sind kombinierte Passagier- und Frachtschiffe, die in erster Linie dem Transport von Lkw und Fracht dienen, aber auch Passagiere befördern. Der Aspekt der Frachtbeförderung steht bei diesem Schiffstyp im Vordergrund, sie halten jedoch zumindest einige der oben genannten Bordeinrichtungen vor. Die Kapazitätsobergrenze liegt bei diesem Schiffstyp zumeist bei ca. 500 bis 600 Passagieren, sie kann aber auch schon bei 50 Passagieren erschöpft sein (vgl. Cruise and Ferry Center AG 2023; Schüßler 2005, S. 309 f.).

„Combicarrier erfreuen sich in der letzten Zeit zunehmender Beliebtheit. Das liegt daran, dass die Reedereien mehr Schnellfähren einsetzen, die in der Regel keine oder nur weniger Lkw befördern können. Durch den Einsatz eines Combicarriers und einer Schnellfähre lassen sich manche Fährstrecken bei gleicher Passagier- und Frachtkapazität kostengünstiger betrieben als durch den Einsatz von ein oder zwei Passagierfähren." (ders., S. 310)

Schnellfähren haben eine Reisegeschwindigkeit von über 30 Knoten (ca. 56 km/h) und damit deutlich mehr als die konventionellen Fährschiffe, die je nach Bautyp eine Höchstgeschwindigkeit von ca. 18 bis 26 Knoten (33–48 km/h) haben. Da auf Grund der höheren Reisegeschwindigkeit kürzere Überfahrtzeiten erreicht werden, gibt es auf den Schnellfähren tendenziell weniger Bordeinrichtungen. Es gibt meist ein kleines Restaurant oder Self-Service-Bereich, ein Kiosk und/oder eine Bar. Übernachtungsmöglichkeiten stehen dagegen an Bord wegen der kurzen Überfahrtszeit von maximal vier Stunden nicht zur Verfügung. Die Passagiere können es sich in

Sesseln, ähnlich denen in einem Flugzeug, bequem machen (vgl. Schüßler 2005, S. 310). Auch bei diesem Schiffstyp werden wiederum Unterarten unterschieden:

- **Katamarane:** Der mit Abstand am häufigsten eingesetzte Typ einer Schnellfähre ist der Katamaran. Während konventionelle Fährschiffe einen großen Stahlrumpf haben, verfügen Katamarane über zwei Rümpfe, welche über die darüber liegenden Schiffsaufbauten miteinander verbunden sind. Die in Europa eingesetzten Katamarane besitzen eine Kapazität von 400 bis 700 Passagieren und 80 bis 150 Autos, ihre Reisegeschwindigkeit beträgt etwa 35 Knoten (65 km/h). Eine Weiterentwicklung ist seit 1996 bei Stena Line im Einsatz, der sog. „Highspeed Sea Service“ (HSS). Die Schiffe bis zu 125 m lang und 40 m breit, haben 40 Knoten (74 km/h) Reisegeschwindigkeit und können bis zu 1.500 Passagiere und knapp unter 400 Pkw aufnehmen (vgl. ders., S. 311).
- **Monohull-Schnellfähren:** Diese Schnellfähren haben – wie konventionelle Fähren auch – nur einen Rumpf und sind damit im Prinzip kleine, aber leistungsstarke Fährschiffe mit strömungsgünstigem Rumpf. Sie besitzen bei einer Länge von knapp 100 m zumeist eine Kapazität von ca. 650 Passagieren und 150 Pkw und ihre Reisegeschwindigkeit liegt ebenfalls bei rund 35 Knoten. Den Monohull-Schnellfähren wird bei wetterbedingter, langsamerer Geschwindigkeit ein etwas ruhigeres Fahrverhalten nachgesagt als Katamaranen (vgl. Cruise and Ferry Center AG 2023).
- **Hydrofoil/Jetfoil:** Dies sind reine Passagierschiffe für küstennahe Gewässer, Seen und Flüsse. Die in Russland entwickelte Technik sorgt dafür, dass das Schiff per Schrauben so lange beschleunigt wird, bis die seitwärts angebrachten Kufen das Schiff aus dem Wasser heben und tragen. Bei einer Reisegeschwindigkeit von ca. 37 Knoten können bis zu 200 Passagiere befördert werden. Die in den USA entwickelte Jetfoil-Technik wird durch einen Wasserstrahl, vergleichbar mit einem Flugzeugtriebwerk, angetrieben. Auf Schiffen dieser Bauart werden Geschwindigkeiten von bis zu 43 Knoten (80 km/h) erreicht und lassen sich ca. 300 Passagieren befördern (vgl. Schüßler 2005, S. 311 f.).

Bei den **nicht frei fahrenden Fähren** werden die folgenden vier Arten unterschieden:

- **Seilfähre:** Kurze Überfahrten können durch Seilfähren geleistet werden, welche durch ein oder mehrere Stahlseile (auch Ketten sind möglich) gelenkt und angetrieben werden und dadurch immer fest mit beiden Ufern verbunden sind. Fast immer werden die Seilfähren von einem Fährmann an Bord betrieben, selten über eine Fernbedienung vom Ufer aus. Ein Beispiel ist in der Sächsischen Schweiz in Rathen zu finden.
- **Gierseilfähre:** Gierseilfähren nutzen die Energie des strömenden Wassers von Flüssen aus, das sie, hängend an zwei Seilen (Gierseile) mit Laufkatzen, die auf einem hoch über dem Wasser gespannten Stahlseil laufen, schräg zur Strömung gestellt (gierend) überqueren. Durch die Richtung des Gierens (Verkürzung des einen oder anderen Gierseils mit Hilfe von Winden) wird die Fahrtrichtung bestimmt (⟶ Abbildung 34).
- **Rollfähre:** Auf Flüssen gibt es auch sog. Rollfähren, bei denen ein Stahlseil von einem Ufer zum anderen gespannt ist. Die Rollfähre selbst bewegt sich an einem Seil über eine Seilrolle von einem Ufer zum anderen. Es wird durch die Strömung getrieben. Beispiele lassen sich in Basel (seit 1854), in Ottensheim an der Donau (seit Mitte des 19. Jahrhundert die sog. „Drahtseilbrücke Ottensheim“) und in Klosterneuburg (seit 1935) finden.
- **Schwebefähre:** Schwebefähren hängen unter einer Brückenkonstruktion und überqueren das Gewässer schwebend. Beispiele dafür gibt es in Rendsburg (seit 2023 nach Neubau wieder in Betrieb) und am Fluss Oste im Landkreis Cuxhaven.

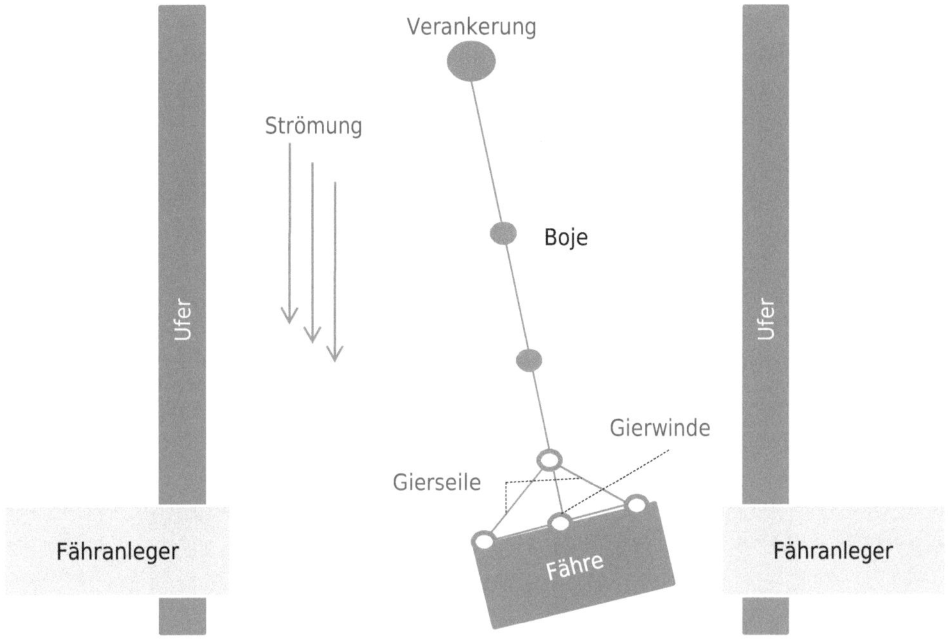

Abbildung 34: Funktionsweise einer Gierseilfähre | Quelle: Gemeinde Rathen 2023.

Die **Fahrtgebiete** im europäischen Raum werden in Nord- und Ostsee sowie das östliche und westliche Mittelmeer aufgeteilt. Im Jahr 2023 wurden in Europa nach dem Deutschen Verband der Fährschifffahrt und Fährtouristik rund 200 Fährverbindungen angeboten. In der Fährregion Nord-Europa gibt es 18 Reedereien mit ca. 65 Routen und in Süd-Europa 15 Reedereien mit über 140 Verbindungen, die das europäische Festland mit den Inseln und Inselwelten, zum Beispiel den Kanaren oder den Kykladen, sowie mit dem afrikanischen Kontinent verbinden. Die genauen Strecken finden sich in der Publikation „Fähren, Routen, Reedereien" des genannten Verbandes (vgl. VFF e. V. o. J.).

5.2.3 Frachterreisen

Die Zahl der Passagiere an Bord eines Frachters ist im Vergleich zu den Passagierzahlen eines Hochsee- oder Flusskreuzfahrtschiffes gering, dennoch soll auch diese Art der Schiffsreise der vollständigkeitshalber im Folgenden vorgestellt werden.

> Ein Frachtschiff ist in erster Linie ein Transportmittel, mit dem im Wesentlichen die geladenen Waren in alle Welt befördert werden. Frachterreisen folgen demnach den Standardfrachtrouten mit einer entsprechend langen Fahrtdauer.

Auf Grund der weniger benötigten Offiziere durch computerisierte Frachtschiffe verkaufen die entsprechenden Frachtunternehmen die normalerweise gut ausgestatteten und geräumigen Unterkünfte an Kunden, die ein anderes Kreuzfahrterlebnis suchen. „Generally, no individual sectors are sold; passengers need to have a great deal of time available. Port schedules are relatively flexible compared with the regular cruise ships. No special activities or entertainments are provided for passengers, either aboard or ashore, although some ships may have small swimming pools and libraries, also intended primarily for officers. Passengers take their meals with and eat the same food as the officers. Passenger numbers are very low, generally between two and 12, depending on space, but this form of alternative cruising is so popular with special interest cruisers (...) that accommodation is often booked out many months in advance." (Douglas et al. 2001, S. 335)

Bis ins 20. Jahrhundert hinein war der Transport sowohl von Fracht als auch von Passagieren an Bord eines Frachters durchaus üblich (→ Kapitel 5.4). Doch mit dem Beginn der Flugindustrie in den 1920er-/1930er-Jahren reduzierte sich die Nachfrage nach der Mitreise an Bord eines Frachters und die Einführung der ersten Non-Stopp-Flüge über den Atlantik in den späten 50er- Jahren des 20. Jahrhunderts führten zu einer Umorientierung im Bereich der Frachtschifffahrt, d. h. es wurde sich seit diesem Zeitpunkt verstärkt auf den Transport von Fracht konzentriert und spätestens ab Mitte der 1960er-Jahre gab es nahezu keine Passagiere mehr an Bord. Allerdings brachte die fortschreitende Automatisierung in den 1980er-Jahren wiederum einige Änderungen und neue Möglichkeiten mit sich: Es wurde weniger Personal benötigt, so dass die nicht mehr für die Crew benötigten Kabinen anderweitig genutzt werden konnten. Etwa zeitgleich wuchs auch die Nachfrage nach außergewöhnlichen Reisen, sodass nach und nach mehr Reedereien auf die Idee kamen, die ungenutzten Kabinen zahlenden Passagieren zur Verfügung zu stellen – die Idee der Frachtschiffreise war (wieder-)geboren (vgl. Chapman 2023a).

5.2.3.1 Zielgruppe und Voraussetzungen

Der **„perfekte Gast"** an Bord eines Frachtschiffes sollte in erster Linie flexibel, seefest, tolerant und anpassungsfähig sein, denn die Reise richtet sich nicht nach ihm, sondern zunächst nach der Ladung an Bord. Folglich werden nur Häfen angelaufen, in denen der Frachter be- und entladen wird und auch die Liegezeit in den Häfen richtet sich primär nach der benötigten Zeit zum Beladen bzw. Löschen der Fracht. Der Reisende sollte auch abenteuerlustig und erlebnishungrig sein – schließlich ist die Frachtschiffsreise etwas vollkommen anderes als die Reise an Bord eines Kreuzfahrtschiffes. Andererseits sollte er aber auch Ruhe und Abgeschiedenheit mögen, denn es gibt oft mehrere Tage auf See, während der, der Reisende nur von Wasser umgeben ist – Freizeitprogramm oder Entertainment der Gäste wie auf einem Hochsee- oder Flusskreuzfahrtschiff gibt es an Bord des Frachters so gut wie nicht (vgl. Schüßler 2005, S. 345).

Neben diesen charakterlichen Eigenschaften, sollte der potenzielle Passagier auch einige andere **Voraussetzungen** erfüllen: Zum einen sei hier auf die notwendigen finanziellen Mittel hingewiesen. Zum anderen sollte der Reisende ausreichend Zeit mitbringen, da die Reise oftmals mehrere Wochen in Anspruch nimmt und der Ablauf durch kurzfristige Änderungen im Fahrplan verzögert werden kann. Außerdem ist es für die Passagiere von Vorteil, wenn sie zumindest über Grundkenntnisse der englischen Sprache verfügen, um sich in fremden Häfen verständigen zu können und mit der meist internationalen Crew an Bord kommunizieren zu können. Letztlich sei auf gesundheitliche Aspekte und das Alter hingewiesen. Normalerweise akzeptieren die Reedereien Passagiere zwischen 10 und 80 Jahren, Ausnahmen sind im individuellen Fall möglich. In der Regel wird jedoch für Passagiere ab 65 Jahre ein ärztliches Attest verlangt, welches dem Reisenden die Reisetauglichkeit bestätigt ist. Dies ist v. a. notwendig, da laut internationaler Bestimmungen die Anwesenheit eines Arztes an Bord eines Frachtschiffs nicht notwendig ist. Normalerweise sind entweder der Kapitän oder ein Offizier in Erster Hilfe geschult, doch sollten bei dem Passagier ernstere gesundheitliche Probleme auftreten, so muss der nächste Hafen angelaufen werden – ein zeit- und kostenaufwendiger Prozess. Aus diesem Grund ist der Passagier auch vor Reiseantritt zum Abschluss einer sog. **Deviationsversicherung** verpflichtet, die in einem solchem Fall die Kosten für die Verzögerungen im Ablaufplan des Frachtschiffs übernimmt. Allerdings beinhaltet sie keine Übernahme von Transport- und Behandlungskosten, weshalb Reedereien auch den

Nachweis über eine Kranken- und Unfallversicherung des Reisenden verlangen (vgl. Schmidt-Walther 2008, S. 9 und S. 194 f.). Weitere Bestimmungen betreffen z. B. die Gültigkeit bzw. dem Mitführen eines Reisepasses und Impfbestimmungen sowie den z. T. geforderten Rückreisetickets. Die entsprechenden Bedingungen für die einzelnen Reisen müssen mit dem jeweiligen Anbieter geklärt werden.

5.2.3.2 Frachtschifftypen

Es gibt verschiedene Frachtschiffe, die im Folgenden vorgestellt werden (vgl. Chapman 2023b; Schüßler 2005, S. 350 f.).

- Das **Containerschiff** („Container Ships") unterliegt einem strikten Fahrplan und hält meist nur kurz an speziellen Containerhäfen, sodass dem Gast ein Aufenthalt an Land nur kurz oder überhaupt nicht möglich ist. Hinzu kommt die Tatsache, dass das Laden und Löschen der geladenen Waren hier computergesteuert erfolgt und daher nur wenig von der „Schiffsromantik" übrigbleibt, die sich der abenteuerlustige Tourist von dieser ursprünglichen Form des Reisens vielleicht erträumt hat.
- Anders liegt der Sachverhalt beim **Stückgutfrachter** („General Cargo Ships"), denn hier erfolgt das Laden und Löschen der Fracht traditionell durch Kräne. Folglich nimmt dieser Vorgang auch mehr Zeit in Anspruch – eine Tatsache, die Reisende meist begrüßen, da sie ihnen die Möglichkeit verschafft, längere Zeiten an Land zu verbringen. Allerdings ist dieser Aufwand auch kostenintensiv und die Stückzahl der noch vorhandenden Stückgutfrachter somit sinkend.
- Wiederum anders verhält es sich mit dem **Massengutfrachter** („Bulk Carriers"): Er transportiert Güter wie Kohle oder Eisenerz, die er während einer Reise in der Regel nur von einem Ausgangshafen zu einem anderen Zielhafen befördert. Wer sich für diesen Frachtschiffstyp entscheidet, sollte die „Nur-Seereise" als Highlight empfinden.
- Das **Kühlschiff** („Reefers") ist speziell für den Transport von Frischwaren vorgesehen. In seinen isolierten Laderäumen sorgen Kühlsysteme für eine gleichbleibende Temperatur. Zu den bekanntesten Kühlschiffen zählen die weißgestrichenen Bananendampfer, die traditionellerweise ihre Produkte aus Ecuador, der Karibik oder Westafrika in die ganze Welt liefern.
- Eine weitere Art sind die **Autotransporter** („Ro-Ro"). Sie transportieren bspw. vorproduzierte Teile in Länder Lateinamerikas oder Asien und teilweise die fertig zusammengebauten Automobile zurück nach Europa. Es werden aber auch (Gebraucht-)Wagen von einem Land zu einem anderen gefahren (z. B. von Japan nach Australien und Neuseeland).
- **Post- und Belieferungsschiffe** („Mail and Supply Ships") transportieren Post, Fracht und Passagiere zu entlegenen Inseln. Diese Schiffe bieten normalerweise mehr Plätze als die auf zwölf Passagiere beschränkte Teilnehmerzahl bei „normalen" Frachtschiffen. Ein klassisches Beispiel ist das Schiff „Aranui 5", welches von Tahiti aus die Marquesas, Tuamotus und Gesellschaftsinseln in Französisch-Polynesien ansteuert. Hierbei handelt es sich um eine speziell konstruierte Mischung aus einem Kreuzfahrt- und Frachtschiff. Im Rahmen einer 13-tägigen Kreuzfahrt sind sowohl Mahlzeiten als auch Ausflüge laut Programm inkludiert (vgl. Compagnie Polynésienne de Transport Maritime 2023).
- **Küstenschiffe** („Coasters") Küstenschiffe sind kleinere Stückgutfrachter oder Containerschiffe, die entlang der Küste fahren und dabei viele kleine Häfen anlaufen, um sog. Zubringerdienste zu erbringen. Küstenschiffe transportieren dabei Fracht zu großen Häfen, in denen die Ladung auf größere Containerschiffe verladen wird, um sie weiter in alle Welt zu transportieren.

5.2.3.3 Unterbringung, Verpflegung und Alltag an Bord

Die **Unterbringung** an Bord eines Frachtschiffes erfolgt normalerweise in einfachen Besatzungskabinen – auf Frachtschiffen werden sie „Kammern“ genannt, auch wenn es sich um die luxuriöseste Eignerkammer handelt. Dabei handelt es sich i. d. R. um Einzel- oder Doppelkabinen, die zwar nicht luxuriös, aber gemütlich und zweckmäßig ausgestattet sind und meist über eine eigene Dusche und ein eigenes WC verfügen. Gelegentlich wird – gegen einen Aufpreis – auch die Eigner-Kabine für Gäste zur Verfügung gestellt. Dabei handelt es sich meist um eine verhältnismäßig große Zwei-Bett-Kabine mit einem separaten Wohnraum. Bei allen Kabinen handelt es sich in der Regel um Außenkabinen – allerdings kann der Blick nach draußen durch die Ladung eingeschränkt sein. An Bord finden die Reisenden alle zum Leben notwendige Einrichtungen, wie etwa eine Waschmaschine oder einen Aufenthaltsraum mit Brettspielen, Fernseher und einer Art „Mini-Bibliothek“. Darüber hinaus gibt es aber auch Einrichtungen, die nicht unbedingt an Bord eines Frachtschiffes vermutet werden: Viele Frachtschiffe verfügen etwa über einen Swimming-Pool, ein Sonnendeck oder einen Fitness-/Sportraum und manchmal gibt es eine Sauna oder eine Bar an Bord. All diese Einrichtungen stehen den Passagieren sowie auch den Besatzungsmitgliedern gleichermaßen zur Verfügung (vgl. Schüßler 2005, S. 347). Auch die **Mahlzeiten** nehmen Besatzung und Gäste meist gemeinsam in einem Essensraum, der sog. Offiziersmesse, ein – selten ist eine separate Gästemesse an Bord zu finden. Das enge Verhältnis zwischen den Gästen und den etwa zehn bis 25 Besatzungsmitgliedern entwickelt sich v. a. dadurch, dass beide Seiten mehr oder weniger gezwungen sind, auf „engstem“ Raum zusammenzuleben. Während des gemeinsamen Einnehmens der Mahlzeiten entwickeln sich zum Beispiel schnell Gespräche, die am Abend bei einem Glas Wein weitergeführt werden. Oft lassen sich Kapitän oder einzelne Besatzungsmitglieder auch gern während ihrer Arbeit über die Schultern schauen und beantworten Fragen, sollte der Reisende Interesse an der Seefahrt bekunden (vgl. Schmidt-Walther 2008, S. 209 f.).

Zusammenfassend werden in folgender → Tabelle 26 die Unterschiede und Gemeinsamkeiten von Frachterreisen und klassischen Kreuzfahrten dargestellt.

Merkmale	Frachtschiffreise	Kreuzfahrt
Unterbringung	Besatzungskabinen, Außenkabinen	Außen- und Innenkabinen, Balkonkabinen, Suiten
Unterhaltung	kein Entertainment, kleine Aufenthaltsräume, kaum Freizeiteinrichtungen	Animation, Sport, Wellness, Abendprogramm
Verpflegung	Essen in Offiziersmesse	Restaurants, Bars, Cafés
Seetage	Selbstbeschäftigung, Treiben an Bord	Unterhaltung, Veranstaltungen
Landgänge	Information, Organisation und Durchführung durch Passagier	verschiedene Pauschalangebote mit „Reiseleitung“ buchbar, eigene Organisation

Tabelle 26: Gegenüberstellung von Frachtschiffreisen und klassischen Kreuzfahrten | Quelle: Eigene Zusammenstellung.

5.2.3.4 Anbieter und Nachfrager in Deutschland

Eine Analyse der **Anbieter von Frachtkreuzfahrten auf dem deutschen Markt** zeigt, dass es mindestens ein Dutzend Anbieter gibt, wovon einige nur als Vermittler auftreten. Hierzu zählen u. a. die Fachreiseagentur für Seereisen Kapitän Hoffmann, Frachtschifftouristik Kapitän Zylmann GmbH, Hamburg Süd Reiseagentur GmbH, Internationale Frachtschiffreisen Pfeiffer GmbH, Langsamreisen, NSB Niederelbe Schifffahrtsgesellschaft mbH & Co. KG und Reederei Rudolf Schepers. Darüber hinaus sei noch auf das Schweizer Unternehmen Ship'n'Train Travel hingewiesen.

Während es bis 2019 mindestens ein Dutzend Anbieter gab, wovon einige nur als Vermittler auftraten, hat sich die Situation durch die Covid-19-Pandemie ab dem Frühjahr 2020 erheblich verändert. Bis Anfang 2022 gab es nahezu keine Reederei weltweit, die Passagiere an Bord akzeptiert hat. Ab ca. Februar/März 2022 haben einige kleinere Reedereien, v. a. aus dem europäischen Ausland, wieder geöffnet. Nach Schätzungen der Frachtschifftouristik Zylmann GmbH waren es bis 2019 pro Jahr ca. 5.000 Personen aus Deutschland, die eine Frachtschiffreise gebucht. Bei der Zylmann GmbH selbst waren es in den Jahren 2010 bis 2016 jeweils um die 1.000 bis 1.200 Personen. Hierbei muss jedoch angemerkt werden, dass einige Anbieter sowohl deutschen als auch ausländischen Passagieren Reisen verkaufen. Das Volumen bzw. der Umsatz betragen seit der Wiederaufnahme ca. 30 % des Niveaus von 2019. Auch zukünftig soll es dauerhaft einen Buchungsrückgang geben, wobei mittelfristig maximal ein Niveau von ca. 70 % des Volumens vor der Pandemie erreicht werden soll – dies ist jedoch eine Einschätzung, die mit Unsicherheiten behaftet ist (vgl. Woitas 2023).

5.2.4 Weiterer Schiffsverkehr

Der weitere Schiffsverkehr ist als eine Form des wasserinduzierten Tourismus anzusehen. Sowohl beim **Hausboottourismus** als auch beim **(Segel-)Yachtcharter** handelt es sich um Tourismus auf dem Wasser. Im Gegensatz zum Segeln, das der aktiven Ausübung zuzuordnen ist, stellt das Hausboot fahren eine passive Nutzung dar. Weiterhin ist die Einordung des Chartertourismus in den Wassertourismus i. e. Sinne möglich. Diese Tourismusform umfasst alle Aktivitäten, bei welchen der Aufenthalt im oder auf dem Wasser Hauptmotiv von Tageausflügen oder Übernachtungsreisen ist (vgl. BTE 2013, S. 7). In diesem Kapitel soll im Bereich des weiteren, touristischen Schiffsverkehrs die Fahrgastschifffahrt bewusst kurzgehalten werden, da hier kein langfristiger Aufenthalt an Bord stattfindet.

Die **Fahrgastschifffahrt** vereint ein vielfältiges Angebot an Fahrten. Reviere für diese Fahrten sind Flüsse, Seen und küstennahe Gebiete auf Nord- und Ostsee. Bedeutend sind die touristischen, landschaftlichen und kulturellen Attraktionen entlang der Strecke, da diese den Streckenverlauf bestimmen (vgl. DTV 2003, S. 38 ff.). Anbieter finden sich insbesondere auf den Flüssen Rhein, Main, Mosel, Neckar, Elbe, Saale, Oder, Ostsee, Weser und Donau sowie auf den Gewässern um Berlin. Die Zahl der Tagesausflugsschiffe in Deutschland beläuft sich im Jahr 2021 auf 983 Schiffe mit einer Kapizität von ca. 210.000 Personen (vgl. BDB 2022, S. 3).

Der **touristische Bootscharter** entwickelte sich ab 1900 v. a. in Großbritannien. Wichtiges Standbein war die Hausbootschifffahrt, deren Bekanntheit in Großbritannien und auch in Deutschland ab den 1950er-Jahren deutlich zunahm (vgl. Freyer 2015, S. 251). Der erste Hausbootveranstalter wurde 1969 gegründet (vgl. Schulz 2009, S. 201 f.). Zur historischen Entwicklung des Segelcharters gibt es keine konkreten Aussagen, als Anhaltspunkt ist jedoch der Beginn der freizeitlichen Nutzung des Segelns um 1835 zu nennen (vgl. Linne 2008, S. 88). Hausboot-

und (Segel-)Yachtcharter werden durch zwei grundsätzlich andere Bootsformen geprägt. Das Hausboot eignet sich zu Reisen auf Flüssen und ist für das Wohnen an Bord, ähnlich einer Ferienwohnung, ausgestattet. Die Geschwindigkeit der Hausboote ist auf maximal 12 km/h beschränkt und sie existieren in unterschiedlichen Größen (Kapazität zwischen zwei bis zwölf Personen). Bei der Bootsform werden folgende unterschieden (vgl. Schulz 2009, S. 202 ff.):

- **Traditionelle Hausbootform:** Alle Kabinen liegen auf einer Ebene und ein evtl. zusätzliches Steuerrad wird auf dem Hinterdeck installiert.
- **Sedanform:** Der Wohnbereich und das offene Hinterdeck liegen auf einer Höhe.
- **Boote mit zentraler Brücke:** Die Brücke ist in den erhöhten Wohnbereich integriert und es entstehen vorne und hinten zwei getrennte Wohnbereiche.
- **Boote mit Schiebedach:** Hierbei handelt es sich um eine Variante der Boote mit zentraler Brücke, wobei über dem Wohnbereich/der Brücke das Dach geöffnet werden kann.
- **Boote mit erhöhtem Steuerstand hinten:** Die Wohnbereiche liegen vorne und der Steuerstand sowie ein offenes Deck liegen im hinteren Bereich.
- **Flying-Bridge-Boote:** Diese sind mit zwei Steuerständen im Wohnbereich sowie auf dem Deck in der Mitte des Schiffes ausgestattet.
- Beim **(Segel-)Yachtcharter** werden spezielle Anfertigungen für den Chartermarkt vorgenommen. Hierbei werden im Gegensatz zu Eigneryachten mehr Kabinen und zusätzliche Schlafplätze integriert (vgl. Zucker/Goericke 2004, S. 26 f.). Die verschiedenen Yachten werden hauptsächlich entsprechend ihrer Größe eingeteilt. Bei den **Motorbootyachten** unterteilt der Bundesverband für Wassersportwirtschaft in Deutschland in Boote unter 7,5 m Länge und über 7,5 m Länge. Im Jahr 2016 dominierten die Boote mit über 7,5 m Länge (ca. 130.000 Boote) gegenüber den kleineren Booten mit ca. 35.000 Booten. Bei den Segelyachten zeigt sich in Deutschland ein ähnliches Bild. Es gibt ca. 35.000 kleinere Segelboote (Länge von unter 7,5 m) und ca. 125.000 Boote mit über 7,5 m Länge (vgl. Mell 2016, S. 46). Neuere Daten hat der Bundesverband für Wassersportwirtschaft bisher nicht veröffentlicht.
- Bei der touristischen Nutzung von Hausbooten bzw. Yachten werden fahrklare Boote verchartert, d. h. vermietet. Die komplett ausgestatteten Boote stehen zur eigenen Verfügung und werden unter eigener Verantwortung geführt. Bei den **Charterformen** werden beim Yachtcharter vier Charterformen unterschieden (vgl. Zucker/Goericke 2004, S. 24).
- **Kojencharter:** Beim Kojencharter wird ein Platz/eine Koje verchartert. Die Gäste teilen sich das Schiff mit anderen Chartergästen und der Crew.
- **Bareboat Charter:** Hier werden Yachten ohne Skipper und ohne Crew vermietet.
- **Bareboat Charter mit Skipper und Crew:** Es werden zum oben genannten Bareboat Charter zusätzlich ein Skipper und je nach Größe der Yacht eine Crew angeheuert.
- **Flotillencharter:** Der Flotillencharter beinhaltet einen Bareboat Charter. Zusätzlich wird jedoch in einem Verbund von Schiffen mit einem „Mutterschiff" gesegelt. Dieses Schiff, besetzt mit erfahrenen Seglern, gibt die Strecke vor.

5.2.4.1 Institutionen und rechtliche Rahmenbedingungen

In Deutschland existieren einige bedeutende Institutionen, die den weiteren Schiffsverkehr prägen und entwickeln. Zum einen ist hier der 1961 gergündete **Bundesverband für Wassersportwirtschaft e. V. (BVWW)** zu nennen, der die Interessenvertretung der deutschen Wassersportindustrie übernimmt. Der Verband erarbeitet bspw. mit Fachausschüssen eigene Ideen und Vorschläge, führt Marktanalysen durch, bietet sowohl juristische und steuerrechtliche als auch betriebswirtschaftliche Beratungen (Unternehmensanalysen, Existenzgründungsberatung etc.) und übernimmt eine politische Interessenvertretung (vgl. BVWW 2023).

Zum anderen sind die vielfältigen Interessenvertretungen der verschiedenen Sportarten, wie der **Deutsche Motoryachtverband** und der **Deutsche Seglerverband** zu nennen. Darüber hinaus existieren Verbände der verschiedenen Dienstleister wie der Verband Deutscher Sportbootschulen, Verband Deutscher Wassersport Schulen, Arbeitskreis Charterboot und Verband Deutscher Bootsvermieter. Letzterer Verband bezweckt seit der Gründung im Jahre 1964 „(...) den gemeinsamen Erfahrungsaustausch seiner Mitglieder auf dem Gebiet der Bootsvermietung und setzt sich weiterhin zum Ziel, auf eine möglichst gleichmäßige und einheitliche Behandlung der Bootsvermieter durch den Gesetzgeber hinzuwirken." (VDB 2023a)

Der **Arbeitskreis Charterboot (AKC)** wurde vor mehr als 20 Jahren gegründet. Er hat u. a. das Ziel, Charterurlaubern durch sorgsame Auswahl von Yachten und professionellen Service einen qualitativ hochwertigen und sorgenfreien Charterurlaub zu bieten. Die nach den strengen Aufnahmekriteren des AKC geprüften Unternehmen sind seit Jahren am Markt vertreten und bieten weltweit nachezu alle Charterreviere und Bootstypen an. Er möchte sowohl Charterkunden als auch Charterunternehmen oder Agenturen mit Rat und Tat zur Seite stehen und die Branche voranbringen. Der Arbeitskreis ist in den Bundesverband Wassersportwirtschaft e. V. eingebunden (vgl. Arbeitskreis Charterboot 2023).

Ein bedeutender Erfolg dieser Interessenvertretungen, v. a. des BVWW und seines Arbeitskreises Charterboot ist die Einführung des führerscheinlosen Fahrens auf zunächst ausgewählten Binnengewässern in Deutschland im Jahr 2000. Der 2000 vorgenommene Modellversuch wurde 2004 zu offiziellem Recht und wurde in den Jahren 2006 und 2013 erweitert.

> Seit der Wassersportsaison 2013 dürfen Boote mit einer Motorisierung von bis zu 15 PS (oder 11,03 Kilowatt) führerscheinfrei über die deutschen Gewässer gefahren werden. Die Führerscheinbefreiung gilt für alle Bundeswasserstaßen (binnen und seewärts) für Boote unter 15 Metern Länge, wobei ein Mindestalter des Skippers von 16 Jahren gilt. Die Regelung findet keine Anwendung auf dem Rhein, dem Bodensee und auf der Spree-Oder-Wasserstraße in Berlin zwischen Kilometer 14,10 und 20,70 (vgl. Arbeitskreis Charterboot 2016, S. 23).

Weitere politische Rahmenbedingungen werden von den drei verantwortlichen Ministerien geprägt, dem Bundesministerium für Wirtschaft und Technologie (Förderung von Wirtschaft und Tourismus), Bundesministerium für Digitales und Verkehr (Verantwortung für die Bundeswasserstraßen) und Bundesministerium des Inneren (Förderung des Spitzensportes).

5.2.4.2 Angebot und Nachfrage

Für das Angebot sind v. a. die existierenden Fahrtgebiete sowie die Charterunternehmen und Veranstalter bedeutend. Bei Betrachtung der möglichen Fahrtgebiete zeigt sich, dass die touristische Nutzung des weiteren Schiffsverkehrs, der Binnenschifffahrt und der Küsten- und Seeschifffahrt in Europa und weltweit möglich ist. Wichtige Reviere liegen hierbei in Europa, der Karibik sowie in Ozeanien (vgl. Schüßler 2005, S. 358 ff.). In Europa sind hauptsächlich acht Reviere entscheidend (→ Tabelle 27).

Land	Binnenschifffahrtsrevier	Seeschifffahrtsrevier
Deutschland	Flüsse und Kanäle	Ostsee
Schweden	Göta-Kanal (inkl. Värner- und Vättersee)	Schärenküste/Ostsee
Finnland	Saimaa-Seengebiet	
Großbritannien	Norfolk Broads, Flüsse und Kanäle sowie Schottische Seen	
Irland	Shannon, Lough Erne und der Grand Canal	
Niederlande	Ijsselmeer, Flüsse und Kanäle in Friesland und der Rhein	
Frankreich	Reviere in ganz Frankreich	südfranzösische Mittelmeer- und Atlantikküste
Griechenland/Türkei		Ägäis

Tabelle 27: Wichtige Schifffahrtsreviere in Europa | Quelle: Vgl. Schüßler 2005, S. 358 ff.; Tracht 2010, S. 9.

Marktdaten für den Chartermarkt liegen in Deutschland nicht vor, da keine separate Erfassung des Binnen- und Seecharters durchgeführt wird, und keine umfassenden Betrachtungen des Angebots und der Nachfrage vorliegen. Im Weiteren werden ausgewählte Einzelinformationen des Marktes dargestellt.

Europäischer Marktführer auf dem Veranstaltermarkt ist der **Hausbootspezialist „Le Boat“**, der Teil der TUI AG Unternehmensgruppe war und seit 2017 zur Travelopia Holding gehört. Die drei zuvor eigenständigen Unternehmen „Crown Blue Line“, „Connoisseur“ und „Emerald Star“ haben sich im Jahr 2007 zu „Le Boat“ zusammengeschlossen. Im Jahr 2023 verfügt das Unternehmen über ein Angebot von mehr als 900 Booten in 18 Ländern (vgl. Travelopia Holding Ltd. 2023).

Der **Markt für wassertouristische Veranstalter in Deutschland** ist unübersichtlich. Eine Übersicht mit mehr als 100 (Stand 2022) Hausboot-, Motoryacht- und Bungalow-Bootsvermieter in Deutschland findet sich auf 🔗 www.hausboot-smalltalk.de. Die dort angeführten Vermieter bieten mindestens ein Boot an, das sich für einen mehrtägigen Törn auf deutschen Binnengewässern eignet (vgl. Krone 2022). Darüber hinaus bieten bspw. der Arbeitskreis Charterboat (mit 18 Mitgliedern), und der Verband Deutscher Bootsvermieter (mit 32 Mitgliedern) einen Überblick über das Angebot in Deutschland (vgl. Arbeitskreis Charterboot 2023b; VDB 2023b). Beim Verband der Bootsvermieter ist jedoch zu beachten, dass in diesem Zusammenschluss auch bspw. Kanuvermietungen beinhaltet sind. Deutsche Spezialanbieter für Hausbooturlaub sind bspw. Kuhnle-Tours, Locaboat, Yacht Charter Schulz und Yacht Charter Heinzig (vgl. Krone 2022). Genauere Marktdaten konnten nicht ermittelt werden.

Um Schiffe zu chartern, kann nicht nur auf die Anbieter/Veranstalter zurückgegriffen werden, sondern auch auf **Charterportale im Internet**. Sie nehmen eine immer wichtigere Rolle ein und **zwei Anbietermodelle** können hierbei unterschieden werden.

- YachtBooker – ein komplettes Online-System
  Ende 2001 wurde das Unternehmen YachtBooker Network AG von Jens Biermann und Felix Wolf gegründet. Auf der Buchungsplattform yachtbooker.com kann der Endkunde schauen, wenn er auf der Suche nach einer Yacht ist. Es können die Angebote verglichen, Bewertungen gelesen und gebucht werden. Das Geschäftsmodell ist wiefolgt: Vercharterer

stellen ihre Schiffe für eine Gebühr in yachtsys.com, dem B2B-Portal von YachtBooker, den angeschlossenen Agenturen zur Verfügung. Je nach dazu gebuchten Software-Modulen sind die Boote dort „nur" sichtbar, und der Anbieter wartet auf Anfragen – oder diverse Tools erledigen für ihn weitere Verwaltungsschritte: Buchung, Termin- und Kundenverwaltung, Rechnungen, Mahnwesen, Eignerabrechnung etc. Die Buchungsplattform ist nur ein kleiner Teil des Geschäftsmodells, der Schwerpunkt liegt auf den Software-Tools unter www.yachtsys.com, mit denen Vercharterer und Agenturen ihre Schiffe, Buchungen und Kunden verwalten können. Individuelle Websites für Charterfirmen und -agenturen können auch erstellt werden (vgl. Göbner 2016).

- Yachtino ebnet den Weg zum Anbieter
  Einen anderen Weg geht die Yachtino GmbH aus Nürnberg, zu der das Charterportal www.happycharter.com gehört. Der Endkunde kann in einer Suchmaske Eckdaten, wie Revier, Größe (Länge und Kabinen), eingeben. Als Ergebniss gibt es eine Liste, auf der die Anbieter mit den jeweiligen Booten genannt werden. Bei Betrachtung eines Bootes werden detaillierte Infomationen zum Boot gegeben und eine Anfrage an den Anbieter kann versendet werden. Über eine Verlinkung auf den jeweiligen Anbieter kann auch dessen komplettes Angebot eingesehen werden (vgl. Yachtino GmbH 2023).

Bei der **Nachfragebetrachtung** des gesamten deutschen Chartermarktes (Binnen- und Seeschifffahrt) ergibt sich ein Umsatz von 134 Mio. Euro im Jahr 2009 – neue Daten konnten nicht gefunden werden. Der Chartermarkt vereint somit 8,13 % des gesamten deutschen Bootsmarktes. Weitere Teile des Bootsmarktes sind der Handel mit Booten und Zubehör, Reparaturleistungen und andere bootsbezogene Dienstleistungen sowie der Tauch- und Segelsport, Im Vergleich zum Jahr 2008 war der Umsatz im Chartermarkt nahezu konstant (-0,7 %), obwohl der gesamte Bootsmarkt einen Einbruch um 10,5 % registrierte. Grundsätzlich ist von einer positiven Entwicklung der Bootschartertourismus auszugehen, da dieser von der Tendenz zum Deutschlandtourismus profitiert. Bei einer differenzierteren Betrachtung des Chartermarktes, kann die positive Entwicklung in der Binnenschifffahrt auf die vermehrte Nutzung führerscheinfreier Charterangebote zurückgeführt werden. In den betrachteten Gebieten werden bereits 40 % aller vercharterten Boote führerscheinfrei vermietet. Für die positive Entwicklung des Charters in Küsten- und Seegebieten sind v. a. Maßnahmen der Bundesländer Schleswig-Holstein und Mecklenburg-Vorpommern verantwortlich. Durch Qualifizierungsmaßnahem und Produktentwicklung werden die Angebote und Infrastrukturen verbessert. Insgesamt kann der Bootsmarkt von bundespolitischen Maßnahmen profitieren, die es zum Ziel haben wassertouristische Angebote in Deutschland und weltweit besser zu vermarkten (vgl. Tracht 2010, S. 6 ff.).

Eine separate Betrachtung der Segmente **Segelyachtcharter und Hausbootcharter** ist kaum durchzuführen. Von beiden Segmenten ist nur der grobe Umfang der Aktivitäten bekannt. Konkrete Zahlen über die generierten Übernachtungen auf bzw. die Anzahl an Hausbooten liegen nur spärlich vor.

Im Gegensatz dazu liegen beim Segelyachtcharter keine Informationen zu den Übernachtungen vor. Verlässliche Zahlen liegen nur zu den **aktiven Seglern** vor. In Deutschland waren 4,7 % der Deutschen über 14 Jahre, das heißt 3,29 Mio. Menschen häufig oder ab und zu segeln (vgl. ifD 2023b, S. 52). Mitglied im Segelverein waren im Jahr 2023 jedoch nur 193.751 Segler (vgl. DOSB 2023, S. 7).

Insgesamt wird bei der Betrachtung des weiteren Schiffsverkehrs deutlich, dass es sich hierbei um ein (wissenschaftlich) noch wenig betrachtetes Feld handelt. Durch die gezielte Entwicklung des wassertouristischen Angebotes über Maßnahmen, wie z. B. die Führerscheinfreiheit, aber auch dem Trend zum Deutschlandtourismus (u. a. in Folge der Covid-19-Pandemie) entsteht Entwicklungspotenzial. Hervorzuheben ist auch der Forschungsbedarf der für diese Tourismusform existiert, da kaum Betrachtungen und v. a. Marktanalysen vorhanden sind.

5.2.5 Kreuzfahrten

Eine weitere Art der Passagierschifffahrt stellen Kreuzfahrten dar, die in Hochsee- und Flusskreuzfahrten unterteilt werden. Da Passagiere unterschiedliche Motive für die Durchführung einer Kreuzfahrt haben (z. B. Erholung, Abenteuer, Spaß, Bildung), variieren auch die Arten von Kreuzfahrten. Wichtige Kreuzfahrtarten sind bspw. Abenteuerkreuzfahrten, Erholungskreuzfahrten, Expeditionskreuzfahren, „Fun Cruises", Themenkreuzfahrten, „Around the World"-Kreuzfahrten, Mini-/Schnupperkreuzfahrten, Segelkreuzfahrten und Studienkreuzfahrt, die größtenteils sowohl auf Flüssen als auch auf den Weltmeeren möglich sind – eine neuere Unterscheidung spricht von residenz-, resort- und routenbezogenen Kreuzfahrten (vgl. Jans 2024; Pompl 1997, S. 287 ff.; Schäfer 1998, S. 196 ff.; Steinecke 2018, S. 54 ff.).

Im Anschluss werden die Hochsee- und Flusskreuzfahrten detailliert dargestellt, in dem auf die Entwicklung des Kreuzfahrtmarktes, wichtige gesetzliche Regelungen und Institutionen sowie auf Anbieter und deren Strategien auf dem Kreuzfahrtmarkt und Nachfrager eingegangen wird.

5.3 Definition des Begriffes Kreuzfahrt

Der Begriff „Kreuzfahrt" stammt aus der Segelschiffszeit der englischen Kriegsmarine. Kreuzer oder „Cruisers" waren leichte, schnelle Kriegsschiffe, die ein bestimmtes Seegebiet überwachten, in dem sie in diesem Gebiet kreuzten (vgl. Schüßler 2005, S. 77). Die frühen Kreuzfahrten wurden zunächst als „Vergnügungs- und Erholungsreisen zu See" beworben. Der Ausdruck Kreuzfahrt taucht als „Cruise" erstmalig im Jahre 1884 bei der Chartergesellschaft „Pleasure Cruising Yacht Company" auf (vgl. Althof 1994, S. 12). In der wissenschaftlichen Literatur gibt es nicht die eine uneingeschränkt anerkannte Definition des Begriffes „Kreuzfahrt", sondern verschiedene Ansätze.

Nachfolgend werden einige der bekannten Definitionen aus der deutsch- und englischsprachigen Literatur vorgestellt. Weitere Ansätze finden sich z. B. bei Althoff 1994, S. 7, Hockmann 1993, S. 18 f., Mundt/Baumann 2007, S. 369, Steinecke 2018, S. 15.

- „Unter Kreuzfahrten sind Pauschalreisen auf einem Schiff mit einer bestimmten Mindestteilnehmerzahl zu verstehen. Das Arrangement schließt Übernachtung, Verpflegung, Übernachtung, Animation, Entertainment sowie die Nutzung der meisten Schiffseinrichtungen ein, gewährleistet also eine vollständige Versorgung der Passagiere für die gesamte Reisedauer. Kreuzfahrten sind Rundreisen, auf denen nach einer im vorherein festgelegten Fahrtroute verschiedene Häfen angelaufen werden, in denen dann die Möglichkeit zu Landausflügen besteht. Das Schiff muß dabei nicht unbedingt in den Ausgangshafen zurückkehren. Von einer Kreuzfahrt kann man allerdings erst dann sprechen, wenn mindestens eine Übernachtung auf See stattfindet und neben dem Ein- und Ausstiegshafen mindestens noch ein weiterer Hafen angelaufen wird. (...) Eines der wichtigsten Kriterien für eine Kreuzfahrt besteht darin, daß die Passagiere nicht das vordringliche Ziel verfolgen, irgendwo anzukommen, sondern auf dem Schiff unterwegs zu sein. Ein Kreuzfahrtschiff ist in den Augen der Passagiere eine eigenständige Urlaubsdestination." (Schäfer 1998, S. 7 f.)

- „Kreuzfahrten sind Vergnügungsreisen unterschiedlicher Länge mit Übernachtung auf einem Passagierschiff, in deren Vordergrund entsprechend nicht der Transport, sondern Erlebnis und Erholung stehen. Es handelt sich bei ihnen um Pauschalreisen, deren Ein- und Ausschiffungshafen oft identisch sind, es aber nicht sein müssen. Dem Erlebnisaspekt wird durch das Anlaufen interessanter Häfen mit Ausflugsangeboten Rechnung getragen, während die vielfältigen Einrichtungen an Bord vor allem Erholung und Unterhaltung dienen." (Mundt 2008a, S. 415)
- Kreuzfahrten sind „(...) mehrtägige Schiffsurlaubsreisen, bei denen verschiedene Häfen angelaufen werden. Die Passagiere haben die Möglichkeit, an Landausflügen mit Besichtigungsprogramm teilzunehmen. Das Arrangement schließt Übernachtung, Verpflegung sowie Unterhaltungsprogramme, Sport und Animation an Bord und häufig auch An- und Abreise mit Flugzeug, Bus oder Bahn ein." (Schröder 2007, S. 193)
- „Cruise: A vacation involving a voyage by sea, on a lake, or on a river." (Gibson 2006, S. 14)
- „A cruise is defined as to make a trip by sea in a liner for pleasure, usually calling at a number of ports." (Dowling/Weeden 2017b, S. 2)
- „Kreuzfahrten sind Urlaubsreisen auf einem speziell hierfür gebauten Schiff, das zugleich stationäre und mobile Destination darstellt, mit Unterkunft, Gastronomie, Freizeit- und Unterhaltungsprogramm, als ganzheitliches Reiseangebot, das Urlaubsbedürfnisse weitgehend abdeckt, weitgehend standardisiert für größere, inhomogene Zielgruppen, mit einem breiten Angebotsspektrum, flexibel und individuell nutzbar, im Rahmen eines zeitlich fixierten und befristeten Angebots, unterwegs auf festgelegten Routen in umgrenzbaren Fahrtgebieten, um bestimmte Ziele oder Zwecke zu erreichen, oder um Destinationen für touristische Zielsetzungen zu erschließen, mit dem Erfordernis, An- und Abreise einzubinden, mit hohem Imagewert, reguliert über nationale und internationale Bestimmungen, eingebunden in ein umweltbewußter werdendes Gesamtkonzept, angeboten von Reiseveranstaltern, die vielfach auch Reederei sind." (Jans 2024)

Es soll hier keine neue, eigene Definition aufgestellt werden.

Zusammenfassend lässt sich jedoch festhalten, dass als Kreuzfahrt eine Urlaubsreise auf einem Schiff, bei der entlang einer bestimmten Route verschiedene Ziele besucht werden, bezeichnet wird. Das Schiff dient dabei als Unterkunft, welche ein umfangreiches Freizeit- bzw. Unterhaltungsprogramm ermöglicht. Und die Beförderung an sich tritt in den Hintergrund, da der Weg selbst zum Ziel wird. Je nach Auslegung des Tourismusbegriffes werden Tages- bzw. Kurzkreuzfahrten („Butterfahrten" oder „Gambling Ships") von den Kreuzfahrten ausgeschlossen (vgl. Schäfer 1998, S. 7).

5.4 Entwicklung der Kreuzfahrt[46]

Seeschifffahrt gibt es seit einigen Jahrhunderten, z. B. wird von Seereisen der Ägypter, Phönizier, Griechen, Römer oder Wikinger berichtet. Bei der Entwicklung des Kreuzfahrttourismus sind zwei verschiedene historische Entwicklungslinien zu beobachten. Zum einen den **Schiffslinienverkehr**, v. a. die Routen zwischen Europa und Nordamerika, und zum anderen die **Entwicklung der „echten" Kreuzfahrtschiffe**, bei dem nicht die Beförderung von A nach B, sondern Erholung und Spaß, das Schiff selbst und seine Angebote im Mittelpunkt stehen. Bis ins 18. Jahrhundert war die Passagierbeförderung auf den in der Handelsschifffahrt eingesetzten Segelschiffen nur (reichen) Kaufleuten und Personen mit besonderer Mission vorbehalten. Eine Schiffsreise ist in dieser Periode nicht nur ein generelles Risiko für Leib und Leben, sondern auch teuer, unbequem und ungesund (vgl. Schüßler 2005, S. 11).

Im 19. Jahrhundert sind einige Entwicklungen zu beobachten, die eine starke Wandlung der Seeschifffahrt vorangetrieben haben. 1819 war bspw. die „Savannah" das erste ozeanfähige **Schiff mit zusätzlichem Dampfantrieb** als Unterstützung für die Segel, welches die Reisedauer zwischen Amerika und Europa um mindestens sieben Tage verkürzte und eine neue Ära – die der Dampfschifffahrt – einleitete (vgl. Miller 2007, S. 43; Schäfer 1998, S. 36). „Es folgen weitere Schiffe, deren Reeder noch auf die Kombination von Segel und Dampf setzen, aber weiter verbesserte Maschinen benutzen. Im Jahre 1838 schlägt endlich die Stunde des Schiffes, das nur noch unter Dampf den Atlantik überquert. Es ist die ‚Sirius', die für die Überfahrt nur noch 18 Tage und 10 Stunden benötigt." (Schüßler 2005, S. 12)

Ein weiterer Meilenstein im 19. Jahrhundert war die **Auswanderung** von zahlreichen Menschen aus **Europa nach Nordamerika**. Politische Umwälzungen und ein stärkeres Freiheitsstreben in Europa veranlasste immer mehr Leute ihr Glück in Amerika zu suchen. Allein aus Deutschland wanderten zwischen 1830 und 1840 mehr als 150.000 Personen und ein Jahrzehnt später sogar mehr als eine halbe Mio. Personen in eine neue Heimat aus. Für die Beförderung einer derart großen Anzahl an Passagieren wurden größere Schiffe und Dienste benötigt, die sich nicht nach der Notwendigkeit der geladenen Güter richteten (Trampschifffahrt), sondern die Beförderung der Menschen in den Mittelpunkt stellt. In der internationalen Schifffahrt begann eine Unterscheidung zwischen reinen Passagierschiffen und solchen Schiffen, die neben den Passagieren auch Frachtladung in die „Neue Welt" transportierten. Zu Beginn des Transatlantiklinienverkehrs waren die Bedingungen der Unterbringung für die Auswanderer jedoch katastrophal, insbesondere da eine Segelschiffsreise über den Nordatlantik oft über 100 Tage dauerte und die Verpflegung und die Wasservorräte in vielen Fällen nicht ausreichten (vgl. Hockmann 1993, S. 20 f.; Schäfer 1998, S. 40 f.; Schüßler 2005, S. 12 f.). Das Ende des 19. Jahrhunderts wird als ein weiterer großer Wendepunkt in der Schifffahrt angesehen, da in diesem Jahr die weltweit größte Zahl an Segelschiffen gezählt wurde. In den Folgejahren wurden es immer weniger Segel- und dafür mehr Dampfschiffe, die durch ihre Schnelligkeit, Sicherheit und komfortableren Ausstattung geprägt waren. Ein weiterer Meilenstein in der Geschichte der Linienschifffahrt ist die „Kaiser Wilhelm der Große", die als erster „Superliner" bezeichnet wird und 1897 das begehrte „Blaue Band" für die schnellste Atlantiküberquerung zwischen Bishop's Rock auf der britischen Scilly-Inseln und dem Ambrose Leuchtfeuer vor New York holte (vgl. Hockmann 1993, S. 20 ff.; Miller 2007, S. 43).

46 Detailliertere Darstellungen zur geschichtlichen Entwicklung der Kreuzfahrt lassen sich bei Cartwright/Baird 1999, Douglas/Douglas 2004, Gibson 2006, Hockmann 1993, Kludas 1986–1990, Schäfer 1998 und Schüßler 2005 finden.

Das „Goldene Zeitalter" („Golden Age") der **Transatlantikschifffahrt** war die Periode von Anfang des 20. Jahrhunderts bis zum 2. Weltkrieg – mit Ausnahme des 1. Weltkrieges. Während dieser Zeit stand eine Reihe von Gesellschaften um Emigranten und Touristen miteinander in Konkurrenz. Schiffe wie die „Titanic", „Ile-de-France", „Normandie", „Queen Mary" oder „Bremen" und „Europa" waren kraftvolle und luxuriöse Symbole der jeweiligen Nationen. Insbesondere die Zeit um die Wende des 20. Jahrhunderts lässt sich mit dem Stichwort „Von der Passage zur Seereise" umschreiben, da sich an Bord der Passagierschiffe ein Übergang von der reinen Passagierbeförderung zur Seereise vollzog und durch die Einführung des neuen Schiffsbaumaterials Stahl neue Möglichkeiten entstanden. Erste Ansätze einer luxuriösen Ausstattung der Kabinen ließen sich schon um 1850 beobachten, da Kabinen für sog. Kajütspassagiere mit edlem Teak-, Mahagoni- oder Sandholz und wertvollen Stoffen ausgestattet waren. Durch die Verwendung von Stahl, dessen Härte und Verwindungssteifigkeit die des bisher verwendeten Eisens entscheidend übertraf, konnte anstelle relativen Komforts wirklicher Luxus treten. Besonders bedeutsam waren die großzügiger dimensionierten Schiffe, die zusätzliche Aufbauten erhielten „(...) und im Schiffsinneren war es erstmals möglich, weite und hohe, z. T. sogar über mehrere Decks reichende Gesellschaftsräume zu schaffen. Solche Einrichtungen und die zunehmende Sicherheit ließen die bisher mit Schrecknissen assoziierte Seefahrt als äußerst angenehme Art des Reisens erscheinen. Die Schiffsreise wandelte sich vom notwendigen Übel zum Vergnügen. Diese Epoche schuf die Basis für die spätere touristische Nutzung des Transportmediums Schiff. Jährlich nahm die Zahl der Menschen zu, die an Bord der Linienschiffe eine Urlaubsreise in die Neue oder Alte Welt machten." (Schäfer 1998, S. 41)

Über den genauen **Beginn der ersten Kreuzfahrten** sind in der Fachliteratur unterschiedliche Meinungen zu finden. Einige Autoren sehen eine 49-tägige Reise eines deutschen Segelschiffes von Hamburg nach New York im Jahre 1848 als „Geburtsstunde" der Kreuzfahrt (vgl. Hockmann 1993, S. 20, Klever 1990, S. 29). Weiter verbreitet ist jedoch die Ansicht, dass der 1844 zu einem Kreuzfahrtschiff umgestaltete P&O-Liner Ceylon den tatsächlichen Beginn darstellt (vgl. z. B. Althof 1994, S. 12; Kludas 1987, S. 196; Miller 2007, S. 45; Schäfer 1998, S. 47; Schüßler 2005, S. 33). Zwar hatte im Jahre 1835 schon der Schotte Arthur Anderson die Idee, freien Anzeigenraum mit einem Angebot zu einer (fiktiven) Rundreise per Schiff von den Shetlandinseln über die Färöer-Inseln nach Island und zurück zu benutzen. Da die angedachte Rundreise jedoch nicht in die Tat umgesetzt wurde, ist die im Jahre 1844 durch P&O durchgeführte Reise wohl die tatsächliche Geburtsstunde der Kreuzschifffahrt, auch wenn es sich hierbei um den Einsatz eines für den Liniendienst vorgesehenen Schiffes für eine Vergnügungsreise handelte. Es folgten weitere „Vergnügungsreisen" verschiedener Reedereien in die norwegischen Fjorde und ins Mittelmeer, wie z. B. durch die Hamburg Amerikanischen Packetfahrt-Actien-Gesellschaft (HAPAG) oder den Norddeutschen Lloyd. Der Generaldirektor der HAPAG Albert Ballin hatte mit dem Einsatz von Luxusliniendampfern für „Lustreisen auf See" in den verkehrsschwachen Wintermonaten auf der Nordatlantikroute gute Erfahrungen gemacht (1891: Einsatz der „Augusta Victoria" für eine „Exkursionsreise ins Mittelmeer") und baute sein Engagement z. B. mit den „Großen Orientfahrten" aus. Das erste für Kreuzfahrten konzipierte Schiff war die 1900 in Dienst gestellte „Prinzessin Victoria Luise" der Hamburg-Amerika Linie. Als weiteres Kreuzfahrtschiff folgte ihr 1904 die „Meteor", die auf Grund niedrigerer Einstiegspreise für ein breiteres Publikum bestimmt war (v. a. gehobene Mittelschicht und Großbürgertum) (vgl. ders., S. 33 f.). Nach anfänglichen Schwierigkeiten, die auf die angeblich mangelhafte Qualität des Schiffes zurückgingen, entpuppte sich auch die Meteor als Erfolg und bewies damit, dass diese Reiseform auch bei einem breiteren Publikum auf positive Resonanz stieß, wenn sie zu einem annehmbaren Preis angeboten wird (vgl.

Schäfer 1998, S. 50). Interessant ist, dass bei den ersten Vergnügungsreisen zu See einige Parallelen mit den heutigen Kreuzfahrten zu finden sind. Hier können v. a. die Landausflüge, das Angebot an Bord und die Routen in den europäischen Gewässern genannt werden. Das Erleben von Land und Leuten gehörte damals wie im 21. Jahrhundert zu einem der wichtigsten Gründe für eine Kreuzfahrt (vgl. Schüßler 2005, S. 34 f.).

Der Ausbruch des **1. Weltkrieges traf die boomende Passagierschifffahrt** und v. a. die aufblühende Kreuzfahrtbranche hart. Einige Schiffe wurden im Krieg zu Truppentransportern oder Hilfskreuzern umfunktioniert und eine nicht unerhebliche Tonnage wurde im Krieg zerstört. Im Versailler Vertrag wurde das Deutsche Reich zur Abgabe aller Überseeschiffe verpflichtet, so dass eine Lücke entstand, die die Siegermächte nicht füllen wollten oder konnten. Da die Reedereien, die vor dem 1. Weltkrieg bedeutende Kreuzfahrtanbieter waren, nach 1918 gezwungen waren, neue Schiffe Indienstzustellen, lag die erste Aufmerksamkeit dem Linien- und nicht dem Kreuzfahrtgeschäft. So dauerte es einige Jahre bis in Deutschland wieder (Vergnügungs-)Kreuzfahrten angeboten wurden. Als Beispiele der frühen 1920er-Jahre seien hier die Hugo Stinnes Linien, die Schuppe Reederei und die Hamburg-Süd genannt (vgl. Hockmann 1993, S. 24 ff.; Kludas 1989, S. 32 ff.; Schäfer 1998, S. 55 ff.). Ein weiterer bedeutungsvoller Entwicklungsschritt des Kreuzfahrttourismus nach dem Ersten Weltkrieg in den USA stellt der sog. „**National Prohibition Act**" dar; ein Gesetz, das mit Jahresbeginn 1920 Gültigkeit erlangte und den Alkoholkonsum für die nächsten 14 Jahre in den USA verbot. „Ein legales Schlupfloch für einen ungehemmten und ungestraften Alkoholkonsum bieten die ab USA verkehrenden Reedereien mit ihren ‚Säufer-Kreuzfahrten' (Booze Cruises), Kurzreisen, bei denen außerhalb der amerikanischen Gewässer geistige Getränke in Strömen fließen." (Schüßler 2005, S. 35)[47]

Die Entwicklung der Kreuzfahrten in den 30er-Jahren des 20. Jahrhunderts ist von den sog. **KdF-Seereisen** geprägt.[48] Eine Seereise galt zu jener Zeit als eine prestigeprächtige Reiseform, die sich der Großteil der (deutschen) Bevölkerung nicht leisten konnte. Dies war umso mehr ein Grund für die Nationalsozialisten, Seereisen für den deutschen Arbeiter zu organisieren, da hiermit die (propagandistischen) Ziele der KdF erfüllt werden konnten. Die KdF-Organisation startete im Frühjahr 1934 die ersten beiden 5-tägigen Kreuzfahrten mit jeweils über 2.800 Passagieren zur Isle of Wight. Weitere Kreuzfahrten zu den norwegischen Fjorden und ins Mittelmeer folgten, wobei die Länge der Kreuzfahrten auf bis zu 21 Tagen anstieg (vgl. Schäfer 1998, S. 61 ff.). „Die Beliebtheit ist so groß, dass im Jahre 1937 die DAF mit neun Schiffen 146 KdF-Seereisen mit über 136.000 Urlaubern durchführt. Auch wenn die Nationalsozialisten die KdF-Seereisen für ihre Propagandazwecke ausnutzen, so zeigt die ‚Seereise für den Arbeiter' doch erstaunliche Ergebnisse, denn in den rund fünf Jahren ihres Bestehens unternehmen mehr als 750.000 Teilnehmer eine solche Fahrt." (Schüßler 2005, S. 36 f.) Im Zweiten Weltkrieg waren viele ehemalige KdF-Schiffe als Marine-Unterkünfte, Truppentransport- und später als Lazarettschiffe im Einsatz. Zahlreiche Schiffe wurden zerstört, so dass die deutschen Reedereien 1945 nur noch wenig seetüchtige Schiffe besaßen. Ein Großteil hiervon musste als Reparationsleistungen an die Siegermächte übergeben werden. Wie nach dem Ersten Weltkrieg 30 Jahre zuvor lag die internationale Passagierschifffahrt am Boden (sie verlor ein Drittel ihrer Schiffe)

---

47 Bei den in den 1920er- und 1930er-Jahren angebotenen Kreuzfahrten von Hamburg-Süd und den „Säufer-Kreuzfahrten" in den USA wird erstmals von einem „Massentourismus auf See" gesprochen (vgl. Schüßler 2005, S. 35 f.).

48 „KdF" steht für „Kraft durch Freude". Die derart bezeichnete NS-Gemeinschaft wurde im Jahre 1933 als Unterorganisation der Deutschen Arbeitsfront (DAF) von Robert Ley gegründet, wobei die DAF als gleichgeschaltete Einheitsgewerkschaft an die Stelle der im gleichen Jahr aufgelösten Einzelgewerkschaften getreten war.

– dies galt in besonderem Maße für die deutsche. Mit einem Neuanfang musste insbesondere in Deutschland einige Jahre gewartet werden, da die Alliierten den deutschen Reedereien ein Engagement in der Überseeschifffahrt versagte (vgl. Kludas 1990, S. 157). Erst Mitte der 1950er-Jahre wurden wieder Kreuzfahrten von deutschen Reedern angeboten (vgl. Hockmann 1993, S. 29; Schäfer 1998, S. 65; Schüßler 2005, S. 37). Der **Passagierliniendienst** hatte sich dagegen vergleichsweise schnell wieder erholt und schien eine **Renaissance** zu erleben. Im Jahre 1947 gelang es den Anbietern die Rekord-Passagierzahlen aus den 1930er-Jahren zu überbieten. Andererseits kam mit dem zunehmenden Angebot an Luftverkehrsdiensten eine mächtige Konkurrenz auf (1950 standen 693.158 Schiffspassagen 317.164 Flugreisen gegenüber). Insbesondere das Jahr 1958 sollte in Erinnerung bleiben: Der erste kommerzielle Düsenjet überquerte den Atlantik und veränderte damit die Verhältnisse im Transatlantikverkehr. Es sollte das letzte Jahr sein, in dem mehr Passagiere den Atlantik im Schiff als im Flugzeug überquerten (vgl. Schäfer 1998, S. 65). „In the early 1960s, passenger-shipping directories listed over 100 passenger lines. Until the mid-1960s, it was cheaper to cross the Atlantic by ship than by plane, but the appearance of the jet aircraft changed that rapidly, particularly with the introduction of the Boeing 747 in the early 1970s. In 1962, more than 1 million people crossed the North Atlantic by ship; in 1970, that number was down to 250,000. The success of the jumbo jets created a fleet of unprofitable and out-of-work passenger lines that appeared doomed for the scrap heap." (Ward 2009, S. 12)

In den Jahren zwischen etwa 1960 und 1975 boten eine Reihe von Reedereien eine **Mischung von Passage und Kreuzfahrt** auf ihren Schiffen an, da der Luftverkehr stetig mehr Passagiere von den Transatlantikfahrten auf die größer und schneller werdenen Flugzeuge abzieht. „Die Reedereien entsagten ihrem bisher vorrangigen Ziel, möglichst schnell den Atlantik zu überqueren. Stattdessen planten sie bewusst zusätzliche Zwischenstops ein, um Reisenden einen Zusatznutzen und damit einen Anreiz zu geben, sich für das Schiff als Transportmittel zu entscheiden. Besonders erfolgreich waren Routen, auf denen Karibik-Häfen angelaufen wurden. Insgesamt fand diese Zwitterform von Kreuzfahrt und Linienschiffahrt guten Zuspruch." (Schäfer 1998, S. 70) In den 1960er-Jahren waren es der Norweger Knut Kloster und des Israeli Ted Arison, die den Kurs der Kreuzfahrt entscheidend veränderten. Sie gründeten 1966 die Norwegian Caribbean Line (die 1987 zur Norwegian Cruise Line wurde) und schafften es, mit günstigen Preisen, ohne die bisher üblichen Garderobezwänge (v. a. durch Einführung des Freestyle Cruising-Konzeptes ab 2000) und mit einem locker-legeren Ambiente an Bord immer mehr Gäste zu gewinnen (Miller 2007, S. 45; Schüßler 2005, S. 41). 1972 trennten sich Kloster und Arison, aber letzterer gründete seine eigene Gesellschaft: Carnival Cruise Line. Carnival erwarb alte Schiffe günstig (z. B. kaufte Arison sein 1. Schiff für einen symbolischen Dollar und übernahm gleichzeitig 5 Mio. US-$ Verbindlichkeiten) und ließ sie für Kreuzfahrtzwecke umbauen, die sie als sog. „Fun-Ships" vermarktete. Carnival expandiert seit den 1970er-Jahren durch Inbetriebnahme neuer Schiffe und v. a. durch den Zukauf renommierter Reedereien.

Einen weiteren wichtigen Beitrag lieferte die in den USA in den 1970er-Jahren gezeigte **TV-Serie „Love Boat"**. Diese „Seifenoper" begeisterte Millionen Menschen und löste einen Boom für Kreuzfahrten aus. „In the 1970s, the television program Love Boat portrayed social life aboard cruise ships to a wide audience. The long-running series, filmed with cooperation of Princess Lines and ultimately syndicated in 115 countries, diffused the central images of the cruise ship experience – high-seas romance, sex, and, above, fun – to audiences around the world." (Saunders 1998, S. 282, zitiert nach Miller 2007, S. 45) Weitere Anbieter lassen sich von den Erfolgen anstecken, wobei v. a. norwegische Reeder zu erwähnen sind, die die Unternehmen Royal Caribbean Cruises Line und Royal Viking Line gründeten. Erstere ist unter dem Namen

Royal Caribbean Cruises mit ca. 23 % Marktanteil (bezogen auf die beförderten Passagiere) der zweitgrößte Kreuzfahrtanbieter, wobei Royal Caribbean International, Celebrity Cruises und Silversea (bis 2021 auch Azamara Cruises) zur Muttergesellschaft gehören (vgl. Royal Caribbean Cruises Ltd. 2023a, S. 11; Wahlstrom 2021). Neben der Gründung von neuen Unternehmen und dem Bau von speziell für Kreuzfahrten ausgelegten Schiffen kamen in den letzten Jahren neue Angebote auf den Markt, die das Kreuzfahrtprodukt erweitern bzw. erleichtern. Hier seien z. B. Air-Sea-Packages bzw. Fly&Cruise-Konzepte, bei denen der Flug bereits im Kreuzfahrtpreis inbegriffen ist, und Sail&Stay-Angebote, bei denen Kreuzfahrten mit einem Aufenthalt an Land kombiniert werden, genannt (vgl. Hockmann 1993, S. 31; Schäfer 1998, S. 72 f.).

Mit Stand 2021 ist der Kreuzfahrtmarkt von den drei Kreuzfahrtgesellschaften Carnival Coporation, Royal Caribbean Cruise und Norwegian Cruise Line und ihren jeweiligen Marken geprägt. Sie haben zusammen einen Marktanteil von ca. 75 % Allein Carnival (1993 in Carnival Corporation umbenannt) deckte im Jahr 2021 ca. 42 % der weltweiten Passagiere bzw. 37 % der Umsätze ab und zur Muttergesellschaft gehören AIDA Cruises, Carnival Cruise Line, Costa, Cunard, Holland America Line, P&O Cruises, P&O Cruises Australia, Princess Cruises und Seabourn (vgl. Wahlstrom 2021).

5.5 Gesetzliche Rahmenbedingungen und Verbände

Neben ausgewählten gesetzlichen Grundlagen werden nationale und internationale Institutionen mit Kreuzfahrtrelevanz vorgestellt.

5.5.1 Ausgewählte gesetzliche Grundlagen

> Generell ist jeder Nation das Befahren der Weltmeere nach dem Grundsatz der **„Freiheit der Meere“** möglich, so dass auch Länder ohne Zugang zum Meer das Recht haben, die Weltmeere zu befahren. Der Grundsatz „Freiheit der Meere" hat sich als altes Gewohnheitsrecht seit dem 17. Jahrhundert entwickelt und ist auf internationalen Konferenzen wiederholt bestätigt worden (z. B. Convention auf High Seas im Jahre 1958).[49]

Trotzdem haben die Küstennationen immer wieder versucht, ihr Hoheitsgebiet auf die offene See auszudehnen. Insbesondere das Problem der Meerengen und der als international geltenden Schifffahrtsstraßen hat immer wieder zu politischen Auseinandersetzungen über Durchfahrtsrechte geführt, die nur z. T. in Verträgen geregelt wurden (z. B. für Darnellen in Konventionen von Konstantinopel 1888). Eine vertragliche Regelung des internationalen Seerechts wurde jedoch v. a. notwendig, nachdem einige Staaten die alte gewohnheitsrechtliche Regel, welche die nationalen Küstengewässer auf eine Breite von drei Seemeilen (etwa 6 km) begrenzt, nicht mehr anerkannten. Einige Staaten beanspruchten eine erweiterte Zone, um Fischbestände zu schützen oder Rohstoffe in dem Gebiet auszubeuten. Auf einer ersten Konferenz im niederländischen Den Haag 1930 berieten sich 47 Länder, konnten sich aber auf keinen Vorschlag einigen. Die USA erweiterten 1945 ihre Zone bis zum Kontinentalschelf. Zwischen 1946 und 1950 vergrößerten auch Argentinien, Chile, Peru und Ecuador ihre Küstengewässer auf 200 Seemeilen. Andere Nationen erweiterten ihren Meeresstreifen auf zwölf Seemeilen. Bis 1967 behielten nur drei Länder die alte Dreimeilen-

49 Bereits im Jahre 1609 verfasste der Rechtsgelehrte Hugo Grotius seine Schrift „Die mare libero“, in der er die Idee eines herrschaftsfreien Meeres darstellte, das allen Staaten offenstehen sollte (vgl. DGVN 1995, S. 1).

zone bei, 66 beanspruchten einen zwölf Seemeilen breiten Meeresstreifen und acht Staaten einen 200 Seemeilen breiten Streifen. UNCLOS I, die erste von drei Konferenzen zur Klärung offener seerechtlicher Fragen, fand 1958 mit Unterhändlern von 86 Staaten im schweizerischen Genf statt; aus diesem Treffen resultierten vier verschiedene Verträge. UNCLOS II aus dem Jahr 1960 blieb insoweit ohne Ergebnis, als dass kein neues Abkommen geschlossen wurde. UNCLOS III wurde 1973 in New York eröffnet und fand mit Unterzeichnung des **Seerechtsübereinkommens** (SRÜ) im Jahr 1982 ihren Abschluss, wobei mehr als 160 Staaten an den Verhandlungen teilnahmen. Die erarbeiteten Rechtsgrundsätze sind seit 16. November 1994 in Kraft und sehen u. a. auch eine Einteilung des Meeres in mehrere Zonen vor. Mit Inkrafttreten des Seerechtsübereinkommens wurde für das Seerecht eine eigenständige Gerichtsbarkeit geschaffen. Hierbei handelt es sich um den Internationalen Seegerichtshof mit Sitz in Hamburg, der im Jahr 1996 seine Arbeit aufgenommen hat (vgl. DGVN 1995, S. 1 f.; Herber 1998, S. 57 ff.; Nuhn/Hesse 2006, S. 131 ff. und → Abbildung 35).

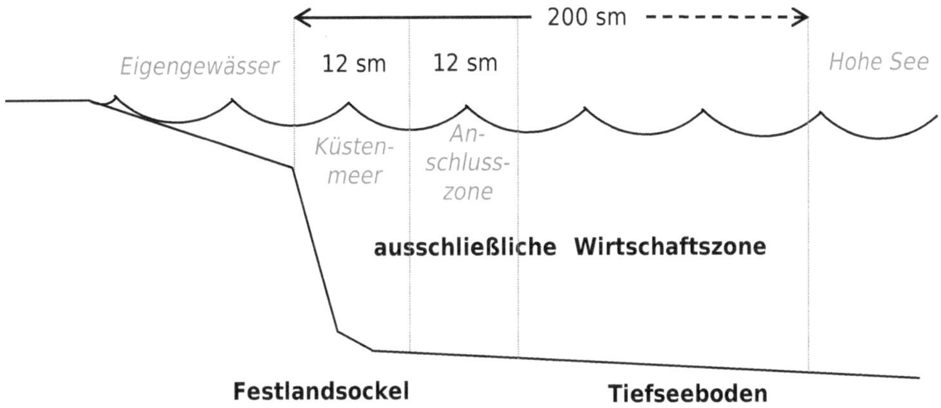

Abbildung 35: Einteilung des Meeres | Quelle: DGVN 1995, S. 2.

Die Küstengewässer eines Staates, bestehend aus den **Eigengewässern** und dem **Küstenmeer**, zählen zum Staatsgebiet eines Landes. Dabei handelt es sich bei den Eigengewässern um Gewässer, die sich von der Küste bis zur sog. Basislinie erstrecken. Diese verläuft dort, wo die durchschnittliche Linie des Ebbestandes – die sog. Niedrigwasserlinie – liegt. Daran schließt sich das Küstenmeer an, das von der Basislinien aus zwölf Seemeilen umfasst (Art. 3 SRÜ). Da beide Zonen zum Staatsgebiet gehören, hat der Küstenstaat innerhalb dieser Gewässer die uneingeschränkte Hoheitsgewalt, muss aber im Küstenmeer die friedliche Durchfahrt fremder Schiffe dulden (Art. 8, Abs. 2 SRÜ). Zudem ist der Küstenstaat für den Schutz und Erhalt der Meeresumwelt im Bereich der Küstengewässer verantwortlich (Art. 192/220 SRÜ). In der Anschlusszone, die sich über 24 Seemeilen vor der Küste erstrecken kann (Art. 33, Abs. 2 SRÜ) und nicht mehr zum Staatsgebiet gehört, kann der Küstenstaat das Recht in Anspruch nehmen, einzelne Hoheitsakte gegenüber fremden Schiffen vorzunehmen, um Zuwiderhandlungen gegen seine Gesetze (v. a. zoll-, steuer- und einwanderungsrechtliche Regelungen) zu vermeiden und zu verfolgen. Bis 200 Seemeilen vor der Küste kann ein Küstenstaat die exklusive Nutzung des Meeres und des Meeresbodens beanspruchen, darf damit aber nicht die internationale Schifffahrt behindern. Bei Inanspruchnahme dieses Rechtes ist der Küstenstatt aber auch für den Schutz dieses Gebietes verantwortlich. Alle anderen Bereiche des Meeres werden der „hohen See" zugewiesen, die für alle Nationen der Welt zur freien Schifffahrt, Fischerei, unterseeischen Kabel-

und Rohrleitungsverlegung, Forschung, Errichtung von künstlichen Inseln sowie zum freien Überflug zur Verfügung steht (Art. 87, Abs. 1 SRÜ); die Ausübung dieser Freiheiten ist jedoch durch die Berücksichtigung der Interessen jeweils anderer Staaten begrenzt (Art. 87, Abs. 2 SRÜ). Die Regulierung des Schiffsverkehrs auf „hoher See" beschränkt sich auf Fahr- und Ausweichregeln sowie Lichter- und Signalvorschriften (Kollisionsverhütungsvertrag KVR 1972), so dass es sich hier um einen mehr oder weniger staatsfreien Raum handelt (vgl. DVGN 1995, S. 1 f.; Nuhn/Hesse 2006, S. 133; Ziegler 2006, S. 219 f.).

Da die Ozeane laut Seerechtsübereinkommen der UN z. T. einzelnen Nationalstaaten gehören und andere Teile der Meere allen Staaten der Erde zur gemeinschaftlichen Nutzung zur Verfügung stehen, sind umfassende gesetzliche Vorgaben und eine effektive Umsetzung dieser Regelungen nur bedingt möglich (vgl. DGNV 1995, S. 1 ff.). Dadurch ist die Gesetzgebung durch nationale und internationale Regelungen und folglich durch Inhomogenität geprägt. Hinzu kommt, dass sich die Rechtsetzung auf internationaler Ebene schwieriger als auf nationaler Ebene gestaltet, da ein zentraler Gesetzgeber fehlt. Dadurch können Schutzbestimmungen nur durch internationalen Konsens in Form von völkerrechtlichen Verträgen (Konventionen) Gültigkeit erlagen. Diese bi- bzw. multilateralen Verträge verpflichten jedoch nur die Staaten zur Einhaltung der Bestimmungen, die dieses Abkommen ratifizieren. Folglich kann eine flächendeckende Umsetzung nur schwer erreicht werden. Stattdessen bietet sich die Möglichkeit der Etablierung sog. Billigflaggen[50], deren zuständigen Staaten keine angemessenen Sicherheitsvorschriften und -kontrollen gewährleisten (vgl. Gibson 2006, S. 15 ff.; Ziegler 2006, S. 82 ff.). Auch der Exekutive auf internationaler Ebene fehlt die Durchschlagskraft. Da ein hierarchisch aufgebautes System der Rechtsprechung fehlt, bleiben Rechtsverstöße häufig unbeachtet (vgl. Gibson 2006, S. 15 ff.).

Die wichtigsten internationalen Regelungen beinhalten bisher Vorschriften zum Meeresschutz, zur Sicherheit auf hoher See und zum Arbeitsschutz im Schiffsverkehr.

▸ **Beispiel** | Umweltfreundlichkeit von Kreuzfahrtschiffen (NABU)

Seit 2012 vergleicht der NABU die Umweltfreundlichkeit europäischer Kreuzfahrtschiffe, wie nachfolgender Tabelle zu entnehmen ist. 2022 schnitten die norwegischen Reedereien Havila und Hurtigruten am besten ab. „Für die positive Bilanz der norwegischen Anbieter ist neben technischen Lösungen insbesondere eine ambitionierte und gleichzeitig klare politische Regulierung verantwortlich. Dort wurde durch strenge Vorgaben ein Innovationsschub ausgelöst, der schon bald in klimaneutralen Kreuzfahrten resultieren könnte. Landstrom, Batterien und e-Fuels auf Basis von grünem Wasserstoff werden auch anderorts die Grundlage bilden. Die im Mai im Zuge des EU Green Deals verabschiedeten Vorgaben setzen hierfür einen guten Rahmen für die gesamte Schifffahrt. Für Kreuzfahrtschiffe bietet insbesondere synthetisches Methanol eine Möglichkeit zum klimaneutralen Betrieb. TUI Cruises und Norwegian Cruise Lines haben Schiffe bestellt, die

50 Bei Billigflaggen (engl. „Flags of Convenience") „(...) handelt es sich um ein Schiff, das die Flagge eines anderen Landes als seines Heimatlandes führt. Einige Länder sind für ausländische Schiffe als Flaggenstaat attraktiv, weil ihre Registrierungsgebühren geringer und Billiglöhne zulässig sind. Nicht selten werden auch niedrigere oder gar keine Steuern erhoben. Darüber hinaus missachten diese Länder alle geltenden nationalen und internationalen Fischereigesetze. Billigflaggenschiffe stellen eine ständige Bedrohung dar, da sie die Regeln zur Erhaltung der Fischbestände sowie alle Vorschriften und Normen in den Bereichen Bewirtschaftung, Sicherheit und Arbeitnehmerrechte verletzen." (EUKOM 2008)

auf diese Möglichkeit setzen. Trotz diesen begrüßenswerten Entwicklungen in Richtung Klimaneutralität steigen die Emissionen in der Kreuzfahrtbranche insgesamt aber weiter an. Besonders besorgniserregend ist (...) der drastische Anstieg von Methanemissionen durch die LNG-Nutzung. Diese sind kurzfristig über 80-mal klimaschädlicher als CO_2. LNG, also Flüssiggas, birgt vielfältige Probleme, weshalb von einer Brückentechnologie nicht die Rede sein dürfe.“ (NABU 2023a)

Platzierung	Reederei	Stopp von Schweröl	Paris Agreement	Klimastrategie	aktuelle klimaneutrale Neubauten	ab wann gesamte Flotte klimaneutral	Effizienzmaßnahmen	Klimaschutzmaßnahmen*	Landstrom	Stickoxidkatalysatoren	Rußpartikelfilter
1.	Havila	✓	✓	✓	♦	♦	✓	✓♦	✓	✓	♦
1.	Hurtigruten	✓	✓	✓	♦	♦	✓	✓✓♦	✓	♦	✕
2.	Aida Cruises	✕	✓	✓	♦	✕	♦	✓✓♦	✓	♦	✕
2.	Ponant	✓	✓	✓	♦	♦	♦	✓	♦	✓	✕
3.	TUI Cruises	✕	✓	✓	♦	✕	♦	✓♦	♦	♦	✕
4.	MSC	✕	✓	♦	♦	✕	♦	✓♦	♦	♦	✕
4.	Norwegian Cruise Lines	✕	✓	✓	♦	✕	♦	✓	♦	♦	✕
4.	Royal Caribbean**	✕	✓	✓	✕	✕	♦	✓♦	♦	♦	✕
5.	Hapag-Lloyd Cruises	✓	✓	✓	♦	✕	✕	✕	♦	♦	✕
6.	Marella	✓	✓	✓	✕	✕	♦	✕	✕	✕	✕
7.	Carnival Cruise Line***	✕	✓	✓	✕	✕	✕	✕		✕	✕
-	Phönix Reisen	-	-	-	-	-	-	-	-	-	-
-	Viking Ocean Cruises	-	-	-	-	-	-	-	-	-	-

Legende: Der NABU hat bei der Analyse der Reedereien folgende Punkte vergeben: ✖ = 0 Punkte, ♦ = 0,5 Punkte, ✓ = 1 Punkt, ✓♦ = 1,5 Punkte, ✓✓ = 2 Punkte, ✓✓♦ = 2,5 Punkte, – = keine Antwort

* Mit Klimaschutzmaßnahmen ließen sich bis zu fünf Punkte erreichen. Unter anderem mit der Nutzung von Brennstoffzellen, Batterien, E-Fuels, Windunterstützung oder andere Maßnahmen wie etwa der Entwicklung klimaneutraler Antriebe.

** Die Bewertung schließt folgende Celebrity Cruises ein.

*** Die Bewertung schließt Princess Cruises, Holland America Line, P&O Cruises und Cunard ein.

Quelle: NABU 2023b.

Neben dem Umweltschutz kommen die Kreuzfahrtgesellschaften auch immer wieder aufgrund der „Billigflaggen“ und den damit zusammenhängenden niedrigen Sozialstandards und Löhne in die Kritik. Nach Recherchen der New Yorker Columbia Universität und der ZEIT fährt im Jahr 2016 kein einziges der 27 Hochseekreuzfahrtschiffe, die von deutschen Anbietern betrieben werden, unter deutscher Flagge (z. B. AIDA-Schiffe: Italien, Mein Schiff-Flotte: Malta). „Während viele europäsichen Regierungen den Reedern vorschreiben, zumindest ein paar EU-Bürger auf den Schiffen zu beschäftigen, sieht das maltesische Recht keine Quoten vor. Umso mehr Crew-Mitglieder können die Anbieter dann in Nieriglohnländern wie Indonesien oder den Phillipinen anheuern. 368 US-Dollar (rund 330 Euro) Grundgehalt im Monat verdienen Wäschereinmitarbeiter oder Tischabräumer auf Mein Schiff 2 laut einem Kollektivvertrag, welcher der ZEIT vorliegt. Mit Zuschlägen und Urlaubsabgeltung kommen sie auf 770 Dollar (knapp 700 Euro). Dafür müssen sie laut Vertrag bis zu 56 Stunden pro Woche arbeiten und darüber hinaus im Monat bis zu 60 Überstunden leisten. (…) Bei AIDA sah ein bis zum Mai 2015 gültiger Kollektivvertrag für Restaurant-Hilfskräfte gar nur 587 Dollar monatlich inklusive aller Zulagen vor. ‚Ein Mitarbeiter im Hotelservice von den Philippinen verdient an Bord von Aida im Monat durchschnittlich 700 bis 900 US-Dollar' schreibt das Unternehmen auf Anfrage. Kost und Logis seien frei; ‚die Vergütung für eine vergleichbare Position an Land beträgt auf den Philippinen 150 bis 250 Dollar im Monat.' Peter Geitmann, Schiffahrtsexeperte von ver.di hält dagegen: ‚Würden diese Beschäftigten zum Beispiel den deutschen Mindestlohn kriegen, kämen sie locker auf 2.000 Dollar. Angebote wie 7 Tage ‚Orient ab Abu Dhabi' auf der Aidastella für 449 Euro wären dann undenkbar.“ (Hecking et al. 2016, S. 21 f.)

> Das wichtigste und umfassendste Instrumentarium des Meeresschutzes ist die von der IMO initiierte Konvention MARPOL 73/78, welche Maßnahmenpakete gegen verschiedene Ursachen der Meeresverschmutzung enthält und laufend ergänzt wird.[51]

Dazu gehören Bestimmungen zum Schutz vor Verschmutzungen durch Öl, Chemikalien, Abwässer, Abfällen, Emissionen und Schadstoffe in verpackter Form. Die für die Kreuzfahrtbranche wichtigsten Bestimmungen regeln die Einleitung von ölhaltigem Bilgenwasser, Abwässern und Abfällen ins Meer sowie das Ausstoßen von Abgasen. Danach ist das Einleiten von ölhaltigem Bilgenwasser nur dann gestattet, wenn es durch die Behandlung mit Ölfilteranlagen maximal 15 ppm Öl aufweist. Behandelte und zerkleinerte Abwässer dürfen erst außerhalb einer 3-Seemeilen-Zone ins Meer geleitet werden, unbehandelte Abwässer erst außerhalb einer 12-Seemeilen-Zone vor der Küste. Für Abfälle gilt ein generelles Einbringungsverbot für Plastik. Alle übrigen Abfälle können außerhalb von zwölf bzw. 25 Seemeilen vor der Küste im Meer entsorgt werden (vgl. IMO 2023a).

Die Anlage VI von MARPOL (seit 19.05.2005 in Kraft) dient der Verhütung der Verschmutzung der Luft durch Seeschiffe. In dieser Anlage werden u. a. Grenzwerte für Stickoxide und Schwefeloxide festgelegt (→ Tabelle 28). Seit dem 01.01.2015 gilt für Schiffe, die in der Nord- und Ostsee oder dem Ärmelkanal operieren, ein Grenzwert für den Schwefelgehalt im Schiffskraftstoff von 0,10 % m/m (vgl. Rieger/Diesener 2015, S. 1).

Diese strengeren Regeln stimmen mit den Wünschen der deutschen Nachfrager (scheinbar) überein: „Bei einer vom NABU beauftragten (…) Umfrage wurden Teilnehmende gefragt, was Kreuzfahrt-Reedereien tun sollten, um Natur und Umwelt zu schützen. Der Ausstieg aus der Schwerölnutzung wurde dabei von den Befragten mit 76,7 Prozent am häufigsten genannt – noch vor einem Stopp der Abwasserentsorgung im Meer mit 71,5 Prozent und der Reduzierung der Müllmenge mit 67,1 Prozent. Nur eine verschwindende Minderheit von 3,4 Prozent der Befragten gab an, dass ihrer Ansicht nach Kreuzfahrtunternehmen schon genug für Umwelt und Natur tun.“ (NABU 2022)

---

51 Eine Übersicht der in naher Zukunft eintretenden Ergänzungen von MARPOL, SOLAS und anderen Konventionen findet sich unter http://www.imo.org/en/About/Conventions/Pages/Action-Dates.aspx.

MARPOL Anlage VI, Regel 14 Schwefeloxide (SOx) und Partikelmasse und Schwefelrichtlinie nach 2012/33/EU (SchwefelRL)			
Schwefelnormen	**2012**	**2015**	**2020**
außerhalb (S)ECA nach SchwefelRL und Anlage VI MARPOL[52]	3,50 % m/m	3,50 % m/m	0,50 % m/m
innerhalb (S)ECA nach SchwefelRL und Anlage VI MARPOL	1,00 % m/m (seit 01.01.2010)	0,10 % m/m	0,10 % m/m
Spezialfall EU-weit: Fahrgastschiffe (Passagierschiffe im Linienverkehr zwischen EU-Häfen) nach SchwefelRL	1,50 % m/m (in SECA 1,00 % m/m)	1,50 % m/m (in SECA 0,10 % m/m)	0,50 % m/m
Spezialfall EU-weit: EU-Häfen (mehr als zwei Stunden am Liegeplatz) nach SchwefelRL	0,10 % m/m	0,10 % m/m	0,10 % m/m
% m/m = Massenhundertteile im Schiffskraftstoff			

Tabelle 28: Schwefelgrenzwerte in Schiffskraftstoffen | Quelle: BSH 2023.

Änderungen der Anlage VI des Internationalen Übereinkommens zur Verhütung der Meeresverschmutzung durch Schiffe (MARPOL) sind am 01.11.2022 in Kraft getreten. Diese technischen und betrieblichen Änderungen verlangen von Schiffen, dass sie ihre Energieeffizienz kurzfristig verbessern und dadurch ihre Treibhausgasemissionen verringern. Ab dem 01.01.2023 sind alle Schiffe verpflichtet, ihren erreichten Energieeffizienzindex für vorhandene Schiffe (EEXI) zu berechnen, um ihre Energieeffizienz zu messen und die Erhebung von Daten für die Berichterstattung über ihren jährlichen betrieblichen Kohlenstoffintensitätsindikator (CII) und die CII-Einstufung einzuleiten. Das bedeutet, dass die erste jährliche Berichterstattung 2023 abgeschlossen sein wird, wobei die ersten Bewertungen im Jahr 2024 erfolgen werden. Die Maßnahmen sind Teil der Verpflichtung der IMO im Rahmen ihrer ersten Strategie zur Verringerung der Treibhausgasemissionen von Schiffen aus dem Jahr 2018, die Kohlenstoffintensität aller Schiffe bis 2030 im Vergleich zu 2008 um 40 % zu senken. Auf der Grundlage des CII eines Schiffes wird seine Kohlenstoffintensität mit A, B, C, D oder E bewertet (wobei A die beste Bewertung ist). Das Leistungsniveau wird in einer „Konformitätserklärung" festgehalten (vgl. IMO 2023b).

Zudem existieren weitere internationale Vorschriften, die in → Abbildung 36 ersichtlich sind. Hier sei insbesondere auf **OILPOL** („International Convention for the Prevention of Pollution of the Sea by Oil", 1954) und **SOLAS** (Internationales Übereinkommen zum Schutz des menschlichen Lebens auf See – „Safety of Life at Sea") verwiesen. Letzteres Abkommen enthält auch Aussagen zum sog. **ISM-Code** („International Safety Management", sicherer und umweltschonender Betrieb an Bord und in der Reederei, seit 2002 in Kraft) und den **ISPS-Code** („International Ship and Port

52 Mit Sulphur Emission Control Area (SECA) werden Gebiete bezeichnet, in denen der Ausstoß von Schwefel und Schwefeloxiden durch Seeschiffe eingeschränkt wird. Emission Controlled Area (ECA) sind weiter gefasst und können auch Emissions-Überwachungsgebiete für Stickstoffoxide (NOx, auch NECA bezeichnet) oder Rußpartikel/Feinstaub (im englischen Particulate Matter, PM) umfassen. Beispiele sind vor der nordamerikanischen Küste von Kanada und den USA, inklusive der Großen Seen und Hawaii (seit August 2012; SOx, NOx, PM), und in den Küstengewässern rund um Puerto Rico und die Amerikanischen Jungferninseln (sog. United States Caribbean Sea ECA, in Kraft seit 2014, SOx, NOx, PM) zu finden. Zuletzt hinzu gekommen ist das Mittelmeer, welches ab dem 01.01.2025 ein SCEA sein wird (vgl. Abromeit 2023).

Facility Security", Ergänzung des SOLAS in Folge des 11.09.2001, seit 01.07.2004 in Kraft). Darüber hinaus existieren weitere internationale Übereinkommen, die lediglich für ein bestimmtes Gebiet gelten, sowie nationale Regelungen zum Meeresschutz (z. B. Clean Water Act der USA). Dabei handelt es sich sowohl um globale internationale Konventionen als auch um internationale Übereinkommen, die lediglich für ein bestimmtes Gebiet gelten.[53]

Daneben gibt es spezielle Vorgaben für Flusskreuzfahrtanbieter, wie bspw. spezielle Schiffskonstruktions- und Betriebsregularien für den Rhein (z. B. Rheinschifffahrtspolizei-verordnung, R heinschiffsuntersuchungsordnung), die von der Zentralkommission für die Rheinschifffahrt (mit Sitz in Straßburg) erlassen werden. Hinzu kommen zahlreiche technische Spezialvorschriften, Richtlinien und Empfehlungen, die eine einheitliche Anwendung und Auslegung der Vorschriften in den fünf Mitgliedstaaten der Zentralkommission sicherstellen sollen (vgl. Zentralkommission für die Rheinschifffahrt 2023). Darüber hinaus gibt es die sog. „European Number of Identification" oder „European Vessel Identification Number"" (auf Deutsch: **Einheitliche europäische Schiffsnummer**, abgekürzt ENI), die alle Binnenschiffe und damit auch bspw. Kabinenschiffe, Tagesausflugsschiffe und Fähren führen müssen. Diese Identifikationsnummer wird einmalig für ein Schiff vergeben und bleibt auch bei einem Eigentümer- oder Flaggenwechsel bestehen (vgl. Hader 2022, S. EU-73).

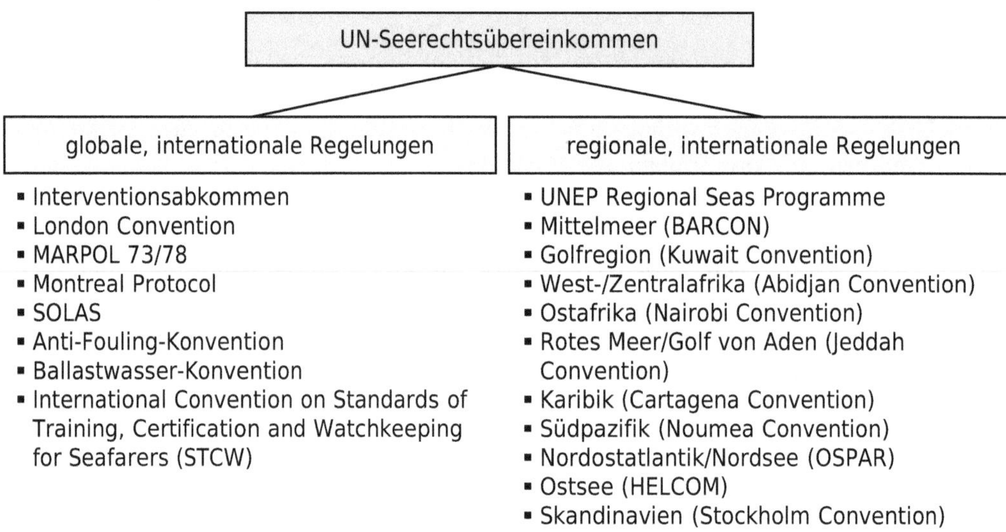

Abbildung 36: Auswahl internationaler Konventionen zum Meeresschutz | Quelle: Vgl. Lumma/Groß 2009, S. 200.

5.5.2 Wichtige Institutionen im Kreuzfahrttourismus

Für die Arbeit im Kreuzfahrtwesen ist es wichtig, die bedeutendsten nationalen und internationalen maritimen Organisationen zu kennen. Daher werden im Folgenden einige dieser Organisationen vorgestellt.

53 Weitere Informationen zu rechtlichen Grundlagen des Meeresschutzes finden sich u. a. bei Gibson (2006), Ziegler (2006) und bei der CLIA, DGVN, IMO und UNEP.

5.5.2.1 International Maritime Organization

Die **International Maritime Organization** (IMO, ehemals Intergovernmental Maritime Consultative Organization) wurde 1948 als Unterorganisation der Vereinigten Nationen (UN) gegründet, um international gültige Rechtsvorschriften aufzustellen. Sie hat mit mehr als 170 Mitgliedern rund 40 Konventionen und Verträge ausgearbeitet und eingeführt. Hierzu zählen z. B. SOLAS, ISM-Code, ISPS-Code oder MARPOL (→ Kapitel 5.5.1).

5.5.2.2 International Maritime Bureau

Das privatrechtlich organisierte **International Maritime Bureau** (IMB) dient der Bekämpfung der Piraterie und arbeitet mit der IMO zusammen. Es ist eine spezialisierte Abteilung für Kriminalität auf See der Internationalen Handelskammer („International Chamber Of Commerce", ICC) mit Sitz in London und wurde 1981 als Non-Profit-Organisation mit der Aufgabe der Verbrechens- und Betrugsbekämpfung geschaffen, um den Seehandel und Transport von Handelsgütern zu sichern. Das Büro besitzt einen Beobachterstatus bei Interpol, hat mit der Weltzollorganisation ein „Memorandum of Understanding" vereinbart und unterhält seit 1992 ein 24-stündig besetztes Meldezentrum für Piraterie in der malaysischen Hauptstadt Kuala Lumpur. Auf der Webseite veröffentlicht das IMB wöchentlich einen Bericht zu den aktuellen Vorkommnissen auf See (weitere Informationen finden sich unter 🔗 www.icc-ccs.org und 🔗 www.icc-ccs.org/piracy-reporting-centre/live-piracy-report).

5.5.2.3 Klassifizierungsgesellschaften

Klassifizierungsgesellschaften treten im Schiffbau als Gutachter auf. Sie sind einerseits für die Klassifikation von Schiffen (vgl. Exkurs) und andererseits für die regelmäßige Kontrolle des Erhaltungszustands zuständig (eine Art „Schiffs-TÜV"). Weitere Aufgaben sind z. B. technischer Support, Forschung und auch die Einführung bzw. Einhaltung internationaler Sicherheits- und Umweltschutzbestimmungen, wie SOLAS, MARPOL, ISM oder ISPS.

Alle als Fracht- und Fahrgastschiffe eingesetzten Seeschiffe müssen klassifiziert werden – Marineschiffe werden dagegen nicht klassifiziert. Weltweit gibt es elf Klassifizierungsgesellschaften, die in der „International Association of Classification Societies" (IACS) als Dachorganisation organisiert sind und weitere Klassifizierungsgesellschaften, die unabhängig von der IACS agieren. Mitglied der IACS sind American Bureau of Shipping (ABS) (USA), Bureau Veritas (Frankreich), China Classification Society (China), Croatian Register of Shipping (Kroatien), DNV (Det Norske Veritas hat im Jahr 2013 mit dem Germanischen Lloyd aus Deutschland fusioniert und ist bis 2021 als DNV GL aufgetreten), Indian Register of Shipping (Indien), Korean Register of Shipping (Süd-Korea), Lloyd's Register (England), Nippon Kaiji Kyokai (bekannt als ClassNK oder NK aus Japan), Polish Register of Shipping (Polen) und Russian Maritime Register of Shipping (Russland) (für weitergehende Informationen auf der IACS-Internetseite: 🔗 https://iacs.org.uk/membership/iacs-members).

Die Klassifizierungsgesellschaften können sowohl Klassen-Tätigkeit im Auftrag eines Reeders als auch Aufgaben im Auftrag von Flaggenstaaten wahrnehmen. Die Schiffe werden von Experten (z. B. Techniker, Schiffsbauingenieure) der Klassifizierungsgesellschaften regelmäßig kontrolliert und können bereits beim Bau begleitet werden. Einige Maschinenteile werden nach

Baufertigstellung jährlich, andere zweijährlich kontrolliert. Alle fünf Jahre wird die sog. „Große Klasse" durchgeführt, wobei das Schiff im Dock trockengestellt wird. Hierbei erfolgt eine genaue Untersuchung des Schiffes. „Die originäre Aufgabe einer Klasse ist es zu überprüfen, ob die von ihr entwickelten Klassifikationsvorschriften auf Schiffen eingehalten werden. Sie bescheinigt im Auftrag des Reeders die Einhaltung dieser Vorschriften in Bezug auf Typ, Bau, Ausrüstung, Wartung und Überwachung von Schiffen. Ihre Besichtiger kontrollieren die Schiffe in regelmäßigen Intervallen. Erfüllt ein Schiff die Klassifikationsregeln, stellt die Klasse die ‚Klassenzertifikate' aus und erteilt dem Schiff die sogenannte Klasse. (…) Die Klasse ist auch eine Beurteilung der Seetüchtigkeit eines Schiffes und legt fest, in welchem Fahrtgebiet ein Schiff zugelassen ist. (…) In vielen Staaten nehmen Klassen auch staatliche Aufgaben der Schiffssicherheit im Auftrag von Flaggenstaatverwaltungen wahr. Klassen überwachen in diesem Bereich die Einhaltung internationaler technischer Sicherheitsvorschriften der Internationalen Seeschifffahrts-Organisation IMO (sogenannte statuarische Regelwerke). Sie stellen internationale Schiffssicherheitszeugnisse für die jeweiligen Schiffe aus. Der Umfang der Aufgabenübertragung auf die Klassen ist von Staat zu Staat verschieden. Einige Flaggenstaaten übertragen fast alle ihre Aufgaben auf die Klassen, andere Staaten – wie zum Beispiel Deutschland – delegieren nur einzelne, eng begrenzte Aufgaben an die Klassen. Europäische Flaggenstaaten dürfen ihre Verantwortung für die Überprüfung von Schiffen nur an eine Klassifikationsgesellschaft übertragen, die von der Europäischen Kommission nach der Verordnung (EG) Nr. 391/2009 anerkannt worden ist. In der Regel handelt es sich dabei um eine der ‚Qualitäts-Klassifikationsgesellschaften', die in der International Association of Classification Societies (IACS) organisiert sind." (BMDV et al. 2023)

Die Aufgaben der Klassifizierungsgesellschaften für die deutsche Flagge und eine Übersicht, welche Aufgaben welche Gesellschaft für die deutsche Flagge übernehmen darf, finden sich auf der Internetweise der Deutschen Flagge (🔗 www.deutsche-flagge.de).

Auch Flusskreuzfahrtschiffe werden z. T. von den Klassifizierungsgesellschaften geprüft. Auf dem Rhein müssen bspw. Passagierschiffe, die länger als 110 m sind, klassifiziert werden. Hierfür sind die drei Gesellschaften Bureau Veritas of France, DNV und Lloyd's Register of Shipping anerkannt (vgl. Hader 2022, S. EU-72).

▸ **Exkurs** | Bauausführung und Erhaltungszustand

Schiffe werden entsprechend der Bauausführung und dem Erhaltungszustand des Schiffskörpers und der Maschinenanlage eingeteilt. Die Klasse ist eine Beurteilung der Seetüchtigkeit und ist Basis bei Schiffs- und Ladungsversicherungen sowie beim Handel von Schiffen.

	Klassenzeichen	**Zusatz**
Schiff	X 100 A5	E 1
Maschine	X MC	E 1 AUT

Erläuterungen:

- X = Schiff wurde unter Aufsicht und nach Vorschriften des Germanischen Llyod gebaut
- 100 A5 = Forderungen werden zu 100 % erfüllt, Buchstabe = Baumaterial (hier: Stahl), Zahl = Dauer der Zeitdauer (hier: Zertifikat 5 Jahre gültig)

- X MC = Maschine wurde unter Aufsicht und nach Vorschriften des Germanischen Llyod gebaut
- Zusatz: E = Schiff & Maschine eistauglich, Stufe 1–4 möglich (4 = höchste Stufe), AUT = 24 h-Betrieb automatisch

Eine weitere Kontrollmöglichkeit ist die Hafenstaatkontrolle der Länder, die angelaufen werden. Hiermit besteht die Möglichkeit, Schiffe unter ausländischer Flagge auf Sicherheit und Ausbildung der Besatzungen zu kontrollieren. Zwar ist dies vorrangig die Aufgabe der jeweiligen Flaggenstaaten; allerdings sind die Qualität und Intensität der Überprüfungen durch die einzelnen Staaten unterschiedlich stark ausgeprägt. Die Hafenstaatkontrollen ergänzen die Überprüfungen durch die Flaggenstaaten. Die Hafenstaatkontrolleure überprüfen an Bord der Schiffe, ob die internationalen Regelwerke zur Schiffssicherheit, zur Verhütung der Umweltverschmutzung und zu den Arbeits- und Lebensbedingungen von Seeleuten eingehalten werden (vgl. Jans 2024).

5.5.2.4 Cruise Lines International Association

Die **Cruise Lines International Association** (CLIA) wurde 1975 gegründet und ist insbesondere eine Marketingorganisation mit Vertretungen in Europa, Nord- und Südamerika, Asien und Australasien. Sie repräsentiert mit ihren mehr als 50 Kreuzfahrtgesellschaften (nach eigenen Angaben) mehr als 95 % der weltweiten Kreuzfahrtkapazitäten und hat mehr als 15.000 Partner-Reisebüros (Stand Ende 2023). Die CLIA „(…) supports policies and practices that foster a secure, healthy and sustainable cruise ship environment, promoting positive travel experiences for the more than 30 million passengers who have cruised annually.“ (CLIA 2023) Die CLIA bietet bspw. eine Reihe von Informations-, Fortbildungs- und Trainingsprogrammen für Reisebüros an, betreibt Marktforschung und Öffentlichkeitsarbeit. Im Jahr 2006 wurde die CLIA mit dem International Council of Cruise Lines (ICCL) zusammengelegt – eine 1990 gegründete Schwester-Instanz.

Die CLIA – North West & Canada (CLIA-NWC, ehemals **North West Cruise Ship Association**, NWCA) ist eine Non-Profit-Organisation (Hauptsitz ist in Vancouver, Kanada), die die wichtigsten Kreuzfahrtunternehmen des Nordwest-Pazifiks (British Columbia, Washington State, Alaska und Hawaii) und kanadischen Atlantiks und Quebec vereint und repräsentiert. Die 1986 gegründete Organisation ist sei einigen Jahren Teil der CLIA. Sie wurde mit dem Ziel gegründet, Sicherheitsdienste für die Mitglieder anzubieten. Dieses Aufgabenfeld wurde im Laufe der Zeit auf das Mitwirken an gesetzlichen Regelungen sowie die Zusammenarbeit mit Regierungsinstitutionen ausgedehnt. CLIA-NWC schafft zudem Partnerschaften mit Gemeinden, in denen die Kreuzfahrtunternehmen ansässig sind oder die auf den Kreuzfahrten der Unternehmen angelaufen werden. Die Organisation unterstützt außerdem lokale Organisationen dabei, Bedenken gegenüber der Kreuzfahrtindustrie abzuschwächen und Chancen des Kreuzfahrttourismus für Gemeinden zu entwickeln. Sie fördert Studien zu ökonomischen und ökologischen Auswirkungen von Kreuzfahrten und kooperiert mit Regierungsinstitutionen, um eine reibungslose Zusammenarbeit zu gewährleisten (vgl. CLIA-NWC 2023; Gibson 2006, S. 40 f.).

Nicht nur die NWCA, sondern auch der ehemals eigenständige Verband **„European Cruise Council"** wurde 2013 in die CLIA-Struktur integriert. **CLIA Europe** repräsentiert mit Sitz in Brüssel Kreuzfahrtunternehmen und unterstützt die Interessen dieser in enger Zusammenarbeit mit der Europäischen Kommission und dem Europäischen Parlament. Zudem fördert die Organisation bspw. die öffentliche Aufmerksamkeit für Kreuzfahrten, um die Entwicklung des europäischen Kreuzfahrtmarktes zu unterstützen. Neben laufenden Pressemitteilungen und einem vierteljährlichen Newsletter werden aktuelle Daten und Fakten zum europäsichen Kreuzfahrtmarkt (z. B. Marktberichte, volkswirtschaftliche Bedeutung der Kreuzfahrten) veröffentlicht. In Europa gibt mehrere sog. „National Chapter", wie in Belgien, Frankreich, Großbritannien/Irland, Italien, Niederlande und Spanien. In Deutschland gibt es seit 2013 die **CLIA Deutschland**-Vertretung – 🔗 www.cliadeutschland.de.

5.5.2.5 Florida-Caribbean Cruise Association

In dieser 1972 gegründeten **Florida-Caribbean Cruise Association** (FCCA) sind 23 Kreuzfahrtgesellschaften organisiert, die nahezu 100 Schiffe in den Gewässern von Florida, der Karibik und Latein-Amerika einsetzen. Aufgabe der FCCA ist es, ein Forum zu bieten für die Diskussion legislativer Grundlagen und Fragen der Tourismusentwicklung sowie Hafen-, Sicherheits- und andere Belange der Kreuzfahrtindustrie. Die Vereinigung fördert des Weiteren das öffentliche Ansehen von Kreuzfahrtunternehmen und deren Arbeit, um kooperative und produktive Beziehungen mit Partnerdestinationen und anderen Branchen anzubahnen. Die FCCA arbeitet dafür mit Regierungen, Häfen sowie privaten und öffentlichen Branchenvertreter zusammen, um die Ausgaben im Kreuzfahrtmarkt zu erhöhen, die Anzahl der Wiederkehrer in eine Destination zu steigern und die Erlebnisse an Land aufzuwerten. Von der FCCA wird quartalsweise das **Travel & Cruising Magazine veröffentlicht, welches online kostenlos eingesehen werden kann. Darüber hinaus werden Studien veröffentlicht, wie den** „Cruise Industry Overview" und Studien zur ökonomischen Bedeutung des Kreuzfahrttourismus in der Karibik, Lateiamerika oder einzelnen Destinationen (für weitere Informationen: 🔗 www.f-cca.com und 🔗 www.f-cca.co m/research.html).

5.5.2.6 Verband Deutscher Reeder

Der **Verband Deutscher Reeder** (VDR) ist der zentrale Spitzenverband der deutschen Seeschiffahrt mit Hauptsitz in Hamburg und hat rund 200 Mitgliedsunternehmen. Er wurde im Jahre 1907 gegründet und hat sich am 01.01.1995 mit dem Verband Deutscher Küstenschiffseigner (VDK) zusammengeschlossen. Er vertritt die gemeinsamen wirtschafts- und sozialpolitischen Interessen der deutschen Reedereien auf der Ebene des Bundes und der Länder sowie gegenüber europäischen und internationalen Instanzen. Dies geschieht direkt oder über internationale Verbände, deren Mitglied er ist. Darüber hinaus berät der Verband seine Mitglieder in einer Vielzahl von Aspekten. Dazu gehören die Gewährung von Rechtsschutz im Arbeits- und Sozialrecht und die Prozessvertretung in diesen Bereichen. Für diejenigen Mitglieder, die sich in der Tarifgemeinschaft des VDR zusammengeschlossen haben, schließt der Verband Tarifverträge mit den deutschen Seeleutegewerkschaften. Der VDR stellt auch eine Reihe von Daten und Fakten zur Seeschifffahrt in Deutschland zur Verfügung (z. B. Schiffstypen der deustchen Handelsflotte oder Flaggenstruktur der deutschen Handelsflotte), die im Internet kostenfrei zur Verfügung stehen.

5.5.2.7 Verband der Fährschifffahrt und Fährtouristik e. V.

Der 1995 gegründete **Verband der Fährschifffahrt und Fährtouristik e. V.** (VFF) mit Hauptsitz in Hamburg sieht für sich die Hauptaufgaben in der Interessenvertretung der Fährreedereien und touristischen Unternehmen, die Fährpassagen anbieten. Die Ziele sind allgemeine Vertretung der Branche im politischen und wirtschaftlichen Raum, Beteiligung an in- und ausländischen Messen, Branchenanalysen, Beratung der Mitglieder in Sicherheits- und Rechtsfragen, Öffentlichkeitsarbeit sowie Angebot von Vertriebs- und andere Schulungen. Es gibt mehr als 60 Mitglieder (Stand Ende 2023), die in ordentliche (Fährreedereien) und außerordentliche Mitglieder (Reiseveranstalter, Tourismusorganisationen, Vereinigungen und Einzelpersonen) unterscheiden werden (für weitere Informationen: 🔗 www.faehrverband.org).

5.5.2.8 Sonstige Organisationen

Weitere nationale Behörden und öffentliche Einrichtungen sorgen für die Sicherheit und die Einhaltung von Schifffahrtsvorschriften, wie:

- das Bundesamt für Seeschifffahrt und Hydrographie (BSH), das für allgemeine Aufgaben der Seeschifffahrt und für das Seekarten- und Vermessungswesen,
- die Wasser- und Schifffahrtsverwaltung des Bundes für die Verwaltung der Bundeswasserstraßen und die Regelung des Schiffsverkehrs,
- die Bundespolizei (See), Zoll, Fischereischutz für Vollzugsaufgaben auf See (bilden zusammen mit den Wasser-/Schifffahrtsbehörden den Verbund Küstenwache),
- die Wasserschutzpolizeien der Länder,
- staatliche und kommunale Hafenbehörden,
- die See-Berufsgenossenschaft für die Überwachung von Sicherheits- und Arbeitsschutzbestimmungen.
- Daneben gibt es weitere (nationale und internationale) Organisationen, die sich um das Thema Kreuzfahrten kümmern. Beispiele sind „Cruise Europe" (Marketingorganisation für Häfen in Nord- und Westeuropa) und die „International Association of Antartica Tour Operators (IAATO)" (setzt sich für sicheren und umweltfreundlichen Reisen in die Antarktis ein).
- Seit 2009 gibt es darüber hinaus die „Cruise Research Society", die die wissenschaftliche Auseinandersetzung mit den Themen maritimen Tourismus und Kreuzfahrtmanagement fördern und ausbauen will.

5.6 Anbieter auf dem Kreuzfahrtmarkt

> Zu den Anbietern auf dem Kreuzfahrtenmarkt zählen sowohl die Eigner des Schiffes („ship owner"), die Reedereien („ship operator" oder „shipping company") und die (See-/Kreuzfahrt-)Reiseveranstalter („charterer" oder „cruise operator") (vgl. Hader/Hader 2010, S. 1–5; Vogel 2010).

Auf den ersten Blick unterscheiden sich die Reedereien/Eigner und Veranstalter nicht, da beide Kreuzfahrten unter eigenem Namen anbieten (→ Abbildung 37). Die Seereiseveranstalter chartern allerdings Schiffe von Reedereien bzw. Eignern, um damit Kreuzfahrten anbieten zu können. Dabei kann die Ausgestaltung der Verträge von Vollcharter über Teil- bzw. Blockcharter, General-Vertretung bis hin zu Provisionsverträgen, bei denen die Reederei/der Eigner das Produkt gestaltet und es einem Seereiseveranstalter zur Vermittlung anbietet, variieren. Die Unterschiede liegen v. a. in der Anzahl der gecharterten Bettenkapazitäten und der möglichen Übertragung von Aufgaben, wie Routenplanung, auf den Veranstalter (vgl. Berg 2006, S. 96; Schäfer 1998, S. 228).

Bei Seereiseveranstaltern ist weiterhin zwischen reinen Seereiseveranstaltern und Veranstaltern zu differenzieren, die in einem Touristikkonzern gehören, der in seinem Angebotsportfolio auch eine Kreuzfahrtabteilung bzw. -Tochter hat (z. B. TUI Cruises). Letztlich gibt es noch Anbieter, die nur Hochseekreuzfahrten anbieten und Anbieter, die sowohl Hochsee- als auch Flusskreuzfahrten im Programm haben (vgl. Schulz 2009, S. 140 f.).

Darüber hinaus können Eigner und Reedereien ebenfalls die Veranstaltung der Seereisen übernehmen. Der Reeder oder Eigner organisiert in diesem Fall neben der Seereise auch den Bordbetrieb und weitere Bereiche des Schiffsbetriebes. Dazu gründen die Eigner jedoch in den meisten Fällen eigene Veranstalter, um die Risiken des Betriebs zu verteilen. Oftmals entscheiden sich Eigner von Kreuzfahrtschiffen jedoch dafür, die Schiffe zur Bereederung[54] an eine Reederei zu übergeben, die wiederum die Seereise und den Schiffsbetrieb organisieren. Ein kleiner Teil der Schiffe gehört darüber hinaus eigenständigen Reedern und Finanzierungsgesellschaften, die Charterer für den Einsatz ihrer Schiffe verpflichten (vgl. Hader/Hader 2010).

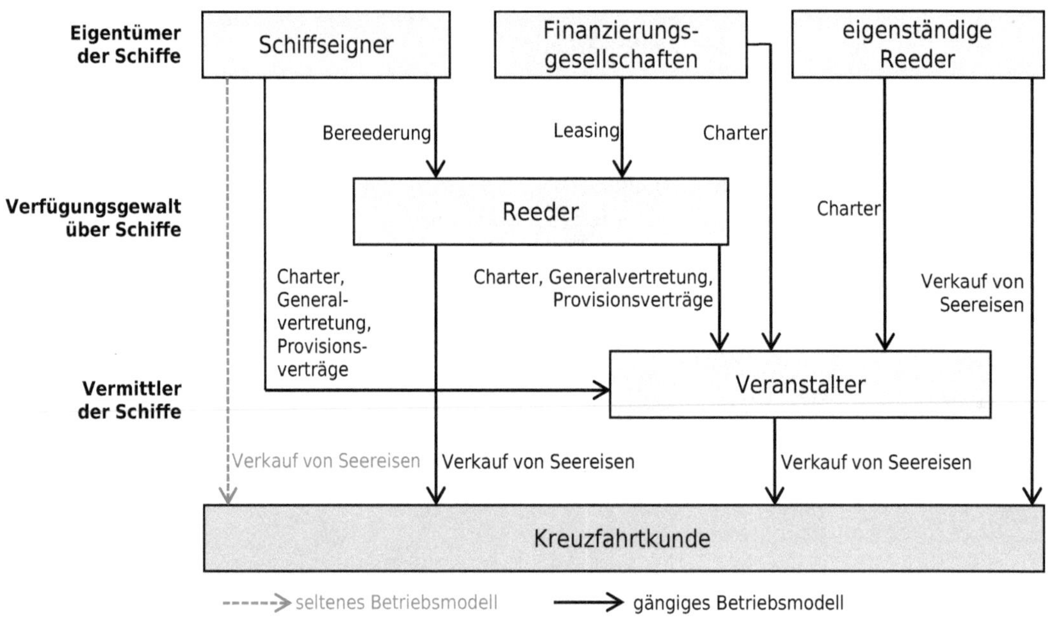

Abbildung 37: Anbieter im Schiffsverkehr | Quelle: Eigene Darstellung.

5.6.1 Überblick weltweiter Anbieter

Die genaue Anzahl an Anbietern und Schiffen auf dem gegenwärtigen weltweiten Kreuzfahrtmarkt zu bestimmen, ist auf Grund der stetigen Marktveränderungen, der unterschiedlichen Aussagen verschiedener Quellen und der ungenauen Abgrenzung von Eigner, Ship-Operator und Veranstalter (Charterer) schwierig.

54 Unter Bereederung wird die technische und kaufmännische Betriebsführung von Schiffen verstanden (z. B. Personaleinsatz, Ausrüstung mit Betriebsmitteln). Der Schiffseigentümer kann die Bereederung an Dienstleister übertragen. Der Reeder bestimmt den Einsatz des Schiffes (vgl. www.mcc-maritime.de/glossar.php).

Relativ sicher ist, dass mehr als 300 Schiffe auf den Weltmeeren und mehr als 650 Schiffe auf Flüssen unterwegs sind (⟶ Tabelle 29). Ende 2022 waren weltweit mindestens 651 Flusskreuzfahrtschiffe (mehr als 20 Kabinen bzw. 40 Betten) mit mehr als 104.000 Betten im Einsatz. In den Jahren 2016 bis 2018 werden dagegen noch mehr als 850 Schiffe mit mehr als 120.00 Betten ausgewiesen – die Daten für den Nil (Ägypten) werden für 2019 auf ca. 210 Schiffe geschätzt, seitdem werden im „Handbook River Cruise Fleet" keine aktuelleren Daten veröffentlicht.

Während lange Jahre die Nilflotte die größte Bedeutung hatte, ist seit 2015 und auch im Jahr 2023 die europäische Flotte die größte. Der Beitrag Amerikas und Australiens zur Weltflotte ist gering, während in Südostasien neue Gewässer erschlossen werden (vgl. Hader 2022, S. 1–12 ff.).

	2014	2015	2016	2017	2018	2019	2020	2021	2022
Europa (EU)	293	318	335	346	359	378	397	405	410
Russland/ Ukraine (RU)	134	130	124	120	121	121	122	118	118
Nil und andere afrikanische Flüsse (AF)	274	275	275	272	273	210*	210*	210*	k. A.
China und alle a nderen Länder in Asien, Australien und Amerika (CR)	114	118	117	120	116	117	121	124	123
EU+RU+CR	541	566	576	586	596	616	640	647	651
weltweit	815	841	853	858	869	826	k. A.	k. A.	k. A.

Tabelle 29: Anzahl an Flusskreuzfahrtschiffen nach Regionen | Quelle: Hader 2022, S. 1-13.

Die genaue Anzahl an Kreuzfahrtschiffen auszuweisen, ist schwierig, da sie aufgrund von Indienststellungen und Außerdienststellungen laufenden Schwankungen unterworfen ist. Ende 2022 ist von 323 Schiffen auszugehen. Werden die 18 Neubauten aus dem Jahr 2023 hinzugezählt, sind es 341 Schiffe (vgl. Papathanassis 2023). Für 2024 sind 13 Neubauten geplant, so dass es voraussichtlich 354 Schiffe sein werden. In Deutschland sind 2022 nach dem Verband Deutscher Reeder 30 Kreuzfahrtschiffe in deutschem Eigentum, unabhängig von der Flaggenführung (vgl. VDR 2023).

Bei den **Marktanteilen** (bezogen auf die Kapazität) im Hochseekreuzfahrtmarkt ist eine starke Dominanz der zu den US-Kreuzfahrtkonzernen Carnival Corporation & plc (CCL) und Royal Caribbean Cruises Ltd. (RCL) gehörenden Unternehmen festzustellen (⟶ Abbildng 38). Der amerikanische Konzern Carnival Corporation (CCL) ist mit einem Marktanteil von 42 % der Passagiere bzw. 37 % der Umsätze weltweiter Marktführer. Zusammen mit RCL (23,6 % bzw. 21,2 % Marktanteil) können sie fast zwei Drittel der Passagiere bzw. mehr als die Hälfte des Umsatzes auf sich vereinigen.

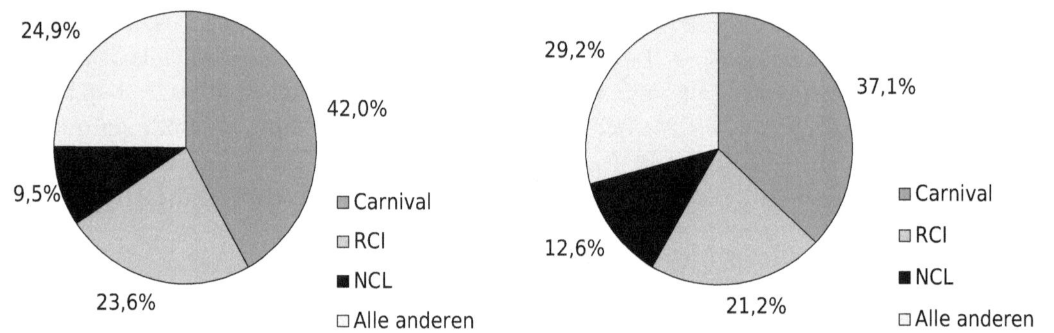

Abbildung 38: Weltweite Marktanteile nach Anzahl der Passagiere (links) und Umsatz (rechts) | Quelle: Wahlstrom 2021.

5.6.2 Das Kreuzfahrtschiff

Es gibt eine Vielzahl an Kreuzfahrtschiffen, die in Bezug auf Typ, Größe, Aufbau und Angebot zu unterscheiden sind. Zunächst werden jedoch wichtige Kennzahlen von Kreuzfahrtschiffen kurz erläutert.

5.6.2.1 Kennzahlen

Die Größe eines Schiffes wurde früher durch die sog. Bruttoregisterzahl oder Bruttoregistertonne dargestellt und misst in der Einheit m^3 den Raum eines Schiffes. Diese Maßeinheit wurde durch die sog. **Bruttoraumzahl** (BRZ) ersetzt. Die BRZ erfasst ebenfalls den gesamten umbauten Raum eines Schiffes, ist allerdings dimensionslos, d. h. ohne Maßeinheit und damit ein abstrakter Wert. Die Bruttoraumzahl (BRZ) ist ein dimensionsloses Schiffmaß, welches sich aus dem Gesamtvolumen eines Schiffes (in m^3 = BRT) multipliziert mit einem Faktor (abhängig von Schiffsgröße) zusammensetzt. Ausgangspunkt der Berechnung ist die Anzahl des in Kubikmeter gemessenen Inhalts aller geschlossenen Räume vom Kiel bis zum Schonstein. Berechnet wird nach der Formel $BRZ = K1 \times V$, wobei sich K1 über die Formel $K1 = 0,2 + 0,02 \times log10V$ berechnet. K1 ist ein rein rechnerischer Wert, der sich aus dem Schiffsvolumen ergibt und der zwischen 0,22 und 0,32 liegt. Bedeutsam ist die BRZ zum Beispiel für verschiedene Gebührenordnungen, u. a. für die Hafengebühren, die sich nach diesem Wert richten (vgl. Jans 2024; Schüßler 2005, S. 83).

Die sog. **Space-Ratio** oder „Passenger Space Ratio (PSR)“ beschreibt das Platzangebot auf einem Schiff. Um dieses zu berechnen, wird die Bruttoraumzahl eines Schiffes durch die Zahl an Passagieren geteilt. Der daraus resultierende Wert gilt somit als ein Indiz für den Komfort auf dem Schiff, d. h. er beschreibt wie viel Platz je Passagier vorhanden ist (vgl. ebd.). Nach Ward (vgl. 2020, S. 46) wird das Platzangebot wie folgt kategorisiert – ein anderer Ansatz spricht von sechs Klassen (vgl. Jans 2024):

- Space-Ratio 20 und weniger:
  extrem beengtes Platzangebot
- Space-Ratio 21 – 30:
  nicht sehr geräumiges Platzangebot
- Space-Ratio 31 – 50:
  sehr geräumiges Platzangebot
- Space-Ratio über 50:
  exzellentes Platzangebot

Auf dem amerikanischen Markt liegt die Space-Ratio der Schiffe der Reedereien meist zwischen 31 und 45, wodurch sie ein „sehr geräumiges Platzangebot" aufweisen, z. B. die „Carnival Dream" mit einer BRZ von 128.251 und einer Kapazität von 3.646 Passagieren und einer daraus resultierenden Space-Ratio von 35,1. Auf dem europäischen Markt zählen die „MS Europa" und „MS Europa 2", die beide im 5-Sterne Plus Segment angesiedelt sind, mit einer BRZ von 28.890 und Platz für bis zu 408 Passagieren (Space-Ratio von 70,4) bzw. mit einer BRZ von 39.500 und Platz für 514 Passagiere (Space-Ration von 83,0) zu den Schiffen mit dem meisten Platzangebot pro Passagier. Die eingestellte „easyCruiseOne" brachte es nur auf eine Space-Ratio von 23,8 (vgl. Schulz 2009, S. 146; Schüßler 2005, S. 83; Ward 2020, S. 183 ff.).

Die **Pax/Crew Ratio** (PCR) gibt das Verhältnis der Anzahl der Mitarbeiter zur Anzahl der Gäste wieder und gibt Hinweise auf die Servicequalität eines Schiffes. Der bestmögliche Wert ist 1:1, d. h. eine PCR von 1,0. Vorreiter ist hier bspw. Sea Cloud Cruises, die auf ihrem Segelschiff „Sea Cloud" mit 60 Crewmitgliedern Platz für 68 Passagiere hat, was einer PCR von 1,1 entspricht. Die „Freedom of the Seas" von Royal Caribbean Internat onal hat einen Wert von 2,6. Für deutschen Markt seien die „MS Europa" mit einer PCR von 1,4, die „Europa 2" mit 1,3, die „Mein Schiff 1" bis „Mein Schiff 6" mit je 2,5–2,8 und die AIDA-Schiffe mit 3,0–3,6 genannt (vgl. Ward 2020, S. 186 ff.).

5.6.2.2 Bewertungssysteme von Kreuzfahrtschiffen

Ähnlich wie in der Hotellerie werden auch Schiffe anhand von Bewertungssystemen beurteilt. Es hat sich keines dieser Bewertungssysteme weltweit durchgesetzt und einige Ansätze sind auch wieder vom Markt verschwunden (z. B. Econoguide Cruise Line and Cruise Ship Rating), wobei eines der anerkanntesten Systeme das von Douglas Ward ist (→ Tabelle 30).

Autor	Segmentierung von Kreuzfahrtprodukten und Klassifizierung von Kreuzfahrtlinien/-gesellschaften	Quellen
Koehlers Guide Kreuzfahrt	Schulnoten von 1 bis 6	Schmidt 2023
Stern's Guide to the Cruise Vacation	Category A = deluxe | Category B = premium | Category C = standard/mass market | Category D = economy	u. a. Stern 2019
Ward (Berlitz – Complete Guide to Cruising and Cruise Ships)	10 verschiedene Kategorien: 5 stars plus bis zu 1 star „Life-style"-Klassifikation: standard | prcmium | luxury	u. a. Ward 2020; WTO 2003, S. 59

Tabelle 30: Übersicht über Bewertungssysteme (Auswahl) | Quelle: Vgl. Gross/Lück 2012, S. 64.

Bei **Douglas Ward** gibt es fünf Hauptkriterien, welche in 20 Untergruppen aufgeteilt sind und insgesamt etwa 400 Einzelkriterien beinhalten. Pro Untergruppe gibt es eine maximal zuerreichende Punktzahl von 100 Punkten, was bei 20 Kriterien eine maximal zuerreichende Punktzahl von 2.000 ergibt. Je nach erreichter Anzahl an Punkten, erhalten die Schiffe, wie in folgender Tabelle zu erkennen ist, ein bis fünf Sterne plus (vgl. Ward 2020, S. 171 ff.).

★★★★★+	1.851–2.000 Punkte	★★★	1.101–1.250 Punkte
★★★★★	1.701–1.850 Punkte	★★+	951–1.100 Punkte
★★★★+	1.551–1.700 Punkte	★★	801–950 Punkte
★★★★	1.401–1.550 Punkte	★+	650–800 Punkte
★★★+	1.251–1.400 Punkte	★	501–650 Punkte

Tabelle 31: Bewertungsschema und Punkteschlüssel nach Douglas Ward | Quelle: Ward 2020, S. 171.

Darüber hinaus gibt es auch Beurteilungen seitens der Nachfrager, wie sie auf www.holidaycheck.de, www.kreuzfahrten.de und www.cruisecritic.com zu finden sind.

5.6.2.3 Schiffsgrößen

Generell werden von den Reedereien weltweit Hochseekreuzfahrtschiffe in den unterschiedlichsten Größen und mit verschiedener Passagierkapazität vorgehalten. Eine Einteilung der Schiffsgröße kann nach Passagierzahl und Bruttoraumzahl (BRZ) wie folgt vorgenommen werden (vgl. Ward 2020, S. 46 ff.):[55]

- Boutique-Schiffe | 1.000–5.000 BRZ | 50–250 Passagiere
- kleine Schiffe | 5.000–50.000 BRZ | 251–750 Passagiere
- mittelgroße Schiffe | 50.000–101.000 BRZ | 750–2.500 Passagiere
- Large-Resort-Schiffe 101.100–230.000 BRZ | 2.501–6.500 Passagiere

Boutique-Schiffe werden v. a. in der weltweiten Küstenkreuzfahrt eingesetzt, wodurch diese verhältnismäßig kleinen Schiffe auf küstennahen Routen kleinere, wenig besuchte Häfen, Inseln und Flussmündungen anlaufen können. Die Anbieter beziehen die Fjördlandschaften Alaskas, Grönlands und des südlichen Südamerikas sowie die Antarktis in ihre Reiserouten ein. An Bord wird weniger Wert auf Show, Kasino und Fitness-Einrichtungen gelegt, sondern das Naturerlebnis und die Seereisen werden in den Mittelpunkt gestellt. Auch Expeditionsschiffe und Großsegler („Yachtkonzept“) können hierzu gezählt werden. Schiffe mit einer BRZ zwischen 5.000 und 50.000 und ca. 250 bis 750 Passagieren, sog. **kleine Schiffe**, sind hauptsächlich in europäischen Gewässern im Einsatz und wurden von den Unternehmen meist zwischen 1970 und 1990 Indienstgestellt. Da die Reedereien in den 1990er-Jahren dazu übergegangen sind nur noch Neubauten über 50.000 BRZ in Auftrag zu geben, wird diese Größenordnung in den nächsten Jahren sicherlich „aussterben“. Die Schiffe der nächsten Schiffskategorie (**mittelgroße Schiffe**) setzen die Reedereien sowohl in europäischen und karibischen als auch in asiatisch-australischen Gewässern ein. Auf Grund ihrer passenden Größe, der vorhandenen Überschaubarkeit und durch einen größeren Tiefgang setzen die Reedereien diese Schiffe gerne auf langen Kreuzfahrten und Weltreisen ein. Die **Large Resort Schiffe** stellen im Jahr 2023 die Mehrzahl der angebotenen Einheiten auf den Weltmeeren dar. Die Einsatzgebiete konzentrieren sich auf die Ost- und Westküstenhäfen Nordamerikas, auf die interinsulären Kreuzfahrten im Hawaii-Archipel, auf den Süden Südamerikas und auf die europäischen Seereiseziele zwischen Nordkap und Mittelmeer.

55 Eine andere Einteilung geht von folgenden sieben Klassen aus (vgl. Jans 2024): „Boutique“ (50 bis 200 Passagiere), „mittelgroß“ (200 bis 500 Passagiere), „groß“ (500 bis 1.200 Passagiere), sehr groß (1.200 bis 2.500 Passagiere), „mega“ (2.500 bis 4.500 Passagiere), „giga“ (4.500 bis 7.000 Passagiere) und „terra“ (mehr als 7.000 Passagiere).

Die Schiffe werden als autarke Destination konzipiert, so dass sich das Leben der Passagiere verstärkt an Bord abspielt (vgl. Schüßler 2005, S. 83 ff.; Ward 2020, S. 46 ff.).

In der **Flusskreuzfahrtbranche** ebenfalls verschiedene Schiffstypen unterschieden. Diese Unterscheidung erfolgt im Vergleich zum Hochseekreuzfahrtsegment jedoch nicht anhand der Größe, sondern auf Basis der Form und des Aufbaus des Schiffes. Auf Grund der Tatsache, dass die Größe eines Flusskreuzfahrtschiffes auf 110 bis 135 Meter Länge (je nach Fahrgebiet) bzw. etwa elf Meter Breite beschränkt ist, ist es Ziel der Konstrukteure, möglichst viel Platz für Passagiere auf begrenztem Raum zu schaffen. Dazu wurden bereits verschiedene Designs, wie die **TwinCruiser** und **Schiffe mit quadratischem Bug** (Square Bow), entwickelt. Twin Cruiser zeichnen sich dadurch aus, dass sie aus zwei von einander abtrennbaren Teilen bestehen. Im Heckteil des Schiffes liegen Motor und Unterkünfte der Crew, während sich alle öffentlichen Einrichtungen und Passagierkabinen im ruhigen vorderen Teil des Flusskreuzers befinden. Dies hat den Vorteil, dass die maximale Länge eines Flusskreuzfahrtschiffes überschritten werden kann, da TwinCruiser nicht als ein Schiff verstanden werden, sondern als Schiff mit Schlepper. Folglich kann allein der Passagierteil die maximale Länge in Anspruch nehmen und dadurch mehr Passagieren Platz bieten als andere Schiffstypen. Darüber hinaus zeichnen sich die TwinCruiser durch eine bessere Verteilung der Passagierkabinen aus. Nahezu alle Kabinen liegen auf dem Haupt- und Oberdeck und bieten großzügige Fensterfronten und auch die öffentlichen Einrichtungen (Restaurant, Lounge) sowie das Sonnendeck bieten ungestörten Ausblick, da sämtlich Steuerungs- und Maschinenteile im Heck des Schiffes verbaut sind. Square Bow-Schiffe hingegen tragen ihren Namen auf Grund ihres rechteckigen Bugs. Auch dieses Design ermöglicht es, mehr Platz an Bord eines Flusskreuzfahrtschiffes zu schaffen. Allerdings ist der Raumgewinn hierbei auf ein Deck beschränkt, da zur Erhaltung der Wasserfestigkeit unterhalb der Wasserlinie ein quadratischer Bug unmöglich ist und im Oberdeck Seilwinden und Ankerbefestigungen angebracht werden müssen, so dass lediglich das Hauptdeck erweitert werden kann. Des Weiteren existieren im Flusskreuzfahrtsegment sog. **Flapnose-Schiffe („folding bow")**, die ihre Bugspitze abkanten können. Dadurch kann die maximale Länge des Schiffes erhöht werden (bei der Amadues Diamond können bspw. 4 m der Spitze kann nach oben gehoben werden) und der Platz an Bord besser genutzt werden. Eher selten sind auf Flüssen „Bulbous Bow-Schiffe" (**Wulstbugschiffe**) zu finden. Diese Bauart wird häufiger für Hochseeschiffe verwendet als für Kreuzer, die in Binnengewässern unterwegs sind (vgl. Hader 2022, S. EU-67 ff.).

5.6.2.4 Größen- und Formentwicklung von Kreuzfahrtschiffen

> Auf Grund der hohen Pro-Kopf-Kosten der kleineren Schiffe neigen die Kreuzfahrtanbieter dazu, immer mehr größere Schiffe zu bauen. Somit können die Kosten für Bau und Betrieb bei Mega-Schiffen auf eine Vielzahl an Passagieren verteilt werden.

Während Schiffe mit einer Passagierkapazität von bis zu 1.000 noch bis Mitte der 1990er-Jahre mit 60 % den Markt dominierten, ist ihr Anteil Ende der 2000er-Jahre auf knapp 20 % gefallen. Kreuzfahrtschiffe mit einer Kapazität von 8.400 Passagieren sind bereits in der Planungsphase (vgl. Schulz 2009, S. 152).

Anhand ⟶ Abbildung 39 ist zu erkennen, wie sich Länge, BRZ und Passagierkapazität der Schiffe von Royal Carribean im Laufe der Zeit entwickelt haben. Während die „Song of America Class" aus dem Jahre 1970 nur 215 m lang ist, eine BRZ von 37.584 und eine maximale Passagierzahl von 1.414 aufweist, bringt es die Voyager Klasse auf eine Länge von 311 m, eine BRZ von 138.000

und eine Passagierzahl von 3.114. Die Genesis Klasse (wird als Oasis Klasse geführt), zu der die „Oasis of the Seas“ und „Allure of the Seas“ sowie „Harmony of the Seas“ gehören, hat eine Länge von ca. 360 m, eine BRZ von bis zu 225.282 und eine Passagierzahl von bis zu 5.497 (vgl. Danglidis 2005, S. 10; Royal Caribbean International 2023).

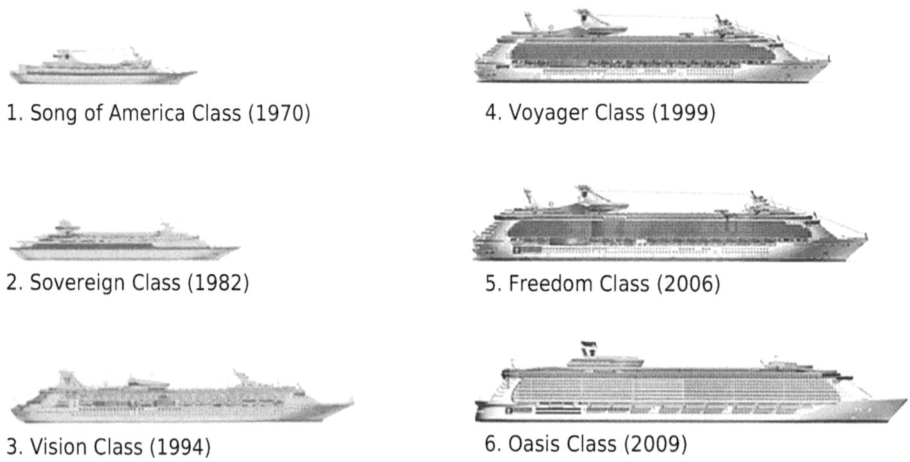

Abbildung 39: Größenveränderung der Flotte von Royal Caribbean International | Quelle: Danglidis 2005, S. 10.

Im Jahr 2023 hat Royal Caribbean International 26 Kreuzfahrtschiffe in sechs Schiffsklassen (Vision Class, Radiance Class, Voyager Class, Freedom Class, Oasis Class und Quantum Class) und im Jahr 2024 soll die Icon-Klasse hinzukommen (vgl. Royal Caribbean Cruises Ltd. 2023, S. 12; Royal Caribbean International 2023).

Die Form der Kreuzfahrtschiffe hat sich in den letzten Jahrzehnten ebenfalls verändert. An der Silhouette moderner Kreuzfahrtschiffe ist zu erkennen, dass sie im Vergleich zu alten Kreuzfahrtschiffen viel höher aus dem Wasser ragen und einen kurzen Bug und ein eckiges Heck haben. Die Seitenwände sind durch Balkone unterbrochen und Schornsteine in den Aufbauten integriert (vgl. Schüßler 2001, S. 59).

5.7 Nachfrager im Kreuzfahrtsegment

Die internationale Kreuzfahrtindustrie hat in den letzten Jahrzehnten ein stetiges Wachstum erfahren, bis die Covid-19-Pandemie die Tourismuswirtschaft generell negativ beeinflusst hat. Verschiedene Veröffentlichungen stellen übereinstimmend fest, dass die Hochseekreuzfahrtnachfrage von ca. 500.000 Passagieren im Jahre 1970 über 14,3 Mio. im Jahre 2005 auf 23,1 Mio. im Jahre 2015 angestiegen ist (vgl. Kwag/Lee 2009, S. 18; CLIA Europe 2016, S. 11). In den Jahren 2020 und 2021 ist der Kreuzfahrttourismus nahezu zum Erliegen gekommen. Waren es im Jahr 2019 noch 29,7 Mio. Passagiere, konnten 2020 (5,8 Mio.) und 2021 (4,8 Mio.) deutlich weniger Passagiere verzeichnet werden. Im Jahr 2022 waren es knapp 20,4 Mio. Passagiere (→ Tabelle 32).

Die drei wichtigsten europäischen Märkte sind Deutschland, Großbritannien und Italien, die zusammen ca. drei Viertel der Kreuzfahrtpassagiere verzeichnen, wie → Tabelle 33 zu entnehmen ist.

	2019	2020	2021	2022
Nord-Amerika	15.408	3.008	2.182	12.592
West-Europa	7.226	1.223	1.671	5.433
Asien	3.738	497	626	791
Australien/Neuseeland/Pazifik	1.352	340	7	471
Süd-Amerika	935	458	89	426
Ost-Europa	263	72	32	161
Naher Osten/Arab. Raum	108	8	22	149
Skandinavien/Island	2148	52	45	131
Afrika	168	68	-	88
Karibik	57	7	-	30
Mittel-Amerika	49	14	-	20

Tabelle 32: Der weltweite Hochseekreuzfahrtmarkt (in Mio. Passagiere) | Quelle: CLIA 2023, S. 2.

	2019	2020	2021	2022	
Gebiet	**Passagiere**	**Passagiere**	**Passagiere**	**Passagiere**	**Marktanteil**
Deutschland	2.587	531	576	1.876	33 %
GB/Irland	1.992	259	479	1.663	28 %
Italien	950	151	340	791	14 %
Spanien	553	45	74	414	7 %
Frankreich	545	146	116	325	6 %
Niederlande	123	18	13	82	1 %
Schweiz	140	23	20	70	1 %
Norwegen	98	20	35	60	1 %
Österreich	136	25	15	55	1 %
Belgien	66	10	10	55	1 %
Portugal	69	8	12	45	1 %
Schweden	59	16	5	32	1 %
Dänemark	45	14	4	30	1 %
Alle anderen	231	47	43	179	4 %
total	7.707	1.347	1.748	5.726	100 %

Tabelle 33: Die wichtigsten europäischen Hochseekreuzfahrtländer (in Mio.) | Quelle: CLIA Europe 2023, S. 2.

> Auch die deutsche Nachfrage zeigte einen stetigen Anstieg. Insgesamt ist von 1999 bis 2009 eine Verdreifachung der Hochseepassagierzahlen von 330.680 auf 1.025.968 zu verzeichnen. In den Jahren danach haben sich Passagiere um weitere ca. 80 % auf knapp 1,81 Mio. im Jahr 2015 erhöht (vgl. CLIA Deutschland/DRV 2016, S. 1 ff.). In den Jahren der Covid-19-Pandemie sind die Anzahl der Kreuzfahrten eingebrochen und haben sich in den Jahren 2022 und 2023 wieder erholt.

Weitere wichtige Kennzahlen der deutschen Nachfrage finden sich zusammenfassend in nachfolgender Tabelle.

	2016	**2017**	**2018**	**2019**	**2020**	**2021**	**2022**
Passagiere (in Tsd.)	2.017	2.168	2.332	2.587	531	576	1.876
Ø Reisedauer in Tagen	8,8	8,8	9,1	9,1	9,0	7,5	8,6
Ø Passagieralter in Jahren	50	50	49	49,1	50,0	47,9	47,5

Tabelle 34: Nachfrage deutscher Hochseekreuzfahrten im Überblick | Quelle: CLIA Deutschland 2019, S. 1f.; CLIA Europe 2023, S. 5.

Aussagen zum weltweiten und europäischen Flusskreuzfahrtmarkt sind nicht möglich, da nur Daten zum **deutschen Flusskreuzfahrtmarkt** vorliegen.

> Während im Jahr 2019 nach dem GfK Mobilitätsmonitor und nach der Studie „Fluss-Kreuzfahrtmarkt" noch ca. 727.000 bzw. 541.133 Passagiere zu verzeichen sind, sind in den Jahren 2020 und 2021 deutlich weniger Deutsche mit einem Flusskreuzfahrtschiff gefahren. Im Jahr 2022 hat nach beiden Studien eine Erholung stattgefunden, die Zahlen weichen aber voneinander ab.

Der durchschnittliche Reisepreis und die durchschnittliche Reisedauer sind nachfolgender Tabelle zu entnehmen.

	2019		**2020**		**2021**		**2022**	
Quelle	GfK	IG River-Cruise	GfK	IG River-Cruise	GfK	IG River-Cruise	GfK	IG River-Cruise
Passagiere	727.400	541.133	307.400	112.309	209.400	182.844	644.800	319.977
Ø Reisepreis in €	1.173	1.207	976	k. A.	1.151	1.893	1.063	1.739
Ø Reisedauer in Tagen	8,3	9,95	7,4	8,83	7,4	7,47	7,6	7,23

Tabelle 35: Nachfrage deutscher Flusskreuzfahrten im Überblick | Quelle: GfK Mobilitätsmonitor, zitiert nach DRV 2023, S. 32; IG River Cruise 2022, S. 9; IG River Cruise 2022, S. 10f.

Europäische Gewässer haben den größten Anteil an den von deutschen Passagieren nachgefragten **Fahrtgebieten**[56] sowohl bei Hochsee- als auch bei Flusskreuzfahrten. Beliebte Flusskreuzfahrtziele für deutsche Passagiere sind der Rhein und Nebenflüsse (37 %), die Donau und Nebenflüsse (34,5 %) sowie die Seine, Rhone, Saone, Garonne und Loire in Frankreich (13,1 %) (vgl. Menke zum Felder 2021, S. 4).

Fast drei von vier deutschen Hochseekreuzfahrern bereisen europäische Fahrtgebiete: 2022 machten fast vier von zehn deutschen Passagieren eine Kreuzfahrt durch Nordeuropa (39,4 %), zu den Britischen Inseln sowie durch die Ostsee (20,4 %). Bei den Reiserouten geht der Trend zu mehr Vielfalt: Immer mehr Passagiere besuchen bspw. Ziele an der Atlantikküste oder die Kanaren (8,5 %) sowie Nordamerika und die Karibik (11,3 %) (vgl. CLIA Europe 2022, S. 5)

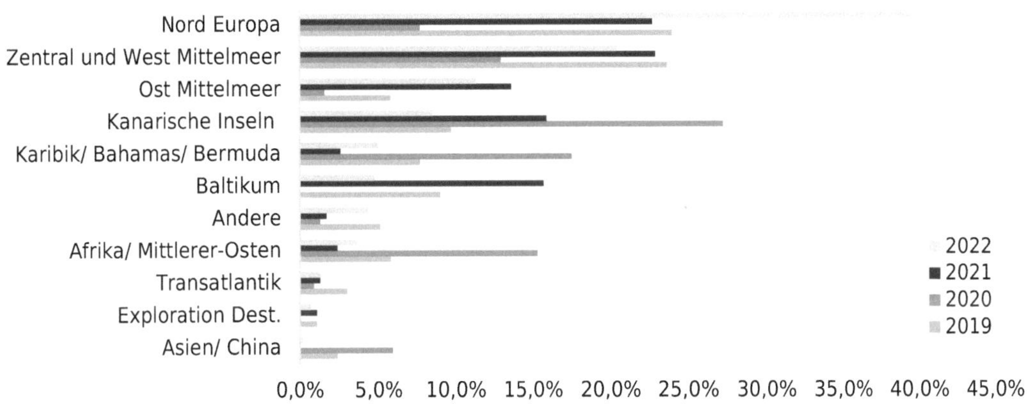

	Asien/ China	Exploration Dest.	Transatlantik	Afrika/ Mittlerer-Osten	Andere	Baltikum	Karibik/ Bahamas/ Bermuda	Kanarische Inseln	Ost Mittelmeer	Zentral und West Mittelmeer	Nord Europa
2022	0,2%	0,7%	1,4%	3,6%	4,3%	4,7%	5,0%	8,5%	11,3%	20,4%	39,4%
■2021		1,1%	1,3%	2,4%	1,7%	15,7%	2,6%	15,9%	13,6%	22,9%	22,7%
■2020	5,9%		0,9%	15,3%	1,3%		17,5%	27,2%	1,6%	12,9%	7,7%
■2019	2,4%	1,1%	3,0%	5,8%	5,1%	9,0%	7,7%	9,7%	5,8%	23,7%	24,0%

Abbildung 40: Weltweite Fahrtgebiete von Hochseekreufahrt-Passagieren – deutscher Quellmarkt 2019–2022 | Quelle: CLIA Europe 2022, S. 5.

5.8 Strategien von Kreuzfahrtunternehmen

In → Abbildung 41 wird ein Ansatz vorgestellt, der verschiedene strategische Optionen der Unternehmenspositionierung eines Kreuzfahrtunternehmens zusammenfassend darstellt. Dabei beschränkt sich die Darstellung jedoch auf ausgewählte Strategie-Module und erhebt keinen Anspruch auf Vollständigkeit.

56 Hochsee- und Flusskreuzfahrten sind auf allen Kontinenten bzw. Weltmeeren zu finden. Es gibt verschiedenen Einteilungen der Hochseekreuzfahrtgebiete, die z. B. einmal von sechs, einmal von 14, einmal von 21 und einmal von 22 Kreuzfahrtregionen sprechen (vgl. CLIA 2010, S. 16; Schäfer 1998, S. 102 f.; Schüßler 2005, S. 143; WTO 2003, S. 13). Weiterführende Informationen zu den einzelnen Fahrtgebieten finden sich in diesen Quellen.

<table>
<tr><th colspan="2">Strategiemodule</th><th>strategische Optionen</th></tr>
<tr><td colspan="2">Geschäftsmodelle</td><td>Kreuzfahrt, Linienverkehr, Bedarfsverkehr, Charter</td></tr>
<tr><td colspan="2">Absatz- und Fahrgebiete</td><td>regional/national, international, global</td></tr>
<tr><td rowspan="2">konkurrenzorientierte Strategie</td><td>Strategietyp</td><td>Nischenbesetzung, Differenzierung, Kostenführerschaft</td></tr>
<tr><td>Wettbewerbsverhalten</td><td>wettbewerbsorientierte oder konfliktäre Strategie („Alleingang"), Kooperation, Konsolidierung/Konzentration</td></tr>
<tr><td colspan="2">(Haupt-)Einnahmequelle</td><td>All-inclusive-Konzept, geringer Einstiegspreis und Fokus auf Zusatzeinnahmen</td></tr>
<tr><td colspan="2">kundenorientierte Strategie</td><td>Massenmarktstrategie, Marktsegmentierungsstrategie, Nischenmarktstrategie</td></tr>
</table>

Abbildung 41: Ausgewählte Strategiemodule von Kreuzfahrtunternehmen | Quelle: Gross/Lück 2012, S. 65.

5.8.1 Geschäftsmodelle

Die klassische Abgrenzung von **Geschäftsmodellen** von Schifffahrtunternehmen stammt – wie bereits in Kapitel 5.2 genannt – aus der Frachtschifffahrt. Hierbei werden Schifffahrtunternehmen in Linien-, Charter- und Werksverkehr bzw. Linien- und Bedarfsverkehr sowie Charter unterteilt. Auf die moderne Passagierschifffahrt kann diese Abgrenzung nicht unmittelbar übertragen werden, da bspw. die Bedarfsschifffahrt selten bis nicht-existent ist. Außerdem könnte ein Schifffahrtunternehmen einen Mix aus Kreuzfahrt und Linienverkehr betreiben, so dass es weder Linien- noch Bedarfsschifffahrt ist. Kreuzfahrtunternehmen operieren somit in einem Bereich, der nicht in die genannten Kategorien passt, und werden als eigenes Geschäftsmodell angeführt.[57]

Bei der **Linienschifffahrt** (auch Liniendienst genannt) wird vom jeweiligen Unternehmen ein regelmäßiger Dienst zwischen zwei oder mehreren See- oder Flusshäfen angeboten, die im regelmäßigen Turnus (nach Fahrplan) angelaufen werden. Sie sind verpflichtet, sich an ihren veröffentlichten Fahrplan zu halten, ungeachtet der gebuchten Passagierzahl. Linienschifffahrtsunternehmen können im Hochsee- oder Flusslinienverkehr und im Fährverkehr tätig sein. Zudem ist in den letzten Jahren zunehmend eine Erweiterung der Geschäftsfelder von Reedereien zu verzeichnen, die Fahrten für Gäste auf ihren Frachtschiffen im Linienverkehr anbieten. Auf Grund der zunehmenden Bedeutung des Luftlinienverkehrs – 1958 war das letzte Jahr, in dem mehr Passagiere den Atlantik im Schiff als im Flugzeug überquerten – bieten Kreuzfahrtunternehmen nur noch selten Hochseeliniendienste an, so dass dieses Geschäftssystem seine frühere Bedeutung fast gänzlich verloren hat. Erwähnenswerte Ausnahmen sind Cunard mit der Queen Mary II und die seit mehr als 130 Jahren existierenden norwegischen Postschiffe der „Hurtigruten".

„While tramp and liner are potential options cruise ship tourism today is dominated by cruise lines and companies which offer charter contracts. Most common are cruise lines, who primarily operate owned or leased vessels under their own brand. This refers to sea and river cruises as well as to special forms of maritime tourism (e.g., cruises on large sailing-ships, freighter trips). These cruise lines, and

57 Es ist hierbei wichtig, den Unterschied zwischen den englischen Begriffen „Cruise Line" und „Cruise Liner" zu beachten. Während der letztgenannte Begriff einen spezifischen Schiffstyp bezeichnet, wird der erste Begriff für eine neue Art von Geschäftsmodell herangezogen, die den Linien- und Bedarfsverkehr ergänzt.

agents specialised in the charter business, rent (charter) anything from large vessels to small pleasure craft, to smaller numbers of cabins or yachts to private individuals or tour operators. Common to all business systems is that they can be operated on the various known shipping routes, which are inland waters, canals, and rivers, as well as oceans." (Gross/Lück 2012, S. 65 f.)

5.8.2 Marktareal

Die zwei Hauptaspekte, die bei diesem Strategiemodul zu beachten sind, sind die räumliche Verteilung der Nachfrager (= Herkunft/Einzugsgebiet/Quellmarkt) und die Gebiete, in denen Kreuzfahrten angeboten werden sollen.

Sofern ein Kreuzfahrtunternehmen neben regionalen und nationalen Nachfragern im Einzugsgebiet des Heimathafens oder des Unternehmenssitzes auch internationale Gäste ansprechen möchte, müssen verschiedene Aspekte bei der Produktentwicklung einbezogen werden. Hierzu zählen bspw. die Berücksichtigung von spezifischen Anforderungen von Gästen aus unterschiedlichen Regionen bzw. Ländern (z. B. Auswahl an Speisen und Getränken, Zubereitung von Speisen, mehrsprachiges Personal, Unterhaltungsprogramm, Kabinen- und Schiffsdesign, Anreise zum Abfahrtshafen/Abreise vom Ankunftshafen), kundenspezifisches internationales Marketing und evtl. die Etablierung von Vertretungen bzw. Agenturen in wichtigen internationalen Märkten.

Darüber hinaus kann ein Kreuzfahrtunternehmen seine Schiffe auf allen Weltmeeren einsetzen oder ausschließlich in den Gewässern nah zum Heimathafen bzw. Unternehmenssitz. Nach einem stetigen Wachstum in ihren Heimatmärkten (Nord-Amerika und Europa) wechselten die „Big Three"-Kreuzfahrtunternehmen (Royal Caribbean, Carnival, NCL) zu einer globalen Wachstumsstrategie. Um langfristig wettbewerbsfähig zu sein, haben sie neue Märkte mit einem relativ ähnlichen Produkt erschlossen bzw. erschließen sie gegenwärtig. Die in den USA ansässigen Unternehmen Carnival Corporation (z. B. mittels AIDA und Costa Cruises) und Royal Caribbean Cruises (z. B. mittels Pullmantur und TUI Cruises (Joint Venture der TUI AG und Royal Caribbean Cruises) erschließen nach und nach europäische Gewässer, indem sie bspw. neue Töchter gründen oder europäische Gesellschaften integrieren (z. B. Carnival die britische Carnival plc, die aus dem Kreuzfahrtgeschäft der britischen Reederei P&O hervorgegangen ist) (vgl. Gross/Lück 2012, S. 66). Aber auch der asiatische Raum wurde in den Jahren bis zur Covid-19-Pandemie und dem Krieg in der Ukraine stärken in den Mittelpunkt der Aktivitäten gerückt. Als Beispiel sei der Weltmarktführer, die Carnival Corporation, angeführt, wie er noch vor einigen Jahren seine Expansion nach China sah:

„We reinforced our leadership position in the burgeoning China cruise region with the successful introduction of a fourth ship in 2015. We are well positioned in 2016 with two more year-round ships – one each for the Costa Cruises and Princess Cruises brands. We expect to bolster our growth in China for years to come. Beyond 2016, Princess Cruises' Majestic Princess, the first ship built specifically for Chinese guests and designed to stimulate consumer demand, will enter China along with both our Carnival Cruise Line and AIDA brands. Entering China with multiple brands enables us to grow our presence faster and achieve deeper penetration by providing cruise experiences aimed at differentiated segments. In addition, we recently signed a joint venture with the China State Shipbuilding Corporation and the China Investment Corporation to further our growth in this region." (Carnival Corporation 2016, S. 3 f.)

Aufgrund der Erfahrungen mit der weltweiten Covid-19-Pandemie und den kriegerischen Auseinandersetzungen in der Ukraine stellt sich der Konzern wiederum neu auf: „The uneven reopening of cruise travel around the world following the effects of COVID-19 and the impact the invasion of Ukraine has had on European countries have had a material impact on our results of operations. While all of our brands are on an upward trajectory, the pace of the recovery has trailed for those brands most heavily exposed to these factors as the impacts have weighed on consumer confidence in those regions resulting in greater uncertainty and closer-in booking patterns. To mitigate these impacts, we have made strategic deployment decisions to increase our closer-to-home and shorter duration itineraries to help reduce the friction of air travel, lower the overall cost of our vacations and facilitate a closer-in booking environment." (Carnival Corporation 2023, S. 1)

5.8.3 Wettbewerbsorientierte Strategie - Strategietyp

Mit Blick auf die Marktteilnehmer Kunden und Wettbewerber ist zu entscheiden, wie Wettbewerbsvorteile erlangt werden können. Hierbei sind die Strategieoptionen Nischenbesetzung, Differenzierung und Kostenführerschaft vorhanden.

5.8.3.1 Kostenführerschaft

Eine Kreuzfahrtgesellschaft oder ein -konzern als den **Kostenführer** hervorzuheben, fällt schwer.

> Es lässt sich eher beobachten, dass innerhalb eines Konzerns für einzelne Marken unterschiedliche Preisstrategien verfolgt werden. Eine andere Ebene der Preisspreizung verläuft innerhalb der jeweiligen Marke – dies meint relativ hohe Katalogpreise und extrem niedrige Aktionspreise (vgl. Jans 2023).

Grundlage für eine zu beobachtende Kostendegression in der Kreuzfahrtindustrie und damit der häufiger vorhandenen Möglichkeit Kabinen preiswert zu vermarkten, ist der Trend zu größeren Schiffen und die damit zusammenhängende Reduzierung der Stückkosten. Während es 2009 noch 42 Schiffe mit einer Bruttoraumzahl (BRZ, im Englischen Gross Registered Tons oder GRT) von mehr als 100.000 gab, sind es der 2013er Ausgabe des „Berlitz Guide to Cruising & Cruise Ships" zufolge bereits 50 Schiffe mit einer BRZ über 100.000 und 90 Schiffe in der Auflage von 2020 (vgl. Ward 2009, S. 143; Ward 2013, S. 131; Ward 2020, S. 183 ff.).

5.8.3.2 Differenzierung

Mit der **Differenzierungsstrategie** versucht ein Kreuzfahrtanbieter, in einigen, bei den Nachfragern allgemein hoch bewerteten Dimensionen in seiner Branche einmalig zu sein (→ Kapitel 3.9.7.2). Anbei einige ausgewählte Differenzierungsansätze von Kreuzfahrtunternehmen der jüngsten Vergangenheit. Es kann jedoch nicht ausgesagt werden, inwiefern diese Ansätze zur Generierung höherer Preise genutzt werden (können):

- AIDA Cruises hob sich von anderen Unternehmen ab, indem sie als erster deutscher Veranstalter Kreuzfahrten im Orient anbot oder als erstes Unternehmen auf See Bier braut (vgl. AIDA Cruises 2010).
- Royal Caribbean Cruises bieten ein innovatives Produkt an, indem sie besondere Attraktionen, wie Eisflächen, Kletterwände, Skywalk, Surfanlagen und Ziplines an Bord einiger ihrer Schiffe zur Verfügung stellen (vgl. Royal Caribbean International 2023).
- „High-Quality-Anbieter" versuchen, sich im Wettbewerb durch ihre Angebotsleistung zu differenzieren, um Präferenzen beim Kunden aufzubauen. Es wird versucht ein Image oder

eine Marke aufzubauen, wodurch die (potenziellen) Passagiere das Kreuzfahrtunternehmen in einem bestimmten Gebiet für einmalig halten sollen und bereit sind einen höheren Preis zu bezahlen. Ein Beispiel ist „Explora Journeys“, die „Luxus-Lifestyle-Marke der MSC-Gruppe.“ (o. V. 2023).

5.8.3.3 Nischenbesetzung

Die **Nischenstrategie** wird meist von kleineren Anbietern in speziellen Märkten bzw. für bestimmte Themen (z. B. Essen, Wellness, Photographie, Kunst, Wein) und Kundengruppen (z. B. Senioren, Familien, FKK-Anhänger, Homosexuelle) eingesetzt. Hierzu können bspw. Abenteuer- und Expeditionskreuzfahrten, Welt- und Frachterreisen gezählt werden. Konkrete Beispiele sind z. B. ChristianCruises.Net und RSVP Vacations, die jedoch über keine eigenen Schiffe verfügen.

RSVP Vacations hat sich seit 1985 ausschließlich auf Reisen und v. a. **Kreuzfahrten für Homosexuelle** spezialisiert und chartert Schiffe von großen Reedereien. ChristianCruises.Net ist eine Reiseagentur, die sich auf Kreuzfahrtgruppen mit christlichen Unterhaltungskünstlern und Seelsorgern spezialisiert hat. Das Unternehmen bucht ihre Kunden auf Kreuzfahrten anderer Anbieter und organisiert zusätzliche Unterhaltungsangebote an Bord, die nur für Kunden von ChristianCruises.Net zu besuchen sind (vgl. Christian Cruises 2023; RSVP Vacations 2023).

5.8.4 Wettbewerbsorientierte Strategie – Wettbewerbsverhalten

Wettbewerbsorientierte Strategien beinhalten die Möglichkeit eines Alleingangs, einer Kooperation und einer Konzentration, wobei ein Kreuzfahrtunternehmen verschiedene Strategien in verschiedenen Märkten verfolgen kann. Dabei muss insbesondere unterschieden werden, ob ein Kreuzfahrtunternehmen „allein geht“ („internes Wachstum“) oder ob es mit anderen (Kreuzfahrt-)Unternehmen zusammenarbeitet („externes Wachstum“). Diese Formen der Partnerschaft variieren von lockeren Formen, wie Arbeitsgruppen oder Interessengemeinschaften bis hin zu Unternehmenszusammenschlüssen.

5.8.4.1 Wettbewerbsorientierte oder konfliktäre Strategie

Die **wettbewerbsorientierte Strategie** setzt meist eigene (relative) Stärken am Markt voraus, d. h. eine mögliche Unique Selling Proposition. Insbesondere Leistungs- und Kostenvorteile werden für diese Strategiewahl zugrunde gelegt. Als Beispiel kann hier easyCruise mit dem Konzept der Low-Cost-Cruise angeführt werden. Durch das Angebot einer „no frills“-Option wollten sie die Budget-Kreuzfahrten neu definieren. EasyCruise strebte an, den Basispreis so niedrig wie möglich zu halten (Preise begannen bei ca. 30 Euro/Nacht für Hochseekreuzfahrten und 10 Euro für Flusskreuzfahrten), um die finanzielle Zugangsbarriere von Kreuzfahrten zu minimieren bzw. eliminieren und somit ein völlig neues Klientel anzusprechen. Zusätzliche Leistungen, wie Essen und Getränke oder Reinigung ließ sich easyCruise extra bezahlen (vgl. Gross 2010, S. 11 ff.). Im Jahre 2009 wurde easyCruise von der griechischen Reederei Hellenic Seaw ays übernommen und gab damit die wettbewerbsorientierte Strategie auf. Wer im Jahr 2023 auf die Website von easycruise.com geht, wird wiefolgt informiert: „easyCruise offers a great yacht cruise experience with its 11 fully owned vessels with capacity ranging from 5 to 36 cabins. The cruise itineraries are carefully selected and curated showcasing the best of each destination by visiting (…) ports. With more than 400 bed capacity on board 11 vessels, our operators Variety Cruise offers the largest Mega Yachts operator in the Mediterranean and one of the top 3 worldwide in the Small Ship market." (easyCruise 2023) Der Betreiber „Variety Cruises" ist eine private Yachtkreuzfahrtgesellschaft mit Sitz in Athen, Griechenland, welche 2006 gegründet wurde.

5.8.4.2 Kooperation

Bei einer **Kooperationsstrategie** versuchen die vorhandenen, meist relativ gleichstarken Anbieter, ihre eigene Marktposition zu festigen und teilweise gemeinsam auszubauen. Neben der Zusammenarbeit in nationalen und internationalen Vereinigungen (z. B. Verband Deutscher Reeder, Cruise Lines International Association, Florida-Caribbean Cruise Association), die v. a. politische Lobbyarbeit, Produktstandardisierung und Öffentlichkeitsarbeit als Ziele verfolgen, bestehen eine Vielzahl an unternehmensübergreifenden Kooperationen. Letztere verfolgen v. a. das Ziel der Kosteneinsparung (z. B. in den Bereichen Beschaffung und Vertrieb), Prozesserleichterung und ein erweitertes Angebot für die Kreuzfahrtkunden (mit dem Ziel der Kosteneinsparung und Prozessvereinfachung).

- **Horizontale Kooperationen:** Zusammenarbeit von Unternehmen der gleichen Handels-/Wirtschaftsstufe. Hier handelt es sich um Kreuzfahrtunternehmen, die innerhalb der Branche zusammenarbeiten. Zum Beispiel haben Royal Caribbean Cruises und Color Line beim Bau bzw. Design der Schiffe „Color Fantasy" und „Color Magic" zusammengearbeitet. Auch die Zusammenarbeit von Kreuzfahrtunternehmen in Verbänden kann hierzu gezählt werden.
- **Vertikale Kooperationen:** Zusammenarbeit von Unternehmen einer vor- oder nachgelagerten Handels- oder Wirtschaftsstufe. Hierbei handelt es sich um Lieferanten und Vertriebskanäle von Kreuzfahrtunternehmen sowie um Unternehmen, die ergänzende Leistungen für Kreuzfahrtunternehmen anbieten. Kreuzfahrtunternehmen arbeiten bspw. mit Fluggesellschaften, Gesundheits- und Golfanbieter, Hotels und Hotelgesellschaften, Mietwagenunternehmen, Musik- und Kultureinrichtungen und Anbietern von Bonusprogrammen zusammen.
- **Diagonale Kooperationen:** Zusammenarbeit von Unternehmen unterschiedlicher Branchen und Wertschöpfungsstufen, die in einem Teilbereich zusammenarbeiten. Ein Beispiel sind Werbemaßnahmen branchenfremder Unternehmen, die in keiner wertschöpfenden Funktion zusammenarbeiten. Es gibt bspw. eine Zusammenarbeit von Kreuzfahrtunternehmen mit Autoherstellern, Flughäfen oder Fußballvereinen.

Eine besondere Form der Kooperation ist die Zusammenarbeit von Royal Caribbean Cruises und der TUI AG, da es sowohl zur horizontalen als auch vertikalen Kooperation gezählt werden kann. Nach der Erlaubnis des Kartellamtes bieten TUI und Royal Caribbean Cruises seit Mai 2009 ein Kreuzfahrtunternehmen im Premium-Sektor des deutschsprachigen Marktes an. Diese Kooperation kann als eine horizontale Kooperation gewertet werden. Da TUI jedoch ein vertikal-integrierter Konzern ist (inklusive Reisebüros, Reiseveranstalter, Fluggesellschaft, Incoming-Agenturen usw.), kann diese Kooperation zwischen TUI und Royal Caribbean ebenfalls als eine vertikale Kooperation gesehen werden (vgl. Gross/Lück 2012, S. 69; Royal Caribbean Cruises Ltd. 2023, S. 2).

5.8.4.3 Konzentration

Firmenzusammenschlüsse bzw. Beteiligungen an anderen Kreuzfahrt- und touristischen Unternehmen sind in der Kreuzfahrtbranche ein lang bekanntes Phänomen. Die horizontale Konsolidierung im Kreuzfahrtgeschäft begann in den USA Ende der 1980er-Jahre im 3–4 Sterne-Segment. Ein Grund dieser Entwicklung war der Trend zum Bau von größeren Schiffen mit steigenden Unterhaltungsangeboten, was wiederum ein erhöhtes Maß an Kapital erforderte. Dies führte zur **Marktkonsolidierung**, wodurch sich die Zahl der unabhängigen Anbieter reduzierte. Die Konsolidierung der Kreuzfahrtindustrie war in der zweiten Hälfte der 1990er und den frühen 2000er besonders bedeutend (→ Tabelle 36), einschließlich Holdingbildungen und Expansion in den europäischen und asiatischen Markt (vgl. WTO 2003, S. 178). Während in der Mehrzahl dieser Fälle die einzelne Marken beibehalten wurde, um in verschiedenen Kreuzfahrtsegmenten vertreten zu sein, verschwand mindestens ein Dutzend Kreuzfahrtmarken während dieser Zeit (vgl. Hall 2004, S. 109 f.).

Unternehmen	**Übernahme von ...**
Royal Caribbean	Celebrity Cruises, Pullmantur Cruises
Carnival	Costa Cruises, Cunard, P&O Cruises, Princess Cruises, P&O Australia, Swan Hellenic, Aida, Ocean Village
Norwegian Cruise Line	Majesty Cruise Line's ships, Orient Lines
Cruise Holdings	Dolphin Cruise Line
Star Cruises	Norwegian Cruise Line

Tabelle 36: Ausgewählte Konzentrationsbeispiele (späte 1990er und frühe 2000er) | Quelle: Hall 2004, S. 110.

„Globalisation of the cruise sector has also led to increase internationalisation of ownership and further concentration in this business, with a massive shakeout steadily reducing the number of players. Cunard's famed QE2, introduced in 1969, is illustrative. Cunard was acquired by Trafalgar House, a British multinational conglomerate, two years later in 1971. (...) In the 80s and early 90s, Cunard purchased several Norwegian ships and the Royal Viking name, but in 1996 Trafalgar House was taken over by the Norwegian company, Kvaerner ASA. Two years later, Kvaerner sold Cunard to US-based Carnival Corporation, which promptly merged it with its luxury-end Seabourn Cruise Line." (Wood 2000, S. 352)

Als ein Resultat der Akquisitionen, Zusammenschlüsse und Insolvenzen v. a. in der vergangenen zwei Jahrzehnten ist die Carnival Corporation, die 1973 nur ein Schiff besaß, zu einem Konzern gewachsen, der im Jahr 2023 mehrere Kreuzfahrtlinien mit mehr als 100 Schiffen operiert. Die Carnival Corporation hat somit einen bedeutenden Einfluss auf die Entwicklung der Angebotsstruktur.

Zusammenfassend lässt sich festhalten, dass den weltweiten Kreuzfahrtmarkt immer mehr das in den 1980er-Jahre in Mode gekommene Schlagwort der Globalisierung passend umschreibt und v. a. die „Big Three" den weltweiten Kreuzfahrtmarkt dominieren sowie die Strategie der Konzentration verfolgen: Carnival Corporation, Royal Caribbean International und NCL teilen sich ca. 75 % des gesamten Kreuzfahrtmarktes bezogen auf die beförderten Passagiere (vgl. Wahlstrom 2021).

Beteiligungen bzw. Aufkäufe finden sich nicht nur bei den Reedereien untereinander, sondern auch in anderen Bereichen. Da die Kombination von Kreuzfahrten und Hotelaufenthalten immer populärer (Sail&Stay) wird, haben einige Kreuzfahrtgesellschaften eigene Hotels bzw. Hotelbeteiligungen. Aber auch Beteiligungen an bspw. Airlines, Busunternehmen, Reiseveranstaltern und Call-Centern oder deren vollständige Integration in den eigenen Konzern sind bekannt. Im Folgenden werden einige ausgewählte Beispiele angeführt:

- Die Carnival Corporation ist auch Eigentümer von Holland America Princess Alaska Tours aus Alaska, die bspw. mit eigenen Bussen und Eisenbahnwaggons mit Glasdach Ausflüge von Schiffen aus in Alaska und dem Yukon Territorium in Kanada anbietet. Darüber hinaus gehören die „Westmark Hotels and Inns" zur Holland America Line, die wiederum zu Carinval gehört. Westmark vermarktet und betreibt Hotels und Lodges in Alaska und dem Yukon Territorium in Kanada (vgl. Carnival Corporation 2023, S. 2 und S. 37 f.).
- AIDA war an der SeeLive Tivoli Entertainment & Consulting GmbH beteiligt, ein Joint Venture von AIDA Cruises und Schmidts Tivoli Theater Company, die Unterhaltungsprogramme für AIDA entwickelten und aufführten. Das Entertainment ist seit einigen Jahren vollständig bei AIDA integriert (vgl. Heitmann 2016).
- In Belize investierte Royal Caribbean 18 Mio. US-Dollar in die Miteigentümerschaft des „Fort Street Tourism Village". Dieses November 2001 geöffnete „Tourism Village" ist der Dreh- und Angelpunkt für Passagiere von Kreuzfahrtschiffen in Belize (vgl. Klein 2005, S. 110).

Aber nicht nur Reedereien beteiligen sich an anderen Leistungsträgern, die vor- oder nachgelagerte Leistungen (z. B. Hotels, Airlines oder Busunternehmen) bzw. Hilfs- und Nebenleistungen (z. B. Hafen-, Ausflugs- und Incomingagenturen) anbieten, sondern umgekehrt haben auch die anderen touristischen Leistungsträger den Kreuzfahrtmarkt für sich entdeckt. „Needing to maintain market share following competitive pressures on its resorts, Club Med entered the cruise sector in the early 1990s with the construction of luxury sailing boats. Hyatt Hotels took a half-stake in Royal Caribbean in 1988. Radisson Hotels International owns Radisson Seven Seas Cruises. Ramada Hotels has leased Premier's ships for short cruises from the Ramada Plaza resort near Orlando, Florida. The Disney Corporation entered the cruise business in 1998 after a long-previewed publicity campaign promoting cruising as a complementary product to the theme park visits in Florida." (Hall 2004, S. 108)

5.8.4.4 (Haupt-)Einnahmequellen

Eine weitere strategische Fragestellung für Kreuzfahrtunternehmen ist, ob sie eher mit einem niedrigen Einstiegspreis und dem Fokus auf Zusatzeinnahmen oder mit All-inclusive-Konzepten agieren. Die (Haupt-)Einnahmequellen von Kreuzfahrtunternehmen sind daher klassischerweise entweder der Ticketerlös an sich, der bereits alle Nebenkosten beinhaltet oder der Reisepreis ergänzt um v. a. Bord- und/oder Landausflugsumsätze.

5.8.4.5 All-inclusive-Konzept

Es gibt eine Reihe von Kreuzfahrtunternehmen, die **All-inclusive-Konzept** anbieten. Beispiele im Jahr 2023 sind AIDA, Hapag-Lloyd Cruises, MSC Kreuzfahrten, Celebrity oder TUI Cruises.

> Die All-inclusive-Konzepte unterscheiden sich von Anbieter zu Anbieter, gemeinsam ist allen, dass fast nie auch wirklich alles inklusive ist – außer bei „unlimited"-Konzepten von wenigen hochwertigen Anbietern. Während die Vollverpflegung an Bord in der Regel Standard ist, beziehen sich die Inklusivleistungen bei vielen Anbietern v. a. auf das Getränkeangebot (exklsuive Getränke trotzdem meist gegen Zuzahlung). Bord-Shops sind immer zu bezahlen, SPA-Anwendungen sind ebenso wie Landausflüge nur selten inkludiert und bei Getränken machen viele Kreuzfahrtgesellschaften bei Premium-Sorten Ausnahmen, die extra zu zahlen sind. Telefon ist bei keinem Anbieter im All-inclusive-Konzept integriert

(vgl. Jans 2024). Übersichten über den aktuellen Stand der einzelnen Anbieter bieten Internetseiten, wie www.e-hoi.de/kreuzfahrt-all-inclusive.

5.8.4.6 Geringer Einstiegspreis und Fokus auf Zusatzeinnahmen

Es finden sich Preise für Kreuzfahrten, die vor wenigen Jahren noch undenkbar waren, z. B. 7-Tageskreuzfahrten für unter 400 US-$ oder 300 Euro pro Person oder Tagesraten von 30 Euro, wie sie bei der easyCruiseOne zu finden waren. Derartige Angebote lassen sich bspw. bei Anbietern, wie Cruise Sheet, discount-cruises.de, Urlaubspiraten oder Vacations to Go finden.

Hier stellt sich die Frage, ob diese Kreuzfahrten wirklich derart preiswert sind, wie sie scheinen oder ob eine andere Strategie dahintersteckt. Bei Last-Minute-Angeboten lassen sich sicherlich „wahre Schnäppchen" erwischen, oft steckt aber eine andere Strategie dahinter. Die Kreuzfahrtgesellschaften sagen, dass sie mit den zusätzlichen Einnahmen die Basiskosten für die Passagiere gering(er) halten und somit auch breitere Bevölkerungsschichten am Kreuzfahrttourismus teilhaben können. Und jeder Passagier ist selbst für sein Handeln verantwortlich und kann bestimmen, welche der Extra-Kosten auf ihn zukommen. Hieran ist sicher etwas Wahres enthalten, auf der anderen Seite finden sich aber auch Hinweise, dass sich die Passagiere länger an Bord aufhalten sollen und/oder die Ausgaben an Land beim jeweiligen Anbieter landen.

Onboard und weitere Einnahmen erhalten auf jeden Fall eine immer wichtigere Bedeutung am gesamten Umsatz. Beide Weltmarktführer konnten seit 2005 ihren Umsatz an Bord und durch weitere Einnahmen absolut gesehen steigern. Während Carnival den Anteil des Onboard-Umsatzes am Gesamtumsatz von ca. 21 % im Jahr 2005 auf knapp 25 % im Jahr 2015 und auf 42 % im Jahr 2022 gesteigert hat, sank dieser Anteil bei RCL von ca. 33 % auf fast 27 %, um daraufhin auf 34 % anzusteigen (→ Tabelle 37).

	CCL	RCL	CCL	RCL	CCL	RCL
	2005		2015		2022	
Cruise						
Passagiertickets	8.399	3.609	11.601	6.058	7.022	5.800
Onboard & andere Einnahmen	2.338	1.239	3.887	2.240	5.147	3.000
Touren & andere Einnahmen	357	k. A.	226	k. A.	k. A.	k. A.
Gesamtumsatz	11.094	3.735	15.714	8.299	12.168	8.800

Tabelle 37: Umsätze der Carnival Corporation (CCL) und Royal Carribean Cruises (RCL) 2005–2022 (in Mio. US-$) | Quelle: Vgl. Carnival Corporation 2010, S. 5; Carnival Corporation 2016, S. 7; Carnival Corporation 2023, S. 4; Royal Carribean Cruises 2010, S. 41; Royal Caribbean Cruises Ltd. 2015, S. 46; Royal Caribbean Cruises Ltd. 2023, S. 44.

Die Möglichkeiten der Reedereien mit Hilfe von Aktivitäten an Bord Umsatz („onboard revenue") zu generieren, sind vielfältig, wie nachfolgender Tabelle zu entnehmen ist.

Onboard-Umsatz	Beispiele
In-room-Unterhaltungssysteme, wie z. B. Glücksspiel, Internet- oder Handyverbindung	Computer verknüpfen viele Funktionen an Bord der neuesten Schiffe. Mit Hilfe von interaktiven TV-Systemen kann bspw. von der Kabine aus Wein bestellt, Ausflüge geplant, Computerspiele gespielt, eingekauft und „pay-per-view"-Filme bestellt werden.
Fotoshop (Kauf von Fotos oder Fotoausrüstung) während der Kreuzfahrt	Professionelle Fotografen machen während der gesamten Kreuzfahrt Fotos von Passagieren, die dann käuflich erworben werden können.
Shops/Supermärkte	An Bord können in Shops/Supermärkten Einnahmen bspw. aus den Bereichen Bekleidung/Fashion, Schmuck, Souvenirs, Parfüm, Spirituosen, Süßigkeiten, Tabak und Kosmetik erwirtschaftetet werden.
Sport/Freizeit	Golfstunden, computergesteuerte Golfkurse, Schlittschuhmiete und -fahren auf der Eislaufbahn, Felsenklettern an künstlichen Wänden u. ä.
Wellness-/Kosmetikangebote	Körper-verwöhnende Spas zählen zu den einträglichsten Passagiereinrichtungen auf See, denen mehr Raum denn je gewidmet wird.
Restaurants/Bars/Disco	Alternative Restaurants sind v. a. an Bord der größeren Schiffe oft vorhanden. Dies sind klassischerweise à la carte Restaurants, die zu reservieren und extra zu bezahlen sind, um in kleinen, privaten Bereichen mit Essen, Wein, Service und Ambiente zu speisen. Einige Schiffe haben mehr als zehn verschiedene Restaurants und Lokale.
Trockenreinigung und Wäscheservice	Pro Stück zu bezahlen, wobei einige Schiffe Münzautomaten für den Passagiergebrauch haben.
Babysitting	Privates Babysitting auf dem Zimmer oder Babybetreuung.
Kunstauktionen und -galerien, Weinauktionen	Auf Kreuzfahrtschiffen sind Kunstgalerien oder -auktionen sowie Weinauktionen an Bord zu finden.

Tabelle 38: Mögliche Zusatzeinnahmen an Bord (Auswahl) | Quelle: Vgl. Gross/Lück 2012, S. 72.

Kasinos oder spezielle Räumlichkeiten für Slotmaschinen, Videopoker usw. werden auf vielen Schiff angeboten, wobei europäische Schiffe eher zu kleineren Kasinos als amerikanische oder asiatische Schiffe tendieren. Es gibt jedoch auch Kreuzfahrten, die einen klaren Fokus auf Kasino-Spieler haben und Reedereien, die spezielle Angebote geschaffen haben. NCL bietet bspw. einen „Casinos Players Club" und ein „Players Club Rewards Program" an. Von den Kasinos an Land ist bekannt, dass hohe Gewinne erwirtschaftet werden. Es ist daher leicht nachvollziehbar, dass die konsequente Ausrichtung auf Kasino-Spieler eine erträgliche Einnahmequelle auch für die Kreuzfahrtunternehmen ist. Sie betreiben die Kasinos auf ihren Schiffen zwar nicht immer selbst. Aber auch durch die von einigen Anbietern an spezialisierte Kasino-Unternehmen vergebenen Konzessionen sind Gewinne zu erwarten. Das 1992 gegründete Unternehmen Century Casinos besaß z. B. Konzessionsverträge für die TUI Cruises (bis Mitte 2023), Windstar Cruises, Regent Seven Seas Cruises und Oceania Cruises (vgl. Century Casinos 2023, S. 24; Gross/Lück 2012, S. 71 f.).

5.8.4.7 Kundenorientierte Strategie

Kundenorientierte Strategien bilden ein grundlegendes Element bei der strategischen Ausrichtung von Unternehmen. Dazu gehören die Massenmarkt-Strategien und die marktsegmentorientierten Strategien. Bei letzterer strategischer Ausrichtung wird der Gesamtmarkt in Teil-Märkte unterteilt, die so homogen wie möglich sein sollen. Marktsegmentierung hilft bei der Identifizierung von Zielgruppen und ihrer Bedürfnisse und somit bei der Anpassung des Angebotes und der Marketingaktivitäten. Die Marketingliteratur nennt verschiedene Marktsegmentierungskriterien (vgl. Freyer 2011, S. 401)[58]:

- soziodemographische Kriterien (z. B. Alter, Einkommen, Geschlecht, Wohnsitz),
- verhaltensbezogene Kriterien (z. B. Verkehrsmittel-/Zielgebietswahl, Reisedauer),
- psychographische Kriterien (z. B. Lifestyle, persönlichkeitsbezogene Merkmale),
- geographische Kriterien (z. B. Herkunft der Touristen, Zielgebiete).

Mit Hilfe von relativ leicht beschaffbaren Informationen über sozio-demographische und verhaltensbezogene Merkmale sind Kreuzfahrtunternehmen in der Lage, ihre Angebote entsprechend der Bedürfnisse ihrer Kunden anzupassen und somit auch ihr zielgruppenspezifisches Marketing. Von der CLIA (inklusive länderspezifischer Informationen, wie z. B. für Deutschland oder Brasilien), von Beratungs- und Marktforschungsunternehmen sowie von Forschungseinrichtungen können bspw. Aussagen zu sozio-demographischen Kriterien von Kreuzfahrtpassagieren erhalten.

„Based on a socio economic approach one can, broadly speaking, break the ocean cruise market down into five segments: the Ultra Luxury segment (five star plus), the Luxury segment (five star), the Premium market segment (four star), the Contemporary segment (three star) and the Budget segment (two star). (...) The Ultra Luxury segment is an exceedingly small part of the overall cruise market. In terms of the U.S., operators were effectively targeting one per cent of the leisure population (...). These all frills cruises are designed for wealthy pleasure seeking clientele aged 45+ with an average gross household income in the region of US$ 200,000, representing less than 3 % of the travelling U.S. population. The quality for this segment, a cruise product needs to deliver something akin to be a pleasure loving and opulent experience." (DVB 2004)

Die „Big Three" sprechen verschiedenen Zielgruppen mit ihren unterschiedlichen Marken an. Kwortnik (2006, S. 289) schlussfolgert hierzu folgendes: „Carnival Corp. emerged as the largest cruise company in the world, with at least one brand positioned in each of the four main segments." Es ist denkbar, dass Passagiere, die mit einer Kreuzfahrt zufrieden waren, ihre nächste in einem höheren Segment buchen, die bei entsprechender strategischer Ausrichtung des Unternehmens auch vorgehalten wird. Verschiedene Marken können ebenfalls Teil der Strategie sein, verschiedene nationale Märkte zu bedienen. Eine bestimmte Marke kann bei (potenziellen) Kunden des einen Landes bekannt sein, aber in anderen Ländern nicht (→ Kapitel 5.8.2) (vgl. Weaver/Duval 2008, S. 110).

Neben sozio-demographischen Kriterien können Kreuzfahrtunternehmen Märkte entsprechend verschiedener kultureller Präferenzen und Charakteristika segmentieren. Beispiele sind das zunehmende Angebot von Kasinos und/oder Automatenspiele an Bord von amerikanischen und asiatischen Schiffen sowie spezifische Ernährungsangebote: Deutsche Passagiere bevorzugen Brote (speziell dunkle Brote) und eine große Auswahl an Käse zum Frühstück und Mittag. Franzosen mögen weiche Croissants, Brioches und Süßgebäck. Australische Passagiere schätzen es „vegemite" für ihren Brot- und Toastaufstrich zu haben. Ein anderes Beispiel ist: Während

58 Kreuzfahrt-spezifische Literatur empfiehlt „Nationalität", „Kundenprofil" und „Kreuzfahrtart" als Segmentierungskriterien (vgl. Cartwright/Baird 1999).

amerikanische Passagiere meist „iced water" mögen, trifft dies bei den meisten europäischen Passagieren nicht zu (vgl. Ward 2008, S. 64; Ward 2020, S. 113).

Eine andere Möglichkeit ist die psychographische Marktsegmentierung. Eine Kombination aus demographischen und psychographischen Kriterien wurde entwickelt, um spezifische verhaltensabhängige Typologien zu identifizieren. Oft werden diesen Typologien prägnante Bezeichnungen gegeben und mit Fotos, Karikaturen oder Alliterationen dargestellt. Eine weitere Entwicklung sind spezifische Lebensstiltypologien, wobei das Reiseverhalten als ein Ausdruck des generellen Kunden- und Lifestyle-Verhaltens gesehen wird (vgl. Freyer 2011, S. 401). Ein Beispiel sind die sechs psychodempographischen Typen, mit den Ausprägungen von allozentrisch („Abenteurer") bis psychozentrisch („Unabhängige") (vgl. Vogel 2005).[59]

Die Massenmarkt-Strategie ist eine undifferenzierte Strategie und zielt darauf ab, den gesamten heterogenen Markt, ohne jegliches Wissen wie wer erreicht wird, anzusprechen. Die Idee ist, so viele potenzielle Kunden wie möglich mit einem (oder einigen wenigen) Produkten anzusprechen. Diese Strategie basiert auf der Annahme, dass Verkäufe steigen und Kostenvorteile durch Skaleneffekte („Economies of Scale") erreicht werden. Der Vorteil hierbei ist u. a., dass keine detaillierten und kostenintensiven Marktanalysen notwendig sind. Kritik wird vornehmlich dahingehend geäußert, dass diese Strategie (finanzielle) Ressourcen verschwendet und daher ineffizient ist und nur auf monopolistischen oder oligopolistischen Märkten erfolgreich sein kann. Dennoch behauptet Bob Dickinson, Präsident und CEO von Carnival Cruises, dass die „(...) demographic segmentation was irrelevant for Carnival because there was no prototypical Carnival customer, except that person who cruised to have fun: 'If you have a vacation destination that has a wide bandwidth of choice, you're casting a bigger net, and you're going to get more fish.'." (Kwortnik 2006, S. 293)

▸ Wiederholungsfragen

1. Bitte grenzen Sie Arten von Schifffahrtsunternehmen voneinander ab und ordnen Sie Kreuzfahrtunternehmen in diese Abgrenzung ein!
2. Wodurch unterscheiden sich Frachtschiffreisen von Kreuzfahrten?
3. Definieren Sie den Begriff Kreuzfahrt!
4. Nennen Sie die drei größten Kreuzfahrtunternehmen der Welt!
5. Nennen und erläutern Sie die drei Arten des Schiffsverkehrs!
6. Welche drei Arten von Fähren lassen sich unterscheiden?
7. Nennen und erläutern Sie kurz drei Formen des Weiteren Schiffsverkehrs!
8. Erläutern Sie kurz Ziele und Aufgaben der MARPOL-Konvention und stellen Sie hierbei die Regelungen für die deutsche Nord- und Ostsee dar!
9. Was drückt die Bruttoraumzahl aus?
10. Charakterisieren Sie die Nachfragesituation im Hochseekreuzfahrtsegment!
11. Nennen Sie drei wichtige Institutionen in der Kreuzfahrtbranche und gehen Sie kurz auf deren Aufgaben ein!
12. Beschreiben Sie die Aufgaben der International Maritime Organization?
13. Wofür steht die Abkürzung CLIA und was verbirgt sich dahinter?

59 Cartwright/Baird (1999) schlagen eine weitere Form der psycho-graphischen Segmentierung vor. Sie führen die sieben Typen „Partygoer", „Relaxer", „Enthusiast", „Stroller", „Seeker", „Explorer" und „Dipper" ein.

14. Beschreiben Sie ausgewählte Strategiemodule von Kreuzfahrtunternehmen und recherchieren Sie aktuelle Beispiele!
15. Welchen Strategietyp und Strategiestil können Kreuzfahrtunternehmen als Wettbewerbsstrategie wählen?
16. Nennen Sie mögliche Haupt- und Zusatzeinnahmen an Bord eines Kreuzfahrtschiffes und kennzeichnen Sie deren Bedeutung für die Wirtschaftlichkeit eines Kreuzfahrtunternehmens!

6 Luftverkehr

Im Folgenden wird der touristisch bedeutsame Luftverkehr vorgestellt. Dabei wird zunächst ein Überblick über Definitionen und Arten im Luftverkehr gegeben, bevor die geschichtliche Entwicklung, die gesetzliche Rahmenbedingungen und ausgewählte Verbände dargestellt werden. Abschließend werden der Luftverkehrsmarkt und ausgewählte Strategien von Fluggesellschaften genauer betrachtet.

▸ Lernziele

Sie lernen ...

- woher Informationen zum Thema Luftverkehr zu bekommen sind,
- welche Begriffe im Luftverkehr gebräuchlich sind und was diese bedeuten,
- welche wichtigen Meilensteine der (historischen) Entwicklung es gibt,
- ausgewählte rechtliche Rahmenbedingungen auf nationaler und internationaler Ebene kennen,
- welche wichtigen Kennzahlen und verschiedene Bewertungssysteme es gibt,
- die wichtigsten Akteure auf dem Luftverkehrsmarkt kennen – sowohl Verbände als auch wichtige Anbieter und deren Geschäftsmodelle,
- die Angebots- und Nachfrageentwicklung und die wirtschaftliche Bedeutung einzuschätzen und
- die Strategien von Fluggesellschaften zu verstehen, die mit Beispielen untermauert werden.

▸ Neuigkeiten, Podcasts und Videos

Aktuelle Nachrichten aus der Branche, Analysen und informative Inhalte sowie Videos, Podcasts, Fotos usw. liefern bspw. ...

- Dj's Aviation: 🔗 https://djsaviation.net/home/
- Simple Flying: 🔗 https://simpleflying.com/
- Centre for Aviation: 🔗 https://centreforaviation.com/

Auch einige Fluggesellschaften, Flughäfen, Verbände usw. bieten informative Videos an, wie bspw. Frankfurt Airport, Lufthansa oder TUIflyTV – letztere Airline hat auch Videos im Angebot, die aus dem Cockpit heraus gefilmt werden.

6.1 Forschungsstand

Im Themenfeld „Luftverkehr" gibt es viele wissenschaftliche Beiträge in (Fach-)Zeitschriften, Sammelbänden und sonstigen wissenschaftlich nutzbaren Quellen. Es zeigt sich jedoch deutlich, dass eine Dominanz der Literatur im englischsprachigen Bereich zu finden ist (→ Tabelle 39).

Art der Veröffentlichung	Autoren/Herausgeber
Monographien/Sammelband	Cento 2009 | Conrady et al. 2019 | Doganis 2006 | Doganis 2010 | Fichert et al. 2020 | Forsyth et al. 2023 | Graham 2023 | Graham et al. 2008 | Groß/Schröder 2007c | Gross/Lück 2013 | Maurer 2006 | Mensen 2013 | Pompl 2007 | Shaw 2016 | Schulz et al. 2010 | Vogel 2019 | Wells/Young 2004 | Wensveen 2023
Beiträge in Lehrbüchern	Freyer 2015 | Goeldner/Ritchie 2012 | Gross/Klemmer 2014 | Robinson et al. 2020 | Schulz 2009
Beiträge in Sammelbänden/Lexika	Buhalis 2022 (versch. Beiträge) | Groß/Schröder 2007a | Groß/Schröder 2007b | Gross et al. 2013 | Fuchs 2021 (versch. Beiträge) | Landvogt et al. 2013
Beiträge in Fachzeitschriften/Tagungsbänden	auf Grund der Vielzahl an Beiträgen wird auf eine Auflistung ausgewählter Beiträge verzichtet und auf untenstehende Verbände und Zeitschriften verwiesen.
Verbände/Verlage	Diverse Studien der ADV (Arbeitsgemeinschaft deutsche Verkehrsflughäfen), des Bundesverbandes der Deutschen Luftverkehrswirtschaft, der Deutschen Verkehrswissenschaftlichen Gesellschaft (DVWG) | der Air Transport Research Society (ATRS), der Deutschen Flugsicherung, von Eurocontrol usw. | IATA und International Civil Aviation Organization (ICAO) | Airport Council International
Zeitschriften	Aircraft Cabin Management | European Journal of Transport and Infrastructure Research | International Journal of Aviation Management | Journal of Airport Management | Journal of Air Transport Management | Journal of Revenue & Pricing Management | Low Cost & Regional Airline Business | Transportation Research (Part A bis F) | …
Studien privatwirtschaftlicher Anbieter	Diverse Studien von Consultants und Banken, wie z. B. Booz/Allen/Hamilton, McKinsey & Company, SITA | Air Transport Intelligence (ATI) | „Centre for Aviation (CAPA)" | FlightGlobal
sonstige Studien/Informationsquellen	Airbus: Global Market Forecast (lfd. Jahrgang) und Boeing: Current Market Outlook (lfd. Jahrgang) | BMDV: Verkehr in Zahlen, lfd. Jahrgang | DLR (Dt. Zentrum für Luft- und Raumfahrt e. V.): Low Cost Monitor (lfd. Jahrgang) | Internetseiten mit airlinespezifischen Inhalten, z. B. www.aero.de, www.aerotelegraph.com, www.airliners.de, www.airliners.net, www.routesonline.com | unter www.marketresearch.com finden sich mehrere hundert Studien zum Thema Airlines und Airports, die kostenpflichtig sind.

Tabelle 39: Informationsquellen zum Thema Luftverkehr (Auswahl) | Quelle: Eigene Zusammenstellung.

6.2 Definitionen im Luftverkehr

Wichtige grundlegende Begriffe sind die Luftverkehrswirtschaft und die hierunter zusammengefassten Begriffe des Luftverkehrs, der Luftfahrt, Luftfahrtindustrie und der Luftfahrtorganisationen.

> **Luftverkehr** wird dabei verstanden als die „Gesamtheit aller Vorgänge, die der Ortsveränderung von Personen, Fracht und Post auf den Luftwegen diesen (…) und alle damit unmittelbar oder mittelbar verbundenen sonstigen Dienstleistungen." (Rössger/Hünermann 1965, S. 3) Der Begriff **Luftfahrt** schließt zusätzlich zum Luftverkehr auch die Sachleistungen mit ein,

die für die Erstellung der Luftverkehrsleistung erforderlich sind. Hierzu werden v. a. die Hersteller von Flugzeugen und Flugsicherungsanlagen dazu gezählt (vgl. Conrady et al. 2019, S. 2). Die **Luftfahrtindustrie** umfasst „(…) die Gesamtheit der ökonomischen, organisatorischen und technischen Einrichtungen des Lufttransportes zur Produktion und Bereitstellung von Luftfahrzeugen und Infrastruktureinrichtungen wie Flughäfen und Flugsicherungsanlagen." (Pompl 2007, S. 17) Letztlich umfasst der Begriff **Luftfahrtorganisation** alle Institutionen, die die rechtlichen und abwicklungstechnischen Rahmenbedingungen für die Durchführung des Luftverkehrs und die Produktion der Luftfahrindustrie vorgeben (vgl. Maurer 2006, S. 1; Pompl 2007, S. 17).

6.3 Arten des Luftverkehrs

Luftverkehr lässt sich anhand von verschiedenen Merkmalen systematisieren (→ Tabelle 40). Insbesondere die Regelmäßigkeit des Angebots und das Geschäftsmodell einer Airline nehmen eine besondere Bedeutung ein, so dass diese Themen ausführlicher behandelt werden (→ Kapitel 6.8.1).

Kriterium	Segmente/Bereiche
Zweckbestimmung	▪ Unterscheidung in gewerblichen (Leistungen von Luftfahrtunternehmen, die im Auftrag Dritter und gegen Bezahlung angeboten werden) und nichtgewerblichen Luftverkehr (v. a. Flüge von Unternehmen mit eigenem Fluggerät und im eigenen Interesse (Werkverkehr), Überführungs-, Sport- und private Flüge, Staatsflüge) ▪ Unterscheidung in öffentlichen (für Öffentlichkeit im Rahmen der allgemein gültigen Beförderungsbedingungen zugänglich) und nicht öffentlichen Luftverkehr (z. B. reiner Charterverkehr, privater Luftverkehr) ▪ Unterscheidung in zivilen und militärischen Luftverkehr
Transportobjekt	▪ Unterscheidung in Personen-, Fracht- und Postluftverkehr
Streckenlänge	▪ Unterscheidung in Kurz-, Mittel- und Langstreckenflüge
Geographie	▪ Unterscheidung in Regional-, Kontinental- und Interkontinentalflüge ▪ Unterscheidung in Inlands- und grenzüberschreitenden Luftverkehr (Letzterer kann wieder innerhalb eines Kontinents und zwischen Kontinenten stattfinden)
Regelmäßigkeit	▪ Unterscheidung in Linienverkehr und Gelegenheitsverkehr
Geschäftsmodell	▪ Network-Carrier, Regional-Carrier, Leisure-Carrier, Low-Cost-Carrier, Business Aviation, Lufttaxi

Tabelle 40: Formen des Luftverkehrs (Auswahl) | Quelle: Vgl. Conrady et al. 2019, S. 2 ff.

Im deutschen Luftverkehrsgesetz wird der gewerbliche Luftverkehr in **Linienverkehr** und **Gelegenheitsverkehr** unterschieden.

> Nach § 21 Abs. 1 LuftVG wird Linienverkehr definiert als Dienste von „Luftfahrtunternehmen, die Personen oder Sachen gewerbsmäßig durch Luftfahrzeuge auf bestimmten Linien öffentlich und regelmäßig befördern (Fluglinienverkehr)."[60]

Linienluftverkehr ist dabei durch die Merkmale in folgender → Tabelle 41 gekennzeichnet.

Merkmale	Inhalt
Gewerbsmäßigkeit	Auf entgeltliche oder geschäftsmäßige Beförderung von Personen oder Sachen ausgerichtet (Gewinnerzielungsabsicht).
Öffentlichkeit	Das Verkehrsangebot muss der Allgemeinheit zu gleichartigen Tarifen und Beförderungsbedingungen zur Verfügung stehen.
Regelmäßigkeit	In einem vorher veröffentlichten Flugplan werden die Abflugs- und Ankunftszeiten für periodisch wiederkehrende Flüge (z. B. täglich oder wöchentlich) über einen längeren Zeitraum festgelegt und der Flugbetrieb wird unabhängig von der Zahl der gebuchten Passagiere durchgeführt; die Fluggäste müssen sich auf das Vorhandensein einer Verkehrsanbindung einrichten können.
Linienbindung	Linienverkehr wird „auf bestimmten Linien" betrieben, d. h. Ausgangs- und Endpunkt sowie eventuelle Zwischenlandeorte sind vorab festgelegt. Nicht verlangt wird die Einhaltung einer bestimmten Streckenführung.
Betriebspflicht	Flüge müssen während der Genehmigungspflicht aufrechterhalten werden.
Beförderungspflicht	Airlines unterliegen einem Kontrahierungszwang, d. h. sie müssen grundsätzlich mit jedem Nachfrager einen Vertrag abschließen, sofern die Beförderungsbedingungen eingehalten werden und das Beförderungsentgelt entrichtet wird.
Tarifpflicht	Airlines müssen Beförderungsentgelte (Tarife) festlegen und diese der Öffentlichkeit zugänglich machen (Tarif ist dabei das Beförderungsentgelt und die dazugehörigen Bedingungen).

Tabelle 41: Merkmale des Linienflugverkehrs nach dem LuftVG | Quelle: Vgl. Conrady et al. 2019, S. 53; LuftVG § 21.

> Das LuftVG grenzt im § 22 den Nichtlinienverkehr (Gelegenheitsverkehr) nicht positiv vom Linienverkehr ab, sondern bedient sich einer Negativdefinition. Hiernach heißt Luftverkehr, der nicht Fluglinienverkehr ist, Gelegenheitsverkehr.

In der wissenschaftlichen Literatur und in Verwaltungsvorschriften werden die Begriffe Gelegenheitsverkehr, Charterverkehr, Bedarfsflugverkehr, Orderverkehr oder Anforderungsverkehr oft synonym verwendet und in der Praxis bzw. in der Umgangssprache ist der Ausdruck Charterverkehr gebräuchlich. Die Bezeichnung Charterverkehr („non-scheduled traffic") wird jedoch weder im deutschen noch im internationalen Luftrecht verwendet. In der (deutschsprachigen) Literatur setzt sich zudem mehr und mehr folgender Standpunkt durch: Der zu beobachtende Charterverkehr ist nicht mehr eindeutig dem Gelegenheitsverkehr zuzuordnen, da sich die Angebote von Linien- und Charterverkehr zunehmend angleichen (z. B. verkaufen die meisten Ferienfluggesellschaften auch Einzelplätze oder bedienen ganzjährig bestimmte Strecken) und die

60 Diese Festlegung orientiert sich an das „Abkommen von Chicago" der ICAO aus dem Jahr 1944, das auch in der letzten Fassung aus dem Jahr 2006 (9. Auflage) die gleiche Definition enthält. Hier wird „air service" definiert als „(...) any schedule air service performed by aircraft for the public transport of passengers, mail or cargo." (ICAO 2006, S. 43)

zahlreichen Verkehrsformen innerhalb des Gelegenheitsverkehrs und deren Unterschiedlichkeit es erschweren, die wesentlichen Abgrenzungskriterien eindeutig herauszuarbeiten und eine allgemeingültige Definition des Charterverkehrs zu geben. Des Weiteren wurde 1993 innerhalb des Europäischen Wirtschaftsraumes (EWR) die verkehrsrechtliche Trennung zwischen Linien- und Gelegenheitsverkehr aufgehoben.

Den Airlines ist es durch den freien Zugang zu allen Strecken freigestellt, ob sie ihre Flüge als Linien- oder Charterflüge deklarieren. Für als Linienverkehr angemeldete und im Chartermodus (→ Kapitel 6.8.1) durchgeführten Verkehr hat sich in der Fachpraxis, der in offiziellen Dokumenten nicht vorhandene Begriff **Ferienflugverkehr** oder Leisure-Carrier etabliert (vgl. Maurer 2006, S. 9 f.; Pompl 2007, S. 35 ff.; Conrady et al. 2019, S. 249).

6.4 Entwicklung des Luftverkehrs

Das Fliegen beschäftigte die Menschen bereits in der Antike z. B. in Form der Legende von Pegasos, dem geflügelten Pferd oder der Sage von Daidalos und Ikarus. Die **Geschichte des Fliegens** beginnt jedoch spätestens mit den theoretischen Überlegungen Leonordo da Vincis, der neben der Zeichnung und Gestaltung von Hubschraubern auch andere Fluggeräte entwickelte. Diese Fluggeräte waren häufig an der Natur orientiert (Bionik). Allerdings waren diese theoretischen Ansätze, z. B. den Flug eines Vogels zu imitieren, in der Praxis nicht erfolgreich, da die Umsetzung der Flugtechnik nicht möglich war bzw. ist. Da Vinci legte allerdings auch theoretische Grundlagen für den Hängegleitflug, der eine eigene von der Biologie unabhängige Entwicklung darstellt (vgl. Groß 2023, S. 41).

Der Durchbruch im Flug des Menschen gelang jedoch in der „Luftfahrt leichter als Luft“, die sich unabhängig von den Grundlagen da Vincis entwickelte. Hier sind die Entwicklung der Ballone und Zeppeline zu nennen, die in den jeweiligen Kapiteln genauer dargestellt werden (vgl. Ballone S. Ballone und ihre Bedeutung im Tourismus und Zeppeline S. ZeppelinZeppeline und ihre Bedeutung im Tourismus). Im Gegensatz dazu entwickelte sich die **Luftfahrt „schwerer als Luft“**, zu der auch die heutigen Passagier- und Frachtmaschinen zählen, später. Die ersten Flüge in diesem Bereich wurden mit Gleitfluggeräten durchgeführt. Albrecht L. Berblinger scheiterte 1811 noch bei dem Versuch die Donau zu überfliegen. Auf Grundlage der Erkenntnisse von George Cayley und Otto Lilienthal konnten erste Gleitflüge realisiert werden. Im 19. Jahrhundert absolvierte Lilienthal z. B. ca. hundert Gleitflüge. Erst Anfang des 20. Jahrhunderts konnten motorisierte Flüge durchgeführt werden. Über den ersten motorisierten Flug existieren verschiedene Auffassungen. Er wurde demnach im August 1901 von Whitehead, im August 1903 von Jatho oder im Dezember 1903 von den Gebrüdern Wright realisiert. Auch wenn verschiedene Meinungen bestehen, wird der Flug der Wright Brüder in der wissenschaftlichen Diskussion mehrheitlich als erster Flug anerkannt (vgl. Groß 2023, S. 43 f.; Schneider 2001, S. 11; Stadt Ulm 2023).

Anschließend an diesen ersten Flug schlossen sich viele Versuche an, die Grenzen des Luftverkehrs zu entdecken. 1909 wurde beispielsweise von Louis Blériot erstmals der Ärmelkanal überflogen oder im Jahr 1909 wurde von Hans Grade der erste deutsche motorisierte Flug mit einem deutschen Flugzeug realisiert. Häufig waren diese ersten Flüge mit Preisen dotiert, wodurch z. B. Blériot eine eigene Flugzeugfabrik finanzieren konnte. Weiterentwickelt wurden die Flugzeuge anschließend durch den Bau von Metallflugzeugen ab ca. 1914/1915. Die erste gewerbliche Nutzung dieser motorisierten Flugzeuge erfolgte als **Postflugzeug**. Ab Anfang der 20. Jahrhunderts wurde kurz nach den ersten Flügen bereits Post transportiert. Die Herausforderung zu dieser Zeit war die Navigation, da keine Navigationsmittel speziell für Flugzeuge zur Verfügung standen. Darüber hinaus waren die Schwingungen der Tragflächen ein Problem. Bei den ersten Nutzungen und v. a. bei den weit verbreiteten militärischen Nutzungen im 1. Weltkrieg wurden durch Schwingungen der Tragflächen und der Höhenruder viele Unfälle verursacht. Diese Probleme konnte erst in den 20er- und 30er-Jahren des 20. Jahrhunderts durch die Deutsche Versuchsanstalt für Luftfahrt (DVL) erforscht und durch Konstruktionshinweise behoben werden. Ein weiterer wichtiger Meilenstein war die Atlantiküberquerung, die 1927 von Charles Lindbergh durchgeführt wurde (vgl. Bührke 2007, S. 44 ff.; DLR 2023a; Groß 2023, S. 45 f.; Schneider 2001, S. 13).

Der **regelmäßige Luftverkehr** mit Fluggeräten der Kategorie „schwerer als Luft" wurde im Jahr 1914 begründet. Im Januar wurde in Florida ein Linienverkehr zwischen St. Petersburg und Tampa mit einem Wasserflugzeug eingerichtet. Nach dieser Sonderform des Wasserflugzeuges fand in den Folgejahren der erste Flug mit einem Verkehrsflugzeug statt. Wichtige Flugzeuge dieser Zeit sind bspw. die Junkers F13 und die JU 52. Aus den damaligen Flugzeugen entstanden durch technische Weiterentwicklungen die heutigen Verkehrsflugzeuge (vgl. Groß 2023, S. 46 f.). Wichtig waren hierbei v. a. der erste Flug mit einem Turbostrahltriebwerk, der 1939 mit der Heinkel He178 durchgeführt wurde und die serienmäßige Produktion der Strahltriebwerke ab 1944. Die ersten großen Düsenjets waren die Boeing 707 und die Douglas DC-8, wobei aus dem B707-Grundmodell die Folgemodelle B727, B737 und B747 entwickelt wurden (vgl. DLR 2023a).

Parallel zur Entwicklung der notwendigen Verkehrsmittel wurden die **ersten Flugplätze** geschaffen. Diese sind für die Entwicklung entscheidend, da fast überall auf der Welt ein Flugplatzzwang herrscht (vgl. Groß 2023, S. 55). Die Entwicklung von Flugplätzen in Deutschland begann mit der Schaffung des August-Euler-Flugplatzes bei Griesheim. 1908 erwarb Euler das Gelände, um dort als Flugmaschinenbauer tätig zu sein. Neben dem Werkstattbereich führte er auch (Test-)Flüge durch. Weiterhin begründete die Nähe seines Flugplatzes die Existenz des ersten Lehrstuhls für Flugtechnik an der TU Darmstadt ab 1913 (vgl. Förderverein August-Euler Luftfahrtmuseum 2023). In ganz Deutschland entstanden danach die ersten Flugplätze, die eine ähnliche Entwicklung durchliefen. Diese Entwicklung der Flugplätze zu den heutigen großen Verkehrsflughäfen begann 1919 mit der Einweihung und Nutzung der ersten Flugplätze, wie z. B. in Berlin-Johannistal, Hamburg-Fuhlsbüttel und München-Oberwiesenfeld. Diese Gründungs- und Entwicklungsphase von Flughäfen hielt bis ins Jahr 1928 an und viele Flughäfen wurden in dieser Zeit gegründet. Nachdem 1922 der Begriff Flugplatz eingeführt wurde, legte eine Richtlinie im Jahr 1925 physikalische Merkmale, wie die Länge der Rollbahn und die Existenz einer Flughafenzone, fest. Ab 1933 begann eine Erweiterungswelle im deutschen Luftverkehr, die dazu führte, dass als Ersatz für die alten Flughäfen neue größere Flughäfen geschaffen wurden. Beispiele hierfür sind die Verlagerungen der Flughäfen Frankfurt, München oder Stuttgart. Nach der überwiegend militärischen Nutzung im Zweiten Weltkrieg wurden die deutschen Flughäfen aus- und umgebaut, um den internationalen Anforderungen gerecht zu werden. Durch Entwicklungen der Fluggesellschaften und der Flugzeughersteller wurden Anpassungen und Weiterentwicklungen der Flughäfen notwendig. Beispielhaft mussten Ende der 1950er-Jahre Voraussetzungen für den Düsenluftverkehr geschaffen werden (vgl. Schulz et al. 2010, S. 2 ff.). Hierbei entstand neben Veränderungen auf dem Fluggelände auch die Notwendigkeit neue Fluggastabfertigungsgebäude zu errichten.

Zu diesen rein technischen Anforderungen kamen mit den zunehmenden Flugbewegungen auch Anforderungen aus der **Umwelt**. Entscheidend waren vor allem die Lärm- und die

Umweltbelastung, die von den Flughäfen ausgehen. Auf Grund der vielfältigen Anforderungen fand in den 1970er- und 1980er-Jahren wiederum eine Ausbauphase statt. Ziel hierbei war es neue Flughafenkonzepte zu entwickeln, die dem Anstieg des Luftverkehrs im Allgemeinen und des Umsteigeverkehrs im Speziellen gerecht werden (vgl. Schulz et al. 2010, S. 4 ff.).

2022 existieren in Deutschland 23 sog. **Hauptverkehrsflughäfen** (Aufkommen von mehr als 150.000 Fluggasteinheiten im Jahr) (vgl. Statistisches Bundesamt 2022, S. 4). Die Weiterentwicklungen sind nicht abgeschlossen, da bei manchen Flughäfen immer wieder Ausbau- und Weiterentwicklungsbedarf besteht.

Auch die **Entwicklung der Fluggesellschaften** hat früh begonnen. Das deutsche Beispiel der Lufthansa bestätigt diese Feststellung. Bereits im Februar 1919, 16 Jahre nach dem ersten Motorflug, führte die Deutsche Luftreederei (DLR) erste Linienflüge durch. Durch ihre Fusion mit anderen Fluggesellschaften entstand die Deutsche Aero Lloyd AG. Dieser Konzentrationsprozess konnte mit der Integration der Junkers Luftverkehr AG 1926 abgeschlossen werden. Aus dem Zusammenschluss entstand die Deutsche Luft Hansa Aktiengesellschaft. Der Zweite Weltkrieg beendete die positive Entwicklung und im Jahr 1951 wurde das Unternehmen liquidiert. Im Jahre 1953 wurde die „Aktiengesellschaft für Luftverkehrsbedarf" (LUFTAG) gegründet, die 1954 in die „Deutsche Lufthansa AG" umbenannt wurde.

> Hierzu kam es, nachdem die LUFTAG im selben Jahr die Markenrechte inklusive Kranich-Logo und Flagge für 30.000 Deutsche Mark erworben hatte. Die heutige Deutsche Lufthansa AG ist damit keine Rechtsnachfolgerin der (alten) Deutschen Lufthansa AG.

Am 01. April 1955 konnte der Linienverkehr durch die Lufthansa wieder aufgenommen werden. Anschließend vergrößerte die Lufthansa konstant das Streckennetz, die Anzahl der Flugzeuge und Verbindungen. Die Deutsche Lufthansa AG war bis 1962 zu fast 100 % in staatlichem Besitz. 1966 wurden dann erstmals Lufthansa-Aktien an der Börse gehandelt. In den 1990er-Jahre reduzierte die öffentliche Hand ihren Anteil von über 50 % auf nur noch 34 % der Aktien und seit 1997 ist die Deutsche Lufthansa AG vollständig privatisiert. Eine weitere wichtige Entwicklung war die Gründung der strategischen Allianz „Star Alliance" im Jahr 1997, bei der die Lufthansa Gründungsmitglied und Initiator war. Außerdem fand die Entwicklung von einer Fluggesellschaft zu einem Luftfahrtkonzern mit vielfältigen Bestandteilen statt (vgl. Lufthansa AG 2023 und Kapitel 6.8.2 Geschäftsfelder/Organisationsmodelle).

6.5 Gesetzliche Rahmenbedingungen und Verbände

Der Luftverkehr ist in ein System von nationalen und internationalen Rechtsvorschriften, Verordnungen, Abkommen und Genehmigungen eingebettet. Es kann daher nur eine Auswahl an besonders wichtigen Rahmenbedingungen vorgestellt werden. Für weitergehende Informationen wird auf die entsprechende Literatur (z. B. Bartsch 2018; Conrady et al. 2019; Dempsey/Jakhu 2016; Kühr 2008; Maurer 2006; Mensen 2013; Pompl 2007; Rösger/Hünermann 1965; Schladebach 2018; Schwenk 1996) verwiesen.

Das Luftverkehrsrecht wird in **öffentliches** und **privates Luftrecht** unterschieden. „Das öffentliche Luftverkehrsrecht regelt die Beziehungen zwischen den Hoheitsträgern (beispielsweise zwischen der europäischen und der nationalen Ebene) sowie zwischen dem Staat als Hoheitsträger und den Privaten (Unternehmen und/oder Haushalte). Demgegenüber enthält das private Luftverkehrsrecht (...) Bestimmungen über die Rechte und Pflichten der Privaten untereinander. (...)

Sowohl das öffentliche als auch das private Luftverkehrsrecht kann gemäß der Regelungsebene in nationales, europäisches und internationales Recht unterschieden werden. Dabei ist als weitere Unterscheidung von Bedeutung, dass das Luftverkehrsrecht auf der internationalen Ebene sowohl multilateral als auch bilaterale Regelungen enthält." (Conrady et al. 2019, S. 34)

6.5.1 Internationales Luftverkehrsrecht

Folgende Ausführungen geben einen Überblick über ausgewählte multilaterale und bilaterale Abkommen.

6.5.1.1 Multilaterale Abkommen

Im Luftverkehr wird von dem Grundsatz ausgegangen, dass jeder Staat die uneingeschränkte Hoheit über seinen Luftraum besitzt. Sowohl das sog. Pariser Abkommen (1919) als auch das **Chicagoer Abkommen** (1944), welches auf der Internationalen Zivilluftfahrt-Konferenz mit 54 Staaten in Chicago verabschiedet wurde, schreiben diesen Grundsatz fest.

Im Artikel 1 des Chicagoer Abkommen heißt es: „The contracting States recognize that every State has complete and exclusive sovereignty over the airspace above its territory." (ICAO 2006, S. 2) Als Folge der Anerkennung der Lufthoheit bestimmt Artikel 6 des Chicagoer Abkommens, dass der planmäßige internationale Fluglinienverkehr über oder in das Hoheitsgebiet einer Vertragsstaates nur mit der besonderen Erlaubnis des Bodenstaates betrieben werden darf. Die Teilnehmerstaaten der Chicagoer Konferenz versuchten die geforderte Erlaubnis auf multilateraler Ebene zu vereinbaren und verabschiedeten zwei Zusatzabkommen. Zum einen die „Vereinbarung über den Durchflug im Internationalen Fluglinienverkehr (**Transitvereinbarung**)" und zum anderen die „Vereinbarung über die internationale Luftbeförderung (**Transportvereinbarung**)" (beide vom 07.12.1944). „In den Beratungen wurden zunächst diejenigen – allgemein gesprochen – Flugbewegungen kategorisiert, die den internationalen Fluglinienverkehr prägen. Die nach Abflug-, Überflug- und Zielstaat aufgezählten Flugbewegungen sollten sodann als Rechte der Luftverkehrsunternehmen der Vertragsstaaten vereinbart werden. Die so konzipierten Rechte sind als Verkehrsrechte oder (...) als ‚Freiheiten der Luft' bezeichnet worden." (Schladebach 2018, S. 49)

Daher wurde im Rahmen der ICAO ein System abgestufter Verkehrsrechte (sog. **Freiheiten der Luft**, „Freedom of the Air") entwickelt (→ Abbildung 42). Es gibt neun Verkehrsrechte. Während die ersten fünf Verkehrsrechte auf der Chicagoer Konferenz festgelegt wurden und auch die Verkehrsrechte acht und neun auf den Bestimmungen des Chicagoer Abkommens basieren (Artikel 7)[61], haben sich die Verkehrsrechte sechs und sieben in der Praxis gebildet.

61 Artikel 7: „Cabotage: Each contracting State shall have the right to refuse permission to the aircraft of other contracting States to take on in its territory passengers, mail and cargo carried for remuneration or hire and destined for another point within its territory. Each contracting State undertakes not to enter into any arrangements which specifically grant any such privilege on an exclusive basis to any other State or an airline of any other State, and not to obtain any such exclusive privilege from any other State." (ICAO 2006, S. 5)

technische Freiheiten

1. Freiheit: Das Recht, das Hoheitesgebiet anderer Staaten ohne Landung zu überfliegen.

2. Freiheit: Das Recht zur nicht gewerblichen (Zwischen-)Landung im Hoheitsgebiet eines anderen Staates. Gründe sind z. B. Tankstops, Crewwechsel, technische oder meteorologische Gründe sowie medizinische Notfälle.

kommerzielle Freiheiten

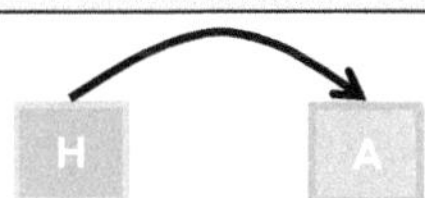

3. Freiheit: Das Recht einer Fluggesellschaft zur Beförderung von Passagieren, Fracht und Post aus ihrem Heimatland in einen anderen Vertragsstaat.

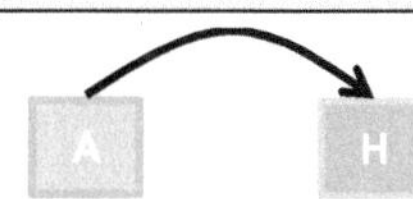

4. Freiheit: Das Recht einer Fluggesellschaft zur Beförderung von Passagieren, Fracht und Post aus einem anderen Vertragsstaat in ihr Heimatland.

Verkehr nach **3.** und **4. Freiheit** wird als Nachbarschaftsverkehr bezeichnet.

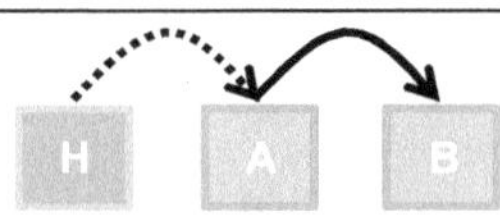

5. Freiheit: Das Recht einer Fluggesellschaft zur Beförderung von Passagieren, Fracht und Post zwischen zwei Vertragsstaaten, wobei der Flug im Heimatland zu beginnen oder zu enden hat.

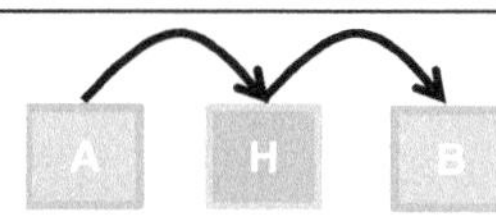

6. Freiheit: Das Recht einer Fluggesellschaft zur Beförderung von Passagieren, Fracht und Post aus einem Vertragsstaat in weitere Vertragsstaaten, wobei eine Zwischenlandung im Heimatland notwendig ist (internationale Umsteigeverbindungen). Entspricht einer Kombination aus **3.** und **4. Freiheit**.

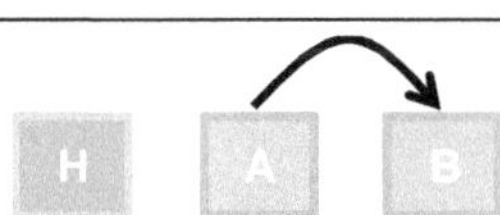

7. Freiheit: Das Recht einer Fluggesellschaft zur Beförderung von Passagieren, Fracht und Post aus einem Vertragsstaat in einen Drittstaat, ohne dass es einer Verbindung zum Heimatland bedarf.

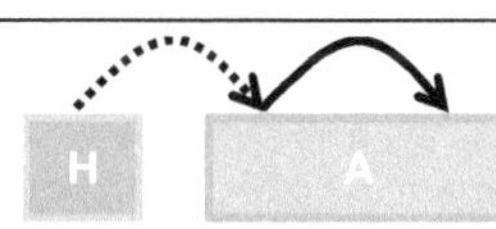

8. Freiheit: Das Recht einer Fluggesellschaft zur Beförderung von Passagieren, Fracht und Post innerhalb eines Vertragsstaates in einen Drittstaat, wobei der Flug im Heimatland beginnen oder enden muss.

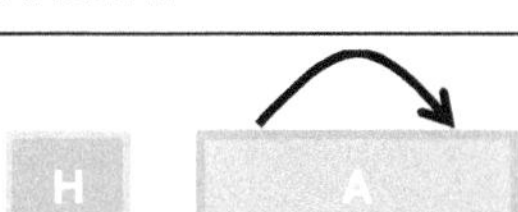

9. Freiheit: Das Recht einer Fluggesellschaft zur Beförderung von Passagieren, Fracht und Post innerhalb eines anderen Vertragsstaates. Das Recht wird auch als Stand-alone-Kabotage bezeichnet.

H Heimatland
A Land A
B Land B

Abbildung 42: Verkehrsrechte („Freiheiten der Luft") | Quelle: Vgl. Conrady et al. 2019, S. 38 f.

In der Transitvereinbarung sind zwei **technische Verkehrsrechte** geregelt. Im Artikel 1, Abschnitt 1 steht: „Jeder Vertragsstaat gewährt den anderen Vertragsstaaten im planmäßigen internationalen Fluglinienverkehr folgende Freiheiten der Luft: 1. Das Recht, sein Hoheitsgebiet ohne Zwischenlandung zu überfliegen; 2. Das Recht, zu nicht-gewerblichen Zwecken zu landen." Als „nicht-gewerbliche" Zwecke werden Notlandungen im Gebiet eines Vertragsstaates verstanden, z. B. um Schäden am Flugzeug zu beheben, Treibstoff zu tanken oder nach einem Anschlag in der Luft landen zu können. Neben den Verkehrsrechten eins und zwei wurden in der Transportvereinbarung auch die Verkehrsrechte drei bis fünf beschrieben, die auch als **kommerzielle Freiheiten** bezeichnet werden. In der Praxis sind die Verkehrsrechte unterschiedlich wichtig bzw. verbreitet. Die Verkehrsrechte drei und vier sind die Grundlage für den gewerblichen Verkehr zwischen zwei Staaten und die fünfte Freiheit ermöglicht einer Airline, durch eine Zwischenlandung in einem dritten Vertragsstaat am Verkehrsaufkommen nach und aus diesem Staat zu teilzunehmen. Kabotagerechte (Freiheit acht und neun) wurden bisher nur selten erteilt. Innerhalb der EU haben seit 1997 bspw. die Airlines der Mitgliedsstaaten uneingeschränkte Kabotagerechte (vgl. Pompl 2007, S. 364; Schladebach 2018, S. 48 ff.).

Da der Versuch, eine internationale Transportvereinbarung (Vereinbarung über die internationale Luftbeförderung (Transportvereinbarung) auf multilateraler Ebene zu etablieren, scheiterte (nur 13 Staaten hatten die Vereinbarung unterzeichnet), muss der gewerbliche Luftverkehr jeweils von zwei Staaten **bilateral** abgestimmt werden.

Weitere wichtige multilaterale Abkommen sind bspw. das sog. Tokioter Abkommen von 1963 (Vermeidung von strafbaren Handlungen an Bord), das Haager Abkommen von 1970 (widerrechtliche Inbesitznahme von Flugzeugen), das Montrealer Übereinkommen von 1971 (Bekämpfung widerrechtlicher Handlungen gegen die Sicherheit der Zivilluftfahrt) und auch das Abkommen über die Liberalisierung des transatlantischen Luftverkehrs zwischen den USA und der EU (**„Open-Sky-Abkommen"**).

> Nach der Aufnahme der Verhandlungen auf dem transatlantischen Gipfel im Jahr 2003 und weiteren elf Arbeitssitzungen haben die Verhandlungsführer im März 2007 eine weitreichende **Liberalisierung des transatlantischen Luftverkehrs zwischen der EU und den USA** realisiert. Das entsprechende Abkommen trat am 30.03.2008 in Kraft. Airlines aus der EU dürfen demnach von jedem Airport in einem EU-Land in die USA fliegen. Bisher war dies nur vom jeweiligen Heimatland aus möglich. Umgekehrt darf aber auch jeder US-Carrier in jeden Mitgliedsstaat der EU fliegen.

Ein Ein neues Abkommen wurde notwendig, da im Jahr 2002 der Europäische Gerichtshof bilaterale Abkommen zwischen acht EU-Staaten und der USA für unzulässig erklärte. In diesen Abkommen vereinbarten die beteiligten Staaten für ihre jeweiligen Fluglinien exklusive Start- und Landerechte. Und da Flugrechte bei einer Übernahme nicht an einen ausländischen Partner übertragbar sind, galten die vorhandenen Verträge als eines der größten Fusionshindernisse in der Branche. Trotz dieses neuen Vertrags ist das Angebot eines Kabotageverkehrs in den USA für europäische Airlines (und umgekehrt) weiterhin nicht möglich. Außerdem besteht bisher noch eine Obergrenze für die Beteiligung von Ausländern an US-amerikanischen Unternehmen bei 25 % (US-Airlines dürfen jedoch 49,9 % an einer europäischen Fluggesellschaft halten). Weitere Verhandlungen sind gefolgt, so dass im Juni 2010 von Vertretern der EU und USA beim Treffen der EU-Verkehrsminister in Luxemburg die zweite Stufe des Vertrags unterzeichnet werden konnte. Am 02. Dezember 2015 hat auch Deutschland dieses Abkommen mit dem „Gesetz zu dem Protokoll vom 24. Juni 2010 zur Änderung des am 25. und 30. April 2007 unterzeichneten Luftverkehrsabkommens zwischen den Vereinigten Staaten von Amerika und der Europäischen Gemeinschaft und ihren Mitgliedstaaten" ratifiziert. „Künftig ist auch die gegenseitige Gewährung zusätzlicher kommerzieller Rechte vorgesehen, wenn entsprechende Voraussetzungen durch Änderungen der einschlägigen Rechtsvorschriften geschaffen wurden:

- Beiderseitige Liberalisierung von Eigentum und Kontrolle der Luftfahrtunternehmen. Derzeit sind ausländische Eigentumsrechte an US-amerikanischen Luftfahrtunternehmen auf 25 % der Stimmrechte begrenzt. Bei einer Änderung der Rechtslage in den USA wird die EU es ihrerseits auch zulassen, dass amerikanische Staatsbürger das Mehrheitseigentum an EU-Luftfahrtunternehmen erwerben.
- Lärmschutzbeschränkungen an Flughäfen. Erfolgt eine Änderung der Rechtslage in der EU bezüglich des Verfahrens zur Einführung von Lärmschutzbeschränkungen an Flughäfen, werden die Luftfahrtunternehmen der EU zusätzliche Rechte für Flüge zwischen den USA und einer Reihe nichteuropäischer Länder erhalten." (Europäische Kommission 2010, S. 1 f.)

Seit dem Abschluss der zweiten Stufe des Vertrages gab und gibt es weitere Verhandlungstreffen des **US-EU Joint Committees** (24. Treffen hat am 09.06.2022 in Brüssel stattgefunden). Bei diesen Sitzungen wurden u. a. folgende Themen diskutiert: Aufhebung der Beschränkung von Flüssigkeiten im Handgepäck von Passagieren, EU-Emissionshandel, Lärm- und Umweltschutz, Sicherheitsaspekte, Besitzverhältnisse bei Fluggesellschaften, Kabotage, die Vergabe von Landeslots, Chapter 11 als mögliche Subventionsmaßnahme sowie Covid-19 und die Situation in der Ukraine und Russland.

In der Sitzung im Jahre 2014 bekräftige die EU erneuert ihr Bestreben, die Regeln bezüglich der Besitzverhältnisse bei US-Fluggesellschaften und der Kabotage zu ändern. Die US-Delegation hat dies jedoch bisher immer abgewiesen. Als Erfolg der Verhandlungen kann u. a. gesehen werden, dass am 21. Juni 2011 Island und Norwegen als Nicht-EU-Mitglieder in das Abkommen aufgenommen wurden. 2013 Kroatien wurde als neues EU-Mitgliedsland und damit neuer Vertragspartner den USA präsentiert und die Vorgehensweise zur Integration in das „Air Transport Agrement" abgesprochen. Auch eine Einigung der Parteien auf die gegenseitige Akzeptanz der jeweiligen Sicherheitsprozeduren in Bezug auf den Luftfrachtverkehr wurde bspw. im Jahr 2012 erreicht. Diese Informationen aus den Protokollen der Verhandlungen und alle Verträge finden sich unter 🔗 www.state.gov/air-transport-agreements.

Die Anzahl der multilateralen Abkommen hat sich in der EU erhöht und wird sich in Zukunft weiter erhöhen, so dass die bilateralen Verträge weiter zurückgehen. Im Rahmen der 2015 veröffentlichten Luftfahrtstrategie für Europa hat die EU-Kommission vorgeschlagen, neue EU-Luftverkehrsabkommen mit verschiedenen Regionen und Ländern der Welt auszuhandeln (vgl. European Commission 2015, S. 7).

6.5.1.2 Bilaterale Abkommen

Im Rahmen der **bilateralen Abkommen** (auch „Air Service Agreement") räumen sich die Vertragsstaaten bspw. gegenseitig die entsprechenden Verkehrsrechte ein (meist 3. bis 5. Freiheit), die für die von den Partnern bestimmten Airlines gelten und bei Gewährung von Rechten der 5. Freiheit ist die Zustimmung des betroffenen Drittstaates notwendig.

Die elektronische Datenbank der ICAO „DAGMAR" (Database of Aeronautical Agreements and Arrangements) hat Ende 2023 die 6.140 als letzte Registrierungsnummer vergeben, wobei es nicht nur „Air Service Agreements“ sind, die gelistet werden, sondern alle „Aeronautical Agreements and Arrangements registered with ICAO“ (vgl. ICAO 2023a).

Im Jahr 2023 hat Deutschland laut dem Bundesministerium für Digitales und Verkehr 111 solcher bilateralen Abkommen (vgl. BMDV 2023b). **Mögliche Inhalte eines bilateralen Abkommens** sind bspw. Aussagen zum Marktzugang (Streckenrechte, Departure Points, Frequenzen, Kapazitäten), zur Tariffestlegung, zu Kooperationen/Code Share-Abkommen, zur Airline Designation (Benennung der Airlines, die Vertragsstaat anfliegen dürfen), zum Zugang zu Vertriebswegen und zu Slotrechten. Bei den bilateralen Luftverkehrsabkommen handelt es sich um völkerrechtliche Verträge, die in Deutschland jeweils durch den Bundestag in einem speziellen Gesetz ratifiziert werden müssen. Im Hinblick auf Kapazitäten, Frequenzen und Tarife existieren unterschiedliche Ausgestaltungen, die je nach Vertragsstaat verschieden ausgehandelt werden. Bei den Kapazitäten und Frequenzen gibt es die Predetermination (maximal zulässige Kapazitäten und Frequenzen werden im Vorhinein fest vereinbart), „ex post facto control“ (es besteht keine Vorab-Regelung; Staaten können jedoch bei erkennbaren „Ungleichgewichten“ eingreifen), „free determination“ (designierte Airlines können frei über Kapazitäten und Frequenzen entscheiden) und die Zulassung von Gerätewechsel („change of gauge“). Für die Tarifgestaltung gibt es das sog. „double approval“ (Tarife müssen vor der Genehmigung von beiden Vertragspartner genehmigt werden), „double disapproval“ (Tarife sind zulässig, wenn nicht von beiden Vertragsstaaten Widerspruch eingelegt wird), „country of origin rule“ (Tarife müssen von dem Vertragsstaat genehmigt werden, in dem der Flug seinen Ausgang nimmt) und „free pricing“ (Airlines können frei über ihre Tarife entscheiden und sie sind „automatisch“ genehmigt, wenn sie bei den zuständigen Behörden angezeigt werden; meist können die Vertragsstaaten jedoch bei „zu hohen“ oder „zu niedrigen“ Tarifen eingreifen) (vgl. Conrady et al. 2019, S. 41 ff.)

6.5.2 Europäisches Luftverkehrsrecht

Auch der Luftverkehr zwischen den Mitgliedsstaaten der Europäischen Gemeinschaft wurde bis in die 1970er-Jahre nur mit Hilfe von bilateralen Verkehrsabkommen geregelt. „Im Jahr 1974 entschied der Europäische Gerichtshof, dass die allgemeinen Regelungen des EG-Vertrages auch auf den See- und Luftverkehr anzuwenden sind („Seeleute-Urteil“). Im Jahr 1983 wurde eine erste europäische Richtlinie zur Öffnung des Luftverkehrsmarktes verabschiedet, die sich jedoch lediglich auf den Luftverkehr zwischen Regionalflughäfen bezog und für die zahlreiche einschränkende Restriktionen galten. Endgültig wurde im Jahr 1986 durch den Europäischen Gerichtshof klargestellt, dass zu den auf den Luftverkehr anzuwendenden allgemeinen Regeln auch die Teile des EG-Vertrages gehören, in denen Wettbewerbsbeschränkungen im gemeinsamen Markt untersagt werden (‚Nouvelles Frontières Urteil‘). Folglich war es den Unternehmen grundsätzlich nicht mehr gestattet, im Rahmen von der IATA die Tarife für den innergemeinschaftlichen Luftverkehr abzustimmen.“ (ders., S. 44)

Die Öffnung des innergemeinschaftlichen Luftverkehrs erfolgte schrittweise durch die drei so genannten **Liberalisierungspakete**, deren Inhalte der → Tabelle 42 entnommen werden können. Den entscheidenden Ausschlag für diese drei Pakete und die sie flankierenden Richtlinien/Verordnungen brachte die Einheitliche Europäische Akte (EEA), die die Schaffung einer Europäischen Union mit einen gemeinsamen Binnenmarkt, Währungsunion, Unionsbürgerschaft und gemeinsamer Außen- und Sicherheitspolitik zum Ziel hatte.

Sie trat am 01.07.1987 in Kraft und sieht auch die Verwirklichung des Binnenmarktes im Luftverkehr vor. Den EU-Gremien stehen zur Umsetzung dieser Ziele folgende Rechtsentscheidungen und Einflussinstrumente zur Verfügung (vgl. Pompl 2007, S. 421 f.):

- Verordnungen des Ministerrates oder der EU-Kommission sind allgemein verbindlich und gelten in jedem Mitgliedstaat (sie haben auch Vorrang vor den formal weiter bestehenden Regeln in einem bilateralen Luftverkehrsabkommen zwischen zwei EU-Mitgliedstaaten).
- Richtlinien des Ministerrates oder der EU-Kommission sind hinsichtlich des zu erreichenden Ziels für jeden Mitgliedstaat verbindlich, überlassen dem einzelnen Staat jedoch die Wahl der Form und Mittel der Verwirklichung.
- Entscheidungen von Ministerrat oder Kommission sind für die einzelnen Mitgliedstaaten in allen Teilen verbindlich.
- Empfehlungen, Mitteilungen und Stellungnahmen sind nicht verbindlich.

Es gibt eine Reihe von Verordnungen, wovon ausgewählte Verordnungen in → Tabelle 42 dargestellt werden. Ein Überblick über die weiteren Verordnungen findet sich auf der Internetseite http://eur-lex.europa.eu.

Verordnung	**Inhalt**
VO (EWG) 2299/89, geändert durch VO (EWG) 3089/93 und VO (EWG) 323/1999	Verordnung zur Änderung der Verordnung (EWG) Nr. 2299/89 über einen Verhaltenskodex im Zusammenhang mit computergesteuerten Buchungssystemen (CRS)
VO (EWG) 3922/91, geändert durch VO (EG) 8/2008	Verordnung zur Harmonisierung der technischen Vorschriften und der Verwaltungsverfahren in der Zivilluftfahrt, Grundlage für technische Verfahren und Vorschriften, die von den „Joint Aviation Authorities" ausgearbeitet wurden
VO (EG) 300/2008, zur Aufhebung der Verordnung (EG) Nr. 2320/2002	Verordnung über gemeinsame Vorschriften für die Sicherheit in der Zivilluftfahrt
VO (EG) 411/2004	Verordnung zur Aufhebung der VO (EWG) Nr. 3975/87 und zur Änderung der VO (EWG) Nr. 3976/87 sowie der VO (EG) Nr. 1/2003 hinsichtlich des Luftverkehrs zwischen der Gemeinschaft und Drittländern
Verordnungen zur Flugsicherung	VO (EG) 549/2004, VO (EG) 550/2004, VO (EG) 551/2004, VO (EG) 552/2004, VO (EG) 2096/2005, VO (EG) 2150, VO (EG) 730/2006, VO (EG) 1032/2006, VO (EG) 1033/2006, VO (EG) 1794/2006, VO (EG) 219/2007, VO (EG) 633/2007, VO (EG) 1265/2007, VO (EG) 1315/2007, VO (EG) 482/2008, VO (EG) 29/2009, VO (EG) 262/2009, VO (EG) 255/2009, 691/2010 (siehe auch http://www.luftrecht-online.de/ipadjoomla/index.php/eu-verordnungen/flugsicherung)
VO (EG) 1008/2008	Verordnung über gemeinsame Vorschriften für die Durchführung von Luftverkehrsdiensten in der Gemeinschaft
VO (EU) 1178/2011	Festlegung technischer Vorschriften und von Verwaltungsverfahren in Bezug auf das fliegende Personal in der Zivilluftfahrt
VO (EU) 1321/2014, Neufassung der VO (EG) 2042/2003 und erweitert durch VO (EU) 2015/1088 und VO (EU) 2015/1536	Aufrechterhaltung der Lufttüchtigkeit von Luftfahrzeugen und luftfahrttechnischen Erzeugnissen, Teilen und Ausrüstungen und die Erteilung von Genehmigungen für Organisationen und Personen, die diese Tätigkeiten ausführen

Tabelle 42: Ausgewählte EU-Verordnungen (VO) zum Luftverkehr | Quelle: Eigene Zusammenstellung.

<table>
<tr><th>Maßnahmen</th><th colspan="2">1. Paket
ab 01.01.1988</th><th colspan="2">2. Paket
ab 01.11.1990</th><th>3. Paket
ab 01.01.1993</th></tr>
<tr><td>Tarifgenehmigung</td><td colspan="2">▪ Double Approval
▪ Genehmigungsautomatismus in den Flexibilitätszonen</td><td colspan="2">▪ Double Approval
▪ Genehmigungsautomatismus in den Flexibilitätszonen
▪ Double Disapprocal oberhalb der Flexibilitätszone</td><td>▪ Double Disapproval</td></tr>
<tr><td rowspan="4">Tarifzone</td><td>–</td><td colspan="2">Economy-Zone</td><td>105–95 %</td><td rowspan="4">▪ völlige Tariffreiheit</td></tr>
<tr><td>90–65 %</td><td colspan="2">Rabattzone</td><td>94–80 %</td></tr>
<tr><td>65–45 %</td><td colspan="2">Superrabattzone</td><td>79–30 %</td></tr>
<tr><td colspan="4">Sondertarife in % des Bezugstarifs</td></tr>
<tr><td>Marktzugang</td><td colspan="2">▪ Rechte der 3. und 4. Freiheit zwischen Knotenpunktflughäfen der Kategorie 1 und Regionalflugplätzen
▪ Recht zur Punktverbindung von Fluglinienendiensten der 3. und 4. Freiheit</td><td colspan="2">▪ Verkehrsrechte der 3. und 4. Freiheit für innergemeinschaftliche Strecken
▪ Gegenseitigkeitsprinzip bei der Einrichtung neuer Strecken und der Frequenzerhöhung
▪ Einschränkung bei der Ausübung der Verkehrsrechte bei Problemen hinsichtlich der Flughafeninfrastruktur der Navigationshilfen und der Verfügbarkeit von Slots</td><td>▪ freie Ausübung der Verkehrsrechte auf Strecken der Gemeinschaft
▪ Ausnahme:
▪ mögliche Auferlegung gemeinschaftlicher Verpflichtungen
▪ Schutz inländischer Strecken mit geringem Verkehrsaufkommen
▪ Beschränkung der Ausübung von Verkehrsrechten bei Überlastungs- bzw. Umweltproblemen
▪ Recht zur Aufteilung des Verkehrs innerhalb von Flughafensystemen</td></tr>
<tr><td rowspan="2">Tarifzone</td><td>bis 30 %</td><td colspan="2">Anschlusskabotage</td><td>bis 50 %</td><td rowspan="2">▪ Anschlusskabotage bis 31.03.1997 (bis 50 % Kapazität)
▪ Inlandskabotage ab 01.04.1997</td></tr>
<tr><td colspan="4">Zusteiger in % der gesamten Sitzplatzkapazität</td></tr>
<tr><td rowspan="7">Mehrfachdesignierung</td><td>Jahr</td><td colspan="2">Fluggäste</td><td>Flüge</td><td rowspan="7">▪ Bestandsschutz für monopolistische Inlandsstrecken ohne adäquate Bedienung durch andere Verkehrsarten sowie Regionalstrecken mit geringem Verkehrsaufkommen</td></tr>
<tr><td>1988</td><td colspan="2">>250.000</td><td></td></tr>
<tr><td>1989</td><td colspan="2">>200.000</td><td>>1.200</td></tr>
<tr><td>1990</td><td colspan="2">>180.000</td><td>>1.000</td></tr>
<tr><td>1991</td><td colspan="2">>140.000</td><td>>800</td></tr>
<tr><td>1992</td><td colspan="2">>100.000</td><td>>600</td></tr>
<tr><td colspan="4">Fluggäste bzw. Hin- und Rückflüge pro Strecke im Vorjahr</td></tr>
</table>

Wettbewerbsregeln	■ Anwendung von Wettbewerbsregeln zur Sicherstellung wettbewerbsunschädlicher Verhaltensweisen ■ Gruppenfreistellungen	■ Erweiterung der freistellungsfähigen Wettbewerbsbeschränkungen bei gleichzeitiger Verlagerung der zulässigen Geltungsdauer ■ Einnahme-Pooling fortan zulässig	■ Wettbewerbsregeln finden nun auch im innerstaatlichen Luftverkehr Anwendung ■ Modifikation der freistellungsfähigen Vereinbarungen und Verhaltensweisen
sonstige Maßnahmen	–	–	■ Harmonisierung der Betriebsgenehmigungen für Airlines

Tabelle 43: Liberalisierungspakete für den EG-Luftverkehr | Quelle: Conrady et al. 2019, S. 45 f.

6.5.3 Nationales Luftverkehrsrecht

Auf nationaler Ebene ist im Grundgesetz (Art. 73, Absatz 1, Ziffer 6) geregelt, dass der Bund die ausschließliche Gesetzgebungskompetenz für den Luftverkehr hat. Wichtigste Rechtsgrundlage ist das Luftverkehrsgesetz (LuftVG) von 1922 in der Fassung aus dem Jahr 2007, das durch Artikel 15 des Gesetzes vom 08. Oktober 2023 geändert wurde. Weitere wichtige Gesetze sind das Gesetz zum Schutz gegen Fluglärm (FlulärmG), das Gesetz über das Luftfahrt-Bundesamt (LFBAG), das Luftsicherungsgesetz (LuftSiG), Luftverkehrsnachweissicherungsgesetz (LuftNaSiG) und das Flugunfall-Untersuchungs-Gesetz (FlUUG). Das LuftVG enthält die wesentlichen Grundlinien des deutschen Luftverkehrsrechts und eine Reihe von Rechtsverordnungen regeln die Detailaspekte.

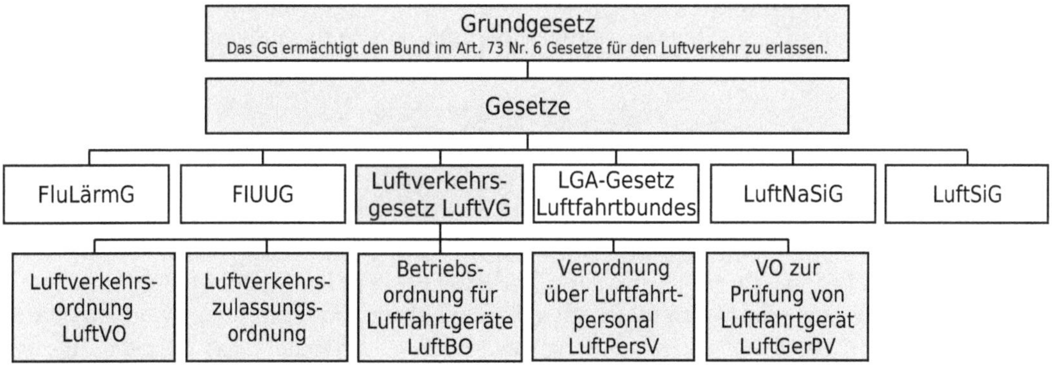

Abbildung 43: Einteilung des deutschen Luftverkehrsrechts | Quelle: Vgl. Kühr 2008, S. 11; Maurer 2006, S. 151; Mensen 2013, S. 425 ff.

6.5.4 Wichtige Institutionen im Luftverkehr

Für die Arbeit im Luftverkehr ist es wichtig die bedeutendsten nationalen und internationalen Organisationen zu kennen. Als Überblick dieser Organisationen eignet sich das „System der Luftverkehrswirtschaft" heranzuziehen (→ Abbildung 44). Im Folgenden werden ausgewählte Organisationen kurz vorgestellt.

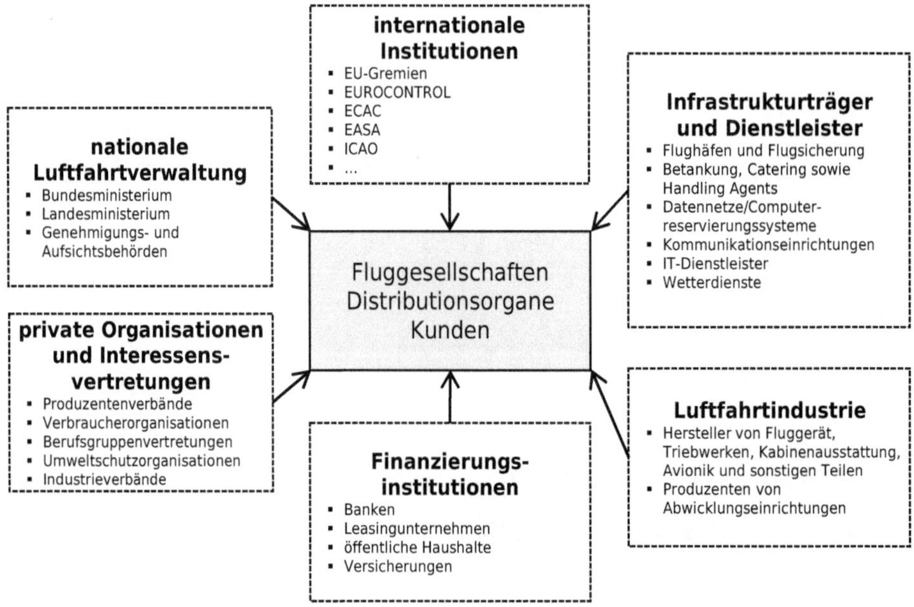

Abbildung 44: System der Luftverkehrswirtschaft | Quelle: Vgl. Pompl 2007, S. 18.

6.5.4.1 Internationale Organisationen

Mit den internationalen Organisationen (auch Institutionen genannt) sind staatliche Institutionen gemeint, die sowohl weltweit als auch in einem abgegrenzten geographischen Raum tätig sind. Die folgenden Ausführungen erheben keinen Anspruch auf Vollständigkeit und legen einen Schwerpunkt auf europäische Institutionen.

a) International Civil Aviation Organisation (ICAO)

Die in Folge des sog. Chicagoer Abkommens von 1944 im Jahre 1947 gegründete Organisation besitzt den Status einer Sonderorganisation der UN (Ende 2023: 193 Staaten) und ist der Zusammenschluss von Staaten, die internationalen Luftverkehr betreiben. Die wichtigsten Organe der ICAO sind die alle drei Jahre stattfindende Generalversammlung aller Mitgliedsstaaten, der ICAO-Rat (von der Generalversammlung gewählte 36 Mitglieder), das Sekretariat sowie Kommissionen zu bestimmten Fragestellungen. In den letzten Jahren gab es bspw. folgende Kommissionen: „Air Navigation Commission“ (technische Fragen; 2023 aktiv), „Air Transport Committee“ (ökonomische Fragen), „Committee on Joint Support of Air Navigation Services“ und das „Finance Committee“. Neben dem Hauptssitz in Montreal gibt es sieben Regionalbüros in Bangkok, Dakar, Kairo, Lima, Mexiko, Nairobi und Paris. Zu den Aufgaben der ICAO zählen u. a. die Luftverkehrsregeln zu vereinheitlichen (z. B. Luftkorridore, Flughöhen), die Verbesserung bzw. Harmonisierung des Luftrechts (z. B. Haftung), die Harmonisierung technischer Bestimmungen (z. B. Flugsicherung), die Festlegung von Luftverkehrsrechten und Beratung bei bilateralen Abkommen. Die Ergebnisse der Tätigkeit sind verbindlichen Standards für die Luftfahrt, die von den Mitgliedsländern umgesetzt werden müssen (vgl. ICAO 2023b).

b) Weitere internationale Organisationen

Neben den genannten internationalen Organisationen gibt es bspw. noch die European Civil Aviation Conference (ECAC; Europäische Zivilluftfahrt-Konferenz), die JAA-TO, die Europäische Agentur für Flugsicherheit (EASA) und EUROCONTROL.

Die **ECAC** stellt das Pendant zur ICAO auf europäischer Ebene dar und wurde 1955 gegründet. **„ECAC's mission is the promotion of the continued development of a safe, efficient and sustainable European air transport system.“** (ECAC 2023) Ein technisches Gremium innerhalb der ECAC war die **Joint Aviation Authorities** (JAA). Sie nahmen ihre Tätigkeit im Jahr 1970 auf und umfassten mit dem sog. „Cyprus Arrangement“ aus dem Jahr 1990 rund 40 Mitgliedstaaten. Seit den 1990er-Jahren haben die JAA einen wichtigen Beitrag zur Harmonisierung der in Europa anwendbaren Normen beigetragen. Sie waren aktiv in den Bereichen der technischen und operationellen Flugsicherheit. Seit dem 30. Juni 2009 existieren die JAA nicht mehr. Einzig für den Bereich der fachlichen Weiterbildung gibt es die Nachfolgeorganisation **Joint Aviation Authorities Training Organisation** (JAA-TO) Die JAA-TO unterhält mehrere Ausbildungszentren, wie z. B. in Hoofdorp (Niederlande), London und Wien (vgl. JAA-TO 2023).

Alle anderen Aufgaben der JAA hat die **Europäische Agentur für Flugsicherheit** (EASA) übernommen. Während die JAA nur Empfehlungen abgeben konnten, kann die EASA Regelungen in der Luftfahrt für die 31 Mitgliedsstaaten (27 EU-Staaten sowie Island, Liechtenstein, Norwegen und Schweiz; Stand Ende 2023) verpflichtend festlegen. Sie ist die Luftsicherheitsbehörde der Europäischen Union und wurde am 15. Juli 2002 auf Beschluss (Verordnung (EG) Nr. 1592/2002) des Europäischen Rates gegründet und hat seit November 2004 ihren Sitz in Köln, eine Dependance in Brüssel sowie drei ständige Repräsentanten in Montreal, Peking und Washington DC. Die Agentur hat (bisher) v. a. folgende Aufgaben (vgl. EASA 2023a und 2023b):

- Ausarbeitung von Rechtsvorschriften für die Flugsicherheit und technische Beratung der Europäischen Kommission und der Mitgliedstaaten,
- Inspektionen, Schulungen und Normungsprogramme zur Gewährleistung einer einheitlichen Umsetzung der europäischen Rechtsvorschriften zur Flugsicherheit in allen Mitgliedstaaten,
- Sicherheits- und Umweltzertifizierung von Luftfahrzeugen, Triebwerken und Teilen,
- Zulassung von Luftfahrzeugkonstruktionsbetrieben weltweit sowie von Produktions- und Instandhaltungsbetrieben außerhalb der EU,
- Zulassung von Betreibern aus Drittländern (Nicht-EU),
- Koordinierung des Gemeinschaftsprogramms „SAFA“ (Safety Assessment of Foreign Aircraft) zur Sicherheit ausländischer Luftfahrzeuge, die Flughäfen der Gemeinschaft anfliegen,
- Datenerfassung, -analyse und -forschung zur Verbesserung der Flugsicherheit.

EUROCONTROL (European Organisation for the Safety of Air Navigation) wurde 1960 von Belgien, Deutschland, Frankreich, Großbritannien, Luxemburg und den Niederlanden gegründet und mit Stand 2023 gibt es 41 Mitgliedsstaaten. EUROCONTROL ist das Herzstück des europäischen „air traffic management system“ (ATM) und koordiniert die Arbeit der verschiedenen Flugsicherungen der europäischen Staaten. Ziel hierbei ist es die Leistung, die Sicherheit und die Nachhaltigkeit des europäischen Luftverkehrs zu verbessern und seit Jahren wird das Ziel eines einheitlichen Luftraums („Single European Sky“, SES) angestrebt (vgl. EUROCONTROL 2023a).

Mit dem SES-II-Verordnungspaket ist ein neues Regulierungskonzept für das Air Traffic Management verbunden: Neben der Einrichtung von funktionalen Luftraumblöcken (FABs) und einer Network-Management-Funktion soll die Leistung der Flugsicherungsdienste im europäischen

Luftraum optimiert werden. EUROCONTROL hat numehr u. a. folgende Einrichtungen (vgl. EUROCONTROL 2019, S. 3 ff. und 2023b):

- **„Network Manager" bzw. „Network Manager Operations Center (NMOC)"**: Das NMOC entwickelte sich aus der „Central Flow Management Unit (CFMU"), die 1995 ihren taktischen Betrieb aufnahm. Dieses Center nimmt eine eine zentrale Rolle bei der Verwaltung, Rationalisierung und Verbesserung und Verbesserung des Flugbetriebs in Europa ein. NMOC wird zum Nutzen der 41 Mitgliedstaaten von EUROCONTROL und der beiden Staaten des umfassenden Abkommens, Israel und Marokko. Die Europäische Kommission hat EUROCONTROL als Europas Netzwerkmanager bis 2029 wiederbestellt.
- **„Maastricht Upper Area Control Centre" (MUAC):** Mit dieser Kontrollzentrale ist Eurocontrol im oberen Luftraum von Belgien, Luxemburg, den Niederlanden und Nordwestdeutschland tätig.
- **„Central Route Charges Office" (CRCO):** Hier werden die Rechnungsstellung, Einnahme und Umverteilung der Flugsicherungsgebühren durchgeführt.
- Die **„European AIS Database" (EAD):** Europäische Datenbank für zentralisierte, qualitätsgesicherte Fluginformationen, die die nicht harmonisierten Methoden der Luftfahrtdatenerfassung und -lieferung einzelner Staaten ersetzen soll,
- Das **„EUROCONTROL Innovation Hub":** Im Innovation Hub sollen digitale Lösungen und Dienstleistungen entwickeln werden, die den Bedürfnissen der Nutzer entsprechen. Auch agile Projekte, die einem sechsmonatigen Innovationszyklus folgen, werden durchgeführt.
- Das **„Institute of Air Navigation Services" (IANS):** Training und E-Learning zu verschiedenen Themen, wie bspw. Flugsicherung, Stress, Ermüdigung und Sicherheit.

6.5.4.2 Nationale Organisationen - Luftverkehrsverwaltung

Als nationale Organisationen sollen das Bundesministerium für Digitales und Verkehr (BMDV) und weitere am Luftverkehr beteiligte Bundesministerien, die dem BMDV nachgeordnete Behörden und die Aufgaben der Bundesländer dargestellt werden.

a) Bundesministerien

Das **Bundesministerium für Digitales und Verkehr** ist nach dem Luftverkehrsgesetz (§ 31, Abs. 1) primär für den Luftverkehr zuständig und damit die oberste Bundesbehörde der Verkehrsverwaltung und die oberste Luftfahrtbehörde für zivile Luftverkehrsangelegenheiten. Es hat u. a. folgende Aufgaben (vgl. Conrady et al. 2019, S. 18 ff.; Maurer 2006, S. 132; Pompl 2007, S. 19):

- Betriebsgenehmigung und Zulassung deutscher Airlines, inklusive der Genehmigung der Flugpläne, Tarife und Beförderungsbedingungen,
- Genehmigung des internationalen Linien- und Gelegenheitsverkehrs im Rahmen der mit ausländischen Staaten getroffenen Vereinbarungen sowie der Abschluss und Vollzug internationaler Luftfahrtabkommen,
- Vertretung der BRD in internationalen staatlichen Institutionen und Gremien der Europäischen Union (z. B. ICAO, ECAC, EASA, EUROCONTROL),
- Erlass von Rechtsverordnungen bzgl. der Durchführung des Luftverkehrs (z. B. Verhalten im Luftraum, Schutz vor Fluglärm) und
- Dienst- und Fachaufsicht der nachgeordneten Bundesbehörden (z. B. LBA, DFS).

Neben dem BMDV sind u. a. das Bundesministerium des Inneren und Heimat (z. B. Sicherheit, Ein- und Ausreisekontrolle), für Gesundheit (z. B. Bekämpfung der Verbreitung übertragbarer Krankheiten), der Verteidigung (z. B. Einrichtung militärischer Sperrzonen), der Finanzen (z. B. Zollkontrolle, Beteiligung des Bundes an Flughäfen), für Umwelt, Naturschutz, nukleare Sicherheit und Verbraucherschutz (z. B. Überwachung von Lärm- und Abgasemissionen), der Justiz (z. B. Reiserecht, Haftungsfragen, rechtlicher Rahmen des Luftverkehrs) und für Bildung und Forschung (z. B. Forschungsförderung) in luftverkehrsrelevanten Fragestellungen involviert. Dem BMVI sind die Bundesstelle für Flugunfalluntersuchung (BFU), das Bundesaufsichtsamt für Flugsicherung (BAF), die Deutsche Flugsicherung GmbH (DFS), der Deutsche Wetterdienst (DWD), der Flughafenkoordinator der Bundesrepublik Deutschland (FHKD) und das Luftfahrt-Bundesamt (LBA) unmittelbar nachgeordnet.

b) Luftfahrt-Bundesamt

Das **Luftfahrt-Bundesamt** (LBA) hat seinen Sitz in Braunschweig und seine Aufgaben sind im Gesetz (Gesetz über das Luftfahrt-Bundesamt (LFBAG) von 1954, zuletzt geändert 2021) festgehalten und betreffen v. a. Zulassungs-, Prüfungs- und Kontrollaufgaben. Nach § 2, Abs. 1 hat das LBA v. a. folgende Aufgaben:

- Prüfung oder Überwachung der Prüfungen zur Feststellung der Verkehrssicherheit (Lufttüchtigkeit) des Luftfahrtgeräts nach der Prüfordnung für Luftfahrtgerät,
- Zulassung der Muster des Luftfahrtgeräts und des Luftfahrtgeräts zum Luftverkehr,
- Führung der Luftfahrzeugrolle sowie sonstiger Verzeichnisse für Luftfahrtgerät,
- die Erteilung der Erlaubnis für Berufsflugzeugführer, Linienflugzeugführer, berufsmäßige Führer von Drehflüglern, Flugnavigatoren, Flugingenieure und Führer von Luftschiffen sowie die Erteilung der Berechtigungen nach der Prüfordnung für Luftfahrtpersonal an diese Personen,
- Erteilung der Erlaubnis für Prüfer von Luftfahrtgerät und Flugdienstberater sowie von Besatzungsausweisen für Fluglinienpersonal,
- Vorarbeiten für den Erlass der Bau-, Prüf- und Betriebsvorschriften für Luftfahrtgerät und der Ausbildungs- und Prüfvorschriften für Luftfahrtpersonal und
- Sammlung von Nachrichten über Luftfahrtpersonal und Luftfahrtgerät sowie die Auskunftserteilung über diese Nachrichten.

Neben der Zentrale gibt es sechs Außenstellen an den Standorten der größten deutschen Flughäfen (Berlin, Düsseldorf, Frankfurt, Hamburg, München und Stuttgart), die für die dort ansässigen luftfahrttechnischen Betriebe und Hersteller zuständig sind (vgl. LBA 2022, S. 6 f.).

c) Bundesstelle für Flugunfalluntersuchung

Im Gesetz über die Untersuchung von Unfällen und Störungen bei dem Betrieb ziviler Luftfahrzeuge (Flugunfall-Untersuchungs-Gesetz – FlUUG) von 1998 wurde im § 4 festgeschrieben, dass zur Untersuchung von Unfällen und Störungen in der zivilen Luftfahrt im Geschäftsbereich des Bundesministeriums für Digitales und Verkehr (BMDV) die Bundesstelle für Flugunfalluntersuchung errichtet wird. Die in Braunschweig ansässige **Bundesstelle für Flugunfalluntersuchung** (BFU) hat seit dem 01.09.1998 die Aufgabe, Unfälle und schwere Störungen beim Betrieb von Luftfahrzeugen in Deutschland zu untersuchen und deren Ursachen zu ermitteln. Die Ergebnisse ihrer Untersuchungen werden der Öffentlichkeit in Form von Berichten und

Statistiken zugänglich gemacht. Das Ziel der Untersuchung und Veröffentlichug der Ergebnisse ist die Verhütung künftiger Unfälle und Störungen und dient nicht der Feststellung des Verschuldens, der Haftung oder von Ansprüchen. Ergänzt bzw. teilweise ersetzt wird das FlUUG durch die Verordnung (EU) Nr. 996/2010 des Europäischen Parlaments und des Rates vom 20. Oktober 2010. Mit dieser Verordnung setzte die EU die Vorgaben der ICAO (Annex 13 des Abkommens über die internationale Zivilluftfahrt) für den Geltungsbereich ihrer Mitgliedsstaaten um. Im Verhältnis zum FlUUG ist die Verordnung (EU) Nr. 996/2010 vorrangig anzuwenden (vgl. BFU 2023).

d) Bundesamt für Güterverkehr

Das **Bundesamt für Logistik und Mobilität (BALM)** (bis 2022 Bundesamt für Güterverkehr, BAG) ist eine selbstständige Bundesoberbehörde im Geschäftsbereich des BMDV und hat seinen Sitz in Köln. Es nimmt eine Vielzahl von Aufgaben rund um den Güterkraftverkehr wahr (z. B. Straßenkontrollen, Erhebung und Verwaltung der Lkw-Maut, Kontroll-, Prüfungs- und Überwachungsfunktionen), es ist aber auch für die Genehmigung und Überwachung der Beförderungsentgelte im Fluglinienverkehr zuständig.

> Seit 1996 nimmt es Aufgaben auf dem Gebiet des internationalen Fluglinienverkehrs im Auftrag des BMDV wahr. Es wurde Genehmigungsbehörde für Beförderungsentgelte/Tarife in der Passage nach dem Luftverkehrsgesetz in Verbindung mit den Tarifartikeln der jeweiligen bilateralen Luftverkehrsabkommen. Zusätzlich wurde das BALM Hinterlegungsstelle für Flugpreise der Luftfahrtunternehmen der EU. Diese Aufgabe entfiel mit der vollständigen Liberalisierung der EU-Luftverkehrsmärkte durch die EU-Verordnung 1008/2008.

Am 01. September 2002 wurde nach Inkrafttreten des Gesetzes zur Erleichterung des Marktzugangs im Luftverkehr die gebührenpflichtige Genehmigungspflicht von Tarifen im internationalen Fluglinienverkehr von und nach Orten außerhalb der EU **ersetzt durch eine gebührenfreie Hinterlegungspflicht** (§ 63 Abs. 3 LuftVG). Darüber hinaus ist das BAG als Bußgeldbehörde tätig. In dieser Funktion kann es die Anwendung von Tarifen untersagen, wenn die Tarife öffentliche Interessen beeinträchtigen (nachträgliche Eingriffsbefugnis). Daher muss das BAG die Luftverkehrsmärkte ständig beobachtet. Weitere wichtige Aufgaben sind die Vorbereitung von Luftverkehrsverhandlungen des BMDVs, Publikationen zu Marktentwicklungen im (inter-)nationalen Fluglinienverkehr von und nach Deutschland und Prognosen zum Luftverkehr Deutschlands. Dabei steht die Analyse und Bewertung der Entwicklung der Flugpreise und -tarife, der Verkehrsnachfrage und des Verkehrsangebots im Vordergrund. Zum Einsatz kommen Computerreservierungssysteme (z. B. Amadeus), Statistikprogramme und die Flugplandatenbank OAG. Das BAG ist auch für die **Organisation des Luftverkehrs des Bundes** zuständig. Es beauftragt für die Bundesverwaltung Luftverkehrsunternehmen mit der Erbringung von Beförderungsleistungen zwischen den Flughäfen Berlin und Köln/Bonn bzw. Düsseldorf. Der Sitzplatzbedarf auf diesen Strecken ist besonders groß, so dass diese Leistung regelmäßig ausgeschrieben wird.

e) Flughafenkoordinator (Fluko) der BRD

Die **Flughafenkoordination** Deutschland GmbH ist seit 1971 verantwortlich für die Koordinierung und verbindliche Slotzuteilung von Start-/Landezeiten sämtlicher Flüge nach Instrumentenflugregeln an 15 (Stand 2023) deutschen Verkehrsflughäfen (flugplanvermittelte Flughäfen („Level 2 Airports"): Bremen, Dresden, Erfurt (ab Sommer 2024 Level 3), Leipzig/Halle, Münster/Osnabrück, Nürnberg, Saarbrücken und koordinierte Flughäfen („Level 3 Airports"): Berlin-Brandenburg, Düsseldorf, Köln/Bonn, Frankfurt am Main, Hamburg, Hannover, München, Stuttgart).

Ziel dabei ist, die vorhandenen Plankapazitäten optimal zu nutzen. Die Verpflichtung der Koordinierung durch den Flughafenkoordinator umfasst auch Flüge der „General & Business Aviation" (Geschäftsreiseflugverkehr, Privatflüge, z. T. Flüge der militärischen Luftfahrt etc.) an den koordinierten Flughäfen. Ferner obliegt dem Flughafenkoordinator die Überprüfung des koordinierten Verkehrs („Slot Monitoring"). Insbesondere wird überprüft, ob durchgeführte, koordinierungspflichtige Flugbewegungen ordnungsgemäß koordiniert wurden, koordinierte Flugzeiten ordnungsgemäß genutzt werden, die Flugplanveröffentlichungen der betroffenen Airlines den koordinierten Flugzeiten entsprechen und die Pünktlichkeit des durchgeführten Verkehrs sich im Rahmen bewegt (vgl. Fluko 2023).

f) Landesverkehrsministerien

Die Landesverkehrsministerien sind die obersten Luftfahrtbehörden auf der Ebene der Länder und sind v. a. für die Genehmigung von Flugplätzen, Flugplatzentgelten und Flughafenbenutzungsordnungen, Baugenehmigungen im Zusammenhang mit den Bauschutzbereichen und Erlaubniserteilungen für Privatflugzeugführer zuständig.

Einige Landesbefugnisse werden auch von nachgeordneten Behörden (z. B. Regierungspräsidien) übernommen (vgl. Conrady et al. 2019, S. 19; Maurer 2006, S. 137).

6.5.4.3 Private Organisationen und Verbände

Es gibt eine Vielzahl an privaten Organisationen und Verbänden, die im Folgenden nur kurz angesprochen werden sollen. Weiterführende Hinweise finden sich auf den jeweiligen Internetseiten.

- **Airport Council International (ACI):** 2023 hat der in Montreal ansässige ACI 712 Mitglieder, die mehr als 1.900 Flughäfen in 171 Ländern betreiben. Hauptziele sind die Interessenvertretung, Weiterbildung, Bereitstellung von Wissen und Hilfestellungen sowie die Förderung der Zusammenarbeit zwischen den Flughäfen mit dem Ziel, den Luftverkehr sicherer, effizienter und umweltverträglicher zu gestalten (vgl. ACI 2023a).
- **Arbeitsgemeinschaft Deutscher Verkehrsflughäfen (ADV):** Der Flughafenverband ADV wurde 1947 in Stuttgart gegründet und ist damit der älteste Verband der zivilen Luftfahrt in Deutschland. 2023 vertritt die ADV die Interessen seiner 38 Mitgliedsflughäfen (21 Internationale Verkehrsflughäfen, 7 Regionale Verkehrsflughäfen und -landeplätze, 10 korrespondierende Mitglieder in Österreich und Schweiz) in der Schweiz, Österreich und

Deutschland auf EU-, Bundes- und Landesebene und in Luftverkehrsverhandlungen zwischen Deutschland und Drittstaaten (vgl. ADV 2023a).

- **Board of Airline Representatives in Germany (BARIG):** Das BARIG vertritt und fördert die gemeinsamen Interessen von mehr als 100 internationalen Passagier- und Frachtfluggesellschaften, die in Deutschland tätig sind. Der Verband, mit Sitz in Frankfurt am Main, setzt sich seit seiner Gründung 1951 für die Verbesserungen der vertrieblichen und operationellen Bedingungen des Flugverkehrs in Deutschland ein (vgl. BARIG 2023).
- **Bundesverband der deutschen Fluggesellschaften (BDF):** Die Wurzeln des BDF reichen in die 1970er-Jahre zurück, als sich im April 1976 die Bavaria/Germanair, die Hapag Lloyd und die LTU zur „Arbeitsgemeinschaft Deutscher Luftfahrtunternehmen“ (ADL) zusammenschlossen. 2006 wurde der Namen geändert, wobei der BDF im Jahr 2023 fünf deutsche Fluggesellschaften v. a. gegenüber den Flughäfen, Verwaltung und Politik vertritt und sich für wettbewerbsfähige Rahmenbedingungen einesetzt (vgl. BDF 2023).
- **European Regions Airlines Organization (ERA):** Die 1980 gegründete Organisation repräsentiert mehr als 200 Unternehmen, die in den europäischen Luftverkehr eingebunden sind (v. a. Airlines, Hersteller, Airports, Dienstleister), wobei ca. 50 Regionalfluggesellschaften darunter sind. Vorrangiger Zweck ist die Interessenvertretung und die weitere Entwicklung des Regionalflugverkehrs (vgl. ERA 2023).
- **Bundesverband der Deutschen Luftverkehrwirtschaft (BDL):** Im Jahr 2003 haben die Lufthansa, die Flughäfen Frankfurt und München und die DFS die Initiative „Luftverkehr für Deutschland“ ins Leben gerufen. Im Jahr 2023 sind Fluggesellschaften, Flughäfen, die DFS sowie weitere Leistungsanbieter im Verband zusammengeschlossen. Ziel ist es, die Wettbewerbsfähigkeit des Standortes Deutschland zu stärken, gleichzeitig weiter am langfristig weltweiten Wachstum des Luftverkehrs teilzunehmen und damit Arbeitsplätze zu sichern und neue zu schaffen (vgl. BDL 2023).
- Weitere Zusammenschlüsse von Airlines sind bspw. die Arab Air Carriers Organization (AACO), Airlines International Representation in Europe (AIRE; früher International Air Carrier Association, IACA), African Airlines Association (AFRAA), Airlines for America (A4A), Association of South Pacific Airlines (ASPA) und Latin American and Caribbean Air Transport Association (ALTA).
- Darüber hinaus gibt es speziell für den Geschäftsflugverkehr die nationalen Verbände German Business Aviation Association (gbaa) und National Business Aviation Association (NBAA) aus den USA sowie die European Business Aviation Association (EBAA) und den International Business Aviation Council (ibac).
- Auch wenn die Liste der Verbände nicht abschließend angeführt werden können, sollen hier noch einige weitere bekannte Vereinigungen angeführt werden: Civil Air Navigation Services Organisation (CANSO), Interessengemeinschaft der regionalen Flugplätze (IDRF), International Coordinating Council of Aerospace Industries Associations (ICCAIA), International Council of Aircraft Owner and Pilot Associations (IAOPA), International Federation of Air Line Pilots' Associations (IFALPA) und die International Federation of Air Traffic Controllers' Associations (IFATCA)).

a) International Air Transport Association

Die heutige **International Air Transport Association** (IATA) ist die 1945 in Havanna gegründete Nachfolgeorganisation der bereits 1919 gegründeten International Air Transport Association und ist eine Organisation von linienflugverkehrbetreibenden Airlines. Bei ihrer Gründung gab es

57 Mitglieder aus 31 Staaten, v. a. aus Europa und Nord-Amerika. Im Jahr 2023 gibt es mehr als 300 Mitgliedsunternehmen aus 120 Staaten, die nach Angaben der IATA ca. 83 % des weltweiten Luftverkehrs repräsentieren (vgl. IATA 2023a und 2023b).

Als Verband hält die IATA vielfältige Serviceleistungen für die Mitglieder bereit und bietet Hilfestellungen an. Ausgewählte Beispiele werden nachfolgende dargestellt (vgl. Conrady et al. 2019, S. 25 f.; Rasch-Sabathil 2008, S. 15 ff.; Pompl 2007, S. 24 f.; Weensveen 2023, S. 132):

- Es arbeiten mehrere hundert Airlines, auch Nicht-Mitglieder, im Rahmen der **„Interline Agreements“**, des **„Clearing Houses“** und des **„Billing and Settlement Plan (BSP)“** mit der IATA zusammen.
  - *IATA Clearing House (Sitz in Genf):* Verrechnung von Forderungen im Rahmen des Interlining (Nutzung von Leistungen mehrerer Airlines mit einem Flugschein) zwischen den Carriern über eine zentrale Abrechnungsstelle (IATA Clearing House/Genf). Auch Airlines, die Mitglied bei der US-amerikanischen „Airlines Clearing House (ACH) Incorporation“ sind, können am IATA-System teilnehmen.
  - *BSP:* Zentrales Abwicklungsverfahren durch IATA, so dass es keine separaten Transaktionen zwischen Reisebüro und Airline gibt; zentrales Rechenzentrum als BSP-Verrechnungsstelle übernimmt Abrechnung zw. Agenturen und Airlines, wobei Zahlungen der Agenturen zentral an eine Inkassobank gehen und von dort an einzelne Airlines weitergeleitet werden.
- Zulassung der IATA-Agenturen: IATA-Agenturen sind Reisebüros, die berechtigt sind, Leistungen aller IATA-Gesellschaften zu vertreiben. Für den Verkauf der Tickets wird das BSP eingesetzt.
- Unterstützung der Mitglieder in Fragen des Marketings, Verkaufs und Vertriebs sowie Angebot eines Marktforschungsservice und Bereitstellung von Veröffentlichungen.
- Standardisierung von Verfahren und Dokumenten (z. B. IATA-Standardvertrag für Bodenabfertigung zwischen Airlines und Handling-Agent, Standard-Beförderungsbedingungen, „Worldwide Scheduling Guidelines“ der IATA).
- Vertretung die Interessen der Mitglieder nach außen (Lobbying) ggü. Politik, Behörden, Flughäfen, Herstellern usw.
- Durchführung von Konferenzen (z. B. IATA-Flugplankonferenz, Verfahrenskonferenzen), Symposien und Seminaren sowie Ausbildungsangeboten.
- Consulting, z. B. im Rahmen von Software-Anschaffung (wie Yield/Revenue Management-Systeme).

Eine weitere wichtige Aufgabe der IATA war die Festlegung der Flugtarife mittels der sog. **IATA-Verkehrskonferenzen**. Mit zunehmender Liberalisierung des Luftverkehrs wurde diese Tarifabstimmung mehr und mehr als ein wettbewerbshemmendes Preiskartell angesehen, so dass die Tarifkoordination verboten wurde.

„Fluggesellschaften mit internationalen Diensten haben das Recht, an den Tarifkoordinierungskonferenzen der IATA zur Umsetzung des multilateralen ‚Interlining Systems‘ teilzunehmen. Wobei die eigentliche Tarifkoordinierung mittlerweile nicht mehr auf den Konferenzen, sondern mittels eines internetbasierten Abstimmungsverfahrens stattfindet und Tarife nicht mehr abgesprochen, sondern automatisch ermittelt werden. ‚Echte‘ Konferenzen werden nur noch auf jährlicher Basis zu grundsätzlichen Fragen der Tarif-, Gepäck- und Währungsbestimmungen abgehalten. (…) Nachdem die IATA dieses System gut 50 Jahre lang erfolgreich eingesetzt hat, haben kartellrechtliche

Vorschriften gegen diese Art von Preisabsprachen zu einer Veränderung der Spielregeln geführt: Seit 2007 wird anhand der mittlerweile dominierenden ‚Carrier Fares' (Airline-spezifische Tarife, die nur von EINER Airline akzeptiert werden) aller am System teilnehmenden Fluggesellschaften eines Konferenzgebietes deren Durchschnittspreis ermittelt und mit einem Aufschlag als umbuchbarer, übertragbarer IATA-‚Flex-Fare' ausgegeben. Die Tarifkoordinierungskonferenzen sind geografisch gegliedert in ‚Tariff Conference Areas' und ‚Tariff Conference Subareas'. Fluggesellschaften, die an diesen Konferenzen teilnehmen möchten, werden automatisch den Areas/Subareas zugewiesen, in denen sie über die 3. oder 4. ‚Freiheit der Luft' verfügen." (Rasch 2014, S. 1)

b) Verbraucherschutzorganisationen, Umwelt- und Branchenverbände, Berufsgruppenvertretungen

Verbraucherschutzorganisationen vertreten auf unterschiedlichen Ebenen die Interessen der Passagiere, sie werden in einigen Ländern aber auch bei Gesetzgebungsverfahren eingeladen. In Deutschland gibt es z. B. die Verbraucherzentralen, die sich bundesweit zum Verbraucherzentrale Bundesverband e. V. zusammengeschlossen haben. Sie geben Publikationen und Pressemitteilungen bspw. zu Tarifen, Tests (z. B. Qualität, Marktcheck zur Kompensation von Flugreisen) und aktuellen Rechts-sprechungen heraus und stehen auch als Ansprechpartner zur Verfügung. Ein weiteres Beispiel ist die **Schlichtungsstelle für den öffentlichen Personenverkehr (söp)**, die seit dem 01.12.2009 zwischen Reisenden und Verkehrsunternehmen (Bahn-, Bus-, Flug- und Schiffsunternehmen können sich am Schlichtungsverfahren beteiligen) vermittelt, wenn ein Reisender auf seine Beschwerde keine zufriedenstellende Antwort bekommt. Die söp ist 2023 im Eisenbahnverkehr für 99 % der Fernreisenden und für 95 % der Reisenden im Regionalverkehr der passende Ansprechpartner. Im Fernbusverkehr sind es nahezu 100 % und im Luftverkehr beteiligen sich die für Deutschland relevanten nationalen und internationalen Airlines, einschließlich der Low-Cost-Carrier – ein genauer Wert wird nicht ausgewiesen. Im Bereich des ÖPNVs (Bus, Tram, U-Bahn) schlichtet die söp für Unternehmen in den Ländern Baden-Württemberg, Bayern, Berlin, Brandenburg, Hamburg, Mecklenburg-Vorpommern, Rheinland-Pfalz, Saarland, Sachsen-Anhalt, Schleswig-Holstein, Thüringen und in Teilen von Sachsen. 2023 ist die Schlichtung für die Reisebranche (Reisevermittler und Reiseveranstalter) im Aufbau. Auch für Schiffsreisende ist eine Schlichtung in einigen Fällen möglich. Vorgänger war die „Schlichtungsstelle Mobilität", die von Dezember 2004 bis November 2009 tätig war (vgl. söp 2023).

Umweltschutzorganisationen und lokale Interessengruppen setzen sich für eine stärkere Berücksichtigung von ökologischen Belangen ein, wie z. B. bei Flughafenaus- oder -neubauten oder setzen sich für die Vermeidung bzw. Verlagerung von Luftverkehr auf die Schiene, einen CO_2-Emissionshandel oder Maßnahmen zum Lärmschutz ein. Beispiele sind der Verkehrsclub Deutschland, Bund für Umwelt und Naturschutz Deutschland e. V. (BUND), Naturschutzbund Deutschland e. V. (NABU), Greenpeace, die Bundesvereinigung gegen Fluglärm e. V. (BVF) oder der Deutsche Fluglärmdienst e. V. (DFLD).

Branchenverbände setzen sich für die Interessen ihrer Mitglieder gegenüber den Airlines ein. Die 1966 gegründete United Federation of Travel Agents' Associations (UFTAA) verhandelt bspw. als Weltverband von mehr als 100 nationalen Reisebüroorganisationen mit den Airlines über Provisionen, Sondertarife, Reservierungssysteme und Musterverträge. Weitere Branchenverbände sind z. B. der Deutsche ReiseVerband (DRV), der asr Allianz selbständiger Reiseunternehmen – Bundesverband e. V., der Bundesverband der Deutschen Tourismuswirtschaft (BTW) oder die European Travel Agents' and Tour Operator Associations (ECTAA).

Wichtige **Berufsgruppenvertretungen** sind in Deutschland die Gewerkschaft ver.di, auf europäischer Ebene die International Transport Workers Federation (ITF) und auf internationaler Ebene die International Federation of Airline Pilots' Association (IFALPA) sowie die International Federation of Air Traffic Controllers (IFATCA). Darüber hinaus sind die Vereinigung Cockpit und die Vereinigung Unabhängige Flugbegleiter Organisation e. V. (UFO) zu nennen.

6.5.4.4 Infrastrukturträger und Dienstleister

Flugplätze sind für die Abwicklung des Luftverkehrs erforderlich und werden gemäß der ICAO im Annex 14 zum Chicagoer Abkommen folgendermaßen definiert:

> „Aerodrome: A defined area on land or water (including buildings, installations and equipment) intended to be used either wholly or in part for the arrival, departure and surface movement of aircraft." (ICAO 2022c, S. 1–2)

Deutschland hat insgesamt mehr als 1.000 Flugplätze und wird daher fast vollständig von Flugplätzen abgedeckt – nur an einem Bruchteil dieser Flugplätze werden jedoch regelmäßige und kommerzielle Flüge des Linien- und Ferienflugverkehrs durchgeführt (vgl. Statistisches Bundesamt 2023g).

Das deutsche Luftverkehrsgesetz definiert den Begriff Flugplatz nicht, sondern setzt ihn voraus und zieht ihn im § 6, Absatz 1 als Oberbegriff für **Flughäfen, Landeplätze und Segelfluggelände** heran, wobei diese in der Luftverkehrs-Zulassungs-Ordnung (§ 38 und § 49) weiter ausdifferenziert werden.[62] Neben dieser juristischen Definition existieren weitere Abgrenzungen. Die ADV unterscheidet zwischen den Mitgliedsgruppen „Internationale Verkehrsflughäfen" und „Regionale Verkehrsflughäfen", wobei sie 21 internationale Verkehrsflughäfen und sieben regionale Verkehrsflughäfen führt (2023).

Die DFS unterscheidet „Internationale Flughäfen" und „Regionalflughäfen". 15 Flughäfen werden als „Internationale Flughäfen" betrachtet, da an diesen Flughäfen ein „verkehrspolitisches Interesse des Bundes" nach § 27d, Absatz 1 LuftVG anerkannt wird. Hier heißt es folgendermaßen: „Flugsicherungsdienste und die dazu erforderlichen flugsicherungstechnischen Einrichtungen werden an den Flugplätzen vorgehalten, bei denen das Bundesministerium für Verkehr und digitale Infrastruktur einen Bedarf aus Gründen der Sicherheit und aus verkehrspolitischen Interessen anerkennt." An 15 Flughäfen in Deutschland ist die DFS in den Kontrolltürmen vertreten. Die wirkliche verkehrliche Bedeutung eines Flughafens wird somit aber nur eingeschränkt berücksichtigt. Der internationale Verkehrsflughafen Saarbrücken ist bspw. deutlich kleiner als der Regionalflughafen Hahn.

Das Statistische Bundesamt orientiert sich an den sog. „Fluggasteinheiten" und bezeichnet Flughäfen mit einem Aufkommen von mindestens 150.000 Fluggasteinheiten (= Ein- und Aussteiger, je 100 kg Fracht und Post) pro Jahr als **Hauptverkehrsflughäfen**.[63] Das

62 Flughäfen des allgemeinen Verkehrs = Verkehrsflughäfen und Flughäfen für besondere Zwecke = Sonderflughäfen; Landeplätze des allgemeinen Verkehrs = Verkehrslandeplätze; Landeplätze für besondere Zwecke = Sonderlandeplätze

63 Weitere Abgrenzungen nehmen die Europäische Kommission in ihren „Leitlinien für die Finanzierung von Flughäfen" vor (Kategorie A „große Gemeinschaftsflughäfen", Kategorie B „nationale Flughäfen", Kategorie C „Große Regionalflughäfen" und „kleine Regionalflughäfen"), das Europäische Parlament und der Rat („internationale Netzpunkte", an denen jährlich mindestens 5 Mio. Passagierebewegungen stattfinden, „Gemeinschaftsnetzpunkte" mit jährlich einer Mio. bis unter 5 Mio. Passagieren und „regionalen Netzpunkten" mit jährlich zwischen 250.000

Statistische Bundesamt identifiziert im Jahr 2022 entsprechend des Aufkommens 23 dieser Hauptverkehrsflughäfen (vgl. Statistisches Bundesamt 2022, S. 4).

Die **Deutsche Flugsicherung GmbH** (DFS) mit Sitz in Langen/Hessen ist für die Flugverkehrskontrolle in Deutschland zuständig und ist ein privatrechtlich organisiertes Unternehmen, das zu 100 % dem Bund gehört. Das Unternehmen wurde im Januar 1993 gegründet und löste damit die Bundesanstalt für Flugsicherung (BFS) als Instanz der Kontrolle des Flugverkehrs in Deutschland ab. Die Flugsicherung in den Towern und Kontrollzentralen gehört zum Kerngeschäft der DFS. Die DFS Aviation Services GmbH (DAS), eine 100 %-ige Tochter der DFS, erbringt darüber hinaus Flugplatzkontrolldienste an acht deutschen Regionalflughäfen (seit 01.01.2023 auch Braunschweig) sowie an einem Sonderflughafen. Zusätzlich werden Aerodrome Flight Information Services (AFIS) und Vorfeldkontrolldienste (Apron) an weiteren deutschen Flughäfen erbracht. Neben klassischer Flugsicherung vom Tower (Towerdienste) aus, bietet die DAS auch Flugplatzkontrolldienste und AFIS-Dienste als Remote-Service an. Die operationelle Implementierung und die zugehörige Technik wird über das Joint Venture AEROSENSE (Gründung gemeinsam mit Frequentis, um Remote-Tower-Lösung weltweit zu vermarkten) angeboten. Am Flughafen Saarbrücken ist das System seit 2018 im Einsatz und am Flughafen Erfurt seit 2022. Die Lotsen, die den Flugverkehr kontrollieren, sitzen mehr als 400 Kilometer entfernt – im Remote Tower Center Leipzig. Es ist geplant, in Zukunft noch weitere Flughäfen zu überwachen, wie z. B. den Flughafen Dresden. Seit 2011 ist die DFS über die DAS auch im Ausland vertreten und zwar an 18 internationalen Standorten in sieben Ländern zu finden. Über das englische Tochterunternehmen Air Navigation Solutions Ltd. sind sie für die Kontrolle des Flugverkehrs am Flughafen Edinburgh zuständig und in Singapur und Peking gibt es zwei Repräsentanzen. Darüber hinaus stellt die DFS Aviation Services Bahrain Co.W.L.L. Betriebs- und Verwaltungspersonal in Bahrain bereit und unterstützt das bahrainische Ministerium für Verkehr und Telekommunikation (vgl. DFS 2023, S. 2 & S. 24).

Aufgabe der DFS ist es, die Flugzeuge sicher durch den deutschen Luftraum zu führen. In Langen bei Frankfurt betreibt sie daher die größte Radarkontrollzentrale Europas. Weitere Kontrollzentralen gibt es in Bremen, Karlsruhe und München, wobei die DFS auch in der Maastrichter EUROCONTROL-Zentrale vertreten ist. Die Betätigungsfelder umfassen jedoch noch weitere Bereiche: Die DFS sammelt flugrelevante Daten und lässt sie in Produkte und Dienstleistungen wie Luftfahrtkarten, Flugberatung und die Entwicklung von Flugsicherungs-, Ortungs- und Navigationssysteme einfließen („Geschäftsbereich Information Management"). Weiterhin bildet die DFS in ihrer Akademie jährlich Nachwuchskräfte aus und steht mit ihrem Know-how anderen Unternehmen beratend zur Seite (vgl. ders., S. 2 ff.).

Der **Deutsche Wetterdienst** (DWD) bietet meterologische Informationen und Beratung von Fluggesellschaften, Ballonfahrunternehmen, Privatpiloten (z. B. Segelflieger), Flughäfen und der Deutschen Flugsicherung an.

Ein weiterer wichtiger Träger besteht aus den Kommunikationseinrichtungen zur Abwicklung des Nachrichtenverkehrs zwischen den Airlines und Airports. 1949 wurde die **Société Internationale de Télécommunications Aéronautiques (SITA)** gegründet und u. a. ein System für die Boden-Luft-Kommunikation (AIRCOM Cockpit Services) betreibt. Hiermit können Fluggesellschaften drahtlos zwischen ihren Flugzeugen und Bodensystemen sowie zwischen ihren Flugzeugen und Dritten am Boden – wie der Flugsicherung – kommunizieren. Internet OnAir und Mobile OnAir bieten Inflight-Entertainment und zwar im Sinne eines Internetzugangs

unter 1 Mio. Passagieren), der Ausschuss für Regionen (Kategorie A bis E) und wissenschaftliche Studien und andere Beiträge (z. B. Primär-, Sekundär-, Tertiär- und Quartiärflughäfen) (vgl. Rumersdorfer 2009, S. 28 ff.).

bzw. Anrufe mit Mobilfunkgeräten an Bord eines Flugzeugs. Das System ist für viele gleichzeitige Verbindungen und datenintensive Geräte geeignet und erfüllt die von der Fluggesellschaft definierten Anforderungen verschiedener Passagierklassen. Ihren mehr als 2.800 Kunden stellt die SITA in über 200 Länder verbindende Datennetze für die CRS zur Verfügung. Des Weiteren bietet die SITA z. B. Dienstleistungen für das Management von Airlines, für den Betrieb der Fahrgast-, Flug- und Flugzeug-Bereiche, für die Luft-Boden-Kommunikation, für das Management eines Flughafens oder Dienstleistungen für den Betrieb von Gepäcksystemen an (vgl. SITA 2023).

6.5.4.5 Luftfahrtindustrie und Finanzierungsinstitutionen

Zur Luftfahrtindustrie werden Hersteller von Fluggerät, Triebwerken, Kabinenausstattung, Navigationsgeräten und sonstigen Komponenten gezählt.

Bei den **Flugzeugherstellern** handelt sich im eigentlichen Sinne „nur" um sog. Airframe-Hersteller, d. h. Hersteller von Flugzeugen ohne Triebwerke, da die Triebwerke von speziellen Triebwerksherstellern (z. B. CFM International, GE Aircraft Engines, Pratt and Whitney, Rolls-Royce) hinzugekauft werden.

Während es auf dem Weltmarkt für Jetflugzeuge ab ca. 100 Sitzplätze insbesondere die zwei Anbieter Airbus und Boeing[64] gibt, werden Regionalflugzeuge (ca. 100 Plätze und weniger) bspw. von Aero International Inc., Bombardier Aerospace, Embraer (Empresa Brasileira de Aeronáutica S. A.) und Saab produziert (→ Tabelle 44).

Hersteller und Flugzeugtyp	2018	2019	Veränderung
Airbus A320ceo-Familie	7.065	7.056	0 %
Boeing 737-600/700/800/900	6.407	6.325	1 %
Boeing 777	1.424	1.404	-1 %
Airbus A330ceo/A340 family	1.391	1.406	-1 %
Airbus A320neo family	848	353	140 %
Boeing 787	807	661	22 %
Boeing 737-200/300/400/500	754	770	-2 %
Boeing 767	729	736	-1 %
Boeing 757	658	660	0 %
Boeing 747	462	445	4 %

Tabelle 44: Top Ten der Flugzeugtypen im Einsatz bei Full-Service-Network-Carrier (2018/19) | Quelle: Thisdell/Seymour 2019, S. 25.

64 1984 ist Lockheed aus dem Bau von Zivilflugzeugen ausgeschieden und 1997 wurde McDonnell Douglas von Boeing aufgekauft. Die Flugzeughersteller aus der ehemaligen Sowjetunion Tupolev und Ilyushin sind seit Beginn der 1990 Jahren ohne nennenswerte Bedeutung.

Anfang 2007 hat China angekündigt, dass es ein eigenes „Großraumflugzeug" bauen will und hierfür das Unternehmen **Commercial Aircraft Corporation of China Ltd. (COMAC)** gegründet. Die Entwicklung der Passagiermaschinen begann im Jahr 2008 und 2023 gibt es dreiFlugzeugtypen: Comac C919, Comac C929 und ARJ21. Ein richtiges „Großraumflugzeug" ist jedoch noch nicht entwickelt, bis 2028 soll es dies geben. Der ARJ21 ist ein Regionalflugzeug mit Platz für bis zu 90 Passagiere und einer Reichweite von 2.225 km. Die Comac C919 hat Platz für bis zu 195 Passagiere und eine Reichweite von bis 4.075 km in der Grundversion bzw. 5.555 km in der erweiterten Version. Am 02. November 2015 ist in Shanghai offiziell die erste Maschine der C919 vom Band gerollt und Anfang Mai 2017 erfolgt der Erstflug der Comac C919 und am 28. Mai 2023 erfolgte der erste Linienflug der C919 von Shanghai nach Peking (vgl. Beresnevicius 2023; COMAC 2023).

Als **Finanzierungsinstitutionen** kommen traditionellerweise Banken, öffentliche Einrichtungen und Investmentgesellschaften in Frage. Darüber hinaus haben zunehmend Leasingunternehmen und die Flugzeughersteller selbst eine wichtige Bedeutung.

6.6 Anbieter

Neben einem Überblick über die weltweiten Anbieter von Luftverkehrsleistungen und deren Bestand an Maschinen wird auf den für den Luftverkehr wesentlichen Produktionsfaktor, das Flugzeug, eingegangen.

6.6.1 Überblick weltweiter Anbieter

Die **Anzahl der Fluggesellschaften** der Welt variiert ständig. Eine übersichtliche Grundlage, um eine Vorstellung zu bekommen, ist das „World Airline Directory" von Airlines Inform (🔗 www.airlines-inform.com/world_airlines/). Auf dieser Webseite werden mehr als 1.000 operierende Fluggesellschaften gelistet (Stand Ende 2023).

In Deutschland wurden für das Jahr 2021 vom Statistischen Bundesamt 271 Unternehmen im Luftverkehr gezählt, die 1.694 Luftfahrzeuge im Betrieb hatten (1.093 Flugzeuge und 601 sonstige Luftfahrzeuge (vgl. Statistisches Bundesamt 2023b).

Während laut Boeing im Jahr 2022 weltweit mehr als 24.500 **Verkehrsflugzeuge** im Einsatz waren, geht Airbus dagegen von ca. 22.800 Flugzeugen aus. Der Großteil der im Einsatz befindlichen Maschinen sind laut Boeing sog. „single aisle"-Maschinen (⟶ Kapitel 6.6.2). Für die Zukunft werden sowohl von Airbus als auch von Boeing hohe Wachstumszahlen prognostiziert. Es fällt jedoch auf, dass von Airbus keine (eigenen) Angaben zu Reginal Jets gemacht werden (⟶ Tabelle 45).

Boeing	Flugzeuge im Einsatz		Airbus	Flugzeugbedarf
Größe	**2022**	**2043**	**Größe**	**neue Flugzeuge bis 2042**
widebody	3.780	7.440	typically widebody	7.300
single aisle	16.180	32.420	typically single aisle	32.630
regional jets	2.280	1.810	regional jets	k. A.

Fracht	2.270	925	Fracht	920
total	22.510	42.595	total	32.428

Tabelle 45: Bestand an Flugzeugen weltweit (2022) und Prognosen für die Zukunft | Quelle: Vgl. Airbus 2023; Boeing 2023.

Alle europäischen Fluggesellschaften zusammen verfügten – nach den Eurostat-Daten in folgender Tabelle – 2021 über mehr als 7.400 Flugzeuge. Passagiermaschinen hatten hieran einen Anteil von fast zwei Drittel. Die meisten Passagierflugzeuge sind in der Größenklasse von 151 bis 250 Sitzplätzen vertreten, wobei Großbritannien, Irland und Deutschland auffallen.

Land	Flugzeuge gesamt	davon < 50 Plätze	davon 51–150 Plätze	davon 151–250 Plätze	davon > 250 Plätze	Fracht-flugzeuge
Belgien	182	0	21	34	15	0
Bulgarien	59	0	14	24	2	1
Tschech. Rep.	101	6	2	32	0	0
Dänemark	127	18	15	27	3	4
Deutschland	1.010	6	98	213	98	6
Estland	30	9	13	3	0	9
Irland	352	0	44	338	40	6
Griechenland	105	8	20	51	0	6
Spanien	483	5	82	217	64	29
Frankreich	499	69	111	125	117	0
Kroatien	24	0	12	8	0	0
Italien	181	0	15	6	0	0
Zypern	13	0	1	2	0	0
Lettland	40	1	27	4	0	4
Litauen	20	1	2	6	1	0
Luxemburg	124	0	14	4	0	0
Ungarn	158	2	0	129	0	7
Malta	444	4	4	209	5	1
Niederlande	245	3	66	76	62	0
Österreich	414	3	23	148	5	1
Polen	204	5	41	87	12	14
Portugal	238	5	28	53	29	0
Rumänien	46	0	17	20	0	0

Slowenien	13	0	0	0	0	0
Slowakei	16	0	0	7	0	0
Finnland	83	0	29	19	17	2
Schweden	244	11	18	60	8	15
Großbritannien	946	45	65	365	106	11
Island	60	11	2	23	4	0
Norwegen	83	28	18	41	6	0
Schweiz	273	11	41	69	16	8
Türkei	519	1	5	357	89	0

Tabelle 46: Flugzeuge in der Europäischen Union (2021) | Quelle: Eurostat 2023.

6.6.2 Das Flugzeug als Produktionsfaktor

Im Folgenden werden luftverkehrsspezifische Kennzahlen, ausgewählte Bewertungssysteme von Fluggesellschaften und die verschiedenen Flugzeugtypen vorgestellt.

6.6.2.1 Luftverkehrsspezifische Kennzahlen

Es gibt eine Vielzahl an wichtigen Kennzahlen, die aus unterschiedlichen Gründen gemessen werden (→ Tabelle 47). Sie können bspw. Grundlage für Managemententscheidungen sein, die Performance einer Fluggesellschaft erfassen, als Grundlage zur Abrechnung/Verrechnung innerhalb der IATA, zum Vergleich mit Daten der Wettbewerber (Benchmarking) und zur Ermittlung von Schwachstellen bzw. Potenzialen für Produktivitätssteigerungen genutzt werden. Kennzahlen können generell in qualitative und quantitative Kennzahlen unterschieden werden.

Zur Beurteilung des Fluges an sich und des Servicepersonals können bspw. eingehende Kundenbriefe/E-Mails ausgewertet werden. Aus dem Quotienten von positiven und negativen Zuschriften entsteht eine Messgröße für Kundenzufriedenheit (z. B. Zuschriften gesamt 5.573, davon Belobigungen 4.694, davon Beschwerden 879, Kundenzufriedenheitsquotient 5,4). In der Luftverkehrsbranche wird auch der sog. **Net Promoter Score (NPS®)**[65] genutzt – die Lufthansa Group und Condor nutzen den NPS bspw. seit 2014. Durch eine **Befragung der Passagiere misst der NPS** unmittelbar die Wahrscheinlichkeit, mit der ein Passagier eine Weiterempfehlung für eine Airline aussprechen wird. Mittelbar misst er die Kundenzufriedenheit und die Loyalität des Kunden (vgl. Greve/Benning-Rohnke 2010).

Quantitative Kennzahlen können auf der Input- und auf der Outputseite betrachtet werden. In folgender Tabelle werden die Kennzahlen analog zu Tjon (vgl. 1997, S. 178 ff.) in drei Kategorien unterschieden, deren Abgrenzung jedoch fließend ist. Bei der **leistungswirtschaftlichen Kategorie** stehen entsprechend dem Begriff die Leistungen der Fluggesellschaft, d. h. Verkehrsleistungen sowie die Produktionsfaktoren wie Flugzeuge und Personal im Mittelpunkt. Inhalt der **finanzwirtschaftlichen Kategorie** sind die Finanzierungs-, Investitions- sowie die Liquiditätskennzahlen. Die Ertragskraft der Airline wird schließlich im Rahmen der **erfolgswirt-**

65 Net Promoter® und NPS® sind eingetragene Markenzeichen; Net Promoter Score und Net Promoter System sind Markenzeichen von Bain & Company, Satmetrix Systems and Fred Reichend

schaftlichen Kategorie beurteilt. Die Auflistung der Kennzahlen ist, gerade im Bereich Finanz- und Erfolgswirtschaft nicht als abschließend zu sehen, sondern soll einen ersten Überblick über im Luftverkehr relevante Kennzahlen geben, die für eine Quantifizierung bzw. Bewertung genutzt werden können.[66]

	Input	**Output**
leistungswirtschaftliche Kennzahlen	Sitzplätze gesamt	beförderte Passagiere (= Verkehrsaufkommen)
	Anzahl an Innovationen	gebuchte Passagiere
	Break-even-Ladefaktor	Passagierladefaktor (PLF), Nutzladefaktor[67] (WLF)
	angebotene Sitzkilometer (ASK)	verkaufte Passagierkilometer (RPK)/ Verkehrsleistung
	angebotene Tonnenkilometer (ATK)	verkaufte Tonnenkilometer (RTK)
	Flottengröße	Verkehrsentwicklung (z. B. Änderung RPK in %)
	Ø Sitze je Flugzeug	Flottenproduktivität (RPK/Flottengröße)
	■ Mitarbeiterproduktivität: ■ ATK pro Mitarbeiter ■ Blockstunden pro Mitarbeiter	Mitarbeiterproduktivität: ■ RTK und RPK pro Mitarbeiter, ■ Passagiere pro Mitarbeiter ■ Umsatz pro Mitarbeiter
	■ Flugzeugauslastung: ■ Ø Blockstunden[68] pro Tag o. Jahr ■ Ø Bodenzeit ■ Kabinenauslastung: ■ Ausnutzung max. Bestuhlung in %	■ Kundenzufriedenheit: ■ Anzahl Beschwerden pro 100.000 Passagieren ■ Kundenzufriedenheitsquotient
	Flugzeugbestellungen	Pünktlichkeit
	Flugzeugsdurchschnittsalter	Sicherheit (Unfälle je 1 Mio. Flugstunden)
leistungswirtschaftliche Kennzahlen	durchschnittsicher Ticketpreis (z. B. Ticketeinnahmen/gebuchte oder geflogene Passagiere)	■ Zuverlässigkeit: ■ Gepäck (verlorenes Gepäck je 1.000 Passagiere) ■ Verhältnis der geplanten zu den durchgeführten Flügen
	Abflüge, Destinationen, Flugfrequenz	

66 Weitere Kennzahlen finden sich z. B. in Geschäftsberichten von Airlines.

67 Der Sitzladefaktor gilt für den Bereich Passagierbeförderung und der Nutzladefaktor für den Bereich Fracht oder die Gesamtleistung.

68 Blockstunden bezeichnen die Einsatzzeit eines Flugzeugs. Dabei handelt es sich um die Zeitspanne zwischen dem Verlassen des Gates am Ausgangs- bis zur Andockung am Gate des Zielflughafens.

finanzwirtschaftliche Kennzahlen	Investitionsquote	Anteil Nettoumlaufvermögen an Umsatzerlösen
	Eigenkapitalrentabilität	Umsatz/Gesamtvermögen
	Anteil der Gesamtverbindlichkeiten am Gesamtvermögen	Anteil Cashflow am Gesamtvermögen
	Leasingverbindlichkeiten	Cashflow zu Sachanlageninvestition[69]
	Gewinnrücklagen zu Eigenkapital	
erfolgswirtschaftliche Kennzahlen	■ absolute Kosten ■ Kosten je ASK ■ Kosten je Mitarbeiterstunde ■ Lohnkosten je Mitarbeiter ■ Personalaufwand/Umsatz	Umsatz: ■ je $ der Kosten ■ je ASK ■ Umsatzentwicklung ■ Passagier-/Frachtumsatz
	Selbstfinanzierungsgrad	Cashflow
		Börsenwert – Bilanzwert
		Betriebsergebnis vor/nach Steuern (z. B. pro ASK)
		Gewinnanteil vor Zinsen und Steuern am Gesamtkapital
		Umsatzrendite, Gesamtkapitalrendite

Tabelle 47: Kennzahlen im Luftverkehr (Auswahl) | Quelle: Vgl. Schneider/Schröder 2009.

Besonders wichtige Kennzahlen werden im Folgenden kurz erläutert und in nachfolgender → Abbildung 45 dargestellt (vgl. Maurer 2006, S. 126 ff.; Conrady et al. 2019, S. 7 ff.):

- **Verkehrsaufkommen:** Diese Kennzahl wird für den Personenluftverkehr in Passagieren und für den Luftfrachtverkehr sowie Luftpostverkehr in Tonnen angegeben.
- **Verkehrsleistung:** Sie ergibt sich, wenn die Zahl der Passagiere mit der zurückgelegten Entfernung multipliziert wird und wird in Passagierkilometer (Pkm) oder -meilen (Pm) ausgewiesen.
- **Revenue Passenger Kilometer (RPK):** Aus Sicht einer Airline wird die Verkehrsleistung oft als verkaufte Sitzplatzkilometer bezeichnet.
- **Availabe seat kilometer (ASK):** Multiplikatoin der Anzahl der Flüge mit der jeweiligen Kapazität der eingesetzten Flugzeuge ergibt die angebotenen Sitzplatzkilometer.
- **Sitzladefaktor (SLF):** Der Sitzladefaktor ist der Quotient aus dem Verkehrsaufkommen und den angebotenen Sitzplätzen (RPK geteilt durch ASK). Sie ist eine oft verwendete Kennzahl, um die Entwicklung auf unterschiedlichen Märkten (z. B. bestimmte Strecke, Region oder Kontinent) zu untersuchen.

Der Zusammenhang zwischen den einzelnen Kennzahlen lässt sich anhand des folgenden Beispiels anschaulich verdeutlichen.

69 Diese Kennzahl beschreibt, inwieweit Flugzeuge durch eine Fluggesellschaft selbst finanziert werden.

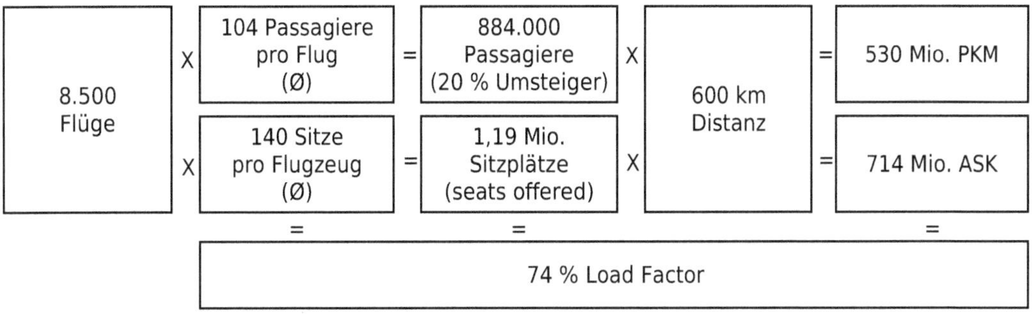

Abbildung 45: Zusammenhang zwischen Kennzahlen des Luftverkehrs | Quelle: Conrady et al. 2019, S. 9.

6.6.2.2 Bewertungssysteme von Airlines (und Airports)

Flugzeuge und Flughäfen werden anhand von **Bewertungssystemen** von Verlagen, Organisationen, Unternehmen oder einzelnen Personen beurteilt. Das Schweizer Wirtschaftsmagazin Bilanz hat bspw. ein „Airline-Rating" herausgegeben und die Wichita State University (USA) veröffentlichen seit 1991 das „Airline Quality Rating (AQR)" (siehe https://airlinequalityrating.wichita.edu/). Es hat sich keines dieser Bewertungssysteme weltweit durchgesetzt. Eines der bekanntesten Systeme stellt jedoch das „Star Ranking" des Unternehmens Skytrax aus London (GB) dar.

Fluggesellschaften, die im „Airline Star Ranking" Mitglied sind, profitieren von einer großen Bandbreite an jährlichen Wettbewerbsanalysen. Das Ranking nutzt hierbei seit 1999 ein Bewertungssystem, das die bedeutendsten Qualitätsstandards der Fluggesellschaften zusammenfasst, und stellt dabei online eine Zusammenfassung des tatsächlichen Qualitätsranking sowie eine Analyse der jeweiligen Produkt- und Dienstleistungs-Standards zur Verfügung. Ein vollständiges Star Ranking untersucht mehr als 800 verschiedene Qualitätskriterien des Produkt- und Dienstleistungsbereiches. Die untersuchten Themen stehen nur dem Management der Mitglieder im World-Airline-Star-Rating-Programm zur Verfügung. Darüber hinaus ermittelt Skytrax seit 1990 in Umfragen die besten Airlines der Welt und vergibt die World Airline Awards. Hierzu werden Passagiere nach ihrer Zufriedenheit zu Themen rund um Buchung, Check-in und Service und Bequemlichkeit an Bord gefragt. Letztlich betreibt Skytrax die weltweit größte Aviation-Bewertungswebsite, wo Passagiere die Airlines an sich sowie deren Lounges und Sitzplätze sowie Airports bewerten und ihre Meinungen und Reiseerfahrungen eingeben können.

Ähnliches ist bspw. auch bei www.airline-bewertungen.eu, www.airlinetest.com, www.airline-direct.de/airlines/ oder www.tripadvisor.de möglich.

▸ **Beispiel** | Tipps für die Praxis

Wer selbst eine Flugreise buchen möchte oder muss, kann sich zu verschiedenen Produktbestandteilen eines Fluges über verschiedene Internetseiten informieren. Für die richtige Sitzplatzwahl, Ausstattungsmerkmale, Bilder usw. eignen sich bspw. www.flatseats.com, www.seatguru.com und www.seatexpert.com. Für Informationen zu mehr als 3.400 (Ende 2023) Lounges an mehr als 1.600 Flughäfen kann www.loungeguide.net genutzt werden. Neben detailreichen Informationen und Ausstattungsmerkmalen finden sich Passagier-Bewertungen und Tausende von Bildern. Wer sich die Menüs an Bord ansehen möchte, kann sich über www.bordverpflegung.de und www.airlinemeals.net informieren.

6.6.2.3 Flugzeugtypen

Flugzeuge können unterschiedlich abgegrenzt werden. In folgender Tabelle 48 wird eine Auswahl an Kriterien und die sich daraus ergebenden Einteilungen dargestellt.

Kriterium	Einleitung
Hersteller	Boeing, Airbus Industrie, Bombardier, Fairchild Dornier, British Aerospace
Rumpfform	Narrowbody, Widebody, Macrobody
Reichweite (Range)	Kurz- (bis 1.000 km), Mittel- (bis 5.000 km) und Langstreckenflugzeug (bis ca. 13.000 km)
Antriebsart	Turboprop (Propellerturbine), Jet
Anzahl der Triebwerke	zwei-, drei- und vierstrahlig
Möglichkeit, Fracht zu transportieren	Freighter, Combi, Quickchange, Standard (Fracht wird im Belly transportiert)
Fluggeschwindigkeit	Unterschall- und Überschallflugzeuge
MTOW	A (20 t und mehr), B (14–20 t), C (5,7–14 t)
Art	Flugzeuge, Drehflügler, Motorsegler, Luftschiffe, Segelflugzeuge, Ballone

Tabelle 48: Abgrenzung von Flugzeugen | Quelle: Maurer 2006, S. 174.

> Bei den Rumpfformen werden, wie obiger Tabelle zu entnehmen, Narrowbody („single aisle") mit einer Gangreihe, Widebody mit zwei Gangreihen („twin aisle") und für den A380 von Airbus findet sich auch der Begriff Macrobody. Der im Jahre 2007 erstmals ausgelieferte A380 ist das einzige Flugzeug mit zwei vollständigen Passagierdecks.

Nach deutschem Luftrecht gibt es verschiedene **Luftfahrzeugklassen**, wie nachfolgende Tabelle 49 dargestellt. Die Klassenzugehörigkeit lässt sich an dem Buchstaben des Eintragungsszeichens erkennen, der der vorangestellten Nationalitätenkennzeichnung „D" folgt.

Kategorie	höchstzulässige Startmasse	Eintragszeichen
Flugzeuge	über 20 t	A (z. B. D-AXYZ)
	14 bis 20 t	B (z. B. D-BXYZ)
	5,7 bis 14 t	C (z. B. D-CXYZ)
	einmotorig bis 2 t	E (z. B. D-EXYZ)
	einmotorig 2 bis 5,7 t	F (z. B. D-FXYZ)
	mehrmotorig bis 2 t	G (z. B. D-GXYZ)
	mehrmotorig 2 bis 5,7 t	I (z. B. D-IXYZ)
Drehflügler		H (z. B. D-HXYZ)
Luftschiffe		L (z. B. D-LXYZ)
Reisemotorsegler		K (z. B. D-KXYZ)

Luftsportgeräte ■ motorgetrieben (z. B. Ultraleichtflugzeug) ■ nicht motorgetrieben (z. B. Flugdrachen)		M (z. B. D-MXYZ) N (z. B. D-NXYZ)
bemannte Ballone		O (z. B. D-OXYZ)

Tabelle 49: Deutsche Luftfahrzeugklassen | Quelle: Groß 2023, S. 39.

6.7 Nachfrager im Luftverkehr

In den folgenden Unterkapiteln geht es um die Luftverkehrsnachfrage. Die Darstellungen beginnen auf der globalen Ebene und setzen sich mit der europäischen und deutschen Ebene fort.

6.7.1 Weltweite Nachfrage

Die Darstellungen zum weltweiten Luftverkehr in diesem Kapitel basieren auf den Verkehrsstatistiken der ICAO, der IATA und des ACI. Alle drei Datenquellen weisen Besonderheiten auf, die für eine sachgerechte Interpretation von Bedeutung sind.[70]

Der internationale **Luftverkehr** hat in den letzten Jahrzehnten ein **stetiges Wachstum** erfahren, wobei es immer wieder Einbrüche gab. Diese sind v. a. während der beiden „Ölkrisen" in den Jahren 1973 und 1979, während des ersten „Golfkrieges" 1991, nach den Terroranschlägen vom 11. September 2001, dem zweiten „Golfkrieg", der SARS-Epidemie im Jahr 2003 und der Finanz- und Bankenkrise in den Jahren 2009 zu beobachten. Die letzten Rückgänge in der Verkehrsleistung waren 2019–2022 während der weltweiten Covid-19-Pandemie zu beobachten. Das weltweite Passagieraufkommen stieg von 1997 bis 2021 von etwa 1,5 Mrd. auf über 2,4 Mrd. Passagiere im Jahr 2007 und etwas mehr als 3,5 Mrd. Passagiere im Jahr 2015 auf ca. 4,5 Mrd. Passagiere im Jahr 2021 an (vgl. ICAO 2016, S. 39; ICAO 2022 und → Abbildung 46).

70 Grundlage der ICAO-Daten sind die Meldungen von ICAO-Vertragsstaaten über die Luftverkehrsaktivitäten der auf ihrem Territorium beheimateten Airlines. Es handelt sich bei den Daten z. T. um geschätzte Werte, da nicht alle ICAO-Staaten teilnehmen. Bei den Passagierzahlen ist zu beachten, dass das Aufkommen alle Passagiere jeweils eines Fluges beinhaltet, der durch seine Flugnummer charakterisiert ist. Fluggäste, die im Verlauf ihrer Reise auf Flüge mit anderen Flugnummern umsteigen, werden mehrfach gezählt. „Die wesentlichen Entwicklungen dürften jedoch richtig erfasst werden, da die für den Luftverkehr bedeutenden Staaten wie z. B. die USA und die EU die Verkehrsergebnisse berichten. Die ICAO unterscheidet zwischen internationalem und inländischem Verkehr, die zusammen den Gesamtverkehr ergeben. Maßgeblich für die Zuordnung eines Fluges in eine dieser beiden Klassen sind das Heimatland der den Flug durchführenden Airline und die Lage von Start- und Zielflughafen. Der Festlegung der ICAO nach zählt ein Flug, bei dem entweder der Start- oder der Landeflughafen oder beide sich auf Staatsgebiet außerhalb des Heimatlandes der Fluggesellschaft befinden, zum internationalen Verkehr. Damit gehört auch die Kabotage, d. h. die Beförderung von Personen oder Gütern innerhalb eines Landes durch eine ausländische Fluggesellschaft, zum internationalen Verkehr. Umgekehrt ist beispielsweise der Flug einer französischen Fluggesellschaft von Paris zu einem der französischen Überseegebiete ein Inlandsflug, da Start- und Zielflughafen auf dem Territorium des Heimatlandes der Fluggesellschaft liegen. (...) Da nur ein Teil der Airlines Mitglied der IATA ist, weichen die von der IATA erfassten Verkehrsdaten von den Größen ab, die die ICAO veröffentlicht. (...) Nach Angaben der IATA spiegelt ihre Regionalstatistik bezüglich des Passagieraufkommens ca. 86 % des Gesamtaufkommens der IATA-Gesellschaften wieder." (DLR 2016, S. 85) Seitens des ACI werden die Verkehrsdaten von mehr 2.600 Airports in ihre Analysen einbezogen (vgl. ACI 2023b).

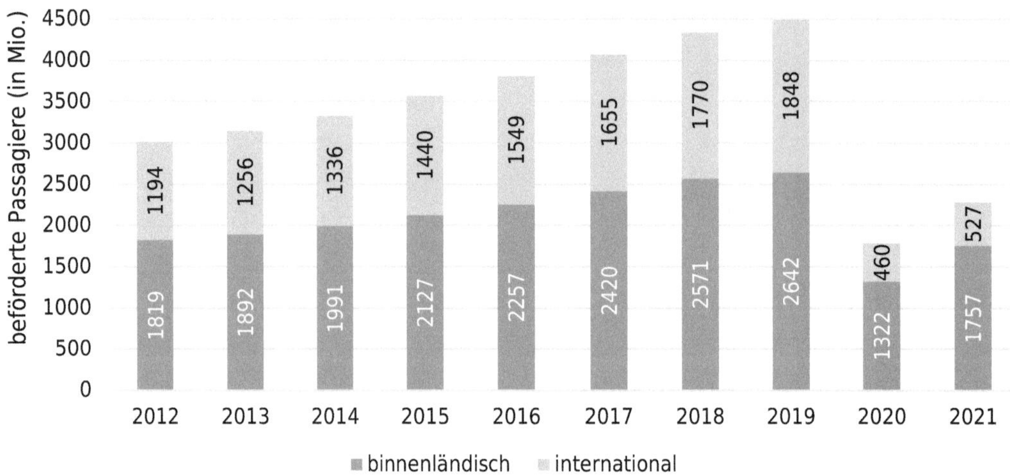

Abbildung 46: Entwicklung des Passagieraufkommens im weltweiten Luftverkehr | Quelle: Vgl. ICAO 2022.

Laut ACI konnten 2022 ca. 6,6 Mrd. Passagiere an den betrachteten Flughäfen gezählt werden, so dass der durch die Covid-19-Pandemie zu beobachtende Rückgang teilweise ausgeglichen und wieder auf dem Nievau vom Jahr 2014 ist (2004: 4,4 Mrd., 2005: 4,7 Mrd., 2007: 5,2 Mrd., 2008: 5,2 Mrd., 2009: 5,1 Mrd., 2010. 5,5 Mrd.; 2011: 5,8 Mrd., 2012: 6,0 Mrd., 2013: 6,3 Mrd., 2014: 6,6 Mrd., 2019: 9,2 Mrd., 2020: 3,2 Mrd., 2021: 4,6 Mrd., 2022: 6,6 Mrd.) (vgl. ACI 2016, S. 52; ACI 2023b, S. IV) Auch wenn pro Passagier von zwei Flughäfen ausgegangen wird, weichen die Zahlen teilweise von den obigen Daten der ICAO ab.

6.7.2 Europäische Nachfrage

Auch auf dem europäischen Luftverkehrsmarkt ist über viele Jahre ein Nachfragewachstum zu beobachten. Mitte der 1970er-Jahre wurden in den damals 15 EU-Staaten etwas mehr als 200 Mio. Passagiere befördert, 2008 waren es mehr als 800 Mio. und 2009 immer noch ca. 757 Mio. Passagiere. Während im Jahr 2015– nach einer kurzen Schrumpfungsphase – mehr als 918 Mio. Passagiere in den 28 EU-Mitgliedsstaaten per Luftverkehr befördert wurden, sind es im Jahr 2022 ca. 820 Mio. Personen gewesen. Spanien, Deutschland, Frankreich und Italien haben jeweils mehr als 100 Mio. Passagiere zu verzeichnen (⟶ Tabelle 50).

Die **zehn wichtigsten Flughäfen der europäischen Union im Jahr 2022** sind laut Eurostat Paris-Charles-de-Gaulle (57,4 Mio.), Amsterdam-Schiphol (52,4 Mio.), Madrid (49,8 Mio.), Frankfurt-Main (48,7 Mio.), Barcelona (41,2 Mio.), Lissabon (34,6 Mio.), München (31,6 Mio.), Paris-Orly (29,1 Mio.), Rom (29,1 Mio.) und Palma de Mallorca (28,5 Mio.) (vgl. Eurostat 2023).

	Gesamtanzahl der Passagiere (in Mio.)		Gesamtanzahl der Passagiere (in Mio.)
EU-27	819.849		
Belgien	27.873	Malta	5,861
Bulgarien	8.807	Niederlande	61.289

Dänemark	26.649	Österreich	26.381
Deutschland	155.302	Polen	39.347
Estland	2.731	Portugal	57.081
Finnland	13.812	Rumänien	19.535
Frankreich	136.560	Schweden	25.038
Griechenland	57.893	Slowenien	968
Italien	132.425	Slowakei	1.942
Irland	32.405	Spanien	199.571
Kroatien	9.415	Tschech. Rep.	11.532
Lettland	5.368	Ungarn	12.393
Litauen	5.333	Zypern	8.613
Luxemburg	4.057		

Tabelle 50: Beförderte Passagiere in den einzelnen EU-Staaten (2022) | Quelle: Eurostat 2023.

6.7.3 Nachfrage in Deutschland

Bei Betrachtung der Entwicklung in den letzten knapp 25 Jahren lässt sich sagen, dass das Fluggastaufkommen an den deutschen Verkehrsflughäfen[71] nach einer Phase mit rückläufigen Fluggastzahlen im Gefolge der Ereignisse zu Beginn dieses Jahrtausends (Terroranschläge USA, Afghanistan- und Irakkrieg, SARS) bis zum Jahr 2008 eine dynamische Entwicklung hat. Zwischenzeitlich ist der Luftverkehr in Deutschland kaum noch gestiegen und im Jahr 2009 zurückgegangen. In den Folgejahren der Finanzkrise ist wieder ein stetiger Anstieg zu beobachten gewesen bis zum Beginn der Covid-19-Pandemie im Jahr 2020.

„Von Januar bis Dezember wurden an den deutschen Flughäfen mehr als 165,05 Millionen Passagiere (an+ab) gezählt (⟶ Abbildung 47). Mit +110,09 % verzeichnen die Flughäfen zum Vorjahr ein intensives Wachstum. Zum Vorkrisenniveau in 2019 fehlen aber noch 34,1 %. Mit dieser Entwicklung liegt Deutschland am unteren Ende der großen europäischen Luftverkehrsmärkte. Die Entwicklung der angebotenen Sitze liegt in Deutschland um mehr als 10 % hinter europäischen Nachbarstaaten zurück.

- 18,82 Mio. Passagiere flogen innerdeutsch (+97,6 % zum Vorjahr, gegenüber Jan–Dez 2019 entspricht dies einem Verlust von -59,4 %).
- 116,62 Mio. Passagiere sind im Europa-Verkehr an den deutschen Flughäfen unterwegs (+101,4 % zum Vorjahr, gegenüber Jan–Dez 2019 sind es -27,1 %).
- Die Interkont-Nachfrage (29,27 Mio. Paxe) wächst mit +169,11 % zum Vorjahr (gegenüber Jan–Dez 2019 sind es -33,07 %).“ (ADV 2023, S. 2)

71 Bei den hier dargestellten Daten ist zu beachten, dass der Luftverkehr an 28 ausgewählten Flugplätzen betrachtet wird. Diese werden in diesem Unterkapitel als deutsche (Verkehrs-)Flughäfen bezeichnet.

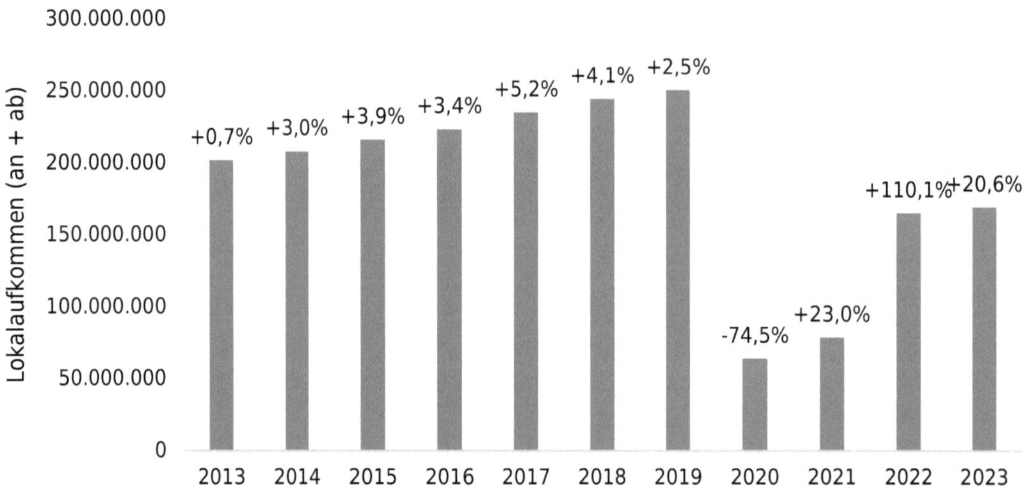

Abbildung 47: Entwicklung des Fluggastaufkommens (Lokalpassagiere) an den deutschen Verkehrsflughäfen 2014–2023 | Quelle: ADV 2023b.

Eine Betrachtung der Passagieraufkommen auf den einbezogenen deutschen Flughäfen zeigt, dass Frankfurt und München ca. 50 % repräsentieren (→ Abbildung 48).

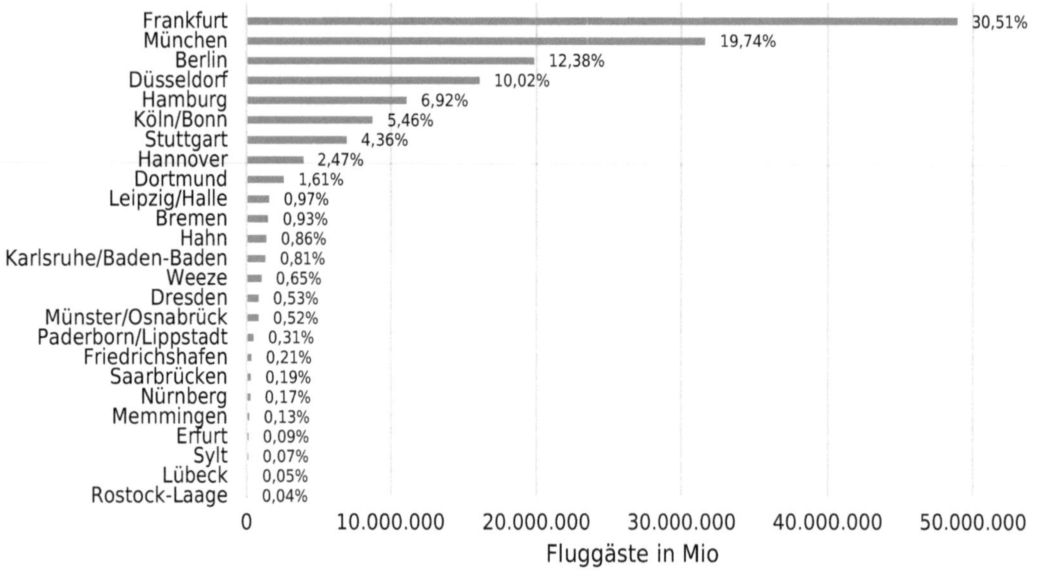

Abbildung 48: Passagieraufkommen an den deutschen Verkehrsflughäfen im Jahr 2022 | Quelle: ADV 2023c, S. 12.

Es folgen Berlin, Düsseldorf, Hamburg, Köln und Stuttgart, welche jeweils einen Anteil von ca. fünf bis zwölf Prozent am Gesamtaufkommen aufweisen. Mit Hannover, Dortmund und Leipzig/Halle folgen Flughäfen, die im Passagierbereich hauptsächlich auf Urlaubs- und Low-Cost-Flüge ausgerichtet sind und ca. 1,0 % und mehr des deutschen Fluggastaufkommens repräsentieren.

Im Jahr 2022 gingen ca. 11,4 % (18,8 von 165,3 Mio.) der Flüge von den deutschen Verkehrsflughäfen zu innerdeutschen Zielen. Im Umkehrschluss waren fast 89 % aller unternommenen

Flugreisen von oder zu deutschen Flughäfen grenzüberschreitend. Dabei waren für ca. 70,5 % der Passagiere (116,6 von 165,3 Mio.) europäische Flughäfen Ziel bzw. Herkunft der Flugreisen und ca. 17,7 % der Passagiere (29,3 von 165,3 Mio.) waren im Interkontinental-Verkehr unterwegs (vgl. ADV 2023c, S. 12).

6.8 Strategien von Fluggesellschaften

Im Folgenden wird ein Ansatz vorgestellt, der verschiedene strategische Optionen der Unternehmenspositionierung einer Fluggesellschaft zusammenfassend darstellt. Dabei beschränkt sich die Darstellung jedoch auf ausgewählte Strategiemodule und erhebt keinen Anspruch auf Vollständigkeit.

<table>
<tr><th colspan="2">Strategiemodule</th><th>strategische Optionen</th></tr>
<tr><td colspan="2">Geschäftsmodelle</td><td>Network-Carrier, Leisure-Carrier, Low-Cost-Carrier, Regional-Carrier, Business Aviation, Lufttaxi</td></tr>
<tr><td colspan="2">Geschäftsfelder, Organisationsmodelle</td><td>traditionell, virtuell, Aviation-Konzern</td></tr>
<tr><td colspan="2">Marktareal</td><td>regional, kontinental, global</td></tr>
<tr><td rowspan="2">konkurrenzorientierte Strategie</td><td>Strategiestil</td><td>Nischenbesetzung, Differenzierung, Kostenführerschaft</td></tr>
<tr><td>Wettbewerbsverhalten</td><td>wettbewerbsorientierte oder konfliktäre Strategie („Alleingang“), Kooperation, Konsolidierung/Konzentration</td></tr>
<tr><td colspan="2">kundenorientierte Strategie</td><td>Massenmarktstrategie, Marktsegmentierungsstrategie, Nischenmarktstrategie</td></tr>
</table>

Abbildung 49: Ausgewählte Strategiemodule von Airlines | Quelle: Eigene Darstellung, in Anlehnung an Becker 2019, S. 147 ff.; Freyer 2011, S. 371 ff.; Pompl 2002, S. 187.

6.8.1 Geschäftsmodelle

Es gibt **verschiedene Abgrenzungen von Geschäftsmodellen** im Luftverkehr. Es gibt z. B. folgende Abgrenzungen:

- Linienflugverkehr, Ferienflugverkehr (Charter), Low-Cost-Carrier, Business Charter (vgl. Pompl 2002, S. 190 f.),
- Netzwerk-Carrier, Touristikfluggesellschaften, Regionalfluggesellschaften, Low-Cost-Carrier (vgl. Maurer 2006, S. 30 ff.),
- True-Low-Cost-Carrier (LCC), Hybrid-Value-Carriers (HVC) und Full-Service-Carriers (FSC) (vgl. T2impact/Flight Insight 2008, S. 29),
- Full-Service-Carrier (FSC), Low-Cost-Carrier (LCC), Charter-Carrier (CC) (vgl. Cento 2009, S. 18) und
- Major- and National-Carriers, Regional-Carriers, Low-Cost-Carriers, General Aviation (vgl. Wensveen 2023, S. 199 ff.).

Eine weiter ausdifferenzierte Unterscheidung spricht von Network-Carrier, Leisure-Carrier, Low-Cost-Carrier, Regional-Carrier, Business Aviation, Aircraft-Charter und „Lufttaxi" (vgl. Conrady et al. 2019, S. 225). Es erfolgt jedoch keine klare Abgrenzung von Business Aviation und Aircraft-Charter, so dass im Folgenden nur von sechs Geschäftsmodellen gesprochen wird (→ Abbildung 50).[72]

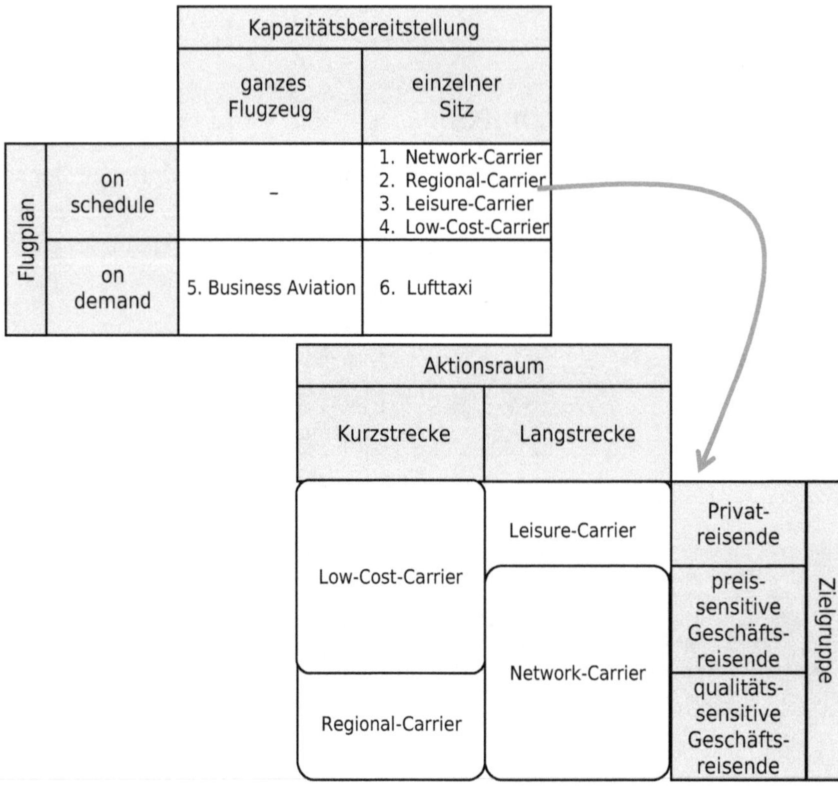

Abbildung 50: Typologie der Geschäftsmodelle von Airlines | Quelle: Vgl. Conrady et al. 2019, S. 225.

Die Hauptkennzeichen der einzelnen Geschäftsmodelle sind Gegenstand der folgenden Betrachtungen.

6.8.1.1 Network-Carrier

Der Grundtypus eines Airline-Geschäftsmodells ist der klassische Network-Carrier[73]. Hierzu zählen die ältesten und bekanntesten sog. Flag-Carrier der Welt, die als staatlich geförderte Fluggesellschaften entstanden sind und teilweise auch heute noch (zumindest zum Teil) im Staatsbesitz sind.

72 Die Geschäftsmodelle der Network-Carrier, Leisure-Carrier, Low-Cost-Carrier und Regional-Carrier gleichen sich mehr und mehr an. Ausführliche Informationen hierzu finden sich bei Conrady et al. 2019, S. 224 ff. Insbesondere die Ähnlichkeit der Leisure- und Low-Cost-Carrier hat sich verstärkt, so dass auch von Hybrid-Carriern gesprochen wird.

73 Andere in der Literatur und Fachpresse genutzte Begrifflichkeiten sind „Internationale Passage Airlines", „Major Airlines", „Full Services Carrier", „Full Service Network Carrier" oder auch „traditionelle" und „etablierte" Airlines.

Als Hauptmerkmale der Network-Carrier können folgende Aspekte herausgestellt werden (vgl. Cento 2009, S. 18 f.; Maurer 2006, S. 30 ff.; Pompl 2007, S. 104 ff.; Conrady et al. 2019, S. 226 ff.):

- **Global Player:** Das Marktareal ist global, so dass Network-Carrier (meist) inländische, kontinentale und interkontinentale Destinationen anfliegen. Eine alleinige weltweite Präsenz hat jedoch keine Airline etabliert. Daher sind die meisten Network-Carrier einer Strategischen Allianz (→ Kapitel 6.8.5) angeschlossen.
- **Flotte:** Die Flotte ist meist heterogen, wodurch unterschiedliche Streckenlängen und Verkehrsaufkommen bedient werden können.
- **Hub-and-spoke-Network:** Charakteristisch ist der Streckennetztyp „Hub-and-Spoke" (Zu-/Abbringerflüge zu den Hubs (Drehscheibe) und aufeinander abgestimmte Flugverbindungen in den Hubs, um möglichst viele Verbindungen abdecken zu können).[74]
- **Zielgruppe:** Obwohl als Zielgruppen sowohl Geschäfts- als auch Privatreisende angesprochen werden, stehen die Geschäftsreisenden mit ihren Bedürfnissen auf Grund ihrer höheren Zahlungsbereitschaft im Mittelpunkt.
- **Produkt-/Serviceangebot:** Network-Carrier bieten ein differenziertes Produkt- und Servicekonzept an. Meist werden von den bis zu vier bekannten Beförderungsklassen (Economy, Premium-Economy, Business und First-Class) zwei oder drei Klassen mit unterschiedlicher Ausgestaltung des Services, der Bestuhlung, des Lounge-Zugangs usw. angeboten.
- **Multichannel-Verkauf:** Sowohl indirekte (z. B. Reisebüros, Travel Management Companies) als auch direkte (z. B. Callcenter, Verkaufsbüro, Internetpräsenz) Verkaufskanäle werden vorgehalten. Die Präsenz in allen gängigen Global Distribution Systems (GDS) ist selbstverständlich.
- **Vielfliegerprogramm:** Die Network-Carrier bieten ein (eigenes) Vielfliegerprogramm an, wodurch sie v. a. die Geschäftsreisenden an sich binden möchten und die Wechselbarrieren erhöhen.
- **Yield-/Revenue-Management und Pricing:** Die Preise unterscheiden sich je nach Tarifbedingungen (z. B. Umbuchungsmöglichkeiten, Stornierbarkeit, Erstattungsfähigkeit) und eine Preisdifferenzierung wird bspw. hinsichtlich der Zeit (nach Buchungs- und Abflugzeitpunkt), der Zielgruppen und in räumlicher Hinsicht (z. B. Verkaufsursprung und Reisewegzugehörigkeit) vorgenommen. Hochentwickelte Yield/Revenue-Management-Systeme[75] sind weit verbreitet.

In den Top Ten aller Fluggesellschaften befanden sich vor wenigen Jahren nahezu ausschließlich US-amerikanische und europäische Airlines. Im Jahr 2015 sind jedoch genauso viele

---

74 „Vom Heimatflughafen, der meist an einem Ort mit herausragender Bedeutung liegt (häufig ist dies die Landeshauptstadt), werden Flugverbindungen zu den wichtigsten Flughäfen im In- und Ausland angeboten. Die Heimatflughäfen dienen einerseits den hier ein- und aussteigenden ‚Lokalpassagieren'. Andererseits nutzen ihn ‚Umsteiger', um von einem Zu- auf einen Abbringerflug umzusteigen." (Conrady et al. 2019, S. 229)

75 „Revenue Management umfasst eine Reihe von quantitativen Methoden einer dynamischen Preis- und Kapazitätssteuerung, um eine unsichere, zeitlich und räumlich verteilte Nachfrage unterschiedlicher Wertigkeit so auf eine gegebene Beföderungskapazität zu verteilen, dass im gesamten Streckennetz einer Airline der Umsatz maximiert ist." (Conrady et al. 2019, S. 364) Der Beriff „Yield" steht im Luftverkehr für den durchschnittlich je Passagier und geflogenen Kilometer erzielten Erlös (Durchschnittserlös pro „Passenger Kilometers Transported"). Da diese Größe ihren maximalen Wert auch bei einem einzigen Passagier erzielen kann, ist ihre Maximierung keine sinnvolle Zielsetzung. Daher setzt sich in der betrieblichen Praxis und wissenschaftlichen Literatur der Begriff „Revenue Management" mehr und mehr durch.

Airlines aus Asien und dem Nahen Osten vertreten. Bis auf Southwest Airlines und Ryanair sind weiterhin nur Network-Carrier in der Top Twenty enthalten (→ Tabelle 51).

	Gesamtanzahl der Passagiere (in Mio.)	Inland	International (innerhalb EU-28)	international (außerhalb EU-28)
EU-28	879.394	155.932	388.233	335.228
Belgien	28.775	39	20.149	8.587
Bulgarien	7.519	167	5.157	2.196
Dänemark	29.004	1.952	18.964	8.088
Deutschland	186.446	22.789	97.976	65.680
Estland	2.020	17	1.529	475
Finnland	1.7172	2.516	10.657	3.999
Frankreich	141.742	28.387	63.279	50.076
Griechenland	39.118	6.267	25.267	7.583
Großbritannien	220.022	21.862	128.068	70.092
Italien	121.324	29.218	68.075	24.031
Irland	26.311	62	22.418	3.831
Kroatien	6.141	465	4.621	1.055
Lettland	4.802	0,1	3.454	1.348
Litauen	3.798	0,2	2.941	857
Luxemburg	2.434	0,6	2.023	411
Malta	4.290	0	3.832	458
Niederlande	60.693	0,5	36.663	24.299
Österreich	26.379	579	17.751	8.049
Polen	25.714	1.477	18.659	5.577
Portugal	32.558	2.960	23.426	6.172
Rumänien	10.907	502	8.862	1.544
Schweden	32.766	7.355	18.826	6.585
Slowenien	1.307	0	744	563
Slowakei	1.671	22	1.323	327
Spanien	163.354	29.207	11.885	25.263
Tschech. Rep.	12.080	89	8.203	3.788
Ungarn	9.055	0,2	7.157	1898
Zypern	7.329	0	4.930	2.398

Tabelle 51: Die größten Fluggesellschaften der Welt (2020) | Quelle: FlightGlobal 2021.

6.8.1.2 Leisure-Carrier

Leisure-Carrier (auch Touristikcarrier, Charter-Carrier, Ferienfluggesellschaften) wurden ursprünglich eigens für den Ferienflugverkehr und das Pauschalreisegeschäft gegründet. Insbesondere der Begriff Charter Carrier ist verwirrend, da die meisten von Leisure-Carrier angebotenen (Ferien-)Flüge unter Linienrechten durchgeführt werden. Hauptmerkmale der Leisure-Carrier sind (vgl. Maurer 2006, S. 35 ff.; Conrady et al. 2019, S. 249 ff.):

- Angebot richtet sich an das Marktsegment der Privatreisenden,
- Flugkapazitäten werden sowohl über Reiseveranstalter als Vertriebspartner in Form von Pauschalreisen als auch über Einzelplatzverkäufe direkt an den Endverbraucher vermarktet,
- Ticketverkauf erfolgt über verschiedene Vertriebskanäle (z. B. Reisebüro, Call Center, Internet),
- Als Beförderungsklasse wird überwiegend ein Ein-Klassenkonzept (Economy) angeboten; einige Airlines bieten aber ein Zwei-/Drei-Klassenkonzept an (z. B. Condor),
- Destinationen sind Urlaubsziele der Touristen, meist auf den eigenen Kontinent; in Deutschland besteht das Kerngeschäft aus den europäischen Warmwasserdestinationen,
- In der Regel werden nur Strecken mit relativ auslastungssicherem Punkt-zu-Punkt-Verkehr angeboten,
- Überwiegend werden kleine bis mittelgroße Flugzeugmuster mit 150 bis 250 Sitzplätzen für den Kontinentalverkehr eingesetzt (z. B. B737, A320-Familie),
- Durch eine einheitliche Aufenthaltsdauer von einer, zwei oder drei Wochen kann i. d. R. mit einem hohen Sitzladefaktor und einer Gleichwertigkeit der Verkehrsbeziehungen kalkuliert werden
- Traditionell sind Leisure-Carrier entweder Teil von Reisekonzernen (wie z. B. fünf Fluggesellschaften der TUI Airlines, 2023) oder von Reiseveranstaltern abhängig.

6.8.1.3 Low-Cost-Carrier

Wie viele Entwicklungen im Luftverkehrsbereich haben auch die **Low-Cost-Airlines**[76] ihren Ursprung in den USA. Anfang der 1960er-Jahre genehmigte die damalige US-Luftverkehrsaufsichtsbehörde CAB (Civil Aeronautics Board) erstmals Sondertarife, die nach Tageszeit, Aufenthaltsdauer oder Reiseart (Pauschalreise) variierten. Bewegung in den trotz allem immer noch relativ starren Angebotsmarkt kam aber erst in den frühen 1970er-Jahren. Zum einen durch die Einführung neuer Flugzeugtypen wie die Boeing 747, welche die Sitzplatzkapazität z. T. verdoppelten. Zum anderen durch die zunehmende Aktivität von Charterfluggesellschaften, die den Markt mit äußerst niedrigen Tarifen betraten. Insbesondere auf Druck der Chartergesellschaften, die ihre Verbindungen auch ohne weitere Pauschalreiseleistungen verkaufen wollten, wurde der amerikanische Luftverkehrsmarkt in den 1970er-Jahren von dem CAB dereguliert. 1975 lockerte das CAB die Regulierung des Marktzugangs, aber ein wichtigerer Schritt ist das Jahr 1978, in dem der **Airline Deregulation Act** verabschiedet wurde (vgl. Pompl 2007, S. 397 ff.).

Durch die wirtschaftliche Entwicklung und die hiermit verbundene steigende Nachfrage nach dem Produkt Luftverkehrsreise sowie durch die Deregulierung stieg die Wettbewerbsintensität im Luftverkehr. Die früheren Charter-Airlines und Neugründungen traten als Low-Cost-Airlines in direkten Wettbewerb mit den Liniengesellschaften. Der ganz genaue Ursprung des Low-Cost-Geschäftsmodells lässt sich nur schwer bestimmen. Die 1949 als kalifornischer Intra-State-Carrier gegründete **Pacific Southwest Airlines (PSA)** wandelte sich 1960 zu Low-Cost-Airline. Schon

76 Die Begriffe Low-Cost-Carrier und Low-Cost-Airlines werden synonym verwendet.

im Jahr 1962 erreichte PSA zwischen Los Angeles und San Francisco einen Marktanteil von 28 %, im Jahr 1988 fusionierte PSA jedoch mit US Air (vgl. Bailey et al. 1985, S. 27 ff.). **Vorreiter im Low-Cost-Sektor**, der heute noch Bestand hat, ist **Southwest Airlines**. Sie wurde 1967 gegründet, nahm 1971 den Flugbetrieb auf und seit 1978 ist eine starke Expansion zu beobachten. Nach Southwest Airlines wurden weitere Low-Cost-Airlines in den USA gegründet, z. B. American TransAir (1972) oder Midwest Express (1984), aber auch bereits etablierte Unternehmen stiegen mit neuen Tochtergesellschaften in diesen Markt ein (z. B. Shuttle by United von United Airlines). Im Interkontinentalverkehr ist Laker Airways hervorzuheben, die mit einem „Sky Train“ zwischen London und New York in das Niedrigpreissegment einsteigen wollte. Der Flugbetrieb konnte aber erst im Jahre 1977 mit Erhalt der Verkehrsrechte in den USA aufgenommen werden. Danach betätigten sich noch weitere Airlines, z. B. Braniff (ab 1979), Virgin Atlantic und People Express (ab 1983), im niedrigpreisigen Flugverkehr zwischen den Kontinenten. Obwohl das Low-Cost-Konzept im Interkontinentalverkehr wirtschaftlich nicht erfolgreich war – bis auf Virgin Atlantic schieden alle aus dem Luftverkehrsmarkt aus – hat es den Markt erheblich verändert.

Insbesondere seit Anfang der 1990er-Jahre stellen die Low-Cost-Carrier die Tourismus- und Luftverkehrswirtschaft vor neue Herausforderungen. Wurden den Low-Cost-Airlines zu Beginn des Auftauchens nur geringe Überlebenschancen eingeräumt („No Frills, no Future“), sind sie nach und nach zu einer ernsthaften Konkurrenz geworden und haben den weltweiten Luftverkehrsmarkt auf allen Kontinenten verändert. Sie haben kontinuierlich Marktanteile gewinnen können, auch wenn sich das Wachstum in einigen Märkten abgeschwächt hat, und v. a. nach dem weltweit zu verzeichnenen Einbruch der Luftverkehrsnachfrage infolge der Anschläge des 11. Septembers 2001 erzielten die Low-Cost-Airlines Erfolge und profitierten von den Problemen der etablierten Airlines. Die weltweit zu beobachtenden Liberalisierungen forcieren die Entwicklung der Low-Cost-Airlines, so dass nunmehr auf allen Kontinenten Low-Cost-Carrier zu beobachten sind (→ Tabelle 52).

Region (Land)	Beginn Low Cost	Beginn der Deregulierung	1. Low-Cost-Carrier	Region (Land)	Beginn Low Cost	Beginn der Deregulierung	1. Low-Cost-Carrier
Nordamerika				**Asien**			
USA	1978	1978	Southwest Airlines	Malaysia	2001	2001	Air Asia
Kanada	1996	1996	WestJet	Singapore	2001	2001	Tiger Airways, Valuair
Europa				Japan	1998	1998	Skymark Airlines
GB/Irland	1995	1993	Ryanair	China	2005	laufend	Spring Airlines
EU	1999	1995	Ryanair	Thailand	2004	2003	Nok Airm Thai Air-Asia
EU-Erweiterung	2002	2004		Indien	2003	2003	Air Deccan, Jet-Konnect

Australien/Neuseeland				Rest der Welt			
Australien	1990	19990	Compass Airlines	Brasilien	2001	1998	GOL
Neuseeland	1994	1984	Kiwi Travel International Airlines	Südafrika	2001	1999	Kulula
				Naher Osten	2004	2003	Air Arabia

Tabelle 52: Weltweite Entwicklung der Low-Cost-Carrier | Quelle: Vgl. Gross/Lück 2011, S. 298 f.; Gross et al. 2013, S. 6; Francis et al. 2006, S. 85 und eigene Recherchen.

Für Deutschland wird vom DLR von **drei Phasen der Entwicklung** gesprochen.

Der Zeitraum von ca. 1998 bis 2012 wird als Phase 1 der deutschen Low-Cost-Verkehrsentwicklung bezeichnet, „(...) die über einen langen Zeitraum betrachtet durch einen S-Kurvenförmigen Verlauf der Flugangebote geprägt ist, beginnend in der Erprobungsphase mit einer geringen Zahl von Strecken, gefolgt von einer starken Wachstumsperiode und schließlich übergehend in eine Zeit eines etablierten Netzes ohne nennenswerte Streckenveränderung." (DLR 2023b, S. 8) Seit ca. 2013 gibt es eine Zeit neuer Konzepte: In Phase 2 arbeiten einige Low-Cost-Carrier an neuen Konzepten und verändern ihre Geschäftsphilosophie, wie Lufthansa mit der Eurowings oder Ryanair. Einige Beispiele sind ein Langstrecken Low-Cost-Verkehr, Einbezug auch von größeren Flughäfen, Buchung von Anschlussflügen mit durchgehendem Gepäck und Programme speziell für Geschäftsreisende. Nach der Covid-19-Krise beginnt eine Phase 3, bei der eine Neuausrichtung zu verezeichnen ist. Die Fluggesellschaften versuchen, sich neu zu positionieren, wobei Faktoren, wie Personal, Fluggerät, Sitz des Unternehmens, Streckenauswahl und Flugpreise bedeutend sind. „Aktuell hat z. B. Ryanair das Angebot im aktuellen Winterflugplan 2022/2023 so stark erhöht, dass die Anzahl der Flüge in Europa schon 10 % über den Vor-Corona-Werten des Jahres 2019 liegt." (ders., S. 10)

Je nach Zählung bzw. Abgrenzung gibt es unterschiedlich viele Low-Cost-Carrier. Allen Studien gemein ist, dass sie in den 2010er- und 2020er-Jahren weltweit **mehr als 100 aktive Low-Cost-Carrier** zählen – im Jahr 2018 wird von mehr als 130 und Ende 2023 von 124 Low-Cost-Carriern ausgegangen (vgl. Aminta Ltd. 2023; Bowen 2019, S. 2; OAG 2023). Eine Untersuchung aus dem Jahr 2013 zählte bis dahin 203 Low-Cost-Carrier und die ICAO zählte Ende 2014 insgesamt 220 Low-Cost-Airlines – mehr als die Hälfte der aufgelisteten Fluggesellschaften (50,9 %) hatten ihren Betrieb jedoch bereits wiedereingestellt. Interessant ist, dass trotz der mehr als 50-jährigen Geschichte von Low-Cost-Airlines der Großteil ab dem Jahr 2000 gegründet wurde. Eine ICAO-Untersuchung weist auf Grundlage der Firmengründung (und nicht der Aufnahme des Low-Cost-Geschäftsmodells) folgende Verteilung aus: 1950/60er: 3,2 %; 1970er: 2,3 %; 1980er: 5,9 %; 1990er: 24,1 %; 2000er: 56,3 % und 2010er: 8,2 % der Low-Cost-Gründungen (vgl. Gross et al. 2013, S. 7; ICAO 2014).

Die Pioniermärkte Nordamerika und Europa haben im Jahr 2023 nicht mehr die höchsten Marktanteile durch den Low-Cost-Verkehr zu verzeichnen, sondern der südost-asiatisch Markt hat Nordamerika auf Platz 1 abgelöst (→ Abbildung 51). Laut IATA wurden 2020 ca. 746,7 Mrd. verkaufte Passagierkilometer (RPK) verzeichnet, so dass Low-Cost-Carrier bei Betrachtung dieser Kennzahl einen Marktanteil von ca. 25 % haben.[77]

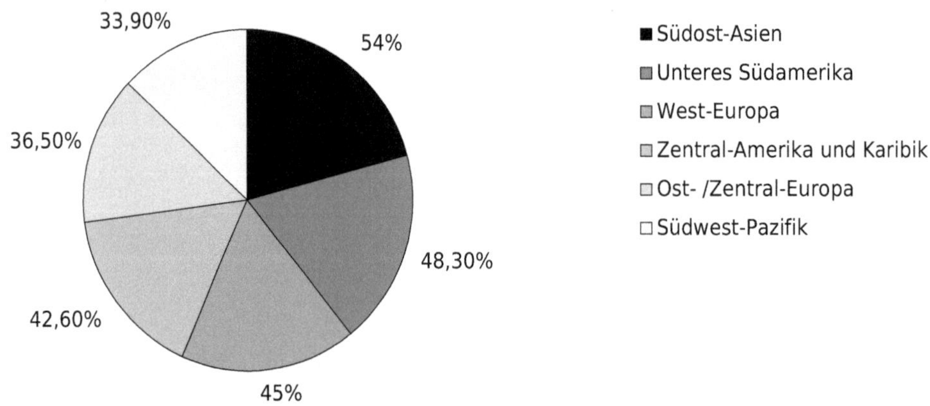

Abbildung 51: Marktanteile der Low-Cost-Carrier nach Regionen | Quelle: OAG 2022, zitiert nach Statista 2023.

Bei einer Analyse der unterschiedlichen Low-Cost-Carrier fällt auf, dass es nicht das eine Low-Cost-Geschäftsmodell gibt, welches alle Airlines verfolgen. Es lassen sich jedoch eine Reihe von Merkmalen finden, die typisch für sie sind (vgl. Budd/Ison 2014; Gross/Lück 2011, S. 2977 ff.; Gross et al. 2013, S. 9 ff.; Groß/Schröder 2007c, S. 31 ff.; OAG 2023; T2impact/Flight Insight 2008, S. 24 ff.):

- **Hohe Bedeutung der sog. Ancillary Revenues:** Der Anteil der Ancillary Revenues[78] an den Gesamteinnahmen liegt bei Low-Cost-Airlines bei bis zu 51,5 % (Spirit). Aber auch bei anderen Fluggesellschaften hat dieser Anteil eine wichtige Bedeutung (z. B. Frontier 50,8 %, Allegiant 48,9 %, Wizz Air 48,0 % oder Ryanair 35,7 %) (vgl. Sorensen 2023, S. 9).
- **Strategische Flugplanung:**
  - Point-to-Point-Verkehr,
  - Anflug v. a. von Flughäfen auf Parallelmärkten, d. h. Anflug von Sekundär- bzw. kleineren Flughäfen,
  - häufig Beschränkung auf Kurz- und Mittelstrecke bzw. maximale Flugzeit von 2,5 bis 3 Stunden (v. a. Kontinentalverkehr),
  - Maximierung der Flugzeugumläufe und damit sind Flugzeuge länger in der Luft durch kurze Bodenzeiten (schnelle „turnaround time"),

77 Bei der Betrachtung des weltweiten Marktanteils der Low-Cost-Carrier ist zu beachten, dass dieser bei Heranziehung verschiedener Kennzahlen unterschiedlich ausfällt: Bei der Anzahl an Flügen (31 %), der „capacity in seats" (35 %), der ASK (27 %), der RPK oder den beförderten Passagieren fällt der Marktanteil jeweils anders aus (vgl. OAG 2023).

78 „Ancillary Revenues" lassen sich z. B. über folgende zusätzliche Angebote erwirtschaften: Flugversicherung, Online Check-in, Sitzplatzreservierung, bevorzugte Boardingzeiten, besondere Sitzplätze (z. B. Fenster, Lage, Art und Abstand), Getränke/Essen (entweder alle ohne oder individueller Kauf), Gepäck (Gewicht, Anzahl und Größe), CO_2-Kompensation und Lounge-Zugang; negative Zusatzkosten für „schlechtes" Verhalten: Übergepäck, Offline Check-in, und Kommissionen von Hotels und Mietwagenfirmen. Seitens der IdeaWorksCompany wird seit 2008 jährlich die Studie „CarTrawler Yearbook of Ancillary Revenue" herausgegeben.

  - (meist) keine Anschlussflüge (intern und Interline), aber sog. „Self-hubbing“ nutzbar (Passagiere organisieren sich selbst ihre Umsteigeflüge, z. T. mit Hilfe von eigenen Onlineplattformen, wie *dohop.com*),
- **Servicekonzept:** kein Essen an Bord und einfache, preiswerte Getränke (z. T. gegen Entgelt), nicht reservierte Sitzplätze, Ein-Klassen-System und enge Bestuhlung,
- **Personalpolitik:** Auslastung der Arbeitszeit auf das Maximum der gesetzlichen Möglichkeiten, niedrige Tarifabschlüsse bei längeren Arbeitszeiten und Vermeidung von freiwilligen Leistungen, Flugbetrieb mit Minimum an Personal (lediglich den gesetzlichen Sicherheitsanforderungen entsprechende Anzahl an Flugbegleitern), auch für Crewplanung gilt, dass Planung erheblich vereinfacht wird durch Point-to-Point-Verkehr,
- **Verwaltung:** Verwaltung ist durch schlanke Strukturen geprägt; Lean Management wird ebenso praktiziert wie das Outsourcing von nicht relevanten Bereichen,
- wenig **Verkaufskanäle** und starke Fokussierung auf Direktverkauf, speziell über das Internet,
- **Einfaches Branding:** dies verbindet geringe Kosten mit hohem Markenwert,
- **Preissystem:** einfaches Preissystem und niedriger Preis ist wichtigste Marketingbotschaft,
- **Wettbewerbsverhalten:** Wettbewerb mit Network-Carriern, aber möglichst wenig Konkurrenz mit anderen Low-Cost-Carriern innerhalb des Low-Cost-Sektors, in Europa wurden bspw. im Jahr 2023 von rund 6.600 bedienten Strecken ca. 83 % von nur einem Low-Cost-Carrier bedient, ca. 950 Strecken von zwei Low-Cost-Carriern gleichzeitig und auf ca. 150 Strecken gab es mehr als zwei Low-Cost-Carrier (vgl. DLR 2023b, S. 8 ff.).

Darüber hinaus haben einige Low-Cost-Airlines eine einheitliche Flotte (z. B. hat Ryanair nur B737-800 oder Tiger Airways nur Maschinen der A320-Familie), wodurch bspw. die Flugplanung und Personaleinsatzplanung vereinfacht wird, die Ausbildungs-/Weiterbildungskosten geringgehalten werden und auch die Wartung und Instandhaltung vereinfacht wird.

6.8.1.4 Regional-Carrier

Regionalfluggesellschaften sind insbesondere durch zwei Hauptmerkmale gekennzeichnet. „Zum einen findet Linienverkehr zwischen dezentralen Orten mit geringem Verkehrsaufkommen im Point-to-Point-System statt. Hier werden teilweise auch Strecken geflogen, die der Begriff ‚regional‘ nicht angemessen beschreibt. Zum anderen fungieren Regional-Carrier als Zu- und Abbringer zwischen dezentralen Orten mit geringem Verkehrsaufkommen und den Hubs der Network-Carrier.“ (Conrady et al. 2019, S. 233)

Weitere Merkmale sind:

- der Einsatz von Flugzeugen mit einer Sitzplatzkapazität zwischen 19 und knapp 120 Sitzplätzen (z. T. Einsatz von Propeller-Flugzeugen),
- das Produkt- und Serviceangebot, welches auf Geschäftsreisende ausgerichtet und eher gehoben ist,
- das Preisniveau, welches entsprechend der Zielgruppe der Geschäftsleute und aus Kostengründen auch gehoben ist und
- der Anflug von mittelgroßen und kleinen Flughäfen; sofern Regionalfluggesellschaften mit Network-Carriern kooperieren (stark in den USA vertreten), fliegen sie auch Zu-/ Abbringerverkehr in die großen Flughäfen (Hubs).

6.8.1.5 Business Aviation

Beim **Business Aviation** (auch Business Charter oder Geschäftsflugverkehr genannt) wird ein – meist kleines – Flugzeug im Ganzen angemietet und für eine der in → Abbildung 52 genannten Einsatzmöglichkeiten genutzt.

> Nach dem Branchenverband GBAA wird unter Geschäftsflugverkehr der nicht planmäßige, firmeneigene Werksverkehr sowie der gewerbliche Betrieb von Geschäftsreiseflugzeugen zum Zwecke der Beförderung von Personen und Transport von Gütern verstanden (vgl. GBAA 2016).

Die Flugzeuge fliegen nach einem durch gewerbliche (z. B. Geschäftsleute und Unternehmen) oder private (z. B. prominente Künstler und Sportler, Politiker) Kunden vorgegebenen Flugplan. Sie können in Europa auf fast 1.000 Flughäfen mehr landen als Flugzeuge im Linienluftverkehr und können sowohl Hub-Flughäfen (sog. GAT-Bereich, General Aviation Terminal) als auch kleine Regionalflughäfen nutzen (vgl. Conrady et al. 2019, S. 253).

Abbildung 52: Einsatzspektrum von Geschäftsreiseflugzeugen | Quelle: Krüger/Reise 2005, S. 83 ff.

In Europa gab es 2023 knapp 4.000 Geschäftsreiseflugzeuge (789 davon in Deutschland), die sich auf verschiedene Typen aufteilen und größtenteils von den fünf größten Herstellern Bombardier, Textron Aviation (Beechcraft und Cessna), Dassault, Gulfstream und Embraer produziert werden. Nach einer EBAA-Studie gibt es 738 „Single Engine Turboprop", 607 „Twin Engine Turboprop", 1.018 Maschinen der Light-Kategorie, 464 der Medium-Kategorie, 1.021 der Heavy-Kategorie und 77 Bizliners (umgebaute Verkehrsflugzeuge) (vgl. EBAA 2023, S. 2 f.). Eine etwas differenziertere Einteilung der Business Jets ist in folgender Tabelle zu sehen.

Innerhalb des Business-Aviation-Geschäftsmodells lassen sich die in folgender Tabelle skizzierten sechs Betreibermodelle unterscheiden.

	Single Engine Turboprop	Twin Turboprop	Light	Medium	Heavy	Bizliners
Bombardier			Learjet 23, Learjet 55	Learjet40, Learjet75	Global 5000, 6000, Express	CRJ200
Textron		Cessna Conquest I und II	Beechcraft Premier I	CitationX+, Longitude		
Dassault				F200, F20C, F20D, F20E	F50EX, 7X, F8X, F900	
Embraer			Phenom 100, Phenom 300		Legacy 450, 500, 600, 650	Lineage 1000E
Gulfstream		G-I		G100, G150	G200, G450, G550, G650/ G650ER	
Andere	Piper M500, SOCATA TMB-930	Mitsubishi MU2-K	PC-24		Hawker4000	Airbus 320, Boeing 737

Tabelle 53: Business-Jets-Typen im Vergleich (Auswahl) | Quelle: Vgl. EBAA 2023, S. 11 f.

Name	Kurzbeschreibung
Full Ownership mit In-House Flight Department	▪ Unternehmen besitzt eigene oder geleaste Flugzeuge ▪ Piloten sind fest angestellt und Flugzeuge stehen an regionalen Flughäfen bzw. -plätzen in der Nähe des Unternehmenssitzes ▪ Einsatzplanung erfolgt unternehmensintern
Full Ownership mit Management-Firma	▪ Unternehmen gliedert Flugbetrieb aus und zahlt dafür Management Fee (z. B. für Personal, Personalweiterbildung, Unterhaltung einer Basis, Wartung und Einsatzplanung) ▪ zusätzlich fallen flugereignisabhängige Kosten an (z. B. Kerosin, Flughafenentgelt)
Joint Ownership	▪ zwei oder mehrere Beteiligte sind Besitzer eines Flugzeuges ▪ jeder Besitzer zahlt Teil der Kosten (für Fluggerät, Personal, Verwaltung usw.)
Fractional Ownership	▪ Kunden kaufen Anteile an einem Flugzeug ▪ kleinster Anteil ist ein Sechszehntel, was ca. 50 Flugstunden pro Jahr entspricht, durchschnittliche Anteile liegen bei einem Viertel (200 h) oder einem Achtel (100 h) ▪ Anteilseigner wird garantiert, dass Flugzeug mit Bereitstellungszeit von 4 Stunden ständig verfügbar ist ▪ Anbieter (z. B. NetJets als Pionier 1986) übernimmt Flug-/Personalplanung, Wartung, Catering usw., wofür eine fixe monatliche Gebühr zu entrichten ist ▪ zusätzlich fallen flugereignisabhängige Kosten an (z. B. Kerosin, Flughafenentgelt)

Charter	■ Bestellung einer Maschine bei einem Anbieter ■ beim Contract-Chartering (Block Charter) wird ein längerfristiger Vertrag mit einem vorab definierten Flugvolumen in Stunden abgeschlossen ■ beim On-demand-Chartering wird keine Jetverfügbarkeit garantiert und die Preise pro Flugstunden sind höher als beim Contract-Chartering
Jet Membership Cards	■ Vertrag beinhaltet eine vorab definierte Anzahl an Flugstunden bei einem bestimmten Flugzeugtyp innerhalb eines festgelegten Zeitraumes ■ nicht in Anspruch genommene Flugstunden verfallen gewöhnlich nach Ablauf der Vertragslaufzeit ■ sollte die mittels Jet Card „gebuchte" Maschine nicht verfügbar sein, wird eine andere Maschine bereitgestellt ■ Kosten werden stundengenau berechnet und bei höherwertigen Maschinen werden die Stunden auf der JetCard schneller verbraucht als bei Maschinen niedriger Klasse

Tabelle 54: Betreibermodelle von Geschäftsreiseflugzeugen | Quelle: Vgl. Conrady et al. 2019, S. 257 f.

6.8.1.6 Lufttaxi

> Beim **Lufttaxi** – auch Air Taxi – werden einzelne Sitzplätze auf Flügen verkauft, die nach Bedarf der Kunden durchgeführt werden. Die Kunden buchen und zahlen nicht einen kompletten Jet (meist Very Lights Jets), sondern lediglich die benötigten Sitzplätze.

Pionier dieses Geschäftsmodells war die in den USA beheimatete Airline DayJet. Sie startete ihren Dienst im Oktober 2007, beendete ihn jedoch auf Grund von finanziellen Schwierigkeiten im September 2008. Das Geschäftsmodell umschrieb das Unternehmen wie folgt: „DayJet was founded in 2002 to provide direct, on-demand air transportation between secondary regional markets using a new generation of very light jet (VLJ) aircraft and its own real-time operations system. Plagued by three years of delayed aircraft deliveries, DayJet finally launched the world's first ‚Per-Seat, On-Demand' jet service in October 2007 amidst much anticipation. [...] Since service launch, DayJet has built a growing membership base of more than 2,400 regional travelers. The company has flown over 9,000 segments totaling more than one million miles – all while achieving an industry-leading 95 % on-time performance record and a 93 % customer satisfaction rating. DayJet also grew its ‚Per-Seat, On-Demand' service network from five initial destinations to more than 60 communities across the Southeast – filling in the regional transportation gaps left from the airline's drastic service reductions (especially to small and medium-sized communities)." (DayJet Corporation 2008) Ein anderer Anbieter war die irische Airline Jetbird. Jetbird wollte Geschäftsreisenden eine attraktive Alternative bieten und gleichzeitig das Reisen mit einem Privatjet für all diejenigen erschwinglich machen, für die es bislang zu teuer war. Im Mai 2006 gab Jetbird bekannt, dass die Entscheidung auf die Flugzeugtypen Embraer Phenom 100 und 300 gefallen ist, mit denen ab 2009 preiswerte europaweite Reisen im Privatjet angeboten werden sollten. Jetbird hat den Flugbetrieb jedoch nie aufgenommen (vgl. o. V. 2010).

Aktive Beispiele sind GobeAir und Mali Air aus Österreich, Linear Air aus den USA sowie London Executive Aviation, die auch Air-Taxis anbieten. Einige dieser Anbieter waren Mitbegründer der **Air Taxi Association (ATXA)**, die 2007 gegründet wurde – im Jahr 2024 konnte keine aktive Website mehr gefunden werden.

Im Jahr 2024 ist eine neue Dynamik zu beobachten und einige der in der Branche bekannte Unternehmen setzen darauf, dass Lufttaxis der neuen Art („Urban Air Mobility (UAM)") die

Zukunft sind. Mehr als 200 Unternehmen haben Milliarden von Dollar aufgebracht, um verschiedene Prototypen von sog. **eVTOLs** („electric vertical takeoff and landing") zu entwickeln. Als Beispiele können Archer Aviation, Joby Aviation und Volocopter genannt werden, aber Lilium Air Mobility und Vertical Aerospace. Joby, das 2009 von JoeBen Bevirt gegründet wurde, hat mehr als 1,8 Mrd. Dollar aufgebracht. Sein Fahrzeug hat mehr Flugstunden absolviert und ist auf dem umständlichen Weg, die Federal Aviation Administration davon zu überzeugen, dass sein neumodisches fünfsitziges Lufttaxi lufttüchtig ist, am weitesten gekommen. Das Unternehmen hat die dritte Stufe eines fünfstufigen, Zertifizierungsverfahrens erreicht und ist auf dem besten Weg, den Betrieb im Jahr 2025 aufzunehmen. Archer hat denselben Zeitrahmen anvisiert. Das Unternehmen wurde 2018 von Brett Adcock und Adam Goldstein gegründet und hat kurze Zeit später Midnight, ein Demonstrationsflugzeug mit zwölf Rotoren, vorgestellt und treibt das FAA-Zertifizierungsverfahren voran (vgl. Fortson 2023).

Die Volocopter GmbH hat im Jahr 2023 eine erfolgreiche Erprobung eines **Volocopters** im Königreich Saudi-Arabien auf den Weg gebracht. Das Unternehmen „(...) geht davon aus, dass das elektrische Flugtaxi VoloCity im Jahr 2024 die Musterzulassung erhalten wird, um den kommerziellen Betrieb in Paris zu starten. Volocopter gab vor kurzem den Beginn der VoloCity-Serienproduktion in seinem Werk in Bruchsal bekannt, das eine Kapazität von über 50 Fluggeräten/Schicht und Jahr hat." (Volocopter GmbH 2023) Nach dem Start in Paris sollen die Flugtaxis von Volocopter auch in Singapur, Rom und NEOM eingesetzt werden (vgl. ders.).

6.8.2 Geschäftsfelder/Organisationsmodelle

Eine grundsätzliche Entscheidung der Unternehmenspolitik liegt mit der Festlegung der Geschäftsfelder zunächst darin, ob eine Konzentration auf die Kernkompetenz oder eine Diversifikation in benachbarte und/oder branchenfremde Bereiche angestrebt werden soll. Nach Doganis (vgl. 2006, S. 284) können je nach Anzahl der Geschäftsfelder folgende drei Organisationsmodelle unterschieden werden (→ Abbildung 53).

Beim **traditionellen Airline-Modell** werden die meisten Leistungskomponenten bzw. Services selbst erstellt und das Unternehmen verfügt über die Abteilungen Flugbetrieb, Verkauf und Reservierung, Bodenabfertigung, Wartung, Catering, EDV usw. Diese Organisationsform ist oft bei großen bis mittelgroßen Airlineszu finden. Nachteile bestehen hierbei in der mangelnden Ergebnisverantwortung der einzelnen Bereiche (keine eigene Gewinn- und Verlustrechnung zur Feststellung von Ineffizienten in den Abteilungen), Probleme der Leistungsverrechnung zwischen verschiedenen Abteilungen (z. B. Verrechnungspreisproblematik bei Durchführung der Wartung im eigenen Werftbetrieb) sowie der Akquisition von Fremdkunden (z. B. Wartung der Flugzeuge fremder Airlines) (vgl. Maurer 2006, S. 55).

Auf Grund der Luftfahrtkrise zwischen 1990 und 1993 sowie der sich hieraus entstandenen Notwendigkeit, Kosten einzusparen, entstanden das „Virtual Airline Model" und der Aviation-Konzern. Beim erstgenannten Modell konzentriert sich die jeweilige Fluggesellschaft auf ihre Kernkompetenz und gliedert so viele Aktivitäten wie möglich aus. Wartung, Catering, Ground Handling, Verwaltung und Verkauf werden bspw. an andere Unternehmen ausgelagert. Selbst der Flugbetrieb kann durch Outsourcing von anderen Airlines geleistet werden (z. B. Wetlease der Germania für Hapag Lloyd Express oder der TUIfly für Air Berlin). Durch dieses Vorgehen sind erhebliche Kostenreduzierungen zu erzielen. Low-Cost-Carrier verfolgen vornehmlich diese Strategie, aber auch Charter und Regional-Carrier. Nachteile sind v. a. im Verlust von Know-how und Kontrolle sowie in der Abhängigkeit von Fremdfirmen, die die Leistung erstellen, zu sehen (vgl. Maurer 2006, S. 56; Pompl 2002, S. 192).

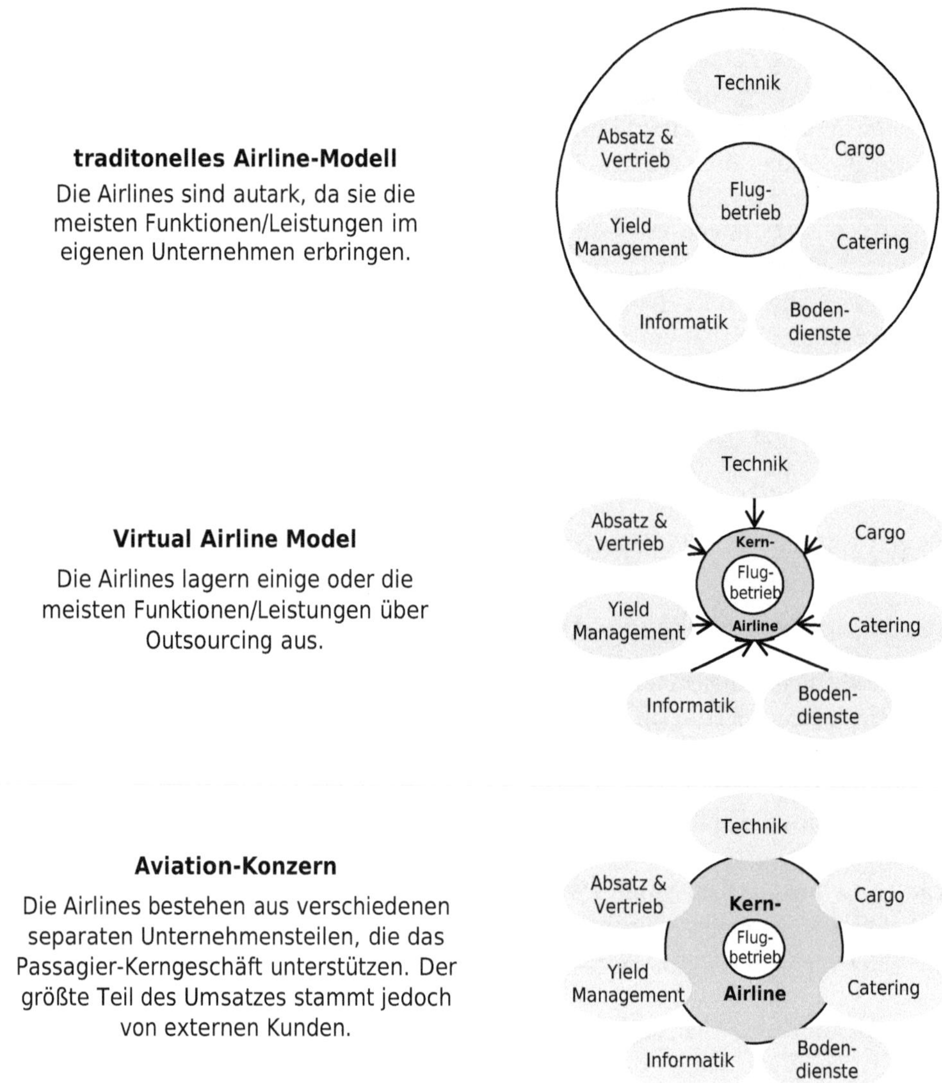

Abbildung 53: Organisationsmodelle von Fluggesellschaften | Quelle: Vgl. Doganis 2006, S. 284.

Ein als Aviation-Konzern aufgestelltes Unternehmen konzentriert sich nicht nur auf den eigenen Flugbetrieb, sondern auch airlinenahe Bereiche werden einbezogen. Im Gegensatz zum traditionellen Airline-Modell gibt es selbstständige Konzerngesellschaften (statt Abteilungen) mit eigener Ergebnisverantwortung (eigener Jahresabschluss mit Bilanz und Gewinn- und Verlustrechnung). Die Tochterunternehmen fungieren als Lieferant für die eigene Airline, sie sollen aber einen Großteil des Umsatzes mit externen Kunden erzielen. Im Gegensatz zum „Virtual Airline Model" bestehen bei diesem Organisationsmodell kapitalmäßige Verflechtungen zwischen der Airline (Muttergesellschaft) und den ausgelagerten Tochterunternehmen. Eine erfolgreiche Besetzung der einzelnen Geschäftsfelder bringt durch Erweiterung der Wertschöpfungskette und eine verstärkte Kundenorientierung zusätzliche Ertragspotenziale. Als Beispiel kann der Lufthansa-Konzern herangezogen werden, wie in → Tabelle 55 dargestellt.

Business Unit	**Konzerngesellschaft/en**	**Produktgruppen**	**Business Units**	**Konzerngesellschaft/en**	**Produktgruppen**
Passagier-Airlines	Network Airlines und Eurowings	Passageprodukte, wie Lufthansa German Airlines (Regionalfluggesellschaften Lufthansa CityLine, Air Dolomiti sowie Eurowings Discover), SWISS, Austrian Airlines und Brussels Airlines Eurowings	Technik	Lufthansa Technik AG Direkte und indirekte Beteiligung an 64 Gesellschaften	Überholung von Flugzeugen, Instandhaltung und Reparatur von Triebwerken, Lackierung usw. (herstellerunabhängig)
Logistik	v. a. Lufthansa Cargo AG, Jettainer Gruppe, Beteiligung an AeroLogic GmbH	Luftfrachttransporte, z. B. eilige Kleinsendungen oder verderbliche Güter	Catering	LSG Group (z. B. LSG Sky Chefs, SCIS Air Security) in Amerika, Asien und Emergigng Markets	Catering-Produkte (Bordverpflegung), Sicherheitsdienste
weitere Gesellschaften (Auswahl)	AirPlus GmbH	Zahlungs- und Abrechnungsdienstleistungen			
	LH Systems GmbH & Co. KG	Beratungs- und Dienstleistungen im Bereich Softwarelösungen und Digitale Transformation			
	LH Consulting GmbH	Unternehmensberatung			
	Lufthansa Aviation Training GmbH	Ausbildung/Training für Personal			
	Delvag Versicherungs-AG	Versicherungsleistungen			

Tabelle 55: Produkte eines Aviation-Konzerns am Beispiel der Lufthansa AG | Quelle: vgl. Deutsche Lufthansa AG 2023, S. 14 ff. & 54 ff.

6.8.3 Marktareal

Fluggesellschaften haben eine unterschiedliche Ausdehnung ihres Absatzraumes bzw. Einsatzgebietes. **Regionalfluggesellschaften** übernehmen häufig – eigenverantwortlich oder in Kooperation mit anderen Airlines – Zubringeraufgaben für die interkontinentalen Fluggesellschaften und setzen hierfür Fluggeräte bis ca. 120 Sitzplätze ein. Ein weiteres Einsatzgebiet ist die Bedienung von Strecken zwischen meist aufkommensschwächeren Flughäfen (z. B. Sekundär- oder Tertiärflughäfen), die sich im Heimatland oder -kontinent befinden (vgl. Pompl 2002, S. 189 f.).

Kontinental tätige Fluggesellschaften sind auf dem eigenen Kontinent tätig. Ihnen „[...] fehlt eine ausreichende Größe ihres Heimatmarktes, um sich auf dem Weltmarkt dauerhaft behaupten zu können. Kontinental tätige Carrier fliegen meist Primär-Destinationen wie bspw. den Frankfurter Flughafen statt der Sekundär-Destination Hahn im Hunsrück an." (Sterzenbach/Conrady 2003, S. 167)

Die meisten Network-Carrier (z. B. Lufthansa, Air France, British Airways, Korean Airlines, Cathay Pacific) bedienen ein internationales Streckennetz auf vier oder fünf Kontinenten. Sie kooperieren im Zu- und Abbringerverkehr mit den Regionalfluggesellschaften und entwickeln über eine Mitgliedschaft in einer Strategischen Allianz oder durch Beteiligungen ein globales Strecken- und Verkaufsnetz (vgl. Gross/Klemmer 2014, S. 38 f.).

6.8.4 Wettbewerbsorientierte Strategie - Strategietyp

Wie bereits erwähnt, können in Anlehnung an Porter (vgl. 2014, S. 33 ff.) bei den Wettbewerbsstrategien die Strategieoptionen Nischenbesetzung, Differenzierung und Kostenführerschaft unterschieden werden, die im Folgenden für Fluggesellschaften dargestellt werden.

6.8.4.1 Kostenführerschaft

Die Strategie der Kostenführerschaft wird von den Low-Cost-Airlines mit unterschiedlicher Ausgestaltung verfolgt.

Die CAPA CASK-Datenbank enthält Daten zu den Stückkosten, definiert als Kosten pro verfügbarem Sitzplatzkilometer, für rund 100 Fluggesellschaften weltweit (⟶ Abbildung 54). Ein Streudiagramm von CASK („Cost per available kilometer") gegenüber der durchschnittlichen Reisedauer für diese Fluggesellschaften zeigt, dass es (immer noch) einen erkennbaren Unterschied zwischen den Stückkosten von Full-Service-Carriern (FSC) und Low-Cost-Carriern gibt. Es gibt einige Airlines, die sich in Bezug auf die Stückkosten an der Schnittstelle zwischen den beiden Kategorien bewegen, aber das ist schon seit Jahren der Fall. Trotz der Konvergenz der Geschäftsmodelle in vielerlei Hinsicht haben die meisten Fluggesellschaften, die als Full-Service- oder Legacy-Fluggesellschaften bezeichnet werden können, höhere Stückkosten als die meisten Fluggesellschaften, die dem LCC-Geschäftsmodelle zugerechnet werden.

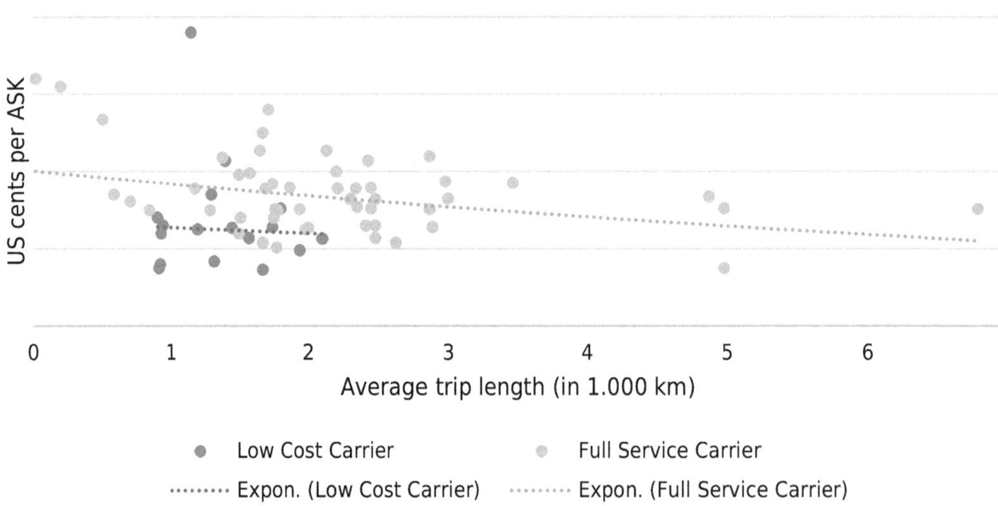

Abbildung 54: Kosten pro Available Seat Kilometer (ASK) im Vergleich | Quelle: Vgl. CAPA 2018.

6.8.4.2 Differenzierung

Die Differenzierungsstrategie wird von einigen international tätigen Network-Carriern verfolgt.

> Diese „High-Quality-Carrier“ versuchen, sich im Wettbewerb durch ihre Angebotsleistung zu differenzieren, um Präferenzen beim Kunden aufzubauen.

Es gelingt jedoch nicht allen Airlines, da sie jeweils halbherzig Qualitäts- und Kostenführerschaft anstreben („stuck in the middle“). „Konsequenter in der Befolgung der Qualitätsführerschaftstrategie sind beispielsweise Lufthansa mit dem Top-Kunden-Terminal und mit Business-Jet-Zu- und Abbringerflügen, sowie Emirates mit herausragendem Bordservice-Niveau.“ (Conrady et al. 2019, S. 222)

Mit Hilfe der bereits erwähnten Bewertungssysteme (→ Kapitel 6.6.2.2), wie das „Star Rating“ von Skytrax, und damit verbundene Auszeichnungen (bei Skytrax gibt es bspw. den „World Airline Award“) können sich Fluggesellschaften von anderen Airlines differenzieren. Im Jahr 2023 gibt es bei Skytrax bspw. **zehn Airlines** (ANA All Nippon Airways, Asiana Airlines, Cathay Pacific Airways, EVA Air, Garuda Indonesia, Hainan Airlines, Japan Airlines, Korean Air, Qatar Airways und Singapore Airlines), die **mit fünf Sternen ausgezeichnet** sind. Die zuvor genannten Fluggesellschaften Lufthansa und Emirates haben „nur“ vier Sterne (vgl. Skytrax 2023).

Neben den Network-Carriern verfolgen auch die Fluggesellschaften, die Business-Aviation-Angebote vorhalten, die Strategie der Differenzierung über eine Qualitätsführerschaft.

6.8.4.3 Nischenbesetzung

Eine Reihe von Fluggesellschaften bedienen als Nischenanbieter räumlich begrenzte Verkehrsbereiche bzw. spezielle Kundensegmente.

> Hierzu können z. B. Airlines gezählt werden, die sog. **ethnische Verkehre** betreiben (z. B. Flüge für Personen, die ihre Heimat z. B. in der Türkei, in Polen oder im Kosovo besuchen möchten), besonders luxuriöse Flugreisen anbieten, zwischen Inseln fliegen („Insel-Hopping“) oder Beförderungen zu Ölfeldern oder -plattformen.

Die FLN FRISIA-Luftverkehr GmbH Norddeich betreibt bspw. den Flugplatz Norden-Norddeich für einen ganzjährigen Bedarfsflugverkehr mit festen Abflugzeiten nach Juist und Norderney. Seit 2011 hat die FLN ihren Flugverkehr an der ostfriesischen Nordseeküste erweitert und durch die Übernahme der LFH-Gruppe und der Fusion im Jahr 2014 entstand ein Unternehmen, das mit 15 Flugzeugen (Cessna und Britten-Norman Islander) und einer Beförderung von rund 120.000 Passagieren jährlich der größte Anbieter von Flugdienstleistungen im ostfriesischen Raum ist. Vom Flugplatz Harle (Gemeinde Wangerland) fliegt FLN vorrangig zur Insel Wangerooge. Darüber hinaus werden Charter- und Rundflüge zu den übrigen ost- und nordfriesischen Inseln sowie nach Helgoland angeboten. Im Bedarfsfall fliegt die FLN auch im Charterdienst zu verschiedenen Flugplätzen innerhalb Deutschlands und den angrenzenden Ländern (vgl. FLN FRISIA-Luftverkehr GmbH Norddeich 2023).

Ein Angebot im **Luxussegment** waren die sog. „Kreuzfahrten üben den Wolken“ der Hapag Lloyd Kreuzfahrten GmbH. Mit einem Airbus A319-CJ (maximal 44 Gäste) wurden verschiedene Routen angeboten (z. B. Australien/Neuseeland, Lappland/Spitzbergen und Panamericana) und ähnlich wie auf einem Kreuzfahrtschiff standen während der Reise jeweils ein Arzt und ein Koch sowie Lektoren zur Verfügung, die Vorträge hielten und für die Unterhaltung der Gäste zuständig waren. Weitere Annehmlichkeiten waren bspw. ein separater Check-in ohne Wartezeiten, die Erledigung sämtlicher Reiseformalitäten (wie Beantragung von Visa), das komplette Gepäckhandling während der Reise, eine Bahnfahrkarte (1. Klasse) innerdeutsch, ein Limousinentransfer im Umkreis von 60 km rund um den Startflughafen und ggf. die Pkw-Unterstellung bei Anreise mit dem eigenen Fahrzeug (vgl. Hapag Lloyd Kreuzfahrten GmbH 2016).

6.8.5 Wettbewerbsorientierte Strategie - Wettbewerbsverhalten

Wettbewerbsorientierte Strategien beinhalten die Möglichkeit eines Alleingangs, einer Kooperation und einer Konzentration, wobei ein Luftverkehrsunternehmen verschiedene Strategien in unterschiedlichen Märkten verfolgen kann.

6.8.5.1 Wettbewerbsorientierte oder konfliktäre Strategie

Bei der wettbewerbsorientierten Strategie nutzen die jeweiligen Airlines zwar die unternehmensübergreifenden Kooperationen der Branche, sie schließen sich aber nicht einer Strategischen Allianz an. Über wenige Code-Share-Verbindungen[79] hinaus wird das Streckennetz ohne weitgehende Abstimmung mit anderen Luftverkehrsgesellschaften beflogen. Die Strategie des Alleingangs lässt sich v. a. bei kleinen Gesellschaften, die regionale Nischen besetzen (z. B. Seebäderverkehr), bei Airlines kleinerer Staaten in verkehrlicher Randlage, bei Low-Cost-Airlines und bei Leisure-Carriern, die nicht in einen Touristikkonzern integriert sind, beobachten (vgl. Pompl 2002, S. 193).

6.8.5.2 Kooperation

Bei einer Kooperationsstrategie versuchen die vorhandenen, meist relativ gleich starken Anbieter, ihre eigene Marktposition zu festigen und teilweise gemeinsam auszubauen. Neben der Zusammenarbeit in nationalen und internationalen Vereinigungen, die v. a. politische Lobbyarbeit, Produktstandardisierung und Öffentlichkeitsarbeit als Ziele verfolgen, besteht eine Vielzahl an unternehmensübergreifenden Kooperationen, wie nachfolgender → Tabelle 56 zu entnehmen ist. Letztere verfolgen v. a. das Ziel der Kosteneinsparung (z. B. in den Bereichen Beschaffung und Vertrieb), Prozesserleichterung und ein erweitertes Angebot für die Kunden (mit dem Ziel der Kosteneinsparung und Prozessvereinfachung).

- **Horizontale Kooperationen:** Zusammenarbeit von Unternehmen der gleichen Handels- oder Wirtschaftsstufe. Als Beispiel kann die Zusammenarbeit zweier Fluggesellschaften im Rahmen eines Code-Share-Abkommens genannt werden.
- **Vertikale Kooperationen:** Zusammenarbeit von Unternehmen einer vor- oder nachgelagerten Handels- oder Wirtschaftsstufe. Beispiele sind die Übertragung der Betankung auf eine Abfertigungsgesellschaft oder die Beauftragung einer Verkaufsagentur für den Vertrieb.
- **Diagonale Kooperationen:** Zusammenarbeit von Unternehmen unterschiedlicher Branchen und Wertschöpfungsstufen, die in einem Teilbereich zusammenarbeiten. Eine Airline kann bspw. mit einer Kreditkartengesellschaft zusammenarbeiten.

---

79 Bei Code-Share-Flügen wird eine Strecke unter der eigenen Flugnummer einer Fluggesellschaft verkauft, obwohl die Beförderung teilweise oder ganz von einer anderen Fluggesellschaft durchgeführt wird. Dabei treten beide Gesellschaften am Markt selbstständig auf.

Kooperations-richtung	Kooperationsform	Beispiele
horizontale Kooperation	Code Share Abkommen	Lufthansa und JetBlue sowie Lufthansa und Singapore Airlines und Tochter SilkAir; Air France und Luxair, Malev sowie China Southern
	Strategische Allianz	Star Alliance, Sky Team, One World
	Reparatur-, Wartungs- und Instandhaltungsabkommen	Spairlines GmbH zur Wartung des A380 von Lufthansa Technik und Air France Industries
	Interline-Systeme	über IATA
	Royalty Agreements	andere Fluggesellschaft
	Poolabkommen	andere Fluggesellschaft/en
	Interchange-Agreements	andere Fluggesellschaft/en
	Interessengemeinschaft (z. B. AEA, BDF, EBAA, ERA, IATA)	andere Fluggesellschaften
	IT-Kooperation	SITA
vertikale Kooperation	Handling Agreements	Handling Agent
	General Sales Agency Agreement	Generalagent
	Marketing-Vereinbarung (z. B. gegenseitige Werbung auf Buchungsbestätigungen, Newslettern und Webseiten), Buchungsvereinfachung der angebotenen Leistungen	Hotels/Internet-Hotelreservierungsportale
	Beteiligung an den Bonussystemen der Airlines und gegenseitige Einbindung als Partner auf den Webseiten und Kommunikationsmitteln der Partner	Mietwagenunternehmen (z. B. Lufthansa ↔ Avis, Europcar, Hertz, Sixt; Air Berlin ↔ Hertz, Sixt; Germanwings ↔ Avis, Sixt)
	Rail & Fly	Airlines mit der Deutsche Bahn AG
	Kooperation mit Kreditkartengesellschaften	Lufthansa und Visa
diagonale Kooperation	Kooperation von Bonussystemen	Lufthansa Miles & More mit Payback
	Kooperation mit Sportvereinen	Hertha BSC Berlin und Air Berlin, Emirates ist Trikotsponsor von Fußballvereinen
	Kooperation mit Einzelhandel	Lebensmitteleinzelhandel (z. B. Emirates und Lidl oder Tchibo und Emirates)
	Kooperation mit Business-Network	Lufthansa, Air Berlin, British Airways und Facebook, Lufthansa und Xing

Tabelle 56: Beispiele für aktuelle und vergangene Kooperationen von Fluggesellschaften | Quelle: Eigene Darstellung, in Anlehnung an Pompl 2007, S. 13 ff.; Conrady et al. 2019, S. 271 ff.

6.8.5.3 Konzentration

Die Konzentration umfasst die **(Mehrheits-)Beteiligung** an einer anderen Airline, die **Übernahme** einer anderen Airline (Aufkauf) und die Verschmelzung zweier oder mehrerer Airlines (**Fusion**).

Akquisitionen und Unternehmenszusammenschlüsse sind im Luftverkehr weltweit zu beobachten und „[...] waren in der Vergangenheit in höchst unterschiedlichem Maße erfolgreich. Es scheint, dass sich zumindest hinsichtlich der damit verfolgten Kostensenkungs- und Marktausweitungsziele mit strategischen Allianzen die gleichen Ergebnisse wie bei einem Unternehmenszusammenschluss erzielen lassen, allerdings ohne den erheblichen Kapitalaufwand. [...] Zumindest einige große Fluggesellschaften begannen [...], ihre nationalen Heimatmärkte durch Aufkauf anderer Unternehmen abzusichern: In Großbritannien erwarb British Airways bereits 1988 die Konkurrenten British Caledonian, 1992 die Chartergesellschaft Dan Air, 1993 die Regionalfluggesellschaft Brymon Airways, 1999 City Flyer und 2001 wurde die Übernahme von British Regional Airlines durch die britische Genehmigungsbehörde genehmigt. In Frankreich erwarb Air France 1989 eine Beteiligung von 35 % an TAT, 1990 von 55 % an UTA und damit auch die größte Inlandsfluggesellschaft Air Inter sowie 2000 Regional Airlines." (Pompl 2007, S. 155) Daneben kann noch die 2004 vorgenommene Übernahme der niederländischen Fluggesellschaft KLM durch die Air France im Rahmen eines Aktientausches angeführt werden.

Bei der Lufthansa AG lassen sich folgende (Mehrheits-)Beteiligungen an anderen Airlines finden: z. B. je 100 %: Air Dolomiti, Austrian Airlines, Eurowings und SWISS. Darüber hinaus war die Lufthansa bspw. von 2007 bis 2015 an dem US-amerikanischen Low-Cost-Carrier JetBlue beteiligt (vgl. Deutsche Lufthansa AG 2023, S. 260 ff.).

Im Vergleich zu anderen Industriezweigen sind im Luftverkehr **interkontinentale Unternehmensbeteiligungen bzw. -aufkäufe** relativ wenig zu beobachten. Es gab und gibt immer wieder Versuche, in anderen Märkten Fuß zu fassen. Beispiele sind die Minderheitsbeteiligungen im US-amerikanischen Markt von KLM an Northwest, British Airways an USAir, SAS an Continental oder Lufthansa an JetBlue. Diese Internationalisierungsstrategie ist jedoch häufig wenig erfolgreich, so dass der Schwerpunkt der internationalen Zusammenarbeit in den Strategischen Allianzen liegt (vgl. Pompl 2007, S. 156). Ein Hauptgrund hierfür sind die Verkehrsrechte, die häufig durch bilaterale Luftverkehrsabkommen (→ Kapitel 6.5.1) geregelt sind, und sie werden nur den jeweiligen nationalen Airlines gewährt. Sofern eine Airline übernommen wird, verliert sie meist diese Rechte und damit einen Teil ihres wichtigsten Kapitals (vgl. Maurer 2006, S. 79).

▸ **Beispiel** | Strategische Allianzen

Es dominieren v. a. die in der → Tabelle 57 angeführten drei globalen Allianzen den Weltluftverkehr, da sie zusammen mehr als 50 % des Weltluftverkehrs abdecken. Darüber hinaus gibt bzw. gab es noch kleinere Zusammenschlüsse, wie bspw. Xinxing in China, Value Alliance im Low-Cost-Carrier-Segment oder im Frachtbereich WOW (wurde im April 2000 unter dem Projektnamen New Global Cargo von Lufthansa Cargo, Singapore Airlines Cargo und SAS Cargo gegründet) (vgl. Gross/Klemmer 2014, S. 38).

	Star Alliance	One World	Sky Team
Gründung	1997	1998	2000
Mitglieder	26	13	19
angeflogene Länder	186	170	166
angeflogene Destinationen	> 1.200	> 900	> 1.000
Flotte	> 5.000 Flugzeuge	2.250 Flugzeuge	3.946 Flugzeuge
Marktanteil (gemessen in ASK, 2019)	21,7 %	15,6 %	16,1 %
Anzahl der Passagiere pro Jahr	641 Mio.	558 Mio.	437 Mio.
tägliche Abflüge	ca. 19.000	ca. 11.000	ca. 10.700

Tabelle 57: Globale Allianzen im Vergleich (Stand 2023; ASK = Available Seat Kilometer) | Quelle: Eigene Zusammenstellung, in Anlehnung an Harper 2019, S. 32 ff.; OneWorld 2023; SkyTeam 2023; Star Alliance 2023.

6.8.5.4 Kundenorientierte Strategie

Kundenorientierte Strategien bilden ein grundlegendes Element bei der strategischen Ausrichtung von Unternehmen. Dazu gehören Massenmarktstrategien und Segmentierungsstrategien. Eine Massenmarktstrategie liegt vor, wenn ein Gesamtmarkt undifferenziert mit einem standardisierten Angebot bearbeitet wird. Bei einer Segmentierungsstrategie wird der Gesamtmarkt in Teilmärkte unterteilt und den einzelnen Marktsegmenten wird ein differenziertes Angebot unterbreitet. Die Marktsegmentierungsstrategie mit umfassender Marktabdeckung ist im Luftverkehr ebenso weitverbreitet wie die Marktsegmentierungsstrategie mit partieller Marktabdeckung. Während die Network-Carrier mit Mehr-Klassen-Konzepten (bis zu vier verschiedene Klassen: Economy, Premium Economy/Economy Plus, Business und First Class) versuchen, differenzierte Angebote für den gesamten Markt und damit sowohl für Geschäfts- als auch Privatreisende vorzuhalten, konzentrieren sich Low-Cost-Carrier, Leisure-Carrier und Regional-Carrier meist auf bestimmte Marktsegmente. Leisure-Carrier zielen beispielsweise vornehmlich auf Urlaubs- und Besuchsreisende ab und Low-Cost-Carrier haben zu Beginn des Low-Cost-Booms in Europa hauptsächlich Privatreisende angesprochen – sie sprechen nun aber auch mehr und mehr (preissensible) Geschäftsreisende an (vgl. Conrady et al. 2019, S. 222 f.).

6.8.6 Schlussbemerkung

Die aufgezeigten strategischen Möglichkeiten sind Elemente oder Module für die Gesamtstrategie der verschiedenen betrachteten Verkehrsunternehmen. In Abhängigkeit vom jeweiligen Unternehmen variiert die Ausrichtung, wobei es aber auch möglich ist, dass bestimmte Module für ein Unternehmen unwichtig sind und daher nicht in Betracht gezogen werden. Neben der überbetrieblichen Strategie können weitere Teilstrategien für einzelne Unternehmensbereiche entwickelt werden, wie z. B. für verschiedene Geschäftssegmente (z. B. Urlaubs- oder Geschäftsreisende, Karibik- oder Mittelmeerkreuzfahrten) und/oder für Tochtergesellschaften.

Eine generelle Aussage, welche Strategien für ein Verkehrsunternehmen ratsam sind, ist kaum möglich. Das gleiche gilt für die „beste Kombination" von Strategien, da der Erfolg oder Misserfolg von vielen Faktoren abhängt, wie bspw. vom jeweiligen Produkt, der Konkurrenz, den wirtschaftlichen Rahmenbedingungen und der Kostenstruktur des jeweiligen Unternehmens. Wichtig anzumerken ist jedoch, dass es nicht anzuraten ist, die strategische Ausrichtung nach dem „Bauchgefühl" zu machen. Vielmehr sollte die strategische Ausrichtung auf Basis von Informationen geschehen, die z. B. durch Konkurrenz-, Nachfrage- und Marktanalysen erhoben und z. B. mit Hilfe von SWOT-Analysen, Lebenszyklus- und/oder Portfolioanalysen interpretiert werden.

▸ Wiederholungsfragen

1. Nennen Sie sechs Kriterien, nach denen Formen des Flugverkehrs unterschieden werden können!
2. Grenzen Sie die Begriffe Luftfahrt und Luftverkehr voneinander ab!
3. Wie viele „Freiheiten der Lüfte" gibt es im Jahr 2024? Nennen und erläutern Sie kurz fünf Freiheiten Ihrer Wahl!
4. Was wird unter „Kabotage" verstanden?
5. Erläutern Sie kurz, was in bilateralen Abkommen geregelt wird!
6. Nennen Sie zehn Kennzahlen im Luftverkehr und erläutern Sie kurz fünf besonders wichtige Kennzahlen!
7. Nennen Sie vier Kriterien zur Abgrenzung von Flugzeugen und erläutern Sie ein Kriterium und seine Ausprägungsformen genauer!
8. Nennen Sie vier internationale Organisationen im Luftverkehr! Vergleichen Sie zwei Organisationen anhand von fünf selbst gewählten Merkmalen.
9. Erläutern Sie kurz die Organisation und die Aufgaben der ICAO!
10. Welche Aufgaben hat das Luftfahrt-Bundesamt?
11. Nennen Sie vier private Verbände/Organisationen im deutschen Luftverkehr!
12. Welche Infrastrukturträger und Dienstleister sind notwendig für den Luftverkehr?
13. Kennzeichen Sie kurz mit eigenen Worten das Geschäftsmodell der Network-Carrier, der Leisure-Carrier, der Low-Cost-Carrier und der Regional-Carrier.
14. Was wird unter einem sog. Lufttaxi verstanden? Welche neuen Ansätze gibt es in diesem Segment?
15. Was wird unter Business Aviation verstanden und welche Betreibermodelle werden unterschieden?
16. Erläutern Sie kurz die drei Organisationsmodelle von Fluggesellschaften!
17. Erläutern Sie die Begriffe horizontale, vertikale und diagonale Kooperation und nennen Sie jeweils zwei Beispiele!
18. Charakterisieren Sie die sog. Strategischen Allianzen im Luftverkehr anhand von fünf Kennzahlen.
19. Stellen Sie jeweils drei Mitglieds-Airlines der Ihnen bekannten Strategischen Allianzen genauer dar!
20. Gibt es Low-Cost-Allianzen im Weltluftverkehr?

7 Sonderbereiche des touristischen Verkehrs

Im Folgenden werden Sonderbereiche des touristischen Straßen-, Schienen- und Luftverkehrs betrachtet. Da diese im Vergleich zu den anderen Verkehrsmitteln und -unternehmen eine untergeordnetere Bedeutung einnehmen, werden sie kürzer dargestellt.

▸ Lernziele

Sie lernen ...

- wichtige Begriffe bei den betrachteten Sonderbereichen des touristischen Verkehrs zu verstehen,
- die geschichtliche Entwicklung und heutige Bedeutung einzuschätzen,
- ausgewählte rechtliche Rahmenbedingungen auf nationaler und internationaler Ebene kennen,
- welche wichtigen Akteure es auf den betrachteten Märkten gibt – sowohl Verbände als auch Anbieter,
- die Angebots- und Nachfrageentwicklung zu ermessen,
- die Verknüpfung der jeweiligen Sonderbereiche zum Tourismus zu begreifen und
- aktuelle und zukünftige Entwicklungen kennen.

▸ Neuigkeiten, Podcasts und Videos

Aktuelle Nachrichten aus der Branche, Analysen und informative Inhalte sowie Videos, Podcasts, Fotos usw. liefern bspw. ...

- RailNetEurope: https://rne.eu/
- Reiselife: https://reiselife.com/zugreisen-europa/

Für exklusive Reisen bietet sich bspw. an:

- Lernidee Erlebnisreisen GmbH: https://www.bahnreisen.de/
- Society of International Railway Travelers: www.irtsociety.com

Auch die Deutsche Bahn Personenverkehr bietet einen YouTube-Channel für Interessierte und Podcasts an:

- https://www.youtube.com/user/DBBahn
- https://dbmobil.de/podcasts)

Zur Entwicklung der DB AG und der Bahnreform findet sich YouTube eine dreiteilige Serie:

- „20 Jahre Bahnreform – Teil 1: Die Zeit vor der Reform“
  https://www.youtube.com/watch?v=6BPLnP0zVb8&t=35s
- „20 Jahre Bahnreform – Teil 2: Die Reform – Was geschah ...“
  https://www.youtube.com/watch?v=VgKazgPIrNQ
- „20 Jahre Bahnreform – Teil 3: Fahrt in die Zukunft – Die Strategie“
  https://www.youtube.com/watch?v=bpws-Kv14fk

7.1 Land

Im Folgenden geht es neben den Bahnreisen um Caravaning, Krafträder, Wandern, Radfahren und Ferienfahrschulen sowie um weniger gängige Verkehrsmittel, wie Pferdekutschen, Draisinen und Rikschas.

7.1.1 Bahnreisen

Es wird eine Abgrenzung und Definition gegeben, die geschichtliche Entwicklung, die rechtlichen Rahmenbedingungen und wichtige Institutionen und Verbände vorgestellt sowie eine Angebots- und Nachfragebetrachtung getätigt. Der Schwerpunkt liegt auf dem touristisch relevanten Bahnverkehr bzw. Aktivitäten des im Schienenpersonenverkehr dominierenden DB-Konzerns sowie Bahnen, die Touristen als Zielgruppe haben.

7.1.1.1 Abgrenzung und Definitionen

> **Bahnen** sind spurgebundene Verkehrsmittel. Sie verkehren hauptsächlich auf oder unter einer bzw. zwei Leitschienen (Schienenbahn, Hängebahn), schweben über oder unter dem Magnetfeld einer sog. Trasse (Magnetschwebebahn, Transrapid) oder werden an Kabeln (Kabelbahn) oder Seilen (Seilbahn) geleitet.

Die meisten Bahnen werden über Stahlräder durch Schienen geführt, einige fahren mit gummibereiften Fahrzeugen auf Beton (Métro Paris oder Flughafen-Shuttle in Frankfurt am Main) und nur wenige schweben auf einem Magnetfeld. Zu den mechanisch geführten Systemen gehören v. a. die Schienenbahnen, die das Rad-Schiene-Prinzip nutzen. Sie werden auch als Schienenverkehrssysteme bezeichnet und die Fahrzeuge als Schienenfahrzeuge. Diese haben entweder einen eigenen Fahrantrieb (Triebwagen) oder werden von einer Lokomotive gezogen oder geschoben. Hinsichtlich der Art der Fahrzeuge und ihrer Anordnung im Zug werden daher folgende **Zugarten** unterschieden:

- Von einer Lokomotive beförderte (sog. **„lokbespannte“) Züge:** Die Lokomotive kann sich dabei an der Spitze oder an anderer Stelle im Zug befinden. In jedem Fall muss aber der Zug von der Spitze, ggf. von einem Steuerwagen aus, gesteuert sein.
- **Triebkopfzüge:** Sie bestehen aus mehreren im laufenden Betrieb nicht voneinander trennbaren Fahrzeugen ohne eigenen Antrieb und werden von je einem Triebkopf an den Zugenden bewegt und gesteuert, wie z. B. der ICE 1 der DB AG.
- **Triebzüge:** Sie sind aus mehreren im laufenden Betrieb nicht voneinander trennbaren Fahrzeugen mit eigenem Antrieb zusammengestellt und wurden von je einem Steuerwagen oder selbst angetriebenen Endwagen mit Führerstand an den Zugenden gesteuert (z. B. ICE 3 der DB AG).
- **Triebwagen:** Sie fahren als angetriebene Fahrzeuge entweder alleine oder als Einheit zusammen mit Mittel- und Steuerwagen.
- **Wendezüge/Pendelzug:** Sie werden vom Führerraum an der Spitze des Zuges gesteuert, während das Triebfahrzeug auch bei Fahrtrichtungswechsel seinen Platz am Ende oder zwischen den Reisezugwagen beibehält.

- **Spezialfälle** mechanisch geführter Systeme sind Schwebebahnen sowie Systeme, bei denen die Fahrzeuge keinen eigenen Antrieb haben, sondern von einem ortsfesten Motor bewegt werden (z. B. Seilbahnen).
- Als Bahnen werden auch bahnähnliche Gespanne, die meist aus einem bereiften, lokomotivähnlichen Fahrzeug (Lok) und einer Wagenkette bestehen, bezeichnet. Solche z. B. in Destiantionen eingesetzten Züge tragen oft phantasievolle Namen und lassen sich dem Begriff **Bimmelbahn** zuordnen (vgl. Filipović 2015, S. 4 f.; Pachl 2022, S. 12).

Der Bahnverkehr lässt sich in den Schienenverkehr und weitere Bahnen unterteilen (⟶ Abbildung 55). Nach ihrer Spurweite werden Normalspur- (1.435 mm), Schmalspur- und Breitspurbahnen (in Spanien, Portugal, Russland, Weißrussland und Ukraine) unterschieden.

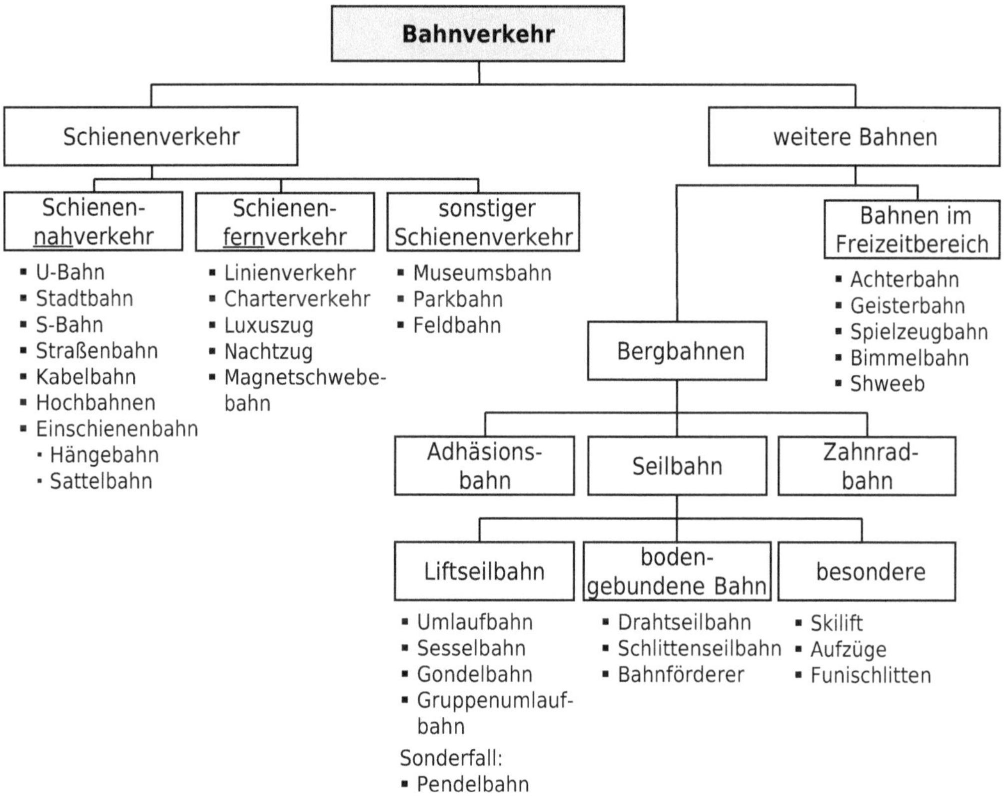

Abbildung 55: Abgrenzung des Bahnverkehrs | Quelle: Eigene Darstellung, in Anlehnung an Bieger/Rüegger 1991, S. 45; Pachl 2022, S. 4; Schulz 2009, S. 221.

7.1.1.2 Geschichtliche Entwicklung[80]

Vorläufer der heutigen Eisenbahn sind Rillen in Granitplatten, die als erste Anwendung der Zwangsführung der Wagen durch eine Spurbahn nachweisbar sind. **Holzspurbahnen in Bergwerken**, die im Spätmittelalter betrieben wurden, sind ein weiteres wichtiges Ereignis aus der Anfangszeit. Ab Ende des 18. Jahrhunderts wurden eiserne Gleisbahnen genutzt, die jedoch durch

80 Eine weiterführende Darstellung der geschichtlichen Entwicklung bietet Haase (vgl. 2010, S. 10 ff.).

Pferde oder menschliche Muskelkraft bewegt wurden. Durch die Erfindung der Dampfmaschine wurde die erste Dampfkraftfahrt in einem südwalisischen Bergwerk 1804 möglich. Die erste Personenbeförderung mit der Eisenbahn wurde 1825 ebenfalls in England durchgeführt. Nach dieser Fahrt verbreitete sich die Eisenbahn zu Beginn langsam, dann aber schnell weiter (vgl. Filipović 2015, S. 6; Siegmann/Jänsch 2021, S. 32).

Die Entwicklung der Eisenbahn in Deutschland beginnt im Jahr 1833 mit der Forderung des Politikers und Wissenschaftlers Friedrich List nach einem deutschen Bahnsystem. Diese Forderung wird im Jahr 1835 erstmalig umgesetzt als die „Ludwigsbahn“ als **erste deutsche Eisenbahnstrecke von Nürnberg nach Fürth** eingeweiht wurde (vgl. Albus/Heine 2002a, S. 157). Die erste staatliche Eisenbahnlinie, die „Herzogliche Braunschweigerische Staatseisenbahn“ wurde in Braunschweig im Jahr 1838 gegründet und fuhr zuerst bis nach Wolfenbüttel und ab 1840 bis nach Bad Harzbug. Diese Staatsbahn verfügte durch vertragliche Vereinbarung mit angrenzenden Bahnbetreibern im Jahre 1900 bereits über eine Streckenlänge von über 500 km (vgl. Kunz 2007). Insgesamt wuchs das Bahnnetz stetig an, wobei zu Beginn nur ein loses Netz weitgehend unabhängiger Linien mit wenigen Verknüpfungen vorlag. Ab Mitte des 19. Jahrhunderts konnte sich die Eisenbahn dann auch vermehrt gegenüber der Postkutsche durchsetzen (→ Kapitel 7.1.9). Dies änderte sich mit der Reichsgründung 1871. Von da an entstanden Überlegungen und Diskussionen über eine Verstaatlichung der privaten Bahnen, da es durch das Nebeneinander unterschiedlicher Bahnen zu Problemen kam, wie bspw. zu unterschiedlichen Tarifen. Schlussendlich fand 1895 die Verstaatlichung der Bahnen statt, um ein koordiniertes und umfassendes Bahnnetz zu schaffen (vgl. Schulz 2009, S. 222). Hervorzuheben ist jedoch, dass zwar eine Gesamtkoordination stattfand, es jedoch kein umfassendes Bahnnetz gab und Fahrgäste jeweils an der Ländergrenze umsteigen mussten – es gab bspw. Grenzbahnhöfe mit Wechsel der Lokomotive und zwei Bahnhofsgebäuden nebeneinander (z. B. der Sächsische und Preußische Bahnhof in Leipzig).

Die Schaffung eines umfassenden Bahnnetzes wurde mit der Gründung der Deutschen Reichsbahn nach dem 1. Weltkrieg fortgesetzt. Hierfür wurde 1920 ein Staatsvertrag zwischen den acht Eisenbahnländern beschlossen, der 1924 zur Gründung der Deutschen Reichsbahn-Gesellschaft (DRG) führte. Ein weiterer wichtiger Entwicklungsschritt war die Einweihung der ersten S-Bahn-Strecke in Berlin. Der 2. Weltkrieg stellte einen bedeutenden Einschnitt dar. Nach der überwiegend militärischen Nutzung im Krieg waren nach dem Weltkrieg weite Teile des Bahnsystems zerstört. Nur noch 40 % der Personenwagen und 65 % der Lokomotiven standen zur Verfügung. Dennoch war die Eisenbahn nach Ende des Krieges das einzige funktionierende überregionale Verkehrsmittel. Mit der Gründung der Bundesrepublik Deutschland 1949 fand die Umbenennung der Reichsbahn in die Deutsche Bundesbahn statt. In der ehemaligen Deutschen Demokratischen Republik (DDR) wurde der Name Deutsche Reichsbahn beibehalten (vgl. Albus/Heine 2002a, S. 158 ff.).

Bis zur Mitte des 20. Jahrhunderts war die Eisenbahn das Hauptverkehrsmittel Deutschlands, sie wurde danach vom Automobil in der Bedeutung überholt. Durch eine Verschiebung der Investitionen auf die Straße verringerte sich die Bedeutung der Bahn. Die Entwicklung der Deutschen Bundesbahn in der Bundesrepublik war dennoch von einer konstanten Weiterentwicklung geprägt. 1950 wurde die erste elektrifizierte Fernstrecke in Betrieb genommen und es wurden z. B. neu entwickelte Dampflokomotiven genutzt. Ein Deutsche Bahn-Zug erreichte 1959 erstmals eine Geschwindigkeit von 100 km/h und 1961 begann die durchgängige Elektrifizierung der Nord-Süd-Strecke. Außerdem begann 1971 der IC-Verkehr in Deutschland und 1985 wurde der Intercity Experimental, der Vorläufer des ICE, übergeben (vgl. ebd.).

Parallel zu dieser Weiterentwicklung musste sich die Deutsche Bahn jedoch auch mit großen Herausforderungen auseinandersetzen. Die Deutsche Bundesbahn in Westdeutschland hatte die besondere Position eines gesetzlich festgeschriebenen Monopols. Allerdings unterlag die Bahn somit auch politischen Entscheidungen und erbrachte gemeinwirtschaftliche Aufgaben. Aus dieser Situation heraus entstand eine zunehmend finanzielle Belastung des Staates durch die Bundesbahn. Nach einem ersten Defizit im 1952 stieg das Defizit auf maximal 13 Mrd. DM im Jahr der Wiedervereinigung 1990. Grund hierfür war u. a. auch die Abnahme der Wettbewerbsfähigkeit im Vergleich zu anderen Verkehrsmitteln. Reformvorschläge wurden bspw. 1976 mit dem sog. „Leber-Plan“ vorgenommen. Dieser Versuch scheiterte genauso wie andere Versuche an den verschiedenen Interessensgruppen, den verfassungsrechtlichen Bestimmungen, dem Widerstand der Mitarbeiter und dem fehlenden intramodalen Wettbewerbsdruck. Die Zuspitzung des Problems 1990 führte dann aber zur Reform des Schienenverkehrs 1993/1994. Auf Grundlage der europäischen Richtlinie des Jahres 1991 wurden in Form des Gesetzes zur Zusammenführung und Neugliederung der Bundeseisenbahnen und des Allgemeinen Eisenbahngesetzes (AEG) umfassende Reformen beschlossen. Diese wurden schrittweise umgesetzt (→ Abbildung 56). Nach den Veränderungen der ersten Reformphase kam es 1999 zur Ausgliederung der fünf Geschäftsbereiche DB Cargo AG, DB Netz AG, DB Regio AG, DB Reise & Touristik AG und der DB Station & Service AG, die unter der DB Holding zusammengefasst wurden (vgl. Albus/Heine 2002a, S. 169; CER 2005, S. 98).

Abbildung 56: Reformprozess der Eisenbahn in Deutschland | Quelle: Eigene Darstellung, in Anlehnung an CER 2005, S. 94 ff.

Die DB strebte eine rasche Privatisierung durch einen Börsengang an, jedoch hatte der Bund als Eigentümer die alleinige Entscheidungsgewalt. Hierfür wurde eigens das **Gesetz über die Gründung einer Deutsche Bahn Aktiengesellschaft (DBGrG)** am 27.12.1993 verabschiedet, welches die Ausgliederung des unternehmerischen Bereichs des Bundeseisenbahnvermögens und die Umwandlung in einer Aktiengesellschaft behandelt. Es traf letztlich als Artikel 2 des Eisenbahnneuordnungsgesetzes am 01.01.1994 in Kraft. Der Börsengang war für den 27.10.2008 geplant und wurde wegen der damaligen Situation am Finanzmarkt jedoch verschoben. Im Jahr 2024 hat die Deutsche Bahn eine private Rechtsform (Aktiengesellschaft), ist aber immer noch zu 100 % im Bundeseigentum und ein Börsengang ist immer wieder einmal ein Thema, dann aber doch wieder nicht.

7.1.1.3 Institutionen und Verbände

Auch im Bahnverkehr gibt es eine Reihe von staatlichen Institutionen und privatwirtschaftlichen Verbänden, wovon im Folgenden eine Auswahl vorgestellt wird.

Union International de Chemin de Fer (UIC)

Der **internationale Eisenbahnverband UIC** mit Sitz in Paris wurde 1922 gegründet, da eine ständige Konferenz der Bahnverwaltungen zum Zwecke der Vereinheitlichung und Verbesserung der Bedingungen für Gründung und Betrieb der Eisenbahnen mit Blick auf den internationalen Verkehr geschaffen werden sollte. Im Jahr 2022 hat er ca. 200 Mitglieder in 82 Ländern aus allen Kontinenten. Hauptziele der UIC sind die Förderung des Austauschs bester Praktiken zwischen den Mitgliedern (Benchmarking), die Unterstützung der Mitglieder bei der Entwicklung neuer Geschäftsfelder und neuer Aktivitäten, die Erarbeitung neuer Möglichkeiten zur Verbesserung der technischen und umwelttechnischen Leistung, die Förderung der Interoperabilität und Schaffung neuer weltweiter Standards für die Bahnen (inklusive gemeinsamer Standards mit anderen Verkehrsträgern) sowie die Schaffung von Exzellenzzentren (Technologie und Bahnforschung, Management, Schulung etc.) (vgl. UIC 2023a, S. 6 ff.).

Auf der Internetseite finden sich hunderte Veröffentlichungen, die eine breite Palette an Themen behandeln und in verschiedenen Sprachen (v. a. auf Englisch) verfasst sind. Einige sind kostenpflichtig, es gibt aber auch kostenfreie Publikationen. Dieses Angebot findet sich unter 🔗 https://shop.uic.org/en/.

Generaldirektion Mobilität und Verkehr (GD MOVE) der EU

Die Generaldirektion ist dem Kommissar für Verkehr zugeordnet. Die in Brüssel ansässige Generaldirektion hat ihre Aufgaben auf fünf Direktorate verteilt (vgl. Directorate-General Mobility and Transport 2022a, S. 4 ff. und 2022b):

- Gestaltung der EU-Verkehrspolitik: Die GD MOVE entwickelt Strategien für den Verkehrssektor im Einklang mit den Prioritäten der Kommission; sie überwacht die Umsetzung des bestehenden EU-Rechts und unterbreitet Vorschläge für neue Rechtsvorschriften,
- Verwaltung der Finanzierungsprogramme für TEN (Trans-European Networks): Die Transeuropäischen Netze bestehen aus den Netzen für Energie (TEN-Energie), Verkehr (TEN-Verkehr) und Telekommunikation (eTEN). Im Rahmen dieses Programms werden auch eine Reihe von Eisenbahnstrecken gefördert,
- Sie kofinanziert Infrastrukturprojekte im Rahmen der Verordnungen über das transeuropäische Verkehrsnetz (TEN-V) und die Fazilität „Connecting Europe“ (CEF) – letztere soll Investitionen im Bereich der transeuropäischen Netze beschleunigen.
- Implementierung der Aviation-Strategie für Europa,
- Politische Kontrollfunktion für europäische Agenturen und europäische Exekutivagenturen (z. B. Europäische Eisenbahnagentur (ERA), European Aviation Safety Agency (EASA) oder European Maritime Safety Agency (EMSA): Die 2004 gegründete Europäische Eisenbahnagentur (ERA, European Railway Agency) hat als Hauptaufgabe, die Sicherheit im Bahnverkehr zu gewährleisten und die Interoperabilität des Schienenverkehrs in Europa zu stärken (Möglichkeit, dass Schienenfahrzeuge durchgängig zwischen verschiedenen Schienennetzen verkehren, v. a. wichtig für den Verkehr zwischen den Eisenbahnnetzen verschiedener Staaten),

- Die GD MOVE fördert außerdem Politiken auf internationaler Ebene, u. a. durch bilaterale und multilaterale Verkehrsabkommen, und stellt Informationen für die Öffentlichkeit und die Interessengruppen bereit.
- Sie arbeitet mit Partnern in internationalen Organisationen zusammen, insbesondere in der Internationalen Zivilluftfahrt-Organisation (ICAO) und der Internationalen Seeschifffahrtsorganisation Organisation (IMO).

Bundesministerium für Digitales und Verkehr (BMDV)

Zu den **Aufgaben des Bundesverkehrsministeriums im Eisenbahnverkehr** gehört u. a. die Schaffung der gesetzlichen Rahmenbedingungen für den Verkehr, die Aufsicht durch Bundesbehörden (Eisenbahn-Bundesamt) und Vertretung der deutschen Interessen auf europäischer Ebene. Wichtige Maßnahmen der letzten Jahre sind seitens des Bundes die Verkehrsprojekte Deutsche Einheit („VDE/Eisenbahnprojekte"), der Einsatz von Investitionsmitteln für die Schieneninfrastruktur (z. B. Berliner Hauptbahnhof, Neubaustrecken wie Köln – Frankfurt, Stuttgart 21), wobei der DB-Konzern Baukostenzuschüsse oder zinslose Darlehen erhält, und die Regionalisierung des Schienenpersonennahverkehrs (SPNV). Seit Inkrafttreten des hierzu beschlossenen Gesetzes am 01. Januar 1996 liegt die Aufgaben- und Finanzverantwortung für den SPNV (Schienenpersonennahverkehr) bei den Ländern. Das Regionalisierungsgesetz genannte „Gesetz zur Regionalisierung des öffentlichen Personennahverkehrs (RegG)" von 1993 ist unter Artikel 4 des Eisenbahnneuordnungsgesetzes am 01.01.1996 in Kraft getreten und ist einer der drei Hauptinhalte der **Bahnreform in Deutschland**. Bei den Verkehrsprojekten Deutsche Einheit handelt es sich um insgesamt 17 Projekte, wovon neun Schienenbauprojekte für Verkehrsverbindungen zwischen Ost- und Westdeutschland sind, mit denen u. a. Reisezeitverkürzungen erlangt wurden (z. B. Leipzig – Frankfurt, Berlin – Hannover, Leipzig – Berlin, Hamburg – Berlin). Themen in den Jahren 2022 und 2023 sind bspw. der „Abschlussbericht zum Zielfahrplan Deutschlandtakt" (2022), die von der Bundesregierung Mitte 2023 auf den Weg gebrachte Reform des Bundesschienenwegeausbaugesetzes (BSWAG) sowie das damit zusammenhängende „Hochleistungsnetz der DB im Jahr 2030" und der Aufbau einer Infrastrukturgesellschaft für die Sanierung (ab 01.01.2024 „DB InfraGO AG") der Schieneninfrastruktur (vgl. BMDV 2023c und 2023d).

Eine dem BMDV nachgelagerte Behörde ist das Eisenbahn-Bundesamt (EBA), welches die Aufsichts-, Genehmigungs- und Sicherheitsbehörde für Eisenbahnen und Eisenbahnverkehrsunternehmen in Deutschland ist.

Bundesländer sowie Landkreise, Städte und Gemeinden

Zu den Aufgaben von Landesverkehrsministerien im Schienenverkehr gehört u. a. die Bestellung des Nahverkehrs, die Bereitstellung von Fördermitteln für Eisenbahninfrastrukturprojekte des DB-Konzerns, die Erstellung von Nahverkehrsplänen und die Genehmigung von Tarifen im Nahverkehr. Landkreise, Städte und Gemeinden sind auch bei der Erstellung von Nahverkehrsplänen und der Bereitstellung von Fördermitteln für Eisenbahninfrastrukturprojekte relevant.

Gemeinschaft Europäischer Bahnen (GEB)

Der knapp 70 Mitglieder starke Verband wurde 1988 gegründet, wobei seine Mitglieder aus der EU, dem Vereinigten Königreich, Norwegen, der Schweiz sowie Bosnien und Herzegowina, Albanien, der Republik Nordmazedonien, Montenegro und Serbien kommen. Er vertritt u. a. die

Interessen von Eisenbahn- oder Infrastrukturgesellschaften gegenüber Europäischen Organisationen, betreibt Öffentlichkeitsarbeit, setzt sich für einen höheren Anteil des Schienenverkehrs am europaweiten Modal Split ein und erarbeitet in Zusammenarbeit mit anderen Verbänden Positionspapiere und Studien (vgl. CER 2023, S. 8).

Weitere wichtige internationale Verbände sind z. B. die „European Rail Industry (UNIFE)“, die „International Union of Public Transport (UITP)“, die „European Transport Workers' Federation (ETF)“, die „International Union of combined Road-Rail transport companies (UIRR)“, die „Europäische Vereinigung der Eisenbahner e. V. (AEC)“ und der Verband „European Rail Infrastructure Managers (EIM)“.

In Deutschland gibt es noch die „Allianz pro Schiene“, die „Bundesverband Schienennahverkehr (BSN)“, den „Bundesverband Deutscher Eisenbahn-Freunde e. V. (BDEF)“, den „Deutsche Bahnkunden-Verband e. V. (DBV)“, den „Modellbahnverband in Deutschland e. V. (MOBA)“, den Verband „mofair e. V.“, das „Netzwerk Europäischer Eisenbahnen e. V. (NEE)“, „Fahrgastverband Pro Bahn e. V.“, den „Verband der Bahnindustrie in Deutschland e. V. (VDB)“ und den „Verband Deutscher Verkehrsunternehmen e. V. (VDV)“.

7.1.1.4 Rechtliche Rahmenbedingungen

> Das komplexe System Bahn bedarf vielfältiger Regelungen, damit es sicher, störungsfrei und wirtschaftlich betrieben werden kann. Hierbei geht es v. a. um die Koordination der Infrastrukturträger, den Betreibern, den Betriebssystemen, die Sicherheit und die Kommunikation.

Es bestehen insgesamt Regulierungsbereiche:

- Bei allgemeinen Sachverhalten: z. B. dem Infrastrukturzugang und Maßnahmen zur Unfallverhütung,
- Bei technischen Anforderungen an den Fahrweg (z. B. Spurweite und Linienführung) sowie technischen Anforderungen an die Fahrzeuge (z. B. Spurmaß und Fahrzeugabmessung) (vgl. Jänsch 2021, S. 76 f.).

Die gesetzlichen Regelungen sind dementsprechend vielfältig und unterschiedlich hierarchischen Ebenen zuzuordnen. Grundsätzlich lässt sich festhalten, dass Regelungen der EU bzw. je nach Regelungsinhalten und geschlossenen Verträgen auch internationale Vereinbarungen über der deutschen Gesetzgebung stehen. Die Gesetzgebung wird zusätzlich durch Verordnungen, Vorschriften und technische Regeln ergänzt. Schlussendlich greifen Richtlinien, Handbücher oder Unterlagen der Eisenbahnen selbst (vgl. ders., S. 77 ff.).

Bei einer Betrachtung der **europäischen Gesetzgebung** wird deutlich, dass die Bahnpolitik von Richtlinien und vier Eisenbahnpaketen geprägt ist. Um die Eisenbahnpolitik zu stärken, hat die EU vier Eisenbahnpakete mit folgenden Zielen verabschiedet:

- Öffnung des Eisenbahnmarkts für den Wettbewerb,
- Verbesserung der Interoperabilität der nationalen Eisenbahnsysteme
- Festlegung eines Rahmens für einen einheitlichen europäischen Eisenbahnraum

Alle EU-Mitgliedstaaten, wie auch die des Europäischen Wirtschaftsraums (EWR), sind verpflichtet, die Richtlinien der verabschiedeten Eisenbahnpakete in nationales Recht umzusetzen.

Grundsätzlich ist das Ziel der Regelungen die Schaffung eines offenen Bahn-Binnenmarktes in Europa. Hierfür werden der internationale Verkehr, die Verkehrssicherheit und die Zulassung von Verkehrsunternehmen geregelt (vgl. Frerich/Müller 2004, S. 238 ff.). Einen Überblick über die Regelungen bietet → Tabelle 58.

EU Richtlinien	Ziel
Richtlinien der EG	
RL 91/440/ EWG	Beseitigung der Monopole der Staatsbahnen, Schaffung staatlich unabhängiger Unternehmen
RL 95/18/EG	Anforderungen an die Erteilung von Genehmigungen für den grenzüberschritenden Netzzugang nach RL 91/440/EWG
RL 95/19/EG	Gewährleistung der Sicherheit des Eisenbahnbetriebes bei der Ausübung der Netzzugangsrechte nach RL 91/440/EWG
RL 96/48/EG	Förderung des Auf- und Ausbaus der transeuropäischen Netze zur Verwirklichung eines einheitlichen transeuropäischen Hochgeschwindigkeitsverkehrs
RL 2001/16/ EG	Vereinheitlichung der konventionellen Eisenbahnsysteme u. a. Straffung der Zulassungsverfahren (EG-weit anzuerkennende Zertifizierung durch benannte Stellen z. B. durch Eisenbahn-CERT/EBC beim EBA)
Das erste Eisenbahnpaket 2001	
RL2001/12/EG	Diskriminierungfreier Zugang zur Eisenbahninfrastruktur durch a) Öffnung der Schienennetze (zunächst Zugang zu einem Transeuropäischen Schienengüternetz (TESG), später zum gesamten Netz der europäischen Schienenwege) b) Trennung von Fahrweg und Verkehr (Entscheidung über die Trassenzuweisung und Wegeentgelte durch Drittstellen)
RL 2001/13/EG	Regelung bestimmter Anforderungen an alle Genehmigungen für Eisenbahnunternehmen in der Gemeinschaft zum Schutz von Kunden und Dritten (Gültigkeit: Gesamter EG-Bereich)
RL 2001/14/EG	Vermeidung von Diskriminierung und Prinzipien der Bildung der Trassenpreise z. B. Schienennetz-Benutzungsbedingungen, Leistungspflichten der Infrastrukturbetreiber, unabhängige Zuweisungsstelle, Regelungen zu Wegeentgelten
Das zweite Eisenbahnpaket 2004	
RL 2004/49/EG	Eisenbahnsicherheit in der Gemeinschaft durch gemeinsame Sicherheitsziele und unabhängige Sicherheitsbehörden
RL 2005/50/EG	Ausdehnung der Interoperabilitäts-Anforderungen auf das gesamte europäische Eisenbahnsystem
RL 2004/51/EG	Schrittweise Öffnung des Schienenwegenetzes für nationalen und internationalen Schienengüterverkehr und Kabotage
Verordnung 881/2004/EG	Errichtung einer Europäischen Eisenbahnagentur (ERA)
Empfehlungen der EU-Kommission zum COTIF 2003	Neben der Beteiligung der Mitgliedstaaten an der Zwischenstaatlichen Organisation für den internat. Eisenbahnverkehr (OTIF) auch eine Mitgestaltung des internationalen Eisenbahnrechtes

Das dritte Eisenbahnpaket 2007	
RL 2007/58/EG (Änderung RL 91/440/EWG)	Entwicklung der Eisenbahnunternehmen der Gemeinschaft sowie Änderung der Richtlinie 2001/14/EG über die Zuweisung von Fahrwegkapazität der Eisenbahn und die Erhebung von Entgelten für die Nutzung von Eisenbahninfrastruktur
RL 2007/59/EG	Zertifizierung von Triebfahrzeugführern, die Lokomotiven und Züge im Eisenbahnsystem in der Gemeinschaft führen
VO (EG) 1370/2007	Öffentliche Personenverkehrsdienste auf Schiene und Straße (Ersatz VO (EWG) 1191/69 und (EWG) Nr. 1107/70)
VO (EG) 1371/2007	Rechte und Pflichten der Fahrgäste im Eisenbahnverkehr
Weitere Regelungen	
RL (EU) 2016/797	Richtlinie des Europäischen Parlaments und des Rates über die Interoperabilität des Eisenbahnsystems in der Europäischen Union (Neufassung, ersetzt RL 2008/57/EG)
RL (EU) 2016/798	Eisenbahn-Sicherheitsrichtlinie, ersetzt 2004/49/EG

Tabelle 58: Richtlinien der EG und der Europäischen Union zur Eisenbahn | Quelle: Eigene Darstellung, in Anlehnung an Jänsch 2021, S. 81 ff.

Im Jahr 2013 wurde das **4. Eisenbahnpaket** zur Vollendung des einheitlichen europäischen Einsenbahnraums zur Steigerung von Wettbewerbsfähigkeit und Wachstum in der EU auf den Weg gebracht. Das vierte und letzte Eisenbahnpaket, das sechs Gesetzgebungsakte umfasst und den abschließenden Elementen der Öffnung des Eisenbahnmarkts und der Steigerung der Wettbewerbsfähigkeit gewidmet ist, trat 2021 in Kraft (vgl. Europäischer Rat und Rat der Euorpäischen Union 2023).

Darüber hinaus wurden bspw. die sog. **Interoperabilitätsrichtlinie** (RL (EU) 2016/797) zur Anerkennung von Fahrzeugzulassungen und **Änderungen des technischen Rechtsrahmens** vorgenommen. Eine Übersicht der wichtigsten Richtlinien, Verordnungen, Entscheidungen/Beschlüsse oder Empfehlungen der Europäischen Union finden sich auf den Internetseiten des Eisenbahn-Bundesamtes (🔗 www.eba.bund.de).

Weitere **internationale Übereinkommen** regeln v. a. Standards für den Bau von Strecken und Fahrzeugen. Bereits 1887 wurde die technische Kompatibilität festgeschrieben, die 1938 auf die Fahrzeuge ausgeweitet wurde. Im Kodex des internationalen Eisenbahnenverbandes (UIC) wird bspw. die gegenseitige Benutzung von Güter- und Gepäckwagen genutzt (vgl. Jänsch 2021, S. 83 f.). Weiterhin wurde die erste transeuropäische Regelung von Strecken im „Übereinkommen über Hauptlinien des internationalen Eisenbahnverkehrs“ (AGC) aus dem Jahr 1985 vorgenommen. Die Gesetzgebung in Deutschland orientiert sich entsprechend der oben genannten Hierarchien an der europäischen Gesetzgebung. Seit den 1990er-Jahren wurden Änderungen als Anpassung an die europäische Gesetzgebung vorgenommen.

Die 1994 neu geschaffene Eisenbahnpolitik spiegelt sich im Grundgesetz (Änderung des Artikels 87) und im Gesetz zur Neuordnung des Eisenbahnwesens (Eisenbahnneuordnungsgesetz) wider. Bestandteile des neuen Gesetzes sind vier Gesetze, die folgende Inhalte regeln:

- Zusammenführung und Neugliederung der Bundeseisenbahnen,
- Gründung der Deutsche Bahn AG,

- Eisenbahnverkehrsverwaltung und
- Regionalisierung des öffentlichen Personennahverkehrs.

Außerdem hat sich hierbei das Allgemeine Eisenbahngesetz (AEG) verändert, welches am 27.12.1993 als Artikel 5 des **Gesetzes zur Neuordnung des Eisenbahnwesens** (Eisenbahnneuordnungsgesetz – ENeuOG) neu gefasst wurde (vgl. Aberle 2009, S. 144). Dieses Gesetz regelt alle bundesweiten und allgemeinen Sachverhalte, die das gesamte Bundesgebiet betreffen. Für Felder, in denen keine Regelung des Bundes vorliegt, greift die Landesgesetzgebung in Form der jeweiligen Landeseisenbahngesetze. Weiterhin besitzt der Bund, laut AEG das Recht, Richtlinien zu erlassen, und prägt somit den deutschen Ordnungsrahmen durch z. B. die Eisenbahn-Signalordnung (ESO) und die Eisenbahn-Bau und -Betriebsordnung (EBO). Diese Richtlinien stammen aus den 60er- und 70er-Jahren des 20. Jahrhunderts, werden aber regelmäßig angepasst. Die Details dieser Verordnungen werden häufig in Normen oder Richtlinien festgeschrieben. Normen befassen sich hierbei mit technischen Vorgaben und werden von überbetrieblichen Organisationen erstellt. Richtlinien werden konkret durch die verschiedenen Betreiber verfasst. Im Bereich der Verkehrsverwaltung erlässt das Eisenbahn-Bundesamt unter der Kontrolle des BMDV Verwaltungsrichtlinien sowie Leitfäden und Merkblätter (vgl. Jänsch 2021, S. 84 f.).

7.1.1.5 Anbieter

Eine genaue Anzahl der **weltweiten** oder **europäischen Eisenbahnunternehmen** zu geben, ist schwierig. Die Mitgliedszahlen des internationalen Verbandes UIC und europäischen Branchenverbandes Gemeinschaft der Europäischen Bahnen (GEB) geben jedoch erste Hinweise. Im UIC sind knapp 200 Mitglieder aller fünf Kontinente zusammengeschlossen, wobei es sich um sog. aktive Mitglieder, assoziierte Mitglieder und angeschlossene Mitglieder (zum Bahntransport gehörige oder ihn ergänzende Aktivitäten und Dienstleister) handelt (vgl. UIC 2023a, S. 6 ff.).

Das Statistische Amt der Europäischen Union weist für das Jahr 2021, inklusive Großbritannien, 616 Eisenbahnunternehmen aus bzw. bei Hinzunahme der Vorjahrsdaten für die Länder, deren Angaben für 2021 fehlen, können zwölf weitere Eisenbahnunternehmen in der EU festgestellt werden. Für Deutschland werden letztmalig Daten für das Jahr 2014 ausgewiesen – wie viele der 400 Unternehmen noch aktiv sind, wird nicht erkennbar (vgl. Eurostat 2023).

Die **fünf größten europäischen Anbieter** (bezogen auf Umsatz) im Personenfernverkehr des Jahres 2022 sind Societe Nationale des Chemins de fer Francais (SNCF), DB-Konzern, Transdev, Fiest Group und Nederlandse Spoorwegen (NS). Im öffentlichen Personennahverkehr steht der DB-Konzern auf dem 1. Platz, gefolgt von SNCF, FS, First Group und Go Ahead (vgl. DB AG 2023a, S. 38).

Seitens der UIC wird geschätzt, dass von den Mitgliedsunternehmen im Jahr 2022 **mehr als 900 Tsd. Kilometer Gleise befahren** werden (→ Tabelle 59). Im weltweiten Vergleich hat Asien mit knapp 32 % den größten Anteil am Schienennetz. In Europa, einschließlich der Türkei, sind es im Jahr 2022 ca. 259.000 km und damit etwas mehr als ein Viertel (28,1 %) des Gesamtnetzes.

	2006	2010	2012	2022
Afrika	52.159	50.274	70.504	55.295
Amerika	385.272	375.773	369.222	225.141
Asien, Ozeanien und Naher Osten	221.788	224.204	227.722	294.072
Europa (inkl. Türkei)	264.204	285.408	265.120	259.080
Russland	85.253	85.292	84.249	85.520
weltweit (geschätzt)	1.008.677	1.020.953	1.016.817	919.072

Tabelle 59: Schienenlänge weltweit im Vergleich (in km) | Quelle: Vgl. UIC 2023b, S. 1 f.

Nach Eurostat waren es innerhalb der 27 Mitgliedstaaten der Europäischen Union plus Großbritannien im Jahr 2021 mehr als 370 Tsd. Kilometer, wobei in Frankreich, Deutschland, Großbritannien und Polen mit 30.000 km und mehr die längsten Schienennetze zur Verfügung stehen (→ Tabelle 60).

Europa			
Land	**Schienennetz 2021**	**Land**	**Schienennetz 2021**
Belgien	6.301	Norwegen	4.196
Bulgarien	5.460	Österreich	9.759
Tschech. Republik	15.261	Polen	37.474
Dänemark	3.181 (1998)	Portugal	3.225
Deutschland	68.260 (2020)[81]	Rumänien	20.065
Estland	2.143	Slowenien	2.178
Irland	2.426	Slowakei	3.627 (2014)
Griechenland	3.039	Finnland	6.707
Frankreich	47.870	Schweden	15.543
Italien	24.564	Großbritannien	31.898
Lettland	2.213	Kroatien	3.944
Litauen	2.346	Ungarn	11.586
Luxemburg	628	Malta	-
Niederlande	2.811 (2003)	Zypern	-

Tabelle 60: Schienennetz in der EU (in km) | Quelle: Eurostat 2023.

81 Die DB AG spricht davon, dass sie in Deutschland mit ca. 33.000 km das längste Schienennetz in Europa betreibt (vgl. DB AG 2023a, S. 37).

7.1.1.6 Deutsche Bahn AG (DB AG)

Auf Grund der Bedeutung der Deutschen Bahn AG im deutschen Schienenpersonenverkehr (vgl. Kapitel 7.1.1.2) wird im Folgenden auf die Struktur und wichtige Kennzahlen, die Zuggattungen und wichtige touristische Geschäftsbereiche eingegangen.

Struktur der DB AG

Die DB AG ist seit ihrer Gründung 1994 eine **Aktiengesellschaft** nach deutschem Recht. Das Geschäftsportfolio des DB-Konzerns ist im Wesentlichen in acht Geschäftsfelder strukturiert (→ Abbildiung 57). „Unsere Aktivitaten im Personenverkehr sind breit aufgestellt. Sie umfassen neben Bus- und Schienenverkehren auch intelligente Vernetzungen mit anderen Verkehrsmitteln wie dem Auto und dem Fahrrad, aber auch mit neuen Mobilitätsformen, die in Erganzung zum Kerngeschäft Tür-zu-Tür-Mobilität ermöglichen. Schienenpersonenfernverkehr bieten wir innerhalb Deutschlands und in die Nachbarländer an. DB Arriva hat im Regional- und Nahverkehr einen europaweiten Auftritt, um an den Marktchancen aus sich offnenden Bus- und Schienenverkehrsmärkten partizipieren zu konnen." (DB AG 2023a, S. 38)

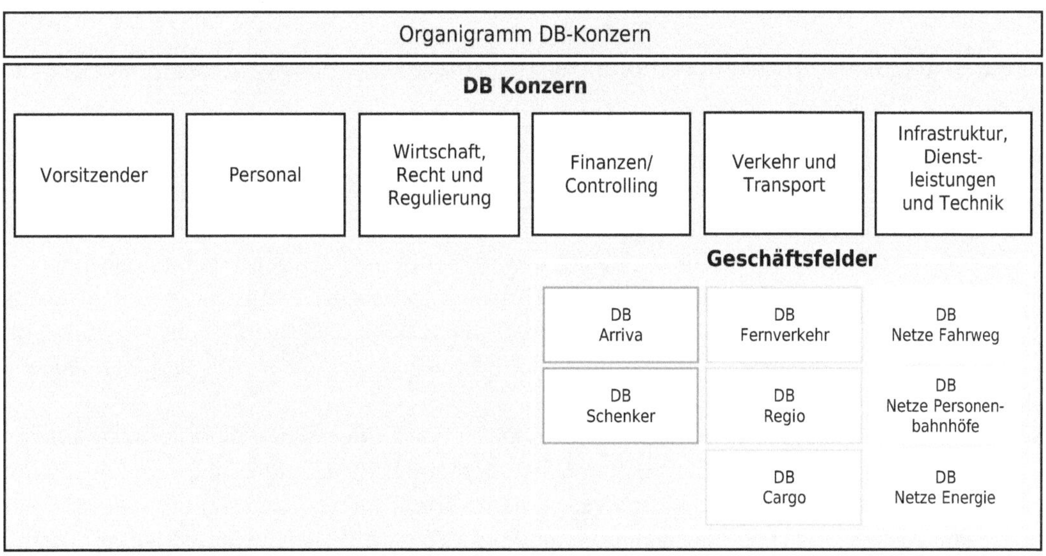

Abbildung 57: Struktur des Deutsche Bahn-Konzerns | Quelle: DB AG 2023a, S. 37.

Im Personenverkehr beförderte die Deutsche Bahn im Jahr 2022 europaweit rund 10,3 Mio. Personen pro Tag in Zügen und Bussen. Insgesamt wickelt sie auf dem knapp 33.300 km langen Streckennetz täglich ca. 23.300 Zugfahrten ab. Im Güterverkehr werden in Europa pro Jahr rund 222 Mio. t Güter auf der Schiene und knapp 102 Mio. Sendungen auf der Straße transportiert. Weltweit werden mehr als 1,3 Mio. t Luftfracht und knapp 1,9 Mio. TEU Seefracht abgewickelt. Hierfür werden seitens DB-Konzerns ca. 324.000 Mitarbeitende eingesetzt und im Geschäftsjahr 2022 ein Umsatz von rund 56,3 Mrd. Euro erwirtschaftet (→ Tabelle 61).

Bahnreisende	1.980 Mio., davon 1.737 Mio. in Deutschland
Busreisende	1.771 Mio.
Betriebslänge des Schienennetzes	33.469 km
Lärmsanierte Strecken	2.202 km
Umsatz	56.296 Mio. €
Brutto-Investitionen	9.344 Mio. €
Anzahl der Personenbahnhöfe	15.353
Pünktlichkeit des Schienenpersonenverkehrs in Deutschland	65,2 %
Stationshalte	159,8 Mio.
Anteil erneuerbarer Energien am Bahnstrommix	65,20 %
Anzahl an BahnCards	4,9 Mio.

Tabelle 61: Übersicht über ausgewählte Kennzahlen des DB-Konzerns 2022 | Quelle: Vgl. DB AG 2023a, S. U3.

Die einzelnen Geschäftsfelder des DB-Konzerns haben folgende Aufgabenschwerpunkte (vgl. DB AG 2023a, S. 114 ff.):

- **DB Fernverkehr:**
  - Es werden nationale und grenzüberschreitende Fernverkehrsleistungen auf der Schiene erbracht. Der Tageslinienverkehr mit der ICE-/IC-/EC-Flotte ist das Kerngeschäft im Fernverkehr. Daneben bietet die DB Inselverkehre nach Sylt und Wangerooge an.
  - Neben dem Angebot in Deutschland wird das internationale Angebot ausgebaut. Dafür steht bspw. die Kooperation im Rahmen der Allianz „Railteam" – eine Kooperation zwischen DB, SNCF, SNCB, Eurostar, NS International, ÖBB, SBB und THI Factory (🔗 https://www.railteam.eu/de/).
- **DB Regio:** In der DB Regio sind die Aktivitäten für die deutschen Beförderungs- und Serviceleistungen im regionalen Personennahverkehr auf Schiene und Straße zusammengefasst, d. h. Regional-Express-, Regionalbahn-, S-Bahn- (Berlin und Hamburg) und Regional- und Stadtbuslinien. Sie bietet Reisenden Mobilitätsnagebote in Metropolen und Ballungsräumen sowie im ländlichen Raum.
- **DB Arriva:** Die DB Arriva bündelt alle europäischen Nahverkehrsaktivitäten (Schiene und Bus) außerhalb Deutschlands. Mit Bussen, Zügen, Straßenbahnen, Wasserbussen und Krankentransportwagen bietet DB Arriva vielfältige Beförderungsleistungen in mehreren europäischen Ländern an. Alle verbliebenen Teile der Auslandstochter Arriva wurden im Oktober 2023 an den US-Infrastruktur-Investor I Squared Capital veräußert. Die Transaktion soll 2024 abgeschlossen sein, vorbehaltlich der Vollzugsbedingungen und der Zustimmung des DB-Aufsichtsrats sowie des BMDV (vgl. DB AG 2023b).
- **DB Schenker (früher DB Schenker Logistics):** Hier werden alle globalen Logistikaktivitäten des DB-Konzerns geführt. Diese umfassen Speditions-, Transport- und sonstige Servicedienstleistungen im Waren- und Güterverkehr. 2002 wurde das Speditionsunternehmen Schenker in die DB AG integriert. DB Schenker ist mit einer Präsenz an mehr als 1.850

Standorten in über 130 Ländern in einer führenden Position im europäischen Landverkehr sowie im weltweiten See- und Luftfrachtverkehr.

- **DB Cargo (früher DB Schenker Rail):** DB Cargo bietet seinen Kunden in 17 europäischen Ländern Zugang zum Schienennetz, das bis China geht und die Nummer 1 im europäischen Schienengüterverkehr ist. „In seinem internationalen Netzwerk führt DB Cargo Transporte von Güterwagen und Güterwagengruppen im System des Einzelwagenverkehrs durch, ermöglicht Transportketten fur Container oder Lkw-Trailervon Reedereien und Speditionen mit Nutzung mehrerer Verkehrsträger (Bahn, Schiff, Lkw) im Kombinierten Verkehr und fahrt im Ganzzugverkehr Direktverbindungen von Gleisanschluss zu Gleisanschluss." (DB AG 2023a, S. 127)
- **DB Netze Fahrweg:** Das Geschäftsfeld verantwortet Herstellung, Instandhaltung und Betrieb der schienengebundenen Eisenbahninfrastruktur in Deutschland und ist die Nummer 1 der europäischen Eisenbahninfrastrukturanbieter. Es ist Dienstleister für mehr als 450 Eisenbahnverkehrsunternehmen (EVU), darunter mehr 430 konzernexterne Kunden. Pro Jahr werden mehr als 1,1 Mrd. Zugkm auf den Gleisen in Deutschland gefahren. Wichtigste Einnahmequellen sind Erlöse aus den Trassenprodukten, da diese über 90 % des Gesamtumsatzes ausmachen. Die Trassenpreise sind transparent durch ein von der Bundesnetzagentur (BNetzA) reguliertes Trassenpreissystem festgelegt.
- **DB Netze Personenbahnhöfe:** Die Aktivitäten des Geschäftsfelds umfassen den Betrieb der Personenbahnhöfe als Verkehrsstation sowie die Entwicklung und Vermarktung der damit in Verbindung stehenden Bahnhofsflächen (2023: mehr als 866.000 qm Mietfläche).
- **DB Netze Energie:** Von diesem Geschäftsfeld werden alle in Deutschland branchenüblichen Energieprodukte in den Bereichen Traktionsenergie und stationäre Energien angeboten, d. h. Bahnstrom und Diesel für den Schienenverkehr sowie Strom, Gas und Wärme in Bahnhöfen und sonstigen Immobilien des DB-Konzerns. DB Netze Energie beliefert auch deutsche Industriekunden mit einem breiten Angebot an Strom- und Gasprodukten. Zum Leistungsspektrum gehören letztlich eine energiewirtschaftliche Beratung sowie technische Dienstleistungen.

Zuggattungen der Deutschen Bahn

Das Leistungsangebot der Deutschen Bahn ist u. a. hinsichtlich der Produktqualität differenziert. Daher existieren verschiedene Klassen und Zuggattungen, die sich nach Fahrtdauer, Zahl der angefahrenen Bahnhöfe, Wagenart (Sitz-, Liege- und Schlafwagen), Ausstattung der Abteile und den Nebenleistungen (z. B. Bewirtschaftung, Telefon/Internet im Zug) unterscheiden (→ Tabelle 62).

Zuggattung	Beschreibung
Fernverkehrszüge	
InterCityExpress (ICE) ICE-1 bis ICE-4, ICE-neo, ICE T und ICE L	■ Premiumprodukt: Fernverkehrs-Triebzüge der DB AG, abschnittsweise über Hochgeschwindigkeitsstrecken mit Speisewagen oder Bistro; 1. und 2. Klasse, keine Fahrradmitnahme, DB-Tarif ■ tägliche Platzangebot für Fahrgäste im Fernverkehr stieg bis Ende 2022 mit neuen Zugen um 32.000 Sitze ■ Kennfarbe: weiß-rot

ICE-Sprinter	■ spezielle ICE-Züge als Schnellverbindung (z. B. Berlin → Köln, Köln → Frankfurt/Main)
EC/IC EuroCity, InterCity I und II	■ Standardprodukt: Fernverkehrszüge der DB AG für ergänzende innerdeutsche (IC) und europäische (EC) Achsen, 1–2-Stundentakt, ergänzt das ICE-Netz außerhalb von Schnellstrecken, Umstieg am selben Bahnsteig in den großen Knoten (z. B. Köln, Dortmund), (fast) immer mit Speisewagen/Bistro; 1. und 2. Klasse, z. T. Fahrradabteil, DB-Tarif ■ Seit 2015 wird Flotte durch doppelstockige Intercity-2-Züge sowie seit 2019 durch weitere Stadler-Züge (KISS) ergänzt ■ IC-Netz wird schrittweise ausgebaut: Alle deutschen Großstädte (> 100.000 Einwohner) sollen alle zwei Stunden an das Fernverkehrsnetz angeschlossen werden. Durch neue oder wieder angefahrene IC-Halte entstehen bis 2030 ca. 190 neue Direktverbindungen in die 50 größten deutschen Städte. ■ Kennfarbe: weiß-rot
Nahverkehrszüge	
RegionalExpress (RE)	■ Regionaler Schnellverkehr zwischen den Städten (früher: Eilzüge), Stundentakt bis spät abends; im Rhein-Ruhr-Raum kaum langsamer als Fernverkehr, Hauptlinien mit Doppelstockwagen 1. und 2. Klasse, Fahrradabteil ■ Kennfarbe: rot
Interregio (IR)	■ Schneller Taktfahrplan zwischen Mittel- und Oberzentren, das den Fern- und Nahverkehr zu einem System ergänzt ■ 2006 eingestellt → einzelne Bundesländer führten auf Bestellung der jeweiligen Landesregierung ersatzweise Interregio-Express (IRE) ein
RegionalBahn (RB)	■ Nahverkehrszüge in Ergänzung des S-Bahn-Netzes und in der Fläche, halten meist an allen Bahnhöfen i. d. R. mindestens Stundentakt, am Wochenende z. T. weniger; meist mit 1. und 2. Klasse, z. T. Fahrradabteil
S-Bahn	■ Verkehr in und zwischen Großstädten, für längere regionale Verbindungen aber zu langsam, werktags tagsüber i. d. R. 20-Min.-Takt, abends und am Wochenende 30-Min.-Takt, am Wochenende z. T. zusätzlicher Nachtverkehr, i. d. R. mit 1. und 2. Klasse; neue Züge ohne Toilette, kein Raucherabteil, Fahrradmitnahme außerhalb der Spitze im Einstiegsbereich ■ Kennfarbe: rot (Logo: grün)
weitere Züge	
THALYS (Teil der Eurostar-Gruppe)	■ Schnellzüge: z. B. Köln→Brüssel→Paris
AutoZug	■ Das Angebot der DB AG mit den Strecken Hamburg →Lörrach und Hamburg→München wurde Ende Oktober 2016 endgültig eingestellt. ■ Es gibt jedoch das Angebot der Inselverkehre nach Sylt und Wangerooge.
Nachtzüge	■ Nacht-IC/ICE: Die DB hat ihr klassisches Nachtzug-Angebot mit Schlaf- und Liegewagen (City Night Line) zum Fahrplanwechsel am 11.12.2016 eingestellt. Seitdem wird ein neues Nachtreisekonzept mit Nacht-IC/ICE angeboten: Den Reisenden stehen in jeder Nacht IC- bzw. ICE-Fahrten zur Verfügung. ■ Die ÖBB fährt in Deutschland unter der Marke „Nightjet" Nachtzüge. Mit dem Fahrplanwechsel im Dezember 2023 gibt es in Deutschland wieder 40 Städte, die an das europäische Nachtzugnetz angebunden sind. Betrieben wird die Verbindung gemeinsam von der DB, ÖBB, französischen Staatsbahn SNCF sowie belgischen NMBS/SNCB. Das Zugmaterial stammt von den ÖBB.

	■ Auch in andere Länder gibt es Nachtzüge, wie z. B. von Stuttgart und München nach Zagreb oder Rijeka über Ljubljana im kroatischen oder von München nach Budapest über Salzburg und Wien im ungarischen Nachtzug. ■ Außerhalb Deutschlands gibt es bspw. die Bergenbahn von Oslo nach Bergen, die tags und nachts fährt.

Tabelle 62: Zuggattungen der Deutschen Bahn AG | Quelle: Eigene Zusammenstellung nach verschiedenen Quellen der DB AG.

Touristische Aktivitäten der DB AG

Bei den touristischen Aktivitäten der Deutschen Bahn AG lassen sich Eigentouristik, Tochtergesellschaften und Fremdtouristik unterscheiden, die im Folgenden kurz vorgestellt werden.

Im Rahmen der **Eigentouristik** engagiert sich die DB AG bspw. seit 2001 mit dem BUND, NABU und VCD im Rahmen der Kooperation „Fahrtziel Natur". 2023 präsentiert Fahrtziel Natur – mit dem Nationalparke, Biosphärenreservate und Naturparke in Deutschland und in der Schweiz als attraktive Reiseziele bekannter gemacht werden sollen – 24 Großschutzgebiete (vom Wattenmeer bis zum Alpenraum), die alle mit der Bahn erreichbar sind) (vgl. DB Fernverkehr AG 2023c).

Bei den **Tochtergesellschaften** werden im Geschäftsbericht der DB AG mehrere Dutzend Beispiele je Geschäftsfeld im In- und Ausland aufgezeigt (vgl. DB AG 2023a, S. 267 ff.).

Zur **Fremdtouristik** zählt der Vertrieb touristischer Leistungen über das Internet (z. B. Drittanbieter wie Städtereisen vom Reiseveranstalter „Ameropa", ehemals 100-prozentige Tochter der DB Fernverkehr AG) oder das Angebot „Rail & Fly" für Reiseveranstalter und Fluggesellschaften. Darüber hinaus sind z. B. HRS und HRS Holidays in die Bahn-Website eingebunden, so dass Hotels und Ferienwohnungen buchbar sind. Weitere Beispiele sind Kooperationen mit Airlines, z. B. Zug zum Flug/Rail & Fly, Interlining, Code-Sharing, Kooperation mit Lufthansa (Lufthansa Express Rail), Reisebüros und Reiseveranstalter. Bei der Möglichkeit des **Touristik Pricing** geht die DB AG eine Kooperation mit Reiseveranstaltern ein. Mit den zwei Preismodellen Sparpreis (Europa) Touristik und Flexpreis (Europa) Touristik bietet sie den Kunden der kooperierenden Reiseveranstalter flexible und preisattraktive Angebote für nationale als auch internationale Reisen. Die Touristik-Angebote können durch den Veranstalter über ein CRS (TRAVELPORT, AMADEUS, Sabre), über einen Dienstleister (DB Verkaufsstelle) oder bei Direktanbindung über die DB Partnerschnittstelle bezogen werden. Voraussetzungen sind:

- Der Reiseveranstalter ist ein Anbieter im Sinne des Reisevertragsrechts § 651 BGB. Er hinterlegt eine Sicherheitsleistung in Höhe von mind. 10.000 Euro.
- Nutzung der Angebote ausschließlich im Rahmen von touristischen Pauschalarrangements und Bewerbung der Angebote durch Kommunikations- und Vertriebskanäle des Reiseveranstalters.
- Mindestumsatz von 25.000 Euro pro Jahr je Angebot (vgl. DB AG 2023c).

Weitere Informationen zu den Partnerschaftsmodellen mit Airlines, Reiseveranstaltern und -büros finden sich unter https://www.db-partner.info/partner/distribution.xhtml.

▸ **Exkurs** | Mit dem Zug durch die Alpen
Seit dem Jahr 2018 läuft das Projekt „Youth Alpine Interrail" (Yoalin). Es ermöglicht bis zu 150 jungen Menschen, die acht Alpenländer (Deutschland, Frankreich, Italien, Liechtenstein, Monaco, Österreich, Schweiz und Slowenien) im Sommer mit öffentlichen Verkehrsmitteln nachhaltig über die Alpen zu bereisen. Jugendliche zwischen 16 und 27 Jahren können sich bewerben, wobei die motiviertesten Teilnehmer ausgewählt werden und sie einen Beitrag von 50 Euro zu bezahlen haben. Die drei zentralen Aspekte des Projektes sind: Nachhaltiges Reisen in den Alpen sichtbar zu machen, nachhaltiges Leben und Reisen zu vermitteln und die Identifikation mit den Alpen zu stärken. Durch „Yoalin" wird Jugendlichen nachhaltiges Reisen nähergebracht, um damit auch das Mobilitätsverhalten im weiteren Leben zu beeinflussen (vgl. CIPRA 2023; VCÖ 2020, S. 12).

7.1.1.7 Intermodale Angebote

Intermodalität wird mit der Nutzung verschiedener Verkehrsmittel innerhalb eines Weges umschrieben, so dass nachfragegerechte Kooperationen verschiedener Teilverkehrssysteme (Verkehrsträger, Verkehrsmittel, Verkehrsunternehmen) notwendig sind. Insbesondere den Schnitt- und Übergabestellen (Umsteigepunkte) kommt hierbei besondere Bedeutung zu (vgl. Cerwenka 2000, S. 193; Wilde 2023, S. 9 f.).

Ziel der DB AG ist es, eine **durchgehende Reisekette** („Vor der Reise", „Am Bahnhof", „Im Zug", „Nach der Reise") anbieten zu können. Daher kooperiert sie mit anderen Verkehrsträgern und -unternehmen. Über die in folgender → Tabelle 63 dargestellten intermodalen Angebote gibt es weitere Serviceleistungen, die ein sog. „Seamless Travel" unterstützen. Es sind bspw. Park & Rail (Parken am Bahnhof; DB BahnPark GmbH bewirtschaftet und entwickelt bahnhofsnahe Parkeinrichtungen verschiedener Eigentümer), das City-Ticket (für Reisende der 1. Klasse und BahnCard-Inhaber), die Möglichkeit eines Gepäcktransports (z. B. Gepäckträgerservice, Kreuzfahrtgepäck, Kuriergepäck, Fluggepäck), Service für Mobilitätseingeschränkte und Lounges an ausgewählten Bahnhöfen zu nennen. Vergleichsweise neu ist die DB New Mobility: Sie bündelt das Angebot des DB-Konzerns an neuer Mobilität und „(…) entwickelt flexible und digitale Lösungen, mit denen der ÖPNV nahtlos, einfach und bequem von Tür zu Tür gestaltet werden kann. Dazu gehören die Angebote von ioki, Mobimeo, CleverShuttle sowie die Produkte Call a Bike, Flinkster, Bonvoyo und Curbside Management von DB Connect. Die DB New Mobility wendet sich mit diesem Angebot an öffentliche Aufgabenträger wie Kommunen und Verkehrsverbünde." (DB AG 2023a, S. 153)

Bahn & Auto – Mietwagen am Bahnhof	▪ Kooperationspartner: u. a. Avis, Europcar, Sixt ▪ Mietwagenunternehmen an verschiedenen Bahnhöfen präsent ▪ exklusive BahnCard-Tarife und bahn.bonus-Punkte bei Avis, Europcar und Sixt ▪ Ab- und Annahmestellen: Counter der Mietwagenunternehmen oder am Counter des DB Reisezentrums ▪ Europcar ist bspw. mit Mietstationen an 90 deutschen Bahnhöfen der DB AG vertreten
Bahn & Auto – Flinkster	▪ Mit dem Car-Sharing der Bahn können die Kunden in Deutschland auf Fahrzeuge in mehr als 350 Städten und Gemeinden zurückgreifen ▪ Es stehen ca. 2.700 Fahrzeuge zur Verfügung ▪ Stunden-, tage-, wochenweise Anmietung rund um die Uhr möglich, Zugang per App ▪ Zeitabhängiger Preis (inklusive Kraftstoffkosten, Vollkaskoversicherung, Diebstahlschutz und Zusatzfahrer) plus Kilometer-Pauschale

Bahn & Bike – Beförderung	■ Beförderung des Fahrrads (auch „Pedelecs") in Zügen des Nahverkehrs und in Zügen des Fernverkehrs (IC/EC, kein ICE) ■ Demontierte und komplett verpackte handelsübliche Fahrräder sowie zusammengeklappte Fahrräder (letztere auch unverpackt) können als kostenloses Handgepäck mitgenommen werden, sofern diese unter bzw. über dem Sitz sicher verstaut werden ■ Spezielle Fahrradtypen (z. B. Tandem, Liegerad) sind aus Kapazitätsgründen nicht in allen Fernzügen, für welche die Fahrradmitnahme angeboten wird, zugelassen; für diese Fahrräder müssen vor Antritt der Reise spezielle Stellplätze gebucht werden ■ Radfahrer-Hotline, Fahrrad als Kuriergepäck möglich
Bahn & Bike – DB Call-a-Bike	■ Spontane Fahrradmiete in mehr als 80 Städten ■ vollautomatisierter Prozess: Telefon/Smartphone und freies CallBike nötig ■ 2023: ca. 13.000 Fahrräder und rund 1 Mio. Kunden
Bahn und Flugzeug – Lufthansa Express Rail (früher Air Rail)	■ Kooperationsprodukt von Lufthansa (LH), Fraport und DB AG ■ Nutzung des ICE anstelle des Flugzeuges als Feeder/Defeeder für Flüge ab/nach Frankfurt Flughafen (FRA) inklusive Gepäcktransport und Check-in ■ seit März 2001 auf der Relation Stuttgart Hbf und Frankfurt Flughafen, im Jahr 2023 mehr als 20 Lufthansa-Express-Rail-Bahnhöfe ■ Gepäcktransport und -handling: Das Gepäck wird passagierbegleitend im Zug befördert. Im Fernbahnhof (AIRail Terminal) wird das Gepäck in die Gepäckförderanlage eingespeist, sicherheitsüberprüft und in das Flugzeug umgeladen. ■ Mit Lufthansa Express Rail kann ab 23 Stunden vor Abflug und bis 15 Minuten vor Abfahrt des Zuges online oder mobil bei Lufthansa eingecheckt werden: Kunden erhalten jeweils eine Bordkarte für Zug und Flug; Bordkarte für den Zug ist ICE-Fahrkarte, diese ist nur für die aufgedruckte Verbindung gültig
Bahn und Flugzeug – Rail & Fly	■ Bahnfahrschein für die An- und Abreise zu/von Flughäfen in Deutschland (inkl. Basel) für einen Pauschalpreis, Verträge mit mehr als 50 Airlines über den Preis und das Handling, Vertrieb erfolgt über Airlines ■ Bestandteile des Rail & Fly/Fly & Rail-Angebotes: Bahnreise von/zu jedem der deutschen Bahnhöfe von/zu jedem deutschen Flughafen und in allen Zügen (inklusive ICE) außer Thalys und Sonderzüge, ICE-Sprinter mit Aufpreis, nicht innerhalb von Verkehrsverbünden ■ Buchung: Über Airlines und Reisebüros (CRS) ■ Ticketing: Das Flugticket beinhaltet zwei Coupons für die An- und Abreise mit der Bahn
Bahn und Flugzeug – Anbindung von Flughäfen	■ Fernverkehr (ICE/IC/EC), Nahverkehr (S-Bahn, RegionalExpress) ■ In Deutschland wurde 1972 der erste Bahnanschluss in Frankfurt am Main in Betrieb genommen und 1975 wurde der Flughafen Düsseldorf an die S-Bahn angeschlossen. ■ Heute sind bei den meisten deutschen Verkehrsflughäfen Nahverkehrsanschlüsse (z. T. über Straßenbahn wie in Bremen oder U-Bahn wie in Nürnberg) vorhanden. ■ Fernbahnhöfe gibt es an den Flughäfen Berlin Brandenburg (BER), Düsseldorf, Frankfurt, Köln/Bonn und Leipzig/Halle. Am Flughafen Stuttgart ist es für 2025 geplant.

Tabelle 63: Intermodale Angebote der DB AG (Auswahl) | Quelle: Eigene Zusammenstellung aus dem Internetauftritt der DB AG; DB AG 2023a, S. 153.

7.1.1.8 Intramodaler Wettbewerb

Bei den deutschen Eisenbahnverkehrsunternehmen lassen sich die Deutsche Bahn AG und die Privat-Bahnen (oder „NE-Bahnen" = nicht bundeseigene Eisenbahnen), z. B. Abellio, National Express und Transdev, unterscheiden. Die Deutsche Bahn AG ist jedoch auch als Eisenbahninfrastrukturunternehmen aktiv und zwar als Netzbetreiber (DB Netz AG) und Bahnhofsbetreiber (DB Station & Service AG).

Auch ca. 30 Jahre nach der Bahnreform im Jahr 1994 hat der **intramodale Wettbewerb** in allen drei Segmenten des deutschen Schienenverkehrs – Fern-, Nah- und Güterverkehr – nur in Teilen Einzug gehalten. Insbesondere im innerdeutschen Schienenpersonenfernverkehr hat die DB AG immer noch fast eine Monopolstellung (→ Tabelle 64) – für 2022 wird mit 4 % ein höhrerer Wert als in den Jahren zuvor ausgewiesen. Im Schienenpersonennahverkehr lag der Marktanteil der Wettbewerbsbahnen gemessen an der Betriebsleistung (in Zkm) im Jahr 2020 immerhin bei ca. 40 % und ist damit in den letzten Jahren kontinuierlich angestiegen.

	2008/09	2011	2014/15	2020	2022
Schienenpersonennah-verkehr (SPNV)	ca. 10 % Pkm	k. A.	ca. 18 % Pkm	26 % Pkm	33 % Pkm
Schienenpersonennah-verkehr (SPNV)	18,3 % Zkm	24,1 % Zkm	29,3 % Zkm	40,9 % Zkm	k. A.
Schienenpersonenfern-verkehr (SPFV)	< 1 % Pkm & Zkm	< 1 % Pkm & Zkm	< 1 % Pkm & Zkm	2 % Pkm	4 % Pkm
Schienengüterverkehr (SGV)	ca. 21 % tkm	k. A.	33,6 % tkm	57,2 % tkm	59 % tkm

Tabelle 64: Marktanteil der Wettbewerber der DB AG in Deutschland | Quelle: Vgl. Bundesnetzagentur 2023, S. 19; mofair/Netzwerk Privatbahnen 2009, S. 11 ff.; mofair/Netzwerk Privatbahnen 2015, S. 1 ff.; mofair/NEE 2021a, S. 16–24; mofair/NEE 2021b, S. 8.

In Deutschland wurden zwischen 2000 und 2016 mindestens zwölf Markteintrittsversuche unternommen, wie → Tabelle 65 zu entnehmen ist. Sieben Unternehmen sind nach kurzer Zeit wieder ausgetreten, z. T. nur nach wenigen Wochen. Diese Einstiegsversuche beschränkten sich auf maximal zwei Zugpaare pro Tag. An einen Systemverkehr – etwa in der Form eines Zweistundentaktes – hat sich auf Grund der Risikostruktur des Geschäfts bis 2016 noch kein Unternehmen herangewagt. Abgesehen von diesen wenigen marginalen Anbietern ist seit 2018 v. a. Flixtrain auf dem inländischen Fernverkehrsmarkt aktiv, allerdings auch nur auf wenigen Strecken und mit geringer Frequenz (vgl. Eisenkopf/Knorr 2021, S. 6). Im Jahr 2023 bietet Flixtrain die Verbindungen Berlin – Hamburg, Frankfurt – Stuttgart sowie Hamburg – Köln an. Drei weitere Konkurrenten sind (mindestens) auch im Schienenpersonenfernverkehr aktiv (vgl. Flix SE 2023b; Snälltåget 2023).

von	bis	Produkt	Linie	Unternehmen	Zugpaare	Status
09/2000	2023	Berlin Night Express	Berlin →Malmö	GVG Georg Verkehrsorganisation	3x pro Woche	fährt
12/2000	02/2001		Bielefeld →Köln	Eurobahn (später Keolis)	2x pro Woche	eingestellt
03/2002	2014	Inter Connex I	Leipzig →Berlin →Rostock →Warnemünde	OstseelandBahn (später Transdev)	2x pro Tag, davon 1x Leipzig-Berlin	eingestellt
12/2001	12/2006	Inter Connex II	(Liberec-) Dresden/ Zittau →Stralsund (→Binz)	Veolia Verkehr (später Transdev)	2x pro Woche	eingestellt
06/2003	12/2003	Inter Connex III	(Neuss–) Köln →Rostock	Connex (später Transdev)	1x pro Tag	eingestellt
06/2005	2015	Vogtland-Express	Plauen →Chemnitz →Berlin	Vogtlandbahn (Netinera)	1x pro Tag	eingestellt
2005	2023	Harz-Berlin-Express	Goslar/Thale →Berlin	Veolia, späterTransdev, 2023 Abellio Rail Mitteldeutschland	3x pro Woche	fährt
03/2006	12/2008	Lausitz-Express	Leipzig →Bischofswerda	Connex Sachsen (heute Transdev)	1x pro Tag (Mo.-Sa)	eingestellt
06/2009	07/2009	Nacht-im-Zug	Stuttgart →Berlin	Reisezug-Verkehrsgesellschaft	1x pro Woche	eingestellt
07/2012	2018, danach Flixtrain	Hamburg-Köln-Express	Hamburg →Köln	Hamburg-Köln-Express GmbH (ab 2018 Flixtrain)	mehrmals täglich	fährt
05/2016	2023	Autozug Sylt	Niebüll →Westerland	Railroad Development Corporation Autozug Sylt GmbH	bis zu 14x pro Tag	fährt
12/2016	2017, danach Flixtrain	Locomore	Stuttgart →Berlin	Locomore (ab 2018 Flixtrain)	einmal bis mehrmals täglich	fährt

Tabelle 65: Markteinstiege und Einstiegsversuche im Schienenpersonenfernverkehr in Deutschland (Stand Ende 2023) | Quelle: Vgl. mofair/Netzwerk Privatbahnen 2015, S. 51 und eigene Recherchen.

7.1.1.9 Nachfrage

Im Jahr 2022 stehen die UIC-Mitgliedsunternehmen weltweit für mehr als 2,0 Billionen Passagierkilometer. Der Großteil hiervon wurde in Asien erbracht (ca. 70 %), gefolgt von Europa (ca. 19 %) und Russland (ca. 6,0 %). In Amerika werden, trotz eines vergleichsweise großen Schienennetzes, nur ca. 1,5 % der Passagierkilometer erbracht (→ Tabelle 66).

Angaben in Pkm	2006	2010	2012	2022
Afrika	61,5	62,3	49,3	50,6
Amerika	12,8	12,0	20,9	33,0
Asien, Ozeanien und Naher Osten	1.646	2.079	2.172	1.489
Europa (inkl. Türkei)	464,5	472,8	480,0	402,8
Russland	177,6	139,0	144,6	122,7
weltweit	2.362,4	2.765,4	2.867,1	2.098,7

Tabelle 66: Passagierkilometer weltweit (in Mrd. Passagierkilometer, Pkm) | Quelle: Vgl. UIC 2023b, S. 1 f.

Während in der Europäischen Union im Jahr 2019 ca. 10,3 Mrd. Passagiere durch die mehr als 300 Eisenbahnunternehmen befördertwurden, waren es in den Jahren 2020 ca. 4,7 Mrd., 2021 ca. 5,2 Mrd. und 2022 ca. 5,8 Mrd. Passagiere. Die nachfragestärksten Märkte sind Deutschland, Frankreich und Italien (vgl. Eurostat 2023).

7.1.2 Bergbahnen

Im Folgenden werden die Bergbahnen als touristisches Verkehrsmittel genauer betrachtet. Hierbei werden neben der Begriffsabgrenzung und der geschichtlichen Entwicklung rechtliche Rahmenbedingungen und Institutionen betrachtet. Abschließend folgt eine Betrachtung von Angebot und Nachfrage.

7.1.2.1 Abgrenzung und Geschichte

> Eine **Bergbahn** ist ein Transport- bzw. Beförderungsmittel auf einer festen Fahrbahn, mit dem sich Höhendifferenz und horizontale Distanz (z. B. Verbindung zweier Punkte ohne wesentliche Höhendifferenzüberwindung) überwinden lässt. Bergbahnen können nur für den Gütertransport, als Erschließungsbahn (z. B. in städtischen Gebieten, wie die Kölner Seilbahn oder Seilbahn Koblenz) oder als touristisches Spezialverkehrsmittel eingesetzt werden (vgl. Bieger/Rüegger 1991, S. 11 f.).

Bereits im Jahre 250 v. Chr. wurden in China, wie alte Darstellungen zeigen, erste Zweiseilbahnen zum Transport von Steinen verwendet. Die ersten Seilbahnen im heutigen Sinne wurden im Bergbau eingesetzt und zwar für den Transport von Material und die Beförderung von Arbeitern. „Seit dem 14. Jahrhundert wurden in Gruben Wagen in behelfsmäßigen Holzschienen geführt und an Seilen gezogen. Die Vorläufer der heutigen Standseilbahnen waren geboren. Etwa um 1430 kann die Geburtsstunde der modernen Luftseilbahn in ihrer Urform angesetzt werden. In dieser Zeit entstanden erste Anlagen, bei denen Transportkörbe an einem Seil befestigt befördert wurden." (ders., S. 64)

Die **Erfindung des Drahtseiles** im Jahr 1834 (andere Quellen sprechen von 1827) durch den Harzer Oberbergrat Albert machte die Beförderung größerer Lasten an Seilen möglich, wodurch der Beginn der Seilbahntechnik eingeläutet wurde. Bei der Entwicklung der modernen Bergbahn können **vier Phasen** unterschieden werden. Als **Pionierphase** wird die Phase von 1871 bis ca. 1890 bezeichnet, in der die ersten Bergbahnen gebaut wurden. Hierzu zählen bspw. die Giessbachbahn, die die erste Seilbahn in der Schweiz ist, die erste Zahnradbahn von Vitznau auf die Rigi (1871) und die erste elektrisch betriebene Standseilbahn auf den Bürgenstock (1888). In Deutschland entstand 1877 die erste deutsche Standseilbahn, die „Zeitzer Drahtseilbahn" und 1882 wurde die erste deutsche Zahnradbahn auf den Drachenfels gebaut. In Dresden funktioniert noch eine Standseilbahn aus dem Jahr 1907. Die Zeit von 1890 bis ca. Mitte der 1930er-Jahre wird als **Phase der Sommer- und Ausflugsbahnen** bezeichnet, da v. a. Aussichtspunkte erschlossen wurden. In dieser Zeit wurden auch neue Bergbahnsysteme entwickelt, wie der Wetterhornaufzug in Grindelwald, der im Jahr 1908 als erste Luftseilbahn der Welt eröffnet wurde. In diese Phase fällt auch der Bau der Wendelsteinbahn, die die älteste Zahnradbahn in den deutschen Alpen und seit 1912 in Betrieb ist. Der erste nachweisbar maschinell betriebene Schlepplift in Deutschland nahm 1904 am Feldberg im Schwarzwald seinen Betrieb auf. Und im Jahr 1926 nahm die erste deutsche Kabinenseilbahn, die Kreuzeckbahn in Garmisch-Partenkirchen, ihren Betrieb auf. In der **dritten Phase** von ca. 1930 bis 1978 entstanden die ersten Wintersportbahnen, da sich zunehmend der Wintersport etablierte. 1927 eröffnete zwar die erste moderne Luftseilbahn heutigen Typs, die erste eigentliche Wintersportbahn war jedoch der 1934 in Davos eröffnet Skilift (Bolgenlift). Während des 2. Weltkrieges ging die touristische Nachfrage zurück, brach (in der Schweiz) aber nicht gänzlich zusammen wie im 1. Weltkrieg. Bis 1950 stieg die Zahl der Pendelbahnen in der Schweiz auf 22 und bei den Sesselbahnen auf acht. Mit der wirtschaftlichen Konsolidierung ab Mitte der 1950er-Jahre wurde der Skisport und Wintertourismus immer populärer, so dass immer mehr Bergbahnen entstanden (in der Schweiz erhöhte sich die Transportleistung zwischen 1963 und 1973 fast um das Dreifache). Die Zeit seit dem Ende der 1970er-Jahre wird von der **4. Phase der Konsolidierung und Optimierung** gesprochen. In diese Zeit fällt die Konzessionierung von Luftseilbahnen, d. h. es konnte nicht mehr einfach in unberührten Gebieten gebaut werden und der Natur- und Landschaftsschutz wurde stärker beachtet. Mit der Zeit wurden die Anlagen immer komfortabler (z. B. Hauben, gepolsterte Sitze, Sitzheizung) und leistungsfähiger bzw. haben eine höhere Geschwindigkeit (vgl. Bieger/Rüegger 1991, S. 64 ff.; Montada/Wachtendorf 1984, S. 425; StMWIVT 2007, S. 17).

Systematisierungen von Bergbahnen finden sich unterschiedliche, wie z. B. von Bieger/Rüegger (vgl. 1991, S. 45) und vom Verband Deutscher Seilbahnen und Schlepplifte e. V. bzw. Bayerischen Staatsministerium für Wirtschaft, Verkehr, Infrastruktur und Technologie (vgl. 2007, S. 12). Erstere Systematisierung ist umfassender, so dass diese zugrunde gelegt wird (⟶ Abbildung 58). Hiernach sind Adhäsionsbahnen (reine Schienenbahnen), Seil- und Zahnradbahnen zusammenzufassen. Der Begriff Seilbahn umfasst nach dem Europäischen Komitee für Normung (französisch Comité Européen de Normalisation, CEN) Anlagen des Personenverkehrs, bei denen die Fahrgäste entweder in Fahrzeugen befördert oder mittels Schleppvorrichtungen gezogen werden, die durch ein oder mehrere Seile getragen und bewegt werden und die keine Aufzüge sind. Bei den Seilbahnen wird zwischen Standseilbahnen (bodengebundene Bahnen), Seilschwebe- bzw. Luftseilbahnen und besondere Seilbahnen unterschieden.

Eine **Standseilbahn** bzw. bodengebundene Bahn ist eine Anlage, deren Fahrzeuge von Rädern oder anderen Einrichtungen getragen und durch ein oder mehrere Seile bewegt werden. In der Regel verkehrt ein Kabinenfahrzeug mit Rädern auf Schienen an einem Zugseil im Pendelbetrieb. Ein- und Ausstieg der Fahrgäste erfolgt bei stehendem Fahrzeug. **Bandförderer** sind Anlagen, bei denen Fußgänger, Skifahrer und Snowboarder auf einem Gurtband oder Gliederband stehend fortbewegt werden. Das Band ist als Endlosband ausgeführt, wird über eine Antriebstrommel bewegt und über eine Umkehrtrommel zurückgeführt. Bandförderer werden zur Personenbeförderung bei kurzer Distanz und meist in Skischulen eingesetzt. Die **Seilschwebebahn** ist eine Luftseilbahn, bei der die Fahrzeuge von einem oder mehreren Seilen getragen und/oder bewegt werden. Bei Ausführung als „Einseilbahn“ werden die Fahrzeuge von einem sog. Förderseil gleichzeitig getragen und bewegt. Bei Ausführung als „Zweiseilbahn“ werden die Fahrzeuge durch zwei getrennte Seile oder Seilgruppen, als Trag- und Zugseile bezeichnet, getragen und bewegt. Bei der Seilschwebebahn wird nach Pendel- oder Umlaufbahn unterschieden. Bei **Pendelbahnen** verkehren die Fahrzeuge zwischen den Stationen im Pendelbetrieb. Ein- und Ausstieg der Fahrgäste erfolgt bei stehendem Fahrzeug. Bei Pendelbahnen handelt es sich im Allgemeinen um Zweiseilbahnen mit getrennten Zug- und Tragseilen, bei denen zwei Kabinen zwischen Berg- und Talstation verkehren. **Umlaufbahnen** sind definiert als Seilschwebebahnen, bei denen die Fahrzeuge in gleichbleibender Fahrtrichtung verkehren. Die Fahrzeuge sind an einem Förderseil (oder mehreren) befestigt, das mit kontinuierlicher oder intermittierender Geschwindigkeit umläuft. Ein- und Ausstieg der Fahrgäste erfolgen in den Stationen bei gleichbleibender oder verlangsamter Fahrt. Als Fahrzeuge werden i. d. R. eine größere Anzahl Kabinen oder Sessel verwendet. **Schlepplifte** sind Anlagen, bei denen die Skifahrer, Snowboarder oder Sportler mit anderen geeigneten Sportgeräten durch ein Seil fortbewegt werden, wobei zwischen Anlagen mit hoher und niederer Seilführung unterschieden wird. Bei „hoher Seilführung“ sind T-förmige Bügel oder Teller über Trommeln mit aufgerollten Schleppseilen an einem umlaufenden Zugseil festgeklemmt. Schlepplifte „mit niederer Seilführung“ besitzen ein in Höhe der Benutzer geführtes Förderseil, an dem sich diese entweder direkt oder mittels kurzer Schleppvorrichtungen festhalten. Schlepplifte mit niederer Seilführung überbrücken nur kurze Distanzen; sie werden stationär oder transportabel als sogenannte Babylifte für Skianfänger eingesetzt. Bei einer **Zahnradbahn** handelt es sich um ein Schienenfahrzeug mit kraftschlüssigem Antrieb durch Abwälzen eines oder mehrerer angetriebener Zahnräder auf einer in Gleismitte angeordneten Zahnstange. Der kraftschlüssige Antrieb wird dann erforderlich, wenn infolge einer Steigung die normale Reibhaftung der Triebräder auf den Schienen nicht ausreicht. Macht die Steilstrecke nur einen Teil der Gesamtstrecke aus, wird ein kombinierter Zahnrad-Reibungs-Antrieb verwendet. Die Zugförderung erfolgt bei älteren Anlagen durch Dampflokomotiven, bei moderneren durch Elektro- oder Dieseltriebwagen (vgl. Bieger/Rüegger 1991, S. 44 ff.; StMWIVT 2007, S. 12 ff.).

7.1.2.2 Rechtliche Rahmenbedingungen und Institutionen

Es gibt eine Reihe von gesetzlichen und technischen Vorgaben für den Bau und Betrieb von Bergbahnen. Ein wichtiges Beispiel ist die 50-seitige **Verordnung (EU) 2016/424 vom 09. März 2016 über Seilbahnen und zur Aufhebung der Richtlinie 2000/9/EG** (Berichtigung vom 30.09.2016) sowie das das damit zusammenhänge Gesetz zur Durchführung der Verordnung (EU) 2016/424 des Europäischen Parlaments und des Rates vom 9. März 2016 über Seilbahnen und zur Aufhebung der Richtlinie 2000/9/EG (Seilbahndurchführungsgesetz – SeilbDG). In der Verordnung sind grundlegende Sicherheitsanforderungen an die Planung, Genehmigung, Inbetriebnahme und den Betreib und Bau von Personenseilbahnen enthalten.

Im Bereich der Bergbahnen besteht nach Art. 74 Abs. 1 Nr. 23 GG in Deutschland keine konkurrierende Gesetzgebungskompetenz des Bundes, so dass die Zuständigkeit bei den Bundesländern liegt. In anderen Ländern gibt es dagegen Regelungen auf Bundesebene, wie es bspw. in der Schweiz das „Bundesgesetz über Seilbahnen zur Personenbeförderung (Seilbahngesetz, SebG)“ und die „Verordnung über Seilbahnen zur Personenbeförderung (Seilbahnverordnung, SebV) gibt. In Deutschland gibt es jedoch eigene bundeslandspezifische Regelungen. In Bayern, dem Bundesland mit den meisten Seilbahnen in Deutschland, gibt es bspw. das „Bayerische Eisenbahn-

und Seilbahngesetz (BayESG)", die „Dritte Verordnung zur Durchführung des Bayerischen Eisenbahn- und Seilbahngesetzes (Seilbahnverordnung – SeilbV)" und die „Verordnung über Zuständigkeiten im Verkehrswesen (ZustVVerk). Damit die gesetzlichen Vorgaben in Bayern von den sachverständigen Stellen, zuständigen Behörden, Unternehmen und Betriebsleitern umgesetzt werden können, wurde ein Leitfaden für die Prüfung von Neuanlagen und geänderten Anlagen sowie für die regelmäßigen technischen Aufsichtsprüfungen bei Seilbahnen (Seilschwebebahnen, Standseilbahnen und Schlepplifte) Ende 2021 veröffentlicht. Hiermit soll insbesondere eine Hilfestellung gegeben werden, „(...) wie in praxistauglicher und angemessener Weise Prüfungen und Inspektionen bei Seilbahnen sowohl durch sachverständige Stellen als auch durch die Unternehmen und deren Betriebsleiter durchgeführt werden müssen." (StMB 2021, S. 3)

Erwähnenswert sind auch die jährlich stattfindenden internationalen Treffen der **Seilbahnaufsichtsbehörden** (Internationale Tagung der Technischen Aufsichtsbehörden). Diese Veranstaltung dient den Aufsichtsbehörden aus verschiedenen Ländern dazu, Erfahrungen im behördlichen Umgang mit Seilbahnen auszutauschen. Dabei geht es sowohl um technische Fragen, wie auch um behördliche Verfahren, Gesetzesgrundlagen und Umgang mit Ereignissen.

CEN-Seilbahnnormen

Das **Europäische Komitee für Normung (CEN)** hat 1989 das Technische Komitee Nr. 242 (CEN/TC242) geschaffen, um europäische technische Spezifikationen für Sicherheitsanforderungen für Seilbahnen für den Personenverkehr zu schaffen. Im Verlauf der Jahre wurde im Rahmen von international besetzten Arbeitsgruppen Teilnormen geschaffen (z. B. DIN EN 1709:2019-07: Sicherheitsanforderungen für Seilbahnen für den Personenverkehr – Erprobung und Anleitungen für die Instandhaltung und die Betriebskontrollen). Darüber hinaus gibt es eine Reihe von Seilnormen, wie z. B. EN 12385-2:2008-06 Stahldrahtseile – Sicherheit, Teil 2: Begriffe, Bezeichnungen und Klassifizierung; EN 12385-8: Drahtseile aus Stahldraht – Sicherheit, Teil 8: Zug- und Zug-Trag-Litzenseile für Seilbahnen zum Transport von Personen) (vgl. Nejez 2007, S. 1 ff.; weitere Informationen finden sich auf www.beuth.de/de).

Deutsches Institut für Normung

Das **Deutsche Institut für Normung e. V. (DIN)** hat ebenfalls 1989 einen nationalen Ausschuss auf dem Gebiet der Seilbahnnormung geschaffen, um bei der europäischen Normungsarbeit mitzuarbeiten und eine nationale Meinung in den europäischen Normungsfragen zu bilden. Dieser Ausschuss ist seit Anfang 2007 als Arbeitsausschuss in den Normenausschuss Fahrweg und Schienenfahrzeuge (FSF) eingegliedert. Das Aufgabengebiet des deutschen CEN/TC 242 „Sicherheitsanforderungen an Seilbahnen für den Personenverkehr" ist die Normung der Sicherheitsanforderungen für den Bau und Betrieb von Seilschwebebahnen, Standseilbahnen und Schleppaufzüge des Personenverkehrs (vgl. StMWIVT 2007, S. 19). Folgende Normen wurden 2022 im CEN/TC 242 veröffentlicht (vgl. FSF 2022, S. 39):

- EN 12929-1:2015+A1:2022, Sicherheitsanforderungen an Seilbahnen für die Personenbeförderung – Allgemeine Bestimmungen — Teil 1: Anforderungen an alle Anlagen; Teil 2: Ergänzende Anforderungen an Zweiseil-Pendelbahnen ohne Tragseilbremse;
- EN 13223:2015+A1:2022, Sicherheitsanforderungen an Seilbahnen für die Personenbeförderung – Antriebe und weitere mechanische Einrichtungen; Fahrzeuge — Teil 2: Klemmenabziehversuch; Fahrzeuge — Teil 3: Ermüdungsversuche.

Auf den Internetseiten des DIN finden sich Dutzende Normen, aber auch Verordnungen, wie bspw. die Anordnung über die Nomenklatur überwachungspflichtiger Seilbahnen (SeilbahnÜbwAO ST) oder die Anordnung über die Verbindlichkeit der Technischen Grundsätze für Seilbahnen (SeilbahnTGrdsAO ST).

Organizzazione Internationale Trasporti a Fune (O.I.T.A.F.)

Die 1959 in Mailand gegründete **Organizzazione Internationale Trasporti a Fune (O.I.T.A.F.)** ist die internationale Organisation für das Seilbahnwesen. Ihr gehören mehr als 150 Mitglieder aus 35 Staaten an, wobei sowohl Seilbahnunternehmer, Hersteller, Hochschulen und Einzelpersonen als auch die Aufsichtsbehörden vertreten sind. Die Ziele der O.I.T.A.F. sind bspw. die Förderung der wirtschaftlichen, technischen und rechtlichen Entwicklung und des Fortschrittes des Seilbahnwesens, die Förderung der Harmonisierung der nationalen Rechtsvorschriften auf dem Gebiet des Seilbahnwesens und Ausarbeitung von einheitlichen internationalen Richtlinien für die Projektierung, den Bau, den Betrieb, die Instandhaltung oder die Kontrolle von Seilbahnen sowie entsprechende Empfehlungen aufstellen.

In sechs Studienausschüssen und zwei Arbeitsgruppe (die Anzahl ändert sich je nach Notwendigkeit) treffen sich regelmäßig zwei bis drei Mal im Jahr, um die sie betreffenden Themen zu bearbeiten (z. B. elektrotechnische Anlagen von Seilbahnen, Betriebsoptimierung von Seilbahnen und Schleppliften, Seilbahntechnik, Seile, Umwelt). Alle sechs Jahre wird ein **Internationaler Seilbahnkongress** durchgefüht und daneben werden jährlich Seminare organisiert (vgl. O.I.T.A.F. 2019, S. 2 ff.; O.I.T.A.F. 2023a).

Verband Deutscher Seilbahnen und Schlepplifte e. V. (VDS)

Der VDS wurde 1955 gegründet und hat mehr als 120 Mitgliedsunternehmen (Seilbahn- als auch reine Schleppliftunternehmen). Von ihm werden öffentliche Seminare und Tagungen sowie verbandsinterne Beratungen organisiert, verschiedene Arbeitskreise (z. B. Umwelt, Betriebsleiter, Betriebswirtschaft, Öffentlichkeitsarbeit) betreut, Öffentlichkeitsarbeit betrieben und eine Interessensvertretung wahrgenommen (vgl. VDS 2016, S. 11 ff.).

7.1.2.3 Anbieter und Nachfrager

Von der O.I.T.A.F. wird eine **internationale Seilbahnstatistik** herausgegeben, die Daten von 22 Ländern enthält.[82] Insgesamt werden für das Jahr 2022 weltweit mehr als 20.000 Seilbahnen und Schlepplifte ausgewiesen, wobei seitens des Verbandes darauf hingewiesen wird, dass viele Länder fehlen. Die Daten der darin enthaltenen europäischen Länder lassen sich folgender Tabelle 67 entnehmen. Während Umlaufbahnen und Schlepplifte weit verbreitet sind, gibt es dagegen relativ wenige Pendel- und Standseilbahnen. Wie zu erwarten, sind Seilbahnen in Europa insbesondere in den Alpenländern, wie Deutschland, Frankreich, der Schweiz, Italien und Österreich, zu finden.

82 Einen besonderen Service bietet das Amt für Seilbahnen der autonomen Provinz Bozen. Es gibt jährlich einen eigenen Statistikband mit dem Titel „Seilbahnen in Südtirol" heraus. Hierin finden sich detaillierte Informationen zu den Strukturdaten (z. B. Anzahl, Länge, Alter und Höhe der Anlagen), Auslastung der Seilbahnanlagen, Wirtschaftsdaten und ein Vergleich mit anderen Gebieten, wie den österreichischen Bundesländern Tirol, Salzburg und Vorarlberg sowie dem Kanton Graubünden in der Schweiz.

Seilbahnsystem	Andorra (2016)	Deutschland	Frankreich	Italien	Norwegen	Österreich	Polen	Portugal
Pendelbahn	1	25	60	90	4	49	2	0
Umlaufbahn Sessel-/Kabinenumlaufbahn	51	162	1.035	1.009	80	1.055	125	5
Standseilbahn	0	21	25	29	2	16	4	8
Schlepplift	49	1.223	1.911	593	680	1.512	699	2
Seilbahnsystem	**Rumänien (2016)**	**Russland (2014)**	**Serbien (2016)**	**Schweden**	**Schweiz**	**Slowenien**	**Spanien**	**Tschechien (2016)**
Pendelbahn	10	7	0	2	310	3	10	0
Umlaufbahn Sessel-/Kabinenumlaufbahn	45	119	21	85	496	62	149	4
Standseilbahn	0	2	0	4	94	1	13	0
Schlepplift	135	524	20	991	2.080	215	318	23

Tabelle 67: Anzahl der Seilbahnsysteme in Europa (Stand 2022) | Quelle: O.I.T.A.F. 2023b.

Für 2007 gab das Statistische Bundesamt im Rahmen der Strukturerhebung im Dienstleistungsbereich bekannt, dass es in Deutschland 169 Berg- und Seilbahnunternehmen gab, die ca. 124 Mio. Euro Umsatz tätigten und 2.173 Mitarbeiter beschäftigten (vgl. Statistisches Bundesamt 2008). Die Seilbahnunternehmen werden ab dem Jahr 2008 **nicht mehr eigenständig ausgewertet**, da die Klassifikation der Wirtschaftszweige 2008 keinen eigenständigen Wirtschaftszweig mehr vorsieht.[83] Insgesamt werden für die neue Klassifikationsnummer 480 Unternehmen mit ca. 59.000 Mitarbeitern und 3.456 Mio. Euro Umsatz ausgewiesen. Die genaue Anzahl an Seilbahnuntern-mehmen lässt sich hieraus jedoch nicht mehr ermitteln (vgl. Statistisches Bundesamt 2023c).

Während es 2008 noch ca. 2.000 und 2015 noch knapp 1.800 Seilbahnanlagen in Deutschland gab, sind es im Jahr 2022 ca. 1.450, wobei der Großteil hiervon Schlepplifte sind (vgl. VDS 2023). Ein Drittel aller Seilbahnen befindet sich in den deutschen Mittelgebirgen und zwei Drittel in den Alpen. Somit haben die Bundesländer Bayern und Baden-Württemberg mit Abstand die meisten Anlagen zu verzeichnen. Die geographische Verteilung findet sich in → Abbildung 58.

83 Die Seilbahnunternehmen werden unter „49.39.9 Personenbeförderung im Landverkehr anderweitig nicht genannt" mitberücksichtigt. Diese Unterklasse umfasst sonstige Personenbeförderung im Landverkehr mit „Betrieb von Standseilbahnen, Seilschwebebahnen und Skiliften, soweit diese nicht Teil von Orts- und Nahverkehrssystemen sind", „Betrieb von Schulbussen und von Bussen im Werksverkehr" und „Personenbeförderung mit von Menschen oder Tieren gezogenen Fahrzeugen".

Nach einer Grundlagenuntersuchung des dwif e. V. resultieren aus den durchschnittlichen Tagesausgaben der Seilbahnnutzer (Tages- und Übernachtungsgäste sowie Saisonkartenbesitzer) in Höhe von 82,90 Euro (Seilbahnticket 16,60 Euro, Unterkunft 21,50 Euro, Gastronomie 19,70 Euro, Einkäufe 13,10 Euro und sonstige Dienstleistungen 12,00 Euro) im Winterhalbajhr 2018/19 ein Gesamtumsatz von 494,1 Mio. Euro und im Sommerhalbjahr von 484 Mio. Euro. Sofern die Einkommenseffekte (Löhne, Gehälter und Gewinne bei den direkten Profiteuren und den Vorleistungslieferanten) betrachtet werden, ergibt sich ein Multiplikator von 5,3. Nach dieser Studie schafft bewirkt 1 Euro Wertschöpfung durch die Nutzung einer Seilbahn 5,3 Euro Wertschöpfung bei allen direkten und indirekten Profiteuren in der jeweiligen Region (vgl. dwif 2023, S. 8 ff.).

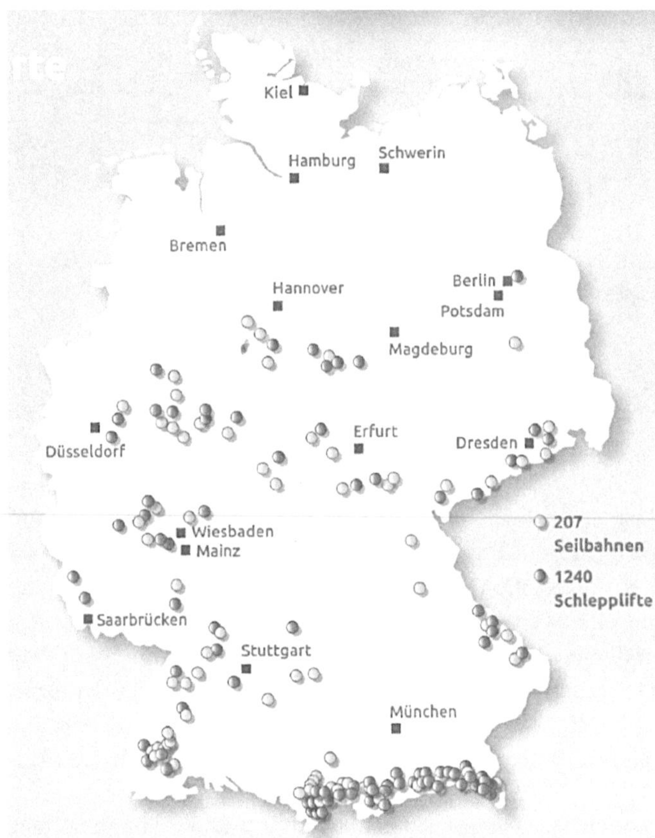

Abbildung 58: Anzahl und Standorte der Anlagen in Deutschland (Stand 2022) | Quelle: VDS 2023.

Hierdurch wird deutlich, dass es eine Reihe von Unternehmen mit mehreren Anlagen gibt. Die deutschen Seilbahn- und Schleppliftunternehmen sind in der **Mehrzahl privatwirtschaftliche Unternehmen**. Die Größe reicht dabei vom saisonalen Nebenerwerbsbetrieb mit zwei bis drei zeitweilig Beschäftigten bis hin zur GmbH oder AG mit mehreren hundert Beschäftigten. Die Betriebe leisten v. a. in Regionen, in denen sonst kaum industrielle Arbeitsplätze vorhanden sind, einen wirtschaftlich wichtigen Beitrag. Dort, wo Seilbahnen Wintersportmöglichkeiten bieten, wird vom späten Herbst bis zum Frühjahr einem beachtlichen Teil saisonaler Arbeitskräfte Beschäftigung geboten, die witterungsbedingt während dieser Zeit von Land- und Forstwirtschaft nicht benötigt werden. Bei einem Teil der Seil- und Zahnradbahnen in Deutschland bestehen keine

Wintersportmöglichkeiten, so dass sie nur während der sommerlichen Ausflugsmonate betrieben werden. Knapp 80 % aller Seilbahnanlagen haben jedoch einen Mischbetrieb aus Sommer- und Wintergeschäft. Über alle deutschen Seilbahnen verkehren sie witterungsbedingt zwischen 160 und 180 Betriebstage im Sommer pro Jahr und zwischen 100 und 140 Betriebstagen im Winter. In Deutschland wurden nach dem Verband Deutscher Seilbahnen und Schlepplifte e. V. ca. 10,9 Mio. Gäste pro Jahr über einen Zeitraum von fünf Jahren mit Seilbahnen befördert (5,2 Mio. im Winter-5-Jahresschnitt und 5,7 Mio. im Sommer-5-Jahresschnitt) (vgl. VDS 2023).

7.1.3 Luxuszüge

Die Entwicklung von Schlafwagen und damit dem **Vorläufer der Luxuszüge** begann bereits in den 1830er-Jahren. Von der Cumberland Valley Railroad aus den USA wurde bereits im Jahr 1836 ein Schlafwagen eingesetzt. Die übereinanderliegenden Schlafmöglichkeiten waren lediglich mit Strohsäcken ausgestattet. Passagiere, die ein Kissen, Decke o. ä. nutzen wollten, mussten diese selber mitbringen. Mehrere Jahrzehnte vergingen, bis **George Mortimer Pullman** den tatsächlichen Beginn der Luxuszüge einläutete. Er entwickelte ab 1858 einen komfortablen Schlafwagen. Zwar wurden Schlafwagen von amerikanischen Eisenbahngesellschaften bereits eingesetzt, diese waren bis dahin jedoch relativ unbequem, während der von ihm 1863 zum Patent angemeldete Schlafwagen „Pionier“ als luxuriös galt. 1864 präsentierte Pullmann einen Waggon, der mit Nussbaumholz, Kupfer und Tapeten verkleidet war und neben Spiegeln, Kerzenleuchtern und Waschbecken auch eine feste Schlafmöglichkeit hatte. Diese Schlafmöglichkeit war über den Tag ein einfacher Sessel und ließ sich abends in eine Liege/Bett umwandeln (vgl. Farren 2006, S. 6; Preuß 1986, S. 291).

In Europa hängt die Entwicklung von Luxuszügen stark mit **Georges Nackelmackers** zusammen. Er brachte die Idee von Schlaf- und Speisewagen von einer Reise in Nordamerika mit (verschiedene Quellen sprechen von 1867/68 oder 1870) und plante, solche Wagen auch in Europa einzuführen. 1870 veröffentlichte er die Schrift „Projet d'installation de wagons-lits sur les chemins de fer du continent“[84], konnte sein Projekt aber auf Grund des deutsch-französischen Krieges 1870/71 erst später umsetzen. 1872 erhielt er die Konzessionen für den Betrieb von Waggons auf den Strecken Ostende–Brindisi und Paris–Wien. Daraufhin gründete Nagelmackers im Oktober desselben Jahres eine Aktiengesellschaft, die Compagnie Internationale des Wagons-Lits (CIWL), deren Nachfolgegesellschaften es weiterhin gibt. Die Zuggattung „Luxuszug“ gab es in Europa zwischen 1883 (Einführung Orient-Express) und 1939 (Beginn des 2. Weltkrieges). Neben den genannten Beispielen sind bis zum 1. Weltkrieg auch in Frankreich, Spanien, Portugal, Schweiz, Italien und Nordafrika Angebote entstanden. Die sog. „zweite Blütezeit“ nach dem 1. Weltkriege führte zur Wiederaufnahme vorheriger und der Schaffung neuer Angebote. Ein Luxuszug führte bis 1931 nur Wagen der 1. Klasse und bestand aus Salonwagen, Schlafwagen, Speisewagen und Packwagen (vgl. Farren 2006, S. 7 f.).

Der Neuanfang nach dem 2. Weltkrieg ist nicht vergleichbar mit dem, was bis dahin unter dem Stichwort „Luxus“ verstanden wurde. „Die mit dem Krieg verbundenen Notzeiten hatten im Bewußtsein der Menschen tiefe Spuren hinterlassen. Die Lebensgewohnheiten änderten sich rapide. [...] Die Luxuszüge und die luxuriösen Pullmann-Expresszüge aus den Vorkriegsjahren

84 Gleichzeitig zur Veröffentlichung der französischen Denkschrift erschien sie auch bei Georgi (Aachen) mit dem Titel „Projekt zur Einführung von Bettwagen auf den Eisenbahnen des Kontinents“ (vgl. Mühl/Klein 2006, S. 17). In der zuvor genannten Quelle findet sich eine ausführliche Darstellung (mit Karten, Plakaten und Fotos) der geschichtlichen Entwicklung von Luxuszügen.

wurden nach dem Krieg in der bisher bekannten Form nicht mehr in Dienst gestellt. […] In den Jahren 1947 und 1948 tauchten fast alle Namen der früheren Luxuszüge wieder auf, und es kamen neue Namen hinzu. […] Dem Zeitgeschmack und auch dem Geldbeutel des Publikums folgend, mußten deswegen im Laufe der folgenden Jahre neue Konzepte entwickelt werden. 1956 erfolgte die Einführung des ‚Universal'-Typs im Schlafwagenbau für ein-, zwei- und dreibettige Einrichtung und die Einführung der ‚Spezialklasse (kleines Ein-Bett-Abteil). 1964 wurden die Schlafwagen mit der UIC-Standard-Länge von 26,40 m eingeführt, 1965 Schlafwagen der Touristenklasse mit zwei Betten oder einem Bett." (Mühl/Klein 2006, S. 264 f.)

> Luxuszüge gibt es auf jedem Kontinent und mehr als 50 Länder werden mit Luxuszügen befahren (→ Tabelle 68). **Luxury Train Club** gibt eine – nach eigenen Worten – nahezu vollständige Übersicht der weltweiten Angebote und listet 27 Anbieter auf der Internetseite https://luxurytrainclub.com/ auf.

Es gibt daneben die **Society of International Railway Travelers (IRT)**, die im Jahre 1983 gegründet wurde und ein Reisebüro mit Spezialisierung auf Luxuszüge ist. Sie gibt die „World's Top 25 Trains®"-Liste heraus – weitere Informationen sind über den Internetauftritt www.irtsociety.com/ zu finden.

Name	Strecke/Fahrgebiet	Gründung	Unternehmen
Europa			
Venice Simplon-Orient-Express (VSOE)	Paris–Rom–Venedig	1982	Belmond Management Ltd.
Belmond Northern Belle	Großbritannien	2000	Belmond Management Ltd.
Belmond British Pullmann	England	1982	Belmond Management Ltd.
Belmond Royal Scotsman	Schottland	1985	Belmond Management Ltd.
El Transcantabrico	Andalusien	1983	Red Nacional de los Ferro-carriles Españoles (RENFE)
Majestic Imperator	Österreich	1991	Majestic Train de Luxe GmbH
Golden Eagle Danube Express	insbesonde Ost- und Zentraleuropa	2008	Golden Eagle Luxury Trains Ltd.
Asien			
Eastern & Oriental Express	Südostasien	1993	Belmond Management Ltd.
Deccan Odyssey	Indien	2004	Indian Holiday Pvt.Ltd.
The Golden Chariot	Südindien	2008	Indian Railways and Karnatake State Tourism Development Corporation
Palace on Wheels	Rajasthan	1984	Palace on Wheels Inc.

Royal Rajasthan on Wheels	Rajasthan	2009	Indian Railways
The Maharaja Express	Dehli–Mumbai	2010	Indian Holiday Pvt.Ltd.
Golden Eagle	Moskau–Wladiwostok	2007	Golden Eagle Luxury Trains
Afrika			
Rovos Rail	Südafrika (von Kapstadt nach Daressalam = Pride of Africa), Tansania, Nambia	1989	Rovos Rail Tours Ltd.
Blue Train	Südafrika	1920er	The Blue Train Company
Desert Express	Nambia	1999	TransNamib
Amerika			
Royal Canadian	Kanada	2000	Mount Stephen Properties Inc.
The California Zephyr	West-USA	1949	National Railroad Passenger Corporation, Amtrak
Capitol Limited	Chicago–Washington D.C.	1923	National Railroad Passenger Corporation, Amtrak
The Canadian	Kanada	1955	VIA Rail Canada
Rocky Mountaineer	Kanada	1990	Rocky Mountaineer
Belmond Hiram Bing-ham	zum Machu Picchu (Peru)	k. A.	Belmond Management Ltd.
Australien			
The Ghan	Adelaide–Alice Springs–Darwin	2004	Great Southern Rail
The Overlander	Melbourne–Adelaide	1887	Great Southern Rail
Indian Pacific	Perth–Adelaide–Sydney	1970	Great Southern Rail

Tabelle 68: Überblick über Luxuszüge auf der Welt (Auswahl) | Quelle: Eigene Zusammenstellung nach Unternehmensangaben.

Auch wenn die Anzahl, Art und Ausgestaltung der Züge bzw. Waggons, die Reiserouten und ihre Programmpunkte verschieden sind, können einige **grundlegende Bestandteile des Produktes Luxuszug** ausgemacht werden. Kernleistung aller Luxuszüge ist die Beförderung von A nach B und damit eine Verbindung von Reise und Erlebnis. Die Spannbreite der angebotenen Touren reicht von Tagestouren bis zu Touren mit mehr als zwei Wochen Dauer. Allen gemein ist auch, dass eine Unterkunftsmöglichkeit angeboten wird, wobei sich die Größe der Abteile nach Klasse und Unternehmen unterscheidet, meist aber zwischen ca. 5 bis 16 m^2 groß sind. Oft ist ein Bad im Abteil, einige Suiten bieten sogar Wannen. Weitere allgemeine Leistungsbestandteile sind die Bewirtung, ein Programmangebot und weitere Serviceleistungen. Speisewagen und Barwagen sind meist Standard und z. T. wird das Frühstück in das Abteil gebracht. Das Programm während der Fahrt kann bspw. Musikabende, landestypische Vorträge oder Vorführungen, Tanzabende in Disco- oder Salonwagen sowie Massagen umfassen. Während eingeplanter Stopps können auch Städte und Sehenswürdigkeiten besucht werden. Darüber hinaus werden die Gäste von Mitarbeitern des jeweiligen Anbieters rund um die Uhr betreut und Dienstleistungen, wie ein Bügel- und/oder Wäscheservice, angeboten.

Die **Nachfrager von Luxuszügen** sind v. a. in höheren Einkommens- und Bildungsschichten zu finden, da es sich um ein hochwertiges und damit kostenintensives Produkt handelt. Luxuszüge werden oft auch für spezielle Anlässe genutzt, z. B. für eine Hochzeitsreise oder ein Jubiläum, oder von Zugfanatikern gebucht.

7.1.4 Sonstige Bahnen und Eisenbahnmuseen

Neben den bisher erläuterten Bahnen gibt es noch eine Reihe von Sonderformen, die eine touristische Bedeutung haben. Hierzu zählen bspw. die Museumsbahnen, Zughotels, Bimmelbahnen, Parkeisenbahnen und Eisenbahnmuseen.

Der 1993 gegründete Verband Deutscher Museums- und Touristikbahnen e. V. (VDMT), dem die meisten deutschen Museumsbahnvereine angehören (mehr als 100 Mitglieder), definiert **Museumsbahnen** folgendermaßen:

> Eine Museums- oder Touristikeisenbahn ist ein Eisenbahnunternehmen gemäß § 2 (1) AEG, das betrieben wird, um eine Eisenbahn(-infrastruktur) wie in der Vergangenheit zu erhalten, wiederherzustellen oder nachzustellen, oder historische oder spezielle Formen der Antriebstechnik oder des Rollmaterials zu demonstrieren oder zu betreiben und ausschließlich oder überwiegend für touristische Zwecke, Freizeit- oder Bildungszwecke genutzt wird.

Als **weltweit erste Museumsbahn** gilt die schmalspurige Talyllyn-Railway in Wales. Nach Einstellung des Betriebes wurde die Strecke 1950 von einer Gruppe von Eisenbahnfreunden übernommen und als erste Eisenbahnstrecke von ehrenamtlichen Amateuren an Stelle von Berufseisenbahnern betrieben. Die erste Museumseisenbahn in Deutschland wurde 1966 vom Deutschen Eisenbahn-Verein e. V. auf einer meterspurigen Strecke in Bruchhausen – Vilsen eingerichtet. 2023 repräsentieren allein die Mitglieder im VDMT einen Bestand von rund 100 betriebsfähigen Lokomotiven (mehr als die Hälfte davon Dampfloks) und nahezu 1.000 betriebsfähigen Wagen (vgl. VDMT 2023). Bekannte Beispiele in Deutschland sind die Harzquerbahn/Brockenbahn der Harzer Schmalspurbahnen (HSB), die Bäderbahn Molli zwischen Bad Doberan und Kühlungsborn oder das Kuckucksbähnel zwischen Neustadt an der Weinstraße und Elmstein.

Auf der Suche nach einer besonderen Übernachtungsmöglichkeit finden sich in einem **Zughotel** nicht nur Zugfans wieder. Ausrangierte Zugwaggons – meist auf einem stillgelegten Gleis nahe einem Bahnhof – werden mit Liebe zum Detail umgebaut. Die Schlafwagen variieren zwischen 1. und 2. Klasse und geben meist einen Komfort, wie „gute Hotels“ ihn anbieten. Es finden sich eine Reihe derartige Hotelzüge, z. B. das Wolkensteiner Zughotel am Bahnhof Wolkenstein zwischen Annaberg-Buchholz und Freiberg in Sachsen, die Old Railway Station in Petworth (60 km von London; Übernachtung im Zugabteil oder Bahnhofsgebäude möglich) in Großbritannien, auf der Strecke der Erlebnisbahn Ratzeburg die Bahnhöfe Schmilau und Hollenbek. In Schmilau gibt es einen MIT(R)OPA Schlafwagen, eine Bahnwaggon-Ferienwohnung in einem eigenen halben Waggon und die Gleisbauersuite. In Hollenbek stehen Jugendzugsuiten, Gleisbauersuiten und das Baumwaggonhotel (ein explodierter Zug im Baum).

Mit **Bimmelbahnen** (bereiften Waggons mit Zugmaschinen) werden bspw. Stadtrundfahrten (z. B. in Köln, Norderney, Wernigerode, Quedlinburg oder im „Alten Land“ in der Nähe von Hamburg), Rundfahrten in Freizeiteinrichtungen (z. B. Freizeitparks oder Zoos), auf Messen oder in einzelnen Stadtvierteln (wie z. B. Harbour Wharf in Sydney) angeboten. Darüber hinaus können sie für Hochzeiten, Jubiläen, Geburtstage u. ä. von Einzelpersonen oder Gruppen angemietet oder bei Großveranstaltungen für die Beförderung von Gästen von Parkplätzen zum eigentlichen Veranstaltungsgelände eingesetzt werden.

Parkeisenbahnen haben unterschiedliche Spurweiten und Streckenlängen. Die in Deutschland mehr als 40 bekannten Parkeisenbahnen sind in fast allen Bundesländern zu finden (z. B. Berlin, Dresden, Essen, Karlsruhe, Köln, Stuttgart) und sprechen neben den Einheimischen auch Touristen an.

Feldbahnen (auch **Lorenbahn**) ist eine – i. d. R. nicht öffentliche – Schmalspurbahn in einfacher Bauform zum Transport landwirtschaftlicher, forstwirtschaftlicher (Waldbahn) und industrieller Rohstoffe wie Holz, Torf, Gestein, Lehm und Sand. Der Materialtransport erfolgt oft mittels offener Loren. Mehrere Dutzend solcher Feldbahnen werden meist von Eisenbahnfreunden bzw. -vereinen betrieben und z. T. der Öffentlichkeit zugänglich gemacht, indem sie besichtigt werden können bzw. in Feldbahnmuseen ausgestellt werden oder mittels Waggons Personen befördern.

Das Thema Eisenbahn wird in Museen mit verkehrsmittelübergreifenden Ausstellungen (z. B. Verkehrsmuseum Dresden oder Nürnberg sowie Deutsches Museum in München) ebenso behandelt wie in speziellen **Eisenbahnmuseen**. Beispiele für Eisenbahnmuseen in Deutschland sind das Süddeutsche Eisenbahnmuseum in Heilbronn, das Deutsche Dampflok- und Modelleisenbahn-Museum in Tuttlingen, das Eisenbahnmuseum Bochum Dahlhausen und das DB Museum in Nürnberg.

Letztlich sei auf die **Modelleisenbahnanlagen** hingewiesen, die entweder gewerbsmäßig betrieben werden, (museumspädagogischer) Teil einer Museumssammlung sind, insbesondere in Technik- und Spielzeugmuseen oder von Einzelpersonen oder Vereinen hauptsächlich zum eigenen Vergnügen erbaut wurden, jedoch öffentlich zugänglich sind. Allein für Deutschland sind mehr als 20 solcher Anlagen zu finden (z. B. 🔗 www.modellbahntechnik-aktuell.de/links/schauanlagen). Aber auch bspw. in Australien, Belgien, Irland, den Niederlanden, Österreich oder der Schweiz finden sich derartige Anlagen.

7.1.5 Caravaning

Nachfolgend werden verschiedene Begriffe rund um das Thema Camping und Caravaning geklärt, auf die geschichtliche Entwicklung des Caravanings eingegangen, ausgewählte Verbände dargestellt und rechtliche Rahmenbedingungen erläutert. Den Abschluss bilden eine Betrachtung der Angebots- und Nachfrageseite des Caravanings.

7.1.5.1 Definitionen

Caravaning zählt zum Campingtourismus – dies ist aus verschiedenen Definitionen in der wissenschaftlichen Literatur zu entnehmen (vgl. Brooker/Joppe 2013, S. 1 f.; Groß/Sand 2022, S. 71 ff.; Groß et al. 2022, S. 19 ff.; Widmann 2021, S. 162).[85]

85 Camping ist „[...] ein zum Zweck der Erholung im Freien geführtes Leben (Urlaub und Naherholung) mit zeitweiligem Aufenthalt in einer transportablen Unterkunft (Zelt, Wohnwagen, Reisemobil)." (DFV 1985, S. 1) Camping wird auch betrachtet als „[...] die hausungebundene, mobile Form des Freizeitwohnens in selbst mitgeführten Unterkünften. Camping wird in der Regel auf dafür eingerichteten und mit einer gewissen Sanitär- und Versorgungsinfrastruktur ausgestatteten Campingplätzen ausgeübt, wobei als Unterkünfte Zelte, Wohnwagen als Anhänger oder mit eigenem Antrieb (Wohnmobil) dienen können." (Widmann 2021, S. 161 f.)

> In Bezug auf die Art der mitgeführten Unterkunft wird Camping nach Zelt, Reise-/Wohnmobil und Wohnwagen unterschieden, wobei als Überbegriff für Wohnmobile (auch Reisemobil oder Motorcaravan genannt) und Wohnwagen (auch Caravan genannt) der Begriff Caravaning genutzt wird (→ Abbildung 59).[86]

Ein Reisemobil ist dabei ein selbstangetriebenes „Kraftfahrzeug, das nach Einrichtung und Ausstattung zum Wohnen geeignet und bestimmt ist. Nicht nur im Führerhaus, sondern auch im Wohnbereich dient es der Personenbeförderung im Gegensatz zum Wohnanhänger, der fast ausschließlich dem Wohnzweck dient." (Schröder 2007, S. 346)

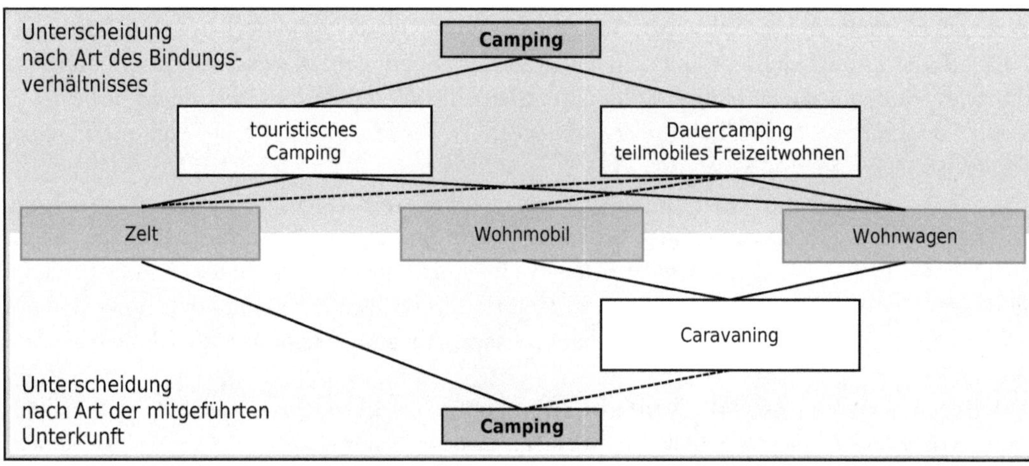

Abbildung 59: Einordnung der Reise-/Wohnmobile und Wohnwagen in den Campingbegriff | Quelle: Widmann 2006, S. 42.

7.1.5.2 Historische Entwicklung des Caravaning

Die **Anfänge des Caravanings** reichen weit in die Geschichte, wobei nur einzelne Etappen durch Aufzeichnungen nachzuweisen sind. Sicher ist, dass es die Idee, einen Wagen nicht nur zum Reisen, sondern auch zum Wohnen zu nutzen, seit vielen Jahrhunderten gibt (vgl. Kubisch 1998, S. 10). Erste Wohnwagen werden der Kultur der Hethiter in Kleinasien (ca. 1.500 Jahre v. Chr.) zugerechnet. Aber auch während der Chin-Dynastie in China (221 v. Chr.) soll es bereits Reisewagen gegeben haben. Sowohl in Aufzeichnungen aus dem römischen Reiseverkehr als auch im Mittelalter werden in mehreren historischen Quellen verschiedene Formen von Reisewagen erwähnt. Marco Polo – als einer der bedeutendsten Reisenden des Mittelalters – erwähnte in seinen Beschreibungen des Inneren Asiens und Chinas z. B. einen Wagen der Tataren, der von Ochsen gezogen wurde und sich mit Zeltplanen bedeckt zu einer Lagerstatt erweitern ließ (vgl. Hierhammer 1996, S. 84 f.; Widmann 2006, S. 43). „Aus dem 17. Jahrhundert ist überliefert, daß der französische Staatsmann und Kardinal Richelieu (1585–1642) einen Pferdewagen benutzte, der

86 Bei Schröder (2007, S. 61) wird Caravan als „Sammelbezeichnung für mobile Unterkünfte, die entweder von Automobilen gezogen werden oder selbst über einen Motor verfügen" verstanden. Der Begriff „Caravan" soll seinen Ursprung im persischen „karwan" haben, das eine Gruppe von Händlern, Pilgern oder anderen bezeichnet, die aus Sicherheitsgründen gemeinsam in Ost- oder Nordostafrika reist, oder vom italienischen „caravana" – was wiederum Karawane bedeutet – abgeleitet sein (vgl. Hierhammer 1996, S. 83; Schukking 1990, S. 13).

ihm als Schlafstätte wie zu Studienzwecken diente. Genau dokumentieren läßt sich der Gebrauch eines Reisewagens durch den Kaiser der Franzosen, Napoleon Bonaparte (1769–1821)." (Kubisch 1998, S. 12)

Für das 18. Jahrhundert werden ebenso Reisewagen junger Adliger auf Bildungsreise (sog. „Grand Tour") und ein zweiachsiges Wohnchaise von Johann Wolfgang von Goethe dokumentiert (vgl. Widmann 2006, S. 44). Als **Entwicklungshelfer des modernen Caravans** werden v. a. die Schausteller und Artisten angesehen, da sie zur Ausübung ihres Berufes beweglich sein mussten, aber nicht so gerne auf die Annehmlichkeiten einer festen Behausung verzichten wollten. Während zunächst die Wohnwagen von Pferden gezogen wurden, wurde mit stärkerer Verbreitung von Kfz dieses auch hierfür nutzbar gemacht (vgl. Bues et al. 2012, S. 9).

Auch wenn de erste Wohnwagen in Deutschland nicht mit Sicherheit beleget werden kann, war **Arist Dethleffs** einer der Pioniere. Er zeichnete im Jahre 1931 das sog. „Wohnauto" als Entwurf, machte zu Ostern 1932 die Jungfernfahrt und die Gebr. Dethleffs OHG baut seit 1934 Caravans auf Bestellung. Der Beginn der Serienproduktion von Wohnwagen ist auch eng mit dem Sportartikelhändler und Faltbootbauer Hans Berger verbunden. Er brachte im Sommer 1935 einen Faltdach-Klappanhänger „Hausdabei" auf den Markt, der die Wohnwagenbewegung weiter in Schwung brachte. Weitere Pioniere, die sich mit dem Wohnwagenbau beschäftigten, waren z. B. die Hersteller Schweikert, die Westfalia-Werke, Jürgen Nöring und Heinrich Hauser. Ende der 1930er-Jahre gab es bereits mehrere Caravan-Hersteller in Deutschland, aber auch in England und den USA, wo die Serienproduktion bereits in den 1920er-Jahren begann und bis Ende 1936 ca. 250.000 Caravans produziert wurden (vgl. Kubisch 1998, S. 18, S. 36 ff. und S. 44 f.; Widmann 2006, S. 47 f.).

Während des 2. Weltkrieges wurden zwar weiterhin Caravans produziert, sie wurden jedoch nur noch militärisch als Befehlsanhänger, Funkwagen, Truppenbetreuer-/Kriegsberichterstatter-Unterkunft oder Büro für Vermessungsingenieure genutzt (vgl. Kubisch 1998, S. 100). Dethleffs baute 1941 bspw. für das deutsche Afrikacorps eine Wohnwagenserie. Insbesondere Dethleffs und Berger konnten ihre Wohnwagen-Produktion während des Krieges aufrechterhalten. Nach dem 2. Weltkrieg gab es in Deutschland erst einmal keine Caravan-Produktion mehr., wobei nach der Währungsreform 1948 in Westdeutschland versucht wurde, an die Vorkriegsentwicklung anzuknüpfen. „Zwar wurde wieder mit dem Wohnwagenbau begonnen, aber die Stückzahlen blieben gering. Die Zielgruppen der Caravan-Hersteller waren nicht Urlauber, sondern auf Grund der schlechten Beherbergungssituation Handlungsreisende und Ingenieure, die im Wiederaufbau beschäftigt waren, sowie Theatergruppen." (Widmann 2006, S. 49) In den sechziger Jahren des 20. Jahrhunderts folgte dank des Wirtschaftswunders ein „kometenhafter Siegeszug" der Wohnwagen. Während der Caravan-Bestand im Jahre 1954 nur knapp 1.000 Fahrzeuge groß war, konnten im Jahre 1965 bereits mehr als 48.000 Einheiten gezählt werden (vgl. Hierhammer 1996, S. 171 f.).

Auch der genaue Beginn des **modernen Reisemobiltourismus** lässt sich nicht 100-prozentig festlegen. Die deutsche Automobilpresse berichtete jedoch bereits vor dem 1. Weltkrieg von ersten Versuchen. In der Fachzeitschrift „Allgemeine Automobil-Zeitung" (AAZ) wurde bspw. erstmals im Jahre 1910 eine Aufnahme des Hauswagens eines „Herrn Kunstmalers Kniekebusch" aus Coburg abgedruckt. Dieser Wagen steht mit am Beginn der Ahnengalerie von modernen Reisemobilen. Auch in den USA lassen sich die Anfänge bis in die 1910er-Jahre zurückdatieren. Ebenfalls in der AAZ wurde in Wort und Bild von einem „Motor-Hauswagen" berichtet, mit dem ein Mister Conklin quer durch Nordamerika (von New York nach San Francisco) gefahren ist (vgl. Kubisch 1998, S. 212). „Allerdings gelangte diese Reiseform zu jener Zeit nicht über das Experimentierstadium hinaus. Zwar wurde in den 1920er-Jahren ein reisemobilähnlicher Aufbau für das Ford Modell T angeboten, dennoch blieben Reisemobile meist Einzelanfertigungen, von Reisepionieren selbst erbaut oder für diese auf Grundlage der vorhandenen Fahrzeuge von auf Wagen spezialisierten Firmen umgebaut." (Widmann 2006, S. 49)

Nach dem 2. Weltkrieg begann die **serienmäßige Entwicklung von Reisemobilen.**[87] Firmen, die die Entwicklung in Deutschland v. a. mit vorantrieben, waren Mikafa (Minden), Lloyd Motoren Werke (Bremen), Hymer (Bad Waldsee), Westfalia (Wiedenbrück) und Volkswagen (Wolfsburg), die mit dem Volkswagen-Transporter (ab 1950 als Kleinbus gebaut) ein beliebtes Basisfahrzeug entwickelten. „Die Bezeichnung ‚Reisemobil' für ein motorisiertes und damit selbstbewegliches Wohnfahrzeug war eng verbunden mit der Firma Mikafa (Minden). Ab 1951 zählten derartige Fahrzeuge zum serienmäßigen Lieferprogramm dieses westfälischen Unternehmens." (Kubisch 1998, S. 214) Der VW-Bus ist bis in die 2020er-Jahre ein Dauerbrenner. Zu Beginn produzierte die Firma Westfalia – erstmals auf Wunsch eines in Deutschland stationierten britischen Offiziers – eine herausnehmbare „Camping-Box", die verschiedene Campingeinrichtungsgegenstände beinhaltete. Dies führte dazu, dass der VW-Bus bei Bedarf in ein Reisemobil umgebaut werden konnte, im Alltag aber auch als „normales" Fahrzeug genutzt werden konnte. Im Jahr 1954 lief der einhunderttausendste Camper vom Band und kurze Zeit später übernahm Volkswagen die komplette Montage des VW Campingwagens mit Westfalia-Ausstattung in eigener Regie (vgl. Mauerer 2023).

Auf Grund der immer knapper werdenden Stellplätze im Zuge der Expansion, wurde 1974 eine **Campingplatzverordnung** erlassen. Als Folge dieser Regulierungen sowie der Ölkrise entstand erstmals ein Rückgang der jährlichen Zuwachsraten neu zugelassener Wohnwagen von 15 %. Reisemobile hingegen profitierten von den Regulierungen. Sie zählten laut Verordnung zu den Pkw und unterlagen daher nicht dem Verbot des Stehens außerhalb von Campingplätzen. Trotz wachsendem Bestand spielten sie in den siebziger Jahren des 20. Jahrhunderts allerdings noch eine untergeordnete Rolle. Der Wandel im Campingtourismus setzte sich auch in den achtziger Jahren fort. Investitionshemmende Auflagen für Campingplatzbetreiber führten zur weiteren Verknappung der Stellplätze. Dauercampen und Vorausbuchungen der Campingplätze entsprachen nicht mehr dem Gedanken der Freiheit und so wendete sich die spontane Campinggesellschaft mehr und mehr den Reisemobilen zu. Zusätzlich begünstigten neue Freizeitsportarten die Ausbreitung. Die beispielhafte jährliche Steigerungsrate der Neuzulassungen aus dem Jahr 1989 mit 40 % zeigen die damalige Etablierung des Reisemobiltourismus als eigenständige Tourismusform (vgl. Widmann 2006, S. 52 ff.).

7.1.5.3 Verbände und rechtliche Rahmenbedingungen

Folgen der im vorangegangenen Kapitel beschriebenen Entwicklungen und auf Grund der zunehmenden Komplexität waren die Herausbildung von Interessenverbänden und ein Anstieg der Anforderungen an die rechtlichen Rahmenbedingungen für das Caravaning. Es gibt für die Betreiber von Camping- und Reisemobilplätzen, für die Hersteller von Campingfahrzeugen und für alle anderen beteiligten Akteure eine Vielzahl von Gesetzen und Bestimmungen. Im Folgenden werden ausgewählte rechtliche Rahmenbedingungen für den Reisemobil- und Caravan-Tourismus sowie ausgewählte Verbände vorgestellt.

---

87 Der Bestand an Reisemobilen stieg in Deutschland bis 1965 auf 2.169 Einheiten an (1960: 209, 1961: 528, 1962: 677, 1963: 1.018, 1964: 2.016 Einheiten) (vgl. Kubisch 1998, S. 212).

a) Verbraucher- und Unternehmensverbände

Der **Deutsche Camping-Club e. V. (DCC)** mit Sitz in München hat sich seit seiner Gründung im Jahre 1948 zu einem der größten Camping-Fachverbände für Caravan-, Reisemobil- und Zelttouristen in Deutschland entwickelt. Mit dem Ziel, die Campingbewegung in Deutschland und Europa zu fördern, ist der Verein ein Zusammenschluss von Campern, deren Aufgabe die gemeinsame Interessenvertretung gegenüber Behörden und Verbänden darstellt. Den Handlungsschwerpunkt der Campingorganisation bildet die touristische Beratung sowie Kauf- und Rechtsberatung (vgl. DCC e. V. 2023).

Der im Jahre 1903 gegründete **Allgemeine Deutsche Automobil-Club e. V. (ADAC)** mit Sitz in München ist europaweit der größte Automobilclub. Als einer der bekanntesten Verbraucherverbände ist er auf die Wahrnehmung und Förderung der Interessen des Kraftfahrtwesens, des Motorsports und des Tourismus bedacht. Der jährlich erscheinende „Camping Caravaning Führer" ist einer der anerkanntesten Campingführer in Deutschland (vgl. ADAC e. V. 2023a).

Der **Caravaning Industrie Verband e. V. (CIVD)**, gegründet 1962 mit Sitz in Frankfurt am Main, ist ein Zusammenschluss von Vertretern der Caravan-Industrie. Zu seinen mehr als 200 Mitgliedern gehören deutsche und europäische Hersteller von Caravans und Reisemobilen, Unternehmen der Zulieferindustrie, Dienstleister sowie öffentliche Institutionen und Verbände. Im Mittelpunkt seines Engagements steht die Interessenvertretung gegenüber der nationalen und europäischen Politik, v. a. auf dem Gebiet der Technik und Normung im Fahrzeugbau, der Verbrauchersicherheit und in zunehmendem Maße auch Umwelt- und Gesundheitsaspekten. Die Veröffentlichung von aktuellen Studien und Statistiken zur Caravan-Industrie sowie vielfältige Marketingaktivitäten gehören zu den weiteren Aufgaben. Letztlich ist die Trägerschaft für den „Internationalen Caravan Salon" in Düsseldorf – der weltgrößten Freizeitfahrzeugmesse – und die Zusammenarbeit mit dem europäischen Caravaning-Industrieverband **European Caravan Federation (ECF)** hervorzuheben (vgl. CIVD 2023a).

Der **Deutsche Caravaning Handels-Verband DCHV e. V.** mit Sitz in Stuttgart ist seit 1974 der Bundesverband für Caravan- und Reisemobil-Händler sowie Vermieter (Campingplätze und Caravan-Parks) in Deutschland. Der DCHV ist für Mitglieder in rechtlichen, betrieblichen sowie betriebswirtschaftlichen (inklusive Marketing) und technischen Fragen beratend tätig. Nicht nur für seine Mitglieder, sondern auch dem Endverbraucher steht der DCHV als Ansprechpartner zur Verfügung, bspw. bei der Suche nach dem richtigen Caravan-Fachhändler oder -Vermieter vor Ort, der Suche nach einer Caravan-Werkstatt im Ausland, bei Fragen der Gebrauchtwagen-Bewertung oder bei der Klärung möglicher strittiger Fragen mit einem der Mitgliedsbetriebe (vgl. DCHV 2023).

Der im Jahre 2000 gegründete **Bundesverband der Campingwirtschaft in Deutschland e. V. (BVCD)** mit Sitz in Berlin gilt als Dachverband für Campingunternehmen in Deutschland. Sein Ziel ist die Interessenvertretung der zwölf Campingverbände aller Bundesländer, so dass mehr als 1.200 Campingplätze in Deutschland gegenüber Behörden, Verbänden und anderen Institutionen vertreten werden. Weitere Ziele sind bspw. der Einsatz für fachliche, bildungspolitische und wirtschaftliche Belange. Des Weiteren betreut, informiert und berät er seine Mitglieder in allen Fragen, die im Zusammenhang mit dem Campingwesen stehen. Letztlich wird die Etablierung des Campingtourismus als hochwertige Form der Urlaubs- und Freizeitgestaltung genannt. Handlungsschwerpunkte bilden die Lobbyarbeit, die Qualitätssicherung und -förderung sowie das Marketing. Eine Vielzahl von Kooperationspartnern, wie der DTV, der CIVD oder der DCHV, unterstützen den Bundesverband bei seinen Aktivitäten (vgl. BVCD 2023).

Darüber hinaus gibt es die **Reisemobil Union e. V. (RU)** mit Sitz in Frankfurt am Main, die sich als Interessenvertretung für alle Reisemobilfahrer versteht. Sie wurde 1989 von einer handvoll Reisemobilclubs gegründet und besteht nun aus mehreren regionalen Wohnmobil-Clubs und tausenden Einzelmitgliedern, die dafür arbeiten, dass Reisen mit dem Reisemobil eine attraktive und bezahlbare Urlaubs- und Lebensform bleibt (vgl. RU 2019).

Auf europäischer Ebene gibt es mehrere Verbände, wie z. B. die **European Federation of Campingsite Organisations and Holiday Park Associations (EFCO & HPA)** und die bereits erwähnte **European Caravan Federation (ECF)**.

Die **EFCO & HPA** ist die Interessenvertretung der Campingunternehmer in Europa, soweit sie mit ihren nationalen Verbänden im europäischen Verband organisiert sind. Im Jahr 2023 sind 23 europäische Länder Mitglied und das Ziel der EFCO & HPA ist es, die Interessen der Industrie durch Vertretung bei den europäischen Behörden (Rat, Kommission und Parlament) zu artikulieren und sicherzugehen, dass die Interessen des Sektors bei wichtigen europäischen Entscheidungsprozessen verstanden und berücksichtigt werden (vgl. EFCO & HPA 2023).

Die **Fédération Internationale de Camping et de Caravanning (F.I.C.C.)** ist die einzige weltweite Organisation, die sich ausschließlich dem Camping und Caravaning widmet und die Interessen aller Camper weltweit wahren will. Beispielsweise vertritt der Verband über seine technischen Kommissionen, Camping und Caravaning bei den nationalen und internationalen Ämtern und Behörden. Die Vereinigung wurde im Jahre 1933 gegründet und vertritt 2023 mehr als 70 Mitgliedclubs und -verbände in 39 Ländern (vgl. F.I.C.C. 2023).

b) Ausgewählte rechtliche Rahmenbedingungen

Im Folgenden werden ausgewählte rechtliche Rahmenbedingungen für Europa und im Besonderen für Deutschland dargestellt.

In den meisten deutschen Bundesländern sind diese rechtlichen Rahmenbedingungen und Vorgaben an Campingplätze[88] in der jeweiligen Camping- und Wochenendplatzverordnung (z. B. in Nordrhein-Westfalen und Sachsen-Anhalt die „CWVO – Verordnung über Campingplätze und Wochenendplätze“ oder in Niedersachsen die „CPl-Woch-VO – Verordnung über Campingplätze, Wochenendplätze und Wochenendhäuser“) festgelegt, die von Bundesland zu Bundesland unterschiedlich ausfallen. Sie definieren alle nötigen Grundlagen und Voraussetzungen, welche ein derartiger Platz erfüllen muss. Dazu zählen u. a. die Gestaltung des Geländes, der Platzordnung, Zufahrtsstraße, sanitären Anlagen und Beleuchtung, die Versorgung mit Trinkwasser, Frisch- und Abwasseranschlüsse, die notwendige Beschilderung, die zu ergreifenden Brandschutzmaßnahmen, die Entsorgung von Abwasser und Abfällen, das Vorgehen bei Verstößen gegen die Platzordnung sowie die Gestaltung von Einrichtungen wie Waschräume, Toiletten- und Duschräume. Für die Eröffnung eines Campingplatzes sind diese rechtlichen Pflichten zu beachten – weitere Informationen finden sich u. a. in der „Planungshilfe zur Errichtung von Reisemobilstellplätzen vom DTV (vgl. 2021, S. 25) und bei Groß et al. (vgl. 2022, S. 26 ff.).

88 Das nicht durchgehende Anbieten von weniger als drei Stellplätzen ist meist problemlos und ohne Registrierung als Campingplatz möglich, solange der Grund nicht in einem Schutzgebiet liegt. Mehr als drei Reisemobilstellplätze erfüllen den Tatbestand einer Campingnutzung und erfordern somit eine Ausweisung/Festsetzung eines Sondergebietes für Camping gem. § 10 Abs. 1 und Abs. 5 Baunutzungsverordnung (BauNVO) (vgl. DTV 2021, S. 23; Pitchup Ltd., 2022).

Normungen und Verordnungen

Europäische Normen und nationale technische Standards für Freizeitfahrzeuge (Wohnwagen und Reisemobile) sollen die Qualität sichern und zur Erhöhung der Fahrzeug- und Verkehrssicherheit beitragen. Neben DIN und ISO Normen werden die meisten dieser Normen dabei durch das Europäische Normungsinstitut CEN herausgegeben. Wichtige Normen sind bspw. nachfolgende – weitere Informationen finden sich unter https://www.civd.de/artikel/normen:

- DIN EN 1645-1:2018-06 Caravans:
- Anforderungen an den Wohnbereich hinsichtlich Gesundheit und Sicherheit
- DIN EN 1646-1:2018-04 Motorcaravans:
- Anforderungen an den Wohnbereich hinsichtlich Gesundheit und Sicherheit
- DIN EN 1647:2019-01 Mobilheime:
- Anforderungen an den Wohnbereich hinsichtlich Gesundheit und Sicherheit
- DIN 2001-2:2018-01:
- Trinkwasserversorgung aus Kleinanlagen und nicht ortsfesten Anlagen

Darüber hinaus gibt es zu beachtene Gesetze und Richtlinien, z. B. des Europäischen Parlaments und des Rates. Als Beispiele können die Altfahrzeug-Richtlinie und die Richtlinie zur Beschränkung der Verwendung bestimmter gefährlicher Stoffe in Elektro- und Elektronikgeräten genannt werden. In Deutschland werden die Vorgaben seitens des CIVD in einer „Richtlinie zur Sicherstellung der Material Compliance Anforderungen an Fahrzeuge der Caravaning Industrie" zusammenfassend dargestellt (vgl. CIVD 2022, S. 6 ff.).

Eine weitere rechtliche Regelung ist die **Genehmigung von Reisemobilen und Caravans**. Diese basiert auf der Rahmenrichtlinie 2007/46/EG zur EG-Typgenehmigung. „Seit Oktober 2012 müssen Reisemobile nach den Bestimmungen der EU-Typgenehmigung zugelassen werden, Caravans seit Oktober 2014. Die deutschen Hersteller haben aufgrund ihrer auch im Ausland sehr beliebten Produkte bereits seit 1999 EG-typgenehmigte Fahrzeuge vertrieben. Denn es gilt: Einmal EU-typgenehmigt sind Caravans und Reisemobile ohne weitere Prüfungen innerhalb der EU zulassungsfähig. (...) Die Zuständigkeit und die Vorgaben zur Marktüberwachung wurden durch die neue Rahmenverordnung (EU) Nr. 2018/858 reformiert, die am 1. September 2020 in Kraft tritt. Weitere 25 noch zu spezifizierende delegierte Rechtsakte runden das neue Vorschriftenpaket ab. Die EU betreibt die umfassende Reform des EU-Typgenehmigungssystems, deren Kern die weitere europäische Harmonisierung der Typprüfung sowie der Ausbau der Marktüberwachung ist. Im Rahmen der Marktüberwachung sollen Fahrzeuge, die bereits auf dem Markt verfügbar sind, durch die Mitgliedstaaten und die EU-Kommission stichprobenartig überprüft werden können. Weiter wird die Aufsicht über das Typgenehmigungsverfahren durch die Kommission erhöht, da diese zukünftig regelmäßige Überprüfungen und einen Informationsaustausch hierzu einführen kann. Der für Reisemobile und Caravans wichtige Anhang XI wurde auch in die neue Rahmenverordnung inhaltlich unverändert in Anhang II Teil III Anlage 1 übernommen. Als sogenannte ‚Fahrzeuge besonderer Zweckbestimmung' gehören z. B. Reisemobile ebenso wie Pkw der Fahrzeugkategorie M1 an, sind aber durch ihre besondere Zweckbestimmung von einigen Vorschriften befreit. In der Regel sind Reisemobile auf Lkw-Nutzfahrzeugchassis aufgebaut und können daher die Pkw-M1-Vorschriften wie z. B. hinsichtlich Emissionen nicht in vollem Umfang erfüllen." (CIVD 2023b)

EU-Führerschein

Mit Einführung des **EU-Führerscheins** im Jahr 1999 wurde die Führerscheinklasse B neu definiert. Während bis dahin in dieser Führerscheinklasse fast alle Caravans und Reisemobile gefahren werden durften, wurde das Gesamtgewicht von Reisemobil oder Pkw-Caravan-Kombination auf 3,5 t begrenzt. Mit der alten Führerscheinklasse 3 dürfen weiterhin Pkw-Caravan-Kombinationen – theoretisch bis 18,7 t – geführt werden. Mit der Führerscheinklasse B darf der Wohnwagen nicht mehr als 0,75 t wiegen. Diese Neuregelung wurde notwendig, da seit Ende der 1990er-Jahre deutlich wurde, dass v. a. Reisemobile durch den Einbau von gesetzlich vorgeschriebenen Sicherheits- und Umweltausstattungen immer schwerer wurden. Ab Janur 2013 gibt es den sog. B 96-Führerschein[89]. Hierbei handelt es sich um eine Erweiterung zum B-Führerschein und ermöglicht das Führen von Kombinationen, deren Gesamtmasse zwischen 3,5 t und 4,25 t liegt. Personen, die ihren Führerschein ab 1999 erworben haben und daher nur noch Kombinationen bis 3,5 t fahren dürfen, können mit dem B 96 größere Gespanne fahren. Während mit dem B-Führerschein nur rund 50 % aller Pkw-Caravan-Kombinationen geführt werden können, kommen mit dem B96 weitere 40 % dazu, so dass 90 % aller Gespanne gefahren werden können. Bei Reisemobilen sieht es anders aus, da viele Reisemobile mit einer Gesamtmasse bis zu 3,5 t zugelassen werden. Diese können mit dem B-Führerschein gefahren werden. Am 01. März 2023 hat die EU-Kommission einen Entwurf für die 4. Führerscheinrichtlinie veröffentlicht. Hierin sind Änderungen für den B-Führerschein und die geltenden Gewichtsgrenzen enthalten. Die Kommission schlägt vor, dass der auf 4,25 t erweiterte B-Führerschein nur für emissionsfreie und -arme Fahrzeuge gelten soll. Das Europäische Parlament und der Rat werden Stellungnahmen erarbeiten. Die Kommission strebt das Inkrafttreten der Führerscheinnovelle im Jahr 2025 an (vgl. CIVD o. J.; CIVD 2023c, S. 15).

Umweltzonen

Mit der **Kennzeichnungsverordnung** vom März 2007 kam es bundesweit zu einer einheitlichen emissionsorientierten Klassifizierung aller Kraftfahrzeuge. Den Städten und Gemeinden ist es seither möglich, Fahrverbote in ausgewiesenen Umweltzonen auszusprechen. Ende 2007 wurden in Berlin erstmals Umweltzonen eingerichtet. 2023 gibt es laut Umweltbundesamt 48 Umweltzonen zur Eindämmung der hohen Feinstaubbelastungen – für weitere Informationen siehe 🔗 https://gis.uba.de/website/umweltzonen/index.php. In diesen Umweltzonen dürfen nur Fahrzeuge, bspw. Pkws und Reisemobile, mit grüner bzw. z. T. auch mit gelber Plakette fahren.

Verkehrsbestimmungen für Reisemobile und Anhänger

Außerhalb geschlossener Ortschaften dürfen Reisemobile über 3,5 t zulässiges Gesamtgewicht in Deutschland bis zu 100 km/h und Fahrzeuge mit mehr als 4,25 t nur 80 km/h fahren. Auf der Autobahn dürfen Reisemobile mit bis zu 3,5 t eine Höchstgeschwindigkeit von 130 km/h und über 4,25 t 100 km/h erreichen. Für Caravan-Kombinationen, d. h. Pkw mit angeschlossenem Wohnwagen, gilt auf der Autobahn eine Höchstgeschwindigkeit von 80 km/h und außerorts 80 km/h (Gespanne mit Zugfahrzeug über 3,5 t nur 60 km/h). Unter bestimmten Voraussetzungen dürfen Gepanne auf Autobahnen auch mit 100 km/h unterwegs sein. Die detaillierten Bestimmungen

89 Für den Führerscheinerwerb ist eine mindestens 7-stündige Fahrschulung (als Tagesschulung möglich) zu absolvieren, wobei es 2,5 h Theorie, 3,5 h praktische Übungen und eine fahrpraktische Übung im öffentlichen Straßenverkehr gibt. Nach Abschluss wird die erfolgreiche Fahrschulung bescheinigt. Eine praktische oder theoretische Prüfung ist nicht nötig (vgl. CIVD o. J.).

finden sich in der 9. Ausnahmeverordnung zur Straßenverkehrs-Ordnung. Innerorts dürfen alle genannten Fahrzeuge 50 km/h fahren.[90] Die Hauptuntersuchung findet für Reisemobile bis 3,5 t alle 24 Monate statt, erstmalig jedoch nach 36 Monaten. Bei Reisemobilen mit mehr 4,25 t sind es 24 Monate, jedoch verringert sich das Intervall ab dem 7. Zulassungsjahr auf alle zwölf Monate. Darüber hinaus muss die Flüssiggasanlage – sofern vorhanden – alle 24 Monate geprüft werden (vgl. ADAC e. V. 2021, S. 2; ADAC e. V. 2023b).

Weitere Bestimmungen betreffen u. a. Sicherheitsgurte, die Personenbeförderung und im Speziellen die Beförderung von Kindern, das Parken und Abstellen von Campingfahrzeugen sowie die Nutzung einer Parkwarntafel und die Beleuchtung beim Parken. Weitergehende Informationen hierzu finden sich bei den oben genannten Verbänden.

Meldepflicht

Das Bundesmeldegesetz (§ 29) regelt seit dem 01.11.2015 auch die Meldepflicht auf Reisemobilstellplätzen. „Dazu müssen die Stellplatzbetreiber besondere Meldescheine bereithalten. Am Parkautomaten oder an einer Informationstafel sollen die Stellplatzgäste aufgefordert werden, den ausliegenden Meldeschein auszufüllen, zu unterschreiben und dem Betreiber geeignet zu hinterlassen. Ausländische Stellplatzgäste müssen ihre Ausweispapiere einem Bevollmächtigten des Stellplatzes oder dem Stellplatzinhaber vorlegen. Die genauen Ausführungsbestimmungen sind am Stellplatz zu veröffentlichen. Genaueres gilt es in Absprache mit der Meldebehörde zu klären." (DTV 2021, S. 20)

7.1.5.4 Angebotsseite

Im Folgenden wird auf die verschiedenen Fahrzeugtypen und Hersteller sowie auf das Angebot an Reisemobil- und Caravan-Stellplätzen eingegangen.

a) Fahrzeugtypen

> Reisemobile und Caravans sind eine Untergruppe der sog. **Freizeitfahrzeuge** und werden definiert als „[...] alle Fahrzeuge und Anhänger, die in der Freizeit genutzt werden und die eine Übernachtung durch spezielle Einrichtungen ermöglichen." (Thrun 1990, zitiert nach Hierhammer 1996, S. 37)

Einen Versuch, die auf dem Markt vorhandenen Fahrzeuge zu systematisieren, stellt die nachfolgende **Typologie von Freizeitfahrzeugen** dar (→ Abbildung 60). Bei der Typologie von Caravans unterscheidet der Herstellerverband CIVD in Wohnwagen mit nicht festem Aufbau und in Wohnwagen mit festem Aufbau. Neben Größe und Gewicht unterscheiden sich Wohnmobile v. a. hinsichtlich ihres Wohnauf- bzw. -ausbaus. Sie werden daher zunächst in Reisemobile

90 Tempolimits in anderen europäischen Ländern weichen von den deutschen Regelungen z. T. erheblich ab; sie können auf Grund ihrer Vielschichtigkeit nicht vorgestellt werden. Hierfür sei auf die ADAC Camping-Informationen verwiesen, die nicht nur die Tempolimits in mehr als 30 europäischen Ländern auflisten, sondern auch Informationen zur maximalen Abmessung, zu den Straßengebühren und zum freien Campen enthalten.

mit abnehmbarem Aufbau und solche mit festem Aufbau unterschieden (vgl. Widmann 2006, S. 64 ff.).[91]

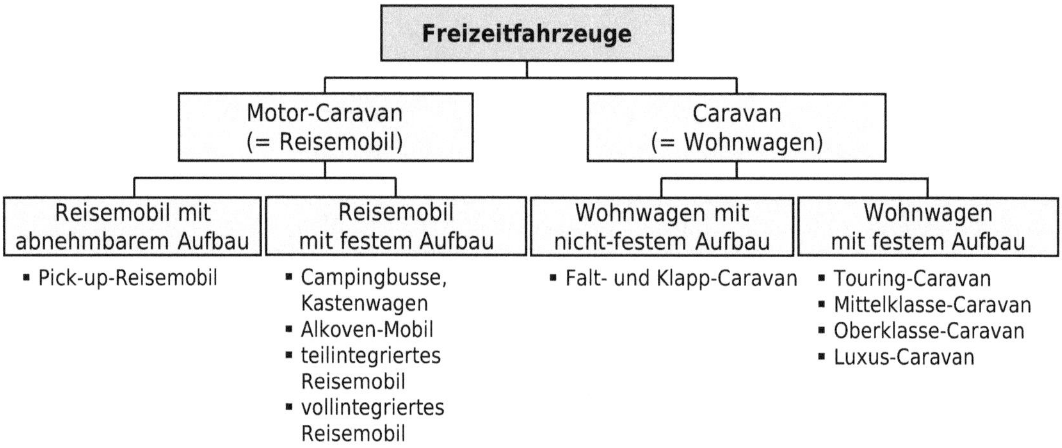

Abbildung 60: Typologie von Freizeitfahrzeugen | Quelle: Vgl. Widmann 2006, S. 63.

b) Stellplätze

Reisemobilstellplätze grenzen sich durch eine andersartige Ausstattung für die Nutzer von Campingplätzen ab.

> Sie sind nach einer Definition des Deutschen Tourismusverbandes e. V. (DTV) „[...] eigens für die spezifischen Anforderungen von Wohnmobilen und ihren Nutzern ausgestattete Übernachtungsplätze, deren Benutzung rund um die Uhr möglich sein muss." (DTV 2021, S. 23 f.)

Entsprechend der Motivation der Stellplatzaufsuche haben sich folgende fünf Hauptgruppen von Reisemobilstellplätzen entwickelt (vgl. DTV 2021, S. 24):

- **Transitplatz:** Dies ist ein einfacher Übernachtungsplatz, der häufig keinen oder wenig Komfort hat. Meist ist ein derartiger Platz nur für eine Nacht geeignet.
- **Kurzreiseplatz:** Hierbei handelt es sich um für Wohnmobile ausgewiesene Stellflächen, die sich meist auf gewidmeten öffentlichen Verkehrsflächen befinden und ist häufig mit Ver- und Entsorgungseinrichtungen ausgestattet. Übernachtungen sind meist auf 1–2 Nächte begrenzt.
- **Touristikplatz:** Es handelt sich um einen bewirtschafteten Stellplatz in Verbindung mit sonstigen touristischen Einrichtungen (z. B. Altstadt, Freizeit- und Erlebnispark, Golfplätze, Therme, Weingut,). Die Anzahl der Übernachtungen ist begrenzt, bspw. auf maximal drei Tage. Die Stellplätze verfügen meist über Ver-/Entsorgungseinrichtungen, manchmal werden auch Sanitärgebäude vorgehalten.
- **Wohnmobilhafen:** Hierunter sind bewirtschaftete Stellflächen mit gehobener Ausstattung zum längerfristigen Aufenthalt für Wohnmobile zu verstehen. Zentrale Ver- und Entsorgungseinrichtungen sowie Sanitäranlagen sind i. d. R. ebenso zu finden wie ein

91 Die genauen Beschreibungen der einzelnen Fahrzeugtypen und Fotos befinden sich in Anlage 1.

Stromanschluss. Häufig werden solche Anlagen außerhalb von klassischen Campingplätzen angeboten.

- **Campingplatz:** Diese klassischen Campingplätze mit umfangreicher Infrastruktur sind für mehrtägige bis hin zu mehrwöchigen Erholungsaufenthalten ausgelegt. Es werden mitunter klassische Parzellen mit 80 bis 100 m² und Stromanschluss angeboten.

Darüber hinaus ist das „wilde Parken“ von Bedeutung, wobei hierzu keinerlei Daten gefunden werden konnten. Apps wie „Park4Night“, „EasyPark“ oder „Campercontact“ weisen (mehr oder weniger) geeignete Flächen aus, die von Reisemobilisten empfohlen werden.

Charakteristisch für die Mehrzahl der Reisemobilstellplätze ist, dass sie über Ver- und Entsorgungseinrichtungen und Stromanschlüsse für die Fahrzeuge verfügen. Das Angebot an sanitären Einrichtungen ist jedoch häufig eingeschränkt. Zur Aufnahme von Frischwasser und zur Entsorgung von Abwasser gibt es, wie bei Campingplätzen auch, Sani-Stationen als solitär stehende Servicestationen zur entgeltlichen Benutzung oder in der Fahrbahn befindliche Servicestationen. Stromanschlüsse werden auf Wohnmobilplätzen in Form von Stromsäulen zur Verfügung gestellt. Derartige Plätze befinden sich oft in der Nähe von Bauernhöfen, Freizeitparks, Parkplätzen oder Weingütern. Parkplätze können durch das Anbringen eines Schildes von Gemeinden als Wohnmobilplätze ausgewiesen werden. Zur Refinanzierung der Einrichtung kommunaler Wohnmobilstellplätze darf die Gemeinde dabei Sondernutzungsgebühren erheben. Das Angebot an Wohnmobilstellplätzen hat sich in Deutschland in den letzten Jahren rasant entwickelt. Während es im Jahr 1997 nur 700 solcher Plätze gab, waren es im Jahr 2004 nach einer Erhebung der Zeitschrift „promobil“ bereits ca. 2.300. Ende 2023 finden sich nach der Stellplatzdatenbank 🔗 www.mobilisten.de mehr als 2.600 Stellplätze, davon **844 gebührenfreie Stell- und Übernachtungsplätze**, in Deutschland. Die meisten Wohnmobilplätze befinden sich in den westlichen Bundesländern, v. a. Niedersachsen/Bremen, Nordrhein-Westfalen und Bayern (vgl. Nitkowski 2023; Obier/Peters 2003, S. 12; Widmann 2006, S. 88).

In Deutschland definiert das Statistische Bundesamt **Campingplätze** als abgegrenzte Gelände, die jedermann zum vorübergehenden Aufstellen von mitgebrachten Wohnwagen, Reise- bzw. Wohnmobilen oder Zelten zugänglich sind.

Seitens des Statistischen Bundesamtes werden im Rahmen der Monatserhebung nur Campingplätze berücksichtigt, die Urlaubscamping anbieten, nicht aber sog. Dauercampingplätze. Die Unterscheidung zwischen **Urlaubs- oder Dauercamping** knüpft an die vertraglich vereinbarte Dauer der Campingplatzbenutzung an. Im Urlaubscamping wird der Stellplatz in der Regel für die Dauer von Tagen oder Wochen gemietet, im Dauercamping dagegen zumeist auf Monats- oder Jahresbasis. Im Vergleich zu Wohnmobilstellplätzen sind die Einrichtungen auf Campingplätzen meist komplexer. Neben Stromanschlüssen und Ver- und Entsorgungsanlagen existieren auch umfangreiche Sanitärgebäude. Zur Aufnahme von Frischwasser und zur Entsorgung von Abwasser gibt es die gleichen Möglichkeiten wie bereits im vorangeganen Abschnitt beschrieben. Der ADAC empfiehlt eine funktionale Gliederung der Campingplätze in Stellflächen für Zelte, Wohnmobile und Caravans. Je nach Kategorie existieren unterschiedliche Bedürfnisse hinsichtlich der Versorgung mit Strom, der Wasserversorgung und der Abfallentsorgung. Es sollte ebenfalls möglichst eine Trennung von Touristikstellplätzen und Dauerstellplätzen erfolgen. Durch ein möglichst komplexes Angebot (Innenorientiertheit des Betriebskonzeptes) sollte der Gast an den Campingplatz gebunden werden (vgl. ders., S. 95 ff.).

2022 existierten in Deutschland 3.177 Campingplätze mit Urlaubscamping mit einer Kapazität von mehr als 237.000 Stellplätzen. Da es jedoch viele kleine Campingplätze gibt, die bei der statistischen Erfassung durch das Raster fallen (mindestens zehn Stellplätze), ist das eigentliche Angebot Schätzungen zufolge höher. Die Verteilung der Campingplätze ist ähnlich wie bei den Wohnmobilplätzen: mit einer hohen Dichte an den Küstengebieten und in der Voralpenregion – Bayern, Baden-Württemberg und Niedersachsen sind die Top Drei der Campingplätze. Des Weiteren gibt es einen hohen Bestand in den Mittelgebirgen und Flusslandschaften Deutschlands und eine Vielzahl von Dauerstellplätzen im Umfeld städtischer Agglomerationen, die als Garten- und Ferienwohnungsersatz dienen (vgl. (vgl. Statistisches Bundesamt 2023d; Widmann, S. 180 ff.).

Auf Grund der Vielzahl an angebotenen Campingplätzen in Deutschland bedarf es einer entsprechenden Orientierungshilfe für Campinggäste. **Klassifizierungen** gehören zu den bekanntesten Qualitätsmaßnahmen im Campingtourismus. Im Sommer 2000 hat der DTV in Kooperation mit dem ADAC und dem BVCD eine bundesweite **Campingplatzklassifizierung** zur Qualitätsverbesserung und -sicherung des Infrastruktur-, Dienstleistungs- und Serviceangebotes auf Camping- und Freizeitanlagen in Deutschland entwickelt und in den letzten Jahren durchgeführt, die der Sternevergabe im Hotelsektor ähnelt. Hiernach gibt es die Kriterien Rezeption und Service, Sanitäranlagen sowie Standplätze. Die Bewertungskriterien, der Erhebungs- und Bewertungsbogen sowie die Gebühren für die Teilnahme finden sich alle auf den Internetseiten des BVCDs und des DTVs. Mehr als 400 Campingplätze haben sich bis 2023 freiwillig nach den Klassifizierungskriterien einstufen lassen (vgl. BCVD Service GmbH/DTV 2023 und → Tabelle 69).

Landesverband	1 Stern	2 Sterne	3 Sterne	4 Sterne	5 Sterne	Gesamt
Banden-Württemberg	0	0	8	39	15	62
Bayern	0	0	4	50	24	78
Brandenburg	0	5	5	13	3	31
Hessen	0	1	1	8	6	17
Mecklenburg-Vorpommern	0	2	2	30	9	50
Niedersachsen/ Bremen	0	1	1	23	15	46
Nordrhein-Westfalen	0	0	0	2	0	2
Rheinland-Pfalz/ Saarland	0	0	14	29	7	50
Sachsen	0	0	3	6	4	13
Sachsen-Anhalt	0	0	6	4	1	11
Schleswig-Holstein	0	0	4	18	16	38
Thüringen	0	0	2	10	0	12
gesamt	0	9	69	232	100	410

Tabelle 69: Camping-Klassifizierung in Deutschland | Quelle: BCVD Service GmbH/DTV 2023.

c) Hersteller sowie Produktions- und Zulassungszahlen

Die erste Caravaning-Weltkonferenz im Rahmen des „Caravan Salons“ in Düsseldorf im September 2008 ermöglichte den Zugriff auf statistische Informationen über die bisher bekannten Zahlen aus Nordamerika und Europa hinaus. Seitdem werden vom CIVD jährlich **Daten zu den weltweiten Freizeitfahrzeugzulassungen** veröffentlicht.

Nordamerika und Westeuropa dominieren weiterhin mit 61,4 % bzw. 27,2 % aller Neuzulassungen den Weltmarkt – in den übrigen Regionen der Welt spielen Freizeitfahrzeuge eine steigende, aber geringere Rolle, wie aus → Tabelle 70 ersichtlich wird.

Land/Region	2018	2019	2020	2021	2022
Nordamerika	483.672	406.092	430.412	600.240	493.268
Europa	202.269	210.823	236.224	260.265	218.390
Australien	36.292	36.397	30.105	44.700	49.750
China	7.300	10.600	9.050	15.100	13.800
Japan	6.400	7.081	8.124	8.995	9.360
Südkorea	3.050	3.100	7.000	10.390	9.100
Neuseeland	3.858	3.634	3.336	4.142	4.253
Südafrika	1.550	1.400	1.330	1.550	1.680
Sonstige	5.050	5.300	4.900	5.400	4.400
gesamt	749.441	684.427	730.481	950.782	804.001

Tabelle 70: Freizeitfahrzeugzulassungen 2018–2022 | Quelle: Vgl. CIVD 2023c, S. 69.

Der Europäische Markt

Die European Caravan Federation (ECF) erhebt als Dachorganisation der nationalen Vertretungen der europäischen Freizeitfahrzeugindustrie **Marktdaten über den Absatz von Caravans und Reisemobilen**, wie sie in → Tabelle 71 dargestellt werden.[92]

2022 wurden europaweit ca. 150.000 Caravans neu angemeldet, wobei dies den ersten Rückgang seit zehn Jahren darstellt. Deutschland, Großbritannien und Frankreich sind sowohl bei den Caravan- als auch Reisemobilneuzulassungen unter den Top Drei. Deutschland liegt sowohl bei den Caravan-Neuzulassungen als auch bei den Reisemobilen auf Platz 1 (vgl. CIVD 2023c, S. 15).

92 Hierbei ist zu beachten, dass die Erfassung bzw. Registrierung von Freizeitfahrzeugen für die Bestandswerte in den einzelnen EU-Staaten unterschiedlich erfolgt. Einige Länder zählen Falt- und Klappcaravaner ebenso zum Caravanbestand wie zum Dauercamping genutzte Fahrzeuge. Auch bei den Reisemobilherstellern werden z. T. Büromobile, selbst ausgebaute/umgebaute Reisemobile und als Lkw zugelassene Reisemobile im Bestand registriert. Dementsprechend lassen sich die Bestandsangaben der Länder nicht immer vergleichen.

	Caravan		Reisemobile	
	2021	2022	2021	2022
Deutschland	24.718	24.478	81.420	66.507
Großbritannien	18.660	13.884	14.074	11.823
Frankreich	7.446	7.330	30.822	24.611
Niederlande	8.562	7.946	3.164	2.260
Schweden	3.869	3.164	5.066	3.498
Dänemark	2.900	2.260	1.704	1.272
Norwegen	2.681	2.177	3.081	2.053
Spanien	1.926	1.579	6.175	5.323
Schweiz	1.687	1.775	8.498	7.165
Belgien	1.290	1.306	7.086	6.108
Österreich	1.166	1.085	4.782	4.781
Finnland	1.052	806	2.634	1.443
Polen	941	1.066	2.191	1.746
Italien	568	659	7.113	5.828
Tschechien	556	486	2.048	1.507
Slowenien	172	175	422	341
Luxemburg	60	80	452	419
Portugal	55	60	270	371
Estland	45	58	143	165
Sonstige	471	538	295	277
Gesamt	78.825	70.892	181.440	147.498

Tabelle 71: Caravan- und Reisemobil-Neuzulassungen | Quelle: CIVD 2023c, S. 66 f.

Der deutsche Markt

Das KBA verzeichnete zum 01.01.2023 einen Reisemobil-Bestand von 838.253 und einen Caravan-Bestand von 756.705 Fahrzeugen. Nach Schätzung des CIVD befinden sich mehr Fahrzeuge im Gebrauch als in der Statistik ausgewiesen.[93]

Der deutsche Caravan-Markt verzeichnete im Jahr 2021 sowohl einen leichten Rückgang als auch Anstieg. Im Vergleich zu den Neuzulassungen von 28.685 Fahrzeugen im Jahr 2020 sank die Zahl der neu angemeldeten Caravans im Jahr 2021 um 15 %. Bei den Reisemobilen weist das KBA für 2011 insgesamt 79.594 neu zugelassene Fahrzeuge aus, was einem Plus von 4,4 % entspricht (vgl. KBA 2022b, S. 10; KBA 2022c, S. 6 und → Abbildung 61).

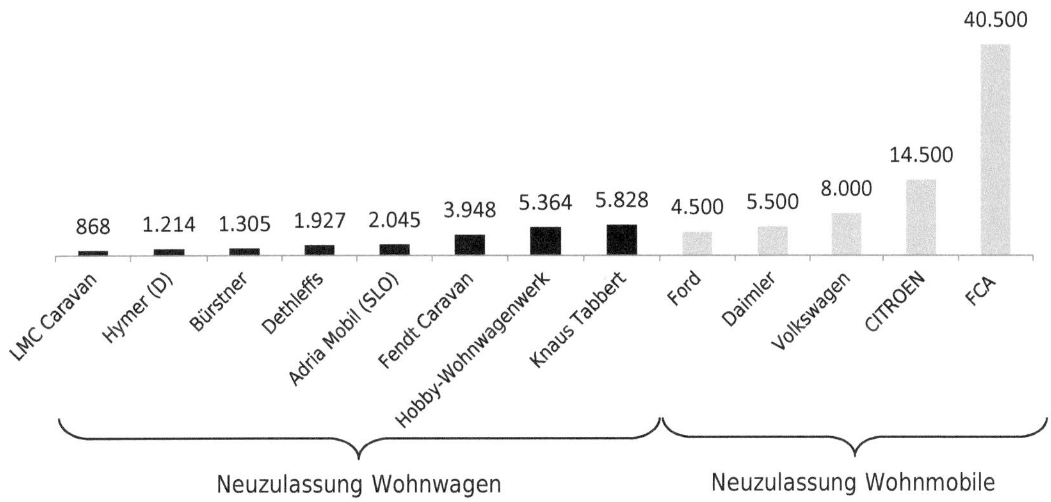

Abbildung 61: Neuzulassungen von Wohnmobilen/-wagen nach Herstellern | Quelle: Vgl. KBA 2022b, S. 10 und KBA 2022c, S. 7.

Die deutsche Produktion von Freizeitfahrzeugen (Caravans und Reisemobile) der im CIVD organisierten deutschen Produzenten, wie die Hymer AG, die Knaus Tabbert GmbH, Hobby-Wohnwagenwerk und Westfalia, fiel im Jahr 2022 auf das Niveau von 2018 zurück. Der Produktionsalltag war laut CIVD durch eine Verschlechterung der Chassis-Verfügbarkeit sowie ständiges, kostenintensives Hoch- und Runterfahren geprägt (vgl. CIVD 2023c, S. 63).

Während die **Produktion von Caravans** mit 54.325 Stück um ca. 12,5 % höher ausfiel als im Vorjahr, sank die **Reisemobilproduktion** um rund 9 % auf 74.963 Fahrzeuge. Der Exportanteil an allen produzierten Caravans betrug 2022 ca. 54 % (v. a. in die Niederlande, Frankreich und Norwegen), während bei den Reisemobilen ca. 48 % der Jahresproduktion für das Ausland (v. a. Frankreich, Schweiz und Großbritannien) bestimmt waren (vgl. CIVD 2023c, S. 61 ff.).

93 Beim KBA werden als Reisemobile als Fahrzeuge mit besonderer Zweckbestimmung erfasst. Ausgebaute Kastenwagen, die als Pkw, als Büromobil oder Lkw zugelassen werden, sind in den Bestandszahlen nicht enthalten. Außerdem enthält nach der Zulassungsverordnung vom 01.03.2007 der Fahrzeugbestand lediglich die im fließenden Verkehr befindlichen Reisemobile einschließlich der mit Saisonkennzeichen angemeldeten Fahrzeuge. Gleiches gilt für den Caravanbestand, d. h. er umfasst nur die im fließenden Verkehr befindlichen Caravans einschließlich der Saisonkennzeichen. Saisonal begrenzte Anmeldungen mit normalen Kennzeichen, wie sie von Caravanern genutzt werden, fallen somit aus der Statistik.

d) Vermieter von Caravans und Wohnmobilen

Nicht jeder Nutzer eines Wohnmobils oder Caravans möchte sich ein eigenes Fahrzeug kaufen. Es besteht daher die Möglichkeit, sich ein Fahrzeug für eine bestimmte Zeit zu mieten. Dies ist v. a. sinnvoll, wenn ein Wohnwagen oder -mobil bspw. nur einmal im Jahr benötigt wird und die Investitionen für einen Kauf nicht getätigt werden möchte. Auch für Einsteiger ist das Mieten eine Möglichkeit, um erste Eindrücke zu erlangen. Außerdem kann ein bestimmtes Modell getestet werden, so dass bei einem späteren Kauf die Erfahrungen bzgl. gewünschter Ausstattungsmerkmale berücksichtigt werden können. Somit bietet die Vermietung auch für die Hersteller eine Möglichkeit, späteren Käufern eine Entscheidungshilfe zu geben. Für Mieter gibt es verschiedene **Arten von Vermietern**, die sie nutzen können. Ein Caravan/Wohnwagen kann direkt am Zielort gemietet werden, der dann wie ein „normales" Ferienhaus genutzt wird. Vorteil dabei ist, dass die Fahrt mit dem ungewohnten Gespann von Fahrzeug und Anhänger wegfällt. Allerdings gibt es keine Möglichkeit, mit dem Caravan flexibel den Ort zu wechseln oder ihn eventuell während einer längeren Anreise als Übernachtungsmöglichkeit zu nutzen. Es können auch Wohnanhänger und -mobile, die keinen festen Standort haben, angemietet werden. Hierbei lassen sich Reisende finden, die ihren Wohnanhänger oder -mobil im Heimatort oder in der Nähe des Heimatortes anmieten und von dort aus in den Urlaub starten. Es gibt zudem Reisende, die mit einem anderen Verkehrsmittel anreisen und den Wohnanhänger oder das Wohnmobil im Zielgebiet in Empfang nehmen und vor Ort meist eine Rundreise absolvieren (vgl. Bues et al. 2012, S. 128 f.).

Vermieter von Caravans und Wohnmobilen finden sich im **privatwirtschaftlichen** und **privaten Bereich**. Zu ersteren Vermietern zählen bspw. Hersteller wie die Erwin Hymer Group (mit den Marken rent easy, McRent und Crossrent) und klassische Autovermieter, wie z. B. Auto Europe. Weitere privatwirtschaftliche Anbieter sind bei den Automobilclubs (z. B. die ADAC-Autovermietung), bei spezialisierten Vermietern (z. B. Deutsche Reisemobil-Vermietung (DRM), Rentmobil, Merkenmobile) und bei Reiseveranstaltern (z. B. FTI Touristik GmbH, Dertour Touristik Deutschland GmbH) zu finden. Letztere bieten vornehmlich Fahrzeuge in von deutschen Urlaubern beliebten Zielgebieten an, wie z. B. die USA, Kanada, Australien oder Neuseeland. Private Vermieter sind Privatpersonen, die ein Wohnmobil und/oder -anhänger besitzen und dieses/n in den Zeiten, in denen sie selbst das Fahrzeug nicht nutzen, an interessierte Personen vermieten. In den letzten Jahren sind private Vermietungsplattformen enstanden, die den Sharing-Gedanken im Camping verbreitet haben. Die größte Vermittlungsplattform in Europa ist „PaulCamper" (🔗 https://paulcamper.de).

Alle Anbieter bieten ihre Fahrzeuge vermehrt über das Internet an. Hierbei werden sowohl eigene Websites als auch **Internetplattformen** genutzt. Einzelne Unternehmen haben sogar ein eigenes Internetunternehmen gegründet bzw. aufgekauft, wie bspw. 🔗 www.camperboerse.de seit 2008 eine Marke der Dertour Touristik ist. Mit der 2005 gegründeten Tochterfirma Motorhome Bookers Ltd. zählt Camperboerse – nach eigenen Angaben – zu den umsatzstärksten Vermittlern von Wohnmobilen und hat Kunden aus aller Welt. **Bekannte Internetplattformen** stellen 🔗 www.erento.com, 🔗 www.miet24.de oder 🔗 www.mietcaravan.com dar. Bei Erento können die Nutzer im Jahr 2024 bspw. aus einem Pool von mehr als 1.000 Wohnmobilen in Deutschland, Österreich und der Schweiz auswählen.

Neben den genannten Vermietern gibt es auch die Möglichkeit, mit einem eigenen oder gemieteten Wohnmobil an **Gruppenreisen** teilzunehmen.

▸ **Exkurs** | #vanlife
Ein Trend ist das sog. #vanlife, unter dem immer mehr Menschen Busse und Transporter zu eigenen Wohnmobilen umbauen. Mittlerweile hat sich der Verleih an hochwertigen, umgebauten Bussen und Vans sogar zu einem Geschäftsmodell in der Tourismuswirtschaft entwickelt. Unternehmen, wie bspw. die CamperBoys, vermieten an verschiedenen Standorten in Deutschland umgebaute VW-Busse, mit denen sich Urlauber auf ein (kleines) Abenteuer begeben können (vgl. Groß/Sand 2022, S. 73).
Eine Untersuchung zu diesem relativ neuen Segment, kombiniert mit dem Versuch einer Abgrenzung des Vantourismus und Daten zu den Bedürfnissen, Motiven, sozio-demographischen Merkmalen usw. findet sich bei Oesterle/Aschauer 2021, S. 227 ff.

7.1.5.5 Nachfrageseite

Es gibt eine Reihe von Studien zum Nachfrageverhalten von Caravan- und Wohnmobiltouristen (z. B. CIVD 2023c; Dambacher 2006; DTV 2004; DWIF 1990; DWIF 1997; Kleinjohann 1992; Krüger 2002; Obier/Peters 2003; Thurn 2006), wobei im Folgenden ausgewählte Ergebnisse der aktuellsten Studien dargestellt werden.

Laut einer Studie aus dem Jahr 2023 umfast die Zielgruppe für Caravaning in Deutschland ca. 20 Mio. Menschen im Alter von 18 bis 80 Jahren, die eine Affinität zum mobilen Reisen haben (vgl. gsr Unternehmensberatung 2023, zitiert nach ADAC 2023c).

Eine weitere Studie von GfK zeigt folgendes auf: „Die Gruppe der 50–65-Jährigen zählt in Deutschland zu einer der Caravaning-affinsten Bevölkerungsgruppen: Der Bestand an Caravans und Reisemobilen ist bei den 50–59-Jährigen am größten, gefolgt von der Altersgruppe 60–69 Jahre. Die hohe Affinität zum mobilen Urlaub wird durch einen aktiveren Lebensstil der Gesellschaft befeuert: So leben sowohl die 50–65-Jährigen als auch die Millennial-Generation (26–43-Jährigen) im Vergleich zu ihren Altersgenossen vor 15 Jahren nicht nur länger, sondern auch gesünder und gestalten ihre Freizeit aktiver. Das macht Caravaning als flexible und individuelle Reiseform noch attraktiver für diese Gruppen. Aber nicht nur das Gesundheitsbewusstsein und der aktivere Lebensstil sind prägend für die heutige Gesellschaft. Auch bei persönlichen Werten und Einstellungen setzt ein gesellschaftlicher Wandel ein: Grundsätzliche Werte wie Familie, Freiheit, Lebensfreude und Freundschaft sind dauerhaft gültig und resonieren mit allen Befragten. Dagegen hat die Bedeutung von Naturnähe und Individualität im Vergleich zu vor 15 Jahren noch mehr an Bedeutung gewonnen. Caravaning verkörpert und verbindet diese Elemente und gilt damit als sehr attraktiv für die Urlauber von heute." (GfK 2023, zitiert nach CIVD 2023d)

Motive von Caravan- und Wohnmobiltouristen

Lange galt Camping als Billig-Urlaub und es hat sich die Annahme gehalten, dass Camping primär aus finanziellen Gründen unternommen wird. Erst Mitte der 1980er-Jahre wurde erkannt, dass diese Motive nicht zwangsweise im Vordergrund stehen. Gerade die Verschiebung hin zu Reisemobil und Caravan hat im Gegenteil sogar dazu geführt, dass ein Campingurlaub u. U. hohe Investitionen mit sich bringt und von den Kosten her durchaus mit einem Urlaub im Hotel vergleichbar ist (vgl. Widmann 2006, S. 18 f.).

Caravans werden sowohl für private Reisen als auch für geschäftliche Zwecke, wie z. B. Messen, Ausstellungen oder Sport-Events angemietet. Grundsätzlich **treffen für den Campingurlaub viele allgemeine Motive zu**, die ebenfalls bei anderen Urlaubsformen gelten, z. B. sich zu erholen, vom Alltag zu entspannen, Neues zu erleben und das schöne Wetter zu genießen. Daneben bietet ein Campingurlaub mit einem eigenen Caravan oder Reisemobil „ein Stück Heimat“ sowie für Vertrautheit und Privatsphäre. Weitere Vorteile liegen in der Flexibilität und Mobilität, da es bspw. möglich ist, spontan in den Urlaub zu fahren und frei zu entscheiden, welche Orte angefahren werden, und es zudem z. B. keine festen Essenszeiten oder Kleidungsvorschriften gibt. Außerdem zeichnen sich Caravan- und Wohnmobilurlauber dadurch aus, dass sie die Natur erleben wollen und Wert auf eine schöne Landschaft legen. Oftmals besteht der Wunsch, möglichst viel zu sehen und zu erleben, und dabei weitestgehend unabhängig und frei zu sein. Weiterhin steht ein Campingurlaub für Geselligkeit, da es leicht ist auf den Campingplätzen in Kontakt mit Gleichgesinnten verschiedenster Nationalitäten zu treten (vgl. Bues et al. 2012, S. 46 ff.; Widmann 2006, S. 123 f.; Widmann 2021, S. 167 f.).

Nach einer Studie aus dem Jahr 2022 geben 69 % der Caravaning-Urlauber an, dass sie im Urlaub in der Natur sein wollen (Gesamtbevölkerung: 48 %). In der gleichen Studie wurde ermittelt, dass Caravaning-Reisende im Vergleich zur durchschnittlichen Bevölkerung fröhlicher, glücklicher und zufriedener mit ihrer Gesundheit sind. Caravaning-Urlauber beurteilen geben zu drei Viertel (75 % Top-Zwei-Bewertung) an, dass sie glücklich sind. Bei der Bevölkerung insgesamt ist dieser Wert um 11 %-Punkte niedriger. Der Aussage „Ich bin ein fröhlicher und gut gelaunter Mensch“ stimmen 69 % der Gesamtbevölkerung und 79 % der Caravaning-Reisenden zu (vgl. GfK 2022, zitiert nach CIVD 2023, S. 34 f.).

Werden Caravaner und Reisemobilisten miteinander verglichen, lassen sich verschiedene Wertigkeiten feststellen. Caravaner wollen ihren Urlaub in Ruhe genießen, bei ihnen spielt der Aufenthalt auf dem Campingplatz eine wesentlich größere Rolle als bei den Wohnmobilreisenden. Dementsprechend legen sie auch mehr Wert auf einen gemütlichen Caravan und auf gute Beziehungen zu den Nachbarn auf dem Campingplatz. Bei den Reisemobilreisenden dagegen steht das Reisen an sich oft im Mittelpunkt, der Campingplatz stellt nur einen notwendigen Zwischenstopp dar. Sie wollen während des Urlaubs möglichst viel sehen und erleben und das Reisemobil bietet ihnen dafür die notwendige Mobilität und Flexibilität. Vielen Reisemobilisten genügt ein infrastrukturell gering ausgestatteter Übernachtungsplatz (vgl. Widmann 2006, S. 125; Widmann 2021, S. 167).

Reiseziele von Caravan- und Wohnmobiltouristen

Im Jahr 2022 sind auf deutschen Campingplätzen insgesamt 40.177.003 Übernachtungen zu verzeichnen, davon 3.882.601 Übernachtungen von ausländischen Gästen. Innerhalb Deutschlands ist das beliebteste Ziel von Campingtouristen Bayern mit mehr als 7,6 Mio. Übernachtungen, gefolgt von Niedersachsen mit ca. 5,7 Mio. Übernachtungen, Schleswig-Holstein mit ca. 5,5, Mecklenburg-Vorpommern mit ca. 5,1 Mio. und Baden-Württemberg mit ca. 5,0 Mio. Übernachtungen. Nach der Zahl der Ankünfte liegt Bayern ebenfalls auf dem ersten Platz, gefolgt von Baden-Württemberg und Niedersachsen (vgl. Statistisches Bundesamt 2023d).

Genaue Aussagen zu den Reisezielen von Caravan-Reisenden können auf Grund fehlender Untersuchungen nicht getätigt werden. Zu den beliebtesten **Reisezielen** der Wohnmobilreisenden sind hingegen Informationen vorhanden. 2022 ist Deutschland (mit den Top Vier Mecklenburg, Schleswig-Holstein, Bayern und Niedersachsen) das am stärksten nachgefragte Reiseziel von Camper- und Caravanurlaub. Der Anteil der Befragten, die in Deutschland campen wollen, lag bei ca. 38 %. Im Ausland waren v. a. Italien (12 %), Kroatien und Frankreich (je 8 %), Österreich und Skandinavien (je 6 %) sowie Spanien mit 5 % von Interesse (vgl. gsr Unternehmensberatung 2022, zitiert nach ADAC 2022).

Reiseverhalten von Wohnmobilreisenden

Bei Reisemobilisten beträgt nach einer Untersuchung aus dem Jahr 2022 die Reisedauer durchschnittlich bei 60 Tage pro Jahr und die zurückgelegte Kilometerzahl pro Jahr liegt bei ca. 10.700 km. Letzere Angabe betrifft v. a. Besitzer (vgl. gsr Unternehmensberatung 2022, zitiert nach ADAC 2023c).

Ältere Daten geben einen noch genaueren Einblick: Reisemobilisten verreisen häufiger als Nichtcamper. Mehr als 90 % verreisen 2-mal und mehr pro Jahr für eine lange Urlaubsreise (fünf Tage und mehr) und fast 40 % unternehmen vier und mehr lange Urlaubsreisen pro Jahr. Zudem ist die Reisedauer im Schnitt länger als bei dem durchschnittlichen deutschen Urlauber. Mehr als die Hälfte geben an, drei Wochen und länger bei Urlaubsreisen verreist zu sein. Zu den Haupturlaubsreisen kommen noch Kurzreisen und Tagesausflüge. Knapp 40 % unternehmen fünf oder mehr Kurzreisen. Um zu ihrem Kurzreiseziel zu gelangen, fahren die Reisemobiltouristen durchschnittlich drei Stunden. Die Reisezeiten verteilen sich auf die Haupt- sowie Vor- und Nachsaison. Mit einer annähernd gleichbleibenden Verteilung auf die Monate April bis Oktober tragen sie zu einer gleichmäßigeren Auslastung der Regionen bei. Zudem sind Reisemobiltouristen auch während ihres Aufenthaltes eine aktive Urlaubergruppe. Knapp drei Viertel geben an, im Urlaub zu wandern oder Rad zu fahren. Annähernd zwei Drittel gibt an, zu bummeln bzw. einzukaufen, und die Hälfte besucht neben der Selbstversorgung auch lokale Gastronomiebetriebe. Weitere Aktivitäten, die von ca. der Hälfte durchgeführt werden, sind „baden/schwimmen“, „Bekanntschaften machen“ und der Besuch von „kulturellen und historischen Sehenswürdigkeiten/Museen“ (vgl. Obier/Peters 2003, S. 24 ff.).

7.1.6 Motorradreisen[94]

Krafträder sind Fortbewegungsmittel, die ihren Nutzern mehr als nur die bloße Beförderung bieten. Einerseits sind Krafträder eine Ressourcensparende Möglichkeit (im Sinne des eigenen Kraftaufwandes) zur Sicherstellung der individuellen Mobilität und Flexibilität. Andererseits sind sie häufig aber auch eine Form der Erlebnismobilität, mit dessen Hilfe die Fahrer der Krafträder Freiheit, Abenteuer und Action erleben.

> Die Nutzung von Krafträdern im Tourismus erfolgt als Ausflugsfahrten und Mehrtagesfahrten während einer Urlaubsreise sowie als organisierte Biker-Touren. Es gibt jedoch auch Motorrad-spezifische Events, wie den Besuch von Motorradsportveranstaltungen oder die aktive Teilnahme an Motorradsportveranstaltungen. Letztlich seien Motorsport-Museen angeführt, die eine touristische Rolle spielen (vgl. Walker 2011, S. 146 ff.).

7.1.6.1 Begriffliche Abgrenzung von Krafträdern

Der Begriff des Kraftrades ist vielfältig und wird auch aus diesem Grund uneinheitlich für die unterschiedlichen Arten von Krafträdern verwendet. Die in Europa maßgebliche gesetzliche Grundlage für die begriffliche Abgrenzung und Einordnung von Krafträdern ist die Verordnung (EU) 2020/1694 des Europäischen Parlaments und des Rates vom 11. November 2020 zur Änderung der Verordnung (EU) Nr. 168/2013 hinsichtlich besonderer Maßnahmen für Fahrzeuge der Klasse L aus einer auslaufenden Serie als Antwort auf die Covid-19-Pandemie. Die Verordnung 168/2013

94 Dieses Kapitel basiert auf Groß/Stengel 2010.

vom 15. Januar 2013 bestimmt weiterhin, dass **Fahrzeuge der Klasse L zweirädrige, dreirädrige und vierrädrige Kraftfahrzeuge** gemäß Artikel 4 umfassen. Hierzu gehören Fahrräder mit Antriebssystem, zweirädrige und dreirädrige Kleinkrafträder, zweirädrige und dreirädrige Krafträder, Krafträder mit Beiwagen, leichte und schwere Straßen-Quads sowie leichte und schwere Vierradmobile. Insgesamt gibt es sieben Klassen (L1e bis L7e) mit Unter- und Unter-Unterklassen. Diese werden im Anhang I der genannten Verordnung anhand verschiedener Kriterien in die einzelnen Klassen eingestuft (z. B. Hubvolumen, bauartbedingte Höchstgeschwindigkeit und/oder Nennleistung) und können wie folgt dargestellt werden:

- **Kleinkraftrad** (Klasse L1e, L2e)
  - 2-rädrig (bis 50 cm³ und bis 45 km/h) (Klasse L1e)
  - Mofa (bis 25 km/h) (Klasse L1e)
  - Leichtmofa (bis 30 cm³, bis 0,5 kW und bis 20 km/h) (Klasse L1e)
  - 3-rädrig (bis 50 cm³ und bis 45 km/h) (Klasse L2e)
- **Leichtkraftfahrzeug** (Klasse L6e)
  - 4-rädrig (unter 350 kg Leermasse, bis 45 km/h und bis 50 cm³ bei Fremdzündungsmotoren bzw. bis 4 kW bei anderen Motortypen)
- **Kraftrad** (Klasse L3e, mit Beiwagen L4e) (zulassungspflichtig)
  - ohne Leistungsbeschränkung (2-rädrig, über 50 cm³ und/oder über 45 km/h)
  - mit Leistungsbeschränkung (2-rädrig, über 50 cm³ und/oder über 45 km/h, bis 25 kW und bis 0,16 kW/kg)
- **Kraftrad** (Klasse L3e, mit Beiwagen L4e und Aufbauart B) (zulassungsfrei)
  - Leichtkraftrad (2-rädrig, bis 125 cm³ und bis 11 kW)
- **Drei- und leichtes vierrädriges Kraftfahrzeug** (Klasse L5e, L7e) (zulassungspflichtig)
  - 3-rädrig (über 50 cm³ und/oder über 45 km/h) (Klasse L5e)
  - 4-rädrig zur Personenbeförderung (bis 400 kg Leermasse und bis 15 kW) (Klasse L7e)
  - 4-rädrig zur Güterbeförderung (bis 550 kg Leermasse und bis 15 kW) (Klasse L7e)

Weiterhin werden Krafträder vom Kraftfahrtbundesamt in **zulassungsfreie Krafträder** mit Versicherungskennzeichen (Kleinkraftrad (L1e, L2e) und Leichtkraftfahrzeug (L6e)) und **zulassungspflichtige/-freie Krafträder** mit amtlichem Kennzeichen (Kraftrad (L3e, mit Beiwagen L4e), Kraftrad (L3e, mit Beiwagen L4e und Aufbauart B), Leichtkraftrad (2-rädrig, bis 125 cm³ und bis 11 kW), drei- und leichtes vierrädriges Kraftfahrzeug (L5e, L7e) unterteilt (vgl. KBA 2023b, S. 11).

7.1.6.2 Historische Entwicklung der Krafträder

Die Geschichte der Krafträder beginnt mit der Erfindung des Laufrades durch Karl Drais im Jahr 1817. Patentiert wurde ein sog. „Dampfveloziped", ein mit einer Dampfmaschine angetriebenes Dampfmotorrad 1868, bevor 1894 ein erstes Benzinmotorrad gefertigt wurde. Damit begann in den folgenden Jahren die weitere technische und funktionelle Verbesserung der ersten Motorräder, v. a. in den USA und Europa. Das Motorrad wurde im Lauf der Zeit erst zu einem Luxusgegenstand, ehe es nach dem 1. Weltkrieg in der Massenproduktion zu einem weit verbreiteten Gebrauchsgegenstand wurde. In den 1950er-Jahren war das Motorrad ein relativ preiswertes Fortbewegungsmittel für Menschen mit hohen Anforderungen an die Individualität, die sich jedoch kein Automobil leisten konnten. Touristisch wurde das Motorrad in den 1950er- und 1960er-Jahren zusammen mit dem Motorroller v. a. als preiswertes Reiseverkehrsmittel für Reisen in den Schwarzwald sowie von Deutschland aus in die Alpen und nach Italien genutzt. Allerdings setzte mit dem steigenden Wohlstand der Nachkriegsjahre eine immer weitere Automobil-Motorisierung ein, die die Nutzung des Motorrades in allen Lebenslagen immer weiter zurückgehen ließ.[95] Ein wesentlicher Anteil am Aufleben eines Motorradkultes wird dem Film „Easy Rider" von 1969 zugesprochen. Das im Film ausgedrückte Freiheitsgefühl und der Lebensstil, welches stark mit den motorisierten Zweirädern der Protagonisten zusammenspielte und nur auf den „endlosen" Highways Nordamerikas gelebt werden konnte, wurde von vielen Zuschauern des Filmes aufgenommen und in den folgenden Jahren immer mehr auf das eigene Freizeitverhalten umgesetzt. Dies führte dazu, dass das Motorrad wieder stärker vor allem in Freizeit und Urlaub genutzt wurde. Heutzutage spielt das Kraftrad in all seinen Facetten sowohl im Alltagserleben als auch dem Freizeit- und Urlaubserleben wieder eine wichtige Rolle (vgl. Schulz 2009, S. 307 f.).

7.1.6.3 Verbände und rechtliche Rahmenbedingungen

Im Motorradsegment gibt es sowohl Verbraucher- als auch Unternehmensverbände. Verbraucherverbände setzten sich für die Interessen der Kraftradfahrer ein. In Europa ist der ADAC mit über 1,8 Mio. Motorradfahrern der größte Verband. Unter anderem auf Initiative des ADAC wurde 1996 die **Union Européenne de Motocyclisme (UEM)** von sieben nationalen europäischen Motorradverbänden gegründet. 2010 beschloss der Weltverband **Fédération Internationale de Motocyclisme (FIM)** eine Neugliederung der kontinentalen Verbände und 2013 wurde die UEM in **FIM Europe** umbenannt. Die FIM Europe ist der Dachverband für Motorradsport und Motorräder und im Jahre 2023 arbeiten 47 nationale Verbände und sechs regionale Motorradsportverbände hierin zusammen. Sie arbeitet an der Förderung und Durchführung des Motorsports, befasst ich aber auch mit Tourismus, Sicherheit und Transport im Zusammenhang mit Krafträdern aller Art. Im Bereich des Tourismus setzt sich die FIM für die motorradfreundliche Gestaltung von Unterkünften (Hotels, Motels, Gasthöfe, Pensionen und Campingplätzen etc.) in Europa ein und vergibt das FIM-Unterkunftsschild für diese Unterkünfte. Darüber hinaus verlegt die FIM gemeinsam mit dem ADAC auch touristische Straßenkarten, die auf die Bedürfnisse von Motorradfahrern zugeschnitten sind und sich mit Destinationen befassen, die besonders für diese Gruppe interessant sind (vgl. FIM 2022; FIM 2023).

Der **Bundesverband der Motorradfahrer e. V.** (BVDM) wurde 1958 gegründet. Der BDMV hatte das Ziel, das Motorrad, welches zu dieser Zeit öffentlich nicht mehr präsent und wenig angesehen war, am Leben zu erhalten und für die Rechte von Motorradfahrern zu kämpfen. Inzwischen versteht sich der BDMV als einzige reine Motorradfahrer-Vertretung und arbeitet hierzu in verschiedenen anderen Vereinen und Gremien mit Einfluss auf die Gesetzgebung mit. Darüber hinaus werden den Mitgliedern bspw. Motorradtrainings, Freundschaftsfahrten, Tourentrophies und Tourenzielfahrten sowie ein Forum angeboten, bspw. zum Austausch über aktuelle Gefahrenlagen für Motorradfahrer im Straßenverkehr an.

Der **MEHRSi e. V.** setzt sich besonders für die Sicherheit von Kraftradfahrern ein. Der Kern der Arbeit des MEHRSi e. V. liegt in dem Ziel, die Todesraten und Verletzungsgrade von Motorradfahrern in gefährlichen Kurven zu senken. Dafür sollen die Leitplanken aller für Motorradfahrer gefährlichen Kurven in Deutschland mit einem Unterfahrschutz ausgestattet werden. Um dies zu erreichen, sammelt der Verein Spenden, betreibt eine aktive Öffentlichkeitsarbeit, pflegt Kontakte

95 Der Bestand der Krafträder erreichte in Deutschland im Jahr 1955 seinen vorläufigen Höchststand mit 2.494.503 gemeldeten Fahrzeugen. Daraufhin sank der Bestand stetig und erreichte im Jahr 1970 den Tiefststand mit 228.604 gemeldeten Fahrzeugen. In der Folge stiegen die Zahlen wieder an.

zu Prominenten und Politik und ist auf Messen und Motorradveranstaltungen präsent. Ende 2023 wurden in mehr als 940 Kurven Leitplanken mit Unterfahrschutz nachgerüstet (vgl. MEHRSi gemeinnützige GmbH 2023).

Der **Industrie-Verband Motorrad e. V. (IVM)**, als ein Unternehmensverband, wurde 1990 gegründet. Der IVM versteht sich als Interessengemeinschaft der deutschen Motorradbranche und vertritt nach eigenen Angaben mit seinen mehr als 50 Mitgliedern über 95 % des deutschen Motorradmarktes im Sinne von Herstellern und Importeuren von Motorrädern und Rollern sowie Herstellern und Importeuren von Motorradbekleidung und -ausstattungen. Die Aktivitätsfelder sind die Öffentlichkeitsarbeit und Interessenwahrnehmung für die Mitglieder, die Erstellung von Forschungsarbeiten, statistischem und politischem Hintergrundmaterial sowie die Einbindung in nationale und internationale politische Gremien. Wichtiges Ziel des Verbandes ist es, die Akzeptanz des motorisierten Zweirades zu erhöhen (vgl. IVM 2023a).

Auf europäischer Ebene vertritt die **Association des Constructeurs Européens de Motocycles (ACEM)** – mit Sitz in Brüssel – die Interessen von Kraftradherstellern (18) und nationalen Unternehmerverbänden (18 aus 17 Länder). Die ACEM ging 1994 aus einem Zusammenschluss der Motorradherstellerverbände Comité de Liaison de l'Industrie du Motocycle (COLIMO) (gegründet 1962) und der ursprünglichen ACEM (gegründet 1990) hervor (vgl. ACEM 2023a).

Krafträder müssen wie alle anderen Kraftfahrzeuge, die auf öffentlichen Wegen oder Plätzen (gem. § 1 des Straßenverkehrsgesetzes) verwendet werden, laut dem „Gesetz über die Pflichtversicherung für Kraftfahrzeughalter" (**Pflichtversicherungsgesetz**, von 5. April 1965, zuletzt geändert am 19. Juni 2023) haftpflichtversichert werden und eine Straßenzulassung erhalten. Zulassungsfreie Krafträder mit Versicherungskennzeichen, wie z. B. Mofas, Mopeds und Leichtkraftfahrzeuge, benötigen zur Zulassung zum Straßenverkehr lediglich ein Versicherungskennzeichen. Diese Krafträder fallen nicht unter die Fahrzeug-Zulassungsverordnung (FZV) und müssen kein Kraftfahrzeug-Kennzeichen tragen. Das Versicherungskennzeichen kann bei Kfz-Versicherungen erworben werden. Es gilt für ein Jahr und liefert den Nachweis der Kraftfahrzeughaftpflichtversicherung für das Kraftrad.

Zulassungsfreie und zulassungspflichtige Krafträder mit amtlichem Kennzeichen müssen gemäß Fahrzeug-Zulassungsverordnung ein Kraftfahrzeugkennzeichen tragen. Zusammen mit der Zulassungsbescheinigung dienen diese als Nachweis der korrekten Zulassung zum Straßenverkehr. Die **technische Hauptuntersuchung** (HU) muss bei zulassungsfreien und -pflichtigen Krafträdern mit Versicherungskennzeichen und amtlichem Kennzeichen alle zwei Jahre durchgeführt werden. Eine Abgasuntersuchung Kraftrad (AUK) muss lediglich für alle zulassungspflichtigen Krafträder sowie alle drei- und leichten vierrädrigen Kraftfahrzeuge ebenfalls alle zwei Jahre gemeinsam mit der technischen Hauptuntersuchung durchgeführt werden. Zum Führen von Krafträdern bedarf es in der EU nach der Richtlinie 2006/126/EG des Europäischen Parlaments und des Rates vom 20. Dezember 2006 über den Führerschein einer **Fahrerlaubnis**, die in der entsprechenden Klasse erteilt wird (zuletzt geändert durch Richtlinie (EU) 2020/612 vom 4. Mai 2020).

Für die Klasse AM für zwei- oder dreirädrige Kraftfahrzeuge mit einer bauartbedingten Höchstgeschwindigkeit von bis zu 45 km/h ist das Mindestalter 16 Jahre. Die Klasse A1 kann ab einem Alter von 16 Jahren für Krafträder mit einem Hubraum bis 125 cm^3 und einer Motorleistung bis 11 kW erteilt werden. Die Klasse „A beschränkt" (A2 bzw. AB) erlaubt ab einem Alter von 18 Jahren das Führen von Krafträdern mit einer Motorleistung bis 35 kW. Diese Klasse wird nach zwei Jahren automatisch zur Klasse A (unbeschränkt). Die Klasse A (unbeschränkt) schließlich ist die höchste Führerscheinklasse für Krafträder. Für diese Klasse ist ein Mindestalter von 25 Jahren erforderlich. Alternativ kann die Klasse A auch zwei Jahre nach Erwerb von „A beschränkt“, frühestens im Alter von 20 Jahren erteilt werden.

Von den Einschränkungen in den Fahrgebieten mit **Feinstaub-Plakettenpflicht** in Deutschland sind zwei- und dreirädrige Kraftfahrzeuge sowie leichte vierrädrige Kraftfahrzeuge ausgenommen, wenn sie als Krafträder oder landwirtschaftliche Zugmaschinen zugelassen sind (vgl. 35. BlmSchV 2006, zuletzt geändert 2015). Sind sie als Pkw für den öffentlichen Straßenverkehr registriert, unterliegen sie der Plakettenpflicht und den damit verbundenen Einschränkungen. Die **Verkehrsbestimmungen** für Krafträder entsprechen den Vorgaben der Straßenverkehrsordnung für Pkw. Darüber hinaus gibt es zusätzliche Regelungen. Krafträder müssen auch am Tage mit Abblendlicht fahren und für alle (Mit-) Fahrer von zwei- und dreirädrigen Kraftfahrzeugen und leichten vierrädrigen Kraftfahrzeugen gilt eine Helmpflicht. „Wer Krafträder oder offene drei- oder mehrrädrige Kraftfahrzeuge mit einer bauartbedingten Höchstgeschwindigkeit von über 20 km/h führt sowie auf oder in ihnen mitfährt, muss während der Fahrt einen geeigneten Schutzhelm tragen.“ (40. StVRÄndV 2005) Dies gilt nicht, wenn vorgeschriebene Sicherheitsgurte angelegt sind.

Vergleichsweise neu ist die rechtliche Regelung zur **Einführung des Antiblockiersystems (ABS) für Motorräder** mit mehr als 125 cm³ Hubraum (Klasse L3e A2 und A3). 2012 hat das EU-Parlament beschlossen, dass ab dem 01.01.2016 ein ABS für neue Typen und ab 2017 für alle neu zuzulassenden Fahrzeuge verpflichtend eingeführt wird. Bereits 2004 hat der europäische Herstellerverband ACEM mit einer Hersteller-Selbstverpflichtung die Einführung des Motorrad-ABS für 50 % aller motorisierten Zweiräder bis 2010 erfolgreich forciert. 2008 gab der Verband mit 75 % bis 2015 ein neues Ziel heraus, welches laut dem IVM auch erreicht worden sein soll. Somit hat das ABS den Motorradmarkt weitgehend erobert (vgl. IVM 2023a).

7.1.6.4 Angebotsseite

Auf Seiten der Angebotsseite geht es nachfolgend um verschiedene Fahrzeugtypen, um den Fahrzeugbestand in Europa und insbesondere in Deutschland, um verschiedene Arten von Vermietern und um bekannte touristische Angebote für Kraftradfahrer.

Fahrzeugtypen und Fahrzeugbestand

Krafträder sind anhand der Anzahl der Räder in die Gruppen der zweirädrigen Kraftfahrzeuge, der dreirädrigen Kraftfahrzeuge (Trikes) und der leichten vierrädrigen Kraftfahrzeuge (Quads) eingeteilt. Die zweirädrigen Kraftfahrzeuge werden vom IVM weiter in Krafträder, Kraftroller, Leichtkrafträder, Leichtkraftroller und Kleinkrafträder unterschieden. Die Bezeichnung Kraftrad und Kraftroller findet Verwendung für einen Motorhubraum mehr als 125 cm³, leichte Krafträder und leichte Kraftroller hingegen zeichnen sich durch einen Hubraum von weniger als 125 cm³ aus. Kleinkrafträder sind motorisierte Zweiräder mit unter 50 cm³, wie z. B. Mopeds, Mokicks und Mofas. Der Begriff **Motorrad** wird dabei vom IVM für Krafträder und Leichtkrafträder gemäß den genannten Vorgaben verwendet (vgl. IVM 2023b, S. 26 f.). → Abbildung 62 stellt die verschiedenen Gruppen von Krafträdern dar.

Abbildung 62: Gruppen von Krafträdern | Quelle: Vgl. Groß/Stengel 2010, S. 217.

Bei den Motorrädern werden noch weitere Unterscheidungen vorgenommen. Diese Unterschiede beruhen auf den Einsatzmöglichkeiten und den Charakteristika der Fahrzeuge. Die Fahrzeuge unterscheiden sich hinsichtlich Straßen- und Geländetauglichkeit, Freizeit- und Alltagsgebrauchswert, Tauglichkeit für Lang- und Kurzstrecken oder auch der Kostengünstigkeit und der Gesamtzahl der Fahrer und Mitfahrer. Die → Abbildung 63 stellt die Typen der zweirädrigen Motorräder im Überblick dar.[96]

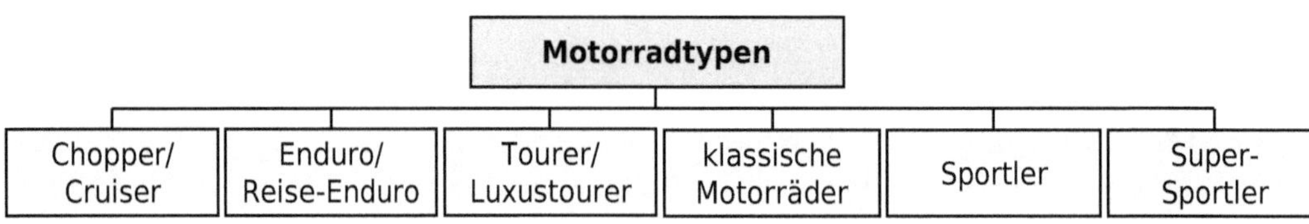

Abbildung 63: Typen von Motorrädern | Quelle: Groß/Stengel 2010, S. 218.

Auf **europäischer Ebene** konnten 2022 mehr als 950 Tsd. neue Fahrzeuge in fünf der größten europäischen Märkte (d. h. Frankreich, Deutschland, Italien, Spanien und das Vereinigte Königreich) registriert werden (+0,1 % zu 2021).

Die Zulassungszahlen für Motorräder zeigten einen Aufwärtstrend in Spanien (176.960 Einheiten, +6,3 %) und dem Vereinigten Königreich (109.300 Einheiten, +1,9 %). Sie blieben in Italien (271.380 Einheiten, 0,7 %) und Deutschland (199.400 Einheiten, 0,1 %) weitgehend stabil und gingen in Frankreich (193.350 Einheiten, -6,6 %) zurück (vgl. ACEM 2023b).

Das Kraftfahrtbundesamt erfasst u. a. die Fahrzeugneuzulassungen und den Fahrzeugbestand an Krafträdern in Deutschland. Hierbei wird sowohl der Gesamtbestand als auch die Anzahl der als Mietfahrzeuge für Selbstfahrer angemeldeten Krafträder erfasst. Zum 01. Januar 2023 gibt es einen Gesamtbestand von 4.913.099 Krafträdern. Davon entfallen 4.757.613 auf zweirädrige Kraftfahrzeuge, 56.816 auf dreirädrige Kraftfahrzeuge und 98.670 leichte vierrädrige Kraftfahrzeuge. Die meisten zwei-, drei- sowie leichten vierrädrigen Kraftfahrzeuge

96 Broughton/Walter unterteilen zweirädrige Kraftfahrzeuge (sog. „Powered Two-Wheelers") wie folgt: „Sportsbike", „tourer", „sports tourer/allrounder", „classic/custom/cruiser", „off-road/trail/adventure" und „moped/scooter" (vgl. Broughton/Walker 2009, S. 3 ff.). Der IVM weist auf seinem Statistikportal folgende 15 Marktsegmente für (Leicht-)Motorräder und (Leicht-)Motorroller aus: Naked-Bike; Adventure; Enduro, Supermoto; City-Classic; SBK, SSP, Sport; Chopper; Grand Tourismo; Großrad-Roller; Elektro-Roller; Allrounder; Tourer; City-Allround; 3Rad-Roller; Sport Roller und Elektro-Motorrad (vgl. IVM 2023c).

sind in Bayern (1.042.418), Nordrhein-Westfalen (921.077) und Baden-Württemberg (758.659) gemeldet (vgl. KBA 2023c, FZ 13.8).[97]

Insgesamt wurden nach dem KBA im Jahr 2021 ca. 200.200 Krafträder neu zugelassen (Minus von 9,8 % zum Vorjahr). Hiervon sind 195.257 zweirädige und 4.974 dreirädige (einschließlich leichte Vierrädige) Krafträder (vgl. KBA 2022d, S. 8). Bei den Neuzulassungen der 15 Motorrad-Marktsegmente nach dem IVM ergeben sich 2023 folgende Marktanteile, wobei der IVM ca. 204.000 Neuzulassungen ausweist: Naked Bike 33,3 %, Adventure 14,5 %, Enduro/Supermoto 8,7 %, City-Classic 8,5 %, SBK, SSP, Sport 7,0 %, Chopper 6,3 %, Grand Tourismo 4,7 %, Großrad-Roller 3,8 %, Elektro-Roller 3,5 %, Allrounder 2,8 %, Tourer 1,8 %; City-Allround 1,5 %, Dreirad-Roller 1,1 %, Sport-Roller 0,8 % und Elektro-Motorrad 0,8 % (vgl. IVM 2023c).

Die Verteilung auf die zuvor eingeführten Gruppen von Krafträdern gestaltet sich wie in → Tabelle 72 dargestellt.

Krafträder	2022	Anteil in %	2023	Anteil in %
Kraftrad	101.075	54,5	119.491	58,4
Leichtkraftroller	32.992	17,8	32.931	16,1
Leichtkraftrad	32.428	17,5	32.836	16,0
Kraftroller	16.775	9,9	16.500	8,1
Dreirädriges Kfz	1.380	0,7	1.572	0,8
Vierrädriges Kfz	762	0,4	1.269	0,6
Kleinkraftrad	0	0	1	0
gesamt	185.412	100	204.601	100

Tabelle 72: Gruppe von Krafträdern 2022 und 2023 im Vergleich | Quelle: Vgl. IVM 2023d.

Vermieter von Krafträdern

Kraftradvermietungen gibt es in Deutschland im Vergleich zu Autovermietern (im Sinne von Mietfahrzeugen für Selbstfahrer) wenige.[98] Krafträder können häufig bei Motorradhändlern und -Werkstätten gemietet werden. Darüber hinaus gibt es zahlreiche kleine Vermieter. Diese bieten z. B. Trikes als Sightseeing-Fahrzeuge an oder haben Elektroroller im Angebot, die stunden- oder tageweise angemietet werden können. Größere Vermietunternehmen für Krafträder sind der ADAC, BMW und Hertz.

Zahlreiche **Internetportale**, die sich auf die Vermittlung von Vermietungen spezialisiert haben, vermitteln lediglich die Vermietung zwischen den Händlern/Vermietern und den Kunden. Die Motorent International GmbH kooperiert mit mehr als 300 Motorradfachhändlern in Deutsch-

---

97 Die Zahlen beziehen sich auf die am Stichtag 01.01.2023 tatsächlich angemeldeten Fahrzeuge. Hierin sind vorübergehend stillgelegte Fahrzeuge/Außerbetriebsetzungen im Unterschied zu vorherigen Jahren nicht erfasst. Dies kann dazu führen, dass Fahrzeuge, die auf Grund der für Krafträder unfreundlichen Witterungsverhältnisse gerade im Winter vorübergehend stillgelegt werden, nicht in den Bestandszahlen des KBA auftauchen. Der IVM gibt den Gesamtbestand zum 01.01.2022 bspw. mit ca. 6,58 Mio. Krafträdern an (vgl. IVM 2023b, S. 29).

98 Mit rund 300 bundesweiten Vertragspartnern bezeichnet sich Motorent (🔗 www.motorradvermietung.net) als Nummer 1 der Motorrad-, 4-Wheeler- und Rollervermietung in Deutschland und Europa.

land und vermittelt die Vermietung von Motorrädern und Motorrollern. Zu den vermittelnden Internetportalen zählen bspw. Miet24 GmbH (🔗 www.miet24.de) und erento GmbH (🔗 www.erento.com).

International vermittelt bspw. GS Sportreisen seit 1988 weltweit Mietmotorräder. In vielen Urlaubsreisedestinationen gibt es kleine Fahrzeugvermietungen, die neben Pkw auch Krafträder, vom leichten Kraftroller bis zum Motorrad, vermieten. Diese bieten Krafträder als eine kostengünstige Alternative zu Mietwagen an. Auf Grund der teilweise weniger strengen gesetzlichen Vorschriften, bspw. für den Besitz eines Motorradführerscheins, können hier häufig Motorräder mit größerem Hubraum als in Deutschland bzw. innerhalb der EU gemietet werden. Auch kann das vom Fahrer empfundene Freiheitsgefühl beim Motorradfahren als größer wahrgenommen werden, weil teilweise keine Helmpflicht besteht.

Touristisches Angebot für Kraftradfahrer

Zum touristischen Angebot können Motorradreisen, -events (aktiv und passiv), -unterkünfte, -museen sowie die Angebote der Deutschen Bahn angeführt werden. Für **Motorradreisen** können verschiedene Organisationsformen gefunden werden. Sie werden zum einen von den Reisenden individuell selbst zusammengestellt. Zum anderen organisieren aber auch Motorradclubs geführte und ungeführte Einzel- oder Gruppenreisen. Nicht zuletzt gibt es auch Motorradreiseveranstalter, wie z. B. AdMo (Adventure Motorcycle), Tours Canusa Touristik, Edelweiss Bike Travel Reisegesellschaft m.b.H., Motorrad action Team, Moto Discovery, Nicebike oder RawHyde Adventures, die sich als Spezialisten in diesem Segment etabliert haben und für ausgewählte Reiseziele Motorradreisen anbieten (vgl. Scherhag et al. 2022, S. 304).

Bei der Durchführung dieser **Gruppenreisen** kommen auf den Veranstalter besondere Organisationsaufgaben zu. Auf Grund der eingeschränkten Möglichkeiten des Gepäcktransports auf Zweirädern kann ein Gepäcktransferservice, der vom Veranstalter bereitgestellt wird, notwendig sein. Hierbei kann ein Begleitfahrzeug die Gepäckstücke der Fahrer aufnehmen und vom Start zum Ziel der jeweiligen Etappe transportieren. Ferner weisen die fahrenden Reiseteilnehmer häufig unterschiedliche Fahrniveaus und -gewohnheiten auf. Auch haben die Fahrer nicht immer Erfahrung mit dem Fahren in der Gruppe, was besondere Anforderungen z. B. bei Überholvorgängen, Fahrten auf mehrspurigen Straßen und an Kreuzungen mit sich bringt. Diese individuellen Besonderheiten der Reiseteilnehmer mit der Verkehrssicherheit in Einklang zu bringen, ist vor und während der Tour Aufgabe der Veranstalter. Hierzu werden die Reisenden vor Reisebeginn entweder zu ihren Fahrniveaus und -gewohnheiten befragt und Gruppen zugeteilt oder sie können sich entsprechend dem eigenen Wunsch einer einem Fahrstil (z. B. sehr zügig, zügig, gemütlich) zuordnen. Während der Fahrten übernimmt häufig ein Tour-Guide, der für eine Gruppenrundreise bereitgestellt wird, die Führung der Gruppe.

Aus touristischer Sicht sind **Motorradevents** besondere, arrangierte Veranstaltungen, die sich durch etwas Einmaliges und Seltenes auszeichnen. Sie weisen einen speziellen Bezug zu Motorrädern auf, der interessierte Motorradenthusiasten zusammenführt. Wie alle touristischen Events lassen sie sich hinsichtlich der drei Kriterien Anlass, natürliche oder künstliche Entstehung und Dauer unterscheiden (vgl. Freyer 2011, S. 638 f.). Anhand der Anlässe lassen sich Motorradevents wie folgt einteilen:

- **Kulturelle Motorradevents:** Insbesondere Traditions-Events sind zu nennen, bei denen historische Motorradthemen im Mittelpunkt stehen. Der ADAC veranstaltet z. B. Oldtimer-Wandern mit historischen und klassischen Motorrädern in verschiedenen Ländern (2022 in der Pfalz, Dachstein Salzkammergut und Traunsee). Auch die Vespa World Days finden an verschiedenen Orten statt, 2023 in Interlaken (Schweiz). Ein weiteres wichtiges Motorradtreffen ist das Elefantentreffen in Thurmansbang, eines der ältesten und größten Wintertreffen für Motorradfahrer. Auch die Teilnahme an Traditionsfahrten und an Motorradsegnungen kann zu den kulturellen Motorradevents gezählt werden.

- **Sportliche Motorradevents:** Dies sind v. a. Meisterschaften und Wettkämpfe im Motorradsport. Der wichtigste Motorrad-Meisterschaftslauf in Deutschland ist der Große Preis von Deutschland auf dem Sachsenring in Hohenstein-Ernstthal, ein Grand Prix der Motorrad-Weltmeisterschaft – diese wird durch die FIM veranstaltet. Darüber hinaus gibt es zahlreiche regionale, überregionale und internationale Veranstaltungen im Motorradsport, wie z. B. Speedway-Meisterschaften, Motocross-, Freestyle-, Quadcross- und Sidecarcross-Veranstaltungen – bekannte Beispiele sind Supermoto-Events (u. a. ADAC Supermoto) oder die „Night of the Jumps", eine internationale Serie von Freestyle-Motocross-Veranstaltungen – diese Veranstaltung fand bereits in mehr als 20 Ländern statt. Diese Veranstaltungen sind größtenteils für Zuschauer ausgelegt, es gibt jedoch auch Events, an denen Motorradfahrer aktiv teilnehmen können.
- **Wirtschaftliche Motorradevents** sind v. a. Ausstellungen, Messen, Verkaufs- und Produktpräsentationen sowie Motorradhersteller-Treffen der Motorradbranche. Zu den wichtigsten Motorradmessen in Deutschland und Europa gehört z. B. die zweijährlich stattfindende Internationale Motorrad- und Rollermesse (Intermot) in Köln. Motorradhersteller-Treffen werden von vielen Herstellern bei Motorradhändlern organisiert (z. B. bei Kawasaki das „Drachenfest" und bei KTM der „Orange Day") oder als Mehrtagesveranstaltungen mit Wettbewerben, Produktpräsentationen und Rahmenprogramm durchgeführt.

Neben den Events gibt es **Motorrad- bzw. Motorsport-Museen**[99], die eine touristische Rolle spielen. Es gibt Museen, in denen Motorräder neben anderen Verkehrsmitteln ausgestellt werden, und Museen, die sich allein Motorrädern widmen bzw. auch nur speziellen Modellen, wie bspw. eine DDR-Zweirad-Ausstellung in Wusterhausen/Dosse. Als Beispiele für Motorradmuseen in Deutschland können die in Ibbenbüren, Augustusburg oder Ducherow angeführt werden. Ein Beispiel aus der Schweiz ist das Motorradmuseum Hilti. Weitere Museen werden bspw. unter 🔗 www.fim-europe.com/european-moto-museum und 🔗 www.oldtimermuseen.de/museen.htm gelistet – auf letztere Website sind mehr als 350 Oldtimermuessen zu finden.

Beherbergungsbetriebe haben sich z. T. mit speziellen Angeboten auf Motorradreisende eingestellt und bieten diesen besondere Serviceleistungen. Verschiedene Institutionen vergeben dabei Zertifikate, die die Unterkünfte als besonders motorradtauglich und -freundlich ausweisen. Die Europäische Motorradunion (FIM Europe) vergibt ein Unterkunftsschild, das auf besonders **für Motorradfahrer geeignete Unterkünfte** hinweist. Ende 2023 gibt es in Deutschland 51 gekennzeichnete Unterkünfte und in 13 europäischen Ländern sind es mehr als 130 Beherbergungsbetriebe. Anforderungen, die als UEM-freundlich gekennzeichnete Unterkünfte erfüllen müssen, sind (vgl. FIM Europe 2023):

- eine leicht zugängliche, gesicherte und idealerweise überdachte Unterstellmöglichkeit für Motorräder,
- einen abschließbaren Trockenraum für Motorradbekleidung, sofern im Zimmer keine ausreichende Trockenmöglichkeit vorhanden ist,

99 Ein besonderes Reiseziel für viele Motorradfahrer dürfte das 2008 eröffnete Museum des Motorradherstellers Harley-Davidson in Milwaukee in den USA sein.

- eine Wasch- und Wartungsmöglichkeit für Motorräder in der näheren Umgebung,
- Adressen/Telefonnummern von den nächstgelegenen Motorradwerkstätten, Zubehörhändlern und Pannenhilfsdiensten,
- Empfehlungen für Motorradtouren in der Umgebung (wenn vorhanden auch Offroad),
- Informationen zu Wettervorhersage und Straßenverhältnissen.

MoHo – Motorrad Hotels vom Verein für Motorrad und Tourismus (ein Projekt der MTS Austria GmbH) bieten seit 1996 in Deutschland, Italien und Österreich ein Label für motorradgerechte Unterkünfte in drei Kategorien. Dabei bieten die Häuser, die den Stufen drei, vier und fünf Helmen zugeordnet werden, eine aufsteigende Kompetenz für Motorräder, Motorradtouren und dazugehörende Beratungs- und Serviceleistungen an, sind für Zwischenstopps oder den kompletten Motorradurlaub geeignet und bieten speziell zugeschnittene Pauschalen und Arrangements – für Detailinformationen siehe 🔗 www.moho.info. Für die Prädikate wurde ein eigenes Qualitätsmanagementsystem (Q-MTS®) entwickelt und von der TÜV Austria cert GmbH nach DIN EN ISO 9001:2008 zertifiziert. Die einzelnen Prädikatsstufen werden nach einer Prüfung an die Häuser vergeben. Ende 2023 sind 51 Unterkünfte als MoHo zertifiziert (vgl. MTS Austria GmbH 2023).

Darüber hinaus bieten verschiedene Verlage und Internetportale Übersichten zu motorradfreundlichen Beherbergungsunternehmen. Verlage kombinieren die Unterkunftsempfehlungen häufig mit den dazugehörigen Straßenkarten in Form von Motorrad-Reiseführern. Internetportale bieten Übersichten mit mehreren hundert Hotels in Deutschland und Europa, die sich als motorradfreundliche Hotels bezeichnen. Um auf die Webseiten gelistet zu werden, sind keine gesonderten Aufnahmekriterien zu erfüllen. Jedoch sollte sich die Unterkunft durch eine „gute Bikerfreundlichkeit" auszeichnen. Derartige Webseiten sind bspw. 🔗 www.bikerbetten.de und 🔗 www.mein-tourenhotel.de.

7.1.6.5 Nachfrageseite

> Die Halter der zweirädrigen Krafträder in der Hand von Privatpersonen sind gemäß KBA im Jahr 2022 zu 86,5 % männlich. Ein Großteil der mehr als 4,6 Mio. am 01.01.2022 in Deutschland angemeldeten zweirädrigen Krafträder war auf die Altersgruppe der 50- bis 64-Jährigen angemeldet. Auf diese Halter entfielen mit mehr als 2,3 Mio. Motorrädern mehr als 50 % aller angemeldeten Fahrzeuge (vgl. KBA 2022a, S. 16).

Das Durchschnittsalter der Motorradreisenden in Deutschland ist etwa vier Jahre höher als das Durchschnittsalter der Wohnbevölkerung (48,5 Jahre versus 44,6 Jahre). Bezogen auf das durchschnittliche monatliche Nettoeinkommen verdienen 27,9 % der deutschen Motorradfahrer überdurchschnittlich viel, wie eine Studie im Jahr 2022 ermittelt hat. Die meisten Nennungen der deutschen Probanden liegen dennoch in der Gruppe von 2.001 bis 4.000 Euro – der Kategorie, in der auch das durchschnittliche monatliche Nettoeinkommen zu finden ist: 2021 lag dieses in Deutschland bei 3.813 Euro (vgl. Scherhag et al. 2022, S. 314; Statistisches Bundesamt 2023e).

Motorradurlauber sind meist während des ganzen Urlaubs mit ihrem Fahrzeug unterwegs und absolvieren dabei Rundreisen durch ein oder mehrere reizvolle Fahrgebiete. Bei der Entscheidung für ein Reiseziel ist deshalb die landschaftliche Attraktivität des Weges zum Ziel, aber auch des Zielgebietes entscheidend. Ebenso ist eine häufig interessante und anspruchsvolle Straßenführung für die Fahrer wichtig, was Bergstrecken und kurvenreiche Panoramastraßen besonders interessant macht. Beliebtestes Fahrgebiet deutscher Motorradreisender ist Norditalien, gefolgt von Frankreich und Deutschland. Darüber hinaus folgen Skandinavien und Österreich (vgl. Schulz 2009, S. 309 f.).

Innerhalb Deutschlands sind verschiedene **Fahrgebiete** für Ein- oder Mehrtagestouren geeignet. Insbesondere die Mittelgebirge, wie z. B. das Bergische Land, die Eifel, der Harz, das Sauerland und der Westerwald, eignen sich für vielfältige Tagestouren auf den bergigen und kurvenreichen Strecken. Für Mehrtagestouren eignen sich in Deutschland auch die touristischen Routen. Beispielhaft für weitere Routen seien die folgenden touristischen Routen genannt:

- **Deutsche Alleenstraße:** Sie führt durch ganz Deutschland, von der Ostsee bis zum Bodensee, auf mehreren Teilstücken und insgesamt rund 2.900 km.
- **Deutsche Alpenstraße:** Eine Ferienstraße, auch Queralpenstraße genannt, die auf mehr als 450 km durch die Bayrischen Alpen führt.
- **Deutsche Ferienroute Alpen–Ostsee:** Eine Ferienstraße von Berchtesgaden (Königssee) nach Puttgarden (Fehmarn) mit einer Länge von 1.738 km.

In der touristischen Nutzung sind die Krafträder ein Verkehrsmittel, das gleichzeitig auch Urlaubsinhalt ist. Für die Fahrer ist daher der Weg gleichzeitig das Ziel der Reise und die Fahrt in den Urlaub sowie das Fahren im Urlaubsgebiet sind wichtiger als ein Aufenthalt an einem bestimmten Urlaubsort. Eine Untersuchung in Deutschland und den USA zeigt Informationen zu verhaltensbezogenen Merkmalen auf. Bei Motorradreisen mit Übernachtung sind Unterschiede zwischen beiden Gruppen in wenigen Aspekten erkennbar. Als wesentlicher Unterschied ist der Anteil an Reisen in einer Gruppe sowie die durchschnittliche tägliche Kilometerleistung feststellbar, wie in → Tabelle 73 dargestellt.

Kriterium	Deutschland	USA
durchschnittliche Anzahl an Motorradreise mit Übernachtung im Jahr	1,4 Reisen	1,8 Reisen
durchschnittliche Kilometerleistung am Tag	250 km	325 km
durchschnittliche Fahrzeit am Tag	5 Stunden	5 Stunden
durchschnittliche Anzahl an Stopps pro Tag	3 Stopps	3 Stopps
Anteil an Fahrern/innen mit Beifahrer/innen	22 %	39 %
Anteil an Reisen in einer Gruppe	83 %	47 %
durchschnittliche Gruppengröße	5 Motorräder	5 Motorräder

Tabelle 73: Verhaltensbezogene Merkmale bei Motorradreisen mit Übernachtung in Deutschland und den USA (Deutschland: n = 624, USA: n = 607) | Quelle: Vgl. Scherhag et al. 2018, S. 253.

7.1.7 Wandern und Tourismus

Im Folgenden soll das Wandern als Fortbewegungform im Zusammenhang mit der touristischen Nutzung betrachtet werden. Aus diesem Grund wird der aktuelle Forschungsstand erfasst sowie eine Begriffsabgrenzung und Definition vorgenommen. Aus dieser Begriffsbestimmung lassen sich die verschiedenen Arten des Wanderns entwickeln. Nach einer kurzen Darstellung zur geschichtlichen Entwicklung und den rechtlichen Rahmenbedingungen werden das Angebot und die Nachfrage des Wanderns erläutert.

7.1.7.1 Forschungsstand

Die Aktivität Wandern wird in vielfältiger Form in der Literatur betrachtet, da mehrere wissenschaftliche Disziplinen die Bewegungsform für ihre Zwecke untersuchen. Aus diesem Grund gibt es mehr und mehr (deutschsprachige) Veröffentlichungen zum Thema Wandern. Ein geringer Teil der Veröffentlichung hat zum Ziel, den Wanderer oder dem zukünftigen Wanderer in die Freizeitaktivität einzuführen und ihm als Ratgeber zur Seite zu stehen. Diese zur Belletristik zählenden Publikationen sind für den wissenschaftlichen Forschungsstand jedoch nicht bedeutend.

Forschung wird vor allem in den folgenden Bereichen betrieben:

- **Literaturwissenschaften:** z. B. Untersuchungen zum Zusammenhang von Fortbewegung und Wissensvermittlung in literarischen Reisetexten der Frühen Neuzeit,
- **Markt-/Strukturdaten:** Untersuchung zum Wandermarkt (Wanderer und ihre Eigenschaften, Wandertourismus, Zielgruppen-Untersuchungen in bestimmten Destinationen usw.),
- **Medizin/Gesundheit:** Generelle Auswirkungen des Wanderns auf die Gesundheit, Effekte des Wanderns in der Behandlung und Rehabilitation, Wirkung des Wanderns auf konkrete Krankheitsbilder (Therapieansätze) usw.,
- **Psychologie:** Psychologische Wirkung des Wanderns und des Naturerlebnisses, Wirkung des Gehens auf das Denken usw.,
- **Sonderthemen:** Untersuchung von speziellen Wanderformen wie Pilgern und Weitwandern oder die Analyse des Wanderverhaltens mit Hilfe von GPS-Tracking,
- **Sportwissenschaften:** Trainingseffekte des Wanderns (Fitness), sportpädagogische Nutzung des Wanderns usw. sowie
- **Tourismus:** Touristische Nutzung des Wanderns in Angebotsformen, Potenziale des Wanderns, Angebotsentwicklung usw.

Zusammenfassend lässt sich feststellen, dass Forschungsarbeiten zum Wandern in verschiedenen Wissenschaftsdisziplinen betrieben werden. Veröffentlichungen zum Thema Wandern und Tourismus sind dabei insbesondere in den letzten Jahren vermehrt aufgekommen. Es finden sich sowohl Sammelbände und Beiträge hierin (z. B. Becker et al. 2004, Bohl et al. 2008; Eichmann/Erhardt 2020; Eisenstein et al. 2021; Hall et al. 2018; Quack 2015; Quack et al. 2019; Richins/Hull 2016; Schmude 2021; Thiele/Quack 2022; Weed/Bull 2009) als auch Monographien (z. B. Dreyer et al. 2010; Hall/Page 2006; Menzel et al. 2008). Positiv ist auch der Forschungsstand im Bereich der Studien und Marktdaten hervorzuheben, der sich konstant weiterentwickelt. Es wurden bspw. die Studien „Wandern in Deutschland 2009" von Trendscope, „Zukunftsmarkt Wandern" und „Branchenbefragung Wandertourismus" des Deutschen Wanderverbandes, „Wanderstudie 2014" von Project M sowie seit 2015 der „Wandermonitor" der Arbeitsgruppe Wanderforschung an der Ostfalia Hochschule für angewandte Wissenschaften veröffentlicht. Darüber ihnaus gibt es u. a. Informationen seitens des Deutschen Instituts für Tourismusforschung (seit 2019 verschiedene Wanderstudien), der GfK SE, der SINUS Markt- und Sozialforschung GmbH sowie der Verbrauchs- und Medienanalyse (VuMa).

▸ **Praxis** | GPS-Tracking

Zur Analyse des Mobilitätsverhaltens von Personen (z. B. Wanderer, Städtetouristen, Radfahrer) gibt es eine Vielzahl quantitativer und qualitativer Methoden. Hierzu zählen bspw.

Interviews, Beobachtungen, „Mental Maps“, Wege-Tagebücher und die in den letzten Jahren vermehrt aufkommenden Möglichkeiten der Mobilitätserfassung mit Hilfe von GSM, UMTS, Bluetooth, GPS, „Photo-Sharing-Communities“, Scanner, Sensoren oder Videoanalysen. GPS-Tracking hat sich in den letzten Jahren dabei zu einem festen Bestandteil bei der Erforschung des (touristischen) Mobilitätsverhaltens entwickelt. Basierend auf den – beispielsweise durch GPS-Datenlogger – erfassten Strecken lässt sich das raum-zeitliche Verhalten von Personen analysieren. Weitergehende Fragestellungen, z. B. zu deren Handlungen im Sinne von Aktivitäten am „Point of Interest“ (PoI), zur Motivation (beispielsweise für das Verweilen an einem bestimmten PoI), zu personenbezogenen Daten oder zur Zufriedenheit können durch eine Kombination mit anderen Erhebungstechniken erfasst werden. Es existiert eine Reihe von Forschungsbeiträgen mit Beispielen aus (Groß-)Städten und dem ländlichen Raum – Übersichten finden sich bspw. bei Groß/Menzel 2016 und Schmücker/Reif 2022. Einsatzmöglichkeiten von GPS im Tourismus über das GPS-Tracking hinaus, lassen sich Groß/Dreyer 2013 entnehmen.

7.1.7.2 Arten des Wanderns

Das Wandern kann in verschiedene Arten differenziert werden. Wichtige Unterscheidungsansätze sind hierbei die Höhenparameter, die Dauer, die Motivation und das Thema (→ Abbildung 64).

Die **Höhenparameter** sind entscheidend, da durch sie die äußeren Rahmenbedingungen, die Landschaften und auch die Belastung beeinflusst werden. Bedeutende Wanderarten nach Höhenparametern sind das Flachlandwandern, Mittelgebirgswandern und alpine Wandern (Bergwandern). Weiterhin ist die **Dauer** einer Wanderung für die Einteilung in Wanderarten wichtig. Es existieren Halbtagswanderungen, Tageswanderungen und Mehrtageswanderungen. Darüber hinaus sind Wanderer aus unterschiedlichen **Motiven** unterwegs. Beim Genusswandern sind Erholung, Naturerlebnis und der soziale Kontakt zu Mitwanderern bedeutend. Im Gegensatz dazu verfolgen sportliche Wanderer ein Leistungsmotiv und wählen anspruchsvollere Strecken und Wanderformen wie das Gipfel- und Höhenwandern oder das Fern- und Weitwandern. Die Gesund-/Vitalwanderer wiederum wollen den gesundheitlich positiven Effekt des Wanderns nutzen. Ihre Ziele sind somit Prävention, Linderung und Heilung. Schlussendlich kann das Motiv eines Wanderers auch die Bildung oder ein wissenschaftliches Ziel sein. Exkursionen und Lehrwanderungen kombinieren Wanderungen mit der Wissensvermittlung. Neben diesen drei Abgrenzungsbereichen kann eine Wanderung auch nach **Themen** differenziert werden. Besonders Genusswanderungen und Lehrwanderungen können in die Themenbereiche Geschichte, Kultur, Naturwissenschaft und zielgruppenspezifische Themen unterteilt werden (vgl. Dreyer et al. 2010, S. 31 ff.; Dreyer/Menzel 2016, S. 186 f.).

Aus touristischer Sicht lässt sich der Wandertourismus verschiedenen Tourismusarten unterordnen. Je nach tatsächlicher Ausprägung der Reise ist der Wandertourismus erholungstouristisch, natur-/landschaftstouristisch oder aber auch kulturtouristisch geprägt. Im Bezug auf die Dauer der Wanderreise handelt es sich bei den Reisenden um Tagesbesucher oder Übernachtungsreisende. Außerdem kann nach der Organisationsform in Individual- und Pauschaltourismus und nach der Begleitung in Individual- oder Gruppenreisen unterschieden werden (vgl. Leder 2010, S. 321 f.).

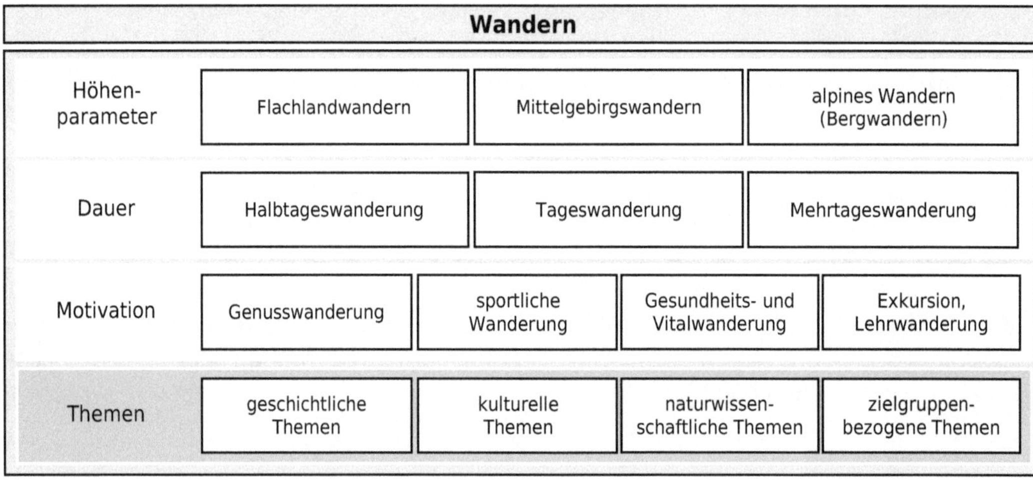

Abbildung 64: Die Arten des Wanderns | Quelle: Dreyer et al. 2010, S. 31.

7.1.7.3 Definition und Abgrenzung

Die **Begriffsbestimmung und Abgrenzung des Begriffs Wandern** gestaltet sich trotz der vorhandenen Beiträge zum Thema schwierig. Es existiert **keine allgemeingültige Definition**, sondern je nach Zielsetzung, Forschungsfrage und/oder Ausrichtung des Beitrages wird eine bekannte Definition ausgewählt oder eine eigene aufgestellt.

Grundsätzlich ist das Wandern eine Form des Gehens und kann somit von **Laufsportarten** unterschieden werden. Auch innerhalb der Aktivitäten, die gehend durchgeführt werden, fällt die Abgrenzung der verschiedenen Bewegungsformen schwer. Ähnliche Aktivitäten, wie z. B. Spazierengehen, Pilgern, (Nordic) Walking, aber auch das Klettern und Bergsteigen können über Motive, die Wegart, die Landschaft, die Vor- und Nachbereitung, die Infrastruktur, die Ausrüstung, die Geschwindigkeit aber auch den Charakter der Aktivität unterschieden werden. Eine weitere bedeutende Abgrenzung ist zu anderen Wanderformen vorzunehmen. Es existieren Begriffe wie Wasserwandern, Radwandern oder Wanderreiten. Problematisch ist hierbei, dass diese Formen auch anderen (touristischen) Aktivitäten (z. B. Rad-, Reittourismus) zuzuordnen sind. Das Wandern mit anderen Hilfsmitteln fällt somit nicht unter die nachfolgend betrachtete Wander-Begrifflichkeit. Weiterhin ist es bedeutend, das Wandern als Freizeitaktivität anzusehen. Es existieren weitere Bewegungsformen des Gehens, die alltäglich und zu einem bestimmten Zweck bspw. dem Erreichen des Arbeitsplatzes durchgeführt werden. Diese alltäglichen Bewegungsformen zählen nicht zum Wandern (vgl. Dreyer et al. 2010, S. 21 ff.).

Seit 2002 gibt es eine Unterscheidung zwischen Wandern und Spazierengehen des Deutschen Tourismusverbandes (DTV) und des Deutschen Wanderverbandes (DWV), wie in → Tabelle 74 dargestellt. Bezüglich der zeitlichen Abgrenzung kann zur Untermauerung eine Studie aus dem Jahr 2020 herangezogen werden: Eine Wanderung beginnt hiernach für die Befragten im Durchschnitt ab 72 Minute (vgl. Eilzer et al. 2022, S. 16).

Merkmal	Wanderung	Spaziergang
Zeit +/-	1/2 Tag	+/- 1 h
Länge	+/- 13 km	wenige km
Geschwindigkeit	moderat bis zügig	gemächlich
Vorbereitung	Planung, Materialstudium	keine
Ausrüstung	Allwetterkleidung, Gepäck, Verpflegung	Regenschirm, Mantel
Motive	Naturerlebnis, körperliche Herausforderung	Beine vertreten, frische Luft schnappen
Aktionsraum	überwiegend ortsfern	überwiegend ortsnah

Tabelle 74: Unterscheidung von Wandern und Spazierengehen | Quelle: DTV/DWV 2002, S. 11.

Aus den bisherigen Betrachtungen ergibt sich die nachfolgend zugrundeliegende **Definition des Wanderns** als „[...] freiwillige, zielgerichtete und zweckorientierte Fortbewegung zu Fuß in freier Natur, aus eigener Kraft und ohne weitere Hilfsmittel, wobei mindestens ein Fuß am Boden bleibt." (Dreyer 2010, S. 24)

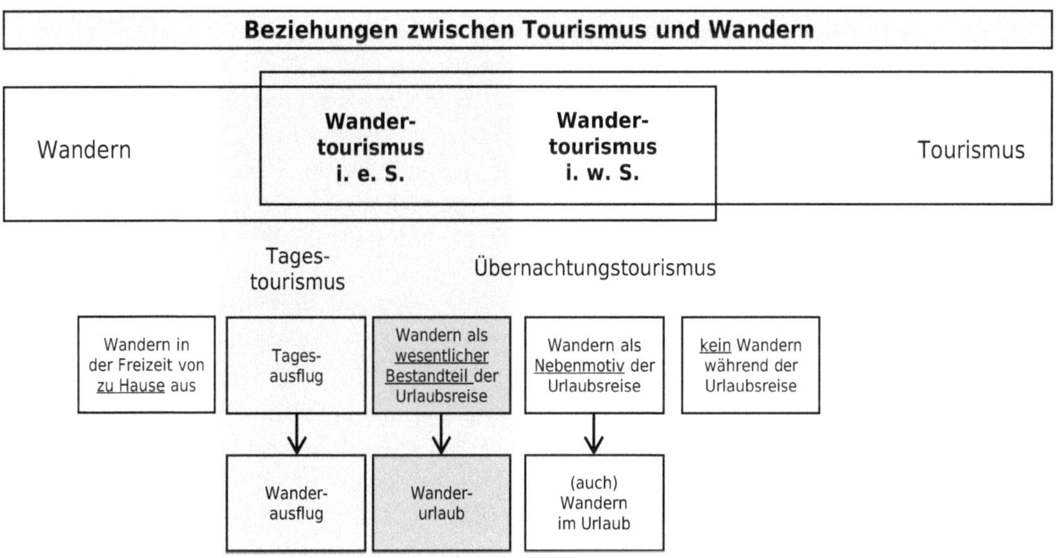

Abbildung 65: Formen des Wandertourismus | Quelle: Dreyer et al. 2010, S. 39.

Diese Definition grenzt das weite Feld des Wanderns ein und setzt notwendige Schwerpunkte. Bei einer Einordnung des Wanderns in den Tourismus, lassen sich verschiedene Formen des Wanderns abgrenzen (→ Abbildung 65). Es existieren bspw. Wanderaktivitäten, die in der Freizeit und von zu Hause aus durchgeführt werden. Da die gewöhnliche Umgebung hierbei nicht verlassen wird, handelt es sich nicht um eine touristische Aktivität und eine Einordnung in den Tourismus wird nicht vorgenommen. Dieser Wandertourismus-Definition zufolge können Tagesausflüge (Wanderausflüge) in den Wandertourismus im engeren Sinne eingeordnet werden. Gleiches gilt für Übernachtungsreisende, bei denen Wandern einen wesentlichen Bestandteil der Reisen darstellt (Wanderurlaub). Zum Wandertourismus im weiteren Sinne werden Übernachtungsreisen gezählt, bei denen Wandern nur ein Nebenmotiv ist. Daneben gibt es Übernachtungsreisen und Tagesausflüge, bei denen nicht gewandert wird.

Da in diesem Lehrbuch ausschließlich Aufenthalte mit mindestens einer Übernachtung zum Tourismus gezählt werden, werden diese definitorischen Abgrenzungen jedoch nicht übernommen und schwerpunktmäßig die Formen des Wandertourismus mit Übernachtung betrachtet.

7.1.7.4 Entwicklung und Geschichte des Wanderns

Der Beginn der **historischen Entwicklung des Wanderns** ist schwer zu terminieren. Das Gehen ist eine der ältesten Formen der Distanzüberwindung und wurde früher zweckgebunden durchgeführt. Ein **Auslöser des Wanderns** wird im **Pilgern** gesehen, d. h. das Überwinden von Wegstrecken aus vornehmlich religiösen Motiven. Neben Pilgern prägten insbesondere Kaufleute, Händler und Handwerker, aber auch Vaganten und Scholare – Kleingruppen von bis zu zehn reisenden Schülern – das Bild des wandernden Reisenden im Mittelalter: Wandern diente somit primär wirtschaftlichen Erwägungen oder der Bildung, wobei von Universität zu Universität gewandert wurde (vgl. BMWi 2010, S. 16; Kaschuba 1991, S. 165).

„Intensiver entwickelte sich das Wandern durch den Wanderbrauch junger Handwerker, die ab dem 14. Jahrhundert oft aus Abenteuerlust und Fernweh zu den verschiedenen Baustellen zogen. Ab dem 16. Jahrhundert bestand ein Wanderzwang für junge Handwerker: Auf der Gesellenwanderung sollten junge Handwerker ihrem gewohnten Milieu entkommen und in der Ferne neue Erfahrungen machen und Techniken erlernen. Bis zum Zeitalter der Aufklärung im 17./18. Jahrhundert galt die Natur und im Speziellen die Berge als gefährlich und dem Menschen unheimlich. Erst Landschaftsmaler und reisende Literaten waren maßgeblich daran beteiligt, diese gesellschaftliche Wahrnehmung zu verändern. Galten bspw. die Alpen bis dato als hässlich, bedrohlich und widerwärtig, so beschrieb Albrecht von Haller sie 1729 in seinem Gedicht ‚Die Alpen' als majestätische Bergwelt, betonte die Einfachheit und Ehrlichkeit seiner Bewohner und weckte dadurch die Neugier von Abenteurern. Ebenso beeinflusste [...] Goethe mit seinen Reisen in die Schweiz (1775 und 1779) und nach Italien (1786) die allgemeine Wahrnehmung. Neben der Literatur hat auch die romantische Malerei das Bild der Natur nachdrücklich verändert." (BMWi 2010, S. 16)

Erst mit der Entwicklung dieser Beweggründe, wie z. B. Abenteuerlust, Muße und Erholung, kann von Wandern gesprochen werden (vgl. Leder 2004, S. 320). Ab dem Ende des 18. Jahrhunderts entwickelte sich, z. B. auf Grund der Erstbesteigung des Großglockners 1799, zunehmend Interesse durch Reisebeschreibungen und -führer. Hinzu kam die voranschreitende Erschließung der Alpen und weiterer Naturräume, die genutzt wurden, um dem zunehmend technischen Alltag zu entfliehen. Wichtig für diese Entwicklung war das Aufkommen der Romantik im 19. Jahrhundert, die Naturempfinden und Naturerlebnisse in den Mittelpunkt stellte. In dieser Zeit wurde zum einen das Wandern als Jugend- und Schulveranstaltungen gefördert. Zum anderen wurden in dieser Zeit erste Wandervereine gegründet. Die Gründungsphase begann mit dem Schwarzwaldverein im Jahr 1864 und wurde z. B. mit der Gründung des Deutschen Alpenvereins 1869 oder den Naturfreunden 1895 weitergeführt. Ziel der Vereine war es, die Natur durch die Bereitstellung von Wegen und Hütten zugänglich zu machen (vgl. Groß/Sand 2022, S. 18 ff.; Krüger 2010, S. 15 ff.).

Parallel zu dieser Entwicklung entwickelte sich in den Alpen, ausgehend von der Schweiz, der **Alpinismus** als besondere Form des Wanderns in den Alpen. Anlass für diese Entwicklung war v. a. der Besuch in der Schweiz bei den sog. „Grand-Tour-Reisen" aus Großbritannien. Durch daraus entstehende Reiseberichte stieg die Bekanntheit der Alpen an und die touristische

Erschließung der Alpen konnte mit dem Bau der Eisenbahn zwischen 1888 und 1900 initialisiert werden. Ein weiterer wichtiger Katalysator für die Entwicklung war der Alpenverein, der immer stärker in die Infrastrukturentwicklung und Gestaltung der Strecken involviert war (vgl. Groß/Sand 2022, S. 18 ff.; Krüger 2010, S. 20 f.).

Im 20. Jahrhundert war die Entwicklung von der **Gründung weiterer wichtiger Interessensgruppen**, die das Wandern fördern, geprägt. Beispiele hierfür sind der Jugendherbergsverband im Jahre 1909, die Deutsche Wanderjugend (1952) und die Europäische Wandervereinigung (1969). Diese allgemein positive Entwicklung des Wanderns setzt sich fort.

7.1.7.5 Institutionen und rechtliche Vorschriften

Für das Wandern existieren vielfältige Institutionen, die der Freizeit- und Urlaubsbeschäftigung einen entsprechenden Rahmen geben. Bedeutend sind v. a. die Wanderverbände und -vereine. Sie sind verantwortlich für einen fest abgegrenzten Raum, in dem sie für die Förderung des Wanderns verantwortlich sind. In diesem Sinne unterstützen sie das Naturerlebnis Wandern, in dem sie in der Region beratend tätig sind, Natur- und Umweltschutz fördern und bspw. die Wegemarkierung und -instandhaltung übernehmen. Über diese regionale und lokale Organisationsstufe hinaus existieren überregional Zusammenschlüsse der Wandervereine.

Zu nennen sind der **Verband Deutscher Gebirgs- und Wandervereine e. V. (DWV)** und der **Europäische Dachverband der Wandervereine (EWV)**. Die nationale Dachorganisation, die 1883 gegründet wurde und auch DWV genannt wird, fokussiert ihre Bemühungen auf die Förderung des Wanderns durch die Bereitstellung und den Erhalt der notwendigen Infrastrukturen und die Veröffentlichung notwendiger Informationsmaterialien. Außerdem fördert der DWV das Heimatbewusstsein, den Denkmalschutz und den Umweltschutz. Im Gegensatz dazu konzentriert sich die Arbeit der EWV auf die internationale und europäische Ausrichtung des Wanderns. Die europäischen Fernwanderwege werden von der Organisation betreut. Außerdem werden gezielt grenzüberschreitende Kooperationen gefördert. Grundsätzlich sind die Ziele des EWV und des DWV jedoch ähnlich.

Weitere Akteure, die über die Organisation von Veranstaltungen, das Betreiben von Wegen aber auch Unterkünften das Wandern unterstützen und ermöglichen, sind der Deutsche Volkssportverband e. V. (DVV), der Deutsche Olympische Sportbund (DOSB) und die NaturFreunde.

Parallel zu den genannten Vereinen bestehen im Alpenraum die **Alpenvereine** und der **FUSS e. V.** (Fachverband Fußverkehr Deutschland), der als Fußgängerschutzverein mit dem Anliegen gegründet wurde, die Stimme der Fußgänger in die öffentliche Diskussion einzubringen. Neben Themen, wie Verkehrssicherheit, Leit- und Informationssysteme für Fußgänger, Kinder, Jugendliche und Senioren zu Fuß, kümmert sich der Verein auch um das Spazierengehen und Wandern (für weitere Informationen: 🔗 www.fuss-ev.de). Die Alpenvereine fördern den Bergsport und somit auch das Bergwandern. Die lokalen Zusammenschlüsse sind in Sektionen, Landesverbänden und schlussendlich dem **Deutschen Alpenverein (DAV)** vereinigt. Diese Verbände sind international wiederum in der **Union Internationale des Associations d'Alpinisme (UIAA)** vereinigt. Generell verfolgen die alpinen Interessenvertretungen das gleiche Ziel wie die anderen Vereinigungen, nur, dass in ihrem Fall eine spezifische Ausrichtung auf den alpinen Raum vorhanden ist und eine hohe Fachkompetenz im Alpinismus angestrebt wird.

Wichtige weitere Rahmenbedingungen werden durch die **rechtlichen Grundlagen** definiert, die im Rahmen z. B. einer Wegkonzeption zu beachten sind. Hierbei sind zum einen die deutschen Bundesgesetze bedeutend. Entscheidende Regelungen stehen im Bundesnaturschutzgesetz und im Gesetz zur Erhaltung des Waldes und zur Förderung der Forstwirtschaft. Zum anderen sind die jeweiligen bundesländerspezifischen Regelungen bedeutend, die v. a. im jeweiligen Landesnaturschutzgesetz festgehalten sind (vgl. Kuratorium Sport & Natur 2023). Diese Regelungen sind notwendig, da Wanderwege Grundeigentümer und Waldbesitzer betreffen und festgelegt werden muss, wer diese Wege einrichten und beschildern darf. Darüber hinaus muss die Verkehrssicherheit gewährleistet und die Haftung geregelt werden. Aus diesem Grund existieren fünf Regelungsfelder (vgl. Dreyer et al. 2010, S. 172 f.):

- **Betretungsrechte:** Sie sind grundsätzlich gegeben, können aber z. T. durch Vorschriften eingeschränkt werden; wichtig ist eine Berücksichtigung der Grundstückbesitzer und des Natur-/Feldschutzes sowie der Landschaftspflege und der Landwirtschaft,
- **Landschaftsplanung:** Festlegung der Vorgehensweisen bei der Landschaftsplanung und der Erstellung von Landschaftsrahmenplänen sowie Festlegung der Verbindlichkeiten,
- **Landschaftspflege:** Sicherung des Erholungswertes und das Zugänglichmachen der Erholungsflächen; grundsätzliches Ziel, für das die zuständige Behörde verantwortlich ist, ist der Naturschutz und die Landschaftspflege,
- **Bau und Unterhaltung der Wege:** Verantwortlichkeit bei den Ländern, die spezifische Regelungen und Pflichten erlassen können,
- **Markierung:** Keine bundesdeutschen Vorgaben, allerdings gibt es teilweise Regelungen auf Länderebene.

Es gilt somit neben den gesamtdeutschen Regelungen bei der Gestaltung der Wanderwege auch die jeweiligen bundeslandspezifischen Vorgaben zu beachten und alle rechtlichen Rahmenbedingungen bereits bei der Gestaltung der Wege zu berücksichtigen.

7.1.7.6 Anbieter

Die Bereitstellung des touristischen Produktes Wandern erfolgt durch verschiedene Akteure. Grundvoraussetzung für das Wandern ist der Natur- und Kulturraum, in dem sich der Wanderer bewegt. Darüber hinaus werden touristische Leistungen – wie Beherbergungsleistungen – genutzt, wenn eine Übernachtung stattfindet. Als **Anbieter** am Markt agieren hierbei bspw. Destinationsmarketingorganisationen (DMOs), Beherbergungsbetriebe und Reisebüros sowie -veranstalter (vgl. Leder 2004, S. 326).

Über den Wanderreiseveranstaltermarkt gibt es keinen umfassenden Marktüberblick und eine Beurteilung des Angebotes ist demnach schwierig. Einen Überblick über einen Teil des Angebotes bietet die Fairkehr GmbH, die 20 Wanderreiseveranstalter mit einer ökologischen, nachhaltigen Orientierung in Deutschland zusammengestellt hat. Die in dieser Publikation aufgeführten Veranstalter gehören zu den kleinen und spezialisierten Anbietern (vgl. Fairkehr GmbH 2023). Größere Wanderreiseveranstalter sind u. a. Wikinger Reisen, Studiosus und das schweizer Unternehmen Baumeler Reisen. Außerdem bieten bspw. auch DERTOUR und die TUI Deutschland GmbH Wanderreisen an.

Weitere wichtige Anbieter für Wanderreisen sind **Destinationsmanagementorganisationen (DMOs)**, in denen attraktive Wandermöglichkeiten zur Verfügung stehen. Diese DMOs bündeln Angebote verschiedener Anbieter (z. B. Beherbergungsbetrieb und Wanderführer) und bieten diese an. Grundsätzlich existieren deutschlandweit mehrere attraktive Wanderregionen. Die deutschen Bundesländer, in denen nach der Studie „Destination Brand" das höchste Interesse an der Aktivität „Wandern im Urlaub" besteht, sind Mecklenburg-Vorpommern und Thüringen (je 50 %) gefolgt von Bayern (49 %), das geringste Interesse liegt in der Bevölkerung Schleswig-

Holsteins (35 %) vor. „Für einen inländischen Wanderurlaub besonders geeignet halten die Deutschen vor allem gebirgige Regionen, wobei dem Harz, dem Schwarzwald und Bayern die höchste Eignung zugesprochen wird." (Eilzer 2021, S. 92) Zu ähnlichen Ergebnissen kommt eine weitere Studie aus dem Jahr 2021: „Die beliebtesten Reiseziele der letzten drei Urlaube mit Wanderaktivitäten in Deutschland (gemessen an den namentlich genannten Reisezielen) waren Bayern, der Harz und der Schwarzwald mit jeweils über 100 Nennungen, knapp gefolgt von der Ostsee und dem Allgäu sowie der Nordsee, Berlin, dem Bayerischen Wald, dem Bodensee und der Eifel." (Eilzer et al. 2021, S. 5 und S. 16)

Ein weiterer Anhaltspunkt für Destinationen, die eine wandertouristische Vermarktung anstreben, ist die Initiative **Wanderbares Deutschland** des Deutschen Wanderverbandes (DWV). Bei der Zertifizierung von Wanderwegen unterscheidet der DWV zwischen Mehrtagestouren (ab 20 km Länge) und thematisch ausgerichteten, kürzeren Tagestouren (2–25 km Länge; z. B. „Qualitätsweg wanderbares Deutschland – entdeckertour" und „Qualitätsweg wanderbares Deutschland – winterglück"). Die Kriterien für diese zwei Zertifikate basieren auf fünf Säulen (Wegeformat: Wegführung, Belag, Breite; Wanderleitsystem: Wegweisung, Markierung; Natur/Landschaft: Naturattraktionen, Landschaftsformationen; Kultur: Regionale Sehenswürdigkeiten, Baudenkmäler und Zivilisation: Gasthäuser, Haltepunkte ÖPNV, Parkplätze, Umfeld) und finden sich unter 🔗 www.wanderbares-deutschland.de/service/b2b/qualitaetswege. Die Qualitätswege sind in das europäische Qualitätskonzept der Europäischen Wandervereinigung (EWV) eingebettet, das unter dem Namen „Leading Quality Trails – Best of Europe" Wanderwege nach transparenten und umfassenden Kriterien in Europa ausgezeichnet. Daneben gibt es vom DWV noch die Qualitätsinitiativen „Qualitätsregionen Wanderbares Deutschland" (2023: sieben Regionen ausgezeichnet) und „Qualitätsgastgeber Wanderbares Deutschland" (vgl. DWV 2023a).

Außerdem agieren Hotels und andere Beherbergungsbetriebe als Anbieter für Wanderreisen und nehmen eine bedeutende Stellung ein. Die Wanderhotels sind generell in Individualhotels und Hotels in Kooperationen zu unterteilen. Zu den bedeutenden Kooperationen zählen die **„Wanderhotels – best alpine"** und die bereit sgenannte DWV-Verband Initiative **„Wanderbares Deutschland"**. Vom DWV wurden rund 1.200 Unterkünfte ausgezeichnet (2023: 117 Qualitätsgastgeber Gatronomie und 1.213 Qualitätsgastgeber Unterkunft), die 22 Kernkriterien und mindestens 8 Wahlkriterien erfüllen (bzw. 18 Pflichtkriterien für Gastronomiebetriebe) (vgl. ders.).

2023 sind beim **Tourismusverein Wanderhotels in Europa e. V.** 57 Familienhotels in Deutschland, Italien und Österreich zusammengeschlossen. Auch bei dieser Kooperation werden Qualitätskriterien abgefragt, es gibt eine Hotelklassifizierung von drei bis fünf Bergkristallen und auf der Website der Kooperation werden Pauschalen angeboten (vgl. Tourismusverein Wanderhotels in Europa e. V. 2023).

▸ **Beispiel** | Hüttenwandern

Das sog. Hut-to-Hut-Hiking ist in mehr als einem Dutzend Ländern und auf verschiedenen räumlichen Ebenen zu finden. (Wander-)Hütten gibt es bspw. in Australien, Deutschland, Finnland, Frankreich, Irland, Island, Italien, Japan, Kanada, Neuseeland, Norwegen, Österreich, Peru, Schweden, in der Schweiz, Schottland und den USA.
Eines der bekanntesten Beispiele sind die sog. „Great Walks" in Neuseeland. Auf der eigens für dieses Angebot erstellten Website 🔗 www.doc.govt.nz/parks-and-recreation/things-to-do/

walking-and-tramping/great-walks werden sowohl generelle Informationen über die „Great Walks“ (wie bspw. Werbevideos und Sicherheitstipps) als auch detaillierte Beschreibungen jedes einzelnen Wanderweges (inklusive Informationen zur Zugänglichkeit, Gebühren und Buchungsmöglichkeit) gegeben (vgl. Gross/Werner 2018).

7.1.7.7 Nachfrager

Insgesamt nutzt der Reisende eine Vielzahl von verschiedenen Leistungsträgern während seiner Reise. In allen Phasen der Reise sind unterschiedliche Anbieter beteiligt, die alle ihren Beitrag zum Gesamtprodukt der Wanderreise leisten (vgl. Dreyer et al. 2010, S. 130 ff.).

Die **Wandernachfrage** erlebte insgesamt von 2001 bis 2005 hinein einen Boom. In den Boom-Jahren betrug der Anteil der Wanderer[100] an der deutschen Gesamtbevölkerung (ab 14 Jahre) über 60 % (2001: 61,7 %, 2002: 59,9 %, 2003: 60,2 %, 2004: 59,8 % und 2005: 60,3 %). Ab diesem Zeitraum ist ein zwischenzeitlicher Rückgang zu erkennen, wie → Tabelle 75 zu entnehmen ist. Aber im Jahr 2022 nimmt nach der Verbraucher- und Medienanalyse wieder knapp die Hälfte der Deutschen am Wandern teil, wobei mit dem Beginn der Covid-19-Pandemie im Jahr 2020 die Wanderintensität ansteigt (vgl. Brämer 2017; VuMA 2022, S. 52).

Jahr	2012	2013	2014	2015	2016	2017	2018	2019	2020	2021	2022
gesamt	52,4	51,3	48,9	47,9	46,5	43,8	41,4	42,4	43,9	44,7	49,4
monatlich und mehr	16,8	15,9	15,2	14,8	13,1	12,1	11,3	13,2	14,3	14,3	19,3

Tabelle 75: Wanderintenstität der Deutschen (Angaben in %) | Quelle: Brämer 2017; AG VuMa 2018, S. 89; AG VuMa 2019, S. 90; AG VuMa 2020, S. 79; AG VuMa 2021, S. 74; AG VuMa 2022, S. 52.

Auch anderen Untersuchungen zufolge sind ca. die Hälfte der Deutschen den Wandereren zuzusprechen. Nach der **Allensbacher Werbeträger-Analyse** wandern 44,6 % der Deutschen ab und zu im Jahr 2022, was ca. 31,3 Mio. Deutschen entspricht. Der Anteil derjenigen Wanderer, die häufig wandern, beträgt darüber hinaus11,2 %, d. h. ca. 7,8 Mio. Menschen (vgl. ifD 2023b, S. 51).

Wanderer sind nach der „Grundlagenuntersuchung Freizeit- und Urlaubsmarkt Wandern“ im Durchschnitt 47 Jahre und nach der „Wanderstudie 2014“ ca. 52 Jahre alt. Je regelmäßiger ein Wanderer aktiv ist, desto höher ist sein Alter. Ein ähnliches Bild zeigt sich bei der Wanderintensität je Altersstufe. Der Anteil der Personen, die selten wandern gehen, ist v. a. bei den über 50-Jährigen gering. Jüngere Personen gehen dagegen seltener wandern.

100 Unter Wanderern sind hier Personen zu verstehen, die häufig oder ab und zu wandern.

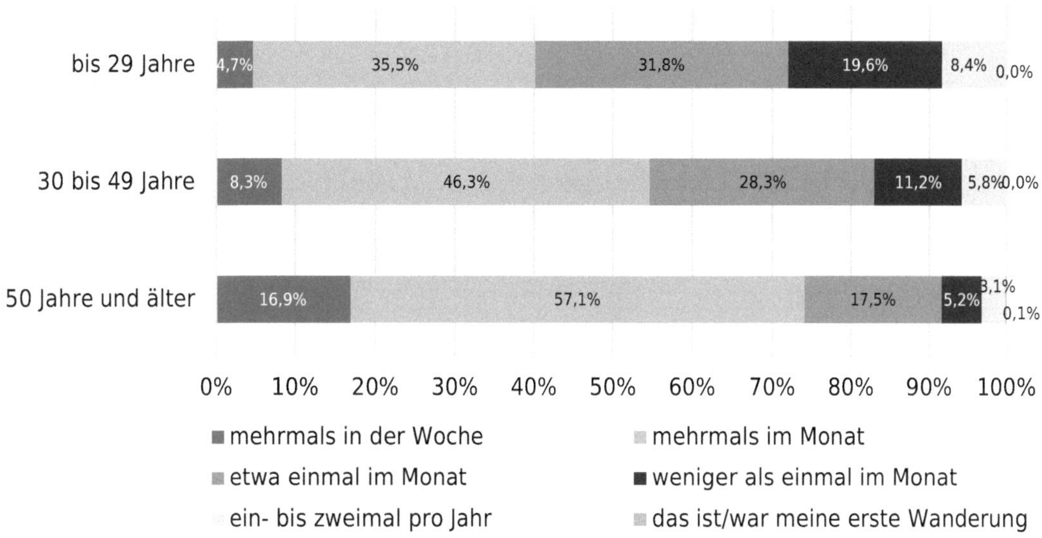

Abbildung 66: Wanderintensität in Deutschland nach dem Alter | Quelle: Quack 2022, S. 14.

Wanderer reisen überwiegend mit dem Pkw an oder erreichen die Destination mit der Bahn, wie nachfolgender → Abbildung 67 zu entnehmen.

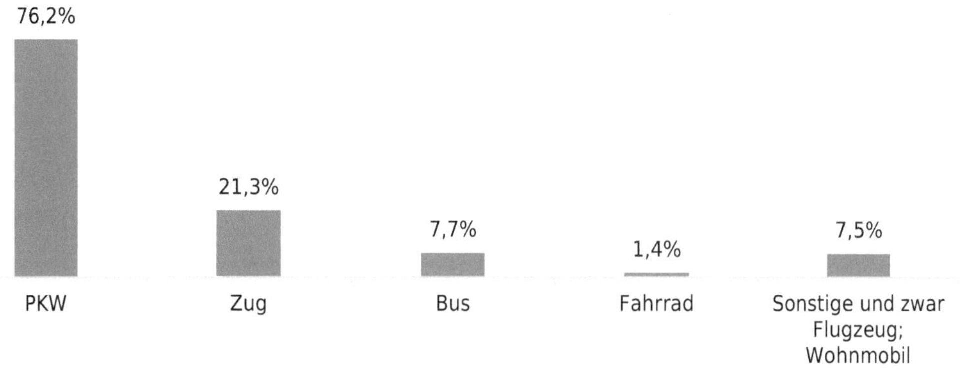

Abbildung 67: Verkehrsmittelnutzung für die Anreise zur Wanderung (n = 370) | Quelle: Vgl. Quack 2022, S. 25.

Als Unterkünfte nutzen die Wanderer v. a. Hotels, Ferienwohnungen und Pensionen und zwar mehrheitlich feste Unterkünfte. Mehr als ein Viertel (28,7 %) haben jedoch wechselnde Unterkünfte. Als Terrain kommen für die deutschen Wanderer insbesondere die Küste und das Mittelgebirge in Frage. Weitere Informationen zum Reiseverhalten von deutschen Wanderern findet sich in → Tabelle 76.

Kriterium	**Ausprägung**
Beherbergungsform nach Wandermonitor	feste Unterkunft (71,3 %), wechselnde Unterkunft (28,7 %)
Beliebtheit des Terrains	Top-Zwei-Box: Küste (64,5 %), Mittelgebirge: 54,6 %, Flachland: 48,7 %, Hochgebirge: 33,1 %

Informationsquellen	Wander-App, wie Komoot, Outdooractive (43,3 %), persönliche Erfahrung/Reiseziele bereits besucht (35,5 %), Wohnung in Nähe (27,7 %), Website der Wanderregion (26,6 %), Wanderkarte (21,9 %), Website des Wanderweges (19,2 %), Broschüre/Handzettel/Flyer (12,1 %), Google Maps (10,4 %), Tourenportal (10,0 %), Tourismusinformation (8,9 %), soezieller Wanderführer (5,6 %), Informationen von Freunden/Bekannten/Verwandten (5,5 %), soziale Medien (Facebook, Instagram, Blogs etc. (5,1 %), Webseite eines Wanderverbandes (5,0 %), Regionale App (4,1 %), Zeitungen/Zeitschriften/Magazine (2,7 %), Reiseführer (2,1 %), Information in der Unterkunft (1,9 %), Sonstige Bücher (1,0 %), Fernsehen/Radio 0,7 %, Sonstiges 4,9 %)
Länge der Wegstrecke bei Wanderung	bis 5 km: 5,0 %; >5 bis 10 km: 27,9 %; >10 bis 15 km: 37,0 %; >15 bis 20 km: 17,1 %; >20 bis 25 km: 6,1 %; >25 bis 30 km: 2,1 %; mehr als 30 km: 4,8 %

Tabelle 76: Reiseverhalten bei Wanderungen und Wanderreisen | Quelle: Vgl. Eilzer et al. 2022, S. 19 ff.; Quack 2022, S. 22 ff.

7.1.8 Radfahren

Im Folgenden wird die touristische Radnutzung betrachtet. Hierbei wird zuerst der aktuelle Forschungsstand betrachtet, um anschließend die Begriffsdefinition und -abgrenzung vorzunehmen und um die verschiedenen Radtourismusarten zu unterscheiden. Nach einer kurzen Betrachtung der Geschichte werden die rechtlichen und allgemeinen Rahmenbedingungen sowie das Angebot und die Nachfrage betrachtet.

7.1.8.1 Forschungsstand

Einen zusammenfassenden Überblick zum **Forschungsstand** zu erhalten, ist schwierig. Auf Grundlage einer Recherche im Bestand der deutschen Nationalbibliothek, die alle im deutschsprachigen Raum veröffentlichten Werke zusammenfasst, lässt sich feststellen, dass Veröffentlichungen zum Radfahren hauptsächlich der Belleristik zuzuordnen sind. Häufig handelt es sich um Reiseratgeber oder Anleitungen und Einführungen in den Radsport. Wissenschaftliche Veröffentlichungen befassen sich v. a. mit den Bereichen Gesundheit, Sport und Verkehr(skonzepte)/Nachhaltigkeit (vgl. Deutsche Nationalbibliothek 2023).

Zur **touristischen Nutzung des Radfahrens** gibt es (im deutschsprachigen Raum) vergleichsweise wenig Literatur. Zu nennen sind v. a. die Veröffentlichungen von Dreyer/Linne 2008 und Dreyer et al. 2012 sowie Beiträge in anderen Sammelbänden (vgl. Becker et al. 2004; Dreyer/Krüger 1995; Eisenstein et al. 2021; Gronau 2011, Schmude 2021). Darüber hinaus werden in den letzten Jahren vermehrt Abschlussarbeiten (Bachelor- und Masterarbeiten) sowie Dissertationen der (Fach-)Öffentlichkeit zugänglich gemacht.

Über diese wissenschaftlichen Beiträge hinaus liegen Hinweise und Empfehlungen der Forschungsgesellschaft für Straßen- und Verkehrswesen (z. B. Empfehlungen für Radverkehrsanlagen, Hinweise zum Radverkehr außerhalb städtischer Gebiete), Abhandlungen zu radverkehrsrelevanten Themen des Deutschen Instituts für Urbanistik (Difu) (wie die Themenreihe „Forschung Radverkehr" (2009 bis 2012), Veröffentlichungen in der Rubrik „Edition Difu – Stadt Forschung Praxis" (z. B. „Radverkehr und Verkehrswende" aus 2021) und eine Literaturdatenbank), Handreichungen von DMOs und andeen Akteuren (z. B. „Touristischer Radverkehr auf Wirtschaftswegen – FAQs und Handlungsempfehlungen, Wissenspapier" der Rheinhessen Touristik GmbH oder

„Bahn RadewegeLand Nordrhein-Westfalen – Best Practice und Handlungsprogramm Allen-Radwege auf stillgelegten Bahnstrecken in NRW" der BahnflächenEntwicklungs-Gesellschaft NRW mbH) sowie verschiedene Studien und Untersuchungen über den Radtourismus und die Radnutzung im Allgemeinen vor. Beispiele für letztere sind die „Grundlagenuntersuchung Fahrradtourismus in Deutschland" des Bundesministeriums für Wirtschaft und Technologie, die Trendscope-Studie „Radreisen der Deutschen 2010", der „Fahrrad-Monitor Deutschland" vom BMDV (seit 2009 alle zwei Jahre vom SINUS-Institut durchgeführt) und die jährliche „Radreiseanalayse" des ADFCs (vgl. ADFC 2023a; BMWi 2009; Hürten/Görtz 2010).

Im englischsprachigen Raum liegen v. a. Beiträge in Form von Fachaufsätzen vor, es gibt jedoch auch (Fach-)Bücher (z. B. Saabye Simonsen et al. 1998) und Konferenzbeiträge. Die Artikel handeln teilweise ausschließlich vom Radtourismus und teilweise wird das Radfahren als ein Bestandteil des Sporttourismus, nachhaltigen Tourismus oder als spezielles Segment betrachtet, wie bspw. das Mountainbiking. Beiträge befassen sich bspw. mit dem Radtourismus in ausgewählten Destinationen (Australien, Belgien, Neuseeland, Österreich, Türkei etc.), der touristischen Nutzung von Fernradwanderwegen, mit der nicht motorisierten Fortbewegung und auch Übersichtsbeiträge sind zu finden (vgl. Ciascai 2022; Han et al. 2020; Lumsdon et al. 2004; Lumsdon/Tolley 2004; Ritchie 1998).

7.1.8.2 Arten des Radtourismus

Das Radfahren kann bezüglich der Radreisearten weiter untergliedert werden. Diese Radtourismusarten lassen sich auf Grund der Organisationsform, des Verlaufs der Reise und des Motivs bzw. des Nachfragertyps definieren.

Unter Berücksichtigung der **Organisationsform** ergeben sich zwei Radreiseformen: die Pauschal-Radurlaube und die Individual-Radurlaube. Insgesamt existieren in diesem Bereich aber vielfältige Abstufungen und Varianten der Reiseformen, so dass die Reisearten nicht immer streng voneinander abgrenzbar sind.

Bei den verschiedenen **Verläufen der Radreise** ergeben sich drei klar abgegrenzte Arten. Unterschieden werden die klassische Rundreise, die Etappenreise sowie die Standortreise. Bei einer Etappenreise wechselt der Ort der Unterkunft ständig und der Radler ist somit meist auf der Durchreise. Ähnlich aufgebaut sind Rundreisen. Bei dieser Reiseform fallen jedoch Start- und Endpunkt der Reise zusammen. Beide Reiseformen unterscheiden sich von der Standortreise, die auch als strahlenförmige Reise, Stern- oder Regio-Radreise bezeichnet wird. In diesem Fall erfolgen die Übernachtungen an einem feststehenden Ort, von dem aus jeweils Radausflüge vorgenommen werden (vgl. BMWi 2009, S. 15; Dreyer/Linne 2008, S. 48).

Auf Grundlage einer **Radfahrertypologie** können verschiedene Radreisetypen identifiziert werden. Die bedeutendsten Typen sind die Trekking- oder Tourenrad-Reisen, die Mountainbike- sowie Rennrad-Reisen. Die Reisearten unterscheiden sich im Bezug auf die Motivation, die Strecken- und Destinationswahl, die Zielgruppe und die Länge der Tagesetappe (vgl. BMWi 2009, S. 38; Dreyer 2012, S. 6; Sand 2018). Diese Radreisenden nutzen die mehr und mehr ausdifferenzierten Fahrradtypen. Wie die ADFC-Radreiseanalyse 2022 zeigt, steht bei Radreisenden das Trekkingrad mit über 50 % weiterhin an erster Stelle, gefolgt vom Mountainbike (MTB). Die Entwicklung im Bereich der Gravelbikes (im Vergleich zu 2021 plus ca. 5 %) und des Rennrades (plus 3 %) sind hervorzuheben, wie nachfolgender Abbildung zu entnehmen. Nicht nur bei Radreisen

(→ Abbildung 68) haben Mountainbikes und Rennräder eine Bedeutung, sondern auch im Alltag- und Freizeitverkehr. Nach der Allensbacher Werbeträgeranalyse fahren 6 % (4,21 Mio.) häufig und 17,5 % (12,3 Mio.) ab und zu Mountainbike bzw. fahren 2,9 % (2,04 Mio.) häufig und 5,6 % (3,97 Mio.) ab und zu Rennrad (vgl. ifD 2023b, S. 48).

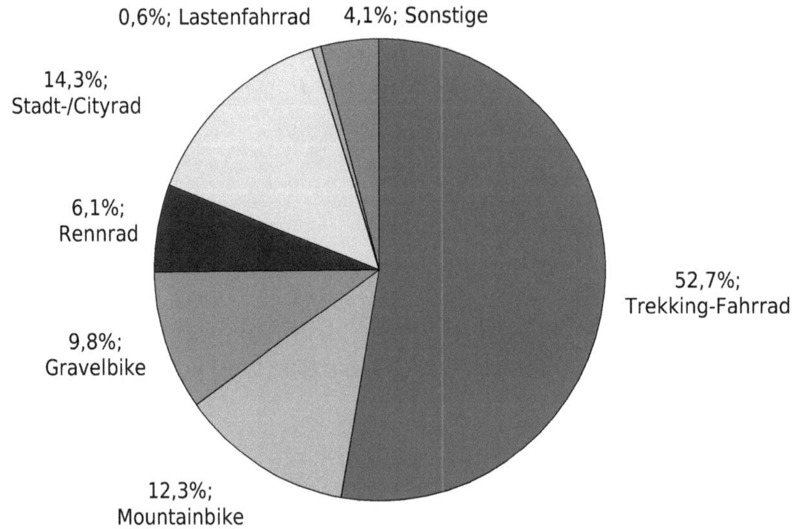

Abbildung 68: Genutzte Fahrradtypen für Radreisen (2022) | Quelle: ADFC 2023b, S. 12.

Neben dieser Radfahrertypologie nach der Radtypen-Wahl können auch analog zur Intensität der Radnutzung fünf Radfahrertypen bzw. Radreisearten unterschieden werden. In der Reihenfolge aufsteigender Intensität sind dies: Radveranstaltungstouristen, Ausflugsradler, radsportorientierte Aktivurlauber, Radurlauber, Trainingslager- und Wettkampfsportler (vgl. Freyer 2015, S. 200). Eine weitere Typologie von Radtouristen unterscheidet Strecken-Radler, Regio-Radler, Mountainbike-Urlauber, Rennrad-Urlauber und Urlaubsradler (vgl. Hürten/Görtz 2010).

7.1.8.3 Definition und Abgrenzung

Im Rahmen der Begriffsbestimmung der touristischen Radnutzung ist die Abgrenzung vom alltäglichen Radverkehr entscheidend. In diesem Zusammenhang existieren verschiedene Definitionen. Diese werden in der „Grundlagenuntersuchung Fahrradtourismus Deutschland“ zusammengeführt, wobei die Fahrradnutzung bzgl. des alltäglichen Umfeldes gegliedert wird. Während Bewegungsformen innerhalb des alltäglichen Umfeldes nicht zum Tourismus zählen, werden Fahrradnutzungen außerhalb des alltäglichen Umfeldes zum Tourismus gezählt (→ Abbildung 69).

Je nach Intensität der Fahrradnutzung wird **Fahrradtourismus** im engeren Sinne und im weiteren Sinne unterschieden. Fahrradtourismus i. e. Sinne beinhaltet Reisen, mit oder ohne Übernachtung, bei denen das Fahrradfahren das Hauptmotiv ist.[101] Bei einer fahrradtouristischen Nutzung im weiteren Sinne fahren die Touristen nur gelegentlich Rad (vgl. BMWi 2009, S. 14). Eine ähnliche Herangehensweise liegt in anderen Definitionsansätzen vor, die sich üblicherweise

101 Zu Reisen, bei denen das Radfahren Hauptmotiv ist, zählen Reisen mit der Bezeichnung „Fahrradurlaub“ bzw. Reisen, bei denen eine häufige Fahrradnutzung vorliegt.

an der ADFC-Definition aus dem Jahr 1998 orientieren (vgl. Dreyer/Linne 2008, S. 14; Dreyer 2012, S. 4; Freyer 2015, S. 200).

Bei Zugrundelegung der UNWTO-Definition des Tourismus (⟶ Kapitel 2) sind Tagesausflüge jedoch nicht dem Tourismus zuzurechnen.

Daher bleibt festzuhalten, dass Radtourismus mit Übernachtung und dem Hauptmotiv Radfahren als Fahrradtourismus im engeren Sinne im Rahmen dieses Lehrbuches gesehen wird. Der Radtourismus ohne Übernachtung wird demnach zum Radtourismus im weiteren Sinne gezählt.

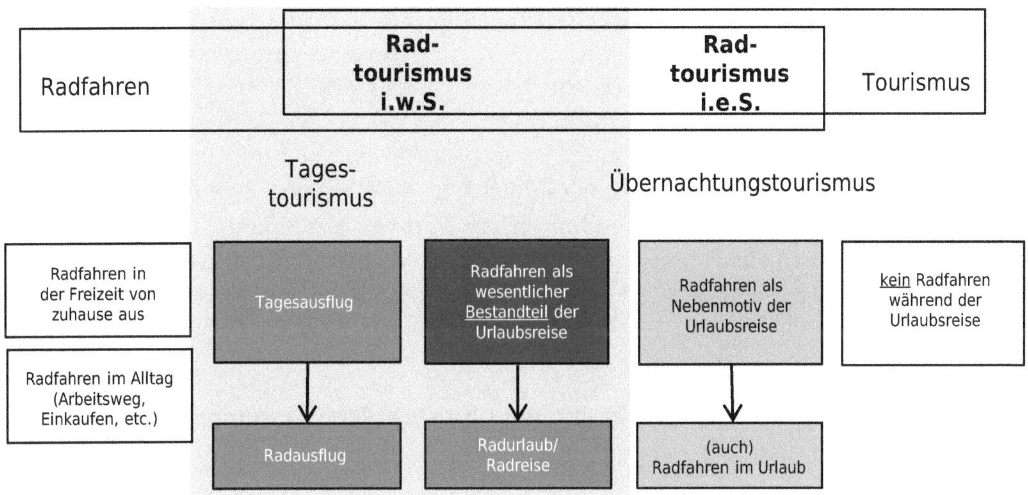

Abbildung 69: Definition des Fahrradtourismus | Quelle: Vgl. BMWi 2009, S. 14.

7.1.8.4 Entwicklung und Geschichte

Grundlegend für die Entwicklung des Fahrrades war die Entwicklung des **Laufrades** durch **Karl Drais** im Jahr 1817. Das Laufrad wurde im Laufe des 19. Jahrhunderts in vielfältiger Form weiterentwickelt. Über beispielsweise die Form des Hochrades (1871) und des Niederrades (1887) entstand eine dem heutigen Rad ähnliche Form. 1886 entsteht in Rüsselsheim das erste Hochrad von Opel, so dass das Unternehmen zu den ersten Fahrradherstellern in Deutschland zählt. Die Modellpalette bei Opel wird um Dreiräder und „Sicherheits-Niederräder" erweitert und im Jahr 1888 die erste Fabrikhalle eingeweiht, die allein der Zweirad-Produktion vorbehalten ist. Hervorzuheben ist auch, dass im 19. Jahrhundert vielfältige Weiterentwicklungen vorgenommen wurden, wie z. B. die Rücktrittbremse und Gangschaltung. Opel setzt bei seinen Fahrrädern frühzeitig auf moderne Technik wie Luftreifen, Kugellager oder Freilaufnaben und 1894 bringt Opel für Frauen zugeschnittene Räder heraus. Besonders in der anfänglichen Entwicklungszeit war der Besitz eines Fahrrades den oberen Schichten vorbehalten und galt als Prestigeobjekt. Erst mit der Weiterentwicklung der Fahrräder und der fortschreitenden Industrialisierung wurde die Produktion kostengünstiger und es entstand durch die immer sicherer werdende Fortbewegung ein regelrechter Fahrrad-Boom. Im 20. Jahrhundert wurde diese industrialisierte Produktion fortgeführt. Der Automobilhersteller Opel war in den 1920er-Jahren der größte Fahrradhersteller der Welt. Zu dieser Zeit entwickelte sich in Form des Radrennsports auch die sportliche Nutzung des Fahrrades (vgl. Ritter 2008, S. 6 ff.; Stellantis Germany GmbH 2022).

Mit der steigenden Bedeutung entstanden Interessenvertretungen wie der **Allgemeine Deutsche Fahrradclub (ADFC)**, der 1979 gegründet wurde, und die **European Cyclists Federation**, die 1983 gegründet wurde. Parallel zu dieser Entwicklung entstand in der ehemaligen DDR um das Jahr 1987 eine eigene Bewegung, um das Fahrradfahren bekannt zu machen und zu fördern (z. B. die Leipziger Umweltschutzgruppe). In dieser Zeit gewinnt auch die touristische Fahrradnutzung an Bedeutung.

Der Bestand an Fahrrädern und E-Bikes kann von verschiedenen Untersuchungen herangezogen werden: Sowohl die BMVI-Studie „Mobilität in Deutschland (MiD)“ als auch de Zweirad-Industrie-Verband (ZIV) veröffentlicht Daten, wobei sich die Angaben unterscheiden. Seitens der MiD werden für das Jahr 2017 ca. 77 Mio. Fahrräder in Deutschland angegeben, wobei vier Mio. Pedelecs erfasst wurden. Bei Betrachtung der Haushalte mit Fahrradbestand, liegt der Durchschnitt bei 2,4 Fahrrädern pro Haushalt. Auf die Bevölkerung umgerechnet, ergeben sich 0,93 Fahrräder pro Person in privaten Haushalten (vgl. BMVI 2019, S. 39).

Nach dem ZIV hat sich der Bestand an Fahrrädern und E-Bikes wie folgt entwickelt: Von 2009 mit ca. 69,0 Mio. über die Jahre 2014 und 2015 mit jeweils ca. 72,0 Mio Fahrräder und E-Bikes hin zu 82,8 Mio. Fahrräder und E-Bikes im Jahr 2022. Im Jahr 2022 wurden hiernach ca. 4,6 Mio. Fahrräder und E-Bikes mit einem durchschnittlichen Wert von 1.602 Euro neu verkauft. **E-Bikes** nehmen in Deutschland eine immer größere Rolle ein: Nach ca. 380.000 E-Bikes 2012 und ca. 535.000 Stück 2015 wurden 2020 ca. 2 Mio. E-Bikes und 2022 ca. 2,2 Mio. verkauft (vgl. ZIV 2023, S. 5 ff.).

7.1.8.5 Rahmenbedingungen: Institutionen und staatliche Planungen

Das Radfahren und die touristische Radnutzung werden von verschiedenen Akteuren und Interessengruppen beeinflusst. Grundsätzlich lassen sich die Einflussgruppen in staatliche und nicht staatliche Vertreter untergliedern.

Der Staat nimmt v. a. durch den **Nationalen Radverkehrsplan (NRVP)** Einfluss, der erstmals 2002 veröffentlicht und beschlossen wurde. Als Weiterentwicklung wurde der „Nationale Radverkehrsplan 2020“ Anfang 2012 vorgelegt und am 06. September 2012 vom Bundeskabinett beschlossen. Er trat am 01. Januar 2013 in Kraft und bildete die Grundlage für die Radverkehrspolitik in Deutschland. Dieser Plan bildete zusammen mit den Fahrradberichten der Bundesregierung die Grundlage für die Entwicklung der Fahrradnutzung und definiert die grundsätzlichen Leitlinien für die Radverkehrsförderung der kommenden Jahre. Zur Weiterentwicklung des NRVP 2002–2012 hatten seit 2011 fünf Expertenforen beigetragen, aber auch der zweite Nationale Radverkehrskongress sowie zwei Entscheider- und Verbändeforen und die Fahrradkommunalkonferenz. Zur Weiterentwicklung des NRVP startete im Oktober 2019 das *Dialogforum Nationaler Radverkehrsplan 3.0.* Der Nationale Radverkehrsplan 3.0, der wiederum auf den NRVP 2020 folgt, wurde im April 2021 beim Nationalen Radverkehrskongress vorgestellt, nachdem er im Kabinett verabschiedet wurde.

Zu den **Lösungsstrategien für den Fahrradtourismus im Zeitraum des NRVP bis 2030** sind folgende Ausführungen zu finden:

- „Der Radtourismus wird gerade in strukturschwachen Regionen als wichtiger Teil der regionalen Wirtschaftsförderung vorangebracht. In den Städten wird er zentrales Element eines nachhaltigen Städtetourismus. (...)
- Das Radnetz Deutschland, die Radnetze der Länder, die deutschen Abschnitte des EuroVelo-Netzes und die weiteren Radfernwege werden nach einheitlichen Standards ausgebaut und

beschildert. Die Möglichkeiten der Digitalisierung werden u. a. für Planung und Routing genutzt.

- Bund, Länder und Landkreise schaffen die organisatorischen Strukturen für einen koordinierten Ausbau des Radnetzes Deutschland. Davon profitieren auch die lokalen, regionalen und überregionalen radtouristischen Angebote. Der Bund schafft eine zentrale Koordinierungsstelle für das Radnetz Deutschland und bringt dessen Ausbau auch über investive Maßnahmen voran. Er kommuniziert regelmäßig mit regionalen und landesweiten Tourismusorganisationen, den Landkreisen und den Ländern. Die Koordinierungsstelle entwickelt mit den Ländern, den touristischen Organisationen und dem ADFC Standards für Ausbau, Beschilderung und Digitalisierung. Gemeinsam setzen sie diese um. Bund und Länder vereinbaren verbindlich ein Qualitätsmanagement für das Radnetz Deutschland. Sie fördern die Vernetzung der Radroutenplaner. Die regionalen Tourismusorganisationen und Landkreise benennen feste Ansprechpartnerinnen und Ansprechpartner für die radtouristische Infrastruktur.
- Länder und Landkreise konzipieren und realisieren touristische und Alltagsradverkehrsinfrastruktur gemeinsam und aufeinander abgestimmt. Förderprogramme des Bundes und der Länder unterstützen den koordinierten Ausbau. Für strukturschwache Regionen werden besondere Anreize geschaffen. (...)
- Die Tourismusorganisationen stellen mit Unterstützung der Koordinierungsstelle Beratungsangebote, Leitfäden und Best Practices zur Verfügung. So können sich mehr Unternehmen, z. B. aus den Bereichen Einzelhandel, Gastronomie und Beherbergung, auf die Bedürfnisse von Radtouristinnen und -touristen einstellen. Zudem können sich neue Unternehmen und Dienstleistungen entlang von Rad[fern]wegen ansiedeln. (...)
- Die Tourismusorganisationen vermarkten ihre radtouristischen Angebote zielgerichtet, z. B. durch Kampagnen. Bund und Länder fördern diese Marketingaktivitäten finanziell und koordinierend, um auch bisher weniger fahrradaffine Menschen für das Reisen mit dem Rad zu begeistern. (...)
- Die Städte und Gemeinden unterstützen die Schaffung radtouristischer Angebote. Sie richten die Angebote (z. B. Fahrradverleihsysteme) so aus, dass diese auch für touristische Zielgruppen interessant und nutzbar sind. Ein Beispiel ist die Ausleihe und Rückgabe von Fahrrädern über Gemeindegrenzen hinweg. (...)
- Eine Cycling Embassy vermarktet das radtouristische Know-how Deutschlands und berät dazu im Ausland. Sie arbeitet dabei u. a. mit der Deutschen Zentrale für Tourismus sowie den Landesmarketingorganisationen zusammen. (...)
- Bund, Schienenverkehrsunternehmen und Aufgabenträger des Schienenpersonennahverkehrs richten das Angebot zur Fahrradmitnahme stärker auf die touristischen Bedürfnisse aus. Informationen zur Fahrradmitnahme für die Bahnfahrenden werden über Apps und Internetauftritte leichter zugänglich. Die Länder und Aufgabenträger fördern regionale Fahrradbussysteme und Mietradsysteme. (...)
- Der Bund führt in regelmäßigen Abständen Studien zum Radtourismus in Deutschland durch. Die Tourismusregionen und Landkreise ergänzen diese durch regionale Untersuchungen und Radverkehrszählungen. Die Kommunikation der Daten steigert die Wahrnehmung des Fahrradtourismus als bedeutenden Wirtschafts- und Standortfaktor. (...)
- Der Bund fördert Forschungsvorhaben zum Zusammenhang zwischen Radreisen und einer gesteigerten Fahrradnutzung im Alltag." (BMVI 2021, S. 55 ff.)

Die Entwicklung und **Vermarktung des Radtourismus** hängen auch von den regionalen Bemühungen ab. Verschiedene Bundesländer führen eigene Studien durch und haben Förderprogramme aufgelegt. Ziel ist es häufig, Entwicklungskonzepte für den Radtourismus festzulegen. Durch die Förderfibel im „Fahrradportal", welches eines der vom BMVI im Rahmen des Nationalen Radverkehrsplans (NRVP) geförderten Projektes war, wurden bis 2021 die Akteure der Radverkehrsförderung (wie Mitarbeiter der Verwaltungen des Bundes, der Länder und Kommunen, Fachexperten, Forscher und Verbände) über vorhandene Förder- und Finanzierungsmöglichkeiten auf allen Ebenen informiert. Darüber hinaus wurden im „Fahrradportal" über 13.000 Informationseinheiten aus dem In- und Ausland gesammelt. Mit Stand 2021 waren u. a. 5.500 Nachrichten eingestellt, knapp 400 Praxisbeispiele, 230 NRVP-Projekte, 3.700 Literaturnachweise mit über 2.100 Volltexten. Die Literaturdatenbank zum Fahrradportal ist im Difu-Repository weiterhin abrufbar (vgl. Deutsches Institut für Urbanistik gGmbH 2023).

Neben diesen öffentlichen Akteuren treten verschiedene Verbände für die (touristische) Fahrradnutzung ein. Die wohl bedeutendste Organisation in Deutschland ist der **Allgemeine Deutsche Fahrradclub (ADFC)**. Dieser 1979 gegründete Verein hat mehr als 220.000 Mitglieder und engagiert sich in verschiedenen Bereichen, v. a. aber in der Verkehrsplanung/-politik und dem Tourismus. Weiterhin tritt der ADFC als Verbraucherschutzorganisation in der Fahrradindustrie auf und bietet Mitgliedern vielfältige Angebote wie Informations-, Beratungsmöglichkeiten oder kostengünstige Versicherungen (vgl. ADFC 2023b, S. 20). Der ADFC ist Mitglied in der europäischen Vereinigung **European Cyclists' Federation (ECF)**. Dieser Zusammenschluss hat ähnliche Ziele wie der ADFC, nur das diese auf die europäische und somit internationale Ebene übertragen wurden. Hervorzuheben sind z. B. die Bereitstellung und Förderung von Infrastrukturen. Der ECF ist hierbei für die EuroVelo-Routen zuständig und fördert die Entstehung, Instandhaltung und Koordination der 17 Routen mit mehr als 90.000 km (vgl. ECF 2023a und 2023b).[102]

Weitere wichtige Verbände sind bspw. der Zweirad-Industrie-Verband (ZIV) und der europäische Verband „Confederation of the European Bicycle Industry" (CONEBI). Letzterer ist „Verband der europäischen Fahrradindustrie", der im Jahr 2015 aus den Vorgängerorganisationen COLIPED („European Two-Wheeler Parts' and Accessories", 1960 gegründet) und Verband COLIBI („Association of the European Bicycle Industry", 1973 gegründet) heraus entstanden ist.

Die Deutsche Initiative Mountainbike e. V. (DIMB) wurde 1991 von Mountainbikern, Händlern und Herstellern als gemeinnütziger Verein gegründet. Das Ziel des Verbandes ist es, den umweltverträglichen MTB-Sport zu fördern. Dazu gehört u. a. Lobbyarbeit in den Bundes- und Länderparlamenten, die Mitarbeit in Gremien und Verbänden, die Veröffentlichung von (z. B. Leitfaden zum Mountainbike Streckenbau) und Zertifizierungen, wie bspw. „DIMB zertifizierte Flowtrails" und „DIMB zertifizierte Trail Touren" (2023 werden keine neuen Zertifizierungen angeboten) (vgl. DIMB 2023). Die DIMB ist wiederum Mitglied in der International Mountain Bike Association (IMBA), siehe www.imba-europe.org.

Im Mountainbike-Tourismus ist darüber hinaus der Mountainbike Tourismusforum Deutschland e. V. zu nennen, der u. a. den Mountainbike-Kongress durchüfhrt, den MTB-Monitor seit 2015 herausgibt, ein „Handbuch MTB-Beschildeurng" bereithält und an Forschungsprojekten mitarbeitet (vgl. Mountainbike Tourismusforum Deutschland e. V. 2023). In diesem Zusammenhang sei auf das erste Werk zum Thema „Natur und Mountainbiken" hingewiesen (vgl. Steinbauer et al. 2023), welches kostenfrei zum Download bereitsteht (https://elibrary.narr.digital/book/10.24053/9783739882192).

102 Das Deutsche Netz der EuroVelo Strecken heißt D-Route und umfasst zwölf Routen – siehe www.radroutenplaner-deutschland.de/veraDNetz_DE.asp.

7.1.8.6 Anbieter

Das Angebot für Radreisen wird über vielfältige Anbieter bereitgestellt. Bedeutend sind hierbei vor allem die Destinationen und ihre DMOs, die verschiedenen radtouristischen Anbieter, die Reiseveranstalter sowie die Radvermieter.

Wichtig sind somit Destinationen, v. a. Regionen, mit einem entsprechenden radtouristischen Potenzial. Bei Betrachtung der Anteile der meist befahrenen Bundesländer rückt der Norden und Süden Deutschlands in den Mittelpunkt. Im Jahr 2022 liegen der Bodensee (Platz 1 mit 8,1 %), die Grafschaft Bentheim/Emsland/Osnabrücker Land (Platz 2 mit 7,7 %), der Allgäu (Platz 3 mit 6,1 %), die schleswig-holsteinische Ostsee (Platz 4 mit 5,9 %) und die Nordseeküste (Platz 5 mit 5,3 %) in den Top Fünf (vgl. ADFC 2022, S. 16). Grundvoraussetzung ist die Existenz von Radwegen, die in verschiedener Form existieren (vgl. Dreyer/Linne 2008, S. 17):[103]

- **Radwege:** Verkehrsweg für Fahrräder parallel zu Straßen,
- **Radwanderwege:** Radverkehrswege mit eigener regionaler Planung,
- **Radfernwege:** überregionale Wege zur Überbrückung großer Entfernungen und
- **Radrouten:** Radwege mit über den Weg hinausgehenden thematisch zusammenhängenden Verbindungen mit verschiedenen Elementen.

Für dieses Wegenetz bestehen auch Qualitätssicherungs- und Transparenzbemühungen. In diesem Zusammenhang ist v. a. die **ADFC-Zertifizierung** für Radwege („ADFC-Qualitätsrouten") und Rad-Reiseregionen („ADFC-Rad-ReiseRegionen") zu nennen. Die Zertifizierung wird nach einer externen Prüfung durch den ADFC und einem beauftragten Beratungsbüro vergeben. Hierbei können bei den Radwegen 3- bis 5-Sterne erreicht werden. Ende 2023 sind 47 Radwege zertifiziert: 4x 5-Sterne-Wege, 33x 4-Sterne-Wege und 10x 3-Sterne-Wege. Darüber hinaus gibt es seit 2013 ADFC-RadReiseRegionen, wobei es im Jahre 2023 acht derartige Regionen gibt (vgl. ADFC 2023c).

Über dieses Angebot für Radwanderreisen hinaus ist für Mountainbike-Reisende die Existenz von **Bike-Parks** wichtig. Diese Parks bieten verschiedene Strecken, Lifte und Transportangebote für die Fahrräder und sprechen verschiedene Zielgruppen an. Am Wurmberg im Harz gibt es bspw. den Bikepark Braunlage für Mountainbiker im Freeride, Slopestyle, Enduro und Singletrail mit mehr als zehn Streckenkilometern. Weitere bedeutende Bike-Parks liegen bspw. im Schwarzwald, im Bayrischen Wald, im Allgäu, im Sauerland, im Erzgebirge, im Thüringer Wald, im Harz und im Saarland. Solche umfassenden Angebote gibt es für **Rennrad-Reisende** (noch) nicht. Diese können aber mehr und mehr auf ausgeschriebene Strecken, wie z. B. im Schwarzwald (u. a. Rennradtouren gibt es mehrtägige Reisepakete mit Gepäcktransfer und 15 Schwarzwälder Radorte) oder Sauerland (Rennradtouren mit Schwierigkeitsgraden von leicht bis schwer) zurückgreifen (vgl. Rommelmann/Groß 2016, S. 9).

103 Nach dem ADFC ist ein „Radwanderweg" eine ausgeschilderte Verbindung innerhalb eines Landkreises oder einer Region. Ein Radfernweg ist eine überregionale, kreisübergreifende beschilderte Verbindung für den touristischen Radverkehr mit grundlegender Infrastruktur und Serviceeinrichtungen. Als Mindestbedingungen für die „Überregionalität" sind die Überschreitung der Landkreisgrenzen, eine Mindestlänge von 150 km oder Empfehlung von zwei Übernachtungen festgehalten.

▸ **Beispiel** | Rennradtourismus

Seit dem Jahr 2011 wird seitens des Harzer Tourismusverbandes (HTV), der touristischen Marketingorganisation für den Gesamtharz, an der Entwicklung des Harzes als Rennraddestination gearbeitet. Weiterhin beteiligt sind die Landesmarketingorganisationen und Ministerien der Bundesländer Niedersachsen und Sachsen-Anhalt sowie Radsportvereine. Mit der Einführung eines Streckennetzes von 25 Touren Ende 2012 ist eine Basis für den Rennradtourismus im Harz geschaffen. Die Touren sind in die Schwierigkeitsgrade leicht, mittel und schwer eingeteilt und werden im Internet und in einem Rennrad-Guide beschrieben. Bei den fast 30 Touren handelt es sich um Rundtouren, die normalerweise von März/April bis Oktober gefahren werden können. Bei den Ausgangspunkten handelt es sich um Orte am Rand des Harzgebirges wie z. B. Goslar, Ilsenburg, Wernigerode, Blankenburg, Thale, Quedlinburg, Aschersleben, Kelbra, Nordhausen und Bad Lauterberg (vgl. HTV 2017). Nach dem ADFC werden Rennradreisende wiefolgt beschrieben (ADFC 2023d):

- „Die prägnantesten Merkmale der Rennradtourist:innen sind: etwa drei Viertel von ihnen sind männlich, ihr Durchschnitt ist knapp über 40 Jahre alt und verfügt über ein mittleres bis hohes Bildungsniveau mit einem tendenziell höheren Haushaltseinkommen (45 Prozent verfügen monatlich über mindestens 3.000 Euro netto).
- Rennradtourist:innen sind anspruchsvoll, gesundheitsbewusst, fitness- und leistungsorientiert, überdurchschnittlich technikaffin und radeln gerne in Gruppen. Sie unternehmen durchschnittlich 2,6 Kurzurlaube pro Jahr in Deutschland mit einer Aufenthaltsdauer von 8,5 Tagen. Ihrer gewählten Destination sind sie überwiegend treu und bevorzugen ein festes Quartier. Abwechslungsreiche Landschaften, gutes, gesundes Essen, komfortable Unterkünfte und ein positives Image der Destination innerhalb der Rennradszene sind ihnen wichtig.
- Als Reisemotiv werden vor allem Training und längere Ausfahrten angegeben – sie verbringen täglich im Schnitt fünf Stunden auf dem Rennrad. Demgegenüber ist ihr Interesse an kulturellen Sehenswürdigkeiten der Region vergleichsweise gering.
- Neben komfortablen Unterkünften und einer radsportorientierten Ernährung sind ihnen vor allem ruhige, asphaltierte Wege wichtig. Der ADFC sieht hier u. a. viel Potenzial bei den deutschen Mittelgebirgsregionen."

Seitens des ADFC wurde ein Leitfaden zum Rennradtourismus entwickelt, der über die ADFC-Website zu bekommen ist.

Darüber hinaus sind in den Destinationen die **radtouristischen Dienstleister** bedeutend. In diesem Zusammenhang sollen Betriebe betrachtet werden, die eine spezielle radtouristische Prägung aufweisen. Besonders im Bereich der Beherbergung und Gastronomie zertifizieren sich immer mehr Betriebe als radfreundlicher Betrieb.

Deutschlandweit bestehen verschiedene Ansätze, wobei die ADFC-Zertifizierungen **„Bett+Bike-Unterkünfte"**, **„Bett+Bike Sport"** und **„Bett+Bike-Campingplätze"** die größte Bedeutung einnehmen und die einzigen bundesweiten Ansätze darstellen. Daneben gibt es bspw. im Schwarzwald Rad-Orte, die Kriterien für die Zielgruppe der Radfahrer erfüllen müssen. Dazu gehören bspw. gut ausgeschilderte und gepflegte Wege, Kartenmaterial und diverse Serviceangebote. 2023 besteht der Zusammenschluss aus 27 Mitgliedern: 15 Einzelorte, zwei Werbegemeinschaft, vier Fördermitglieder und sechs beratende Mitglieder. Fahrradfreundliche Betriebe, die einer der vier „Bett+Bike-Qualitätssiegel“ tragen wollen, müssen sich auf die spezifischen Wünsche und Anforderungen radfahrender Gäste einstellen. Die über 5.900 radfreundlichen Gastbetriebe entstammen den Kategorien Hotels, Pensionen, Hostels, Ferienwohnungen, Jugendherbergen und Campingplätze. Um die Zertifizierung „Bett+Bike-Gastbetriebe“ zu erhalten, müssen sieben Mindestkriterien erfüllt werden sowie mindestens drei der zusätzlichen Leistungen angeboten werden. Für das Zertifikat „Bett+Bike-Camping“ hat der ADFC sieben Mindestkriterien aufgestellt und erfordert ebenso drei zusätzliche Angebote. Darüber hinaus gibt es das Zertifikat „Bett+Bike-Sport“, wobei elf Kriterien erfüllt werden müssen und zwei weitere Angebote gefordert werden. Beim vierten Zertifikat handelt es sich um die „Bett+Bike-Ferienwohnung“, die wiederum sechs Kriterien und drei zusätzliche Serviceleistungen erfüllen müssen (vgl. ADFC 2023e; Schwarzwald Tourismus GmbH 2023).

Auf der Internetseite 🔗 www.radurlaub-online.de und dazugehörigem Katalog „Radurlaub“ stellt der ADFC mehrere Dutzend **Radreiseveranstalter** in Deutschland, Europa und der restlichen Welt dar. Daneben gibt den **ADFC-Dachgeber**. Er ist ein Übernachtungsverzeichnis von Radfahrern, die sich hierzu bereit erklärt haben, anderen Radfahrern auf ihrer Tour für eine Nacht eine einfache, kostenfreie Unterkunft zu gewähren, wobei es auf dem Gegenseitigkeitsprinzip basiert. Dieses seit 1987 vorhandene Verzeichnis enthält 2023 auf ca. 260 mehr als 3.600 Dachgeberadressen, kostet 15 Euro Jahresgebühr (für ADFC-Mitglieder: 10 Euro) und passt in jede Lenkertasche. Der Dachgeber ist ein privates, nichtkommerzielles Projekt und ist beim ADFC angesiedelt (vgl. Reiche 2023).

Das Angebot der **Fahrradvermieter** ist vielfältig, da unterschiedlichste Unternehmen Räder verleihen. Hierzu zählen zum einen spezialisierte Verleihfirmen bzw. Dienstleister und zum anderen Unternehmen, deren Hauptzweck ein anderer ist (z. B. Sportgeschäfte, Fahrradhändler, Tourismus-Organisationen). Mieträder haben bei Tagesausflügen und langen Radreisen eine vergleichsweise geringe Bedeutung: Nach dem ADFC nutzen 1 % der Tagesausflügler im Jahr 2022 ein Mietrad (2021: 2 %) und 4,4 % der Radreisenden (2021: 4 %) (vgl. ADFC 2023b, S. 12).

Mit den sog. (öffentlichen) **Fahrradverleihsystemen** (auch auch Bike-Sharing-Systeme) „[...] lässt sich ein Angebot an Leihfahrrädern im öffentlichen Raum beschreiben, dass von verschiedenen Kunden genutzt werden kann. Die Entleih- und Rückgabeorte sind unbemannt, der Entleihvorgang sowie die Rückgabe erfolgen selbstständig. Die öffentlichen Fahrradverleihsysteme sind durch eine hohe Verfügbarkeit auf eine kurzfristige und kurzzeitige Nutzung ausgelegt. Normalerweise sind die Fahrräder rund um die Uhr verfügbar. In einigen Fällen ist eine Registrierung, eine Kaution bzw. Pfand und häufig eine zeitabhängige Nutzungsgebühr fällig.“ (BBSR 2015, S. 6)

Zu den in Europa bekanntesten Bike Sharing-Unternehmen gehören die deutschen Anbieter Nextbike und Call a Bike, Cloudbike und Mobit aus Belgien, das tschechische Rekola, die britischen Unternehmen YoBike und Pony Bikes sowie Donkey Republic aus Dänemark.

In Deutschland sind die Deutsche Bahn Connect GmbH mit Call a Bike und nextbike bzw. die TIER Mobility SE (Marke seit 2021 nextbike by Tier) hervorzuheben, da sie in mehr als 80 Städten (Call a Bike) bzw. 60 Städten vertreten sind. „Nextbike by TIER“ ist europäischer Bike-Sharing-Marktführer und steht für eine multimodale und sozialgerechte Mobilitätswende. An 300+ Orten in mehr als 20 Ländern hat nextbike by TIER Bike-Sharing als elementaren Bestandteil von lebenswerten Städten und Regionen etabliert. Integriert in den ÖPNV bietet nextbike by TIER mit klassischen Fahrrädern, E-Bikes und Cargo-Bikes Mio. von Nutzerinnen und Nutzern das passende Transportmittel für den täglichen Bedarf. nextbike by TIER ist eine Marke der TIER mobility SE, dem weltweit führenden Anbieter für Mikromobilität.“ (TIER Mobility SE 2023) Über Call a Bike und nextbikeby TIER hinaus gibt es weitere Beispiele in Deutschland, wie

„MVGmeinRad“ in Mainz, „StadtRAD“ in Lüneburg und Hamburg (von DB Connect GmbH in Auftrag der Städte Hamburg betrieben) und das UsedomRad.

Fahrradverleihsysteme lassen sich bezüglich der Gestaltung der Stationen nachfolgend unterscheiden (BBSR 2015, S. 13 f.):

- „Stationsbasierte Systeme mit festen Ausleihstationen: An den Ausleihstationen befinden sich Fahrradständer bzw. Verankerungsmöglichkeiten und ggf. Ausleihterminals.
- Stationsbasierte Systeme mit sog. Virtuellen Stationen: Die Fahrräder werden zwar an definierten Standorten abgestellt. An diesen gibt es jedoch keine Verankerungsmöglichkeiten oder Ausleihterminals.
- Vollflexible oder stationsungebundene Systeme ohne Ausleihstationen: Die Ausleihe und Rückgabe kann z. B. an allen Straßenkreuzungen innerhalb des Geschäftsgebiets erfolgen. An diesen gibt es ebenfalls weder Verankerungsmöglichkeiten noch Ausleihterminals.“

Neben den Verleihern gibt es **weitere Angebote**, die für Radtouristen relevant sind: radtouristische Veranstaltungen (aktiv und passiv), Fahrradausrüstung, Kartenmaterial, thematische Magazine und Zeitschriften, GPS-Dienste, Städtetouren per Rad, Transport der Radler und des Gepäcks (vgl. BMWi 2009, S. 88 ff.).

7.1.8.7 Nachfrager

Weiterhin ist eine Betrachtung der Nachfrage wichtig, um die Bedeutung des Fahrradtourismus darstellen zu können. Insgesamt lässt sich hierbei der **Fahrradtourismus ohne Übernachtung und mit Übernachtung** differenzieren. Darüber hinaus ist eine separate Analyse der Nachfrage von Fahrradvermietern sinnvoll.

Beim Fahrradtourismus ohne Übernachtung ist die Bestimmung des tatsächlichen Umfanges schwierig, da die Radnutzung selten das Hauptmotiv ist. Wichtig ist es, diejenigen Tagesausflüge zu identifizieren, in denen Radfahren die überwiegende Aktivität ist.

> Nach der **ADFC-Radreiseanalyse** haben 2022 rund 38 Mio. Personen mindestens einen Tageausflüge mit dem Fahrrad unternommen. Durchschnittlich haben diese Menschen rund 117, solcher Tagesausflüge gemacht. Insgesamt sind das etwa 445 Mio. Ausflüge, mit mit dem Rad unterneommen wurden. Darüber hinaus haben im Jahr 2022 rund 6,6 % oder 4,6 Mio. Deutsche (ab 18 Jahren) mindestens eine Radreise unternommen. Mit Radreise ist eine Reise mit mindestens drei Übernachtungen gemeint, bei dem das Radfahren eines der Hauptmotive war (vgl. ADFC 2023b, S. 3 f.).

Daten zu den soziodemographischen Eigenschaften von Radreisenden und ihrem Reiseverhalten liefert jährlich die **ADFC-Radreiseanalyse** (vgl. ders., S. 1 f.):

- Im Durchschnitt sind Radreisende 53,5 Jahre alt.
- 58,6 % der Radreisenden sind männlich, 40,9 % weiblich und 0,6 % divers.
- Für sieben von zehn ist die bevorzugte Reiseform Streckentouren mit wechselnden Unterkünften (71,5 %). Etwa 28,5 % erkunden von einem festen Quartier aus die Region mit dem Rad in sog. Sternfahrten.
- Radreisen werden insbesondere mit dem (Ehe-)Partner (49,2 %) oder mit Freunden/Bekannten (28,5 %) unternommen. Der Anteil von Alleinreisenden liegt bei rund 24 % und bei 7,2 % sind Kinder oder Jugendliche mit dabei.

- Zur Reisevorbereitung nutzt nahezu jeder Radreisende das Internet (85,4 %). Apps für Smartphone, Tablet und Smartwatch (48,1 %) sowie Empfehlungen von Freunden nehmen (40,1 %) die Plätze 2 und 3 ein. Die klassische Fahrradkarte dient 28,6 % als Informationsquelle und Radreiseführer ca. 26 %.
- Der Großteil der Radreisenden organisiert ihre Reise selbst (90,9 %). Auf eine vollständig von einem Veranstalter organisierte Reise greifen ca. 6 % zurück und Teilleistungen eines Reiseveranstalters nehmen ca. 3 % in Anspruch.
- Während der Radreise ist die wichtigste Informations- und Orientierungsquelle die Routenbeschilderung (68 %). Zwei Drittel der Radtouristen nutzen während der Radreise Apps für Smartphone, Tablet und Smartwatch (67,5 %) und mehr als die Hälfte Internetrecherche mit mobilem Internet (59,9 %). Gedruckte Fahrradkarten (33,2 %) und digitale Orientierungsmittel, wie GPS-Geräte (24,7 %) sind für ein Drittel bzw. ein Viertel eine wichtige Informationsquelle.
- Während 38 % der Radreisenden ein E-Bike nutzen, sind es bei den Tagesausflügen ca. 39 %.
- Neben dem Radurlaub sind bspw. Besichtigungen/Kultur (54 %), Wandern (42 %) und Baden (40 %) beliebt.
- Beliebtester Radfernweg in Deutschland ist der Weser-Radweg. Dahinter platzieren sich der Elberadweg und der Ostseeküsten-Radweg. Der Donauradweg wurde auf Rang 4 gewählt. Die weiteren Top-Ten-Platzierten sind der MainRadweg, RuhrtalRadweg, Mosel-Radweg, Rheinradweg, Bodensee-Köningssee Radweg und Bodensee-Radweg.

▸ **Beispiel** | E-Bikes im Urlaub

Das Deutsche Institut für Tourismusforschung hat im Jahr 2023 die Nutzung und Planung zur Nutzung eines E-Bikes im Rahmen eines Urlaubs in den nächsten drei Jahren erfragt (vgl. Clemens/Thaden 2023):

- Etwas mehr als ein Viertel der Befragten (26 %) geben die zwei höchsten Häufigkeiten für eine E-Bike-Nutzung an (Wert „immer“ und darunter, der nicht spezifiert wird; Basis: Personen, die ein E-Bike besitzen oder schon einmal E-Bike gefahren sind),
- Häufigkeit der Nutzung von E-Bikes im Urlaub ist in den mittleren und älteren Altersgruppen am höchsten, bis auf 70 Jahre und älter: 34 %, 27 % und 43 % Top-Zwei-Werte sind bei den 40–49-, 50–59- und 60–69-jährigen zu finden,
- 15 % der Befragten planen sicher einen Urlaub, in dem sie ein E-Bike nutzen, 36 % unter Umständen und 49 % planen es sicher nicht,
- Gründe, die aus Sicht der Befragten gegen eine E-Bike-Nutzung sprechen, sind an 1. Stelle „andere Aktivitäten, die im Urlaub durchgeführt werden sollen“ (39 %), gefolgt von „noch keinen konkreten Urlaubsideen für die nächsten 3 Jahre,
- E-Bike-spezifische Begründungen folgen auf den Plätzen, wie bspw. „kein Spaß, mit E-Bike zu fahren“ (22 %), „zu teuer, ein E-Bike zu leihen“ (21 %), „Sorge, mit E-Bike zu stürzen“ (18 %) und „E-Bikes sind zu schwer“ (15 %),
- Personen aus den Altersgruppen 40–49 Jahre (59 %), 50–59 Jahre (59 %) und 60–69 Jahre (53 %) planen sicher oder unter Umständen einen Urlaub, in dem ein E-Bike genutzt wird – mehr als alle anderen Altersgruppen.

Aussagekräftige Studien zu den **Nutzern von Fahrradverleihsystemen** sind nur wenige vorhanden. Als verallgemeinerbare Aussage kann die „Statusanalyse Fahrradverleihsysteme“ herangezogen werden. Hiernach können Personen, die ein eigenes Rad besitzen, und solche ohne eigenes Rad potenzielle Nutzer sein. „Leihfahrräder eignen sich besonders gut zur Einbindung in intermodale Wegeketten oder für multimodales Mobilitätsverhalten. Der Vorteil besteht darin, dass Einwegfahrten möglich sind und das Fahrrad nicht mitgenommen werden muss, wenn es nicht mehr benötigt wird. Ein derartiges multimodales Verhalten zeigen v. a. junge, urbane Kundengruppen mit hoher Affinität zum öffentlichen Personenverkehr. Dazu zählen z. B. Studierende und gut ausgebildete, innovationsfreudige Personen, die ihr Verkehrsverhalten pragmatisch und nicht ideologisch orientieren." (Monheim et al. 2011, S. 21 f.)

In Deutschland wurden seitens des Wissenschaftszentrums Berlin für Sozialforschung (WZB) die **Kunden von Call a Bike** untersucht. Auch wenn die Untersuchungen bereits einige Jahre alt sind, werden ausgewählte Ergebnisse beispielhaft vorgestellt. Sie gelten sicherlich nicht für die Nutzer der verschiedenen Verleihsysteme gleichermaßen, zeigen jedoch interessante Tendenzen auf. Die Call a Bike-Kunden leben i. d. R. in Großstädten, sind zwischen 25 und 45 Jahre alt, überdurchschnittlich hochgebildet (mehr als 50 % Akademiker), als Angestellte und Selbstständige gutverdienend und überwiegend männlich. „Neben den guten infrastrukturellen Voraussetzungen verfügen sie über vielseitige weitere Optionen, die weniger durch Eigentum als durch ‚Access' zu Nutzungsmöglichkeiten gesichert werden. Im Vergleich mit der durchschnittlichen erwachsenen Bevölkerung in deutschen Großstädten zeigen sie bei einer unterdurchschnittlichen Pkw-Verfügbarkeit durchweg eine hohe Affinität zu Mietwagen und Taxis. Sie haben weit überdurchschnittlich oft ÖV- und BahnCards zur Verfügung und nutzen ausgiebig Bonusprogramme wie Miles & More oder auch BahnComfort. Flexibel mobil zu sein, Optionen zu haben, gehört zum Lebensstil." (WZB 2009)

7.1.9 Pferdefuhrwerke und Kutschfahrten

Pferdefuhrwerke sind eines der ältesten Verkehrsmittel der Welt, die bereits die Römer zumindest ab dem 2. Jahrhundert nach Christi nutzten, und können als alternative Fortbewegung für die Mobilität innerhalb einer Destination, aber auch zwischen verschiedenen Destinationen dienen (→ Kapitel 4.4). Pferdefuhrwerke, wie sie bspw. in Wien/Österreich (Fiaker) und im Nationalpark Hohe Tauern (im Winter auch Pferdeschlitten) und in Deutschland in Berlin, in der Lüneburger Heide oder im Harz (z. B. Bad Harzburg, Harzgerode, Schierke, Wernigerode; im Winter teilweise als Pferdeschlitten) eingesetzt werden, prägen darüber hinaus das Flair einer Destination, sind aber nur eines von mehreren möglichen Verkehrsmitteln (vgl. Dannheimer/Dieck 1986; Freyer 2015, S. 202).

Auf den Inseln **Juist** und **Hiddensee** bspw. sind es dagegen die Hauptbeförderungsmittel, da es sich hierbei um autofreie Inseln handelt (→ Kapitel 8.3). Auf Juist gibt es von Anfang Mai bis Ende Oktober Pferde und Ponys in mehreren Fuhrbetrieben (2023: drei), die die Touristen befördern, aber auch Lebensmittel, Getränke, Baumaterialien und Müll u. ä. transportieren. In den Wintermonaten reduziert sich die Anzahl der (vornehmlich) Kaltblüter mindestens um die Hälfte, so dass diese auf Grund von Platzmangel auf das Festland gebracht werden und dort „Urlaub machen". Da die einzelnen Pferde nicht den ganzen Tag über eingesetzt werden können (maximal ca. 5–6 Stunden), sind nicht alle Kutschen gleichzeitig im Einsatz. Bis zu zehn Jahre sind die Pferde als Fahrpferd im Einsatz, bis sie an Liebhaber oder gegen einen Schutzvertrag kostenlos abgegeben werden (vgl. Pötzl 2008).

Nachteile an diesen bei Touristen beliebten Kremserfahrten sind die durch Pferdegespanne verursachten Staus auf den Straßen und der verursachte Dreck sowie die (mögliche) Überanstrengung der Pferde. Auf Grund von Protesten aus der Bevölkerung und von Tierschützern gibt es in einigen Städten **Leitlinien für Pferdefuhrwerksbetriebe** (z. B. in Berlin und Wien), wobei andere Städte (z. B. Rothenburg ob der Tauber, Nicosia auf Zypern) weitergehen und sich gegen den gewerblichen Einsatz von Kutschen entschieden haben (vgl. Huth 2021).

Exemplarisch sollen die **Berliner Leitlinien** vorgestellt werden, die Tierschützern noch nicht weit genug gehen und daher ein generelles Verbot der etwa 10–15 Pferdekutschen-Anbieter in Berlin mit mehr als 100 Tieren fordern.

Nach den Leitlinien aus dem Jahre 2019 ist „Voraussetzung für das gewerbsmäßige Unterhalten eines Pferdefuhrwerksbetriebs [...] eine Erlaubnis gemäß § 11 Absatz 1 Satz 1 Nummer 8 c) des Tierschutzgesetzes (TierSchG), ausgestellt von der für den Betriebssitz zuständigen Veterinärbehörde." (Senatsverwaltung für Justiz, Verbraucherschutz und Antidiskriminierung 2019, S. 1) Zum Schutz der zum Fahren eingesetzten Pferde und beförderten Personen haben Pferdefuhrwerksbetriebe Vorgaben zu den eingesetzten Pferden, Pferdefuhrwerken und Fahrern einzuhalten, das Pferdefuhrwerk zu kennzeichnen und ein Fahrtenbuch zu führen. Im Detail bedeutet dies z. B. eine maximale Arbeitszeit für die Pferde von neun Stunden, wobei die Zeit vom Ein- bis zum Abspannen dazugezählt wird. Die Tiere haben auch ein Anrecht auf zwei Pausen, die ungestört sein sollen und 30 Minuten betragen müssen. Zudem sind die Fahrer verpflichtet, ausreichend Heu und Trinkwasser bereitzustellen. Kutscher müssen mindestens 18 Jahre alt sein, den Kfz-Führerschein besitzen und ihre Sachkunde im Umgang mit Pferden und Fuhrwerken nachweisen (Vorlage eines Deutschen Fahrabzeichen (DFA) der Klasse IV oder V bzw. eine erfolgreich abgelegte andere gleichwertige Fahrprüfung. Die Pferdefuhrwerke sind außerdem vor ihrer ersten Inbetriebnahme einer technischen Sicherheitsüberprüfung zu unterziehen (vgl. Senatsverwaltung für Justiz, Verbraucherschutz und Antidiskriminierung 2019, S. 1 ff.).

Nachdem es für den Pariser Platz am Brandenburger Tor kurzzeitig ein Verbot für Pferdekutschen gab, wurde dies 2018 durch eine Klage vom Gericht gekippt. 2019 hat Berlin die Richtlinien für die Pferdekutschen verschärft und bspw. folgende Regelungen eingeführt: „An Tagen, an denen die Tageshöchsttemperatur 25,0°C erreicht oder überschreitet (meteorologisch-klimatischer Sommertag) sind die Pferde mindestens alle zwei Stunden zu tränken und ggf. zur Kühlung mit Wasser zu besprengen. Erreicht oder überschreitet die Lufttemperatur im Laufe eines Tages einen Wert von 30 Grad im Schatten, sind Kutschfahrten mit Rücksicht auf das Wohlbefinden der Tiere unverzüglich einzustellen. Ein funktionstüchtiges Thermometer ist in dem Pferdfuhrwerk mitzuführen. (...) Ein pferdeerfahrener Beifahrer bzw. eine pferdeerfahrene Beifahrerin muß das Gespann ständig begleiten. Das Gespann darf während des Einsatzes, einschließlich der Pausen, zu keiner Zeit unbeaufsichtigt bleiben." (ders., S. 2 ff.)

Postkutschen wurden bis ins frühe 20. Jahrhundert von der Post zur Beförderung von Postsendungen und zahlenden Fahrgästen benutzt. In seiner Blütezeit umfasste das Postkutschen-Routennetz in Europa mehrere tausend Kilometer. Mitte des 19. Jahrhunderts verdrängte das Eisenbahnnetz jedoch die Postkutschen. Die über weite Strecken schnellere Reisemöglichkeit mit der Bahn führte dazu, dass die Beförderung mit vier oder sechs „Pferdestärken" von der Langstrecke auf die kurze Distanz innerhalb der Orte und Städte verlegt wurde. Postkutschen können dabei je nach Bauart bis zu ca. zwölf Fahrgäste und zwei Postillionen befördern und sechs bis 15 km/h zurücklegen. Im Jahre 1926 verkehrte die letzte Pferdepersonenpost in Sachsen und im Jahr 1930 fuhr in Mittelfranken die letzte Postkutsche von (Bad) Windsheim nach Ansbach. Die Bad Kissinger Postkutsche ist die letzte Linie der Deutschen Post, die es noch gibt. Sie hatte am 07. Juni 1939 ihre Jungfernfahrt, doch der Kriegsbeginn brachte nach wenigen Monaten das Aus. Seit Sommer 1950 fährt der vierspännige „Gelbe Wagen", in dem neun Fahrgäste mitfahren können, von Bad Kissingen durchs Saaletal nach Schloss Aschach und Bad Bocklet (vgl. Bayerisches Staatsbad Bad Kissingen GmbH 2023).

Postkutschenfahrten gibt es nicht nur in Bad Kissingen, sondern in verschiedenen Destiationen, wobei es ein- oder mehrstündige Ausflüge, aber auch mehrtägige Reisen gibt. Angebote in Deutschland sind bspw. im Südharz (Pro Harz Tourismus & Marketing GmbH), in der Lüneburger Heide (Verein Postkutsche Lüneburger Heide e. V.) oder in Bayern (Coaching in Bavaria) zu finden.

Ein Spezialist von längeren Reisen ist das Unternehmen **Coaching in Bavaria**[104] aus Pähl in Bayern an. Es wurden und werden Touren in Deutschland (z. B. auf Goethes Spuren in Sachsen und Thüringen), Italien, Österreich und Ungarn sowie nach Italien mit der Tour des „Lindauer Boten" (Dienst von 1322 bis 1824 zwischen den Städten Lindau und Mailand) angeboten. Dieses in den 1970er-Jahren gegründete Unternehmen kann mit Hilfe von Subunternehmern für Gruppen von bis zu 250 Passagieren Kutsch- und Schlittenfahrten anbieten. Die erste Langstreckenfahrt von Deutschland nach Italien wurde 1984 absolviert. Bis zu 50 % der Gäste kommen aus den USA, England, Südafrika, Japan und Australien. Die übrigen Gäste sind zumeist Deutsche und Schweizer. Der Chef des Unternehmens, Andreas Nemitz, hat selbst über 250.000 km Strecke auf seinen vier- und fünfspännigen Kutschen gefahren und Länder wie Österreich, Tschechien, Ungarn, Liechtenstein, die Schweiz, Frankreich und Italien mit seinen Kutschen befahren (vgl. Coaching in Bavaria 2023).

Im **Land der historischen Poststraßen** bietet der 1. Sächsische Postkutschenverein e. V. aus Grillenburg regelmäßig Fahrten von Postkutschen (Mai bis Oktober) und Postschlitten (Dezember bis März) in der Region Osterzgebirge, Sächsische Schweiz und Tharandter Wald an. Darüber hinaus gibt es **Postkutschenveranstaltungen**, wie das Deutsche Postkutschentreffen, und Tourismusmessen und Philatelistentage, auf denen Postkutschen anzutreffen sind. Letzlich sei auf eine Reihe von Souveniridеen verwiesen, die sich rund um das Thema Pferdefuhrwerke und (Post-)Kutschen etabliert haben. Beispiele sind Ansichtkarten mit Postkutschenmotiven, der Postkutschen Halbbitter aus einer traditionellen Altenberger Kräuterlikörfabrik, Miniaturpostmeilensäulen aus dem Elbsandsteingebirge oder Sitzkissen aus Schafwolle mit Posthornmotiv (vgl. 1. Sächsischer Postkutschenverein e. V. 2023).

Mit dem Pferd werden auch **Pferdebahnen**, **Pferdeeisenbahnen**, **Pferdestraßenbahnen** bzw. **Rösslitrams** betrieben. Hierbei handelt es sich um ein auf Schienen laufendes und von Pferden gezogenes Verkehrsmittel. Pferdebahnen gelten als technische Vorläufer der heutigen Eisenbahn, die nur mit Hilfe von Maschinen wie Lokomotiven oder Triebwagen bewegt werden. Der sog. Rauendahler Schiebeweg wurde im Ruhrgebiet als erste deutsche Pferdebahn für den Transport der Steinkohlen aus den Bergwerken in Betrieb genommen. Bereits 1794 wurden die ständig beschädigten Holzbohlen durch Schienen aus Gusseisen ersetzt. Ihre Hochzeit hatten die Pferdebahnen zu Beginn der Eisenbahnepoche als Verkehrsmittel für den Bergbau. Im Ruhrgebiet lässt sich bspw. vor der Eröffnung der ersten mit Dampflokomotiven betriebenen Eisenbahnen um 1835 bis 1838 ein Pferdebahn-Netz von etwa 50 km Gesamtlänge nachweisen. Auch im Bereich der Straßenbahnen wurden für den Antrieb Pferde eingesetzt, wobei es die erste Pferde-Straßenbahn der Welt 1832 in New York gab. Viele der deutschen und auch ausländischen Straßenbahngesellschaften begannen um 1880 ihren Betrieb mit Pferden, so dass es in Deutschland etwa 100 und weltweit über 1.700 Pferdestraßenbahnen gab (vgl. Traditionsverein Döbelner Pferdebahn e. V. 2023). Ende 2023 gibt es zumindest noch folgende **Pferdebahnen**:

- Die **Spiekerooger Inselbahn** ist die einzige fahrplanmäßg verkehrende Museumspferdebahn in Deutschland. Ihre Gründung geht ins Jahr 1885 zurück, wo sie ca. 1,7 km lang war.

104 Coaching ist der alte englische Begriff für das Reisen mit der vierspännigen Kutsche durch Europa, wie es im 19. Jahrhundert regelmäßig von jungen englischen Adligen praktiziert wurde.

1949 wurde der Betrieb auf Diesel umgestellt und seit der Aufgabe des Dieselbetriebs im Jahre 1981 wird sie im Sommerhalbjahr als Pferdebahn betrieben (vgl. Nordseebad Spiekeroog GmbH 2023).

- Eine weitere Museumsbahn mit Pferdebetrieb besteht seit dem Juni 2007 in **Döbeln** (Sachsen). Hier gibt es auch ein 2009 eröffnetes **Pferdebahnmuseum** mit Ausstellungsstücken rund um die Döbelener und Wittenberger Pferdebahnen (vgl. Traditionsverein Döbelner Pferdebahn e. V. 2023).

Die **The Douglas Bay Tramway** in Douglas auf der Isle of Man gab es von 1876 bis 2016. Ungefähr 30 Kaltblutpferde standen in den städtischen Stallungen, um von Anfang Mai bis Ende September Fahrgäste auf der 3,2 km langen zweigleisigen Tramstrecke entlang der Seepromenade von Douglas zu befördern. Anfang 2016 wurde der Service auf Grund von finanziellen Schwierigkeiten eingestellt (vgl. Douglas Borough Council 2023).

▸ **Beispiel** | Elektrokutsche und VR in Saarburg

Nicht mit Hilfe von Pferden, sondern mit einer Elektrokutsche und mobilen Virtual-Reality-Brillen können Interessierte in die Geschichte der Stadt Saarburg eintauchen. „Bei der besonderen Rundfahrt können Teilnehmende an vielen Stationen prägende historische Situationen miterleben oder Einblicke in den früheren Stadtalltag erhalten. Gleichzeitig können sie das heutige Stadtbild mit den virtuellen, historischen Ansichten der Stadt vergleichen. Virtuelle, künstlerisch gestaltete 360-Grad-Szenen auf der Grundlage von recherchierten historischen Quellen, Gemälden und Fotografien eröffnen eine völlig neue Perspektive auf die historische Stadtentwicklung. Gefahren und geführt wird die Tour von einem Kutscher, der gleichzeitig als Gästebegleiter fungiert. (...) Saarburg ist eine der ersten Städte in Rheinland-Pfalz, die Stadtführungen in Verbindung mit historischen VR-Szenerien anbietet." (Stadtverwaltung Saarburg 2023)

7.1.9.1 Segway und Co.

Der Segway Personal Transporter (früher auch „Human Transporter") ist eine **elektronische Mobilitätshilfe** mit einer Achse, die selbst balancierend ist, eine Person befördert und seit 2001 vom Unternehmen Segway Inc. (Bedforf/USA) hergestellt wurde. Das Unternehmen wurde 2015 vom chinesischen Unternehmen Ninebot übernommen und hatte seitdem in China und den USA Produktionstätten. Der Segway wird stehend aufrecht gefahren und durch Gewichtsverlagerung beschleunigt bzw. gebremst. Für eine Kurvenfahrt muss die Lenkstange des Gefährts nach rechts oder links bewegt werden, wobei der Fahrer vom Fahrzeug elektronisch voll automatisch in seiner Schwerpunktlage stabilisiert wird. Dies geschieht mit Hilfe von fünf Gyroskop- und zwei Beschleunigungssensoren. Diese ermitteln 100-mal pro Sekunde Fahrzeug- und Körperposition und bringen diese in Zusammenhang. Die zentral verarbeiteten Informationen werden mit dem Fahrerwunsch überlagert. Die zentrale Recheneinheit des Fahrzeugs gibt dann die Befehle zur Steuerung an die beiden Elektromotoren weiter.

Da ein Segway nach Ansicht der EU-Kommission **nicht als Straßenfahrzeug** gilt, fällt die Kompetenz den einzelnen EU-Ländern zu. Das deutsche Bundesverkehrsministerium hat am 25. Juli 2009 eine Verordnung für die Zulassung von Segways in Kraft gesetzt („Verordnung über die Teilnahme elektronischer Mobilitätshilfen am Verkehr", Mobilitätshilfen-verordnung – MobHV). Die Regelungen dieser Verordnung wurden durch die Elektrokleinstfahrzeuge-Verordnung (eKFV) ersetzt, welche am 15. Juni 2019 in Kraft getreten ist. Hiernach besteht keine Führerscheinpflicht bzw. Pflicht zur Vorlage einer Mofa-Prüfbescheinigung mehr, sondern jede Person ab 14 Jahren kann mit einem Elektrokleinstfahrzeug fahren. Diese Kleinstfahrzeuge müssen einen baulich angelegten Radweg oder einen Radfahrstreifen nutzen, sofern dieser vorhanden ist. Dies gilt unabhängig davon, ob die Radverkehrsanlage für Rad Fahrende benutzungspflichtig ist oder nicht. Insofern unterscheiden sich die straßenverkehrsrechtlichen Regelungen für Fahrräder und Elektrokleinstfahrzeuge. Wenn baulich angelegte Radwege oder Radfahrstreifen fehlen, darf mit Elektrokleinstfahrzeugen auch die Fahrbahn und außerorts auch Seitenstreifen genutzt werden. Nach der eKFV sind Elektrokleinstfahrzeuge Kraftfahrzeuge und somit versicherungspflichtig. Wegen der kleinen Ausmaße und der Besonderheiten in der baulichen Ausführung wurde für diese Fahrzeuge eine kleine Versicherungsplakette zum Aufkleben eingeführt (vgl. BMDV 2023e).

Segways wurden bis 2020 hergestellt und haben – trotz fünfstelliger Verkaufszahlen[105] – **keine Massenverbreitung**, sondern ein Nischendasein. Die touristische Nutzung ist hierbei eine vergleichsweise verbreitete Anwendung. Weltweit gibt es geführte Touren mit Segways. In den letzten Jahren hat sich dieses Angebot auch in Deutschland ausgebreitet – allein bei 🔗 www.seggy-touren.com sind mehr als **300 Segway-Touren** in allen Bundesländern buchbar. Segway-Touren werden sowohl in Städten als auch bergigen Gebieten angeboten. Sie werden bspw. genutzt, um auf den 1.141 m hohen Brocken im Harz zu fahren. Segways können im Tourismus noch in vielerlei Hinsicht eingesetzt werden, beispielsweise als Verkehrsmittel auf Messen, Flughäfen, in Freizeitparks, auf Golfplätzen (Extra-Version: Segway x2 Golf), in Shoppingcentern, für Werksbesichtigungen sowie für Werbemaßnahmen im öffentlichen Raum. Air Berlin hat z. B. im Jahr 2008 Hostessen mit Segways durch das Flughafengebäude Düsseldorf fahren lassen, die Preisausschreiben und Glückskekse verteilten (vgl. Groß 2021a, S. 838 f.; Münck 2008, S. 84).[106]

Als Segway-Mannschaftssport hat sich seit 2004, ausgehend von den USA, **Segwaypolo** etabliert. Anfang 2017 sind mehr als 40 Teams bspw. in Barbados, Deutschland, Finnland, Großbritannien, Libanon, Neuseeland, Österreich, Schweden und der Schweiz bekannt. Seit 2006 findet jährlich die Weltmeisterschaft in Segwaypolo statt („Woz Challenge Cup", benannt nach dem Apple Mitgründer Steve Wozniak), die ab 2008 vom 2007 gegründeten Verband „International Segway Polo Association" veranstaltet wird. Eine Europameisterschaft gibt es seit 2010 und fand seitdem mehrmals statt (vgl. ISPA 2023).

In den letzten Jahren gibt es immer mehrere **Alternativen zum Segway**: Beispiele sind E-Boards, wie Oxboard aus Holland, die Geräte von Segway Ninebot (wie ONES2, mini pro), (selbststabilisierende) elektrische Einräder (wie SBU V3), Elektro-Motorräder mit nur einem Rad (wie RYNO) oder der Black Hawk von Personal Rover.

7.1.9.2 Draisinen

Draisinen sind ein Schienensonderverkehrsmittel, die nach dem Erfinder Karl Friedrich Freiherr Drais von Sauerbronn (1785–1851) benannt sind. Im Jahre 1817 schuf er eine zweirädige Laufmaschine, die den Wiener Bernard 1837 dazu bewegte ein zweirädriges Schienenfahrzeug als Hilfsfahrzeug für Bahnarbeiter zu erfinden. Dieses lief auf einer Schiene und wurde mit den Füßen abgestoßen. Da es somit der damals seit 20 Jahren bekannten Drais'schen „Laufmaschine" ähnelte, wurde der Name Draisine übernommen. 1842 erprobte Drais in Karlsruhe mit Genehmigung

105 Anhand der Seriennummern wird von ca. 50.000 verkauften Segways ausgegangen (Stand 2017).

106 Neben der touristischen Nutzung können Segways bspw. als Patrouillenfahrzeug bei Polizeidienststellen, Sicherheitsfirmen und Wachdiensten oder als Fahrzeug für mobilitätseingeschränkte Personen genutzt werden.

der Staatseisenbahn eine vierrädrige Schienendraisine mit Fußantrieb, deren Antrieb über eine Mechanik erfolgte, die die Mitfahrenden mit ihren Füßen betätigten (vgl. Coen 2004, S. 14; Lessing 2003, S. 526 f.; Lessing 2010).

In den 2020er-Jahren sind vornehmlich **Fahrraddraisinen**, **Handhebeldraisine** (eine Bauform, die v. a. bei amerikanischen Bahnverwaltungen weit verbreitet war) und **Kartdraisinen** im Einsatz. Draisinen spielen dabei weltweit (z. B. Belgien, Deutschland, Finnland, Frankreich, Österreich, Norwegen, Schweden, Schweiz, Süd-Korea, USA, Costa Rica) eine Rolle und verkehren auf stillgelegten Eisenbahnstrecken und bieten (Einheimischen und) Touristen die Möglichkeit, selbst oder mit einem Fahrer eine bestimmte Strecke zu erkunden.

Eine weltweite Übersicht aller Draisinen zu geben, ist kaum möglich. Übersichten für die in Europa und Deutschland vorhandenen Strecken finden sich im Internet. Hiernach gibt es in Deutschland knapp 40 Strecken mit 0,2 bis 40 Schienenkilometern, die mit der Draisine befahren werden können. Der von anderen Verkehrsmitteln bekannte Trend zur E-Mobilität hat auch vor den Draisinen nicht haltgemacht: Fahrraddraisinen wurden mit Tretunterstützung nachgerüstet und 2013 wurde auf der Überwaldbahn in Südhessen eine „Solardraisine" gestartet (vgl. Bartoschek 2023; Interessengemeinschaft Draisinenfahrten e. V. 2023). Der 2012 gegründete „Deutsche Draisinen Dachverband e. V." (DVV) mit 20 Draisinenstrecken als Mitglied (2023) hat sich zum Ziel gesetzt, das deutsche Draisinenangebot transparenter zu machen und einen eigenen Internetauftritt erstellt (🔗 http://deutscher-draisinen-verband.de).

Neben der Nutzung der Draisinenstrecken durch (vornehmlich) Urlaubsreisende gibt es auch **sportliche Wettkämpfe** und die Möglichkeit, **Draisinen als Firma zu mieten** und z. B. einen internen Wettkampf zu veranstalten und/oder einen Betriebsausflug zu machen. Von 2004 bis 2011 wurden im Rahmen der Deutschen Draisinentage auf der Glantalstrecke im Landkreis Kusel die Deutschen Meisterschaften im Schienenfahrrad-Draisinenfahren in den Disziplinen Handhebeldraisine, Fahrraddraisine und Sprintrennen ausgetragen (vgl. Fremdenverkehrszweckverband Landkreis Kusel 2017). Darüber hinaus gab es noch die Internationale Deutsche Meisterschaft im Draisinen-Rennen in Braunschweig (vormals Offene Braunschweiger Meisterschaft), die in unregelmäßigen Abständen vom Verein „Mobilität in der Region Braunschweig e. V." veranstaltet wurde, und seit 2009 das (vermeintlich) „verrückteste Draisinenrennen der Welt" in Wien/Österreich – seit 2018 wird „Pause gemacht" (vgl. Mobilität in der Region Braunschweig 2010; Wilhelm 2023).

7.1.9.3 Rikscha[107]

Rikschas[108] haben ihren **Ursprung in Asien** und gewinnen in den letzten Jahren zunehmend in europäischen (Groß-)Städten als alternatives Fortbewegungsmittel an Bedeutung (z. B. Berlin, Dresden, Düsseldorf, Karlsruhe, Köln, Leipzig, London, Madrid, Mainz oder Paris).[109] Sie werden für Stadtführungen eingesetzt, sind aber auch in einigen Städten „normaler" Bestandteil des Umweltverbundes. In Asien werden (schätzungsweise) mehreren Mio. Rikschas betrieben,

107 Veröffentlichungen zum Thema gibt es reichlich. Beispiele sind Anwar 1995; Hoffmann 1997; Hoffmann 2003; Nadimuthu et al. 2021; Truong et al. 2020; Wheeler 1998.

108 „Rikscha" kommt vom japanischen Wort „Jin-riki-sha", übersetzt heißt es „Mannkraftmaschine" („Jin" = Mann, „riki" = Kraft und „sha" = Maschine).

109 Unter 🔗 http://pro-rikscha.de/ findet sich eine Übersicht von Rikscha- und Fahrradtaxibetreibern und/oder -verleihern.

vornehmlich in Bangladesh, China, Indien, Nepal und Vietnam. Diese oft von Muskelkraft betriebenen Verkehrsmittel haben in vielen Ländern zunehmend einen schweren Stand und sollen in etlichen Städten verboten bzw. durch E-Rikschas ersetzt werden (vgl. Freyer 2015, S. 202; Hoffmann 2003, S. 15).

Die Frage nach dem **Erfinder** der „echten" Rikscha kann nicht genau beantwortet werden. Eine erste Version sagt, dass „[...] etwa um das Jahr 1860 der in Japan tätige amerikanische Baptistenmissionar Jonathan Gable die Gewissensbisse seiner invaliden Frau leid war. Dieser wurde es zunehmend unerträglich, sich von den ausgemergelten kleinen Männern in einer Sänfte durch die Straßen Tokios tragen zu lassen. [...]) Es war die geniale Idee des einfallsreichen Missionars, den Sänftenkasten auf eine großrädrig bestückte Achse zu stellen. Mit Hilfe langer Holmen konnte das Vehikel nicht nur in der Balance gehalten, sondern auch unter vertretbarem Kraftaufwand gezogen werden. Die Jinrikscha, die Mann-Kraft-Maschine, war erfunden und eroberte binnen weniger Jahrzehnte von Tokio aus [...] den gesamten Fernen Osten [...]." (Hoffmann 1997, S. 86) Eine andere Version berichtet davon, dass die Jinrikscha ebenfalls aus Japan kommt, ihr Erfinder jedoch ein Europäer war. „Der Mann, der als erster den Einfall hatte, einem Handwagen einen Stuhl aufzusetzen und diesen Fahrstuhl als öffentliches Verkehrsmittel zu verwenden, war der anglikanische Geistliche Reverend M. B. Bailey [...]. Das geschah Anfang der siebziger Jahre (des 19. Jahrhunderts, Anm. d. Verf.) in Tokio." (Kirsch 1933, zitiert nach Dressler 2010) Eine dritte Version ist eine Überlieferung aus Japan. Hiernach ist die Rikscha das gemeinsame Werk eines Gemüsehändlers, eines Waggonbauers und eines Adligen, um eine brauchbarere Transporthilfe zu schaffen. 1870 soll die einfallsreiche Erfindung in Tokio offiziell angemeldet worden sein (vgl. Hoffmann 1997, S. 86).

Unabhängig davon, welche Version die richtige ist, gelangte die Rikscha 1874 in die chinesische Hafenstadt Shanghai und kurze Zeit später nach Hongkong. 1880 wurden die ersten Rikschas in Simla eingesetzt, in den Himalaya-Vorbergen Indiens. Bis zur Jahrhundertwende hatte die Rikscha als Nahverkehrsmittel auch die Großstädte des indischen Subkontinents, v. a. Kalkutta, erobert. Die chinesische Gemeinde führte in Kalkutta die Rikscha ein, um damit Güter zu transportieren. Ab **1914** hatten die in Kalkutta lebenden Chinesen bei der Stadtverwaltung eine **Lizenz zur Personenbeförderung**. In den Folgejahren führten mehrere Erfindungen zur Weiterentwicklung bzw. wurden auch Zugtiere vor die Wagen gespannt, um die Männer von ihrer schweren Arbeit zu entlasten (ab den 1920er- und 1930er-Jahren). Spätestens in den 1930er-Jahren wurde der Rikschafahrer auf ein Fahrrad gesetzt, wodurch zum einen größere Gütermengen und mehr Fahrgäste transportiert und zum anderen auch weitere Wege zurückgelegt werden konnten. Diese als „Trishaws" bezeichneten Rikschas verdrängten in den nachfolgenden Jahrzehnten fast überall die eigentlichen Rikschas. Mit Ausbreitung der Fahrradrikscha kam es zu den regional verschiedenen Ausführungen: In Indien, Bangladesh, Nepal und in den thailandischen „samlors" sitzen die Gäste hinter dem Fahrer. Dagegen sitzen die Passagiere in den „cyclos" Vietnams und den „becaks" Indonesiens vor dem Fahrer. Eine dritte Variante ist in Myanmar zu finden, wo die Gäste Rücken an Rücken hinter dem Fahrer sitzen. Seit den 1980er-Jahren werden die Fahrradrikschas in Asien selbst von motorisierten Autorikschas, den Tuk-Tuks oder Threewheeler von den Straßen Asien verdrängt (vgl. Hoffmann 1997, S. 87 ff.; Hoffmann 2003, S. 12).

In Deutschland gibt es mehrere **Rikscha-Hersteller**, die z. T. auch international im Einsatz sind. Als Beispiele können die Unternehmen Bayk AG („CityCruises – das Velotaxi"), GutRad GmbH, Luther Leichtfahrzeugtechnik, Radkutsche und Pedalhelden c/o Rikscha-Mobil GmbH & Co. KG genannt werden.

Bei der Veloform GmbH bzw. Veloform Media GmbH ging es 1997 mit 30 CityCruisern bzw. Velotaxis in Berlin los. 2016 war sie in mehr als 50 Ländern an mehr als 120 Standorten aktiv, hat die Velotaxi-Sparte jedoch im selben Jahr an die BAYK AG verkauft. Die CityCruiser werden per Muskelkraft angetrieben und wurden mehr als 2.500-mal verkauft. Der Fahrer wird durch einen in der Vorderachse integrierten Elektrohilfsmotor beim Anfahren und bei schwierigen Wegstrecken unterstützt (Akku-Sets mit bis zu 4.000 Wh) und erreicht eine Höchstgeschwindigkeit von 25 km/h (vgl. Bayk AG o. J.)

> Die **Einsatzmöglichkeiten** der in den letzten Jahren neuentwickelten Rikschas sind breit. Sie werden bspw. nicht nur für die Beförderung von Personen und Gütern von A nach B, für Stadtführungen, bei Events (wie Bundesgartenschau, Olympische Spiele, FIFA Fußball-WM, Leichtathletik), Betriebsausflügen und zur Promotion neuer Produkte (z. B. Litfaßsäule auf Rädern) eingesetzt.

Die Hersteller bieten immer wieder neue Einsatzmöglichkeiten an. Es gibt bspw. Verkaufsrikschas zum Eisverkauf, Snacks Getränken, Suppen oder zur Verkostung sowie Rischas, die als Informationsstände verwandeln kann (vgl. Dressler 2023).

7.1.9.4 Ferienfahrschulen

Ferienfahrschulen gibt es in Deutschland nach der (ehemaligen) „Gesamtorganisation Ferienfahrschulen" aus Frankfurt am Main bereits seit 1954. Ihr Gründer Hans-Joachim Herold bezeichnete sich selbst als Erfinder der Ferienfahrschulen. In einem 1970 herausgegebenen Katalog wurden allein 30 Ferienfahrschulen in sechs Bundesländern (Bayern, Baden-Württemberg, Berlin, Hessen, Niedersachsen und Schleswig-Holstein) gelistet und im Pauschalpreis war der Führerscheinlehrgang selbst und die Unterkunft (Übernachtung und Frühstück oder Vollpension) in der gewählten Kategorie enthalten (vgl. Gesamtorganisation Ferienfahrschulen 1970, S. 1). Im selben Jahr gab es einen Spezialkurs „Mehr Freude am Bergfahren" vom Deutschen Reisebüro (DER) (vgl. Inter-Reisen 1970). Sieben Jahre später bot die Gesamtorganisation Ferienfahrschulen bereits Kurse in 33 Fahrschulen an (vgl. Fröhlich 1977).

> Führerscheine sowohl für Autos, Motorräder und Lkws als auch Auffrischungs- oder MPU-Kurse (Medizinisch-Psychologische Untersuchung) können in Ferienfahrschulen erlangt werden. Die Ferienfahrschulen übernehmen teilweise auch die Vermittlung von Unterkunftsleistungen bzw. bringen die Fahrschüler in eigenen Unterkünften unter.

Die **Anzahl der Ferienfahrschulen** ist in Deutschland nicht bekannt, da der Begriff „Ferienfahrschule" rechtlich nicht definiert ist. Die Bundesvereinigung der Fahrlehrerverbände e. V. erfasst Fahrschulen, die unter diesem Begriff Ferienfahrschule o. ä. firmieren, nicht extra, da keine ausreichende Vergleichbarkeit möglich ist. Auch das Statistische Bundesamt hat keine Daten über Ferienfahrschulen, so dass ein eigener Nachweis für Ferienfahrschulen nach wie vor nicht möglich ist (vgl. Bressendorf 2017; Hammer 2017).[110]

110 Das Statistische Bundesamt hat zuletzt für das Jahr 2014 die „Fachserie 2 Reihe 1.6.5 – Kostenstruktur bei Fahr- und Flugschulen" veröffentlicht. Für das Jahr 2014 werden mit Hilfe einer Hochrechnung 10.604 Fahr- und Flugschulen ausgewiesen. Im Berichtsjahr 2014 stieg – im Gegensatz zu den Aussagen der Bundesvereinigung der Fahrlehrerverbände – die Zahl der Fahr- und Flugschulen gegenüber der Vorerhebung (Berichtsjahr 2010) um 1.043 Unternehmen (vgl. Statistisches Bundesamt 2016, S. 5).

Einen Führerschein mit einem Urlaub zu verbinden, ist nicht nur innerhalb Deutschlands möglich, sondern auch im – vornehmlich europäischen – Ausland. Unternehmen aus Deutschland, bei denen das Ablegen von Führerscheinprüfungen im Ausland möglich ist, bieten bspw. Führerscheinausbildungen auf Mallorca, in Tschechien oder Ungarn sowie in Kenia an. Die rechtlichen Rahmenbedingungen für einen **Führerscheinerwerb im EU-Ausland** sind in der Richtlinie 2006/126/EG des Europäischen Parlaments und Rates vom 20. Dezember 2006 über den Führerschein (Neufassung 2020) geregelt. Gemäß dieser Richtlinie dürfen Führerscheine nur an Personen ausgestellt werden, die ihren ordentlichen Wohnsitz im Sinne der Richtlinie in dem ausstellenden Mitgliedstaat haben (§ 12: „Im Sinne dieser Richtlinie gilt als ordentlicher Wohnsitz der Ort, an dem ein Führerscheininhaber wegen persönlicher und beruflicher Bindungen oder – im Falle eines Führerscheininhabers ohne berufliche Bindungen – wegen persönlicher Bindungen, die enge Beziehungen zwischen dem Führerscheininhaber und dem Wohnort erkennen lassen, gewöhnlich, d. h. während mindestens 185 Tagen im Kalenderjahr, wohnt."). Die ausstellenden Mitgliedstaaten sind verpflichtet, sorgfältig zu prüfen, ob alle Anforderungen für die Ausstellung eines Führerscheins erfüllt sind.

Auch innerhalb von Deutschland hat sich die Rechtslage für den Führerscheinerwerb außerhalb des gewohnten Wohnumfeldes in den letzten Jahren geändert. Ende der 1990er-Jahre wurde seitens des Gesetzgebers Änderungen bei der Fahrerlaubniserlangung eingeführt, die bis hin zu einer – als unzulässig zurückgewiesenen – Verfassungsbeschwerde von Ferienfahrschulinhabern geführt hat. Die bis dahin in der Straßenverkehrs-Zulassungs-Ordnung verstreuten Regelungen zur Erteilung der Fahrerlaubnis für Kraftfahrzeuge wurden in einer neuen Verordnung über die Zulassung von Personen zum Straßenverkehr (**Fahrerlaubnisverordnung (FeV)**) zusammengefasst, die mit dem 01. Januar 1999 in Kraft getreten ist und in einer Neufassung aus dem Jahr 2010 (zuletzt geändert am 20.07.2023) vorliegt. Nach § 17 Abs. 3 dieser Verordnung hat der Bewerber „[...] die praktische Prüfung am Ort seiner Hauptwohnung oder am Ort seiner schulischen oder beruflichen Ausbildung, seines Studiums oder seiner Arbeitsstelle abzulegen. Sind diese Orte nicht Prüforte, ist die Prüfung nach Bestimmung durch die Fahrerlaubnisbehörde an einem nahe gelegenen Prüfort abzulegen. Die Fahrerlaubnisbehörde kann auch zulassen, dass der Bewerber die Prüfung an einem anderen Prüfort ablegt."

Dieser Paragraph legt damit den Ort fest, an dem die Fahrerlaubnisprüfung zu erfolgen hat, aber nicht den Ort der Ausbildung. Diesen und auch die Fahrschule kann jeder Bewerber frei wählen. Er wird sich in der Regel zwar an eine ortsansässige Fahrschule wenden, weil er bei der Prüfung von einem Fahrlehrer begleitet werden und auch ein Fahrzeug mit Doppelbedienungseinrichtung zur Verfügung stellen muss, über das nur Fahrschulen verfügen. Es ist aber auch zulässig, dass der Bewerber die Ausbildung an einem auswärtigen Ort absolviert und sich von einem ortsansässigen Fahrlehrer zur Prüfung begleiten lässt oder dass ihn ein Fahrlehrer einer auswärtigen Fahrschule zur Prüfung begleitet. Es trifft im Übrigen nicht zu, dass bis zur Einführung von § 17 Abs. 3 FeV der Prüfer den Ort der praktischen Fahrprüfung bestimmte. Der Prüfer bzw. die technische Prüfstelle, der er angehört, wird nur auf Grund eines Prüfauftrages der Fahrerlaubnisbehörde tätig. Die Fahrerlaubnisbehörde entschied auch früher darüber, welcher technischen Prüfstelle sie den Prüfauftrag erteilte und bestimmte damit auch den Ort der Prüfung. Der Prüfer konnte und kann auch heute noch lediglich den Ausgangspunkt der Prüfungsfahrt in dem örtlichen Bereich bestimmen, für den die technische Prüfstelle zuständig ist. Als Begründung für diese Regelung wird die Verkehrssicherheit angeführt, da Fahranfänger dort geprüft werden sollen, wo sie nach dem Erwerb der Fahrerlaubnis hauptsächlich am Verkehr teilnehmen. Nachprüfbare Ergebnisse, nach denen Führerscheinneulinge, die ihre Fahrerlaubnis bei einer Ferienfahrschule samt Prüfung in deren Bezirk erlangt haben, eine weniger zureichende Fahrpraxis aufwiesen als Prüflinge, die ihren Führerschein an ihrem Wohnort erlangt haben, lagen jedoch nicht vor. Auf Seiten des Bundesverkehrsministeriums lagen auch keine negativen Erfahrungen mit Ferienfahrschulen vor, so dass die Ausnahmemöglichkeit nach § 17 Abs. 3 Satz 3 FeV festgelegt werden konnte. Eine begründete Ausnahme kann demnach bei der zuständigen Verkehrsbehörde eingeholt werden, die prüft (bzw. prüfen sollte), ob die Bedingungen im angestrebten Prüfungsort auch mit denen am Heimatort übereinstimmen. Offizielle Statistiken bzw. Berichte über die Genehmigungspraxis konnten nicht in Erfahrung gebracht werden (vgl. Deutscher Bundestag 1999, S. 1 f.).

Trotz aller Regelungen ist ein sog. **Führerscheintourismus** aufgetreten. Hiermit ist gemeint, dass sich Betroffene, denen in Deutschland der Führerschein insbesondere wegen Alkohol- oder Drogenverstößen abgenommen wurde, ein neues Dokument im EU-Ausland ausstellen lassen, das dann grundsätzlich wieder in der gesamten Union gilt.

„Die Europäische Kommission hat im Jahr 2022 eine Ex-post-Bewertung der Richtlinie 2006/126/EG veröffentlicht und damit den Grundsätzen der besseren Rechtsetzung Rechnung getragen. (...) Die Bewertung hat (..) ergeben, dass sich die Richtlinie über den Führerschein positiv auf die Bekämpfung von Führerscheinbetrug und Führerscheintourismus auswirkt. Sie hat zu einer Verringerung des Verwaltungsaufwands geführt, insbesondere für Inhaber von Führerscheinen. Es wurde aber auch deutlich, dass noch Spielraum für weitere Verbesserungen beim Sicherheitsniveau und bei der Effizienz und Verhältnismäßigkeit bestimmter rechtlicher Anforderungen besteht."

Daher gibt es einen neuen Vorschlag für eine Richtlinie des Europäischen Parlaments und des Rates über den Führerschein, zur Änderung der Richtlinie (EU) 2022/2561, der Verordnung (EU) 2018/1724 und zur Aufhebung der Richtlinie 2006/126/EG und der Verordnung (EU) Nr. 383/2012, der auf mehr als 40 Gründen besteht. In einer dieser Begründungen geht es um den Führerscheintourismus: „Der ‚Führerscheintourismus', d. h. die Praxis, den Wohnsitz zu wechseln, um einen neuen Führerschein zu erwerben, um die Auswirkungen eines in einem anderen Mitgliedstaat verhängten Fahrverbots zu umgehen, ist ein weitverbreitetes Phänomen, das sich negativ auf die Straßenverkehrssicherheit auswirkt. Kraftfahrer sollten die Anforderungen, die ihnen zur Wiedererlangung ihrer Fahrerlaubnis oder ihres Führerscheins auferlegt werden, nicht umgehen können, indem sie den Wohnsitz wechseln. Gleichzeitig sollte klargestellt werden, dass das Fahrverhalten einer Person nur dann zu einem unbefristeten Fahrverbot führen sollte, wenn dies hinreichend begründet ist, und dass eine solche Entscheidung auf das Hoheitsgebiet des Mitgliedstaats, der sie erlassen hat, beschränkt sein sollte." (Europäische Kommission 2023)

7.2 Luft

Neben dem bereits in Kapitel 6 betrachteten Luftverkehr mit Flugzeugen gibt es eine Reihe weiterer Luftverkehrsmittel und Verknüpfungen dieser mit dem Tourismus. Hierauf wird im Folgenden eingegangen.

7.2.1 Ballone und ihre Bedeutung im Tourismus

Publikationen über das Ballonfahren gibt es einige, wobei sie mehrheitlich an ein breites Publikum (Belleristik) oder an (angehende) Ballonfahrer gerichtet sind (vgl. Baden-Powell 2016; Brogiato 2009; Hille 2009; Jones/Piccard 2009; Löschhorn 2012). Wissenschaftliche Auseinandersetzungen sind dagegen rar: Sie beziehen sich bspw. auf die technischen Vorausetzungen bzw. Erklärungen des Fahrens, wie bei Hallmann 1986, Deilbach/Stump 2009 oder Schlegel/Jahnke 2005, aber zum Ballon-Tourismus sind Beiträge zu finden (vgl. Novotná et al. 2021; Novotná/Kunc 2022, S. 251 ff.).

Im Folgenden werden Begriffsdefinitionen und ein Überblick über die geschichtliche Entwicklung und rechtliche Rahmenbedingungen gegeben sowie die Angebots- und Nachfrageseite betrachtet.

7.2.1.1 Abgrenzung verschiedener Ballonarten

> Die Ballonarten sind vielfältig: Es gibt Gas-, Heißluft-, Fessel-, Solar-, Superpressure- und Clusterballone sowie die Roziere, die im Anschluss vorgestellt werden.

Nach den Vorschriften des internationalen Luftsportverbandes Fèdèration Aèronautique International (FAI) werden **Heißluftballone in fünf Arten**[111] unterteilt, die jeweils 15 Unter-Kategorien in Bezug auf die Größe (von der Klasse „bis 250 m³" bis hin zu „mehr als 22.000 m³") haben. Die einzelnen Klassen werden nachfolgend dargestellt (FAI 2022, S. 2):

- „Sub-class AA: Free balloons, not equipped with an airborne heater, which obtain their buoyancy from a lighter-than-air gas, without pressurisation of the envelope.
- Sub-class AX: Free balloons which obtain their buoyancy solely as a result of heating air. The envelope may contain no gases other than air and the normal products of combustion.
- Sub-class AM: Free balloons which use both a lighter-than-air gas and an airborne heater, without pressurisation of any envelope.
- Sub-class AS: Free balloons which use a lighter-than-air gas and are designed to allo sufficient pressurisation of the envelope to affect performance substantially.
- Sub-class AT: Free balloons not falling into subclasses AA, AX, AM or AS. A free balloon which obtains its buoyancy as a result of heating air using solar and/or external radiation sources only may be included in this sub-class."

Gasballone

Am Grundprinzip der **Gasballone** hat sich seit seiner Erfindung nicht allzuviel verändert. „Der mit einem Gas, das leichter als Luft ist, gefüllte Freiballon treibt oder schwebt in einem aerostatischen Gleichgewicht. Die Strömung der Luftmassen oder der Wind bestimmen die Richtung, in die der Freiballon getrieben wird, und geben ebenfalls seine Geschwindigkeit über Grund vor. Der verantwortliche Pilot hat nur die Möglichkeit, den Freiballon durch Abwerfen von Sand- oder Wasserballast zum Steigen, durch Öffnen des Manövrierventils und Ablassen von Traggas zum Sinken zu bringen. Eine Einflussnahme des Piloten auf die Fahrtrichtung des Ballons besteht nur dadurch, dass er in unterschiedlichen Höhen die Luftmassen sucht, die den Ballon annähernd in die Richtung bringt, die er bei der Fahrtplanung vorgesehen hat. Die Führung des Gasballons, ein Luftfahrtgerät ohne Motor, Steuerrad und Fahrwerk, Bremse und Landbahn – erfordert Erfahrung, Geschick, Abschätzung und vor allem Können." (Deilbach/Stump 2009, S. 34)

Gasballonstartplätze gibt es vornehmlich in der Nähe von chemischen Werken, bei denen in der Produktion Wasserstoff anfällt und de einfach und kostengünstig über bspw. eine Rohrleitung

---

111 Eine andere Einteilung findet sich bei Groß (vgl. 2023, S. 68). Hiernach gibt es die vier Ballongruppen A (bis 3.400 m³), B (3.401 bis 6.000 m³), C (6.001 bis 10.500 m³) und D (mehr als 10.500 m³).

zum Startplatz befördert werden kann. Solche Startplätze (z. B. Bitterfeld, Burgkirchen an der Alz, Münster und Stuttgart) werden von Vereinen betrieben, wodurch bei gemeinschaftlicher Nutzung des Ballongeräts die Unterhaltskosten für einen Gasballon erschwinglicher werden. Eine Neuentwicklung, die in der Forschung des alternativen Treibstoffes Wasserstoff gemacht wurde, sind große Wasserstoffdruckbehälter, die an verschiedenen Standorten aufgestellt werden und über Tieflader versorgt werden können. Eine Alternative ist die Befüllung eines Gasballons direkt von einem Tankwagen aus. Ende 1995 konnte mittels eines solchen Druckbehälters mitten in Stuttgart am Cannstadter Wasen ein Gasballonstartplatz von der Ballonsportgruppe Stuttgart e. V. in Zusammenarbeit mit der Linde AG eingerichtet werden. Der aufgestellte Behälter hat ein Volumen von 80 m³ und fasst knapp 3.000 m³ Wasserstoff, was einer Füllmenge von ca. drei Ballonen entspricht. Im Jahr 2020 wurde das 25-jährige Bestehen dieses Startplatzes gefeiert (vgl. Ballonsportgruppe Stuttgart e. V. 2020, S. 2 ff.).

Heißluftballone

Heißluftballone werden seit ihrer Erfindung im 18. Jahrhundert eingesetzt, wobei sie in den 60er-Jahren des 20. Jahrhunderts eine Renaissance erlebten, als die U.S. Navy eine preiswerte Technik für den Aufstieg umbenannter Ballone fand (leichtes, strapazierfähiges, schwer entflammbares Polyester- oder Nylonmaterial, aufgeheizt mit Propangas). „Die Ballonhülle dient zum Umfassen von erwärmter Luft. Das Volumen der leichteren heißen Luft in der Lufthülle bringt uns den erwünschten Auftrieb. Je nach Größe des Hüllenvolumens kann die sich ergebende Tragkraft genutzt werden. Der Heißluftballon mit der warmen Luft ist insgesamt leichter als die von ihm verdrängte Luft. Der Stoff besteht aus einem dünnen und reißfesten Nylongewebe, das einseitig mit einer dünnen Polyrethanschicht abgedichtet ist. Der Hüllenstoff wird insgesamt leicht gehalten, damit die Eigenmasse/Leermasse so gering wie eben möglich bleibt. [...] Zum tragenden Gerippe der Hülle dienen horizontale und vertikale Lastgurte, die je nach Größe des Ballons angeordnet sind. Zum Manövrieren des Heiluftballons ist oben in der Hülle ein Parachuteventil eingebaut." (Deilbach/Stump 2009, S. 36) Das Volumen der gebräuchlichen Heißluftballone reicht vom Einmann-Ballon mit einem Volumen von ca. 500 m³ bis zum 12.000 m³-Ballon, der bis zu 20 Personen aufsteigen lassen kann.

Rozière

Weitgehend unbekannt ist der Ballontyp **Rozière**, der nach einem seiner Erfinder, Pilâtre de Rozier, benannt wurde. „Pilâtre de Rozier entwickelte mit Piere Romain in den Jahren 1784–1785 eine ‚Aeremontgollfiere', d. h. eine Kombination aus einer Charliere als Gasballon und einer Montgolfière als Heißluftballon. Im oberen Teil des Ballons ist ein kugelförmiger Gasballon, an dem ein unten offener Zylinder befestigt war, dessen Rand die umlaufende Galerie bildete. In der Mitte des tiefsten Punktes hing die Glutpfanne, deren Position durch verstellbare Ketten reguliert werden konnte. Das Prinzip schien einleuchtend. Der wasserstoffgefüllte Ballon sorgte für den Auftrieb und das aerostatische Gleichgewicht, die Höhensteuerung erfolgte durch Erwärmen und Erkalten des Gases und der warmen Luft in der Hülle um den Gasballon. Aber viele Wissenschaftler warnten den Chemiker Roziere vor einem Einsatz der Kombination von Wasserstoff und heißer Luft mit offenem Feuer. Offenbar zu Recht, denn bei ihrer ersten Fahrt am 15. Juni 1785 schoss, nur 4 km nach dem Start in Boulogne-sur-Mer, in 1.500 Fuß Höhe aus dem oberen Teil des Ballons eine violette Flamme und riss die pralle Hülle auseinander. Die versammelte Menschenmenge sah nur noch die auseinanderfallenden Teile des Flugapparates und den todbringenden Absturz der beiden mutigen Aeronauten de Roziere und Romain. Sie wurden damit auch die ersten Opfer einer neuen Wissenschaft […].“ (Deilbach/Stump 2009, S. 37)

Die Rozieren der Neuzeit werden vornehmlich für **Rekordfahrten** benutzt und sind meist **Einzelstücke**. Gemein ist ihnen, dass sie das nicht brennbare Gas Helium als Traggas nutzen und als Gondel meist Kapseln oder Kabinen aus Kohlefaser-Verbundstoffen haben, die für Fahrten in großen Höhen ausgelegt sind. Um die Heliumballonhülle/n ist eine aluminiumbeschichtete Heißluftballonhülle gespannt, die isolierend wirkt, die Traggashülle nachts vor zu starken Temperaturschwankungen schützt und tagsüber zum Aufheizen durch die Sonneneinstrahlung des Hüllenvolumens dient. Die Ballonhersteller Cameron und Lindstrand sind wahrscheinlich führend auf dem Gebiet des Rozierenbaus. Sie haben eine Großzahl der in den letzten Jahren zu Rekordfahrten aufgestiegenen Rozieren hergestellt. Auch Bertrand Piccard und Brian Jones, die 1999 erfolgreich die Erde umrundeten, nutzten eine Roziere (vgl. ders., S. 37).

Solarballone

Bei der Renaissance des Heißluftballons machte sich bei größeren Heißluftballonen mit vorwiegend schwarzer Ballonhülle bemerkbar, dass sie weniger Gas benötigten als andersfarbige Ballone. „In den siebziger Jahren wurden versuchsweise Ballone direkt als **Solarballone** konstruiert. Im Mai 1973 erfolgte der erste 10 Minuten-Aufstieg eines […] konstruierten Solarballons. Der schwarze tetraederförmige Ballon war von der amerikanischen Ballonfirma Barnes unter dem Typen-Namen ‚Solar Fire-Fly‘ gebaut worden. […] Inzwischen hat der Perser Frederick Eshoo bei der amerikanischen Ballonfirma Raven Industries einen Solarballon nach seinen Konstruktionsvorschlägen unter dem Namen ‚Sunstat‘ bauen lassen […]. Der normale 3000-m^3-Raven-Heißluftballon […] diente im Zuschnitt der Ballonhülle als Muster für den Solarballon ‚Sunstat‘. Die eine Hälfte des ‚Sunstat‘ besteht, senkrecht gesehen, aus schwarzem Nylon, dessen Außenseite aluminiumbeschichtet ist. Die zweite durchsichtige Hälfte der Ballonhülle ist zur Ausnutzung des ‚greenhouse effects‘ aus zwei Schichten durchsichtigem Mylar gefertigt. […] Der Ballon wird wie ein konventioneller Heißluftballon aus der Seitenlage heraus über ein Gebläse mit Frischluft versorgt. Statt des Brenners erfolgt jetzt die Beheizung des Ballons durch die Sonneneinstrahlung, wobei die unten liegende parabolförmige schwarze Innenhülle des Ballons sich als Reflektor auswirkt.“ (Buchholz/Gruber 1996a, S. 10 f.) Wegen des geringen Auftriebs ist seine Anwendung weitestgehend auf den **Spielzeug- bzw. Privatbereich beschränkt**, wobei es im Internet verschiedene Bauanleitungen, Erfahrungsberichte und Tipps für Einsteiger gibt (z. B. 🔗 www.solarballon.de).

Fesselballone

Ein **Fesselballon** ist ein mit einem Traggas gefüllter Ballon, der ähnlich wie ein Lenkdrachen und im Gegensatz zum Freiballon stets mit einer Leine mit dem Boden verbunden wird. Eine Abwandlung ist der **Drachenballon**, der von August von Parseval und Bartsch von Sigsfeld erfunden wurde. Beide Arten werden als Beobachtungsposten in Kriegen, bei Veranstaltungen, zur Überwachung und für Reklamezwecke eingesetzt. 1891 wurden bei der Internationalen Elektrotechnischen Ausstellung in Frankfurt am Main erstmals Passagierfahrten in Fesselballonen als Attraktion angeboten. Bemannte Fesselballone sind meist als Groß-Fesselballone mit einem Volumen von 5.500–6.000 m^3 im Einsatz, bspw. mit der Bezeichung „Aérophile/Aero30NG“ oder „HiFlyer“. Es gibt es auch kleinere Fesselballone mit einem Volumen von 380 m^3 mit der Bezeichnung „Double Flyer“. Erstere haben eine Gondel mit Platz für bis zu 30 Passagiere und werden über ein Stahlseil mit der hydroelektrischen Winde am Boden verbunden. Die Passagiere können auf eine Höhe von bis zu 150 Meter, in Ausnahmefällen auch bis zu 300 m, aufsteigen. Einer der Marktführer ist die französische Firma Aérophile S.A.S, welche einen Fesselballon in Kooperation mit dem in Augsburg ansässigen Gasballonhersteller Ballonbau Wörner erstmals 1993 im Park von Schloss Chantilly (Frankreich) aufgestellt hat. Seither wurden bis Ende 2023 ca. 120 dieser Systeme in 40 Länder aufgestellt und betrieben. Der „HiFlyer" wurde erstmals im Jahre 1996 von Lindstrand produziert, die seitdem mehr als 50 Systeme installiert haben – 2015 hat Lindstrand Hot Air Balloons Ltd. in Großbritannien jedoch Insolvenz anmelden müssen. In Deutschland gab es bspw. bis 2016 in Hamburg einen „HiFlyer" und im Jahre 2023 gibt es immer noch einen von Lindstrand produzierten „HiFlyer" in Berlin und zwar unter dem Namen „Weltballon" (vgl. Aérophile 2023, S. 3 ff.; Air Service Berlin CFH GmbH 2023; Buchholz/Gruber 1996b, S. 10).

Superpressure (Überdruckballone)

Superpressureballone sind eine ziemlich **unbekannte Art von Ballonen**, die hauptsächlich Anwendung für wissenschaftliche Experimente finden und für den Einsatz von bemannten Ballonfahrten eher ungeeignet sind. Es gibt nur wenige bekannte Versuche mit Überdruckballonen, vornehmlich für Rekordfahrten. Ein Beispiel ist Thomas Gatch, der der Erste war, der Superpressureballone für eine Ballonfahrt verwendete. Mit einem Cluster aus zehn Ballonen wollte er am 18. Februar 1974 den Atlantik von Harrisburg aus überqueren. Zum ersten Mal sollte der „Jet Stream" einen Ballon über eine große Distanz von West nach Ost fahren. Thomas Gatch und sein Ballon „Light Heart" sind ohne eine Spur in der Nähe der Azoren verschollen.

Clusterballone

Beim **Clusterballooning** ist ein einzelner Ballonfahrer durch ein Gurtzeug an einer **Traube von relativ kleinen, mit Helium gefüllten Gummiballons** befestigt (zwischen 50 und 150 Ballonen). Anders als bei gewöhnlichen Heißluftballonen, die ein Ventil besitzen, um die Höhe zu kontrollieren, steigen Clusterballone unkontrolliert und dehnen sich während des Aufstiegs auf. Die Piloten müssen von Zeit zu Zeit Ballone aus der Traube losschneiden, um eine Höhe einzuhalten oder Sinken zu können. Als Ballast wird Wasser in Behältern mitgenommen, das dosiert ausgeschüttet wird, um den Abstieg zu verlangsamen. Einer der berühmtesten Clusterballonfahrer ist Larry Walters, der 1982 ohne ballonfahrerisches Vorwissen 42 Wetterballons an seinem Gartenstuhl befestigte und auf über 4.000 Meter aufstieg. Ein weiterer bekannter Clusterballonfahrer ist John Ninomiya, dessen Fahrten im Fernsehen gezeigt wurden und auf dessen Internetseite 🔗 www.clusterballoon.org vielfältige Informationen rund um das Clusterballoning zu finden sind. Er ist bereits mehr als 80-mal zu Fahrten in Clusterballonen aufgestiegen (vgl. Ninomiya 2023).

7.2.1.2 Entwicklung des Ballons

Die Anfänge der Ballonfahrt reichen weit in die Geschichte zurück. Bereits die **alten Chinesen** (erstmals von Zhuge Liang (* 181; † 234) mit einer Kerze angetrieben als Signal eingesetzt) und die **Inkas** (Antarqui, ein Junge aus Peru, steigt im Heißluftballon zur Feindbeobachtung auf; diese Geschichte aus der Nazka-Kultur ist die erste Geschichte eines bemannten Fluges in der Mythologie) sollen das Prinzip der Ballonfahrt gekannt haben und **Leonardo da Vinci** ließ

1513 zu Ehren der Krönung von Papst Leo X. mit Heißluft gefüllt Heiligenfiguren aus Leinwand oder auch Papier aufsteigen (vgl. Deilbach/Stump 2009, S. 16; Gruber 1996, S. 7). „Die moderne Geschichte der Ballonfahrt beginnt mit den theoretischen Überlegungen, die der Jesuitenpater Francesco Lana de Terzi angestellt und in seinem Werk ‚Prodroma dell' arte maestra' veröffentlicht hat. Die ersten praktischen Versuche stellte sein Ordensbruder Bartholomeo Laurenço de Gusmão. Er ließ am 8. August 1709 am Hof des portugiesischen Königs im Saal einige Ballone aufsteigen." (ebd.)

Weitere wichtige Entwicklungsschritte waren die Versuche der **Gebrüder Montgolfier** (Heißluftballon) und von **César Charles** (Gasballon) in den Jahren 1782 und 1783. Zuvor soll jedoch im Jahr 1731 vom Stadtplatz des russischen Ryazan erstmals ein bemannter Ballon aus Ochsenhäuten abgehoben sein, so dass Russland für sich den Anspruch auf die erste bemannte Ballonfahrt erhebt. Die Gebrüder Joseph Michel und Jacques Étienne Montgolfier ließen am 25.11.1782 einen aus Seide hergestellten und mit Papierfeuer beheizten Modellballon mit einem Volumen von 1 m^3 aufsteigen (vgl. Deilbach/Stump 2009, S. 17; Gruber 1996, S. 7 f.).

Weitere Versuche folgten im Dezember des gleichen Jahres und im April 1783, wobei im Dezember ein 18 m^3 fassender Seidenballon frei aufgestiegen und eine Höhe von 250 m erreicht haben soll. Im Juni 1783 ließen sie den ersten größeren Ballon vor Publikum in Annonay bei Lyon steigen, der Berichten zufolge rund 2 km zurückgelegt haben soll. Am 19. September 1783 stieg dann auf Schloss Versaille in Gegenwart von König Ludwig XVI. und ca. 130.000 Zuschauern zum ersten Mal die 17 m hohe Montgolfière Nr. 6 mit „Passagieren" auf, d. h. **mit einem Hammel, einem Hahn und einer Ente**. Die Fahrt dauerte ca. 8 Minuten und endete nach 4 km. Nach diesem Versuch gab der König die Erlaubnis zum Aufstieg mit menschlichen Passagieren, da die Tiere die Fahrt überlebten. Noch im selben Jahr fand der erste gefesselte Aufstieg mit einem Menschen statt. Jean-François Pilâtre de Rozier blieb am 12.10.1783 für ca. 4 Minuten in der Luft und erreichte eine Höhe von rund 26 Metern. Mit demselben Ballon steigt Jacques Étienne Montgolfier zwei Tage später an einem Seil auf und im Anschluss nahm er als erste Passagiere den Erzbischof von Narbonne und den Herzog von Chartres mit (vgl. Deilbach/Stump 2009, S. 17; Gruber 1996, S. 7 f.).

Die bemannte freie Ballonfahrt begann am 21.11.1783 (abgesehen vom Jahr 1731), als in Passy (Nähe von Paris) Pilâtre de Rozier und François Laurent, der Marquis d'Arlandes, eine ca. 10 km lange Fahrt zurücklegten. Auch in der Nähe von Paris ließen die Gebrüder Robert und Jacques Alexandre César Charles am 27.08.1783 den ersten unbemannten Gasballonn aufsteigen. Diese „Charlière Nr. 1" ist aus gummierter Seide hergestellt und mit Wasserstoff gefüllt und legt bei ihrer ersten Fahrt in ca. 45 Minuten eine Strecke von rund 25 km zurück. Nur zehn Tage nach der ersten bemannten Heißluftballonfahrt geht am 01. Dezember 1783 der erste bemannte Gasballon, die „Charlière Nr. 2" mit Jacques Alexandre und Marie-Noël Robert (dem jüngeren der beiden Robert-Brüder), César Charles an Bord, in die Luft und soll eine Höhe von 600 Meter erreicht haben. Wenige Monate nach diesen ersten Fahrten wird in Paris bereits das **erste bekannte Luftfahrtgesetz** erlassen, um die Sicherheit zu erhöhen und mögliche Feuer einzudämmen. Hiernach mussten Ballone, die Feuer an Bord haben, d. h. Heißluftballone, vor jeder Fahrt untersucht werden. Der **erste deutsche Ballonfahrer** ist der Mathematikprofessor Friedrich Wilhelm Jungius, der im Jahr 1805 nach einer 50 km langen Fahrtstrecke wohlbehalten landete.[112] Sechs Jahre später stieg in Berlin mit Wilhelmine Reichard die **erste deutsche Frau** mit einem

112 Maximilian Freiherr von Lütgendorf versucht bereits 1786 vom Augsburger Siebentischwald aus, als erster Deutscher mit dem Ballon aufzusteigen; er war jedoch erfolglos. Als der Augsburger Rat weitere Versuche untersagte, wagte der Luftfahrtpionier einen weiteren, erfolglosen Start in Gersthofen (vgl. Römeling 2023).

Ballon auf. Vornehmlich im 19. Jahrhundert wurden viele neue Ziele überfahren bzw. Rekorde gebrochen, wie z. B. die erste Kanalüberquerung (1785), erste Ballonfahrt über 500 km (1838) und 1.000 km (1859), erste Alpenüberquerung (1849), erste Nordseeüberquerung (1870) und erste Ballonfahrt über 24 Stunden (1886) (vgl. (vgl. Deilbach/Stump 2009, S. 17; Gruber 1996, S. 7 f.).[113]

7.2.1.3 Anbieter

Anbieter betreffen v. a. diejenigen, die Fahrten mit einem Ballon für Gäste anbieten. Dies können zum einen privatwirtschaftlich organisierte Unternehmen sein bzw. Vermittler, wie z. B. mydays und jollyday. Letzere bieten eine umfangreiche Auswahl an erlebnisorientierter Freizeitgestaltung mit Gutscheinen und Tickets, wie bspw. mit Heißluftballonen und Luftschiffen. Zum anderen kommen (Sport-)Vereine, die Gäste mitnehmen, als Anbieter in Frage.

Im Jahre 2022 umfasst das Angebot an Heißluftballonfahrten in Deutschland **1.065** zugelassene **Ballone**, wovon knapp 40 Gasballone sind. Die Anzahl hat zwar in den letzten Jahren stetig abgenommen (2010: 1.261, 2015: 1.183, 2020: 1.078), im Vergleich zu den 1980er-Jahren gibt es jedoch immer noch erheblich mehr Ballone (z. B. 1985: 202, 1988: 337) (vgl. LBA 2004, S. 41; LBA 2022). Erwähnenswert in diesem Zusammenhang ist der Deutsche Freiballonsport Verband e. V. (DFSV), der wiederum Mitglied im Deutschen Aero Club e. V. (DAeC) ist. Dem DFSV gehören mehr als 1.200 Mitgliedern an (vgl. DAeC 2023a, S. 15).

Die Angebotsvielfalt der Ballonfahrtenanbieter wird in den letzten Jahren immer kreativer und individueller. Neben „einfachen" ein- oder mehrstündigen Fahrten gibt es bspw. Alpenüberquerungen, Hochzeiten im Ballon, Ballonfahrten in Kombination mit kulinarischen Köstlichkeiten, Ballonerlebnis-Urlaub mit Wellness, Incentives für Unternehmen oder die Möglichkeit, einen Ballon zu chartern. Auch körperlich behinderte Gäste können bei speziellen Anbietern auf einem Spezialsitzplatz im Ballonkorb Platz nehmen. Oder mehrtägige Ballonjugendlager, bei denen auch ein oder mehrere Ballonfahrten auf dem Programm stehen, können von Ballonsportinteressierten besucht werden. Neben dem Mitfahrer in einem Ballon können Touristen auch **ballonspezifische Events** besuchen, wie z. B. Welt-, Europa- oder nationale Meisterschaften, Ballonglühen, Gordon-Bennett-Rennen (2023 die 66. Veranstaltung in fast 120 Jahren) oder die Veranstaltung „FAI World Hot Air Ballono Championship".

Darüber hinaus gibt es Veranstaltungen zu **ferngesteuerten Modell-Heißluftballonen**[114], die entweder alleinige Inhalte eines Events oder aber eine Bereicherung bspw. von Heißluftballon- oder Modellbauveranstaltungen sind. Bei diesen Ballonen handelt es sich um naturgetreue Nachbildungen der „echten" Heißluftballone, wobei sie durchschnittlich 8 m hoch sind, 80 m³ Luft fassen und eine Hülle aus Ballonstoff haben. Der Korb besteht aus Weiden und enthält eine Gasflasche sowie die Steuerbox, die dafür sorgt, dass der Ballon über eine Fernsteuerung lenkbar bleibt, was jedoch nur für das Auf und Ab gilt. Derartige Ballone sind z. B. bei den Modelltagen Thüringen, beim Brigachtaler Modellballon Treffen, beim Modellballon-Meeting in Landshut oder beim Altöttinger Modellballontreffen zu sehen. Der Modellballonsport ist nicht nur innerhalb

113 Weitere Meilensteine der Ballonfahrtgeschichte finden sich bei Deilbach/Stump (vgl. 2009, S. 16 ff.) und bei Brogriato 2006.

114 Der Zeitpunkt der Erfindung der RC-Modellheißluftballone ist nicht genau zu datieren. Einer der Pioniere ist der Schweizer Patrik Schmidle, der seit 1970 Papierballone baut und im Jahre 1974 den ersten modernen RC-Ballon aufsteigen ließ (vgl. Schlegel/Jahnke 2005, S. 15).

von Europa (z. B. Belgien, Dänemark, Deutschland, Frankreich, Großbritannien, Luxemburg, die Niederlande, Norwegen, Österreich und der Schweiz) präsent, sondern auch in den USA und Kanada. In Deutschland gibt es den **Deutschen Modellflieger-Verband (DMFV)**, der sich um die Belange der Modellsportfreunde kümmert und mehr als 90.000 Mitglieder in über 1.300 Mitgliedsvereinen hat. 1983 wurde in Deutschland bereits die Internationale Modell-Aeronauten Vereinigung (IMAV) gegründet, die u. a. einen Erfahrungsaustausch und Modellbautreffen organisierte, die es heute jedoch nicht mehr gibt (vgl. DMFV 2023; Schlegel/Jahnke 2005, S. 4 ff.).

Die Anbieter von Ballonfahrten sind meist selbst im Internet mit einer eigenen Präsentation vertreten. Es gibt darüber hinaus auch **Suchmaschinen**, wie 🔗 www.ballonservice.de/ballonfahrten oder 🔗 www.ballonfahrt.de, die Übersichten mit mehreren Anbietern haben. Neben dem (Mit-)Fahren oder Besuch von ballonspezifischen Veranstaltungen kann auch ein **Ballonmuseum** in Gersthofen besucht werden. Dieses wurde 1985 auf fünf Etagen und rund 150 m² Ausstellungsfläche mit der Aeronautiksammlung des Augsburger Ballonfahrers Alfred Eckert im 1906 errichteten ehemaligen Gersthofer Wasserturm eröffnet (vgl. Ballonmuseum Gersthofen 2023).

7.2.1.4 Nachfrager

> Ballonfahrten können grundsätzlich das gesamte Jahr über gemacht werden, wobei im Frühling bis zum Herbst Ballonfahrten meist nur morgens kurz nach Sonnenaufgang oder einige Stunden vor Sonnenuntergang möglich sind. Im Winter kann auch tagsüber in die Luft gestiegen werden. Die Sommermonate sind jedoch (immer noch) die beliebtesten Monate für eine Ballonfahrt. Es gibt auch eine sogenannte Nachtfahrterlaubnis, die dazu berechtigt, mit dem Ballon auch in der Nacht zu fahren. Allerdings muss der Ballon dann mit einer speziellen Nachtfahrtbeleuchtung und einem Transponder ausgestattet sein (vgl. Bavaria Ballonfahrten GmbH 2023).

Auf Grund der Wetterabhängigkeit einer Heißluftballonfahrt kann den jeweiligen Passagieren seitens des Anbieters der Fahrttermin nicht 100-prozentig zugesichert werden. Daher kann ein anvisierter Fahrttermin auch mehrmals verschoben werden. Dies führt dazu, dass manchmal bei passendem Wetter kurzfristig noch Passagiere gesucht werden, da vorbestellte Tickets bspw. auf Grund von Terminschwierigkeiten nicht eingelöst werden können. Die Anbieter haben sich darauf eingerichtet, so dass es teilweise auch **Last-Minute-Angebote** gibt. Darüber hinaus bieten Unternehmen auch **bundesweit gültige Ballonfahrttickets** an. Diese Tickets eignen sich insbesondere für Interessierte, die noch nicht wissen, wo die Fahrt angetreten oder wenn eine Fahrt verschenkt werden soll (z. B. an Familienmitglieder oder Freunde, aber auch als Gewinne für bundesweite Verlosungen und Geschenke von national tätigen Firmen). Die Tickets von Skytravel24 sind bspw. an über 400 Startplätzen gültig (vgl. Skytravel24 GmbH 2023).

Insgesamt wurden in Deutschland im Jahr 2022 auf den vom Statistischen Bundesamt erfassten Flugplätzen 226 Fahrten mit 986 Passagieren an Bord in bemannten Ballonen durchgeführt (vgl. Statistisches Bundesamt 2023f). Genauere Informationen zur Nachfragestruktur im Sinne von bundesweit gültigen Studien bzw. Aussagen konnten nicht gefunden werden. Anfragen bei Ballonfahrtunternehmen haben folgende Aussagen ergeben:

Beim klassischen Gutscheingeschäft geht es häufig, bedingt durch Einschränkungen in den Beförderungsbedingungen, um Gäste im Alter zwischen zwölf und Mitte 80 Jahren[115], wobei sich männliche und weibliche Gäste etwa die Waage halten. Dadurch, dass Ballonfahrten im klassischen Geschäft größtenteils verschenkt werden, sind auch alle Bildungs- und Einkommensstrukturen vertreten. Bei bestimmten Angeboten (z. B. Alpenüberquerungen, die preislich höher als eine normale Fahrt liegen) sind jedoch Personen höherer Einkommensschichten stärker vertreten. Relativ wenige Gäste sind Mehrfachfahrer beim gleichen Ballonfahrtunternehmen. Bei einigen Ballonfahrern gibt es den Wunsch, noch einmal in einer anderen Jahreszeit oder in einer anderen Region zu fahren, genauere Angaben sind auch hierzu nicht zu erhalten.

7.2.1.5 Rechtliche Rahmenbedingungen für das Führen von Ballonen und Luftschiffen

Wer mit Ballonen oder Luftschiffen gegen Entgelt Passagiere befördert, betreibt eine gewerbliche Passagierbeförderung nach dem **§ 20 LuftVG** und bedarf daher eine dafür vorgesehene Betriebsgenehmigung. „Luftfahrtunternehmen, die dem Luftverkehrsrecht der Europäischen Union unterliegen, bedürfen zur Beförderung von Fluggästen, Post oder Fracht im gewerblichen Flugverkehr einer Betriebsgenehmigung (...)." (§ 20 Abs. 1. LuftVG)

Diese wird beim Luftfahrt-Bundesamt (LBA) beantragt und nach erfolgreicher Gründung eines Luftfahrtunternehmens muss die Lizenz alle zwei Jahre erneuert werden. Die genauen Regelungen enthält die am 01. November 2008 in Kraft getretene Verordnung (EG) Nr. 1008/2008 über gemeinsame Vorschriften für die Durchführung von Luftverkehrsdiensten in der Gemeinschaft, die die Rahmenbedingungen über die Erteilung von Betriebsgenehmigungen an Luftfahrtunternehmen enthält. In Deutschland kommt der überwiegende Teil der Bestimmungen seit dem 9. April 2013 zur Anwendung. Alle weiteren darauf aufbauenden Regelungen (wie die EU-Verordnungen Nr. 1178/2011 und Nr. 290/2012) finden sich unter 🔗 www.easa.europa.eu/regulations und im „EASA Balloon Rule Book" (vgl. EASA 2020).

Die Bezirksregierung Düsseldorf hat auf Grund von wiederholten Beschwerden bzw. Missständen folgende Mitteilung herausgegeben – ähnlich auch die Landesdirektion Sachsen: „Ergänzend bleibt darauf hinzuweisen, dass Flüge und Ballonfahrten, bei denen die anfallenden Kosten auf die Teilnehmer umgelegt werden oder als sog. ‚Selbstkostenflüge' bezeichnet werden, nur dann luftrechtlich nicht genehmigungspflichtig sind, wenn dies nicht gewerbsmäßig erfolgt. Auf eine luftrechtlich genehmigungspflichtige Tätigkeit kann allerdings geschlossen werden, wenn die Anbieter regelmäßig insbesondere über das Internet mit Preisangaben etc. werben, da eine solche auf Dauer angelegte Tätigkeit nach sachgerechter Würdigung in der Regel das Kriterium der Gewerbsmäßigkeit erfüllt. Unabhängig davon bedürfen auch ‚nichtgewerbliche Flüge zur Personenbeförderung gegen Entgelt' einer Genehmigung, wenn sie mit Luftfahrzeugen erfolgen, die für mehr als 4 Personen zugelassen sind." (Bezirksregierung Düsseldorf 2023)

In der EU-Verordnung Nr. 1178/2011 sind die technischen Vorschriften und von Verwaltungsverfahren in Bezug auf das **fliegende Personal in der Zivilluftfahrt** gemäß der Verordnung (EG) Nr. 216/2008 festgelegt. Die bisher für die Ausbildung und Lizenzierung vorhandene Verordnung über Luftfahrtpersonal (LuftPersV) gibt es in einer geänderten Fassung, sie regelt jedoch nun insbesondere die Ausbildung und Lizenzierung bei Luftsportgeräteführern, Flugtechnikern auf Hubschraubern der Polizeien des Bundes und der Länder, die Ausstellung der Langstreckenflugberechtigung für Flugzeugführer und der Schleppberechtigung. In der EU-Verordnung

115 Es gibt jedoch auch Ballonfahrunternehmen, die Kinder unter zwölf Jahren mitnehmen, aber empfehlen, dass Kinder eine Größe von 1,30 m haben sollten, um über den Korbrand blicken zu können.

Nr. 1178/2011 sind Aussagen zu den Anforderungen an den Prüfling (wie bspw. Alter und Anzahl an Ausbildungsstunden), den Prüfungsarten (praktische und theoretische Prüfung) und Voraussetzungen (wie Tauglichkeitszeugnis oder Sprachkenntniss) für die verschiedenen Lizenzen enthalten. Ballonspezifische Aussagen sind vornehmlich bei der Leichtflugzeug-Pilotenlizenz (LAPL), Ballonpilotenlizenz (BPL) sowie den Lizenzen für Fluglehrer (FI) und Flugprüfer (FE, Flight Examiner) zu finden, wobei die Ausbildung entweder in einem Ballon-Sportverein oder bei einer Ballonschule erfolgen kann.

Die praktische Ausbildung und Prüfung zur LAPL (Ballon) und zur BPL sind identisch. Die wichtigsten Unterschiede sind darin zu sehen, dass die LAPL nur für EASA-Mitgliedstaaten (Europa) gilt und die BPL weltweit, die LAPL nur für Körbe mit maximal vier Personen (inklusive verantwortlicher Pilot (= Pilot in Comman – PIC)) gilt und die BPL unbeschränkt, die LAPL nur für kleinere Ballone und die BPL für alle Ballongruppen gilt und während die LAPL nicht gewerblich nutzbar ist, kann die BPL gewerblich erweitert werden.

Die fachlichen Voraussetzungen für den Erwerb der Lizenz für Luftschiffführer sind relativ ähnlich. Inhaber einer LAPL für Ballone sind berechtigt, als verantwortlicher Pilot mit Heißluftballonen oder Heißluft-Luftschiffen mit einem maximalen Hülleninhalt von 3.400 m^3 oder Gasballonen mit einem maximalen Hülleninhalt von 1.260 m^3 zu fahren. Die Rechte einer LAPL(B) sind – nach der EU-Verordnung Nr. 1178/2011 – auf die Ballonklasse beschränkt, in der die praktische Prüfung absolviert wurde. Diese Beschränkung kann aufgehoben werden, wenn der Pilot in einer anderen Klasse bei einer Ausbildungsorganisaton (ATO) mindestens Folgendes absolviert hat:

„FCL.135.B LAPL(B) – Erweiterung der Rechte auf eine andere Ballonklasse

a) […] 5 Schulungsflüge mit einem Lehrberechtigten oder

b) im Falle einer LAPL(B) für Heißluftballone, wenn er seine Rechte auf Heißluft-Luftschiffe erweitern möchte, 5 Stunden Fahrausbildung mit einem Fluglehrer sowie

c) eine praktische Prüfung, bei der der Bewerber gegenüber dem Prüfer auch einen angemessenen Stand der theoretischen Kenntnisse in der anderen Klasse auf den folgenden Gebieten nachweisen muss:

- Grundlagen des Fliegens,
- betriebliche Verfahren,
- Flugleistung und Flugplanung sowie
- allgemeine Flugzeugkunde."

Darüber hinaus gibt es die Möglichkeit, eine Privatpilotenlinzenz zu erwerben, wobei die besonderen Anforderungen für die Privatpilotenlinzenz (PPL) Luftschiffe – PPL (As[116]) zu beachten sind, die der EU-Verordnung Nr. 1178/2011 entnommen werden können.

Die praktische Fahrausbildung kann z. T. auf vom LBA hierfür qualifizierten und anerkannten synthetischen Flugübungsgeräten durchgeführt werden – auch hierzu werden in der EU-Verordnung Nr. 1178/2011 entsprechende Vorschriften formuliert. Die Kosten für eine Lizenz als Ballonfahrer oder Luftschiffführer sind relativ hoch, da z. B. Kosten für die praktische Fahrausbildung, die theoretsiche Ausbildung sowie die Flugfunkausbildung anfallen. Und auch die Luftfahrtbehörde erhebt direkt beim Bewerber Gebühren für die Anmeldung zur Ausbildung und jeweils für die Abnahme der theoretischen und praktischen Prüfung.

116 As = Airship

7.2.2 Zeppeline und ihre Bedeutung im Tourismus

Im Folgenden werden Begriffsdefinitionen, ein Überblick über die geschichtliche Entwicklung und den aktuellen Forschungsstand gegeben sowie die Angebots- und Nachfrageseite nach Zeppelinangeboten betrachtet.

7.2.2.1 Forschungsstand

Es gibt eine Reihe von Veröffentlichungen zum Thema „Zeppeline" bzw. „Graf Zeppelin". Es handelt sich hierbei um rein technische Abhandlungen (z. B. Dürr (1925) und Engberding (1926)), um Biographien (z. B. von Colsmann (1933), Eckener (1938), Parseval (1926) und Schiller (1961 und 1988)), eine „mentalitätsgeschichtliche Studie" von Warneken (1984) und die Arbeiten von Burger (1987) und Kuhn (1984 und 1986) zu den gesellschaftlichen, politischen und wirtschaftlichen Wirkungen des Luftschiffbaus. Neuere Veröffentlichungen finden sich in Fachzeitschriften, wie Acta Aeronautica Et Astronautica Sinica, Spatial Structures, Téoros oder Tourism Management, und in Monographien und Sammelbänden, wie bei Clausberg (1990), Khoury (2012), Moworth (2007) und Knäusel (2002). Letzterer zieht folgenden Schluss zum Forschungsstand: „Interessant ist, daß die Zeppelin-Fachliteratur am gewaltigen Umfang des gedruckten Materials keinen besonders üppigen Anteil hat, das Triviale überwiegt bei Weitem. Die Trivialität ist dadurch gekennzeichnet, daß durch ständiges abschreiben und Umformulieren ein mehr oder weniger aktuelles Zeppelin-Bild destilliert wurde, das schön und glänzend ist; die Transparenz hat allerdings eher gelitten, denn der Graf und seine Luftschiffe werden so dargestellt, wie man sie haben möchte, nicht wie sie waren und was sie waren." (Knäusel 2002, S. 10) Auch wenn es eine Reihe an Fachpublikationen gibt, ist **der Bezug zum Tourismus in den meisten Veröffentlichungen jedoch nicht oder nur gering vorhanden**. Ausnahmen sind bspw. Henderson et al. 2018, Kleinert 2017 und Roura 2009.

7.2.2.2 Abgrenzung und Entwicklung des Zeppelins

Luftschiffe gibt es klassischerweise in drei verschiedenen Bauweisen. Erstens gibt es **Prallluftschiffe** (unstarre Luftschiffe), die hauptsächlich zu Werbezwecken eingesetzt und auch **Blimps** genannt werden. Sie haben eine Luftschiffhülle ohne starres Gerippe und ihre Form wird nur durch Überdruck des Traggases mit Hilfe von Traggaszellen und sog. Ballonets (Luftsäcken) erzeugt. Die **Starrluftschiffe** (Gerüstluftschiffe) weisen ein starres Skelett mit mehreren voneinander unabhängigen Traggaszellen im Inneren auf. Der Ausfall einer Traggaszelle führt nicht zum Zusammenbruch der gesamten Konstruktion, so dass die Starrluftschiffe als die sichersten Luftschiffe gelten. Da die ebenfalls steife Ballonhülle Stabilität gewährleistet, sind Ballonets nicht notwendig. Bei diesem Luftschifftyp befindet sich die Passagiergondel nicht unterhalb der Ballonhülle, sondern innerhalb des Traggerüstes. **Halbstarre Luftschiffe**, auch Kielluftschiffe genannt, vereinen Elemente beider beschriebener Bauweisen. Sie ähneln stark den Pralluftschiffen, haben jedoch eine zusätzliche Verstärkung an der Unterseite (vgl. Becker/Höfling 2000, S. 14 ff.; Zeppelin 1995, S. 4).[117] Daneben hat die GEFA-Flug GmbH in Aachen Anfang der 1980er-Jahre das sog.

117 Im Englischen wird von den Typen „rigid", „semi-rigid" und „non-rigid" (Blimbs) gesprochen.

Heißluftluftschiff entwickelt, welches aus dem Heißluftballon heraus entstand (vgl. Müller 2005, S. 19 f.).

Darüber hinaus gibt es sog. „Metal Clads" (oder **Ganzmetall-Luftschiffe**) und **Hybrid-Luftschiffe**, die das konventionelle „Leichter-als-Luft-Konzept („Lighter Than Air", LTA) mit verschiedenen Konzepten der „Schwerer-als-Luft"-Industrie verknüpfen. Bisher wurde nach Angaben der Airship Association nur ein einziges „Ganzmetall-Luftschiff" gebaut, die ZMC-2 von der US Navy im Jahre 1929. Seine Hülle bestand im Gegensatz zu konventionellen Luftschiffen nicht aus einem Gewebe, sondern aus 2 mm starkem Aluminum. Beispiele für Hybrid-Luftschiffe sind „Aeron Lifting body" (USA), „Aeroscraft" (USA), „Boeing Skyhook" (USA), „Lockheed Martin" (USA), „Piasecki Helistat" (USA), „RosAeros" (Russland), „Skycat/Hybrid Air Vehicles" (Großbritannien) und „Varialift" (Großbritannien) (vgl. The Airship Association 2023a).

Zeppeline sind Starrluftschiffe, die nach ihrem **Erbauer Ferdinand Graf von Zeppelin** benannt werden. Verglichen mit anderen Luftschiff-Typen war ihr Erfolg derart groß, dass der Begriff Zeppelin häufig synonym für Starrluftschiffe gebraucht oder sogar teilweise auf alle Arten von Luftschiffen angewandt wird. In Deutschland wurden Starrluftschiffe Anfang des 20. Jahrhunderts nur noch von Johann Schütte und Karl Lanz in Mannheim gebaut. Weitere Starrluftschiffe wurden in England (bis 1930), Frankreich (ein einziges Starrluftschiff 1913 von Joseph Spieß) und den USA gebaut, wobei die fünf in den USA betriebenen Starrluftschiffe z. T. von der Zeppelin-Gesellschaft mitentwickelt wurden oder auf Kriegszeppelinen basierten. Sie wurden alle von der US-Marine bestellt und betrieben und waren die einzigen Starrluftschiffe, die Helium als Traggas verwendeten (vgl. Kleinert 2017, S. 155 f.; Knäusel 2002, S. 134 ff.).

Der **erste Nachweis für die Planung eines metallenen Ganzmetall-Luftschiffs** stammt aus dem Jahr 1784 von **Christian Gottlieb Kratzenstein**, der in Wernigerode geboren wurde und dessen Betrachtungen erstmals Hilfsmittel wie Luftschrauben enthielten (vgl. Haaland et al. 1997, S. 70 ff.). Im Jahre 1785, zwei Jahre nach dem Aufstieg des ersten Freiballons von den Brüdern Montgolfier, stellte der französische General Meusnier de la Place der Öffentlichkeit seine Idee eines Luftschiffes („Ballonets") vor, das vom Konstruktionsprinzip alle Merkmale eines Prallluftschiffs aufwies, wie es Jahre später auch tatsächlich gebaut wurde. Meusnier erlebte niemals den Aufstieg eines von ihm erdachten Schiffes, da er acht Jahre nach der Veröffentlichung seiner Pläne bei Kämpfen um die sog. „Mainspitze" starb. Nachdem zahlreiche Erfinder an der Konstruktion eines geeigneten Luftschiffs gescheitert waren, gelang es Baptiste Henri Jaques Giffard im Jahre 1852, ein Luftschiff mit einer Dampfmaschine anzutreiben, wobei er 1851 bereits ein Patent auf die „Anwendung des Dampfes in der Luftschifffahrt" anmeldete und eine zigarrenförmige Form von Luftschiffen einführte. Paul Hänleins Verdienst ist es, als Erster das Potenzial des Verbrennungsmotors für die Luftschifffahrt erkannt zu haben. Er erprobte das erste Luftschiff mit einem Gasmotor 1872 in Brünn und erreichte eine Geschwindigkeit von 19 km/h. Mit dem Elektro-Luftschiff der Brüder Tissandier gelang eine Zweistundenfahrt und sie konnten beweisen, dass es möglich ist, ein Luftschiff zu steuern. Auf Grund der geringen Motorleistung war die Manövrierfähigkeit aber eingeschränkt. Dr. Wölfert baute 1888 das erste Luftschiff, das von einem Benzinmotor angetrieben wurde. Die Gondel mit dem 8 PS Daimlermotor war fest mit der Hülle verbunden. Das Luftschiff flog zum ersten Mal am 10. August 1888 in Cannstatt bei Stuttgart. Am 12. Juni 1897, kurz nach dem Start auf dem Tempelhofer Exerzierfeld, fing das Luftschiff Feuer, als sich Wasserstoff am heißen Motor entzündete. Dr. Wölfert und sein Mechaniker kamen bei dem Absturz ums Leben, so dass hierdurch die ersten Toten in der Geschichte der lenkbaren Luftschiffe zu beklagen waren. Der LA FRANCE von Charles Renard und Arthur H. C. Krebs, ein Langgondel-Prallluftschiff mit einer für damalige Verhältnisse unerreichten strömungsgünstigen Form, gelang es 1884 erstmals an den Startpunkt zurückzukehren. Die Idee vom österreichisch-ungarischen Holzhändler David Schwarz, ein Luftschiff mit einer metallenen Innenhülle (Aluminum) zu entwerfen, war ein weiterer wichtiger Schritt. Der Jungfernflug endete jedoch in einem Desaster (vgl. Belafi 1987, S. 133 ff.; Haaland et al. 1997, S. 72 ff.; Knäusel 2002, S. 33 f.).

Ferdinand Adolf Heinrich August **Graf von Zeppelin** wurde am 08. Juli 1838 in Konstanz geboren und verstarb am 08. März 1917 in Berlin. Ab 1853 besucht er zunächst das Polytechnikum in Stuttgart und ab 1855 als Kadett die Kriegsschule Ludwigsburg, wo er 1858 Leutnant in der Württembergischen Armee und für ein Studium der Staatswissenschaft, Maschinenbau und Chemie in Tübingen beurlaubt wurde. 1859 wurde er zum Ingenieurkorps einberufen und nahm seit 1863 am amerikanischen Bürgerkrieg als Beobachter teil und lernte den militärischen Einsatz von Ballonen kennen, ebenso als Generalstabsoffizier am Deutschen Krieg 1866. 1890 veröffentliche Graf Zeppelin eine Denkschrift, mit der er bei der preußischen Generalität und dem Kaiser in Ungnade fiel, so dass er als Generalleutnant seinen Abschied von der Armee nehmen musste. Auf Grund der Trennung von der Armee hatte er nun die Zeit, sich der Umsetzung seiner Luftschiffidee zu widmen, die ihn seit einigen Jahren beschäftigte. Anregung hierzu hatte er durch Heinrich von Stephan erhalten, der im Januar 1874 vor der Wissenschaftlichen Gesellschaft in Berlin einen Vortrag mit dem Titel „Weltpost und Luftschiffahrt" gehalten hat und was ihn zu ersten Zeichnungen und dem Niederschreiben seiner Gedanken im März 1874 bewegte (vgl. ders., S. 13 ff.).

Am 13. August 1898 gewährte ihm das Kaiserliche Patentamt das Patent Nummer 98580 für ein lenkbares Luftfahrzeug mit mehreren hintereinander angeordneten Tragkörpern. Der **Entwurf für sein Starrluftschiff** wurde rückwirkend zum **31.08.1895 patentiert**. 1899 begann er mit dem Bau des ersten lenkbaren Starrluftschiffs und bis ins Jahr 1938 wurden beim Luftschiffbau Zeppelin insgesamt 119 Luftschiffe gebaut. 1900 kam es im Juni und 2-mal im Oktober zu den ersten drei Aufstiegen über dem Bodensee. Trotz dieser Erfolge beschloss die Generalversammlung der Gesellschaft zur Förderung der Luftschiffahrt Ende 1900 ihre Auflösung und Liquidation. Es dauerte bis ins Jahr 1905 bis mit dem Bau des zweiten Luftschiffs begonnen wurde, wobei diese Realisierung nur durch Spenden und die Einnahmen einer vom württembergischen Königshaus genehmigten Lotterie möglich war. LZ2 musste jedoch nach einem missglückten Fahrversuch im Jahre 1906 abgewrackt werden. Endgültig finanziell gesichert wurde die Entwicklung der Luftschiffe erst, als 1908 der Zeppelin LZ 4 (der erstmals eine kleine Passsagierkabine hatte) bei Echterdingen verunglückte, was eine Welle der Hilfsbereitschaft auslöste. Eine Spendenaktion erbrachte über 6 Mio. Mark und Graf von Zeppelin konnte davon die Luftschiffbau Zeppelin GmbH und die Zeppelin-Stiftung gründen. 1908 kaufte die Militärverwaltung das voll funktionsfähige Luftschiff LZ 3 und stellte es als Z I in Dienst. Seit 1909 wurden Zeppeline auch in der zivilen Luftfahrt eingesetzt: Bis 1914 beförderte die Deutsche Luftschifffahrts AG (DELAG) – die **1909 die erste Luftverkehrsgesellschaft der Welt** war – auf mehr als 1.500 Fahrten insgesamt fast 35.000 Personen unfallfrei. Die größte Anzahl von Zeppelinen wurde während des 1. Weltkriegs gebaut. Anfangs waren die Luftschiffe als Bomber und Aufklärer unersetzlich, doch im Laufe des Krieges ging die Technikentwicklung über sie hinweg und die Flugzeuge übernahmen die Rolle der Zeppeline. Das vorläufige Aus für seine Luftschiffe auf Grund des Versailler Vertrags erlebte er durch seinen Tod 1917 ebenso wenig wie die zweite Blüte, die sie unter seinem Nachfolger Dr. Hugo Eckener erfuhren. In den 1920er- und 1930er-Jahren fielen einige Highlights, die von touristischer Bedeutung sind:

- Die LZ120 hat erstmals einen fahrplanmäßigen Liniendienst über drei Monate angeboten,
- Atlantiküberquerung mit der LZ 126 von 12. bis 16. Oktober 1924,
- bei der LZ 127 standen erstmals Tages- und Schlafräume sowie Toiletten und Waschräume zur Verfügung: So gab es 25 Schlafkabinen mit jeweils 3,5 m^2 Grundfläche für zwei Personen und übereinanderliegenden Betten sowie ein 14 m langer und 4 m breiter Speiseraum, ein Gesellschaftsraum, Lese- und Schreibzimmer; darüber hinaus versorgte eine elektrische Küche die Passagiere mit warmen Mahlzeiten und es gab eine Rauchkabine mit 4,5 m^2,
- 1929 Umrundung der nördlichen Erdhalbkugel (Stationen waren z. B. Lakehurst bei New York, Friedrichshafen, Tokio, Los Angeles) und
- **Post- und Passagierdienste** nach Südamerika Anfang der 1930er-Jahre.

1937 leitete das **Unglück** von LZ 129 „Hindenburg", das am 6. Mai 1937 bei der Landung in **Lakehurst** in Flammen aufging, und der heraufziehende 2. Weltkrieg das (vorläufige) Ende der Starrluftschiffe ein. Auch das Großluftschiff LZ 130, das 1938 zur ersten Fahrt aufbrach und einige Fahrten mit kriegsvorbereitenden Aufträgen und zu Propagandazwecken der Nationalsozialisten durchführte, konnte das Ende nicht mehr aufhalten (vgl. Knäusel 2002, S. 152).

> Bis in die 1990er-Jahre war es ruhig um die Zeppeline. Im September 1993 wurde jedoch die Zeppelin Luftschifftechnik GmbH (2023: ZLT Zeppelin Luftschifftechnik GmbH & Co KG) in Friedrichshafen als Tochterfirma des Zeppelin-Konzerns gegründet und stieg wieder in das Luftschiffgeschäft ein. Der Prototyp eines neuen Typs, des **Zeppelin NT** stieg im September 1997 zum ersten Mal auf und wird von der 2001 gegründeten 100-prozentigen Tochtergesellschaft Deutschen Zeppelin-Reederei GmbH (DZR) betrieben. Hierbei handelt es sich um ein halbstarres Luftschiff und damit ist es kein Zeppelin im eigentlichen Sinne, da die ersten Exemplare Starrluftschiffe waren (vgl. ZLT/DZR 2023a). Nach dem LBA gab es 2022 drei Luftschiffe in Deutschland – in den Jahren zuvor waren es immer zwischen drei bis fünf Luftschiffe (vgl. LBA 2022).

7.2.2.3 Anbieter

Bei den Anbietern werden sowohl Luftschiffbetreiber und -hersteller als auch weitere Anbieter, wie z. B. Museen und Vereine betrachtet.

Luftschiffbetreiber und -hersteller

Neben der bereits erwähnten ZLT Zeppelin Luftschifftechnik GmbH & Co KG und ihrer Tochter Deutsche Zeppelin-Reederei GmbH (DZR) gibt es eine Reihe von weiteren Unternehmen, die im 21. Jahrhundert Luftschiffe bauen, betreiben bzw. Reisen mit dem Zeppelin vermitteln oder anbieten.

> Luftschiffe können bspw. als Labor, für die Überwachung von Grenzen, Rettungseinsätze, für Werbung für bestimmte Produkte oder Unternehmen über Städte bzw. für einzelne Events, Lasten- und Sperrgütertransporte und die Beförderung von Reisenden (kurze Rundflüge bis mehrtägige Reisen) eingesetzt werden.

Die DZR bietet bspw. in Deutschland täglich von April bis November (2024) Flüge ab Friedrichshafen am Bodensee, ab Oberschleißheim (München), ab Bonn/Hangelar und Mönchengladbach

(Rheinland), ab Essen/Mülheim (Ruhrgebiet) sowie ab Bad Homburg (Frankfurt). Die Flüge variieren von Monat zu Monat und die Preise je nach Strecke und Flugdauer. Darüber hinaus kann ein Zeppelin gechartet werden, Events im Hanger veranstaltet werden oder im Zeppelon geheiratet werden (vgl. ZLT/DZR 2023b).

Nach der **Airship Association** (🔗 www.airship-association.org) ist von den folgenden Unternehmen bekannt, dass sie „Leichter-als-Luft-Fahrzeuge“ (Luftschiffe, inklusive „Hot-air Airships“), Heißluftballone und „Leichter-als-Luft“ ferngesteuerte Fahrzeuge („LTA Remote Piloted Vehicles, RPVs“) konzipiert, gebaut und zertifziert, hieran geforscht oder sie betrieben haben (vgl. The Airship Association 2023b; The Airship Association 2023c):

- **Konzeption, Bau und Zertifizierung:** u. a. „A-NSE“ (Frankreich), „Aeroscraft“ (früher „WorldwideAeros“, USA), „Airborne Industries“ (Großbritannien), „Cameron Balloons“ (Großbritannien), „e-Green Technologies“ (früher „21st Century Airships“, USA), GEFA-FLUG GmbH (Deutschland), „Hybrid Air Vehicles Ltd.“ (Großbritannien), „Information Systems Laboratories Inc.“ (USA), „Lockheed-Martin (verbunden mit „Goodyear Airship operation“, USA), „Lindstrand Technologies“ (Großbritannien), „Northrop Grumman“ (LEMV, USA), „RosAeroSystems s.r.a.“ (Russland), „Skyship Services Inc.“ (früher „Airship Management Services“, USA), „TCOM LP“ (USA), „Vantage Airship Corp. (Shanghai, China), „Van Wagner“ (früher „American Blimp Corporation“, USA), „Westdeutsche Luftwerbung GmbH“ (WDL, Deutschland), „Zeppelin Luftschifftechnik GmbH“ (Deutschland),
- **Forschung/Entwicklung von Prototypen:** u. a. „Airship do Brasil“ (Brasilien), „Atlant“ (Russland), „AVEA“ (Schweiz), „CargoLifter“ (Deutschland), „Dragon Dream“ (USA), „Flying Whales“ (Frankreich/China), „AirLander“ (Großbritannien), „Global Near Space Corp.“ (USA), „Lonsan United Aviation Technology“ (China), „Ohio Airships Inc.“ (USA), „Rigid Airship Design“ (Niederlande), „Skyhook International/Boeing“ (USA), „SkyLifter Pty Ltd.“ (Australien), „Sky Station“ (USA), „Varialift Airships“ (Großbritannien), „Voliris“ (Frankreich),
- **Betreiber von Luftschiffen:** u. a. „Air Nostrum“ (Spanien), „Aeroscraft“ (früher „WorldwideAeros“, USA), „Aeronavis“ (Frankreich), „GEFA-FLUG GmbH“ (Deutschland), „Galaxy US LCC“ (USA), „Goodyear“ (USA), „RosAeroSystems s.r.a.“ (Russland und früher Europa); „Skyship Services Inc.“ (USA und Europa); „The Van Wagner Airship Group“ (früher „Lightship Group“, USA, Europa und China), „Westdeutsche Luftwerbung GmbH“ (WDL, Deutschland) und Zeppelin Luftschifftechnik GmbH (Europa/Deutschland),

In den letzten Jahrzehnten gab es eine **Reihe von Versuchen Luftschiffe zu bauen**, wovon das in Deutschland bekannteste Projekt im Folgenden kurz erläutert wird. Als weitere Projekte sind „AVEA“ (Aile Volante Epaisse Aérostatique, Schweiz), „Sky Station“ (USA) und „Rigid Airhsip Design“ (Niederlande) zu nennen.

Das Unternehmen CargoLifter AG wurde 1996 von Dr. Carl Freiherr von Gablenz sowie 93 Aktionären gegründet und verzeichnete die größte vorbörsliche Aktienplatzierung (16.000 Aktionäre) der deutschen Wirtschaftsgeschichte. Vorrangiges Unternehmensziel war die Entwicklung, der Bau und Betrieb sowie die Vermarktung von Großluftschiffen zum weltweiten Transport von großen und schweren Gütern. Hierzu konzipierte es ein halbstarres Kielluftschiff. Am Firmenstandort entstanden zwei Testluftschiffe als Zwischenergebnisse zur Fertigstellung des eigentlichen Luftschiffes, der CL160. Im Jahre 2002 musste das Unternehmen jedoch Insolvenz anmelden und die Produktionshalle wurde an den malaysischen Konzern Tanjong verkauft (Weiterverkauf 2019 an spanische Firmengruppe „Parques Reunidos“), der in der Halle ein „künstliches Tropenparadies“ mit angeschlossenem Hotelbetrieb errichtete („Tropical Island“) und 2004 eröffnete. Im September 2005 wurde die CL CargoLifter GmbH & Co. KG auf Aktien am Amtsgericht Berlin-Charlottenburg eingetragen. Damit haben die CargoLifter-Aktionäre selbst die Initiative ergriffen, um die Idee des Hebens und Transportierens von Lasten und Gütern per Leichter-als-Luft-Technologie fortzuführen. Die Aktien werden von über 600 Aktionären gehalten. Die überwiegende Mehrheit von ihnen sind auch Aktionäre der alten CargoLifter AG – weitere Informationen zum Cargolifter finden sich auf 🔗 www.cargolifter.de (vgl. Bartsch/Roß 2009, S. 29 ff.; CL CargoLifter GmbH & Co. KG a.A. 2023; Kleinert 2017, S. 104 f.).

Touristische Anbieter

Neben den Herstellern und Betreibern gibt es weitere Anbieter rund um das Thema Zeppelin, die eine touristische Bedeutung haben. Als Erstes sei auf Museen verwiesen, die für Besucher als Hauptattraktion oder als eine von mehreren besuchten Attraktionen in Frage kommen. Derartige **Museen** finden sich nicht nur in Deutschland, sondern auch in anderen Ländern. Die deutschen Museen widmen sich entweder vollständig der Luftschiffe (z. B. Zeppelin Museen in Friedrichshafen, Meersburg, Neu-Isenburg (Zeppelinheim) und das Albert-Sammt-Zeppelin-Museum in Niederstetten) oder sind Teil einer Luftfahrtausstellung (z. B. Graf-Zeppelin-Halle im Aeronauticum in Nordholz). Beispiele aus dem Ausland sind das Zeppelin- und Garnisonsmuseum in Tondern (Dänemark), Royal Air Force Museum in Cosford (Großbritannien) und das Spitsbergen Airship Museum in Longyearbyen Svalbard (Norwegen).

In Friedrichshafen gibt es über das Museum hinaus weitere für Touristen (aber auch Einheimische) interessante Angebote. Es gibt bspw. einen 12 km langen **Zeppelinpfad**, der seit 2008 an neun Stationen an das Leben und Wirken von Graf Zeppelin erinnert und bspw. am Graf-Zeppelin-Haus, der Zeppelin-Universität und dem Zeppelindorf vorbeiführt. Die Stadt Friedrichshafen hat ihrem berühmtesten „Sohn" auch einen Brunnen und ein Denkmal gewidmet, welche besucht werden können. Eine weitere Möglichkeit sich mit dem Thema Zeppelin auseinanderzusetzen, besteht in dem Besuch einer in den Sommermonaten angebotenen **Werftführung** der Deutschen Zeppelin-Reederei GmbH, dem Besuch eines Schauhauses im Zeppelindorf oder dem Besuch des **Restaurantes „Zeppelin Hangar FN"** (vgl. Stadt Friedrichshafen 2023).

Ein angedachtes Projekt stellte die **Zeppelin Europe Tours** dar. Initiator dieses Projektes war der 1994 gegründete Förderverein Zeppelin-Tourismus e. V. aus Friedrichshafen, der Träger des Projektes war die 2005 gegründete Zeppelin Europe Tours AG mit Sitz in Zürich. In den letzten Jahren wurde an der Umsetzung des Projektes gearbeitet und ein Geschäftsmodell aufgestellt, in dem z. B. die technische Machbarkeit geprüft und die Finanzierung des Projektes kalkuliert wurde. Die Idee dieser Tour ist eine 20-tägige Rundreise über zehn europäische Metropolen mit zehn oder zwölf Luftschiffen, die unter dem Namen „Z-Luftschiff" firmieren (→ Abbildung 70). Dies heißt, dass alle zwei Tage morgens ein Luftschiff an einer Station abfliegen und mittags ein anderes Luftschiff ankommen sollte, wobei die Streckenflüge auf ca. fünf Stunden bzw. 400 km ausgelegt wurden. Passagiere sollten die gesamte Rundreise oder einzelne Teilstrecken und Rundflüge über die jeweiligen Städte bzw. umliegende Region absolvieren können (vgl. Zeppelin Europe Tours AG o. J., S. 2; Förderverein Zeppelin-Tourismus e. V. 2012).

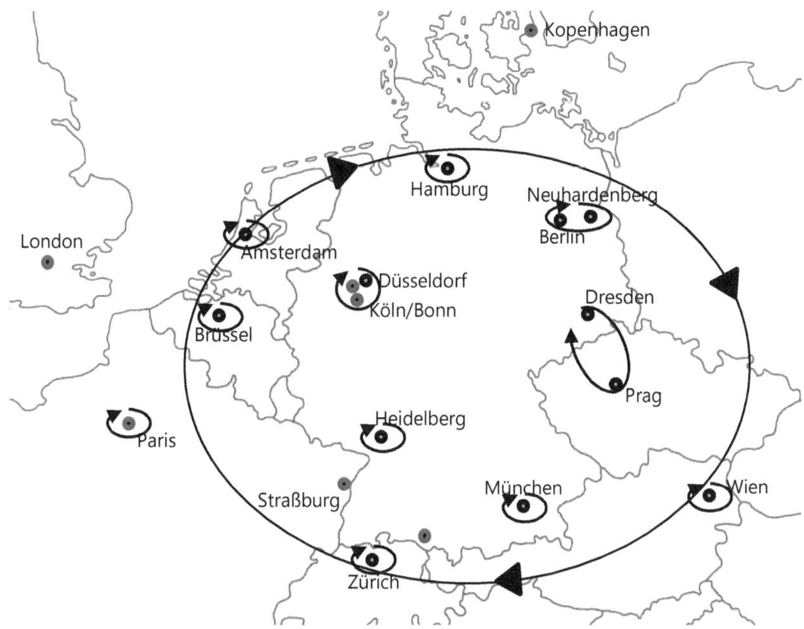

Abbildung 70: Mögliche Route der Zeppelin Europe Tours | Quelle: Vgl. Zeppelin Europe Tours AG 2010.

Im Herbst 2008 fand erstmals eine von Erwin R.C. Krijger (Aerwin Technologies & Skymedia, Den Haag, NL) und der Zeppelin Europe Tours AG gemeinsam initiierte **Tour mit dem Zeppelin** NT07 statt. Auf dem Programm standen Strecken- und Rundflüge zwischen Großbritannien und Rotterdam (1. Tag: Anreise nach Cardington, 2. Tag: Flug von Cardington (über London) via Calais nach Brüssel, 3. Tag: Aufenthalt in Brüssel, 4. Tag: Flug von Brüssel nach Valkenburg (über Antwerpen und Rotterdam), Abendprogramm mit Solo-Musical, 5. Tag: Verabschiedung und Abreise). Nach Ansicht der Zeppelin Europe Tours AG stellte dies einen erfolgreichen Test dar, der ein neues Kapitel der Zeppelinreisen in Europa eröffnet haben sollte. Für das Jahr 2009 wurden weitere Touren angekündigt, die jedoch nicht realisert wurden. Mitte 2010 lief die Liquidation der Zeppelin Europe Tours AG, da sich die Investorensuche für die geschätzten ca. 350 Mio. Euro notwendigen Investitionen zunehmend schwieriger erwies. Die Liquidation ist beendet und zum 01.09.2009 wurde die Gesellschaft gelöscht. Den Förderverein Zeppelin-Tourismus gibt es immer noch und laut Meldung der „Schwäbischen Zeitung" hat Wolfgang von Zeppelin, Ehrenvorsitzender des Fördervereins Zeppelin-Tourismus, Mitte 2015 das vorläufige Ende der Idee verkündet (vgl. Förderverein Zeppelin-Tourismus e. V. 2012; Zeppelin Europe Tours AG 2010).

7.2.2.4 Nachfrager

Genaue Statistiken über alle weltweiten von Luftschiffen beförderten Passagiere konnten nicht beschafft werden. Einen Anhaltspunkt liefern jedoch die Zahlen aus Deutschland. Für das Jahr 2022 werden vom Statistischen Bundesamt 200 Flüge Luftschiffen und mit 2.177 Passagiere als gewerblicher Luftverkehr auf sonstigen Flugplätzen ausgewiesen. Hinzu kommen 3.564 Flüge mit Luftschiffen im Werkverkehr auf allen Flugplätzen (vgl. Statistisches Bundesamt 2023f).

Hinweise über die zahlenmäßige Bedeutung des Zeppelintourismus lassen sich jedoch aus den Angaben der einzelnen Anbieter ableiten. Einer der größten Anbieter weltweit stellt die Deutsche Zeppelin Reederei GmbH dar, die seit 2001 mehr als 200.000 Passagiere befördert hat. Waren es im

Jahr 2009 über 12.600 Passagiere, konnte die DZR für 2016 mit über 20.100 geflogenen Passagieren einen neuen Passagierrekord für den Standort Friedrichshafen verzeichnen. 2015 war es die (bis dahin) erfolgreichste Saison der Unternehmensgeschichte mit mehr als 22.200 Passagieren in Friedrichshafen, München und der Schweiz (vgl. ZLT/DZR 2017). Neue Daten konnten nicht beschafft werden, trotz mehrmaliger Nachfrage.

> Nach Auskunft der DZR sind die Kunden vorwiegend Rentner bzw. die sog. Generation 50+, eher noch 60+. Der etwas größere Teil der Passagiere erhält den Flug in Form eines Gutscheins und kauft nicht selbst ein Ticket – das Verhältnis ist nach Unternehmensangaben etwa 60 zu 40. Dann sind die Käufer meist die Kinder oder andere Familienmitglieder bzw. Bekannte und Freunde der älteren Generation, die dann letztendlich den Zeppelin-Flug aber erlebt. Eine genauere Untersuchung der Passagiere wurde bisher nicht vorgenommen, bis auf nicht repräsentative und nicht zur Veröffentlichung freigegebene Untersuchungen seitens der DZR (vgl. Pithan 2017).

Über die weiteren Betreiber eines Zeppelin NT, die Nippon Airship Corporation und die Airship Ventures, konnten keine Angaben gefunden werden und eine Kontaktaufnahme brachte keinen Erfolg.

Zusammenfassend lässt sich festhalten, dass das allgemeine Luftverkehrsaufkommen auch zukünftig aller Voraussicht nicht mit dem Einsatz von Luftschiffen bewältigt werden kann. Luftschiffe haben jedoch ihren Platz in der Luftfahrt gefunden und werden vornehmlich als Werbeträger, Lasten-/Sperrgütertransporter und für touristische Zwecke eingesetzt. „Beim kontinentalen und interkontinentalen Personenverkehr wird das Luftschiff keinen Platz erlangen. Jedoch gilt der Tourismus als sichere Zielgröße." (Haaland et al. 1997, S. 358) Mit zunehmender Diskussion um umweltfreundliche Verkehrsmittel können auch die Luftschiffe eine zunehmende Bedeutung erlangen, da sie mehrere **ökologische Vorteile** gegenüber anderen Luft- und auch Landfahrzeugen haben. Sie haben z. B. einen verhältnismäßig niedrigen Treibstoffverbrauch und geringe Emissionen von Abgasen, die Geräuschimmissionen für die Passagiere und für die überflogene Landschaft ist, gemessen an anderen Luft- und Landfahrzeugen, gering und für den Betrieb sind auch nur verhältnismäßig kleine Landplätze notwendig (vgl. Zeppelin 1995, S. 6).

7.2.3 Weltraumtourismus[118]

Der Weltraum übt seit Jahrhunderten eine Faszination auf die Menschheit aus. Viele träumen davon, zum Mond zu fliegen oder sich schwerelos im All zu bewegen. Während die Anfangsjahre der Weltraumfahrt Forschungszwecken vorbehalten waren, fliegen seit dem Anfang des 21. Jahrhunderts auch **Privatpersonen ins Weltall**. Der Weltraumtourismus wird dabei von den einen belächelt und von anderen so ernst genommen, „[...] dass sie imaginäre Grundstücke auf dem Mond feilbieten, imaginäre Flüge verkaufen und Reiseführer zum Mond schreiben." (Dücker 2001, S. 22) In den letzten Jahren ist in der wissenschaftlichen Diskussion zu beobachten (z. B. in der Reihe „Tourism Social Science Series" die Ausgabe 25 „Space Tourism" und bei Dileep/Pagliara 2023, S. 284), dass die Entwicklung des Weltraumtourismus einerseits als Chance für die Zukunft der Tourismuswirtschaft gesehen wird, andererseits als Risiko für Mensch, Umwelt usw. Bei einer wissenschaftlichen Betrachtung des Weltraumtourismus sind jedoch nicht nur Reisen ins Weltall

118 Dieses Kapitel baut auf einem Artikel von Freyer/Groß (2005) auf.

einzubeziehen. Es wird daher ein Überblick zum Stand und den zukünftigen Möglichkeiten bzw. Grenzen des Weltraumtourismus gegeben. Mit Hilfe der konstitutiven Elemente des Tourismus wird eine Begriffsdefinition herbeigeführt und ausbauend auf der geschichtlichen Entwicklung werden drei Arten des Weltraumtourismus betrachtet.

7.2.3.1 Definition von Weltraumtourismus

In der wissenschaftlichen Literatur zum Weltraumtourismus lassen sich unterschiedliche Definitionen finden (z. B. Gálvez/Naja-Corbin 2008, S. 19; Goehlich 2007, S. 215; Goehlich 2015, S. 18 f.; Harrington 2017; Lappas 2006, S. 159; Loizou 2006, S. 289; Marvell 2022, S. 193; Space Tourism Society 2023). Dies darf aber nicht darüber hinwegtäuschen, dass einige Autoren den Begriff auch „im Raum" stehen lassen, undifferenziert benutzen oder ihn nur gegenüber der Raumfahrt abgrenzen und Unterschiede herausstellen.

> Entsprechend der Grunddefinition des Tourismus (→ Kapitel 1) kann der Weltraumtourismus wie folgt definiert werden: Weltraumtourismus ist das vorübergehende Verlassen des gewöhnlichen Aufenthaltsortes sowie der Aufenthalt in der Fremde, hier Weltall, aus touristischen Motiven. Weltraumtourismus im weiteren Sinn sind Reisen, bei denen die Raumfahrt bzw. der Weltraum hautnah miterlebt werden kann, allerdings nicht ins Weltall geflogen wird (z. B. Astronomiereisen, Parabelflüge, Besuch von Space Centern, Freizeitparks, Planetarien oder Museen mit Weltraumbezug) (vgl. ähnlich auch Korsch 2003). Sofern diese Reisen mit einer Übernachtung verbunden sind und der gewöhnliche Aufenthaltsort verlassen wird, ist es Weltraumtourismus i.e.S.

7.2.3.2 Arten von Weltraumtourismus

Obwohl im 20. Jahrhundert gezeigt wurde, dass es möglich ist, ins Weltall zu reisen und dies häufig als Beginn des Weltraumtourismus gesehen wird, begann er auf der Erde (→ Abbildung 71). Der **terrestrische Weltraumtourismus** ist zwar noch weit entfernt von den geplanten Konzepten für Touristenflüge ins All, er ist jedoch Ausdruck einer anhaltenden Begeisterung für das Weltall und die Raumfahrt.

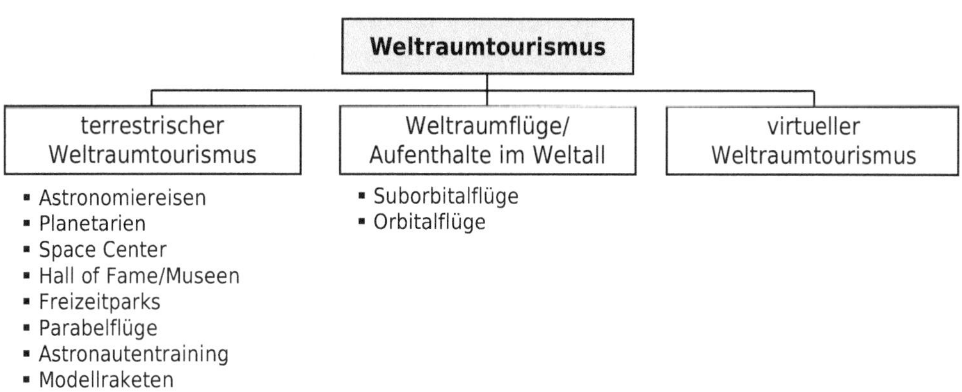

Abbildung 71: Arten des Weltraumtourismus | Quelle: Freyer/Groß 2005, S. 35.

Eine etwas andere Darstellung der verschiedenen Arten des Weltraumtourismus gibt → Tabelle 77 wieder.

Stufe	Beschreibung	Zeit der Schwerelosigkeit (Zero-G)	Dauer des Fluges	Preis in USD	realisiert
1	(Besuch von) natürliche/n Attraktionen u. a.	keine	keine	0–2.000	ja
2	Besuch von Space Centern, Museen, Planetarien usw.	keine	keine	20–8.500	ja
3	Parabelflüge	0,5 Minuten	wenige Stunden	4.00	ja
4	high-altitude flight (MIG-Flüge)	keine	wenige Stunden	32.000	ja
5	Suborbitalflüge	5 Minuten	0,5 Stunden bis 5 Stunden	200.000	ja
6	Orbitalflüge	1 Tag	1 Tag	(300.000)	nein
7	Orbitalflüge und Übernachtung auf ISS o. ä.	10 Tage	10 Tage	20 Mio.	ja
8	Flug zum Mond	Wochen	Wochen	(100 Mio.)	nein
9	Flug zum Mars	Monate	Monate	(Mrd.)	nein
10	Flug zum Titan und darüber hinaus	Jahre	Jahre	(Mrd.)	nein

Tabelle 77: Stufen des Weltraumtourismus | Quelle: Vgl. Goehlich 2015, S. 28.

Terrestrischer Weltraumtourismus

Der **terrestrische Weltraumtourismus** zeigt eine Vielfalt auf. Es sind z. B. Reisen rund um astronomische Besonderheiten in unterschiedlicher Art denkbar (z. B. Absturz der Mir, Beobachtung von Polarlichtern, Mond- und Sonnenfinsternis). Auch der Besuch von Planetarien oder Sternwarten, in denen der Weltraum erlebt werden kann, ist als Reiseziel denkbar, wobei es nach dem **German Astronomical Directory (GAD)** allein in Deutschland mehr als 200 Planetarien, Schul- und Volkssternwarten sowie private Sternwarten gibt.

Eine weitere Art des terrestrischen Weltraumtourismus ist der **Besuch von Space Centern** (z. B. US Space & Rocket Center in Huntsville, Space Center Houston) und **Hall of Fames** bzw. **Museen**. In Cape Canaveral (Florida) starten die Spaceshuttle-Missionen vom Raumfahrtbahnhof. Im angegliederten „Kennedy Space Center Visitor Complex" kann die amerikanische Raumfahrt erlebt werden. Das Space Center induziert auch Reisen durch die Raketenstarts. Zu den bisherigen Starts kamen jeweils tausende von Besuchern, die auf den Zuschauerplätzen den Start einer Rakete beobachteten. In der Umgebung von Cape Canaveral haben sich weitere Space-Angebote angesiedelt (z. B. Astronaut Memorial Planetarium and Observatory in Cocoa, US Astronaut Hall of Fame in Titusville, gehört zjm „Kennedy Space Center") (vgl. Kagelmann/Guthmann 2001, S. 18). In Deutschland gibt es z. B. die **Deutsche Raumfahrtausstellung** in Morgenröthe-Rautenkranz und das Raumfahrthistorische Archiv e. V. in Bremen. Darüber hinaus gibt es weitere Museen, in denen das Thema Weltraum(-fahrt) thematisiert wird sowie die Möglichkeit, das Europäische

Satellitenkontrollzentrum (European Space Operations Centre, ESOC) in Darmstadt zu besuchen (vgl. ESA 2023).

Im Gegensatz zu den Space Centern und Planetarien, in denen versucht wird, die wahre Raumfahrt nachzustellen, spielen die **Freizeitparks** mit der Phantasie. Es wird den Besuchern die Möglichkeit gegeben, immer realistischer simulierte Reisen in den Weltraum zu unternehmen. Die Entwicklung ist von den USA ausgegangen und die amerikanischen Freizeitparks gelten auch heute noch als Vorreiter. Aber auch in Deutschland wird das Thema Weltraum in Freizeitparks aufgegriffen (vgl. Korsch 2003).[119]

Um ein Gefühl von Schwerelosigkeit (Zero-G) zu vermitteln, werden **Parabelflüge** angeboten (z. B. „ZERO Gravity Corporation" ode „Spacce Adventures" in den USA). Hierbei fliegt ein Spezialflugzeug mehrere Parabeln: Erst ein extremer Steigflug und danach ein direkter Sinkflug. Bei dieser parabelartigen Flugkurve entsteht für etwa 20 bis 30 Sekunden im gepolsterten Flugzeuginneren Mikroschwerkraft. Das Unternehmen Novespace ist der einzige Betreiber von Flügen in der Schwerelosigkeit in Europa. Es bietet in Zusammenarbeit mit dem Unternehmen Avico unter der Marke „Air Zero G" mit einem Airbus A310 Zero G das Erlebnis der Schwerelosigkeit für Wissenschaftler und Privatpersonen an. Nach Angaben des Unternehmens liegt die Gesamtzahl der Teilnehmer bis Ende 2023 bei ca. 12.200 und die Kosten für Flüge im Jahr 2024 betragen 6.900 Euro (vgl. Novespace 2023).

Flüge mit MiG-Jets, bei denen in 25 km Flughöhe am Rande des Weltalls geflogen wird und bis zu zweifacher Schallgeschwindigkeit erlebt werden kann, sind zwar nicht vollständig mit Parabelflügen deckungsgleich, kommen ihnen aber ziemlich nahe (vgl. Korsch 2003). „At that altitude, pilot and passenger are above 99 % of the Earth's athmosphere, the sky above appears black, and the curvature of the Earth is clearly visible." (Crouch 2001, S. 214) **Astronautentrainings** sind eine weitere Art des terrestrischen Weltraumtourismus, wie sie z. B. vom Euro Space Center in Transinne/Belgien, European Astronaut Centre der ESA in Köln oder vom National AeroSpace Training and Research (NASTAR) Center in Philadelphia (USA) angeboten werden.

Letztlich können Reisen zu **Veranstaltungen mit Modellraketenstarts** zum terrestrischen Weltraumtourismus gezählt werden. Hier werden Modelle von Raketen (nach-) gebaut, die mit bis zu 400 km/h in mehrere hundert Meter Höhe geschossen werden und eine Flugdauer von ca. 2–3 Sekunden haben. Veranstaltungen (z. B. Landesmeisterschaften) finden weltweit statt und ziehen jährlich zehntausende von Teilnehmern und Besuchern an. Für Interessierte gibt es mehr als 20 Vereinigungen auf nationaler und internationaler Ebene, wie bspw. die „National Association of Rocketry" (NAR) in den USA, Online-Foren und -Portale, wie das „The Rockerty Forum", Fachbücher und Modellraketen-Magazine.

Weltraumflüge

Bei den **Weltraumflügen** sind suborbitale von orbitalen Flügen zu unterscheiden. Bei der Teilnahme an **Suborbitalflügen** werden die Touristen in eine Höhe von 100 km geflogen, so dass bereits einen weiten Ausblick ins All wie auch auf die Erde erlebt werden kann.[120] Bedingt

119 Die Firma LunaCorp (USA) hatte in den 1990er-Jahren die Idee, Mondfahrzeuge bauen zu lassen, die ferngesteuert auf der Mondoberfläche fahren und dabei Videoaufnahmen live zur Erde liefern. In Freizeitparks sollte die Möglichkeit bestehen, in speziellen Simulatoren Platz zu nehmen und mit Hilfe eines Steuerknüppels und der übermittelten Videos den Eindruck einer Spazierfahrt auf dem Mond zu genießen. Auf Grund der Skepsis potenzieller Investoren wurde der Plan jedoch verworfen (vgl. Johansen 1999, S. 43).

120 Die USA vergibt den Astronautenstatus an Personen, die mehr als 50 Meilen (ca. 80 km) ins Weltall fliegen, so dass Personen, die an einem suborbitalen Flug teilnehmen, diesen Status erlangen würden (vgl. Crouch 2001, S. 214).

durch die Erdanziehungskraft wird nach kurzer Zeit wieder auf die Erde zurückgekehrt, ohne diese umkreist zu haben.

Weltweit wurden verschiedene Raumfährenkonzepte für Weltraumtouristen vorgeschlagen. Ein Mittel, um neue Innovationen zu generieren, sind sog. Anreizwettbewerbe. Sie sind darauf ausgelegt, unterschiedliche Innovationswege gleichzeitig einzuschlagen. „Im Gegensatz zu den klassischen öffentlichen Ausschreibungen werden bei Anreizwettbewerben zwar konkrete Zielsetzungen vorgegeben, aber die Mittel und Wege zur Zielerreichung können frei gewählt werden. Auch in der Raumfahrt wurden in den letzten Jahrzehnten verschiedene **Anreizwettbewerbe** durchgeführt. Der Ansari-X-Preis hat dabei Lösungen für Suborbital Flüge signifikant vorangebracht." (SpaceTec Partners 2016, S. 40) Der „X-Prize" animierte v. a. kleine Unternehmen, Konzepte für die erste erfolgreich betriebene, wiederverwendbare suborbitale Raumfähre zu realisieren. 2023 konkurrieren mehrere Unternehmen um Nachfrager für (sub-)orbitale Weltraumflüge, bspw. Virgin Galactic, Blue Origin und SpaceX.

Das hauptsächliche Interesse am **orbitalen Weltraumtourismus** ist, eine möglichst große Zahl an Touristen ins Weltall zu befördern, um ausreichende wirtschaftliche Erträge zu generieren und die Kosten pro Passagier so schnell wie möglich zu senken. Hiezu gibt es die unterschiedlichsten Ideen, „[...] ranging from fanciful ‚spacecruiseship' concepts to floating hotels constructed from used shuttle external fuel tanks, ‚cyclers' that swing back and forth between the Earth and either the Moon or Mars fuelled by gravity alone, and passenger spacecraft designed to piggyback existing rocket launch technology." (Crouch 2001, S. 215)

> Mond und Mars sind dabei für die nächsten 50 Jahre keine realistischen Urlaubsziele, so dass Weltraumurlaub in absehbarer Zeit am ehesten in Weltraumhotels stattfinden wird, die mit einem Orbitalflug erreicht werden (vgl. Reichert 2000, S. 119).

Hiermit ist eine Höhe von 250 bis 400 km erreichbar; eine Höhe, in der sich auch die Raumstation ISS befindet. Das Spaceshuttle erreichte ähnliche Höhen – mit einer Geschwindigkeit von etwa 30.000 km/h umkreiste es in 250 km Höhe die Erde – für den Weltraumtourismus war es jedoch ungeeignet, da die hohen Startkosten (ca. 25.000 USD pro Kilogramm Last) jegliche touristische Nutzung wirtschaftlich unattraktiv machte. Auch andere Trägerraketen, wie die Delta- und Ariane-Raketen, haben Startkosten von ca. 10.000 bis 13.000 USD pro kg (vgl. SpaceTec Partners 2016, S. 14).

Verschiedene Konzepte für **Weltraumhotels** existieren bereits. Das DLR hat z. B. eine Studie zum Weltraumhotel „Berlin" entwickelt, die Hilton-Gruppe Vorschläge gemacht und es gab Studierendenwettbewerbe/-arbeiten, wie z. B. den Wettbewerb „Early Bird" der TU Darmstadt. Das DLR orientiert sich an existierender Technologie, indem die Besatzungsmodule der ISS modifiziert und zu ringförmigen Appartements zusammengesteckt werden (vgl. Reichert 2000, S. 116 ff.). Der japanische Baukonzern Shimizu hatte mehrere Pläne für den Einstieg in den Weltraum(-tourismus), wie bspw. für eine Basisstation auf dem Mond und ein Weltraumhotel mit 64 Zimmern (⟶ Abbildung 72). Das Grundprinzip der Hotels ist ähnlich der DLR-Studie. Die Kreiselbauten drehen sich mit hoher Geschwindigkeit um die eigene Achse, so dass eine künstliche Schwerkraft erzeugt wird. Bei Bedarf kann das Tempo gedrosselt werden, um die Schwerelosigkeit zu erleben.

Die „Kármán-Linie" (zu Ehren von Theodore von Kármán), die von der „Fédération Aéronautique Internationale" (FAI) festgelegt wurde, geht dagegen von 100 km (62 Meilen), um die Grenze von der Luftfahrt zur Raumfahrt zu unterscheiden. Mehr als 400 Raumfahrer aus fast 40 Ländern sind Mitglied in der „Association of Space Explorers" (ASE), siehe 🔗 http://www.space-explorers.org/.

Allerdings ist hierbei noch nicht der erforderliche Zubringertransport von der Erde berücksichtigt, so dass Weltraumhotelkonzepte erst in Zukunft zum Tragen kommen, wenn kostengünstigere Raumfahrzeuge zur Verfügung stehen. In einer Wirtschaftlichkeitsstudie wurde hierzu berechnet, dass das Shimizu-Hotel erst kommerziell tragbar ist, wenn die Raketenstartkosten auf weniger als vier Prozent der derzeitigen Spaceshuttle-Kosten beziffert werden können (vgl. Matsumoto 1989, S. 2 ff.). Auch wenn immer wieder zeitnahe Daten für die Realisierung im Raum stehen, ist der Realisierungszeitraum eines Weltraumhotels jedoch noch mit mehreren Jahren oder Jahrzehnten zu veranschlagen.

Letztlich gibt es Planungen für die **Besiedlung von Mond und Mars**. Die japanischen Baufirmen Shimizu, Nishimatu und Obayashi haben bereits Millionensummen in futuristische Besiedlungskonzepte investiert und auch die NASA beschäftigt sich mit der Entwicklung von bewohnten Stationen auf Mond und Mars (vgl. Reichert 2000, S. 111).

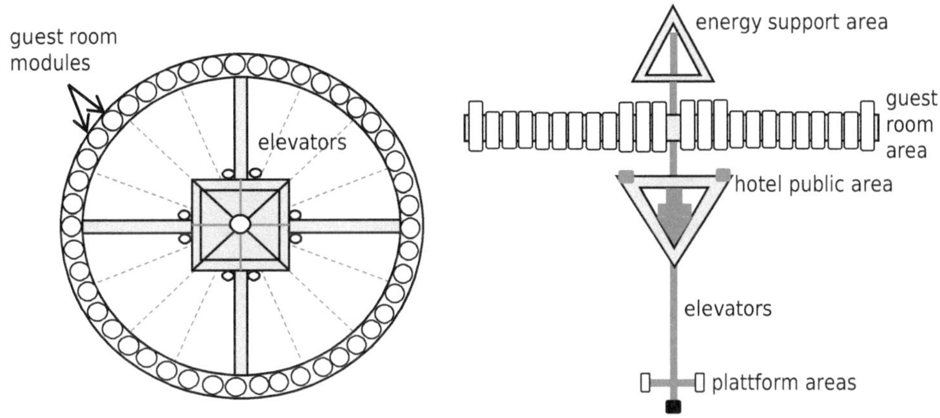

Abbildung 72: Orbitales Hotel nach Shimizu | Quelle: Vgl. Matsumoto 1989, S. 2.

Virtueller Weltraumtourismus

Reisen in den Weltraum können je nach technischer Entwicklung der nächsten Jahre auch ein Anachronismus auf dem Weg von den künstlichen Erlebniswelten zur **virtuellen Reise** sein. Wenn technische Möglichkeiten geschaffen werden, die neben optischen Reiseeindrücken auch physische Elemente vermitteln können (wie Gerüche, Wärme, UV-Strahlen), werden Reisen immer mehr auch zu Hause „erlebbar". Die Cyber-Technik verbunden mit einer gezielten Aktivierung bestimmter Gehirnströme kann es möglich machen, dass jedes Erlebnis mental entstehen kann. Dann wäre ein virtueller Mondurlaub eine Alternative zum Weltraumtourismus. Die amerikanische Firma Sun Microsystems suchte bereits vor Jahren nach Möglichkeiten, wie durch einen im Nacken implantierten Chip virtuelle Landschaften und Szenen in das Gehirn des Menschen eingespielt werden können (vgl. Born 2001, S. 7; Freyer 2000, S. 269 f.).

Ein erster Schritt hin zum virtuellen (Weltraum-)Tourismus war das sog. **Cybernarium** in Darmstadt. Einige Jahre konnte auf intuitive und spielerische Weise an interaktiven Terminals selbst erprobt werden, wie Cyberspace und virtuelle Realitäten die Lebenswelt verändern.[121]

121 Eine genaue Schließzeit des Cybernariums konnte nicht ausfindig gemacht werden, aber die Schließung wurde für das Jahr 2009 bestätigt (vgl. Unbescheiden 2010).

„Im virtuellen Weltraum kann eine Crew in einem virtuellen Raumschiff durchs All fliegen und fremde Welten entdecken. Mittels einer stereoskopischen Projektion entsteht der faszinierende Eindruck, dass sich das Raumschiff tatsächlich durchs All bewegt. [...] Anfang der 90er Jahre schoss die europäische Weltraumorganisation ESA den Astrometrie-Satelliten ‚Hipparcos' ins All. Er hatte die Aufgabe, Positionen, Helligkeiten und Farben von über einer Mio. Sternen präzise zu vermessen. Zusätzlich bestimmte der Satellit die genauen Entfernungen der 120.000 hellsten Sterne. Mit Hilfe dieser Daten wurde ein 3D-Modell der Sternumgebung der Erde erstellt, das die Grundlage für den virtuellen Weltraum und den virtuellen Raumflug ist." (Müller 2003, S. 7)

Eine Virtualisierung der Realität (v. a. **Augmented und Virtual Reality**) ist insbesondere ab den 2010er-Jahren ein Stück weit realer geworden (vgl. Schart/Tschanz 2015, S. 27 ff.). Wie aufgezeigt, wurde bereits zuvor mit künstlichen realen Welten versucht, dieses Thema zu verwirklichen. „Die Idee des virtuellen Reisens erlebte mit dem Verkaufsstart der Entwicklerversion der Oculus Rift und der damit einhergehenden kostengünstigen Verbreitung von **Head-Mounted Displays**[122] eine beachtliche Renaissance. Akteure aus unterschiedlichen Bereichen der Tourismuswirtschaft, wie Lufthansa oder Marriott entwickelten auf Basis dieser kostengünstigen und offenen Technologien Anwendungen, um ihren Kunden bereits vor dem Konsum der Leistung ein reales Abbild derselben (z. B. im Reisebüro oder auf Messen) zur Verfügung zu stellen. Der Endkunden-Massenmarkt wird zunehmend über den Einsatz vor Virtual Reality-Headsets erschlossen, die mit dem Smartphone des Nutzers kombiniert werden (z. B. Samsung Gear VR oder Zeiss VR One). Spätestens seitdem die Spieleindustrie diese Technologie für sich entdeckt hat, dürfte die virtuelle Reiserealität einen weiteren kräftigen Impuls erhalten haben." (Bauhuber/Hiller 2016, S. 17)

Anwendungen, um den Weltall zu entdecken, gibt es 2023 mehrere, bspw. „Adr1ft", „Apollo 11 HD", „Earthlight: Spacewald", „Escape Velocity on Meta Quest", „NASA SLS VR Experience", „Space Engine" und „Titans of Space".

7.2.3.3 Entwicklung des Weltraumtourismus

Die **Idee der Weltraumfahrt** wurde Ende des 19. Jahrhunderts wissenschaftlich vorbereitet. Bereits 1928, als Fritz Stamer und Fritz von Opel als Erste Flugzeuge mit Raketenantrieb starteten, meldeten sich ca. 3.000 Freiwillige für eine etwaige Mondfahrt (→ Abbildung 73 und Waldherr 2004, S. M3). Nach 1945 begann in den USA und der ehemaligen UDSSR die moderne Raketentechnikentwicklung. Im „Kalten Krieg" wurde die Raumfahrt vorangetrieben, da es sich um die Prestigefrage handelte, wer als Erster auf dem Mond landet. Die Weltallerkundung begann mit dem Start der Sputnik eins im Oktober 1957 und die bemannte Weltraumfahrt am 12. April 1961, als die ehemalige UDSSR Juri Gagarin in den Weltraum schickte (vgl. Famler 2001, S. 3; Williamson 2003, S. 47).

Seit den 1960iger-Jahren absolvierte die NASA einige Programme als Vorbereitung für das **Apollo-Mondlandeprogramm**. Im Juli 1969 landeten die ersten Astronauten auf dem Mond.[123] Nach sechs Mondlandungen und zwölf Männern, die die Mondoberfläche erkundeten, ging das

---

122 Ein „Head-Mounted Display", wie die „Oculus Rift", ist ein auf dem Kopf getragenes visuelles Ausgabegerät, welches Bilder entweder auf einem augennahen Bildschirm präsentiert oder sie direkt auf die Netzhaut projiziert. Je nach Ausgestaltung werden auch die Begriffe Helmdisplay, Videobrille, AR-Brille oder VR-Brille/-Helm genutzt (AR = „Augmented Reality"; VR = „Virtual Reality").

123 Weniger bekannt ist, dass auch die Russen den ersten Mann (Alexej Leonow) für eine Mondreise ausgesucht hatten. 1969 sollte er noch vor den Amerikanern den Mond betreten. Hierzu wurde eine Rakete entwickelt, die

Programm 1972 zu Ende und für die nächsten zwei Jahrzehnte wurde es mehr oder weniger „links liegen gelassen". Erst 1994 startete die USA wieder eine kleine Mondsonde, die mehr als 2 Mio. Radarbilder zur Erde brachte. Eines der Bilder sollte Anzeichen für Eis am lunaren Südpol zeigen, wodurch sich das Interesse am Mond wieder steigerte. Wasser auf dem Mond wäre nicht nur für bemannte Mondstationen von Interesse, sondern auch für die Produktion von Raketentreibstoff und für eine lunare Basis, von der aus weiter ins Weltall vorgedrungen werden könnte. Anfang 2004 kündigte die USA an, dass bis 2014 wieder eine bemannte Mondmission gestartet und ab 2020 Weltraumexpeditionen vom Mond aus gestartet werden sollen (vgl. Johansen 1999, S. 43; Künzel 2004, S. 1). Ein vom ehemaligen US-Präsidenten Barack Obama im Mai 2009 eingesetztes Expertenteam („Augustine Commission") hielt die Pläne für bemannte Mond- und Mars-Missionen wegen Geldmangels jedoch für nicht realisierbar. Das Team empfahl zudem eine Verlängerung der Spaceshuttle-Flüge, die jedoch 2011 eingestellt wurden, und auch eine längere Nutzung der ISS (vgl. Dambeck 2009). Letztere soll nach Ankündigung der NASA nun (mindestens) bis zum Jahr 2024 betrieben werden.

Wann der **erste Tourist ins Weltall** geflogen ist, ist strittig. Häufig wird **Dennis Tito** als erster „echter" Weltraumtourist angesehen, der im Jahre 2001 zur International Space Station (ISS) flog. Aber bereits 1985 flog der saudi-arabische Sultan Salman bin Abdulaziz al Saud als Gast ins All, 1990 wurde der Journalist Toyohiro Akiyama von einem japanischen Verlag zum Live-Report zur russischen Raumstation MIR geschickt und 1991 besuchte die Britin Helen Sharman mittels einer privaten Finanzierung die MIR (vgl. Born 2001, S. 6; Collins 1992, S. 45; Crouch 2001, S. 215; Toivonen 2021, S. 2 ff.). Nach Dennis Tito besuchten mit Hilfe des Unternehmens SpaceAdventures weitere Touristen die ISS. Hierzu zählen Anousheh Ansaria (2006), Richard Garriott (2008), Yozo Hirano (2021), Yusaku Maezawa (2021), Guy Laliberté (2009), Greg Olsen (2005), Mark Shuttleworth (2002) und Charles Simonyi (2007 und 2009) (vgl. SpaceAdventures 2023; Toivonen 2021, S. 4).

Der **Weltraumtourismus im weiteren Sinne** begann früher, da sich bereits in den 1950er- und 1960er-Jahren Indizien finden lassen. Thomas Cook (GB) hat seit 1954 Reservierungen für **Mondflüge** angenommen (ca. 10.000 Interessierte) und 1955 wurde Disneyland in Kalifornien eröffnet, in dem es die erste große Weltraumattraktion „Space Mountain" gab. Hiermit konnte sozusagen ins Weltall gefahren werden (vgl. Apel 1995, S. 8 ff.; Kagelmann/Guthmann 2001, S. 17; Waldherr 2004, S. M3). Weitere wichtige Entwicklungen waren der Start des „Moon Flight Club" der Fluggesellschaft PanAm 1964 (ca. 93.000 Reservierungen) und die Öffnung des Raketen-Aufbau- und Versuchszentrums in Cape Canaveral für die Öffentlichkeit (1966/67). Interessierte konnten und können im Visitors Center eine Vorstellung davon bekommen, wie es möglich sein würde, in den Weltraum zu fliegen (vgl. Apel 1995, S. 8; Diamandis/Collins 2003).

Während in den 1970er-Jahren wenig Anstrengungen zu verzeichnen sind, stellen die 1980er- und 1990er-Jahre einen weiteren Meilenstein dar (vgl. Apel 1995, S. 3 ff.; Collins 1992, S. 45). Mitte der 1980er-Jahre erwägte die US-Regierung Normalbürger für Shuttle-Flüge zuzulassen, kursierten Konzepte für ein „Touristen-Shuttle", bot Society Expiditions Pauschalreisen in den LEO (low-earth orbital) an und die US National Commission on Space berichtete vom „[...] frequent desire expressed by the public – to personally participate in the future of the space program." (Collins 1992, S. 44) Seit Ende der 1980er-Jahre sind vermehrt Konzepte von privaten Unternehmen zu verzeichnen. 1989 So Shimizu, eines der größten Bauunternehmen der Welt,

N-1, die in etwa die Ausmaße der amerikanischen Mondrakete „Saturn-V" erreichte. Sie wurde allerdings niemals flugtauglich und zwei Probestarts endeten in Explosionen (vgl. Johansen 1999, S. 43).

ein Space Hotel- und die DASA ein Raumfahrzeug-Konzept vor. 1994 kündigte Kawasaki an, bis 2006 eine einsatzfähige „Touristenrakete" für 50 Passagiere entwickeln zu können (vgl. Apel 1995, S. 14). Große Hoffnungen wurden auf den sog. **Anzari X-Prize** gesetzt, der 1996 ausgeschrieben wurde. Hiermit war eine Prämie von 10 Mio. Dollar für das Unternehmen verbunden, das auf eine Höhe von mindestens 100 km fliegt, sicher zurückkommt und das Ganze innerhalb von zwei Wochen wiederholt. Ähnlich wie zu Beginn des Flugverkehrs, als Lindbergh 1927 mit seinem Atlantikflug einem Preisgeld („Orteig Prize") nachjagte, wetteiferten mehr als 25 Teams aus sieben Ländern um das Preisgeld. Im Oktober 2004 gewann das kalifornische Raketenflugzeug „Space Ship One" der Firma Scaled Composites den Preis (vgl. Scaled Composites 2023; X-Prize Foundation 2023).

Im Jahre 2007 startete der **Google Lunar X Prize**, welcher mit einer Belohnung von 30 Mio. USD (20 Mio. USD für den Gewinner, 5 Mio. USD für den 2. Platz und weitere 5 Mio. USD für besondere Leistungen) für das Unternehmen ausgesetzt wurde, welches einen privat finanzierten Roboter zum Mond schickt, dort mindestens 500 m auf der Mondoberfläche zurücklegt und Bilder, Videos und andere Daten an die Erde sendet. Zunächst wurde die Mission bis Ende 2014 angesetzt, der Wettbewerb wurde jedoch zwei Mal verlängert. Am 23. Januar 2018 gab die Stiftung bekannt, dass der Hauptpreis nicht vergeben wird, da keines der zuletzt fünf Teams (SpaceIL, Moon Express, Synergy Moon, Team Indus und Hakuto) den Mond bis Fristende erreichen würde. Es wurden jedoch für erreichte Zwischenziele Preisgelder von mehr als sechs Mio. US-Dollar waren ausgezahlt. Dieser Preis hat für den Weltraumtourismus jedoch eine geringere Bedeutung als die erste Ausschreibung, da der Mond als Sprungbrett ins Universum dienen soll und Lösungen für einige der dringendsten Umweltprobleme der Erde – Energieunabhängigkeit und Klimawandel – liefern soll (vgl. ebd.).

Eine der neueren Entwicklungen im Weltraumtourismus stellen **private Weltraumbahnhöfe** dar, die an verschiedenen Standorten (u. a. New Mexico (USA), Ras Al-Khaimah (VAE) und Singapur) geplant bzw. errichtet wurden. Beim sog. „Spaceport America" handelt es sich um den ersten kommerziellen Weltraumflughafen der Welt, dessen Grundsteinlegung am 19. Juni 2009 stattfand. Dieser von Norman Forster geplante Weltraumbahnhof mit einer Fläche von ca. 70 km^2 wird von der New Mexico Spaceport Authority (NMSA) betrieben und liegt in der Wüste von New Mexico 78 km nördlich von Las Crucez bzw. 48 km östlich von Truth or Consequences[124]. Eine der ansässigen Firmen ist „Virgin Galactic", deren Inhaber Richard Branson ist, der u. a. auch die Airlines Virgin Blue, Virgin America oder V Australia betreibt. Sie wollte ab 2011 mit Raumfahrzeugen der sog. „SpaceShipTwo"-Klasse suborbitale Flüge anbieten und hatte Ende 2009 nach einigen Angaben bereits 300 und 2014 mehr als 700 Reservierungen. Die **VSS Enterprise** (VSS = Virgin Space Ship), das erste Raumfahrzeug der „SpaceShipTwo"-Klasse, ist der Nachfolger des Gewinners des X-Prizes und kann neben den Piloten bis zu sechs Passagiere aufnehmen. Ende 2014 stürzte die „VSS Enterprise" ab. Nach dem Ausklinken vom Trägerflugzeug „White Knight Two" und dem Start des Raketentriebwerks war der Kontakt abgebrochen. Während das Trägerflugzeug wieder sicher landete, wurde „SpaceshipTwo" beim Absturz völlig zerstört. Während der Copilot ums Leben kam, konnte sich der Pilot mit dem Schleudersitz retten. Anfang 2016 wurde das Nachfolgemodell, die „VSS Unity", vorgestellt. Hiermit gelang am 13. Dezember 2018 ein erster Flug über die 50-Meilen-Marke (ca. 80 km Höhe) und im Februar 2019 ein weiterer

124 Den Namen „Wahrheit oder Konsequenzen" trägt ein Ort im Süden des US-Staates New Mexico, der früher Hot Springs hieß. Im Jahre 1950 bot ein Fernsehsender derjenigen Stadt, die als erste den Namen der TV-Show „Truth or Consequences" annehmen würde, eine Live-Sendung an und da Hot Springs gewann, wurde der neue Namen angenommen.

Flug. Die Grenze von 100 km erreicht das SpaceShipTwo jedoch nicht. Am 29. Juni 2023 kam es zum ersten kommerziellen Flug mit der „VSS Unity". Für ihren Flug müssen die Kunden (Stand 2023) 450.000 USD bezahlen. Dieser Preis beinhaltet u. a. einen dreitägigen Vorbereitungskurs und einen ca. 2,5 h langen Flug. Rund 800 Tickets sind Medienberichten zufolge schon verkauft (vgl. dpa 2023).

Erste wissenschaftliche Arbeiten zum Thema Weltraumtourismus wurden (spätestens) 1967 von Krafft Ehrick und Barron Hilton verfasst (vgl. Apel 1995, S. 8; Born 2001, S. 5). Es dauerte jedoch bis 1986, als American Express eine Marktstudie in Großbritannien durchführte, in der auch eine Frage nach Weltraumreisen enthalten war (vgl. Apel 1995, S. 9). Mit Beginn der 1990er-Jahre wurden verstärkt Studien erarbeitet (vgl. u. a. Barett 1999; Collins et al. 1994a; Collins et al. 1994b; Coniglo 1997; Diamandis/Collins 2003; Nagatomo 1993; O'Neil et al. 1998 und 1999; Reichert 1999; Reichert 2000; Rogers 2001; Smith 2001). Ausgewählte Meilensteine der wissenschaftlichen Auseinandersetzung mit dem Thema sind:

- 1990 veröffentlichten Ashford und Collins das erste Buch zum Weltraumtourismus und die Space Transportation Association (STA, USA) wurde gegründet.
- 1993 richtete Japan ein Forschungskomitee zum Weltraumtourismus ein, die weltweit erste umfassende Marktstudie erfolgte in Japan und die Japanese Rocket Society publiziert ein Heft ihrer Zeitschrift zum Weltraumtourismus.
- 1997 fand in Bremen die erste internationale Konferenz zum Weltraumtourismus statt und in Washington DC wurde von der STA und NASA eine Konferenz zum „General Public Space Travel and Tourism" veranstaltet.
- 1998 und 1999 publizierten die NASA und das American Institute of Astronautics and Aeronautics Berichte mit dem Titel „General Public Space Travel and Tourism" bzw. „International Cooperation in Space", in denen der öffentliche Weltraumtourismus thematisiert wird.
- 1998 ließ die Europäische Raumfahrtbehörde vom Deutschen Zentrum für Luft- und Raumfahrt (DLR) verschiedene Weltraumtourismus-Szenarien auf ihre wirtschaftliche Machbarkeit prüfen.
- In den 2000er-, 2010er- und Anfang 2020er-Jahren sind eine Reihe weiterer Veröffentlichungen erschienen, wie z. B. von Cohen 2017, Collins/Autino 2008, Futron Corporation 2002, Goehlich 2007, Goehlich 2015, Lappas 2006, Marvell 2020, Olya/Heesup 2019 und Reddy et al. 2012.
- Ein Beitrag aus dem Jahr 2022 hat für eine systematische Literaturrecherche mehr als 100 Journal-Beiträge der letzten zwei Jahrzehnte erfasst. Die Ergebnisse zeigen eine steigende Tendenz bei den Veröffentlichungen zum Weltraumtourismus und ein zunehmendes Aufkommen von Studien in tourismusorientierten Fachzeitschriften. Es wurde jedoch auch festgestellt, dass es sich bei den vorhandenen Studien überwiegend um konzeptionelle Arbeiten handelt, während empirische Studien kaum vorhanden sind (vgl. Zhang/Wang 2022, S. 372 ff.).

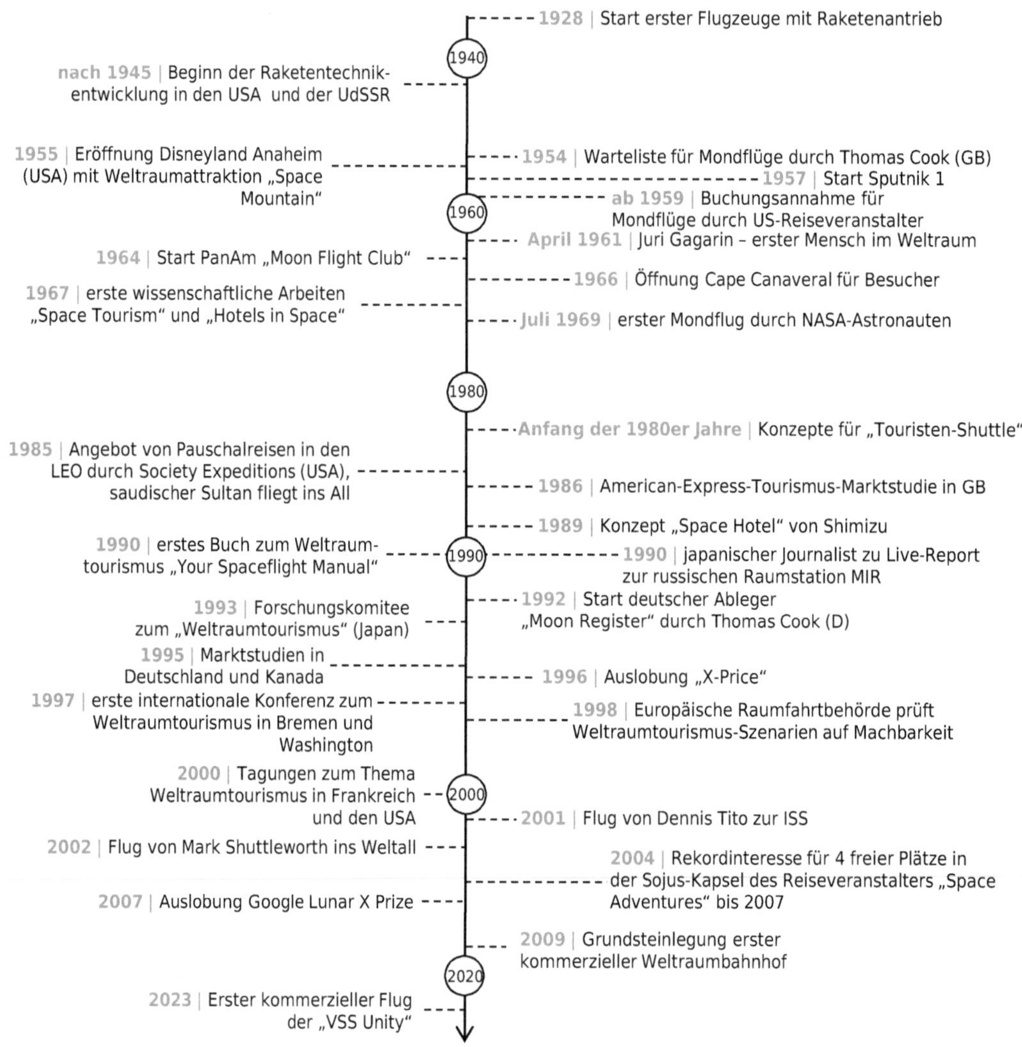

Abbildung 73: Geschichtliche und wissenschaftliche Entwicklung des Weltraumtourismus | Quelle: Eigene Darstellung, in Anlehnung an Freyer/Groß 2005, S. 73.

7.2.3.4 Anbieter

> **Anbieter im Weltraumtourismus** sind zum einen diejenigen Unternehmen, die im terrestrischen Bereich tätig sind, d. h. Space Center, Freizeitparks, Museen, Planetarien usw. Zum anderen gibt es für Parabelflüge, Astronautentrainings, Weltraumflüge und Aufenthalte im Weltall verschiedene Anbieter.

Axiom Space, Blue Origin, Boeing, SpaceAdventures, SpaceX, Virgin Atlantic und Space Perspectives sind wichtige Beispiele. **SpaceAdventures** wird als einer der führende Anbieter von Weltraumflügen angesehen, da alle Flüge, die Touristen zur ISS unternommen haben, seitens dieses Unternehmens in Zusammenarbeit mit der russischen Raumfahrtbehörde Roskosmos organisiert wurden (vgl. Space Adventures 2023).

7.2.3.5 Nachfrager

Das **Interesse an Weltraumreisen** ist laut Befragungen relativ hoch. Es interessierten sich nach Studien aus den 1990er-Jahren knapp 70 % der Japaner, 61 % der US-Amerikaner/Kanadier, 43 % der Deutschen und ca. 35 % der Briten für eine Weltraumreise (vgl. Crouch 2001, S. 3 f.). Einer neueren Studie zufolge liegt das Interesse am Weltraumtourismus bei den Briten nun bei ca. 55 % (großes oder sehr großes Interesse) (vgl. Reddy et al. 2012, S. 1097 f.).

Zu den Motivationsfaktoren für den Weltraumtourismus gehören der Anblick der Erde aus dem Weltraum, Schwerelosigkeit, Hochgeschwindigkeitserfahrung, ungewöhnliche Erfahrungen und ein wissenschaftlicher Beitrag (vgl. Reddy et al. 2012). In einer weiteren Studie werden als Motivationen für den Weltraumtourismus Nervenkitzel oder Risikobereitschaft, Herausforderung, Neugier, Spiritualität und Nostalgie sowie das Streben nach Anerkennung identifiziert (vgl. Laing/Frost 2019). Crouch et al. (2009, S. 442) fassen ihre Ergebnisse folgendermaßen zusammen: „younger and male respondents were significantly more interested in space tourism and, as might be expected, there was a strong positive association between current risk-taking behaviour in recreation and leisure activities and a desire to travel into space."

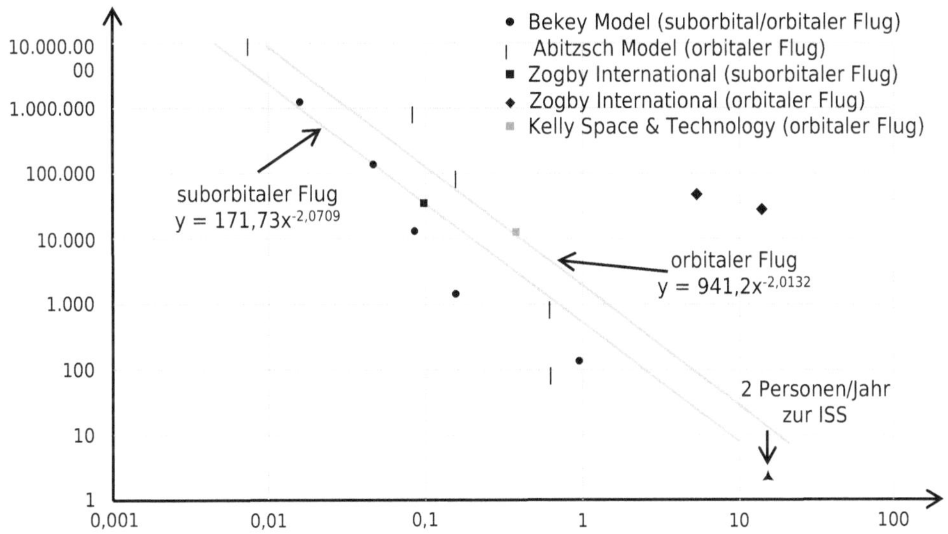

Abbildung 74: Modell der jährlichen Besucherzahl in Abhängigkeit vom Ticketpreis | Quelle: Vgl. Goehlich 2007, S. 222.

Von den zahlreichen Einflussfaktoren, die eine derartige Reiseentscheidung beeinflussen (z. B. Dauer der Reise, Sicherheit, Aktivitäten während der Reise, Bedingungen an Bord), sind der **Preis** und die **Sicherheit** mit die wichtigsten Kriterien (vgl. Crouch et al. 2009, S. 442 ff.). In einer Untersuchung von Goehlich (2007) werden verschiedene Befragungsdaten in einem Nachfragemodell zusammenfassend dargestellt.[125] Generell ist hieraus abzulesen, dass die Interessierten für einen Orbitalflug bereit sind mehr zu bezahlen als für einen Suborbitalflug. Während bei

125 Eine zusammenfassende Darstellung der bis dahin bekannten Marktstudien (z. B. NASA/STA Marktstudie, Studien in Japan, Nordamerika, Deutschland und Großbritannien) findet sich bei Crouch 2001. Die einzelnen Studien sind

angenommenen Kosten von 100.000 USD für einen Orbitalflug hiernach ca. 100.000 Passagiere pro Jahr zu generieren sind, sind es bei den gleichen Kosten um die 20.000 Passagiere pro Jahr für suborbitale Flüge (→ Abbildung 74).

Eine Prognose der Nachfrageentwicklung nach orbitalen und suborbitalen Flügen wurde bereits 2002 von Futron Corporation durchgeführt. Hiernach wurde für das Jahr 2021 eine Nachfrage von ca. 15.000 suborbitalen und etwa 60 orbitalen Passagieren pro Jahr prognostiziert. Es wurde bei diesen Prognosen davon ausgegangen, dass bereits ab 2006 suborbitale Flüge angeboten werden, was nicht der Fall ist (vgl. Futron Corporation 2002, S. 3).

Im Jahr 2013 stellte eine Nachfrageanalyse für den suborbitalen Raumtourismus fest, dass es sich um einen beträchtlichen Markt handelt, der mit 600 Kunden beginnt und bis 2030 ca. 128.000 Kunden erreichen könnte. Während das Ausmaß der Nachfrage von den Reisekosten abhängt, sind Amerikaner und Chinesen, gefolgt von Japanern, Australiern, Deutschen, Engländern, Franzosen, Italienern und Spaniern am ehesten als als potenzielle Kunden anzusehen (vgl. Le Goff/Moreau 2013, S. 144 ff.).

7.2.3.6 Zukünftige Entwicklung und weiterer Forschungsbedarf

Für eine touristische Nutzung des Weltraums werden verschiedene **Anforderungen** an die (zukünftigen) Träger des Weltraumtourismus gestellt und **Hürden** gesehen, die eine Einführung behindern bzw. ihr entgegenstehen (→ Abbildung 75). Werden diese nicht erfüllt bzw. beseitigt oder können sie nicht erfüllt werden, wird der orbitale Weltraumtourismus auch in Zukunft keine Bedeutung haben.

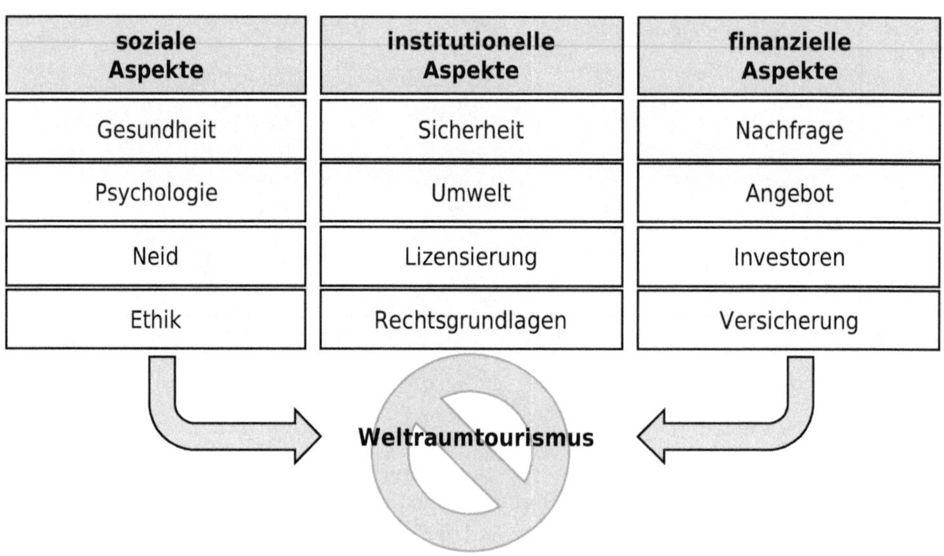

Abbildung 75: Potenzielle Hürden für die Etablierung des Weltraumtourismus | Quelle: Vgl. Goehlich 2014, S. 18.

bei Abitzsch 1996; Collins et al. 1994a; Collins et al. 1994b; Collins/Stockmans/Maita 1996; Nagatomo 1993; O'Neil et al. 1998 und 1999 veröffentlicht.

Der Erfolg hängt u. a. davon ab, ob die gegenwärtigen oder zukünftigen Marktstudien Investoren überzeugen und ob die Diskrepanz zwischen derzeitigen Startkosten und den Kosten, die nötig sind, um einen sich selbst tragenden Markt zu generieren, geschlossen wird. Verlässliche Marktstudien sind notwendig, da Investoren durch die hohen Kosten und Risiken skeptisch ggü. Weltraumtourismuskonzepten sind und staatliche Regierungsstellen es nicht als ihre Aufgabe ansehen, den Weltraum für Touristen zugänglich zu machen (vgl. Collins et al. 1996, S. 610).

Eine weitere wichtige Anforderung bzw. Hürde an den Weltraumtourismus ist der **Umweltschutz**, da der Weltraum von unschätzbarem Wert für die Menschheit und ein fragiles Ökosystem ist. In einer nicht voll abschätzbaren Umweltproblematik besteht ein kritischer Faktor für die Umsetzung, da bei einer Gefährdung der Atmosphäre die Raumfahrt auf ein Minimum beschränkt werden müsste, was eine touristische Nutzung ausschließt (vgl. Willimason 2003, S. 47). Raumfahrt wird oft mit Reisen in einen nahezu unendlichen Raum gleichgesetzt. In der Realität findet ein Großteil der Raumfahrt in der Erdumlaufbahn statt und auch Weltraumtouristen würden einen Radius von ca. 200 km nur selten verlassen. Dieser Raum ist durchaus begrenzt und bereits durch Raumfahrtrückstände (mehrere Tausend Tonnen) belastet (vgl. Gibson 1994, S. 157). Obwohl die Raumfahrtagenturen in diesem Bereich seit Langem miteinander kooperieren, fehlen effektive und wirtschaftlich tragbare Müllvermeidungsmaßnahmen. Wenn Weltraumflüge unverändert fortgesetzt werden, würde sich die Müllmenge in 50 Jahren verfünffachen und sich die Masse trotz Vermeidungsstrategien verdoppeln (vgl. Rex 1998, S. 102). Vollständig wiederverwendbare Trägerraketen sind auch aus dieser Hinsicht unbedingt notwendig. Aber selbst mit deren Entwicklung ist der Ressourcenverbrauch immens. Zum hohen Treibstoffverbrauch kommt die Versorgung der Touristen mit Sauerstoff, Wasser und Essen. Ähnlich wie der Mt. Everest würde der Mond schnell zur Deponie für leere Sauerstoffflaschen werden (vgl. Dücker 1999, S. 23). Neben der Ressourcenverschwendung hätte auch eine Gefährdung der Atmosphäre gesellschaftliche Widerstände zur Folge. Raketen müssten daher mit einem Sauerstoff-Wasserstoff-Gemisch starten. Der übrigbleibende Wasserdampf scheint harmlos, aber die Atmosphäre ist zu unerforscht, um Auswirkungen voraussagen zu können (vgl. Wöbken-Ekert 1997, S. 59). In ersten Studien wurde festgestellt, dass selbst bei mehreren 1.000 Starts pro Jahr die Auswirkungen auf die Atmosphäre vernachlässigbar sind. Es wird jedoch nicht ausgeschlossen, dass weitere Studien zu ungünstigeren Ergebnissen kommen (vgl. Abitzsch 1998, S. 10).

Weitere Aspekte, die es in naher Zukunft zu klären gilt, betreffen z. B. die medizinischen Anforderungen an Weltraumtouristen, die gesundheitlichen Risiken durch (Weltraum-) Strahlungen oder sicherheitstechnische Konzepte für Raumtransporter und Weltraumhotels (z. B. Evakuierung oder Luftversorgungssysteme im Notfall) sowie die Rechtsgrundlagen und Versicherungsfragen (vgl. Gerzer 2001; Goehlich 2014, S. 18 ff.; Nagatomo 1993).

Auch wenn es manche nicht wahrnehmen (wollen), der Weltraumtourismus hat längst begonnen und das öffentliche Interesse hieran ist hoch. Dies zeigt z. B. die wachsende Anzahl von weltraumspezifischen Angeboten terrestrischer Art und die Marktstudien, die gezeigt haben, dass Interesse für den (orbitalen) Weltraumtourismus vorhanden ist. Die ersten Konzepte und Marktstudien für einen orbitalen Weltraumtourismus sind aus Sicht der Weltraumtourismusbefürworter vielversprechend, er steht jedoch Anfang des 21. Jahrhunderts an einem Scheideweg. Nur wenn es gelingt, die an die Raumfahrtindustrie, staatliche Stellen und Tourismuswirtschaft gerichteten Anforderungen zu erfüllen, hat der (orbitale) Weltraumtourismus eine Zukunft.

Bedeutend für eine erfolgreiche Umsetzung ist v. a. die Akzeptanz eines neuen Paradigmas der Weltraumnutzung, die das Universum nicht nur als Ort der Wissenschaft, sondern auch als Ort der privaten Nutzung, wie z. B. für touristische Reisen, betrachtet und die Berücksichtigung der **nachhaltigen Nutzung des Weltalls**. Untersuchungen zu diesem Themenfeld gibt es bereits, wie bspw. von Toivonen 2020.

7.2.4 Sonstiger Luftverkehr

Im Bereich des sonstigen touristischen Luftverkehrs existieren vielfältige Angebotsformen, die an verschiedene Verkehrsmittel gebunden sind. In diesem Kapitel sollen die bisher noch nicht genauer betrachteten Bereiche des Luftverkehrs dargestellt werden: Segelflugzeug, Motorflugzeug, Motorsegelflugzeug, Wasserflugzeug, Ultraleichtflugzeug, Flugdrachen/Gleitschirme, Drehflügler und Fallschirme.[126] Auf die allgemeine Darstellung der Zusammenhänge erfolgt dann eine separate und detailliertere Betrachtung des Verkehrsmittels Hubschrauber.

7.2.4.1 Allgemeine Darstellung

Verschiedene Grundvoraussetzungen für die Durchführung der Aktivitäten müssen vorhanden sein, um den Flugsport auszuüben. Für **Gleitschirm- oder Drachenflieger** ist ein vom DHV (Deutscher Hängegleitverband) zugelassenes Fluggelände unabdingbar.

> In Deutschland gibt es ca. 950 Hängegleit-Fluggelände, von denen aus gestartet werden kann, da eine 40*50 Meter freie Fläche zur Verfügung steht und der An- und Abflug gefahrlos möglich ist. Räumlich konzentrieren sich die Startplätze v. a. auf die Mittelgebirgs- und Alpenregionen. Im Norden und Osten Deutschlands sind kaum Startplätze vorhanden (vgl. DHV 2023a; DHV 2023b).

Für **Motorflüge und Segelflüge** ist das Vorhandensein eines Landeplatzes oder eines Segelfluggeländes notwendig. Um ein **Segelflugzeug** betreiben zu können, ist es weiterhin wichtig, eine Winde oder ein Motorflugzeug bereitzuhalten, das das Segelflugzeug in die Luft ziehen kann (vgl. DAeC 2023b). Schlussendlich benötigen **Wasserflugzeuge** eine Wasserfläche, auf der sie landen können. In Deutschland ist eine Landung mit entsprechender Genehmigung auf offiziellen Wasserstraßen möglich. Weiterhin gibt es Wasserflugplätze in Welzow und Flensburg-Sonwik – ehemalige Wasserlandeplätze gab es bspw. in Hamburg, Sedlitzer See und Werder (Havel). Im Deutschen Wasserflieger-Verband e. V. sind rund 40 Piloten mit Wasserflug-Lizenz vertreten, d. h. sie haben die Wasserflugberechtigung SEP (sea) (vgl. SPAA 2023). Auch bei den anderen Verkehrsmitteln sind entsprechende Flugscheine vorzuweisen bzw. zu erreichen, um den

126 Bei den verschiedenen Verkehrsmitteln lassen sich z. T. Unterarten definieren: Segelflugzeug, Motorsegelflugzeug und Motorflugzeug stellen Unterarten der speziellen Flugzeuge dar. Auch das Wasserflugzeug gehört zu dieser Gruppe der speziellen Flugzeuge. Darüber hinaus existieren unterschiedliche Wasserflugzeuge: traditionelle Wasserflugzeuge (mit Schwimmern), Flugboote und Bodeneffektflugzeuge (Fortbewegung unter Nutzung des Bodeneffektes, z. B. das Ekranoplan). Bei den Ultraleichtflugzeugen können traditionelle Ultraleichtflugzeuge und „Very Light Airplane“ (VLA) unterschieden werden. Bei gewichtskraftgesteuerten Fluggeräten werden weiterhin das Trike, das Minimum und der Motorschirm sowie Mischformen, wie das Flyke, unterschieden. Drachenflieger werden analog zu ihrem Aufbau in Drachen mit Turmkopf und turmlose Flugdrachen unterteilt. Schlussendlich existieren im Bereich der Fallschirme Rundkappen- und Flächenfallschirme (vgl. Groß 2023, S. 61 ff.).

jeweiligen Flugsport ausüben zu können. Die vielfältigen und umfassenden Vorschriften legen für jedes Verkehrsmittel individuelle Anforderungen und Vorgaben fest (vgl. Groß 2023, S. 75 ff.).

Allgemein lässt sich festhalten, dass die verschiedenen Aktivitäten auch für Touristen angeboten werden. Das Angebot erfolgt meist direkt über **Anbieter an den Start-/Landeplätzen**, von denen aus, die verschiedenen Flüge durchgeführt werden. Die touristische Vermarktung geschieht aber auch regional über die DMOs.

Beispiele für diese **Vermarktung** existieren auf örtlicher, regionaler (z. B. Bayerischer Wal, Pfalz.Touristik und Schwarzwald) und Landes-Ebene (z. B. Bayern). Neben den DMOs agieren auch Veranstalter am Markt. Zum einen sind dies die traditionellen Reiseveranstalter und zum anderen Erlebnis-Vertriebs-Plattformen, wie die Jochen Schweizer mydays Group, die Gutscheine für Tagesaktivitäten oder Urlauber bereitstellen. Bei den zuletzt genannten Anbietern steht das Bereitstellen von Erlebnissen im Vordergrund. Diverse Angebote mit allen Luftfahrzeugen stehen zur Verfügung, wobei einfache Angebote, wie ein Gleitschirm-Schnupperflug, aber auch komplexe Produkte, wie ein Parabelflug und Astronautentraining angeboten werden (vgl. Groß/ Sand 2022, S. 89 f.).

Zur **Nachfrage des Flugsportes** lassen sich nur wenige Kernaussagen treffen. Grundsätzlich kann zwischen einer alleinigen Nutzung und Durchführung des Fluges und der Teilnahme an einem Flug unterschieden werden. Wichtige Eckdaten für das Interesse an den Flügen bieten die Mitgliederzahlen der Sportverbände. Der Deutsche Aero Club e. V.[127] hat bspw. mehr als 80.000 Mitglieder (Stand 2023), wobei die Verteilung auf die verschiedenen Sportarten unterschiedlich ist (→ Tabelle 78).

Sportart	Mitgliederzahl
Modellflug	35.723
Segel- und Motorsegelflug	24.236
Motorflug	12.111
Ultraleichtflug	3.381
Drachenfliegen/Gleitschirmfliegen	1.804
Fallschirmsport	1.340
Freiballonfahrt	1.261
Kunstflug	113

Tabelle 78: Mitgliederzahl der Sparten des Deutschen Aero Clubs (2023) | Quelle: Vgl. DAeC 2023, S. 8 ff.

Neben diesen reinen Mitgliedschaftszahlen ist das **Aktivitätsniveau der Sportler** von Interesse. Ungefähr 760.000 Deutsche gehen häufig (0,26 Mio.) oder ab und zu (0,5 Mio.) segel- oder sportfliegen (2023). Darüber hinaus gehen 1,13 % der Deutschen häufig (0,89 Mio.) oder ab und

127 Die DAeC-Mitgliedsverbände sind der Deutsche Freiballonsport-Verband e. V. (DFSV), Deutscher Kunstflug Verband e. V., Deutscher Verband zur Förderung des Sports mit leichten Luftsportgeräten e. V. (DVLL), Modellflugsport-Verband Deutschland e. V. (MFSD) sowie 16 Multi-Luftsportverbände (Landesverbände).

zu (0,25) selbst Drachenfliegen, Gleitschirmfliegen oder Paragliden (2015[128]) (vgl. ifD 2023b, S. 53; ifD 2017).

Ein zusätzlicher Anhaltspunkt zur Nachfrage sind die durchgeführten Flüge in Deutschland. Im Jahr 2023 wurden auf den vom Statistischen Bundesamt erfassten Flugplätzen (nicht-gewerblicher Luftverkehr) 977.713 Flugbewegungen mit Segelflugzeugen, 832.737 mit motorgetriebenen Luftsportgeräten, 39.287 mit nicht-motorgetriebenen Luftsportgeräten und 370.890 mit Motorseglern, Luftschiffen und bemannten Ballonen durchgeführt. Hinzu kommen 9.661 Flugbewegungen mit Segelflugzeugen, 194.460 mit motorgetriebenen Luftsportgeräten, 10.382 mit nicht-motorgetriebenen Luftsportgeräten und 4.707 mit Motorseglern, Luftschiffen und bemannten Ballonen im gewerblichen Luftverkehr (vgl. Statistisches Bundesamt 2023g). Weitere Informationen zum Nachfrageverhalten, besonders im Urlaub, liegen nicht vor.

7.2.4.2 Hubschrauber

Neben diesen allgemeinen Aussagen lassen sich v. a. beim **Hubschrauber** noch weitere touristische Nutzungsformen identifizieren. Aus diesem Grund wird der Hubschrauber als touristisches Verkehrsmittel nun detaillierter betrachtet.

Die **Entwicklung des Hubschraubers** begann bereits in der Renaissance mit der theoretischen Entwicklung eines Fluggeräts mit schraubenartigem Rotor durch Leonardo da Vinci. Hubschrauberähnliche Erfindungen waren jedoch lange Zeit erfolglos, da bis in das 20. Jahrhundert hinein keine flugtüchtigen Geräte entstanden. Bis in die **1940er-Jahre** hinein konnte die Flugtüchtigkeit und auch die Steuerbarkeit der Fluggeräte gewährleistet werden. Von diesem Zeitpunkt an konnte die Entwicklung des Hubschraubers als Fluggerät vorangetrieben werden, wobei sich **fünf Hubschrauberarten** unterscheiden lassen (vgl. Groß 2023, S. 117 f.):

- **Einzelrotorhubschrauber:** Ein Haupt und ein Heckrotor.
- **NOTAR-Einzelrotorhubschrauber:** Der NOTAR kommt ohne Heckmotor aus, wobei NOTAR für „no tail rotor" steht.
- **Hubschrauber mit Koaxialrotoren:** Zwei gegenläufige Hauptrotoren übereinander.
- **Hubschrauber mit Tandemrotoren:** Zwei gegenläufige Hauptrotoren hintereinander.
- **Hubschrauber mit Side-by-Side-Rotoren:** Zwei gegenläufige Hauptrotoren sind gegenläufig angebracht.

Für das Betreiben, d. h. das Starten und Landen, von Hubschraubern herrscht in Deutschland ein Flugplatzzwang (ausgewiesene Hubschrauberlandeplätze oder für Hubschrauber zugelassene Flugplätze), der unter Umständen mit einer zusätzlichen Genehmigung umgangen werden kann (vgl. ders., S. 120). Im Jahr 2021 gab es nach dem Luftfahrtbundesamt 717 Hubschrauber in Deutschland (vgl. LBA 2022).

> Das vielfältige Angebot für eine touristische Nutzung von Hubschraubern umfasst u. a. Taxi-Flüge, VIP-Flüge, Hochzeitsflüge und Hochzeiten an speziellen Orten, (Foto-)Rundflüge, Flüge zu speziellen Freizeiteinrichtungen bzw. entlegenen Orten und Flüge, bei denen der Tourist selber aktiv wird. Darüber hinaus werden Flüge für das Heliskiing, den Flug zu

128 Mit der Allensbacher Werbeträgeranalyse (AWA) 2016 wurde das Merkmal „Drachenfliegen/Gleitschirm fliegen/Paragliden" gestrichen (vgl. ifD 2017).

Golfabschlägen und die Rettung von Touristen aus Notsituationen, z. B. bei der Bergrettung, angeboten.

Die zuletzt genannten Arten der Helikopter-Nutzung sollen im Weiteren kurz dargestellt werden.

Beim **Heliskiing** (oder Heliboarding) handelt es sich um die Beförderung von Skifahrern in hohe Höhenlagen, in denen die Urlauber Tiefschneeskifahrten nachgehen können. Hierbei werden die Skifahrer auf einem ausgewiesenen Landeplatz abgesetzt. Die Möglichkeiten, Heliskiing zu betreiben, bestehen z. B. in Österreich, Italien, Slowenien, der Schweiz, Kanada, Neuseeland, Indien und Russland. Heliskiing ist in Deutschland und Frankreich verboten und in Lichtenstein ist der Sport auf Grund der nicht vorhandenen Landeplätze unmöglich. Als Alternative gibt es bspw. in Kanada und den USA das sog. „Catskiing“: Die Teilnehmer werden mit Pistenraupen zum Tour-Startpunkt befördert, wobei die Fahrzeuge um Sitzgelegenheiten erweitert werden.

Konkrete Zahlen und Informationen liegen zur Schweiz vor, so dass diese beispielhaft betrachtet werden soll.

▸ **Beispiel** | Heliskiing in der Schweiz

In der Schweiz gibt es 40 Gebirgslandeplätze (Landeplätze außerhalb von Flugplätze ohne Infrastruktur) mit einer Höhenlage von über 1.100 m, wobei bei 33 ein „gesamttouristisches, qualifiziertes Interesse“ besteht und 30 diese Landeplätze können zum Heliskiing angeflogen werden. Zu diesen Plätzen werden jährlich ca. 15.000 gewerbsmäßige Hubschrauberflugbewegungen durchgeführt, wobei die Anzahl witterungsbedingt gewissen Schwankungen unterworfen ist. Geschätzte drei Viertel oder zwischen 8.000 und 11.000 dieser gewerbsmässigen Bewegungen dienen dem Heliskiing, welches üblicherweise im ersten Quartal des Jahres stattfindet. Diese Bewegungen sichern indirekt auch das Training der Berufspiloten (vgl. BAZL 2015, S. 3 ff.; BAZL 2020).

Anbieter für solche Heliskiing-Reisen sind z. B. der Reiseveranstalter Volker Maas Sport- und Erlebnisreisen aus Deutschland, Alpine Heliski (Neuseeland) oder Alpine Helicopters aus Kanada. Weitere Anbieter finden sich bspw. auf 🔗 www.HeliSkiCheck.de, wo Heliskiing-Anbieter verglichen werden. Eine weitere besondere Erscheinung der freizeittouristischen Nutzung ist der 19. Abschlag des Legend Golf & Safari Golfplatzes in Südafrika. Der Abschlag auf einem Felsen kann nur per Helikopter erreicht werden. Demnach ist der Helikopter notwendiger Bestandteil des Golfspiels bzw. der Golfreise.

Helikopterverkehr wird auch indirekt durch Touristen verursacht. Die **Rettung von Touristen** (z. B. aus Notsituationen im Gebirge) wird zum Großteil mit Helikoptern der Bergwacht o. ä. gewährleistet – mehr als neun von zehn Einsätzen in deutschen Mittel- und Hochgebirgen fallen auf die Bergwacht. Diese verzeichnet jährlich in Deutschland ca. 13.000 Einsätze bei ca. 5.000 Aktiven. Bei diesen Rettungen spielen Touristen eine bedeutende Rolle (vgl. DRK 2023, S. 52).

Eine Alternative sind **virtuelle 3D-Helikopter-Flüge** über Destinationen, wie sie bspw. von AirPano angeboten werden. Dieses Non-Profit-Projekt besteht aus vornehmlich russischen Fotografen und bietet auf seiner Webseite 360-Grad-Rundum-Fotografien von Metropolen, Sehenswürdigkeiten und Denkmälern aus aller Welt sowie 360-Grad-Videos an. Normalerweise werden die Aufnahmen aus dem Hubschrauber getätigt, aber es kommen auch Flugzeuge, Luftschiffe, Heißluftballone und ferngesteuerte Helikopter zum Einsatz. Ende 2023 sind mehr als 4.500 Panoramas und 170 Videos im Angebot, so dass bspw. Dubai, der Himalaya, New York,

Moskau, die ägyptischen Pyramiden, Sydney und Venedig „überflogen“ werden können (vgl. AirPano 2023).

Abschließend lässt sich zur Nachfrage nach Helikopterflügen festhalten, dass Informationen zur touristischen Nutzung nicht vorliegen.

7.3 Wasser - Sonderbereich des touristischen Schiffsverkehrs

> Unter Wassertourismus werden Übernachtungsreisen und je nach Abgrenzung des Tourismus auch Tagesausflüge verstanden, bei denen schwerpunktmäßig Freizeitaktivitäten betrieben werden, für die das offene Meer, Küstengewässer, Seen oder Flüsse die natürlichen bzw. Kanäle und Seen die künstlich geschaffenen Voraussetzungen bieten.

In diesem Kapitel sollen zum einen die Tourismusformen auf dem Wasser betrachtet werden. Zum anderen soll der Tourismus durch Wasser betrachtet werden. Der Tourismus am Wasser wird hier auf Grund der Überschneidungen mit anderen touristischen Bereichen ausgeklammert (→ Abbildung 76).[129]

Ein Blick in die Historie zeigt, dass der Wassertourismus aus dem Wassersport hervorgegangen ist, wobei das Kanu selbst eine Erfindung der Inuit und anderer Völker ist (vgl. Groß/Sand 2022, S. 19). „In den 1920er Jahren wurden von organisierten Wassersportlern erste Kanu-Wanderfahrten abseits des Trainingsalltags durchgeführt. Und natürlich unternehmen auch heute noch Wassersportler wassertouristische Ausflüge und Urlaubsreisen und nutzen dabei zum Teil dasselbe Bootsmaterial.“ (BMWi 2013, S. 6)

Zum **touristischen Wassersport** werden v. a. Kanufahrten, der Segelsport (→ Kapitel 5.2.4), der Motorwassersport sowie weitere Sportarten, die auf dem Wasser ausgetragen werden (z. B. Surfen, Kite-Surfen, Wasserski), gezählt (→ Abbildung 76 und Freyer 2015, S. 252; MWA Sachsen-Anhalt 2004, S. 59). Eine klare Zuordnung der einzelnen Aktivitäten zu einer rein sportlichen oder rein touristischen Aktivität ist jedoch nicht möglich.

> Grundlage für die Ausübung dieser Sportarten ist das Vorhandensein entsprechender Reviere, die sich für die jeweiligen Sportarten eignen.

In den verschiedenen Flussführern des Deutsches Kanu-Verbandes e. V. werden für Deutschland Gewässer mit einer Gesamtlänge von ca. 46.000 km aufgeführt. Von dieser Strecke muss die Summe der unbefahrbaren und die zum benachbarten Ausland gehörenden Abschnitte abgezogen werden, so dass insgesamt ca. 40.000 kanugeeignete Gewässerkilometer übrigbleiben, von denen ca. 20.500 km als für Kanuten grundsätzlich befahrbar gelten können (vgl. BV Kanu 2005, S. 11). **Kanu-Reviere** liegen v. a. in Schleswig-Holstein (an der Küste und auf Binnengewässern), in Mecklenburg-Vorpommern auf Binnengewässern, Lippe, Niers und Ems in Nordrhein-Westfalen,

---

129 Eine etwas andere Abgrenzung des Wassertourismus ist im Praxisleitfaden „Wassertourismus in Deutschland“ zu finden. Hiernach gibt es in den Wassertourismus im engeren Sinne (Wasserwandern (v. a. Kanutourismus), Segeln, Motorboot fahren, Bootschartertourismus, Surfen, Wasserski, Tauchen, Angeln/Fischen, Trendsport (Rafting, Canyoning etc.), den wasserbezogenen Tourismus im weiteren Sinne (Strand-/Badetourismus, Campingtourismus am Wasser, Strandsport, Tret-/Ruderbootverleih im Urlaub, Winterwassersport u. ä., mit dem Wassertourismus verbundene Segmente (wie maritimer Industrietourismus (z. B. Werftbesichtigungen), Meeres-/Schifffahrtsmuseen u. ä. sowie die Schifffahrt (Fahrgast-, Flusskreuz-, Hochseekreuz-, Fähr- und Traditionsschifffahrt) (vgl. BMWi 2013, S. 7).

in Niedersachsen auf den Heideflüssen, südliches Ostfriesland und Hase, Gewässer im nördlichen Brandenburg, im Spreewald, auf der Saale in Sachsen-Anhalt, das Gewässersystem Fulda, Werra, Weser in Hessen und Thüringen, Lahn in Hessen und Rheinland-Pfalz sowie auf Donau, Altmühl und Regen (vgl. BV Kanu 2005, S. 14; DTV 2003, S. 37 ff.). Eine ausführliche Beschreibung von Paddelrevieren im Norden und Nordosten Dutschlands ist unter 🔗 www.flussinfo.net zu finden.

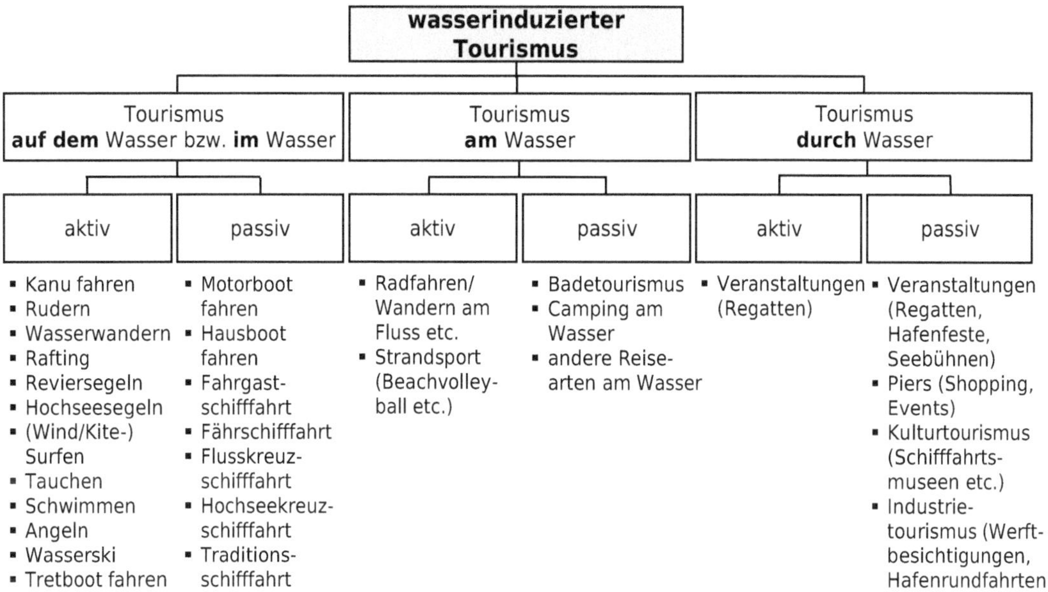

Abbildung 76: Formen des wasserinduzierten Tourismus | Quelle: Vgl. MWA Sachsen-Anhalt 2004, S. 59.

Der BV Kanu hat im Jahr 2023 eine „Grundlagenstudie Kanutourismus“ veröffentlicht, die Kanutourenanbieter sowie der Kanuten (Mietkanukunden, Individualkanuten und Vereinskanuten) befragt hat. Es werden vielfältige Informationen gegeben, bspw. sozio-demographische und verhaltensorientierte Merkmale der befragten Kanuten, die ökonomische Bedeutung des Kanutourismus, Verhalten und Präferenzen der Kanuten (vgl. BTE 2023). Nach der Studie „Wirtschaftsfaktor Outdoorsport“ wird davon ausgegangen, dass es ca. 2,5 Mio. Kanufahrende in Deutschland (4 % der Bevölkerung) gibt und dieser Wassersport zu zwei Dritteln von männlichen Sportlern betrieben wird (vgl. BMWi/BISp 2017, S. 11 f.). Auch die Mitgliederstatistik des Deutschen Olympischen Sportbundes weist für Kanu bei ca. 128.000 Mitgliedern mit ca. 62 % einen höheren Anteil an männlichen Mitgliedern aus (vgl. DOSB 2023, S. 7).

Das **Wasserski** fahren und seine Unterarten Barfuss-Wasserski, Wakeboard und Wasserski-Show ist deutschlandweit auf Seilbahn-Wasserskistrecken erlaubt. Darüber hinaus darf auf den Flüssen Elbe, Havel, Rhein, Mosel, Weser, Main und Donau in ausgewiesenen Bereichen Wasserski gefahren werden. Der weltweite Verband ist die International Waterski & Wakeboard Federation (IWWF) und in Deutschland gibt es den **Deutschen Wasserski- und Wakeboard-Verband e. V. (DWWV)**. In letzerem sind mehr als 50 Vereine organisiert, die wiederum den Landesfachverbänden Wasserskiverband Berlin-Brandenburg, Wasserskiverband Mecklenburg-Vorpommern, Wasserskiverband Nordrhein-Westfalen, Wasserski und Wakeboard Verband Niedersachsen/Bremen, Landesverband Rheinland-Pfalz und Landesverband Bayern angehören. Zudem sind 13 Wasserskilifte Mitglied im DWWV (Ende 2023) (vgl. DWWV 2023).

Surf-Reviere für das Hydrofoil-, Kite-, Wing-, Wind-Surfen, Wellenreiten/Surfen und weiteren Unterarten (z. B. Skim- und Bodyboarding) liegen in Deutschland insbesondere entlang der Nord- und Ostseeküste. Das Wind- und Kite-Surfen ist auf Binnengewässern ebenso möglich. Wichtige Standorte sind hierbei Seen, wie die Müritz, das Steinhuder Meer, der Zülpich See, der Starnberger See, der Ammersee und der Bodensee (vgl. DTV 2003, S. 37 ff.). Auch im Ausland gibt es eine Reihe von Surfgebieten- Beispielhaft seien hier Australien, Frankreich, Großbritannien, Indonesien, Marokko, Neuseeland, Portugal, Spanien, Südafrika und in den USA genannt.

Über die Existenz der Wasserwege hinaus sind Rahmenbedingungen für die Durchführung der sportlichen und/oder touristischen Aktivität notwendig. Die Planung einer neuen wassertouristischen Anlage oder die umfangreiche Erweiterung einer vorhandenen Anlage macht in der Regel eine Vorgehensweise erforderlich, welche sich in die Phasen Konzepterstellung und Einholung notwendiger Genehmigungen unterteilen lässt. Im **Praxisleitfaden Wassertourismus in Deutschland** des Bundeswirtschaftsministeriums sind hierzu ausführliche Informationen, wie Arbeitshilfen, Beschreibungen der Genehmigungsverfahren und Praxisbeispiele, zusammengestellt. Als positives Beispiel für die Gestaltung der Rahmenbedingungen kann das **„Blaue Band" in Sachsen-Anhalt** genannt werden. Dieser Zusammenschluss hat es sich zum Ziel gesetzt, den Wassertourismus in der Region gezielt zu fördern und eine nachhaltige Nutzung der Wasserstraßen zu gewährleisten. In diesem Zusammenhang wurden z. B. ein wassertouristisches Leitsystem und ein spezifisches Informationssystem entwickelt. Weitere Ziele sind der Bau von Steganlagen und die verstärkte inhaltliche Vernetzung der Angebote (vgl. Blaues Band e. V. 2012, S. 1).

Anhaltspunkte zur Nachfrage sind die **Mitgliedszahlen in den Wassersport-Verbänden**, die eine touristische Relevanz haben. Die Mitgliedszahlen belaufen sich demnach im Jahr 2023 auf 193.751 Segler, 127.966 Kanuten, 101.327 Motoryachtfahrer, 57.949 Sporttaucher, 3.022 Wasserski-Fahrer und 1.826 Wellenreiter. Weiterhin kann der Schwimmverband mit 562.977 Mitgliedern hinzugezählt werden (vgl. DOSB 2023, S. 7 ff.). Diese Zahlen sagen jedoch nichts über die konkrete Ausübung des Sportes aus. Hierfür muss die Ausübungsintensität betrachtet werden, wie in folgender → Tabelle 79 geschehen.

Sportart	Ausübungsintensität (häufig)	Ausübungsintensität (ab und zu)
Angeln/Fischen	1,16 Mio.	5,47 Mio.
Motorboot fahren	0,44 Mio.	3,18 Mio.
Tauchen	0,46 Mio.	4,63 Mio.
Segeln	0,44 Mio.	2,85 Mio.
Surfen	0,32 Mio.	2,56 Mio.

Tabelle 79: Ausübung der wasserinduzierten Sportarten | Quelle: ifD 2023b, S. 52 f.

Im Tourismus durch Wasser stellt auch die Ausrichtung von **wassersportlichen Veranstaltungen** einen wichtigen Bestandteil des touristischen Wassersports dar. Hier sei auf Events, wie die Kieler Woche, die HanseSail in Rostock oder der Hamburger Hafengeburtstag verwiesen oder Regatten, wie der America's Cup – als bekannteste und älteste ausgetragene Segelregatta – oder der Admirals Cup. Anhaltspunkt für die touristische Bedeutung können hier die Besucherzahlen sein. Der Hamburger Hafengeburtstag zieht jährlich ca. 1 Mio. Besucher an und die Kieler Woche wird jährlich von mehr als 3,5 Mio. Menschen besucht (vgl. hamburg.de GmbH & Co. KG 2023; Landeshauptstadt Kiel 2023).

▸ Wiederholungsfrage

1. Nennen und erläutern Sie kurz drei Institutionen/Verbände der Eisenbahnbranche!
2. Erläutern Sie die Grundzüge und die Entwicklung der europäischen Eisenbahnpolitik!
3. Erläutern sie den Aufbau der Deutschen Bahn AG und gehen Sie dabei kurz auf die Aufgaben der verschiedenen Geschäftsfelder ein!
4. Nennen Sie fünf Zuggattungen der Deutsche Bahn AG!
5. Nennen und erläutern Sie kurz drei intermodale Angebote der Deutschen Bahn AG!
6. Erläutern Sie kurz die Systematisierung der Begbahnen und nennen Sie die Arten von Bergbahnen!
7. Erläutern Sie kurz die verschiedenen Produktbestandteile von Luxuszügen!
8. Nennen Sie drei deutsche Interessensverbände/Organisationen des Caravannings!
9. Nennen und erläutern Sie die verschiedenen Typen von Freizeitfahrzeugen!
10. Welche Unternehmen treten als Vermieter von Krafträdern auf?
11. Welches sind die wichtigsten touristischen Angebote für Krafträder?
12. Erläutern und unterscheiden Sie den Wandertourismus i. e. Sinne und i. w. Sinne!
13. Nennen Sie Kriterien, nach denen Wanderarten unterschieden werden können, und nennen Sie die verschiedenen Wanderarten je Kategorie!
14. Erläutern Sie die Abgrenzung Radtourismus im engeren und weiteren Sinne und gehen Sie dabei auch auf die Tourismus-Definition der UNWTO ein!
15. Nennen Sie Kriterien für die Abgrenzung von Radtourismusarten und nennen Sie je ein Beispiel!
16. Nennen Sie kurz urlaubstouristische Nutzungsformen von Pferdefuhrwerken und Kutschen!
17. Wie ist laut Bundesverkehrsministerium die Zulassung von Segways geregelt?
18. Nennen und erläutern Sie die existierenden Draisinenarten!
19. Stellen Sie kurz den Ursprung der Rikscha dar!
20. Nennen Sie fünf Ballonarten und erläutern Sie zwei Ballonarten genauer!
21. Nennen und erläutern Sie die drei Arten des Weltraumtourismus!
22. Ist Zeppelin der Oberbegriff für alle Luftschiffe? Gehen Sie bei Ihrer Antwort kurz auf die drei klassisch zu unterscheidenen Arten von Luftschiffen ein!
23. Wie lässt sich die Angebotsseite des Zeppelin-Marktes unterteilen?
24. Nennen Sie fünf Sportarten des sonstigen touristischen Luftverkehrs!
25. Nennen Sie drei Arten des Hubschraubers!
26. Stellen Sie die verschiedenen Formen des wasserinduzierten Tourismus kurz dar!

8 Verkehrskonzepte für Destinationen

Im Folgenden wird auf ausgewählte Verkehrskonzepte eingegangen, die für touristisch geprägte Städte und Gemeinden eine besondere Bedeutung haben. Nachdem zunächst die touristische Beschilderung dargestellt wird, schließen sich Ausführungen zum Mobilitätsmanagement und der Autofreiheit im Tourismus an.

▸ **Lernziele**

Sie lernen ...

- welche rechtlichen Grundlagen es bei der (touristischen) Beschilderung gibt,
- die Aufgaben und die Ausgestaltung touristischer Leitsysteme kennen,
- die Entwicklung und heutige Bedeutung touristischer Routen zu verstehen,
- was unter Mobilitätsmanagement zu verstehen ist und welche Besonderheiten eines Mobilitätsmanagements im Tourismus zu beachten sind,
- wie die verschiedenen Arten der Autofreiheit im Tourismus auseinanderzuhalten sind und
- wie der autofreie Tourismus/die sanfte Mobilität als Form des Qualitätstourismus ausgestaltet werden kann.

8.1 Touristische Beschilderung

Auf Grund ihrer **mangelnden Ortskenntnis** sind viele Touristen bei der An- und Abreise, im Zielgebiet und z. T. auch an öffentlichen Einrichtungen (z. B. Verkehrsstationen wie Bahnhöfe und Flughäfen, Messegelände oder Sportstätten) auf Informationen und Orientierungshilfen angewiesen, auch wenn die mobilen Navigationssysteme in den letzten Jahren in Deutschland bzw. Europa zugenommen haben. Im Jahr 2021 hat – laut der Verbaucher- und Medienanalyse (VuMA) – nahezu jeder zweite Haushalt in Deutschland ein Navigationsgerät (48,9 %) zur Verfügung[130] (vgl. AG VuMA 2021, S. 55 ff.).

Insbesondere für erstmalige Besucher, die bei der Ankunft in einer Zielregion und/oder Gebäude keine konkreten Kenntnisse über die örtlichen Gegebenheiten haben, sind Informationen, die die Orientierung und das Auffinden nachgefragter Ziele erleichtern, wichtig (vgl. Eilzer 2007, S. 16; Freyer/Lübbert 1996, S. 92).

Begriffe, die mit Instrumenten und Maßnahmen der Information und Steuerung von Besuchern verbunden werden, sind **Besucherleitsysteme**, **Besucherlenkung** und **Besucherinformation**. „Aus der Verwendung der drei Begrifflichkeiten lassen sich unterschiedliche Schwerpunkte und Zielrichtungen ableiten, die mit dem Einsatz von Leitsystemen, Lenkungs- und Informationsmaßnahmen verfolgt werden. Bei einem Leitsystem geht es vorrangig um das Hinführen zu bestimmten Zielen, Lenkung wird eher restriktiv gebraucht und setzt an Konfliktfeldern an. Bei der Besucherinformation steht die Wissensvermittlung im Vordergrund, die im Unterschied zum Leiten und Lenken nicht zwingend raumbezogen sein muss.“ (Eilzer 2007, S. 14) Aufbauend auf

130 Das Institut für Demoskopie Allensbach weist im Jahr 2022 für 25,4 % (17,93 Mio.) der Haushalte ein festinstalliertes Navigationssystem im Auto aus (vgl. ifD 2023a, S. 95).

vorhandenen Definitionsansätzen (vgl. z. B. Beyer 1995, S. 2; Freyer/Lübbert 1996, S. 92; MWA LSA 2002, S. 15) wird folgende Definition für Besucherleitsysteme formuliert:

> „Ein Besucherleitsystem umfasst Instrumente und Maßnahmen, die die Gäste raumbezogen über das touristische Angebot informieren, sie vor Ort zu den Angeboten hinführen und im Bedarfsfall bezüglich der räumlichen und zeitlichen Verteilung beeinflussen. [...] Raumbezogene Informationen bedeutet, dass in den Informationen spezifische Hinweise in Form von Ortsangaben, Karten oder Wegbeschreibungen enthalten sind, so dass sie eine Leitfunktion vor Ort ausüben können." (Eilzer 2007, S. 15 f.)

Tourismusbezogene Untersuchungen zur Beschilderung decken ein breites Themenspektrum ab. Es wird bspw. die Verständlichkeit von (Verkehrs-)Schildern untersucht, u a. die Wahrnehmung und Verständlichkeit von Straßenschildern bei (internationalen) Touristen (z. B. Dissanayake/Lu 2001; Dudek et al. 1996). Es wird aber auch der Frage nachgegangen, ob Touristen in einer unbekannten Umgebung (z. B. Thailand) Verkehrszeichen missverstehen und falsch interpretieren oder (unbewusst) gegen die lokalen Verkehrsgesetze verstoßen (vgl. Choocharukul/Srioongvikrai 2016, S. 4518 ff.). Neben Untersuchungen zu Straßenschildern existieren auch Erhebungen, bei denen touristische Informationsschilder auf ihre Verständlichkeit hin beurteilt wurden – Neill et al. (2016) ließen beispielsweise fünf Schilder für eine „Tourist-Information" testen. Darüber hinaus wurden die Zufriedenheit mit der Beschilderung (u. a. Ballantyne et al. 2008, S. 30, Findlay/Southwell 2004, S. 230), die Wahrnehmung von Straßennamen durch Touristen und der (potenzielle) Zusammenhang mit der Destinationserfahrung (u. a. für Macau bei Yan/Lee 2014, S. 432 ff.), die Bedeutung im Marketing von Destinationen (z. B. Bade 2006, S. 130 f.; Steinecke 2013, S. 96 f.) sowie die Beobachtung zur Wirksamkeit der Beschilderung (in Wäldern) (z. B. Findlay/Southwell 2004, S. 230) untersucht. Weitere Beiträge setzen sich mit dem Entscheidungs-, Informations- und Planungsprozess von Reisenden vor und während der Reise sowie mit der Navigation während einer Reise auseinander – und zwar nicht nur für Nutzer des motorisierten Individualverkehrs (d. h. insbesondere Auto, Wohnmobil, Motorrad), sondern auch für Wanderer, Radfahrer, Mountainbiker, Reiter, Wasserwanderer usw. Letztlich sei auf Beiträge hingewiesen, die auf die (mögliche) Beeinflussung des Umweltverhaltens mittels einer Beschilderung in Hotels (z. B. Goldstein et al. 2008, S. 472 ff.), die Abfallmitnahme in Nationalparks (z. B. Brown et al. 2010, S. 879 ff.) oder die Anregung, einen „freiwilligen Eintritt" zu bezahlen (z. B. Steckenreuther/Wolf 2013, S. 58 ff.), eingehen.

8.1.1 Aufgaben touristischer Leitsysteme

Die **wichtigsten Aufgaben touristischer Leitsysteme** lassen sich in sechs Bereiche zusammenfassen, die je nach Ausgestaltung eine unterschiedliche Bedeutung erfahren und insbesondere für Leitsysteme in Städten und Gemeinden selbst Gültigkeit besitzen (vgl. Beyer 1995, S. 3 ff.; Freyer/Lübbert 1996, S. 93; Schmidt 2012, S. 128):

- **Verkehrsvermeidung:** Minderung des touristisch bedingten Verkehrs (v. a. Parkplatz- und Hotelsuchverkehr), der vornehmlich im Innenstadtbereich stattfindet.
- **Regelung des ruhenden Verkehrs:** Lenkung der Touristen hin zu Besucherparkplätzen, so dass die nicht für Touristen ausgewiesenen Parkplätze vorrangig Einheimischen zur Verfügung stehen. Die Touristen können auf den Besucherparkplätzen durch geeignete Maßnahmen, wie z. B. Informationstafeln oder beginnende Fußgängerbeschilderung, auch

dazu motiviert werden, sich die für sie relevanten Ziele zu Fuß oder mit Verkehrsmitteln des ÖPNV zu erschließen.

- **Effiziente Lenkung an gewünschte Ziele:** Schnellstmögliches und sicheres Auffinden der gewünschten Ziele, wie Hotels, gastronomische Einrichtungen, Sehenswürdigkeiten, Freizeitgebiete o. ä.
- **Erschließung neuer touristischer Ziele:** Touristen können über abseits der Hauptrouten liegende Attraktionen und Aktivitäten informiert werden.
- **Generierung wirtschaftlicher Effekte:** Auswärtige Besucher können durch bessere Information und Lenkung Zeit gewinnen, die sie für den Besuch weiterer Sehenswürdigkeiten, Gaststätten o. ä. nutzen können; sie können aber auch mit einer höheren Zufriedenheit zurück an ihren Heimatort reisen, so dass die Wahrscheinlichkeit eines Wiederholungsbesuchs gesteigert wird.
- **Einheitliches Gesamtbild:** Ein abgestimmtes touristisches Leitsystem (z. B. Anpassung an Stadtbild, Vermeidung überflüssiger „Schilderwälder") kann eine Stadt in einem einheitlichen Gesamtbild präsentieren und einen Beitrag zur Schaffung einer Corporate Identity leisten.
- **Gastfreundlichkeit:** Durch Leitsysteme brauchen Gäste keine Reiseliteratur und/oder Karten mitzuführen und signalisieren auch der einheimischen Bevölkerung, dass der Tourismus in der Region erwünscht ist und gefördert wird.

8.1.2 Rechtliche Grundlagen

Wichtige **gesetzliche Grundlagen** für touristische Leitsysteme bzw. Beschilderung stellen die Straßenverkehrsordnung (StVO) und die ergänzende Allgemeine Verwaltungsvorschrift zur StVO (VwV-StVO) sowie die technischen Regelwerke „Richtlinien für die wegweisende Beschilderung außerhalb von Autobahnen (RWB)", „Richtlinien für die wegweisende Beschilderung auf Autobahnen (RWBA)" und „Richtlinien für die touristische Beschilderung (RtB)" dar. Bis zum Jahre 1988, in dem die „Vorläufige Richtlinie für touristische Hinweise an Straßen (RtH)" in Kraft trat, war die touristische Beschilderung nur unzureichend geregelt. Es gab zwar die „Richtlinien über nichtamtliche Hinweiszeichen auf Einrichtungen mit besonderem Verkehrsbedürfnis außerhalb des Erschließungsbereichs der Ortsdurchfahrten" aus dem Jahre 1985, amtliche Verkehrszeichen für die Beschilderung von touristischen Routen existierten bis zu diesem Zeitpunkt jedoch bspw. nicht (vgl. BASt 2023a).

Darüber hinaus gibt es eine Reihe weiterer Regelungen, v. a. für den Fußgänger- und Radverkehr. Hier seien bspw. das „Merkblatt zur wegweisenden Beschilderung für den Radverkehr", das „Merkblatt zur wegweisenden Beschilderung für den Fußgängerverkehr", die „Empfehlungen für Radverkehrsanlagen", die „Hinweise zu Radschnellverbindungen und Radvorrangrouten", die „Hinweise zum Radverkehr außerhalb städtischer Gebiete", die „Empfehlungen für Fußgängerverkehrsanlagen", „Empfehlungen für barrierefreie Verkehrsanlagen" oder die „Hinweise zur Signalisierung des Radverkehrs" zu nennen (siehe hierzu 🔗 www.fgsv.de/netzwerk/gremien). Über die für Gesamtdeutschland geltenden Regelungen gibt es in den einzelnen Bundesländern weitere Regelungen.

Auf Grund der vielfältigen Regelungen und größtenteils detaillierten Ausarbeitungen werden die wichtigsten übergreifenden Regelungen überblickshaft dargestellt, auf eine umfassende Darstellung aller genannter Regelwerke wird jedoch verzichtet und es wird bei Bedarf auf die Einzelwerke verwiesen.

8.1.2.1 Straßenverkehrsordnung (StVo)

In der StVO (vom 06. März 2013, zuletzt geändert am 28. August 2023) werden Verkehrszeichen in **Gefahrzeichen** (z. B. Steinschlag, Schnee- oder Eisglätte), **Vorschriftzeichen** (z. B. Halteverbot oder Überholverbot) und **Richtzeichen** (z. B. Vorfahrtstraße oder verkehrsberuhigte Bereiche) unterschieden.

Touristisch bedeutsame Richtzeichen sind vorrangig im Abschnitt 9 „Hinweise" und 10 „Wegweisung" der Anlage 3 zu den Richtzeichen (zu § 42 Absatz 2) zu finden. Beim Richtzeichen 358 („Erste Hilfe") wird bspw. erläutert, dass durch solche Zeichen mit entsprechenden Sinnbildern auch andere Hinweise gegeben werden können, wie auf Fernsprecher, Notrufsäule, Pannenhilfe, Tankstellen, Zelt- und Wohnwagenplätze, Autobahnhotel, Autobahngasthaus, Autobahnkiosk. Auf Hotels, Gasthäuser und Kioske wird nur auf Autobahnen und nur dann hingewiesen, wenn es sich um Autobahnanlagen oder Autohöfe handelt. Darüber hinaus wird das Zeichen 386, der touristische Hinweis, die touristische Route und die touristische Unterrichtungstafel (→ Kapitel 8.1.2.3 „Richtlinie für die touristische Beschilderung") im → Abschnitt 9 angeführt.

Im Abschnitt 10 sind sowohl die Pfeilwegweiser (z. B. die Zeichen 415, 418, 419 und 432) die Tabellenwegweiser (Zeichen 434) und die Vorwegweiser (438–440, 442) als auch das Zeichen 432 touristisch relevante Zeichen (→ Abbildung 77). Letztgenanntes Zeichen weist zu innerörtlichen Zielen und zu Einrichtungen mit erheblicher Verkehrsbedeutung, z. B. zu einem Bahnhof, Schloss, Kongresszentrum oder Rathaus, zu einer Touristinformation oder ins Zentrum. Weitere Regelungen für die Anwendung sind den im nachfolgenden Abschnitt erläuterten Richtlinien RWB und RWBA zu entnehmen.

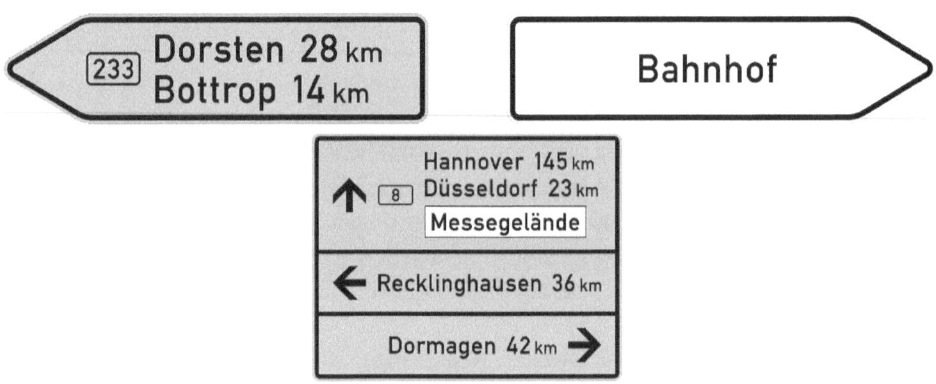

Abbildung 77: Zeichen 415 (links), Zeichen 432 (rechts) und Zeichen 434 (unten) | Quelle: BASt 2023b.

Die **Anbringung von Beschilderungen auf öffentlichen Flächen** regelt § 45 Absatz 3 der StVO. Hiernach bestimmen die Straßenverkehrsbehörden[131], wo und welche Verkehrszeichen und -einrichtungen anzubringen und zu entfernen sind. Die Straßenbaubehörden[132] bestimmen – vorbehaltlich anderer Anordnungen der Straßenverkehrsbehörden – die Art der Anbringung

131 Die Straßenverkehrsbehörden sind die in Deutschland nach § 44 StVO durch Landesrecht bestimmte und zur Überwachung und Ausführung der Straßenverkehrsordnung zuständige Verwaltungsbehörden. Nach Maßgabe des Landesrechts kann die Zuständigkeit der obersten Landesbehörden und der höheren Verwaltungsbehörden im Einzelfall oder allgemein auf eine andere Stelle übertragen werden.

132 Auf kommunaler Ebene i. d. R. das jeweilige Tiefbauamt.

und der Ausgestaltung, wie Übergröße, Beleuchtung. Sie können auch Gefahrzeichen anbringen, wenn die Sicherheit des Verkehrs durch den Zustand der Straße gefährdet wird.

Die **Ausführung der Maßnahmen** (z. B. Beschaffung, Anbringung, Betrieb, Unterhaltung und Entfernung) und die Kostenübernahme erfolgt bei amtlichen Beschilderungen i. d. R. durch den jeweiligen Baulastträger (§ 45 Absatz 5 StVO). Bei innerörtlichen Aufstellungsmaßnahmen ist dies normalerweise das kommunale Tiefbauamt. „Hat sich z. B. das örtliche Straßenverkehrsamt nach Prüfung der Sachlage zur Errichtung eines touristischen Leitsystems entschlossen, so ergeht durch das Straßenverkehrsamt die Anordnung an das ausführende Amt in der Kommune, die entsprechende Beschilderung vorzunehmen. Bevor die Anordnung durch das Straßenverkehrsamt ergeht, erfolgen i. d. R. noch nach Konsultationen, z. B. mit der Polizei, mit anderen Fachämtern und Beteiligten sowie Rundgänge, um die konkrete Situation vor Ort zu prüfen." (Beyer 1995, S. 6) Des Weiteren wird in § 51 StVO festgehalten, dass die Kosten der Zeichen 386.1, 386.2 und 386.3, abweichend von § 5b Absatz 1 des Straßenverkehrsgesetzes, derjenige trägt, der die Aufstellung dieses Zeichens beantragt.

8.1.2.2 RWBA und RWB

Die **Richtlinien für die wegweisende Beschilderung auf Autobahnen (RWBA)** enthalten die Regeln für Systematik, Gestaltung und Aufstellung der wegweisenden Beschilderung auf Bundesautobahnen (das sog. „Blaue System" der Wegweisung). Aus dem besonderen baulichen und verkehrlichen Charakter des Straßentyps Autobahn sind auch besondere Anforderungen an die Autobahnwegweisung begründet. Sie übernimmt zum einen die Aufgabe, den Verkehr zu Zielen außerhalb der Autobahnen zu führen, zum anderen hat sie eine Funktion für den Autobahnverkehr selbst, indem sie auf Service-einrichtungen an der Strecke hinweist (z. B. Parkplätze, Raststätten, Dienstleistungen).

Die Wegweisung muss dem Verkehrsteilnehmer einen frühzeitigen Hinweis für seine zu treffenden Fahrentscheidungen über das Verlassen der Autobahn (Anschlussstellen) oder über den Wechsel auf eine andere Autobahn (Autobahnkreuze oder -dreiecke) sowie über Fahrtunterbrechungen (z. B. Parkplätze, Raststätten Dienstleistungen) geben. Die **Richtlinien für die wegweisende Beschilderung außerhalb von Autobahnen (RWB)** enthalten dagegen die Regeln für Systematik, Gestaltung und Aufstellung der wegweisenden Beschilderung an Straßen außerhalb von Bundesautobahnen. Mit diesen Richtlinien werden das „Gelbe System" und das „Weiße System" der Wegweisung behandelt. Die RWB regeln ein beschildertes Leitsystem für alle Verkehrsteilnehmer des öffentlichen Straßenverkehrs. Leitsysteme nur für Radfahrer oder Fußgänger sind nicht Gegenstand dieses Regelwerkes (vgl. BASt 2023a).

8.1.2.3 Richtlinien für die touristische Beschilderung (RtB)

In den RtB werden die Grundlagen für eine einheitliche Beschilderung an Straßen für touristische bedeutsame Ziele und touristische Routen gelegt. Als Ziele dieser Richtlinien gelten, konsistente, nachvollziehbare Vorgabe für eine einfache Anwendung und Umsetzung zu schaffen, die Beschilderung unter Berücksichtigung grundlegender verkehrstechnischer Aspekte (z. B. Schriftgröße, Standort) zu vereinheitlichen und zu verbessern sowie insgesamt eine eindeutige und sichere Zielführung zu gewährleisten. Die von den Straßenbaubehörden aufgestellten Schilder sind an alle Verkehrsteilnehmer gerichtet, sprechen jedoch v. a. die Bedürfnisse von motorisierten Verkehrsteilnehmern an (vgl. MWA LSA 2005, S. 7; Schmidt 2008, S. 786). Der **touristische Hinweis** kann in dreierlei Hinsicht verwendet werden (vgl. RtB 2008, S. 8 ff.):

- Beschilderung von touristisch bedeutsamen Zielen an Straßen außerhalb von Autobahnen (Zeichen 386.1),
- Beschilderung von touristischen Routen (Zeichen 386.2) und
- Beschilderung von touristischen Unterrichtstafeln an Autobahnen (Zeichen 386.3).[133]

> „Mit dem Zeichen 386.1 darf nur auf bedeutsame Ziele hingewiesen werden, die von allgemeinem touristischem Interesse sind, erheblichen touristischen Verkehr anziehen und sich grundsätzlich nicht mehr als 10 km entfernt (Luftlinie) befinden sollen." (RtB 2008, S. 9)

Diese Vorgabe definiert erstmals touristische Sehenswürdigkeiten und zählt typische Beispiele auf bzw. nennt Beispiele, die nicht im Sinne der RtB zu behandeln sind. Hiernach zählen z. B. Kultur-, Bau- und Bodendenkmäler, Welterbestätten der UNESCO, Naturdenkmäler, Gärten, Landschaftsparks, Erholungs-/Freizeitgebiete (z. B. Freizeit- oder Wildparks) sowie Kriegsgräberstätten zu den touristisch bedeutsamen Zielen. Private, öffentlich zugänglich Ziele, Einrichtungen für temporäre Großveranstaltungen (z. B. Messe, Stadion), Beherbergungs- und Gaststättenbetriebe und öffentliche Anlagen und Einrichtungen, die v. a. den Einheimischen dienen (z. B. Sportanlagen, Schwimmbäder), werden dagegen ausgeschlossen (vgl. DTV 2009; RtB 2008, S. 10 f.). Das Zeichen 386 darf seit 2008 in die wegweisende Beschilderung nach RWB (gelbe Beschilderung) integriert werden.

> Das Zeichen 386.2 kennzeichnet einen Straßenverlauf als touristische Route, wobei die Straße über einen längeren Verlauf einen Namen erhält (ggf. mit einem zusätzlichen Symbol) und außerhalb von Autobahnen, autobahnähnlich ausgebauten Straßen und Kraftfahrstraßen liegen muss.

Die RtB legt darüber hinaus u. a. folgende Inhalte fest: „Entlang der touristischen Routen müssen die kulturellen Zusammenhänge, Sehenswürdigkeiten, touristischen Einrichtungen usw., nach denen die Straße einen Namen erhalten hat, auch sinnfällig, häufig und deutlich in Erscheinung treten. [...] Das gewählte Thema soll ein ‚Alleinstellung' haben und konkrekt sein. Es muss ein landschaftlich oder kulturell begründeter Name gegeben werden. Nur überregional bedeutende und dauerhafte Inhalte sollen Gegenstand der Kennzeichnung sein, die dem Touristen thematisch abgegrenzte spezielle Attraktionen bieten (z. B. Kulturhistorie, Landschaft). [...] Eine eindeutige Trägerschaft für die gesamte touristische Route ist Voraussetzung für die Kennzeichnung." (RtB 2008, S. 13)

> Mit dem Zeichen 386.3 (→ Abbildung 78) wird letztlich auf touristisch besonders bedeutsame Ziele hingewiesen, die entweder von der Autobahn aus sichtbar sind oder grundsätzlich nicht weiter als 10 km (Luftlinie) von einer Autobahnanschlussstelle entfernt liegen.

Der letztgenannte Hinweis stellt klar, da die ausgeschilderten Sehenswürdigkeiten nicht von der Autobahn aus sichtbar sein müssen. In Ausnahmefällen darf auf Ziele in einer größeren Entfernung hingewiesen werden darf („Ziele mit herausragender touristischer Bedeutung") und

133 Über die im Folgenden dargestellten Informationen finden sich zu den einzelnen Zeichen in der RtB vielfältige Hinweise bspw. zu Bestandteilen und Funktionen der Beschilderung, zur Gestaltung und zu Grundsätzen der Anwendung sowie Hinweise zur Regelaufstellung.

in begründeten Ausnahmefällen dürfen auch mehr als zwei Unterrichtungstafeln zwischen zwei Autobahnknotenpunkten aufgestellt werden (vgl. RtB 2008, S. 14; DTV 2009).

Abbildung 78: Zeichen 386.3 (Unterrichtungstafel an Autobahnen) | Quelle: BASt 2023b.

Anträge für Beschilderungen mit den drei behandelten Zeichen sind an die zuständigen Straßenverkehrsbehörden zu richten, wobei dem jeweiligen Antrag Pläne für den Entwurf des Zeichens beizufügen sind, und fachkundige Stellen, wie Tourismusverbände oder die für den Naturschutz und Denkmalpflege zuständigen Stellen, im Anordnungsverfahren (nach § 45 StVO) beteiligt werden. Bei positiver Entscheidung erlässt die Straßenverkehrsbehörde die verkehrsrechtliche Anordnung zur Aufstellung der touristischen Beschilderung und die Straßenbaubehörde beschafft die Schilder. Der Antragssteller hat die Kosten, d. h. die Erstellung, Beschaffung, Aufstellung, Unterhaltung (inklusive Reparatur oder Ersatzbeschaffung) und ggf. Demontage der Beschilderung, zu tragen (vgl. RtB 2008, S. 16).

Mit den touristischen Unterrichtungstafeln werden insbesondere die zwei folgenden Funktionen verbunden. Sie sollen zum einen Kenntnisse über Landschaften, Städte und Sehenswürdigkeiten vermitteln, d. h. die Unterrichtungstafeln sollen Deutschland und seine Sehenswürdigkeiten den interessierten Autofahrer (z. B. Tagesausflüger, Touristen) näherbringen. „Im Schnelldurchlauf lernt der Autofahrer die deutsche Heimat kennen." (Bade 2004, S. 130) Zum anderen sollen sie animieren, die durchgehende Straße zu verlassen, die Reise zu unterbrechen. Der Tourismus soll gefördert werden und Nutzer des motorisierten Individualverkehrs (v. a. Pkw, Wohnmobil, Motorrad) animieren, um die eine oder andere touristische Attraktion näher kennen zu lernen und Kaufkraft in die jeweiligen Destinationen zu bringen (vgl. Bade 2006, S. 130 f.; Groß 2020, S. 19 f.).

▸ **Studien** | Touristische Unterrichtungstafeln in Deutschland

Drei Teilstudien zur Wahrnehmung und Erinnerung der touristischen Unterrichtungstafeln an Autobahnen und die Beeinflussung der Reiseentscheidung wurden im Jahre 2019 erarbeitet. Ziel war es herauszufinden, inwiefern die touristischen Unterrichtungstafeln an Autobahnen zur Steuerung von Besuchern eignen, ob sie wahrgenommen und erinnert werden sowie ob sie das Entscheidungsverhalten beeinflussen. Ausgewählte Ergebnisse werden kurz skizziert, Details können in den entsprechenden Veröffentlichungen nachgelesen werden (v. a. Groß 2020; Groß/Felser 2020; Groß/Huber 2020; Groß/Reinboth 2019).

Zwei von drei Personen (66,4 %) geben an, dass sie sich an touristische Unterrichtungstafeln und die darauf abgebildeten Sehenswürdigkeiten, Städte oder Landschaften erinnern können. Etwas mehr brauchen etwas länger zum Nachdenken (43,3 %), aber fast jedem Vierten (23,1 %) fallen sofort Beispiele ein. Die Mehrheit derjenigen, die sich generell an touristische Unterrichtungstafel erinnern können, kann sich an zwei bis drei Schilder erinnern (59,6 %). Jeder fünfte kann sich noch an vier bis fünf Schilder erinnern (20,8 %). Die höchsten beiden Klassen (6 bis 10 Schilder und mehr als 10 Schilder) werden dagegen nur von wenigen Personen angegeben. Fast jeder sechste Befragte (17,1 %) ist bereits mindestens einmal aufgrund einer touristischen Unterrichtungstafel spontan von einer Autobahn abgefahren, um die abgebildete Sehenswürdigkeit, Stadt oder Landschaft zu besuchen. Der Großteil der Befragten hat (auch) innerhalb des letzten Jahres einen spontanen Besuch durchgeführt (87,2 %). Ein (42,0 %) oder zwei (23,9 %) spontane Besuche fanden innerhalb der letzten zwölf Monate am häufigsten statt.

8.1.2.4 Ausgestaltung eines touristischen Besucherleitsystems

Besucherleitsysteme bestehen aus den drei Instrumenten Beschilderung, Lenkung und raumbezogene Information. Das erstgenannte Instrument wird dabei als das wichtigste für ein Besucherleitsystem angesehen und die verschiedenen Arten von Beschilderungen haben entsprechend ihrer jeweiligen Hauptfunktion wegweisenden, informierenden oder einschränkenden Charakter (vgl. Eilzer 2007, S. 27).[134]

Wegweiser[135] dienen der Orientierung im Vorbeigehen/-fahren, indem sie in Form eines einmaligen Hinweises auf ein nahegelegenes Ziel zeigen oder durch wiederkehrende Hinweise eine Orientierungskette zum Ziel darstellen. **Informations- und Orientierungstafeln** enthalten eine oder mehrere Karten, in denen das touristische Angebot im räumlichen Zusammenhang sowie die Netzstruktur der verschiedenen Freizeitrouten deutlich werden. Sie können umfangreiche Inhalte vermitteln, wie z. B. Auskunft über Wanderrouten oder Ausflugsmöglichkeiten. Während Informations- und Orientierungstafeln v. a. an Eingangsbereichen, zentralen Orten und Knotenpunkten aufgestellt werden, kommen Wegweiser an Knotenpunkten, Kreuzungen und Einmündungen zum Einsatz. **Ge- und Verbotsschilder** zeigen Einschränkungen an. Erstgenannte Schilder stellen eine Art „passives Verbot" dar und versuchen, ein erwünschtes oder gefordertes Verhalten durch Nennung der erlaubten Regelung zu erwirken (z. B. Gestattung der Nutzung ausgewählter Wege in sensiblen Gebieten für Wanderer oder Aufforderung an Fahrradfahrer, ihr Rad an bestimmten Stellen zu schieben). Verbotsschilder sind demgegenüber

134 In einer weit gefassten Interpretation von Besucherleitsystemen werden auch Lenkungsinstrumente (z. B. Wegebelag, gezielte Pflanzungen, Aufschüttung, Zäune, Markierung durch Steine) und raumbezogene Informationen (z. B. Karten, Routenvorschläge) zum Instrumentarium von Besucherleiteinrichtungen gezählt. Im Folgenden wird jedoch der Schwerpunkt auf die Beschilderung selbst gelegt. Weiterführende Informationen zu den anderen beiden Instrumentarien finden sich bspw. bei Eilzer 2007, S. 30 ff. oder Job 1991, S. 225 ff.

135 Es werden verschiedene Formen von Wegweisern unterschieden, so z. B. Fahnenwegweiser und Tabellenwegweiser, Hauptwegweiser und Zwischenwegweiser oder Vollwegweiser und Kurzwegweiser bzw. Markierungszeichen. Für weitergehende Informationen siehe z. B. Eilzer 2007, S. 27 f. und MWA LSA 2005, S. 19.

mit einem restriktiven Charakter belegt und schließen Verhaltensweisen, Zutritte oder Nutzungen für einzelne Personengruppen explizit aus (vgl. Eilzer 2007, S. 27 ff.; MWA LSA 2005, S. 19).

Für touristische Destinationen werden folgende Komponenten für eine touristische Beschilderung als wichtig erachtet, die bspw. je nach geographischer Lage, Größe und Bedeutung des Tourismus für die Stadt beachtet werden müssen (vgl. Beyer 1995, S. 12, Freyer/Lübbert 1996, S. 93).

Amtliche Wegweisung

Die amtliche Wegweisung bezieht v. a. die Hinweis- und Wegweisungszeichen auf den kommunalen, Landes- und Bundesstraßen ein (StVO § 40–42) und wurde bereits im Kapitel 8.1.2 vorgestellt.

Parkleitsystem

Ein Parkleitsystem ist ein Informationssystem, das die Parkmöglichkeiten in einer Stadt anzeigt, wodurch Ortsunkundigen eine Orientierungshilfe gegeben und der Parkplatzsuchverkehr verringert wird. Es werden statische und dynamische Leitsysteme unterschieden. Erstgenannte beinhalten Schilder, die nur den Namen des Parkplatzes und einen Richtungspfeil beinhalten. Letztgenannte Leitsysteme zeigen auf Basis von computergestützten Zählungen der ein- und ausfahrenden Fahrzeuge auf variablen Displays an, ob noch freie Plätze verfügbar sind. Statische Parkleitsysteme sind v. a. für Destinationen geeignet, „[...] in denen die Parkraumnachfrage weder zeitlich noch räumlich das Parkraumangebot überschreitet. Die Besucherströme werden in kleineren Orten frei auf die zur Verfügung stehenden Plätze verteilt (z. B. P1, P2, P3) oder in größeren Orten grob nach Zielgebieten (z. B. Kurzone, Altstadt) getrennt. Dynamische Parkleitsysteme sind besonders in Tourismusorten mit hohem Parkdruck sinnvoll. Hier wird der (ortsfremde) Autofahrer bereits beim Erreichen der Innenstadt über die aktuelle Belegung der Parkierungsanlagen informiert." (ADAC 2004, S. 56)

Hotelleitsystem

Ein **Hotelleitsystem** führt den ortsunkundigen Besucher zu den Übernachtungsmöglichkeiten und trägt zur Minderung des Hotelsuchverkehrs bei. „Die Anzahl der Hotels und damit die Zahl der Ziele beeinflussen Art und Aufbau der Hotelwegweisung. Beim informierenden System werden alle Hotels pro Wegweiserstandort als Einzelziel ausgewiesen, beim lenkenden System dagegen als Sammelziel. Sind maximal sechs Hotels als Ziele auszuweisen, so kann jedes Hotel mit seinem Namen als Einzelziel auf dem Wegweiser aufgeführt werden. Bei mehr als sechs Zielen auf einem Wegweiser ist es zweckmäßig, benachbarte Hotels zu Sammelzielen zusammenzufassen und in der Wegweisung als Zone darzustellen. Um übersichtlich zu bleiben, sollten pro Ort nicht mehr als vier Zonen gebildet werden." (ders., S. 59 f.)

Als Beispiel kann Bad Tölz mit seinem Hotelleitsystem herangezogen werden. Die Stadt ist in sechs Zonen aufgeteilt und das Hotelleitsystem besteht aus 17 großen Vorwegweisern, 33 mittleren Wegweisern und 104 kleinen Wegweisern – insgesamt hat das Hotelleitsystem mehr als 43.000 Euro gekostet (für Schilder, Material, Arbeitsleistung, Kfz und Geräte), wobei die eigentlichen Planungskosten nicht einbezogen sind und sich die Beherbergungsbetriebe mit knapp 5.800 Euro beteiligt haben (→ Abbildung 79).

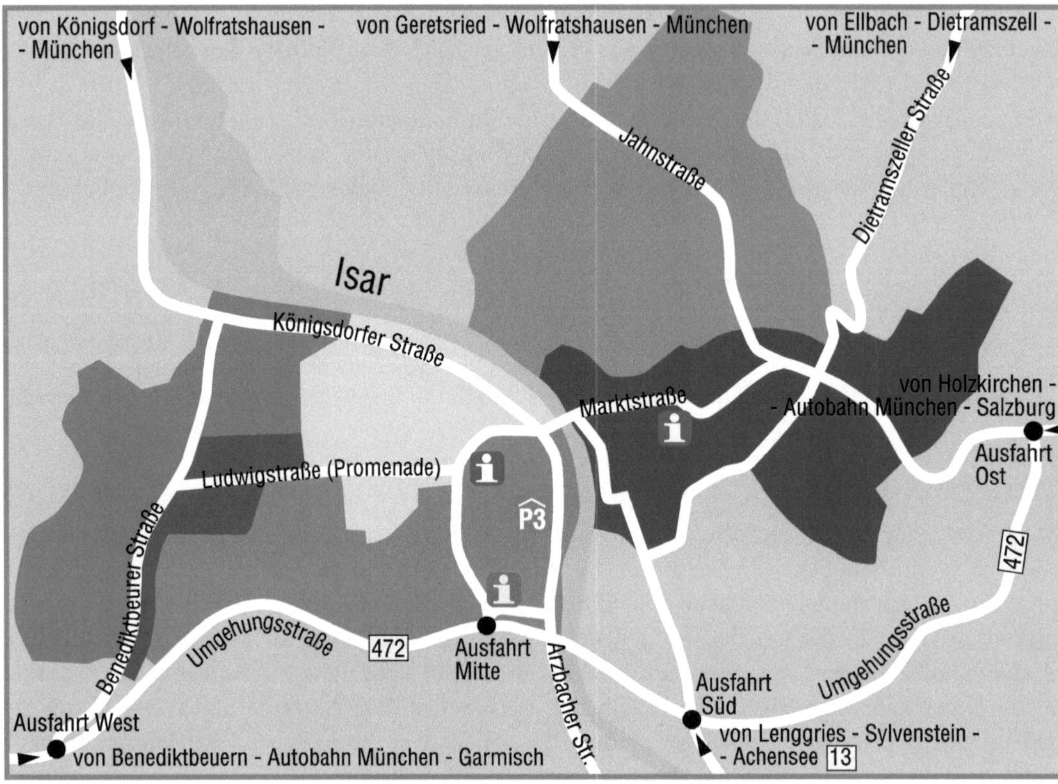

Abbildung 79: Hotelleitsystem in Bad Tölz mit sechs Zonen | Quelle: Stadt Bad Tölz 2023.

Fußwege- und Radwegesysteme sowie Wasserwanderer und Reiter

Wegweiser für Fußgänger und Radfahrer können sowohl städtische Gebiete als auch Routen umfassen, die außerhalb des kommunalen Gebietes liegen bzw. im Stadtgebiet beginnen/enden und hauptsächlich im Außenbereich liegen. **Fußgängerwegweisersysteme in städtischen Gebieten** erleichtern es den Fußgängern, die für sie relevanten Einrichtungen aufzusuchen (z. B. Sehenswürdigkeiten, Touristinformation, WCs, Hotel- und Gaststättenbetriebe) und wieder zum Ausgangspunkt zurückzufinden. Die Wegweiser werden an Kreuzungen im Verlauf ausgewählter Wegeverbindungen zwischen Quellstandorten (z. B. Bahnhof, Besucherparkplatz oder Rathaus) und Zielobjekten aufgestellt (vgl. MWA LSA 2005, S. 13).

Beim Fußgängerverkehr lassen sich die sog. **ziel- und routenorientierten Wegweisungen** unterscheiden. Diese können aber auch kombiniert eingesetzt werden, was vom ADAC als die optimale Lösung eingestuft wird. „Die zielorientierte Wegweisung leitet den Fußgänger auf kürzestem Weg an sein Ziel und stellt das Gerüst der Fußgängerwegweisung dar. Dabei werden die einzelnen Ziele jeweils aus verschiedenen Richtungen ausgewiesen, d. h. die Zielführung erfolgt von verschiedenen Ausgangspunkten aus. Bei der routenorientierten Wegweisung werden die Fußgänger nacheinander zu ausgewählten Zielen geführt. In der Regel wird ein Rundkurs ausgewiesen, d. h. Ausgangs- und Endpunkt sind identisch. Die häufigste Form ist der klassische Stadtrundgang, bei dem themenbezogene touristische Ziele (z. B. Museen, Denkmäler) auf einer bestimmten Route zusammengefasst werden.“ (ADAC 2004, S. 65 f.) Eine sorgfältige Auswahl der Ziele (z. B. Sehenswürdigkeiten wie Kirchen, Schlösser, Museen) oder öffentlichen Einrichtungen wie Rathaus, Bahnhof, Touristinformation, Parkhäuser oder Haltestellen) ist notwendig, um eine Überfrachtung zu vermeiden (ca. 10–15 Ziele). Sofern mehr Ziele einbezogen werden sollen, können verschiedene Einzelziele begrifflich zu einem Sammelziel zusammengefasst werden (z. B. „Altstadt" oder „Zentrum") und nach Erreichen des übergeordneten Ziels werden dann die Einzelziele separat ausgewiesen (vgl. ADAC 2004, S. 66).

▸ **Beispiel** | Digitales Fußgängerleitsystem in Stuttgart

Mit einem digitalen Fußgängerleitsystem werden Wegweisung und dynamische Inhalte verknüpft, wobei smarte Stelen Fußgänger in Echtzeit über Events und Sehenswürdigkeiten informieren. Im Rahmen des Projekts „Digital Layer City Stuttgart" ergänzte das Fraunhofer Institut für Arbeitswirtschaft und Organisation ein bestehendes Fußgängerleitsystem durch die Konzeption eines digital-vernetzten Informationssystems. „Das Leitsystem soll aber nicht nur für eine bessere Orientierung sorgen, sondern auch zu spontanen Veranstaltungsbesuchen animieren und die Buchungszahlen steigern. Die Stelen werden per GPS gesteuert und weisen mit bewegbaren Pfeilen und LED-Displays in die Richtung der jeweiligen Veranstaltungsorte. Angaben zur Entfernung sowie zur Nutzung des Nahverkehrs auf Deutsch und Englisch werden ebenfalls angezeigt. Alle drei Minuten wechseln die Veranstaltungshinweise und die Pfeile richten sich automatisiert neu aus. Über QR-Codes kann die mobile Landingpage mit weiterführenden Informationen sowie der Option zur Ticketbuchung und Google Maps-Navigation zum Veranstaltungsort aufgerufen werden. Bislang sind zwei smarte Stelen in der Stuttgarter Innenstadt in Betrieb. Sie dienen nicht nur der Besucherlenkung, sondern sind auch kostenloser W-LAN-Hotspot für Einheimische und Gäste." (DTV 2023b)

Wegweisersysteme außerhalb städtischer Gebiete betreffen v. a. (überregionale) Wanderwege und Wegweisungen im ländlichen Wegenetz. Bei der **Wanderwegweisung** ist die Zielwegweisung dagegen „[…] traditionell der Routenwegweisung untergeordnet, worauf bereits die Tatsache hindeutet, dass Routenlogos an exponierter Stelle im Vollschild angeordnet sind." (Schmidt 2012, S. 133) Die im Deutschen Wanderverband zusammengeschlossenen Wandervereine betreuen bundesweit rund 300.000 km Wanderwege mit mehreren Tausend Wegewarten (vgl. DWV 2023b, S. 7). Außerdem werden Wanderwege von verbandsungebundenen Vereinen und Initiativen, Gemeinde, Kreisen, örtlichen oder regionalen Tourismusorganisationen und Naturparken unterhalten.

„An der Spitze der Wegehierarchie stehen die Europäischen Fernwanderwege, gefolgt von Internationalen Wanderwegen und Weitwanderwegen sowie einer deutlichen größeren Zahl von Hauptwanderwegen. […] Am stärksten vertreten sind sowohl hinsichtlich ihrer Anzahl als auch hinsichtlich der Gesamtlänge die örtlichen Wanderwege. […] Wanderwege erschließen in der Regel landschaftlich attraktive Gebiete, wobei insbesondere ein kleinräumiger Wechsel von Wald und Feld, ein bewegtes Relief und natürlich Gewässer als ästhetische ansprechend empfunden werden." (Becker 2000, S. 88) Wegweiser werden an Kreuzungen und teilweise auch auf freier Strecke aufgestellt sowie bei Wegenetzen im ländlichen Raum auch an exponierten Standorten, wie z. B. in der Ortsmitte und am Ortsrand, an Wanderparkplätzen oder an Rastplätzen. Als stark nachgefragte Hauptwanderwege können der Harzer Hexenstieg, der Rennsteig in Thüringen oder der Rothaarsteig im Siegerland und Westerwald genannt werden (vgl. ders., S. 89; MWA LSA 2005, S. 14 f.).

Abbildung 80: Routen des EuroVelo-Projektes (Stand 2023) | Quelle: European Cyclists Federation 2023b.

Auch bei der **Radfahrerwegweisung** wird zwischen zielorientierten und routenorientierten Ansätzen unterschieden, so wie erstmals von der Forschungsgesellschaft für Straßen- und Verkehrswesen (FGSV) 1998 in einem Merkblatt propagiert (vgl. FGSV 1998b). Erster Ansatz versucht, den Radfahrer auf kürzestem Wege bzw. in kürzester Zeit an sein Ziel zu leiten. „Die routenorientierte Wegweisung versucht, den Radfahrer auf einer touristischen Route (Themenroute, Rundkurs, Fernradweg) zu halten. […] Während die zielorientierte Wegweisung mit ihren Ziel-, Entfernungs- und Richtungsangaben im Alltag und in der Freizeit am meisten eingesetzt wird, hat die routenorientierte Wegweisung einen wesentlich kleineren Anwendungsbereich. Die hierbei verwendeten Routenpiktogramme sind in erster Linie für den Fahrradtouristen relevant. Um ein Nebeneinander beider Systeme mit einer verwirrenden Doppelwegweisung zu vermeiden, sollten die Routenplaketten unbedingt in die zielorientierte Wegweisung integriert werden [...]." (ADAC 2004, S. 68)

Bei den **Fernradwegen** gibt es sog. EuroVelo-Routen (→ Abbildung 80) und das sog. D-Netz in Deutschland. EuroVelo wird auf transnationaler Ebene vom Europäischen Radfahrerverband (European Cyclists' Federation, ECF) in Zusammenarbeit mit einem Netzwerk nationaler Euro-Velo-Koordinationszentren (NECCs) entwickelt und koordiniert. Es soll bis zum Jahr 20230 ein Netz von siebzehn Radfernwege mit einer Länge von über 92.000 km entstehen, wobei Ende 2023 ca. 66 % (ca. 60.000 km) des Netzwerkes fertiggestellt sind (vgl. ECF 2023c, S. 1).

> Das „Radnetz Deutschland" (auch D-Netz/-Route genannt) bildet die Grundlage für den Radtourismus und ist in das europäische Radfernwegenetz (EuroVelo) eingebunden. Es setzt sich aus zwölf Radfernwegen und dem „Radweg Deutsche Einheit" zusammen. „Das Radnetz Deutschland verbindet alle Regionen Deutschlands miteinander. Sämtliche D-Routen führen über bestehende Radfernwege oder beschilderte Radnetze und sind so ausgewählt, dass interessante Start- und Zielorte einer Radreise einfach miteinander verknüpft werden können. So entsteht die Möglichkeit, eine Radreise auf sicheren, komfortablen und erholsamen Routen zu planen und zu erleben, indem mehrere Fluss- oder Themenradwege einfach miteinander kombiniert werden. Diese Routen sind in der Regel mit einer Beschilderung versehen, in vielen Teilen der Republik ist zusätzlich das Routensymbol der D-Route angebracht. Serviceangebote, Übernachtungsmöglichkeiten oder Sehenswürdigkeiten unterschiedlicher touristischer Radrouten werden durch die D-Routen miteinander verknüpft und damit als übergreifende Angebote für Radreisende erlebbar. Die D-Routen 1 bis 6 verlaufen von West nach Ost, die D-Routen 7 bis 12 von Nord nach Süd und verbinden bestehende Radfernwege miteinander. Ursprünglich als ‚D-Netz' gestartet, ist das Radnetz Deutschland fester Bestandteil der Maßnahmen des Nationalen Radverkehrsplanes der Bundesregierung." (BALM 2023)

Die Namen der einzelnen Routen sind Nordseeküstenroute, Ostseeküstenroute, Europaroute, Mittelland-Route, Saar-Mosel-Main, Donau-Route, Pilgerroute, Rhein-Route, Weser-Romatische Straße, Elberadweg, Ostsee-Oberbayern und Oder-Neiße-Radweg. Das Logo der Routen zeigt ein Rad, das auf der linken Seite Speichen hat, auf der rechten Seite die Nummer des betreffenden Weges auf rotem Grund (vgl. Schneewolf/Grimm 2006, S. 15).

Zwei besondere Zielgruppen für ein touristisches Besucherleitsystem stellen **Wasserwanderer** (z. B. Kanus, Kajaks und Hausboote) und **Reiter** dar. Für erstgenannte sind wasserseitige Hinweisschilder auf Anlegestellen und Informationen über touristische Angebote in der Nähe der Anlegestelle hilfreich. Ein Angebot ist die sog. „Gelbe Welle" vom Deutschen Tourismusverband (DTV), welches in Abstimmung mit dem Wasser- und Schifffahrtsamt sowie der Wasserschutzpolizei entwickelt wurde. Die **Gelbe Welle** ist nicht nur für motorisierte Wassertouristen ausgelegt, sondern es gibt auch ein Extra-Schild für Kanuten („Gelbe Welle Kanu"). Sie signalisiert Bootsurlaubern, dass sie am Standort willkommen sind, wobei kein Qualitätsversprechen zur Standortattraktivität mit dem Schild verbunden ist, sondern die Botschaft, dass dort das Anlegen für Gäste möglich ist (vgl. BMWi 2013, S. 39). „Der DTV hat die deutschlandweiten Markenrechte an der ‚Gelbe Welle' im August 2004 vom Tourismusverein Berlin Treptow-Köpenick erworben. Die ‚Gelbe Welle' ist ein Hinweisschild mit hohem Wiedererkennungswert, das im gesamten Bundesgebiet vertrieben wird." (DTV 2023a)

Ein Informationssystem mit Qualitätsversprechen ist dagegen das **Qualitätssiegel – maritim** des Deutschen Motoryachtverbandes (DMYV) für Vereinsanlagen („Pollersiegel") sowie Hafenanlagen und Marinas. Dieses vermittelt den Wassersportlern/-touristen, dass sie an diesem Standort eine geprüfte Qualität erwarten können (vgl. DMYV 2016, S. 1 ff.).

Auch für **Reiter** gibt es die Möglichkeit, auf (über-)regionalen Wegen unterwegs zu sein. Sie können jedoch nur eine begrenzte Zahl von Wegen nutzen, da sie auf unbefestigte Wege angewiesen sind und je nach Bundesland die reitrechtlichen Bestimmungen unterschiedlich sind. Obwohl in den letzten Jahren eine Reihe neuer (über-)regionaler Reiterwege in Deutschland entstanden sind, gibt es immer noch relativ wenig Fernreiterwege. Als Beispiele können das Reitwegenetz in Sachsen, das Saarland („Saarland im Sattel"), die Projekte „Eifel zu Pferd", „Sternreiten" in der Altmark, „Wanderreiten auf der Schwäbischen Alb", der „Badische Reiterpfad" und der „Gestütsweg" zwischen Mecklenburg und Brandenburg genannt werden (vgl. BTE 2009, S. 60 ff.; VFD 2023).

Gesetzliche Grundlage für die Kennzeichnung von Reitwegen in Deutschland ist die StVO – hierfür gibt es das Verkehrszeichen 238 „Reitwege". Darüber hinaus wird in einigen Bundesländern die Kennzeichnung der Reitwege im Walde geregelt, wie bspw. im Landschaftsgesetz Nordrhein-Westfalen, im Waldgesetz des Landes Brandenburg oder im Landeswaldgesetz Schleswig-Holstein.

Ankunftsinformation

Durch **Informations- und Orientierungstafeln** (z. B. Stadtplan an den wichtigsten Einfahrtstraßen einer Stadt, an Bahnhöfen oder auf Besucherparkplätzen) kann den ankommenden Besuchern eine frühzeitige Orientierungshilfe über Lage und Inhalt der touristischen Angebote der Stadt (z. B. Sehenswürdigkeiten, Touristinformation, Hotels, Gaststätten, Rund- und Wanderwege), Angebote des ÖPNV sowie bei Informations- und Orientierungstafeln an Einfahrtstraßen auch über die Besucherparkplätze im Innenstadtbereich gegeben werden (vgl. Freyer/Lübbert 1996, S. 93).

Objektinformation

Objektinformationen können bspw. in Form von Objekttafeln, von im Boden eingelassenen Steine (z. B. „Steine der Erinnerung" in Wien und „Stolpersteine"[136]) oder von Modellen zum Abtasten (v. a. für Sehbehinderte und Blinde) Erläuterungen zu natürlichen oder baulichen Sehenswürdigkeiten sowie geschichtlichen Ereignissen geben, wobei die Informationen in verschiedenen Sprachen angelegt sein können.

Leitsysteme innerhalb öffentlicher Einrichtungen

In **öffentlich zugänglichen Einrichtungen**, wie bspw. Flughäfen, Messegelände, Sportstätten, Häfen oder Bahnhöfe, benötigen Ortsunkundige auch Orientierungshilfen. Flughafen- und

136 Bei den „Stolpersteinen" handelt es sich um ein Projekt des Künstlers Gunter Demnig, der mit diesen Gedenktafeln an das Schicksal der Menschen erinnern möchte, die von Nationalsozialisten ermordet, deportiert, vertrieben oder in den Freitod getrieben wurden. Die Stolpersteine sind kubische Betonsteine, auf deren Oberseite sich eine individuell beschriftete Messingplatte befindet. Ende 2023 wurden über 100.000 Steine in etwa 1.260 Städten und Gemeinden in Deutschland und in 21 Ländern Europas gesetzt (vgl. Demnig 2023).

Messegesellschaften, Sportstättenbetreiber u. ä. bedienen sich immer häufiger speziellen Informationsdesignern, die sich auf das Anbringen von Wegweisern in derartigen Einrichtungen spezialisiert haben.

Planungshilfen für die Konzeption von Leitsystemen sowie die Darstellung konkreter Fallbeispiele sind in den letzten Jahren vermehrt zu finden. Beispielhaft sei auf die Veröffentlichungen von Berger 2005, Beyer 1995, Calori/Vanden-Eynden 2015, Eilzer 2007, Freyer/Lübbert 1996, Groß 2021b, Lunger/Schreiber 2009 und Dreyer et al. 2012 verwiesen. Diese geben detaillierte Informationen bspw. zu den Grundlagen der Orientierung bzw. der Psychologie des Zurechtfindens, zu Planungsgrundlagen, zum Projektablauf oder zu Inhalten von Leitsystemen und weisen daneben eine Reihe von Best-Practice-Beispielen auf. Darüber hinaus gibt es eine Reihe von (touristischen) Beratungsunternehmen, die Informationen, Hilfestellungen usw. geben.

8.1.3 Touristische Routen

Das Zeitalter der **touristischen Routen**[137] begann in Deutschland im Jahre 1927, als die Deutsche Alpenstraße gegründet wurde. Bis 1950 entstanden vier weitere touristische Routen, die Deutsche Weinstraße (1935) und die Schwarzwald-Hochstraße (1939), die Grüne Küstenstraße (1946) (die heute nicht mehr touristisch vermarktet wird) sowie die Romantische Straße (1950). Seit dem Aufkommen des verstärkten motorisierten Individual- und Reiseverkehrs in den 1960er-Jahren wurden vermehrt touristische Routen geschaffen.

> Eine Analyse der Gründerjahre aller touristischen Routen in Deutschland zeigt, dass nach dem 2. Weltkrieg während zweier Gründungswellen etwa 90 % aller touristischen Routen eingerichtet wurden. Die erste Gründungswelle fand in den 1970er-Jahren in der Bundesrepublik Deutschland statt und nach der deutschen Wiedervereinigung entstanden in einer zweiten Gründungswelle in den 1990er-Jahren v. a. in Ostdeutschland weitere touristische Routen (vgl. Demhardt 2000, S. 64).

Die genaue Anzahl touristischer Routen in Deutschland zu benennen, ist schwierig, da es keine übergeordnete Organisation gibt bzw. die einzelnen Trägerorganisationen keine Daten an das Statistische Bundesamt melden. Laut dem „Nationalatlas Tourismus und Freizeit" aus dem Jahr 2000 gibt es mehr als 160 touristische Routen in Deutschland. Andere Untersuchungen sprechen von 120 und 180 ausgewiesenen Routen (vgl. Nexus 2001, S. 49), führen aber einschränkend ein, dass eine komplette Übersicht zu allen existenten Ferienstraßen und Ferienstraßeninitiativen weder in der Literatur noch durch Rückfragen bei den Tourismusverbänden recherchiert werden konnte. Eine ältere Veröffentlichung aus dem Jahre 1994 hat 155 touristische Routen recherchiert und auch der ADAC spricht von über 150 Strecken (vgl. ADAC 2004, S. 23; Müller 1994, Anlage A1). Auch neuere Veröffentlichungen und Übersichten im Internet gehen von rund 150 touristischen Routen in Deutschland aus. Eine Vermarktungsinitiative stellt die 2009 in Kooperation mit dem ADAC gestartete Plattform 🔗 www.ferienstrassen.info dar. Hier finden sich Ende 2023 fast 50 Routen und zahlreiche Reiseziele.

137 Neben dem Begriff „touristische Route" finden sich in der wissenschaftlichen Literatur und Praxis bspw. auch die synonym verwendeten Begriffe „Ferienroute", „Ferienstraße", „Fremdenverkehrsstraße", „Kulturroute", „Reiseroute", „Touristikroute", „Touristikstraße", „Touristische Straße", „Touristenstraße", „Urlauberstraße" oder „Urlaubsstraße" (vgl. Müller 1994, S. 3).

Definitionen von touristischen Routen finden sich verschiedene, wie z. B. in einer Veröffentlichung des Vorläufers des Deutschen Tourismusverbandes aus dem Jahre 1981. Hiernach „[...] sind Ferienstraßen oder Touristikstraßen auf Dauer angelegte, genau bezeichnete Reiserouten auf Bundes- und Landesstraßen, die dem Reisegast thematisch abgegrenzte spezielle Attraktionen bieten." (DFV 1981, S. 7) Eine andere Definition charakterisiert touristische Routen als „[...] Ferienstraßen mit thematischer, verkehrslenkender Kennzeichnung zu touristischen Zentren mit Sehenswürdigkeiten kultureller oder landschaftlicher Art [...]." (Schröder 2007, S. 303) Eine wiederum andere Definition versteht unter Touristenstraßen „Kooperationen von sehenswerten Touristenorten, die über eine Straßenverbindung nacheinander angefahren werden können." (Mundt 2008b, S. 713) Touristische Routen werden auch verstanden als „[...] genau bezeichnete Routen auf Bundes- und Landesstraßen, die zu bestimmten Themen eine Fülle von Sehenswürdigkeiten kultureller und landschaftlicher Art bieten [...]." (Lang 1991, S. 129)

Als Zusammenfassung aus den Definitionsbeispielen lassen sich **fünf Merkmale** ableiten, durch die eine touristische Route per Definition gekennzeichnet ist (vgl. DFV/ADAC 1996, S. 10; Müller 1994, S. 5):

- Dauerhaftigkeit,
- genaue Bezeichnung der Reiseroute (eindeutige Streckenführung),
- auf Bundes- und Landesstraßen (keine Autobahn),
- Angebot an thematisch abgegrenzten, speziellen Attraktionen kultureller, landschaftlicher, historischer, baulicher oder gastronomischer Art und
- verkehrslenkende Kennzeichnung (Beschilderung).

Bei touristischen Routen gibt es vier **Arten der Streckenführung**. Routen können einen linienförmigen Verlauf haben (z. B. Romantische Straße), einen Rundkurs (z. B. Klassikerstraße Thüringen) darstellen, netzartig sein (z. B. Oberschwäbische Barockstraße) und aus unverbundenen Teilabschnitten bestehen (z. B. Bocksbeutelstraße) (vgl. Müller 1994, S. 95 und S. 109).

Die **typische Streckenlänge** in Deutschland liegt dabei bei 100–300 km, selten sind es mehr als 500 km.[138] Da touristische Routen primär im Regionalmarketing genutzt werden, sind sie mehrheitlich in nur einem Bundesland verankert. Wenige Straßen durchqueren mehrere Bundesländer und einige Straßen führen grenzüberschreitend ins benachbarte Ausland. Die in Mannheim beginnende Burgenstraße wurde z. B. 1994 über Karlowy Vary nach Prag ausgedehnt, seit 2018 führt sie aber „nur" noch nach Bayreuth. Und die Straße der Kaiser und Könige führt von Frankfurt am Main über Aschaffenburg, Würzburg, Nürnberg, Passau und Wien bis nach Budapest.

Thematisch können touristische Routen in „Landschaft", „Gastronomie/Lukullik" und „Kulturhistorie/-historik" unterschieden werden. „Die Kategorie ‚Landschaft' ist für fast alle touristischen Routen zutreffend. Touristische Routen führen i. d. R. immer durch landschaftlich reizvolle Gegenden. Der Thematik ‚Landschaft' werden diejenigen zugeordnet, deren Namen einen Hinweis auf eine bestimmte Region (z. B. Hunsrückhöhenstraße bzw. auf eine Landschafts- oder Naturform (z. B. Grüne Küstenstraße' gibt. Die Kategorie „Gastronomie" beinhaltet sämtliche touristischen Routen zum Thema Wein oder Bier (z. B. Ahr-Rotweinstraße, Blocksbeutelstraße). Der überwiegende Teil der touristischen Routen weist eine kulturhistorische Thematik auf. Gerade in diesem Bereich ist die Themenvielfalt besonders breit gefächert." (DFV/ADAC 1996,

138 Ausnahmen sind die Deutsche Ferienroute Alpen–Ostsee (ca. 1.700 km) und die Deutsche Alleenstraße, die eine Länge von ca. 2.900 km aufweist und damit Deutschlands längste Ferienstraße ist.

S. 16) Beispiele für die letztgenannte Thematik sind Burgenstraßen, die Deutsche Uhrenstraße, die Kannenbäckerstraße oder die Oberschwäbische Barockstraße.

Wichtig für die Funktionsfähigkeit touristischer Routen ist ein **Träger**, der „[...] die organisatorische Basis für die Planung und für die erfolgreiche Vermarktung der touristischen Route darstellt. Im Idealfall besteht die Trägerschaft aus mehreren Mitgliedern." (ADAC/DFV 1996, S. 15) Als Mitglieder kommen v. a. Ministerien, Landkreise, Stadtverwaltungen und Tourismusorganisationen (z. B. Verbände, Vereine, GmbHs) auf kommunaler, regionaler und überregionaler Ebene in Betracht. Der Träger hat bspw. Koordinationsaufgaben, das Marketing, die Konzeption und/oder ggf. die Weiterentwicklung und Finanzierung wahrzunehmen. Touristische Routen werden – wie in Kapitel 8.1.2.1 bereits erwähnt, durch das Zeichen 386.2 der StVO gekennzeichnet.

8.2 Mobilitätsmanagement im Tourismus

Lösungsansätze für eine nachhaltigere Bewältigung des tourismusbedingten Verkehrs können an der Verlagerung, der verträglichen Abwicklung und Vermeidung ansetzen, wobei Letzteres durch den bei Reisen notwendigen Ortswechsel schwierig zu realisieren ist. Bisherige Ansätze setzen meist bei der An- und Abreise bzw. im Zielgebiet an. In Destinationen, die sich mit Fragen einer **nachhaltigen Verkehrsbewältigung** befassen, werden Strategien zur räumlichen Verlagerung des Pkw-Verkehrs aus den Kernbereichen, zur Konzentration des ruhenden Verkehrs auf Auffangparkplätze und weitere Verkehrsberuhigungsmaßnahmen sowie Maßnahmen zur Förderung von ÖV-Systemen (Shuttle/Gästebus) aufgelegt. Darüber hinaus konzentrieren sich die bekannten Beispiele auf Strategien zur Verlagerung des An- und Abreiseverkehrs von der Straße auf den Umweltverbund. Eine ganzheitliche Betrachtung der gesamten Mobilitätskette, d. h. der Einbezug von Quell- und Zielgebiet sowie der An- und Abreise, wird bisher i. d. R. nicht gemacht. Mit der Entwicklung und Umsetzung eines touristischen Mobilitätsmanagements besteht dagegen die Chance zu einer Konzeption, die an der Verkehrsentstehung im Quellgebiet ansetzt bzw. sich mit einer ganzheitlichen Betrachtung von Maßnahmen zur Beeinflussung des touristischen Mobilitätsverhaltens befasst.

> Die bisherigen Erfahrungen zeigen, dass die auf Seiten der Reisenden subjektiv wahrgenommenen Nachteile der An- und Abreise mit dem Umweltverbund und die Unkenntnis über die Mobilitätsmöglichkeiten ohne Pkw im Zielgebiet zu einer geringen Annahme der Alternativen führen.

Das Haupt-Anreiseverkehrsmittel hat bei Urlaubsreisen mit mehr als fünf Tagen Dauer einen deutlichen Einfluss auf die Verkehrsmittelwahl vor Ort. 63 % der Bahnurlauber, 23 % der Busurlauber, aber nur 14 % derjenigen, die mit dem Pkw anreisen, nutzen in der Urlaubsregion den ÖPNV. Bei den Autourlaubern sind 10 % Mischnutzer: Sie benutzen vor Ort das Auto, aber auch den ÖPNV. Urlauber, die das Auto vor Ort stehen lassen und stattdessen auf den ÖPNV setzen, sind mit 4 % dagegen seltener zu finden. Die häufigste Kombination (An-/Abreise nur mit dem Auto, vor Ort nur Nutzung des MIV) macht fast ein Viertel der Urlaubsreisen aus (24 %), der nächsthäufigere Fall umfasst die gleiche Kombination, aber zusätzlich noch etwas „Anderes" vor Ort (7 %). Dritthäufigste Kombination ist die Busanreise, bei der auch vor Ort der Bus und sonst nichts genutzt wird. Erst auf den Plätzen 7 und 10 folgen Kombinationen, bei der vor Ort der ÖPNV genutzt wird (An-/Abreise nur mit dem Auto, vor Ort ÖPNV und MIV bzw. An- und Abreise nur mit dem Auto, vor Ort ÖPNV, MIV und „diverse Andere – Ausflugsschiff, Bergbahn,

E-Bike, Fahrrad, Fährschiff, Flugzeug, Kreuzfahrtschiff, Seilbahn und andere nicht motorisierte Verkehrsmittel) – mit Marktanteilen von jeweils 2 % (vgl. Groß/Grimm 2019, S. 19).

Die individuellen Entscheidungen der Reisenden hängen auch von Informationen ab, die ihnen vor oder bei Reiseantritt vorliegen oder fehlen bzw. falsch sind. „Für eine verträgliche Abwicklung des Verkehrs ist neben der Ausgestaltung des Verkehrsangebotes selbst folglich auch die Information über das Angebot im Quellgebiet vor Antritt der Reise von zentraler Bedeutung. Der Tourist wird die Anreise per Bahn oder Bus – statt Pkw – nur dann in Betracht ziehen, wenn er am Zielort ein adäquates Mobilitätsangebot erwarten darf." (Steinberg/Kalwitzki 2001) Beispielhaft kann eine Studie aus Österreich herangezogen werden, nach der für 52 % der Winterurlauber die Sorge vor einer nicht ausreichenden Mobilität am Reiseziel ein wesentlicher Grund für die Pkw-Anreise ist (vgl. Rüger/Mailer 2020, S. 20).

8.2.1 Stand der Forschung

Mobilitätsmanagement ist ein vergleichsweiser **junger Ansatz**, der jedoch auf immer größeres Interesse stößt. Er wird seit den 1990er-Jahren vielfach in der wissenschaftlichen Literatur behandelt, wobei sich die Auseinandersetzung mit dem Thema in den letzten Jahren intensiviert hat. Dafür spricht eine zunehmende Zahl von Monographien und Sammelbänden, Handbüchern und Fachaufsätzen der Praxis wie auch der Wissenschaft. Auch die Austragung zahlreicher (inter-)nationaler Kongresse, Messen und Seminare, die Etablierung von eigenen Studienmodulen und -gängen (z. B. Hochschule RheinMain, TH Deggendorf oder Modul „Mobilitätsmanagement im Tourismus" beim Institut für berufsbegleitende Studien (IBS) Wien), Diskussionsforen und Informationsplattformen (z. B. „European Platform on Mobility Management" (EPOMM) unter 🔗 https://epomm.eu/ und die deutsche Plattform für das Mobilitätsmanagemen 🔗 https://depomm.de/), die Vergabe von Forschungsprojekten und schließlich die Etablierung von Aus- und Weiterbildungsangeboten bzw. Arbeitskreisen zum Mobilitätsmanagement können als Indizien für eine **zunehmende Bedeutung** sowie für ein gestiegenes Interesse am Mobilitätsmanagement gewertet werden. Eine abschließende Übersicht des Forschungsstandes ist auf Grund der Fülle an Veröffentlichungen nicht leistbar. Auf den angegebenen Internetseiten werden jedoch vielfältige Hinweise auf Veröffentlichungen, Projekte, Tagungen usw. gegeben.

Bisherige Mobilitätsmanagementkonzepte bzw. Pilotprojekte konzentrieren sich primär nicht auf den Tourismus, sondern stärker auf standortbezogenes bzw. betriebliches Mobilitätsmanagement (z. B. Betriebe, Schulen). Mobilitätsmanagement bezieht den touristischen Verkehr jedoch ausdrücklich mit ein, wohl wissend, dass dies auf Grund der sich in der Praxis ergebenden Mobilitätsketten schwierig ist. Es gab und gibt sowohl in Deutschland als auch europaweit (Pilot-)Projekte mit touristischer Schwerpunktsetzung, wie nachfolgende Beispiele zeigen:

- ArMont: Ausgestaltung regionaler Mobilitätsdienstleistungen für Nahverkehr und Tourismus (Deutschland),
- e-Atomium: Transport and Mobility Training for Energy Agencies & Local Actors (EU-Projekt),
- klima*aktiv* mobil Beratungs- und Förderprogramm „Mobilitätsmanagement für Tourismus und Freizeit" (Österreich),
- MobiHarz: Mobilitätsmanagement und -service für einen umweltfreundlichen Ausflugs- und Kurzurlauberverkehr im Landkreis Wernigerode (Deutschland),
- MobiTour: Mobilitätsdienstleistungen und Tourismusentwicklungen (Deutschland),
- Moro – Mobilitätsmanagement für den Wirtschaftsraum Spreewald (Deutschland),
- NahviS: Neue Nahverkehrsangebote im Naturpark Südschwarzwald (Deutschland) und

- Mobilitätsmanagement in der LEADER-Region Sächsische Schweiz (Deutschland),
- SEEMORE: Sustainable and Energy Efficienct Mobility Options in Tourist Regions in Europe (EU-Projekt).

Trotz in den letzten Jahren zunehmenden Projekten mit touristischen Inhalten wird der **Forschungsbedarf für Mobilitätsmanagement im Tourismus** nach wie vor als hoch eingeschätzt und weitere (Forschungs-)Projekte werden ebenso ins Leben gerufen wie Handreichungen, Lehrgänge, Tagungen usw. Ein Beispiel ist die „Anleitung für Praktikerinnen und Praktiker – Wie wird meine Tourismusdestination nachhaltig mobil?" aus Österreich (vgl. BMK 2023).

8.2.2 Definition

Mit der Bezeichnung Mobilitätsmanagement (MM) werden seit Ende der 1980er-Jahre sowohl in Deutschland als auch im europäischen Ausland verschiedene Maßnahmen für verkehrsmittelübergreifende und das Mobilitätsverhalten beeinflussende Handlungskonzepte betitelt. Versuche, das Verkehrssystem zu optimieren, sowie die durch den Verkehr verursachten Belastungen zu verringern, gibt es jedoch nicht erst seit dem Bekanntwerden des Mobilitätsmanagements (z. B. Verkehrsreduktionsmanagement in den USA und Verkehrs(system)management in Deutschland). Als **Geburtsstunde des Mobilitätsmanagements** in Deutschland, wenn auch damals noch nicht so bezeichnet, werden die Ende der 1970er-Jahre entwickelten Sammeltaxis, zunächst als Theaterrückfahrten, dann für den allgemeinen öffentlichen Verkehr, angesehen (vgl. Fiedler 1999, S. 150). Es sind verschiedene **Ansätze** zu beobachten, wobei die Auflistung nicht abschließend ist, da in mehreren europäischen Ländern Mobilitätsmanagement-Ansätze zu beobachten sind und Weiterentwicklungen bzw. eigene Definitionen genutzt werden:

- Ansatz, der auf Prof. Dr. em. Fiedler von der Gesamthochschule Wuppertal bzw. die Forschungsgesellschaft für Straßen- und Verkehrswesen (FGSV) zurückgeht,
- Ansatz, der auf zwei von der EU geförderte Projekte (MOMENTUM und MOSAIC) zurückgeht („Common-Concept"),
- „Strategisches Mobilitätsmanagement", das auf das Institut für Sozial-ökologische Forschung in Frankfurt am Main zurückgeht,
- Ansatz, der auf das von der EU geförderte Projekt „MAX – „Successful Travel Awareness Campaigns and Mobility Management Strategies" zurückgeht,
- vereinzelt ist in der wissenschaftlichen Diskussion noch ein Ansatz zu finden, der Mobilitätsmanagement als marktorientierte Dienstleistung auffasst, und
- letztlich wird v. a. in der touristischen Praxis der Begriff Mobilitätsmanagement bzw. Mobility Manager im Rahmen des Travel Management verwendet. Hier wird jedoch etwas Anderes unter dem Begriff verstanden.

Mobilitätsmanagement nach Prof. Dr. em. Fiedler bzw. der FGSV umfasst v. a. die klassischen infrastrukturellen und tarifpolitischen Maßnahmen in Verbindung mit verstärktem Einsatz von Maßnahmen in der Bereichen Information und Öffentlichkeitsarbeit sowie den Ansatz der kommunizierenden Planung. Der MOMENTUM/MOSAIC-Ansatz ist dagegen in erster Linie ein auf Information, Kommunikation, Organisation und Koordination basierender und durch freiwillige Nutzung geprägter Ansatz, der als Teil der Verkehrsplanung und -politik aufgefasst wird. Für das strategische Mobilitätsmanagement ist prägend, dass es auf den Kernelementen der beiden zuvor genannten Ansätze aufbaut und in gewissen Nuancen (z. B. neue Akteure und Akteurskooperationen, Selbstorganisationen) erweitert. Mobilitätsmanagement nach MAX „[…] ist ein Konzept zur Förderung des nachhaltigen Verkehrs und zur Verringerung der Autonutzungsnachfrage, und zwar durch die Veränderung von Einstellungen und Verhaltensweisen der Verkehrsteilnehmer. Das Mobilitätsmanagement basiert auf ‚sanften' Maßnahmen, wie Information, Kommunikation, Organisation von Services sowie Koordination der Aktivitäten verschiedener Partner. ‚Sanfte' Maßnahmen bewirken meist eine Effizienzsteigerung von ‚harten' Infrastruktur-Maßnahmen [...]. Diese MM-Maßnahmen erfordern (im Gegensatz zu ‚harten' Infrastruktur-Maßnahmen) keine umfangreichen finanziellen Investitionen und können einen hohen Kosten-Nutzen-Faktor aufweisen." (MAX o. J., S. 3)

Ein Meilenstein der neueren Entwicklung für das Mobilitätsmanagement in Deutschland ist die Veröffentlichung „Empfehlungen zur Anwendung von Mobilitätsmanagement" von der FGSV aus dem Jahre 2018. Hierin wird unter Mobilitätsmanagement folgendes verstanden: die „zielorientierte und zielgruppenspezifische Beeinflussung des Mobilitätsverhaltens mit koordinierten organisatorischen, informatorischen und beratenden Maßnahmen, ggf. auch unter Einbeziehung weiterer Akteur*innen über die Verkehrsplanung hinaus." (FGSV 2018, S. 5)

Das Nebeneinander mehrerer Ansätze mit verschiedenen Definitionen und Inhalten ist zwar nicht unproblematisch, solange aber Übereinstimmung zum Wesen des Mobilitätsmanagements (= Ansatz, der in kooperativer Weise nachfragegerechte Dienstleistungen organisiert und in hohem Maße kommuniziert) besteht, können je nach Interessenslage und wissenschaftlichen bzw. praktischen Anspruch mehrere Ansätze nebeneinander bestehen. „Gemeinsames Ziel der Ansätze ist (..), mit vorwiegend weichen Maßnahmen ein nachhaltiges Verkehrsverhalten zu fördern. Durch den Einsatz von eher koordinierenden, organisierenden und informierenden Maßnahmen sollen Planungen und Angebote besser auf die unterschiedlichen Mobilitätsbedürfnisse verschiedener Personengruppen angepasst werden, um eine effizientere Nutzung von Verkehrsangeboten und Infrastrukturen zu erreichen. Durch die Zielsetzung, das Verhalten zugunsten einer verstärkten Nutzung der umweltfreundlichen Verkehrsmittel zu beeinflussen und den gleichberechtigten Zugang zu den Verkehrsmitteln des Umweltverbundes zu erleichtern, soll die Nutzung des motorisierten Individualverkehrs reduziert werden. Gleichzeitig soll durch eine verbesserte Koordinierung der verschiedenen Verkehrsträger multi- und intermodales Verhalten gefördert und die Wirtschaftlichkeit des Gesamtsystems gesteigert werden." (Louen 2021, S. 164)

> Wichtige Gemeinsamkeiten sind, dass sie nachfrageorientiert sind und die Mobilitätsbedürfnisse bzw. -ansprüche in den Mittelpunkt stellen, Information und Öffentlichkeitsarbeit als wichtige Handlungsfelder ansehen und für die eingesetzten Maßnahmen ein Marketing als notwendig erachten.

Maßnahmen der klassischen Verkehrsplanung (z. B. technische Bewältigung des Verkehrs) und Verkehrspolitik (z. B. Ordnungs- und Infrastrukturpolitik) sind zweitrangig. Als **Kristallisationspunkt** des Mobilitätsmanagements werden größtenteils **Mobilitätszentralen** herausgehoben und eine verstärkte Kooperation der möglichen Beteiligten wird jeweils als erstrebenswert angesehen.

> Nach MOMENTUM/MOSAIC wird Mobilitätsmanagement definiert als „[...] ein nachfrageorientierter Ansatz im Bereich des Personen- und Güterverkehrs, der neue Kooperationen initiiert und ein Maßnahmenpaket bereitstellt, um eine effiziente, umwelt- und sozialverträgliche (nachhaltige) Mobilität anzuregen und zu fördern. Die Maßnahmen basieren im Wesentlichen auf den Handlungsfeldern Information, Kommunikation, Organisation und Koordination und bedürfen eines Marketings." (Momentum/Mosaic 1999, S. 15)

Diese Abgrenzung wird für die weiteren Ausführungen zugrunde gelegt.

Zu unterscheiden sind hiernach **standortbezogene** und **städtisch/regionale Mobilitätsmanagementansätze**. Der städtischen/regionalen Ebene sind flächenhaft wirksame Akteure und Aktivitäten zugeordnet und die angebotenen Serviceleistungen sind für alle Bewohner und Besucher einer Stadt/Region zugänglich. Beim standortbezogenen Mobilitätsmanagement werden verkehrsinduzierende Einrichtungen in den Mittelpunkt gestellt (z. B. Betriebe, Schulen, öffentliche Verwaltungen, Events[139] oder Freizeiteinrichtungen). Während auf städtischer/regionaler Ebene das Mobilitätsmanagement prinzipiell auf alle Personengruppen oder Institutionen ausgerichtet ist, werden beim standortbezogenen Ansatz bestimmte Zielgruppen herausgegriffen, wie z. B. die Beschäftigten eines Betriebes oder die Studierenden einer Universität. Die Basis von Mobilitätsmanagementkonzepten bilden operative Einheiten und sog. Mobilitätsdienstleistungen. Auf städtischer/regionaler Ebene ist es eine **Mobilitätszentrale**, die die Mobilitätsdienstleistungen initiiert, organisiert und anbietet. Mobilitätsdienstleistungen sind als Oberbegriff für die reinen Beförderungs- oder Transportangebote eines Mobilitätsanbieters (z. B. Bus- oder Bahnfahrten eines ÖPNV-Unternehmens) bzw. für die temporäre Möglichkeit, ein Fahrzeug selbst zu nutzen (z. B. Pkw eines Car-Sharing-Anbieters), und für den Service, der mit diesen Angeboten verbunden ist (z. B. gutes oder schlechtes Informationssystem), zu verstehen.

> In Bezug auf den **Mobilitätsservice** werden sechs Typen von Dienstleistungen unterschieden (Information und Beratung, Consulting, Reservierung und Verkauf, Public Awareness und Bildung, Transportorganisation und -koordination, Entwicklung neuer Mobilitätsprodukte und Serviceangebote) (vgl. Klewe 1998, S. 18 f.).

Im Folgenden werden daher ausgewählte Themenbereiche des touristischen Mobilitätsmanagements behandelt, wobei der Schwerpunkt auf den Einbezug und auf ausgewählte Maßnahmen der touristischen Leistungsträger und die nahtlose Gestaltung der Mobilitätskette (Schnittstellenmanagement) gelegt wird. Weiterführende Informationen zum Mobilitätsmanagement im Tourismus finden sich z. B. bei Cohen et al. 2014, Groß 2005 und Groß 2019.

8.2.3 Mobilitätsdienstleistungen entlang der touristischen Dienstleistungskette

Eine **Mobilitätszentrale** mit ihren Mitarbeitern ist die **operative Basis** für ein Mobilitätsmanagementkonzept. Sie wird ihre Leistungen v. a. den Gästen und Einheimischen des jeweiligen Einzugsgebietes anbieten. Dank neuer Kommunikationstechnologien können Reisende mit Mobilitätsserviceleistungen von „ihrer" Mobilitätszentrale, die im Quellgebiet ihren Sitz hat, über die gesamte Reise betreut werden. Auch eine Mobilitätszentrale aus dem Zielgebiet kann seinen (potenziellen) Gästen über alle Reisephasen hinweg Leistungen anbieten (→ Abbildung 81).

> Für eine Mobilitätszentrale im Zielgebiet geht es bei der Erbringung von Serviceleistungen an potenzielle Reisende im Quellgebiet v. a. um eine Information vor der Anreise, mit der

139 Ein Beispiel für ein standortbezogenes Mobilitätsmanagement mit touristischer Bedeutung war die Webseite „Mobiwijzer" aus Belgien. Event-Organisatoren, Inhabern von Event-Locations und sonstigen touristischen Attraktionen wurden Informationen und Hilfestellungen gegeben, um das Event nachhaltiger zu gestalten. Ein eventbezogenes EU-Projekt war Anfang der 2000er-Jahre „SMASH-EVENTS – Sustainable mobility as part of an integrated sustainability approach for large event".

vermittelt werden soll, dass neben den bestehenden Alternativen bei der An- und Abreise auch die touristischen Ziele innerhalb des Zielgebietes problemlos (ohne eigenes Auto) erreichbar sind. Dies ist wichtig, da sich zu Hause die Wahl der Verkehrsmittel entscheidet.

Während der Hin- und Rückreise können mittels neuer Kommunikationsmöglichkeiten (v. a. Nutzung von Apps, wie WhatsApp, Instagram, und Webseiten mit Hilfe von bspw. Smartphones und -watches, Tablets und Notebooks) umfangreiche Mobilitätsserviceleistungen vom Reisenden in Anspruch genommen werden, um individuell und spontan Aktivitäten zu koppeln und Routenänderungen im ÖV oder mit motorisierten Individualverkehrsmitteln vorzunehmen. Vor Ort kann der Aufenthalt der Reisenden mit Mobilitätsserviceleistungen angenehmer gestaltet werden und eine Nutzung von nachhaltigen Mobilitätsformen erreicht werden.

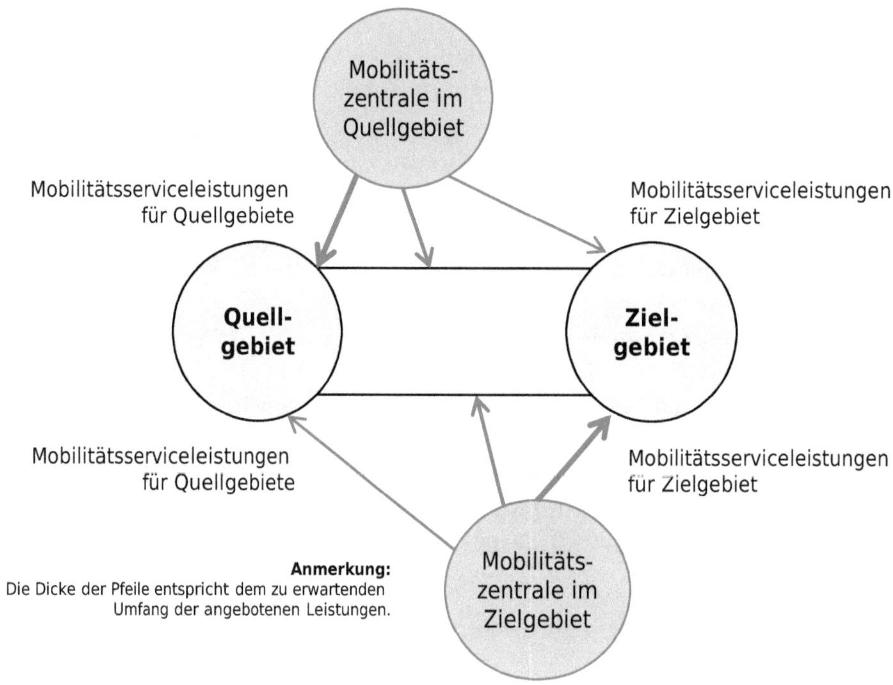

Abbildung 81: Kontaktmöglichkeiten von Mobilitätszentralen zu (potenziellen) Gästen | Quelle: Groß 2005, S. 133.

Neben einer Mobilitätszentrale ist für eine erfolgreiche Implementierung eines Mobilitätsmanagementkonzepts aber ein **breites Netzwerk** mit verschiedenen Beteiligten notwendig (→ Abbildung 82). Beteiligt werden sollten auf jeden Fall lokale bzw. regionale Verwaltungen, öffentliche Verkehrsunternehmen und -verbünde sowie private Verkehrsanbieter. Auf Grund des besonderen touristischen Produktes kann eine ganze Reihe von (potenziellen) Beteiligten einbezogen werden. Auf der einen Seite stellt jeder Betrieb sein eigenes (touristisches) Produkt her, z. B. ein Verkehrsbetrieb die Beförderungsleistung oder ein Hotel die Beherbergungsleistung, auf der anderen Seite stellen aber erst diese (Teil-)Leistungen in ihrer Gesamtheit das touristische Gesamtprodukt dar. Alle Leistungsträger, die am Gesamtprodukt „Reise" beteiligt sind, können Dienstleistungen im Sinne des Mobilitätsmanagements übernehmen, so dass die weiteren einzubeziehenden Akteure im Quellgebiet v. a. Reisemittler, Reiseveranstalter, CRS-Unternehmen und touristische Verkehrsunternehmen sowie im Zielgebiet Zielgebietsagenturen/Reiseleitungen, Beherbergungsstätten, CRS-Unternehmen und sonstige Betriebe der Freizeit- und Tourismuswirtschaft (z. B. gastronomische Betriebe, Incoming-Agenturen, Freizeiteinrichtungen) sind. Je nach Aufgabenstellung sind seitens der klassischen Träger eines Mobilitätsmanagements (v. a. Mobilitätszentrale und Mobilitätsmanager) über die genannten Partner hinaus Akteure aus den Bereichen Freizeit, Verkehrswesen und Sonstige hinzuzuziehen.

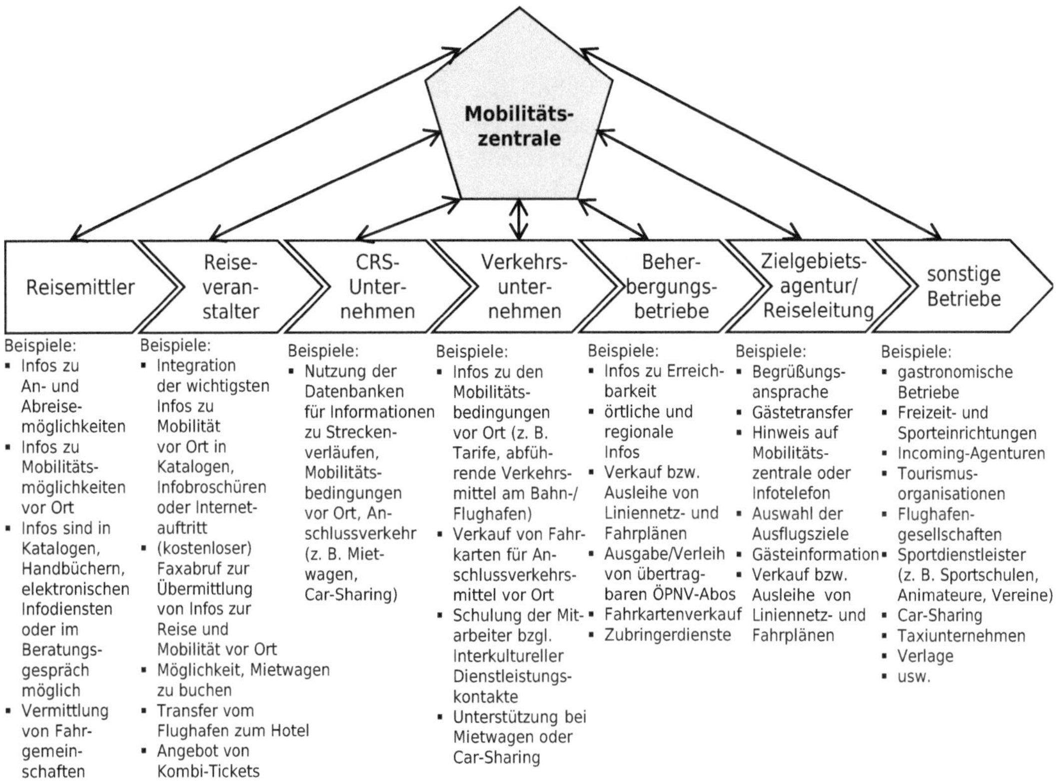

Abbildung 82: Mobilitätsdienstleistungen entlang der touristischen Dienstleistungskette | Quelle: Groß 2005, S. 165.

Reisemittler können z. B. in ihren Beratungsgesprächen auf die An- und Abreisemöglichkeiten in ein bestimmtes Zielgebiet sowie die Mobilitätsmöglichkeiten vor Ort hinweisen oder Kataloge, Handbücher und elektronische Informationsdienste mit Informationen rund um das Thema Mobilität ihren Kunden zur Verfügung stellen. **Reiseveranstalter** haben die Möglichkeit, die wichtigsten Informationen zum Thema Mobilität bereits in ihren Katalogen/Internetauftrittten (z. B. Anreiseinformationen und Hinweise auf Verbindungen mit öffentlichen Verkehrsmitteln zum Abflugflughafen) zu integrieren und ihren Kunden Mobilitätsdienstleistungen anzubieten (z. B. Privattransfer vom Flughafen zum Hotel, Vermittlung von einer Busanreise in das gewünschte Zielgebiet, „Rail-and-Fly"). **Computerreservierungssysteme** (z. B. Amadeus, Sabre und Travelport) sind elektronische Medien zum Vertrieb von Reiseleistungen, die die Benutzer über Leistungen, Preise und Vakanzen informieren und ihnen den Kauf (Buchung, Reservierung) über ein Terminal ermöglichen. Hiermit können aber auch allgemeine Informationen (z. B. Einreise- und Impfbestimmungen) und mobilitätsbezogene Informationen (z. B. Anschlussverkehrsmittel, Mobilitätsbedingungen im Zielgebiet) übermittelt werden. Insbesondere den Reisemittlern und -veranstaltern, Tourismusorganisationen und Mobilitätszentralen können hiermit aktuelle Daten zur Verfügung gestellt werden.

Ein umfassendes Angebot im **öffentlichen Personenverkehr** ist eine fundamentale Voraussetzung für ein effektives Mobilitätsmanagement. Sofern dieses nicht vorhanden ist, ist dies für die Verkehrsunternehmen als Herausforderung zu sehen, neue Angebote auf den Weg zu bringen. Aus touristischer Sicht sind hier v. a. die Etablierung von Wander-, Ski-, Rad- und ähnlichen touristischen Bussen bzw. Linien, speziellen Servicetaxis (z. B. „Wandertaxi" für den Transfer zum Ausgangspunkt von Wanderungen), Sammeltaxis mit Zubringerfunktionen zu Bus- und Bahnlinien und zur Erschließung von Wandergebieten und anderen Naturräumen, Sammeltaxis für die Beförderung vom Bahnhof, Busbahnhof oder Flughafen in die Beherbergungsstätte, Vermietung von elektronisch angetriebenen und anderen emissionsarmen alternativen Fahrzeugen sowie die Entwicklung von erlebnis- und gruppenorientierten Mobilitätsangeboten zu nennen. Erlebnisorientierte Angebote tragen dazu bei, dass der Weg von Ziel A nach B über die reine Distanzüberwindung hinaus auch emotional zum positiv bewerteten Erlebnis wird. Durch entsprechende Fahrzeuge, wie etwa Oldtimerbusse (z. B. bei Stadtrundfahrten), Draisinen, Flöße und Kanus oder Streckenverläufe ist dies zu erreichen.

Als ein für Touristen entsprechendes Tarifangebot für Busse und Bahnen sind die in Destinationen bekannten **ÖPNV-Gästekarten** (z. B. HATIX, KONUS und Pfalzcard) hervorzuheben. Diese gibt es entweder als kostenpflichte Variante oder als „kostenfreie" Variante, die mit Hilfe eines Umlageverfahrens über den Gästebeitrag finanziert wird und an alle Gäste ausgegeben wird (vgl. Dürkop/Groß 2012a; Dürkop/Groß 2012b). Bei den ersten Karten ist die Benutzung der öffentlichen Verkehrsmittel im Ort bzw. in der Region mit dem Erwerb für eine bestimmte Zeitspanne ohne weitere Kosten möglich und der Eintritt in angeschlossenen touristischen Attraktionen (z. B. Museen, Freizeitparks, -einrichtungen) meist reduziert, z. T. aber auch kostenfrei. Ein anderes attraktives Tarifangebot sind Kombi-Tickets, die die Inanspruchnahme der Beförderung durch ein Verkehrsunternehmen als auch den Eintritt zu einer Veranstaltung, Schwimmhalle, einem Museum, Kino, Zoo o. ä. beinhaltet. Des Weiteren können die Verkehrsbetriebe auch Mobilitätsserviceleistungen im Quellgebiet bzw. bei der An- und Abreise, wie z. B. Informationen zu den Mobilitätsbedingungen vor Ort, Verkauf von Fahrkarten für Anschlussverkehrsmittel bzw. Verkehrsmittel vor Ort oder Hilfestellungen bei einer Mietwagen- oder Car-Sharing-Buchung anbieten.

Die **Beherbergungsbetriebe** können ihrerseits eigene Maßnahmen ergreifen, um ihren Kunden die An- und Abreise sowie die Mobilität vor Ort mit öffentlichen Verkehrsmitteln zu erleichtern bzw. überhaupt erst zu ermöglichen. Informationen über die Erreichbarkeit sind in die Ortsprospekte der DMO, die Kataloge der Reiseveranstalter und/oder die eigenen Hausprospekte integrierbar. Diese müssen über die Erreichbarkeit mit dem Auto hinausgehen, d. h. die Erreichbarkeit mit öffentlichen Verkehrsmitteln, Hinweise zum Verkehrsangebot, zu Informationstelefonnummern und Tarifen enthalten. Örtliche und regionale Informationsangebote, wie Wander- und Radtourenempfehlungen, Möglichkeiten ohne (eigenes) Auto mobil sein zu können, sind ebenso wie Liniennetz- und Fahrplan in der Beherbergungsstätte vorzuhalten und den Gästen bereitzustellen. Auch ein verbilligter Preis für die Unterkunft bei der An- und Abreise mit der Bahn ist denkbar und wird gelegentlich bereits angeboten. Das eigene Personal sollte mit verkehrsrelevanten Fragen vertraut sein (z. B. über preisgünstige Urlaubsfahrkarten), um Gästeanfragen konkrete ÖPNV-Hinweise geben zu können. Des Weiteren wäre z. B. die Ausgabe bzw. der Verleih eines eigenen übertragbaren ÖPNV-Abos des Hauses zur freien Benutzung aller öffentlichen Verkehrsmittel, der Fahrkartenverkauf, die Bekanntgabe aktueller Ausflugs-/Sonderfahrtenangebote und spezielle örtliche Tarifangebote durch Aushang, das Arrangement der Vermittlung und Abrechnung von Car-Sharing-Autos wünschenswert.

Zielgebietsagenturen als ein weiterer möglicher Leistungsträger vertreten die Interessen des Reiseveranstalters vor Ort und erbringen bestimmte Teilleistungen des Pauschalreisepaketes.

Innerhalb der klassischerweise zu ihrem Aufgabengebiet gehörenden Leistungen sind vielfältige Ansatzpunkte für Mobilitätsserviceleistungen gegeben (→ Tabelle 80).

Aufgaben einer Zielgebietsagentur	mögliche Mobilitätsserviceleistungen
Organisation und Durchführung der Gästetransfers zwischen Verkehrsstation und Beherbergungsstätte	bei der Begrüßungsansprache kann auf die Mobilitätsbedingungen und -besonderheiten des Landes bzw. Ortes eingegangen oder auf eine Mobilitätszentrale, Info-Hotline o. ä. hingewiesen werden, Privattransfer vom Flughafen zum Hotel
Organisation und Durchführung von Ausflügen, Rundreisen bzw. Landprogrammen bei Kreuzfahrten	Zusammenarbeit mit örtlichen Verkehrsunternehmen und/oder Mobilitätszentralen, Auswahl erlebnisorientierter und/oder ökologisch verträglicher Verkehrsmittel und -ziele
Informationen über neue Entwicklungen im Zielgebiet	Auswahl neuer Ausflugsziele, Freizeiteinrichtungen und Unterhaltungsangebote, die mit dem ÖPNV erreichbar sind, Beschaffung von Informationen über Mobilitätsmöglichkeiten im jeweiligen Zielgebiet für Kataloge, Informationsbroschüren, Informationshotline eines Reiseveranstalters, Mitarbeiter von Mobilitätszentralen
Mithilfe bei der Vorbereitung und Durchführung des Hoteleinkaufs	(Vor-)Auswahl mit dem ÖPNV erschlossener Beherbergungsbetriebe, (Vor-)Auswahl von Beherbergungsbetrieben mit speziellen Mobilitätsangeboten, wie bspw. Fahrrad- oder Inlineskater-Verleih, Verleih von Sportgeräten, Freizeiteinrichtungen, die sich direkt im/am oder in fußläufiger Entfernung zum Beherbergungsbetrieb befinden

Tabelle 80: Mögliche Mobilitätsserviceleistungen einer Zielgebietsagentur | Quelle: Groß 2005, S. 171.

Letztendlich seien noch die **sonstigen Betriebe der Freizeit- und Tourismuswirtschaft** sowie aus dem **Verkehrswesen** genannt, wie z. B. Freizeiteinrichtungen, Incoming-Agenturen, Gastronomiebetriebe, Sport-Dienstleister, Car-Sharing- und Taxigesellschaften. Die im Zielgebiet ansässigen Unternehmen können ähnliche Mobilitätsserviceleistungen wie Beherbergungsbetriebe anbieten (z. B. Aushang, Auslage und Ausgabe von Fahrplänen, Verkauf von Fahrkarten), sich z. B. an TouristenCards beteiligen oder Kombi-Tickets in Zusammenarbeit mit Verkehrsunternehmen anbieten.

Zu beachten ist, dass die einzelnen Akteure unabhängig von einer Mobilitätszentrale ihre Dienstleistungen anbieten können. Sie können sie jedoch auch mit Unterstützung (z. B. Nutzung von Daten zur Beratung über Fahrtzeiten und Tarife, Informationsbroschüren oder Flyern) einer Mobilitätszentrale oder gebündelt über eine solche anbieten. Zu den Aufgaben der Mitarbeiter einer Mobilitätszentrale zählen daher, z. B. die (potenziellen) touristischen Akteure für die Teilnahme am Mobilitätsmanagement zu gewinnen, die Koordination zwischen diesen zu übernehmen und sie bei der Entwicklung und Umsetzung von Mobilitätsdienstleistungen zu unterstützen.

Zusammenfassend lässt sich festhalten, dass Maßnahmen während der gesamten Reisekette – und nicht nur während der An- und Abreise sowie im Zielgebiet – notwendig sind, um die touristische Mobilität nachhaltiger zu organisieren. Mit der Entwicklung und Umsetzung eines touristischen Mobilitätsmanagements besteht die Chance zu einer Konzeption, die im Quellgebiet ansetzt bzw. sich mit einer ganzheitlichen Betrachtung von Maßnahmen zur nachhaltigen Beeinflussung des Mobilitätsverhaltens im Quellgebiet, bei der An- und Abreise und im Zielgebiet befasst.

Zu beachten ist hierbei, dass Touristen nur dann mit Verkehrsmitteln des Umweltverbundes an- bzw. abreisen werden, wenn sie in ihrem Zielgebiet ein adäquates Mobilitätsangebot erwarten können und hierüber bereits bei der Verkehrsmittelwahlentscheidung im Quellgebiet informiert sind. Da das touristische Produkt aus mehreren (Teil-)Leistungen besteht, sind an einem touristischen Mobilitätsmanagement möglichst viele der beteiligen Leistungsträger aus Quell- und Zielgebiet sowie Transferraum einzubeziehen. Zu den Aufgaben einer Mobilitätszentrale als operative Basis eines Mobilitätsmanagements zählen daher u. a. die (potenziellen) touristischen Akteure für die Teilnahme am Mobilitätsmanagement zu gewinnen, die Koordination zwischen diesen zu übernehmen und sie bei der Entwicklung und Umsetzung von Mobilitätsdienstleistungen zu unterstützen.

8.3 Autofreiheit im Tourismus

Sowohl Urlauber und Tagestouristen als auch Einheimische und Geschäftsreisende verursachen ein immer größeres Verkehrsaufkommen in touristischen Zielgebieten, so dass Destinationen mehr und mehr mit Verkehrsproblemen zu kämpfen haben. Umweltbelastende Verkehrsmittel haben als Anreiseverkehrsmittel und beim Verkehr vor Ort in den letzten Jahrzehnten ständig an Bedeutung gewonnen. Nach der Reiseanalyse nutzen im Jahr 2022 ca. 48 % den Pkw und 47 % das Flugzeug als Hauptverkehrsmittel für die Anreise in den Urlaub mit fünf oder mehr Tagen Dauer. Bus und Bahn haben mit 5 % bzw. 6 % eine geringere Bedeutung. Die Verkehrsmittelnutzung vor Ort sieht zwar ein wenig anders aus, aber motorisierte Individualverkehrsmittel haben bei den Deutschen auch im Urlaubort eine hohe Bedeutung (→ Tabelle 81).

Verkehrsmittelwahl bei An-/Abreise	2000	2014	2022
Pkw/Wohnmobil	49 %	46 %	48 %
Flugzeug	37 %	39 %	47 %
Bus	9 %	8 %	5 %
Bahn	6 %	5 %	6 %

Verkehrsmittelwahl vor Ort	2022	Verkehrsmittelwahl vor Ort	2022
eigenen Füße	70 %	Fahrrad	14 %
eigener Pkw (inkl. Wohnmobil)	36 %	Mietwagen	14 %
Öffentlicher Nahverkehr	24 %	Reisebus	9 %
Taxi	23 %	Shuttle-Service, Transferbus	8 %
Linienbus (regional/innerörtlich)	16 %	nichts davon	4 %
Ausflugsschiff	16 %		

Tabelle 81: Verkehrsmittelwahl bei der An-/Abreise (Urlaubsreisen 5+ Tage) und in der Urlaubsregion (Top-Ten-Auswahl vor Ort dargestellt) | Quelle: FUR 2016, S. 63; Kuhn et al. 2023, S. 76 ff.

Verkehrsbezogene Beeinträchtigungen[140] werden zu den Schattenseiten des Tourismus gezählt und betreffen eine wichtige Basis des Tourismus, die Umweltqualität sowie die Gäste direkt. Das wachsende Verkehrsaufkommen und die zunehmende Nutzung von motorisierten Verkehrsmitteln beeinträchtigt die touristische Attraktivität von Destinationen, so dass die Selbstgefährdung des Tourismus durch den Tourismus weiter zunimmt. Obwohl Touristen eine bequeme und ungehinderte An-/Abreise sowie problemlose Mobilität vor Ort wünschen, werden die Verkehrsprobleme vor Ort von Gästen immer wieder als eines der wichtigsten Probleme bei Gästebefragungen angesehen. Einerseits werden die Gäste vom Verkehr belästigt, andererseits haben sie sich an eine hohe Qualität der Verkehrsanbindungen gewöhnt, so dass nur wenige auf motorisierte Individualverkehrsmittel verzichten wollen. Diese Entwicklungen haben die Destinationen in eine Lage gebracht, in der die jahrzehntelang unveränderten Planungsstrategien vieler Tourismusorte, auf Überlastungserscheinungen im Straßennetz mit einem Ausbau der Straßeninfrastruktur (Engstellenentschärfung) zu antworten, zu überdenken sind. Maßnahmen zur Eindämmung und umweltfreundlicheren Abwicklung des touristischen Verkehrs sind bspw. im Rahmen der Verkehrsplanung (z. B. Umgehungsstraßen, flächendeckende Verkehrsberuhigung), des Verkehrsmanagements (z. B. Beschleunigungsmaßnahmen im ÖPNV, Information über den Verkehrsablauf, Management des ruhenden Verkehrs z. B. durch ein Parkleitsystem) oder des Mobilitätsmanagements (z. B. Information und Beratung, Public Awareness) denkbar (→ Kapitel 8.2). Eine der weitestgehenden Lösungswege ist die Etablierung von autofreien Gebieten in einer Destination bzw. der Ausschluss des motorisierten Individualverkehrs aus der Destination.

Im Folgenden werden die verschiedenen Arten der Autofreiheit im Tourismus, der Stand der Qualitätssicherung und die Wichtigkeit dieser herausgearbeitet.

8.3.1 Arten der Autofreiheit im Tourismus

Es können autofreie Tourismusorte, Kur- und Erholungsorte sowie Ferienparks unterschieden werden, in denen im gesamten Gebiet oder in bestimmten Teilgebieten (wie z. B. Innenstädte) keine Autos fahren. Letztlich seien autofreie Tage und sog. „PARK(ing) Days“ genannt, die nicht nur Touristen ansprechen, sondern sich auch bei Einheimischen in den letzten Jahren einer verstärkten Beliebtheit erfreuen.

Ferienparks, v. a. die Weiterentwicklung traditioneller Ferienhaussiedlungen, mit großflächigen Bungalow-Parks und einem meist überdachten und beheizten Zentralkomplex mit Sportanlagen, Einkaufsmöglichkeiten und gastronomischen Einrichtungen (z. B. Center Parcs, Landal Green-Parks oder Sunparks), sind in ihrer städtebaulichen Anlage darauf ausgerichtet, dass nur zu bestimmten Zeiten Autos auf das Gelände fahren dürfen und die Pkw auf Sammelparkplätzen außen vor bleiben. Die Betriebskonzepte von Ferienparks werden zwischen geschlossenen und halboffenen, außengerichteten Konzepten unterschieden. Während bei geschlossenen Konzepten der Gast den Park möglichst nicht verlassen soll, wird bei halboffenen Konzepten gezielt ein bereits touristisch erschlossenes, attraktives Gebiet gesucht (vgl. Ledune 2000, S. 157 ff.).

Inseln haben auf Grund ihrer geographischen Gegebenheiten eine positive Ausgangslage für eine Autofreiheit, da sie keinen Durchgangsverkehr haben und v. a. auf kleineren Inseln auf

140 Zu den verkehrsbezogenen Beeinträchtigungen können u. a. Luftverschmutzung, globale Klimaerwärmung, Lärmbelästigung, Trenneffekte durch Verkehrsinfrastruktur, Versiegelung und Zerschneidung von Naturräumen, Beeinträchtigung der Landschafts- und Ortsbilder, Unsicherheit und Unfälle sowie psychosoziale Wirkungen gezählt werden.

Grund der geringen Ausdehnung alle wichtigen Einrichtungen auch problemlos zu Fuß oder mit unmotorisierten Verkehrsmitteln, wie z. B. Pferdekutschen oder Fahrrädern, zu erreichen sind. In Deutschland sind v. a. die autofreien ostfriesischen Inseln in der Nordsee Wangerooge, Juist, Baltrum, Langeoog und Spiekeroog sowie Helgoland und die Halligen zu nennen. In der Ostsee sind die Inseln Hiddensee und Vilm autofrei. Darüber hinaus lassen sich in sonstigen europäischen Gewässern und in Übersee einige autofreie Inseln finden. Es sei auf einige Beispiele in Griechenland (z. B. Hydra, Kimolos, Plaka), Italien (z. B. Ischia, Tremiti, Procida), Frankreich (z. B. Nolene, Brehat, Sein, Yen), Großbritannien (z. B. Kanalinseln Sark und Herm) und in den Niederlanden (z. B. Schiermonnikoog, Vlieland) hingewiesen.

Auf Grund ihres speziellen Angebotes und den Anforderungen, die **Kur- und Erholungsorte** beim gesetzlich vorgeschriebenen Anerkennungsverfahren zu erfüllen, haben (z. B. medizinische Betreuung, Unterhaltung und Betreuung, Ortscharakter inklusive einer Infrastruktur, die den Forderungen des Umweltschutzes gerecht wird), sind sie einerseits stärker auf die negativen Auswirkungen des Verkehrs sensibilisiert als andere touristische Destinationen. Andererseits sind die Gäste in Kur- und Erholungsorten altershalber und auf Grund körperlicher Gebrechen oft stärker auf den motorisierten Individualverkehr angewiesen, so dass in diesen Orten vor allem flächendeckende Verkehrsberuhigungsmaßnahmen und autofreie Teilbereiche bzw. Autofreiheit zu bestimmten Tageszeiten, seltener der gesamte Ausschluss des motorisierten Individualverkehrs im Vordergrund stehen.

> Grundsätzlich gilt auf den autofreien Inseln und autofreien Gebieten, dass die Fortbewegung zu Fuß, mit Pferdefuhrwerken, Fahrrädern oder anderen nicht motorisierten Fahrzeugen gestattet ist. Allerdings gibt es verschiedene Auslegungen der Autofreiheit. Während auf Langeoog Elektrofahrzeuge für die Ver-/Entsorgung oder Elektrokarren und -zugmaschinen zur Güterbeförderung eingesetzt werden, wird auf der Insel Juist auch auf diese motorisierten Antriebsformen verzichtet. Dementsprechend übernehmen Pferdefuhrwerke die gesamte Ver- und Entsorgung. Ausnahmen sind jedoch üblich, insbesondere für bestimmte Notfall- und Baufahrzeuge (z. B. Krankenwagen, Feuerwehr, Arzt) (vgl. Boss et al. 1997, S. 88 ff.; Hinrichs 2023; Schlott 2023).

Eine weitere Form der Autofreiheit stellen **autofreie Tage** dar. Bereits 1973 gab es in Deutschland autofreie Tage. 1998 wurde durch die französische Umweltministerin Dominique Voyet in Frankreich ein „Autofreier Tag“ initiiert. Diese Idee nahm die EU-Umweltkommissarin Margot Wallström auf und etablierte 2000 den europaweiten Aktionstag „In die Stadt – ohne mein Auto!“. Auf Grund des Erfolges wurde 2002 die Europäische Mobilitätswoche (16.–22. September eines Jahres) eingeführt, bei der in mehr als 3.350 europäischen Städten das Thema „nachhaltige Mobilität“ im Mittelpunkt steht – 188 deutsche Kommenen haben sich im Jahre 2023 beteiligt. Das Umweltbundesamt (UBA) hat am 01.01.2016 die Nationale Koordinierungsstelle der Europäische Mobilitätswoche übernommen und unterstützt seither deutsche Kommunen bei der Umsetzung. Seitens des UBA gibt es eine Aktionskarte mit allen registrierten Aktionen – siehe 🔗 https://www.umweltbundesamt.de/interaktives-tool/europaeische-mobilitaetswoche-aktionen-2023.

Seit Anfang der 1980er-Jahre gibt es in Deutschland darüber hinaus jeweils im Sommer den bundesweiten Aktionstag „Mobil ohne Auto“ (immer 3. Sonntag im Juni und Autofreier Hochschultag (AfH) am Dienstag danach) und eine Reihe von autofreien Erlebnistagen. In den 2020er-Jahren gibt es mehrere Dutzend Termine für autofreie Tage in Deutschland, Österreich und der Schweiz auf sonst viel befahrenen Bundes- und Landstraßen sowie Innenstädten oder rund um einen See. Die Straßen werden auf einer Länge zwischen ca. 10 und 120 km für den

Autoverkehr gesperrt und Zehn- bis Hunderttausende Besucher nutzen diese Gelegenheit und sind z. B. zu Fuß, mit dem Rad, mit Inlineskates oder mit Pferdekutschen unterwegs.

Aber auch **Beispiele außerhalb Deutschlands bzw. Europas** lassen sich verstärkt finden. Es gibt z. B. in der kolumbianischen Hauptstadt Bogota autofreie Sonn -und Feiertage, autofreie Tage im Sommer in Stockholm und auch in den USA gibt es seit 2008 den sog. „Summer Streets“ in New York. An ausgewählten Samstagen zwischen 7 und 13 Uhr sind kilometerlange Straßen in beide Richtungen für Fußgänger, Radfahrer, Jogger und Skater zum Spielen, Laufen und Radfahren freigegeben. Summer Streets bietet Raum für gesunde Freizeitgestaltung und ermutigt die New Yorker, nachhaltigere Verkehrsmittel zu nutzen. Im Jahr 2023 wurden die „Summer Streets“ auf die fünf Stadtbezirke ausgeweitet und fast 20 Meilen (ca. 32 km) autofreier Straßen geschaffen. Das Programm in Stockholm heißt „lebendiges Stockholm“. Von Mitte Mai bis Mitte September werden mehrere Straßen des Stockholmer Stadtzentrums für den motorisierten Verkehr geschlossen und in Fußgängerzonen mit Pflanzen, Möbeln und Pop-up-Parks umfunktioniert (vgl. ADFC 2020; The New York City 2023).

Eine 2005 entstandene Idee sind die jährlich am dritten Freitag im September stattfindende **PARK(ing) Days**. Hierbei werden Autoparkplätze für ein paar Stunden in öffentlich nutzbare Flächen umgestaltet und der öffentliche Raum zurückerobert, sei es zum Spielen, Sitzen, Ausruhen usw. Auch in einigen deutschen Städten gibt es dieses Angebot, wie in Berlin, Leipzig, München oder Stuttgart.

Bei den **autofreien Tourismusorten** sind das gesamte Gemeindegebiet bzw. wesentliche Siedlungsbereiche, v. a. im Ortszentrum eines Gemeindegebietes, für den Autoverkehr gesperrt. Vollständig freie Orte gibt es selten, da häufig spezifische Verkehrsarten, wie Lieferverkehr, Anwohnerverkehr o. ä., zu bestimmten Zeiten oder ganztägig in die autofreien Gebiete fahren können. Orte, die auf Grund ihrer topographischen Lage keinen Durchgangsverkehr aufweisen (z. B. alpine Talschlußgemeinden, Orte, die auf Hangterrassen oder Hochplateaus liegen) und deren Siedlungsform kompakt ist (z. B. fußläufige Distanzen) haben beste Voraussetzungen für die Etablierung eines autofreien Tourismus.

Ein seit Längerem bekanntes Beispiel ist die GAST: Schweizer Orte, die sich Ende der 1980er-Jahre zur **Gemeinschaft autofreier Schweizer Tourismusorte** (GAST) zusammengeschlossen haben. Im Jahr 2023 werden Bettmeralp, Braunwald, Mürren, Riederalp, Rigi, Saas Fee, Stoos und Wengen auf der Webseite genannt. Allerdings ist die Autofreiheit bei den meisten Orten stärker auf Grund der topographischen Gegebenheiten als durch langwierige und hitzige politische Diskussionen entstanden. Einige der autofreien Orte haben aus ihrer Not eine Tugend gemacht bzw. waren immer schon autofrei: „Ihre Straßen und Gassen sind schlichtweg zu eng, um Autos in größerer Zahl hindurch zu schleusen, z. B. Saas Fee. Oder sie liegen auf Hangterrassen, die nie mit Straßen erschlossen wurden, z. B. Braunwald. Erreichbar sind die Orte stattdessen über Zahnrad-, Stand- und Luftseilbahnen.“ (Weissen 1999, S. 23)

Eine weitere Organisation autofreier Tourismusorte ist die im Jahr 2006 – aus zwei EU-Projekten heraus – gegründete Organisation **Alpine Pearls**. Mit Stand 2023 hat der Verein 19 Mitglieder in vier Ländern, wobei in den Destinationen ca. 2 Mio. Gäste mit ca. 6,5 Mio. Übernachtungen begrüßt werden können.[141] Er sieht sich als Kooperation von Tourismusorten in den Alpen, die den umweltfreundlichen Tourismus mit Schwerpunkt Umweltfreundliche

141 Mitglieder der Alpine Pearls sind (Ende 2023): aus Deutschland: Bad Reichenhall; aus Österreich: Hinterstoder, Mallnitz, Weissensee und Werfenweng; aus Italien: Alpe Cimbra, Ceresole Reale, Chamois, Cogne, Falcade, Forni di Sopra, Limone Piemonte, Moena, Moos, Primiero San Martino di Castrozza, Ratschings und Villnöss und aus Slowenien: Bled und Bohinj.

Mobilität fördern und das Urlaubserlebnis abseits des Autos in den Mittelpunkt stellen will (vgl. Mentil 2022, S. 10).

▸ **Beispiel** | ÖPNV-Gästekarten

Ein Schritt in Richtung Autofreiheit bzw. Sanfte Mobilität, d. h. die Mobilitätsnachfrage durch nachhaltige Fortbewegungsarten zu befriedigen, können (ÖPNV-) Gästekarten sein. Es gibt (in Deutschland) verschiedene Kartensysteme, die dafür sorgen sollen, dass mehr Touristen den ÖPNV in der Destination nutzen und das (eigene) Auto stehen lassen. Es gibt sog. All-inclusive-Cards (wie „Bad Hindelang PLUS", „Oberstaufen Plus"), Städtekarten (wie in Hamburg oder Berlin), hybride Karten (wie „ErzgebirgsCard") und klassische Gästekarten (wie das „GUTi" (Gästeservice Umwelt-Ticket) oder HATIX (Harzer Urlaubsticket)). Mit dem „GUTi" können Gäste von mehr als 1.700 Beherbergungsbetrieben aus 21 Kommunen den ÖPNV im Bayerischen Wald kostenfrei nutzen. Anhand einer Gästebefragung wurde nachgewiesen, dass ca. 7,7 Mio. Autokilometer pro Jahr durch Fahrten mit Bus und Bahn ersetzt werden und jährlich sowohl ca. 1.400 Tonnen CO_2-Ausstoß als auch die Belastung durch Lärm und andere Schadstoffe vermieden werden kann (vgl. Dürkop/Gross 2012a, S. 320; Kühne 2016, S. 21).

8.3.2 Nachfrager

Aussagen über den **typischen Nachfrager des autofreien Tourismus** zu erhalten, sind schwierig, da es keine amtliche Statistik bzw. orts-/länderübergreifende Befragungen gibt.

Ansatzpunkte für die Bedeutung eines nachhaltigen Urlaubs bietet die Reiseanalyse. Nachhaltigkeitsüberlegungen bei der Auswahl zwischen sonst gleichwertigen Angeboten hat bei 4 % der deutschen Urlaubsreisen (mehr als fünf Tage Dauer) den Ausschlag gegeben. Bei den Kurzurlaubsreisen (2–4 Tage Dauer) stieg dieser Anteil hingegen um einen Prozentpunkt und liegt bei 16 %. Nachhaltigkeit war im Jahre 2022 bei 18 % (Urlaubsreisen mit mehr als fünf Tagen Dauer) bzw. 28 % (Kurzurlaubsreisen) neben anderen Dingen ein Aspekt der Reiseplanung (2021: 21 % bzw. 29 %). Für knapp zwei von drei Deutschen (64 %) hatte Nachhaltigkeit bei der abgefragten Urlaubsreise ab fünf Tagen Dauer keine Bedeutung – dieser Wert liegt um 10 Prozentpunkte höher als im Vorjahr (bei Kurzurlaubsreisen liegt der Wert bei 45 %). Der Anteil derjenigen, die sich generell nicht für nachhaltiges Reisen interessieren, sank bei längeren Urlaubsreisen um 7 Prozentpunkte von 20 % auf 13 % (bei Kurzurlaubsreisen liegt er bei 11 %) (vgl. Kuhn et al. 2023, S. 57).

Weitere Informationen liegen aus **Befragungen von autofreien Gästen** vor. Diese wurden in den 1990er- und 2000er-Jahren bspw. in der Schweiz (v. a. Braunwald), auf den deutschen Nordseeinseln Juist, Langeoog, Norderney und Föhr, in Österreich (u. a. Bad Hofgastein, Region Pongau und Werfenweng) sowie in britischen Nationalparks (vgl. Eaton/Holding 1996, S. 55 ff.; Holding 2001, S. 411 ff.) durchgeführt. Untersuchungen aus den 2010er- und 2020er-Jahren konnten leider nicht gefunden werden, so dass ausgewählte Ergebnisse der älteren Studien aufgezeigt werden.

In den Untersuchungen in **Braunwald** konnte aufgezeigt werden, dass die Autofreiheit der am häufigsten genannte Grund für die Wahl von Braunwald als Urlaubsort ist. Ein Drittel der Befragten (32 %) gaben „Autofreiheit" mit als einen Entscheidungsgrund an, gefolgt von „Kinder- bzw. Familienfreundlichkeit" und „guter Erreichbarkeit (günstige Lage/Nähe zum Wohnort)" mit je 20 %. Eine differenzierte Betrachtung der Aufenthaltsdauer zeigt, dass die Autofreiheit in Braunwald als Entscheidungsgrundlage für die Wahl von Braunwald als Destination an Bedeutung zunimmt, je länger ein Gast verweilt. Während bei den Tages- und Kurzurlaubern die Autofreiheit nur eine untergeordnete Rolle spielt, ist die Autofreiheit bei den Gästen, die länger bleiben, die am häufigsten genannte Kategorie (bis eine Woche 44,5 %, bis zu 14 Tage 67 %) (vgl. Rebstock 2000, S. 152 f.).[142]

Bei einer Untersuchung der Universität Zürich wurden auch soziodemographische Angaben der Befragten erfasst. Bei der Altersverteilung zeigt sich, dass im Winter einerseits die unter 20-Jährigen besonders stark vertreten sind und andererseits die 30- bis 50-Jährigen (Durchschnittsalter 43 Jahre). Die befragten Sommer- und Herbsttouristen sind mit knapp 47 Jahren im Durchschnitt etwas älter als die Wintertouristen. Über beide Befragungszeiträume war der Anteil derjenigen, die in Begleitung von Kindern und Jugendlichen nach Braunwald gekommen sind, hoch (Wintersaison 48 %, Sommer-/Herbstsaison 49 %). Unter den befragten Wintertouristen waren 30 % Tagesbesucher und 70 % übernachtende Gäste. Fast jeder Zweite blieb eine Woche und länger. Unter den befragten Sommer-/Herbsttouristen waren es dagegen 55 % Tagesbesucher und nur 20 % blieben eine Woche und länger (⟶ Tabelle 82).

Aufenthaltsdauer	**Winter**	**Sommer**
1 Tag	30,1 %	55,3 %
2–6 Tage	20,7 %	24,6 %
7–13 Tage	38,2 %	13,1 %
> 14 Tage	11,0 %	7,0 %

Tabelle 82: Aufenthaltsdauer der Gäste im autofreien Ort Braunwald | Quelle: Vgl. Flury-Kleubler et al. 2000, S. 16 f.

Ein weiterer Ansatz, um die Nachfrage für autofreien Tourismus zu analysieren, ist die **Betrachtung der Nachfrageentwicklung mit der Einführung der Autofreiheit**. In Werfenweng wurden bspw. überdurchschnittliche Übernachtungsentwicklungen mit Beginn des Projektes 1998 verzeichnet. Der generelle Übernachtungszuwachs im Zeitraum von 1996/1997 bis 2004/2005 betrug in der Wintersaison 56,2 % (Land Salzburg 22,4 %) und in der Sommersaison 9,7 % (Land Salzburg 2,7 %). Die positive Entwicklung der „SAMO"-Betriebe (sie heißen nun „Werfenweng Card Partnerbetriebe, WWC"), die in der Wintersaison eine Steigerung um 109,4 % und in der Sommersaison um 59,6 % erreichen konnten (vgl. Holzer 2005, S. 3). Im Sommer 2005 sind insgesamt 93.623 Übernachtungen und im Winter 2005/06 sind es 114.068 Übernachtungen. Bis zu Beginn der Covid-19-Pandemie im Jahr 2019 ist ein weiterer positiver Anstieg der Übernachtungszahlen zu beobachten. Im Winter 2018/19 (01.11.-30.04.) konnten 144.424 Übernachtungen in Werfenweng verzeichnet werden, davon 85.384 bei WWC-Betrieben. Und im Sommer 2019 lassen sich 154.643 Übernachtungen feststellen, wovon 111.764 in WWC-Betrieben stattgefunden haben. Im Jahr 2022/23 liegen die Übernachtungszahlen unter diesen Daten (Winter 2022/23:

142 Auch bei den Untersuchungen der Universität Zürich in Braunwald und auf den deutschen Nordseeinseln hat sich gezeigt, dass für den Großteil der Gäste die Autofreiheit ein wichtiges Entscheidungskriterium für ihren Urlaubsort darstellt: Braunwald: Winter: 80,1 % (zweitwichtigstes Kriterium); Sommer/Herbst: 55,1 % (wichtigstes Kriterium); Nordseeinseln: viertwichtigstes Motiv der Inselurlauber (vgl. Boss et al. 1997, S. 68 f.; Flury-Kleubler et al. 2000, S. 31 f.).

123.826, davon 82.210 in WWC-Betrieben und im Sommer 2023: 148.187, davon 116.239 in WWC-Betrieben), aber dies ist als Folge der Pandemie einzustufen (vgl. Dohr 2023).

8.3.3 Autofreier Tourismus als Form des Qualitätstourismus

Die Entwicklung eines Qualitätstourismus ist in der touristischen Diskussion weit verbreitet. Damit die Gäste von einer angemessenen und vergleichbaren Qualität der Verkehrssituation in den einzelnen Orten der jeweiligen Organisationen profitieren können, gibt es häufig Minimalstandards bzw. Qualitätskriterien, die alle Orte erfüllen sollen.

Das **Qualitätssicherungssystem der Organisation EVTZ Alpine Pearls** (Europäische Verbund territorialer Zusammenarbeit) ist am detailliertesten ausgearbeitet, so dass dieses beispielhaft dargestellt wird (→ Tabelle 83). Der im Oktober 2007 auf einer Mitgliederversammlung beschlossene Kriterienkatalog wurde neben 2014 auch im Zuge der Umwandlung vom Verein Alpine Pearls zum EVTZ Alpine Pearls überarbeitet und umfasst neben den in folgender → Tabelle 83 getätigten Aussagen Kriterien zu Natur, Umwelt- und Wohlfühlqualität, zur Mobilität sowie zur Organisation. Er geht hiermit über den „reinen" autofreien Tourismus hinaus und will auch auf andere Lebensbereiche einwirken, wie Naturschutz, Energieversorgung aus erneuerbaren Quellen, Müllvermeidung und Förderung der Verwendung regionaler Produkte. In der Tabelle sind nur jeweils die Pflichtkriterien dargestellt. Darüber hinaus gibt es sog. Zielkriterien in den Perlen, die in allen Phasen der Customer Journey berücksichtigt werden. Ein Beispiel aus der Mitgliedsdestination ist die bequeme Anreise per Bahn und mit einem Shuttle direkt zum Hotel in Werfenweng.

Grundvoraussetzungen und Verpflichtung zur Kriterienerfüllung
1. Kriterienerfüllung gilt verpflichtend für Kommune inkl. touristisch relevanter Einrichtungen 2. Wille zur Einhaltung der Kriterien muss bei vorhandenen Defiziten durch klar messbaren und von Gästen im darauffolgenden Jahr deutlich wahrnehmbaren Änderungsprozess erkennbar sein 3. Ort bekennt sich durch Beschluss zu Grundsätzen nachhaltigen Handelns 4. Tourismus muss im Ort zentrale Bedeutung haben. Die Bedeutung des Tourismus in der Gemeinde ist bei Stellung eines Aufnahmeantrages anhand von einer von drei Maßzahlen zu messen 5. Ort verfügt über vom Gemeinderat beschlossenes, schriftliches, umweltfreundliches Mobilitätswicklungskonzept 6. In einer Entfernung bis 200 m zu den Beherbergungsbetrieben (mind. 80 % der Betten) darf es keine Durchgangssstraße mit einem Verkehrsaufkommen von mehr als 2.000 Fahrzeugen je Tag (im Jahresmittel) geben. Besitzt diese Durchgangsstraße Lärmschutzwände/-wälle im Bereich der Beherbergungsbetriebe oder führt die Straße in diesen Bereichen durch einen Tunnel, gilt diese Abstandserfordernis nicht. 7. Ort verfügt über Bereiche mit hoher Aufenthaltsqualität für Fußgänger (frei von Privatautos mit Verbrennungsmotoren) 8. Orte mit dicht verbautem Ortskern und städtischem Charakter müssen im Ortskern großflächig ausgewiesene Bereiche hoher Aufenthaltsqualität und autofreie Zone haben 9. Ort verfügt über regionaltypisches Ortsbild mit alpinem Charakter; Industrieanlagen und Betriebe, die mit hoher Lärm- und Schadstoffemission Landschaftsbild beeinträchtigen, sind nicht vorhanden
Mobilität der Urlaubsgäste
1. Die Gemeinde bietet bzgl. Zweckmobilität Mobilitätsgarantie für jene Urlaubsgäste, die mit Bahn oder Bus anreisen, oder die bereit sind, während des Urlaubes das eigene Auto nicht zu nutzen. Diese Mobilitätsgarantie muss geboten werden, damit Gäste bei der Anreise vom Bahnhof oder von der Bushaltestelle zum Beherbergungsbetrieb gebracht werden; bei der Abreise wieder zum Bahnhof oder zur Bushaltestelle gebracht werden und Ausflugsziele und sonst im Urlaub wichtige Ziele wie Restaurants, Einkaufsmöglichkeiten, Apotheke, Veranstaltungen, Infrastruktur (z. B. Bergbahnen, Schwimmbad, Fahrradverleih etc.) erreichen.

2. Das Mobilitätsangebot muss – abgestimmt auf die touristischen Bedürfnisse und die Saisonzeit – täglich angeboten werden und kann abgedeckt werden durch Bus oder Bahn, ein Ortsbussystem, ein Rufbussystem, Pferdekutschen oder Seilbahnen/Aufstiegsanlagen.
3. Das Mobilitätsangebot ist für mit Bahn und/oder Bus reisende Gäste in das Urlaubsangebot zu integrieren.
4. Die Mobilität muss zumindest mit Fahrzeugen angeboten werden, die hinsichtlich der Abgaswerte dem modernsten Stand der Technik (EU-Richtlinien) entsprechen.
5. Der Gepäckstransport ist bei der An- und Abreise zu gewährleisten.
6. Die Perle muss eine außerordentlich hohe Beratungskompetenz zu den Mobilitätsangeboten für An- und Abreise und zu den Mobilitätsangeboten in der Region und in der Gemeinde auszeichnen, die sie deutlich von anderen Tourismusorten abhebt.
7. Sowohl das Mobilitätsangebot zur An- und Abreise als auch das Mobilitätsangebot in der Region müssen für Gäste in einer elektronischen Fahrplanauskunft abfragbar sein.
8. Der Ort muss Beherbergungsbetriebe als Alpine-Pearls-Gastgeber besitzen, welche die festgelegten Kriterien für Alpine-Pearls-Gastgeber einhalten.
9. Die Mitarbeiter der Tourismusorganisation und der Betriebe, die Alpine-Pearls-Angebote anbieten, werden durch die Perle nachweislich einmal pro Jahr über die Inhalte und Philosophie von Alpine Pearls geschult.
10. Der Ort informiert über die Mobilitätsangebote vor Ort durch schriftliches Informationsmaterial, Hinweise in allen Kommunikationsmedien (Broschüren, Website etc.) der Tourismusorganisation, allgemeine Hinweise bei der Beantwortung von Gästeanfragen und Buchungen durch die Tourismusorganisation und die Beherbergungsbetriebe, die das Produkt Alpine Pearls anbieten. Der Ort verzichtet auf aktive Bewerbung der Flugreise bis zu einer Distanz von 500 km. Bei einer Flugreise ab einer Distanz von mehr als 2.000 km wird eine Mindestaufenthaltsdauer von 7 Tagen aktiv beworben.

Mobilität der Tagesgäste

1. Die Perle bewirbt nachweislich für Tagesbesucher die Nutzung des öffentlichen Verkehrsangebotes (Bahn und/oder Bus).

Mobilität der Bewohner

1. Die Gemeinde macht nachweislich Öffentlichkeitsarbeit in Richtung Bewohner zur Nutzung des öffentlichen Verkehrsangebotes (Bahn und/oder Bus).

Spaßmobilität

1. Es darf im touristischen Angebot der Perle nur umweltverträgliche Spaßmobilität angeboten werden. Zur Spaßmobilität im Sinne dieser Kriterien gehören Wandern, Spazieren, Nordic Walking, Bergsteigen, Klettern, Radfahren, Mountainbiking, Schwimmen, Rudern – nicht motorisierter Wassersport, Reiten, Pferdekutschen und Pferdeschlitten, Paragliding, Ski-Langlauf/Biathlon, alpiner Skilauf und Snowboarden, Skitouren/Skibergsteigen, Eislaufen, Schneeschuhwandern, Rodeln, Bahnerlebnisse und E-Fahrzeuge.
2. Der Ort muss sich zumindest in einem Angebot der umweltverträglichen Spaßmobilität besonders profilieren (Premiumperle). Dies bedeutet im direkten Vergleich mit anderen alpinen Tourismusorten/Destinationen
   - einen außergewöhnlichen Umfang des Angebotes,
   - eine sehr hohe Qualität des Angebotes,
   - eine außergewöhnlich hohe Serviceleistung zu diesem Angebot und
   - eine besondere und gut sichtbare Bewerbung dieses Angebotes.
3. Der Ort muss eine Fibel zum Angebot/zu Tipps der Spaßmobilität erstellt haben und kostenlos verteilen.

Tabelle 83: Qualitätskriterien von Alpine Pearls für autofreie Tourismusorte (gekürzt) | Quelle: Vgl. Alpine Pearls 2014; EVTZ Alpine Pearls 2021.

Der EVTZ Alpine Pearls zählt die fortlaufende Überprüfung der Kriterien zu einer seiner Hauptaufgaben und hat einen mehrstufigen Kontrollprozess durch ein **regelmäßiges Monitoring** der Roadmaps jeder Perle ersetzt. Hiermit ist ein Aktionsplan zur Erfüllung der Basis- und Zielkriterien sowie deren Umsetzung gemeint. Diese Pläne werden regelmäßigen Checks bezüglich der Umsetzung unterzogen. Hierfür gibt es ein offizielles Kontrollorgan in der Organisation, was eines der Organe des EVTZ Alpine Pearls ist. Das Kontrollorgan hat das Recht und die Pflicht, die Einhaltung der geforderten Kriterien, auch unangemeldet, zu kontrollieren. Mitglieder des EVTZ sind verpflichtet, die Vorschläge des Kontrollorgans zur Nachbesserung bzw. Erfüllung der Einhaltung von Kriterien umzusetzen (vgl. Vieider 2023).

> Zur Erreichung der genannten Qualitätskriterien müssen je nach den Voraussetzungen in den einzelnen Destinationen unterschiedliche planerische und Marketingmaßnahmen ergriffen werden. Eine für jede Destination gleichermaßen gültige Empfehlung kann nicht gegeben werden. Die Literatur bietet jedoch vielfältige Handreichungen für eine erfolgreiche Umsetzung (vgl. v. a. Boss et al. 1997, S. 85 ff.; Freyer/Lübbert 1996, S. 89 ff.; Groß 2005, S. 129 ff.; Rebstock 2000, S. 212 ff.; Zeppenfeld 2012, S. 116 ff.).

Autofreiheit hat sich im Tourismus in vielfältiger Form etabliert – auch wenn die Autofreiheit teilweise auf Grund der geographischen Lage, anderer topographischer Gegebenheiten oder der gesetzlichen Notwendigkeit heraus entstanden ist. Ansätze für eine Qualitätsbestimmung sind in den genannten Vereinigungen mit unterschiedlicher Ausprägung vorhanden.

▸ **Beispiel** | Leitfaden für Praktiker aus Österreich!

Der informative Leitfaden „Wie wird meine Tourismusdestination nachhaltig mobil?" richtet sich – wie der Titel vermuten lässt – insbesondere an Praktiker im Tourismus und soll die Planung und Implementierung sanfter Mobilitätslösungen in Zusammenarbeit mit Fachleuten aus dem Verkehrssektor erleichtern. Die Publikation finden sich auf der Internetseite des österreichischen Bundesministeriums Klimaschutz, Umwelt, Energie, Mobilität, Innovation und Energie:
🔗 https://www.bmk.gv.at/themen/mobilitaet/mobilitaetsmanagement/tourismus/publikationen/tourismusdestination-nachhaltig-mobil.html

▸ **Wiederholungsfragen**

1. Nennen Sie vier Aufgaben von touristischen Leitsystemen und vier Elemente der touristischen Leitsysteme. Erläutern Sie darüber hinaus zwei Elemente genauer!
2. Nennen und erläutern Sie die fünf Merkmale einer touristischen Route!
3. Erläutern sie kurz die verschiedenen Ansätze zu Definition von Mobilitätsmanagement! Gehen Sie hierbei darauf ein, ob das Nebeneinander mehrerer Ansätze unproblemtisch ist oder nicht!
4. Erläutern Sie kurz das Konzept einer Mobilitätszentrale und die notwendige Verknüpfung mit anderen Dienstleistern der Dienstleistungskette!
5. Gehen Sie genauer auf mögliche Aufgaben einer Zielgebietsagentur als Mobilitätsdienstleister ein!
6. Nennen und erläutern Sie Anbieter/Angebote zum autofreien Tourismus!
7. Was wird unter sog. „PARK(ing) days" verstanden und seit wann gibt es diese?
8. Was sind sog. (ÖPNV-)Gästekarten und wofür werden diese eingesetzt?
9. Nennen Sie zwei Zusammenschlüsse für Autofreiheit!
10. Erläutern Sie den Kontroll- und Qualitätssicherungsprozess von Alpine Pearls!

Anhang

1 Anhang: Übersicht über Wohnmobile und -wagen

Wohnmobile

Zu den Wohnmobilen mit abnehmbarem Aufbau zählen die sog. **Pick-up-Wohnmobile** oder **Allrad-Mobile**. Als Basis für diese Gruppe dienen Allrad-Fahrzeuge, v. a. von Mitsubishi, Nissan, Toyota, Ford oder Land Rover. Auf der Ladefläche dieser Fahrzeuge werden Wechselaufbauten bzw. Wohnkabinen befestigt, die mit dem Basisfahrzeug eine Einheit bilden. Sofern sie nicht genutzt werden, können sie zu Hause oder am Zielort abgeladen werden und z. T. auf integrierten Stelzen ruhen. Die Ausstattung ist bei dieser Gruppe aus Platzgründen i. d. R. begrenzt. Minibadezimmer und kompakte Küchen sind in dieser Kategorie die Norm und als Schlafgelegenheit dient meist ein Doppelbett über dem Fahrerhaus (vgl. Widmann 2006, S. 70).

Bei der zweiten Gruppe von Wohnmobilen werden Aufbau- und Ausbaufahrzeuge unterschieden. Zu den Ausbaufahrzeugen zählen die sog. **Campingbusse** oder **Kastenwagen**. Bei dieser Kategorie werden Transport- oder Nutzfahrzeuge von Fahrzeugproduzenten eingekauft und i. d. R. von den Wohnmobilherstellern zu Wohnmobilen ausgebaut. Als Basis dienen Transporter wie VW T5, Mercedes Viano, Renault Traffic oder Ford Transit. Diese Fahrzeuge sind oft kaum größer als eine Großraumlimousine und besitzen dennoch Annehmlichkeiten wie eine Kompaktküche, Schränke, eine Sitzbank und Schlafgelegenheit für bis zu vier Personen (vgl. CIVD 2022b, S. 50 f.; Widmann 2006, S. 72 f.).

Das charakteristische Merkmal für die **Alkoven[143]-Mobile** – als eine Art Aufbaufahrzeug – ist ein Aufsatz über dem Fahrerhaus, der als Schlafmöglichkeit dient, wobei dieser Aufsatz dem Fahrzeug seinen Namen gibt (⟶ Abbildung 83). Auf dem deutschen Markt gibt es diese Fahrzeuge seit Anfang der 1970er-Jahre. Hiermit gab es eine Alternative zu den damals marktführenden Campingbussen sowie den geräumigen Wohnmobilen amerikanischer Hersteller. Seit Beginn der 1980er-Jahre hat es sich als kompaktes, aber komfortables Wohnmobil europäischen Zuschnitts etabliert und wird von Laien oft als das Reisemobil schlechthin angesehen. Alkoven-Mobile werden auf Piktogrammen, Verkehrsschildern und dergleichen als Symbol für ein Wohnmobil im Allgemeinen verwendet und haben sogar als Zusatzzeichen 1048-17 Eingang in die Straßenverkehrs-Ordnung (StVO) gefunden. Besonders beliebt sind diese Fahrzeuge bei Familien mit Kindern, da sie relativ geräumig sind, Schlafmöglichkeiten für bis zu sechs Personen bieten und zum Standardgrundriss auch eine Dinette (Sitzgruppe, bestehend aus Sitzbänken und einem Tisch dazwischen, die sich zur Nacht in ein Doppelbett umbauen lässt) gehört (vgl. CIVD 2022b, S. 52; Widmann 2006, S. 75 f.).

143 Der Begriff Alkoven stammt aus dem Arabischen und bedeutet Bettnische oder Nebenraum (vgl. Schulz 2007, S. 13).

Abbildung 83: HYMER ML-T 580: teilintegriertes Reisemobil (links), HYMER B-Klasse Masterline 780: integriertes Reisemobil (rechts) | Quelle: Hymer GmbH & Co. KG.

Unter **teilintegrierten Wohnmobilen** werden Fahrzeuge verstanden, bei denen das Fahrerhaus durch eine Kunststoffschale mit dem Wohnausbau verbunden ist. Das Fahrerhaus des Basisfahrzeugs bleibt dabei weitestgehend unverändert und hat auch keinen Schlafaufbau- wie es beim Alkoven-Reisemobil der Fall ist (vgl. Widmann 2006, S. 77 f.). Die Bezeichnung ‚teilintegriert' haben sie daher, weil sich Fahrer- und Beifahrersitz meist drehen lassen und somit in den Wohnraum integriert werden können. Als Schlafstätte ist meist ein französisches Bett eingebaut, das längs oder quer im Heck zu finden ist (vgl. CIVD 2022b, S. 50).

Die letzte Kategorie unter den Wohnmobilen mit festem Aufbau sind die **vollintegrierten Wohnmobile**. Sie tragen ihren Namen, weil es keine eigenständige Fahrerkabine gibt, sondern das Fahrerhaus vollständig in den Rest des Fahrzeugs integriert ist. Diese Art von Wohnmobil wird auf Fahrgestellen ohne Fahrerhaus aufgebaut, den sog. Windlauffahrgestellen, und es fehlt die Außenhaut des Fahrerhauses. Nur die Spritzwand mit dem Armaturenbrett und den Radhäusern bildet eine Einheit zur Aufnahme aller zum Fahren notwendigen Aggregate wie Motor, Getriebe, Lenkung, Fahrersitz usw. Vom Wohnmobilhersteller muss dadurch in Kleinserie eine komplette isolierte Frontmaske mit Windschutzscheibe, Scheinwerfern, Scheibengebläse, Scheibenwischer etc. hergestellt werden. Dafür bieten die Vollintegrierten einen vollwertigen Wohnraum ‚aus einem Guss'. Diese Wohnmobile sind oft groß und luxuriös ausgestattet und aus diesem Grund meist teurer als Fahrzeuge anderer Kategorien – sie werden auch als „Königsklasse der Freizeitfahrzeuge" bezeichnet. Vorzüge wie großflächige Windschutzscheiben, großräumige Badezimmer und feste Doppel- oder Einzelbetten im Heck machen das Reisen in diesen Fahrzeugen sehr angenehm (vgl. CIVD 2022b, S. 52, Widmann 2006, S. 79 f.).

Wohnwagen

Zu den Wohnwagen mit nicht festem Aufbau zählen die sog. **Falt-** und **Klapp-Caravans**, die im fahrbereiten Zustand in Größe und Form etwa einem mittleren Gepäckanhänger entsprechen. Diese Anhänger können am Zielort durch einige Handgriffe zu einer Unterkunft umgebaut werden. Der Marktanteil dieser Kategorie ist jedoch verschwindend gering und das Angebot beschränkt sich auf wenige kleine Nischenanbieter. Zu den Caravans mit festem Aufbau zählen als erste Untergruppe die **Touring-Caravans** bzw. **Kompakt-Klasse**. Diese Caravans sind v. a. für allein reisende Paare gedacht, weil sie auf Grund ihrer Größe oft nur Platz für zwei Personen bieten. Sie haben ein Leergewicht von 750 bis 1.000 kg und auf Grund der geringen Anschaffungskosten sehen die Hersteller in dieser Kategorie den Zugang zur Zielgruppe der jungen und aktiven Campingeinsteiger. Etwas komfortabler sind die Caravans der Mittelklasse, die ein Leergewicht von 1.000 bis 1.400 kg haben und etwa fünf bis sieben Meter lang sind (→ Abbildung 84).

Abbildung 84: ERIBA Touring 530 – Mittelklasse (oben/links), ERIBA Feeling 515 – Oberklasse (oben/rechts), ERIBA Touring 820 – Luxusklasse (unten/Mitte) | Quelle: Hymer GmbH & Co. KG.

Das Angebot in dieser Kategorie richtet sich v. a. an Familien mit Kindern und es existieren viele verschiedene Grundrissvarianten. Je nach Ausstattung gibt es bis zu sechs Betten. Eine Küche, eine Sitzgruppe und ein Badezimmer sorgen für eine komfortable Alltagstauglichkeit. Die Caravans der **Oberklasse** unterscheiden sich in Größe und Ausstattung geringfügig von denen der Mittelklasse, sind mit einem Leergewicht von 1.400–2.000 kg etwas schwerer und meist sechs bis acht Meter lang. Die Caravans der Oberklasse besitzen meist bessere Elektrizitätssysteme, größere Frisch- und Brauchwassertanks, komplette Kinderzimmer, gemütliche Sitzecken und geräumige Badezimmer. Eine insgesamt gehobene Ausstattung macht das Reisen um einiges komfortabler. Die komfortabelste Klasse bei den Caravans mit festem Aufbau ist der **Luxus-Caravan**. Die Anhänger mit meist doppelachsiger Bauweise bedürfen auf Grund ihres Gewichtes von mehr als 2.000 kg stärker motorisierte Limousinen oder Geländewagen mit Allradantrieb. Ein separater Essplatz, eine Fernseh- bzw. Leseecke und eine separate Dusche im großräumigen Bad sorgen für einen gehobenen Komfort (vgl. CIVD 2022b, S. 54 f.; Widmann 2006, S. 65).

2 Anhang: Kooperationen von Fluggesellschaften (Bsp.)

horizontale Kooperation	
Code-Share-Abkommen	Diese Vereinbarungen regeln die Vermarktung und Durchführung von Flügen mit verschiedenen Flugnummern. Der „Operating-Carrier" führt den Flug unter seiner Flugnummer durch, vergibt aber Sitzplätze an Code-Share-Partner, die diese unter einer eigenen Flugnummer (Marketing-Flugnummer) vermarkten. Paralleles Code-Sharing beinhaltet ausschließlich eine Verbindung, wohingegen das komplementäre Code-Sharing neben der Code-Share-Verbindung noch Anschlussverbindungen der Airlines bereitgestellt.
Strategische Allianz	Diese langfristige, vertragliche Kooperation rechtlich selbstständiger Unternehmen zielt auf eine langfristige Sicherung der Wettbewerbsfähigkeit ab. Um strategische Vorteile in der Allianz zu erzielen, geben die Unternehmen teilweise die wirtschaftliche Unabhängigkeit auf. Hervorzuheben ist, dass Allianzen häufig nur spezifische Geschäftsfelder betreffen und nicht das gesamte Unternehmen.
Reparatur-, Wartungs- und Instandhaltungsabkommen	Ziel ist eine kooperative Leistungserbringung im Bereich Reparatur und Wartung, um im Bereich Beschaffung und Lagerungen Kostenvorteile zu erzielen. Durch die strategischen Allianzen verlieren diese Verbindungen an Bedeutung, bestehen jedoch weiter.
Interline Systeme	Diese Kooperation ermöglicht es, mit einem Ticket mit mehreren Gesellschaften zu fliegen. Grundlage hierfür ist die gegenseitige Anerkennung von Standards z. B. im Bereich der Beförderungsbedingungen oder der Abrechnungsmodalitäten. Grundsätzlich lassen sich paralleles Interlining und komplementäres Interlining unterscheiden.
Royalty Agreements	Dieses Abkommen ermöglicht es Airlines, die in einem Land auf Grund von Abkommen keine Flüge durchführen können, über eine Zahlung von Royalties an eine andere im Land agierende Airline, ein Streckenrecht zu erwerben. Die Royalty-Zahlung kompensiert hierbei die durch die Abtretung der Strecke entgangenen Erlöse.
Poolabkommen	Über diese Zusammenarbeit von zwei oder mehr Airlines wird der gemeinsame Betrieb einer Strecke oder des Flugverkehrs in einer Region vereinbart. Konkret werden hier betriebliche und finanzielle Regelungen getroffen, wie bspw. die Festlegung der Kapazitäten und Frequenzen, sowie die Aufteilung von Kosten und Erlösen geregelt.
Interchange-Agreements	Diese Kooperationsvereinbarung regelt die komplette oder teilweise Vercharterung von Flugzeugen auf einer spezifischen Strecke. Es existieren die Formen: On-Behalf-Verkehr (vollständiger Betrieb einer Strecke), zeitlich begrenzte Vercharterung, Blocked Spaces (Teil-Vercharterung von Sitzplätzen) und Through Plane/Aircraft Exchange (Vercharterung des gesamten Flugzeuges ohne Personal im Anschluss an einen eigenen Flug).
Interessensgemeinschaften	Der häufig lose Zusammenschluss vertritt die Interessen von mindestens zwei selbstständigen Unternehmen einer horizontalen Ebene z. B. gegenüber politischen Instanzen und der Öffentlichkeit.
IT-Kooperationen	Diese Kooperationen haben es zum Ziel, die Informations- und Kommunikationstechnologien zu verbessern und aufzubauen. Weiterhin wird ein einheitliches, länderübergreifendes System angestrebt.

vertikale Kooperation	
Handling Agreements	Dieser Zusammenschluss umfasst die Leistungserbringung der Abfertigungsdienste durch einen externen Partner, wie z. B. Flughafenbetreiber, Handlingfirmen oder National-Carrier. Die konkreten Regelungen werden im Handling Agreement festgehalten.
General Sales Agency Agreements (GSA) (auch Repräsentationsabkommen)	Dieses Abkommen beinhaltet die Beauftragung einer anderen Fluggesellschaft mit der Vermarktung und dem Vertrieb der eigenen Flüge, da die Airline selbst im Land nicht aktiv ist. Ein GSA wird in der Regel nur in Zusammenhang mit einem Poolabkommen geschlossen, um einen Anreiz für den Zusammenschluss zu bieten.

Tabelle 84: Erläuterung ausgewählter Kooperationsformen im Flugverkehr | Quelle: Vgl. Pompl 2007, S. 133 ff.; Conrady et al. 2019, S. 270 ff.

Literaturverzeichnis

Links im Buch | Im Buch sind zahlreiche Links auf Websites enthalten. Diese waren am 31.05.2024 aktiv.

1. Sächsischer Postkutschenverein e. V. (2023): Historische Poststrassen erleben, Internet, URL: http://poststrassen-erleben.de/, Download vom 15.11.2023.

2ndMove (2023): Über 2ndMove, Internet, URL: https://2ndmove.de/2nd-move-b2b.php, Download vom 06.10.2023.

Aberle, G. (2009): Transportwirtschaft – Einzelwirtschaftliche und gesamtwirtschaftliche Grundlagen, 5. Auflage, München.

Abitzsch, S. (1996): Prospects of Space Tourism, in: Deutsche Gesellschaft für Luft- und Raumfahrt (DGLR) (Hg.): Proceedings. 9th European Aerospace Congress. Visions and Limits of Long-term Aerospace Developments, Bonn, S. 99–111.

Abitzsch, S. (1998): Chancen und Entwicklungsmöglichkeiten der Weltraumtouristik, Berlin.

Abromeit, C. (2023): Schriftliche Auskunft vom 01.12.2023 per E-Mail von Frau Carolin Abromeit, Leiterin des Referates Umweltschutz, Gefahrenabwehr und Schifffahrtsrecht beim Bundesamt für Seeschifffahrt und Hydrographie (BSH), Hamburg.

ACEM – Association des Constructeurs Européens de Motocycles (2023a): About ACEM, Internet, URL: https://acem.eu/acem/about-us, Download vom 13.11.2023.

ACEM – Association des Constructeurs Européens de Motocycles (2023b): ACEM Statistical Release, 2022 – January – December, Internet, URL: https://acem.eu/market-data, Download vom 13.11.2023

ACI – Airports Council International (2016): Annual Report 2016 – the voice of the world's airports, Montreal.

ACI – Airports Council International (2023a): ACI Annual Report 2022, Montreal.

ACI – Airports Council International (2023b): Annual World Airport Traffic Report, 2023 Edition (Preview), Montreal.

ACRISS UKEIG (2023a): ACRISS Members, Internet, URL: https://www.acriss.org/about/who-is-acriss/our-members/, Download vom 05.10.2023.

ACRISS UKEIG (2023b): ACRISS Selling Guide DE German, Internet, URL: file:///C:/Users/User/Downloads/Vehicle_Guide_German_2023%20Jul%20V2-1.pdf, Download vom 05.10.2023.

ADAC – Allgemeiner Deutscher Automobil-Club e. V. (Hg.) (1978): Mobilität, München.

ADAC – Allgemeiner Deutscher Automobil-Club e. V. (2004): Verkehr und Tourismus – Ein ADAC-Leitfaden für die Praxis, München.

ADAC – Allgemeiner Deutscher Automobil-Club e. V. (2021): Entscheidungshilfe beim Kauf von Wohnmobilen bis 3,5 t und über 3,5 t, Daten – Fakten – Regeln, München.

ADAC – Allgemeiner Deutscher Automobil-Club e. V. (2022): Wohnmobil- und Wohnwagen-Boom in Deutschland hält an – Reisen gehen wieder vermehrt ins Ausland, Internet, URL: https://www.adac-camping.de/insights/wohnmobil-und-wohnwagen-boom-in-deutschland-haelt-an-reisen-gehen-wieder-vermehrt-ins-ausland/, Download vom 30.11.2023.

ADAC – Allgemeiner Deutscher Automobil-Club e. V. (2023a): Die Geschichte des ADAC, Internet, URL: https://www.adac.de/der-adac/verein/adac-geschichte/, Download vom 07.11.2023.

ADAC – Allgemeiner Deutscher Automobil-Club e. V. (2023b): Gespanne in Europa, München.

ADAC – Allgemeiner Deutscher Automobil-Club e. V. (2023c): Caravaning-Markt 2023 – Interesse nach wie vor hoch, Internet, URL: https://www.adac-camping.de/insights/caravaning-markt-2023-interesse-nach-wie-vor-hoch/, Download vom 13.11.2023.

ADAC/DFV – Allgemeiner Deutscher Automobil-Club e. V./Deutscher Fremdenverkehrsverband e. V. (Hg.) (1996): Touristische Routen in Deutschland, München/Bonn.

ADFC – Allgemeiner Deutscher Fahrrad-Club (2020): Temporär autofrei in Bogotá und Stockholm, Internet, URL: https://www.adfc.de/artikel/temporaer-autofrei-in-bogota-und-stockholm, Download vom 28.11.2023.

ADFC – Allgemeiner Deutscher Fahrrad-Club (2023a): Die ADFC-Radreiseanalyse 2023, Berlin.

ADFC – Allgemeiner Deutscher Fahrrad-Club (2023b): Jahresbericht 2022, Berlin.

ADFC – Allgemeiner Deutscher Fahrrad-Club (2023c): ADFC-Qualitätsrouten und RadReiseRegionen, Internet, URL: https://www.adfc.de/dossier/adfc-qualitaetsauszeichnungen, Download vom 15.11.2023.

ADFC – Allgemeiner Deutscher Fahrrad-Club (2023d): ADFC-Leitfaden Rennradtourismus, Internet, URL: https://www.adfc.de/artikel/adfc-leitfaden-rennradtourismus, Download vom 15.11.2023.

ADFC – Allgemeiner Deutscher Fahrrad-Club (2023e): Unser Netzwerk –Bett+Bike-Partner, Internet, URL: https://www.bettundbike.de/netzwerk, Download vom 15.11.2023.

ADV – Arbeitsgemeinschaft Deutscher Verkehrsflughäfen (2023a): Der Flughafenverband ADV (Arbeitsgemeinschaft Deutscher Verkehrsflughäfen), Internet, URL: https://www.aero/der-verband/, Download vom 26.10.2023.

ADV – Arbeitsgemeinschaft Deutscher Verkehrsflughäfen (2023b): ADV Dashboard, Internet, URL: https://dashboard.adv.aero/dashboards/dashboard-verkehr, Download vom 07.12.2023.

ADV – Arbeitsgemeinschaft Deutscher Verkehrsflughäfen (2023c): ADV-Monatsstatistik, Berlin.

Aérophile S.A.S (2023): The Great Tethered Balloon – Aero30NG®, Paris.

AG VuMA – Arbeitsgemeinschaft Verbrauchs- und Medienanalyse (2018): Konsumenten punktgenau erreichen: Basisinformationen für fundierte Mediaentscheidungen – VuMA Touchpoints 2018, Frankfurt am Main/Hamburg/Mainz.

AG VuMA – Arbeitsgemeinschaft Verbrauchs- und Medienanalyse (2019): Konsumenten punktgenau erreichen: Basisinformationen für fundierte Mediaentscheidungen – VuMA Touchpoints 2019, Frankfurt am Main/Hamburg/Mainz.

AG VuMA – Arbeitsgemeinschaft Verbrauchs- und Medienanalyse (2020): Konsumenten punktgenau erreichen: Basisinformationen für fundierte Mediaentscheidungen – VuMA Touchpoints 2020, Frankfurt am Main/Hamburg/Mainz.

AG VuMA – Arbeitsgemeinschaft Verbrauchs- und Medienanalyse (2021): Konsumenten im Fokus: Basisinformationen für fundierte Mediaentscheidungen – VuMA Touchpoints 2021, Frankfurt am Main/Hamburg/Mainz.

AG VuMA – Arbeitsgemeinschaft Verbrauchs- und Medienanalyse (2022): Den Markt im Blick: Basisinformationen für fundierte Mediaentscheidungen – VuMA Touchpoints 2022, Frankfurt am Main/Hamburg/Mainz.

Ahrend, C./Daubitz, S./Schwedes, O./Böhme, U./Herget, M. (2013): Kleiner Begriffskanon der Mobilitätsforschung, Berlin.

Ahrens, G./Aurich, T./Böhmer T./Klotzsch, J./Pitrone, A. (2010): Interdependenzen zwischen Fahrrad- und ÖPNV-Nutzung – Analysen, Strategien und Maßnahmen einer integrierten Förderung in Städten, Dresden.

AIDA Cruises – German Branch of Costa Crociere S.p.A. (2010): Orient, Internet, URL: http://www.aida.de/kreuzfahrt/reisen-mit-aida/ziele/orient.21702.html, Download vom 21.08.2010.

Airbus (2023): Global Market Forecast 2023–2042, o. O.

AirPano (2023): A few facts about AirPano, Internet, URL: https://www.airpano.com/about.php, Download vom 20.11.2023.
Air Service Berlin CFH GmbH (2023): Weltballon, Internet, URL: https://berlinhelicopter.de/weltballon2/, Download vom 16.11.2023.
Albus, V./Heine, A. (2002a): Die Bahn durch die Zeit, in: Albus, V./Heine, A. (Hg.): Positionen der Markenkultur – Die Bahn, Berlin, S. 156–169.
Albus, V./Heine, A. (Hg.) (2002b): Positionen der Markenkultur – Die Bahn, Berlin.
Alpine Pearls (Hg.) (2014): Kriterienkatalog, Werfenweng.
Althof, W. (1994): Welt der Kreuzfahrtschiffe, Hamburg.
Aminta Ltd. (2023): Low Cost Airline Directory, Internet, URL: https://www.airlines-inform.com/low_cost_airlines/, Download vom 06.12.2023.
Anwar, T. (1995): Rickshaw pullers in Dhaka City: Their problems and their perception about certain common issues, Dhaka.
Apel, U. (1995): Weltraumtourismus – Vision? Utopie? Zukunftsmarkt? Vortrag am 06.12.1995 an der Hochschule Bremen.
Arbeitskreis Charterboot (2016): Mit 15 PS ohne Führerschein – die große Freiheit auf dem Wasser, Köln.
Arbeitskreis Charterboot (2023a): Service mit Tradition, Internet, URL: http://www.charterboot.net/, Download vom 20.10.2023.
Arbeitskreis Charterboot (2023b): AKC-Firmen, Internet, URL: http://www.charterboot.net/mitglie-der/, Download vom 20.10.2023.
ARL – Akademie für Raumentwicklung (Hg.) (2005): Handwörterbuch der Raumordnung, Hannover.
Aschenbrenner, P. (2003): Analyse von Einflussfaktoren auf die deutsche Bustouristik und Erstellung eines Konzeptes zur Erhöhung der Wertschätzung des Verkehrsmittels Bus, Berlin.
Avis Budget Autovermietung GmbH & Co. KG (2023): Wo unsere Erfolgsgeschichte ihren Anfang nahm, Internet, URL: https://www.avis.de/ueber-avis#, Download vom 02.10.2023.
Avis Budget Group, Inc. (2023): Annual Report – Form 10-K, Parsippany.
Avis Budget Group (2023b): About Avis Budget Group, Internet, URL: https://avisbudgetgroup.com/about/history-timeline/, Download vom 09.10.2023.
Axthelm, A. (2009): Geschäftsmodellanalyse Autovermietung – Prozessanalyse klassische Autovermietung und Mietwagenbroker im Vergleich, Wernigerode (unveröffentlichte Bachelorarbeit).
Baake, P./Schlippenbach, V. v. (2014): Taximarkt: Kein Markt für vollständige Liberalisierung, DIW Wochenbericht Nr. 31/32, 751–755.
Bade, M. (2006): Marketing entlang der Autobahn, in: Heinritz, G./Lentz, S./Tzschaschel, S. (Hg.): Nationalatlas Deutschland – Leben in Deutschland (Band 12), Leipzig, S. 130–131.
Baden-Powell, B. (2016): Ballooning as a sport, Milton Keynes.
BAG – Bundesamt für Güterverkehr (2014): Marktbeobachtung Güterverkehr – Marktanalyse des Fernbuslinienverkehrs 2014, Köln.
BAG – Bundesamt für Güterverkehr (2016): Geschäftsbericht 2015, Köln 2016.
BAG – Bundesamt für Güterverkehr (2022): Marktbeobachtung Güterverkehr – Marktanalyse des Fernbuslinienverkehrs 2021, Köln.
BALM – Bundesamt für Logistik und Mobilität (2022): Luftverkehr, Internet, URL: https://www.balm.bund.de/DE/Themen/Verkehrswirtschaft/Luftverkehr/luftverkehr_node.html, Download vom 26.10.2023.
BALM – Bundesamt für Logistik und Mobilität (2023): Radnetz Deutschland, Internet, URL: https://www.radroutenplaner-deutschland.de/veraDNetz_DE.asp, Download vom 21.11.2023.
Bailey, E./Graham, D./Kaplan, D. (1985): Deregulating the Airlines, Cambridge (Mass.).
Ballantyne, R./Hughes, K./Weiler, B./Moscardo, G. (2008): Touristis‘ use of roadside signage: A Case Study of the Great Southern Route, Gold Coast/Queensland.

Ballonmuseum Gersthofen (2023): Museum, Internet, URL: https://www.ballonmuseum-gersthofen.de/seite/museum.php, Download vom 17.11.2023.

Ballonsportgruppe Stuttgart e. V. (2020): 25 Jahre „Sattelplatz“, Ballonstartplatz am Cannstatter Wasen, Stuttgart.

Bandi Tanner, M./Müller, H. (2021): Grundkenntnisse Tourismus – Eine Einführung in Theorie, Markt und Politk, Bern.

Bardhi, F./Eckhardt, G.M. (2012): Access-Based Consumption: The Case of Car Sharing, in: Journal of Consumer Research 04/2014, S. 881–898.

BARIG – Board of Airline Representatives in Germany (2023): Über BARIG, Internet, URL: https://www.barig.aero/ueber-barig, Download vom 26.10.2023.

Bartl, H. (2006): Neue Märkte als Busunternehmer erschließen, Köln 2006.

Bartoschek, A. (2023): Bahntrassenradeln – Draisinenstrecken in Deutschland, Internet, URL: http://www.achim-bartoschek.de/bahn__draisinen.htm, Download vom 16.11.2023.

Bartsch, K./Roß, J.-M. (2009): CargoLifter – Ein Misserfolg mit schlummerndem Technologiepotential? in: Fisch, J.H./Roß, J.-M. (Hg.): Fallstudien zum Innovationsmanagement: Methodengestützte Lösung von Problemen aus der Unternehmenspraxis, Wiesbaden, S. 27–50.

Bartsch, R. I. C. (2018): International Aviation Law – A Practical Guide, 2. Auflage, London/New York.

BASt – Bundesanstalt für Straßenwesen (2023a): Systematik der Wegweisung, Internet, URL: https://www.bast.de/DE/Verkehrstechnik/Fachthemen/v1-wegweisung.html, Download vom 21.11.2023.

BASt – Bundesanstalt für Straßenwesen (2023b): Verkehrszeichen und Symbole, Internet, URL: https://www.bast.de/DE/Verkehrstechnik/Fachthemen/v1-verkehrszeichen/neue-vz-2013.html;jsessionid=B97A0CA7DCB8EBA3C9059B19AF262025.live11292?nn=605096, Download vom 22.11.2023.

Bastian, H./Dreyer, A./Groß, S. (Hg.) (2009): Tourismus 3.0 – Fakten und Perspektiven, Hamburg.

Bauhuber, F./Hiller, B. (2016): Digitalisierung des Reisens: Mediatisierter Alltag in Nah und Fern, in: Bauhuber, F./Hopfinger, H. (Hg.): Mit Auto, Brille, Fon und Drohne – Aspekte neuen Reisens im 21. Jahrhundert, Mannheim, S. 11–22.

BAV – Bundesverband der Autovermieter Deutschlands e. V. (2005): Kalkulation von Mietwagenpreisen, Berlin.

BAV – Bundesverband der Autovermieter Deutschlands e. V. (2008): Mietwagen grenzenlos, in: Der Autovermieter 04/2008, S. 16.

BAV – Bundesverband der Autovermieter Deutschlands e. V. (2009a): ohne Titel, Internet, URL: http://www.germanrent.de/presse/2001/20072001_bav.htm, Download vom 04.08.2009.

BAV – Bundesverband der Autovermieter Deutschlands e. V. (2009b): ohne Titel, Internet, URL: www.bav.de/web/webe355.html?c=infoservice/data/123.htm, Download vom 23.01.2009.

BAV – Bundesverband der Autovermieter Deutschlands e. V. (2010): Marktdaten 2009, Internet, URL: http://www.bav.de/service/marktdaten.html, Download vom 02.12.2010.

BAV – Bundesverband der Autovermieter Deutschlands e. V. (2017): Statistik Marktdaten Autovermietung 2015, Internet, URL: http://www.bav.de/service/oeffentlich.html, Download vom 24.01.2017.

BAV – Bundesverband der Autovermieter Deutschlands e. V. (2019): Satzung, Internet, URL: https://www.bav.de/images/Satzung_des_BAV__Stand___April_2019.pdf, Download vom 05.10.2023.

Bavaria Ballonfahrten GmbH (2023): Fragen und Antworten rund ums Ballonfahren, Internet, URL: https://www.bavaria-ballon.de/footer/fragen-und-antworten/, Download vom 17.11.2023.

Bayerisches Staatsbad Bad Kissingen GmbH (2023): Postkutsche in Bad Kissingen, Internet, URL: https://www.badkissingen.de/aktivitaeten/ausfluege-und-tagestouren/35749.Postkutsche-in-Bad-Kissingen.html, Download vom 15.11.2023.

Bayk AG (o. J.): Erfolgreich mit Velotaxi, Pielenhofen.

BAZL – Bundesamt für Zivilluftfahrt (2015): Sachplan Infrastruktur der Luftfahrt (SIL) Teil III B6a – Gebirgslandeplätze: Konzeptionelle Ziele und Vorgaben mit Erläuterungsund Prüfungsbericht, Bern.

BAZL – Bundesamt für Zivilluftfahrt (2020): Übersichtstabelle Heliskiingnutzung: Gebirgslandeplätze mit Nachweis eines gesamttouristischen, qualifizierten Interesses, Internet, URL: file:///C:/Users/User/Downloads/GLP_Liste_Tourismuskonzept_d.pdf, Download vom 20.11.2023.

BBSR – Bundesinstitut für Bau-, Stadt- und Raumforschung (Hg.) (2016): Neue Mobilitätsformen, Mobilitätsstationen und Stadtgestalt – Kommunale Handlungsansätze zur Unterstützung neuer Mobilitätsformen durch die Berücksichtigung gestalterischer Aspekte, Bonn.

BCMD – Bundesverband der Chauffeur & Limousine Service Unternehmen in der Bundesrepublik Deutschland e. V. (2023): Was macht der BCMD?, Internet: URL: https://bcmd.de/ueber-uns/, Donload vom 05.10.2023.

bcs – Bundesverband CarSharing e. V. (2015): Jahresbericht 2014/2015, Berlin 2015.

bcs – Bundesverband CarSharing e. V. (2021): Kombinierte CarSharing-Systeme, Berlin.

bcs – Bundesverband CarSharing e. V. (2023): Fact Sheet: CarSharing in Deutschland, Internet: URL: https://carsharing.de/sites/default/files/uploads/factsheet_carsharing_in_deutschland_2023_v4.pdf, Download vom 28.09.2023.

BDB – Bundesverband der Deutschen Binnenschifffahrt e. V. (2022): Daten & Fakten 2021/2022, Duisburg.

BDF – Bundesverband der deutschen Fluggesellschaften (2023): Aufgaben & Ziele, Internet, URL: https://www.bdf.aero/bdf/unser-auftrag, Download vom 26.10.2023.

BDL – Bundesverband der Deutschen Lufverkehrswirtschaft (2023): Der Verband, Internet, URL: https://www.bdl.aero/de/der-verband/, Download vom 26.10.2023.

bdo – Bundesverband Deutscher Omnibusunternehmer e. V. (Hg.) (2005): Bussicherheit. Ein Überblick in der Praxis, Berlin.

bdo – Bundesverband Deutscher Omnibusunternehmer e. V. (Hg.) (2006): Bestandsaufnahme und Perspektiven im Bustourismus, Berlin.

bdo – Bundesverband Deutscher Omnibusunternehmer e. V. (2010a): Konjunkturumfrage 2009, Berlin.

bdo – Bundesverband Deutscher Omnibusunternehmer e. V. (2010b): Die Geschichte vom Omnibus, Internet, URL: http://www.bdo-online.de/zahlen-fakten/omnibushistorie/, Download vom 23.09.2010.

bdo – Bundesverband Deutscher Omnibusunternehmer e. V. (2016a): Über uns, Internet, URL: http://www.bdo.org/uber-uns, Download vom 22.08.2016.

bdo – Bundesverband Deutscher Omnibusunternehmer e. V. (2016b): Zahlen und Fakten zur Busbranche, Internet, URL: http://www.buskomfort.de/presse/zahlen-und-fakten.html, Download vom 24.08.2016.

bdo – Bundesverband Deutscher Omnibusunternehmer e. V. (2023a): Über uns, Internet, URL: http://www.bdo.org/uber-uns, Download vom 10.10.2023.

bdo – Bundesverband Deutscher Omnibusunternehmer e. V. (2023b): Struktur, Internet, URL: http://www.bdo.org/uber-uns/struktur, Download vom 10.10.2023.

bdo – Bundesverband Deutscher Omnibusunternehmer e. V. (2023c): Lenk- und Ruhezeiten – Positionspapier, Berlin.

bdo – Bundesverband Deutscher Omnibusunternehmer e. V. (2023d): Zahlen, Fakten, Positionen – Wirtschaftsfaktor Bus, Internet, URL: https://bdo.org/zahlen-fakten-positionen, Download vom 12.10.2023.

Bech-Schröder, B. A. (2008): Der EU-Berufskraftfahrer – Gesamtpaket Aus- und Weiterbildung KOM, Bonn.

Becken, S. (2005): Towards Sustainable Tourism Transport: An Analysis of Coach Tourism in New Zealand. Tourism Geography 01/2005, S. 23–42.

Becker, C./Hopfinger, H./Steinecke, A. (Hg.) (2004): Geographie der Freizeit und des Tourismus – Bilanz und Ausblick, 2. Auflage, München.

Becker, H./Höfling, R. (2000): 100 Jahre Luftschiffe, Stuttgart.

Becker, J. (2019): Marketing-Konzeption – Grundlagen des ziel-strategischen und operativen Marketing-Managements, 11. Auflage, München.

Becker, O./Goslich, W./Müller, G. (2006): Bus- und Gruppenreisen – Marktchancen, Produkte, Erfolgsfaktoren, Meßkirch.

Becker, P. (2000): Unterwegs in der Landschaft – Wandern, Radfahren und Reiten, in: Institut für Länderkunde (Hg.): Nationalatlas Bundesrepublik Deutschland – Freizeit und Tourismus, Heidelberg/Berlin, S. 88–91.

Beckmann, D. (1999): Busreisen: Produkt- und absatzpolitische Anforderungen im Seniorenreisemarkt, Limburgerhof.

Beckmann, K. J. (1988): Verständniswandel in der städtischen Verkehrsplanung – von den Chancen des Nachdenkens und Umdenkens für die Zukunft, Karlsruhe.

Beckmann, K. J./Hesse, M./Holz-Rau, C./Hunecke, M. (Hg.) (2006): StadtLeben – Wohnen, Mobilität und Lebensstil. Neue Perspektiven für Raum- und Verkehrsentwicklung, Wiesbaden.

Belafi, N. (1987): Graf Ferdinand von Zeppelin, Leipzig.

Benthien, G. (1997): Geographie der Erholung und des Tourismus, Gotha.

Benz, S. (2010): Edelline sucht neue Märkte – und findet sie mit Reisen TCS, in: Travel Inside vom 03.06.2010, S. 22.

Beresnevicius, R. (2023): China Eastern COMAC C919 back flying after months-long hiatus, Internet, URL: https://www.aerotime.aero/articles/china-eastern-comac-c919-back-flying-after-months-long-hiatus, Download vom 26.10.2023.

Berger, C. (2005): Wayfinding – Designing and Implementing Graphic Navigational Systems, Hove.

Beutler, F. (2004): Intermodalität, Multimodalität und Urbanibility – Vision für einen nachhaltigen Stadtverkehr, Berlin.

Beyer, R. (1995): Leitsysteme durch die Stadt, Bonn.

Bezirksregierung Düsseldorf (2023): Geschenkidee – Rundflüge und Ballonfahrten, Internet, URL: https://www.brd.nrw.de/themen/verkehr/luftverkehr/flugbetrieb/rundfluege-und-ballonfahrten, Download vom 17.11.2023.

BFS – Bundesamt für Statistik (2022): Mobilität und Verkehr – Taschenstatistik 2022, Neuchâtel.

BFU – Bundesstelle für Flugunfalluntersuchung (2023): Die BFU – Bundesstelle für Flugunfalluntersuchung, Internet, URL: https://www.bfu-web.de/DE/BFU/bfu_node.html, Download vom 26.10.2023.

Bidinger, H. (1985): Der Omnibusunternehmer, 4. Auflage, München.

Bidinger, H./Bartl, H. (1981): Moderne Bustouristik – Reiseveranstaltung, Reisevermittlung, Reiseleitung, Reklamationsbearbeitung, Frankfurt am Main.

Bidinger, R. (2014): Personenbeförderungsrecht, Kommentar zum Personenbeförderungsgesetz nebst sonstigen einschlägigen Vorschriften, Band 1 und 2, 3. Ergänzungslieferung, Berlin.

Bidlingmaier, J. (1983): Marketing 1 und 2, 10. Auflage, Reinbek.

Biebig, P./Althof, W./Wagener, N. (2008): Seeverkehrswirtschaft: Kompendium, 4. Auflage, München.

Bieger T./Rüegger, E. (1991): Management einer Bergbahnunternehmung, Chur/Zürich.

Bieger, T./Laesser, C./Maggi, R. (2007) (Hg.): Jahrbuch 2007 – Schweizerische Verkehrswirtschaft, St. Gallen.

Blaser, C./Redle, M. (1997): Mehr Mobilität mit weniger Verkehr, in: Baccini, P./Oswald, F. (Hg.): Netzstadt – Transdisziplinäre Methoden zum Umbau urbaner Systeme, 2. Auflage, Zürich, S. 125–129.

Blaues Band e. V. (2012): Die Satzung des Vereins Blaues Band e. V., Internet, URL: http://www.blauesband-ev.de/fileadmin/user_upload/dokumente/Satzung_Blaues_Band_e.V..pdf, Download vom 20.11.2023.

BMDV – Bundesministerium für Digitales und Verkehr (2022a): Bericht über die Sondererhebung zum Taxen- und Mietwagenverkehr Stand: 31. Dezember 2020, Berlin.

BMDV – Bundesministerium für Digitales und Verkehr (2022b): Verkehr in Zahlen 2022/2023, Flensburg.

BMDV – Bundesministerium für Digitales und Verkehr (2023a): Liberalisierung des Fernbuslinienverkehrs, Internet, URL: https://bmdv.bund.de/SharedDocs/DE/Artikel/StV/Strassenverkehr/fernbusse-liberalisierung.html, Download vom 10.10.2023.

BMDV – Bundesministerium für Digitales und Verkehr (2023b): Schriftliche Auskunft vom 07.11.2023 per E-Mail vom Referat L 24 – Bürgerservice und Besucherdienst, Berlin.

BMDV – Bundesministerium für Digitales und Verkehr (2023c): Schienengipfel 2023, Internet, URL: https://bmdv.bund.de/SharedDocs/DE/Artikel/K/schienengipfel-2023.html, Download vom 03.11.2023.

BMDV – Bundesministerium für Digitales und Verkehr (2023d): Informationen zur Infrastrukturgesellschaft Bahn, Internet, URL: https://bmdv.bund.de/SharedDocs/DE/Artikel/E/infrastrukturgesellschaft-bahn.html, Download vom 03.11.2023.

BMDV – Bundesministerium für Digitales und Verkehr (2023e): Elektrokleinstfahrzeuge – Fragen und Antworten, Internet, URL: https://bmdv.bund.de/SharedDocs/DE/Artikel/StV/Strassenverkehr/elektrokleinstfahrzeuge-verordnung-faq.html, Download vom 16.11.2023.

BMDV – Bundesministerium für Digitales und Verkehr (2023f): BMDV fördert sieben Innovationen mit Schwerpunkt im ländlichen Raum, Internet, URL: https://bmdv.bund.de/SharedDocs/DE/Pressemitteilungen/2023/001-wissing-modellprojekte-oepnv.html, Download vom 06.12.2023.

BMDV – Bundesministerium für Digitales und Verkehr/Dienststelle Schiffssicherheit der BG Verkehr/Bundesamt für Seeschifffahrt und Hydrographie (2023): Klassifikationsgesellschaften, Internet, URL: https://www.deutsche-flagge.de/de/flagge/flaggenstaat/klassifikationsgesellschaften, Download vom 20.10.2023.

BMK – Bundesministerium für Klimaschutz, Umwelt, Energie, Mobilität, Innovation und Technologie (2023): Anleitung für Praktikerinnen und Praktiker – Wie wird meine Tourismusdestination nachhaltig mobil? Wien.

BMVI – Bundesministerium für Verkehr und digitale Infrastrukturen (2019): Mobilität in Deutschland – MiD, Ergebnisbericht, Bonn.

BMVI – Bundesministerium für Verkehr und digitale Infrastrukturen (2021): Fahrradland Deutschland 2030 – Nationaler Radverkehrsplan 3.0, Berlin.

BMVI – Bundesministerium für Verkehr und digitale Infrastrukturen (2023): Liberalisierung des Fernbuslinienverkehrs, Internet, URL: https://www.bmdv.bund.de/SharedDocs/DE/Artikel/StV/Strassenverkehr/fernbusse-liberalisierung.html, Download vom 05.12.2023.

BMWi – Bundesministerium für Wirtschaft und Technologie (2009): Grundlagenuntersuchung Fahrradtourismus in Deutschland Langfasssung, Berlin.

BMWi – Bundesministerium für Wirtschaft und Technologie (2010): Grundlagenuntersuchung Freizeit und Urlaubsmarkt Wandern – Lamgfassung, Berlin.

BMWi – Bundesministerium für Wirtschaft und Technologie (2013): Wassertourismus in Deutschland Praxisleitfaden für wassertouristische Unternehmen, Kommunen und Vereine, Berlin.

BMWi – Bundesministerium für Wirtschaft und Energie/BISp – Bundesinstitut für Sportwissenschaft (2017): Wirtschaftsfaktor Outdoorsport, Berlin/Bonn.

Boeing Commercial Airplanes (2023): Current Market Outlook 2023–2042, Seattle.

Böhl, P./Dicks, U./Heider, E./Kracht, P./Roth, H.J./Schimdt, W./Weber, W./Weidner, H. (Hg.) (2008): 125 Jahre Wandern und mehr, Petersberg.

Bombadier – Bombadier Business Aircraft (2015): Market Forecast 2015–2024, Montreal.

Booking.com Transport Limited (2023): About us, Internet, URL: http://www.rentalcars.com/en/about/, Download vom 09.10.2023.

Born, K. (2001): Wie realistisch ist Weltraumurlaub? in: integra – Zeitschrift des Instituts für Integrativen Tourismus und Freizeitforschung 04/2001, S. 5–9.

Boss, A./Boss, C./Fetzer, K./Thäte, I. (1997): Nachhaltiges Verkehrskonzept als Chance zur Realisierung eines Qualitätstourismus mit Zukunft – am Beispiel ausgewählter Nordseeinseln, Trier.

Bowen, J. (2019): Introduction: "Now Everyone Can Fly", in: Low-Cost Carriers in Emerging Countries, Oxford, S. 1–20.

Boyd, L. (2008): Brief History of Buses and Rental Cars in the U.S., Internet, URL: http://library.duke.edu/digitalcollections/adaccess/carandbus.html, Download vom 30.07.2009.

Brabec, M. (2009a): Schriftliche Auskunft vom 20.01.2009 per E-Mail von Herrn Michael Brabec, Geschäftsführer vom BAV, Berlin.

Brabec, M. (2009b): Schriftliche Auskunft vom 23.09.2009 per E-Mail von Herrn Michael Brabec, Geschäftsführer vom BAV, Berlin.

Brabec, M. (2023): Schriftliche Auskunft vom 06.10.2023 per E-Mail von Herrn Michael Brabec, Geschäftsführer vom BAV, Berlin.

Brämer, R. (2017): Wanderquoten 2000 – 2017, Internet, URL: https://www.wanderforschung.de/files/wanderquoten-2010-ff_1703111737.pdf, Download vom 14.11.2023.

Braun, J. (2009): Schätzgrundlage für die Bestimmung der erstattungsfähigen Mietwagenkosten – Schwacke-Automietpreisspiegel oder Fraunhofer-Erhebung? in: Zeitschrift für Schadensrecht (zfs) 04/2009, S. 183–187.

Breidenbach, M. (2016): Schriftliche Auskunft am 22.08.2016 von Frau Manu Breidenbach, Prokuristin der EasyMotion Limousines GmbH und Motion GmbH, Wien.

Bressendorf, G. von (2017): Schriftliche Auskunft am 10.01.2017 von Herrn Gerhard von Bressendorf, Vorsitzender der Bundesvereinigung der Fahrlehrerverbände e. V., Berlin.

Brogiato, H. P. (Hg.) (2009): Ritter der Lüfte – Ballonfahren um 1900, Leipzig.

Brooker, E./Joppe, M. (2013): Trends in camping and outdoor hospitality – An international review, in: Journal of Outdoor Recreation and Tourism 3–4, S. 1–6.

Broughton, P./Walker, L. (2009): Motorcycling and leisure: understanding the recreational PTW rider, Farnham, Surrey.

Brown, T. J./Ham, S. H./Hughes, M. (2010): Picking up Litter: An Application of Theory-based Communication to Influence Tourist Behaviour in Protected Areas, in: Journal of Sustainable Tourism 18 (07), S. 879–900.

Brunsing, J. (1999): Chancen und Potentiale des öffentlichen Freizeitverkehrs – unter besonderer Berücksichtigung differenzierter Freizeitaktivitäten, Aachen.

BSH – Bundesamt für Seeschifffahrt und Hydrographie (20123): MARPOL-Übereinkommen, Internet, URL: https://www.bsh.de/DE/THEMEN/Schifffahrt/Umwelt_und_Schifffahrt/MARPOL/marpol_node.html;jsessionid=039BAB9A5BCD9E7449E35AC4000CA9E8.live11313, Download vom 20.10.2023.

BTE – BTE Tourismusmanagment & Regionalentwicklung, Partnerschaftsgesellschaft (Hg.) (2009): Tourismus rund ums Pferd – Marktanalyse, Hannover/Berlin.

BTE – BTE Tourismusmanagement, Regionalentwicklung GmbH (2013): Wassertourismus in Deutschland – Praxisleitfaden für wassertouristische Unternehmen, Kommunen und Vereine, Berlin.

BTE – Tourismus- und Regionalberatung Partnerschaftsgesellschaft mbB (2023): Grundlagenstudie Kanutourismus – Ergebnisbericht Marktforschung, Berlin usw.

Buba, A. (2015): Atmende Pools – Mit Corporate Carsharing Flottenkosten sparen, in: Kraftstoff – Business-Magazin für die Autovermietung 02/2015, S. 8–9.

Buchholz, J./Gruber, W. (1996a): Der Solarballon, in: Weishaupt, H. (Hg.): Das große Buch vom Flugsport, Gnas, S. 10–11.

Buchholz, J./Gruber, W. (1996b): Der Drachen- oder Fesselballon, in: Weishaupt, H. (Hg.): Das große Buch vom Flugsport, Gnas, S. 10.

Bucsky, P./Juhász, M. (2022): Is car ownership reduction impact of car sharing lower than expected? A Europe wide empirical evidence, in: Case Studies on Transport Policy 10(4), S. 2208–2217.

Budd, L./Ison, S. (2014): Low Cost Carriers – Emergence, Expansion and Evolution, Farnham.

Bues, C.-D./Schwarz, H. F./Semper, S. (2012): Das große Caravan-Handbuch, Stuttgart.

Buhalis, D. (Hg.): Encyclopedia of Tourism Management and Marketing, Cheltenham.

Bundesnetzagentur für Elektrizität, Gas, Telekommunikation, Post und Eisenbahnen (2023): Marktuntersuchung Eisenbahnen 2023, Bonn.

Bundesverband Taxi und Mietwagen e. V. (2020): Geschäftsbericht 2019/2020, Frankfurt am Main.

Bührke, T. (2007): Fliegen ohne Flattern – Stolze Traditionslinie in der Luftfahrtforschung führt zur adaptiven Flügelnase, in: DLR Nachrichten 117, S. 44–49.

Büscher, M./Urry, J. (2009): Mobile Methods and the Empirical, in: European Journal of Social Theory 01/2009, S. 99–116.

Bulut, A. (2014): Mehr Komfort im Fernbus – Eurolines erweitert ihr Streckennetz im Business Class-Segment, Internet, URL: http://www.busplaner.de/aktuelles/omnibus-news-touristik-nachrich-ten/10071/Mehr-Komfort-im-Fernbus/Eurolines-erweitert-ihr-Streckennetz-im-Business-Clas, Download vom 24.08.2016.

BV Kanu – Bundesvereinigung Kanutouristik e. V. (2005): Grundlagenuntersuchung zur Bedeutung und Entwicklung des Kanutourismus in Deutschland, Roth.

Burgdorf, M. (1993): Autovermietung in Deutschland – Ein Branchenbild mit praktischen Hinweisen, Landsberg/Lech.

Burgdorf, C./Karl, A./Müller, M./Nakkash, N./Schaaffkamp, C. (2019): Perspektiven zur effizienten Nutzung von neuartigen Mobilitatsangeboten, Berlin.

Burger, O. (1987): Zeppelin und die Rüstungsindustrie am Bodensee, Teil 1 und 2, in: 1999. Zeitschrift für Sozialgeschichte des 20. und 21. Jahrhunderts 01/1987, S. 8–49 und 02/1987, S. 52–87.

BVCD – Bundesverband der Campingwirtschaft e. V. (2023): Der Verband, Internet, URL: https://www.bvcd.de/der-verband/der-verband, Download vom 07.11.2023.

BCVD Service GmbH/DTV – Deutscher Tourismusverband e. V. (2023): BVCD/DTV Campingplatz Klassifizierung – Statistik, Berlin.

BVWW – Bundesverband Wassersportwirtschaft (2023): Verbandsleistungen, Internet, http://www.bvww.org/wir-ueber-uns/verbandsleistungen/, Download vom 13.10.2023.

Bryant, J. (2013): Happy Birthday, Hurtigruten, in: Widdows, N. (Hg.): Ferries 2014 – Bristish Isles & Northern Europe, Ramsey, S. 10–23.

Calori, C./Vanden-Eynden, D. (2015): Signage and Wayfinding Design – A Complete Guide to Creating Environmental Graphic Desing Systems, Hoboken.

Canzler, W./Knie, A. (1998): Möglichkeitsräume – Grundrisse einer modernen Mobilitäts- und Verkehrspolitik, Wien/Köln/Weimar.

CAPA – Centre for Aviation (2018): The airline cost equation: strategies for competing with LCCs, Internet, URL: https://centreforaviation.com/analysis/reports/the-airline-cost-equation-strategies-for-competing-with-lccs-416644, Download vom 07.12.2023.

Carnival Corporation (2010): 2009 Annual Report, Internet, URL: https://www.carnivalcorp.com/static-files/3e5569f6-984d-43bf-ba6d-33f2d69b2f01, Download vom 07.12.2023.

Carnival Corporation (2016): 2015 Annual Report, Miami.

Carnival Corporation (2023): 2022 Annual Report, Miami.

Cater, C. (2019): History of space tourism, in: Space Tourism (Tourism Social Science Series, Vol. 25), S. 51–66.

Cartwright, R./Baird, C. (1999): The development and Growth of the Cruise Industry, Oxford.

Cento, A. (2009): The Airline Industry – Challenges in the 21st century, Heidelberg.

Centre of Asia Pacific Aviation (2009): Global LCC Outlook Report, Sydney.

Century Casinos, Inc. (2023): Annual Report 2022. o. O.

CER – Community of European Railway and Infrastructure Companies (2005): Eisenbahnreformen in Europa – Eine Standortbestimmung, Eurailpress, Hamburg.

CER – Community of European Railway and Infrastructure Companies (2023): Activity Report 2022, Brüssel.

Cerwenka, P. (1999): Mobilität und Verkehr: Duett oder Duell von Begriffen? in: Der Nahverkehr 05/1999, S. 34–37.

Cerwenka, P. (2000): Zur Sehnsucht der Mobilen: Pünktlich und Rasch überall, in: Internationales Verkehrswesen 05/2000, S. 191–195.

Chapman, S. (2023a): History of Freighter Travel, Internet, URL: http://freightertrips.com/guide/history.html, Download vom 13.10.2023.

Chapman, S. (2023b): Ship Types, Internet, URL: http://www.freightertrips.com/guide/ships.html, Download vom 13.10.2023.

CHECK24 Vergleichsportal GmbH (2009): Abkürzungen, Internet, URL: mietwagen.check24.de/dictionary/abbreviations, Download vom 10.08.2009.

Choocharukul, K./Sriioongvikrai, K. (2017): Road Safety Awareness and Comprehension of Road Signs from International Tourist's Perspectives: A Case Study of Thailand, in: Transportation Research Procedia 25, S. 4518–4528.

Ciascai, O.R./Dezsi, S./Rus, K.A. (2022): Cycling Tourism: A Literature Review to Assess Implications, Multiple Impacts, Vulnerabilities, and Future Perspectives, in: Sustainability 2022, 14, 8983.

CIPRA – International Commission for the Protection of the Alps (2023): FAQs – Everything you need to know about Yoalin, Internet, URL: https://www.yoalin.org/faq/, Download vom 28.11.2023.

Chin, C. B. N. (2008): Cruising in the Global Economy – Profits, Pleasure and Work at Sea, Aldershot.

Christian Cruises (2023): Christian Cruises, Internet, URL: https://christiancruises.net/cruises/, Download vom 23.10.2023.

City-Motion GmbH (2009): Unternehmenshomepage, Internet, URL: www.laudamotion.com, Download vom 23.01.2009.

CIVD – Caravaning Industrie Verband e. V. (2016a): Jahresbericht 2015/2016, Frankfurt am Main.

CIVD – Caravaning Industrie Verband e. V. (2016c): Caravaning Profile – Statistics 2016, Frankfurt am Main.

CIVD – Caravaning Industrie Verband e. V. (2022): CIVD Richtlinie Material Compliance, Richtlinie zur Sicherstellung der Material Compliance Anforderungen an Fahrzeuge der Caravaning Industrie, Saarbrücken.

CIVD – Caravaning Industrie Verband e. V. (2023a): Über den Verband, Internet, URL: https://www.civd.de/artikel/ueber-den-verband/, Download vom 07.11.2023.

CIVD – Caravaning Industrie Verband e. V. (2023b): Typengenehmigung, Internet, URL: https://www.civd.de/artikel/typgenehmigung/, Download vom 07.11.2023.

CIVD – Caravaning Industrie Verband e. V. (2023c): Jahresband 2022/23, Frankfurt am Main.

CIVD – Caravaning Industrie Verband e. V. (2023d): Studie: Caravaning bleibt auch in Zukunft für Urlauber attraktiv, Internet, URL: https://www.civd.de/news/studie-caravaning-bleibt-auch-in-zukunft-fuer-urlauber-attraktiv/, Download vom 05.12.2023.

CIVD – Caravaning Industrie Verband e. V. (o. J.): Schwer in Fahrt. Darum ist der B 96 für Caravaner so wichtig, Frankfurt am Main.

CL CargoLifter GmbH & Co. KG a. A (2023): 20 Jahre CargoLifter, Internet, URL: https://www.cargolifter.com/de/firma/geschichte/, Download vom 17.11.2023.

Clausberg, K. (1990): Zeppelin – Die Geschichte eines unwahrscheinlichen Erfolgs, Augsburg.

Clemens, O./Thaden, P. (2023): E-Bike Reisen als erfolgversprechende Nische für klein- und mittelständische Reiseveranstalter? Eine Analyse am Beispiel der Wochenzeitung DIE ZEIT und eines Radreisen-Veranstalters, Vortrag auf den 6. Deidesheimer Gesprächen zur Tourismuswissenschaft, 08. bis 10. November 2023, Deidesheim.

CLIA – Cruise Lines International Association (2009): The Contribution of the North American Cruise Industry to the U.S. Economy in 2008, Exton.

CLIA – Cruise Lines International Association (2010): 2010 CLIA Cruise Market Overview, o. O.

CLIA – Cruise Lines International Association (2023): About the industry, about CLIA, Internet, URL: http ://www.cruising.org/about-the-industry/about-clia, Download vom 30.08.2016.

CLIA-NWC – CLIA – North West & Canada (2023): About CLIA – North West & Canada, Internet, URL: h ttps://cruising.org/en/canada, Download vom 20.10.2023.

CLIA Deutschland/DRV – Cruise Lines International Association Deutschland/Deutscher Reise Verband (2016): Der Hochsee-Kreuzfahrtmarkt Deutschland 2015, Hamburg 2016.

CLIA Deutschland (2019): Der Hochsee-Kreuzfahrtmarkt Deutschland 2018, Internet, URL: https://www.cl iadeutschland.de/wissenswertes/Studien/Der-Hochsee-Kreuzfahrtmarkt-Deutschland-2018-144, Download vom 23.10.2023.

CLIA Europe – Cruise Lines International Association Europe (2016): Contribution of Cruise Tourism to the Economies of Europe 2015, Brüssel.

CLIA Europe – Cruise Lines International Association Europe (2023): 2022 Europe Market Report, Brüssel.

Coaching in Bavaria (2023): Die Geschichte von Coaching in Bavaria, Internet, URL: https://coaching-in-b avaria.com/ueber-uns/, Download vom 15.11.2023.

Coen, A. (2004): Natur und Erlebnis pur. Mit der Draisine durch das Pfälzer Bergland, in: Praxis Geographie 12/2004, S. 14–16.

Cohen, S.A./ Highham, J.E.S./Peeters, P./Gössling, S. (2014): Understanding and Governing Sustainable Tourism Mobility – Psychological and behavioural approaches, Abingdon.

Cohen, S.A./Duncan, T./Thulemark M. (2015): Liftstyle mobilities: The crossroads of travel, leisure and migration, in: Mobilities 01/2015, S. 155–172.

Cohen, E. (2017): The paradoxes of space tourism, in: Tourism Recreation Research 01/2017, S. 22–31.

Collins, P. (1992): Benefits of Commercial Passenger Space Travel for Society, in: Bainum, P./May, G.L./ Nagatomo, M./Ohkami, Y. (Hg.): Advances in the Astronautical Sciences, International Space Year in the Pacific Basin. Proceedings of 4st ISCOPS, San Diego, S. 41–52.

Collins, P./Autino, A. (2008): What the Growth of a Space Tourism Industry Could Contribute to Employment, Economic Growth, Environmental Protection, Education, Culture and World Peace, Presented at Plenary Session of the International Academy of Astronautics' 1st Symposium on Private Human Access to Space, 25–28 May 2008, Arcachon.

Collins, P./Kanayama, H./Iwasaki, Y./Ohnuki, M./Hanayama, H. (1994a): Commercial Implications of Market Research on Space Tourism, in: Journal of Space Technology and Science 10/1994, 2, S. 3 11.

Collins, P./Kanayama, H./Iwasaki, Y./Ohnuki, M. (1994b): Potential Demand for Passenger Travel to Orbit, in: Galloway, R./Lokaj, S. (Hg.): Engineering, Construction, and Operations in Space IV., Proceedings of Space '94, American Society of Civil Engineers, New York, S. 578–586.

Collins, P./Stockmans, R./Maita, M. (1996): Demand for Space Tourism in America and Japan and its Implications for Future Space Acticities, in: Sixth International Space Conference of Pacific-Basin Societies, Marina del Rey, Kalifornien, Advances in the Astronautical Sciences, S. 601–610.

Colsmann, A. (1933): Luftsschiffahrt voraus! Arbeit und Erleben am Werke Zeppelins, Stuttgart.

COMAC – Commercial Aircraft Corporation of China Ltd. (2023): Products & Services, Internet, URL: http ://english.comac.cc/products/ca/, Download vom 26.10.2023.

Compagnie Polynésienne de Transport Maritime (2023): Das Schiff, Internet, URL: https://www.aranui.co m/de/das-schiff/, Download vom 13.10.2023.

Comuto SA (2023): Über uns, Internet, URL: https://blog.blablacar.de/about-us, Download vom 02.10.2023.

Cooper, C./Fletcher, J./Fyall, A./Gilbert, D./Wanhill, S. (2005): Tourism – Principles and Practice, 3. Auflage, Harlow.

Conrady, R./Fichert, F./Sterzenbach, R. (2019): Luftverkehr – Betriebswirtschaftliches Lehr- und Handbuch, 6. Auflage, München.

Crouch, G. (2001): The Market for Space Tourism. Early Indications, in: Journal of Travel Research 40/2001, S. 213–219.

Crouch, I. G./Devinney, M. T./Louviere, J. J./Islam, T. (2009): Modelling consumer choice behaviour in space tourism, in: Tourism Management 30(03), S. 441–454.

Cruise and Ferry Center AG (2023): Schiffstypen – Präsentation verschiedener Fährschiffstypen, Internet, URL: http://www.ferrycenter.ch/de/reiseinformationen/schiffstypen-1, Download vom 13.10.2023.

DAeC – Deutscher Aero Club (2023a): Zahlen – Daten – Fakten 2023, Braunschweig.

DAeC – Deutscher Aero Club e. V. (2023b): Segelflieger lernen, Internet, URL: https://www.daec.de/sportarten/segelflug/fliegen-lernen/, Download vom 20.11.2023.

DAeC Deutscher Aero Club e. V. (2010b): Die ganze Welt des Fliegens, Internet, URL: http://www.daec.de/downfiles/allg/zahlen_daten_fakten_2010.pdf, Download vom 10.08.2010.

Daimler Truck Holding AG (2023): Geschäftsbericht 2022, Leinfelden-Echterdingen.

Dambacher, C. (2006): Nachhaltiger Campingtourismus in Europa – Ergebnisse der ECO-CAMPING-Gästebefragung, Konstanz.

Dambeck, T. (2009): Die Mondpläne der Nasa erhalten einen Dämpfer, in: Neue Züricher Zeitung Online vom 16. September 2009, Internet, URL: http://www.nzz.ch/nachrichten/forschung_und_tech-nik/die_mondplaene_der_nasa_erhalten_einen_daempfer_1.3573961.html, Download vom 10.06.2010.

Danglidis, J. (2005): Cruise Industry – current trends and future developments, Vortrag auf dem 1. Cruise-Forum der Hochschule Harz, Wernigerode.

Dannheimer, H./Dieck, W. (1986): Die Rekonstruktion eines Wagens der Hallstattzeit und eines römischen Reisewagens, Mitteilungen der Freunde der Bayrischen Vor- und Frühgeschichte, Nr. 40 vom Juni 1986, München.

DayJet Corporation (2008): DayJet Discontinues Passenger Operations, Internet, URL: http://dayjet.com/images/DayJetOperations_09192008.pdf, Download vom 17.08.2010.

DB AG – Deutsche Bahn AG (2023a): Deutsche Bahn integrierter Bericht 2022, Berlin.

DB AG – Deutsche Bahn AG (2023b): I Squared und Deutsche Bahn unterzeichnen Kaufvertrag für Arriva, Internet, URL: https://ir.deutschebahn.com/de/news-praesentation/news/detail/i-squared-und-deutsche-bahn-unterzeichnen-kaufvertrag-fuer-arriva/, Download vom 03.11.2023.

DB AG – Deutsche Bahn AG (2023c): Veranstalter, Internet, URL: https://www.db-partner.info/partner/tour_operator.xhtml, Download vom 03.11.2023.

DB Fernverkehr AG (2023): Die Kooperation Fahrtziel Natur. Internet, URL: https://www.fahrtziel-natur.de/wir/fahrtziel_natur_kooperation, Download vom 03.11.2023.

DCC – Deutscher Camping-Club e. V. (2023): Über uns, Internet, URL: https://www.camping-club.de/der-club/ueber-den-dcc/geschichte, Download vom 07.11.2023.

DCHV – Deutscher Caravaning Handels-Verband e. V. (2023): Herzlich willkommen ..., Internet, URL: https://dchv.de/, Download vom 07.11.2023.

Dearing, J. (2016): Schriftliche Auskunft vom 05.09.2016 per E-Mail erhalten von Herrn John Dearing, Direktor bei G.P Wild (International) Ltd., Haywards Heath.

Deilbach, R./Stump, D. (2009): Ballonfahrer Romantik: Auf den Spuren des Windes, Köln.

Demhardt, I. J. (2000): Verkehrslinien als touristische Attraktionen, in: Institut für Länderkunde (Hg.): Nationalatlas Bundesrepublik Deutschland – Freizeit und Tourismus, Heidelberg/Berlin, S. 64–67.

Demnig G. (2023): Start, Internet, URL: https://www.stolpersteine.eu/start/, Download vom 21.11.2023.

Dempsey, P. S./Jakhu, R. S. (Hg.) (2016): Routledge Handbook of Public Aviation Law, London/New York.

Dervaes, C. (2003): Selling Cruises, 2. Auflage, Clifton Park.
Deutsche Lufthansa AG (2023): Geschäftsbericht 2022, Köln.
Deutsche Nationalbibliothek (2023): Suchwort Rad fahren und Radtourismus, Internet, URL: https://www.dnb.de/DE/Home/home_node.html, Download vom 14.11.2023.
Deutscher Bundestag (1999): Antwort der Bundesregierung auf die Kleine Anfrage der Abgeordneten Carsten Hübner, Dr. Winfried Wolf und der Fraktion der PDS (Drucksache 14/1338), Berlin.
Deutscher Sparkassen- und Giroverband e. V. (2022): Branchenreport 2022 Kfz-Vermietung, Berlin.
Deutscher Taxi- und Mietwagen e. V. (2021): Geschäftsbericht 2021, Berlin.
DFS – Deutsche Flugsicherung GmbH (2023): Jahresabschluss und zusammengefasster Lagebericht zum 31.12.2022, Langen.
DFV – Deutscher Fremdenverkehrsverband e. V. (Hg.) (1981): Die deutschen Ferienstraßen, Frankfurt am Main.
DHV – Deutscher Hängegleitverband (2023a): Fluggelände in Deutschland, Internet, URL: https://www.dhv.de/piloteninfos/gelaende-luftraum-natur/fluggelaendeflugbetrieb/gelaendedaten/, Download vom 20.11.2023.
DHV – Deutscher Hängegleitverband (2023b): DHV Gelände-Datenbank, Internet, URL: http://www.dhv.de/db3/gelaende/, Download vom 20.11.2023.
Diamandis, P./Collins, P. (1999): Creation of an Accredited Passenger Regulatory Category for Space Tourism Services, Vortrag auf der 1st STA Conference on Space Tourism, Juni 1999, o. O.
Diamonds Cars GmbH (2023): Autovermietung Diamond Cars, Internet, URL: https://www.dc-rent.de/, Download vom 09.10.2023.
Dickinson, B./Vladimir, A. (2008): Selling the Sea – An Inside Look at the Cruise Industry, 2. Auflage, Hoboken.
Dielemann, O./Rosskopf, I./Trausch, Z. (2009): Mietwagenunternehmen an europäischen Flughäfen, in: Internationales Verkehrswesen 04/2009, S. 122–124.
Dileep, M. R./Pagliara, F. (2023): Transportation Systems for Tourism, Cham.
DIMB – Deutsche Initiative Mountainbike e. V. (2023): Das ist die DIMB, Inernet, URL: https://www.dimb.de/, Download vom 15.11.2023.
Dissanayake, S./Lu, J. J. (2001): Traffic control device comprehension – Differences between Domestic and International Drivers in USA, in: IATSS Research 25(02), S. 80–87.
DI Tourismusforschung – Deutsches Institut für Tourismusforschung (2023a): Bustouristische Nachfrage in Deutschland – Eine gemeinsame Studie von DI Tourismusforschung, bdo und KRAVAG, Heide.
DI Tourismusforschung – Deutsches Institut für Tourismusforschung (2023b): Busreisen – Ein Überblick zur Busreisenachfrage in Deutschland, Heide.
Deutsches Institut für Urbanistik gGmbH (2023): Fahrradportal, Internet, URL: https://difu.de/projekte/fahrradportal, Download vom 15.11.2023.
DLR – Deutsches Zentrum für Luft- und Raumfahrt e. V. (2016): Luftverkehrsbericht 2015 – Daten und Kommentierungen des deutschen und weltweiten Luftverkehrs, Köln.
DLR – Deutsches Zentrum für Luft- und Raumfahrt e. V. (2023a): 100 Jahre Luftfahrtforschung, Internet, URL: https://nfknowledge.org/wp-content/uploads/publications/134.pdf, Download vom 24.10.2023.
DLR – Deutsches Zentrum für Luft- und Raumfahrt e. V. (2023b): Low Cost Monitor 1/2023, Köln.
DMFV – Deutscher Modellflieger-Verband e. V. (2023): Wer sind wir, Internet, URL: https://www.dmfv.aero/der-verband/wer-wir-sind/, Download vom 17.11.2023.
DMYV – Deutscher Motoryachtverband e. V. (2016): Qualitätssiegel – maritim: Die Auszeichnung für Hafenanlagen und Marinas, Duisburg.
Doganis, R. (2006): The Airline Business, 2. Auflage, London/New York.

Doganis, R. (2010): Flying Off Course – The Economics of International Airlines, 4. Auflage, London/New York.

Dohr, S. (2023): Schriftliche Auskunft vom 19.12.2023 per E-Mail von Frau Sandra Dohr, Mitarbeiterin für Front Office, Marketing & Alpine Pearls beim Tourismusverband Werfenweng, Werfenweng.

Hinrichs, W. (2023): Schriftliche Auskunft vom 30.11.2023 per E-Mail von Herrn Wilko Hinrichs, Mitarbeiter der Inselgemeinde Langeoog, Langeoog.

DOSB – Deutscher Olympischer Sportbund e. V. (2023): Bestandserhebung 2023, Frankfurt am Main.

Douglas Borough Council (2023): History of the Douglas Horse Tram Service, Internet, URL: http://www.douglas.im/index.php/info/item/146-history-of-the-douglas-horse-tram-service, Download vom 15.11.2023.

Douglas, N./Douglas, N./Ross, D. (2001): Special Interest Tourism, Hoboken.

Douvier, S. W. (2005): MARPOL – Umweltschutz auf dem Meer, Bestandsaufnahme und Ausblick, Bremen.

Dowling, R. K./Weeden, C. (Hg.) (2017a): Cruise Ship Tourism, 2. Auflage, Wallingford.

Dowling, R. K./Weeden, C. (2017b): The World of Cruising, in: Dowling, R.K./Weeden, C. (Hg.): Cruise Ship Tourism, Walllingford, S. 1–39.

dpa – Deutsche Presse-Agentur GmbH (2023): Erster kommerzieller Flug von Virgin Galactic, Internet, URL: https://www.faz.net/aktuell/wirtschaft/virgin-galactic-absolviert-ersten-kommerziellen-flug-ins-all-fuer-400000-euro-19000623.html vom 20.11.2023.

DRK – Deutsches Rotes Kreuz e. V. (2023): DRK Jahrbuch 2022, Berlin.

Dresdner Chaffeuer Service 8x8 GmbH (2023): Stilvolle Mobilität, Internet, URL: https://www.8mal8.de/home-de, Download vom 06.12.2023.

Dressler, L. (2023): Beförderungskünstler mit Muskelantrieb, Internet, URL: http://pro-rikscha.de/rader/promotionmobile-und-verkaufsrikschas/, Download vom 16.11.2023.

DRV – Deutscher Reiseverband (2023): Der Deutsche Reisemarkt – Zahlen und Fakten 2022, Berlin.

Dreyer, A. (2012): Radfahren im System des Tourismus, in: Dreyer, A./Mühlnickel, R./Miglbauer, E. (Hg.): Radtourismus – Entwicklungen, Potentiale, Perspektiven, München, S. 1–7.

Dreyer, A./Krüger, A. (1995): Sporttourismus – Management- und Marketing-Handbuch, München.

Dreyer, A./Linne, M. (2008): Radtourismus in Sachsen-Anhalt, Hamburg.

Dreyer, A./Menzel, A./Endreß, M. (2010): Wandertourismus – Kundengruppen, Destinationsmarketing, Gesundheitsaspekte, München.

Dreyer, A./Mühlnickel, R./Miglbauer, E. (2012): Radtourismus – Entwicklungen, Potentiale, Perspektiven, München.

Dreyer, A./Menzel, A. (2015): Hiking Tourism in Germany's Low and High Mountain Regions, in: Richins, H./Hull, J. (Hg.): Mountain Tourism – Experiences, Communities, Environments and Sustainable Futures, Wallingford, S. 184–193.

DSGV – Deutscher Sparkassen- und Giroverband e. V. (Hg.) (2009a): BranchenReport Kfz-Vermietung, Stuttgart 2008.

DSGV – Deutscher Sparkassen- und Giroverband e. V. (2009b): Tabellen zur Umsatzsteuerstatistik nach Wirtschaftszweigen, Berlin (unveröffentlichte Datenzusammenstellung des DSGV nach dem Statistischen Bundesamt).

DTV – Deutscher Tourismusverband e. V. /Deutscher Wanderverband e. V. (Hg.) (2002): Wanderbares Deutschland. Praxisleitfaden zur Förderung des Wandertourismus. 2. Aufl. Bonn/Meckenheim.

DTV – Deutscher Tourismusverband e. V. (2003): Grundlagenuntersuchung Wassertourismus in Deutschland, Internet, URL: http://www.deutschertourismusverband.de/content/files/wassertourismus_lang-fassung.pdf, Download vom 26.07.2010.

DTV – Deutscher Tourismusverband e. V. (2004): Wirtschaftsfaktor Campingtourismus in Deutschland, Bonn.

DTV – Deutscher Tourismusverband e. V. (Hg.) (2009): Touristische Wegweisung wird vereinheitlicht – Überarbeitung der „Richtlinien für die touristische Beschilderung" erschienen, Internet, URL: http://www.deutscher-tourismusverband.de/index.php?news_id=304&pageId=96&startId=20&show_year=2009, Download vom 20.08.2009.
DTV – Deutscher Tourismusverband e. V. (2021): Planungshilfe zur Errichtung von Reisemobilstellplätzen in Deutschland, Berlin.
DTV – Deutscher Tourismusverband e. V. (2023a): Hinweis- und Informationssystem auf dem Wasser, Internet, URL: https://www.deutschertourismusverband.de/qualitaet/wassertourismus/gelbe-welle/allgemein.html, Download vom 21.11.2023.
DTV – Deutscher Tourismusverband e. V. (2023b): Digitales Fußgängerleitsystem in der Landeshauptstadt Stuttgart, Stuttgart-Marketing GmbH, Internet, URL: https://www.deutschertourismuspreis.de/innovationsfinder/stuttgart-marketing-digitales-fussgaengerleitsystem-stuttgart.html, Download vom 27.11.2023.
Dudek, C. L./Huchingon, R. D./Trout, N./Chester, D. (1996): International Tourist Guidance Needs and Understanding of Selected Guide Signs in Florida, in: Transportation Research Record 15500(01), S. 37–47.
Dunlop, G. (2012): The European ferry industry: challenges and changes, in: International Journal of Transport Management 02/2012, S. 115–116.
Dücker, S. (2001): Weltraumtourismus – eine kritische Auseinandersetzung: über Sinn, Utopien und Effekte des Weltraumtourismus, in: integra – Zeitschrift des Instituts für Integrativen Tourismus und Freizeitforschung 4/2001, S. 21–23.
Dürkop, D./Gross, S. (2012a): Tourist Cards – Experiences with Soft Mobility in Germany's Low Mountain Ranges, in: Tiller, T.R. (Hg.): Proceedings of Conference BEST EN Think Tank XII. University of Technology Sydney, Sydney, S. 318–324.
Dürkop, D./Groß, S. (2012b): ÖPNV-Gästekarten im Tourismus – Ein Beitrag zur Sanften Mobilität in deutschen Tourismusregionen, in: Verkehrszeichen 28(02), S. 18–22.
Dürr, L. (1925): Fünfundzwanzig Zeppelin-Luftschiffe, Berlin.
DVB Bank (2006): DVB Research & Strategic Planning: The Cruise Industry and its Outlook 2006–2010, Rotterdam.
DVGN – Deutsche Gesellschaft für die Vereinten Nationen e. V. (1995): UN Basis Info – Internationales Seerecht, Internet, URL: http://dgvn.de/fileadmin/user_upload/Publikationen/Basis_Informationen/BI_Seerecht0001.pdf, Download vom 28.08.2008.
DWIF – Deutsches Wirtschaftswissenschaftliches Institut für Fremdenverkehr (Hg.) (1990): Campingurlaub in der Bundesrepublik Deutschland, München.
DWIF – Deutsches Wirtschaftswissenschaftliches Institut für Fremdenverkehr (Hg.) (1997): Campingtourismus in Deutschland – Aktualisierung der Grundlagenuntersuchung von 1990 unter besonderer Berücksichtigung der neuen Bundesländer, München.
DWIF – Deutsches Wirtschaftswissenschaftliches Institut für Fremdenverkehr (2023): Wirtschaftliche Effekte durch Seilbahnen in Deutschland in der Saison 2018/19, München.
Deutscher Wanderverband e. V. (2017): Portal für Wandern in Deutschland, Internet, URL: http://www.wanderbares-deutschland.de/, Download vom 03.01.2017.
DWV – Deutscher Wanderverband e. V. (2023a): Prädikat für Wanderwege, Internet, URL: https://www.wanderbares-deutschland.de/service/b2b/qualitaetswege, Download vom 14.11.2023.
DWV – Deutscher Wanderverband e. V. (2023b): Jahresbericht 2022/23, Kassel.
DWWV – Deutscher Wasserski- und Wakeboard-Verband e. V. (2023): Verband, Internet, URL: https://www.dwwv.de/verband, Download vom 20.11.2023.
EASA – Europäische Agentur für Flugsicherheit (2020): EASA Balloon Rule Book, Köln.
EASA – Europäische Agentur für Flugsicherheit (2023a): The Agency, Internet, URL: https://www.easa.europa.eu/en/the-agency/the-agency, Download vom 25.10.2023.

EASA – Europäische Agentur für Flugsicherheit (2023b): About EASA – What does the Agency do? Internet, URL: https://www.easa.europa.eu/the-agency/faqs/agency, Download vom 25.10.2023.

Eaton, B./Holding, D. (1996): The evaluation of public transport alternatives to the car in British National Parks, in: Journal of Transport Geography 04(01), S. 55–65.

easyCruise (2023): Discover the world, Internet, URL: https://easycruise.com/, Download vom 23.10.2023.

EBAA – European Business Aviation Association (2023): Business Aviation Fleet Tracker Europe, o. O.

ECAC – European Civil Aviation Conference (2023): About ECAC, Internet, URL: https://www.ecac-ceac.org/about-ecac, Download vom 25.10.2023.

ECF – European Cyclists Federation (2023a): Our Mission, Internet, URL: https://ecf.com/who-we-are/our-mission, Download vom 15.11.2023.

ECF – European Cyclists Federation (2023b): EuroVelo, the Eruopean cycle route network, Internet, URL: https://ecf.com/what-we-do/eurovelo, Download vom 15.11.2023.

ECF – European Cyclists Federation (2023c): EuroVelo Route Development Status Report (2023), Brüssel.

Echtner, C./Jamal, T.B. (1997): The disciplinary dilmna of tourism studies, in: Annals of Tourism Research 24(04), S. 868–883.

Eckener, H. (1938): Graf Zeppelin. Sein Leben nach Aufzeichnungen und Erinnerungen, Stuttgart.

Eckey, H.-F./Stock, W. (2000): Verkehrsökonomie – Eine empirisch orientierte Einführung in die Verkehrswissenschaften, Wiesbaden.

Edelline AG (2023): Busreisen, Internet, URL: https://www.edelline.ch/seiten/experience/busrei-sen/?oid=432&lang=de, Download vom 13.10.2023.

EFCO & HPA – European Federation of Campingsite Organisation and Holiday Park Associations (2023): About, Internet, URL: https://www.efcohpa.eu/about, Download vom 07.11.2023.

Egger, R./Buhalis, D. (Hg.) (2008): eTourism Case Studies: Management and Marketing Issues, Amsterdam usw.

Eichmann, B./Erhardt, T. (2020): Gesundheitswandern – Auswirkungen auf das physische und psychische Wohlbefinden, Baden-Baden.

Eilzer, C. (2007): Besucherleitsysteme: Entwicklung und Anwendung eines Instruments zu ihrer Bewertung – Dargestellt am Beispiel des Biosphärenreservates Rhön, München.

Eilzer, C. (2021): Renaissance des Wanderns in Deutschland, in: Eisenstein, B./Kampen, J./Weis, R./Reif, J./Eilzer, C. (Hg.): Tourismusatlas Deutschland, 2. Auflage, München, S. 92–93.

Eilzer, C./Harms, T./Weis, R./Dornheim, S. (2021): Studie zum Wanderverhalten der Deutschen in Zeiten der Corona-Pandemie – Ergebnisse der repräsentativen Erhebung 2021, Heide/Holstein.

Eilzer, C./Harms, T./Dornheim, S./Weis, R. (2022): Untersuchung zur Nachfrage im deutschen Wandermarkt im Jahr 2020, Heide/Holstein.

Eisenkopf, A./Knorr, A. (2021): Ein innovativer Regulierungsansatz zur Belebung des Wettbewerbs im Schienenpersonenfernverkehr, in: Wirtschaftsdienst – Zeitschrift für Wirtschaftspolitik 101(6), S. 446–453.

Eisenstein, B./Kampen, J./Weis, R./Reif, J./Eilzer, C. (Hg.) (2021): Tourismusatlas Deutschland, 2. Auflage, München.

Eisenstein, B. (2021): Einführung, in: Schulz, A./Eisenstein, B./Gardini, M. A./Kirstges, T. H./Berg, W. (Hg.): Grundlagen des Tourismus, 3. Auflage, Berlin/Boston, S. 1–72.

EMobG Services Germany GmbH (2021): Unser Umweltengagement, Internet, URL: https://www.europcar.de/umweltengagement/ueberblick?noredirection=true, Download vom 09.10.2023.

Engberding, D. (1926): Luftschiff und Luftschiffahrt in Vergangenheit, Gegenwart und Zukunft, Berlin.

Enterprise Holdings Inc. (2022): Brands & Services – Mobility Solutions for an Evolving World, Internet, URL: https://www.enterpriseholdings.com/brands-services.html, Download vom 09.10.2023.

Enterprise Rent-A-Car UK Ltd. (2023): Über Enterprise Rent-A-Car, Internet, URL: http://www.enter-prisealive.com/en/about_us/our_history.html, Download vom 02.10.2023.
ERA – European Regions Airlines Organization (2023): About ERA, Internet, URL: https://www.eraa.org/about/overview, Download vom 26.10.2023.
ESA – European Space Agency (2023): Führungen durch das ESA-Satellitenkontrollzentrum Darmstadt, Internet, URL: https://www.esa.int/Space_in_Member_States/Germany/Fuehrungen_durch_das_ESA-Satellitenkontrollzentrum_Darmstadt, Download vom 17.11.2023.
EUROCONTROL – European Organisation for the Safety of Air Navigation (2019): Introducing the EUROCONTROL Network Manager Operations Centre, Brüssel.
EUROCONTROL – European Organisation for the Safety of Air Navigation (2023a): PRR 2022: Performance Review Report – An Assesment of Air Traffic Management in Europe, Brüssel 2023.
EUROCONTROL – European Organisation for the Safety of Air Navigation (2023b): What we do, Internet, URL: https://www.eurocontrol.int/about-us, Download vom 25.10.2023.
Europäische Kommission (2008): Billigflaggen: Das Problem im Überblick, Internet, URL: http://ec.europa.eu/fisheries/cfp/external_relations/illegal_fishing/flags_convenience_de.htm, Download vom 03.11.2008.
Europäische Kommission (2009): Study of passenger transport by coach (Final Report), Brüssel.
Europäische Kommission (2010): Siim Kallas begrüßt Unterzeichnung des „Open Skies“-Abkommens der zweiten Stufe zwischen EU und USA, Luxemburg.
Europäische Kommission (2015): Eine Luftfahrtstrategie für Europa, Brüssel.
Europäische Kommission (2023): Vorschlag für eine Richtlinie des Europäischen Parlaments und des Rates über den Führerschein, zur Änderung der Richtlinie (EU) 2022/2561 des Europäischen Parlaments und des Rates, der Verordnung (EU) 2018/1724 des Europäischen Parlaments und des Rates und zur Aufhebung der Richtlinie 2006/126/EG des Europäischen Parlaments und des Rates und der Verordnung (EU) Nr. 383/2012 der Kommission, Brüssel.
European Commission (2015): An Aviation Strategy for Europe – Anlage, Brüssel 2015.
European Commission (2016): Comprehensive Study on Passenger Transport by Coach in Europe (Final Report), Brüssel.
Europäischer Rat und Rat der EU (2023): Eisenbahnpolitik, Internet, URL: https://www.consilium.europa.eu/de/policies/rail-transport-policy/, Download vom 03.11.2023.
EUROPCAR Autovermietung GmbH (2016): Unsere Geschichte, Internet, URL: https://www.europcar.de/files/live/sites/Europcar.de/files/PDF/UK%20-%20Pressemeldungen/2016_Allgemeine%20Presseinformationen/Europcar_Unternehmensgeschichte.pdf, Download vom 16.08.2016.
Europcar Mobility Group (2022): 2021 Universal registration document, Paris.
Eurocar Mobility Group (2023a): Management report for the year ended 31 December 2022, Paris.
Eurocar Mobility Group (2023b): 2022 Statement of non-financial performance Europcar, Paris.
Eurostat (2022): Tourism statistics, Internet, URL: https://ec.europa.eu/eurostat/statistics-explained/index.php?title=Glossary:Tourism_intensity, Download vom 03.04.2023.
Eurostat (2023): Datenbank Verkehr, Internet, URL: http://ec.europa.eu/eurostat/web/transport/data/database, Download vom 03.11.2023.
EVTZ Alpine Pearls (2021): Strategie Alpine Pearls 5.0, Weissensee.
FAI – Fèdèration Aèronautique International (2022): FAI Sporting Code – Version July 2022, Lausanne.
F.I.C.C. – Ferderation Internationale de Camping et de Caravaning (2023): Über uns, Internet, URL: https://ficc.org/de/uber-uns/, Download vom 07.11.2023.
Fairkehr GmbH (2023): Organisierte Wandertouren – nachhaltige Reiseveranstalter für Wanderreisen, Internet, URL: https://www.wirsindanderswo.de/veranstalter/uebersicht/wanderreisen/, Download vom 14.11.2023.

Famler, W. (2001): Gagarin und die Bewegung Kosmos, in: integra – Zeitschrift des Instituts für Integrativen Tourismus und Freizeitforschung 04/2001, S. 2–3.

Farren, J. (2006): Legendäre Luxuszüge: Traumreisen rund um die Welt, München.

FGSV – Forschungsgesellschaft für Straßen- und Verkehrswesen (Hg.) (1998a): Öffentlicher Personennahverkehr: Umweltfreundlicher Freizeit- und Fremdenverkehr, Köln.

FGSV – Forschungsgesellschaft für Straßen- und Verkehrswesen (Hg.) (1998b): Merkblatt zur wegweisenden Beschilderung für den Radverkehr, Köln.

FGSV – Forschungsgesellschaft für Straßen- und Verkehrswesen (Hg.) (2012): Hinweise für die Planung von Fernbusterminals, Köln.

Fichert, F./Forsyth, P./Niemeier, H.-M. (Hg.) (2020): Aviation and Climate Change Economic Perspectives on Greenhouse Gas Reduction Policies, New York.

Fiedler, J. (1999): Am Anfang stand die Einführung von Sammeltaxen: Mobilitätsmanagement – was es ist und was nicht, in: Stadt und Gemeinde 04/1999, S. 150–153.

Fielitz, K.-H./Grätz, T. (2015): Personenbeförderungsgesetz, Kommentar zum gesamten Personenbeförderungsrecht, Band 1 und 2, 71. Aktualisierungslieferung, Neuwied.

Filipović, Ž. (2015): Elektrische Bahnen – Grundlagen, Triebfahrzeuge, Stromversorgung, 5. Auflage, Berlin/Heidelberg.

Findlay, C./Southwell, K. (2004): 'I just followed my nose': understanding visitor wayfinding and information needs at forest recreation sites, in: Managing Leisure 09(04), S. 227–240.

FIM Europe FIM Europe: European Motorcycling Union (2022): 2022 Yearbook, Mies.

FIM Europe FIM Europe: European Motorcycling Union (2023): FIM Europe Recommended Hotels, Internet, URL: https://www.fim-europe.com/fim-europe-recommended-hotels/#1472638606179-646b8914-d2f2, Download vom 13.11.2023.

FlighGlobal (2021): World Airline Rankings: Top 100 airline groups by revenue and traffic 2020, Internet, URL: https://www.flightglobal.com/reports/world-airline-rankings-top-100-airline-groups-by-revenue-and-traffic-2020/145835.article, Download vom 27.10.2023.

FlixBus (2016): Ab sofort können FlixBus-Fans auch hinters Steuer: Heute erscheint der Fernbus Simulator, Pressemitteilung vom 25.08.2016, Berlin.

Flix SE (2023a): Über Flix, Internet, URL: https://www.flixbus.de/unternehmen/ueber-flixbus, Download vom 12.10.2023.

Flix SE (2023b): Flixtrain, Internet, URL: https://www.flixtrain.de/?_sp=15d44bcc-8237-41ef-a8d5-7e5285f93b18.1699262702085, Download vom 06.11.2023.

FLN FRISIA-Luftverkehr GmbH Norddeich (2023): Die Entwicklung der Inselflieger, Internet, URL: https://www.inselflieger.de/unternehmen/die-inselflieger.html, Download vom 02.11.2023.

Fluko – Flughafenkoordinator Deutschland GmbH (2023): Funktion, https://fluko.org/ueber-uns/funktion/, Download vom 26.10.2023.

Flury-Kleubler, P./Helminger, A./Gutscher, H. (2000): Bedürfnisanalyse Braunwald – Die Bedürfnisse der für Braunwald wichtigsten Personengruppen als Leitpunkte für die Zukunft, Zürich.

Forsyth, F./Guiomard, C./Niemeier, H.-M. (2023): Airport Economics, New York.

Fortson, D. (2023): The High-Stakes Race for the World's First Air Taxi Service, Internet, URL: https://businesstravelerusa.com/travel/the-worlds-first-air-taxi-service/, Download vom 02.11.2023.

Förderverein August-Euler Luftfahrtmuseum (2023): August-Euler-Flugplatz, Darmstadt-Griesheim, Internet, URL: https://www.august-euler-museum.de/geschichte/august+euler+flugplatz/, Download vom 24.10.2023.

Förderverein Zeppelin-Tourismus e. V. (2012): Zeppelin Europe Tours – eine Vision mit Zukunft! Internet, URL: http://www.zeppelin-tourismus.de/de/zeppelin/europe_tours.php, Download vom 10.01.2017.

Francis, G./Humphreys, I./Ison, S./Aicken, M. (2006): Where next for low cost airlines? A spatial and temporal comparative study, in: Journal of Transport Geography 14/2006, S. 83–94.

Franz, P. (1984): Soziologie der räumlichen Mobilität – Eine Einführung, Frankfurt am Main/New York.

Fraunhofer-Institut für Arbeitswirtschaft und Organisation (2016): Marktpreisspiegel Mietwagen Deutschland 2016, Stuttgart.

Frechtling, D. C. (1976): Proposed standard definitions and classifications for travel research, in: Proceedings of the Travel Research Association, San Diego.

Frehn, M./Steinberg, G./Mattner, T. (2014): Deutschlands Fernbusterminals: (K)eine Visitenkarte der Städte, in: Projektskizzen 18, Herbst 2014, S. 10.

Freie und Hansestadt Hamburg (2018): MOIA Genehmigungsverfahren für neuen Fahrdienst abgeschlossen – Start für MOIA in Hamburg ab 1. Januar 2019 möglich/Probebetrieb ab viertem Quartal 2018, Internet, URL: https://www.hamburg.de/pressearchiv-fhh/10970098/2018-04-26-bwvi-moia/, Download vom 28.09.2023.

Fremdenverkehrszweckverband Landkreis Kusel (2017): 8. Deutsche Draisinentage 26. März 2011, Internet, URL: http://www.deutsche-draisinenmeisterschaft.de/index.html, Download vom 09.01.2017.

Frerich, J./Müller, G. (2009): Europäische Verkehrspolitik Von den Anfängen bis zur Osterweiterung der Europäischen Union, Band 2: Verkehrspolitik, München.

Frey Marti, C. (1996): Verkehrs- und Umweltproblematik in touristischen Gebieten: Analyse, Lösungsansätze, Auswirkungen, untersucht am Beispiel Oberengadin, Bern/Stuttgart/Wien.

Freyer, W. (1996): Tourismuspolitik, in: Jenkins, H.W. (Hg.): Raumordnung und Raumordnungspolitik, München/Wien, S. 259–286.

Freyer, W. (2000): Verkehrliche Wirkungen von Telekommunikation – Wirkungen aus Sicht des Tourismus, in: Freyer, W.: Ganzheitlicher Tourismus – Beiträge aus 20 Jahren Tourismusforschung, Dresden, S. 265–277.

Freyer, W. (2011): Tourismus-Marketing – Marktorientiertes Management im Mikro- und Makrobereich der Tourismuswirtschaft, 7. Auflage, München.

Freyer, W. (2015): Tourismus – Einführung in die Fremdenverkehrsökonomie, 11. Auflage, Berlin/München/Boston.

Freyer, W./Groß, S. (2003): Tourismus und Verkehr – Die Wechselwirkungen von mobilitätsrelevanten Ansprüchen von touristisch Reisenden und Angebote touristischer Transportunternehmen (Diskussionsbeiträge aus dem Institut für Wirtschaft und Verkehr der TU Dresden 01/2003), Dresden.

Freyer, W./Groß, S. (2005): Weltraumtourismus – Status quo und Zukunft der Entwicklung, in: Wissenschaftliche Zeitschrift der TU Dresden 01-02/2005, S. 32–38.

Freyer, W./Lübbert, C. (1996): Tourismus und Verkehr – Möglichkeiten der Ressourcenschonung durch touristische Beschilderung in Fremdenverkehrsorten, in: Wissenschaftliche Zeitschrift der TU Dresden 05/1996, S. 89–95.

Fröhlich, M. (1997): Ferienfahrschulen – Streß im Urlaub, in: Die Zeit 32/1977, o.S.

FSF – DIN-Normenausschuss Fahrweg und Schienenfahrzeuge (2023): Jahresbericht 2022, Kassel/Berlin.

Fuchs, W. (Hg.) (2021): Tourismus, Hotellerie und Gastronomie von A bis Z, München.

Fuchs, E./Pramer, J. (2007): Mietwagenkosten beim Fahrzeugschaden – Grundlagen, Rechtssprechung, Muster, Köln.

Fuchs, W./Mundt, J. W./Zollondz, H.-D. (Hg.) (2008): Lexikon Tourismus – Destinationen, Gastronomie, Hotellerie, Reisemittler, Reiseveranstalter, Verkehrsträger, München.

FUR – Forschungsgemeinschaft Urlaub und Reisen e. V. (2016): Reiseanalyse 2015 Kurzfassung der Ergebnisse – Struktur und Entwicklung der Urlaubsreisenachfrage im Quellmarkt Deutschland, Kiel.

Futron Corporation (Hg.) (2002): Space Tourism Market Study – orbital space travel & destinations with suborbital space travel, Bethesda.

Gather, M./Kagermeiner, A./Lanzendorf, M. (2008): Geographische Mobilitäts- und Verkehrsforschung, Berlin/Stuttgart.

Gauf, D. (1987): Partner in der Bustouristik – Erfolgreiche Zusammenarbeit von in- und ausländischen Leistungsträgern mit Busunternehmen, München.

Gauf, D. (1982): Touristik-Marketing für Bus-Unternehmer: Reisen erfolgreich planen und durchführen, München.

Gauf, D. (1998): Busunternehmen – Ursachen und Entstehen von ausgewählten Eigenarten und Besonderheiten des deutschen Bustouristikmarktes, in: Haedrich, G. (Hg.): Tourismusmanagement: Tourismus-Marketing und Fremdenverkehrsplanung, 3. Auflage, Berlin, S. 661–670.

Gauf, D. (2015): Touristik-Marketing für Busunternehmer: Praxisgrundlagen und Tipps für Ihren Touristik-Geschäftserfolg, München.

GBAA – German Business Aviation Association (2016): Was ist Geschäftsflugverkehr? Internet, URL: http://www.gbaa.de, Download vom 01.12.2016.

gbk – Gütegemeinschaft Buskomfort e. V. (2019): Klassifizierungskriterien, Böblingen.

gbk – Gütegemeinschaft Buskomfort e. V. (2022a): Qualität hat Zukunft – Mehrleistungen für Busunternehmer, Böblingen.

gbk – Gütegemeinschaft Buskomfort e. V. (2022b): Sternstunden … Busreisen mit Komfort reisen, Böblingen.

gbk – Gütegemeinschaft Buskomfort e. V. (2023a): gbk Statistik, Internet, URL: http://www.buskomfort.de/gbk/statistik.html, Download vom 10.10.20123.

gbk – Gütegemeinschaft Buskomfort e. V. (2023b): Übersicht zur Beitrags- und Gebührenordnung der gbk-Gütegemeinschaft Buskomfort e. V., gültig seit 01. Februar 2023, Böblingen.

Gemeinde Rathen (2023): Schema einer Gierfähre, Internet, URL: http://www.kurort-rathen.de/tl_files/theme1/Schema_Gier.gif, Download vom 13.10.2023.

Getaround SAS (2023): Miete ein Auto in nur wenigen Klicks, Internet, URL: https://de.getaround.com/, Download vom 02.10.2023.

Directorate-General Mobility and Transport (2022a): Annual Activity Report 2021, Brüssel.

Directorate-General Mobility and Transport (2022)b: Mobility Strategy – Mission Statement, Brüssel.

Gálvez, A./Naja-Corbin, G. (2008): Space Tourism – ESAs View on Private Suborbital Flights, in: esa bulletin 135, S. 19–25.

Georg Höltl GmbH & Co. KG (2010): Unsere Fahrzeuge, Tittling.

Gerike, R./Becker, U. (2000): Ziele von und für Verkehr – Wozu dient eigentlich unser Verkehr, und wie soll er aussehen? in: Wissenschaftliche Zeitschrift der TU Dresden 03/2000, S. 2–6.

Gerzer, R. (2001): Raumfahrtmedizin, in: Astronomie + Raumfahrt 38/2001, S. 30–32.

Gesamtorganisation Ferienfahrschulen (1970): 1970/71 – 30 Ferienfahrschulen in Deutschlands schönsten Feriengebieten, Frankfurt am Main.

Gibson, P. (2006): Cruise Operations Management, Oxford.

Gibson, R. (1994): Die Zukunft im All, Stuttgart.

Göbner, V. (2016): Ins Netz gegangen, Internet, URL: http://www.bvww.org/index.php?id=127&uid=1241, Download vom 30.08.2016.

Goehlich, R. A. (2007): Space tourism, in: Conrady, R./Buck, M. (Hg.): Trends and Issues in Global Tourism 2007, Berlin/Heidelberg/New York, S. 213–226.

Goehlich, R. A. (2014): Space Tourism: Hurdles and Hopes, in: International Journal of Aviation Systems, Operations and Training 01/2014, S. 17–34.

Goehlich, R. A. (2015): Textbook of space tourism, 2. Auflage, Berlin.

Goeldner, C. R./Ritchie, J. R. B. (2012): Tourism – Principles, Practices, Philosophies, 12. Auflage, Hoboken.

Golden, F. W./Brown, J. (2006): European Cruises and Ports of Call, 4. Auflage, Hoboken.

Goldstein, N. J./Cialdini, R. B./Griskevicius, V. (2008): A Room with a Viewpoint: Using Social Norms to Motivate Environmental Conservation in Hotels, in: Journal of Consumer Research 35(03), S. 472–482.

Gorham, G./Rice, S. (2007): Travel Perspectives: A Guide to Becoming a Travel Professional, 4. Auflage, Clifton Park.

Goslich, W. (2001): Fachkunde Bustouristik – Reisen Mobil, Frankfurt am Main.

GPN – Global Passenger Network (2023): Members, Internet, URL: http://gpn.travel/germany/, Download vom 13.10.2023.

Graham, A. (2023): Managing Airports: An International Perspective, 6. Auflage, Milton Park.

Graham, A./Papatheodorou, A./Forsyth, P. (Hg.) (2008): Aviation and Tourism – Implications for Leisure Travel, Aldershot.

Grätz, T. (2015): Fachkunde & Prüfung für den Taxi- und Mietwagenunternehmer, 9. Auflage, München.

Grätz, T./Meißner, H. (2008): Taxi und Mietwagen – Handbuch zur Rechts- und Betriebspraxis, 2. Auflage, München.

Greve, G./Benning-Rohnke, E. (Hg.) (2010): Kundenorientierte Unternehmensführung – Konzept und Anwendung des Net Promoter® Score in der Praxis, Wiesbaden 2010.

Gronau, W. (Hg.) (2011): Zukunftsfähiger Tourismus – Innovation und Kooperation. Mannheim.

Groß, H. (2023): Luftfahrt-Wissen – Von den Grundlagen bis zur Pilotenlizenz, 5. Auflage, Stuttgart.

Gross, S./Grotrian, J./Sonderegger, R. (2007): Transferring the Low Cost Strategy to Ship, Bus and Rental Car Companies, in: Groß, S./Schröder, A. (Hg.): Handbook of Low Cost Airlines – Strategies, Business Processes and Market Environment, Berlin, S. 293–314.

Gross, S. (2010): Low Cost Cruises – a Business Model Analysis of easyCruise, in: Tourism in Marine Environments 01/2010, S. 11–24.

Gross, S. (2022): Rent a car, in: Buhalis, D. (Hg.): Encyclopedia of Tourism Management and Marketing, Cheltenham, S. 671–673.

Gross, S./Lück, M. (2011): Flying for a buck or two: Low-cost Carriers in Australia and New Zealand, in: European Journal of Transport and Infrastructure Research 11(03), S. 297–319.

Gross, S./Lück, M. (2012): From Low Cost to Luxury: Cruise line strategies for keeping afloat, in: Papathanassis, A./Vogel, M./Wolber, B. (Hg.): The Business and Management of Ocean Cruises, Oxfordshire, S. 63–76.

Gross, S./Lück, M. (Hg.) (2013): The Low Cost Carrier Worldwide, London.

Gross, S./Lück, M./Schröder, A. (2013): Low Cost Carrier – A worldwide phenomenon?! in: Gross, S./Lück, M. (Hg.): The Low Cost Carrier Worldwide, London, S. 3–15.

Gross, S./Klemmer, L. (2014): Introduction to Tourism Transportation, Wallingford.

Gross, S./Werner, K. (2018): Hut-to-Hut-Hiking Trails – A Comparative Analysis of Popular Hiking Destinations, in: Hall, C.M./Ram, Y./Shoval, N. (Hg.): Routledge Handbook of Walking Studies – Leisure, Travel and Wellbeing, Oxford, S. 159–171.

Groß, S. (2004): Die Entstehung einer Tourismuswissenschaft im deutschsprachigen Raum – Status Quo und Anforderungen an eine eigenständige Tourismuswissenschaft, in: Tourismus Journal – Zeitschrift für tourismuswissenschaftliche Forschung und Praxis 02/2004, S. 243–263.

Groß, S. (2005): Mobilitätsmanagement im Tourismus, Dresden.

Groß, S. (2019): Praktische Umsetzung eines Mobilitätsmanagement im Tourismus, in: Becker, T./Deuster, J./Francke, A./Huber, F./Mietzsch, O./Nobis, C./Saary, K./Schwedes, O. (Hg.): Handbuch der kommunalen Verkehrsplanung – Strategien, Konzepte, Maßnahmen für eine integrierte und nachhaltige Mobilität, 83. Ergänzungslieferung, Berlin/Bonn.

Groß, S. (Hg.) (2020): Touristische Beschilderung an deutschen Autobahnen – Touristische Unterrichtungstafeln: Wahrnehmung, Effekte, Entscheidungsverhalten, München.

Groß, S. (2021a): Segway und Co., in: Fuchs, W. (Hg.): Tourismus, Hotellerie und Gastronomie von A bis Z, Berlin/Boston, S. 838–839.

Groß, S. (2021b): Touristisches Besucherleitsystem, in: Fuchs, W. (Hg.): Tourismus, Hotellerie und Gastronomie von A bis Z, Berlin/Boston, S. 966–968.

Groß, S./Culemann, J./Rebbe, J. (2022): Glamping in Deutschland – Angebot und Nachfrage eines naturtouristischen Konzepts, München.

Groß, S./Dreyer, A. (Hg.) (2013): GPS im Tourismus: Grundlagen – Einsatzbereiche – Produktentwicklung, Elmshorn.

Groß, S./Felser, G. (2020): Touristische Beschilderung – Wahrnehmung und Erinnerung der touristischen Unterrichtungstafeln an deutschen Autobahnen, in: Zeitschrift für Tourismuswissenschaft 12(01), S. 7–37. https://doi.org/10.1515/tw-2020-0001.

Groß, S./Grimm, B. (2019): Umweltfreundliche Verkehrsmittelwahl in der Urlaubsregion – Determinanten der ÖPNV- und Fahrrad-Nutzung in deutschen Destinationen, in: Zeitschrift für Tourismuswissenschaft 11(01), S. 109–148. https://doi.org/10.1515/tw-2019-0007.

Groß, S./Grotrian, J./Sonderegger, R. (2007): Low Cost als strategische Option für Schiffs-, Bus- und Mietwagenunternehmen, in: Bieger, T./Laesser, C./Maggi, R. (Hg.): Jahrbuch 2007 – Schweizerische Verkehrswirtschaft, St. Gallen, S. 115–143.

Gross, S./Huber, D. (2020): Tourist information boards on motorways – perceptions, memory effects and decision-making support, in: Journal of Qualitative Research in Tourism 1(01), S. 28–50. https://doi.org/10.4337/jqrt.2020.01.02.

Groß, S./Menzel, A. (2016): GPS-Tracking in touristischen Destinationen – Neue Software-Anwendung zur Erfassung des Mobilitätsverhaltens am Beispiel von Wanderern im Harz, in: Raumforschung und Raumordnung 01/2016, S. 51–68.

Groß, S./Reinboth, C. (2019): Touristische Beschilderung an deutschen Autobahnen – Bedeutung der touristischen Unterrichtungstafeln, in: Internationales Verkehrswesen 71(04), S. 40–45.

Groß, S./Schröder, A. (2007a): Low Cost Airlines and Coach Tourism – Threats and Opportunities for German Tour Operators, in: Groß, S./Schröder, A. (Hg.): Handbook of Low Cost Airlines – Strategies, Business Processes and Market Environment, Berlin, S. 249–261.

Groß, S./Schröder, A. (2007b): Konkurrenz oder Kooperation – Low Cost Airlines und mittelständische Busreiseveranstalter, in: Internationales Verkehrswesen 10/2007, S. 451–455.

Groß, S./Schröder, A. (2007c) (Hg.): Handbook of Low Cost Airlines – Strategies, Business Processes and Market Environment, Berlin.

Groß, S./Sand, M. (2022): Draußen erleben! – Abenteuer – Outdoor – Tourismus, München.

Groß, S./Stengel, N. (2010): Mietfahrzeuge im Tourismus: Grundlagen, Geschäftsprozesse und Marktanalyse, München.

Grömling, M./Kauder, B. (2023): Leasing-Marktbericht, Köln.

Gruber, W. (1996): Ballonfahren: Montgolfière – Charlière, in: Weishaupt, H. (Hg.): Das große Buch vom Flugsport, Gnas, S. 7–8.

Grün, A./Sitsen, M./Stachurski, D./Maritzen, L. (2021): Die PBefG-Novelle 2021 – neue Geschäftsmodelle für Unternehmen – neue Instrumente für die Kommunen, Orth Kluth Newsletter Mobility 3/2021, Düsseldorf.

Guiver, J./Lumsdon, L./Morris, K. (2007): The role of scheduled buses in reducing car journeys in tourist areas, in: Peeters, P.M. (Hg.): Tourism and climate change mitigation. Methods, greenhouse gas reduction and policies, Breda, S. 119–131.

Guiver, J./Lumsdon, L./Weston, R./Ferguson, M. (2007): Do Buses help meet Tourism Objectives? The contribution and potential of scheduled buses in rural destination areas, in: Transport Policy 04/2007, S. 275–282.

Gunkel, K./Brocks, S. (2003): Der Omnibusverkehr in der Europäischen Union – Praxishandbuch für den grenzüberschreitenden Personenverkehr mit Omnibussen in Europa, Bielefeld.
Haaland, D./Knäusel, H.-G./Schmitt, G. (1997): Leichter als Luft – Ballone und Luftschiffe, Bonn.
Haase, R. (2010): Mythos Eisenbahn – Vor 175 Jahren Jahren begann in Deutschland das Bahnzeitalter, in: Internationales Verkehrswesen 09/2010, S. 10–16.
Hader, A./Hader, U. (2010): The River Cruise Fleet – Handbook 2009/10, 6. Auflage, Bayreuth.
Hader, A./Hader, U. (2016): The River Cruise Fleet – Handbook 2016/17, 10. Auflage, Bayreuth.
Hader, A. (2022): The River Cruise Fleet – Handbook 2022, 15. Auflage, Bayreuth.
Hall, C. M./Page, S. (2006): The Geography of tourism and recreation: environment, place and space, London.
Hall, C.M./Ram, Y./Shoval, N. (Hg.) (2018): The Routledge International Handbook of Walking, London/New York.
Hall, D. (2004): Ocean cruising: Market dynamics, product responses and onshore impacts, in: Pinder, D./Slack, B. (Hg.): Shipping and Ports in the Twenty-first Century: Globalisation, technological change and the environment, Oxon, S. 99–120.
Hallmann, W. (1986): Extension of hot air ballon flight duration through adaption of balloon surface characteristics, in: The Aeronautical Journal 90/1986, S. 385–392.
hamburg.de GmbH & Co. KG (2023): Das war der 834. Hafengeburtstag Hamburg, Internet, URL: https://www.hamburg.de/hafengeburtstag/hafengeburtstag-highlights/17103442/das-war-der-hafengeburtstag-hamburg-2023/, Download vom 20.11.2023.
Hammer, K. J. (2017): Schriftliche Auskunft vom 19.01.2017 von Herrn Klaus Jürgen Hammer, Mitarbeiter beim Statistischem Bundesamt, Wiesbaden.
Han, H./Lho, L.H./Al-Ansi, A./Yu, J. (2020): Cycling tourism: a perspective article, in: Tourism Review 75 (1), S. 162–164. https://doi.org/10.1108/TR-06-2019-0268.
Hanske, S. (2009): Mündliche Auskunft vom 13.10.2009 von Frau Susan Hanske, Mitarbeiterin beim Kraftfahrtbundesamt, Flensburg.
Hapag Lloyd Kreuzfahrten GmbH (2016): Privatjet – Kreuzfahrt über den Wolken, Internet, URL: http://www.hl-cruises.de/privatjet, Download vom 02.12.2016.
Harrington, A. (2017): US state spaceflight liability and immunity acts in context, in: Wouters, J./de Man, P./Hansen, R. (Hg.): Commercial Uses of Space and Space Tourism: Legal and Policy Aspects, Cheltenham, S. 115–133.
Harper, L. (2019): Alliances step up digital transition, in: Airline Business September 2019, S. 32–40.
Harrer, B. (2011): Wirtschaftsfaktor Bustourismus in Deutschland, München.
Hartmann, S. (2023): Die Maut, Internet, URL: https://die-maut.de/, Download vom 02.10.2023.
Hartwig, K.-H. (2006): Buslinienfernverkehr in Deutschland – Tabu oder Wettbewerbsbelebung? (Workshop am 27.09.2005 in Düsseldorf), Berlin.
Haucap, J./Pavel, F./Aigner, R./Arnold, M./Hottenrott, M./Kehder, C. (2015): Chancen der Digitalisierung auf Märkten für Urbane Mobilität: Verbraucherwünsche und neue Anbieter – Eine ökonomische Untersuchung, Berlin.
Hautzinger, H./Pfeiffer, M./Tassaux-Becker, B. (1994): Mobilität: Ursachen, Meinungen, Gestaltbarkeit, Heilbronn.
Hecking, C./Widmann, M./Segnini, G. (2016): Fahnenflucht auf hoher See, in: DIE ZEIT 35/2016, S. 21–22.
Heinze, G. W./Kill, H. H. (1997): Freizeit und Mobilität – Neue Lösungen im Freizeitverkehr, Hannover.
Heitmann, K. (2016): Schriftliche Auskunft vom 27.09.2016 von Frau Kathrin Heitmann, Manager Communication bei der AIDA Cruises, Rostock.
Henderson, I. L./Avis, M./Tsui, W. H. K. (2018): Testing discontinuous innovations in the tourism industry: The case of scenic airship service, in: Tourism Management 66, S. 167–179.

Hennemann, M. (2023): Das große Wohnmobil-Handbuch – Für einen reibungslosen Start in den Urlaub: Alles über Kosten, Technik, Ausstattung und Reisen | Für Mieter und Käufer – Campingbusse, Kastenwagen, Wohnmobile, 2. Auflage, Berlin.
Hensher, D. A. (2020): Bus Transport: Demand, Economics, Contracting, and Policy, Oxford.
Herber, R. (1998): Seehandelsrecht: systematische Darstellung, Berlin.
Hertz Autovermietung GmbH (2023a): Hertz Unternehmensprofil, Internet, URL: https://www.hertz.de/rentacar/abouthertz/index.jsp?targetPage=CorporateProfile.jsp&c=aboutHertzHistoryView, Download vom 09.10.2023.
Hertz Autovermietung GmbH (2023b): Günstige Mietwage für jede Gelegenheit, Internet, URL: https://www.thrifty.de/, Download vom 09.10.2023.
Hierhammer, A. (1996): Die Caravan- und Motorcaravanbranche in Deutschland – Phasen der langfristigen Entwicklung, Situation heute, Tendenzen der Zukunft, Stuttgart.
Hildebrandt, K. (2014): Rangfolge der deutschen Veranstalter 2013/14, in: fvw Dossier 25/2014, S. 5–9.
Hildebrandt, K. (2023): Veranstalter Dossier – Statistik und Fakten zur deutschen Tourisitk, Hamburg.
Hille, E. (2009): Ballonfahren, Horb am Neckar.
Hinrichs, W. (2023): Schriftliche Auskunft vom 30.11.2023 per E-Mail von Herrn Wilko Hinrichs, Mitarbeiter der Inselgemeinde Langeoog, Langeoog.
Hockmann, M. (1993): Bestimmung heutiger und zukünftiger Einflussfaktoren auf die Nachfrage nach Seetouristikleistungen und deren Konsequenzen für die Angebotsseite, Bremen.
Hoffmann, T. (1997): Die Rikscha – ein asiatisches Phänomen, in: Kleine Beiträge aus dem Staatl. Museum für Völkerkunde Dresden, Nr. 16. Dresden 1997, S. 84–93.
Hoffmann, T. (2003): Rikscha! Rikscha! Essen.
Höltl, G. (1995): Rotel Tours Chronik 1945–1995, Tittling-Passau.
Holding, D. M. (2001): The Sanfte Mobilitaet project: achieving reduced car-dependence in European resort areas, in: Tourism Management 22(04), S. 411–417.
Holloway, J. C./Humphreys, C. (2022): The business of tourism, 12. Auflage, London.
Holst, A./Wolf, A. (2018): Kreuzfahrthäfen im Wettbewerb, Berlin/Boston.
Holzer, V. (2005): Umweltfreundlich Reisen am Beispiel des Modellvorhabens „Sanfte Mobilität – Autofreier Touismus" aus der Gemeinde Werfenwengen, in: Online Fachtzeitschrift Ländlicher Raum, Jahrgang 2005.
HTV – Harzer Tourismusverband (2017): Rennrad-Guide – Die schönsten Touren im Harz, Goslar.
Hummel, F. H. (2008a): Enterprise Rent-A-Car: mainstreaming distribution, in: Egger, R./Buhalis, D. (Hg.): eTourism Case Studies: Management and Marketing Issues, Amsterdam usw., S. 304–309.
Hummel, F. H. (2008b): Mietwagen, in: Fuchs, W./Mundt, J. W./Zollondz, H.-D. (Hg.). Lexikon Tourismus – Destinationen, Gastronomie, Hotellerie, Reisemittler, Reiseveranstalter, Verkehrsträger, München, S. 464–466.
Hürten, D./Görtz, M. (2010): Radreisen der Deutschen, Köln.
Hurtigruten Group (2023): 2022 Annual report, Oslo.
Huss, W./Schenk, W. (1982): Omnibus-Geschichte – Die Entwicklung bis 1924, München.
Huss, W./Schenk, W. (1986): Omnibus-Geschichte – Die Entwicklung ab 1924, München.
Huth, F. (2021): Pferdekutschen in Berlin verbieten – helfen Sie jetzt, Internet, URL: https://www.peta.de/themen/pferdekutschenberlin/, Download vom 15.11.2023.
IATA – International Air Transport Association (2023a): The Founding of IATA, Internet, URL: https://www.iata.org/en/about/history, Download vom 26.10.2023.
IATA – International Air Transport Association (2023b): About us, Internet, URL: https://www.iata.org/en/about/, Download vom 26.10.2023.
ICAO – International Civil Aviation Organization (2006): Convention on International Civil Aviation (Doc 7300/9), 9. Auflage, Montréal.

ICAO – International Civil Aviation Organization (2014): List of LCC based on ICAO definiton, Internet, URL: http://www.icao.int/sustainability/Documents/LCC-List.pdf, Download vom 01.12.2016.

ICAO – International Civil Aviation Organisation (2022): Annex 14, Aerodomes – Volumne I, Aerodomes Design and Operations, 9. Auflage, Montréal.

ICAO – International Civil Aviation Organisation (2016): Annual Report of the ICAO Council: 2015 – Appendix 1: Tables relating to the world of air transport 2015, Montréal.

ICAO – International Civil Aviation Organisation 2022): Presentation of 2021 Air Transport Statistical Results, Internet, URL: https://www.icao.int/sustainability/WorldofAirTransport/Pages/presentation-of-2021-air-transport-statistical-results.aspx, Download vom 18.12.2023.

ICAO – International Civil Aviation Organisation (2023a): Welcome to DAGMAR – ICAO's Database of Aeronautical Agreements and Arrangements, Internet, URL: http://cfapp.icao.int/dagmar/main.cfm, Download vom 24.10.2023.

ICAO – International Civil Aviation Organisation (2023b): About ICAI, Internet, URL: https://www.icao.int/about-icao/Pages/default.aspx, Download vom 25.10.2023.

ifD – Institut für Demoskopie Allensbach (2023a): AWA Allensbacher Markt- und Werbeträgeranalysen – Kraftfahrzeuge Auszug Codebuch, Internet, URL: https://www.ifd-allensbach.de/fileadmin/AWA/AWA2023/Codebuchausschnitte/AWA2023_Kraftfahrzeuge.pdf, Download vom 06.10.2023.

ifD – Institut für Demoskopie Allensbach (2023b): AWA 2023 Allensbacher Marktanalyse Werbeträgeranalyse Codebuch, Allensbach.

ifD – Institut für Demoskopie Allensbach (2023c): Schriftliche Information per E-Mail von Frau Astrid Reiner, Mitarbeiterin des Instituts für Demoskopie Allensbach am 10.10.2023.

IG RiverCruise (2022): Der Fluss-Kreuzfahrtmarkt 2021, Basel.

IG RiverCruise (2023): Der Fluss-Kreuzfahrtmarkt 2022, Basel.

IHK Köln – Industrie- und Handelskammer zu Köln (2010): VO (EG) 561/2006: Lenk- und Ruhezeiten sowie Dokumentationspflicht im Straßenverkehr, Köln.

IMO – International Maritime Organization (2023a): International Convention for the Prevention of Pollution from Ships (MARPOL), Internet, URL: https://www.imo.org/en/about/Conventions/Pages/International-Convention-for-the-Prevention-of-Pollution-from-Ships-(MARPOL).aspx, Download vom 20.10.2023.

IMO – International Maritime Organization (2023b): EEXI and CII – ship carbon intensity and rating system, Internet, URL: https://www.imo.org/en/MediaCentre/HotTopics/Pages/EEXI-CII-FAQ.aspx, Download vom 23.10.2023.

Interessengemeinschaft Draisinenfahrten e. V. (2023): Weltkarte mit Draisinenstrecken, Internet, URL: https://www.draisinenfahrten.de/weltkarte-mit-draisinenstrecken.html, Download vom 16.11.2023.

Interferry (2021): Economic impact of the global ferry industry, Brüssel.

Inter-Reisen (1970): Ferienfahrschulen, in: DIE ZEIT 10/1970, o.S.

interRent Immobilien GmbH (2009): Unternehmenshomepage, Internet, URL: www.interrent.com/pkw-autovermietung/de, Download vom 23.01.2009.

IRU – International Road Transport Union (2023): Organisation, Internet, URL: https://www.iru.org/who-we-are/iru-organisation, Download vom 10.10.2023.

ISPA – International Segway Polo Association (2023): History of Segway Polo, Internet, URL: https://www.segpolo.org/the-sport-of-equals_01-not-in-menu/history-of-segway-polo/, Download vom 16.11.2023.

IVM – Industrieverband Motorrad e. V. (2023a): Ziele und Aufgaben, Internet, URL: https://www.ivm-ev.de/verband/ziele-und-aufgaben/, Download vom 13.11.2023.

IVM – Industrieverband Motorrad e. V. (2023b): Jahresbericht 2022, Essen.

IVM – Industrieverband Motorrad e. V. (2023c): Marktsegmente mit Vorjahresvergleich, Internet, URL: https://stats.ivm-ev.de/allg-statistiken?tx_ivmmonthlystatistics_chart%5Baction%5D=chart&tx_ivmmonth

lystatistics_chart%5Bcontroller%5D=Admission&cHash=b5588640e5266064bf8f44ac306c15f8, Download vom 13.11.2023.

IVM – Industrieverband Motorrad e. V. (2023d): Fahrzeugklassen mit Vorjahresvergleich, Internet, URL: https://stats.ivm-ev.de/allg-statistiken?tx_ivmmonthlystatistics_chart%5Baction%5D=chart&tx_ivmmonthlystatistics_chart%5Bcontroller%5D=Admission&cHash=b5588640e5266064bf8f44ac306c15f8, Download vom 13.11.2023.

JAA-TO – Joint Aviation Authorities Training Organisation (2023): About JAA Training Organisation, Internet, URL: https://jaato.com/about-jaa-to/, Download vom 25.10.2023.

Jans, B. (2023): Schriftliche Auskunft vom 23.10.2023 per E-Mail von Herrn Bernhard Jans, Geschäftsführer der Freizeit und Touristik GmbH, Bad Neuenahr-Ahrweiler.

Jans, B. (2024): Kreuzfahrten. Das Online-Handbuch, Bonn (http://www.handbuch-kreuzfahrt.de/).

Jänsch, E. (2021): Regelungen im Bahnsystem, in: Jänsch, E./Lang, H. P./Nießen, N. (Hg): Handbuch Das System Bahn, 3. Auflage, Leverkusen, S. 76–85.

Job, H. (1991): Freizeit und Erholung mit oder ohne Naturschutz? Umweltauswirkungen der Erholungsnutzung und Möglichkeiten ressourcenschonender Erholungsformen, erörtert insbesondere am Beispiel Naturpark Pfälzer Wald, Bad Dürkheim.

Johansen, A. (1999): Vor 30 Jahren: USA gewinnen den Wettlauf zum Mond – Neue Pläne für Mond und Mars, in: Handelsblatt vom 14.07.1999, S. 43.

Jones, B./Piccard, B. (2009): Mit dem Wind um die Welt. Die erste Erdumkreisung im Ballon, 5. Auflage, München.

Kagelmann, H. J./Guthmann, M. (2001): Virtueller Weltraumtourismus – Freizeitparks und Weltraumbegeisterung bei Disney und Kennedy, in: integra – Zeitschrift des Instituts für Integrativen Tourismus und Freizeitforschung 04/2001, S. 17–20.

Kagerbauer, M./Kostorz, N./Wilkes, G./Dandl, F./Engelhardt, R./Glöckl, U./Fraedrich, E./Zwick, F. (2021): Ridepooling in Hamburg auf dem Weg in die Zukunft – Ergebnisbericht zur MOIA Begleitforschung, Berlin.

Kaschuba, W. (1991): Die Fußreise. Von der Arbeitswanderung zur bürgerlichen Bildungsbewegung, in: Bausinger, H./Beyrer, K./Korff, G. (Hg.): Reisekultur. Von der Pilgerfahrt zum modernen Tourismus. München, S. 165–173.

Kaspar, C. (1977): Verkehrswirtschaftslehre im Grundriss, Bern.

Kaspar, C. (1996): Die Tourismuslehre im Grundriss, 5. Auflage, Bern/Stuttgart/Wien.

Kaßler, M./Kirstein, G./Kupfrian, M./Mörl, G. (2006): Fit für die Zukunft – Erfolgskonzepte für Omnibusunternehmer, München.

Kautra UAB (2023): Business Class, Internet, URL: https://www.eurolines.lt/en/business-class, Download vom 13.10.2023.

Kazanjian, K. (2007): Exceeding Customer Expectations – What Enterprise, America's #1car rental company, can teach us about creating lifetime customers, New York.

KBA – Kraftfahrt-Bundesamt (2022a): Fahrzeugzulassungen (FZ), Bestand an Kraftfahrzeugen und Kraftfahrzeuganhängern nach Haltern, Wirtschaftszweigen 01. Januar 2022 (FZ 23), Flensburg.

KBA – Kraftfahrt-Bundesamt (2022b): Fahrzeugzulassungen (FZ) Neuzulassungen und Besitzumschreibungen von Nutzfahrzeugen und Kraftfahrzeuganhängern nach Herstellern Jahr 2021 (FZ 20), Flensburg.

KBA – Kraftfahrt-Bundesamt (2022c): Fahrzeugzulassungen (FZ) Neuzulassungen von Kraftfahrzeugen und Kraftfahrzeuganhängern nach Herstellern und Handelsnamen Jahr 2021 (FZ 18), Flensburg.

KBA – Kraftfahrt-Bundesamt (2022d): Fahrzeugzulassungen (FZ), Neuzulassungen und Besitzumschreibungen von Personenkraftwagen und Krafträdern nach Marken oder Herstellern Jahr 2021 (FZ 18), Flensburg.

KBA – Kraftfahrt-Bundesamt (2023a): Fahrzeugzulassungen (FZ), Bestand an Kraftfahrzeugen und Kraftfahrzeuganhängern nach Haltern, Wirtschaftszweigen 01. Januar 2023 (FZ 23), Flensburg.

KBA – Kraftfahrt-Bundesamt (2023b): Methodische Erläuterungen zu Statistiken über Fahrzeugzulassungen, Flensburg.

KBA – Kraftfahrt-Bundesamt (2023c): Fahrzeugzulassungen (FZ), Bestand an Personenkraftwagen nach Umwelt-Merkmalen 01. Januar 2023 (FZ 13) – Excel-Datei, Flensburg.

Khoury, G.A. (2012): Airship Technology, 2. Auflage, New York.

Kiel Sailing City (2010): Kieler Woche 2010: Reif rund, bunt, Internet, URL: www.kiel-sailing-city.de/Sailing/KielerWoche2009_88.html?calendar_id=827, Download vom 09.08.2010.

Kleehaupt, B. (1997): Verkehrliche Mobilitätskritik aus ökonomischer Sicht, Frankfurt am Main.

Klein, R. A. (2007): Protecting paradise: Minimizing the downside of cruise tourism, in: Lück, M./Miller, M. L./Gräupl, A./Orams, M./Auyong, J. (Hg.): Proceedings of the 5th International Coastal & Marine Tourism Congress, Auckland, S. 242–257.

Klein, R. A. (2008): Paradise Lost at Sea: Rethinking Cruise Vacations, Toronto.

Kleinert, H. (2017): Traumreisen mit dem Luftschiff – Aufstieg, Fall und Rückkehr der Zeppeline, Lüneburg.

Kleinjohann, M. (1992): Reisemobil-Land Deutschland, Daten – Strukturen – Hintergründe von Deutschlands größtem Reisemobil-Magazin, Stuttgart.

Klever, U. (1990): Knaurs Kreuzfahrtführer, München.

Klewe, H. (1998): Mobilitätsmanagement als Ansatz zur Lösung verkehrlicher Probleme, in: Institut für Landes- und Stadtentwicklungsforschung des Landes Nordrhein-Westfalen (ILS) (Hg.): MobilitätsService in Regie von Verkehrsunternehmen, Dortmund, S. 15–24.

Kludas, A. (1986–1990): Die Geschichte der deutschen Passagierschiffahrt, Band I bis Band V, Hamburg.

Knäusel, H. G. (2002): Zeppelin – Die Geschichte der Zeppelin-Luftschiffe. Konstrukteure – Technik – Unternehmen, 2. Auflage, Oberhaching.

Köberlein, C. (1997): Kompendium der Verkehrspolitik, München/Wien.

Kollar, H. W./Gergin, U. (2015): Taxi-Handbuch – Leitfaden für zukünftige und praktizierende Taxi- und Mietwagenunternehmer, 22. Auflage, München.

Korsch, F. (2003): Weltraumtourismus – Abenteuer im „Kotzbomber" oder Skifahren auf dem Mars? Internet, URL: www.mannedspaceflight.de/data/index.html, Download vom 26.05.2003.

Kotler, P./Bowen, J. T./Makens, J. C. (2006): Marketing for Hospitality and Tourism, 4. Auflage, New Jersey.

Krauss, K./Krail, M./Axhausen, K. W. (2022): What drives the utility of shared transport services for urban travellers? A stated preference survey in German cities, in: Travel Behaviour and Society 26, S. 206–220.

Krämer, H./Fischer, R. M. (2014): Unternehmensführung im Busverkehr – Sicher kalukulieren und planen im Linien- und Gelegenheitsverkehr, 4. erweiterte und völlig überarbeitete Auflage des Vorgängerwerks mit dem Titel „Kalkulation im Busverkehr", München.

Krone, T. (2015): Hausboot Smalltalk – Plaudereien über Wasserwege, Kanäle und Hausbootfahrten, Norderstedt.

Krone, T. (2022): Motoryacht- und Hausbootvermieter, Internet, URL: https://www.hausboot-smalltalk.de/hausbooturlaub/motoryacht-und-hausbootanbieter/, Download vom 20.10.2023.

Krüger, A. (2010): Historie des Wanderns, in: Dreyer, A./Menzel, A./Endreß, M.: Wandertourismus, Kundengruppen, Destinationsmarketing, Gesundheitsaspekte, München, S. 15–21.

Krüger, R. (2002): Spur der Freiheit – Menschen im Wohnmobil, Stuttgart.

Krüger, R./Reise, S. (2005): Beschaffungsvarianten bei Geschäftsflugzeugen, in: Internationales Verkehrswesen 03/2005, S. 82–86.

Kubisch, U. (1998): Wohnwagen. Caravan. Geschichte, Technik, Ferienzeit, Berlin.

Kuhn, E. L. (1984): Industrialisierung in Oberschwaben und am Bodensee (Geschichte am See 24/1 und 24/2), Friedrichshafen.

Kuhn, E. L. (1986): Friedrichshafen in der Weimarer Republik, Friedrichshafen.

Kuhn, F./Günther, W./Braun, M./Yarar, N./Schmücker, D./Grimm, B. (2023): Nachhaltigkeit bei Urlaubsreisen: Bewusstseins- und Nachfrageentwicklung und ihre Einflussfaktoren, Monitoringbericht auf Basis von Daten der Reiseanalyse 2023, Kiel.

Kühne, B. (2016): GUTi = gute Fahrt auf Bayerisch, in: fairkehr 03/2016, S. 20–21.

Kühr, W. (2008): Der Privatflugzeugführer, Technik II, Band 3, Bergisch Gladbach.

Kummer, S. (2010): Einführung in die Verkehrswirtschaft, 2. Auflage, Wien.

Kunz, A. (2007): Braunschweig (1820–1914), Historisch Geographisches Informationssystem, Internet, URL: https://www.hgisg-ekompendium.ieg-mainz.de/Dokumentation_Datensaetze/Multimedia/Staaten/Braunschweig.pdf, Download vom 03.11.2023.

Künzel, W. (2004): Der kleine Schritt des Neil Armstrong – Vor 35 Jahren betrat der erste Mensch den Mond, in: Sächsische Zeitung vom 21.07.2004, S. 1.

Kuratorium Sport & Natur (2023): Naturschutzgesetzgebung des Bundes und der Länder, Internet, URL: https://www.kuratorium-sport-natur.de/infopool/aktuelle-gesetzeslage/, Download vom 14.11.2023.

Kwang, H. M./Lee E. (2009): Analysis oft he Asian cruise industry and ist future implementation, in: Papathanassis (Hg.): Cruise Sector Growth Managing Emerging Markets, Human Resources, Processes and Systems, Wiesbaden, S. 17–30.

Kwortnik, R. J. (2006): Carnival Cruise Lines – Burnishing the Brand, in: Cornell Hotel and Restaurant Administration Quartely 03/2006, S. 286–300.

Laing, J./Crouch, G. I. (2004): Vacationing in space: Tourism seeks 'new skies', in: Singh, T.V. (Hg.): New horizons in tourism: Strange experiences and stranger practices. Cambridge, S. 11–25.

Landeshauptstadt Kiel (2023): Kieler Woche 2023 in Zahlen, Internet, URL: https://www.kieler-woche.de/de/medien/meldung.php?id=128091, Download vom 20.11.2023.

Landvogt, M./Gross, S./Lück, M. (2013): The future of Low Cost Carriers, in: Gross, S./Lück, M. (Hg.): The Low Cost Carrier Worldwide, London, S. 218–226.

Lang, H.-R. (Hg.) (1991): TourLex – 1700 Begriffe aus der touristischen Praxis, 2. Auflage, Darmstadt.

Lanzendorf, M. (1997): Überblick über empirische Daten zum Freizeitverkehr, in: Deutsche Verkehrswissenschaftliche Gesellschaft (DVWG) (Hg.): Freizeitverkehr im Zeichen wachsender Freizeitmobilität, Bergisch-Gladbach, S. 32–47.

Lappas, V. (2006): Space tourism, in: Buhalis, D./Costa, C. (Hg.): Tourism Business Frontiers – Consumers, products and industry, Oxford, S. 157–167.

LBA – Luftfahrt-Bundesamt (2004): Jahresbericht 2002/2003, Braunschweig.

LBA – Luftfahrt-Bundesamt (2022): Anzahl der in Deutschland zum Verkehr zugelassenen Luftfahrzeuge, Internet, https://www.lba.de/SharedDocs/Downloads/DE/SBl/SBl3/Statistiken/Technik/Verkehrszulassung.html;jsessionid=82C9647AF5CE094AB73F3136A059BB1E.live21323?nn=2092166, Download vom 17.11.2023.

LBA – Luftfahrt-Bundesamt (2022): Jahresbericht 2020–2022, Braunschweig.

Le Goff, T./Moreau, A. (2013): Astrium suborbital spaceplane project: Demand analysis of suborbital space tourism, in: Acta Astronautica 92(2), S. 144–149.

Leaseurope – European Federation of Leasing and Automotive Rental Associations (2022): Key Facts and Figures 2021, Internet, URL: https://www.leaseurope.org/_flysystem/s3?file=Statistics/Facts%20and%20Figures/LeaseuropeF%26F_21.pdf, Download vom 05.10.2023.

Leder, S. (2004): Wandertourismus, in: Becker, C./Höpfner, H./Steinecke, A. (Hg.): Geographie der Freizeit und des Tourismus – Bilanz und Ausblick, München, S. 320–330.

Ledune, P. (2000): Wirtschaftliche Auswirkungen eines Ferienparks: ‚Gran Dorado Hochsauerland' – Segen oder Fluch für den Standort, in: Steinecke, A. (Hg.): Erlebnis- und Konsumwelten, München/Wien, S. 157–171.

Lempp, V. (2009): Der Streit um die Miete, in: ACE-Verkehrsjurist 02/2009, S. 1–4.

Lessing, H.-E. (2003): Automobilität – Karl Drais und die unglaublichen Anfänge, Leipzig.
Lessing, H.-E. (2010): Karl Drais: zwei Räder statt vier Hufe, Karlsruhe.
Lines, L./Kuby, M./Schultz, R./Clancy, J./Xie, Z. (2008): A rental car strategy for commercialization of hydrogen in Florida, in: International Journal of hydrogen energy 33/2008, S. 5312–5325.
Linne, M. (2008): Touristische Ausprägungen des Segelsports, Hamburg.
Löbach, M. (2007): Betriebswirtschaftliche Aspekte von Leasing, Hamburg.
Lohmann, G./Oliveira, M. V. O. (2009): The state-of-the-art in cruise tourism: an analysis of 66 international journal articles, in: TTRA Proceedings Annual Conference, Honolulu, USA.
Lohmann, G./Duval, D. T. (2011): Critical Aspects of the Tourism-Transport Relationship, Oxford.
Loose, W. (2001): Verkehrswissenschaftliche Daten zur Freizeitmobilität, in: Götz, K./Loose, W./Schubert, S. (Hg.): Forschungsergebnisse zur Freizeitmobilität – Zwischenergebnisse aus dem UBA-Projekt „Minderung der Umweltbelastungen des Freizeit- und Tourismusverkehrs", Frankfurt am Main, S. 20–29.
Loizou, J. (2006): Turning space tourism into commercial reality, in: Space Policy 22(04), S. 289–290.
Louen, C. (2021): Mobilitätsmanagement, in: Vallée, D./Engel, B./Vogt, W. (Hg.): Stadtverkehrsplanung Band 1, 3. Auflage, S. 161–178.
Löschhorn, V. (2012): Ballonfahren, Stuttgart.
Lufthansa AG (2023): Die Zeit im Fluge: Geschichte der Lufthansa – Eine Chronik der wichtigsten Ereignisse, Internet, URL: https://www.lufthansagroup.com/de/chronik.html, Download vom 24.10.2023.
Lukovic, T./Munninger, U. (2009): Cruising by old timers: A chance for local and regional development in Europe, in: Papathanassis, A. (Hg.): Cruise Sector Growth – Managing Emerging Markets, Human Ressources, Processes and Systems, Wiesbaden, S. 31–42.
Lumsdon, L. (2006): Factors affecting the design of tourism bus services, in: Annals of Tourism Research 03/2006, S. 748–766.
Lumma, K. /Groß, S. (2009): Ökologische Auswirkungen von Hochseekreuzfahrten, in: Bastian, H./ Dreyer, A./Groß, S. (Hg.): Tourismus 3.0 – Fakten und Perspektiven, Hamburg, S. 197–226.
Lumsdon, L./Downward, P./Cope, A. (2004): Monitoring on Cycle Tourism on long-distance trails: the North Sea Cycle Route, in: Journal of Transport Geography 12/2004, S. 13–22.
Lumsdon, L./Tolley, R. (2004): Non-motorised Transport and Tourism: A Case Study – Cycle Tourism, in: Tourism and Transport Issues and Agenda for the New Millennium, S. 147–156
Lunger, C./Schreiber, M. (2009): Orientierung auf Reisen – Touristische Leitsysteme, Berlin.
Lüthe, E. (2009): Die Erstattungsfähigkeit von Mietwagenkosten, in: Zeitschrift für Schadensrecht (zfs) 01/2009, S. 2–5.
Maassen, I. (2007): An Bord! – Die interessantesten Kreuzfahrten der Welt, Luzern.
Magdolen, M./Chlond, B./Schulz, A./Nobis, C./Jödden, C./Sauer, A./Führer, M./Frick, R. (2022): Handlungsoptionen für eine ökologische Gestaltung der Langstreckenmobilität im Personenverkehr, Texte 51/2022, Dessau-Roßlau.
Marvell, A. (2022): Space Tourism, in: Buhalis, D. (Hg.): Encyclopedia of Tourism Management and Marketing, Cheltenham, S. 193–196.
Mandersson, V. (2023): Schriftliche Auskunft vom 19.02.2023 per E-Mail von Herrn Victor Mandersson, Web and Business Development Manager bei Shippax, Halmstad.
Mathy, F. A. (2000): Rechtsschutz-Alphabet: Definitionen, Erläuterungen, Abgrenzungen, 2. Auflage, Karlsruhe.
Matsumoto, S. (1989): Feasibility of Space Tourism – Cost Study for Space Tour, Paper presented at the 40th International Astronautical Congress, Malaga.
Mattern, V. (2016): Schriftliche Auskunft per E-Mail am 21.11.2016 von Herrn Volker Mattern, Mitarbeiter des Referates K 14 – Bürgerservice und Besucherdienst im Bundesministerium für Verkehr und digitale Infrastruktur, Berlin.

Mauerer, G. (2023): Geschichte und Geschichten rund um den VW Bus, Internet, URL: https://www.vw-bulli.de/historie, Download vom 07.11.2023.
Maul, S. M. (2008): Das Gilgamesch-Epos, München.
Maurer, P. (2006): Luftverkehrsmanagement, 4. Auflage, München/Wien.
MAX (o. J.): Mobilitätsmanagement: eine Definition – Definition des Mobilitätsmanagements und Kategorisierung der Mobilitätsmanagement-Maßnahmen, bestätigt durch MAX-Konsortium und EPOMM, o.O.
MEHRSi gemeinnützige GmbH (2023): Streckensicherung, Internet, URL: https://www.mehrsi.org/unterfahrschutz/streckensicherung.html, Download vom 13.11.2023.
Meier, R. (2000): Nachhaltiger Freizeitverkehr, Chur/Zürich.
Meißner, H./Mattern, C. (2011): Das Taxi-Unternehmen in der Praxis – Leitfaden zur Betriebsführung, 19. Auflage, München.
Menke zum Felde, K. I. (2021): Das Produkt Flusskreuzfahrt – Märkte, Merkmale, Konzepte und Perspektiven, in: Wolf, A./Wegener, K. (Hg.): Flusskreuzfahrten in Deutschland, Berlin/Boston, S. 1–31.
Mensen, H. (2013): Handbuch der Luftfahrt, 2. Auflage, Berlin/Heidelberg.
Mentil, K. (2022): Alpine Pearls – nachhaltige Mobilität im Tourismus, Präsentation am 13.12.2022 an der Hochschule Harz, Wernigerode.
Menzel, A./Endreß, M./Dreyer, A. (2008): Wandertourismus in deutschen Mittelgebirgen Produkte – Destinationsmarketing – Gesundheit, Hamburg.
Metz, J. (2009): Ausgewählte Probleme der Mietwagenrechtsprechung, in: Neue Zeitschrift für Verkehrsrecht (NZV) 02/2009, S. 57–62.
Miller, M. L. (2007): Remarks on Innovation in Marine Tourism Systems, in: Lück, M. (Hg.): Nautical Tourism – Concepts and Issuses, New York/Sydney/Tokyo, S. 37–58.
Minelli, B. (2008): How To Save Big Money on Car Rentals – Uncovering the Secrets They Don't Want You To Know, Bloomington.
Mobilität in der Region Braunschweig e. V. (2010): Internationale Deutsche Meisterschaft im Draisinen-Rennen in Braunschweig, Internet, URL: http://www.mobilitaet-bs.de/index_rennen.htm, Download vom 21.06.2010.
mofair – mobil und fair/Netzwerk Privatbahnen – Vereinigung Europäischer Eisen-bahngüterverkehrsunternehmen e. V. (2009): Wettbewerber-Report Eisenbahn 2008/2009, Berlin.
mofair – mobil und fair/Netzwerk Privatbahnen – Vereinigung Europäischer Eisen-bahngüterverkehrsunternehmen e. V. (2015): Wettbewerber-Report Eisenbahn 2015/2016, Berlin.
mofair – Bündnis für fairen Wettbewerb im Schienenpersonen/NEE – Netzwerk Europäischer Eisenbahnen e. V. (2021a): Wettbewerber-Report Eisenbahn 2021/2022, Berlin.
mofair – Bündnis für fairen Wettbewerb im Schienenpersonen/NEE – Netzwerk Europäischer Eisenbahnen e. V. (2021b): Präsentation des Wettbewerber-Report Eisenbahn 2021/2022 am 25. Oktober 2021 in Berlin.
MOIA (2023): In Hamburg sagt man MOIA – MOIA Ridepooling in Hamburg (Stand 31.10.2023), Hamburg.
Moll, A. (2008): Der Paketreiseveranstalter: Marktanalyse, Reiserecht, Vertriebsstrategien, Saarbrücken.
MOMENTUM/MOSAIC Konsortien (Hg.) (1999): Mobilitätsmanagement – Benutzerhandbuch, Rijswijk/Aachen.
Monheim, H./Muschwitz, C./Reimann, J./Streng, M. (2011): Statusanalyse Fahrradverleihsysteme – Potenziale und Zukunft kommunaler und regionaler Fahrradverleihsysteme in Deutschland, Trier 2011.
Montada, M./Wachtendorf, U. (1984): Bergbahnen und Lifte, in: Püttner G. (Hg.): Handbuch der kommunalen Wissenschaft und Praxis, Band 5: Kommunale Wirtschaft, 2. Auflage, Berlin usw., S. 421–434.
Moraes Monteiro, M./Lima de Azevedo, C. M./Kamargianni, M./Cantelmo, G./Shoshany Tavory, S./Gal-Tzur, A./Antoniou, C./Shiftan, Y. (2023): Car-sharing subscription preferences and the role of incentives: The case of Copenhagen, Munich, and Tel Aviv-Yafo, in: Case Studies on Transport Policy 12, 101013.

Morwinsky, S. (2023): Shared Mobility: Marktdaten & -analyse, Market Insights report by statista, Hamburg.

Mountainbike Tourismusforum Deutschland e. V. (2023): Herzlich willkommen beim Mountainbike Tourismusforum Deutschland, Internet, URL: https://www.mountainbike-tourismusforum.de/, Download vom 15.11.2023.

Moworth, E. (2007): An introduction to the Airship, 3. Auflage, o.O.

MTS Austria GmbH (2023): Leistungen der MoHo – Motorrad Hotels, Internet, URL: https://www.moho.info/de/motorrad-hotels/hotelleistungen/, Download vom 14.11.2023.

Mühl, A./Klein, J. (2006): Reisen in Luxuszügen. Die Internationale Schlafwagen-Gesellschaft. Die großen Expresszüge und Hotels – Geschichte und Plakate, Freiburg 2006.

Müller, G. (1994): Touristische Routen als Marketing-Instrument – Grundlage, Analyse und Empfehlungen, Heilbronn.

Müller, S. (2003): Virtuelle Erlebniswelten – Beispiele der Cybernarium Days, Bad Ems.

Müller, W. (2005): Entwicklung und Einsatz von Heißluftluftschiff, in: Jahrbuch der Warsteiner Internationale Montgolfiade, S. 16–23.

Münck, R. (2006): Angepasste Verhältnisse, in: fvw 26/2006, S. 96.

Münck, R. (2008): Flughafen Düsseldorf – Doppelter Einsatz, in: fvw 10/2008, S. 82–84.

Münck, R. (2009a): Budget Deutschland ist insolvent, Internet, URL: http://www.fvw.de/index.cfm?objectid=14E86E9B-C9CF-BB17-A1FBBCD8E2B85295&navID=B417E1F7-A18C-922C-1F4AEED0B13DAE8C, Download vom 11.05.2009.

Münck, R. (2009b): Billigmarke Interrent in Auflösung, in: fvw.de vom 20.05.2009.

Münck, R. (2011): Avis kauft Avis, Internet, URL: http://www.fvw.de/index.cfm?cid=18102&pk=90365&event=showarticle, Download vom 22.08.2016.

Mundt, J. W. (1998): Einführung in den Tourismus, München/Wien.

Mundt, J. W. (2013): Einführung in den Tourismus, 4. Auflage, München.

Mundt, J. W. (2008): Touristenstraße, in: Fuchs, W./Mundt, J. W./Zollondz, H.-D. (Hg.): Lexikon Tourismus, München, S. 713.

Münzner, U. (2010): Telefonische Auskunft vom 19.07.2010 von Frau Ulrike Münzner, Referentin Touristik, Statistik & Internationales beim bdo, Berlin.

Mutard, D./Loeffler, S. (2001): Setra. Omnibusse seit 1951, Stuttgart.

MWA LSA – Ministerium für Wirtschaft & Arbeit des Landes Sachsen-Anhalt (2002): Touristisches Leitsystem in Sachsen-Anhalt – Handlungsempfehlungen für eine einheitliche landesweite Beschilderung, Magdeburg/Berlin.

MWA LSA – Ministerium für Wirtschaft & Arbeit des Landes Sachsen-Anhalt (Hg.) (2004): Handbuch Sport und Tourismus in Sachsen-Anhalt, Magdeburg.

MWA LSA – Ministerium für Wirtschaft & Arbeit des Landes Sachsen-Anhalt (2005): Touristisches Leitsystem in Sachsen-Anhalt – Handlungsempfehlungen und Praxisleitfaden, 2. Auflage, Magdeburg/Berlin.

NABU – Naturschutzbund Deutschland e. V. (2022): Schluss mit schmutzigen Schweröl-Kreuzfahrten! – NABU-Umfrage: Drei von vier Deutschen wollen Schweröl-Ausstieg, Internet: URL: https://www.nabu.de/news/2022/08/32093.html, Download vom 20.10.2023.

NABU – Naturschutzbund Deutschland e. V. (2023a): NABU-Kreuzfahrtranking 2023, Internet, URL: https://www.nabu.de/umwelt-und-ressourcen/verkehr/schifffahrt/kreuzschifffahrt/33548.html, Download vom 20.10.2023.

NABU – Naturschutzbund Deutschland e. V. (2023b): Kreuzfahrtranking im Detail, Internet, URL: https://www.nabu.de/umwelt-und-ressourcen/verkehr/schifffahrt/kreuzschifffahrt/Kreuzfahrtranking2023.html, Download vom 20.10.2023.

Nadimuthu, L. P. R./Victor, K. (2021): Performance analysis and optimization of solar-powered E-rickshaw for environmental sustainability in rural transportation, in: Environmental Science and Pollution Research 28, S. 34278–34289.

Nagatomo, M. (1993): On JRS Space Tourism Study Program, in: Journal of Space Technology and Science. Special Issue on Space Tourism 09/1993, S. 3–7.

Neidhardt, C./Kremer, J. (2008): Schätzgrundlage des Mietwagen-Normaltarifs, in: Schadenspraxis (SP) 12/2008, S. 437–439.

Neill, J. M./Hurwitz, D. S./Olsen, M. J. (2016): Alternative Information Signs: Evaluation of Driver Comprehension and Visual Attention, in: Journal of Transportation Engineering 142(01).

Nejez, J. (2007): Stand der Technik im Seilbahnbau – EU-Seilbahnrichtlinie, CEN-Seilbahnnormen, CEN-Seilnormen, Meiringen.

Nexus – Institut für Kooperationsmanagement & Interdisziplinäre Forschung (Hg.) (2001): Forschungsprojekt Freizeitverkehrssysteme für den Event-Tourismus – 1. Ergebnisbericht, Berlin.

Ninomiya, J. (2023): Ballooning in the Sky – The Cluster Balloon Flight Page, Internet, URL: https://www.clusterballoon.org/, Download vom 16.11.2023.

Nitkowski, R.W. (2023): Wohnmobilstellplätze, Internet, URL: https://www.mobilisten.de/, Download vom 07.11.2023.

Noack, J./Kirste, H.-J. (1992): Touristik: Sport – Lebensweise – Lebenshaltung, in: Kramer, D./Lutz, R. (Hg.): Reisen und Alltag – Beiträge zur kulturwissenschaftlichen Tourismusforschung, Frankfurt am Main, S. 203–205.

Nobis, C./Schulz, A. (2017): Long-distance travel in Germany. Modular analysis and methodological comparison of available data, Präsentation auf der International Conference on Transport Survey Methods (ISCTSC) vom 24.-29. September 2017, Québec/Kanada.

Nordseebad Spiekeroog GmbH (2023): Museumspferdebahn, Internet, URL: https://www.spiekeroog.de/museumspferdebahn?addressbasePlatformId=16&type=5100&cHash=7c9616d35b9eded74e829804894f124c, Download vom 15.11.2023.

Novespace (2023): Mit dem Airbus A310 ZERO-G Schweben in Schwerelosigkeit, Internet, URL: https://www.airzerog.com/de/, Download vom 17.11.2023.

Novotná, M./Kubícková, H./Kunc, J. (2021): Outdoor excitement in homeland? Opportunities and threats to balloon tourism in the Czech Republic during the coronavirus outbreak, in: Journal of Outdoor Recreation and Tourism 36 (December 2021), 100424.

Novotná, M./Kunc, J. (2022): Balloon Tourism, in: Buhalis, D. (Hg.): Encyclopedia of Tourism Management and Marketing, Cheltenham, S. 251–254.

Nuhn, H./Hesse, M. (2006): Verkehrsgeographie, Paderborn.

OAG – OAG Aviation Worldwide Limited (2023): Low-Cost Carriers In The Aviation Industry: What Are They? Internet, URL: https://www.oag.com/blog/what-are-low-cost-carriers-aviation, Download vom 02.11.2023.

O.I.T.A.F. – Organizzazione Internationale Trasporti a Fune (2019): OITAF, Bozen.

O.I.T.A.F. – Organizzazione Internationale Trasporti a Fune (2023a): Was ist die O.I.T.A.F.? Internet, URL: https://www.oitaf.org/de/was-ist-die-oitaf.asp, Download vom 06.11.2023.

O.I.T.A.F. – Organizzazione Internationale Trasporti a Fune (2023b): OITAF Statistik aktualisiert mit ITTAB (Internationaler Tagung der Technischen Aufsichtsbehörden von Seilbahnanlagen) Statistik 2022, schriftliche Überlassung von Herrn Markus Pitschneider (Generalsekretär des O.I.T.A.F.) am 21.12.2023 per E-Mail, Bozen.

o. V. (2010): Jetbird hebt nicht ab, Internet, URL: http://www.airliners.de/jetbird-hebt-nicht-ab/20113, Download vom 01.12.2016.

o. V. (2011): united rentalsystem GmbH – Deutschland stellt den Geschäftsbetrieb ein, in: Kraftstoff – Business Magazin für die Autovermietung 01/2011, S. 25.

o. V. (2017): Deutsche Touring: Investor aus Kroatien, Internet, URL: https://www.touristik-aktuell.de/nachrichten/verkehr/news/datum/2017/08/14/deutsche-touring-investor-aus-kroatien/, Download vom 10.10.2023.

o. V. (2023): Explora Journeys feiert zwei neue Meilensteine: Float-Out der Explora II und Stahlschnitt der Explora III, Internet, URL: https://explorajourneys.com/de/de/press-and-media/press/explora-journeys-celebrates-two-new-milestones, Download vom 23.10.2023.

O'Neil, D./Bekey, I./Mankins, J./Rogers, T. F./Stallmer, E. W. (1998 und 1999): General Public Space Travel and Tourism – Volume 1 & 2, National Aeronautics and Space Administration (NASA) and the Space Transportation Association (STA), Washington D.C.

Obier, C./Peters, G. (2003): Reisemobiltourismus in Deutschland – Eine Empirische Grundlagenstudie, Stuttgart.

Oesterle, C./Aschauer, W. (2021): Vantourismus – Die neue Freiheit auf vier Rädern eine quantitativ-empirische Analyse von Van- und Campingtourismus, in: Zeitschrift für Tourismuswissenschaft 13(2), S. 227–267.

Ohmacht, T./Grotrian, J./Amstutz, M. (2008): Wie viel Verkehr erzeugt Tourismus? Definitionen, Datenlage, Kennzahlen, in: Freyer, W./Naumann, M./Schuler, A. (Hg.): Standortfaktor Tourismus und Wissenschaft – Herausforderungen und Chancen für Destinationen, Berlin, S. 189–204.

OneWorld (2023): Über die oneworld Allianz, Internet, URL: https://de.oneworld.com/about-the-oneworld-alliance, Download vom 02.11.2023.

Opaschowski, H. W. (1989): Tourismusforschung, Opladen.

Ortel, K. (2008): Von Heuschrecken und Riesenfrachtern, in: an Bord 03/2008, S. 78–81.

Otting, J. (2009): Der Mietwagen, die Kreditkarte und das Internet, in: Straßenverkehrsrecht – Zeitschrift für die Praxis des Verkehrsjuristen (SVR) 08/2009, S. 290–293.

Otto-Rieke, G. (2010) (Hg.): Modernes Geschäftsreisemanagement 2010, München.

Olya, H. G. T./Han, H. (2019): Antecedents of Space Traveler Behavioral Intention, in: Journal of Travel Research 59(3), S. 528–544.

Pachl, J. (2022): Systemtechnik des Schienenverkehrs – Bahnbetrieb planen, steuern und sichern, 11. Auflage, Wiesbaden.

Page, S. J. (2009): Transport and Tourism: Global Perspectives, 3. Auflage, Harlow.

Page, S. J./Connell, J. (2020): Tourism: A Modern Synthesis, 5. Auflage, London.

Palmer-Tous, T./Riera-Font, A./Rosselló-Nadal, J. (2007): Taxing tourism: The case of rental cars in Mallorca, in: Tourism Management 28, S. 271–279.

Papathanassis, A./Lukovic, T./Vogel, M. (2012) (Hg.): Cruise Tourism & Society, Heidelberg.

Papathanassis, A. (2016) (Hg.): Cruise Business Development – Safety, Product Design and Human Capital, Heidelberg.

Papathanassis, A. (2020): The growth and development of the cruise sector: a perspective article, in: Tourism Review 75(01), S. 130–135.

Papathanassis, A. (2022): Cruise tourim, in: Buhalis, D. (Hg.): Encyclopedia of Tourism Management and Marketing, Cheltenham, S. 687–690.

Papathanassis, A. (2023): Schriftliche Auskunft vom 25.12.2023 per E-Mail von Herrn Prof. Dr. Alexis Papathanassis, Professor für Cruise Tourism Management am Institute of Maritime Tourism, Hochschule Bremerhaven, Bremerhaven.

Parseval, A. von (1926): Graf Zeppelin und die deutsche Luftfahrt, Berlin.

Pechlaner, P./Zehrer, A. (Hg.) (2017): Tourismus und Wissenschaft – Wirtschaftliche, politische und gesellschaftliche Perspektiven, Berlin.

Péter, M. (2020): Mobility Services 2020 – Statista Mobility Market Outlook, Hamburg.

Petersen, M. (1995): Ökonomische Analyse des Car-Sharing, Wiesbaden.

Pirath, C. (1934): Die Grundlagen der Verkehrswirtschaft, Berlin.

Pithan, D. (2017): Schriftliche Auskunft vom 20.01.2017 per E-Mail von Herrn Dominic Pithan, Referent für Marketing und Kommunikation bei der Deutschen Zeppelin-Reederei GmbH, Friedrichshafen.

Pitchup Ltd. (2023): Wie kann ich einen Campingplatz oder Glamping Park eröffnen? So geht's! Download von https://www.pitchup.com/de/how-start-campsite-caravan-park/ am 07.11.2023.

Polster & Pohl Reisen GmbH & Co. KG (2023): Unsere Polster & Pohl PLUSPUNKTE für Ihren Urlaub, Internet, URL: http://www.pp-reisen.de/content/qualitaet.php?p=1, Download vom 12.10.2023.

Pompl, W. (1997): Touristikmanagement 1 – Beschaffungsmanagement, 2. Auflage, Berlin usw.

Pompl, W. (2002): Internationale Strategien von Luftverkehrsgesellschaften, in: Pompl, W./Lieb, M. (Hg.): Internationales Tourismus-Management: Herausforderungen – Strategien – Instrumente, München, S. 183–208.

Pompl, W. (2007): Luftverkehr – Eine ökonomische und politische Einführung, 5. Auflage, Berlin.

Porter, M. E. (2014): Wettbewerbsvorteile – Spitzenleistungen erreichen und behaupten, 8. Auflage, Frankfurt/New York.

Pötzl, C. (2008): Juist zwischen Pferdefuhrwerk und Insel-Romantik, in: Stallgefluester – Das Pferde-Magazin, März, Internet, URL: http://www.stallgefluester.de/news/Juist-zwischen-Pferdefuhrwerk-und-Insel-Romantik/320.html, Download vom 17.06.2010.

Preuß, E. (1986): Lexikon Erfinder und Erfindungen Eisenbahn, Berlin.

Prideaux, B./Carson, D. (2007): A framework for increasing understanding of self-drive tourism marketes, in: Journal of Vacation Marketing 04/2007, S. 303–313.

Prideaux, B./Carson, D. (2011) (Hg.): Drive Tourism. Trends and emerging markets. New York.

Prideaux, B./Carson, D. (2011): The structure and role of drive tourism, in: Prideaux, B./Carson, D. (Hg.): Drive Tourism: Trends and Emerging Markets, New York, S. 3–13.

Quack, H.-D. (Hg.) (2015): Wandern und Gesundheit. Konzepte und Erfahrungen für einen wachsenden Markt, Berlin.

Quack, H.-D./Dembowski, N./Müller, D. (2019): Ware Wandern – Zwischen Natur und Kommerzialisierung, Berlin.

Radic, A./Lück, M. (2020): Cruise Tourism – An annotated Bibliography, Auckland.

RAL – RAL Deutsches Institut für Gütesicherung und Kennzeichnung e. V. (2023): Aufgaben der RAL Gütegemeinschaften, Internet, URL: https://www.ral-guetezeichen.de/ueber-ral-guetezeichen/guetegemeinschaften/, Download vom 11.12.2023.

Ramm, T. (2003): Landgericht stoppt Bonusprogramme der Autovermieter, Internet, URL: http://www.touristikreport.de/rd/archiv/6802.php, Download vom 05.08.2009.

Rasch, S. (2014): Tarifgebiete und Richtungscodes (Global Indicators) der IATA, Frankfurt am Main.

Rasch-Sabathil, S. (2008): Lehrbuch des Linienflugverkehrs, 5. Auflage, Frankfurt am Main.

RDA – RDA Internationaler Bustouristik Verband e. V. (lfd. Jahrgang): Marktforschungsbericht, Köln.

RDA – RDA Internationaler Bustouristik Verband e. V. (o. J.a): Jahrbuch der Bustouristik – Geschäftsbericht 2009/2010, Köln.

RDA – RDA Internationaler Bustouristik Verband e. V. (o. J.b): RDA Handbuch Verkaufsförderung, Köln.

RDA – RDA Internationaler Bustouristik Verband e. V. (2023): Mitgliedschaft, Internet, URL: https://www.rda.de/verband/mitgliedschaft, Download vom 10.10.2023.

RDA Expo GmbH (2023): Bilder, Daten & Fakten, Internet, URL: https://www.rda-expo.de/koeln/presse/presseinformationen, Download vom 10.10.2023.

Rebstock, M. (2000): Autofreier Tourismus in den Alpen – Wechselwirkungen zwischen Tourismus und Verkehr unter besonderer Berücksichtigung eines nachhaltigen Entwicklungsansatzes – Fallstudie Braunwald, Kanton Glarus, Schweiz, Trier.

Reddy, M. V./Nica, M./Wilkes, K. (2012): Space tourism: Research recommendations for the future of the industry and perspectives of potential participants, in: Tourism Management 05/2012, S. 1093–1102.

Red Travel Italia (2023): Supercar Luxury Tours, Internet, URL: https://www.red-travel.com/supercar-luxury-tours, Download vom 09.10.2023.

Reiche, W. (2023): Informationen, Internet, URL: https://dachgeber.de/informationen, Download vom 15.11.2023.

Reichert, M. (1999): Space Tourist. Ein Ticket zum Mond? in: Flug Revue 12/1999, Sonderbeilage „Raumfahrt Extra", S. 18–22.

Reichert, M. (2000): Die Zukunft des Weltraumtourismus, in: Job, H./Schwaiger, M. (Hg.): Jahrbuch für Fremdenverkehr 2000, München, S. 109–122.

Reif, J./Eisenstein, B./Krüger, M./Gasner, R. (2017): GfK/IMT-DestinationMonitor Deutschland am Beispiel von Schleswig-Holstein, in: Eisenstein, B. (Hg.): Marktforschung für Destinationen. Grundlagen – Instrumente – Praxisbeispiele, Berlin, S. 207–218.

Reinhardt, W. (2015): Geschichte des Öffentlichen Personenverkehrs von den Anfängen bis 2014 Mobilität in Deutschland mit Eisenbahn, U-Bahn, Straßenbahn und Bus, Wiesbaden.

Reisebüro Schmidt GmbH (2010): SchmidtTerminal ... Urlaub von Anfang an! Wolfenbüttel.

Reuter, J./Uniewski, H. (2003): Autovermietung: Geiz auf Rädern, Internet, URL: www.stern.de/wirtschaft/geld/:Autovermietung-Geiz-R%E4dern/512903.html, Download vom 24.01.2017.

Rex, D. (1998): Will Space run out of Space? The orbital Debris Problem and its Mitigation, in: Space Policy 14/1998, S. 95–105.

Rhoden, S./Kaaristo, M. (2020): Mobile landscapes and transport tourism: the visual experience of mobility during cruises and coach tours. International Journal of Culture, Tourism, and Hospitality Research, 14 (3), S. 307–319.

Richins, H./Hull, J. (Hg.) (2016): Mountain Tourism – Experiences, Communities, Environments and Sustainable Futures, Wallingford.

Richter, M. (2007): Car-Sharing: Nachhaltig Mobil – eine rechtliche Einordnung, Marburg.

Rieger, D./Diesener, S. (2015): Umsetzung der europäischen Schwefelrichtlinie, Berlin.

Ritchie, B. W. (1998): Bicycle Tourism in the South Island of New Zeeland: planning and management issues, in: Tourism Management 19/1998, S. 567–582.

Ritter, J. (2008): Fahrradverkehr in Österreich – Motivation – Förderung – Maßnahmen, Egg.

Robinson, P./Lück, M./Smith S. L. J. (Hg.) (2020): Tourism, 2. Auflage, Oxfordshire.

Rochlitz, M. (1992): Mobilität und Tourismus – Suche nach neuen Szenarien, in: Hochschule für Verkehrswesen „Friedrich List" (Hg.): Europäischer Tourismusmarkt – Herausforderung für die Region, Dresden, S. 49–57.

Rogers, T. (2001): Space Tourism – Its Importance, its History, and recent extraordinary Development, in: Acta Astronautica 49/2001, S. 537–549.

Rommelmann, J./Groß, S. (2016): Rennradtourismus im Harz – Herausforderungen und Potentiale, in: Verkehrszeichen 03/2016, S. 9–13.

Römeling, N. (2023): Ballonmuseum Gersthofen, Internet, URL: https://www.ballonfahrten-augsburg.de/ballonmuseum-gersthofen/, Download vom 17.11.2023.

Römer, C. (2007a): Die Geschichte des Mietwagens I – Von den Anfängen bis 1920, Internet, URL: http://www.mietwagen-blog.com/50226711/die_geschichte_des_mietwagens_i_von_den_anfangen_bis_1920.php, Download vom 30.07.2009.

Römer, C. (2007b): Die Geschichte des Mietwagens II – von 1920 bis 1945, Internet, URL: http://www.mietwagen-blog.com/50226711/die_geschichte_des_mietwagens_ii_von_1920_bis_1945.php, Download vom 30.07.2009.

Rössger, E./Hünermann, K. (1965): Luftverkehrspolitik, Köln/Opladen.

Roura, R. (2009): The Polar Cultural Heritage as a Tourism Attraction – A Case Study of the Airship Mooring Mast at Ny-Ålesund, Svalbard, in: Téoros 28(1), S. 29–38.

Royal Caribbean Cruises Ltd. (2010): Annual Report 2009, Internet, URL: http://ccbn.10kwizard.com/cgi/image?ipage=6781882&doc=11&cik=884887&odef=8&rid=12&quest=1&xbrl=0&dn=2, Download vom 24.01.2017.

Royal Caribbean Cruises Ltd. (2023): 2022 Annual Report, Miami.

Royal Caribbean International (2023): Erleben Sie die besten Kreuzfahrtschiffe, Internet, URL: https://www.royalcaribbean.com/deu/de/cruise-ships, Download vom 23.10.2023.

RSVP Vacations (2023): Our company, Internet, https://rsvpvacations.com/our-company/, Download vom 23.10.2023.

RU – Reisemobil Union e. V. (2019): Die Entstehung und Historie der Reisemobil- Union (RU), Internet, URL: https://www.reisemobil-union.de/ueber-uns-historie, Download vom 07.11.2023.

Rüger, B./Mailer, M. (2020): Autofreie Anreise in Urlaubsregionen – Maßnahmen zur Stärkung der Bahn, in: Eisenbahntechnische Rundschau 7+8, S. 18–23.

Saabye Simonsen, P./Jorgensen, B./Robbins, D. (1998): Cycling tourism, Bornholm.

Sakhdari, F. (2006): Vermarktung von CarSharing-Konzepten, Berlin.

Sand, M. (Hg.): Mountainbike und Tourismus – Adventuremanagement in Theorie und Praxis, Augsburg 2018.

Sandler, C. (2007): Cruises – Cruising the Caribbean, Hawaii, New England, Alaska, and Europe, 5. Auflage, Guilford.

Scaled Composites LLC(2023): What we do, Internet, URL: https://scaled.com/about-us/, Download vom 20.11.2023.

Scharl, A./Niemann, J. (2021): Neue Verkehrsformen „Linienbedarfsverkehr" und „Gebündelter Bedarfsverkehr" des PBefG, in: Kompass Mobilität 07/2021, Internt, URL: https://www.roedl.de/themen/kompass-mobilitaet/2021/07/neue-verkehrsformen-pbefg, Download vom 10.10.2023.

Schart, D./Tschanz, N. (2015): Augmented Reality – Praxishandbuch, Konstanz/München.

Schäfer, C. (1998): Kreuzfahrten – Die touristische Eroberung der Ozeane, Nürnberg.

Scheper, A. (1993): Zur Sicherheit von Reiseomnibussen – Unfalldatenauswertung, Bergisch Gladbach.

Scherhag, K./Frash jr., R. E./Schröder, A. (2018): Anforderungen von Motorradtouristen an Beherbergungsbetriebe – Erste Ergebnisse einer deutsch-amerikanischen Vergleichsstudie, in: Ehlen, T./Scherhag, K. (Hg): Aktuelle Herausforderungen in der Hotellerie: Innovationen und Trends, Berlin, S. 249–260.

Scherhag, K./Gross, S./Sand, M. (2022): Adventures on two wheels – Comparative study of motorcycle adventure tourists in Germany, Austria and Switzerland, in: Zeitschrift für Tourismuswissenschaft 14 (03), S. 303–332.

Schiller, H. von (1961): Zeppelin – Wegbereiter des Weltluftverkehrs, Bad Godesberg.

Schiller, H. von (1988): Zeppelin – Aufbruch ins 20. Jahrhundert, Bonn.

Schladebach, M. (2018): Luftrecht, 2. Auflage, Tübingen.

Schlegel, M./Jahnke, K.-D. (2005): Ferngesteuerte Heissluft-Ballone – Geschichte, Bau und Betrieb, 2. Auflage, Bielefeld.

Schlott, T. (2023): Schriftliche Auskunft vom 28.11.2023 per E-Mail von Herrn Torsten Schlott, Mitarbeiter der Kurverwaltung Juist, Juist.

Schmidt, M. (2012): Touristische Beschilderung an Bundesfernstraßen – Werbung oder Zielführung? in: Straßenverkehrstechnik 12/2008, S. 785–790.

Schmidt, M. (2012): Orientierung für den Gast – Touristische Informations- und Leitsysteme, in: Rein, H./ Schuler, A. (Hg.): Tourismus im ländlichen Raum, Wiesbaden, S. 127–147.

Schmidt, O. (2023): Koehlers Guide Kreuzfahrt 2024, Hamburg.

Schmidt-Walther, P. (2008): Frachtschiffreisen: als Passagier an Bord, Hamburg.

Schmücker, D./Reif, J. (2022): Digitale Besuchermessung im Tourismus – Ziele, Methoden, Bewertungen, München.

Schmude, J. (2021): Marktsegmente des Tourismus, Darmstadt.

Schnabel, W./Lohse, D. (1997): Grundlagen der Straßenverkehrstechnik und der Verkehrsplanung (Band 2 Verkehrsplanung), 2. Auflage, Berlin.

Schneewolf, R./Grimm, K. (2006): Analyse und Perspektiven der Bundesradrouten im Rahmen des Nationalen Radverkehrsplans, Forschungsvorhaben im Auftrag des Bundesministeriums für Verkehr, Bau- und Stadtentwicklung im Rahmen des Nationalen Radverkehrsplans, Berlin.

Schneider, O. (2001): Die Ferien-Macher – Eine gründliche und grundsätzliche Betrachtung über das Jahrhundert des Tourismus, Hamburg.

Schneider, S./Schröder, A. (2009): Quantifizierter Kriterienkatalog zur Analyse der Geschäftsmodelle von Fluggesellschaften, unveröffentlichter Endbericht zum Forschungspraktikum an der Hochschule Harz, Wernigerode.

Schröder, G. (2007): Das Tourismus Lexikon, 5. Auflage, Hamburg.

Schröder, R./Thamm, M. (2007): AIDA – Die Erfolgsstory, 2. Auflage, Bielefeld.

Schröder, G. (2007): Das Tourismus-Lexikon, 5. Auflage, Hamburg.

Schulz, A. (2009): Verkehrsträger im Tourismus: Luftverkehr, Bahnverkehr, Straßenverkehr, Schiffsverkehr, München.

Schulz, A./Baumann, S./Wiedenmann, S. (2010): Flughafen Management, München.

Schulz, A./Kuhnimhof, T./Nobis, C./Chlond, B./Magdolen, M./Bergk, F./Kämper, C./Knörr, W./Kräck, J./ Jödden, C./Sauer, A./Führer, M./Frick, R. (2020): Klimawirksame Emissionen des deutschen Reiseverkehrs, Texte 141/2020, Dessau-Roßlau.

Schüßler, O. (2001): Passagier-Schifffahrt – Ein Handbuch für Reiseverkehrskaufleute in Ausbildung und Praxis, Frankfurt am Main.

Schüßler, O. (2005): Passagier-Schifffahrt – Ein Handbuch für Reiseverkehrskaufleute in Ausbildung und Praxis, 2. Auflage, Frankfurt am Main.

Schwarzwald Tourismus GmbH (2023): Schwarzwälder Radorte, Internet, URL: https://www.schwarzwald-tourismus.info/erleben/radfahren/radorte, Download vom 15.11.2023.

Schwenk, W. (1996): Handbuch des Luftverkehrsrechts, 2. Auflage, Köln usw.

Schwieger, B. (2011): Second Generation Car-Sharing, Saarbrücken.

Seitz, E./Meyer, W. (2006): Tourismusmarktforschung: Ein praxisorientierter Leitfaden für Touristik und Fremdenverkehr, 2. Auflage, München.

Senatsverwaltung für Justiz, Verbraucherschutz und Antidiskriminierung (2019): Berliner Leitlinien für Pferdefuhrwerksbetriebe, Berlin.

Shaheen, S./Sperling, D./Wagner, C. (1998): Carsharing in Europe and North American: Past, Present, and Future, in: Transportation Quarterly 52(3), S. 35–52.

Share Now GmbH (2023a): Share Now – Free2move, Internet, URL: https://www.share-now.com/de/de/about-us/, Download vom 28.09.2023.

Share Now GmbH (2023b): Die Geschichte von Share Now, Internet, URL: https://www.share-now.com/de/de/history/, Download vom 09.10.2023.

Shaw, S. (2016): Airline Marketing and Management, 7. Auflage, Padstow.

Sheller, M./Urry, J. (2006): The new mobilities paradigm, in: Environment and Planning A 02/2006, S. 207–226.

Siegmann, J./Jänsch, E. (2021): Die Entwicklung der Bahn in Deutschland, in: Jänsch, E./Lang, H. P./Nießen, N. (Hg.): Handbuch Das System Bahn, 3. Auflage, Hamburg, S. 32–75.

SITA – Société Internationale de Télécommunications Aéronautiques (2016): SITA history, Internet, URL: https://www.sita.aero/about-usa/who-we-are/sita-history, Download vom 25.11.2016.

Sixt GmbH & Co. Autovermietung AG (2009a): Sixt zum dritten Mal in Folge mit dem Business Traveller Award ausgezeichnet, Internet, URL: ag.sixt.de/presse/pressemitteilungen/news/article/sixt-zum-dritten-mal-in-folge-mit-dem-business-traveller-award-ausgezeichnet/, Download vom 29.07.2009.

Sixt GmbH & Co. Autovermietung AG (2009b): Sixt zur besten Autovermietung der Welt gewählt, Internet, URL: http://ag.sixt.de/presse/pressemitteilungen/news/article/sixt-zur-besten-autovermietung-der-welt-gewaehlt/, Download vom 28.07.2009.

Sixt GmbH & Co. Autovermietung AG (2009c): Regine Sixt Kinderhilfe e. V., Internet, URL: http://www.sixt.de/informationen/csr/, Download vom 20.08.2009.

Sixt Leasing AG (2009): Unternehmenshomepage, Internet, URL: http://www.sixt-leasing.de, 11.08.2009.

SIXTI GmbH (2009): Unternehmenshomepage, Internet, URL: http://www.sixticarclub.com, Download vom 30.01.2009.

Sixt SE (2019): Geschäftsbericht 2018, Pullach.

Sixt SE (2023a): Sixt, Internet, URL: https://about.sixt.com/, Download vom 02.10.2023.

Sixt SE (2023b): Geschäftsbericht 2022, Pullach.

SkyTeam (2023): About SkyTeam, Internet, URL: https://www.skyteam.com/en/about/, Download vom 02.11.2023.

Skytravel24 GmbH (2023): Günstige Ballonfahrten über Deutschland, Internet, URL: https://www.skytravel24.de/ballonfahrten.html, Download vom 17.11.2023.

Skytrax (2023): 5-Star Airlines, Internet, URL: https://skytraxratings.com/airlines?stars=5, Download vom 02.11.2023.

Smith, V. L. (2001): Space Tourism, in: Annals of Tourism Research 01/2001, S. 238–240.

Snälltåget (2023): Snälltåget ... This is who we are, Internet, URL: https://www.snalltaget.se/en/about-us, Download vom 06.11.2023.

Sorensen, J. (2023): CarTrawler Yearbook of Ancillary Revenue, Shorewood.

söp – Schlichtungsstelle für den öffentlichen Personenverkehr e. V. (2023): Willkommen bei der söp, Internet, URL: https://soep-online.de, Download vom 26.10.2023.

SPAA – Seaplane Pilots Association Austria (2023): Europäische Landeplätze, Internet, URL: https://www.spaa.at/Landeplaetze.htm, Download vom 20.11.2023.

SpaceAdventures Ltd. (2023): Space Station, Internet, URL: https://spaceadventures.com/experiences/space-station, Download vom 20.11.2023.

Space Tourism Society (2023): Philosophy: A logical progression into the future, Internet, URL: http://spacetourismsociety.org/about/philosophy/, Download vom 30.11.2023.

Stadt Bad Tölz (2023): Gebietsaufteilung, Internet, URL: https://stadt.bad-toelz.de/fileadmin/Dateien/Website/Dateien/Verkehr___Mobilitaet/103620-gebietsaufteilung.pdf, Download vom 21.11.2023.

Stadt Friedrichshafen (2023): Zeppelinpfad, Internet, URL: https://www.friedrichshafen.de/buerger-stadt/stadtportraet/zeppelin/zeppelinpfad/, Download vom 17.11.2023.

Stadt Ulm (2023): Der Schneider von Ulm: Die Tragik eines Flugversuchs – Die Geschichte des genialen Albrecht Ludwig Berblinger, Internet URL: https://www.ulm.de/tourismus/stadtgeschichte/pers%C3%B6nlichkeiten/der-schneider-von-ulm, Download vom 24.10.2023.

Stadtverwaltung Saarburg (2023): VR-Tour, Internet, URL: https://www.saarburg.de/vr, Download vom 15.11.2023.

Star Alliance (2023): About Star Alliance, Internet, URL: https://www.staralliance.com/en/about, Download vom 02.11.2023.

Statista GmbH (2023a): Autovermietung – Europa, Internet, URL: https://de.statista.com/outlook/mmo/shared-mobility/gemeinsame-fahrten/autovermietung/europa, Download vom 05.10.2023.

Statista GmbH (2023b): Shared Mobility – Gemeinsame Fahrten – Autovermietung, URL: https://de.statista.com/outlook/mmo/shared-mobility/gemeinsame-fahrten/autovermietung/europa#key-players, Download vom 05.10.2023.

Statista Inc. (2023): Market share of low cost carriers worldwide in March 2022 by region. Internet, URL: https://www.statista.com/statistics/1088686/low-cost-carrier-market-share-region/, Download vom 02.11.2023.

Statistisches Bundesamt (2008): Klassifikation der Wirtschaftszweige mit Erläuterungen 2008, Wiesbaden.

Statistisches Bundesamt (2016): Unternehmen und Arbeitsstätten – Kostenstruktur bei Fahr- und Flugschulen, Wiesbaden 2016.

Statistisches Bundesamt (2021): Dienstleistungen – Strukturerhebung im Dienstleistungsbereich, Erbringung von sonstigen wirtschaftlichen Dienstleistungen, Wiesbaden.

Statistisches Bundesamt (2022): Verkehr – Luftverkehr, Fachserie 8 Reihe 6, Wiesbaden.

Statistisches Bundesamt (2023a): Umsatzsteuer (Voranmeldung), Wiesbaden.

Statistisches Bundesamt (2023b): Statistik, Code: 46411, Inhalt: Unternehmensstatistik im Luftverkehr, Internet, URL: https://www-genesis.destatis.de/genesis/online?operation=statistic&levelindex=0&levelid=1698395136185&code=46411#abreadcrumb, Download vom 27.10.2023.

Statistisches Bundesamt (2023c): Statistik, Code: 47415, Inhalt: Strukturerhebung im Dienstleistungsbereich, Internet, URL: https://www-genesis.destatis.de/genesis/online?sequenz=statistikTabellen&selectionname=47415#abreadcrumb, Download vom 06.11.2023.

Statistisches Bundesamt (2023d): Binnenhandel, Gastgewerbe, Tourismus: Ergebnisse der Monatserhebung im Tourismus, Wiesbaden.

Statistisches Bundesamt (2023e): Einkommen, Einnahmen und Ausgaben in den Gebietsständen – Laufende Wirtschaftsrechnungen (LWR), Internet, URL: https://www.destatis.de/DE/Themen/Gesellschaft-Umwelt/Einkommen-Konsum-Lebensbedingungen/Einkommen-Einnahmen-Ausgaben/Tabellen/liste-gebietsstaende.html#115610, Download vom 14.11.2023.

Statistisches Bundesamt (2023f): Luftfahrtbewegungen, Passagiere an Bord, Fracht und Post an Bord: Deutschland, Jahre, Art des Luftverkehrs, Luftfahrzeugmusterklasse, Internet, URL: https://www-genesis.destatis.de/genesis/online?operation=abruftabelleBearbeiten&levelindex=1&levelid=1700212743064&auswahloperation=abruftabelleAuspraegungAuswaehlen&auswahlverzeichnis=ordnungsstruktur&auswahlziel=werteabruf&code=46421-0051&auswahltext=&wertauswahl=1692&wertauswahl=659&wertauswahl=1691&wertauswahl=1693&wertauswahl=1695&wertauswahl=1696&wertauswahl=1694&wertauswahl=1697&wertauswahl=1698&werteabruf=Werteabruf#abreadcrumb, Download vom 17.11.2023.

Statistisches Bundesamt (2023g): Statistischer Bericht – Luftverkehr, Wiesbaden.

Steckenreuter, A./Wolf, I. D. (2013): How to use persuasive communication to encourage visitors to pay park user fees, in: Tourism Management 37, S. 58–70.

Steinbauer, M./Bachinger, M./Sand, M./Wölfle, F. (Hg.) (2023): Natur und Mountainbiken – Umweltwirkung, Angebotsplanung und Besuchermanagement, München.

Steinberg, G./Kalwitzki, K.-P. (2001): Das Projekt MobiHarz – Mobilitätsmanagement und -service für einen umweltfreundlichen Ausflugs- und Kurzurlauberverkehr, in: Verkehrszeichen 03/2001, S. 9–13.

Steinecke, A. (2013): Management und Marketing im Kulturtourismus: Basiswissen – Praxisbeispiele – Checklisten, Wiesbaden.

Steinecke, A. (2018): Kreuzfahrttourismus, Konstanz.

Steinecke, A. (2021): Kreuzfahrtmarkt: Anbieter und Nachfrager, in: Fuchs, W. (Hg.): Tourismus, Hotellerie und Gastronomie von A bis Z, Berlin/Boston, S. 563–568.

Steingrube, W. (1992): Der bundesdeutsche Finnland-Tourismus – Eine motiv- und verhaltensanalytische Reiseroutenuntersuchung, Frankfurt am Main.

Stellantis Germany GmbH (2022): Opel feiert Geburtstag: 160 Jahre Innovationen für Millionen, Internet, URL: https://www.media.stellantis.com/de-de/opel/press/opel-feiert-geburtstag-160-jahre-innovationen-fuer-millionen, Download vom 14.11.2023.

Stern, S. B. (2019): Stern's Guide to the Cruise Vacation: 20/21 Edition, Gretna.

Sterzenbach, R. (1991): Omnibusverkehr – Eine Dienstleistungslehre, München.

Sterzenbach, R. (2001): ÖPNV-Marketing – Ein Lehr- und Handbuch, 2. Auflage, München.

Sterzenbach, R./Conrady, R. (2003): Luftverkehr – Betriebswirtschaftliches Lehr- und Handbuch, 3. Auflage, München.

StMB – Bayerisches Staatsministerium für Wohnen, Bau und Verkehr (2021): Leitfaden für die Prüfung von Neuanlagen und geänderten Anlagen sowie für die regelmäßigen technischen Aufsichtsprüfungen bei Seilbahnen (Seilschwebebahnen, Standseilbahnen und Schlepplifte) in Bayern, München.

STMWIVT – Bayerisches Staatsministerium für Wirtschaft, Verkehr, Infrastruktur und Technologie (2007): Seilbahnen in Bayern, München.

Struck, A. (2015): Neues Produkt für Privatkunden, Internet, URL: http://www.fvw.de/index.cfm?cid=12067&pk=141412&event=showarticle, Download vom 22.08.2016.

The Airship Association (2023a): Airship Types, Internet, URL: https://www.airship-association.org/types, Download vom 17.11.2023.

The Airship Association (2023b): Manufacturers, Internet, URL: https://www.airship-association.org/manufacturers, Download vom 17.11.2023.

The Airship Association (2023c): Operators, Internet, URL: https://www.airship-association.org/copy-of-manufacturers, Download vom 17.11.20237.

The Hertz System, Inc. (2022): 100 Years of Hertz History, Internet, URL: https://www.hertz.com/us/en/blog/automotive/100-years-of-hertz-history, Download vom 02.10.2023.

The New York City (2023): Pedestrians – Summer Streets, Internet, URL: https://www.nyc.gov/html/dot/html/pedestrians/summerstreets.shtml, Download vom 28.11.2023.

Thiele, F./Quack, H.-D. (Hg.) (2022): Wandern in Krisenzeiten – Pandemie und Klimawandel als Chance? Berlin.

TIER Mobility SE (2023): Über uns, Internet, URL: https://www.nextbike.de/de/, Download vom 15.11.2023.

Thisdell, D./Seymour, C. (2019): World Airliner Census 2019, Sutton.

Thurn, S. (2006): Zusammenfassung der ADAC Grundlagenstudie Camping – Vortrag im Rahmen des 11. ADAC/CIVD-Forums am 28.08.2006, Düsseldorf.

Tjon, F. (1997): Wirtschaftlichkeitsanalyse von Luftverkehrsunternehmungen, Berlin.

Toivonen, A. (2020): Sustainability dimensions in space tourism: the case of Finland, in: Journal of Sustainable Tourism 30(09), S. 2223–2239.

Toivonen, A. (2021): Sustainable Space Tourism – An Introduction, Bristol.

Topp, H. (1994): Ansatz zur Reduktion des Verkehrsaufwandes – Weniger Verkehr bei gleicher Mobilität, in: Internationales Verkehrswesen 09/1994, S. 486–493.

Tourismusverein Wanderhotels in Europa e. V. (2023): Bergkristalle, Internet, URL: https://www.wanderhotels.com/bergkristalle/?season=winter, Download vom 14.11.2023.

Tracht, J. (2010): Daten und Fakten zur Lage der maritimen Wirtschaft in Deutschland 2010, Internet, URL: www.bvww.org/index.php?id=140&uid=81&mode=pdf, Download vom 08.07.2010.

Traton Group (2023): 2022 Annual report of the Traton Group, München.

Traditionsverein Döbelner Pferdebahn e. V. (2023): Was gibt es zu sehen? Internet, URL: https://www.doebelner-pferdebahn.de/WP/museum-2/, Download vom 15.11.2023.

Travelopia Holding Ltd. (2023): Waterways – Le Boat, Internet, URL: https://www.travelopia.com/our-brands/marine-le-boat/, Download vom 20.10.2023.

Truong, V. D./Liu, X./Pham, Q. (2020): To be or not to be formal? Rickshaw drivers' perspectives on tourism and poverty, in: Journal of sustainable tourism 28(01), S. 33–50.

Twerenbold Reisen AG (2023): Busreisen Königsklasse, Internet, https://www.twerenbold.ch/alle-reisen/busreisen/busreisen-koenigsklasse, Download vom 13.10.2023.

UIC – Union International de Chemin de Fer (2023a): UIC Activities Report 2022, Paris.

UIC – Union International de Chemin de Fer (2023b): Railway Statistic Synopsis – 2023 edition, Paris.

Unbescheiden, M. (2010): Mündliche Auskunft vom 10.06.2010 per Telefon von Herrn Dr.-Ing. Matthias Unbescheiden, Deputy Director Fraunhofer Institute for Computer Graphics Research (IGD), Darmstadt.

UNWTO – United Nations World Tourism Organization (2010a): International Recommendations for Tourism Statistics 2008, New York.

UNWTO – United Nations World Tourism Organization (2010b): Cruise Tourism – Current Situation and Trends, Madrid.

UEM – Union Européenne de Motocyclisme (2009a): Abbildung „hotel-sign01.jpg“, Internet, URL: http://www.uem-moto.eu/LinkClick.aspx?fileticket=qESDR2u5dIQ%3d&tabid=60, Download vom 16.11.2009.

VCÖ – Verkehrsclub Österreich (2020): Klimafaktor Reisen, Wien.

VDA – Verband deutscher Autovermieter Deutschland (2023a): Über 60 Jahre Tradition, Internet, URL: https://www.vdaev.de/verband/uber-uns.html, Download vom 05.10.2023.

VDA – Verband deutscher Autovermieter Deutschland (2023b): Internet, URL: https://www.vdaev.de/footer/satzung.html, Download vom 05.10.2023.

VDMT – Verband Deutscher Museums- und Touristikbahnen e. V. (2023): Der Verband Deutscher Museums- und Touristikbahnen, Internet, URL: https://www.vdmt.de/ueber-den-vdmt.html Download vom 06.11.2023.

VDR – Verband Deutscher Reeder (2023): Daten und Fakten zur Seeschifffahrt in Deutschland, Internet, URL: https://www.reederverband.de/de/daten-und-fakten-zur-seeschifffahrt-deutschland, Download vom 06.12.2023.

VDR – Verband Deutsches Reisemanagement (Hg.) (lfd. Jahrgang): VDR-Geschäftsreiseanalyse.

VDS – Verband Deutscher Seilbahnen und Schlepplifte e. V. (2016): Nur fliegen ist höher ... Zahlen – Daten – Fakten, München.

VDS – Verband Deutscher Seilbahnen und Schlepplifte e. V. (2023): Die Deutschen Seilbahnen – Zahlen, Daten, Fakten, Germering.

VDB – Verband der Deutschen Bootsvermieter (2023a): Standorte in Deutschland, Download, URL: https://www.bootsvermieter-verband-ev.de/verein/, Download vom 20.10.2023.

VDB – Verband der Deutschen Bootsvermieter (2023b): Willkommen, Download, URL: https://www.bootsvermieter-verband-ev.de, Download vom 20.10.2023.

Verne, J. (1976): Fünf Wochen im Ballon, 13. Auflage, Zürich.

VFD – Vereinigung der Freizeitreiter und -fahrer in Deutschland e. V. (2023): Reiten und Fahren durch Europa, Internet, URL: https://www.vfdnet.de/index.php/service/pferde-reise-wege, Download vom 21.11.2023.

VFF – Verband der Fährschifffahrt und Fährtouristik (Hg.) (o. J.): Fähren, Routen, Reedereien – Alles auf einen Blick, Hamburg.

VIA – Verband der internationalen Autovermieter e. V. (2021): Neuer Interessenverband in der Mobilitätsbranche, Internet, URL: https://www.autovermieter-verband.de/news/neuer-interessenverband-in-der-mobilitaetsbranche/, Download vom 09.10.2023.

Volocopter GmbH (2023): NEOM und Volocopter: Erster elektrischer Flugtaxi-Flug in Saudi-Arabien, Internet, URL: https://www.volocopter.com/en/urban-air-mobility, Download vom 02.11.2023.

Vogel, H.-A. (2019): Foundations of Airport Economics and Finance, San Diego.

Vogel, H. L. (2006): Travel industry economics: A Guide for Financial Analysis, Cambridge.

Vogel, M. (2005): Psychographie der Kreuzfahrt, in: an Bord – Das Magazin für Schiffsreisen und Seewesen 04/2005, o. S.

Vogel, M./Wolber, B./Papathanassis, A. (o. J.): The Business and Management of Ocean Cruises, Berlin.

VPR – Internationaler Verband der Paketer e. V. (lfd. Jahrgang): Trendanalyse, Fürth.

VPR – Internationaler Verband der Paketer e. V. (2023a): Der Verband, Internet, URL: http://www.vpr.de/der-vpr, Download vom 10.10.2023.

VPR – Internationaler Verband der Paketer e. V. (2023b): Veranstaltungen, Internet, URL: https://www.vpr.de/veranstaltungen/, Download vom 10.10.2023.

Wahlstrom, R. (2021): Market Share, Internet, URL: http://www.cruisemarketwatch.com/market-share/, Download vom 20.10.2023.

Waldherr, G. (2004): Kreuzfahrt ins All, in: Sächsische Zeitung vom 10.01.2004, S. M3.

Walker, L. (2011): Tourism and leisure motorcycle riding, in: Prideaux, B./Carson, D. (Hg.) (2011): Drive Tourism – Trends and emerging markets, Abingdon, S. 146–158.

Wall, G./Mathieson, A. (2006): Tourism: change, impacts and opportunities, Harlow.

Walter, M./Haunerland, F./Hirschhausen, C. von/Moll, R. (2009): Potenzial des Fernlinienbusverkehrs in Deutschland – Chancen für Umwelt, Mobilität und Wettbewerb, in: Internationales Verkehrswesen 04/2009, S. 115–121.

Walton, J. K. (2011): The Origins of the Modern Package Tour? British Motor-Coach Tours in Europe, 1930–70, in: The Journal of Transport History 32(02), S. 145–163. https://doi.org/10.7227/TJTH.32.2.3.

Ward, D. (2008): Berlitz Complete Guide to Cruising & Cruise Ships, 17. Auflage, London.

Ward, D. (2009): Berlitz Complete Guide to Cruising & Cruise Ships, 18. Auflage, Hants.

Ward, D. (2013): Berlitz Complete Guide to Cruising & Cruise Ships, 21. Auflage, Hants.

Ward, D. (2020): Berlitz Complete Guide to Cruising & Cruise Ships, 28. Auflage, Hants.

Warneken, B. J. (1984): Zeppelinkult und Arbeiterbewegung, in: Zeitschrift für Volkskunde 01/1984, S. 59–80.

Weaver, A./Duval, D. (2008): International and transnational aspects of the global cruise industry, in: Coles, T./Hall, M. C. (Hg.): International Business and Tourism – Global Issues, contemporary interactions, Abingdon, S. 106–123.

Weed, M./Bull C. (2009): Sportstourism: Participants, Policy and Providers, 2. Auflage, Oxford.

Wehling, P. (1998): Sozial-ökologische Mobilitätsforschung und Strategisches Mobilitätsmanagement: Neue Ansätze für Verkehrswissenschaft und -planung, Frankfurt am Main.

Weinspach, K. (1991): Mobilität und Verkehr – Reichen die heutigen Konzepte aus? in: Verein Deutscher Ingenieure (Hg.): Mobilität und Verkehr – Reichen die heutigen Konzepte aus? Düsseldorf, S. 1–28.

Weissen, A. (1999): Die Kehrseite der „Autofreien", in: integra 03/1999, S. 23–24.

Wells, A. T./Young, S. B. (2004): Airport Planning & Management, New York usw.

Wenning, U. (2009): Prüfungsschema für Mietwagenkosten nach einem Verkehrsunfall unter Berücksichtigung der BGH- und Instanzrechtsprechung, in: Neue Zeitschrift für Verkehrsrecht (NZV) 02/2009, S. 62–64.

Wensveen, J. G. (2023): Air Transportation: A Global Management Perspective, 9. Auflage, Milton Park.

Wheeler, T. (1998): Chasing rickshaws. Melbourne.

White, P./Farrington, J. (1998): Bus and coach deregulation and privatization in Great Britain, with particular reference to Scotland, Journal of Transport Geography 02/1998, S. 135–141.

Wilde, M. (2023): Vernetzte Mobilität – Grundlagen, Konzepte und Geschäftsmodelle, Berlin.

Wilde, M./Klinger, T. (2017): Integrierte Mobilitats- und Verkehrsforschung: zwischen Lebenspraxis und Planungspraxis, in: Wilde, M./Gather, M./Neiberger, C./Scheiner, J. (Hg.): Verkehr und Mobilitat zwischen Alltagspraxis und Planungstheorie: Ökologische und soziale Perspektiven, Bd. 35. Wiesbaden, S. 5–23.

Witzke, S. (2016): Car Sharing und die Gesellschaft von Morgen, Ein umweltbewusster Umgang mit Automobilität? Wiesbaden.

Widmann, T. (2006): Wohnmobiltourismus in Deutschland am Beispiel der Destination Mosel, Trier.

Widmann, T. (2021): Camping, in: Fuchs, W. (Hg.): Tourismus, Hotellerie und Gastronomie von A bis Z, Berlin/Boston, S. 161–163.

Wikinger Reisen (2010): Wikinger in Zahlen, Internet, URL: http://www.wikinger-reisen.de/presse/5762.php, Download vom 21.07.2010.

Wild, P. (2010): Schriftliche Auskunft vom 01.07.2010 per E-Mail von Peter Wild, Inhaber von G.P. Wild Ltd, Haywards Heath.

Wilde, M. (2023): Vernetzte Mobilität – Grundlagen, Konzepte und Geschäftsmodelle, Berlin.

Wilhelm, R. (2023): Das verrückteste Draisinenrennen der Welt, Internet, URL: https://www.draisinenrennen.at/, 16.11.2023.

Wilhelmi, S. (2010): Schriftliche Auskunft vom 06.07.2010 per E-Mail von Silvia Wilhelmi, Mitarbeiterin des Statistischen Bundesamtes (Abteilung E 308 Kostenstruktur, Informationsgesellschaft), Wiesbaden.

Williamson, M. (2003): Space ethics and protection of the space environment, in: Space Policy 19(2003), S. 47–52.

Wirtz, B. W. (2000): Electronic Business, Wiesbaden.

Wöbken-Ekert, G. (1997): Ab ins All, in: Die Zeit 15/1997, S. 59.

Wöhe, G. (2020): Einführung in die Allgemeine Betriebswirtschaftslehre, 27. Auflage, München.

Woitas, L. (2023): Schriftliche Auskunft vom 03.02.2023 per E-Mail von Herrn Lutz Woitas, Geschäftsführer der Frachtschifftouristik Kapitän Zylmann GmbH, Kappeln.

Wood, R. F. (2000): Caribbean Cruise Tourism: Globalization at Sea, in: Annals of Tourism Research, 02/2000, S. 345–370.

WTO – World Tourism Organization (1993): Empfehlungen zur Tourismusstatistik (deutsche Fassung herausgegeben vom Bundesamt für Statistik der Schweiz, Österreichischen Statistischem Zentralamt und Statistischen Bundesamt der Bundesrepublik Deutschland), Wiesbaden.

WTO – World Tourism Organization (2003): Worldwide Cruise Ship Activity, Madrid.

Wucherpfennig & Krohn GmbH (2023): Unsere Firmengeschichte, Internet, URL: https://www.wucherpfennig.de/ueber-uns.html#, Download vom 02.10.2023.

Wuschik, D. (2003): Was macht eigentlich die MVS Miete Vertrieb Service AG, in: Performance – das Kundenmagazin der Berliner Effektenbank 09/2003, S. 8–9.

WZB – Wissenschaftszentrum Berlin für Sozialforschung gGmbH (2009): Forschungsergebnisse Call a Bike. 4 Wer ist mit dem Radl da: Profile und Potentiale, Internet, URL: http://www.wzb.eu/callabike/4_profile.html, Download vom 24.09.2009.

X-Prize Foundation, Inc. (2023): Space + Exploration, Internet, URL: https://www.xprize.org/domains/exploration, Download vom 20.11.2023.

Yachtino GmbH (2023): Happycharter, Internet, URL: https://www.happycharter.com/, Download vom 20.10.2023.

Yan, L./Lee, M. Y. (2014): Tourist Perceptions of the Multi-Linguistic Landscape in Macau, in: Journal of China Tourism Research 10(04), S. 432–447.

yellowhummer US-Car Vermietung (2023): Über uns / Philosophie, Internet, URL: https://www.yellowhummer.de/ueber-uns, Download vom 09.10.2023.

Zängler, T. W. (2000): Mikroanalyse des Mobilitätsverhaltens in Alltag und Freizeit, Berlin usw.

Zentralkommission für die Rheinschifffahrt (2023): Tätigkeiten, Internet, URL: http://www.ccr-zkr.org/12000000-de.html, Download vom 20.10.2023.

Zentral-Omnibus-Bahnhof „ZOB" Hamburg GmbH (2023): Historie, Internet, URL: http://www.zob-hamburg.de/historie.php, Download vom 12.10.2023.

Zeppelin Europe Tours AG (o. J.): Zeppelin Europe Tours – Information, Zürich.
Zeppelin Europe Tours AG (2010): Erste Z Tour: ein Erfolg! Internet, URL: http://www.zeppelin-europe-tours.com/, Download vom 15.06.2010.
Zeppelin, W. von (1995): Das Zeppelin NT-Projekt, in: Sonderdruck aus „der adler" – Monatsschrift für Luftsport und Luftfahrt 04/1995.
Zeppenfeld, R. (2012): Nachhaltige Mobilität im ländlichen Raum, in: Rein, H./Schuler, A. (Hg.): Tourismus im ländlichen Raum, S. 112–126.
Zhang, Y./Wang, L. (2022): Progress in space tourism studies: a systematic literature review, in: Tourism Recreation Research 47(04), S. 372–383.
Zibulla, E. (o. J.): Qualität hat Zukunft – 30 Jahre Gütegemeinschaft Buskomfort, Böblingen.
Ziegler, A. R. (2006): Einführung in das Völkerrecht, Bern.
Zinn, H. (2007): Der Stand der Mietwagenpreise in Deutschland im Sommer 2007, Norderstedt.
ZIV – Zweirad-Industrie-Verband (2023): Marktdaten Fahrräder und E-Bikes 2022, Präsentation zur ZIV Pressekonferenz am 15. März 2023, Berlin.
ZLT – Zeppelin Luftschifftechnik GmbH & Co KG /DZR – Deutsche Zeppelin-Reederei GmbH (2017): Historie – Von der ersten Idee bis zur Serienproduktion, Internet, URL: http://zeppelin-nt.de/de/zeppelin-nt/historie.html, Download vom 10.10.2017.
ZLT – Zeppelin Luftschifftechnik GmbH & Co KG /DZR – Deutsche Zeppelin-Reederei GmbH (2023a): Historie – Von der ersten Idee bis zur Serienproduktion, Internet, URL: https://zeppelinflug.de/de/zeppelin-nt/historie, Download vom 17.11.2023.
ZLT – Zeppelin Luftschifftechnik GmbH & Co KG /DZR – Deutsche Zeppelin-Reederei GmbH (2023b): Übersicht der Zeppelin-Flüge in Deutschland, Internet, URL: https://zeppelinflug.de/de/zeppelin-fluege/uebersicht, Download vom 17.11.2023.
Zuck, R. (1980): Die Omnibusreise – Theorie und Praxis, München.
Zuck, R. (1983): Fachkunde Busreiseverkehr – Lehrbuch für Reiseverkehrs-Fachklasse, Frankfurt am Main.
Zucker, S./Goericke, T. (2004): Der Charterer – das unbekannte Risiko (anhand ausgewählter Schäden), Internet, URL: http://www.tis-gdv.de/tis/tagungen/kasko/wsp_2004/2_zucker_goericke.pdf, Download vom 08.07.2010.

Gesetzestexte

AO – Abgabenverordnung.
BDSG – Bundesdatenschutzgesetz.
35. BlmSchV 2006 – Fünfunddreißigste Verordnung zur Durchführung des Bundes-Immissionsschutzgesetzes, Verordnung zur Kennzeichnung der Kraftfahrzeuge mit geringem Beitrag zur Schadstoffbelastung vom 10. Oktober 2006.
FZV – Verordnung über die Zulassung von Fahrzeugen zum Straßenverkehr (Fahrzeugzulassungs-Verordnung).
LuftVG – Luftverkehrsgesetz.
MietPkwUbwV – Verordnung über die Überwachung von gewerbsmäßig an Selbstfahrer zu vermietenden Kraftfahrzeugen und Anhängern.
PBefG – Personenbeförderungsgesetz.
RtB – Richtlinien für die touristische Beschilderung.
RWB – Richtlinien für die wegweisende Beschilderung außerhalb von Autobahnen.
RWBA – Richtlinien für die wegweisende Beschilderung auf Autobahnen.
StVG – Straßenverkehrsgesetz.
StVO – Straßenverkehrsordnung.

StVRÄndV – Verodrnung zur Änderung der straßenverkehrsrechtlichen Vorschriften.
StVZO – Straßenverkehrszulassungsordnung.
Verordnung über die Teilnahme elektronischer Mobilitätshilfen am Verkehr und zur Änderung der Fahrerlaubnis-Verordnung und der Fahrzeug-Zulassungsverordnung vom 16.09.2009.
Verordnung (EG) Nr. 12/98 des Rates vom 11. Dezember 1997 über die Bedingungen für die Zulassung von Verkehrsunternehmern zum Personenkraftverkehr innerhalb eines Mitgliedstaats, in dem sie nicht ansässig sind.
Verordnung (EWG) Nr. 684/92 des Rates vom 16. März 1992 zur Einführung gemeinsamer Regeln für den grenzüberschreitenden Personenverkehr mit Kraftomnibussen.
Verordnung über Luftfahrtpersonal (LuftPersV), neugefasst durch B. v. 13.02.1984 BGBl. I S. 265; zuletzt geändert durch Artikel 1 V. v. 02.10.2009 BGBl. I S. 3536; Geltung ab 01.04.1983 FNA: 96-1-18; 96 Luftverkehr.
VwV-StVO – Allgemeine Verwaltungsvorschrift zur StVO.

Über den Autor

Prof. Dr. Sven Groß, Hochschule Harz, Wernigerode

Sven Groß hat Fremdenverkehrsgeographie/Angewandte Geographie an der Universität Trier und Raumplanung an der Technischen Universität Dortmund studiert. Nach seinem Abschluss als Diplom-Ingenieur im Jahr 1998 hat er, nach einer mehrjährigen Tätigkeit als Unternehmens- und Kommunalberater, als persönlicher Referent des Bürgermeisters von Bad Dürkheim und als wissenschaftlicher Mitarbeiter am Lehrstuhl für Tourismuswirtschaft an der Technischen Universität Dresden gearbeitet. 2004 hat er an der Fakultät Verkehrswissenschaften „Friedrich List" der TU Dresden promoviert und seit 2005 ist er Professor für Management von Verkehrsträgern an der Hochschule Harz.

Dort ist er u. a. Koordinator des Master-Studienganges „Tourism and Destination Management" und stellvertretender Direktor des Instituts für Tourismusforschung (ITF). Zuvor war er bspw. Koordinator des Bachelor-Studiengangs „Tourismusmanagement" und gemeinsam mit Prof. Dr. Axel Dreyer Leiter des Arbeitsbereichs Tourismus im Kompetenzzentrum für Informations- und Kommunikationstechnologien, Tourismus und Dienstleistungen.

Ende 2007 wurde er zum Mitglied im New Zealand Tourism Research Institute (NZTRI) ernannt, welches bis zu seiner Schließung Anfang 2023 der Auckland University of Technology angegliedert war. Von 2014 bis 2021 war Sven Groß wissenschaftlicher Beirat der inspektour GmbH – Tourismus- und Regionalentwicklung und von 2015–2018 hat er im Vorstand der Deutschen Gesellschaft für Tourismuswissenschaft (DGT) mitgearbeitet. Seit Oktober 2023 ist er Fellow des Deutschen Instituts für Tourismusforschung an der FH Westküste, Heide.

Seine Forschungsschwerpunkte sind Tourismus und Verkehr (z. B. Airline-Management, Mietfahrzeuge, Verkehrserhebungen, Verkehrskonzepte für Destinationen), Travel Management, Abenteuertourismus sowie touristische Marktforschung. In diesen Themenfeldern hat er mehr 100 Beiträge in deutscher und englischer Sprache publiziert, u.a. achtzehn Fachbücher. Prof. Dr. Groß ist darüber hinaus im „Editorial Review Board" der ältesten touristischen Fachzeitschrift „Tourism Review" tätig und hat als ad hoc-Reviewer für mehr als 20 nationale und internationale Fachzeitschriften sowie Verlage und (internationale) Forschungseinrichtungen (z. B. Neuseeland, Österreich, Polen) gearbeitet.

Register

Abbildungsverzeichnis

Tabellenverzeichnis